# 一般的な官能基

| 化合物の種類 | 一般的な構造 | 例 | 官能基 | 化合物の種類 | 一般的な構造 | 例 | 官能基 |
|---|---|---|---|---|---|---|---|
| 酸塩化物 | R-C(=O)-Cl | CH₃-C(=O)-Cl | -COCl | 芳香族化合物 | (ベンゼン環) | (ベンゼン環) | フェニル基 |
| アルコール | R-ÖH | CH₃-ÖH | -OH ヒドロキシ基 | カルボン酸 | R-C(=O)-ÖH | CH₃-C(=O)-ÖH | -COOH カルボキシ基 |
| アルデヒド | R-C(=O)-H | CH₃-C(=O)-H | C=O カルボニル基 | エステル | R-C(=O)-ÖR | CH₃-C(=O)-ÖCH₃ | -COOR |
| アルカン | R-H | CH₃CH₃ | — | エーテル | R-Ö-R | CH₃-Ö-CH₃ | (エーテル基) |
| アルケン | C=C | H₂C=CH₂ | 二重結合 | ケトン | R-C(=O)-R | CH₃-C(=O)-CH₃ | (カルボニル基) |
| ハロゲン化アルキル | R-Ẍ (X = F, Cl, Br, I) | CH₃-Br̈ | -X ハロゲン基 | ニトリル | R-C≡N: | CH₃-C≡N: | (ニトリル基) |
| アルキン | -C≡C- | H-C≡C-H | 三重結合 | スルフィド | R-S̈-R | CH₃-S̈-CH₃ | -SR アルキルチオ基 |
| アミド | R-C(=O)-N̈H (またはR)/H (またはR) | CH₃-C(=O)-N̈H₂ | -CONH₂, -CONHR, -CONR₂ | チオール | R-S̈H | CH₃-S̈H | -SH メルカプト基 |
| アミン | R-N̈H₂ または R₂N̈H または R₃N̈ | CH₃-N̈H₂ | -NH₂ アミノ基 | チオエステル | R-C(=O)-SR | CH₃-C(=O)-SCH₃ | -COSR |
| 酸無水物 | R-C(=O)-Ö-C(=O)-R | CH₃-C(=O)-Ö-C(=O)-CH₃ | (酸無水物基) | | | | |

# スミス有機化学 下

Organic Chemistry

第5版

Janice Gorzynski Smith 著

山本 尚・大嶌 幸一郎 監訳

大嶌 幸一郎・髙井 和彦・忍久保 洋・依光 英樹 訳

化学同人

# ORGANIC CHEMISTRY
## FIFTH EDITION

Janice Gorzynski Smith
*University of Hawai'i at Mānoa*

*Copyright © 2017 by McGraw-Hill Education*
*All rights reserved.*

*Japanese translation rights arranged with*
*McGraw-Hill Global Education Holdings, LLC.*
*through Japan UNI Agency, Inc., Tokyo.*

# 本書の構成

【上巻】　　　序　章
　　　　1 章　構造と結合
　　　　2 章　酸と塩基
　　　　3 章　有機分子と官能基
　　　　4 章　アルカン
　　　　5 章　立体化学
　　　　6 章　有機反応の理解
　　　　7 章　ハロゲン化アルキルと求核置換反応
　　　　8 章　ハロゲン化アルキルと脱離反応
　　　　9 章　アルコール，エーテルとその関連化合物
　　　10 章　アルケン
　　　11 章　アルキン
　　　12 章　酸化と還元
　　　13 章　質量分析法と赤外分光法
　　　14 章　NMR 分光法
　　　15 章　ラジカル反応
　　　　　　　付　録

【下巻】　16 章　共役，共鳴，ジエン
　　　17 章　ベンゼンと芳香族化合物
　　　18 章　芳香族化合物の反応
　　　19 章　カルボン酸と O−H 結合の酸性度
　　　20 章　カルボニル化合物の化学：有機金属反応剤，酸化と還元
　　　21 章　アルデヒドとケトン：求核付加反応
　　　22 章　カルボン酸とその誘導体：求核アシル置換反応
　　　23 章　カルボニル化合物のα炭素での置換反応
　　　24 章　カルボニル縮合反応
　　　25 章　アミン
　　　26 章　有機合成における炭素−炭素結合生成反応
　　　27 章　ペリ環状反応
　　　28 章　炭水化物
　　　29 章　アミノ酸とタンパク質
　　　30 章　脂　質
　　　31 章　合成ポリマー
　　　　　　　用語解説

# 目 次

HOW TO の一覧　viii
反応機構の一覧　ix

## 16 章　共役，共鳴，ジエン　659

16.1 　共　役　659
16.2 　共鳴とアリルカルボカチオン　662
16.3 　共 鳴 の 例　664
16.4 　共鳴混成体　666
16.5 　電子の非局在化，混成，幾何構造　668
16.6 　共役ジエン　669
16.7 　興味深いジエンとポリエン　670
16.8 　1,3 - ブタジエンの炭素 - 炭素 σ 結合の長さ　671
16.9 　共役ジエンの安定性　672
16.10　求電子付加反応：1,2 - 付加 と 1,4 - 付加　674
16.11　速度論支配の生成物と熱力学支配の生成物　676
16.12　ディールス - アルダー反応　679
16.13　ディールス - アルダー反応を支配する特別なルール　681
16.14　ディールス - アルダー反応についてのその他の事項　686
16.15　共役ジエンと紫外光　689
キーコンセプト　692／章末問題　694

## 17 章　ベンゼンと芳香族化合物　701

17.1 　はじめに　701
17.2 　ベンゼンの構造　703
17.3 　ベンゼン誘導体の命名法　705
17.4 　分光学的特徴　707
17.5 　興味深い芳香族化合物　708
17.6 　ベンゼンの異常な安定性　710
17.7 　芳香族性の基準 ── ヒュッケル則　712
17.8 　芳香族化合物の例　715
17.9 　ヒュッケル則の理論的背景　723
17.10　芳香族性を予見する内接多角形法　726
17.11　バックミンスターフラーレン ── それは芳香族か？　729
キーコンセプト　730／章末問題　731

## 18 章　芳香族化合物の反応　740

18.1 　芳香族求電子置換反応　741
18.2 　共通の反応機構　743
18.3 　ハロゲン化反応　744
18.4 　ニトロ化反応とスルホン化反応　746
18.5 　フリーデル - クラフツ アルキル化反応とフリーデル - クラフツ アシル化反応　748
18.6 　置換ベンゼン　756
18.7 　置換ベンゼンにおける芳香族求電子置換反応　760
18.8 　置換基がベンゼン環を活性化・不活性化する理由　763
18.9 　置換ベンゼンの配向性　764
18.10　置換ベンゼンの芳香族求電子置換反応における制約　768
18.11　二置換ベンゼン　769
18.12　ベンゼン誘導体の合成　771
18.13　芳香族求核置換反応　773
18.14　アルキルベンゼンのハロゲン化反応　777
18.15　置換ベンゼンの酸化と還元　780
18.16　多段階合成　784
キーコンセプト　787／章末問題　790

## 19章 カルボン酸とO−H結合の酸性度　798

- 19.1　構造と結合　799
- 19.2　命名法　800
- 19.3　物理的性質　803
- 19.4　分光学的性質　804
- 19.5　興味深いカルボン酸　805
- 19.6　アスピリン，アラキドン酸，プロスタグランジン　807
- 19.7　カルボン酸の合成　809
- 19.8　カルボン酸の反応 —— 一般的な特徴　810
- 19.9　カルボン酸 —— ブレンステッド‐ローリーの強い有機酸　811
- 19.10　脂肪族カルボン酸における誘起効果　816
- 19.11　置換安息香酸　818
- 19.12　抽　出　821
- 19.13　スルホン酸　823
- 19.14　アミノ酸　824

キーコンセプト　828／章末問題　829

## 20章 カルボニル化合物の化学：有機金属反応剤，酸化と還元　836

- 20.1　はじめに　837
- 20.2　カルボニル化合物の反応　838
- 20.3　酸化と還元の概要　842
- 20.4　アルデヒドとケトンの還元　843
- 20.5　カルボニル基の還元の立体化学　846
- 20.6　エナンチオ選択的なカルボニル基の還元　847
- 20.7　カルボン酸とその誘導体の還元　851
- 20.8　アルデヒドの酸化　856
- 20.9　有機金属反応剤　857
- 20.10　有機金属反応剤とアルデヒドまたはケトンの反応　861
- 20.11　グリニャール生成物の逆合成解析　865
- 20.12　保護基　868
- 20.13　有機金属反応剤とカルボン酸誘導体の反応　871
- 20.14　有機金属反応剤とその他の化合物の反応　874
- 20.15　$\alpha,\beta$-不飽和カルボニル化合物　876
- 20.16　有機金属反応剤による反応のまとめ　879
- 20.17　合　成　880

キーコンセプト　884／章末問題　887

## 21章 アルデヒドとケトン：求核付加反応　895

- 21.1　はじめに　895
- 21.2　命名法　897
- 21.3　物理的性質　901
- 21.4　分光学的性質　902
- 21.5　興味深いアルデヒドとケトン　905
- 21.6　アルデヒドとケトンの合成　906
- 21.7　アルデヒドとケトンの反応 —— 一般的な考察　908
- 21.8　$H^-$と$R^-$の求核付加反応の復習　911
- 21.9　$^-CN$の求核付加反応　913
- 21.10　ウィッティッヒ反応　915
- 21.11　第一級アミンの付加　921
- 21.12　第二級アミンの付加　924
- 21.13　$H_2O$の付加 —— 水和反応　926
- 21.14　アルコールの付加 —— アセタールの生成　929
- 21.15　保護基としてのアセタール　934
- 21.16　環状ヘミアセタール　936
- 21.17　炭水化物　939

キーコンセプト　940／章末問題　943

## 22章 カルボン酸とその誘導体：求核アシル置換反応　952

- 22.1　はじめに　953
- 22.2　構造と結合　955
- 22.3　命名法　957
- 22.4　物理的性質　962
- 22.5　分光学的性質　963
- 22.6　興味深いエステルとアミド　965
- 22.7　求核アシル置換反応　967
- 22.8　酸塩化物の反応　971

- 22.9 酸無水物の反応　973
- 22.10 カルボン酸の反応　975
- 22.11 エステルの反応　982
- 22.12 応　用：脂質の加水分解　984
- 22.13 アミドの反応　987
- 22.14 応　用：β-ラクタム系抗生物質の作用機序　989
- 22.15 求核アシル置換反応のまとめ　990
- 22.16 天然繊維と合成繊維　991
- 22.17 生体内アシル化反応　993
- 22.18 ニトリル　995

キーコンセプト　1001／章末問題　1004

## 23章　カルボニル化合物のα炭素での置換反応　1014

- 23.1 はじめに　1015
- 23.2 エノール　1015
- 23.3 エノラート　1018
- 23.4 非対称カルボニル化合物のエノラート　1024
- 23.5 α炭素でのラセミ化反応　1026
- 23.6 α炭素での反応の概要　1027
- 23.7 α炭素でのハロゲン化反応　1028
- 23.8 エノラートの直接的アルキル化反応　1033
- 23.9 マロン酸エステル合成　1037
- 23.10 アセト酢酸エステル合成　1042

キーコンセプト　1045／章末問題　1047

## 24章　カルボニル縮合反応　1055

- 24.1 アルドール反応　1055
- 24.2 交差アルドール反応　1061
- 24.3 制御されたアルドール反応　1065
- 24.4 分子内アルドール反応　1068
- 24.5 クライゼン反応　1070
- 24.6 交差クライゼン反応とその関連反応　1073
- 24.7 ディークマン反応　1075
- 24.8 マイケル反応　1077
- 24.9 ロビンソン環化　1079

キーコンセプト　1083／章末問題　1085

## 25章　アミン　1093

- 25.1 はじめに　1093
- 25.2 構造と結合　1094
- 25.3 命名法　1096
- 25.4 物理的性質　1099
- 25.5 分光学的性質　1100
- 25.6 興味深い有用なアミン　1102
- 25.7 アミンの合成　1106
- 25.8 アミンの反応 ── 一般的な特徴　1114
- 25.9 塩基としてのアミン　1115
- 25.10 アミンと他の化合物の相対的塩基性度　1117
- 25.11 求核剤としてのアミン　1125
- 25.12 ホフマン脱離　1127
- 25.13 アミンと亜硝酸の反応　1130
- 25.14 アリールジアゾニウム塩の置換反応　1133
- 25.15 アリールジアゾニウム塩のカップリング反応　1139
- 25.16 応　用：合成染料とサルファ剤　1141

キーコンセプト　1144／章末問題　1147

## 26章　有機合成における炭素-炭素結合生成反応　1156

- 26.1 有機キュプラート反応剤のカップリング反応　1156
- 26.2 鈴木-宮浦カップリング反応　1159
- 26.3 溝呂木-ヘック反応　1164
- 26.4 カルベンとシクロプロパン合成　1166
- 26.5 シモンズ-スミス反応　1169
- 26.6 メタセシス　1171

キーコンセプト　1176／章末問題　1177

## 27章　ペリ環状反応　1185

- 27.1 ペリ環状反応の種類　1185
- 27.2 分子軌道　1187
- 27.3 環状電子反応　1190

目 次　vii

27.4　付加環化反応　1197
27.5　シグマトロピー転位　1202
27.6　ペリ環状反応の規則のまとめ　1208
キーコンセプト　1209／章末問題　1210

## 28章　炭水化物　1216

28.1　はじめに　1216
28.2　単糖　1217
28.3　D-アルドース類　1224
28.4　D-ケトース類　1227
28.5　単糖の物理的性質　1228
28.6　単糖の環状構造　1228
28.7　グリコシド　1236
28.8　単糖のOH基の反応　1240
28.9　カルボニル基の反応 —— 酸化と還元　1241
28.10　カルボニル基の反応 —— 1炭素原子の除去と追加　1244
28.11　二糖　1249
28.12　多糖　1252
28.13　その他の重要な糖とその誘導体　1255
キーコンセプト　1260／章末問題　1263

## 29章　アミノ酸とタンパク質　1268

29.1　アミノ酸　1269
29.2　アミノ酸の合成　1273
29.3　アミノ酸の分離　1277
29.4　アミノ酸のエナンチオ選択的合成　1281
29.5　ペプチド　1283
29.6　ペプチド配列の決定　1288
29.7　ペプチドの合成　1292
29.8　自動ペプチド合成　1297
29.9　タンパク質の構造　1299
29.10　重要なタンパク質　1307
キーコンセプト　1311／章末問題　1313

## 30章　脂質　1320

30.1　はじめに　1321
30.2　ろう　1322
30.3　トリアシルグリセロール　1323
30.4　リン脂質　1328
30.5　脂溶性ビタミン　1332
30.6　エイコサノイド　1333
30.7　テルペン　1336
30.8　ステロイド　1343
キーコンセプト　1348／章末問題　1349

## 31章　合成ポリマー　1354

31.1　はじめに　1355
31.2　連鎖重合により生成するポリマー —— 付加ポリマー　1357
31.3　エポキシドのアニオン重合　1365
31.4　チーグラー-ナッタ触媒とポリマーの立体化学　1366
31.5　天然ゴムと合成ゴム　1367
31.6　逐次重合により生成するポリマー —— 縮合ポリマー　1369
31.7　ポリマーの構造と性質　1375
31.8　グリーンなポリマー合成　1377
31.9　ポリマーの再利用と廃棄　1380
キーコンセプト　1383／章末問題　1385

写真版権の一覧　C-1
付録A　代表的な化合物のp$K_a$値　A-1
用語解説　G-1
索引　I-1

# HOW TO の一覧（下巻掲載分）

　HOW TO の項目では，学生のみなさんが習得すべき重要な手順を詳細に解説している．それぞれの HOW TO のタイトルとその掲載ページを以下に示す．

16 章　共役，共鳴，ジエン
　　　　ディールス-アルダー反応の生成物の書き方　　681

17 章　ベンゼンと芳香族化合物
　　　　環状で完全に共役した化合物の MO の相対的エネルギーを
　　　　　　内接多角形法で求める方法　　726

18 章　芳香族化合物の反応
　　　　置換基の配向性を評価する手順　　764

21 章　アルデヒドとケトン：求核付加反応
　　　　逆合成解析によるウィッティッヒ反応の出発物質の決定　　919

22 章　カルボン酸とその誘導体：求核アシル置換反応
　　　　IUPAC 規則によるエステル（RCOOR'）の命名法　　958
　　　　第二級および第三級アミドの命名法　　959

24 章　カルボニル縮合反応
　　　　アルドール反応を用いた化合物の合成法　　1060
　　　　ロビンソン環化を用いた化合物の合成法　　1082

25 章　アミン
　　　　異なるアルキル基をもつ第二級および第三級アミンの命名法　　1097

28 章　炭水化物
　　　　ハース投影式による非環状アルドヘキソースの書き方　　1231

29 章　アミノ酸とタンパク質
　　　　($R$)-$\alpha$-メチルベンジルアミンを使ってアミノ酸のラセミ混合物を分割する　　1278
　　　　二つのアミノ酸からのジペプチドの合成法　　1292
　　　　メリフィールドの固相法を用いたペプチドの合成法　　1298

# 反応機構の一覧 (下巻掲載分)

有機化学反応を理解するためには，反応機構を知ることが重要である．そのため，反応機構については細心の注意を払い，1段階ずつ詳細に解説した．本書でそれぞれの反応機構が最初に紹介されるページを以下に示す．

### 16章　共役，共鳴，ジエン
- 16.1　生体内でのゲラニル二リン酸の生成機構　　664
- 16.2　1,3-ブタジエンへのHBrの求電子付加反応 ── 1,2-付加と1,4-付加　　675

### 18章　芳香族化合物の反応
- 18.1　共通の反応機構 ─ 芳香族求電子置換反応　　743
- 18.2　ベンゼンの臭素化反応　　745
- 18.3　ニトロ化反応におけるニトロニウムイオン($^+NO_2$)の生成　　746
- 18.4　スルホン化反応における求電子剤 $^+SO_3H$ の生成　　747
- 18.5　フリーデル-クラフツ アルキル化反応における求電子剤の生成 ── 二つの可能性　　749
- 18.6　第三級カルボカチオンを用いるフリーデル-クラフツアルキル化反応　　750
- 18.7　フリーデル-クラフツ アシル化反応における求電子剤の生成　　750
- 18.8　カルボカチオン転位が関与するフリーデル-クラフツ アルキル化反応　　752
- 18.9　第一級塩化アルキルからの転位反応　　752
- 18.10　付加-脱離による芳香族求核置換反応　　774
- 18.11　脱離-付加による芳香族求核置換反応：ベンザイン　　776
- 18.12　ベンジル位の臭素化反応　　778

### 20章　カルボニル化合物の化学：有機金属反応剤，酸化と還元
- 20.1　求核付加反応 ── 2段階反応　　839
- 20.2　求核置換反応 ── 2段階反応　　840
- 20.3　RCHO および $R_2C=O$ の $LiAlH_4$ 還元　　845
- 20.4　金属ヒドリド反応剤による RCOCl および RCOOR' の還元　　852
- 20.5　$LiAlH_4$ によるアミドのアミンへの還元　　854
- 20.6　R"MgX の RCHO または RR'C=O への求核付加　　862
- 20.7　R"MgX または R"Li と RCOCl または RCOOR' の反応　　872
- 20.8　カルボキシ化 ── RMgX と $CO_2$ の反応　　875
- 20.9　$\alpha,\beta$-不飽和カルボニル化合物への 1,2-付加　　877
- 20.10　$\alpha,\beta$-不飽和カルボニル化合物への 1,4-付加　　878

## 21章　アルデヒドとケトン：求核付加反応

- 21.1　一般的な反応機構 —— 求核付加反応　909
- 21.2　一般的な反応機構 —— 酸触媒による求核付加反応　909
- 21.3　⁻CN の求核付加反応 —— シアノヒドリンの生成　914
- 21.4　ウィッティッヒ反応　918
- 21.5　アルデヒドまたはケトンからのイミンの生成　922
- 21.6　アルデヒドまたはケトンからのエナミンの生成　925
- 21.7　塩基触媒による $H_2O$ のカルボニル基への付加　928
- 21.8　酸触媒による $H_2O$ のカルボニル基への付加　929
- 21.9　アセタールの生成　931
- 21.10　酸触媒による環状ヘミアセタールの生成　937
- 21.11　環状ヘミアセタールからの環状アセタールの生成　938

## 22章　カルボン酸とその誘導体：求核アシル置換反応

- 22.1　一般的な反応機構 —— 求核アシル置換反応　968
- 22.2　酸塩化物から酸無水物への変換　973
- 22.3　酸塩化物からカルボン酸への変換　973
- 22.4　酸無水物からアミドへの変換　974
- 22.5　カルボン酸の酸塩化物への変換　977
- 22.6　フィッシャーエステル化反応
　　　—— 酸触媒によるカルボン酸のエステルへの変換　978
- 22.7　DCC を用いたカルボン酸のアミドへの変換　981
- 22.8　酸触媒によるエステルのカルボン酸への加水分解反応　982
- 22.9　塩基によるエステルのカルボン酸への加水分解　983
- 22.10　塩基によるアミドの加水分解反応　988
- 22.11　ニトリルの塩基による加水分解　998
- 22.12　ニトリルの $LiAlH_4$ による還元　999
- 22.13　ニトリルの DIBAL‑H による還元　1000
- 22.14　ニトリルへのグリニャールおよび有機リチウム反応剤(R–M)の付加　1000

## 23章　カルボニル化合物のα炭素での置換反応

- 23.1　酸による互変異性化　1017
- 23.2　塩基による互変異性化　1017
- 23.3　酸触媒によるα炭素でのハロゲン化反応　1029
- 23.4　塩基性条件下でのα炭素でのハロゲン化反応　1030
- 23.5　ハロホルム反応　1031

## 24章　カルボニル縮合反応
- 24.1　アルドール反応　1057
- 24.2　塩基によるβ-ヒドロキシカルボニル化合物の脱水　1059
- 24.3　分子内アルドール反応　1068
- 24.4　クライゼン反応　1071
- 24.5　ディークマン反応　1076
- 24.6　マイケル反応　1078
- 24.7　ロビンソン環化　1080

## 25章　アミン
- 25.1　ホフマン脱離の E2 機構　1128
- 25.2　第一級アミンからのジアゾニウム塩の生成　1131
- 25.3　第二級アミンからの $N$-ニトロソアミンの生成　1133
- 25.4　アゾカップリング反応　1139

## 26章　有機合成における炭素—炭素結合生成反応
- 26.1　鈴木-宮浦カップリング反応　1162
- 26.2　溝呂木-ヘック反応　1166
- 26.3　ジクロロカルベンの生成　1168
- 26.4　ジクロロカルベンのアルケンへの付加　1168
- 26.5　シモンズ-スミス反応　1170
- 26.6　オレフィンメタセシス：$2\,RCH=CH_2 \rightarrow RCH=CHR + CH_2=CH_2$　1173

## 28章　炭水化物
- 28.1　グリコシド形成　1237
- 28.2　グリコシドの加水分解　1238

## 29章　アミノ酸とタンパク質
- 29.1　$\alpha$-アミノニトリルの生成　1276
- 29.2　エドマン分解　1289

## 30章　脂質
- 30.1　生体内におけるファルネシル二リン酸の生成　1340
- 30.2　ゲラニル二リン酸のネリル二リン酸への異性化　1341

## 31章　合成ポリマー
- 31.1　$CH_2=CHPh$ のラジカル重合　1357
- 31.2　ラジカル重合における枝分かれポリエチレンの生成　1360
- 31.3　$CH_2=CHZ$ のカチオン重合　1361
- 31.4　$CH_2=CHZ$ のアニオン重合　1363
- 31.5　$CH_2=CH_2$ のチーグラー-ナッタ重合　1367

# 16 共役，共鳴，ジエン

- 16.1　共役
- 16.2　共鳴とアリルカルボカチオン
- 16.3　共鳴の例
- 16.4　共鳴混成体
- 16.5　電子の非局在化，混成，幾何構造
- 16.6　共役ジエン
- 16.7　興味深いジエンとポリエン
- 16.8　1,3-ブタジエンの炭素—炭素σ結合の長さ
- 16.9　共役ジエンの安定性
- 16.10　求電子付加反応：1,2-付加と1,4-付加
- 16.11　速度論支配の生成物と熱力学支配の生成物
- 16.12　ディールス-アルダー反応
- 16.13　ディールス-アルダー反応を支配する特別なルール
- 16.14　ディールス-アルダー反応についてのその他の事項
- 16.15　共役ジエンと紫外光

**モルヒネ**(morphine)は，アヘンケシ(*Papaver somniferum*)から単離される鎮痛薬・麻酔薬である．アヘンは，快楽を得るための麻薬や痛みを和らげるための治療薬として何世紀にも渡って用いられてきた．また，モルヒネを含むポピーシード茶は，イギリスのある地域では第二次世界大戦まで民間療法に使われてきた．本章で取りあげるディールス-アルダー反応は，共役ジエンの有用な反応であり，モルヒネ合成の鍵段階でもある．

本章以降の三つの章では，共役した分子の化学について説明する．共役した分子とは，隣接した三つ以上の原子に属するp軌道が互いに重なり合っている分子である．本章では，おもに非環状化合物に焦点を絞る．一方，17章および18章では，ベンゼンと関連化合物の化学について説明する．これらは環のすべての原子がp軌道をもっている．

本章では，おもに1,3-ジエンの性質と反応について説明する．これらの化合物を理解するには，隣接する三つ以上の原子がp軌道をもつときに起こる現象についてまず学ぶ必要がある．このような物質を理解するためには，共鳴構造式を書くことが重要なので，共鳴理論のポイントについても詳しく説明する．

1,3-ジエン
(1,3-diene)

アリル型カルボカチオン
(allylic carbocation)

## 16.1　共役

隣接する三つ以上の原子がもつp軌道が重なると，**共役**(conjugation)が起きる．共役した系の代表例として1,3-ジエンとアリル型カルボカチオンをあげる．

### 16.1.1　1,3-ジエン

　　1,3-ブタジエンのような 1,3-ジエンは，一つのσ結合でつながった二つの炭素–炭素二重結合をもっている．1,3-ジエンの各炭素原子はそれぞれ三つの原子と結合し，孤立電子対は存在しない．そのため各炭素原子は sp² 混成をしており，p 軌道に電子が一つ存在する．**隣接する原子上にある四つの p 軌道が重なり合って，1,3-ジエンは共役系となる．**

1,3-ブタジエン
(1,3-butadiene)
二重結合のあいだに
一つのσ結合

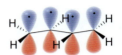

隣接する四つの p 軌道
すべての C は sp² 混成で
1 個の電子を含む p 軌道をもつ

　　共役について最も重要なこととは何だろう．それは，隣接する三つ以上の原子が p 軌道をもつために，p 軌道が重なり，電子が非局在化することである．

二つのπ結合の電子密度が
非局在化される

隣接する p 軌道が重なっている

- **p 軌道が重なり合うと，それぞれのπ結合の電子密度がより広範囲に広がるため，分子のエネルギーが低くなり，分子はより安定になる．**

　　共役しているかどうかで，1,3-ブタジエンと 1,4-ペンタジエンは本質的に異なっている．1,4-ペンタジエンでは，二重結合のあいだにσ結合が二つ存在し，π結合同士が離れているため共役できない．

共役ジエン　　　　　　　　　　　孤立ジエン

1,3-ブタジエン　　　　　　　　　1,4-ペンタジエン
π結合の電子は　　　　　　　　　π結合の電子は
**非局在化されている**　　　　　　**局在化している**

　　したがって，1,4-ペンタジエンは**孤立ジエン**(isolated diene)と呼ばれる．孤立ジエンでは，それぞれのπ結合の電子密度は二つの炭素原子間に局在化している．しかし，1,3-ブタジエンでは，二つのπ結合の電子密度がジエンの四つの炭素上に非局在化している．図 16.1 の静電ポテンシャル図を見ると，局在化したπ結合と非局在化したπ結合の違いがはっきりとわかる．

## 図 16.1
共役および孤立ジエンの静電ポテンシャル図

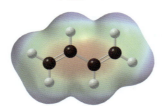

**共役ジエン**

1,3-ブタジエン
電子豊富な赤色の領域が隣接する四つの原子全体に広がっている

**孤立ジエン**

1,4-ペンタジエン
電子豊富な赤色の領域は分子の両端, π結合のあたりに局在化している

---

**問題 16.1** 次のジエンを孤立ジエンと共役ジエンに分類せよ.

a. 　b. 　c. 　d.

---

### 16.1.2 アリルカルボカチオン

共役系の別の例として**アリルカルボカチオン**(allyl carbocation)がある. アリルカルボカチオンの三つの炭素原子(正に帯電した炭素原子と二重結合を形成する二つの炭素原子)は $sp^2$ 混成しており, それぞれ混成していない p 軌道を一つずつもつ. 二重結合している炭素の p 軌道はそれぞれ電子を一つずつ含み, カルボカチオンの p 軌道は電子をもたず空軌道となっている.

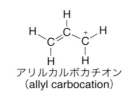

アリルカルボカチオン
(allyl carbocation)

すべての C は $sp^2$ 混成であり一つの p 軌道をもつ

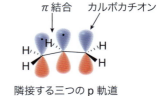

隣接する三つの p 軌道

- **隣接する三つの原子上の三つの p 軌道によって(そのうちの一つは空軌道), アリルカルボカチオンは共役している.**

三つの隣り合った p 軌道が重なると, π結合の電子密度が三つの原子上に非局在化するので, **共役によりアリルカルボカチオンは安定化する**.

隣接する p 軌道が重なっている

**問題 16.2** 次の化学種のなかで共役しているのはどれか．

a. b. c. d. e.

## 16.2 共鳴とアリルカルボカチオン

resonance という用語は二つの意味で使われる．NMR 分光法では，核がエネルギーを吸収し高エネルギー状態になるとき，核が**共鳴する**という．一方，分子を書くときに，同じ原子の配列に対して二つの異なるルイス構造式が書けるとき，**共鳴している**という．

同じ原子の配列に対して二つ以上の異なるルイス構造式を用いて表記すること，すなわち**共鳴構造式**（resonance structure）を用いることを 1.6 節（上巻）で学んだ．共鳴構造式を正しく書くことは，共役と共役ジエンの反応性を理解するために非常に重要である．

- 二つの共鳴構造式では π 結合と非結合電子の位置が異なる．原子と σ 結合の位置は同じである．

### 16.2.1 アリル型カルボカチオンの安定性

酢酸アニオン〔2.5.3 項（上巻）〕とアリルラジカル〔15.10 節（上巻）〕の共鳴構造式の書き方はすでに学んだ．**共役したアリルカルボカチオン**も二つの共鳴構造式を書くことができる．アリルカルボカチオンの共鳴構造式を書けば，共役によってどのように電子が非局在化するかをルイス構造式で示すことができる．

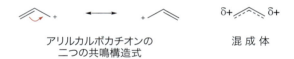

アリルカルボカチオンの
二つの共鳴構造式　　　　　　混成体

アリルカルボカチオンの真の構造は二つの共鳴構造式の**混成体**（hybrid）である．混成体においては，π 結合は三つの原子上に非局在化している．その結果，正電荷も両末端の炭素に非局在化する．電子密度が非局在化することで，混成体のエネルギーが低下する．こうしてアリルカルボカチオンは安定化され，通常の第一級カルボカチオンよりも安定になる．アリルカルボカチオンの安定性は第二級カチオンと同程度に高いことが，実験値から明らかになっている．

　　　　　　不安定　　　 1°　　　 2°　　　アリル　　　 3°　　　より安定

安定性が増大 →

## 16.2 共鳴とアリルカルボカチオン

**図 16.2**
局在化および非局在化カルボカチオンの静電ポテンシャル図

局在化したカルボカチオン

非局在化したカルボカチオン

**第一級カルボカチオン**の電子不足の領域(青色)は一つの炭素原子上に集中している

**アリルカルボカチオン**の電子不足の領域(青緑色)は両端の炭素上に分散している

図 16.2 の静電ポテンシャル図では，共鳴安定化されたアリルカルボカチオンと局在化した第一級カルボカチオン($CH_3CH_2CH_2^+$)を比較している．$CH_3CH_2CH_2^+$では，電子不足の領域，つまり正電荷の部位は一つの炭素原子に集中している．しかし，アリルカルボカチオンでは電子不足の領域が両末端の炭素に分散している．

**問題 16.3** 次のカルボカチオンに対してもう一つの共鳴構造式を書け．また，混成体の構造を示せ．

a. b. c.

**問題 16.4** 共鳴理論とハモンドの仮説を使って，$S_N1$反応において 3-クロロ-1-プロペン($CH_2=CHCH_2Cl$)が 1-クロロプロパン($CH_3CH_2CH_2Cl$)よりも反応性が高い理由を説明せよ．

### 16.2.2 生体内反応に見られるアリル型カルボカチオン

二リン酸エステル(7.16 節)から生成するアリル型カルボカチオンは，さまざまな生体内反応において鍵となる中間体である．このような生体内反応としては，ジメチルアリル二リン酸[†]とイソペンテニル二リン酸というそれぞれ五つの炭素をもつ二つの基質からのゲラニル二リン酸の生成があげられる．ゲラニル二リン酸は植物や動物に存在するさまざまな脂質の前駆体である．

[†] 訳者注：命名法に従うと「二リン酸ジメチルアリル」となるが，ここでは生化学の慣例にならった名称を用いている．

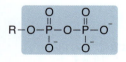

有機二リン酸

R-OPP

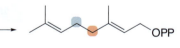

二リン酸アニオン(脱離基) $PP_i$

ジメチルアリル二リン酸 + イソペンテニル二リン酸 → ゲラニル二リン酸

この生体内反応は 2 段階からなり，炭素-炭素結合が一つ生成する．2 段階とは，優れた脱離基(二リン酸アニオン，$P_2O_7^{4-}$，$PP_i$と略記)の脱離によりアリル型カルボカチオンが生成する段階と，その後の電子豊富な二重結合による求核攻撃の段階である．機構 16.1 にその反応機構を示す．

二リン酸エステルから生成するアリル型カルボカチオンが関与する生体内反応については，30 章でさらに詳しく解説する．

## 機構 16.1　生体内でのゲラニルニリン酸の生成機構

① ニリン酸アニオンの脱離によりアリル型カルボカチオンが生成する.
② イソペンテニルニリン酸のアリル型カルボカチオンに対する求核攻撃により, 新たな C–C σ 結合が生成する.
③ 塩基 B によるプロトン引き抜きによりゲラニルニリン酸が生成する.

**問題 16.5** ファルネシルニリン酸は, イソペンテニルニリン酸および **X** から機構 16.1 とよく似た反応によって合成される. **X** の構造を示せ.

## 16.3　共鳴の例

分子や反応性の高い中間体に対して共鳴構造式が書けるのはどのようなときだろうか. 共鳴は π 結合と非結合電子の非局在化を含むので, 別の共鳴構造式を書くためにはこれらのどちらか, または両方が存在しなければならない. 二つ以上のルイス構造式が書ける四つのパターンがある.

### タイプ[1]　3原子の"アリル"系, X=Y–Z*

- 二重結合 X=Y と, 0〜2 個の電子をもつ p 軌道が存在する Z 原子からなる 3 原子分子に対しては, 二つの共鳴構造式を書くことができる.

$$X=Y-Z^* \longleftrightarrow X^*-Y=Z$$

アスタリスク[*]は電荷, ラジカル, または孤立電子対を表す

$$* = +, -, \cdot, :$$

アリルカルボカチオン, アリルカルボアニオン, およびアリルラジカルに対してこのような共鳴構造式を書けるので, **アリル**(allyl)型と呼ばれる.

X, Y, Z はアリル型カルボカチオン (共鳴構造式 **A**, **B**) のように, すべて炭素原子でもよいし, 酢酸アニオン (共鳴構造式 **C**, **D**) のようにヘテロ原子でもよい. また,

多重結合につながった Z 原子は正または負に帯電していてもよいし，0，1，または 2 個の非結合電子をもつ中性でもよい．**二つの共鳴構造式は，二重結合と[*]で示される電荷，ラジカル，または孤立電子対の位置が異なっていることに注意しよう．**

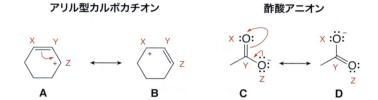

## タイプ[2] 共役二重結合

ベンゼンのような完全に共役した環は，電子を環のまわりにくるくると動かすことによって，二つの共鳴構造式を書くことができる．共役ジエンに対しては三つの共鳴構造式を書くことができ，そのうちの二つは電荷が分離している．

## タイプ[3] 孤立電子対に隣接する正電荷をもつカチオン

- 孤立電子対と正電荷が隣り合った原子上にあるとき，二つの共鳴構造式を書くことができる．

電荷の総和はどちらの共鳴構造式でも同じである．一方で中性となっている X は，もう一方の構造では (+) の形式電荷をもつ．

## タイプ[4] 片方がより電気陰性度の大きい原子をもつ二重結合

- 電気陰性度が Y ＞ X となっている二重結合 X＝Y では，π 電子を Y のほうに動かすことによって，もう一つの共鳴構造式を書くことができる．

例題 16.1 で，先で述べたような共鳴のパターンを実際の分子に適用してみよう．

**例題 16.1**　次の化学種の共鳴構造式をあと二つ書け．

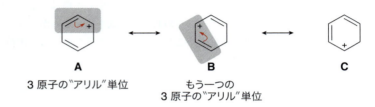

**【解答】**
まず頭のなかで分子を 2〜3 原子単位に分割して共鳴構造式を書きやすくする．

a. **A** の六員環上の三つの原子を"アリル"単位と考える．π 結合を動かすと **B** の新しい "アリル"単位ができる．さらに π 結合を動かすと，第三の共鳴構造式 **C** ができる．**C** の電子を動かしても新しい正しい共鳴構造式はできない．

b. 化合物 **D** はカルボニル基をもっているので，二重結合の電子対をより電気陰性度が大きい酸素原子のほうへ動かすと，電荷が分離して共鳴構造式 **E** ができる．**E** は 3 原子の"アリル"単位をもっているので，π 結合を動かすと共鳴構造式 **F** ができる．

**問題 16.6**　次のイオンについて別の共鳴構造式を書け．

## 16.4　共鳴混成体

エネルギーが低いほど，その共鳴構造式が混成体全体へ与える寄与が大きくなる．

**共鳴混成体**(resonance hybrid)には，すべての正しい共鳴構造式から寄与がある．しかし，**混成体は最も安定な共鳴構造式により近い構造をもつ**．最も安定な共鳴構造式を混成体への**主要な寄与体**(major contributor)といい，そうではない共鳴構造式を**副次的な寄与体**(minor contributor)と呼ぶことを，1.6.3 項（上巻）で学んだ．二つの等価な共鳴構造式は混成体に等しく寄与する．

## 16.4 共鳴混成体

二つ以上の正しい共鳴構造式の相対的なエネルギーを比べる場合には，次の三つのルールを用いる．

**ルール[1]** より多くの結合をもち，電荷が少ない共鳴構造式はより安定である．

すべて中性の原子
結合が一つ多い
安定な共鳴構造式 ⟷ 電荷が分離している

**ルール[2]** すべての原子が八電子則を満たしている共鳴構造式はより安定である．

第二周期の元素がすべて八電子則を満たしている
安定な共鳴構造式

この例では，より電気陰性度の高い酸素原子上に正電荷が存在していることを差し引いても，すべての原子が八電子則(オクテット則)を満たすほうの共鳴構造式が安定である．

**ルール[3]** 負電荷がより電気陰性度の大きい原子上にある共鳴構造式はより安定である．

マイナス電荷がO原子上にある
（Oは電気陰性度が大きい）
安定な共鳴構造式

例題 16.2 に，寄与する共鳴構造式とその混成体の相対的な安定性を求める方法を示す．

**例題 16.2** カルボカチオン **A** のもう一つの共鳴構造式と，両方の共鳴構造式が寄与する共鳴混成体を書け．さらに上記のルール [1]〜[3]を用いて，二つの共鳴構造式と混成体の相対的な安定性の順を示せ．

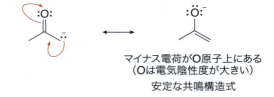

**A**

【解答】

**A** は隣接している原子上に正電荷と孤立電子対をもつので，もう一つの共鳴構造式 **B** を書くことができる．**B** はより多くの結合をもち，すべての第二周期の原子が八電子則を満たしている．よって，**B** は **A** よりも安定であり，混成体 **C** の主要な寄与体となる．混成体はいずれの共鳴寄与体よりも安定であるので，安定性の順は次のようになる．

**問題 16.7** 次の化学種についてもう一つの共鳴構造式と共鳴混成体を示せ．さらに，二つの共鳴構造式と共鳴混成体を安定性が低いものから順に並べよ．

**問題 16.8** 次のカチオンについてすべての共鳴構造式を書き，どの構造が共鳴混成体に対して最も寄与が大きいかを示せ．

## 16.5 電子の非局在化，混成，幾何構造

　非結合電子やπ結合の電子が非局在化するためには，重なり合ったp軌道を必要とする．このため，ある原子の混成軌道が1章(上巻)で示した規則から予想されるものとは異なる場合もある．

　たとえば，下に共鳴安定化したアニオン($CH_3COCH_2^-$)の二つのルイス構造式(**A**および**B**)を示す．

水色で示したCは四つの基，つまり三つの原子と一つの孤立電子対にかこまれている  
**$sp^3$ 混成？**

水色で示したCは三つの基，つまり三つの原子でかこまれており，孤立電子対はない  
**$sp^2$ 混成？**

　構造**A**では，炭素は$sp^3$混成であり，孤立電子対は$sp^3$混成軌道に収まっている．一方，構造**B**では，炭素は$sp^2$混成であり，混成していないp軌道によって二重結合のπ部位が形成されている．

　電子が非局在化すると分子は安定化する．C=O結合に隣接する炭素原子上の電子対は，隣接する二つの原子上に重なり合うことのできるp軌道が存在する場合のみ非局在化される．この場合，末端炭素原子は$sp^2$混成となり，平面三方形構造をもつ．**三つの隣り合うp軌道によってアニオンが共役する**．

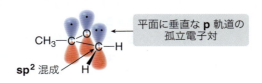

> - X=Y−Z 系において，Z が sp² 混成かつ孤立電子対をもつとき，一般的に p 軌道によって系は共役する．

**例題 16.3** 次のアニオンの水色で示された炭素原子まわりの混成状態を決定せよ．

【解答】
これは，アリル型の系(X=Y−Z⁻)の例であるので，孤立電子対と π 結合を"動かす"と，もう一つの共鳴構造式を書くことができる．孤立電子対を非局在化させて系を共役させるには，水色で示された炭素原子は p 軌道を占める孤立電子対をもつ sp² 混成でなければならない．

水色で示した C 原子は p 軌道に孤立電子対をもつ sp² 混成である

**問題 16.9** 次の化学種において水色で示した原子の混成状態を決定せよ．

## 16.6 共役ジエン

多くの炭素−炭素二重結合をもつ化合物を**ポリエン**(polyene)という．

本章の後半では**共役ジエン**(conjugated diene)について学ぶ．共役ジエンは一つの σ 結合でつながった二つの二重結合をもっている．共役ジエンを **1,3-ジエン**(1,3-diene)ともいう．1,3-ブタジエン(CH₂=CH−CH=CH₂)は最も基本的なジエンである．

ジエンの両端の炭素にアルキル基をもつ 1,3-ジエン(RCH=CH−CH=CHR)は三つの立体異性体をもつ．

いずれの二重結合も**トランス**
*trans,trans* -1,3-ジエン
または
(*E,E*)-1,3-ジエン

いずれの二重結合も**シス**
*cis,cis* -1,3-ジエン
または
(*Z,Z*)-1,3-ジエン

*cis,trans* -1,3-ジエン
または
(*Z,E*)-1,3-ジエン

さらに，二つの二重結合をつなぐ C−C 単結合まわりの回転によって二つの立体配座が存在する．

*s*-シス配座　　*s*-トランス配座

- ***s*-シス配座**は単結合の同じ側に二つの二重結合がある．
- ***s*-トランス配座**は単結合の反対側に二つの二重結合がある．

ここで，立体異性体同士は別の分子であるが，立体配座は相互変換できることを覚えておこう．下の 2,4-ヘキサジエンの三つの構造で，1,3-ジエンの立体異性体と立体配座の違いを示した．

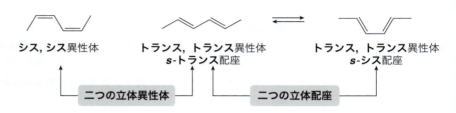

**問題 16.10** 次の条件を満たす構造式を書け．
a. *s*-トランス配座である (2*E*,4*E*)-2,4-オクタジエン．
b. *s*-シス配座である (3*E*,5*Z*)-3,5-ノナジエン．
c. (3*Z*,5*Z*)-4,5-ジメチル-3,5-デカジエン．*s*-シス配座および *s*-トランス配座の両方を示せ．

**問題 16.11** ニューロプロテクチン D1（Neuroprotectin D1，NPD1）は不飽和度の大きな必須脂肪酸から体内で合成される．NPD1 は強力な天然の抗炎症薬である．

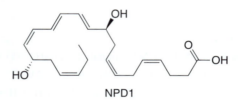

a. それぞれの二重結合が共役か孤立のどちらであるか示せ．
b. それぞれの二重結合が *E* か *Z* のどちらであるか示せ．
c. 図示した立体配座について，それぞれの共役系が *s*-シス配座か *s*-トランス配座のどちらであるか示せ．

## 16.7 興味深いジエンとポリエン

**イソプレン**や**リコペン**は共役二重結合をもつ天然物である．

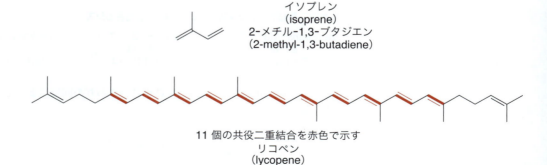

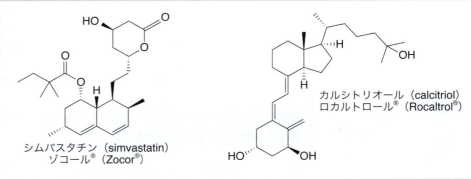

図 16.3
共役二重結合をもつ
生理活性有機化合物

シムバスタチン（simvastatin）
ゾコール® (Zocor®)

カルシトリオール（calcitriol）
ロカルトロール® (Rocaltrol®)

イソプレンは，ヴァージニア州のブルーリッジ山脈のような緑に覆われた山やまの上空に見られる，青く煙るような霞に含まれる．

植物は，温度が上昇すると**イソプレン**(isoprene, 2-methyl-1,3-butadiene の慣用名) を放出する．この現象は，植物が熱ストレスに対する耐性を向上させるために起こると考えられている．

**リコペン**は，トマトや他の果物が赤い原因となる天然化合物であり，ビタミン E と同様に抗酸化作用をもっている．16.15 節で学ぶように，リコペンの 11 個の共役二重結合がその赤色の原因である．

シムバスタチンやカルシトリオールは，他の官能基に加えて共役二重結合をもつ医薬品である（図 16.3）．シムバスタチンは，広く使われているコレステロール低下薬であるゾコール® の一般名である．カルシトリオールは，食物から摂取したビタミン $D_3$ から生成する生理活性ホルモンであり，カルシウムとリン酸の代謝をコントロールする．カルシトリオールはロカルトロール® という商品名で市販され，ビタミン $D_3$ を活性のあるホルモンへ変換できない患者を治療するために使われている．カルシトリオールはカルシウムイオンの吸収を促進するので，低カルシウム血症，つまり血中のカルシウム濃度が低い状態を治療するのにも用いられる．

## 16.8　1,3-ブタジエンの炭素−炭素 σ 結合の長さ

共役ジエンには孤立ジエンとは異なる四つの特徴がある．

- **[1]** 二つの二重結合をつなぐ C−C 単結合が著しく短い．
- **[2]** 共役ジエンは類似の孤立ジエンより安定である．
- **[3]** 共役ジエンの反応は孤立二重結合の反応とは異なる場合がある．
- **[4]** 共役ジエンは紫外光のより長い波長の光を吸収する．

1,3-ブタジエンの炭素−炭素二重結合の長さは孤立二重結合 (134 pm) と似ているが，中央の炭素−炭素単結合はエタンの C−C 結合よりも短い (148 pm 対 153 pm)．

134 pm　　　　CH₃−CH₃　　　134 pm　　　134 pm
　　　　　　　　153 pm　　　　　　148 pm

結合距離の違いは混成を考えれば説明できる．1,3-ブタジエンのそれぞれの炭素原子は $sp^2$ 混成であり，中央の C−C 単結合は，$CH_3CH_3$ の C−C 結合を形成するために使われる $sp^3$ 混成軌道ではなく，二つの $sp^2$ 混成軌道の重なりによって形成される．

## 16章 共役, 共鳴, ジエン

$CH_3-CH_3$
$sp^3$の炭素
s性 25%
s性がより小さい
**長い結合**

$sp^2$の炭素
s性 33%
s性がより大きい
**短い結合**

s性が増大すると結合が短くなることを思いだそう〔1.11.2項(上巻)〕.

- **混成を考えると, $C_{sp^2}-C_{sp^2}$ 結合は s 性がより大きな軌道から形成されているので, $C_{sp^3}-C_{sp^3}$ 結合よりも短いはずである.**

1,3-ブタジエンの C-C σ結合が短い理由は共鳴によっても説明できる. 1,3-ブタジエンは三つの共鳴構造式で表される.

**A**
主要な寄与体

**B**　　　　**C**
副次的な寄与体

混 成 体
C-C結合(赤色で示す)は
部分的な二重結合性をもつ

構造 **B** と **C** では電荷が分離し, 結合数が **A** より少ないので不安定な共鳴構造式であり, 共鳴混成体への寄与は小さい. しかし, **B** と **C** はいずれも中央の二つの炭素原子間に二重結合をもっているので, 混成体はその部分に部分的な二重結合性をもっているはずである. このため, 1,3-ブタジエンの C-C 単結合はアルカンの C-C 単結合よりも短くなる.

- **共鳴を考えると, 1,3-ブタジエンの中央の C-C 結合は部分的な二重結合性をもっているので短くなる.**

**問題 16.12** $HC≡C-C≡H$ の C-C σ結合の長さは, $CH_3CH_3$ や $CH_2=CH-CH=CH_2$ の C-C σ結合に比べてどうなるかを混成の考え方に基づいて考察せよ.

**問題 16.13** 共鳴理論を用いて, 酢酸イオン中で二つの C-O 結合の長さが同じである理由を説明せよ.

酢酸イオン
(acetate)

## 16.9 共役ジエンの安定性

12.3節(上巻)では, アルケンが水素化されてアルカンになるときに放出される反応熱を**水素化熱**(heat of hydrogenation)といい, アルケンの安定性を見積もるのに使えることを学んだ.

$\Delta H° =$ 水素化熱

このことから, 共役および孤立ジエンの相対的な安定性はそれらの水素化熱を比較すればわかる.

- 二つのジエンを水素化して同じアルカンが得られる場合には，より小さい水素化熱をもつジエンのほうが安定である．

たとえば，1,4-ペンタジエン（孤立ジエン）と(E)-1,3-ペンタジエン（共役ジエン）はいずれも2当量のH₂によりペンタンへと水素化される．共役ジエンをペンタンに変換するときに放出されるエネルギーは小さいので，共役ジエンのほうがエネルギー的に低い位置にある（より安定である）．図16.4に，これらのペンタジエン異性体の相対的エネルギーを示す．

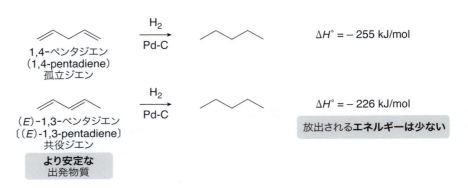

- 共役ジエンは類似した孤立ジエンよりも水素化熱が小さく，より安定である．

図 16.4 孤立ジエンおよび共役ジエンの相対的エネルギー

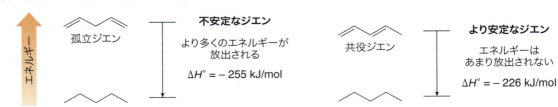

16.1節では「共役ジエンは孤立ジエンよりも安定だ」と学んだ．共役ジエンは四つの隣接した原子上のp軌道が重なっているので，そのπ電子が四つの原子にわたって非局在化しており，ジエンを安定化するからである．孤立ジエンではこの非局在化が起こらない．共鳴構造式を書くことにより，非局在化を図示することができる．

問題 16.14　次の組合せにおいて，水素化熱が大きいのはどちらのジエンか．

問題 16.15　次の化合物を安定性の低いものから順に並べよ．

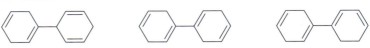

## 16.10 求電子付加反応：1,2-付加 と 1,4-付加

上巻の 10 章および 11 章で，π 結合をもった化合物の特徴的な反応は**付加反応**であることを学んだ．共役ジエンの π 結合についても付加反応が進行するが，孤立二重結合への付加反応とは二つの点で異なっている．

- 共役ジエンへの求電子付加反応では混合物が生成する．
- 共役ジエンでは，アルケンや孤立ジエンでは見られない独特の反応が起こる．

10 章で学んだように，HX がアルケンの π 結合に付加するとハロゲン化アルキルが生成する．

π 結合が一つ切断される ＋ H—X ($\delta+$ $\delta-$) → ハロゲン化アルキル

**孤立ジエン**では，1 当量の HBr の求電子付加反応によりマルコウニコフ則（上巻 p.434 参照）に従って一つの生成物が得られる．H 原子は置換基のより少ない炭素，すなわち H 原子をより多くもつほうの二重結合の炭素原子に結合する．

孤立ジエン + H—Br（1 当量） → H は置換基の少ない C に結合する

**共役ジエン**では，1 当量の HBr の求電子付加反応により二つの生成物が得られる．

共役ジエン + H—Br（1 当量） → 1,2-付加体 ＋ 1,4-付加体

- **1,2-付加体**(1,2-addition product)はジエンの隣り合った二つの炭素原子(C1 および C2)に対して HBr がマルコウニコフ付加して生成する．
- **1,4-付加体**(1,4-addition product)はジエンの両端の炭素(C1 および C4)に対して HBr が付加して生成する．1,4-付加は**共役付加**(conjugate addition)とも呼ばれる．

HX の求電子付加反応の機構は **2 段階**からなる．まず，HX の $H^+$ が付加して共鳴安定化されたカルボカチオンが生成し，次に $X^-$ がカルボカチオンの求電子的な両端を求核攻撃して二つの生成物が得られる．機構 16.2 に 1,3-ブタジエンと HBr の反応を示す．

IUPAC 規則とは関係なく，1,3-ジエンの両端を任意に C1 および C4 という．

## 機構 16.2　1,3-ブタジエンへの HBr の求電子付加反応——1,2-付加と 1,4-付加

新しい結合を赤色で示す
アリル型カルボカチオン

1,2-付加体

1,4-付加体
新しい結合を赤色で示す

① HBr の H⁺ は 1,3-ジエンの末端 C に付加して，共鳴安定化されたアリル型カルボカチオンを生成する．
② Br⁻ の求核攻撃は，共鳴安定化されたカルボカチオンの(+)電荷をもつどちらの炭素でも起こり，1,2-付加体または 1,4-付加体を与える．

---

HX のアルケンへの求電子付加反応と同様，HBr の共役ジエンへの付加反応でも，律速段階であるステップ[1]ではより安定なカルボカチオンが生成する．しかし，この場合，カルボカチオンは第二級かつ**アリル型**であり，二つのルイス構造式を書くことができる．ステップ[2]では Br⁻ の求核攻撃が，二つの異なる求電子的部位で起こりうるため，二つの異なる生成物が得られる．

- 共役ジエンへの HX の付加反応では，共鳴安定化されたアリル型カルボカチオンが中間体となるため，1,2-付加体および 1,4-付加体が得られる．

**例題 16.4**　次の反応の生成物を書け．

【解答】

2° アリル型カルボカチオン

**1,2-付加体**

**1,4-付加体**

機構を段階ごとに書いて、生成物の構造を決定する。H⁺の付加により、より安定な第二級アリル型カルボカチオンが生成する。これには二つの共鳴構造式が書ける。アリル型カルボカチオンのどちらか一方の端に Br⁻ が求核攻撃を行うと、ジエンへの 1,2-付加と 1,4-付加によって生成した二つの構造異性体が得られる。

**問題 16.16** 次のジエンに 1 当量の HCl を反応させて得られる生成物を示せ。

a. b. c. d.

**問題 16.17** 次の反応の機構を段階ごとに示せ。

## 16.11 速度論支配の生成物と熱力学支配の生成物

共役ジエン、たとえば 1,3-ブタジエンへの求電子付加反応で生成する 1,2- および 1,4-付加体の量は反応条件によって大きく変化する。

- 低温では 1,2-付加体が主生成物となる。
- 高温では 1,4-付加体が主生成物となる。

さらに、1,2-付加体をおもに含む混合物を加熱すると、平衡状態になり 1,4-付加体が主生成物となる。

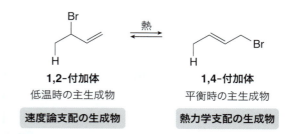

**1,2-付加体**
低温時の主生成物
**速度論支配の生成物**

**1,4-付加体**
平衡時の主生成物
**熱力学支配の生成物**

- 低温では生成速度がより速い 1,2-付加体が優先する。より速く生成する生成物を<u>速度論支配の生成物</u>(kinetic product)という。
- 平衡状態ではより安定である 1,4-付加体が優先する。平衡時に優先して生成する生成物を<u>熱力学支配の生成物</u>(thermodynamic product)という。

## 16.11 速度論支配の生成物と熱力学支配の生成物

これまで学んできた多くの反応では，より安定な生成物がより速く生成することが多い．つまり，速度論支配の生成物と熱力学支配の生成物は同じである．しかし，1,3-ブタジエンへのHBrの求電子付加反応ではそうではなく，**より安定な生成物がより遅く生成する**．つまり，速度論支配の生成物と熱力学支配の生成物が異なっている．なぜ，このようなことが起こるのだろうか．

この問いに答えるには，反応速度はその活性化エネルギー($E_a$)によって決定されるが，平衡時に存在する生成物の量はその安定性によって決定されることを思い起こそう（図16.5）．単一の出発物質 **A** が，二つの発熱経路によって二つの生成物 **B** と **C** を生成する場合，エネルギー障壁の高さが **B** と **C** の生成する速度を決める．一方，平衡時には **B** と **C** の相対的エネルギーが，それぞれの存在量を決める．発熱反応の場合，**B** と **C** の相対的なエネルギーが **B** と **C** を生成する活性化エネルギーを決めるわけではない．

HBrの1,3-ブタジエンへの付加反応では，なぜ1,4-付加体のほうが熱力学支配の生成物なのだろうか．1,4-付加体（1-ブロモ-2-ブテン）では，炭素−炭素二重結合に二つのアルキル基が結合しているが，1,2-付加体（3-ブロモ-1-ブテン）では一つしか結合していない．

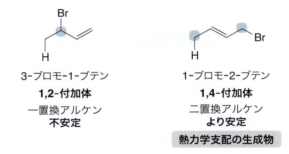

3-ブロモ-1-ブテン
**1,2-付加体**
一置換アルケン
**不安定**

1-ブロモ-2-ブテン
**1,4-付加体**
二置換アルケン
**より安定**

**熱力学支配の生成物**

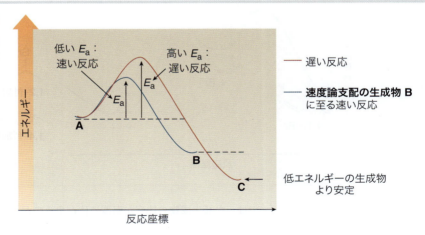

図16.5
速度論支配および熱力学支配の生成物が生成する理由：$A \rightarrow B + C$

- **B** に至る活性化エネルギーがより低いので，**A** から **B** への反応がより速い．よって **B** が速度論支配の生成物である．
- **C** は相対的エネルギーがより低いので，熱力学支配の生成物である．

- より置換基の多いアルケン（この場合は1-ブロモ-2-ブテン）が熱力学支配の生成物になる．

一方，1,2-付加体は**近接効果**(proximity effect)のために速度論支配の生成物となる．HBr から $H^+$ が二重結合に付加するとき，$Br^-$ は C4 よりも隣接する炭素(C2)のより近くに存在する．部分的正電荷は，共鳴安定化されたカルボカチオンの両端の C2 および C4 に存在しているが，単純に $Br^-$ が C2 に近いため，C2 に対してより速く反応する．

二つの化学種が距離的に近いとき，**近接効果**が発現する．

- $Br^-$ が C2 の近くにあるため 1,2-付加体はより速く生成する．

図 16.6 に，1,2-付加体および 1,4-付加体が生成する，HBr の 1,3-ブタジエンに対する付加反応の 2 段階反応機構をエネルギー準位図とともに示す．

図 16.6　2 段階反応のエネルギー図　$CH_2=CH-CH=CH_2$ への HBr の付加反応

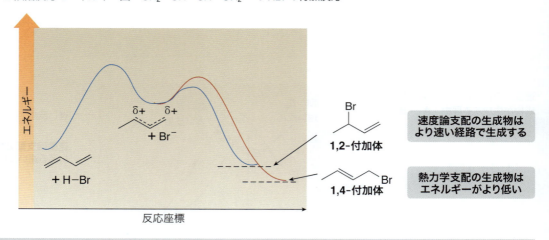

では，なぜ生成物の比率が温度に依存するのだろうか．

- 低温では，活性化エネルギーがより重要な要因である．低温では，より高いエネルギー障壁を越えて反応するだけの運動エネルギーをもつ分子がほとんどないため，エネルギー障壁の低いより速い経路で反応して，速度論支配の生成物を生成する．
- より高い温度では，ほとんどの分子が十分な運動エネルギーをもち，どちらの遷移状態にも到達できる．このため，二つの生成物はそれぞれ平衡状態に達し，より安定な(よりエネルギー的に低い)生成物が主生成物となる．

**問題 16.18** 次の反応の生成物を 1,2-付加体か 1,4-付加体に分類せよ．また，どちらが速度論支配の生成物で，どちらが熱力学支配の生成物であるか示せ．

## 16.12 ディールス-アルダー反応

**ディールス-アルダー反応**(Diels-Alder reaction)は，**1,3-ジエン**と**ジエノフィル**(**求ジエン体**)と呼ばれるアルケンの付加反応であり，新しく六員環を生成する．この反応はドイツの化学者 オットー・ディールス(Otto Diels)とクルト・アルダー(Kurt Alder)にちなんで命名された．

ディールスとアルダーは，この驚くべき反応を詳細に解明した業績により 1950 年にノーベル化学賞を共同で受賞した．

ディールス-アルダー反応における電子の流れを示すために，矢印は時計回りに書いても反時計回りに書いてもよい．

電子対が環状に動くのを表すには，三つの曲がった矢印が必要である．なぜなら，三つのπ結合が切断され，二つのσ結合と一つのπ結合が生成するからである．それぞれの新しいσ結合は切断されたπ結合よりも約 100 kJ/mol だけ安定であるため，典型的なディールス-アルダー反応では，通常，約 200 kJ/mol のエネルギーが放出される．以下に，ディールス-アルダー反応の例を三つ示す．

一般的にディールス-アルダー反応は次のような特徴をもつ.

[1] 熱によって開始される. つまり, ディールス-アルダー反応は熱反応である.
[2] 新しい六員環を生成する.
[3] 三つのπ結合が切断され, 新しく二つのC–C σ結合と一つのC–C π結合が生成する.
[4] 協奏的である. つまり, すべての結合の切断と生成が1段階で起こる.

ディールス-アルダー反応では, 新しい炭素–炭素結合が生成するので, 小さな分子からより大きくて複雑な分子を合成するのに用いられる. たとえば, 図16.7には, 多くの種類のフグから単離される毒であるテトロドトキシンの合成にディールス-アルダー反応が利用された例を示す.

ディールス-アルダー反応は, 一見複雑に見えるかもしれないが, これまでに見てきたさまざまな反応, とくにカルボカチオン中間体や多段階反応が関与する反応に比べると実は単純である. 理解の鍵は, 生成物の構造がわかりやすいように出発物質をうまく配置することである.

図 16.7 ディールス-アルダー反応による天然物の合成

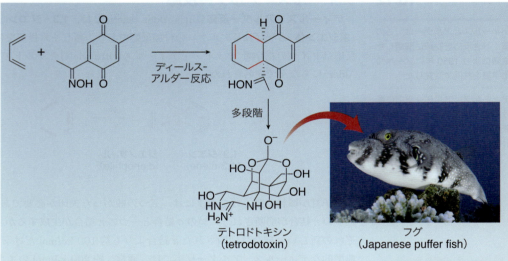

テトロドトキシン
(tetrodotoxin)

フグ
(Japanese puffer fish)

• 複数の六員環がつながった複雑な天然物であるテトロドトキシンは, フグの卵巣や肝臓から単離された毒である. フグの英語名 puffer fish はこの魚がびっくりしたときにボールのように膨れることに由来する. テトロドトキシンの合成には, ディールス-アルダー反応による六員環の構築が含まれる.

# 16.13 ディールス-アルダー反応を支配する特別なルール

## HOW TO ディールス-アルダー反応の生成物の書き方

**例** 次のディールス-アルダー反応の生成物を書け.

**ステップ[1]** *s*-シス配座の 1,3-ジエンとジエノフィルを互いに隣り合うように書く.
- このステップが重要である. *s*-シス配座となるようにジエンを回転させ, ジエノフィルの二重結合の近くにジエンの末端の C を置く.

**ステップ[2]** 三つの π 結合を開裂させ, 曲がった矢印を使ってどこに新しい結合が生成するかを示す.

**問題 16.19** 次のジエンとジエノフィルがディールス-アルダー反応したときの生成物を書け.

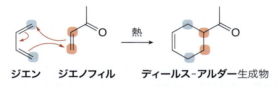

## 16.13 ディールス-アルダー反応を支配する特別なルール

ディールス-アルダー反応を支配するいくつかのルールをあげる.

### 16.13.1 ジエンの反応性

**ルール[1]** ジエンは *s*-シス配座のときのみ反応する.

反応が起こるためには, 共役ジエンの両端の炭素がジエノフィルの π 結合に近づかなければならない. したがって, 反応が起こる前に, *s*-トランス配座の非環状ジエンは中央の C-C σ 結合で回転して, *s*-シス配座をとらなければならない.

この回転は環状ジエンでは起こらない．したがって，

- 二つの二重結合が s-シス配座で固定されているとき，ジエンは高い反応性をもつことが多い．
- 二つの二重結合が s-トランス配座で固定されているとき，ジエンは反応しない．

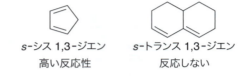

**問題 16.20** 次のジエンをディールス-アルダー反応における反応性が低いものから順に並べよ．

ジンジベレンやβ-セスキフェランドレンはショウガから単離されるトリエンである．ショウガは中華料理やインド料理で香味野菜として用いられている．また，ショウガ飴は，船酔いによる吐き気の改善に使われることがある．

**問題 16.21** ジンジベレンやβ-セスキフェランドレンはショウガから得られる天然物であり，共役ジエン部位をもっている．どちらのジエンが速く反応するか，理由とともに答えよ．

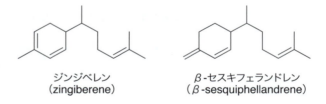

### 16.13.2 ジエノフィルの反応性

**ルール[2]** ジエノフィルが電子求引性基をもつとき，反応速度が増大する．

ディールス-アルダー反応では，共役ジエンが求核剤，ジエノフィルが求電子剤として作用する．そのため，電子求引性基は炭素-炭素二重結合の電子密度を引き寄せるため，ジエノフィルがより求電子的になり反応性が増す．Zが電子求引性基である場合，ジエノフィルの反応性の順序は下のようになる．

電子不足な
カルボニル炭素

CH$_2$=CH$_2$　　　　　　　Z　　　Z　　Z

反応性の増大

カルボニル基は，カルボニル炭素の部分的な正電荷（δ+）が，ジエノフィルの炭素

16.13 ディールス−アルダー反応を支配する特別なルール 683

−炭素二重結合の電子密度を引き寄せるため，電子求引性基として有効に働く．図 16.8 にカルボニル基をもった一般的なジエノフィルを示す．

**問題 16.22** 次のジエノフィルを反応性の低いものから順に並べよ．

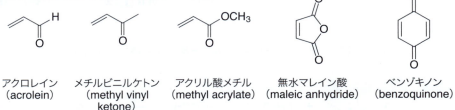

**図 16.8** ディールス−アルダー反応に用いられる一般的なジエノフィル

アクロレイン（acrolein）　メチルビニルケトン（methyl vinyl ketone）　アクリル酸メチル（methyl acrylate）　無水マレイン酸（maleic anhydride）　ベンゾキノン（benzoquinone）

### 16.13.3 立体特異性

**ルール[3]**　ジエノフィルの立体化学は生成物においても保持される．

- シス体のジエノフィルからはシクロヘキセンのシス置換体が生成する．
- トランス体のジエノフィルからはシクロヘキセンのトランス置換体が生成する．

マレイン酸の互いに**シス**の位置にある二つの $CO_2H$ 基は，ディールス−アルダー付加体の**シス**置換基になる．$CO_2H$ 基は平面に対して上側にあっても下側にあってもよく，単一のアキラルな**メソ**化合物となる．**トランス体のジエノフィル**であるフマル酸では，互いに**トランス**の位置にある $CO_2H$ 基をもつ二つのエナンチオマーを生成する．

マレイン酸（maleic acid）
シス-ジエノフィル
→ 熱 → アキラルなメソ化合物（シス体）

フマル酸（fumaric acid）
トランス-ジエノフィル
→ 熱 → エナンチオマー（トランス体）

**環状ジエノフィル**（cyclic dienophile）では**二環式化合物**（bicyclic product）が生成する．二環式系で，二つの環が一つの C−C 結合を共有しているものを，**縮合環系**（fused ring system)という．縮環した部分にある二つの H 原子はシスでなければならない．なぜなら，出発物質のジエノフィルがシス体だからである．このような二環式系を**シス縮環**(cis-fused)という．

環状ジエノフィル
ジエノフィルの **H** はシス

二環式生成物
生成物でも **H** はシス

**問題 16.23** 次のディールス–アルダー反応の生成物と，立体化学を示せ．

### 16.13.4 エンド付加のルール

**ルール[4]** エンド体およびエキソ体の両方が生成しうるときにはエンド体が主生成物となる．

エンド付加のルールを理解するために，まず環状 1,3–ジエンから生成するディールス–アルダー反応の生成物を詳しく見てみる．シクロペンタジエンがエチレンのようなジエノフィルと反応すると，新しく六員環が生成し，その環の上に 1 原子が"橋架け"として存在することになる(緑色で示した)．この炭素原子はジエンの sp³ 混成炭素に由来するもので，反応には関与しない．

環状 1,3–ジエン
（cyclic 1,3-diene）

橋架けされた二環式系

環状 1,3–ジエンのディールス–アルダー反応の生成物は二環式化合物であるが，二つの環が共有している炭素原子は<u>隣り合っていない</u>．つまり，この二環式生成物はジエノフィルが環状のときに生成する縮合環系とは異なる．

- 二つの環が<u>隣り合っていない</u>炭素原子でつながっている二環式化合物を，**架橋環系**(bridged ring system)と呼ぶ．

16.13 ディールス - アルダー反応を支配する特別なルール　685

縮合および架橋二環式化合物の比較を図 16.9 に示す．

図 16.9
縮合および架橋二環式系の比較

a. 縮合二環式系
b. 架橋二環式系

- 一つの結合(赤色)が二つの環で共有されている．
- 共有されている C は隣り合う．

- 二つの環に共有されている原子(水色)は隣り合わない．

シクロペンタジエンが置換基をもつジエノフィルとしての置換アルケン($CH_2=CHZ$)と反応すると，生成物において置換基 Z は二通りの配置が可能である．Z の位置を示すために**エンド**(endo)と**エキソ**(exo)を用いる．

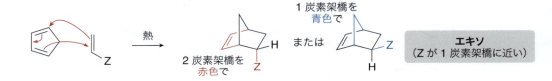

エンドとエキソを区別するため，エンド(endo)は新しく生成した六員環の下側(under)と覚えよう．

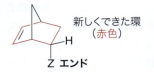

- 置換基が両方の環をつなぐ二つの炭素に結合した炭素数の多いほうの架橋に近い場合は，**エンド体**である．
- 置換基が両方の環をつなぐ二つの炭素に結合した炭素数の少ないほうの架橋に近い場合は，**エキソ体**である．

ディールス - アルダー反応では，以下の二つの例で示すように**エンド体**が主生成物となる．

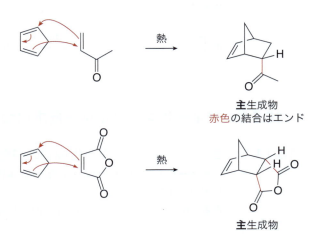

### 図 16.10 ディールス–アルダー反応におけるエンド体およびエキソ体の生成

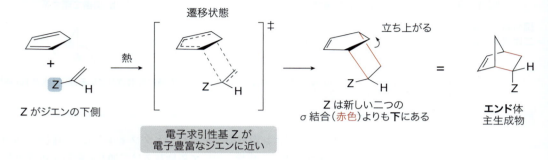

**経路[1]** ジエンの下側に Z がくると，エンド体が生成する．

**経路[2]** Z がジエンから遠くにあると，エキソ体が生成する．

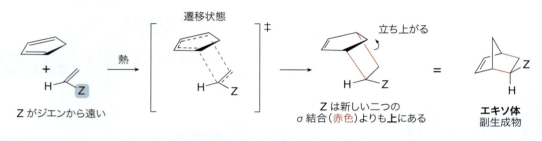

ディールス–アルダー反応については，27.4 節でさらに詳しく説明する．

ディールス–アルダー反応は協奏的であり，図 16.10 に示すように，ジエンとジエノフィルが並ぶのではなく，上下に配置されて反応が起こる．原理的には，置換基 Z がジエンの真下に配向されてエンド体を生成する場合(図 16.10 の経路[1])と，ジエンから離れてエキソ体を生成する場合(図 16.10 の経路[2])がある．しかし，実際には**エンド体が主生成物となる**．エンド体を生成する遷移状態は，電子豊富なジエンとジエノフィルの電子求引性基 Z がより相互作用しやすいため，エネルギー的に有利な配置となっている．

**問題 16.24** 次のディールス–アルダー反応の生成物を書け．

## 16.14 ディールス–アルダー反応についてのその他の事項

### 16.14.1 ディールス–アルダー生成物の逆合成解析

ディールス–アルダー反応は有機合成に幅広く使われており，ある化合物を見たときにどのような共役ジエンとジエノフィルがその合成に使われているかを判断する必要がある．あるディールス–アルダー付加体の出発物質を決定する際は以下の点に注意する．

16.14 ディールス-アルダー反応についてのその他の事項　　**687**

- C＝Cをもつ六員環を特定する．
- π結合から始めてシクロヘキセン環を回るように三つの矢印を書く．それぞれの矢印によって2電子が隣接する結合へ動き，一つのπ結合と二つのσ結合が開裂し，三つのπ結合が生成するようにする．
- ジエノフィルのC＝C上の置換基の立体化学は保持されるので，六員環のシス置換基はシス体のジエノフィルとなる．

このような順序で逆合成解析を進めれば，どのようなディールス-アルダー反応に対しても，必要な1,3-ジエンとジエノフィルを見つけることができる．図16.11に二つの例を示す．

**問題 16.25**　次の生成物を合成するために必要なジエンとジエノフィルを示せ．

### 16.14.2　逆ディールス-アルダー反応

1,3-シクロペンタジエンのような反応性の高いジエンはそれ自身とディールス-アルダー反応を容易に起こす．つまり，**1,3-シクロペンタジエンは，一つの分子がジエンとして，もう一つの分子がジエノフィルとして作用するために，二量化する**．

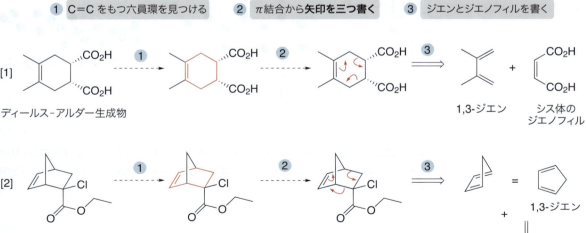

図 16.11　ディールス-アルダー反応に必要なジエンとジエノフィルの特定

## 16章 共役，共鳴，ジエン

ジシクロペンタジエンの生成は非常に速く，室温ではシクロペンタジエンがすべて二量化するのに数時間しかかからない．では，シクロペンタジエンが二量体として存在するならば，どのようにしてディールス–アルダー反応に用いればよいであろうか．

ジシクロペンタジエンを加熱すると，**逆ディールス–アルダー反応**（retro Diels-Alder reaction）が起こり，2分子のシクロペンタジエンが再生する．この後すぐさまシクロペンタジエンを別のジエノフィルと反応させれば，このジエノフィルとのディールス–アルダー付加体を新たに得ることができる．

### 16.14.3 応　用：ステロイド合成へのディールス–アルダー反応の利用

**ステロイド**（steroid）は三つの六員環と一つの五員環をもつ四環性の脂質である．四つの環は **A，B，C，D** と表記される．

脂質は水に溶けない生体分子で，多様な構造をもつ（4.15節（上巻）参照）．

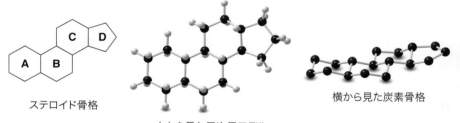

ステロイド骨格　　　上から見た三次元モデル　　　横から見た炭素骨格

ステロイドは，環上の官能基によってさまざまな生物学的性質を示す．ステロイドには，**コレステロール**（循環器疾患の原因にもなる細胞膜の成分），**エストロン**（月経サイクルの調整を担う女性ホルモン），**コルチゾン**（炎症の制御や炭水化物の代謝を調整するホルモン）などがある．

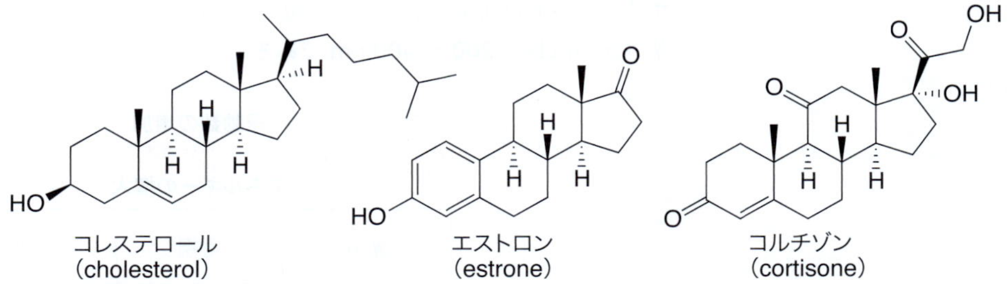

16.15 共役ジエンと紫外光　**689**

コレステロール
(cholesterol)

エストロン
(estrone)

コルチゾン
(cortisone)

ディールス-アルダー反応はステロイドの実験室での合成で広く用いられており，エストロンのC環やコルチゾンのB環を合成する鍵となっている．

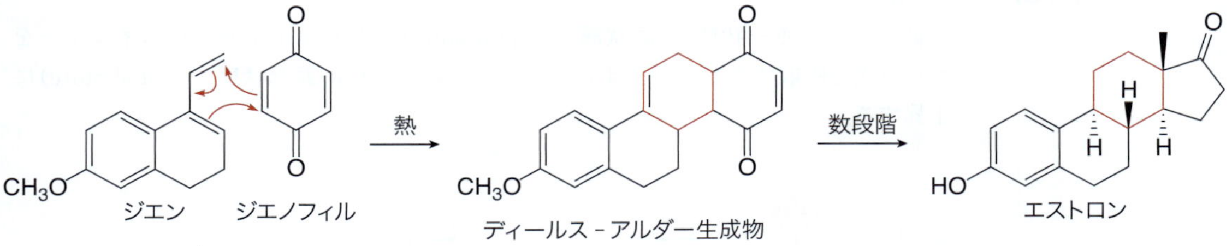

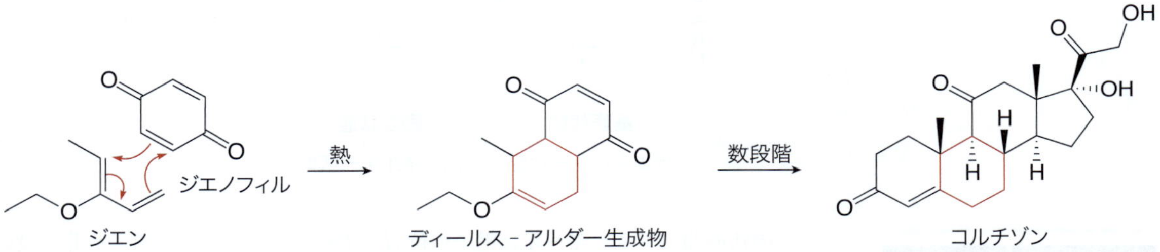

ジエン　ジエノフィル　→（熱）→　ディールス-アルダー生成物　→（数段階）→　エストロン

ジエン　ジエノフィル　→（熱）→　ディールス-アルダー生成物　→（数段階）→　コルチゾン

**問題 16.26**　次のディールス-アルダー反応の生成物 **A** を書け．**A** はケシから単離された常習性のある鎮痛剤モルヒネの合成中間体である．

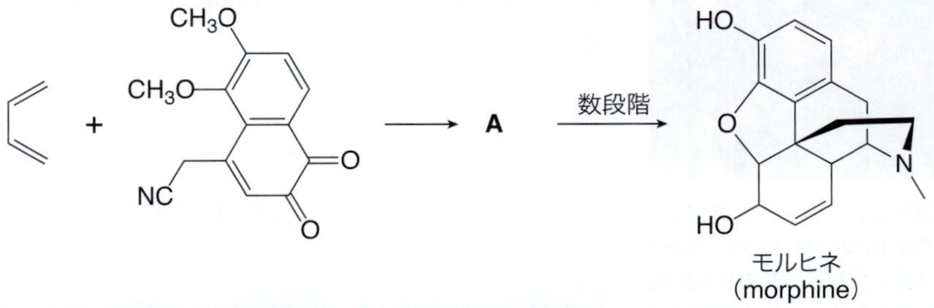

モルヒネ
(morphine)

## 16.15　共役ジエンと紫外光

赤外光のエネルギーを吸収すると，分子の振動が低いエネルギー状態からより高いエネルギー状態に上昇することを13章(上巻)で学んだ．同じように，紫外(UV)光を吸収しても，電子の状態は低いエネルギー状態からより高いエネルギー状態へ上昇

する．紫外光は可視光よりも少し短い波長（より高周波数）をもつ．この目的に適した紫外光の波長は **200 〜 400 nm** である．

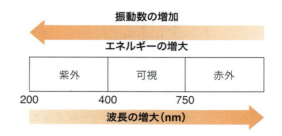

### 16.15.1 一般則

低いエネルギー状態（**基底状態**，ground state）にある電子が適切なエネルギーをもった光を吸収すると，電子はより高いエネルギー状態（**励起状態**，excited state）に上昇する．

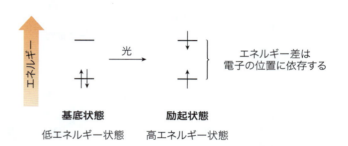

二つの状態間のエネルギー差は電子の位置に依存する．σ 結合の電子や非共役の π 結合の電子を上昇させるには，200 nm 未満の波長をもつ光を必要とする．これは電磁波の紫外領域よりも短波長で高エネルギーの光である．しかし，共役ジエンでは基底状態と励起状態のエネルギー差は減少し，より長波長の光でも電子を励起させることができる．ある化合物が吸収する紫外光の波長の極大値を $\lambda_{max}$ という．たとえば，1,3-ブタジエンの $\lambda_{max}$ は 217 nm，1,3-シクロヘキサジエンの $\lambda_{max}$ は 256 nm である．

リコペンは，トマト，スイカ，パパイヤ，グァバ，ピンクグレープフルーツなどに含まれる赤色の色素である．果物や野菜が加工されても，リコペンは破壊されない．したがって，トマトジュースやケチャップにはリコペンが多量に含まれている．

- **共役ジエンやポリエンは電磁波の紫外領域（200 〜 400 nm）の光を吸収する．**

紫外スペクトルとは，波長に対して紫外光の吸光度をプロットしたものである．図 16.12 のイソプレンの紫外スペクトルに示したように，スペクトルの吸収帯は幅広になることが多く，吸収が最大値となる波長を $\lambda_{max}$ という．

### 図 16.12
イソプレンの紫外スペクトル

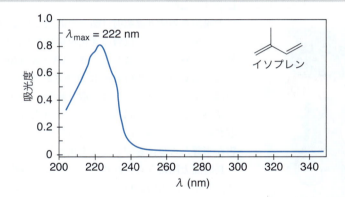

共役しているπ結合の数が増えると，基底状態と励起状態のエネルギー差が小さくなり，長波長の光を吸収するようになる．

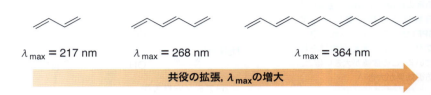

共役の拡張，$\lambda_{max}$の増大

8個以上の共役したπ結合をもつ分子では，吸収波長が紫外から可視領域に移動し，化合物はそれが吸収<u>しなかった</u>可視光の波長の色を示すようになる．たとえば，リコペンは $\lambda_{max} = 470$ nm，つまり青緑の範囲の可視光を吸収する．その一方，赤色の範囲の光を吸収しない（反射する）ので，鮮やかな赤色を示す（図16.13）．

### 図 16.13
なぜリコペンは赤色なのか？

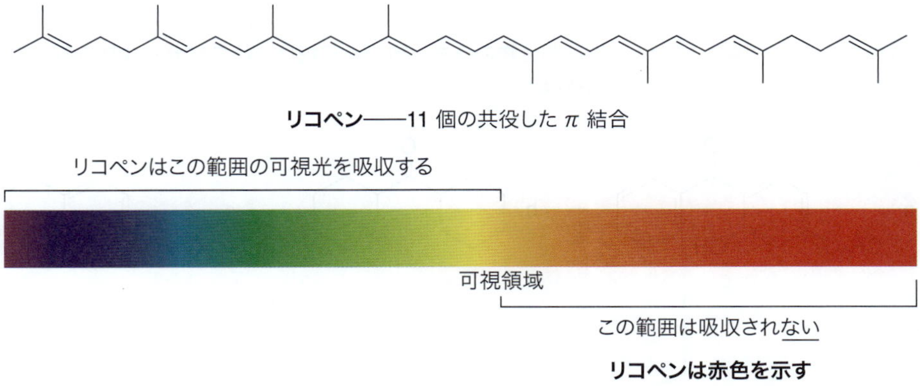

リコペン——11個の共役したπ結合

リコペンはこの範囲の可視光を吸収する

可視領域

この範囲は吸収され<u>ない</u>

**リコペンは赤色を示す**

**問題 16.27** 次の組合せにおいて，どちらの化合物がより長波長の紫外光を吸収するか．

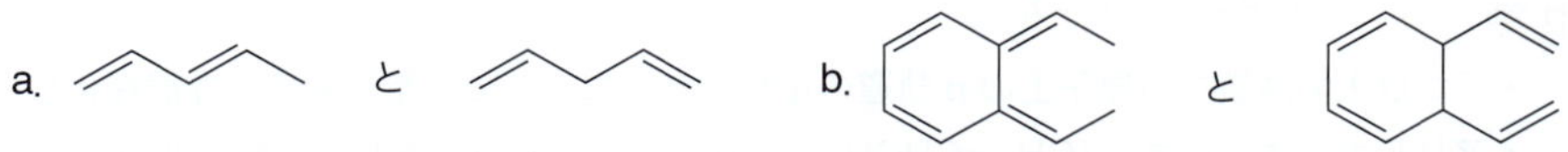

a. と　　　　　b. と

## 16.15.2 日焼け止め

市販の日焼け止めは，含まれる日焼け止め剤の量によって **SPF**（サンプロテクションファクター）という等級がつけられている．この数値が大きいほど，防御効果が大きい．

太陽からの紫外線照射は結合を開裂させるのに十分なエネルギーをもっていて，ラジカルを発生させて皮膚の老化を早めたり，皮膚がんを引き起こしたりする．紫外領域は，紫外光の波長にもとづき，UV‒A（320～400 nm），UV‒B（290～320 nm），および UV‒C（< 290 nm）に分類される．幸いにも最も高エネルギーをもつ UV‒C のほとんどはオゾン層により取り除かれるので，皮膚の表面には 290 nm より長波長の紫外光が届くことになる．この紫外光のほとんどは**メラニン**（melanin）によって吸収される．メラニンは皮膚にある色素で共役の数が非常に多く，紫外線照射による有害な影響から身体を守る役割を果たしている．

長時間太陽にさらされると，メラニンが吸収できる以上の紫外線照射を皮膚に受ける．しかし，市販の日焼け止めを塗ればさらに守ることができる．なぜなら，日焼け止めには紫外光を吸収する共役化合物が含まれ，有害な紫外線照射の作用から一時的に皮膚を守ってくれるからである．このために用いられる日焼け止めには p‒アミノ安息香酸（PABA）やパディメート O などがある．

*p*-アミノ安息香酸
(*p*-aminobenzoic acid)
PABA

パディメート O
(padimate O)

日焼け止めには二つ以上の成分が含まれることが多く，異なる範囲の紫外光を取り除いている．一般的に，共役化合物は UV‒B 照射から皮膚を守っているが，より長波長の UV‒A 照射に対してはあまり効果がない．UV‒A は日焼けを起こさないが，皮膚細胞に対して長期的な損傷を与えうる．

**問題 16.28** 次の化合物のうち，市販の日焼け止めの成分となりうるものはどれか．また，その理由も述べよ．

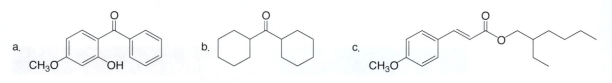

## ◆キーコンセプト◆

### 共役，共鳴，ジエン

#### 共役と電子密度の非局在化
- 三つ以上の隣接する原子上の p 軌道の重なり合いによって，電子密度が非局在化し，安定性が増す（16.1 節）．
- アリルカルボカチオン（$CH_2=CHCH_2^+$）は p 軌道の重なりがあり第一級カルボカチオンよりも安定である（16.2 節）．
- X＝Y‒Z 系で，Z が孤立電子対を p 軌道に収容できる $sp^2$ 混成であるとき，この系は共役している（16.5 節）．

## 共鳴の四つの一般例（16.3 節）

[1] 3 原子の"アリル"系： X=Y–Z̲* ⟷ X̲*–Y=Z　　* = +, −, ・, ‥

[2] 共役した二重結合：

[3] 孤立電子対に隣接する正電荷をもつカチオン： Ẍ–Y⁺ ⟷ ⁺X=Y

[4] 一方の原子がより電気陰性度の大きい原子間の二重結合： X=Y ⟷ ⁺X–Y⁻: ［電気陰性度 Y > X］

## 共鳴構造式の相対的"安定性（寄与の大きさ）"を見積もるためのルール（16.4 節）

[1] 結合がより多く，電荷がより少ない構造はより安定である．
[2] すべての原子が八電子則を満たす構造はより安定である．
[3] より電気陰性度の大きい原子に負電荷をもつ構造はより安定である．

## 共役ジエンの特異な性質

[1] 二つの二重結合をつなぐ C–C σ結合は著しく短い（16.8 節）．
[2] 共役ジエンは対応する孤立ジエンよりも安定である．共役ジエンの水素化熱 $\Delta H°$ は孤立ジエンが同じ生成物になる場合よりも小さい（16.9 節）．
[3] 共役ジエンは普通とは違う反応性をもつ．
  - 求電子付加反応により 1,2 - 付加体と 1,4 - 付加体が生成する（16.10 節，16.11 節）．
  - 共役ジエンはディールス - アルダー反応を起こす．この反応は孤立ジエンでは起こりえない（16.12 ～ 16.14 節）．
[4] 共役ジエンは 200 ～ 400 nm 領域の紫外光を吸収する．共役 π 結合の数が増えるにつれて，吸収は長波長側に移動する（16.15 節）．

## 共役ジエンの反応

[1] HX（X ＝ハロゲン）の求電子付加反応（16.10 節，16.11 節）

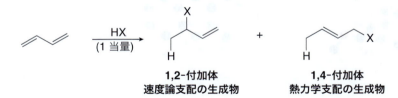

- 2 段階の反応機構である．
- マルコウニコフ則に従う．$H^+$ の付加により，より安定なアリルカルボカチオンが生成する．
- 1,2 - 付加体は速度論支配の生成物である．$H^+$ が二重結合に付加すると，アリルカルボカチオンの両端のうち $H^+$ に近いほう（C4 ではなく C2）に $X^-$ が付加する．速度論支配の生成物は低温でより速く生成する．
- 熱力学支配の生成物はより多置換でより安定な二重結合をもち，平衡状態において優先する．1,3 - ブタジエンでは熱力学支配の生成物は 1,4 - 付加体である．

## [2] ディールス‐アルダー反応（16.12 ～ 16.14 節）

- 反応により六員環が生成する．新しく二つの σ 結合と一つの π 結合が生成する．
- 反応は熱により開始される．
- 反応機構は協奏的である．すべての結合が 1 段階で同時に切断され生成する．
- ジエンは s‐シス配座で反応する（16.13.1 項）．
- ジエノフィルの電子求引性基によって反応が加速される（16.13.2 項）．
- ジエノフィルの立体化学は生成物において保持される（16.13.3 項）．
- エンド体が主生成物となる（16.13.4 項）．

# ◆ 章 末 問 題 ◆

## 三次元モデルを用いる問題

**16.29** 次のジエンを命名し，それぞれのボール＆スティックモデルが s‐シス体か s‐トランス体のどちらを示しているか答えよ．

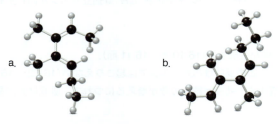

**16.30** 次の化合物をディールス‐アルダー反応によって合成する際に必要となるジエンとジエノフィルを示せ．

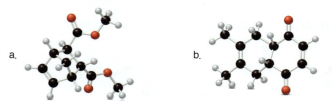

## 共 役

**16.31** 次の化合物のうち共役しているものはどれか．

a. （シクロヘキセンに CN 基）　b. （メチレンシクロペンテンにメチル基）　c. （シクロヘキシルカチオンにビニル基）　d. （シクロヘキセンに CH₂OMe 基）

## 共鳴および混成

**16.32** 次の化学種について適切な共鳴構造式をすべて書け．

a. b. c. d. e. f.

**16.33** 次の化合物について，もう一つの共鳴構造式を書くことができるのはどれか示せ．共鳴安定化されている化合物の共鳴構造式を示せ．

a. 　b. (OCH3 cyclohexene)　c. (N-methyl tetrahydropyridine)　d. (cyclohexenyl-CH2NHCH3)

**16.34** 無水酢酸の合理的な共鳴構造式をすべて示せ．

無水酢酸
(acetic anhydride)

**16.35** シクロペンタジエニルアニオン **A** が $^{13}$C NMR スペクトルで，ただ一つのシグナルを示す理由を説明せよ．

⬠ .. = **A**

**16.36** エタンの C–C 結合の結合解離エネルギーは，1-ブテンの赤色で示した C–C 結合の結合解離エネルギーよりもはるかに大きい．その理由を述べよ．

CH3—CH3　　　　　　　　
エタン　　　　　1-ブテン
(ethane)　　　　(1-butene)
+368 kJ/mol　　+301 kJ/mol

## 共役ジエンの命名および立体化学

**16.37** 次の化合物の構造式を書け．
  a. *s*-トランス配座の(*Z*)-1,3-ペンタジエン
  b. (2*E*,4*Z*)-1-ブロモ-3-メチル-2,4-ヘキサジエン
  c. (2*E*,4*E*,6*E*)-2,4,6-オクタトリエン
  d. *s*-シス配座の(2*E*,4*E*)-3-メチル-2,4-ヘキサジエン

**16.38** 2,4-ヘプタジエンのすべての立体異性体を書き，それぞれの二重結合が *E* 体であるか *Z* 体であるかを示せ．

**16.39** 次の化合物の組合せが立体異性体であるか立体配座であるかを示せ．
  a.  と 　　c.  と (cis diene)
  b.

**16.40** 次のジエンを水素化熱が小さいものから順に並べよ．

## 求電子付加反応

**16.41** 次の化合物に1当量の HBr を作用させて得られる生成物を示せ．

a. 　b. (diene with methyls)　c.

**16.42** (*E*)-1,3,5-ヘキサトリエンへの HBr の付加によって生成するすべての化合物を示せ．立体異性体は考慮しなくてよい．

**16.43** アルケン **A** および **B** に HBr を作用させると同じハロゲン化アルキル **C** が生成する．中間体のすべての共鳴構造式を書き，それぞれの反応機構を示せ．

**16.44** 次の反応の反応機構を段階ごとに示せ．

**16.45** アルケン **X** への HCl の付加によりハロゲン化アルキル **Y** および **Z** が生成する．

　a. **Y** および **Z** が 1,2-付加体か 1,4-付加体のどちらであるかを示せ．
　b. **Y** および **Z** が速度論支配の生成物か熱力学支配の生成物のどちらであるかを示せ．
　c. HCl の付加が矢印で示した C=C 結合(環外二重結合)で起こり，もう一方の C=C(環内二重結合)で起こらない理由を説明せよ．

**16.46** ジエン **A** に 1 当量の HCl を反応させると求電子付加反応が起こる．このとき，可能性のある四つの構造異性体のうち，下に示した二つの生成物だけが得られる．その理由を反応機構から説明せよ．

**16.47** $(CH_3)_2C=CH-CH=C(CH_3)_2$ への HBr の付加によって生成する主生成物は低温でも高温でも同じである．主生成物の構造を書き，この反応で速度論支配の生成物と熱力学支配の生成物が同じになる理由を説明せよ．

## ディールス-アルダー反応

**16.48** ディールス-アルダー反応において，メチルビニルエーテル$(CH_2=CHOCH_3)$がジエノフィルとして反応しにくい理由を示せ．

**16.49** 次のディールス-アルダー反応の生成物を示せ．必要な場合は立体化学も示せ．

**16.50** 次のディールス-アルダー生成物を合成するのに必要なジエンとジエノフィルを示せ．

**16.51**  左の化合物をディールス-アルダー反応によって合成する方法を二つ示せ．このうち，どちらの方法が適しているかを説明せよ．

**16.52** 三重結合をもつ化合物もディールス-アルダー反応のジエノフィルとなる．これを念頭に，次の反応の生成物を書け．

a. 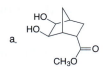   b.

**16.53** 一置換ジエン（たとえば $CH_2=CH-CH=CHOCH_3$）と一置換ジエノフィル（たとえば $CH_2=CHCHO$）によるディールス-アルダー反応の生成物は混合物となるが，1,2-二置換体が主生成物となることが多い．それぞれの出発物質の共鳴混成体を書き，混成体における電荷の分布から1,2-二置換体が主生成物となる理由を説明せよ．

**16.54** 次の反応によってディルドリンおよびアルドリン（ディールスとアルダーにちなんで命名された）が合成された．これらはDDT〔7.4 節（上巻）参照〕と似たような歴史的経緯をもつ殺虫剤である．反応式の **X**, **Y**, **Z** の化合物を特定せよ．

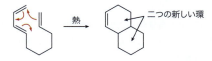

**16.55** ディールス-アルダー反応を用いて，ジシクロペンタジエンからそれぞれの化合物を合成する反応を段階ごとに示せ．4 炭素以下の有機化合物と有機および無機反応剤は何を用いてもよい．

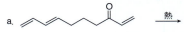

**16.56** 次の一般式に示すように，1,3-ジエンとジエノフィルの両方をもつ基質では分子内ディールス-アルダー反応が起こる．

これを念頭に，次の分子内ディールス-アルダー反応の生成物を示せ．

a.   b.

**16.57**  渡環ディールス-アルダー反応は，一つの環内にジエンとジエノフィルが含まれるときに起こる分子内反応であり，三環系の化合物が生成する．左のトリエンの，渡環ディールス-アルダー反応の生成物を書け．

## 一般的な反応

**16.58** (a)次のトリエンのうち，水素化熱が最大となる化合物はどれか示せ．(b)次のトリエンのうち，水素化熱が最小となる化合物はどれか示せ．(c)紫外光の吸収波長が最大になるのはどのトリエンか示せ．(d)ディールス-アルダー反応で最も高い反応性を示すトリエンはどれか示せ．

**16.59** 次の反応の機構を段階ごとに示せ．

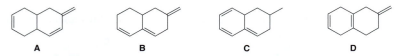

**16.60** 次の反応の生成物を書け．ディールス-アルダー生成物については立体化学も示せ．

**16.61** 生体内でのリナリル二リン酸からリモネンへの変換反応の機構を段階ごとに示せ．

**16.62** $S_N1$ 反応において，どちらのハロゲン化ベンジルがより速く反応するか示せ．その理由も説明せよ．

**16.63** アルケンと同様に，共役ジエンも脱離反応によって合成できる．酸触媒による3-メチル-2-ブテン-1-オール〔$(CH_3)_2C=CHCH_2OH$〕のイソプレン〔$CH_2=C(CH_3)CH=CH_2$〕への脱水反応の機構を段階ごとに示せ．

**16.64** (a) $CH_2=CHCH_2CH(Cl)CH(CH_3)_2$ に塩基としてアルコキシドを作用させて生成するジエンの二つの異性体を書け．(b) この反応では，より置換基の多いアルケンが主生成物とはならない．その理由を示せ．

## 分光法

**16.65** イソプレン〔$CH_2=C(CH_3)CH=CH_2$〕を1当量のmCPBAで処理すると，化合物 **A** が主生成物として生成する．質量スペクトルでは，**A** は 84 に分子イオンピークを示し，赤外スペクトルでは 2850〜3150 cm$^{-1}$ にピークを示す．**A** の $^1$H NMR スペクトルを下に示す．**A** の構造を示せ．

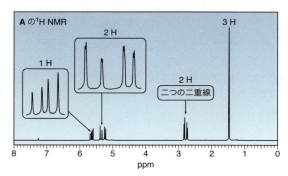

**16.66** $(CH_3)_2C=CHCH_2Br$ を $H_2O$ で処理すると，$C_5H_{10}O$ を分子式にもつ化合物 **B** が生成する．$^1H$ NMR と赤外スペクトルから **B** の構造を決定せよ．

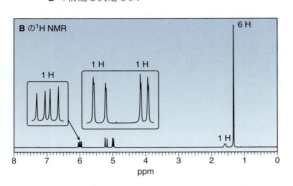

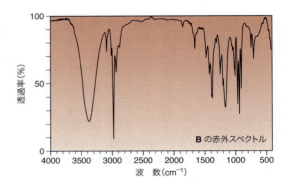

## 紫外吸収

**16.67** より長波長の紫外光を吸収するのはどちらの分子か示せ．

**16.68** 化合物 **C** および **D** は 1,3-ジエンではないが，電磁波スペクトルにおいて紫外領域の光を吸収する．その理由を説明せよ．

**16.69** コメやカラスムギなどの植物に見いだされる天然物のフェルラ酸が抗酸化剤や日焼け止めとして作用する理由を示せ．

## チャレンジ問題

**16.70** アレン($CH_2=C=CH_2$)に HBr を付加させると，アリル型カルボカチオンから生成する 3-ブロモ-1-プロペンではなく，2-ブロモ-1-プロペンが生成する．出発物質であるアレンの分子軌道の配置を考慮し，この結果を説明せよ．

$$CH_2=C=CH_2 \xrightarrow{HBr} \underset{\substack{\text{2-ブロモ-1-プロペン}\\\text{(2-bromo-1-propene)}}}{CH_2=C(Br)CH_3} \quad \left[\underset{\text{3-ブロモ-1-プロペン}}{CH_2=CHCH_2Br}\right] \text{生成しない}$$

**16.71** 次のアミンの窒素原子の混成状態を決定し，アニリンに比べてシクロヘキサンアミンが $10^6$ 倍も塩基性が強い理由を説明せよ．

シクロヘキサンアミン (cyclohexanamine)　　　アニリン (aniline)

16.72 与えられた出発物質から **X** を合成する方法を考察せよ．有機および無機反応剤は何を使ってもよい．また，**X** の立体化学が図のようになる理由を説明せよ．

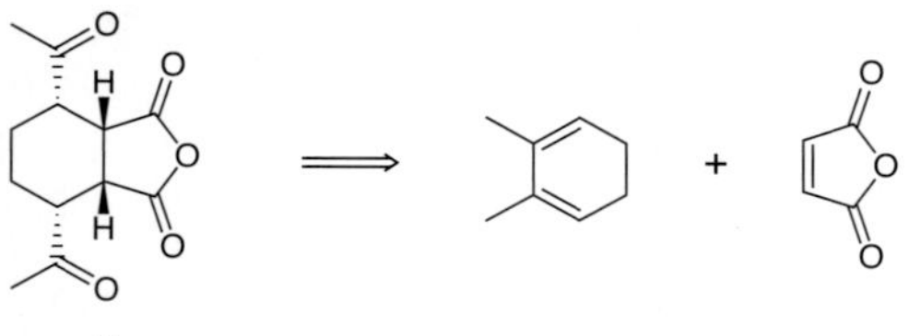

16.73 東洋のヌマヒノキから単離された天然物オッシデンタロールの合成には，次のような段階が含まれる．**A** の構造を特定し，**A** が **B** に変換される機構を示せ．

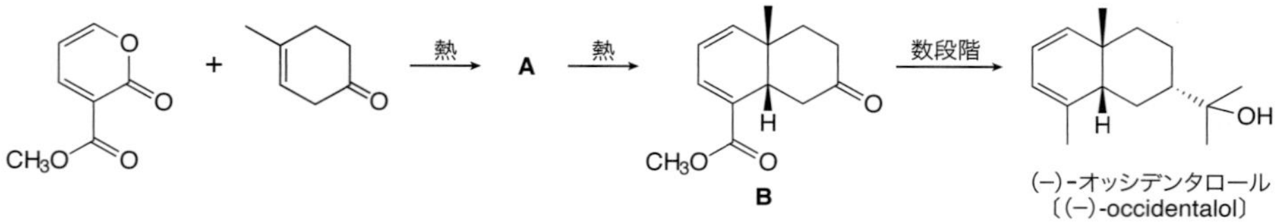

16.74 ドデカヘドラン〔4.11 節（上巻）参照〕の合成には，テトラエン **C** とアセチレンジカルボン酸ジメチル **D** が反応して分子式 $C_{16}H_{16}O_4$ をもつ二つの化合物を生成する段階が含まれる．この反応はドミノディールス‐アルダー反応（domino Diels-Alder reaction）と呼ばれる．生成する二つの化合物を示せ．

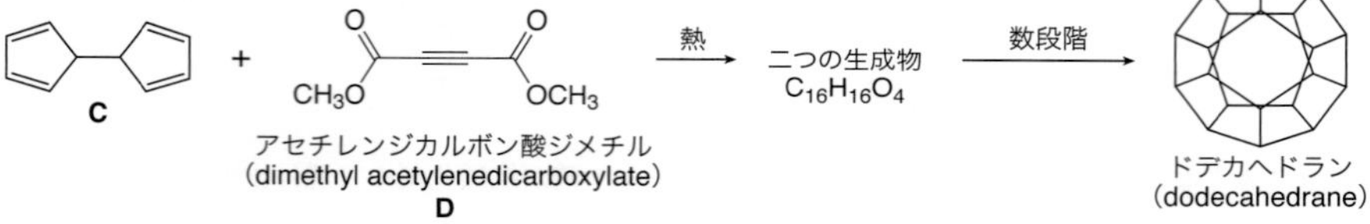

16.75 化合物 **M** から **N** への変換反応の機構を段階ごとに示せ．**N** は 3 段階を経てリセルグ酸に誘導される．リセルグ酸は幻覚剤 LSD（図 18.4 参照）の天然に存在する前駆体である．

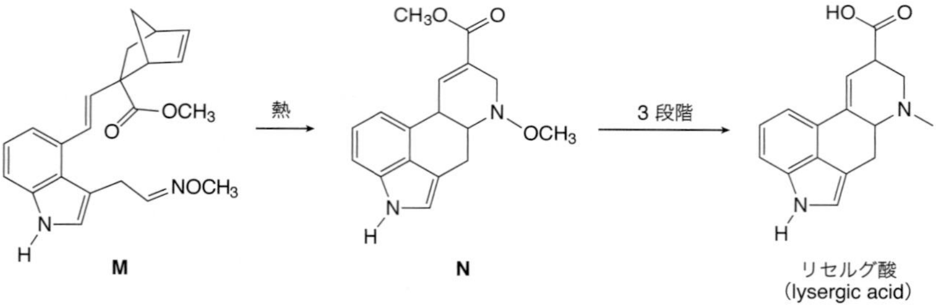

# 17 ベンゼンと芳香族化合物

17.1 はじめに
17.2 ベンゼンの構造
17.3 ベンゼン誘導体の命名法
17.4 分光学的特徴
17.5 興味深い芳香族化合物
17.6 ベンゼンの異常な安定性
17.7 芳香族性の基準――ヒュッケル則
17.8 芳香族化合物の例
17.9 ヒュッケル則の理論的背景
17.10 芳香族性を予見する内接多角形法
17.11 バックミンスターフラーレン
　　　――それは芳香族か？

**カプサイシン**（capsaicin）は，ハラペーニョやハバネロなどトウガラシの特徴的な辛味のもとである．口や皮膚に触れると，はじめは焼けるような感覚をもたらすが，繰り返すと痛みに対して鈍感になる．この特性のため，カプサイシンは慢性的な痛みをやわらげる外用の塗り薬の成分にも用いられる．カプサイシンは，催涙スプレーや，リスに食べられないようにするために鳥の餌に混ぜる添加剤としても使われている．カプサイシンはベンゼン環をもつので芳香族化合物である．本章では，カプサイシンのような芳香族化合物の特徴について学ぶ．

**ここまでに学んだ炭化水素**は，上巻で学んだアルカン，アルケン，アルキンをはじめ，16章に登場した共役ジエンや共役ポリエンなど，すべて脂肪族炭化水素である．本章では，**芳香族炭化水素**（aromatic hydrocarbon）とともに共役系について学んでいく．

まず，**ベンゼン**（benzene）から始め，それから芳香族性の定義を学ぶために他の環状，平面，および共役環系について見ていく．18章では，芳香族化合物の反応について学ぶ．芳香族化合物は不飽和度の大きな炭化水素であるにもかかわらず，他の不飽和化合物でよく見られるような付加反応が進行しない．この挙動の解明は，本章で示す芳香族化合物の構造を正しく理解できるかどうかにかかっている．

## 17.1　はじめに

**ベンゼン**（$C_6H_6$）は最も単純な芳香族炭化水素（または**アレーン**（arene））である．ベンゼンは，1825年にマイケル・ファラデー（Micheal Faraday）によってロンドンの

6個の炭素に結合できる，水素の最大数は $2n+2 = 2(6)+2 = 14$ 個である．ベンゼンは6個しか水素をもたないので，$14 - 6 = 8$ 個水素が少ない．不飽和度1に対する水素の数は2であるから，8水素/2水素＝4により**ベンゼンの不飽和度は4となる**．

ガス灯用油ガス容器にたまった油状残留物から単離された．それ以来，ベンゼンは異常な化合物と見なされてきた．10.2節（上巻）で紹介した計算によれば，**ベンゼンの不飽和度は4であり，不飽和度の大きい炭化水素である**．しかし，アルケン，アルキン，ジエンなどの不飽和化合物に対して容易に進行する付加反応が，ベンゼンでは進行しない．たとえば，臭素はエチレンに容易に付加して二臭化物を生成するが，ベンゼンは同じ条件下では反応しない．

$$\underset{\text{エチレン}}{H_2C=CH_2} \xrightarrow{Br_2} BrCH_2CH_2Br \quad \text{付加生成物}$$

$$\underset{\text{ベンゼン}}{C_6H_6} \xrightarrow{Br_2} \text{反応しない}$$

しかし，$FeBr_3$（ルイス酸）が存在する場合には，ベンゼンは臭素と反応する．その反応は付加ではなく**置換反応**（substitution reaction）である．

$$C_6H_6 \xrightarrow[FeBr_3]{Br_2} C_6H_5Br \quad \begin{array}{l}\text{置換反応}\\ \text{H が Br に置き換わる}\end{array}$$

したがって，ベンゼンの構造は，大きい不飽和度と求電子付加に対する低い反応性を説明できるものでなければならない．

19世紀後半，アウグスト・ケクレ（August Kekulé）によって，現在のベンゼンの表記に近いものが提案された．ケクレのモデルでは，一つおきに三つの π 結合をもつ六員環からなる二つの化合物がすばやく平衡混合物になっていると考えられた．この構造式は，今では**ケクレ構造式**（Kekulé structure）と呼ばれている．ケクレの表記では，二つの炭素原子間の結合は，あるときは単結合であり，またあるときは二重結合である．

ケクレの表記：平衡

ベンゼンは，今でも一つおきに三つの π 結合をもつ六員環として表記されるが，本当は**異なる二つのベンゼン分子間に平衡は存在しない**．その代わりにベンゼンの現代的な表記は，共鳴と軌道の重なりによる電子の非局在化にもとづいている（詳細は17.2節を参照）．

19世紀には，ベンゼンのような性質をもつ多くの化合物が天然資源から単離された．これらの化合物が，特徴的な強いにおいをもっていたため，それらは**芳香族化合物**（aromatic compound）と呼ばれた．しかし，これらの化合物が特別なのはにおいではなく，その化学的性質のためである．

• 芳香族化合物はベンゼンに似ている．それらは，不飽和化合物であるが，アルケンに特徴的な付加反応を受けない．

## 17.2 ベンゼンの構造

ベンゼンの構造は，以下を説明できるものでなければならない．

- 六員環をもつことによる 1 不飽和度に加えて，さらに 3 不飽和度をもつ構造をしている．
- 平面である．
- すべての C−C 結合の長さが等しい．

ケクレ構造式ははじめの二つを満足するが，三つ目を満たさない．一つおきに三つのπ結合があるとすると，ベンゼンは三つの短い二重結合と三つのより長い単結合をもつはずである．

- この構造式は，分子中に**長さの異なる二種類の**C−C 結合があることを表している
- 三つの長い単結合を赤色で，三つの短い二重結合を黒色で示す

### 共　鳴

ベンゼンは共役しているので，構造を書き表すには共鳴と軌道を考えなければならない．ベンゼンの共鳴による表記は，二つの等価なルイス構造式からなり，三つの二重結合は三つの単結合と交互になっている．

内側に円をもつ六角形としてベンゼンを書く教科書もある．

この円は環の六つの原子上に分散した**六つのπ電子**を表している

混成体
π 結合の電子は環上に**非局在化**している

ベンゼンの共鳴による表記は，ケクレの表記と一致するが，一つ重要な不一致がある．つまり，**二つのケクレの表記は互いに平衡の関係にはない**．ベンゼンの真の構造は，二つのルイス構造式の共鳴**混成体**であり，π結合の位置を破線で表したものである．

しかし，ベンゼンを書くときには，π結合の電子対(π電子)の動きを理解しやすいので便宜的に，**混成体ではなく，二つのルイス構造式のうちの片方を書くようにする．**

- それぞれのπ結合は二つの電子をもつので，ベンゼンは **6 個の π 電子**をもつ．

ベンゼンの共鳴混成体により，すべての C−C 結合の長さが等しいことが説明できる．それぞれの C−C 結合は，一方の共鳴構造では単結合であり，もう一方の共鳴構造では二重結合であり，実際の結合長(139 pm)は，炭素−炭素単結合(153 pm)と炭素−炭素二重結合(134 pm)の中間となっている．

CH$_3$−CH$_3$    CH$_2$=CH$_2$
153 pm    134 pm

139 pm

ベンゼンの C−C 結合はすべて等しく，単結合と二重結合の中間の長さをもつ

### 軌道の混成

ベンゼン環のすべての炭素原子は三つの原子にかこまれており、孤立電子対をもたないので、**sp² 混成であり、すべての結合角が 120° の平面三方形構造をもつ**。それぞれの炭素は分子の平面の上下に広がる p 軌道に一つの電子をもっている。

隣り合った六つの p 軌道が重なり、環の六つの原子にわたって六つの電子が非局在化するために、ベンゼンは共役分子となる。図 17.1a に示すように、それぞれの p 軌道はベンゼン環の平面の上下に一つずつローブをもつので、p 軌道の重なりにより、二つの電子密度の"ドーナツ"ができる。図 17.1b の静電ポテンシャル図でも、分子の平面の上下、6 個の π 電子が存在している部分に、電子豊富な領域が集中していることがわかる。

- **6 個の π 電子のためにベンゼンは電子豊富となり、求電子剤とすばやく反応する。**

**問題 17.1** 抗ヒスタミン薬ベナドリル®(Benadryl®)の有効成分であるジフェンヒドラミンのすべての共鳴構造式を書け。

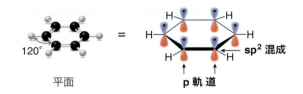
ジフェンヒドラミン
(diphenhydramine)

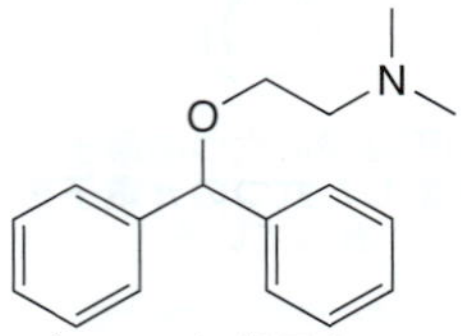

**問題 17.2** 次の分子において赤色で示した結合の生成に使われている軌道は何か。また、赤色で示した C–C 結合のうち最も短いものはどれか。

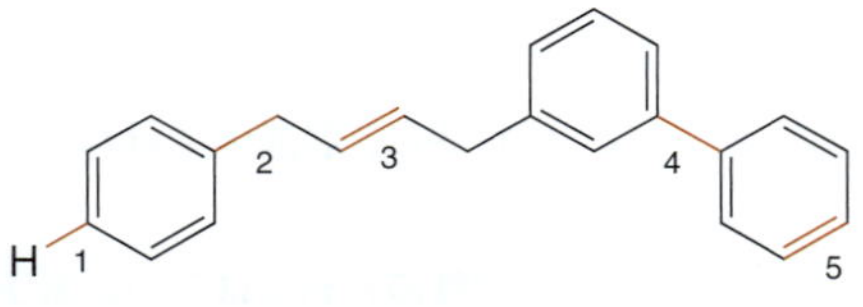

### 図 17.1 ベンゼン環の電子密度

a. p 軌道の重なり図

- 六つの隣接する p 軌道の重なりが、ベンゼン環の平面の上下に一つずつ環状の電子雲を形成する。

b. 静電ポテンシャル図

- 電子豊富な領域(赤色)は、6 個の π 電子が分布している環炭素の上下に集中している(平面下側の電子豊富な領域はこの図では隠れている)。

## 17.3 ベンゼン誘導体の命名法

有機分子の多くは，一つ以上の置換基をもつベンゼン環を含むので，その命名法を知っておくべきである．多くの慣用名が IUPAC 規則で認められているため，ベンゼン誘導体の命名法は少し複雑になっている．

### 17.3.1 一置換ベンゼン

一つの置換基をもつベンゼン環を命名するには，**置換基の名称の後ろにベンゼン(benzene)という単語をつける**．炭素置換基は，アルキル基として命名する．

メチル($CH_3-$)，ヒドロキシ($-OH$)，およびアミノ($-NH_2$)基などをもつ一置換ベンゼン(monosubstituted benzene)の多くは，慣用名をもっている．

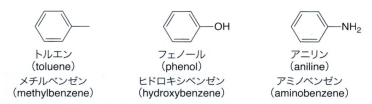

### 17.3.2 二置換ベンゼン

ベンゼン環に二つの置換基が結合する場合，三つの置換様式が存在する．二つの置換基の相対的な位置を指定するために用いられるのが接頭語，**オルト**(ortho)，**メタ**(meta)，**パラ**(para)である．オルト，メタ，パラは，それぞれ **o**, **m**, **p** と短縮されることもある．

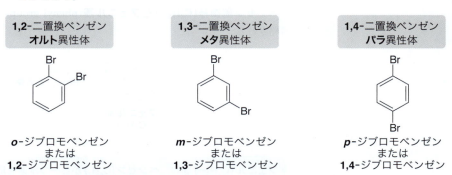

ベンゼン環上の二つの置換基が互いに異なる場合は，**置換基の名称をアルファベット順に並べ**，その後にベンゼンという単語をつける．一方の置換基が**慣用名**に含まれているときは，**分子をその一置換ベンゼンの誘導体として**命名する．

**二つの異なる置換基の名称はアルファベット順に並べる**

*o*-ブロモクロロベンゼン
(*o*-**b**romo**c**hlorobenzene)

*m*-フルオロニトロベンゼン
(*m*-**f**luoro**n**itrobenzene)

**慣用名を用いる**

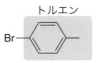
*p*-ブロモトルエン
(*p*-bromo**toluene**)

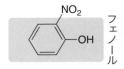
*o*-ニトロフェノール
(*o*-nitro**phenol**)

### 17.3.3 多置換ベンゼン

三つ以上の置換基をもつベンゼン環については，以下のように命名する．

**[1]** 数字ができるだけ小さくなるように，環のまわりの位置番号を決める．
**[2]** 置換基の名称をアルファベット順に並べる．
**[3]** 置換基が慣用名に含まれているときは，その分子を一置換ベンゼンの誘導体として命名する．慣用名に含まれる置換基の位置を C1 とする．

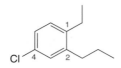

- 位置の数字ができるだけ小さくなるように決める．
- すべての置換基の名称をアルファベット順に並べる．

4-クロロ-1-エチル-2-プロピルベンゼン
(4-chloro-1-ethyl-2-propylbenzene)

- この分子は慣用名**アニリン**の誘導体として命名する．
- NH$_2$ 基の位置を "1" と決めて，他の置換基の番号ができるだけ小さくなるようにする．

2,5-ジクロロアニリン
(2,5-dichloroaniline)

### 17.3.4 置換基としての芳香環の命名法

ベンゼン置換基($C_6H_5-$)を**フェニル基**(phenyl group)といい，構造式では **Ph**– と省略される．

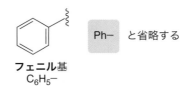

フェニル基
$C_6H_5-$

Ph– と省略する

- **フェニル($C_6H_5-$)基は，ベンゼン($C_6H_6$)から一つ水素を取り除いたものである．**

したがって，ベンゼンは PhH，フェノールは PhOH と表すことができる．

ベンゼン
PhH

フェノール
PhOH

**ベンジル基**(benzyl group)は，ベンゼン環が $CH_2$ 基に結合したものである．したがって，ベンジル基は $CH_2$ 基が存在する分だけフェニル基とは異なる．

ベンジル基
$C_6H_5CH_2-$

フェニル基
$C_6H_5-$

† 訳者注：アリル基(allyl group) とアリール基(aryl group) の違いを区別して覚えておこう．

アリル基

上記のフェニル基に加え，その他の置換基をもつ芳香環から誘導される置換基を総称して，**アリール基**(aryl group) といい，Ar− と表される†．

**問題 17.3** 次の化合物の IUPAC 名を示せ．

a. 

b. 

c. 

d. 

**問題 17.4** 次の名称に対応する構造式を書け．
a. イソブチルベンゼン
b. o-ジクロロベンゼン
c. cis-1,2-ジフェニルシクロヘキサン
d. m-ブロモアニリン
e. 4-クロロ-1,2-ジエチルベンゼン
f. 3-tert-ブチル-2-エチルトルエン

**問題 17.5** プロポフォール(propofol) の IUPAC 名は 2,6-ジイソプロピルフェノールである．その構造を示せ．プロポフォールは静脈に注射する薬剤で，麻酔の導入と維持に用いられる．

## 17.4 分光学的特徴

芳香族化合物の赤外および NMR 吸収スペクトルについて，特筆すべきことを表 17.1 にまとめる．

**表 17.1** ベンゼン誘導体の特徴的な吸収

| 分光法の種類 | C, H の種類 | 吸 収 |
|---|---|---|
| 赤外吸収 | $C_{sp^2}-H$<br>C=C（アレーン） | $3150 \sim 3000 \text{ cm}^{-1}$<br>$1600, 1500 \text{ cm}^{-1}$ |
| $^1H$ NMR 吸収 | （アリール H） | $6.5 \sim 8$ ppm（高度に非遮蔽化されたプロトン） |
| | （ベンジル位 H） | $1.5 \sim 2.5$ ppm（少し非遮蔽化された $C_{sp^3}-H$） |
| $^{13}C$ NMR 吸収 | アレーンの $sp^2$ 炭素 | $120 \sim 150$ ppm |

¹H NMR スペクトルにおける 6.5 〜 8.0 ppm の吸収は，ベンゼン環をもつ化合物にきわめて特徴的なものである．14.4 節（上巻）で述べたように，**すべての芳香族化合物は環状に流れる π 電子の環電流効果のため，高度に非遮蔽化される**．未知の化合物が ¹H NMR スペクトルのこの領域に吸収をもつかどうかによって，それが芳香族かどうかの判断材料となる．また，¹³C NMR 分光法は二置換ベンゼンの置換パターンを決定するのに用いられる．なぜなら，スペクトルのそれぞれのシグナルは異なる種類の炭素原子に依存するからである．図 17.2 に示したように，$o$-，$m$-，および $p$-ジブロモベンゼンの ¹³C NMR スペクトルのシグナルの数はそれぞれ異なる．

**問題 17.6** 分子式 $C_{10}H_{14}O_2$ をもち，3150 〜 2850 cm⁻¹ に強い赤外吸収を示し，次の ¹H NMR スペクトルをもつ化合物の構造を示せ．1.4 ppm（三重線，6 H），4.0 ppm（四重線，4 H），および 6.8 ppm（一重線，4 H）．

**問題 17.7** 次の化合物が示す ¹³C NMR シグナルの数はいくつか．

a. 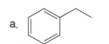 b.  c.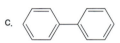

**図 17.2**
ジブロモベンゼンの三つの異性体の ¹³C NMR 吸収スペクトル

$o$-ジブロモベンゼン　　　　　$m$-ジブロモベンゼン　　　　　$p$-ジブロモベンゼン

三種類の C　　　　　　　　　　四種類の C　　　　　　　　　　二種類の C
三つの ¹³C NMR シグナル　　　四つの ¹³C NMR シグナル　　　二つの ¹³C NMR シグナル

- 二つの同じ置換基をもつ二置換ベンゼンの ¹³C NMR スペクトルでは，シグナル（線）の数によって置換基がオルト，メタ，パラのどの関係にあるかを判断できる．

## 17.5 興味深い芳香族化合物

BTX はベンゼン(**b**enzene)，トルエン(**t**oluene)，キシレン(**x**ylene, ジメチルベンゼンの慣用名)を含む混合物である．

**ベンゼン**(benzene)や**トルエン**(toluene)は，石油精製によって得られる最も単純な芳香族炭化水素であり，合成ポリマーの有用な出発物質である．これらは，オクタン価を向上させるためにガソリンに添加される **BTX** 混合物の二つの成分である．

ベンゼン　　　　トルエン　　　　$p$-キシレン

ナフタレン
防虫剤に利用

炭素−炭素結合を共有している二つ以上のベンゼン環をもつ化合物を**多環芳香族炭化水素**(polycyclic aromatic hydrocarbon, **PAH**)という．ナフタレンは最も単純な PAH であり，防虫剤の有効成分である．

図 17.3 の**ベンゾ[$a$]ピレン**(benzo[$a$]pyrene)は，より複雑な PAH であり，有機物質の不完全燃焼によって生成する．タバコの煙，自動車の排気ガス，木炭グリルの煙などに含まれる．9.17 節（上巻）で述べたように，ベンゾ[$a$]ピレンやその他の類似の PAH を摂取または吸引すると，それらは体内で発がん性物質へと酸化される．

## 17.5 興味深い芳香族化合物

図 17.3
一般的な PAH である
ベンゾ[*a*]ピレン

ベンゾ[*a*]ピレン
（benzo[*a*]pyrene）
（多環芳香族炭化水素）

タバコの葉

- ベンゾ[*a*]ピレンはタバコ中の有機化合物の不完全燃焼によって発生するので，タバコの煙のなかに見いだされる．

**ヘリセン**（helicene）や**ツイストオーフレックス**（twistoflex）は合成 PAH で，図 17.4 のような変わった形をしている．ヘリセンは六つのベンゼン環をもつ．両端の環は互いに結合しないので，すべての環はわずかにねじれており，固定されたらせん構造を形成し，両端の水素原子が互いにぶつからないようになっている．同様に，近くのベンゼン環上の水素原子同士の立体障害を減らすため，ツイストオーフレックスも非平面構造をとっている．

図 17.4 ヘリセンとツイストオーフレックス──人工の多環芳香族炭化水素

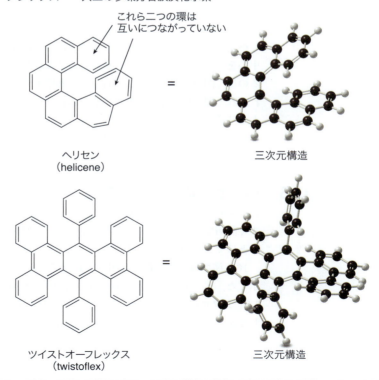

これら二つの環は
互いにつながっていない

ヘリセン
（helicene）

三次元構造

ツイストオーフレックス
（twistoflex）

三次元構造

図 17.5　ベンゼン環をもつ医薬品

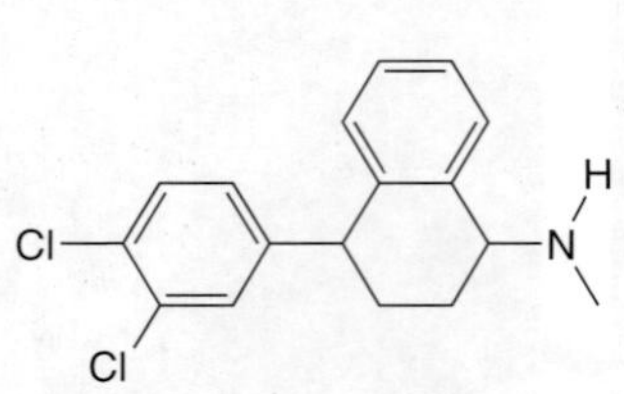

- 商品名：ジェイゾロフト®
- 一般名：セルトラリン (sertraline)
- 用　途：うつ病やパニック障害に対する精神病治療薬

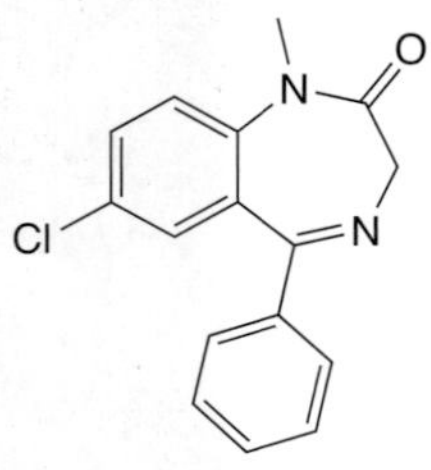

- 商品名：セルシン®など
- 一般名：ジアゼパム (diazepam)
- 用　途：鎮静剤

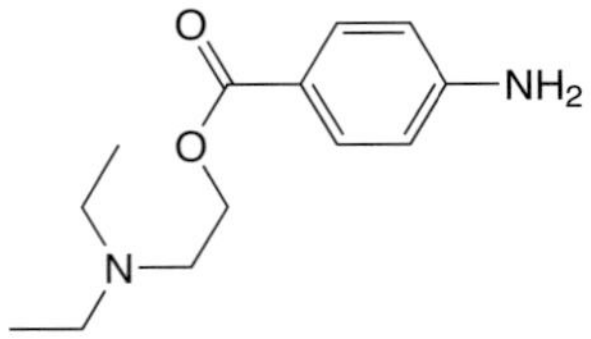

- 商品名：Novocain®
- 一般名：プロカイン (procaine)
- 用　途：局所麻酔薬

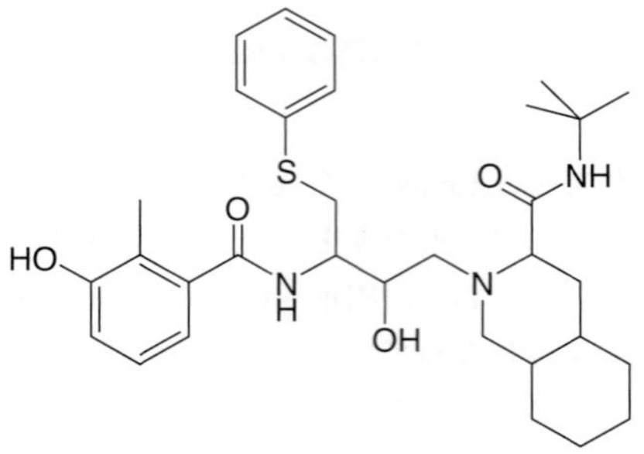

- 商品名：ビラセプト®
- 一般名：ネルフィナビル (nelfinavir)
- 用　途：HIV 治療に用いられる抗ウイルス薬

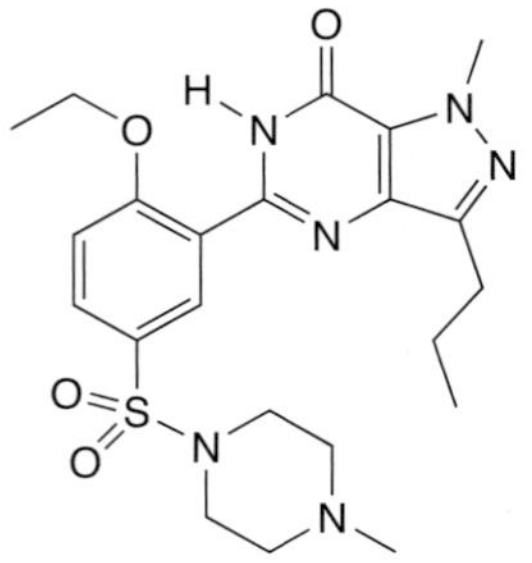

- 商品名：バイアグラ®
- 一般名：シルデナフィル (sildenafil)
- 用　途：勃起不全の治療薬

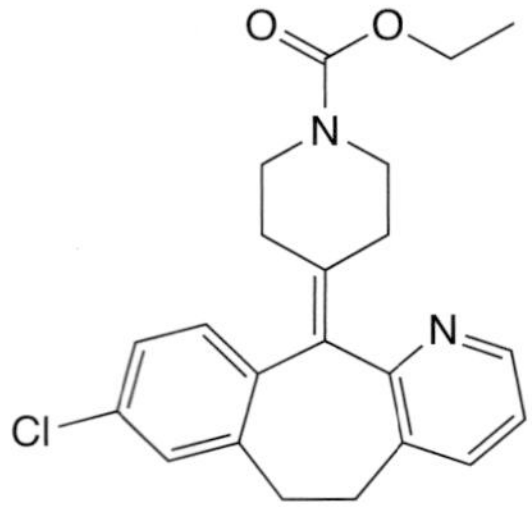

- 商品名：クラリチン®
- 一般名：ロラタジン (loratadine)
- 用　途：季節性アレルギーに対する抗ヒスタミン剤

　ヘリセンとツイストオーフレックスはいずれもキラルな分子である．それらは立体中心をもたないが，鏡像体を重ね合わせることができない．これらをキラルにしているのは，四つの異なる基が結合した炭素原子ではなく，それらの分子の形である．それぞれの環系は鏡面をもたない形でねじれて，それぞれの構造が固定されているため，キラリティーが発生する．

　広く流通している医薬品にも，ベンゼン環を含むものが多い．図 17.5 に六つの例を示す．

## 17.6　ベンゼンの異常な安定性

　ベンゼンを二つの共鳴構造の混成体として考えると，等価な C–C 結合の長さをうまく説明できるが，その異常な安定性と，付加反応に対する反応性の低さを説明することはできない．

　16.9 節では，水素化熱を用いて共役ジエンが孤立ジエンよりも安定であることを示した．ベンゼンの安定性もこれを用いて見積もることができる．シクロヘキセン，1,3-シクロヘキサジエン，およびベンゼンを金属触媒の存在下，過剰の水素で処理してシクロヘキサンが生成するときの水素化熱を式 [1]～[3] で比較する．

17.6 ベンゼンの異常な安定性

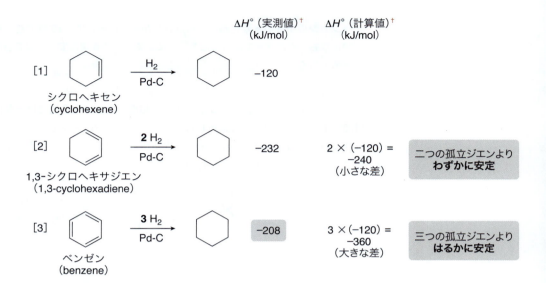

† 訳者注：一般に熱力学では発熱をマイナスで表す．

共役ジエンと孤立ジエンの相対的な安定性については，16.9 節で述べた．

シクロヘキセンに 1 モルの $H_2$ を付加すると 120 kJ/mol のエネルギーが放出される（式 [1]）．一つの二重結合が 120 kJ/mol のエネルギーに相当するなら，1,3‐シクロヘキサジエンへの 2 モルの $H_2$ 付加により（式 [2]），$2 \times 120$ kJ/mol = 240 kJ/mol のエネルギーが放出されるはずである．しかし，実測値は 232 kJ/mol である．1,3‐シクロヘキサジエンは共役ジエンであり，共役ジエンは二つの孤立炭素‐炭素二重結合よりも安定であるため，この値は予想よりわずかに小さくなる．

シクロヘキセンと 1,3‐シクロヘキサジエンの水素化が室温で容易に起こるのに対して，ベンゼンは非常に激しい条件でのみ水素化され，しかもその反応は非常に遅い．もし，それぞれの二重結合が 120 kJ/mol のエネルギーに相当するなら，ベンゼンへの 3 モルの $H_2$ 付加により，$3 \times 120$ kJ/mol = 360 kJ/mol のエネルギーを放出するはずである．しかし実際には，実測の水素化熱は 208 kJ/mol にすぎず，予想よりも 152 kJ/mol も小さい．これは，1,3‐シクロヘキサジエンの実測値よりも小さい．ベンゼンの仮想的な水素化熱と実測値を図 17.6 に示す．

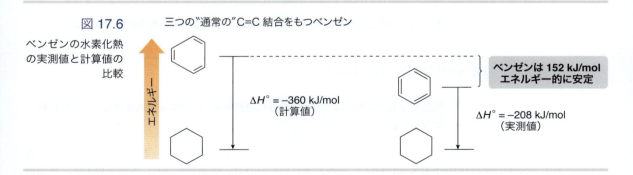

図 17.6 ベンゼンの水素化熱の実測値と計算値の比較

ベンゼンの水素化熱の計算値と実測値間の大きな差は，共鳴と共役にもとづいて説明することができない．

- ベンゼンの小さい水素化熱は，ベンゼンが非常に安定で，16章で述べた共役化合物よりもさらに安定であることを示している．この異常な安定性は芳香族化合物の特徴である．

　ベンゼンが見せる化学反応での異常な挙動は水素化に限ったことではない．17.1節で述べたように，**共役ジエンなどの不飽和度の大きい化合物では一般的に進行する付加反応が，ベンゼンでは進行しない**．ベンゼンは $Br_2$ と反応せず，付加生成物は得られない．その代わり，ルイス酸の存在下では，臭素によって水素原子が<u>置換される</u>ので，ベンゼン環が生成物中に保持される．

付加生成物はもはやベンゼン環をもたない

置換生成物はまだベンゼン環をもつ

　この挙動は，芳香族化合物の特徴である．芳香族化合物と他の化合物を区別する構造的な特徴については，17.7節で説明する．

**問題 17.8**　化合物 **A** と **B** はいずれも水素化によりメチルシクロヘキサンとなる．水素化熱が大きい化合物はどちらか．また，より安定な化合物はどちらか．

**A**　　　　**B**

## 17.7　芳香族性の基準――ヒュッケル則

　化合物が芳香族であるためには，四つの構造的な基準を満たす必要がある．

- 分子は，環状かつ平面で完全に共役しており，ある特定の数のπ電子をもつ．

[1]　分子は環状でなければならない．

- 芳香族であるためには，すべての p 軌道が両隣の原子の p 軌道と重なっていなければならない．

　ベンゼンの6個の炭素すべての p 軌道は常に重なっているので，ベンゼンは芳香族である．1,3,5-ヘキサトリエンも六つの p 軌道をもつが，両端の炭素の p 軌道は重ならない．したがって，**1,3,5-ヘキサトリエンは芳香族ではない**．

17.7 芳香族性の基準——ヒュッケル則　713

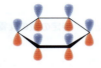

ベンゼン

すべての p 軌道が隣の二つの
p 軌道と重なる
**芳香族**

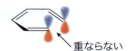

1,3,5-ヘキサトリエン
（1,3,5-hexatriene）
両端の C の p 軌道には重なりがない
**芳香族ではない**

[2]　分子は平面でなければならない．

- π電子が非局在化できるように，すべての隣接する p 軌道の向きが揃っていなければならない．

シクロオクタテトラエン
（cyclooctatetraene）
**芳香族ではない**

バスタブ型
八員環

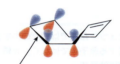

隣接する p 軌道が重ならない
電子は非局在化しない

たとえば，シクロオクタテトラエンは，環状分子で交互に二重結合と単結合をもっている点でベンゼンと似ている．しかし，シクロオクタテトラエンは，**平面ではなく**，バスタブのような形をしているので，隣り合う π 結合が重ならない．**したがって，シクロオクタテトラエンは芳香族ではなく**，他のアルケンと同様に付加反応が進行する．

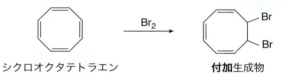

シクロオクタテトラエン　　　　　　　　　　**付加**生成物

[3]　分子は完全に共役していなければならない．

- 芳香族化合物はすべての原子上に p 軌道をもつ．

ベンゼン
すべての C 上に p 軌道
**芳香族**

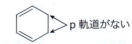

1,3-シクロヘキサジエン
**芳香族ではない**

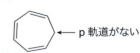

1,3,5-シクロヘプタトリエン
**芳香族ではない**

1,3-シクロヘキサジエンや 1,3,5-シクロヘプタトリエンのいずれも，少なくとも一つの炭素原子が p 軌道をもたず，共役が完全ではないので，**芳香族ではない**．

[4] **分子はヒュッケル則を満たし，特定の数のπ電子をもたなければならない．**

はじめの三つの基準を満たすが，それでも芳香族化合物に見られる安定性をもたない化合物がある．たとえば，**シクロブタジエン**(cyclobutadioene)はきわめて反応性が高く，極低温でのみ合成することができる．

シクロブタジエン
(cyclobutadiene)

平面かつ環状で完全に共役しているが，芳香族ではない

芳香族であるには，環状かつ平面で完全に共役しているだけでなく，さらに特定の数のπ電子をもつ必要がある．エーリヒ・ヒュッケル(Erich Hückel)は1931年，現在は**ヒュッケル則**(Hückel's rule)として知られている以下のルールを提案した．

> ヒュッケル則では個々の環を構成する原子数ではなく，π電子数に注目する．

- 芳香族化合物は $4n+2$ 個($n = 0, 1, 2 \cdots$)のπ電子をもつ．
- 平面かつ環状で完全に共役しており，$4n$ 個のπ電子をもつ化合物はとくに不安定であり，**反芳香族**(antiaromatic)と呼ぶ．

† 訳者注：$m$個のπ電子をもつ共役系を$m\pi$電子系ということがある．

以上から，表17.2に示すように，2, 6, 10, 14, 18個のπ電子をもつ化合物は芳香族である．**ベンゼンは6個のπ電子をもつので芳香族であり，非常に安定である．シクロブタジエンは4個のπ電子をもつので反芳香族であり，非常に不安定である†．**

表 17.2 ヒュッケル則を満たし芳香族になる化合物のπ電子の数

| $n$ | $4n+2$ |
|---|---|
| 0 | 2 |
| 1 | 6 |
| 2 | 10 |
| 3 | 14 |
| 4 | 18 |

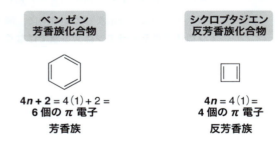

ベンゼン
芳香族化合物

$4n+2 = 4(1)+2 =$
6個のπ電子
芳香族

シクロブタジエン
反芳香族化合物

$4n = 4(1) =$
4個のπ電子
反芳香族

芳香族性(aromaticity)に関して，すべての化合物は以下の三つのグループのいずれかに当てはまる．

| [1] | 芳香族 | ・環状かつ平面で完全に共役しており，$4n+2$個のπ電子をもつ化合物 |
|---|---|---|
| [2] | 反芳香族 | ・環状かつ平面で完全に共役しており，$4n$個のπ電子をもつ化合物 |
| [3] | 芳香族ではない（非芳香族） | ・芳香族または反芳香族であるための四つの基準のうち一つでも満たさない化合物 |

各タイプの化合物と，それらと同じ数のπ電子をもつ非環状化合物との関係を以下に記す．

- 芳香族化合物は，同じ数のπ電子をもつ類似の非環状化合物よりも安定である．ベンゼンは 1,3,5‐ヘキサトリエンよりも安定である．

- 反芳香族化合物は，同じ数のπ電子をもつ非環状化合物よりも不安定である．シクロブタジエンは 1,3‐ブタジエンよりも不安定である．

- 芳香族でない化合物は，同じ数のπ電子をもつ非環状化合物と同程度の安定性をもつ．1,3‐シクロヘキサジエンは，cis,cis‐2,4‐ヘキサジエンと同程度の安定性をもち，芳香族ではない．

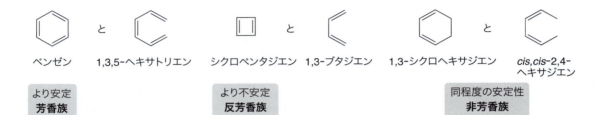

| ベンゼン と 1,3,5‐ヘキサトリエン | シクロペンタジエン と 1,3‐ブタジエン | 1,3‐シクロヘキサジエン と cis,cis‐2,4‐ヘキサジエン |
|---|---|---|
| より安定<br>芳香族 | より不安定<br>反芳香族 | 同程度の安定性<br>非芳香族 |

$^1$H NMR 分光法によって化合物が芳香族かどうか容易に判断できる．芳香族炭化水素の sp$^2$ 混成炭素上のプロトンは高度に非遮蔽化されているため 6.5 〜 8 ppm にシグナルが現れるが，芳香族でない炭化水素では，アルケンの C=C に結合したプロトンに典型的な 4.5 〜 6 ppm にシグナルが現れる．たとえばベンゼンでは 7.3 ppm にシグナルが現れるが，芳香族でないシクロオクタテトラエンの sp$^2$ 混成炭素上のプロトンは，より高磁場の 5.8 ppm にシグナルを生じさせる．

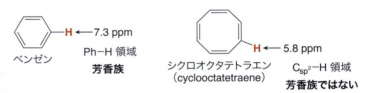

ベンゼン以外にも多くの芳香族化合物がある．そのいくつかの例を 17.8 節で示す．

**問題 17.9** 次の化合物の $^1$H NMR スペクトルで，sp$^2$ 混成炭素に結合したプロトンのシグナルはどのあたりに現れるか予想せよ．

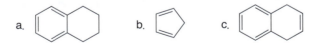

## 17.8 芳香族化合物の例

17.8 節では，さまざまな種類の芳香族化合物について見ていく．

### 17.8.1 一つの環からなる芳香族化合物

ベンゼンは一つの環をもつ最も一般的な芳香族化合物である．また，**ベンゼンより大きな環状化合物でも，完全に共役し，平面でかつ $4n + 2$ 個のπ電子をもっていれ**

ば芳香族である.

> • 二重結合と単結合を交互にもつ，一つの環からなる炭化水素を**アヌレン**(annulene)という.

アヌレンを命名するには，環を構成する原子の数を角カッコに入れ，アヌレンの前につける．つまり，ベンゼンは[6]アヌレンである．**[14]アヌレンと[18]アヌレン**はどちらも環状かつ平面で，完全に共役し，ヒュッケル則を満たす分子であるので，芳香族である．

[14]アヌレン
([14]-annulene)
$4n + 2 = 4(3) + 2 =$
14 個の π 電子
**芳香族**

[18]アヌレン
([18]-annulene)
$4n + 2 = 4(4) + 2 =$
18 個の π 電子
**芳香族**

**[10]アヌレン**はヒュッケル則を満たす10個のπ電子をもつが，平面の分子構造では環の内部にある二つのH原子が互いに近づき過ぎるため，この歪みを和らげるために環が折れ曲がる．したがって**[10]アヌレンは平面ではない**ので，10個のπ電子は環全体にわたって非局在化できず，[10]アヌレンは**芳香族ではない**．

 =

これらの H を互いに遠く
離しておくために分子が折れ曲がる

[10]アヌレン
([10]-annulene)
10 個の π 電子
**平面ではない**
**芳香族ではない**

**問題 17.10** それぞれの環が平面であるとすると，[16]，[20]，[22]アヌレンは芳香族であるか．

### 17.8.2 複数の環からなる芳香族化合物

芳香族性を決定するヒュッケル則は単環系の化合物にのみ適用できるが，つなぎ合わされたいくつかのベンゼン環をもつ芳香族化合物も知られている．二重結合と単結合を交互にもつ六員環が二つ以上つながると，**多環芳香族炭化水素(PAH)**が生成する．二つのベンゼン環がつながると**ナフタレン**(naphthalene)が生成する．三つの環をつなげる方法には二通りあり，それぞれ**アントラセン**(anthracene)と**フェナントレン**(phenanthrene)となる．他にも複雑な芳香族炭化水素がたくさん知られている．

17.8 芳香族化合物の例

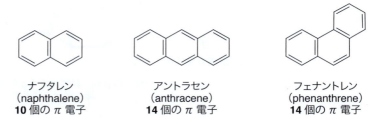

ナフタレン (naphthalene)
10個のπ電子

アントラセン (anthracene)
14個のπ電子

フェナントレン (phenanthrene)
14個のπ電子

縮環するベンゼン環の数が増えると，共鳴構造式の数も増える．ベンゼンに対しては二つの共鳴構造式が書けるが，ナフタレンは三つの共鳴構造式の混成体として表せる．

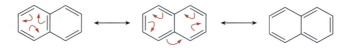

**問題 17.11** アントラセンの四つの共鳴構造式を書け．

### 17.8.3 芳香族性のヘテロ環化合物

一つ以上のヘテロ原子を含む環を**ヘテロ環**と呼ぶ（上巻の 9.3 節）．

酸素，窒素，硫黄などの少なくとも一つの孤立電子対をもつ原子を含むヘテロ環化合物も，芳香族となりうる．この場合，孤立電子対がヘテロ原子上に局在しているのか，非局在化したπ電子系の一部になっているのかを常に考える必要がある．**ピリジン**(pyridine)と**ピロール**(pyrrole)の二つの例を見ることにより，この違いを説明する．

#### ピリジン

**ピリジン**(pyridine)**は三つのπ結合と一つの窒素原子をもつ六員環のヘテロ環である**．ベンゼンと同じように，二つの共鳴構造式（すべての原子は中性）を書くことができる．

ピリジンの二つの共鳴構造式
**6個のπ電子**

ピリジンは環状かつ平面であり，三つの単結合と三つの二重結合が環上で交互に配置されているので完全に共役している．**ピリジンは，それぞれのπ結合に2電子，つまり6個のπ電子をもち，ヒュッケル則を満たすので芳香族である**．ピリジンの窒素原子は非結合性の電子対ももっているが，それらはN原子上に局在していて，芳香環のπ電子系の一部とはなっていない．

ピリジン環のN原子は，どのような混成状態になっているのだろうか．N原子は三つのグループ（二つの原子と一つの孤立電子対）にかこまれているので，**$sp^2$ 混成**である．また，電子を1個もつ混成していないp軌道が，隣接するp軌道と重なる．N上の孤立電子対は，非局在化したπ電子とは直交する $sp^2$ 混成軌道に残っている．

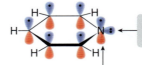

sp² 混成の N 原子

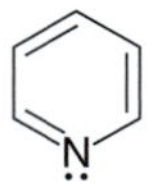

孤立電子対は sp² 混成軌道にあり，六つの p 軌道の方向と垂直になっている

N 上の p 軌道は隣接する p 軌道と重なり，環は完全に共役する

### ピロール

**ピロール**（pyrrole）は二つの π 結合と一つの窒素原子からなる五員環をもつ．N 原子は孤立電子対をもっている．

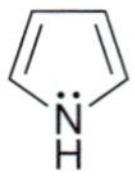

ピロール（pyrrole）

ピロールは環状かつ平面であり，二つの π 結合に由来する合計 4 個の π 電子をもつ．では，非結合性の電子対は N 原子上に局在化しているのか，それとも非局在化した π 電子系の一部になっているのか，どちらだろうか．N 原子上の孤立電子対は二重結合に隣接している．16.5 節で学んだ次の一般則を思いだそう．

- X＝Y−Z 系において，Z が sp² 混成で，p 軌道に孤立電子対をもつとき，その系は共役となる．

N 原子上の孤立電子対が p 軌道を占めているとすると，

- ピロールはすべての隣り合う原子上に p 軌道をもつので，完全に共役している．
- ピロールは，π 結合から 4 個，孤立電子対から 2 個，合計 6 個の π 電子をもつ．

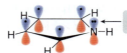

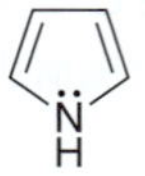

sp² 混成の N 原子

環は完全に共役し 6 個の π 電子をもつ

孤立電子対は p 軌道にある

ピロールは環状かつ平面であり，完全に共役しており，$4n + 2$ 個の π 電子をもつ．したがって，**ピロールは芳香族である**．環の大きさではなく，電子の数によってその化合物が芳香族であるかどうかが決まる．

図 17.7
ピリジンとピロールの静電ポテンシャル図

ピリジン

- N 原子上の高い電子密度の領域（赤色）からわかるように，孤立電子対は N 原子上の sp² 混成軌道に局在化している．

ピロール

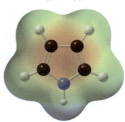

- 孤立電子対は p 軌道にあり，環全体に非局在化しているので，環全体が電子豊富（赤色）になる．

図 17.7 に示したピリジンとピロールの静電ポテンシャル図から，**ピリジンの孤立電子対はN原子上に局在化しており，一方ピロールの孤立電子対はπ電子系全体に非局在化している**ことがわかる．つまり，ピリジンとピロールのN原子には根本的な違いがある．

- （ピリジンのNのように）ヘテロ原子が二重結合に含まれる場合には，孤立電子対はp軌道を占めることが<u>できず</u>，環全体に非局在化することが<u>できない</u>．
- （ピロールのNのように）ヘテロ原子が二重結合に含まれない場合には，孤立電子対はp軌道に位置することができ，環全体に<u>非局在化</u>し，芳香族となる．

### ヒスタミン

**ヒスタミン**（histamine）は，多くの組織で生成される生理活性アミンであり，二つのN原子を含む芳香族ヘテロ環をもっている．そのうちの一つはピリジンのN原子に似ており，もう一つはピロールのN原子に似ている．

サバ中毒は，保存状態が悪かった魚，代表的な例ではマヒマヒ（写真）やマグロといった魚を食べることによって起こり，顔面紅潮，じんましん，全身のかゆみなどを引き起こす．細菌がアミノ酸のヒスチジン（29章参照）をヒスタミンに換えてしまい，これを大量に摂取することでこのような症状が現れる．

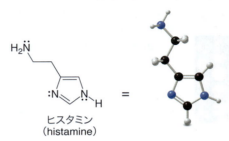

ヒスタミン
(histamine)

ヒスタミンは二つのπ結合と二つの窒素原子を含む五員環をもっており，両方の窒素が孤立電子対をもつ．このヘテロ環は，二つの二重結合に由来する4個のπ電子をもつ．赤いN原子上の孤立電子対はp軌道を占めているので，このヘテロ環は完全に共役しており，π電子の合計は6個となる．したがって，赤いN原子上の孤立電子対は五員環全体に非局在化しており，このヘテロ環は芳香族である．青いN原子上の孤立電子対は，非局在化したπ電子に対して直交したsp²混成軌道を占めている．

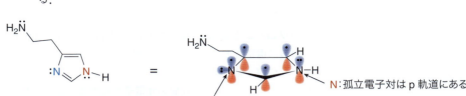

- 赤いNはピロールのN原子に類似
- 青いNはピリジンのN原子に類似

N：孤立電子対はp軌道にある
N：孤立電子対はsp²混成軌道にある

ヒスタミンは，体内でさまざまな生理的効果を引き起こす．過剰のヒスタミンは，花粉症の特徴である鼻水や涙目の原因である．ヒスタミンはまた胃酸の過剰分泌を引き起こし，じんましんの発症にも関与する．これらの効果は，ヒスタミンと二つの異なる細胞受容体の相互作用によるものである．ヒスタミンの効果を阻害する化合物である抗ヒスタミン薬や抗潰瘍薬については，25.6節で学ぶ．

## 17章 ベンゼンと芳香族化合物

**問題 17.12** 次のヘテロ環のうち芳香族はどれか．

a.  b.  c.  d. 

**問題 17.13** (a) 解熱作用のある効果的な抗マラリア薬であるキニーネの，二つのN原子の混成状態を示せ．(b) それぞれのN原子上の孤立電子対がどの軌道に存在しているかを示せ．

キニーネはアンデス山脈原産のキナの木の樹皮から単離される．

**問題 17.14** ジャヌビア®(Januvia®)はシタグリプチンという医薬品の商品名で，Ⅱ型糖尿病の治療に用いられている．(a) シタグリプチンの五員環が芳香族である理由を説明せよ．(b) それぞれのN原子の混成状態を示せ．(c) それぞれのN原子上の孤立電子対がどの軌道に存在しているかを示せ．

ジャヌビア®は血糖値を下げる力を増大させる薬剤で，単独あるいは他の薬剤と一緒にⅡ型糖尿病の治療に用いられる．

### 17.8.4 電荷をもつ芳香族化合物

負および正電荷をもつイオンも，すべての必要な条件を満たせば芳香族になりうる．

#### シクロペンタジエニルアニオン

**シクロペンタジエニルアニオン**(cyclopentadienyl anion)は環状かつ平面であり，二つの二重結合と一つの孤立電子対をもっている．この点で，ピロールとよく似ている．二つのπ結合からの4電子と孤立電子対からの2電子で合計6電子が存在する．ヒュッケル則によると，**6個のπ電子をもてば芳香族性となる**．ピロールのN原子と同様に，**負電荷をもつ炭素原子も $sp^2$ 混成であり，孤立電子対は $p$ 軌道に存在しており，環は完全に共役する**．

シクロペンタジエニルアニオン
すべてのCが $sp^2$ 混成
6個のπ電子

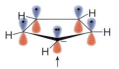

孤立電子対は $p$ 軌道にある

- 環状かつ平面で，完全に共役しており，6個のπ電子をもつので，シクロペンタジエニルアニオンは芳香族である．

**シクロペンタジエニルアニオン**に対しては，五つの等価な共鳴構造式を書くことができ，負電荷は環のすべての炭素原子上に非局在化している．

シクロペンタジエニルカチオンやシクロペンタジエニルラジカルについても，五つの共鳴構造式を書くことができるが，シクロペンタジエニルアニオンのみが6個のπ電子をもち，ヒュッケル則を満たす．シクロペンタジエニルカチオンは4個のπ電子をもつので反芳香族となり，非常に不安定である．シクロペンタジエニルラジカルは5個のπ電子をもつので，芳香族でも反芳香族でもない．ある化学種が芳香族性の効果によってとくに安定化されるためには，"ちょうどよい"数の電子をもつことが重要である．

**シクロペンタジエニルアニオン**
(cyclopentadienyl anion)
- **6**個のπ電子
- $4n+2$個のπ電子をもつ

芳香族

**シクロペンタジエニルカチオン**
(cyclopentadienyl cation)
- **4**個のπ電子
- $4n$個のπ電子をもつ

反芳香族

**シクロペンタジエニルラジカル**
(cyclopentadienyl radical)
- **5**個のπ電子
- π電子の数は$4n$でも$4n+2$でもない

非芳香族

シクロペンタジエニルアニオンは，シクロペンタジエン(cyclopentadiene)からブレンステッド-ローリーの酸-塩基反応により容易に生成する．

シクロペンタジエン
芳香族ではない
$pK_a = 15$

シクロペンタジエニルアニオン
芳香族
安定化された共役塩基

シクロペンタジエン自身は完全に共役していないので芳香族ではない．しかし，シクロペンタジエニルアニオンは芳香族であり，非常に安定な塩基である．そのため，シクロペンタジエンは他の炭化水素に比べて酸性度が高い．実際，シクロペンタジエンの$pK_a$は15であり，これまでにでてきたどのC–H結合の$pK_a$よりも小さい(酸性度が高い)．

- シクロペンタジエンは，その共役塩基が芳香族であるため，他の炭化水素よりも酸性である．

**問題 17.15** 1,3,5-シクロヘプタトリエン(p$K_a$ = 39)を強塩基で処理して得られる生成物を書け．シクロペンタジエンの p$K_a$ に比べて，1,3,5-シクロヘプタトリエンの p$K_a$ はなぜこんなに大きいのか理由を説明せよ．

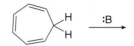

1,3,5-シクロヘプタトリエン
(1,3,5-cycloheptatriene)
p$K_a$ = 39

**問題 17.16** 次の化合物を酸性度が低いものから順に並べよ．

## トロピリウムカチオン

**トロピリウムカチオン**(tropylium cation)は，七員環に三つの二重結合と一つの正電荷をもつ平面状カルボカチオンである．正電荷をもった炭素が sp² 混成で，三つの二重結合に由来する六つの p 軌道と重なる空の p 軌道をもつために，このカルボカチオンは完全に共役している．**トロピリウムカチオンは三つの π 結合をもち，他に非結合性の電子対をもたないので π 電子の合計は 6 個となり**，ヒュッケル則を満たす．

シクロペンタジエニルアニオンとトロピリウムカチオンから，重要な原則が見て取れる．つまり，**芳香族性を決定するのは π 電子の数であって**，環の原子数や重なっている p 軌道の数ではない．シクロペンタジエニルアニオンとトロピリウムカチオンはどちらも 6 個の π 電子をもつので芳香族である．

トロピリウムカチオン
すべての C が sp² 混成
6 個の π 電子

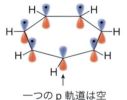

一つの p 軌道は空

- **トロピリウムカチオンは，環状かつ平面で完全に共役しており，環の七つの原子上に非局在化した 6 個の π 電子をもつため芳香族である．**

**問題 17.17** トロピリウムカチオンの七つの共鳴構造式を書け．

**問題 17.18** 環が平面であるとすると，芳香族であるのはどのイオンか．

a. b. c. d.

**問題 17.19** 化合物 **A** の ¹H NMR スペクトルは 7.6 ppm にピークを示し，**A** は芳香族であることが示唆される．(a) 三重結合の炭素原子の混成状態を示せ．(b) 三重結合の π 電子はどの種類の軌道に存在するか示せ．(c) **A** の環上には π 電子がいくつ非局在化しているか．

A =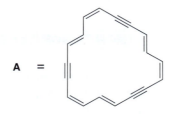

## 17.9 ヒュッケル則の理論的背景

**なぜ，π 電子の数で化合物が芳香族であるかどうかが決まるのだろうか**．シクロブタジエンは，ベンゼンと同様に，環状かつ平面で完全に共役しているのに，なぜベンゼンは芳香族でシクロブタジエンは反芳香族なのだろうか．

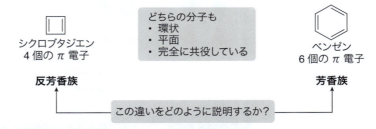

これを完全に説明しようとすると，有機化学の基礎的な教科書の範囲を超えてしまう．しかし軌道と結合についてもう少し学べば，芳香族性の基本は理解できるようになる．

### 17.9.1 結合性軌道と反結合性軌道

これまで，どのように結合が生成するかを説明するために次のような基礎的な考え方を使ってきた．

- 水素は 1s 軌道を使って，他の元素と σ 結合を生成する．
- 第二周期元素は，混成軌道（sp, $sp^2$, $sp^3$）を使って，σ 結合を生成する．
- 第二周期元素は，p 軌道を使って，π 結合を生成する．

結合についてのこのような考え方は，**原子価結合理論**(valence bond theory) と呼ばれる．原子価結合理論では，共有結合は二つの原子軌道の重なりによって生成し，生成した結合にある電子対は二つの原子によって共有されると考える．したがって，炭素－炭素二重結合は，1 個の電子をもつ $sp^2$ 混成軌道が二つ重なって生成した σ 軌道と，1 個の電子をもつ p 軌道が二つ重なって生成した π 軌道からなる．

この結合の考え方は，これまで見てきたほとんどの有機分子に対してうまく適用できる．しかし残念なことに，芳香族化合物のように多くの隣接する p 軌道が重なった系を記述するには適当ではない．これらの系を完全に説明するには，**分子軌道 (MO) 理論**〔molecular orbital theory，または分子軌道法 (molecular orbital method) という〕

を使う必要がある．

MO理論では，**分子軌道**(molecular orbital, **MO**)と呼ばれる原子軌道の数学的な組合せによる新しい軌道として結合を記述する．分子軌道は，分子中で一定の空間領域を占めており，そこには電子が存在する可能性が高い．原子軌道から分子軌道ができるときに重要なことを覚えておこう．

- **$n$ 個の原子軌道の組合せからは $n$ 個の分子軌道ができる．**

二つの原子軌道を組み合わせると，二つの分子軌道ができる．これは，原子価結合理論とは根本的に異なる．芳香族性は p 軌道の重なりにもとづいているので，二つの p (原子) 軌道を組み合わせたときにどうなるかを MO 理論によって予測する．

それぞれの p 軌道の二つのローブは反対の**位相**(phase)になっており，核が電子密度の**節**(node)になっている．二つの p 軌道を組み合わせると二つの分子軌道ができる．二つの p 軌道の組合せには，同じ位相で重なって相互作用を増幅させる組合せと，逆の位相で重なって相互作用を打ち消し合う組合せがある．

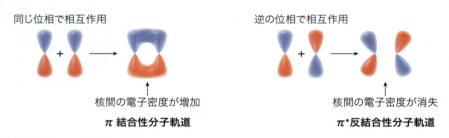

- **二つの p 軌道が同じ位相で重なると，結合性**(bonding)**の π 分子軌道ができる．**
- **二つの p 軌道が逆の位相で重なると，反結合性**(antibonding)**の π* 分子軌道ができる．**

同じ位相の軌道が組み合わさると安定な結合性の相互作用が生じ，結合性の π 分子

図 17.8
二つの p 軌道の組合せにより，π および π* 分子軌道ができる

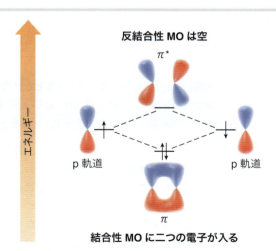

- 二つの p 軌道が組み合わさって二つの分子軌道ができる．結合性の π MO はもとの p 軌道よりもエネルギー的に低く，反結合性の π* MO はもとの p 軌道よりもエネルギー的に高い．
- 2 個の電子は，まず低いエネルギーをもつ結合性 MO に入る．

軌道のエネルギーは，もとの二つのp原子軌道よりも低くなる．結合性の相互作用によって核は結びつけられる．同様に，逆の位相の軌道が組み合わさると不安定な節が生じるので，反結合性のπ*分子軌道は高いエネルギーをもつ．不安定化の相互作用によって核は反発する．

それぞれ1個の電子をもつ二つのp軌道が組み合わさってMOができると，図17.8に示すように2個の電子はより低いエネルギーの結合性πMOに入る．

### 17.9.2 三つ以上のp軌道の組合せからできる分子軌道

ベンゼンを分子軌道で記述すると，図17.8で述べた二つのMOの場合よりかなり複雑になる．図17.9に示すように，ベンゼンの六つの炭素原子それぞれがp軌道をもつため，六つのp原子軌道が組み合わさって，六つのπMOができる．これらの六つのMOの様子とエネルギーを記述するには，本書で示すよりもっと精密な数学とMO理論の理解が必要になる．しかし，六つのMOが，$\Psi_1 \sim \Psi_6^*$に分類されており，エネルギー的に$\Psi_1$が最も低く，$\Psi_6^*$が最も高くなっていることに注目しよう．

六つのベンゼンのMOについて最も重要な点を次に示す．

- **結合性相互作用をより多くもつMOのエネルギーはより低い**．最もエネルギーが低いMO($\Psi_1$)は，p軌道間がすべて結合性相互作用である．
- **節をより多くもつMOのエネルギーはより高い**．最も高エネルギーのMO($\Psi_6^*$)は，p軌道間がすべて節である．
- もとのp軌道よりもエネルギーが低い三つのMOは，結合性MOである($\Psi_1, \Psi_2,$

図17.9 ベンゼンの六つのp軌道の重なりから六つの分子軌道が形成される様子

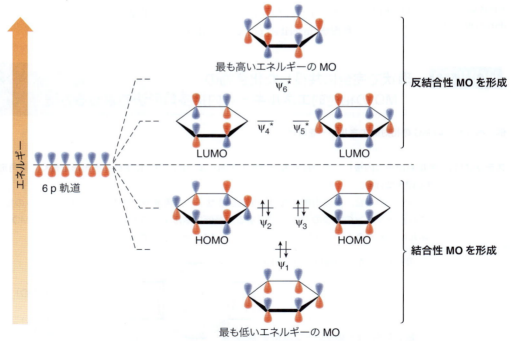

- 六つの分子軌道を生成するベンゼンの六つのp原子軌道の相互作用を図示したものである．同じ位相で軌道を組み合わせると結合性相互作用が生じる．逆の位相で軌道を組み合わせると節が生じて不安定化する．

$\Psi_3$). 一方，もとのp軌道よりもエネルギーが高い三つのMOは，反結合性MOである（$\Psi_4^*$，$\Psi_5^*$，$\Psi_6^*$）．

- 2組のMO（$\Psi_2$と$\Psi_3$，$\Psi_4^*$と$\Psi_5^*$）は同じエネルギーをもち，**縮退軌道**（degenerate orbital）と呼ばれる．
- 電子をもつ軌道のうち最も高いエネルギーの軌道を最高被占軌道（highest occupied molecular orbital，**HOMO**）という．ベンゼンでは，縮退軌道$\Psi_2$および$\Psi_3$がHOMOになる．
- 電子をもたない軌道のうち最も低いエネルギーの軌道を最低空軌道（lowest unoccupied molecular orbital，**LUMO**）という．ベンゼンでは，縮退軌道$\Psi_4^*$および$\Psi_5^*$がLUMOになる．

これらのMOに電子を詰めるとき，最も低いエネルギーの軌道から始めて，6個の電子を一つの軌道に2個ずつ入れていく．その結果，6個の電子は結合性MOをすべて満たし，反結合性MOが空のまま残る．これが，ベンゼンや他の芳香族化合物がとくに安定で，6個のπ電子がヒュッケル則の$4n+2$ルールを満たす理由である．

- 芳香族化合物では，すべての結合性MO（およびHOMO）が完全に満たされている．π電子は反結合性MOには入らない．

## 17.10 芳香族性を予見する内接多角形法

化合物のπ電子が結合性MOを完全に満たしているかどうかを予見するには，結合性軌道がいくつあり，π電子が何個あるかを知る必要がある．環状で完全に共役した化合物の軌道の相対的エネルギーを，精密な数学を使わずに（つまり，生じるMOがどのようになるかがわからなくても）予見する方法がある．ここでは，その**内接多角形法**（inscribed polygon method）を解説する．

内接多角形のことを**フロスト円**（Frost circle）ともいう．

### HOW TO　環状で完全に共役した化合物のMOの相対的エネルギーを内接多角形法で求める方法

例　ベンゼンのMOの相対的エネルギーを書け．

ステップ[1]　各頂点が円に内接し，かつ頂点の一つが下を向くように，円内に求める多角形を書く．多角形が円と接する点に印をつける．

- ベンゼンの場合，円の内側に六角形を内接させる．六角形の六つの頂点によって六つの接点ができるが，これがベンゼンの六つのMOに対応する．最低エネルギーのMOが一つ，縮退したMOが2組，最高エネルギーのMOが一つというパターンは，図17.9と一致している．

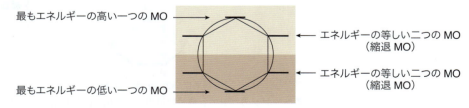

つづく

## HOW TO（つづき）

**ステップ[2]** 円の中心を通る水平な線を書き，MO を結合性，非結合性，または反結合性に分類する．
- 線より下の MO は結合性で，もとの p 軌道よりエネルギーが低い．ベンゼンは三つの結合性 MO をもつ．
- 線上の MO は非結合性で，もとの p 軌道と同じエネルギーをもつ．ベンゼンは非結合性 MO をもたない．
- 線より上の MO は反結合性で，もとの p 軌道よりエネルギーが高い．ベンゼンは三つの反結合性 MO をもつ．

**ステップ[3]** 最もエネルギーが低い MO から順に電子を入れていく．
- 芳香族化合物では，すべての結合性 MO（および HOMO）が完全に電子で満たされている．反結合性 MO には，$\pi$ 電子が存在しない．
- ベンゼンは，6 個の $\pi$ 電子が結合性 MO を完全に満たすので芳香族性である．

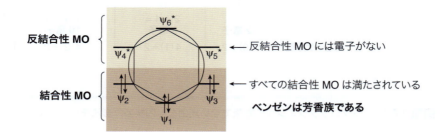

この方法は，環の大きさによらず，単環性の完全に共役した炭化水素に対して適用できる．この方法を用いて，完全に共役した五員環および七員環の MO を図 17.10 に示した．MO の合計数は常に多角形の頂点の数に等しい．どちらの系も三つの結合性 MO をもつので，それを完全に満たすには 6 個の $\pi$ 電子が必要となる．そのため，シクロペンタジエニルアニオンとトロピリウムカチオンは，17.8.4 項で学んだように芳香族になる．

内接多角形法は，ヒュッケル則の $4n + 2$ ルールと一致している．つまり，最もエ

**図 17.10**
五員環および七員環に対して内接多角形法を適用する

五員環　　　　　七員環

必ず頂点を**下向き**にして多角形を書く：

- いずれの系も**三つ**の結合性 MO をもつ．
- 芳香族になるにはいずれも **6** 個の $\pi$ 電子を必要とする．

6 個の $\pi$ 電子
シクロペンタジエニルアニオン

6 個の $\pi$ 電子
トロピリウムカチオン

ネルギーの低い結合性 MO が常に一つあって、ここに π 電子が 2 個入り、他の結合性 MO は縮退した組合せになるので、合計 4 個の π 電子が入る．化合物が芳香族性になるには、これらの MO が電子で満たされる必要があるので、芳香族性の"マジックナンバー"はヒュッケル則の $4n+2$ ルールに沿ったものになる（図 17.11）．

**図 17.11**
環状で完全に共役した系の MO のパターン

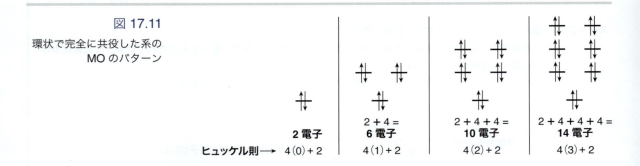

### 例題 17.1
シクロブタジエンが芳香族でない理由を、内接多角形法を用いて示せ．

シクロブタジエン
4 個の π 電子

**【解答】**
シクロブタジエンは四つの p 軌道からできる四つの MO をもち、そこに 4 個の π 電子が入る．

**ステップ[1]** 頂点を下向きに内接四角形を書き、円と頂点の接点に印をつける．

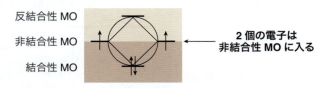

- 四つの接点はシクロブタジエンの四つの分子軌道（MO）に対応する．

**ステップ[2]・[3]** 円の中心を通る線を書き、MO を分類し、電子を入れる．

反結合性 MO
非結合性 MO
結合性 MO

← 2 個の電子は非結合性 MO に入る

- シクロブタジエンは四つの MO をもち、一つが結合性、二つが非結合性、もう一つが反結合性である．
- シクロブタジエンの 4 個の π 電子を最もエネルギーの低い結合性 MO に 2 個、二つの非結合性 MO に 1 個ずつ入れる．
- 二つの縮退した MO に電子が別れて存在することによって、電子はさらに遠ざかろうとする．

**結論**：シクロブタジエンは、その HOMO、つまり二つの縮退した非結合性 MO が完全に満たされていないので、芳香族ではない．

例題 17.1 の手順に従えば，なぜシクロブタジエンが反芳香族なのか説明することができる．非結合性 MO に 2 個の不対電子が存在することは，シクロブタジエンが非常に不安定なジラジカルであることを示唆する．実際，反芳香族化合物は，HOMO に 2 個の不対電子をもち，非常に不安定になるので，シクロブタジエンと似ている．

**問題 17.20** 次のカチオンが芳香族である理由を，内接多角形法を用いて示せ．

**問題 17.21** シクロペンタジエニルカチオンとシクロペンタジエニルラジカルが芳香族でない理由を，内接多角形法を用いて示せ．

## 17.11 バックミンスターフラーレン——それは芳香族か？

ダイヤモンド（上）と黒鉛（下）は炭素の二つの元素形態である．

炭素の一般的な元素形態は，ダイヤモンドと黒鉛である．既知物質で最も硬い物質の一つであるダイヤモンドは工業的な切削工具に使われるが，つるつるした黒い物質である黒鉛は潤滑剤として使われる．これらの分子構造はまったく異なっており，そのため物理的な特性も大きく異なる．

ダイヤモンドは $sp^3$ 混成の炭素原子が連続する四面体構造の網状組織からなり，いす型のシクロヘキサン環の無限のつながりをつくる．一方，黒鉛（グラファイト）の構造は $sp^2$ 混成の炭素原子が平行に並んだシートからなり，ベンゼン環の無限のつながりをつくる．平行のシートは弱い分子間相互作用によって互いにつながっている．

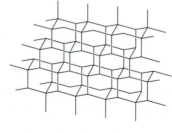

**ダイヤモンド**
(diamond)
六員環が三次元的に共有結合で
"無限に"つながった配列

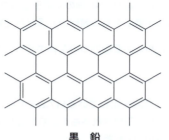

**黒 鉛**
(graphite)
ベンゼン環が二次元的に共有結合で
"無限に"つながった配列

横から見た黒鉛の
3 枚のシート

黒鉛はベンゼン環からなる平面のシートが弱い分子間力でつながったものである

**バックミンスターフラーレン**（Buckminsterfullerene，$C_{60}$）は，炭素の第三の元素形態である．その構造は $sp^2$ 混成の炭素原子が球状につながった 20 個の六角形と 12 個の五角形からなる．それぞれの炭素原子は 1 個の電子を含む p 軌道をもっているので，$C_{60}$ は完全に共役している．

バックミンスターフラーレン（またはバッキーボール）は，スモーリー(R.E. Smalley)，カール(R.F. Curl)，クロート(H.W. Kroto)によって発見され，彼らはその業績により1996年にノーベル化学賞を共同受賞した．その変わった名前は，リチャード・バックミンスター・フラー(R. Buckminster Fuller)によって開発されたジオデシックドームに似たその形に由来する．六員環と五員環のパターンはサッカーボールの模様と同じでもある．

**バックミンスターフラーレン, $C_{60}$**

炭素原子からなる20個の六角形と12個の五角形がつながっている

[バックミンスターフラーレンの60個のCを示す．それぞれのCは1電子をもったp軌道を含むが，それは示していない]

$C_{60}$は芳香族なのだろうか．$C_{60}$は完全に共役しているが，平面ではない．その曲がった構造のためベンゼンほど安定ではない．実際，$C_{60}$では通常のアルケンと同様に求電子剤による付加反応が進行する．それに対して，ベンゼンでは求電子剤との置換反応が進行し，非常に安定なベンゼン環はそのまま保持される．これらの反応については18章で説明する．

**問題 17.22** $C_{60}$はいくつの $^{13}C$ NMR シグナルを示すか．

## ◆キーコンセプト◆

### ベンゼンと芳香族化合物

#### 芳香族，反芳香族，非芳香族化合物の比較(17.7節)

- **芳香族化合物**
  - 環状かつ平面で完全に共役しており，$4n+2$個のπ電子をもつ化合物($n = 0, 1, 2, 3 \cdots$)．
  - 芳香族化合物は同じ数のπ電子をもつ類似の非環状化合物よりも安定である．

- **反芳香族化合物**
  - 環状かつ平面で完全に共役しており，$4n$個のπ電子をもつ化合物($n = 0, 1, 2, 3 \cdots$)．
  - 反芳香族化合物は同じ数のπ電子をもつ類似の非環状化合物よりも不安定である．

- **非芳香族化合物**
  - 芳香族や反芳香族であるために必要な四つの条件のうち一つでも欠けている化合物．

#### 芳香族化合物の性質

- 環のすべての原子がp軌道をもち，電子密度が非局在化している(17.2節)．
- 異常に安定である．水素化熱 $\Delta H°$ は不飽和度から予想されるものよりかなり小さい(17.6節)．
- アルケンに対する一般的な付加反応が進行しない(17.6節)．
- $^1H$ NMR スペクトルのシグナルは，環電流によって外部磁場が強められるため非常に非遮蔽化される(17.4節)．
- すべての結合性MOおよびHOMOは完全に満たされるが，反結合性軌道には電子が入らない(17.9節)．

## 6個のπ電子をもつ芳香族化合物の例（17.8節）

ベンゼン　　　　ピリジン　　　　ピロール　　　シクロペンタジエニル　　トロピリウム
(benzene)　　　(pyridine)　　　(pyrrole)　　　　アニオン　　　　　　カチオン
　　　　　　　　　　　　　　　　　　　　　　（cyclopentadienyl　　（tropylium
　　　　　　　　　　　　　　　　　　　　　　　　anion）　　　　　　　cation）

## 芳香族ではない化合物の例（17.8節）

　　環状ではない　　　　　　平面ではない　　　完全に共役していない

## ◆章末問題◆

### 三次元モデルを用いる問題

**17.23** 次の化合物を命名し，$^{13}$C NMR においていくつのシグナルが観測されるか予想せよ．

a. 　　b.

**17.24** 次の化合物を「芳香族」，「反芳香族」，「非芳香族」に分類せよ．

a. 　　b. 　　c.

### ベンゼンの構造と命名法

**17.25** ベンゼンの構造に関する初期の研究では，次のような実験事実を説明する必要があった．ベンゼンをルイス酸とともに Br$_2$ で処理すると，分子式 C$_6$H$_5$Br をもつ単一の置換生成物が得られる．この生成物をもう 1 当量の Br$_2$ で処理すると，分子式 C$_6$H$_4$Br$_2$ をもつ三つの異なる化合物が得られる．
   a. 単一のケクレ構造式は第一の結果とは矛盾しないが，第二の結果とは矛盾する理由を示せ．
   b. ベンゼンを共鳴構造式で記述すれば，両方の反応結果に矛盾しない理由を説明せよ．

**17.26** 分子式 C$_8$H$_{10}$ をもつすべての芳香族炭化水素を書け．また，それぞれの化合物に対して，ベンゼン環の H 原子を Br 原子で置換すると，分子式 C$_8$H$_9$Br をもつ異性体がいくつできるかを示せ．

**17.27** 次の化合物の IUPAC 名を示せ．

a. 　　c. 　　e. 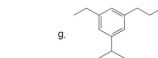　　g.

b. 　　d. 　　f.　　h.

## 17章 ベンゼンと芳香族化合物

**17.28** 次の名称に対応する構造式を書け．
  a. *p*-ジクロロベンゼン    d. 2,6-ジメトキシトルエン
  b. *p*-ヨードアニリン    e. 2-フェニル-2-プロペン-1-オール
  c. *o*-ブロモニトロベンゼン    f. *trans*-1-ベンジル-3-フェニルシクロペンタン

**17.29** a. ベンゼン環をもつ分子式 $C_8H_9Cl$ の化合物の14個の構造異性体を書け．
  b. そのなかで三置換ベンゼン環をもつすべての化合物を命名せよ．
  c. 立体異性体がある化合物はどれか．そのすべての立体異性体を書け．

## 芳香族性

**17.30** 次の分子にπ電子はいくつあるか．

a.    b.    c.    d.    e.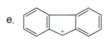

**17.31** 次の化合物のうち芳香族はどれか．芳香族でない化合物については，その理由を示せ．

a.    b.   c.    d.

**17.32** 次のヘテロ環化合物のうち芳香族はどれか．

a.    c.    e.    g.

b.    d.    f.    h.

**17.33** 次の化合物を「芳香族」，「反芳香族」，「非芳香族」に分類せよ．すべての完全に共役した環は平面であるとする．

a.    b.    c.    d.

**17.34** 炭化水素 **A** は C–C と C–H 結合のみからなるのに，かなり大きな双極子をもつ．共鳴構造式を用いて双極子が生じる理由とその方向を示せ．また，どちらの環が電子豊富かを示せ．

**A**

**17.35** ペンタレン，アズレン，ヘプタレンはベンゼン環をもたない共役炭化水素である．π電子の数をもとに，とくに安定，または不安定な炭化水素はどれかを示せ．

ペンタレン    アズレン    ヘプタレン
(pentalene)   (azulene)   (heptalene)

**17.36** ヘテロ環であるプリンは DNA 構造によく見られる．

プリン
(purine)

a. それぞれの N 原子の混成状態を示せ．
b. N 原子上のそれぞれの孤立電子対はどの種類の軌道にあるかを示せ．
c. プリンに含まれる π 電子はいくつか．
d. プリンが芳香族である理由を示せ．

**17.37** メトトレキサートは葉酸の代謝阻害薬であり，リウマチ性関節炎などの自己免疫異常やさまざまながんの治療に用いられる．(a) メトトレキサートの各窒素原子の混成状態を示せ．(b) 各窒素原子の非共有電子対はどの軌道に存在しているか示せ．(c) 四つの窒素を含む二環性骨格が芳香族であることを説明せよ．

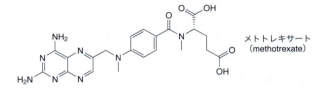

**17.38**

C

a. 化合物 C に含まれる π 電子はいくつか．
b. 環状に非局在化している π 電子はいくつか．
c. C が芳香族である理由を示せ．

**17.39** AZT は AIDS の原因となる HIV ウイルスを治療するはじめての薬であった．AZT の六員環骨格が芳香族であることを説明せよ．

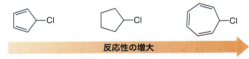
AZT

**17.40** 次の第二級ハロゲン化アルキルの $S_N1$ 反応における反応速度の違いを説明せよ．

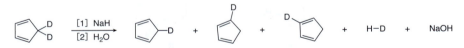
反応性の増大

**17.41** 次の反応の機構を段階ごとに示せ．

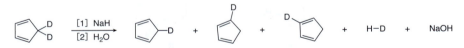

**17.42** α-ピロンが $Br_2$ と反応し，C=C 結合に対する付加反応生成物ではなく，ベンゼンのように置換反応生成物を与える理由を説明せよ．

α-ピロン
(α-pyrone)

## 共　鳴

**17.43** 次の化学種の他の共鳴構造式を書け．

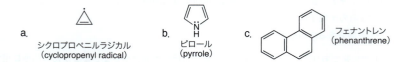

a. シクロプロペニルラジカル (cyclopropenyl radical)
b. ピロール (pyrrole)
c. フェナントレン (phenanthrene)

**17.44** ナフタレンの炭素−炭素結合の長さは単一ではない．共鳴を用いて，結合(a)が結合(b)より短い理由を説明せよ．

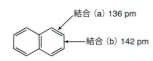

結合 (a) 136 pm
結合 (b) 142 pm

**17.45**

ピロール (pyrrole)　　フラン (furan)

a. ピロールのすべての共鳴構造式を書き，ピロールがベンゼンより共鳴安定化が小さい理由を説明せよ．
b. フランのすべての共鳴構造式を書き，フランがピロールより共鳴安定化が小さい理由を説明せよ．

## 酸性度

**17.46** 次の組合せのうち酸性度が高いのはどちらか．

a.  と 　　b.  と

**17.47** インデンを $NaNH_2$ で処理すると，ブレンステッド−ローリーの酸−塩基反応によって，インデンの共役塩基が生成する．インデンの共役塩基に対するすべての共鳴構造式を書き，インデンの $pK_a$ がほとんどの炭化水素に比べて小さい理由を説明せよ．

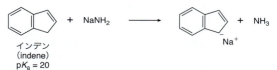

インデン (indene) $pK_a = 20$

**17.48** 5-メチル-1,3-シクロペンタジエン(**A**)と7-メチル-1,3,5-シクロヘプタトリエン(**B**)について考える．$H_a$〜$H_d$ のH原子のうち，最も酸性度の高いものはどれか．また，最も酸性度の低いものはどれか．理由も説明せよ．

**A**　　**B**

**17.49** ピロールおよびシクロペンタジエンの共役塩基を書け．なぜシクロペンタジエンの $sp^3$ 混成C−H結合が，ピロールのN−H結合より酸性度が高いのかを説明せよ．

**17.50** a. なぜピロールのプロトン化が，N原子上で起こって**B**を生成するのではなく，C2上で起こって**A**が生成するかを説明せよ．
b. なぜ**A**がピリジンの共役酸である**C**よりも酸性度が高いのかを説明せよ．

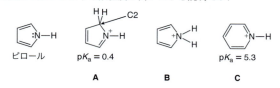

ピロール　　**A** $pK_a = 0.4$　　**B**　　**C** $pK_a = 5.3$

## 内接多角形法

**17.51** 内接多角形法を用いて，シクロオクタテトラエンの分子軌道パターンを示せ．

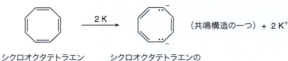

a. MO を「結合性」，「反結合性」，「非結合性」に分類せよ．
b. シクロオクタテトラエンの軌道の電子配置を示し，なぜシクロオクタテトラエンが芳香族でないかを説明せよ．
c. シクロオクタテトラエンにカリウムを作用させるとジアニオンが生成する．このジアニオンに含まれる π 電子はいくつか．
d. このジアニオンの π 電子は分子軌道にどのように配置されるかを示せ．
e. シクロオクタテトラエンのジアニオンを「芳香族」，「反芳香族」，「非芳香族」に分類し，なぜそうなるのかを説明せよ．

**17.52** 内接多角形法を用いて，1,3,5,7-シクロノナテトラエンの分子軌道のパターンを示せ．またそれを用いて，そのカチオン，ラジカル，およびアニオンを「芳香族」，「反芳香族」，「非芳香族」に分類せよ．

## 分 光 法

**17.53** 次の化合物の $^{13}$C NMR のシグナル数を示せ．

**17.54** 次の $^{13}$C NMR スペクトルの組合せはジエチルベンゼンの異性体（オルト，メタ，パラ）のどれに対応するか．

**[A]** $^{13}$C NMR シグナル：16，29，125，127.5，128.4，144 ppm
**[B]** $^{13}$C NMR シグナル：15，26，126，128，142 ppm
**[C]** $^{13}$C NMR シグナル：16，29，128，141 ppm

**17.55** 次のデータに一致する構造を示せ．

a. $C_{10}H_{14}$：3150 〜 2850，1600，1500 cm$^{-1}$ に赤外吸収

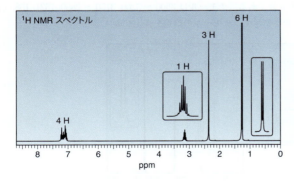

b. $C_9H_{12}$：21，127，138 ppm に $^{13}C$ NMR シグナル

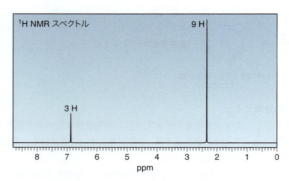

c. $C_8H_{10}$：3108～2875，1606，1496 $cm^{-1}$ に赤外吸収

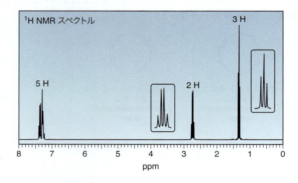

**17.56** 化合物 **A** および **B** の構造を決定せよ．
  a. 化合物 **A**：
    分子式：$C_8H_{10}O$
    3150～2850 $cm^{-1}$ に赤外吸収
    $^1H$ NMR データ：1.4(三重線，3 H)，3.95(四重線，2 H)，6.8～7.3(多重線，5 H) ppm
  b. 化合物 **B**：
    分子式：$C_9H_{10}O_2$
    1669 $cm^{-1}$ に赤外吸収
    $^1H$ NMR データ：2.5(一重線，3 H)，3.8(一重線，3 H)，6.9(二重線，2 H)，7.9(二重線，2 H) ppm

**17.57** チモール(分子式 $C_{10}H_{14}O$)はタイムオイルの主成分である．チモールは 3500～3200，3150～2850，1621，1585 $cm^{-1}$ に赤外吸収をもつ．チモールの $^1H$ NMR スペクトルを下に示す．チモールの構造を推定せよ．

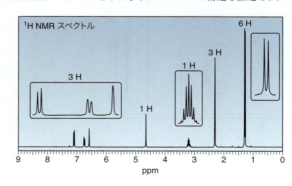

**17.58** 分子式 $C_{11}H_{15}NO_2$ をもつ化合物の試料がある。それは$(CH_3)_2N-$と$-CO_2CH_2CH_3$という二つの置換基をもつベンゼン環を含み，下のような $^{13}C$ NMR スペクトルを示す。$^{13}C$ NMR スペクトルデータに一致する二置換ベンゼンの構造を示せ。

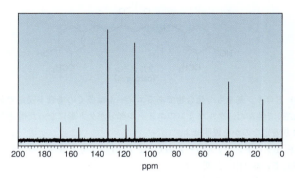

## 総合問題

**17.59** テトラヒドロフランとフランは，どちらも四つの炭素をもつ環状エーテルであるが，テトラヒドロフランのほうが沸点が高く水にも溶けやすい理由を説明せよ．

テトラヒドロフラン
(tetrahydrofuran)

フラン
(furan)

**17.60** リザトリプタン（商品名：マクサルト®）は，偏頭痛の治療に用いられる処方薬である．(a)リザトリプタンには芳香環がいくつ存在するか．(b)各窒素原子の混成状態を示せ．(c)各窒素原子の非共有電子対はどの軌道に存在しているか示せ．(d)リザトリプタンの共鳴構造式で中性の原子だけをもつものをすべて示せ．(e)三つの窒素原子をもつ五員環骨格の合理的な共鳴構造式をすべて示せ．

リザトリプタン
(rizatriptan)

**17.61** ゾルピデム（商品名：マイスリー®）は，睡眠導入を促進して不眠症を改善する処方薬として広く用いられている．

a. ヘテロ環部分の各窒素原子の非共有電子対はどの軌道に存在しているか示せ．
b. 二つの窒素を含む二環性骨格が芳香族であることを説明せよ．
c. 二環性骨格の合理的な共鳴構造式をすべて示せ．

ゾルピデム
(zolpidem)

**17.62** ショウガ科の熱帯性の多年草で，カレー粉の主原料でもあるターメリックから単離される黄色の色素クルクミンについて，次の問いに答えよ．

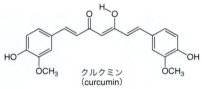
クルクミン
(curcumin)

a. C=Cに結合したヒドロキシ基をもつ化合物であるエノールは多くの場合不安定であり，カルボニル基に互変異性化することを11章（上巻）で学んだ．クルクミンのエノール部分がケト形になった構造を書き，なぜこのエノールが他の一般的なエノールより安定なのかを説明せよ．
b. なぜエノールのO–HプロトンがアルコールのO–Hプロトンよりも酸性なのかを説明せよ．
c. クルクミンが着色している理由を説明せよ．
d. クルクミンが抗酸化剤である理由を説明せよ．

**17.63** スタノゾロールは筋肉を増強するタンパク同化ステロイドである．スタノゾロールは運動選手やボディビルダーによって使用されてきたが，長期間使用すると多くの肉体的および精神的問題が生じ，競技スポーツでの使用は禁止されている．

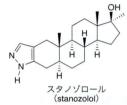
スタノゾロール
(stanozolol)

a. なぜ窒素ヘテロ環（ピラゾール環）が芳香族なのかを説明せよ．
b. それぞれのN原子の孤立電子対はどの軌道にあるかを示せ．
c. スタノゾロールのすべての共鳴構造式を書け．
d. なぜピラゾール環のN–H結合のp$K_a$がO–H結合のp$K_a$と同程度で，$CH_3NH_2$（p$K_a$ = 40）のようなアミンよりはるかに酸性度が高いのかを説明せよ．

## チャレンジ問題

**17.64** 化合物**A**が芳香族で，**B**は芳香族でない理由を説明せよ．

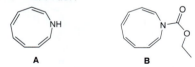

**17.65** 下記の$^1$H NMRデータを用いて，化合物**C**とそのジアニオンが「芳香族」，「反芳香族」，「非芳香族」のどれにあたるかを決定せよ．**C**は，−4.25 (6 H) ppmと8.14〜8.67 (10 H) ppmにNMRシグナルを示す．一方，**C**のジアニオンは，−3 (10 H) ppmと21 (6 H) ppmにNMRシグナルを示す．シグナルが高磁場（または低磁場）に大きくシフトする理由も説明せよ．

**17.66** なぜ化合物**A**が化合物**B**より安定であるのかを説明せよ．

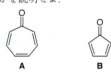

**17.67** スペアミントオイルの主成分である(*R*)-カルボンは，酸触媒によってタイムオイルの主成分であるカルバクロールへと異性化する．反応機構を段階ごとに書き，なぜ異性化が起こるのかを説明せよ．

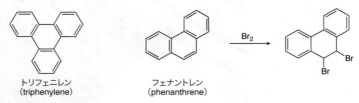

**17.68** トリフェニレンはベンゼンと同様にBr₂の付加反応を起こさないのに，フェナントレンはBr₂と反応して付加体を生成する．この理由を説明せよ．（ヒント：トリフェニレンとフェナントレンの共鳴構造式を書き，それぞれのπ結合がどのように非局在化しているかを考えよ．）

**17.69** ベンゼンは $^{13}$C NMR スペクトルで 128 ppm にシグナルを示すが，置換ベンゼンの炭素のシグナルは置換基によって高磁場または低磁場に移動する．一置換ベンゼン誘導体 **X** および **Y** において，置換基のオルト位炭素のシグナル値の変化を説明せよ．

# 18 芳香族化合物の反応

18.1 芳香族求電子置換反応
18.2 共通の反応機構
18.3 ハロゲン化反応
18.4 ニトロ化反応とスルホン化反応
18.5 フリーデル–クラフツ アルキル化反応とフリーデル–クラフツ アシル化反応
18.6 置換ベンゼン
18.7 置換ベンゼンにおける芳香族求電子置換反応
18.8 置換基がベンゼン環を活性化・不活性化する理由
18.9 置換ベンゼンの配向性
18.10 置換ベンゼンの芳香族求電子置換反応における制約
18.11 二置換ベンゼン
18.12 ベンゼン誘導体の合成
18.13 芳香族求核置換反応
18.14 アルキルベンゼンのハロゲン化反応
18.15 置換ベンゼンの酸化と還元
18.16 多段階合成

**ビタミン K₁**, すなわちフィロキノンは脂溶性ビタミンで，血液を凝固させるタンパク質の合成を制御しており，カリフラワー，ブロッコリー，大豆，葉物野菜，緑茶などから摂取することができる．ビタミン K₁ が極度に欠乏すると，血液凝固の障害により出血しやすくなり，死に至る場合もある．ビタミン K₁ は植物などが行うフリーデル–クラフツ反応によって合成される．フリーデル–クラフツ反応は，本章で説明する芳香族炭化水素における重要な反応，求電子芳香族置換反応の一例である．

本章では，**ベンゼンやその他の芳香族化合物**の化学反応について述べる．芳香環はきわめて安定で，そのためベンゼンはこれまで述べてきたほとんどの反応では反応しない．しかし，ベンゼンはある種の求電子剤に対しては求核剤として作用し，完全に芳香環を保ったまま置換生成物を与える．

まず，ベンゼンの最も一般的な反応である芳香族求電子置換反応の基本的な特徴と反応機構の解説から始める（18.1～18.5節）．次に，置換ベンゼンの芳香族求電子置換反応（18.6～18.12節），最後に，芳香族求核置換反応とベンゼン誘導体の他の有用な反応について述べる（18.13～18.15節）．本章を理解するためには，共鳴構造式を相互変換し，それらの相対的エネルギーを評価できる必要がある．

## 18.1 芳香族求電子置換反応

その構造と性質から考えて，ベンゼンはどんな種類の反応を起こすだろうか．その結合のうちでとくに弱いものはあるだろうか．電子豊富または電子不足の原子はあるだろうか．

- ベンゼンは環の平面の上下に，互いに重なった六つの p 軌道に非局在化している 6 個の π 電子をもつ．これらの弱く保持された π 電子のため，ベンゼンは電子豊富であり，求電子剤と反応する．
- ベンゼンの 6 個の π 電子はヒュッケル則を満たすので，ベンゼンはとくに安定である．そのため，芳香環 (aromatic ring) が保たれるような反応が有利になる．

**ベンゼンの特徴的な反応は芳香族求電子置換反応**（electrophilic aromatic substitution）であり，水素原子が求電子剤によって置換される．

芳香族求電子置換反応

$$\text{C}_6\text{H}_5\text{H} + E^+ \longrightarrow \text{C}_6\text{H}_5\text{E} + H^+$$

芳香族生成物

17.6 節で学んだように，ベンゼンでは，他の不飽和炭化水素で見られるような付加反応は進行しない．なぜなら，付加反応では芳香族ではない化合物が生成するからである．一方，水素が置換された場合，芳香環は完全に保たれる．

図 18.1 に芳香族求電子置換反応の五つの代表例を示す．18.2 節で述べるように，基本的な反応機構は五つのすべてで同じである．これらの反応の違いは，求電子剤 $E^+$ の違いのみである．

**問題 18.1** ベンゼンが，アルケンより多く π 電子をもっているにもかかわらず（6 個 対 2 個），アルケンより求電子剤に対する反応性が低いのはなぜか．

## 図 18.1 芳香族求電子置換反応の五つの例

**反 応** / **求 電 子 剤**

**[1] ハロゲン化反応 (halogenation)**
—— X (Cl または Br) による H の置換

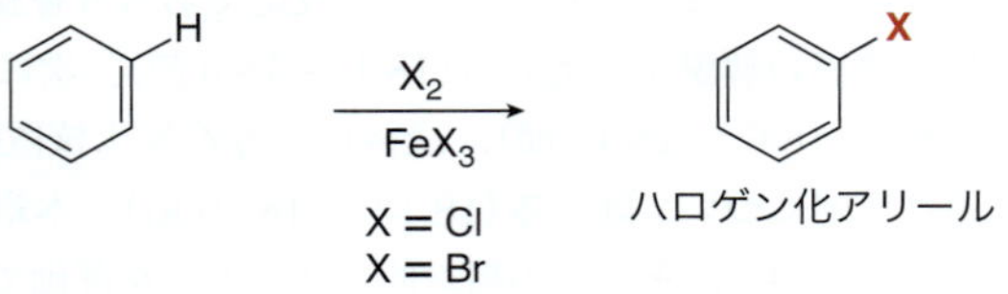

Ph-H + $X_2$ (FeX$_3$) → Ph-X (ハロゲン化アリール)
X = Cl
X = Br

$E^+ = Cl^+$ または $Br^+$

**[2] ニトロ化反応 (nitration)**
—— $NO_2$ による H の置換

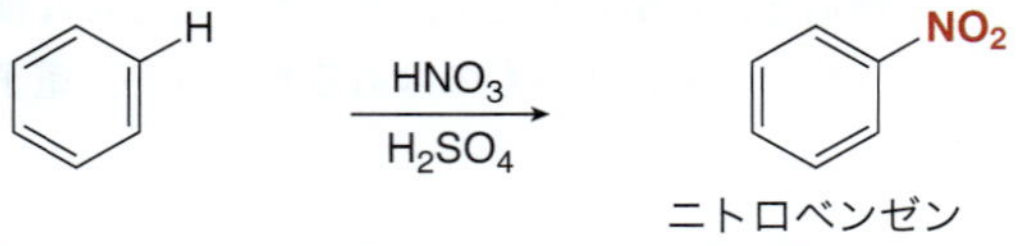

Ph-H + $HNO_3$ / $H_2SO_4$ → Ph-$NO_2$ (ニトロベンゼン)

$E^+ = \overset{+}{NO_2}$

**[3] スルホン化反応 (sulfonation)**
—— $SO_3H$ による H の置換

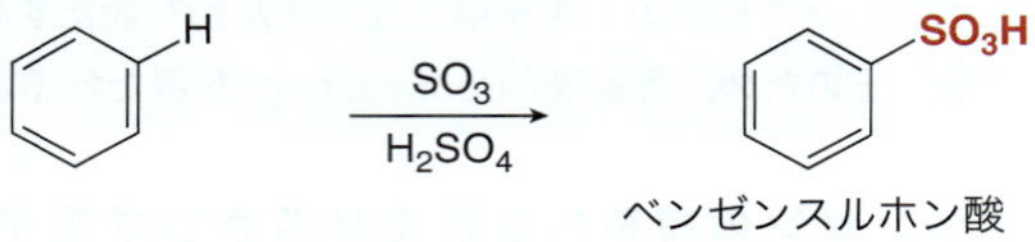

Ph-H + $SO_3$ / $H_2SO_4$ → Ph-$SO_3H$ (ベンゼンスルホン酸)

$E^+ = \overset{+}{SO_3H}$

**[4] フリーデル‐クラフツ アルキル化反応 (Friedel-Crafts alkylation)**
—— R による H の置換

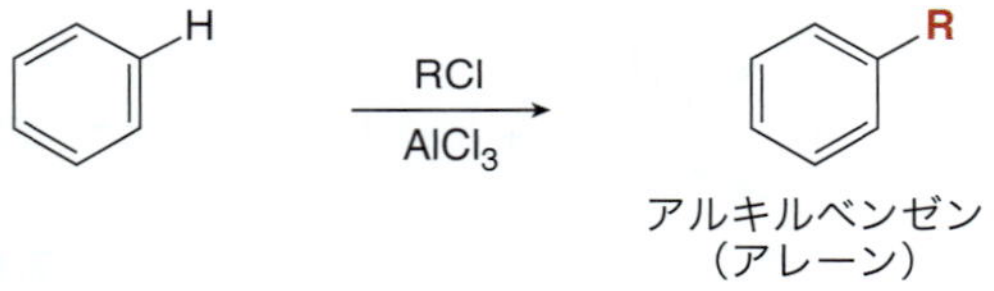

Ph-H + RCl / $AlCl_3$ → Ph-R (アルキルベンゼン (アレーン))

$E^+ = R^+$

**[5] フリーデル‐クラフツ アシル化反応 (Friedel-Crafts acylation)**
—— RCO による H の置換

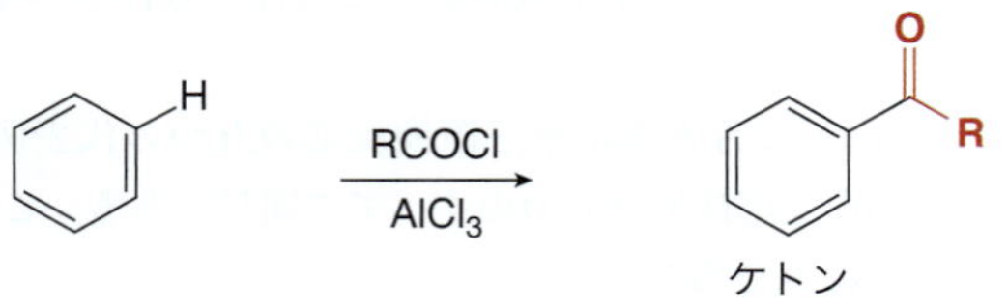

Ph-H + RCOCl / $AlCl_3$ → Ph-CO-R (ケトン)

$E^+ = R-\overset{+}{C}=\overset{..}{O}:$

フリーデル‐クラフツ アルキル化反応およびアシル化反応は，新しい炭素－炭素結合 (carbon-carbon bond) を生成する反応である．19世紀にこの反応を発見したシャルル・フリーデル (Charles Friedel) とジェームズ・クラフツ (James Crafts) にちなんで命名された．

## 18.2 共通の反応機構

どのような求電子剤を使っても，芳香族求電子置換反応はすべて **2 段階反応機構** (two-step mechanism)**で起こる**．機構 18.1 に示すように，この 2 段階とは，求電子剤 $E^+$ の付加による共鳴安定化されたカルボカチオンの生成と，塩基による脱プロトン化である．

### 機 構 18.1　共通の反応機構 —— 芳香族求電子置換反応

共鳴安定化されたカルボカチオン

① 求電子剤 ($E^+$) の付加により，新しい C–E 結合と共鳴安定化されたカルボカチオンが生成する．ベンゼン環の芳香族性が失われるので，このステップが律速段階になる．

② 求電子剤と結合した炭素上のプロトンを塩基が引き抜き，芳香環が再生される．どの共鳴構造式からも生成物を得ることができる．

---

芳香族求電子置換反応の最初のステップでは，カルボカチオンが生成し，それに対して三つの共鳴構造式を書くことができる．正電荷の位置を正しく書くために次のことに注意しよう．

- E と結合した炭素に必ず H 原子をつける．こうすると，カルボカチオン中間体で，この炭素だけが $sp^3$ 混成炭素であることがわかりやすい．

- 三つの共鳴構造式で，正電荷は常に新しくできた C–E 結合に対してオルトかパラ位にある．したがって，混成体では正電荷は環の三つの原子上に非局在化する．

E のオルト位に (+)　　E のパラ位に (+)　　E のオルト位に (+)　　混 成 体

この 2 段階の反応機構は，図 18.1 のすべての求電子剤に当てはまる．**求電子剤 ($E^+$) の付加と，それに続くプロトン ($H^+$) の脱離は，結果として H を E で置換したことになる**．

芳香族求電子置換反応のエネルギー変化を図 18.2 に示す．反応機構は 2 段階からなるので，エネルギー図は二つのエネルギー障壁をもつ．はじめの段階の遷移状態のほうがエネルギーが大きいので，そちらが律速段階になる．

## 図 18.2

芳香族求電子置換反応のエネルギー図:
PhH + E⁺ → PhE + H⁺

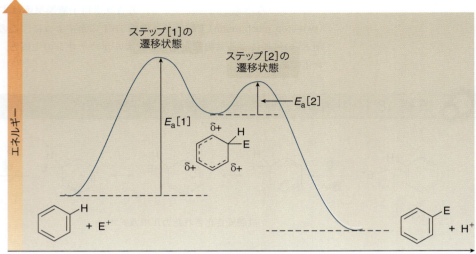

- 2 段階の反応機構であり，二つのエネルギー障壁をもつ．
- ステップ [1] が律速である．つまり，その活性化エネルギーが大きい．

**問題 18.2** 機構 18.1 のステップ [2] では，プロトンの脱離により生成する置換生成物を三つの共鳴構造式のうちの一つだけを用いて示した．曲がった矢印を書いて，他の二つの共鳴構造式がどのように :B を用いたプロトンの引き抜きによって置換生成物 (PhE) に変わるのか示せ．

## 18.3 ハロゲン化反応

機構 18.1 に示した共通の反応機構を，図 18.1 に示した芳香族求電子置換反応の五つの具体例に適用してみる．それぞれの反応機構について，特定の求電子剤をどのように発生させるかを学ぼう．この段階はそれぞれの求電子剤で異なる．求電子剤が生成すれば，あとは機構 18.1 の 2 段階の工程によって求電子剤はベンゼンと反応する．つまり，これらの 2 段階は五つの反応で同じである．

**ハロゲン化反応** (halogenation) では，ベンゼンは $FeCl_3$ や $FeBr_3$ のようなルイス酸触媒の存在下で $Cl_2$ や $Br_2$ と反応し，それぞれクロロベンゼンやブロモベンゼンといった**ハロゲン化アリール** (aryl halide) を生成する．$I_2$ や $F_2$ との類似の反応は合成的には有用ではない．なぜなら，$I_2$ は反応性が低すぎ，$F_2$ は激烈に反応するからである．

18.3 ハロゲン化反応　745

臭素化反応(bromination, 機構 18.2)では，FeBr$_3$ がルイス酸として Br$_2$ と反応し，ルイス酸–塩基錯体が生成する．このとき，Br–Br 結合は弱められて分極し，より求電子的になる．この反応が，ベンゼンの臭素化のステップ [1] となる．残りの二つのステップは芳香族求電子置換反応に共通の反応機構と同じである．すなわち，求電

### 機構 18.2　ベンゼンの臭素化反応

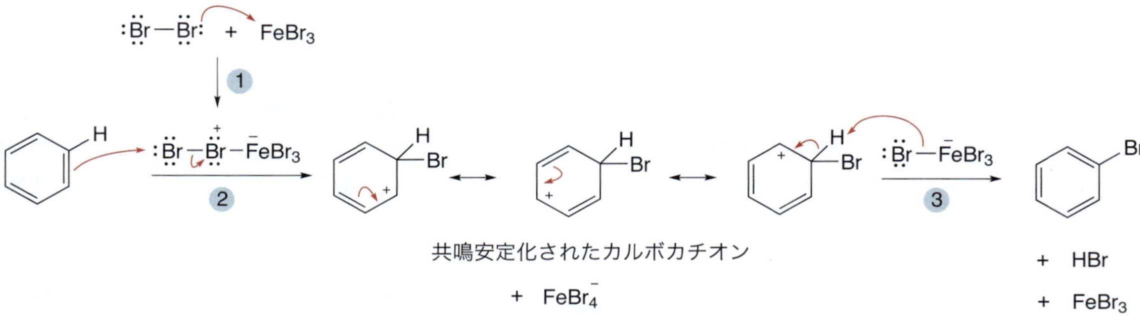

[1] Br$_2$ と FeBr$_3$ のルイス酸–塩基反応により，弱い Br–Br 結合をもち Br$^+$ の供給源となる化学種が生成する．
[2] 求電子剤の付加によって新しい C–Br 結合が生成し，共鳴安定化されたカルボカチオンが生成する．
[3] 求電子剤と結合した炭素上のプロトンを FeBr$_4^-$ が引き抜き，芳香環が再生する．ルイス酸触媒である FeBr$_3$ が再生され，次の反応サイクルに用いられる．

図 18.3　生理活性をもつ塩化アリールの例

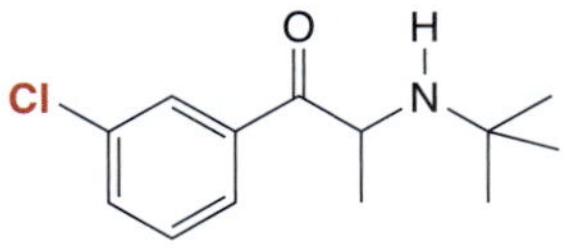

**一般名：ブプロピオン**（bupropion）
商品名：Wellbutrin®, Zyban®（日本では販売されていない）
抗うつ剤，ニコチン中毒を和らげるためにも用いられる

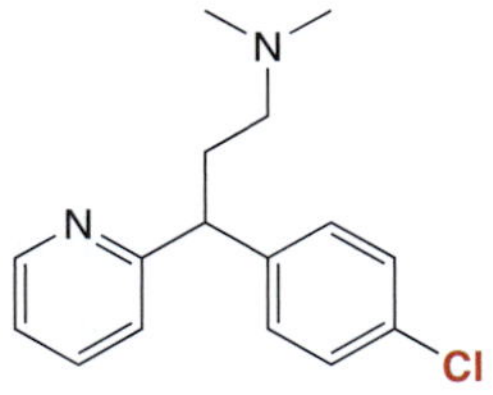

**クロルフェニラミン**
（chlorpheniramine）
抗ヒスタミン剤

ベトナム戦争の際，密林地帯の木を落葉させるために除草剤が大規模に使用された．ある種の除草剤についてはその副生成物がいまだ高濃度に土壌中に残留している．

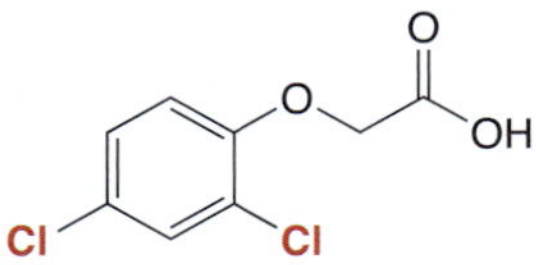

**2,4-D**
2,4-ジクロロフェノキシ酢酸
（2,4-dichlorophenoxy-acetic acid）
除草剤

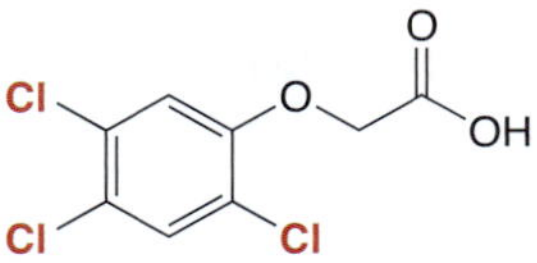

**2,4,5-T**
2,4,5-トリクロロフェノキシ酢酸
（2,4,5-trichlorophenoxy-acetic acid）
除草剤

ベトナム戦争で用いられた枯葉剤，**エージェントオレンジ**（Agent Orange）の有効成分

子剤($Br^+$)の付加によって共鳴安定化されたカルボカチオンが生成し，プロトンの脱離によって芳香環が再生するというものである．

塩素化反応(chlorination)も同様の反応機構で進行する．図18.3に示すように，ハロゲン置換基をベンゼン環に導入する反応は広く用いられており，さまざまな生理活性をもつハロゲン化芳香族化合物が合成されている．

**問題 18.3** $Cl_2$と$FeCl_3$を用いるベンゼンの塩素化の反応機構を詳しく書け．

## 18.4 ニトロ化反応とスルホン化反応

ベンゼンの**ニトロ化反応**(nitration)と**スルホン化反応**(sulfonation)によって，芳香環に2種類の官能基を導入することができる．ニトロ化反応は，ニトロ基($NO_2$基)を$NH_2$基に還元できるのでとくに有用な反応である．ニトロ基の$NH_2$基への変換は18.15節で詳しく説明する．

ニトロ化反応とスルホン化反応のいずれにおいても，求電子剤の生成には強酸を必要とする．**ニトロ化反応**における求電子剤は$^+NO_2$〔**ニトロニウムイオン**(nitronium ion)〕であり，$HNO_3$のプロトン化と，それに続く$H_2O$の脱離によって生成する(機構18.3)．

### 機構 18.3 ニトロ化反応におけるニトロニウムイオン($^+NO_2$)の生成

**スルホン化反応**では，三酸化硫黄$SO_3$のプロトン化によって正電荷をもつ硫黄化合物($^+SO_3H$)が生成し，求電子剤として作用する(機構18.4)．

## 機構 18.4　スルホン化反応における求電子剤 $^+SO_3H$ の生成

$:\ddot{O}:$　　　　　　　　　　　　　$:\ddot{O}:$
$:\ddot{O}-S-\ddot{O}: + H-OSO_3H \longrightarrow :\ddot{O}-S-\ddot{O}-H = \boxed{^+SO_3H} + HSO_4^-$
　　　　　　　　　　　　　　　　　　　$+$ $\ddot{O}-H$　　　　　求電子剤

---

　これらのステップは，ニトロ化反応やスルホン化反応の求電子剤 $E^+$ がどのように生成するかを示しており，どのような芳香族求電子置換反応であれ，反応機構は求電子剤の生成から始まる．反応機構を完成させるには，共通の反応機構の求電子剤 $E^+$ を $^+NO_2$ や $^+SO_3H$ で置き換えればよい（機構 18.1）．したがって，**H を E で置換する 2 段階の反応機構は $E^+$ の種類にかかわらず同じである**．これについては，ベンゼンとニトロニウムイオンの反応を使って例題 18.1 で説明する．

**例題 18.1**　ベンゼン環のニトロ化反応の機構を段階ごとに示せ．

ベンゼン $\xrightarrow[H_2SO_4]{HNO_3}$ ニトロベンゼン（$-NO_2$）

**【解答】**
まず，求電子剤を発生させ，それを使う芳香族求電子置換反応の 2 段階の反応機構を書く．

**反応[1]**　求電子剤 $^+NO_2$ の生成

$H-\ddot{O}-NO_2 + H-OSO_3H \xrightarrow{①} H-\overset{H}{\overset{+}{O}}-NO_2 \xrightarrow{②} H_2\ddot{O}: + \ ^+NO_2$
　　　　　　　　　　　　　　　　$+ HSO_4^-$

**反応[2]**　芳香族求電子置換反応の 2 段階機構

ベンゼン環 $+ \ ^+NO_2 \xrightarrow{③}$ シクロヘキサジエニルカチオン（$H, NO_2$）$\xrightarrow{④}$ ニトロベンゼン（$NO_2$）$+ H_2SO_4$

[＋さらに二つの共鳴構造式]

　最後の段階では，孤立電子対をもっていればどんな化学種でもプロトンを引き抜くことができる．この場合は，求電子剤として $^+NO_2$ が生成したときに得られる $HSO_4^-$ を用いて機構を書く．

**問題 18.4** 化合物 **A** のようなアルキルベンゼンがスルホン化され，置換ベンゼンスルホン酸 **B** が生成する反応機構を段階ごとに示せ．**B** を塩基で処理して生成するナトリウム塩 **C** は，汚れを落とす合成洗剤として利用されている（問題 3.22（上巻）参照）．

## 18.5 フリーデル–クラフツ アルキル化反応とフリーデル–クラフツ アシル化反応

**フリーデル-クラフツ アルキル化反応**（Friedel-Crafts alkylation）および**フリーデル-クラフツ アシル化反応**（Friedel-Crafts acylation）は，新しい炭素–炭素結合を生成する．

### 18.5.1 一般的な特徴

**フリーデル-クラフツ アルキル化反応**では，ベンゼンをハロゲン化アルキルとルイス酸（$AlCl_3$）で処理することで，アルキルベンゼンが生成する．この反応ではある原子から別の原子へ（Cl からベンゼンへ）アルキル基が移動するので，**アルキル化反応**（alkylation）という．

**フリーデル-クラフツ アシル化反応**では，ベンゼン環を**酸塩化物**（acid chloride, RCOCl）と $AlCl_3$ で処理することで，ケトンが生成する．ベンゼン環に新しくつながった置換基は**アシル基**（acyl group）と呼ばれるので，ある原子から別の原子へアシル基が移動することを**アシル化反応**（acylation）という．

酸塩化物 は **塩化アシル**（acyl chloride）とも呼ばれる．

## 18.5 フリーデル–クラフツ アルキル化反応とフリーデル–クラフツ アシル化反応

**問題 18.5** AlCl₃ の存在下で，ベンゼンを次の有機ハロゲン化物で処理して得られる生成物は何か．

a. (CH₃)₂CHCl  b. シクロヘキシルクロリド  c. CH₃CH₂COCl

**問題 18.6** 次のケトンをフリーデル–クラフツ アシル化反応によってベンゼンから合成するには，どのような酸塩化物が必要か．

a. PhCOCH₂CH₂CH(CH₃)₂  b. PhCOPh  c. シクロペンチル–CO–Ph

### 18.5.2 反応機構

アルキル化およびアシル化の反応機構は，ハロゲン化反応，ニトロ化反応，スルホン化反応とよく似ている．それぞれの反応の特徴は，求電子剤の生成の仕方である．
**フリーデル–クラフツ アルキル化反応**では，ルイス酸である AlCl₃ が塩化アルキルと反応し，ルイス酸–塩基錯体が生成する．塩化アルキル $CH_3CH_2Cl$ と $(CH_3)_3CCl$ を例に用いて，機構 18.5 に示した．塩化アルキルの種類によって反応経路が決まる．

**機構 18.5** フリーデル–クラフツ アルキル化反応における求電子剤の生成—二つの可能性

**[1]** CH₃Cl や第一級 RCl の場合

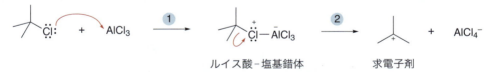

求電子剤
ルイス酸–塩基錯体

**[2]** 第二級および第三級 RCl の場合

ルイス酸–塩基錯体　→　求電子剤　+ AlCl₄⁻

- CH₃Cl や第一級 RCl では，ルイス酸–塩基錯体自身が，芳香族求電子置換反応の求電子剤として作用する．
- 第二級および第三級 RCl では，ルイス酸–塩基錯体から生成した第二級および第三級カルボカチオンが求電子剤として作用する．第二級および第三級塩化アルキルからはより安定なカルボカチオンが生成するので，カルボカチオンの生成はこれらの場合のみ起こる．

いずれの場合も，芳香族求電子置換反応の特徴である 2 段階の反応機構で求電子剤はベンゼンと反応する．機構 18.6 に，第三級カルボカチオン $(CH_3)_3C^+$ との反応の機構を図示する．

## 機構 18.6　第三級カルボカチオンを用いるフリーデル–クラフツ アルキル化反応

① カルボカチオン求電子剤の付加によって，新しい炭素−炭素結合が生成する．
② 新しい置換基が結合した炭素上のプロトンを $AlCl_4^-$ が引き抜き，芳香環が再生する．

**フリーデル–クラフツ アシル化反応**では，ルイス酸である $AlCl_3$ が酸塩化物の炭素−ハロゲン結合をイオン化し，共鳴安定化された正電荷をもつ**アシリウムイオン** (acylium ion)と呼ばれる炭素求核剤が生成する(機構 18.7)．次に，アシリウムイオンの正電荷をもつ炭素原子はベンゼンと芳香族求電子置換反応の 2 段階の反応機構で反応する．

## 機構 18.7　フリーデル–クラフツ アシル化反応における求電子剤の生成

アシル化の反応機構を完成させるには，求電子剤を共通の反応機構に当てはめ，例題 18.2 に示すように最後の二つの段階を書けばよい．

### 例題 18.2　次のフリーデル–クラフツ アシル化反応の機構を段階ごとに示せ．

【解答】
まず，アシリウムイオンの生成，次にそれを求電子剤に用いて芳香族求電子置換反応の 2 段階の反応機構を書けばよい．

**反応[1]**　求電子剤 $(CH_3CO)^+$ の生成

**反応[2]** 芳香族求電子置換反応の2段階機構

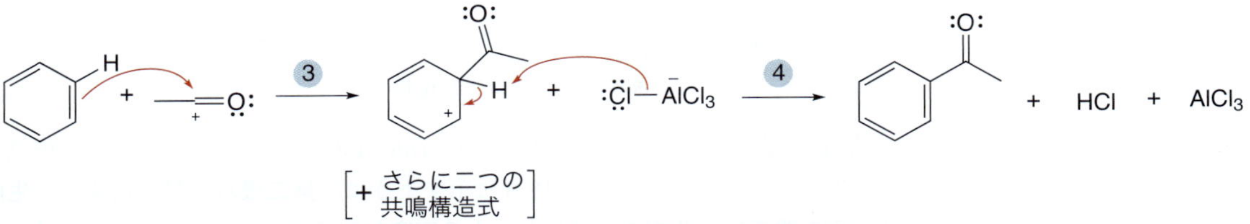

### 18.5.3 フリーデル-クラフツ アルキル化反応の他の特徴

フリーデル-クラフツ アルキル化反応には，他にも覚えておくべき特徴が三つある．

[1] **フリーデル-クラフツ アルキル化反応では，ハロゲン化ビニルやハロゲン化アリールは反応しない**．

フリーデル-クラフツ反応では，カルボカチオンが求電子剤として関与する．ハロゲン化ビニルやハロゲン化アリールから生成するカルボカチオンは非常に不安定であり，容易には生成しないので，これらの有機ハロゲン化物はフリーデル-クラフツ アルキル化反応を起こさない．

ハロゲン化ビニル 反応しない

ハロゲン化アリール 反応しない

**問題 18.7** フリーデル-クラフツ アルキル化反応で反応しないものは，次のどのハロゲン化物か．

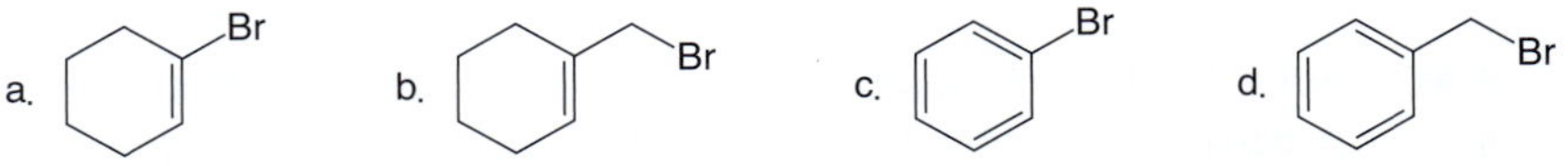

a. b. c. d.

[2] **転位が起こることがある．**

式[1]および[2]に示すように，フリーデル-クラフツ反応に第一級および第二級ハロゲン化アルキルを出発物質として用いた場合，炭素骨格が**転位**(rearrangement)した生成物が得られる．いずれの反応も，出発物質中でハロゲンに結合していた炭素原子(水色で示す)は生成物中でベンゼン環に結合していない．したがって，転位が起こったことがわかる．

1,2-移動によって水素原子またはアルキル基が移動し，不安定なカルボカチオンがより安定なカルボカチオンに変換される(9.9節(上巻)参照)．

[1]  + 2°ハロゲン化物  $\xrightarrow{AlCl_3}$

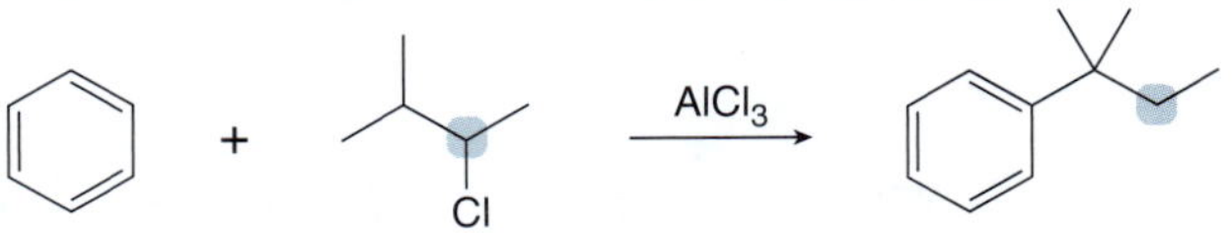

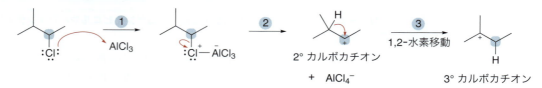

[2] ベンゼン + 1°ハロゲン化物 →(AlCl₃) (生成物)

式[1]の結果は，1,2-水素移動(1,2-hydride shift)を含むカルボカチオン転位によって説明できる．つまり，機構 18.8 に示すように，**第二級ハロゲン化物から生成した不安定な第二級カルボカチオンが，より安定な第三級カルボカチオンに転位する**．

 **機 構 18.8** カルボカチオン転位が関与するフリーデル–クラフツ アルキル化反応

**反応[1]** 第二級カルボカチオンの生成と転位

① – ② 塩化アルキルと AlCl₃ の反応により錯体が生成し，ステップ[2]で分解して第二級カルボカチオンが生成する．
③ 1,2-水素移動により，不安定な第二級カルボカチオンがより安定な第三級カルボカチオンへ変わる．

**反応[2]** 芳香族求電子置換反応の 2 段階機構

④ 第三級カルボカチオンの付加により，炭素–炭素結合が新たに生成し，共鳴安定化されたカルボカチオンが生じる．
⑤ 新たな置換基が結合した炭素上のプロトンを AlCl₄⁻ が引き抜き，芳香環が再生する．

遊離したカルボカチオンが生成しない場合にも転位は起こりうる．たとえば，式[2]の第一級塩化アルキルの場合には，機構 18.9 に示すように AlCl₃ と錯体を形成するが，分解して不安定な第一級カルボカチオンを生成することはない．その代わりに **1,2-水素移動**が起こり，芳香族求電子置換反応の 2 段階の反応機構で求電子剤として作用する第二級カルボカチオンを生成する．

**機 構 18.9** 第一級塩化アルキルからの転位反応

### 18.5 フリーデル−クラフツ アルキル化反応とフリーデル−クラフツ アシル化反応

**問題 18.8** 次の反応の機構を段階ごとに詳しく書け．

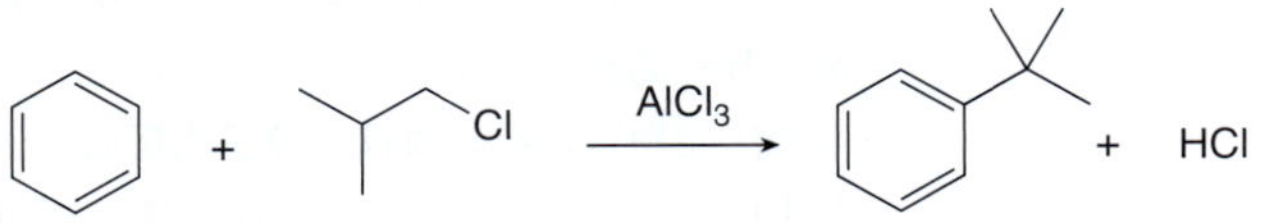

ベンゼン + (CH₃)₂CHCH₂Cl →(AlCl₃)→ tert-ブチルベンゼン + HCl

---

**[3] カルボカチオンを生成する他の官能基も出発物質として用いることができる．**

　フリーデル−クラフツ アルキル化反応はハロゲン化アルキルでうまく進むが，容易にカチオンを生成する他の化合物も代わりに用いることができる．アルケンやアルコールがその代表例であり，どちらも強酸の存在下でカルボカチオンが生成する．

- アルケンのプロトン化によってカルボカチオンが生成し，フリーデル−クラフツ アルキル化反応の求電子剤として作用する．

- アルコールのプロトン化および水の脱離によって生成したカルボカチオンも同様に反応する．

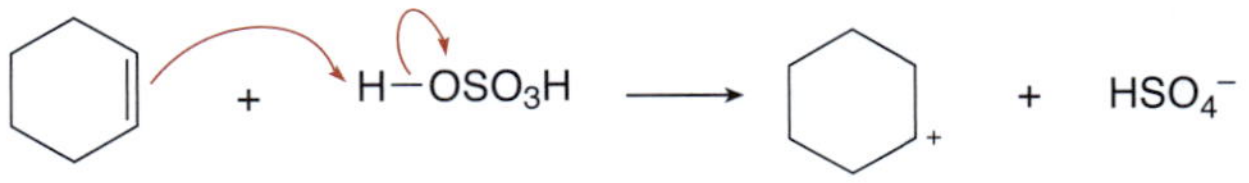

シクロヘキセン + H−OSO₃H ⟶ 2° カルボカチオン + HSO₄⁻

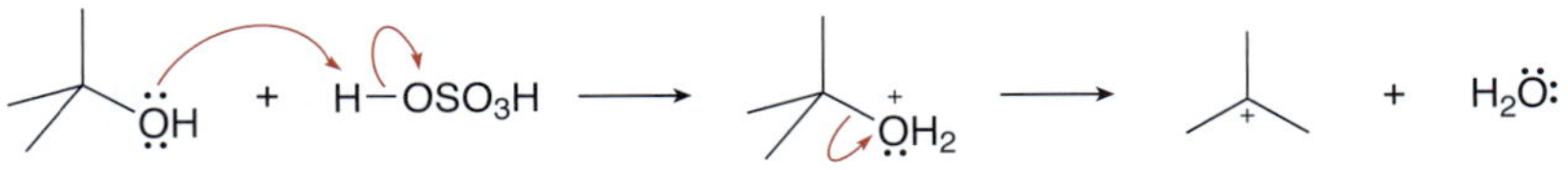

2-メチル-2-プロパノール + H−OSO₃H ⟶ [プロトン化体] + HSO₄⁻ ⟶ 3° カルボカチオン + H₂Ö:

　得られたカルボカチオンはベンゼンと反応し，芳香族求電子置換反応による生成物が得られる．一例を下に示す．

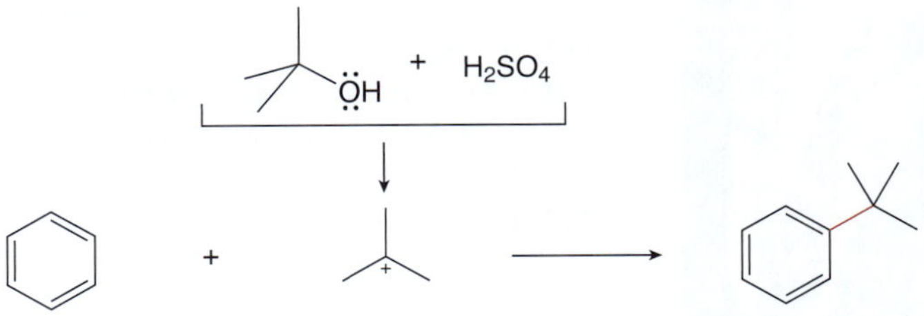

tert-ブタノール + H₂SO₄ → tert-ブチルカチオン
ベンゼン + tert-ブチルカチオン → tert-ブチルベンゼン

---

**問題 18.9** 次の反応の生成物を書け．

a.  ベンゼン + シクロヘキセン →(H₂SO₄)→

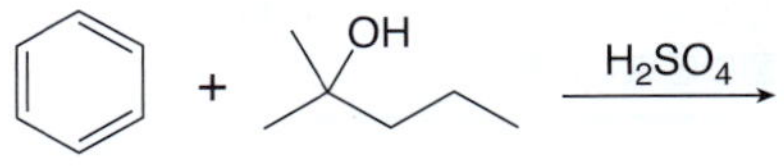

b. 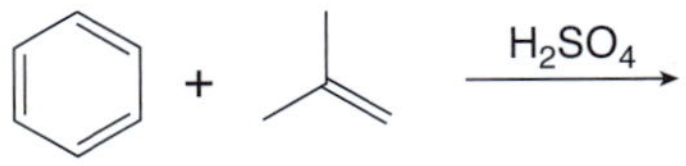 ベンゼン + 2-メチルプロペン →(H₂SO₄)→

c. ベンゼン + 2-メチル-2-ペンタノール →(H₂SO₄)→

d. 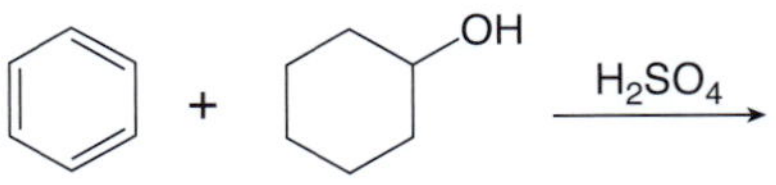 ベンゼン + シクロヘキサノール →(H₂SO₄)→

### 18.5.4 分子内フリーデル-クラフツ反応

これまで説明してきたすべてのフリーデル-クラフツ反応は，ベンゼン環と求電子剤の**分子間反応**(intermolecular reaction)によるものである．これらの部位の両方をもつ出発物質の場合には，**分子内反応**(intramolecular reaction)が起こり，新しい環が生成する．ベンゼン環と酸塩化物の官能基を両方ともつ化合物 **A** を $AlCl_3$ で処理すると，**分子内フリーデル-クラフツ アシル化反応**(intramolecular Friedel-Crafts acylation reaction)によって，α-テトラロンが生成する．

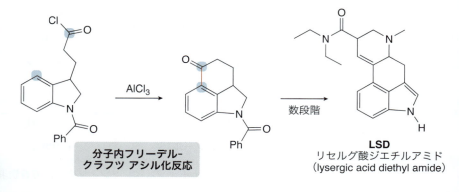

**A** → α-テトラロン（α-tetralone）＋ HCl
新しい C–C 結合を赤色で示す

図 18.4 に示すように，分子内フリーデル-クラフツ アシル化反応は LSD 合成の鍵段階となっている．

---

図 18.4
LSD 合成における分子内フリーデル-クラフツ アシル化反応

リセルグ酸の原料となる，麦角菌に感染した穀物．

- 水色で示した炭素での分子内フリーデル-クラフツ アシル化反応によって，新しい六員環をもつ化合物が生成し，数段階を経て LSD に変換される．
- LSD は，1938 年，スイスの化学者アルベルト・ホフマン(Albert Hoffman)によって，ライ麦やその他の穀物に感染した麦角菌から単離された有機化合物から合成された．麦角は恐ろしい毒素として古くから知られていた．人は麦角に侵されたパンを食べると病気になる．LSD の幻覚作用は，ホフマンが偶然指先についた少量の LSD を摂取してはじめて発見された．

## 18.5 フリーデル−クラフツ アルキル化反応とフリーデル−クラフツ アシル化反応

**問題 18.10** 化合物 **A** の分子内フリーデル−クラフツ アシル化反応によって **B** が生成する反応機構を段階ごとに示せ．**B** は1段階で抗うつ剤のセルトラリンに変換される．

**問題 18.11** フリーデル−クラフツ アルキル化反応にも分子内反応がある．転位に注意して，次の反応物から得られる分子内アルキル化反応の生成物を示せ．

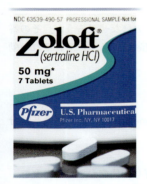

セルトラリン（米商品名：Zoloft®）は，脳内の神経伝達物質であるセロトニンの濃度を上昇させるため，有効な抗うつ剤である．

† 訳者注：命名法に従うと phytyl diphosphate は「二リン酸フィチル」であるが，生化学分野では「フィチル二リン酸」が一般的である．

### 18.5.5 生体内でのフリーデル−クラフツ反応

フリーデル−クラフツ反応は生体内でも起こっている．16.2節で学んだように，二リン酸アリルは優れた脱離基をもっているため，アリルカルボカチオンの供給源となる．本章の冒頭に示したビタミン $K_1$ 生合成の鍵段階は，1,4-ジヒドロキシナフタレンカルボン酸とフィチル二リン酸†とのフリーデル−クラフツ反応であり，これにより化合物 **X** が生成する．化合物 **X** は図18.5に示すように，数段階を経てビタミン $K_1$ に変換される．

**図 18.5** ビタミン $K_1$ 合成におけるフリーデル−クラフツ反応

**問題 18.12**
a. フィチル二リン酸から脱離基が脱離して生成するカルボカチオンの共鳴構造を示せ．
b. このカルボカチオンと 1,4-ジヒドロキシナフタレンカルボン酸が反応して化合物 **X** を生成するフリーデル–クラフツ アルキル化反応の機構を 2 段階で示せ．

## 18.6 置換ベンゼン

置換ベンゼン環の多くが芳香族求電子置換反応を起こす．置換基としては，ハロゲン，OH，NH₂，アルキル，およびカルボニル基をもつ官能基が一般的である．18.7 節で学ぶように，それぞれの置換基はベンゼン環の電子密度を増減させるので，芳香族求電子置換反応の経路に影響を与える．

ベンゼン環の置換基が電子を供与したり求引したりするのはなぜだろうか．その答えは，**誘起効果**(inductive effect)と**共鳴効果**(resonance effect)である．それぞれの効果により，電子密度は増加したり減少したりする．

### 誘起効果

誘起効果は置換基に含まれる原子の**電気陰性度**(electronegativity)と，置換基の**分極率**(polarizability)に由来する．

> - N, O, ハロゲンのような炭素より電気陰性度の大きい原子は，炭素から電子密度を引き寄せるため，電子求引性誘起効果を示す．
> - 分極しやすいアルキル基は電子密度を与えるため，電子供与性誘起効果を示す．

誘起および共鳴効果はそれぞれ上巻の 2.5.2 項および 2.5.3 項ではじめに学んだ．

誘起効果のみを考慮した場合，NH₂ 基は電子密度を求引し，CH₃ 基は電子密度を与える．

電子求引性誘起効果
- N は C よりも電気陰性度が大きい
- N は誘起的に電子密度を求引する

電子供与性誘起効果
- アルキル基は**分極しやすく**，電子供与性基となる

**問題 18.13** 電子求引性誘起効果をもつ置換基はどれか．また，電子供与性誘起効果をもつ置換基はどれか．
a. CH₃CH₂CH₂CH₂–   b. Br–   c. CH₃CH₂O–

### 共鳴効果

共鳴効果では，共鳴によりベンゼン環上に正電荷か負電荷のどちらが生じるかに応じて，電子密度が供与されたり求引されたりする．

- 共鳴構造式がベンゼン環の炭素上に負電荷をもつ場合には，共鳴効果は電子供与性である．
- 共鳴構造式がベンゼン環の炭素上に正電荷をもつ場合には，共鳴効果は電子求引性である．

**電子供与性共鳴効果**(electron-donating resonance effect)**は，ベンゼン環に直接結合した原子 Z が孤立電子対をもつ場合**(一般構造式では **C$_6$H$_5$−Z:** となる)**に必ず見られる**．Z の例としては N，O，およびハロゲンが一般的である．たとえば，アニリン(C$_6$H$_5$NH$_2$)に対して五つの共鳴構造式を書くことができる．そのうち三つはベンゼン環の炭素原子上に負電荷をもつので，**NH$_2$ 基は共鳴効果によってベンゼン環に電子密度を与える**．

アニリン
(aniline)

三つの共鳴構造式で，(−)電荷が環の原子上にある

反対に，**電子求引性共鳴効果**(electron-withdrawing resonance effect)**は，置換ベンゼンが C$_6$H$_5$−Y=Z**(Z は Y より電気陰性度が大きい)**という一般構造式をもつ場合に作用する**．たとえば，ベンズアルデヒド(C$_6$H$_5$CHO)には七つの共鳴構造式が書ける．そのうち三つはベンゼン環の炭素原子上に正電荷をもつので，CHO 基は共鳴効果によってベンゼン環から電子密度を求引する．

ベンズアルデヒド
(benzaldehyde)

三つの共鳴構造式で，(＋)電荷が環の原子上にある

**問題 18.14** 次の化合物の共鳴構造式をすべて書き，置換基の共鳴効果が電子供与性であるか電子求引性であるか決定せよ．

a. (C$_6$H$_5$−OCH$_3$)   b. (C$_6$H$_5$−COCH$_3$)

### 誘起効果と共鳴効果の考察

置換ベンゼンがベンゼン自身よりも電子豊富であるか電子不足であるか予想するには，**誘起効果と共鳴効果の両方の総和**を考える必要がある．たとえば，アルキル基は誘起効果で電子を供与するが，孤立電子対やπ結合をもたないので共鳴効果を示さない．結果として，

- アルキル基は電子供与性基であり，アルキルベンゼンはベンゼンよりも電子豊富である．

N，O，またはハロゲンのような電気陰性度の大きな原子がベンゼン環に結合している場合，誘起的求引効果により環から電子密度を求引する．しかし，これらの置換基はすべて孤立電子対をもっているので，共鳴によって環に電子密度を供与する．これらの相反する効果の総和を決めるのは元素の特性である．

Z = N, O, X

誘起と共鳴が相反する効果を示す
- Z の電気陰性な性質は電子密度を求引する
- Z の共鳴効果は電子密度を供与する

- 中性の O や N 原子がベンゼン環に直接結合している場合は共鳴効果が優先し，全体として電子供与性になる．
- ハロゲン X 原子がベンゼン環に結合している場合は誘起効果が優先し，全体として電子求引性になる．

したがって，**$NH_2$ 基や OH 基は共鳴効果が優先するので電子供与性基となり，Cl や Br は誘起効果が優先するので電子求引性基となる**．

最後に，一般構造式が $C_6H_5-Y=Z$（Z は Y より電気陰性度が大きい）の化合物の誘起および共鳴効果は**どちらも電子求引性である**．言い換えると，二つの効果が互いに強め合っている．これは，ベンズアルデヒド（$C_6H_5CHO$）をはじめベンゼン環に直接結合したカルボニル基をもつさまざまな化合物についていえる．

結局，全体として，**$NH_2$ 基は電子供与性**であり，アニリン（$C_6H_5NH_2$）のベンゼン環はベンゼンよりも電子密度が高い．一方，**アルデヒド基（CHO）は電子求引性**であり，ベンズアルデヒド（$C_6H_5CHO$）のベンゼン環はベンゼンよりも電子密度が小さい．これらの効果は図 18.6 の静電ポテンシャル図に示されている．これらの化合物を代表例として，電子供与性基と電子求引性基の構造的特徴を示すと次のようになる．

電子供与性基　　　　　　　電子求引性基

R = アルキル　　Z = N または O　　X = ハロゲン　　Y（δ+ または +）

## 18.6 置換ベンゼン

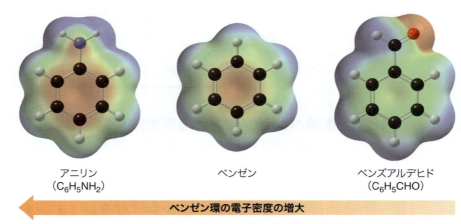

図 18.6
置換ベンゼンの電子密度に対する置換基の効果

アニリン（$C_6H_5NH_2$）　　ベンゼン　　ベンズアルデヒド（$C_6H_5CHO$）

← ベンゼン環の電子密度の増大

- $NH_2$ 基は電子密度を供与し，ベンゼン環をより電子豊富（赤色）にする．一方，CHO 基は電子を求引し，ベンゼン環をより電子不足（緑色）にする．

---

- 一般的な電子供与性基は，アルキル基や，ベンゼン環に結合した（孤立電子対をもつ）N や O 原子をもつ置換基である．

- 一般的な電子求引性基は，ハロゲンや，ベンゼン環に結合した正電荷（+）または部分的な正電荷（δ+）をもつ置換基である．

置換芳香族化合物の反応に対する電子供与および電子求引の効果については，18.7〜18.9 節で説明する．

**例題 18.3** 次の置換基を電子供与性または電子求引性に分類せよ．

a. ［フェニルアセタート構造］　　b. ［ベンゾニトリル構造 —CN］

**【解答】**
必要であれば孤立電子対と多重結合がはっきりわかるように置換基の原子と結合を書く．電子供与性か電子求引性かを決定するためには，**常にベンゼン環に直接結合した原子に注目する**．孤立電子対をもつ O や N 原子によって，置換基は電子供与性になる．ハロゲンや部分的な正電荷をもつ原子によって置換基は電子求引性になる．

a. ［構造式：O原子に孤立電子対が強調された構造］
- 孤立電子対をもつ O 原子がベンゼン環に直結している

**電子供与性基**

b.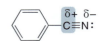
- 部分的な（+）電荷をもつ原子がベンゼン環に直結している

**電子求引性基**

**問題 18.15** 次の置換基を電子供与性または電子求引性に分類せよ．

a. C₆H₅-OCH₃　　b. C₆H₅-I　　c. C₆H₅-C(CH₃)₃

## 18.7 置換ベンゼンにおける芳香族求電子置換反応

芳香族求電子置換反応は，多環芳香族炭化水素，ヘテロ環，および置換ベンゼン誘導体などすべての芳香族化合物に共通する反応である．置換基は芳香族求電子置換反応の二つの面に影響を与える．

- **反応速度**：置換ベンゼンはベンゼン自身よりも速く，または遅く反応する．
- **配向**：新しい置換基はすでに存在していた置換基に対してオルト，メタ，またはパラのいずれかの位置に導入される．最初の置換基の性質によって二つ目の置換基の位置が決まる．

トルエン（$C_6H_5CH_3$）とニトロベンゼン（$C_6H_5NO_2$）を例に，二つの可能性を説明する．

### [1] トルエン

トルエンは，すべての置換反応においてベンゼン**よりも速く**反応する．すなわち，求電子剤の攻撃に対して**電子供与性の$CH_3$基がベンゼン環を活性化している**．三つの生成物が得られる可能性があるが，$CH_3$基に対してオルト位またはパラ位に新しい置換基が入った化合物が優先する．そのため，$CH_3$基は**オルト-パラ配向基**（ortho, para director）と呼ばれる．

トルエン + Br₂/FeBr₃ → オルト（40%）＋ メタ（微量）＋ パラ（60%）

### [2] ニトロベンゼン

ニトロベンゼンは，すべての置換反応においてベンゼン**よりも遅く**反応する．すなわち求電子剤の攻撃に対して**電子求引性の$NO_2$基がベンゼン環を不活性化している**．三つの生成物が得られる可能性があるが，$NO_2$基に対してメタ位に新しい置換基が入った化合物が優先する．そのため，$NO_2$基は**メタ配向基**（meta director）と呼ばれる．

ニトロベンゼン + HNO₃/H₂SO₄ → オルト（7%）＋ メタ（93%）＋ パラ（微量）

## 18.7 置換ベンゼンにおける芳香族求電子置換反応

置換基は，ベンゼン環を求電子剤に対して活性化または不活性化し，置換反応は環の特定の位置で選択的に起こる．**すべての置換基は，以下の三つのタイプに分類できる．**

### [1] オルト‐パラ配向基かつ活性化基

- ベンゼン環を<u>活性化し</u>（activate），置換反応がオルトおよびパラ位で起こる置換基．

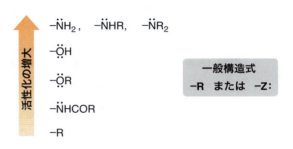

活性化の増大 ↑
- $-\ddot{N}H_2$, $-\ddot{N}HR$, $-\ddot{N}R_2$
- $-\ddot{O}H$
- $-\ddot{O}R$
- $-\ddot{N}HCOR$
- $-R$

一般構造式
$-R$ または $-Z:$

### [2] オルト‐パラ配向基かつ不活性化基

- ベンゼン環を<u>不活性化し</u>（deactivate），置換反応がオルトおよびパラ位で起こる置換基．

$-\ddot{F}:$　　$-\ddot{C}l:$　　$-\ddot{B}r:$　　$-\ddot{I}:$

### [3] メタ配向基

- 置換反応がメタ位で起こる置換基．
- すべてのメタ配向基は環を<u>不活性化する</u>．

不活性化の増大 ↓
- $-CHO$
- $-COR$
- $-CO_2R$
- $-CO_2H$
- $-CN$
- $-SO_3H$
- $-NO_2$
- $-\overset{+}{N}R_3$

一般構造式
$-Y(\delta+$ または $+)$

上の表で，**ハロゲンはハロゲンだけで独自のグループ（分類[2]）を形成している．** それぞれの置換基の種類を一般構造式で書くと次のようになる．

- すべてのオルト‐パラ配向基はR基，またはベンゼン環に結合した原子上に孤立電子対をもつ置換基である．

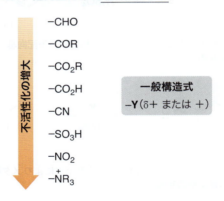

$Z = N$ または $O$ ---→ 環は**活性化**される
$Z = $ ハロゲン ---→ 環は**不活性化**される

- すべてのメタ配向基はベンゼン環に結合した原子上に正電荷または部分的な正電荷をもつ．

$$\text{Y}(\delta+\text{ または }+)\text{-Ph}$$

例題 18.4 で，このような知見がどのように芳香族求電子置換反応の生成物の予測に用いられるかを示す．

**例題 18.4** 次の反応の生成物を書き，反応がベンゼンの場合に比べて速いか遅いか述べよ．

a. PhNHC(O)CH₃ + HNO₃/H₂SO₄ →
b. PhC(O)OCH₃ + Br₂/FeBr₃ →

**【解答】**
生成物を書くには，
- 置換基のルイス構造式を書き，ベンゼン環に直結する原子が孤立電子対または部分的な正電荷をもつかどうか考える．
- 置換基を「オルト－パラ配向基かつ活性化基」，「オルト－パラ配向基かつ不活性化基」，「メタ配向基」に分類し，生成物を書く．

a. アセトアニリド + HNO₃/H₂SO₄ → オルト(2-NO₂) + パラ(4-NO₂)異性体

N原子上の孤立電子対により**オルト－パラ配向基**となる．**この化合物はベンゼンよりも速く反応する．**

b. 安息香酸メチル + Br₂/FeBr₃ → 3-ブロモ安息香酸メチル（メタ）

ベンゼン環と結合した C 原子の δ+ により**メタ配向基**となる．**この化合物はベンゼンよりも遅く反応する．**

**問題 18.16** 次の化合物を HNO₃ および H₂SO₄ で処理して得られる生成物を書け．また，反応がベンゼンの場合に比べて速いか遅いか述べよ．

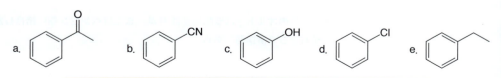

a. アセトフェノン  b. ベンゾニトリル  c. フェノール  d. クロロベンゼン  e. エチルベンゼン

## 18.8 置換基がベンゼン環を活性化・不活性化する理由

- **置換基がベンゼン環を活性化または不活性化するのはなぜか.**
- **特有の配向性が現れるのはなぜか.** ある置換基はオルト-パラ配向性を，ある置換基はメタ配向性を示すのはなぜか.

ある置換基によってベンゼン環の反応がベンゼン自身より速くなったり（活性化基），また別の置換基によって反応が遅くなったり（不活性化基）する理由を理解するためには，反応機構の律速段階（最初の段階）を調べる必要がある．18.2節で学んだように，芳香族求電子置換反応の最初の段階では求電子剤($E^+$)が付加して，共鳴安定化されたカルボカチオンが生成する．ハモンドの仮説〔7.15節（上巻）〕によると，カルボカチオン中間体の安定性を考えると，反応の相対速度を予想することができる．

- **カルボカチオンが安定になるほど，その遷移状態のエネルギーは低下し，反応は速くなる.**

カルボカチオンの安定化により
反応が速くなる　　　　［＋さらに二つの共鳴構造式］

18.6節で最初に述べた誘起効果および共鳴効果の原則によって，カルボカチオンの安定性を予想できる．

- **電子供与性基はカルボカチオンを安定化し，求電子剤に対してベンゼン環を活性化する．すべての活性化基（activating group）はR基であるか，ベンゼン環に直結した孤立電子対をもつNまたはO原子をもつ．**

- **電子求引性基はカルボカチオンを不安定化し，求電子剤に対してベンゼン環を不活性化する．すべての不活性化基（deactivating group）はハロゲンであるか，ベンゼン環に直結した部分的な正電荷または正電荷を帯びた原子をもつ．**

図18.7に示すエネルギー図で，電子供与性基および電子求引性基が芳香族求電子置換反応の律速段階において，遷移状態のエネルギーにどのような効果をもたらすかを示す．

**問題 18.17** 芳香族求電子置換反応において，次の化合物がベンゼンよりも反応性が高いか低いかを示せ．

a. クメン（イソプロピルベンゼン）　b. カテコール（1,2-ジヒドロキシベンゼン）　c. 安息香酸エチル　d. $C_6H_5\overset{+}{N}(CH_3)_3$

## 図 18.7 置換ベンゼンの芳香族求電子置換反応の反応速度を比較したエネルギー図

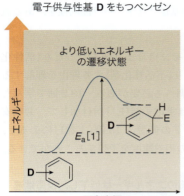
電子供与性基 D をもつベンゼン
より低いエネルギーの遷移状態
$E_a[1]$

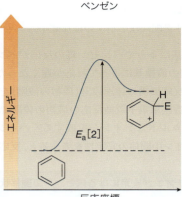
ベンゼン
$E_a[2]$

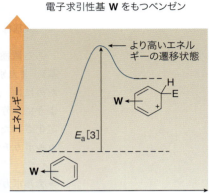
電子求引性基 W をもつベンゼン
より高いエネルギーの遷移状態
$E_a[3]$

- 電子供与性基 D はカルボカチオン中間体を安定化するため、遷移状態のエネルギーが低下し、反応速度が増大する。
- 電子求引性基 W はカルボカチオン中間体を不安定化するため、遷移状態のエネルギーが増大し、反応速度が低下する。

**問題 18.18** 芳香族求電子置換反応において、次の化合物を反応性が低いものから順に並べよ。

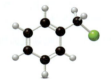

## 18.9 置換ベンゼンの配向性

特定の**配向性**（orientation effect）が発現する理由を理解するには、18.7 節で示したオルト-パラ配向基とメタ配向基の一般構造式を覚えておかなければならない。オルト-パラ配向基には二種類、メタ配向基には一種類あった。

- オルト-パラ配向基は R 基か、ベンゼン環に直結した原子上に孤立電子対をもつ。
- メタ配向基はベンゼン環に直結した原子上に正電荷または部分的な正電荷をもつ。

ある置換基の配向性を評価するには、次の手順を踏めばよい。

### HOW TO 置換基の配向性を評価する手順

**ステップ[1]** 置換ベンゼン（$C_6H_5-A$）のオルト、メタ、およびパラ位に求電子剤 $E^+$ が攻撃して生成するカルボカチオンのすべての共鳴構造式を書く。

- それぞれの反応部位に対して少なくとも三つの共鳴構造式が書ける。
- それぞれの共鳴構造式では、新しい C-E 結合に対してパラ位またはオルト位に正電荷が存在する。

**ステップ[2]** 中間体の共鳴構造式の安定性を評価する。最も安定なカルボカチオンが生成する位置を求電子剤が攻撃する。

18.9 置換ベンゼンの配向性　765

18.9.1～18.9.3項では，この二つのステップを用いてトルエンのCH$_3$基，アニリンのNH$_2$基，ニトロベンゼンのNO$_2$基の配向性を決定する．

### 18.9.1　CH$_3$基――オルト-パラ配向基

求電子攻撃の部位にあるH原子は常に書くこと．電荷がどこに移るかを追跡しやすくする．

**CH$_3$基が芳香族求電子置換反応をオルト位とパラ位に配向させる**理由を明らかにしよう．まず，CH$_3$基に対して，オルト，メタ，およびパラ位に求電子剤が攻撃して生成するすべての共鳴構造式を書く．

（オルト攻撃：CH$_3$基が(+)電荷を安定化する，主生成物）

（メタ攻撃）

（パラ攻撃：CH$_3$基が(+)電荷を安定化する，主生成物）

すべての共鳴構造式で，新しいC–E結合に対して常にパラ位かオルト位に正電荷が存在している．CH$_3$基に対して正電荷が必ずしもパラ位やオルト位になるわけではない．

共鳴構造式の安定性を評価するため，とくに安定またはとくに不安定な構造がないか考える．この例では，**CH$_3$基に対してオルトやパラ位に攻撃すると，CH$_3$基が結合した炭素原子上に正電荷が生じた共鳴構造式が生成する**．電子供与性のCH$_3$基は隣接する正電荷を安定化する．一方，CH$_3$基に対してメタ位を攻撃すると，CH$_3$基の電子供与によって安定化される共鳴構造式は生成しない．同じ理由で他のアルキル基もオルト-パラ配向基となる．

- **CH$_3$基は電子供与性誘起効果によってカルボカチオン中間体を安定化するため，CH$_3$基に対してオルト位およびパラ位に求電子攻撃が起こる．**

### 18.9.2　NH$_2$基――オルト-パラ配向基

**アミノ基(NH$_2$)が芳香族求電子置換反応をオルト位とパラ位に配向させる**理由を明らかにしよう．同様に構造式を書く．

メタ位への攻撃では，通常の三つの共鳴構造式が生成する．しかし，オルト位またはパラ位への攻撃では，N原子上の孤立電子対のために第四の共鳴構造式が書ける．この構造は**すべての原子が八電子則を満たす**ので安定である．このような第四の共鳴構造式は，N，O，またはハロゲン原子がベンゼン環に直結しているすべての置換基について書くことができる．

- **$NH_2$基はカルボカチオン中間体を共鳴でさらに安定化するため，$NH_2$基に対してオルト位およびパラ位で求電子攻撃が起こる．**

### 18.9.3　$NO_2$基──メタ配向基

ニトロ基（$NO_2$）が芳香族求電子置換反応をメタ位に配向させる理由を明らかにしよう．同様に共鳴構造式を書く．

18.9 置換ベンゼンの配向性

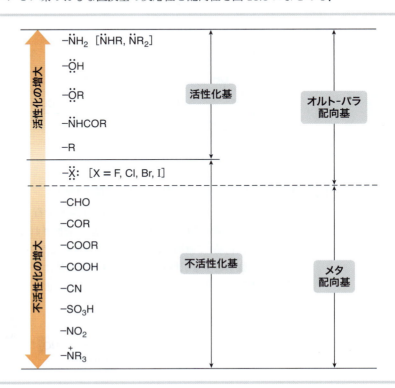

それぞれの位置への攻撃によって三つの共鳴構造式が生成する．オルト位またはパラ位への攻撃から生成する共鳴構造式のうちの一つはとくに<u>不安定化</u>される．なぜなら，隣接する二つの原子上に正電荷が存在するからである．メタ位への攻撃ではとくに不安定な共鳴構造式は生成しない．

• $NO_2$ 基（および他のすべてのメタ配向基）をもつ場合，オルトまたはパラ位への攻撃は不安定なカルボカチオン中間体を生成するので，メタ位に対して攻撃が起こる．

**問題 18.19** 次の出発物質において，求電子剤の $^+NO_2$ がオルト位を攻撃した場合に生成するカルボカチオンのすべての共鳴構造式を書け．また，とくに安定またはとくに不安定な共鳴構造式を示せ．

a. *tert*-ブチルベンゼン  b. フェノール  c. ベンズアルデヒド

ベンゼン環のおもな置換基の反応性と配向性を図 18.8 にまとめる．

**図 18.8** 一般的な置換ベンゼンの反応性と配向性

まとめると，
[1] ハロゲン以外のすべてのオルト-パラ配向基はベンゼン環を活性化する．
[2] すべてのメタ配向基はベンゼン環を不活性化する．
[3] ハロゲンはベンゼン環を不活性化する．

## 18.10 置換ベンゼンの芳香族求電子置換反応における制約

ほとんどの置換ベンゼンに対して，芳香族求電子置換反応はうまく進行するが，ハロゲン化とフリーデル–クラフツ反応では制約があることを覚えておこう．

### 18.10.1 活性化ベンゼンのハロゲン化反応の制約

すべての芳香族求電子置換反応のなかでも，ハロゲン化反応は最も起こりやすい．そのため，OH, $NH_2$，およびそれらのアルキル誘導体(OR, NHR, および $NR_2$) などの強い電子供与性基によって活性化されたベンゼンでは，$X_2$ および $FeX_3$ で処理すると**ポリハロゲン化反応**(polyhalogenation)が進行する．アニリン($C_6H_5NH_2$)やフェノール($C_6H_5OH$)を $Br_2$ および $FeBr_3$ で処理すると三臭素化物が生成する．**このとき，$NH_2$ および OH 基に対してオルト位およびパラ位にあるすべての水素原子で置換が起こる．**

触媒を加えないで $Br_2$ のみでも H が Br で**一置換**(monosubstitution)され，オルト体とパラ体の混合物が生成する．

**問題 18.20** 次の反応の生成物を書け．

a. フェノール + $Cl_2$ / $FeCl_3$
b. フェノール + $Cl_2$
c. トルエン + $Cl_2$ / $FeCl_3$

### 18.10.2 フリーデル–クラフツ反応の制約

フリーデル–クラフツ反応は，実験室で行うには難しい芳香族置換反応である．ベンゼン環が $NO_2$(強い不活性化基)で置換されているときや，$NH_2$, NHR, $NR_2$(強い活性化基)で置換されているときは進行しない．

強い電子求引性基，つまりメタ配向基によって不活性化されたベンゼン環は，電子不足になりフリーデル–クラフツ反応が進行しない．

ニトロベンゼン + RCl / $AlCl_3$ → 反応しない
（$NO_2$ = 強力な不活性化基）

## 18.11 二置換ベンゼン

フリーデル-クラフツ反応は，強い活性化基である NH₂ 基をもつベンゼン環の場合にも進行しない．N 原子上の孤立電子対のため NH₂ 基は強いルイス塩基であり，アルキル化やアシル化に必要なルイス酸である AlCl₃ と反応してしまう．その生成物はベンゼン環の隣に正電荷をもつため強く不活性化され，フリーデル-クラフツ反応は進行しない．

**問題 18.21** CH₃Cl および AlCl₃ によりフリーデル-クラフツ アルキル化反応を起こすのは次の化合物のうちどれか．また，反応によって得られる生成物を書け．

a. ベンゼンスルホン酸  b. クロロベンゼン  c. N,N-ジメチルアニリン  d. アセトアニリド

フリーデル-クラフツ アルキル化反応のもう一つの制約は**ポリアルキル化反応**(polyalkylation)である．ベンゼンをハロゲン化アルキルおよび AlCl₃ で処理すると，環に電子供与性の R 基が導入される．R 基は環を活性化するので，アルキル化生成物($C_6H_5R$)は置換反応に対してベンゼン自体よりも<u>反応性が高い</u>．このため，再び RCl と反応してポリアルキル化生成物が得られる．

> ポリアルキル化反応を最小限にするため，ハロゲン化アルキルの量に対して大過剰のベンゼンを用いる．

**ポリ置換反応**(polysubstitution)は**フリーデル-クラフツ アシル化反応では起こらない**．なぜなら，生成物は電子求引性基をもつのでベンゼン環を不活性化し，さらなる求電子置換反応が起こらないからである．

## 18.11 二置換ベンゼン

二置換ベンゼン環を出発物質として用いた場合，芳香族求電子置換反応はどうなるだろうか．**生成物を予想するには，両方の置換基の配向性を考慮し，全体の効果を決定する必要がある．**次の三つの指針に従おう．

## ルール[1] 二つの置換基の配向性が強め合う場合は，両方の置換基が新しい置換基の位置を決める．

$p$-ニトロトルエンの $CH_3$ 基はオルト-パラ配向基で，$NO_2$ 基はメタ配向基である．この二つの効果は互いに強め合い，$Br_2$ および $FeBr_3$ で処理すると生成物が一つだけ得られる．$CH_3$ 基に対してパラ位は，ニトロ基によって"遮蔽"されており，置換反応はその炭素上では起こりえない．

## ルール[2] 二つの置換基の配向性が互いに逆に働く場合は，より強い配向基によって位置が決まる．

化合物 **A** では，求電子剤の反応において $NHCOCH_3$ 基は二つのオルト位を活性化し，$CH_3$ 基も二つのオルト位を活性化する．$NHCOCH_3$ 基のほうが強い配向基なので，置換反応はそのオルト位で起こる．

## ルール[3] 互いにメタ位にある二つの置換基に挟まれた炭素原子上では，立体障害のため置換反応が起こらない．

たとえば，$m$-キシレンの二つの $CH_3$ 基に挟まれている炭素原子は，二つの $CH_3$ 基によって活性化されるにもかかわらず置換反応を起こさない．

**例題 18.5** 次の化合物のニトロ化反応によって得られる生成物を書け．

a. 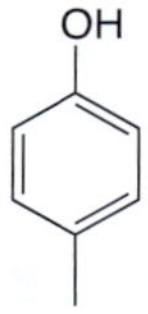 4-メチルフェノール  b. 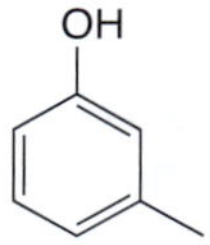 3-メチルフェノール

【解答】
a. OH と CH₃ 基はいずれもオルト–パラ配向基である．OH 基のほうがより強い活性化基なので，置換反応はそのオルト位で起こる．

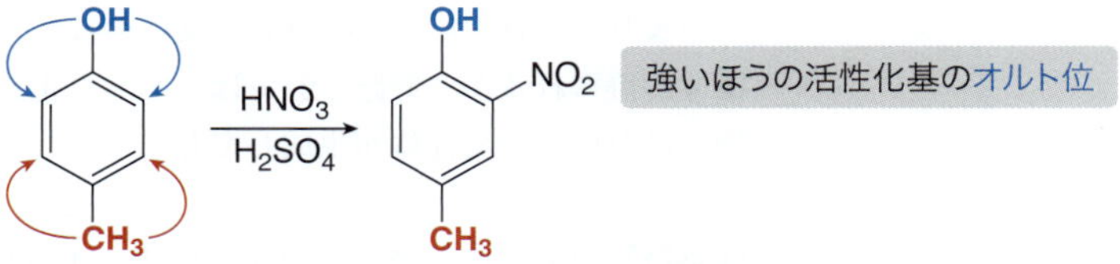

強いほうの活性化基のオルト位

b. OH も CH₃ 基のいずれもオルト–パラ配向基であり，この場合は両方の配向性が互いに強め合う．しかし，互いにメタ位にある二つの置換基で挟まれた炭素上では置換反応は起こらず，二つの化合物が生成する．

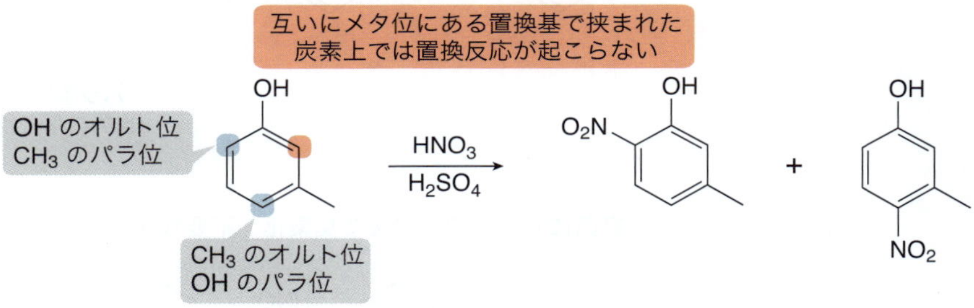

互いにメタ位にある置換基で挟まれた炭素上では置換反応が起こらない

OH のオルト位
CH₃ のパラ位

CH₃ のオルト位
OH のパラ位

**問題 18.22** 次の化合物を $HNO_3$ および $H_2SO_4$ で処理して得られる生成物を書け．

a. 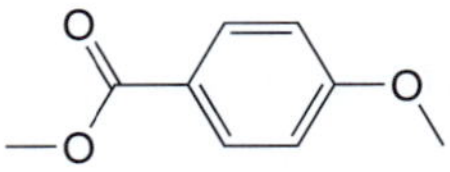 メチル 4-メトキシベンゾアート  b. 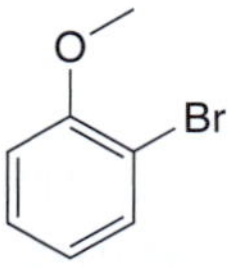 2-ブロモアニソール  c. 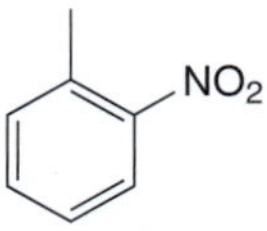 2-ニトロトルエン  d. 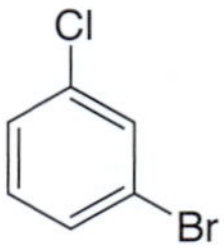 1-クロロ-3-ブロモベンゼン

## 18.12 ベンゼン誘導体の合成

二つ以上の置換基をもつベンゼン誘導体を合成するには，常にそれぞれの置換基の配向性を考慮しなければならない．たとえば二置換ベンゼンでは，**配向性によって最初に環に導入するべき置換基が決まる．**

たとえば，p-ブロモニトロベンゼンのBr基は，オルト-パラ配向基であり，NO₂基はメタ配向基である．ベンゼンからこの化合物を合成する場合には，二つの置換基は互いにパラ位にあるので，オルト-パラ配向基を最初に導入するべきである．

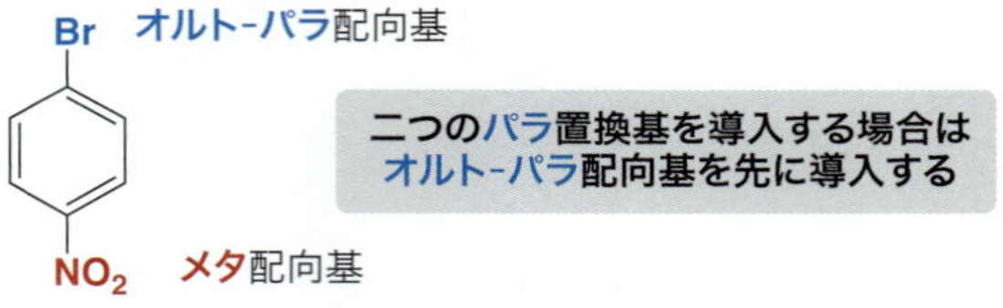

**二つのパラ置換基を導入する場合はオルト-パラ配向基を先に導入する**

p-ブロモニトロベンゼン
(p-bromonitrobenzene)

つまり，経路[1]では，臭素化反応の後にニトロ化反応を行うので，目的のパラ置換体が得られるが，経路[2]では，ニトロ化反応の後に臭素化反応を行うので，目的物ではないメタ異性体が生成してしまう．

**経路[1]** 臭素化の後でニトロ化：目的とするパラ置換体が得られる

オルト異性体は混合物から分離できる

パラ置換体
目的の化合物

**経路[2]** ニトロ化の後で臭素化：不要なメタ置換体が得られる

メタ配向基　　メタ異性体

経路[1]では，目的のパラ置換体だけでなく，不要なオルト異性体も生成するが，これらの化合物は構造異性体であるので分離できる．このようなオルトおよびパラ異性体の混合物の生成は，多くの場合避けられない．

**例題 18.6**　ベンゼンから o-ニトロトルエンを合成する方法を示せ．

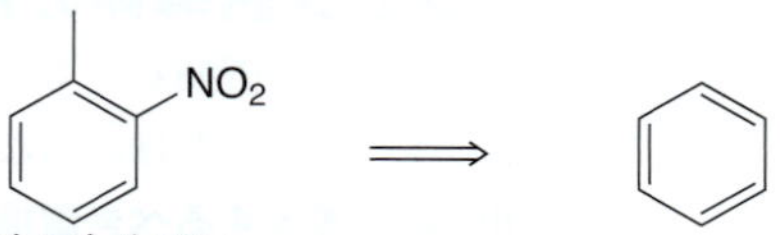

o-ニトロトルエン
(o-nitrotoluene)

【解答】 o-ニトロトルエンの CH₃ 基はオルト-パラ配向基であり，NO₂ 基はメタ配向基である．二つの置換基は互いにオルト位にあるので，**オルト-パラ配向基をまず導入**する．合成経路は，フリーデル-クラフツ アルキル化反応とそれに続くニトロ化反応の 2 段階である．

ベンゼン $\xrightarrow[\text{AlCl}_3]{\text{CH}_3\text{Cl}}$ トルエン $\xrightarrow[\text{H}_2\text{SO}_4]{\text{HNO}_3}$ o-ニトロトルエン + パラ異性体

**問題 18.23** 次の出発物質からそれぞれの化合物を合成する方法を示せ．

a. 3-クロロベンゼンスルホン酸 ⟹ ベンゼン
b. 3'-ニトロアセトフェノン ⟹ ベンゼン
c. 2-ブロモ-4-メチルフェノール ⟹ フェノール

## 18.13 芳香族求核置換反応

芳香族化合物の反応の多くは芳香族求電子置換反応によって起こるが，強力な求核剤によってハロゲン化アリールの置換反応が起こる場合もある．

A—C₆H₄—X + :Nu⁻ ⟶ A—C₆H₄—Nu + :X⁻

X = F, Cl, Br, I
A = H または電子求引基

• **芳香族求核置換反応によりベンゼン環のハロゲン X が求核剤 (:Nu⁻) によって置換される．**

7.17 節 (上巻) で述べたように，この反応は $S_N1$ 機構でも $S_N2$ 機構でも起こり得ない．これらは sp³ 炭素上でしか起こらない．この結果を説明するには**付加-脱離** (18.13.1 項) および**脱離-付加** (18.13.2 項) という二つの異なる反応機構が考えられる．

### 18.13.1 付加-脱離による芳香族求核置換反応

ニトロ基などの強力な電子求引基をオルト位やパラ位にもつハロゲン化アリールは，求核剤と反応して置換生成物を生成する．p-クロロニトロベンゼンに水酸化物イオン (OH⁻) を作用させると，Cl が OH で置換されて p-ニトロフェノールが生成する．

$O_2N$-C₆H₄-Cl + ⁻OH → $O_2N$-C₆H₄-OH + Cl⁻

*p*-クロロニトロベンゼン → *p*-ニトロフェノール
(*p*-chloronitrobenzene)　　(*p*-nitrophenol)

芳香族求核置換反応は，⁻OH, ⁻OR, ⁻NH$_2$, ⁻SR などのさまざまな強い求核剤で起こるが，NH$_3$ や RNH$_2$ など中性の求核剤でも起こることがある．反応機構は次の2段階である．まず，**求核剤の付加**により共鳴安定化されたカルボアニオンが生成し，その後，**脱離基であるハロゲンが脱離**する．電子求引性基 W をもつ塩化アリールの反応を機構 18.10 に示す．

## 機構 18.10　付加–脱離による芳香族求核置換反応

① 求核剤の付加により新たな C–Nu 結合が形成され，共鳴安定化されたカルボアニオンが生成する．ここが律速段階となる．
② 脱離基の脱離により芳香環が再生する．

芳香族求核置換反応では，反応性において次のような傾向が見られる．

- 電子求引性基が増えると，ハロゲン化アリールの反応性が向上する．電子求引性基によってカルボアニオン中間体が安定化される．このとき，ハモンドの仮説から遷移状態のエネルギーは小さくなる．

- ハロゲンの電気陰性度が大きくなるほど，ハロゲン化アリールの反応性は増大する．より電気陰性度の大きなハロゲンは，誘起効果によりカルボアニオン中間体を安定化する．このため，電気陰性度の小さなハロゲンを含むハロゲン化アリールよりもフッ化アリール (ArF) のほうが反応性が高い．

したがって，電子求引性基であるニトロ基を二つもつ塩化アリール **B** のほうが，*o*-クロロニトロベンゼン **A** よりも反応性が高い．フッ化アリール **C** は，より電気陰性度の高いフッ素をもつため，**B** よりも反応性が高い．

**A**: *o*-クロロニトロベンゼン
**B**: 2,4-ジニトロクロロベンゼン
**C**: 2,4-ジニトロフルオロベンゼン

反応性が増大する →

## 18.13 芳香族求核置換反応

電子求引性基の位置は，芳香族求核置換反応の反応速度に大きな影響を及ぼす．ニトロ基がハロゲンのオルト位あるいはパラ位にある場合には，カルボアニオン中間体の負電荷がニトロ基まで非局在化するので，中間体は安定化される．一方，ニトロ基がメタ位にある場合にはニトロ基への非局在化は起こらない．

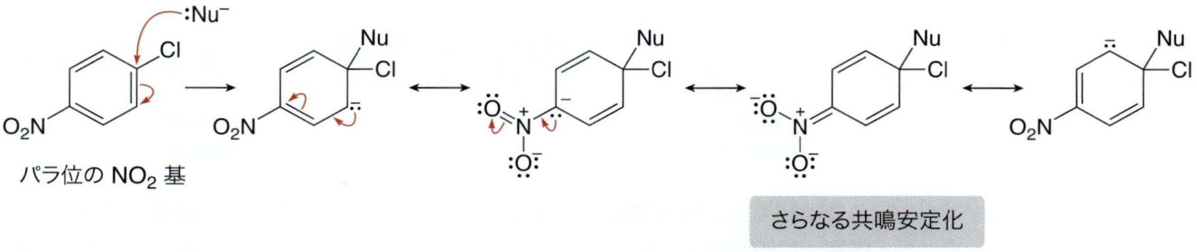

パラ位の $NO_2$ 基

さらなる共鳴安定化

負電荷は $NO_2$ 基の酸素原子にまで非局在化する

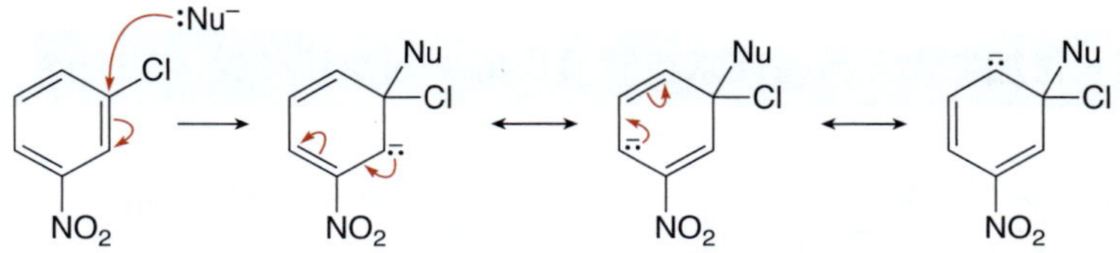

メタ位の $NO_2$ 基　　負電荷は $NO_2$ 基に非局在化できない

したがって，付加‐脱離による芳香族求核置換反応は電子求引性基をオルト位またはパラ位にもつハロゲン化アリールでしか起こらない．

**問題 18.24** 次の反応の生成物を示せ．

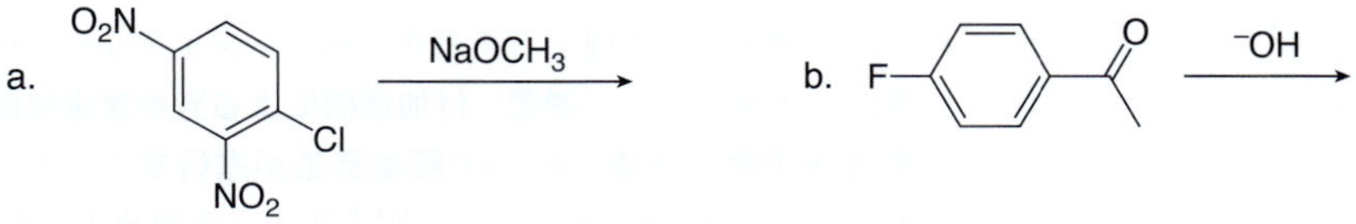

a. (4-ニトロ-2-ニトロクロロベンゼン) + NaOCH₃ →

b. (4-フルオロアセトフェノン) + ⁻OH →

**問題 18.25** エーテル **D** を生成する次の反応の機構を段階ごとに示せ．**D** から 1 段階の反応を経ると，抗うつ剤であるフルオキセチン（商品名：プロザック®）が得られる．

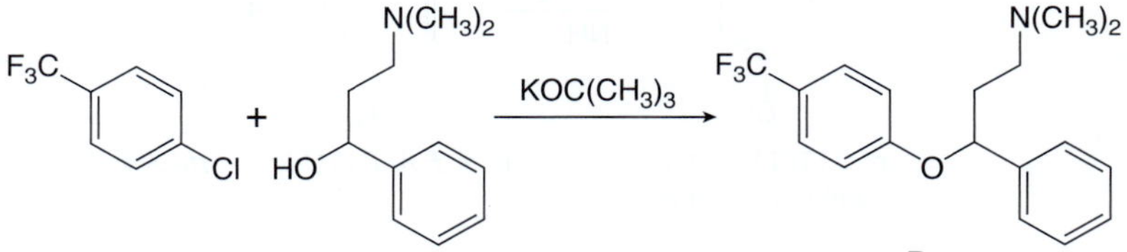

D

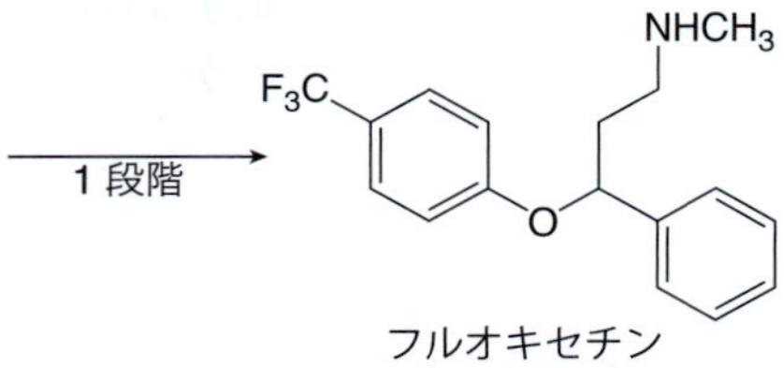

1 段階 → フルオキセチン (fluoxetine)

### 18.13.2　脱離-付加による芳香族求核置換反応：ベンザイン

電子求引性基をもたないハロゲン化アリールは，一般的に求核剤とは反応しない．しかし，極端な反応条件ではハロゲン化アリールの芳香族求核置換反応が進むことがある．たとえば，クロロベンゼンとNaOHを170気圧，300℃以上で加熱するとフェノールが得られる．

クロロベンゼン (chlorobenzene) ―[1] NaOH, 300℃, 170 気圧　[2] $H_3O^+$→ フェノール (phenol) ＋ NaCl

この結果は，**ベンザイン**(benzyne)中間体($C_6H_4$)が関与する脱離-付加による反応機構で説明できる．機構18.11に示すように，ベンザインはハロゲン化アリールからのHX脱離によって生成する，非常に反応性が高く不安定な中間体である．

### 機構 18.11　脱離-付加による芳香族求核置換反応：ベンザイン

①－② 隣接したHとXの脱離によって反応性の高いベンザイン中間体が生成する．
③－④ 求核付加とプロトン化により置換生成物が生成する．

ベンザインの生成を考えると，ハロゲン化アリールの置換反応で混合物が生成する理由が説明できる．**脱離-付加機構による芳香族求核置換反応では，脱離基をもつ炭素とその隣の炭素に対して置換反応が進行する**．たとえば，p-クロロトルエンに$NaNH_2$を反応させると，パラ置換体とメタ置換体が生成する．

p-クロロトルエン (p-chlorotoluene) ―$NaNH_2$／$NH_3$→ p-メチルアニリン ＋ m-メチルアニリン†

† メチルアニリンはトルイジン(toluidine)という慣用名をもつ．

この結果は，ベンザイン中間体に対する求核攻撃の際に，m-メチルアニリンを生成するC3への付加とp-メチルアニリンを生成するC4への付加が，どちらも起こりうることから説明できる．

## 18.14 アルキルベンゼンのハロゲン化反応

*p*-クロロトルエン (*p*-chlorotoluene) → NaNH$_2$ 2段階 → または → C3への求核付加 → NH$_3$ → *m*-メチルアニリン (*m*-methylaniline)

→ C4への求核付加 → NH$_3$ → *p*-メチルアニリン (*p*-methylaniline)

予想できるように，ベンザインの三重結合は特殊である．六員環のそれぞれの炭素原子は sp$^2$ 混成をとっているため，三重結合の一つの σ 結合と二つの π 結合は次のような軌道により形成されている．

- σ 結合は二つの sp$^2$ 混成軌道の重なりによって形成されている．
- 一つめの π 結合は，分子平面に対して垂直な二つの p 軌道の重なりによって形成されている．
- 二つめの π 結合は，二つの sp$^2$ 混成軌道の重なりによって形成されている．

sp$^2$ 混成 / 二つの sp$^2$ 混成軌道の重なりによって π 結合が形成

つまり，二つめの π 結合はこれまでに見てきた π 結合とは異なる．**p 軌道の重なりではなく，並んだ sp$^2$ 混成軌道の重なりによって形成されているからである．** この π 結合は分子平面内にあり，非常に弱い．

**問題 18.26** 次の反応の生成物を示せ．

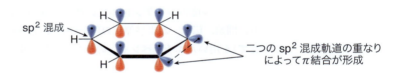

a. C$_6$H$_5$Cl + NaNH$_2$/NH$_3$ →

c. (o-エチル)C$_6$H$_4$Cl + KNH$_2$/NH$_3$ →

b. CH$_3$O–C$_6$H$_4$–Cl + NaOH/H$_2$O/熱 →

**問題 18.27** *m*-クロロトルエンを NH$_3$ 中で KNH$_2$ と反応させたときの生成物をすべて示せ．

## 18.14 アルキルベンゼンのハロゲン化反応

本章の最後は，ベンゼン誘導体の合成法を大きく拡張する置換ベンゼンの他の反応について学ぶ．18.14 節ではラジカルハロゲン化反応（radical halogenation）について

アルケンのラジカルハロゲン化については，15 章（上巻）で説明した．アリル位炭素でのラジカルハロゲン化の反応機構については，15.10 節で説明した．

再び学び，18.15 節では有用な酸化および還元反応について考察する．

ベンジル位の C–H 結合は他のほとんどの $sp^3$ 混成の C–H 結合よりも弱い．これは，ホモリシス（均等開裂）によって共鳴安定化されたベンジルラジカルが生成するためである．

ベンジル位の C–H 結合を赤色で示す

+ H·

ベンジル位のラジカルの五つの共鳴構造式

ベンジル位の C–H 結合の結合解離エネルギー（356 kJ/mol）は第三級 C–H 結合の結合解離エネルギー（381 kJ/mol）よりも小さい．

その結果，アルキルベンゼンでは弱いベンジル位の C–H 結合に対して選択的に臭素化反応が起こり，ラジカル存在下で**ベンジル型ハロゲン化物（ハロゲン化ベンジル**，benzylic halide）が生成する．たとえば，$Br_2$（光照射または加熱条件下）や N‐ブロモスクシンイミド（NBS，光照射または過酸化物存在下）によるエチルベンゼンのラジカル臭素化反応によって，臭化ベンジルが単一生成物として得られる．

エチルベンゼン
（ethylbenzene）

$Br_2$
光または熱
または
NBS
光または ROOR

**ラジカル条件**

臭化ベンジル
（benzylic bromide）

+ HBr

ベンジル位のハロゲン化の反応機構は他のラジカルハロゲン化反応とよく似ており，開始，伝搬，および停止の段階からなる．機構 18.12 では，$Br_2$（光または熱を加えて）を用いたエチルベンゼンのラジカル臭素化反応について示す．

## 機構 18.12　ベンジル位の臭素化反応

### 反応［1］　開始段階

:Br⁀Br: →（1 光または熱）:Br· + ·Br:

① 光や熱エネルギーによる Br–Br 結合のホモリシスによって，二つの Br·ラジカルが生成する．

### 反応［2］　伝搬段階

［+ 四つの共鳴構造式］

+ H–Br:

② Br·ラジカルがベンジル位の水素を引き抜いて，共鳴安定化されたベンジルラジカルが生成する．
③ ベンジルラジカルが臭素原子を引き抜き，臭化ベンジルが生成する．Br·も再生するので，ステップ［2］および［3］は繰り返し起こる．

## 18.14 アルキルベンゼンのハロゲン化反応

**反応[3]　停止段階**

④ 二つのラジカルが反応して結合を生成すると，連鎖反応が収束する．

---

このように，アルキルベンゼンでは，反応条件に応じて二つの異なる反応が起こる．

（上の経路）Br$_2$／FeBr$_3$：オルト異性体 ＋ パラ異性体　**イオン条件**

（下の経路）Br$_2$／光または熱：ベンジル位臭素化生成物　**ラジカル条件**

- Br$_2$ と FeBr$_3$（**イオン条件**）を用いると芳香族求電子置換反応が起こり，芳香環の H が Br で置換され，オルトおよびパラ異性体が生成する．
- 光照射または加熱条件で Br$_2$（**ラジカル条件**）を用いると，アルキル基の<u>ベンジル位</u>の炭素上の H が Br で置換される．

**問題 18.28**　C$_6$H$_5$CH$_2$CH$_3$ のラジカル臭素化反応において，C$_6$H$_5$CH$_2$CH$_2$Br が生成しない理由を述べよ．

---

アルキルベンゼンのラジカル臭素化反応はたいへん有用な反応である．得られた生成物のハロゲン化ベンジルは，さまざまな置換ベンゼンをつくるための置換反応や脱離反応の出発物質として利用できるからである．例題 18.7 にその例を示す．

**例題 18.7**　エチルベンゼンからスチレンを合成する方法を示せ．

スチレン（styrene） ⟹ エチルベンゼン（ethylbenzene）

**【解答】**
二重結合は 2 段階の反応によって導入することができる．ラジカル条件下でベンジル位を臭素化し，強塩基で HBr を脱離させれば π 結合が生成する．

エチルベンゼン（ethylbenzene） →[Br$_2$／光または熱] 1-ブロモ-1-フェニルエタン →[K$^+$ $^-$OC(CH$_3$)$_3$] スチレン

**問題 18.29** エチルベンゼンから次の化合物を合成するにはどうすればよいか．なお，2段階以上の反応が必要である．

a. 2-ブロモスチレン  b. 1-フェニルエタノール  c. スチレンオキシド  d. 2-フェニルエタノール

## 18.15 置換ベンゼンの酸化と還元

酸化および還元反応は，多くのベンゼン誘導体を合成する有用な方法である．反応機構は複雑で一般化できないので，詳しい反応機構は述べずに反応と反応剤を示すだけに留める．

### 18.15.1 アルキルベンゼンの酸化

少なくとも一つのベンジル位 C–H 結合をもつアレーン(arene)は，$KMnO_4$ で安息香酸へと酸化される．安息香酸は，ベンゼン環に直結したカルボキシ基(COOH)をもつカルボン酸である．いくつかのアルキルベンゼンでは，酸化により炭素–炭素結合が開裂するので，生成物の炭素数は出発物質よりも少なくなる．

トルエン (toluene)
イソプロピルベンゼン (isopropylbenzene)
$\xrightarrow{KMnO_4}$ 安息香酸 (benzoic acid)　カルボキシ基

二つのアルキル基をもつ基質はジカルボン酸へと酸化される．ベンジル位の C–H 結合をもたない化合物は酸化されない．

$\xrightarrow{KMnO_4}$ フタル酸 (phthalic acid)

$\xrightarrow{KMnO_4}$ 反応しない

### 18.15.2 アリールケトンのアルキルベンゼンへの還元

フリーデル‐クラフツ アシル化反応によって生成したケトンは，二つの方法によってアルキルベンゼンに還元できる．

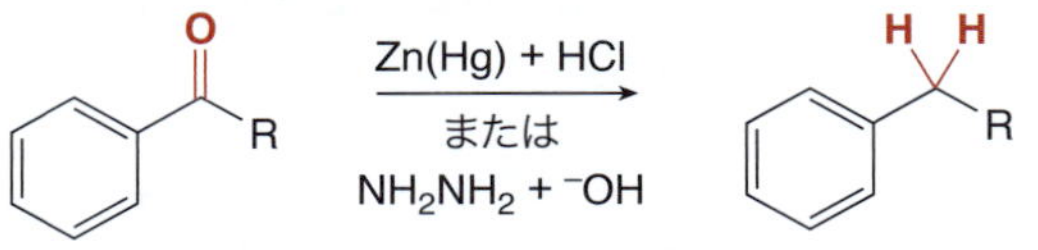

- クレメンゼン還元(Clemmensen reduction)では，強酸の存在下で亜鉛と水銀の合金(亜鉛アマルガム)を用いる．
- ウォルフ‐キシュナー還元(Wolff-Kishner reduction)では，ヒドラジン($NH_2NH_2$)と強塩基(KOH)を用いる．

出発物質の C–O 結合がいずれも生成物の C–H 結合に変換されるので，還元は難しく反応条件は厳しい．

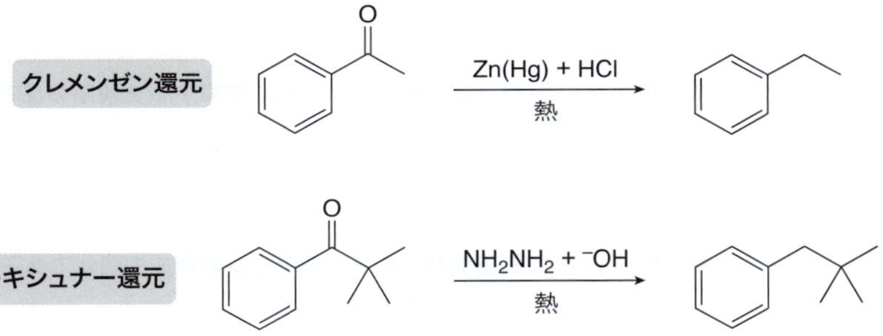

クレメンゼン還元

ウォルフ-キシュナー還元

ベンゼン環にアルキル基を導入する二つの方法を以下にまとめる(図 18.9)．

- フリーデル‐クラフツ アルキル化反応を用いる 1 段階の方法
- フリーデル‐クラフツ アシル化反応を用いてケトンを合成し，それを還元するという 2 段階の方法

図 18.9
アルキルベンゼンを合成する二つの方法

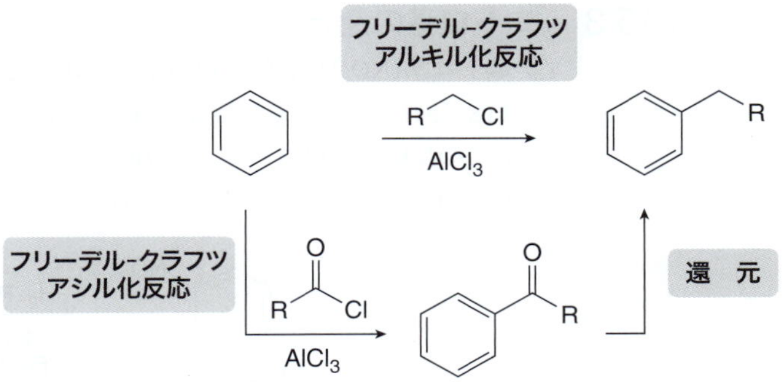

2 段階の方法は回り道に見えるが，1 段階のフリーデル‐クラフツ アルキル化反応では転位が起こり合成できないアルキルベンゼンを合成するには，必須の方法である．

18.5.3項でプロピルベンゼンはフリーデル-クラフツ アルキル化反応では合成できないことを述べた．ベンゼンを1-クロロプロパンとAlCl₃で処理すると，転位反応によりイソプロピルベンゼンが生成してしまう．しかし，フリーデル-クラフツ アシル化反応と還元の2段階の手順を経ると，プロピルベンゼンを合成することができる．

†訳者注：イソプロピルベンゼンの慣用名をクメン(cumene)という．

イソプロピルベンゼン†
(isopropylbenzene)
転位によって生成

生成しない

プロピルベンゼン
(propylbenzene)

**問題 18.30** ベンゼンを次の化合物に変換する2段階の反応を書け．

a. b.

**問題 18.31** 抗炎症剤のイブプロフェンの合成中間体である $p$-イソブチルアセトフェノンをベンゼンから合成する方法を示せ．

$p$-イソブチルアセトフェノン
($p$-isobutylacetophenone)

数段階

イブプロフェン
(ibuprofen)

### 18.15.3 ニトロ基の還元

ニトロ基($NO_2$)は強酸を用いるニトロ化反応によって容易にベンゼン環に導入できる(18.4節)．ニトロ基はさまざまな条件下で容易にアミノ基($NH_2$)に還元できるので，この反応は有用である．一般的な方法に，$H_2$と触媒，または金属(FeやSnなど)と強酸(HClなど)を用いるものがある．

ニトロベンゼン
(nitrobenzene)

$H_2$, Pd-C
または
Fe, HCl
または
Sn, HCl

アニリン
(aniline)

たとえば，$p$-ニトロ安息香酸エチルを$H_2$とパラジウム触媒で還元すると，ベンゾカインという局所麻酔薬に用いられている$p$-アミノ安息香酸エチルが生成する．

## 18.15 置換ベンゼンの酸化と還元

ベンゾカインはアメリカで市販されている局所麻酔薬 Orajel® の有効成分である.

$p$-ニトロ安息香酸エチル
(ethyl $p$-nitrobenzoate)
→ (H$_2$ / Pd-C) →
$p$-アミノ安息香酸エチル
(ethyl $p$-aminobenzoate)
ベンゾカイン (benzocaine)

例題 18.8 では,短工程合成におけるニトロ基の還元の利用例を示す.

**例題 18.8** ベンゼンから $m$-ブロモアニリンを合成する方法を示せ.

$m$-ブロモアニリン
($m$-bromoaniline) ⇒ ベンゼン

### 【解答】

逆合成計画を立てるときは,次のことに注意しよう.

- 芳香族求電子置換反応によって環に直接 NH$_2$ 基を導入することはできない. 2 段階, つまりニトロ化反応と還元によって導入する.
- Br も NH$_2$ 基もオルト‒パラ配向性だが, 生成物では互いに環のメタ位に位置している. しかし, NO$_2$ 基 (NH$_2$ 基に変換可能) は<u>メタ配向基</u>であることを利用すればよい.

### 逆合成解析

反応を逆向きに考えると,次の **3 段階の逆合成解析**にたどりつく.

$m$-ブロモアニリン ⇐[1] 還元⇐ (NO$_2$, Br) ⇐[2] 臭素化反応⇐ ニトロベンゼン ⇐[3] ニトロ化反応⇐ ベンゼン

- [1] NO$_2$ の還元による NH$_2$ 基の生成
- [2] ハロゲン化反応による NO$_2$ 基のメタ位への Br 基の導入
- [3] ニトロ化反応による NO$_2$ 基の導入

### 合　成

次の 3 段階で合成するが,成功させるにはその順序が重要である. メタ置換体を合成するためには,ハロゲン化反応 (ステップ [2]) を還元 (ステップ [3]) の<u>前</u>に行う必要がある.

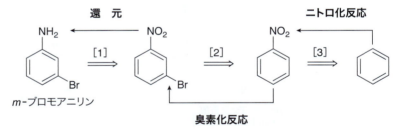

ベンゼン →[1] HNO$_3$/H$_2$SO$_4$ → ニトロベンゼン →[2] Br$_2$/FeBr$_3$ → (NO$_2$ 基は**メタ配向基**なので Br はメタ位に入る) → →[3] H$_2$/Pd-C → $m$-ブロモアニリン

**問題 18.32** ベンゼンから次の化合物を合成する方法を示せ．

a. 安息香酸 (CO₂H)  b. アニリン (NH₂)  c. 2-ブロモ安息香酸 (CO₂H, Br)

## 18.16 多段階合成

本章で学んだ反応を用いると，例題 18.9 〜 18.11 に示すようなさまざまな置換ベンゼンを合成することができる．

**例題 18.9** ベンゼンから $p$-ニトロ安息香酸を合成する方法を示せ．

$p$-ニトロ安息香酸
($p$-nitrobenzoic acid)

【解答】
環上の置換基($NO_2$ と COOH)はどちらもメタ配向基である．これらの二つの置換基を互いにパラ位に配置するには，オルト-パラ配向基であるアルキル基の酸化によってCOOH 基を合成できることを思いだそう．

### 逆合成解析

[1] 酸化 ⇒ [2] ニトロ化反応 ⇒ [3] フリーデル-クラフツ アルキル化反応

反応を逆向きに考える．
- [1] アルキル基の酸化による COOH 基の生成
- [2] ニトロ化反応による，$CH_3$ 基(オルト-パラ配向基)のパラ位への $NO_2$ 基の導入
- [3] フリーデル-クラフツ アルキル化反応による $CH_3$ 基の導入

### 合 成

ベンゼン →[$CH_3Cl$ / $AlCl_3$, [1]]→ トルエン →[$HNO_3$ / $H_2SO_4$, [2]]→ $p$-ニトロトルエン [+ オルト異性体] →[$KMnO_4$, [3]]→ $p$-ニトロ安息香酸

- ステップ[1]で，CH₃Cl と AlCl₃ によるフリーデル‐クラフツ アルキル化反応を用いてトルエンを合成する．CH₃ はオルト‐パラ配向基であるため，ニトロ化反応により目的のパラ体が得られ，オルト異性体を分離して除く（ステップ[2]）．
- ステップ[3]で，KMnO₄ による酸化により CH₃ 基を COOH 基に変換し，目的の生成物を得る．

**例題 18.10** ベンゼンから p-クロロスチレンを合成する方法を示せ．

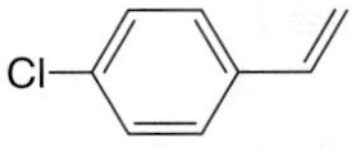

p-クロロスチレン
(p-chlorostyrene)

【解答】
環上の置換基はどちらもオルト‐パラ配向基であり，互いにパラ位に位置している．側鎖の二重結合を導入するには，例題 18.7 で示した 2 段階の反応に従う．

**逆合成解析**

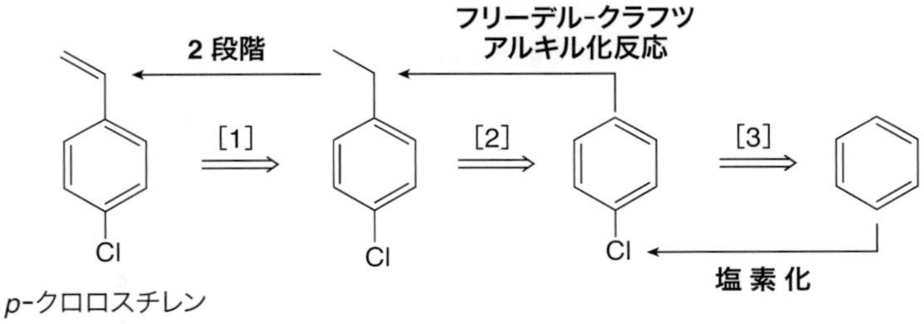

反応を逆向きに考える．
- [1] 2 段階の反応（ベンジル位のハロゲン化反応と脱離反応）による二重結合の生成
- [2] フリーデル‐クラフツアルキル化反応による CH₃CH₂ 基の導入
- [3] 塩素化による Cl 原子の導入

**合 成**

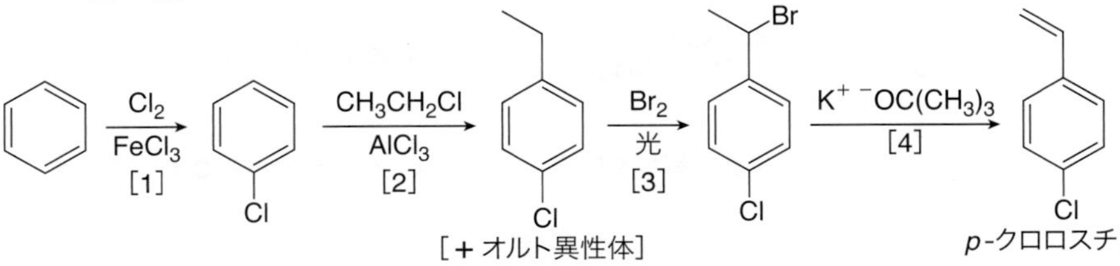

- ステップ[1]の塩素化反応とステップ[2]のフリーデル‐クラフツ アルキル化反応によって目的のパラ置換体を合成し，オルト異性体を分離して除く．
- ベンジル位の臭素化反応と強塩基（KOC(CH₃)₃）による脱離（ステップ[3]およびステップ[4]）によって，目的物である p-クロロスチレンの二重結合が生成する．

**例題 18.11** ベンゼンから次の三置換ベンゼン **A** を合成する方法を示せ．

**【解答】**
化合物 **A** の二つの置換基（$CH_3CO$ と $NO_2$）はともにメタ配向基であり，互いにメタ位に位置している．第三の置換基であるアルキル基はオルト‐パラ配向基である．

### 逆合成解析
ベンゼン環上に三つの置換基があるので，まず標的化合物の直近の前駆体である二置換ベンゼンとして可能性があるものをあげ，標的化合物に変換できないものを除外する．たとえば理論上は，三つの異なる二置換ベンゼン（**B** ～ **D**）が **A** の前駆体となりうる．しかし，化合物 **B** または **D** を **A** に変換するには，進行しない反応である不活性化されたベンゼン環へのフリーデル‐クラフツ反応が必要になる．そのため，実際には **C** のみが **A** の前駆体となる．

逆合成解析を完成させるには，ベンゼンから **C** を合成する．

- [1] フリーデル‐クラフツ アシル化反応によるケトンの合成
- [2] 2段階の反応（フリーデル‐クラフツ アシル化反応と還元）によるアルキル基の導入〔転位反応が起こるので，ブチルベンゼンを1段階のフリーデル‐クラフツ アルキル化反応によって合成することはできない（18.15.2 項）〕

## 合成

ベンゼン + プロピオニルクロリド → (AlCl₃ [1]) フェニルプロピルケトン → (Zn(Hg)/HCl [2]) ブチルベンゼン → (CH₃COCl + AlCl₃ [3]) C (パラ置換体) [+ オルト異性体] → (HNO₃/H₂SO₄ [4]) A

- フリーデル–クラフツ アシル化反応と Zn(Hg)，HCl による還元を用いて，ブチルベンゼンを合成する（ステップ [1], [2]）．
- フリーデル–クラフツ アシル化反応によってパラ置換体 C を合成し，オルト異性体を分離して除く（ステップ [3]）．
- ニトロ化反応（ステップ [4]）によってアルキル基（オルト–パラ配向基）のオルト位および CH₃CO 基（メタ配向基）のメタ位に NO₂ 基を導入する．

**問題 18.33** ベンゼンから次の化合物を合成する方法を示せ．

a. (アセチル–エチル–SO₃H 置換ベンゼン)  b. (Br–エチル 置換ベンゼン)  c. (Cl–CH₂CHO 置換ベンゼン)

## ◆キーコンセプト◆

### 芳香族化合物の反応

#### 芳香族求電子置換反応の反応機構（18.2 節）

- 芳香族求電子置換反応は 2 段階の反応機構で進行する．求電子剤と芳香環が反応してカルボカチオンが生成し，プロトンの脱離によって芳香環が再生する．
- 1 段階目が律速段階である．
- 中間体のカルボカチオンは共鳴により安定化されている．少なくとも三つの共鳴構造式を書くことができるが，正電荷は常に新しい C–E 結合のオルト位またはパラ位に位置する．

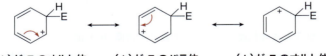

(+)が E のオルト位　　(+)が E のパラ位　　(+)が E のオルト位

### 置換基の反応性と配向性についての三つの規則（18.7 〜 18.9 節）

[1] ハロゲン以外のすべてのオルト–パラ配向基はベンゼン環を活性化する．
[2] すべてのメタ配向基はベンゼン環を不活性化する．
[3] ハロゲンはベンゼン環を不活性化し，オルト–パラ配向性である．

## 芳香族求電子置換反応における置換基効果のまとめ（18.6 〜 18.9 節）

| | 置換基 | 誘起効果 | 共鳴効果 | 反応性 | 配向性 |
|---|---|---|---|---|---|
| [1] | R = アルキル | 供 与 | な し | 活性化 | オルト - パラ |
| [2] | Z = N または O | 求 引 | 供 与 | 活性化 | オルト - パラ |
| [3] | X = ハロゲン | 求 引 | 供 与 | 不活性化 | オルト - パラ |
| [4] | Y(δ+ または +) | 求 引 | 求 引 | 不活性化 | メ タ |

## 芳香族求電子置換反応の五つの例

[1] ハロゲン化反応——Cl または Br による H の置換（18.3 節）

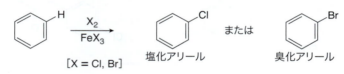

- ポリハロゲン化は OH 基や NH₂ 基（および関連する置換基）をもつベンゼン環上で起こる（18.10.1 項）．

[2] ニトロ化反応——NO₂ による H の置換（18.4 節）

[3] スルホン化反応——SO₃H による H の置換（18.4 節）

ベンゼンスルホン酸

[4] フリーデル - クラフツ アルキル化反応——R による H の置換（18.5 節）

アルキルベンゼン（アレーン）

- 転位反応が起こりうる．
- ハロゲン化ビニルやハロゲン化アリールは反応しない．
- メタ配向基や NH₂ 基をもつベンゼン環は反応しない（18.10.2 項）．
- ポリアルキル化が起こりうる．

変法

[1] アルコールを用いる

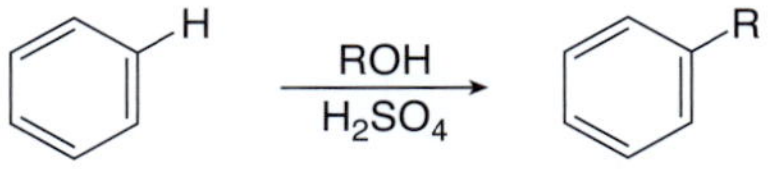

PhH + ROH →(H₂SO₄) PhR

[2] アルケンを用いる

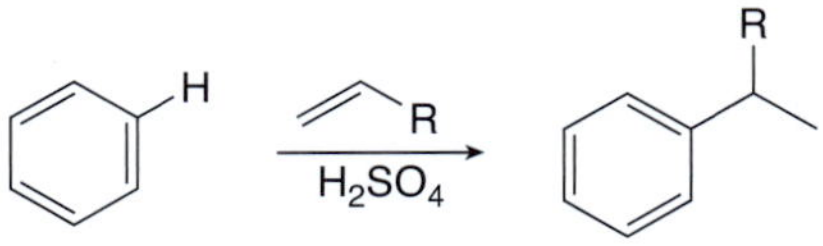

PhH + CH₂=CHR →(H₂SO₄) Ph-CH(R)-CH₃

[5] フリーデル‐クラフツ アシル化反応——RCO による H の置換(18.5節)

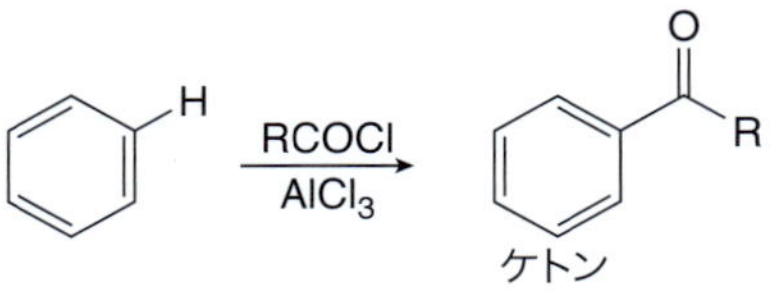

PhH + RCOCl →(AlCl₃) Ph-CO-R (ケトン)

- メタ配向基や $NH_2$ 基をもつベンゼン環は反応しない（18.10.2項）.

## 芳香族求核置換反応(18.13節)

[1] 付加‐脱離機構による求核置換反応

A-C₆H₄-X + :Nu⁻ → A-C₆H₄-Nu

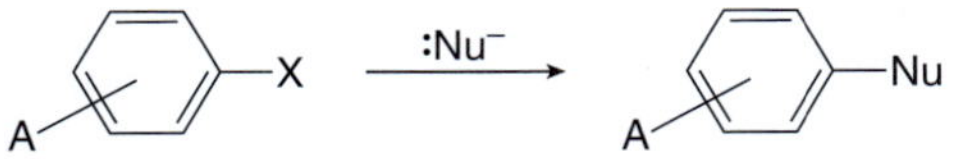

X = F, Cl, Br, I
A = 電子求引性基

- 2段階の反応機構である.
- オルト位またはパラ位に強力な電子求引性基が必要である.
- 電子求引性基の数が増えると反応速度が増大する.
- ハロゲンの電気陰性度が増大すると反応速度が増大する.

[2] 脱離‐付加機構による求核置換反応

Ph-X + :Nu⁻ → Ph-Nu

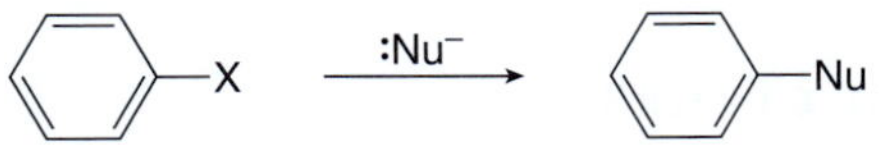

X = ハロゲン

- 反応条件が強烈である.
- ベンザインが中間体として生成する.
- 生成物が混合物になることがある.

## ベンゼン誘導体の他の反応

[1] ベンジル位のハロゲン化反応(18.14節)

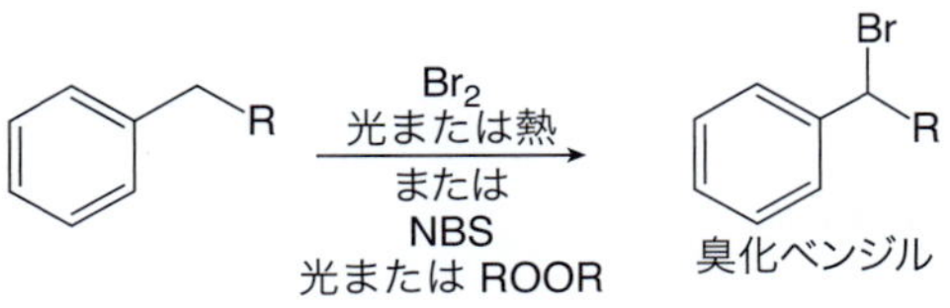

Ph-CH₂R →(Br₂, 光または熱 または NBS 光またはROOR) Ph-CHBr-R (臭化ベンジル)

[2] アルキルベンゼンの酸化(18.15.1項)

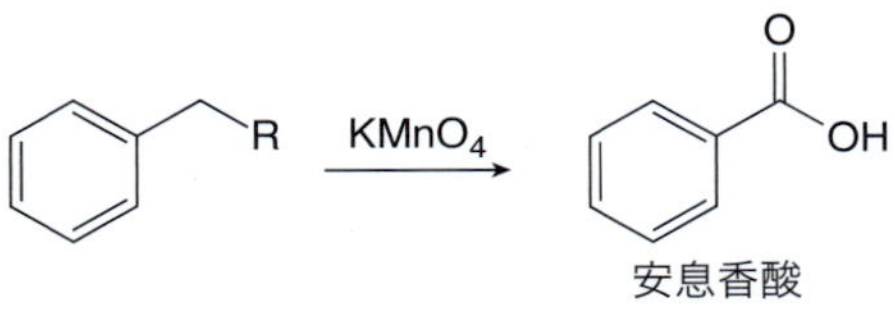

Ph-CH₂R →(KMnO₄) Ph-COOH (安息香酸)

- 反応にはベンジル位の C–H 結合が必要である.

[3] ケトンのアルキルベンゼンへの還元（18.15.2項）

[4] ニトロ基のアミノ基への還元（18.15.3項）

## ◆章末問題◆

### 三次元モデルを用いる問題

**18.34** **A** および **B** をそれぞれ次の反応剤と反応させたときの生成物を示せ．
  a. $Br_2$, $FeBr_3$    b. $HNO_3$, $H_2SO_4$    c. $CH_3CH_2COCl$, $AlCl_3$

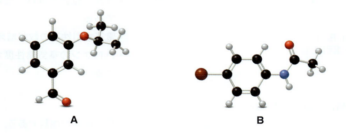

**18.35** 次の化合物の分子内フリーデル–クラフツ反応によって得られる主生成物を示せ．

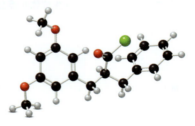

### 反　応

**18.36** フェノール（$C_6H_5OH$）を次の反応剤で処理して得られる生成物を示せ．
  a. [1]$HNO_3$, $H_2SO_4$；[2]$Sn$, $HCl$
  b. [1]$(CH_3CH_2)_2CHCOCl$, $AlCl_3$；[2]$Zn(Hg)$, $HCl$
  c. [1]$CH_3CH_2Cl$, $AlCl_3$；[2]$Br_2$, 光
  d. [1]$(CH_3)_2CHCl$, $AlCl_3$；[2]$KMnO_4$

**18.37** 次の化合物を CH₃CH₂COCl と AlCl₃ で処理して得られる生成物を示せ．

a., b., c. (構造式)

**18.38** 次の反応の生成物を示せ．

a. 3-ニトロフェノール + HNO₃/H₂SO₄
b. 4-クロロフェニル アセタート + EtCl/AlCl₃
c. 2-メチルベンズアルデヒド + Br₂/FeBr₃
d. メチル 4-メトキシベンゾアート + Cl₂/FeCl₃
e. 3-ブロモアニソール + SO₃/H₂SO₄
f. 2-フルオロニトロベンゼン + Na⁺ ⁻SEt

**18.39** ベンゼンを次の塩化アルキルと AlCl₃ で処理したときに得られる生成物を示せ．

a., b., c. (構造式)

**18.40** 次の反応の生成物を示せ．

a. 4-tert-ブチルトルエン + KMnO₄
b. ブチルベンゼン [1] Br₂, 光 [2] KOC(CH₃)₃
c. 4′-メチルブチロフェノン [1] Cl₂, FeCl₃ [2] Zn(Hg), HCl
d. 2-クロロ-1,3,5-トリニトロベンゼン [1] CH₃NH₂ [2] H₂ (過剰), Pd-C

**18.41** 本章でアルキルベンゼンを合成する二つの方法を学んだ．フリーデル-クラフツ アルキル化反応と，フリーデル-クラフツ アシル化反応の後に還元する方法である．いずれの方法でも合成できるアルキルベンゼンもあるが，どちらか一方の方法しか使えない場合が多い．ベンゼンから次のそれぞれの化合物を合成するにはどちらの方法を用いればよいか示せ．

a., b., c. (構造式)

**18.42** 抗精神病薬リスペリドンの合成中間体である化合物 **A** の構造を示せ．さらに，リスペリドンの三つの環が芳香族である理由を説明せよ．

(反応式: 2,4-ジフルオロフェニル(4-ピペリジニル)ケトン オキシム —KOH→ **A** (C₁₂H₁₃FN₂O) —数段階→ リスペリドン (risperidone))

**18.43** II型糖尿病の治療薬であるピオグリタゾン（商品名：アクトス®）の合成には，NaH の存在下で **A** と **B** が反応して **C** が生成する段階が含まれる．**C** の構造を示せ．

$$\text{A} + \text{B} \xrightarrow{\text{NaH}} \text{C}$$

**18.44** 化合物 **D** は，II型糖尿病の治療薬であるロシグリタゾン（米国での商品名：Avandia®，日本では承認されていない）の合成中間体である．**D** のエーテル部分を置換反応によって合成する方法を二種類示せ．

ロシグリタゾン (rosiglitazone)

**18.45** 次の反応では，目的の生成物が得られない理由を説明せよ．また，ベンゼンから **A** を，フェノール（$C_6H_5OH$）から **B** を合成する方法を示せ．

a. $C_6H_5SO_3H$ $\xrightarrow[\text{[2] Cl}_2\text{, FeCl}_3]{\text{[1] CH}_3\text{COCl, AlCl}_3}$ → 3-acetyl-4-chlorobenzenesulfonic acid = **A**

b. anisole $\xrightarrow[\text{[2] HNO}_3\text{, H}_2\text{SO}_4]{\text{[1] CH}_3\text{CH}_2\text{CH}_2\text{CH}_2\text{Cl, AlCl}_3}$ → 4-butyl-2-nitroanisole = **B**

## 置 換 効 果

**18.46** 次の組合せの化合物を芳香族求電子置換反応の反応性が低いものから順に並べよ．
 a. $C_6H_6$，$C_6H_5Cl$，$C_6H_5CHO$   b. $C_6H_5CH_3$，$C_6H_5NH_2$，$C_6H_5CH_2NH_2$

**18.47** 置換ベンゼン [1] $C_6H_5Br$，[2] $C_6H_5CN$，[3] $C_6H_5OCOCH_3$ について，次の問いに答えよ．
 a. 誘起効果によって電子密度を供与する置換基と求引する置換基に分類せよ．
 b. 共鳴効果によって電子密度を供与する置換基と求引する置換基に分類せよ．
 c. 全体としてベンゼン自身よりもベンゼン環を電子豊富にする置換基と電子不足にする置換基に分類せよ．
 d. 芳香族求電子置換反応において，ベンゼン環を活性化する置換基と不活性化する置換基に分類せよ．

**18.48** 次に示す **A**，**B**，**C**，**D** の四つの環をもつ芳香族化合物を考える．(a) 芳香族求電子置換反応で反応性が**最も高い**のはどの環か．(b) 芳香族求電子置換反応で反応性が**最も低い**のはどの環か．(c) この化合物に 1 当量の $Br_2$ を反応させた場合の主生成物を示せ．

**18.49** 次の N 置換ベンゼンが，芳香族求電子置換反応においてベンゼンより速く反応するか，遅く反応するか，同程度かを予測せよ．また，それぞれの化合物が求電子剤 $E^+$ と反応して得られる主生成物を示せ．

 a. N-phenylpiperidine   b. $C_6H_5\overset{+}{N}H(CH_3)_2$   c. 3-nitro-N,N,N-trimethylanilinium   d. 4-nitro-N-phenylpiperidine

18.50 次のアルケンに HBr を求電子付加させたときの主生成物を示せ．また，その化合物を主生成物に選んだ理由を説明せよ．

18.51 ニトロソ基($-NO$)がオルト-パラ配向基であり，求電子攻撃に対してベンゼン環を不活性化することを，共鳴構造式から説明せよ．

18.52 3-フェニルプロパン酸エチル($C_6H_5CH_2CH_2CO_2CH_2CH_3$)は求電子剤と反応し，オルトおよびパラ二置換アレーンを生成する．しかし，3-フェニル-2-プロペン酸エチル($C_6H_5CH=CHCO_2CH_2CH_3$)は求電子剤と反応し，メタ二置換アレーンを生成する．これらの事実を説明せよ．

18.53 次の各組のハロゲン化アリールを，付加-脱離機構による求核置換反応の反応性が低いものから順に並べよ．
   a. クロロベンゼン，$p$-フルオロニトロベンゼン，$m$-フルオロニトロベンゼン
   b. 1-フルオロ-2,4-ジニトロベンゼン，1-フルオロ-3,5-ジニトロベンゼン，1-フルオロ-3,4-ジニトロベンゼン
   c. 1-フルオロ-2,4-ジニトロベンゼン，4-クロロ-3-ニトロトルエン，4-フルオロ-3-ニトロトルエン

## 反応機構

18.54 次の反応の機構を段階ごとに示せ．

18.55 次の分子内反応の詳しい機構を段階ごとに示せ．

18.56 次の反応の詳しい機構を段階ごとに示せ．

18.57 $AlCl_3$ と $(R)$-2-クロロブタンによるベンゼンのフリーデル-クラフツ アルキル化反応によって $sec$-ブチルベンゼンが生成する．
   a. 生成物には立体中心がいくつあるか．
   b. 生成物は光学活性を示すか予想し，反応機構にもとづいて説明せよ．

18.58 次の置換反応の機構を段階ごとに示せ．この反応で，2-クロロピリジンがクロロベンゼンよりも速やかに反応する理由を説明せよ．

2-クロロピリジン
(2-chloropyridine)

**18.59** 次の反応の機構を段階ごとに示せ．

**18.60** ナフタレンが芳香族求電子置換反応を起こすと二つの生成物 **A** および **B** が生成する可能性があるが，実際には **A** のみが得られる．中間体のカルボカチオンの共鳴構造式を書き，この事実を説明せよ．

**18.61** 次の反応の機構を段階ごとに示せ．この反応により，さまざまな包装材料の添加剤であるビスフェノール F(R=H) が合成される．ビスフェノール F は，エポキシ樹脂の原料として用いられる BPA(ビスフェノール A, R=CH$_3$)の関連物質である．BPA は，エストロゲン様の作用をもち内分泌経路を攪乱しうるため，アメリカでは乳児用品に使用されないように規制されている．

**18.62** 臭化ベンジル($C_6H_5CH_2Br$)は，$CH_3OH$ と速やかに反応し，ベンジルメチルエーテル($C_6H_5CH_2OCH_3$)が生成する．この反応の段階的な機構を示し，この第一級ハロゲン化アルキルが $S_N1$ 機構に有利な条件で弱い求核剤と速やかに反応する理由を説明せよ．また，この反応において，パラ置換ハロゲン化ベンジルである $CH_3OC_6H_4CH_2Br$ および $O_2NC_6H_4CH_2Br$ がそれぞれ臭化ベンジルよりも反応性が高いか低いかを予想し，その理由を説明せよ．

## 合 成

**18.63** 次の化合物を，ベンゼンと有機または無機反応剤を用いて合成する方法を示せ．

**18.64** 次の化合物を，トルエン($C_6H_5CH_3$)と有機または無機反応剤を用いて合成する方法を示せ．

**18.65** 次の化合物を,フェノール($C_6H_5OH$)と有機または無機反応剤を用いて合成する方法を示せ.

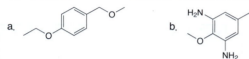

**18.66** 本章に加えて上巻の 11, 12 章で学んだ反応を用いて,次の化合物を合成する方法を示せ.ベンゼン,アセチレン($HC\equiv CH$),2 炭素のアルコール,エチレンオキシド,およびどのような無機反応剤を用いてもよい.

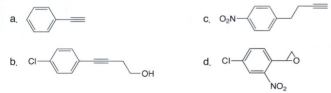

**18.67** $HO_2CCH_2C_6H_4CH_2CH(CH_3)_2$ の構造をもつパラ二置換アレーンであるイブフェナクはアスピリンよりも強力な鎮痛剤であるが,いくつかの臨床試験で肝臓毒性を示したために,市販されたことはない.ベンゼンと 4 炭素以下の有機ハロゲン化物からイブフェナクを合成する方法を示せ.

**18.68** カルボン酸 **X** は局所麻酔薬であるプロパラカインの多段階合成の中間体である.フェノールと有機または無機反応剤から **X** を合成する方法を示せ.

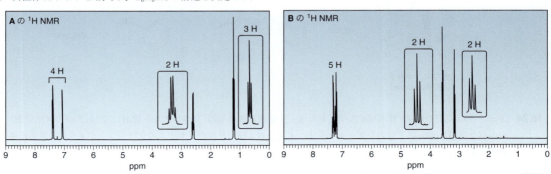

## 分光法

**18.69** 異性体 **A** および **B**(分子式 $C_8H_9Br$)の構造を決定せよ.

**18.70** 次のデータを満足する化合物 **C**(分子式 $C_{10}H_{12}O$)の構造を決定せよ.**C** はラズベリーの香りと味の成分の一つである.

化合物 **C**:赤外吸収(1717 $cm^{-1}$)

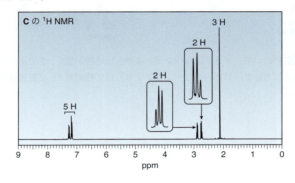

**18.71** 化合物 **X**(分子式 $C_{10}H_{12}O$)を $NH_2NH_2$、$^-OH$ で処理すると、化合物 **Y**(分子式 $C_{10}H_{14}$)が得られた。次の **X** および **Y** の $^1H$ NMR スペクトルにもとづいて、**X** および **Y** の構造を決定せよ。

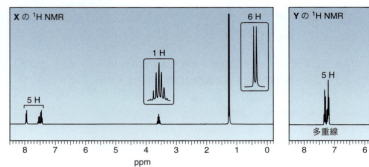

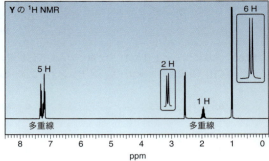

**18.72** $p$-クレゾールと 2 当量の 2-メチル-1-プロペンを反応させると分子式 $C_{15}H_{24}O$ をもつ保存料である BHT が得られる。BHT は 1.4(一重線, 18 H), 2.27(一重線, 3 H), 5.0(一重線, 1 H), および 7.0(一重線, 2 H) ppm の $^1H$ NMR スペクトルデータを与える。BHT の構造を書き、その機構を段階ごとに示せ。

## チャレンジ問題

**18.73** 次の出発原料と必要な反応剤から、光学活性な($S$)-フルオキセチン(米国での商品名:Prozac®、日本では承認されていない)を合成するルートを考えよ。

**18.74** フェノール($C_6H_5OH$)の $^1H$ NMR スペクトルは、芳香族領域の 6.70(二つのオルト位 H), 7.14(二つのメタ位 H), 6.80(一つのパラ位 H) ppm に三つのシグナルを示す。オルトおよびパラ位のシグナルの化学シフトがメタ位よりも小さい理由を説明せよ。

**18.75** 次のヘテロ環化合物の反応性と配向性を説明せよ。

a. 芳香族求電子置換反応において、ピリジンはベンゼンよりも反応性が低く、3 位置換体が生成する。
b. 芳香族求電子置換反応において、ピロールはベンゼンよりも反応性が高く、2 位置換体が生成する。

**18.76** シクロヘキサジエノンからアルキル置換フェノールが生成する反応である「ジエノン-フェノール転位」の詳しい反応機構を段階ごとに示せ.

**18.77** 女性ホルモンであるエストロンの合成に用いられる次の分子内反応の機構を段階ごとに示せ.

**18.78** 二環性のヘテロ環化合物であるキノリンおよびインドールの芳香族求電子置換反応により次の生成物が得られる.
  a. 求電子置換が,キノリンでは窒素を含まない環で起こり,インドールでは窒素を含む環で起こる理由を説明せよ.
  b. キノリンでは求電子置換がC7よりもC8で起こりやすい理由を説明せよ.
  c. インドールでは求電子置換がC2よりもC3で起こりやすい理由を説明せよ.

**18.79** 次の反応の機構を段階ごとに詳しく示せ.C2に対して直接芳香族求電子置換反応が起こるのではないことに注意せよ.(ヒント:まずC3に対して求電子剤が反応する.)

# 19 カルボン酸とO-H結合の酸性度

19.1 構造と結合
19.2 命名法
19.3 物理的性質
19.4 分光学的性質
19.5 興味深いカルボン酸
19.6 アスピリン, アラキドン酸, プロスタグランジン
19.7 カルボン酸の合成
19.8 カルボン酸の反応
　　　—— 一般的な特徴
19.9 カルボン酸
　　　—— ブレンステッド–ローリーの
　　　強い有機酸
19.10 脂肪族カルボン酸における
　　　誘起効果
19.11 置換安息香酸
19.12 抽　出
19.13 スルホン酸
19.14 アミノ酸

**リシン**(lysine)はタンパク質の合成に必要な必須アミノ酸である. 私たちヒトはリシンを体内で合成することも蓄積することもできないため, リシンを定期的に摂取しなければならない. リシンは肉や大豆, ピーナッツなどに含まれる. 穀物はリシンをあまり含まないが, キヌアは比較的多くのリシンを含んでおり, ベジタリアン食の優れた必須アミノ酸源となる. 他のアミノ酸と同様, リシンはカルボン酸とアミン塩基の両方をもっている. 本章では, カルボン酸およびアミノ酸の酸-塩基特性について説明する.

**本章はつなぎの章である.** これまで述べてきた共鳴・芳香族性と, このあとで扱うカルボニル化学の橋渡しとなる. 本章では, おもに**カルボン酸**(carboxylic acid, **RCOOH**)について説明し, **フェノール**(phenol, **PhOH**)および**アルコール**(alcohol, **ROH**)についても少し考察することによってOH基の化学を学ぶ.
　また, 本章ではカルボン酸の酸性度に注目し, 2章(上巻)で最初に述べた「酸性度を決める因子」について復習する. 続いて, 20章および22章では, カルボニル基が関与するカルボン酸のその他の反応を学ぶ.

## 19.1 構造と結合

**カルボン酸は，カルボキシ基**(carboxy group，**COOH**)**をもつ有機化合物である．**カルボン酸の構造は **RCOOH** や **RCO₂H** のように省略されることが多いが，この官能基の中心の炭素原子は，一つの酸素原子と二重結合で連結し，もう一つの酸素原子と単結合で連結していることを覚えておこう．

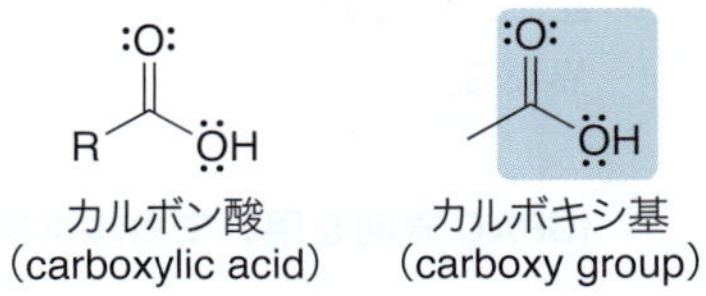

> カルボキシ(carboxy)という用語は，カルボニル(**carb**onyl, C=O) + ヒドロキシ(hydr**oxy**, OH)に由来する．

カルボン酸
(carboxylic acid)

カルボキシ基
(carboxy group)

カルボキシ基の炭素原子は三つの基にかこまれ，**sp² 混成の平面三方形構造**をもち，結合角は約 120° となっている．カルボン酸の C=O 結合は C–O 結合より短い．

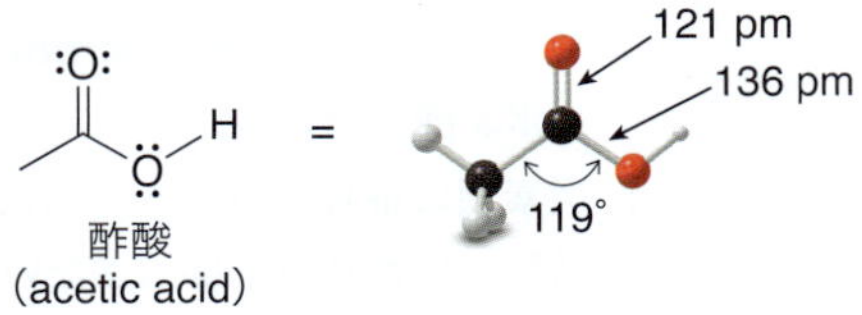

酢酸
(acetic acid)

121 pm
136 pm
119°

カルボン酸の C–O 単結合はアルコールの C–O 単結合よりも短い．これは，それぞれの炭素原子の混成状態を見ると理解できる．アルコールでは炭素は sp³ 混成で，カルボン酸では炭素は sp² 混成である．sp² 混成軌道はより高い s 性をもつため，カルボン酸の C–O 結合は短くなる．

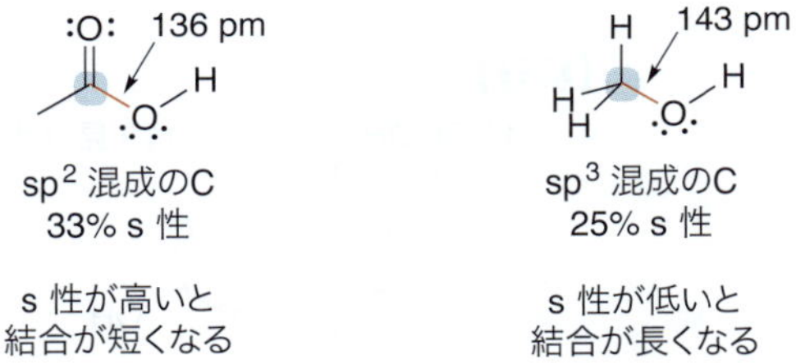

sp² 混成のC
33% s 性
s 性が高いと
結合が短くなる
136 pm

sp³ 混成のC
25% s 性
s 性が低いと
結合が長くなる
143 pm

酸素は，炭素や水素より電気陰性度が大きいので，**C–O や O–H 結合は極性をもつ．**図 19.1 の酢酸の静電ポテンシャル図を見ると，炭素原子と水素原子が電子不足になり，酸素原子が電子豊富であることがわかる．

**図 19.1**
酢酸(CH₃COOH)の静電ポテンシャル図

酢酸

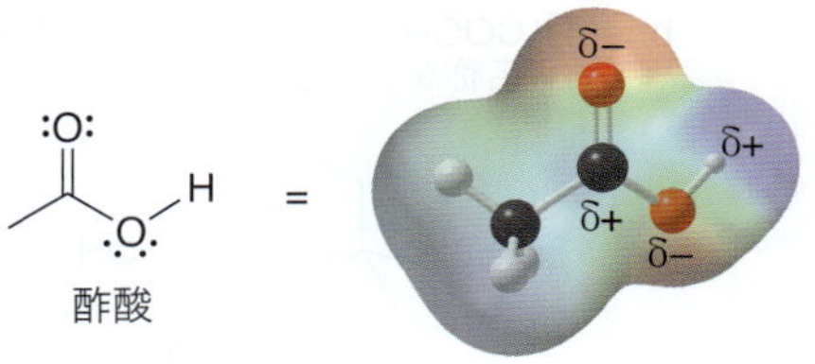

酢酸には二つの電子豊富な酸素原子(赤色)がある．一方，カルボニル炭素とヒドロキシ基の水素はどちらも電子不足である．

## 19.2 命名法

カルボン酸に対しては IUPAC 名と慣用名の両方が使われる.

### 19.2.1 IUPAC 規則

IUPAC 命名法(IUPAC nomenclature)では,カルボン酸は最長鎖の母体名に接尾語をつけて表す.カルボキシ基が結合する炭化水素が鎖状か環状かによって接尾語は異なる.

**IUPAC 規則を用いてカルボン酸を命名するには,**

[1] COOH 基が鎖状の炭素に結合しているならば,COOH 基を含む最長鎖を特定し,母体のアルカン(alkane)の最後の **-e** を接尾語の **-oic acid** に変える.日本語では,アルカンの名称の後に「酸」をつける.COOH 基が環状の炭素に結合しているならば,環の名称の後に **carboxylic acid** をつける.日本語では,環の名称の後に「カルボン酸」をつける.

[2] 炭素鎖に番号をつける.環状の場合には **COOH 基**の結合した炭素を **C1** とする.名称には番号の 1 は示さない.命名法の他の一般的な規則もすべて適用される.

**例題 19.1** 次の化合物に IUPAC 名をつけよ.

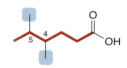

【解答】

a. [1] COOH を含む最長鎖を見つけ,名称をつける

ヘキサン ⟶ ヘキサン酸
(hexane)　(hexanoic acid)
**6 炭素**

COOH 基の C は主鎖に含まれる

[2] 置換基に番号と名称をつける

二つのメチル置換基が C4 と C5 にある

答:4,5-ジメチルヘキサン酸
(4,5-dimethylhexanoic acid)

b. [1] COOH 基に結合した環を見つけ,名称をつける

シクロヘキサン + カルボン酸
(cyclohexane)　(carboxylic acid)
**6 炭素**

[2] 置換基に番号と名称をつける

COOH 基のついた位置を C1 とし,2 番目の置換基(CH₃基)にできるだけ小さい番号(C2)をつける

答:2,5,5-トリメチルシクロヘキサンカルボン酸
(2,5,5-trimethylcyclohexanecarboxylic acid)

**問題 19.1** 次の化合物に IUPAC 名をつけよ.

a. (structure)  c. (structure)

b. (structure)  d. (structure)

**問題 19.2** 次の IUPAC 名に対応する構造を書け.
a. 2-ブロモブタン酸
b. 2,3-ジメチルペンタン酸
c. 3,3,4-トリメチルヘプタン酸
d. 2-sec-ブチル-4,4-ジエチルノナン酸
e. 3,4-ジエチルシクロヘキサンカルボン酸
f. 1-イソプロピルシクロブタンカルボン酸

## 19.2.2 慣用名

多くの単純なカルボン酸には**慣用名**(common name)があり, IUPAC 名よりも広く用いられている.

- 慣用の母体名に接尾語 *-ic acid* をつけたものがカルボン酸の慣用名である.

表 19.1 にいくつかの単純なカルボン酸の慣用名を示す. これらの母体名はカルボニル基をもった他の化合物の命名にもよく使われる(21, 22 章).

慣用名では, 置換基の位置を示すのにギリシャ文字が使われる.

- **COOH に隣接した炭素は α 炭素**(α carbon)と呼ばれる.
- α 炭素に結合した炭素は β 炭素であり, 以降は γ (ガンマ)炭素, δ (デルタ)炭素…のようになる. 末端の炭素は ω (オメガ)炭素と呼ばれることがある.

**慣用名における α 炭素は, IUPAC 規則では C2 と番号づけされる.**

IUPAC名の番号づけはC=Oから始める
ギリシャ文字はC=Oに結合した炭素から始める

**問題 19.3** 次の慣用名に対応する化合物の構造を書け.
a. α-メトキシ吉草酸
b. β-フェニルプロピオン酸
c. α,β-ジメチルカプロン酸
d. α-クロロ-β-メチル酪酸

### 表 19.1　いくつかの単純なカルボン酸の慣用名

| C 原子の数 | 構　造 | 母体名 | 慣用名 |
|---|---|---|---|
| 1 | HCOOH | form- | ギ酸<br>(formic acid) |
| 2 | CH₃COOH | acet- | 酢酸<br>(acetic acid) |
| 3 | CH₃CH₂COOH | propion- | プロピオン酸<br>(propionic acid) |
| 4 | CH₃(CH₂)₂COOH | butyr- | 酪酸<br>(butyric acid) |
| 5 | CH₃(CH₂)₃COOH | valer- | 吉草酸<br>(valeric acid) |
| 6 | CH₃(CH₂)₄COOH | capro- | カプロン酸<br>(caproic acid) |
| — | C₆H₅COOH | benzo- | 安息香酸<br>(benzoic acid) |

カプロン酸は悪臭をもつカルボン酸で，ギンナンの果肉に含まれる．そのためギンナンは非常に不快なにおいを放つ．

### 19.2.3　その他の命名の実際

二つのカルボキシ基をもつ化合物も多く知られている．IUPAC 規則では，**二酸**(diacid)は母体のアルカンの名称に接尾語 ***-dioic acid***（日本語では「二酸」）をつけて命名する．次の三つの単純な二酸は慣用名のほうが有名である．

シュウ酸　　　　　　　　マロン酸　　　　　　　　　コハク酸
(oxalic acid)　　　　　　(malonic acid)　　　　　　(succinic acid)
（エタン二酸，ethanedioic acid）　（プロパン二酸，propanedioic acid）　（ブタン二酸，butanedioic acid）

本章の多くの反応では，カルボン酸からカルボキシラートアニオンの金属塩が生成する．**カルボキシラートアニオン**(carboxylate anion)**の金属塩**を命名するには，カルボン酸の語尾の *-ic acid* を接尾語 ***-ate*** に変え，三つのパーツをつなげればよい．二つの例を図 19.2 に示す．

```
金属カチオンの名前  +  母体名  +  接尾語
                    慣用名
                    または      -ate
                    IUPAC名
```

図 19.2
カルボキシラートアニオンの
金属塩の命名

母体名 + 接尾語
acet-    -ate

**酢酸ナトリウム**
（sodium acetate）

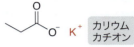

母体名 + 接尾語
propano-  -ate

**プロパン酸カリウム**
（potassium propanoate）

**問題 19.4** 次のカルボキシラートアニオンの金属塩に IUPAC 名をつけよ．

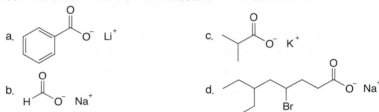

**問題 19.5** セレニカ®（米国の商品名：Depakote®）は，脳卒中などの発作や躁うつ病の治療に用いられる医薬品であり，バルプロ酸（$(CH_3CH_2CH_2)_2CHCO_2H$）とそのナトリウム塩の混合物からなる．これらのそれぞれの化合物に IUPAC 名をつけよ．

## 19.3 物理的性質

　カルボン酸は極性の C–O および O–H 結合をもつので，**双極子-双極子**（dipole-dipole）相互作用を示す．また，カルボン酸は電気陰性度の大きな酸素原子に結合した水素をもつので，**分子間水素結合**（intermolecular hydrogen bonding）を形成する．一方の分子のカルボニル酸素原子ともう一方の分子の OH の水素原子間の二つの分子間水素結合によって結びつけられるため，カルボン酸は通常，**二量体**（dimer）として存在する（図 19.3）．カルボン酸は，これまで見てきた有機化合物のなかでも**最も極性が大きい**．

図 19.3
2 分子の酢酸（$CH_3COOH$）は
水素結合によって
互いに結びついている

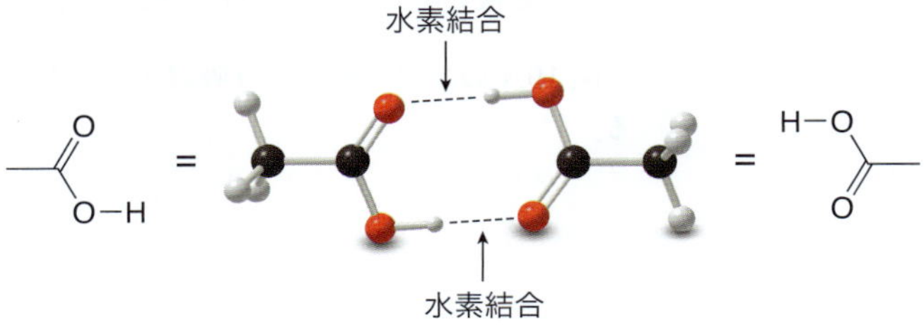

## 19章 カルボン酸とO-H結合の酸性度

このような分子間力がカルボン酸の物理的性質にどんな影響を与えるかを, 表19.2にまとめる.

表19.2 カルボン酸の物理的性質

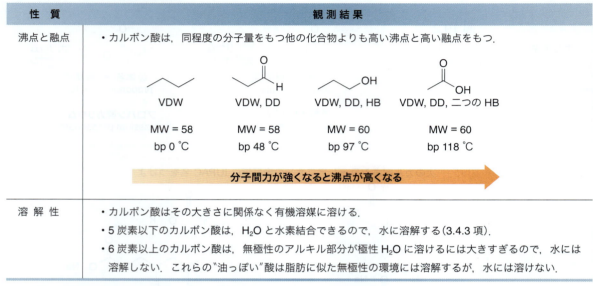

| 性 質 | 観 測 結 果 |
|---|---|
| 沸点と融点 | ・カルボン酸は, 同程度の分子量をもつ他の化合物よりも高い沸点と高い融点をもつ. |
| 溶解性 | ・カルボン酸はその大きさに関係なく有機溶媒に溶ける.<br>・5炭素以下のカルボン酸は, $H_2O$と水素結合できるので, 水に溶解する(3.4.3項).<br>・6炭素以上のカルボン酸は, 無極性のアルキル部分が極性$H_2O$に溶けるには大きすぎるので, 水には溶解しない. これらの"油っぽい"酸は脂肪に似た無極性の環境には溶解するが, 水には溶けない. |

bp = 沸点, VDW = ファンデルワールス力, DD = 双極子-双極子相互作用, HB = 水素結合, MW = 分子量

**問題 19.6** 次の化合物を沸点の低いものから順に並べよ. また, 最も水に溶けやすいのはどの化合物か. 最も水に溶けにくいのはどの化合物か.

### 19.4 分光学的性質

カルボン酸は特徴的な赤外およびNMR吸収をもつ. 赤外吸収スペクトルでは, カルボン酸は二つの強い吸収をもつ.

- **C=O基**は, カルボニル基に特徴的な領域である**1710 cm$^{-1}$付近に吸収を示す**.
- **O-H吸収**は, **2500〜3500 cm$^{-1}$**に見られる. 3000 cm$^{-1}$のC-Hによるピークを覆い隠してしまうほど幅広い吸収になることが多い.

図19.4のブタン酸の赤外吸収スペクトルは, これらの特徴的なピークを示している.

### 図 19.4
ブタン酸($CH_3CH_2CH_2COOH$)の赤外吸収スペクトル

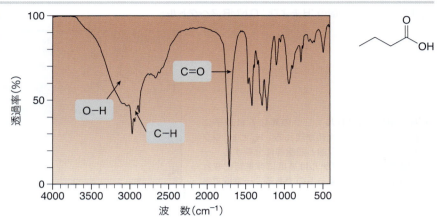

- 強い C=O 吸収が 1712 $cm^{-1}$ に見られる．
- 幅広い O–H 吸収(2500〜3500 $cm^{-1}$)が，3000 $cm^{-1}$ 付近の C–H のピークにほとんど重なっている．

カルボン酸の OH の吸収は非常に幅広く，$^1$H NMR スペクトルのベースラインにほとんど隠れてしまい，非常に見えにくいことが多い(図 19.5)．

カルボン酸は二つの顕著な $^1$H NMR 吸収と一つの顕著な $^{13}$C NMR 吸収を示す．

- **$^1$H NMR スペクトルにおいて，高度に非遮蔽化された OH のプロトンは**，一般的な有機化合物の他のすべての吸収よりもかなり<u>低磁場</u>である **10〜12 ppm の間の領域にピークをもつ**．アルコールの OH シグナルと同様に，シグナルの正確な位置は水素結合の程度や試料の濃度に依存する．
- カルボニル基の α 炭素上のプロトンはいくらか非遮蔽化されており，2〜2.5 ppm に吸収を示す．
- $^{13}$C NMR スペクトルにおいて，高度に非遮蔽化されているカルボニル炭素の吸収は 170〜210 ppm に現れる．

図 19.5 にプロパン酸の $^1$H および $^{13}$C NMR スペクトルを示す．

**問題 19.7** 次の三つの化合物を赤外分光法によってどのように区別できるかを示せ．

## 19.5 興味深いカルボン酸

単純なカルボン酸のなかには，特徴的なにおいや味をもつものがある．

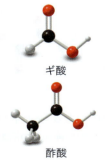

ギ酸

酢酸

- **ギ酸**(formic acid; HCOOH)は刺激的なにおいと味をもつカルボン酸であり，ある種のアリに噛まれたときの痛みの原因物質である．名称は"アリ"を意味するラテン語の *formica* に由来する．日本語名も「蟻(アリ)」に由来する．
- **酢酸**(acetic acid; $CH_3COOH$)は酢の酸っぱい味の成分である．名称は"酢"を意味するラテン語の *acetum* に由来する．粗悪なワインが酸っぱいのは，エタノールが空気酸化されて生成した酢酸のためである．酢酸は塗料や接着剤に用いられる高分子物質の工業原料でもある．純粋な酢酸は室温より低い温度で凝固し(融点は

図 19.5 プロパン酸の ¹H および ¹³C NMR スペクトル

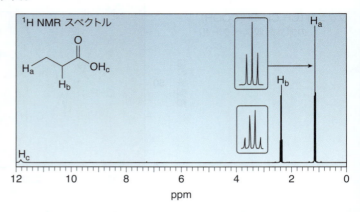

- **¹H NMR スペクトル**：三つの異なる H 原子によって三つのシグナルが現れる．$H_a$ と $H_b$ シグナルはそれぞれ三重線と四重線に分裂する．一重線である $H_c$ シグナルは高度に非遮蔽化された OH プロトンによるものである．一重線である．

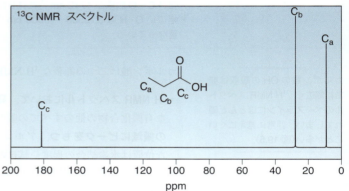

- **¹³C NMR スペクトル**：三つの異なる炭素原子によって三つのシグナルが現れる．カルボニル基の炭素は高度に非遮蔽化されている．

ブタン酸

シュウ酸には毒性があるが，致死量に達するにはおよそ 4 kg のホウレンソウを一度に食べなければならない．

17℃），氷河の氷を連想させる白い結晶を生成するため，氷酢酸と呼ばれる．

- **ブタン酸**(butanoic acid; $CH_3CH_2CH_2COOH$)は，体臭の不快なにおいの原因となる酸化生成物である．慣用名の butyric acid(酪酸)は"バター"を意味するラテン語の *butyrum* に由来する．酪酸が腐ったバターの特徴的なにおいと味の原因物質だからである．

**シュウ酸**(oxalic acid)と**乳酸**(lactic acid)は自然界に広く存在する単純なカルボン酸である．シュウ酸はホウレンソウやルバーブ(大黄)に含まれる．乳酸は乳酸菌飲料やヨーグルトの独特な味の原因となる．

シュウ酸
(oxalic acid)

乳酸
(lactic acid)

慣用名が γ-ヒドロキシ酪酸(γ-hydroxybutyric acid，GHB)である 4-ヒドロキシブタン酸は，一時的な快楽を得るための脱法ドラッグであり，中枢神経系の活動を低下させ中毒を引き起こす．

19.6 アスピリン，アラキドン酸，プロスタグランジン

4-ヒドロキシブタン酸
(4-hydroxybutanoic acid, GHB)

脂肪酸のナトリウム塩であるせっけんについては 3.6 節（上巻）で説明した．

**カルボン酸塩**(salt of carboxylic acid)は保存料としてよく用いられている．**安息香酸ナトリウム**は，カビ類の成長阻害剤であり，清涼飲料水の保存料として用いられる．また，ソルビン酸カリウムは，焼き菓子などの保存期間を延ばすための添加剤となる．

安息香酸ナトリウム
(sodium benzoate)

ソルビン酸カリウム
(potassium sorbate)

**問題 19.8** 脂肪酸であるイソトレチノインは，他の薬が効かない重度のニキビの治療に使われる薬である．しかし胎児に異常を引き起こすので，妊娠した女性に使用してはならない．またその処方と使用には，注意深い経過観察が必要である．(a)各 C=C 結合の立体を $E$ または $Z$ に分類せよ．(b)二つの C=C 結合同士をつなぐ各 $\sigma$ 結合を $s$-シスまたは $s$-トランスに分類せよ．

イソトレチノイン
(isotretinoin)

## 19.6 アスピリン，アラキドン酸，プロスタグランジン

**アスピリン**(aspirin，**アセチルサリチル酸**)は，西洋ヤナギの樹皮から単離された天然物の**サリシン**(salicin)やシモツケソウに見いだされる**サリチル酸**(salicylic acid)に類似の構造をもつ合成カルボン酸である〔2章（上巻）参照〕．

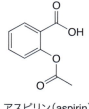

アスピリン(aspirin)
（アセチルサリチル酸，
acetylsalicylic acid）

サリシン(salicin)
西洋ヤナギの樹皮から単離

サリチル酸
(salicylic acid)
シモツケソウから単離

サリチル酸ナトリウム
(sodium salicylate)
甘味のあるカルボン酸塩

サリチル酸とそのナトリウム塩であるサリチル酸ナトリウムは，鎮痛剤として 19 世紀に広く使われたが，副作用もあった．サリチル酸は口や胃の粘膜に炎症を起こし，サリチル酸ナトリウムは多くの患者が服用するには甘すぎた．合成化合物アスピリン

aspirinという用語はacetylに対応する**a-**とシモツケソウの意味をもつラテン名のspireaの**spir**に由来する.

は，バイエル社のドイツ人化学者であったフェリックス・ホフマン（Felix Hoffman）が商業的な合成法を確立したのち，1899年にはじめて市販された．ホフマンの研究は個人的な動機によるものであった．彼の父親がリウマチ性関節炎を患っており，父親はサリチル酸ナトリウムの甘さに耐えられなかったのである．

アスピリンはどのようにして痛みを和らげ炎症を抑えるのだろうか．アスピリンは**プロスタグランジン**の合成を阻害する．プロスタグランジンは五員環をもつ20炭素からなる脂肪酸であり，痛み，炎症など広範な生理的機能の原因物質である．**PGF$_{2\alpha}$**はプロスタグランジンの典型的な炭素骨格をもっている．

PGF$_{2\alpha}$
プロスタグランジン
（prostaglandin）

アスピリンは世界中で最もよく使われる鎮痛剤，抗炎症剤であるが，その作用機構は1970年代まで解明されていなかった．ジョン・ベイン（John Vane），ベンクト・サムエルソン（Bengt Samuelsson），スネ・ベルイストレーム（Sune Bergström）はその機構の詳細を明らかにしたことにより，1982年度のノーベル医学生理学賞を共同受賞した．

プロスタグランジンは細胞に蓄積されず，四つのシス二重結合をもった多価不飽和脂肪酸であるアラキドン酸から合成される．血流に乗って作用部位に輸送されるホルモンとは異なり，プロスタグランジンは合成された場所で作用する．アスピリンはアラキドン酸からのプロスタグランジンの合成を阻害することで作用を示す．アスピリンは，PGF$_{2\alpha}$をはじめとするプロスタグランジンの不安定な前駆体であるPGG$_2$へとアラキドン酸を変換する酵素シクロオキシゲナーゼを不活性化する．**アスピリンは痛みや炎症といった生理現象の原因物質であるプロスタグランジンの合成を阻害することによって痛みを和らげ，炎症を軽減させる．**

アラキドン酸
（arachidonic acid）

↓ シクロオキシゲナーゼ

PGG$_2$
不安定な中間体

PGF$_{2\alpha}$ならびに
その他のプロスタグランジン

プロスタグランジンは広範な生理活性をもっているが，もともと不安定なために薬としての有用性は限られる．したがって，薬として有用な特性をもったより安定な類似化合物が合成されてきた．たとえば，ラタノプロスト(商品名：キサラタン®)やビマトプロスト(商品名：ルミガン®)は，緑内障患者の眼圧を低下させるのに用いるプロスタグランジン類縁体である．

ラタノプロスト
(latanoprost)

ビマトプロスト
(bimatoprost)

**問題 19.9** PGF$_{2α}$は立体中心をいくつもつか．また，そのエナンチオマーを書け．シス−トランス異性をもつ二重結合はいくつあるか．二重結合と正四面体構造の不斉中心の両方を考えると，PGF$_{2α}$にはいくつ異性体が存在しうるかを示せ．

## 19.7 カルボン酸の合成

カルボン酸の関与する反応について考察するにあたり，まずカルボン酸を合成する反応を簡潔にまとめておこう．これらの反応では，多くの官能基が出発物質となり，カルボキシ基が生成物中に生じる．特定の官能基をもつ化合物を生成する反応は**合成反応**(preparation)と呼ばれる．

本章の残りの部分(および 20 章，22 章)では，出発物質であるカルボン酸がさまざまな生成物に変換される反応について説明する．ここで，**特定の官能基の反応性は共通である**ことを思いだそう．たとえば，アルケンであれば付加反応を起こす．逆に異なる官能基から同じ種類の化合物が生成するような反応を覚えるのは難しい．ここでは，非常に多様な官能基がさまざまに反応することで同じ種類の化合物が生成することを理解しよう．

これまでの章のどこで，カルボン酸が反応生成物となる反応を見ただろうか．カルボニル炭素は三つの C−O 結合をもつので，高度に酸化されており，そのため**カルボン酸は酸化反応によって合成されることが多い**．以下に三つの酸化反応を示す．また，他の二つの有用なカルボン酸合成法を 20 章で示す．

### [1] 第一級アルコールの酸化（12.12.2 項（上巻））

第一級アルコールは H$_2$O と H$_2$SO$_4$ の存在下，Na$_2$Cr$_2$O$_7$，K$_2$Cr$_2$O$_7$，または CrO$_3$ によってカルボン酸に変換される．

1° アルコール

### [2] アルキルベンゼンの酸化（18.15.1 項）

ベンジル位に一つ以上の C–H 結合をもつアルキルベンゼンは $KMnO_4$ によって酸化され，安息香酸（カルボン酸）に変換される．

出発物質としてどんなアルキルベンゼンを用いても，生成物は安息香酸となる．

### [3] アルキンの酸化的開裂（12.11 節（上巻））

内部および末端アルキンは，オゾンによって酸化的に開裂され，カルボン酸が生成する．

内部アルキンの場合は，二つのカルボン酸が生成物として得られる．末端アルキンの場合，sp 混成の C–H 結合は $CO_2$ に変換される．

**問題 19.10** 酸化によって次のカルボン酸へと変換されるのはどんなアルコールか．

**問題 19.11** 次の反応における A～D の化合物を同定せよ．

## 19.8 カルボン酸の反応——一般的な特徴

極性のある C–O および O–H 結合，酸素の孤立電子対，そして π 結合のために，カルボン酸は多くの反応部位をもち，その化学的性質を少し複雑にしている．とりわけ**カルボン酸の最も重要な反応特性はその極性 O–H 結合であり，塩基により容易に開裂する．**

19.9 カルボン酸──ブレンステッド-ローリーの強い有機酸

- **カルボン酸はブレンステッド-ローリーの酸，すなわちプロトン供与体として反応する．**

本章の残りの多くを，カルボン酸の酸性度と，関連する酸-塩基反応にあてる．他の二つの構造的特徴はカルボン酸の反応では重要ではないが，20章や22章の反応では重要な役割を担っている．

**酸素の孤立電子対は電子豊富な部分となり，強酸($H-A$)によってプロトン化される．** 生成する共役酸が共鳴安定化されるので，カルボニル酸素にプロトン化が起こる．結果的に，**カルボン酸は弱塩基として作用し，カルボニル酸素は強酸と反応してプロトン化される．** この反応は，22章のいくつかの反応機構で重要となる．

共役酸に対する三つの共鳴構造式

極性 $C-O$ 結合のためにカルボニル炭素は求電子的になり，カルボン酸は求核剤と反応する．求核攻撃は $sp^2$ 混成の炭素原子上で起こり，π結合が開裂する．この反応も22章で説明する．

**問題 19.12** カルボン酸が OH 基の酸素上でプロトン化されたときに生成するカチオンを示せ．また，カルボニル酸素上でのプロトン化がヒドロキシ基のプロトン化よりも優先的に起こる理由を述べよ．

## 19.9 カルボン酸──ブレンステッド-ローリーの強い有機酸

**カルボン酸は強い有機酸であり，**ブレンステッド-ローリーの塩基と容易に反応してカルボキシラートアニオンが生成する．

カルボキシラートアニオン
(carboxylate anion)

$pK_a$ が小さいほど，より強い酸である(2.3節(上巻))．

カルボン酸を脱プロトン化(deprotonate)するには，どんな塩基が使われるのだろうか．2.3節(上巻)で見たように，より弱い塩基とより弱い酸が生成するとき，平衡は酸-塩基反応の生成物側に傾く．より弱い酸はより大きな $pK_a$ をもつので，次の一般則に従う．

- ある酸は，それよりもより大きな p$K_a$ をもつ共役酸の塩基により脱プロトン化できる．

多くのカルボン酸の p$K_a$ 値が約 5 であるから，p$K_a$ 値が 5 以上の共役酸をもつ塩基は，カルボン酸を脱プロトン化できる．酢酸 (p$K_a$ = 4.8) や安息香酸 (p$K_a$ = 4.2) は，次の式に示すように NaOH や NaHCO$_3$ によって脱プロトン化できる．

酢酸
より強い酸
p$K_a$ = 4.8
塩基
より弱い酸
p$K_a$ = 15.7

安息香酸
より強い酸
p$K_a$ = 4.2
塩基
より弱い酸
p$K_a$ = 6.4

表 19.3 に，カルボン酸を脱プロトン化するために使われる一般的な塩基を示す．NaHCO$_3$ のような弱塩基でも RCOOH からプロトンを取り去ることができる．

表 19.3 カルボン酸を脱プロトン化するのに使われる一般的な塩基

| 塩　基 | 共　役　酸 (p$K_a$) |
|---|---|
| Na$^+$HCO$_3^-$ | H$_2$CO$_3$ (6.4) |
| NH$_3$ | NH$_4^+$ (9.4) |
| Na$_2$CO$_3$ | HCO$_3^-$ (10.2) |
| Na$^+$ $^-$OCH$_3$ | CH$_3$OH (15.5) |
| Na$^+$ $^-$OH | H$_2$O (15.7) |
| Na$^+$ $^-$OCH$_2$CH$_3$ | CH$_3$CH$_2$OH (16) |
| Na$^+$H$^-$ | H$_2$ (35) |

塩基性度が高くなる

カルボン酸はなぜそんなにも強い有機酸なのだろうか．強酸は弱い安定化された共役塩基をもつことを思いだそう．**カルボン酸の脱プロトン化によって，共鳴安定化された共役塩基であるカルボキシラートアニオンが生成する**．酢酸アニオン (酢酸の共役塩基) に対して，電気陰性度の大きい O 原子上に負電荷をもつ二つの等価な共鳴構造式を書くことができる．そのため，共鳴混成体では負電荷は二つの酸素原子に非局在化している．

酢酸
酢酸アニオンに対する二つの共鳴構造式
共役塩基
混成体

## 19.9 カルボン酸——ブレンステッド-ローリーの強い有機酸

> 共鳴が酸性度にどのように影響するかについては、2.5.3項(上巻)で最初に述べた。

このような酢酸アニオンの共鳴安定化した構造は、実験データによって裏付けられている。**酢酸アニオンの二つの C–O 結合長は等しく**(127 pm)、C–O 単結合の長さ(136 pm)と C=O の長さ(121 pm)の中間の長さである。

酢酸アニオンの共鳴混成体

**共鳴安定化によって、カルボン酸が O–H 結合をもつ他の化合物、つまりアルコールやフェノールよりも酸性度が高いことも説明できる。** たとえば、エタノール($CH_3CH_2OH$)やフェノール($C_6H_5OH$)の $pK_a$ は 16 および 10 であり、どちらも酢酸の $pK_a$(4.8)よりも大きい。

エタノール  フェノール  酢酸
$pK_a = 16$  $pK_a = 10$  $pK_a = 4.8$

→ 酸性度が高くなる

エタノール、フェノール、および酢酸の相対的な酸性度を理解するためには、それらの共役塩基の安定性を次の規則を使って比較する必要がある。

- **共役塩基 A:⁻ を安定化することによって、出発酸である H–A はより強酸になる。**

エタノールの共役塩基である**エトキシド**(ethoxide)は、酸素原子上に負電荷をもっているが、アニオンを安定化する要因はない。エトキシドは酢酸アニオンよりも不安定であるので、**エタノールは酢酸より弱酸である。**

エタノール ⟶ エトキシド

> フェノキシドの共鳴混成体を見ると、負電荷が四つの原子(三つの C と一つの O)上に分散していることがわかる。

**フェノキシド**(phenoxide, $C_6H_5O^-$)は、酢酸アニオンと同様に共鳴安定化される。しかし、フェノキシドは<u>五つ</u>の共鳴構造式をもち、負電荷は合計<u>四つ</u>の異なる原子(三つの炭素と一つの酸素)上に分散している。

フェノール  1  2  3  4  5

四つの原子上に負電荷が非局在化した五つの共鳴構造式

混成体

フェノキシドはエトキシドよりも安定であるが、**酢酸アニオンよりは不安定である**。なぜなら、酢酸アニオンは負電荷を非局在化できる電気陰性度の大きな酸素原子を二つもっているのに対して、フェノキシドは一つしかもっていないからである。さらに、フェノキシドの共鳴構造式 **2～4** は酸素よりも電気陰性度の小さい炭素上に負電荷をもつ。このため、構造 **2～4** は、酸素上に負電荷をもつ構造 **1** および **5** よりも不安定である。

さらに，共鳴構造式 **1** および **5** は，完全な芳香環を保持しているのに対して，構造 **2** ～ **4** は芳香環をもたない．このため，構造 **2** ～ **4** は **1** および **5** よりさらに不安定になる．図 19.6 に，五つの共鳴構造式とその混成体のおおよその相対エネルギーをまとめる．

図 19.6　フェノキシドの五つの共鳴構造式とその混成体のエネルギー比較

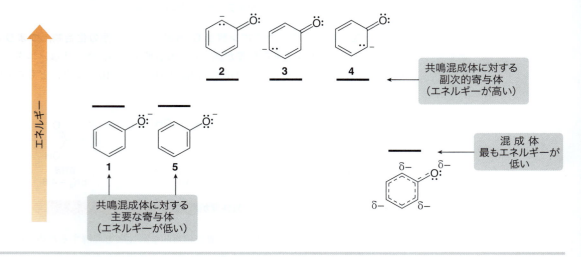

共役塩基の共鳴安定化は酸性度を決めるうえで重要である．しかし，**共鳴構造式の数自体が重要なのではない**．共鳴構造式の相対的な寄与の大きさを評価して，共役塩基の相対的安定性を予想しなければならない．

- O–H 結合のため，RCOOH，ROH，および $C_6H_5OH$ は他のほとんどの炭化水素よりも酸性度が高い．

- カルボン酸は，その共役塩基がより効果的に共鳴安定化されるので，アルコールやフェノールよりも酸性度が高い．

酢酸，フェノール，およびエタノールの酸性度と共役塩基の安定性の関係を図 19.7 にまとめる．

## 19.9 カルボン酸——ブレンステッド-ローリーの強い有機酸

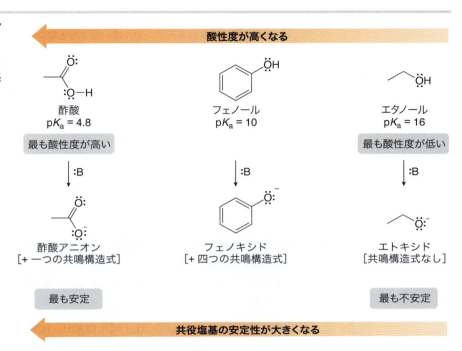

図 19.7
まとめ：酢酸，フェノール，エタノールの酸性度と共役塩基の安定性の関係

- **酢酸アニオンは**負電荷が O 原子上にある二つの等価な共鳴構造式をもつので，**最も安定な共役塩基である．**
- **フェノキシドは**負電荷をもつ O 原子が一つしかない．完全な芳香環を保持し，負電荷が O 原子上にある二つの共鳴構造式が混成体への主要な寄与体である．共鳴によってフェノキシドは安定化されるが，酢酸アニオンほどではない．
- **エトキシドは**，共鳴安定化されないので，**最も不安定な共役塩基である．**

カルボン酸は強い有機酸であるが，HCl や $H_2SO_4$ のような $pK_a$ 値 < 0 である強い無機酸よりはかなり弱い．

アルコールやフェノールはカルボン酸よりも弱い酸であるため，脱プロトン化にはより強い塩基を必要とする．$C_6H_5OH$（$pK_a$ = 10）を脱プロトン化するためには，共役酸の $pK_a$ が 10 より大きな塩基が必要である．表 19.3 に示した塩基のうち，$NaOCH_3$，NaOH，$NaOCH_2CH_3$，および NaH は $C_6H_5OH$ を脱プロトン化できるほど十分に強い．$CH_3CH_2OH$（$pK_a$ = 16）を脱プロトン化できるのは NaH のみである．

**問題 19.13** 次の酸-塩基反応の生成物を書け．

**問題 19.14** $CH_3COOH$ を脱プロトン化できるほど十分に強い塩基は次のうちどれか．付録 A の $pK_a$ 値を用いて答えよ．
a. $F^-$  b. $(CH_3)_3CO^-$  c. $CH_3^-$  d. $^-NH_2$  e. $Cl^-$

**問題 19.15** スモモやモモに含まれる天然のカルボン酸であるマンデル酸において，図示された $H_a$〜$H_c$ のプロトンを酸性度の低いものから順に並べよ．また，その理由を説明せよ．

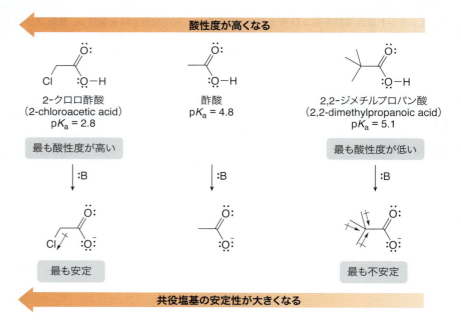

## 19.10 脂肪族カルボン酸における誘起効果

カルボン酸の $pK_a$ は，電子密度を誘起効果によって供与したり求引したりする隣接置換基による影響を受ける．

- **電子求引性基**(electron-withdrawing group)は共役塩基を安定化し，カルボン酸の酸性度をより高くする．
- **電子供与性基**(electron-donating group)は共役塩基を不安定化し，カルボン酸の酸性度をより低くする．

次の式に示した，$CH_3COOH$, $ClCH_2COOH$, $(CH_3)_3CCOOH$ の相対的な酸性度からこれらの原則を確認できる．

誘起効果と酸性度については 2.5.2 項(上巻)ですでに学んだ．

- $ClCH_2COOH$($pK_a = 2.8$)は，その共役塩基が電気陰性度の大きな Cl の電子求引性誘起効果によって安定化されるため，$CH_3COOH$($pK_a = 4.8$)より酸性度が高い．
- $(CH_3)_3CCOOH$($pK_a = 5.1$)は，三つの分極しやすい $CH_3$ 基が電子密度を供与し共役塩基を不安定化するため，$CH_3COOH$ より酸性度が低い．

置換基の数や電気陰性度，および位置も，酸性度に影響する．

## 19.10 脂肪族カルボン酸における誘起効果

- 電気陰性度の大きな置換基の数が増加すると，酸はより強くなる．

| ClCH₂COOH | Cl₂CHCOOH | Cl₃CCOOH |
|---|---|---|
| p$K_a$ = 2.8 | p$K_a$ = 1.3 | p$K_a$ = 0.9 |

→ 酸性度が高くなる
電気陰性度の大きな Cl 原子が増える

- 置換基の電気陰性度がより大きくなると，酸はより強くなる．

| ClCH₂COOH | FCH₂COOH |
|---|---|
| p$K_a$ = 2.8 | p$K_a$ = 2.6 |

F は Cl より電気陰性度が大きい
より強い酸

- 電子求引性基が COOH 基に近づくと，酸はより強くなる．

| 4-クロロブタン酸 | 3-クロロブタン酸 | 2-クロロブタン酸 |
| (4-chlorobutanoic acid) | (3-chlorobutanoic acid) | (2-chlorobutanoic acid) |
| p$K_a$ = 4.5 | p$K_a$ = 4.1 | p$K_a$ = 2.9 |

→ 酸性度が高くなる
Cl が COOH 基に対して近くなる

**問題 19.16** 次のカルボン酸と p$K_a$ 値 (3.2, 4.9, 0.2) を対応させよ．
 a. CH₃CH₂COOH　　b. CF₃COOH　　c. ICH₂COOH

**問題 19.17** 次の化合物を酸性度の低いものから順に並べよ．

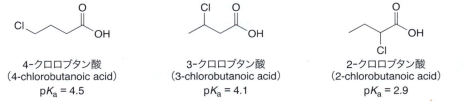

## 19.11 置換安息香酸

誘起効果と共鳴効果のバランスに応じて，ベンゼン環上の置換基が電子密度を供与したり求引したりすることを18章で学んだ．同じ効果によって置換安息香酸 (substituted benzoic acid) の酸性度が決まる．次の二つのルールを覚えておこう．

### ルール[1] 電子供与性基が共役塩基を不安定化し，酸性度を低下させる．

**電子供与性基**は，負電荷をもつカルボキシラートアニオンへ電子密度を供与することで**共役塩基を不安定化する**．電子供与性基によって置換された安息香酸の $pK_a$ は，安息香酸 ($pK_a = 4.2$) よりも大きくなる．

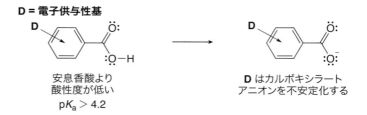

### ルール[2] 電子求引性基が共役塩基を安定化し，酸性度を増大させる．

**電子求引性基**は負電荷をもつカルボキシラートアニオンから電子密度を減少させることで**共役塩基を安定化する**．電子求引性基によって置換された安息香酸の $pK_a$ は安息香酸 ($pK_a = 4.2$) よりも小さくなる．

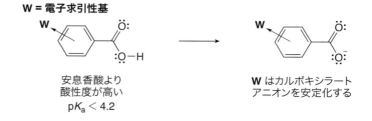

ベンゼン環上のどの基が電子供与性，または電子求引性であるのかはどうすればわかるのだろうか．18章で，電子供与性基と電子求引性基の特徴，およびそれらが芳香族求電子置換反応の反応速度にどのように影響するかについてはすでに学んだ．これらの原則は置換安息香酸にも適用できる．

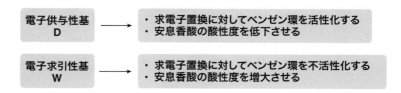

一般的な電子供与性基と電子求引性基が，求電子剤に対するベンゼン環の反応速度，および置換安息香酸の酸性度にどのように影響を及ぼすか図19.8にまとめる．

## 19.11 置換安息香酸

**図 19.8** 求電子剤に対するベンゼン環の反応速度および置換安息香酸の酸性度に対する置換基の影響

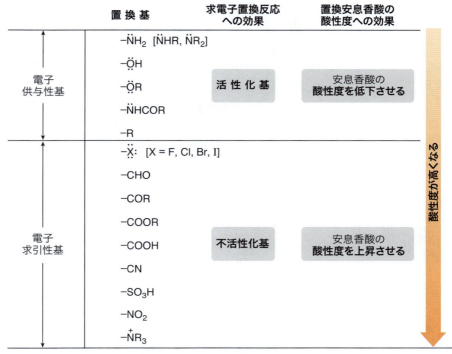

- 電子密度を供与する基は求電子攻撃に対してベンゼン環を活性化し，安息香酸の酸性度を低下させる．電子供与性基は，R 基またはベンゼン環に直結した（孤立電子対をもつ）N や O 原子をもつ基である．
- 電子密度を求引する基は求電子攻撃に対してベンゼン環を不活性化し，安息香酸の酸性度を増大させる．電子求引性基は，ハロゲンまたはベンゼン環に直結した（正電荷または部分的正電荷をもつ）原子 Y をもつ基である．

**例題 19.2** 次の三つのカルボン酸を酸性度の低いものから順に並べよ．

| A | B | C |
|---|---|---|
| 安息香酸<br>(benzoic acid) | p-メトキシ安息香酸<br>(p-methoxybenzoic acid) | p-ニトロ安息香酸<br>(p-nitrobenzoic acid) |

**【解答】**

**p-メトキシ安息香酸(B)**：$CH_3O$ 基はその電子供与性の共鳴効果が電子求引性の誘起効果より強いので（18.6 節），電子供与性基である．負電荷をもつカルボキシラートアニオンに対して電子密度を供与することによって共役塩基は不安定になり，**B** は安息香酸 **A** よりも酸性度が低くなる．**B** の共役塩基に対する二つの共鳴構造を次に示す．

**p-ニトロ安息香酸(C)**：NO₂ 基は誘起効果と共鳴効果のために電子求引性基である（18.6 節）．負電荷をもつカルボキシラートアニオンから電子密度を減少させることによって共役塩基は安定になり，**C** は安息香酸 **A** よりも酸性度が高くなる．**C** の共役塩基における二つの共鳴構造を下に示す．

以上から，酸性度の順序は **B ＜ A ＜ C** となる．

**問題 19.18** 次の化合物を酸性度の低いものから順に並べよ．

a. 安息香酸 と p-クロロ安息香酸 と p-メチル安息香酸

b. p-メチル安息香酸 と p-アセチル安息香酸 と p-メトキシ安息香酸

**問題 19.19** 置換フェノールは置換安息香酸と同じような置換基効果を示す．ツタウルシから単離されるウルシオールと呼ばれる天然のフェノールの一つである化合物 **A** の p$K_a$ がフェノール（$C_6H_5OH$, p$K_a$ = 10）よりも低いか高いか予想し，その理由も説明せよ．

ツタウルシは刺激性のウルシオールを含む．

## 19.12 抽　出

有機化学の実験では，いくつかの化合物の混合物を分離し精製することが必要になる．とくに有用な方法が**抽出**(extraction)である．抽出では，化合物を分離し精製するために，溶解性の違いと酸‐塩基反応を用いる．

> 抽出は，天然物を天然原料から単離するために最初に行う操作である．

抽出では二種類の溶媒を用いる．たとえば，水や 10% $NaHCO_3$，10% $NaOH$ のような水溶液と，ジクロロメタン($CH_2Cl_2$)，ジエチルエーテル，またはヘキサンのような有機溶媒である．**化合物は水溶液と有機溶媒に対する溶解性の違いによって分離される．**

抽出には，図 19.9 に示す**分液ロート**(separatory funnel)と呼ばれるガラス器具を用いる．分液ロートに二つの混ざり合わない液体を加えると，高密度の液体が下，低密度の液体が上になって二層に分かれる．

> † 訳者注：実際の実験では $CH_2Cl_2$ が水に比較的よく溶けるので，この抽出に用いた廃水の処理などに注意しなければならない．

安息香酸($C_6H_5COOH$)と NaCl の混合物を，$H_2O$ と $CH_2Cl_2$† を入れた分液ロートに加えたとする．安息香酸は有機層に溶け，NaCl は水層に溶けることになる．有機層と水層をそれぞれ別のフラスコに入れれば，安息香酸と NaCl を分離できる．

では，安息香酸とシクロヘキサノールはどのように分離すればよいだろうか．どちらも有機化合物なので，$CH_2Cl_2$ のような有機溶媒に溶け，水には溶けない．安息香酸とシクロヘキサノールの混合物を，水と $CH_2Cl_2$ を入れた分液ロートに加えると，どちらも $CH_2Cl_2$ の層に溶けるので，二つの化合物を分離することはできない．似たような溶解性をもつ二つの化合物を抽出によって分離する方法はないのだろうか．

> 5 炭素以上をもつアルコールやカルボン酸は水に溶けない（上巻の表 9.1 および表 19.2 参照）．

安息香酸
- 水に不溶
- $CH_2Cl_2$ に可溶

どちらの化合物も同じような溶解性をもつ

シクロヘキサノール
- 水に不溶
- $CH_2Cl_2$ に可溶

もし，化合物の一つがカルボン酸であれば，答えは「できる」である．なぜなら**酸‐塩基反応**によって化合物の溶解性を変えることができるからである．

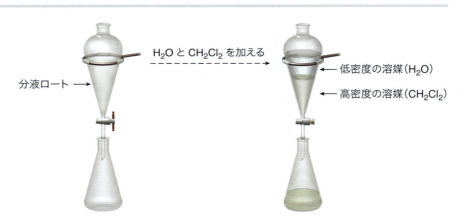

図 19.9　分液ロートを用いた抽出

- 二つの混ざり合わない液体を分液ロートに加えると，より低密度の液体が上になって二層に分かれる．
- 活栓を開けて下の層を分液ロートの下から取りだして，層を分離する．上の層は分液ロートの上から取りだす．

822　19章　カルボン酸とO–H結合の酸性度

安息香酸（強い有機酸）をNaOH水溶液で処理すると，安息香酸は脱プロトン化され，安息香酸ナトリウムが生成する．安息香酸ナトリウムはイオン性なので，水には溶けるが有機溶媒には溶けない．

安息香酸
$pK_a = 4.2$
・水に不溶
・$CH_2Cl_2$ に可溶

共役塩基の溶解性が元の酸とは異なる

安息香酸ナトリウム
・水に可溶
・$CH_2Cl_2$ に不溶

$pK_a = 15.7$

このような酸-塩基反応は，シクロヘキサノールをNaOHで処理したときには起こらない．なぜなら，アルコールは非常に弱い有機酸であり，そのためNaHのような非常に強い塩基によってのみ脱プロトン化されるからである．NaOHはナトリウムアルコキシドを大量に生成させるほどの強塩基ではない．

シクロヘキサノール
$pK_a \approx 17$

平衡は出発物質側に傾いているのでアルコキシドはほとんど生成しない

$pK_a = 15.7$

この酸-塩基反応における違いを用いて，図19.10に示す段階的な抽出手順によって安息香酸とシクロヘキサノールを分離できる．この抽出操作は二つの原理にもとづいている．

- 抽出で分離できるのは，化合物の溶解性が異なる場合のみである．一方が水層に溶け，他方は有機溶媒層に溶ける必要がある．

- カルボン酸は，酸-塩基反応によって水溶性のカルボキシラートアニオンに変換されるので，抽出によって他の有機化合物から分離することができる．

したがって，水溶性の塩である $C_6H_5CO_2^-Na^+$（酸-塩基反応により $C_6H_5CO_2H$ から生成）は，水に溶けないシクロヘキサノールから抽出操作により分離することができる．

**問題 19.20**　次の化合物の組合せのうち，抽出操作によって分離できるのはどれか．

a. （カルボン酸）と（アルケン）

b. （アルケン）と（エーテル）

c. （カルボン酸）と NaCl

d. NaCl と KCl

図 19.10　抽出操作による安息香酸とシクロヘキサノールの分離

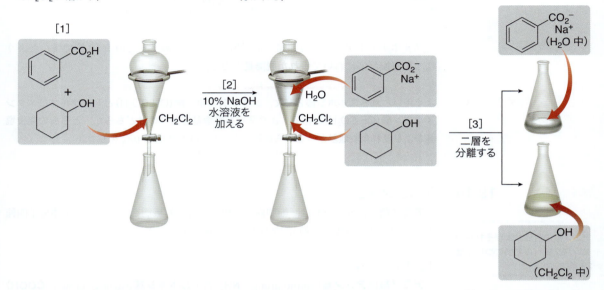

- 両方の化合物が有機溶媒の $CH_2Cl_2$ に溶ける.
- 10% NaOH 水溶液を加えると二層に分かれる．二つの層を振り混ぜると，NaOH が $C_6H_5CO_2H$ を脱プロトン化し，水層に溶ける $C_6H_5CO_2^-Na^+$ が生成する．
- シクロヘキサノールは $CH_2Cl_2$ 層に残る.
- 下の活栓から下の層を流しだし，上の層は上から取りだし，分離操作が完了する．
- シクロヘキサノール($CH_2Cl_2$ に溶けている)は一方のフラスコに，安息香酸のナトリウム塩 $C_6H_5CO_2^-Na^+$ (水に溶けている)はもう一方のフラスコにある．

## 19.13　スルホン酸

$CH_3C_6H_4SO_2-$ は**トシル基**(tosyl group)と呼ばれ，**Ts** と略される(9.13 節(上巻)参照)．このため，p-トルエンスルホン酸(トシル酸とも呼ばれる)は **TsOH** と略される．

カルボン酸ほど一般的ではないが，**スルホン酸**(sulfonic acid)も有用な有機酸である．スルホン酸の一般式は **$RSO_3H$** である．最も広く用いられるスルホン酸である **p-トルエンスルホン酸**(p-toluenesulfonic acid)については，2.6 節(上巻)ですでに述べた．

スルホン酸
(sulfonic acid)

p-トルエンスルホン酸
(p-toluenesulfonic acid)
**TsOH**

**スルホン酸は**，それらの共役塩基が共鳴安定化され，すべての共鳴構造式において酸素原子上に負電荷が非局在化しているため，**非常に強い酸である**($pK_a$ 値 ≈ −7)．スルホン酸の共役塩基は**スルホナートアニオン**(sulfonate anion)と呼ばれる．

$$R-\overset{\overset{\displaystyle :\ddot{O}:}{\|}}{\underset{\underset{\displaystyle :\ddot{O}:}{\|}}{S}}-\ddot{O}-H + :B \longrightarrow R-\overset{\overset{\displaystyle :\ddot{O}:}{\|}}{\underset{\underset{\displaystyle :\ddot{O}:}{\|}}{S}}-\ddot{\ddot{O}}:^{-} \longleftrightarrow R-\overset{\overset{\displaystyle :\ddot{O}:^{-}}{\|}}{\underset{\underset{\displaystyle :\ddot{O}:}{\|}}{S}}=\ddot{O}: \longleftrightarrow R-\overset{\overset{\displaystyle :\ddot{O}:}{\|}}{\underset{\underset{\displaystyle :\ddot{O}:^{-}}{\|}}{S}}=\ddot{O}: + H-B^{+}$$

強酸
$pK_a \approx -7$

三つの共鳴構造式
酸素原子上に負電荷が存在する

スルホナートアニオンは非常に弱い塩基であるため，上巻の 9.13 節で学んだように求核置換反応において**優れた脱離基**となる．

**問題 19.21** よく用いられるスルホン酸として，メタンスルホン酸（$CH_3SO_3H$）とトリフルオロメタンスルホン酸（$CF_3SO_3H$）がある．より弱い共役塩基をもつのはどちらか．どちらの共役塩基がより優れた脱離基か．これらの酸のどちらがより大きな $pK_a$ をもつか．

## 19.14 アミノ酸

**アミノ酸**（amino acid）は，細胞内で重要な生物学的機能をもつ小さな生体分子四種の一つであり〔3.9 節（上巻）〕，プロトン移動反応を起こす．

### 19.14.1 はじめに

**アミノ酸はアミノ基**（amino group, **$NH_2$**）と**カルボキシ基**（carboxy group, **COOH**）**という二つの官能基をもつ**．天然に存在するほとんどのアミノ酸は，アミノ基が α 炭素に結合しているので **α - アミノ酸**（α-amino acid）と呼ばれる．アミノ酸は筋肉，髪，指の爪，その他さまざまな生体組織を形成するタンパク質の構成単位である．

アミノ基 $H_2N$ — α — カルボキシ基
      H   R
   **α-アミノ酸**

タンパク質中に含まれる 20 個のアミノ酸では，α 炭素に結合した R 基が異なっている．**最も単純なアミノ酸であるグリシンでは R＝H である**．R 基が水素以外の場合，**α 炭素は立体中心**になり，二つのエナンチオマーが存在しうる．

グリシン
（glycine）
立体中心なし

L-アミノ酸
タンパク質中には
この異性体のみ存在

D-アミノ酸

天然には，これらのアミノ酸エナンチオマーのうち一つのみが存在する．R 基が $CH_2SH$ 以外の場合，α 炭素の立体中心は $S$ 配置をもつ．古い命名法では，**天然に存在するアミノ酸のエナンチオマーを L 体とし，非天然のエナンチオマーを D 体とする．**

アミノ酸の R 基は H，アルキル，アリール，または N，O，S 原子をもつアルキル鎖である．代表例を表 19.4 に示す．すべてのアミノ酸は慣用名をもち，3 文字または 1 文字で略称される．たとえば，グリシンは 3 文字で **Gly**，1 文字で **G** と表す．

---

アミノ酸の合成およびそれらのタンパク質への変換については 29 章で述べる．

ヒトはタンパク質合成に必要な 20 のアミノ酸のうち 10 しか合成できない．残りの 10 のアミノ酸は**必須アミノ酸**（essential amino acid）と呼ばれ，毎日食べ物から摂取し，規則正しく消費しなければならない．ベジタリアンの食事は特にすべての必須アミノ酸を摂るようバランスに気をつけなければならない．穀物（麦，米，トウモロコシ）にはリシンが少なく，豆類（豆，エンドウ，ピーナッツ）にはメチオニンが少ない．しかし，これらを組み合わせると必要なアミノ酸をすべて摂ることができる．つまり，トウモロコシのトルティーヤと豆，または米と豆腐という組合せを食べるとすべての必須アミノ酸が摂取できる．小麦のパンにピーナッツバターを挟んだサンドイッチでもよい．

表 19.4 代表的なアミノ酸

一般式: H$_2$N–CHR–COOH (中心炭素にH, Rが結合)

| R 基 | 名 前 | 3 文字略号 | 1 文字略号 |
|---|---|---|---|
| H | グリシン (glycine) | Gly | G |
| CH$_3$ | アラニン (alanine) | Ala | A |
| CH$_2$C$_6$H$_5$ | フェニルアラニン (phenylalanine) | Phe | F |
| CH$_2$OH | セリン (serine) | Ser | S |
| CH$_2$SH | システイン (cysteine) | Cys | C |
| CH$_2$CH$_2$SCH$_3$ | メチオニン (methionine) | Met | M |
| CH$_2$CH$_2$COOH | グルタミン酸 (glutamic acid) | Glu | E |
| (CH$_2$)$_4$NH$_2$ | リシン (lysine) | Lys | K |

表 19.4 には，これらの略号も示している．図 28.2 には，20 のすべてのアミノ酸があげられている．

**問題 19.22** 次のアミノ酸の両方のエナンチオマーを書き，R 体か S 体かを示せ．
a．フェニルアラニン　　　　　　b．メチオニン

### 19.14.2　酸および塩基としての特性

アミノ酸は，酸でもあり塩基でもある．

- **NH$_2$ 基は孤立電子対をもち，塩基として働く．**
- **COOH 基は酸性プロトンをもち，酸として働く．**

アミノ酸は，電荷をもたない中性の状態には決してならない．アミノ酸は塩として存在し，融点が高く水に溶けやすい．

- **酸性のカルボキシ基から塩基性のアミノ基へのプロトン移動により，アミノ酸は正負両方の電荷をもつ双性イオン (zwitterion) と呼ばれる塩を生成する．**

H$_2$N–CHR–COOH →(プロトン移動)→ H$_3$N$^+$–CHR–COO$^-$
塩基　　　　　酸　　　　　　　　　　　双性イオン

このような中性の状態のアミノ酸は存在し<u>ない</u>

アミノ酸の中性の状態は塩である

実際には，アミノ酸は溶解している水溶液の pH に応じて，三つの異なる状態で存在しうる．

溶液のpHがおよそ6のとき，アラニン（R=CH₃）は全体としては電荷をもたない双性イオン（**A**）として存在する．このとき，カルボキシ基は負電荷をもって**カルボキシラートアニオン**（carboxylate anion）となり，アミノ基は正電荷をもって**アンモニウムカチオン**（ammonium cation）となっている．

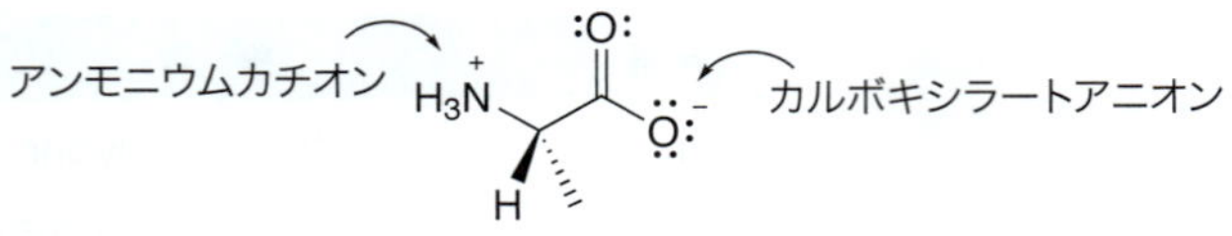

アンモニウムカチオン　H₃N⁺–CH(CH₃)–COO⁻　カルボキシラートアニオン

アラニン
**A**
中性の双性イオン
pH ≈ 6 で存在

強い酸を加えて pH を 2 以下に低くすると，カルボキシラートアニオンはプロトン化され，**アミノ酸は全体として正電荷をもつ**（**B**）．

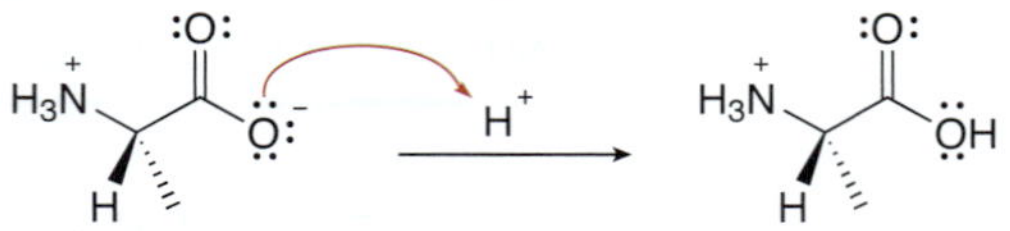

**A** → **B**
全体で(+1)の電荷
pH ≦ 2で存在

一方，**A** に強い塩基を加えて pH を 10 以上に高くすると，アンモニウムカチオンが脱プロトン化され，**アミノ酸は全体として負電荷をもつ**（**C**）．

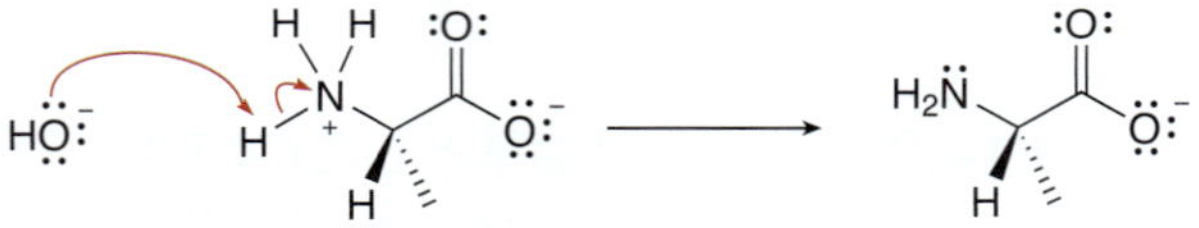

**A** → **C**
全体で(−1)の電荷
pH ≧ 10 で存在

このように，アラニンは溶解している溶液の pH に依存して三つの異なる状態のいずれかの形で存在する．溶液の pH を 2 から徐々に 10 に上げていくと，次のような変化が起こる．

- 低い pH では，アラニンは全体として(+)電荷をもつ（**B** の形）．
- pH が 6 くらいまで上昇すると，カルボキシ基が脱プロトン化され，アミノ酸は全体として電荷をもたない双性イオン（**A** の形）として存在する．
- 高い pH では，アンモニウムカチオンが脱プロトン化され，アミノ酸は全体として(−)電荷をもつ（**C** の形）．

図 19.11 にこれらの反応をまとめる．

**問題 19.23** アミノ酸が，ほとんどの他の有機化合物とは異なり，ジエチルエーテルのような有機溶媒に溶けない理由を説明せよ．

## 図 19.11 アラニンの酸-塩基反応

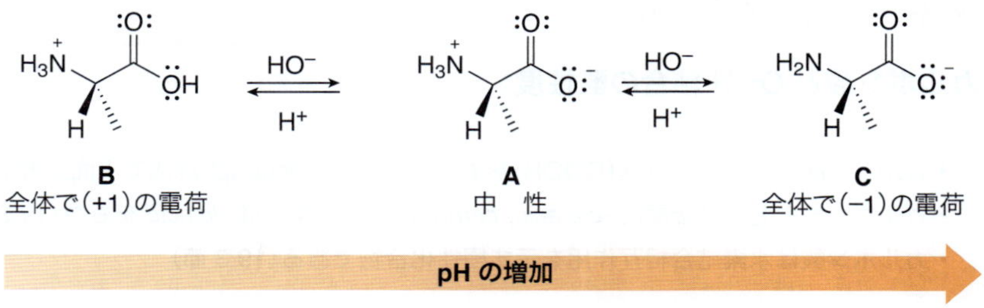

B 全体で(+1)の電荷 ⇌(HO⁻/H⁺) A 中性 ⇌(HO⁻/H⁺) C 全体で(-1)の電荷

pHの増加 →

**問題 19.24** アミノ酸のグリシンについて,「正電荷をもつ状態」,「中性の状態」,「負電荷をもつ状態」を書け. pH 11 ではどの化学種がおもに存在し, pH 1 ではどの化学種がおもに存在するかを示せ.

### 19.14.3 等電点

プロトン化されたアミノ酸には,脱プロトン化が可能なプロトンが少なくとも二つ存在するので,それぞれのプロトンに対して $pK_a$ 値が存在する. たとえば,アラニンのカルボキシプロトンの $pK_a$ は 2.35 であり,アンモニウムプロトンの $pK_a$ は 9.87 である. 表 29.1 に, 20 種類すべてのアミノ酸の $pK_a$ 値を示す.

- **アミノ酸がおもに中性の形で存在する pH を等電点**(isoelectric point)といい, **p$I$** と略される.

等電点に関しては, 29.1 節をさらに参照してほしい.

一般的に,等電点はアミノ酸の二つの $pK_a$ 値の平均値である.

$$\text{等電点} = pI = \frac{pK_a(\text{COOH}) + pK_a(\text{NH}_3^+)}{2}$$

アラニンでは 
$$pI = \frac{2.35 + 9.87}{2} = 6.11 \quad pI(\text{アラニン})$$

**問題 19.25** フェニルアラニンのカルボキシおよびアンモニウムプロトンの $pK_a$ 値は 2.58 と 9.24 である. フェニルアラニンの等電点を求めよ. また,等電点でのフェニルアラニンの構造を書け.

**問題 19.26** グリシンの COOH 基の $pK_a$ が,酢酸の COOH 基の $pK_a$ よりかなり小さい理由を説明せよ.

## 19章 カルボン酸と O–H 結合の酸性度

### ◆キーコンセプト◆

## カルボン酸と O–H 結合の酸性度

### 一般的な事項
- カルボン酸はカルボキシ基(COOH)をもつ．中心の炭素は $sp^2$ 混成で平面三角形構造である(19.1 節)．
- カルボン酸の名称は接尾語 *-oic acid*, *carboxylic acid*, または *-ic acid* をもつ(19.2 節)．
- カルボン酸は水素結合相互作用を示す極性化合物である(19.3 節)．

### 吸収スペクトルの特徴(19.4 節)

| | | |
|---|---|---|
| 赤外吸収 | C=O | 約 1710 cm$^{-1}$ |
| | O–H | 3500 〜 2500 cm$^{-1}$ (非常に幅広く，強い) |
| $^1$H NMR 吸収 | O–H | 10 〜 12 ppm (強く非遮蔽化されたプロトン) |
| | COOH の α 位の C–H | 2 〜 2.5 ppm (少し非遮蔽化された $C_{sp^3}$–H) |
| $^{13}$C NMR 吸収 | C=O | 170 〜 210 ppm (強く非遮蔽化された炭素) |

### 一般的なカルボン酸の酸 – 塩基反応(19.9 節)

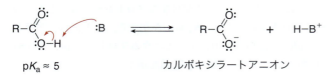

- カルボン酸はカルボキシラートアニオンが共鳴安定化されるため非常に酸性度が高い．
- 平衡を生成物側に傾かせるには，共役酸の p$K_a$ が 5 より大きい塩基を用いなければならない．一般的な塩基を表 19.3 に示す．

### 酸性度に影響する因子

#### 共鳴効果
- カルボン酸は，その共役塩基が共鳴によってより効果的に安定化されるので，アルコールやフェノールより酸性である(19.9 節)．

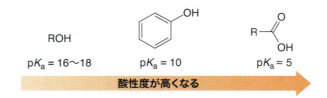

#### 誘起効果
- 電気陰性度の大きいハロゲンのような電子求引性基が存在すると酸性度は高くなり，分極しやすいアルキル基のような電子供与性基が存在すると酸性度は低下する(19.10 節)．

#### 安息香酸の置換基効果
- 電子供与性基(D)は，置換安息香酸の酸性度を安息香酸よりも低下させる．
- 電気求引性基(W)は，置換安息香酸の酸性度を安息香酸よりも上昇させる．

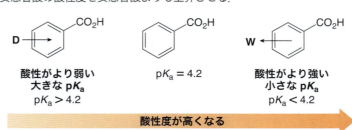

### その他の事項

- 抽出は，異なる溶解性をもつ化合物を分離する便利な技術である．カルボン酸は塩基性水溶液によって水溶性のカルボキシラートアニオンに変換されるので，抽出によって他の有機化合物から分離することができる（19.12節）.
- スルホン酸（$RSO_3H$）は，脱プロトン化において共鳴安定化された弱い共役塩基を生成するので，強い酸である（19.13節）.
- アミノ酸〔$RCH(NH_2)COOH$〕はカルボキシ基のα炭素にアミノ基をもつ．
  pH≈6ではアミノ酸は双性イオンとして存在する．酸を加えると，全体として（+1）の電荷をもつ化学種〔$RCH(NH_3)COOH$〕$^+$が生成する．塩基を加えると，全体として（-1）の電荷をもつ化学種〔$RCH(NH_2)COO$〕$^-$が生成する（19.14節）.

## ◆ 章 末 問 題 ◆

### 三次元モデルを用いる問題

**19.27** ボール＆スティックモデルで示した化合物 **A** および **B** について以下の問いに答えよ．

**A**　　　　**B**

- a. 化合物の IUPAC 名を示せ．
- b. 化合物に NaOH を反応させたときの生成物を示せ．
- c. 問 b の生成物を命名せよ．
- d. 化合物に対して $10^5$ 倍以上酸性度が低い異性体の構造を示せ．

**19.28** 次のカルボン酸を酸性度が低いものから順に並べよ．

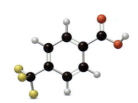  

### 命 名 法

**19.29** 次の化合物の IUPAC 名を示せ．

19.30 次の名称に対応する構造を書け．
　　a. 3,3-ジメチルペンタン酸
　　b. 4-クロロ-3-フェニルヘプタン酸
　　c. (R)-2-クロロプロパン酸
　　d. m-ヒドロキシ安息香酸
　　e. 酢酸カリウム
　　f. α-ブロモ酪酸ナトリウム
　　g. 2,2-ジクロロペンタン二酸
　　h. 4-イソプロピル-2-メチルオクタン二酸

19.31 天然に存在する次のカルボン酸の IUPAC 名と慣用名を示せ．
　　a. $CH_3CH(OH)CO_2H$（乳酸）
　　b. $HOCH_2CH_2C(OH)(CH_3)CH_2CO_2H$（メバロン酸）

## 物理的性質

19.32 次の化合物を沸点の低いものから順に並べよ．

## カルボン酸の合成

19.33 次の反応の生成物を書け．
　　a. シクロヘキシルメタノール → $CrO_3$ / $H_2SO_4$, $H_2O$
　　b. 4-イソプロピルトルエン → $KMnO_4$
　　c. シクロヘキシルアセチレン → [1]$O_3$ [2]$H_2O$
　　d. 1-オクタノール → $Na_2Cr_2O_7$ / $H_2SO_4$, $H_2O$

19.34 次の反応の **A〜H** の化合物を同定せよ．
　　a. メチレンシクロヘキサン → [1]$BH_3$ [2]$H_2O_2$, $HO^-$ → **A** → $CrO_3$ / $H_2SO_4$, $H_2O$ → **B**
　　b. $HC≡CH$ → [1]$NaNH_2$ [2]$CH_3I$ → **C** → [1]$NaNH_2$ [2]$CH_3CH_2I$ → **D** → [1]$O_3$ [2]$H_2O$ → **E** + **F**
　　c. ベンゼン → $(CH_3)_2CHCl$ / $AlCl_3$ → **G** → $KMnO_4$ → **H**

## 酸‐塩基反応：酸性度に関する総合問題

19.35 付録 A の $pK_a$ の表を用いて，次の三つの化合物を脱プロトン化できる十分強い塩基を次から選べ．[1] $^-OH$，[2] $CH_3CH_2^-$，[3] $^-NH_2$，[4] $NH_3$，[5] $HC≡C^-$．
　　a. 4-メチル安息香酸　$pK_a = 4.3$
　　b. 4-クロロフェノール　$pK_a = 9.4$
　　c. t-ブチルアルコール　$pK_a = 18$

19.36 次の酸-塩基反応の生成物を書き，付録 A の $pK_a$ の表を用いて，平衡が反応物か生成物のどちら側に傾いているか示せ．
　　a. 1-ペンタノール + $NH_3$ ⇌
　　b. フェノール + $NaNH_2$ ⇌
　　c. 2-メチル安息香酸 + $CH_3Li$ ⇌
　　d. 4-メチルフェノール + $Na_2CO_3$ ⇌

19.37 次の組合せの化合物のうち，$pK_a$ が小さいのはどちらか．また，それぞれの組合せの化合物のうち，強い共役塩基をもつのはどちらか．
　　a. 4-メチル安息香酸 と 4-クロロ安息香酸
　　b. シアノ酢酸 と 酢酸

**19.38** 次の化合物を酸性度の低いものから順に並べよ．

a. CH₃CH(Cl)COOH と CH₃CH₂CH₂COOH と CH₃CH(Br)COOH    b. p-メチルフェノール と p-ニトロフェノール と p-クロロフェノール

**19.39** 次の化合物を塩基性度の低いものから順に並べよ．

a. C₆H₅NH₂ と C₆H₅O⁻ と C₆H₅⁻    b. シクロヘキシルO⁻ と C₆H₅O⁻ と p-O₂N-C₆H₄O⁻

**19.40** 次のp$K_a$値をもつカルボン酸を(a)～(e)から選べ．p$K_a$値：0.28，1.24，2.66，2.86，3.12．化合物：(a) FCH₂COOH，(b) CF₃COOH，(c) F₂CHCOOH，(d) ICH₂COOH，(e) BrCH₂COOH．

**19.41** コデインはケシに低濃度で含まれているが，薬として用いられるコデインのほとんどは，次の反応によってモルヒネ（ケシの主成分）から合成される．モルヒネの一方のOHだけに選択的にメチル化が起こって，コデインが得られる理由を説明せよ．コデインは，モルヒネより効果は弱いが常習性の低い鎮痛剤である．

モルヒネ (morphine) → [1]KOH [2]CH₃I → コデイン (codeine)

**19.42** ピルビン酸(CH₃COCO₂H)とアセト酢酸(CH₃COCH₂CO₂H)のうち，より小さいp$K_a$をもつのはどちらか示せ．また，その理由も示せ．

**19.43** 次の記述を説明せよ．
  a. p-ニトロフェノールのp$K_a$(7.2)はフェノールのp$K_a$(10)よりも小さい．
  b. p-ニトロフェノールのp$K_a$(7.2)はm-ニトロフェノールのp$K_a$(8.3)よりも小さい．

**19.44** 次の記述を説明せよ．2-メトキシ酢酸(CH₃OCH₂COOH)は酢酸(CH₃COOH)よりも強い酸であるが，p-メトキシ安息香酸(CH₃OC₆H₄COOH)は安息香酸(C₆H₅COOH)よりも弱い酸である．

**19.45** p-メチルチオフェノール(CH₃SC₆H₄OH)のp$K_a$は9.53である．芳香族求電子置換反応において，p-メチルチオフェノールはフェノールよりも反応性が高いか低いか述べよ．

**19.46** 化合物Aのp$K_a$が化合物BおよびCのp$K_a$よりも小さい理由を説明せよ．

A (フラン-2-カルボン酸) p$K_a$ = 3.2    B (フラン-3-カルボン酸) p$K_a$ = 3.9    C (ピロール-2-カルボン酸) p$K_a$ = 4.4

**19.47** 次の化合物を酸性度の低いものから順に並べよ．また，その理由を述べよ．

C (p-ニトロ安息香酸)    D (フェニル酢酸)    E (p-ニトロフェニル酢酸)

**19.48** フタル酸とイソフタル酸は二つのカルボキシ基上に塩基で引き抜けるプロトンをもつ．(a) フタル酸の $pK_{a1}$ (1段階目の脱プロトン化の $pK_a$) がイソフタル酸の $pK_{a1}$ より小さいのはなぜか．理由を述べよ．(b) フタル酸の $pK_{a2}$ (2段階目の脱プロトン化の $pK_a$) がイソフタル酸の $pK_{a2}$ より大きいのはなぜか．理由を述べよ．

フタル酸
(phthalic acid)
$pK_{a1} = 2.9$
$pK_{a2} = 5.4$

イソフタル酸
(isophthalic acid)
$pK_{a1} = 3.7$
$pK_{a2} = 4.6$

**19.49** OH 基の酸素を $^{18}$O 同位体で標識(赤色で示した)した酢酸($CH_3COOH$)を水溶性の塩基で処理し，その後に酸を加えたところ，異なる位置に $^{18}$O 標識をもつ二つの生成物が得られた．この理由を説明せよ．

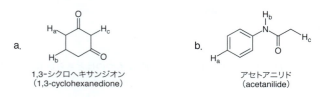

**19.50** 1,3-シクロヘキサンジオンおよびアセトアニリドにおいて，図示されたプロトン($H_a$, $H_b$, $H_c$)を脱プロトン化して生成する共役塩基の共鳴構造式をすべて書け．それぞれの化合物について，これらのプロトンを酸性度の低いものから順に並べ，その理由を述べよ．

a. 1,3-シクロヘキサンジオン
(1,3-cyclohexanedione)

b. アセトアニリド
(acetanilide)

**19.51** 23章で学ぶが，C-H 結合が O-H 結合よりも酸性である場合がある．$CH_2(CHO)_2$ の $pK_a$ (9) が $HO(CH_2)_3OH$ の $pK_a$ (16) より小さい理由を説明せよ．

**19.52** 次の式の化合物 **X** を同定し，ヘキサン酸(19.2.2項)がこの段階的な反応で生成する理由を説明せよ．

強塩基
(2 当量)
→ **X** → [1] ～～～Br [2] $H_3O^+$ → ヘキサン酸
(hexanoic acid)

**19.53** アセトアミド($CH_3CONH_2$)の $pK_a$ は 16 である．その共役塩基の構造を書き，アセトアミドが $CH_3COOH$ より弱酸である理由を説明せよ．

## 抽 出

**19.54** 炭化水素 **A** とカルボン酸 **B** を抽出操作によって分離する方法を示せ．

**A**

**B** (COOH)

**19.55** フェノール($C_6H_5OH$)はカルボン酸よりも弱酸であるため，NaOH では脱プロトン化されるが，より弱い塩基である $NaHCO_3$ では脱プロトン化できない．これにもとづいて，安息香酸の $C_6H_5OH$ をシクロヘキサノールから分離する操作法を示せ．操作のそれぞれの段階で各層にどちらの化合物が含まれるか，またそれが中性かイオン性かも示せ．

**19.56** オクタンと 1-オクタノールは抽出操作によって分離できるか．また，可能または不可能である理由を示せ．

## 分光法

**19.57** 次のスペクトルデータからそれぞれの化合物を同定せよ．

a. 　　　　分子式： $C_3H_5ClO_2$
　　　　　赤外： 3500 ～ 2500 cm$^{-1}$，1714 cm$^{-1}$
　　　　　$^1$H NMR データ： 2.87(三重線，2 H)，3.76(三重線，2 H)，11.8(一重線，1 H)ppm

b. 　　　　分子式： $C_8H_8O_3$
　　　　　赤外： 3500 ～ 2500 cm$^{-1}$，1688 cm$^{-1}$
　　　　　$^1$H NMR データ： 3.8(一重線，3 H)，7.0(二重線，2 H)，7.9(二重線，2 H)，12.7(一重線，1 H)ppm

c. 　　　　分子式： $C_8H_8O_3$
　　　　　赤外： 3500 ～ 2500 cm$^{-1}$，1710 cm$^{-1}$
　　　　　$^1$H NMR データ： 4.7(一重線，2 H)，6.9 ～ 7.3(多重線，5 H)，11.3(一重線，1 H)ppm

**19.58** 次に示す $^1$H NMR および赤外吸収スペクトルのデータを用いて，分子式 $C_4H_8O_2$ をもつ二つの異性体 **A** および **B** の構造を同定せよ．

化合物 **A**：

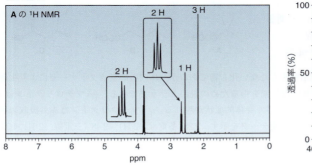
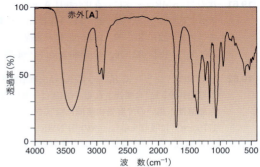

化合物 **B**：

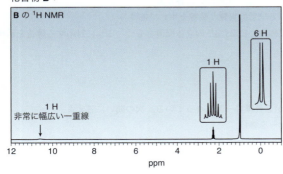
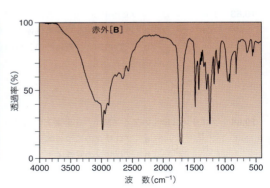

**19.59** 分子式が $C_4H_8O_3$ の未知化合物 **C** は次の $^1$H NMR スペクトルを示し，3600 ～ 2500 および 1734 cm$^{-1}$ に赤外吸収を示す．**C** の構造を示せ．

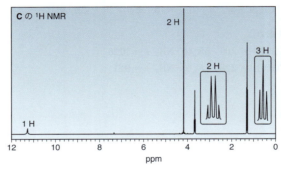

**19.60** 次の分光学的データに一致する，分子式が $C_9H_9ClO_2$ の化合物 **D** の構造を示せ．
$^{13}C$ NMR シグナル：30，36，128，130，133，139，179 ppm

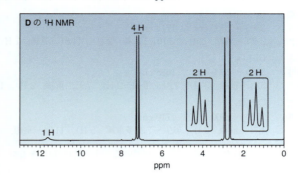

**19.61** 次の $^{13}C$ NMR データに合う化合物は **A** ～ **C** のどれか．
スペクトル[1]：14，22，27，34，181 ppm に一重線
スペクトル[2]：27，39，186 ppm に一重線
スペクトル[3]：22，26，43，180 ppm に一重線

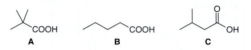

**19.62** γ-ブチロラクトン（$C_4H_6O_2$，GBL）は生理活性をもたない化合物であるが，体内の酵素ラクトナーゼにより生理活性をもつ GHB（19.5 節）に変換される．GHB は一時的な快楽を得るための脱法ドラッグである．γ-ブチロラクトンは GHB よりも脂溶性が高いので容易に組織に吸収され，より早く身体的症状が現れる．γ-ブチロラクトンは赤外吸収スペクトルで 1770 cm$^{-1}$ に吸収を示し，次の $^1H$ NMR スペクトルデータを示す．2.28（多重線，2 H），2.48（三重線，2 H），4.35（三重線，2 H）ppm．γ-ブチロラクトンの構造を示せ．

## アミノ酸

**19.63** トレオニンは二つの立体中心をもつ天然のアミノ酸である．次の問いに答えよ．

トレオニン
(threonine)

a. 四つの可能な立体異性体を，くさび形の実線と破線を用いて書け．
b. 天然のアミノ酸はその二つの立体中心に 2S, 3R の立体配置をもつ．これに対応する構造を示せ．

**19.64** プロリンは珍しいアミノ酸で，α炭素上の N 原子が五員環の一部になっている．次の問いに答えよ．

プロリン
(proline)

a. プロリンの二つのエナンチオマーを書け．
b. プロリンの双性イオンを書け．

**19.65** 次のアミノ酸［RCH(NH$_2$)COOH］について，「中性の状態」，「正電荷をもつ状態」，「負電荷をもつ状態」をそれぞれ書け．pH = 1，6，11 では，おもにどの状態で存在するか．また，それぞれのアミノ酸のその等電点での構造を示せ．
a. メチオニン（R = CH$_2$CH$_2$SCH$_3$）　　b. セリン（R = CH$_2$OH）

**19.66** 次のアミノ酸の等電点を求めよ．
a. システイン：p$K_a$(COOH) = 2.05；p$K_a$(α-NH$_3^+$) = 10.25
b. メチオニン：p$K_a$(COOH) = 2.28；p$K_a$(α-NH$_3^+$) = 9.21

**19.67** リシンとトリプトファンは，α炭素に結合したR基にN原子を含むアミノ酸である．リシンは，塩基性のN原子をもつため塩基性アミノ酸に分類されるが，トリプトファンは中性アミノ酸に分類される．この分類の違いを説明せよ．

**19.68** グルタミン酸は天然のα-アミノ酸であり，側鎖のR基にカルボキシ基を含む（表19.4）．次の問いに答えよ．グルタミン酸は電荷をもたない中性の状態として書かれるが，実際はどんなpHでもこの状態では存在しない．

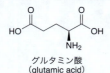

a. pH = 1におけるグルタミン酸の構造を示せ．
b. pHを徐々に上げ，1当量の塩基を加えた場合のグルタミン酸の構造を示せ．
c. 一般的なうま味調味料に含まれるMSGとして知られる，グルタミン酸一ナトリウムの構造を示せ．

## チャレンジ問題

**19.69** 次の反応において，用いるNaHの量によって異なる生成物が得られる理由を説明せよ．

**19.70** *p*-ヒドロキシ安息香酸は安息香酸より酸性が弱いが，*o*-ヒドロキシ安息香酸は安息香酸よりわずかに酸性が強い．その理由を説明せよ．

**19.71** 2-ヒドロキシブタン二酸は，リンゴなどの果物に天然に存在する．図示された$H_a$〜$H_e$のプロトンを酸性度の低いものから順に並べ，その理由を詳しく説明せよ．

**19.72** ワルファリンは，当初は殺鼠剤として市販されたが，現在は血液が固まるのを防ぐ効果的な抗凝血剤として用いられている．ワルファリンの最も酸性度の高いプロトンを示し，その$pK_a$がカルボン酸の$pK_a$と同程度である理由を説明せよ．

# 20 カルボニル化合物の化学: 有機金属反応剤，酸化と還元

20.1 はじめに
20.2 カルボニル化合物の反応
20.3 酸化と還元の概要
20.4 アルデヒドとケトンの還元
20.5 カルボニル基の還元の立体化学
20.6 エナンチオ選択的なカルボニル基の還元
20.7 カルボン酸とその誘導体の還元
20.8 アルデヒドの酸化
20.9 有機金属反応剤
20.10 有機金属反応剤とアルデヒドまたはケトンの反応
20.11 グリニャール生成物の逆合成解析
20.12 保護基
20.13 有機金属反応剤とカルボン酸誘導体の反応
20.14 有機金属反応剤とその他の化合物の反応
20.15 $\alpha,\beta$－不飽和カルボニル化合物
20.16 有機金属反応剤による反応のまとめ
20.17 合　成

**シガトキシン CTX3C**(ciguatoxin CTX3C)は暖かい海に棲む 400 種以上の魚から見いだされる強力な神経毒である．毎年何千人もが，この神経毒を含む熱帯魚を食べてシガテラ中毒にかかっている．シガトキシン CTX3C を生物学的実験に利用するため，2001 年に実験室での合成が達成された．本章では多くの反応について説明するが，そのうちの一つである選択的還元反応は，CTX3C の多段階合成の 1 段階に用いられている．

　　**本章から 24 章まではカルボニル化合物**，つまりアルデヒド，ケトン，酸ハロゲン化物，エステル，アミド，カルボン酸について述べる．**カルボニル基は，有機化学で最も重要な官能基である**．なぜなら，電子不足な炭素と容易に切断される π 結合をもっているために，多くの有用な反応を起こしやすいからである．
　まず，カルボニル化合物を大まかに二つに分類し，その類似点と相違点について見ていく．本章の後半では有機合成にとくに重要な反応について学ぶ．21 章と 22 章はカルボニル炭素で起こる反応に焦点をあて，23 章と 24 章ではカルボニル基の α 炭素で起こる反応を取りあげる．
　本章では多くの反応を取りあげるが，そのほとんどは二つの一般式のどちらかに従うものであり，いくつかの基本的な原則を覚えれば整理して分類できる．次の原則を

覚えておこう．

- 求核剤が求電子剤を攻撃する．
- π結合は容易に切断される．
- 優れた脱離基との結合は容易に切断される．

## 20.1 はじめに

<u>カルボニル基</u>(carbonyl group)をもつ化合物は大きく二つに分類できる．

カルボニル基

[1] カルボニル基に炭素原子または水素原子のみが結合した化合物

アルデヒド　　　　ケトン

- アルデヒドはカルボニル基に少なくとも一つのH原子が結合している．
- ケトンはカルボニル基に二つのアルキル基またはアリール基が結合している．

[2] カルボニル基に電気陰性度の大きな原子が結合した化合物

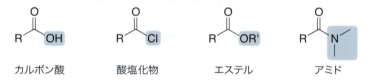

カルボン酸　　　酸塩化物　　　エステル　　　アミド

これらは，22章で学ぶ**カルボン酸，酸塩化物，エステル，アミド**やその類似化合物を含む．これらの化合物はそれぞれ，**脱離基**として働きうる炭素より電気陰性度の大きな原子(Cl, O, N)をもっている．酸塩化物，エステル，アミドはカルボン酸から合成できるため**カルボン酸誘導体**(carboxylic acid derivative)と呼ばれる(22章参照)．また，どの化合物も**アシル基**(RCO−)をもつため**アシル誘導体**(acyl derivative)とも呼ばれる．

- カルボニル炭素が脱離基をもつかどうかによって，これらの化合物の反応パターンが変化する(20.2節)．

カルボニル炭素原子は，$sp^2$混成で平面三方形構造であり，すべての結合角はおよそ120°である．カルボニル基の二重結合は一つのσ結合と一つのπ結合からなる．π結合は二つのp軌道の重なりからできており，平面の上下に広がっている．このような点でカルボニル基は，C=C結合における$sp^2$混成炭素の平面三方形構造と似ている．

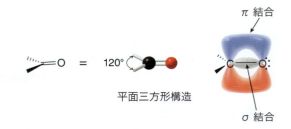

平面三方形構造

π 結合
σ 結合

しかし，C=O と C=C では重要な点が大きく異なっている．**カルボニル基は電気陰性度の大きな酸素原子をもつため，結合は分極し，カルボニル炭素が電子不足となっている．** カルボニル基では，共鳴構造式を用いて二つの共鳴構造を書くことができる．このとき，電荷が分離した共鳴構造の寄与は少ない．図 20.1 に最も単純なアルデヒドであるホルムアルデヒドの静電ポテンシャル図を示すが，この図からもカルボニル基が分極していることがわかる．

アルデヒドである α-シネンサール（問題 20.1）は，マンダリンオイルのオレンジのような香りのもととなる化合物であり，中国南方のみかんの樹から得られる．

混成体への主要な寄与体　　混成体への副次的な寄与体　　混成体 分極したカルボニル基

**問題 20.1**

α-シネンサール
（α-sinensal）

a. α-シネンサールにおいて矢印で示した結合に使われている軌道は何か．
b. O 原子上の孤立電子対はどの軌道に存在しているか．

**図 20.1**
ホルムアルデヒド（$CH_2=O$）の静電ポテンシャル図

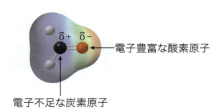

電子豊富な酸素原子
電子不足な炭素原子

・静電ポテンシャル図から，カルボニル基では炭素が電子不足で，酸素が電子豊富であることがわかる．

## 20.2 カルボニル化合物の反応

カルボニル基はどのような種類の反応剤と反応するのだろうか．電気陰性度の大きな酸素のために，カルボニル炭素は求電子的である．また平面三方形構造であるために，カルボニル炭素は混み合っていない．さらに，カルボニル基の π 結合は容易に切断される．

## 20.2 カルボニル化合物の反応

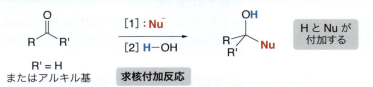

その結果，**カルボニル化合物は求核剤と反応する**．しかし，求核攻撃の結果は，出発物質のカルボニル基の種類によって異なる．

- **アルデヒドやケトンに対しては求核付加反応が進行する．**

- **脱離基をもつカルボニル化合物に対しては求核置換反応が進行する．**

では，これらの反応を個別に見ていこう．

### 20.2.1 アルデヒドとケトンに対する求核付加反応

アルデヒドやケトンは求核剤と反応して，機構 20.1 に示した**求核攻撃**(nucleophilic attack)と**プロトン化**(protonation)の 2 段階で付加生成物を与える．

#### 機構 20.1　求核付加反応 —— 2 段階反応

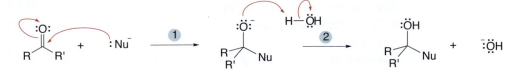

① 求核剤(:Nu⁻)が求電子的なカルボニル炭素を攻撃する．π 結合が切断され，電子対は酸素原子上へ移動して sp³ 混成の炭素が生成する．
② $H_2O$ によって負電荷をもつ酸素原子がプロトン化され，付加生成物が得られる．

アルデヒドやケトンに対する求核付加反応のその他の例については，21 章でも学ぶ．

最終的に，π 結合が切断されて二つの新しい σ 結合が生成し，H と Nu が π 結合の両端に付加する．本章では，二つの異なる求核剤である**ヒドリド**(hydride, **H:⁻**)と**カルボアニオン**(carbanion, **R:⁻**)の求核付加反応について述べる．

立体的にも電子的にも，求核攻撃に対して**アルデヒドはケトンよりも反応性が高い**．

**アルデヒド**
- 混み合いがより少ない
- 安定性がより低い
- 反応性がより高い

**ケトン**
- より混み合っている
- より安定
- 反応性がより低い

- ケトンではカルボニル基に結合した二つの R 基によって混み合うので，求核攻撃が起こりにくくなる．
- ケトンでは二つの電子供与性の R 基がカルボニル炭素の部分的な正電荷を安定化し，そのためケトンはより安定になり，より反応性が低くなる．

### 20.2.2　RCOZ（Z ＝脱離基）の求核置換反応

脱離基をもったカルボニル化合物は求核剤と反応して，機構 20.2 で示した**求核攻撃と脱離基の脱離**という 2 段階反応によって置換生成物を与える．

　**機構 20.2**　求核置換反応 ―― 2 段階反応

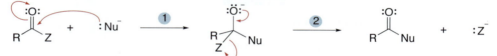

Z = OH, Cl, OR′, NH$_2$

① 求核剤が求電子的なカルボニル炭素を攻撃する．π 結合が切断され，電子対が酸素上に移動し，sp$^3$ 混成の中間体が生成する．この段階は求核付加と同じである．
② O 原子上の電子対が再び π 結合を形成し，C–Z 結合の電子対とともに Z が脱離基として脱離する．

最終的に，**Z が Nu で置き換えられた求核置換反応になっている**．7 章（上巻）で述べた sp$^3$ 混成炭素に対する求核置換反応と区別するため，この反応は**求核アシル置換反応**（nucleophilic acyl substitution）と呼ばれる．本章では，二種類の求核剤**ヒドリド**（**H:**$^-$）および**カルボアニオン**（**R:**$^-$）の求核置換反応について述べる．他の求核剤については 22 章で学ぶ．

求核剤に対するカルボン酸誘導体の反応性は大きく異なる．カルボニル炭素に結合している脱離基 Z の脱離能が高いほど反応性は向上する．

より弱い塩基ほど，より優れた脱離基であることを思いだそう〔7.7 節（上巻）参照〕．

- **より優れた脱離基 Z ほど，求核アシル置換反応における RCOZ の反応性を高める．**

まとめると次のようになる．

20.2 カルボニル化合物の反応

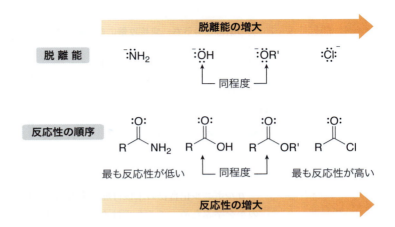

- 最も優れた脱離基(Cl⁻)をもつ酸塩化物(RCOCl)は，最も反応性が高いカルボン酸誘導体である．また，最も劣った脱離基(⁻NH₂)をもつアミド(RCONH₂)は，最も反応性が低い．
- カルボン酸(RCOOH)とエステル(RCOOR')は，脱離基(⁻OHと⁻OR')が同程度の塩基性をもち，中間の反応性をもつ．

求核付加反応でも求核アシル置換反応でも反応の1段階目は同じで，**求電子的なカルボニル基への求核攻撃**によって四面体型中間体が生成する．違いは，この中間体に何が起こるかである．アルデヒドやケトンでは，新しく生成した $sp^3$ 混成炭素が脱離基をもたないので，置換反応が進行しない．仮にアルデヒドへの求核置換が進行すると，脱離するはずのない非常に強い塩基 H:⁻ が脱離することになってしまう．

アルデヒドでは求核置換反応は進行しない…

…H:⁻ は非常に劣った脱離基である

問題 20.2　抗がん剤であるタキソール®(5.5節(上巻))において，求核付加反応が進行するのはどのカルボニル基か．また，求核置換反応が進行するのはどのカルボニル基か．

タキソール®
(taxol®)

**問題 20.3** 次の組合せのうち，求核攻撃に対する反応性が高いのはどちらの化合物かを示せ．

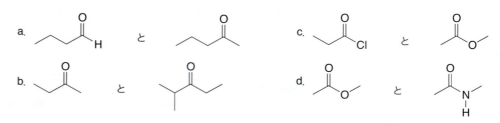

カルボニル化合物の求核付加反応と求核置換反応の一般原則をどのように適用するのかを学ぶため，ここからはカルボニル化合物の酸化および還元反応，次に炭素－金属結合をもつ化合物である**有機金属反応剤**（organometallic reagent）との反応について見ていこう．まずは12章（上巻）で学習したことを基礎として，還元反応から始める．

## 20.3 酸化と還元の概要

酸化および還元の定義は12.1節（上巻）で述べた．

- 酸化によって，C–H 結合の数が減少し，C–Z 結合（たいていは C–O 結合）の数が増加する．
- 還元によって，C–H 結合の数が増加し，C–Z 結合（たいていは C–O 結合）の数が減少する．

カルボニル化合物は，次の図式でも示すように，これら多くの反応の出発物質にも生成物にもなりうる．たとえば，アルデヒドはこの図式の真ん中にあるので，酸化も還元も受ける．一方，カルボン酸とそれらの誘導体(RCOZ)はすでに高度に酸化されているので，還元反応のみが起こる．

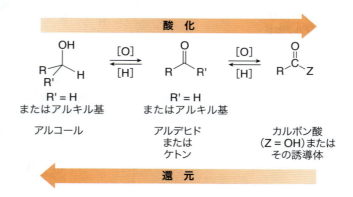

カルボニル化合物を出発物質とする，最も有用な三つの酸化および還元反応を次に示す．

### [1] アルデヒドやケトンのアルコールへの還元(20.4〜20.6節)

アルデヒドやケトンはそれぞれ，第一級および第二級アルコールへ還元される．

### [2] カルボン酸誘導体の還元(20.7節)

カルボン酸とその誘導体の還元では，Zの種類と還元剤の性質によってさまざまな生成物が得られる．通常はアルデヒドや第一級アルコールが生成する．

### [3] アルデヒドのカルボン酸への酸化(20.8節)

カルボニル化合物の有用な酸化反応は，アルデヒドのカルボン酸への酸化である．

　まず，カルボニル化合物の還元から始めよう．還元反応の反応機構は求核付加および置換の一般式に従う．

## 20.4 アルデヒドとケトンの還元

LiAlH$_4$ や NaBH$_4$ は H:$^-$ 源として作用するが，これらの反応剤を使った反応系中に，遊離したH:$^-$イオンが存在しているわけではない．

　アルデヒドやケトンを還元するための最も有用な反応剤は，金属ヒドリド反応剤〔12.2節(上巻)〕である．最も代表的な二つが，**水素化ホウ素ナトリウム**(sodium borohydride, **NaBH$_4$**)と**水素化アルミニウムリチウム**(lithium aluminum hydride, **LiAlH$_4$**)である．これらの反応剤は，分極した金属-水素結合をもっており，求核的なヒドリド(**H:$^-$**)源として作用する．Al-H結合はB-H結合よりも分極が大きいので，LiAlH$_4$ は NaBH$_4$ よりも強力な還元剤である．

水素化ホウ素ナトリウム (sodium borohydride)　　水素化アルミニウムリチウム (lithium aluminum hydride)　　分極した金属-水素結合

## 20.4.1 金属ヒドリド反応剤を用いた還元

アルデヒドやケトンを，NaBH$_4$ または LiAlH$_4$ に続いて水をはじめとするプロトン源で処理すると，**アルコール**（alcohol）が生成する．これは，H$_2$ の各成分が π 結合に結合するので付加反応であるが，生成物のアルコールに含まれる C–O 結合の数がはじめのカルボニル化合物よりも減少するので還元反応でもある．

> LiAlH$_4$ は水と激しく反応するので，LiAlH$_4$ 還元は無水条件下で行わなければならない．LiAlH$_4$ による還元が完了した後，反応混合物にプロトン源として作用する水を加える．

はじめのカルボニル化合物がアルデヒドの場合は，この還元反応の生成物は**第一級アルコール**であり，ケトンの場合は**第二級アルコール**である．

**NaBH$_4$ は，他の多くの官能基が存在してもアルデヒドやケトンを選択的に還元する**．NaBH$_4$ による還元は CH$_3$OH を溶媒として行うことが多い．LiAlH$_4$ はアルデヒド，ケトン，およびその他多くの官能基を還元することができる〔12.6 節（上巻）および 20.7 節〕．

**問題 20.4** 次の化合物を CH$_3$OH 中，NaBH$_4$ で処理して生成するアルコールは何か．

a. (ブタナール) b. (シクロヘキサノン) c. (2,4-ジメチル-3-ペンタノン)

**問題 20.5** 金属ヒドリド還元によって次のアルコールを合成するために必要なアルデヒドまたはケトンは何か．

a. (2-ペンタノール) b. (2-メチルシクロヘキサノール) c. (ベンジルアルコール)

**問題 20.6** カルボニル化合物の還元では 1-メチルシクロヘキサノールを合成できない理由を述べよ．

## 20.4.2 ヒドリド還元の反応機構

アルデヒドやケトンのヒドリド還元（hydride reduction）は，求核付加反応の一般的な反応機構，つまり**求核攻撃とプロトン化**を経て起こる．機構 20.3 に LiAlH$_4$ を使った例を示すが，NaBH$_4$ を使っても同じ反応機構が書ける．

## 機構 20.3　RCHO および R₂C=O の LiAlH₄ 還元

① 求核剤($AlH_4^-$)がカルボニル基に H:⁻ を供与して，π結合を切断し，電子対が O 原子上へ移動する．このとき，新しい C—H 結合が生成する．

② 負電荷をもつ酸素が $H_2O$（または $CH_3OH$）によってプロトン化され，新しい O—H 結合をもつアルコールが得られる．

- $LiAlH_4$ や $NaBH_4$ からの H:⁻ と，$H_2O$ からの H⁺ の付加によって，最終的にはカルボニル基の π 結合に $H_2$ が付加したことになる．

### 20.4.3　C=C 結合をもつアルデヒドとケトンの選択的還元

カルボニル基と C=C 結合の両方をもつ化合物では，反応剤をうまく選べば選択的に一方の官能基だけを還元することができる．

- $H_2$ と Pd–C を用いれば，C=C 結合のみが選択的に還元され，C=O は反応しない．
- $LiAlH_4$ を用いれば，C=O 結合は容易に還元される．

2-シクロヘキセノンは炭素–炭素二重結合とカルボニル基の両方をもち，反応剤に応じて二つの異なる化合物，つまりアリルアルコールとカルボニル化合物へ還元される．

- $LiAlH_4$ が C=O 結合を選択的に還元し，アリルアルコールが生成する．
- $H_2$ が C=C 結合を選択的に還元し，ケトンが生成する．

カルボニル基と C=C 結合が共役している場合，1,4-付加（20.15 節参照）によって C=C 結合が反応することがある．とくに $NaBH_4$ ではその傾向が強い．たとえば，2-シクロペンテノンは $CH_3OH$ 溶液中，$NaBH_4$ によってシクロペンタノールに還元される．まず 1,4-付加によってシクロペンタノンが生成し，次にこのカルボニル基が還元されてアルコールとなるからである．

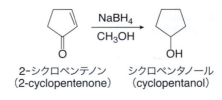

2-シクロペンテノン　　シクロペンタノール
(2-cyclopentenone)　　(cyclopentanol)

**問題 20.7** CH₃COCH₂CH₂CH=CH₂ を次の反応剤で処理して得られる生成物を書け．(a) LiAlH₄, 続いて H₂O, (b) CH₃OH 中で NaBH₄, (c) H₂ と Pd-C, (d) CH₃OH 中で NaBH₄(過剰量), (e) CH₃OH 中で NaBD₄

アルデヒドやケトンの還元は，天然物の合成によく用いられる反応である．図 20.2 に二つの例を示す．

**図 20.2** 有機合成に用いられる NaBH₄ 還元

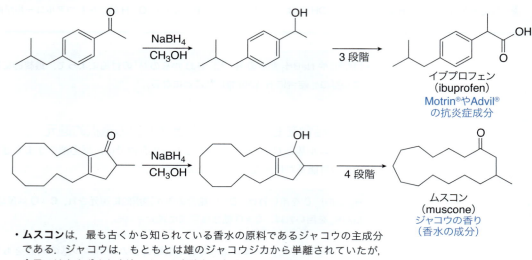

・**ムスコン**は，最も古くから知られている香水の原料であるジャコウの主成分である．ジャコウは，もともとは雄のジャコウジカから単離されていたが，今日ではさまざまな方法によって実験室で合成することができる．

## 20.5 カルボニル基の還元の立体化学

新しい立体中心が生成するとき，アキラルな出発物質からラセミ混合物が得られることを思いだそう(9.15節(上巻)参照)．

カルボニル基の還元の立体化学は，これまで学んできた原則に従う．還元によって**平面三方形の sp² 混成のカルボニル炭素は四面体構造の sp³ 混成炭素に**変化する．この過程で新しい立体中心が生成するとき，何が起こるだろうか．LiAlH₄ や NaBH₄ のようなアキラルな反応剤を用いると，ラセミ混合物が得られる．たとえばアキラルなケトンである 2-ブタノンは CH₃OH 溶液中，NaBH₄ によって新しい立体中心をもつアルコールの 2-ブタノールへ還元される．このとき，2-ブタノールのエナンチオマーは同量ずつ生成する．

## 20.6 エナンチオ選択的なカルボニル基の還元  847

なぜ、ラセミ混合物が生成するのだろうか．カルボニル炭素は sp² 混成であり、平面状なので、ヒドリドは平面のどちらの面からも同じ確率で二重結合に接近し、互いに**エナンチオマー**の関係にある二つのアルコキシドを生成する．アルコキシドがプロトン化されると、やはり**エナンチオマー**である二つのアルコールが同量生成する．

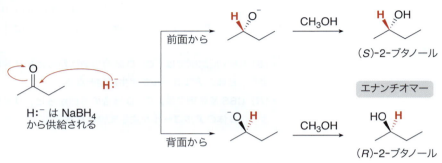

ジャコウジカは中国やチベットの山岳地帯に生息する角のない小型の鹿で、雄は長い間ジャコウを得るために狩猟されてきた．ジャコウは初期には薬として、のちに香水として用いられた非常によい香りのする液体である．

- **結論：アキラルなケトンの LiAlH₄ や NaBH₄ によるヒドリド還元によって新しい立体中心が生成する場合、生成するアルコールはラセミ混合物となる．**

**問題 20.8**　次の化合物を CH₃OH 中 NaBH₄ で還元したときの生成物を立体異性体を含めて書け．

a. （3-ヘキサノン構造）　b. （ブタナール構造）　c. （4-tert-ブチルシクロヘキサノン構造）

## 20.6 エナンチオ選択的なカルボニル基の還元

### 20.6.1 CBS 反応剤

**キラルな還元剤**（chiral reducing agent）を用いれば、カルボニル基の還元により選択的に一方のエナンチオマーが得られる．この原理は、シャープレス不斉エポキシ化反応〔12.15 節（上巻）〕と同じである．一方のエナンチオマーを優先して、または一方のエナンチオマーだけを生成する還元を、**エナンチオ選択的還元**（enantioselective reduction）または**不斉還元**（asymmetric reduction）という．

この目的のため多くのキラルな還元剤が開発されてきた．そのような還元剤の一つに、ボラン（**BH₃**）と**オキサザボロリジン**（oxazaborolidine）というヘテロ環化合物を反応させて得られるものがあり、立体中心を一つもつ（したがって二つのエナンチオマーがある）．

（*S*）-2-メチル-**CBS**-オキサザボロリジン　　（*R*）-2-メチル-**CBS**-オキサザボロリジン
〔（*S*）-2-methyl-**CBS**-oxazaborolidine〕　　〔（*R*）-2-methyl-**CBS**-oxazaborolidine〕
（*S*）-**CBS** 反応剤　　　　　　　　　　　　　　（*R*）-**CBS** 反応剤

これらの反応剤は，開発した化学者のコーリー(Corey)，バクシ(Bakshi)，柴田(Shibata)にちなんで，**(S)-CBS 反応剤**，**(R)-CBS 反応剤**と呼ばれている．この還元では，$BH_3$ の一つの B–H 結合がヒドリド源として作用する．生成物に新しくできた立体中心の立体化学は予測できることが多い．一般式 $C_6H_5COR$ をもつケトンでは，下に示すアセトフェノンの例のように，出発物質のアリール基をカルボニル基の左側になるように書く．また，生成物を書くために次のことを覚えておこう．

- **(S)-CBS 反応剤**では，C=O 結合の前面からヒドリド($H:^-$)が導入される．これにより，R 体のアルコールが主生成物となる．
- **(R)-CBS 反応剤**では，C=O 結合の背面からヒドリド($H:^-$)が導入される．これにより，S 体のアルコールが主生成物となる．

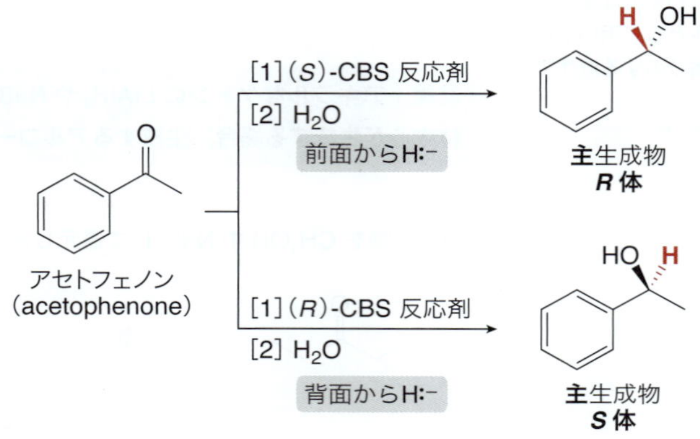

図 20.3
エナンチオ選択的還元：
サルメテロール合成の
鍵段階

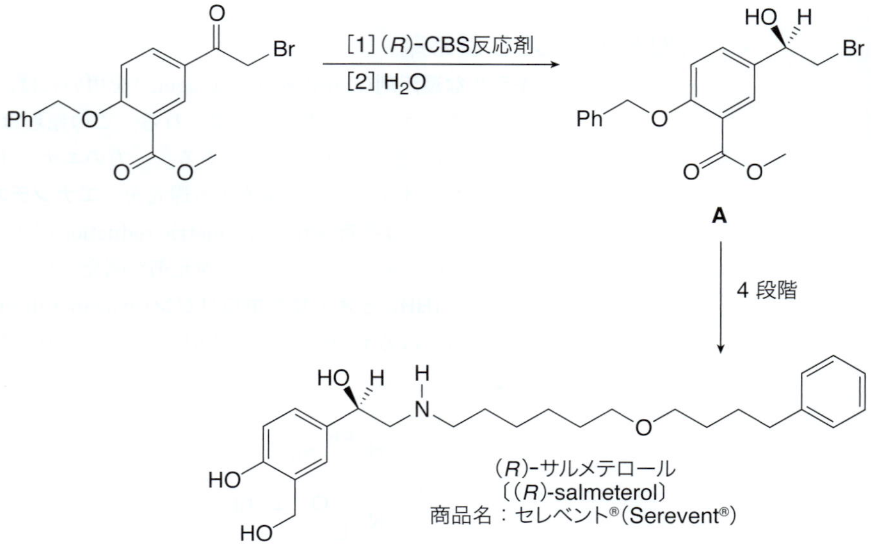

- (R)-サルメテロールは，長時間作用する気管支拡張剤であり，ぜんそくの治療に用いられる．
- この例では，アセトフェノンやプロピオフェノンの場合と同様に，(R)-CBS 反応剤により，H 原子が背面から付加する．R 配置となっているのは順位則(5 章(上巻))のためである．

## 20.6 エナンチオ選択的なカルボニル基の還元

これらの反応剤は高いエナンチオ選択性を示す．プロピオフェノンを(S)-CBS反応剤で処理すると，97%のエナンチオマー過剰率(ee)で**R**体のアルコールが生成する．エナンチオ選択的還元は，長時間作用する気管支拡張剤であるサルメテロール(図20.3)など広く使われる医薬品の合成の鍵段階となっている．この新しい技術により，かつてはラセミ混合物としてしか得られなかった生物活性化合物の，一方のエナンチオマーだけを合成できるようになった．

**問題 20.9** エゼチミブの合成中間体 **X** の生成に必要なカルボニル化合物と CBS 反応剤は何か．エゼチミブは小腸でのコレステロール吸収を阻害して血中コレステロール値を下げる薬である．

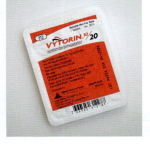

エゼチミブは単独の成分でゼチーア®という商品名で市販されているほか，別のコレステロール低下剤であるシンバスタチンと組み合わせてアメリカではVytorin®として販売されている(日本では未承認)．これらの薬は他のコレステロール低下剤が効かない患者に対して処方される．

### 20.6.2 エナンチオ選択的な生体内還元

実験室での還元反応が100%のエナンチオ選択性で進行することはあまりないが，細胞内で起こる生体内還元は常に完璧な選択性で進行し，単一のエナンチオマーが生成する．細胞内では **NADH** が還元剤として使われる．NADHとは，12.14節で説明した補酵素で，還元型のニコチンアミドアデニンジヌクレオチドである．

生体での還元反応では，金属ヒドリド反応剤と似た機構で NADH が $H:^-$ を供与する．ヒドリドの求核攻撃とプロトン化によって，カルボニル化合物からアルコールが生成し，NADH は $NAD^+$ に変換される．

この反応は完全にエナンチオ選択的である．乳酸脱水素酵素が触媒するピルビン酸の NADH による還元では，$S$ 配置をもった乳酸の単一のエナンチオマーが得られる．NADH は，生体系でさまざまなカルボニル化合物を還元している．生成物の配置（$R$ または $S$）は，還元を触媒する酵素に依存する．

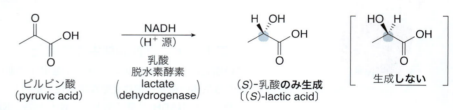

ピルビン酸はグルコースの代謝の過程で生成する．激しい運動をしたときに，ピルビン酸を $CO_2$ へと代謝するための十分な酸素がなければ，ピルビン酸は乳酸に還元される．筋肉痛による疲労感は乳酸蓄積の結果である．

12.14 節（上巻）で学んだように，**NADH の酸化型である $NAD^+$ は生体内で酸化剤として作用し**，自身が NADH になることでアルコールをカルボニル化合物に酸化することができる．$NAD^+$ はビタミンであるナイアシンから合成される．ナイアシンは大豆やその他の食事から摂ることができる．

ナイアシンは，もともとナイアシンを含んでいる大豆などの食物や，ナイアシンを添加して1日必要量を摂れるようにした朝食用のシリアルなどから摂ることができる．

ナイアシン（niacin）
（ビタミン $B_3$，vitamin $B_3$）

## 20.7 カルボン酸とその誘導体の還元

カルボン酸とその誘導体(RCOZ)の還元は，生成物が脱離基 Z と還元剤の種類によって変化するために複雑である．金属ヒドリド反応剤は最も有用な還元剤である．**水素化アルミニウムリチウム($LiAlH_4$)は強力な還元剤で，すべてのカルボン酸誘導体と反応する**．また，次の二つのより選択的な還元剤も用いられる．

> $LiAlH_4$ は強力で非選択的な還元剤である．DIBAL-H と LiAlH$[OC(CH_3)_3]_3$ はより穏和で選択的な還元剤である．

[1] **水素化ジイソブチルアルミニウム**(略称 **DIBAL-H**)は，嵩高い二つのイソブチル基をもつため，$LiAlH_4$ よりも反応性が低い還元剤である．

[2] **水素化トリ-*tert*-ブトキシアルミニウムリチウム**は，電気陰性度の大きな酸素原子が三つアルミニウムに結合しているので，$LiAlH_4$ よりも求核性が低い還元剤である．

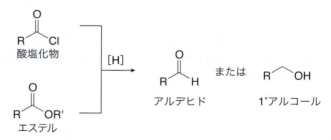

水素化ジイソブチルアルミニウム
(diisobutylaluminum hydride)
**DIBAL-H**

水素化トリ-*tert*-ブトキシアルミニウムリチウム
(lithium tri-*tert*-butoxyaluminum hydride)

ヒドリド還元反応においては，どちらの反応剤でも Al に結合している H が H:⁻ として供与される．

### 20.7.1 酸塩化物およびエステルの還元

**酸塩化物**(acid chloride)**とエステルは，アルデヒドまたは第一級アルコールに還元され**，どちらが得られるかは反応剤に依存する．

- $LiAlH_4$ は RCOCl や RCOOR' を第一級アルコールに変換する．
- より穏和な還元剤(**DIBAL-H** または **LiAlH[OC(CH_3)_3]_3**)は，RCOCl または RCOOR' を低温で RCHO に変換する．

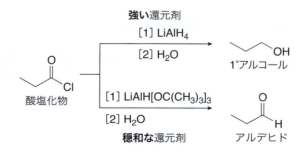

酸塩化物の還元では，Cl⁻ が脱離基として脱離する．

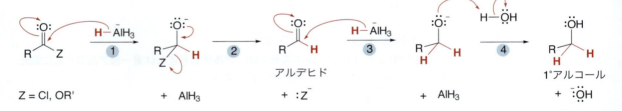

エステルの還元では，CH₃O⁻ が脱離基として脱離し，H₂O によってプロトン化されて CH₃OH が生成する．

機構 20.4 では，二つの異なる生成物が得られる理由を説明する．機構は概念的に 2 段階に分けられる．アルデヒドを生成する**求核置換反応**と (ステップ [1] と [2])，その後にアルデヒドからアルコールを生成する**求核付加反応**である (ステップ [3] と [4])．LiAlH₄ を還元剤として用いた反応機構を示す．

### 機構 20.4　金属ヒドリド反応剤による RCOCl および RCOOR' の還元

① H:⁻ の求核攻撃により，脱離基 Z をもつ四面体構造の中間体が生成する．
② π 結合が再生し，脱離基 Z が脱離する．H:⁻ の付加と Z:⁻ の脱離の結果，Z が H で置換されたことになる．
③ LiAlH₄ からの H:⁻ の求核攻撃により脱離基のないアルコキシドが生成する．
④ H₂O によるアルコキシドのプロトン化により，還元生成物であるアルコールが生成する．ステップ [3] とステップ [4] の結果，H₂ が付加したことになる．

---

DIBAL‑H または LiAlH[OC(CH₃)₃]₃ のような求核性の低い還元剤を用いると，1 当量の H:⁻ が付加した後に反応が止まるので，アルデヒドが生成する．LiAlH₄ のような強力な還元剤を用いると，2 当量の H:⁻ が付加してアルコールが生成する．

**問題 20.10**　次の反応の機構を段階ごとに示せ．

**問題 20.11** 還元によって次の化合物を生成する酸塩化物とエステルの構造を書け．

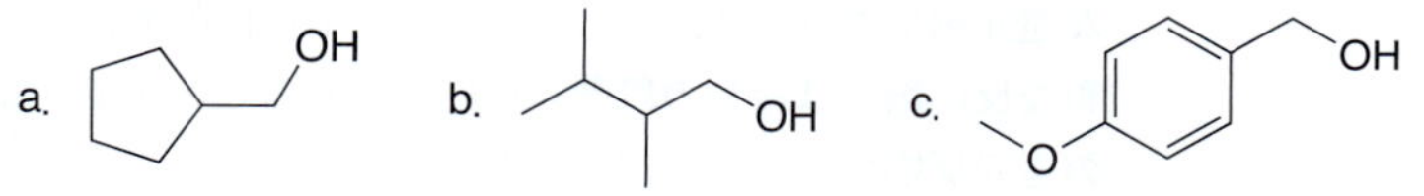

a. シクロペンチルメタノール (cyclopentyl-CH2OH)
b. 2,3-ジメチル-1-ブタノール ((CH3)2CHCH(CH3)CH2OH)
c. 4-メトキシベンジルアルコール (4-CH3O-C6H4-CH2OH)

選択的還元は**シガトキシン CTX3C**(ciguatoxin CTX3C)のような非常に複雑な天然物の合成に多用される．シガトキシン CTX3C は，章の冒頭で紹介したように強力な神経毒である．図 20.4 に示すように，シガトキシン CTX3C の合成における反応の一つに，DIBAL-H を用いてエステルをアルデヒドに還元する段階が含まれている．

**図 20.4** 海洋性神経毒シガトキシン CTX3C の合成に用いられたエステルのアルデヒドへの DIBAL-H 還元

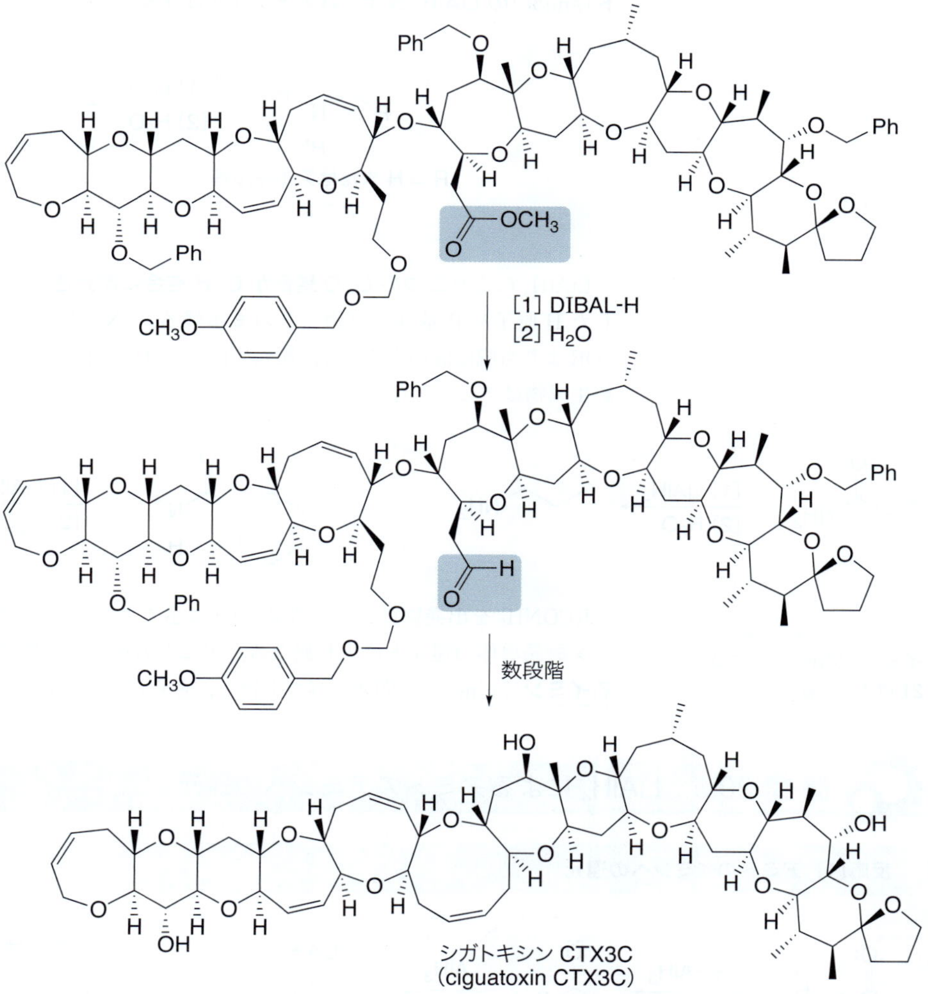

- シガトキシン CTX3C の多段階合成の一つの段階に，DIBAL-H によるエステルのアルデヒドへの選択的還元が含まれている．

## 20.7.2 カルボン酸とアミドの還元

**カルボン酸は LiAlH$_4$ により第一級アルコールに還元される**．LiAlH$_4$ は非常に強力な還元剤であるため，反応をアルデヒドの段階で止めることはできない．しかし，穏和な反応剤では最初の段階の反応を進めることができない．したがって，カルボン酸の還元反応では，この還元剤だけが有用である．

アミド以外のカルボン酸誘導体の LiAlH$_4$ 還元ではアルコールが生成するが，**アミド**（amide）**の LiAlH$_4$ 還元ではアミンが生成する**．

LiAlH$_4$ により**二つの C–O 結合が C–H 結合に還元され**，アミドの窒素原子に結合した H 原子や R 基は生成物にそのまま残る．$^-$NH$_2$（または $^-$NHR，$^-$NR$_2$）は Cl$^-$ や $^-$OR よりも脱離能が劣るので，還元の際に $^-$NH$_2$ が脱離することはない．このため最終生成物はアミンとなる．

イミンと関連化合物については 21 章で述べる．

RCONH$_2$ を出発物質とした機構 20.5 に示すように，反応機構は先に説明したカルボン酸誘導体の還元とは少し異なる．アミドの還元は，**C=N 結合をもつ化合物である<u>イミン</u>**（imine）の中間体を経て進行し，さらにアミンにまで還元される．

### 機構 20.5　LiAlH$_4$ によるアミドのアミンへの還元

**反応[1]　アミドのイミンへの還元**

① - ② AlH$_4^-$によりアミドからプロトンが引き抜かれ，ルイス塩基が生成する．このルイス塩基がステップ［2］で AlH$_3$ に配位する．

③ - ④ H$^-$の求核攻撃と脱離基(OAlH$_3$)$^{2-}$の脱離によりイミンが生成する．

#### 反応［2］ イミンのアミンへの還元

⑤ - ⑥ H$^-$の求核付加とプロトン化によりアミンが生成する．

**問題 20.12** 次の化合物の LiAlH$_4$ 還元による生成物を書け．

a. (2,2-ジメチル酪酸) b. (ヘキサン酸アミド) c. (シクロヘキサン-N,N-ジメチルカルボキサミド) d. (δ-バレロラクタム)

**問題 20.13** LiAlH$_4$ で処理して次のアミンを生成するアミドは何か．

a. ベンジルアミン b. シクロヘキシルメチル-N,N-ジエチルアミン c. N-tert-ブチル-N-エチルアミン

### 20.7.3 還元に用いる反応剤のまとめ

さまざまな金属ヒドリド反応剤により多様な官能基を還元することができる．LiAlH$_4$ は強力な還元剤であり，多くの極性官能基を非選択的に還元することをよく

表 20.1 金属ヒドリド還元剤のまとめ

| | 反応剤 | 出発物質 | → | 生成物 |
|---|---|---|---|---|
| 強力な反応剤 | LiAlH$_4$ | RCHO | → | RCH$_2$OH |
| | | R$_2$CO | → | R$_2$CHOH |
| | | RCOOH | → | RCH$_2$OH |
| | | RCOOR' | → | RCH$_2$OH |
| | | RCOCl | → | RCH$_2$OH |
| | | RCONH$_2$ | → | RCH$_2$NH$_2$ |
| 穏和な反応剤 | NaBH$_4$ | RCHO | → | RCH$_2$OH |
| | | R$_2$CO | → | R$_2$CHOH |
| | LiAlH[OC(CH$_3$)$_3$]$_3$ | RCOCl | → | RCHO |
| | DIBAL-H | RCOOR' | → | RCHO |

**問題 20.14** 次の化合物を LiAlH₄（と H₂O による後処理）または CH₃OH 中 NaBH₄ で処理したときに得られる生成物は何か.

a. (5-オキソヘキサン酸メチル構造)  b. (グルタル酸モノメチル構造)  c. (3-メトキシシクロヘキサノン)

## 20.8 アルデヒドの酸化

カルボニル化合物の最も一般的な酸化反応は**アルデヒドのカルボン酸への酸化**である．CrO₃, Na₂CrO₇, K₂Cr₂O₇, および KMnO₄ などのさまざまな酸化剤が利用できる．12.12 節（上巻）で見たように，Cr⁶⁺ 反応剤は第一級および第二級アルコールを酸化するのにも用いられる．ケトンのカルボニル炭素は水素原子をもたないので，酸化されない．

**水酸化アンモニウム水溶液中酸化銀（I）（NH₄OH 中に Ag₂O）**は他の官能基が存在しても，アルデヒドだけを選択的に酸化する．この反応剤は**トレンス反応剤**(Tollens reagent)と呼ばれる．トレンス反応剤による酸化では，Ag⁺ 反応剤が金属銀(Ag)になって析出するので，はっきりした色の変化を伴う．

アルデヒドはトレンス試験（Tollens test, 銀鏡反応）活性である．つまり，アルデヒドは Ag⁺ と反応し，RCOOH と Ag を生成する．フラスコ中で反応を行うと，壁面に銀が鏡のように析出する．他の官能基はトレンス試験に不活性であり，銀鏡は生成しない．

(ブタナール $\xrightarrow{CrO_3, H_2SO_4, H_2O}$ ブタン酸 + Cr³⁺)

(4-ヒドロキシシクロヘキサンカルバルデヒド $\xrightarrow{Ag_2O, NH_4OH}$ 4-ヒドロキシシクロヘキサンカルボン酸 + Ag 銀鏡)

アルデヒドのみが酸化される

**問題 20.15** 次の化合物を「Ag₂O, NH₄OH」または「Na₂CrO₇, H₂SO₄, H₂O」で処理して得られる生成物は何か.

a. (ベンジルアルコール)  b. (5-ヒドロキシヘキサナール)

問題 20.16　12.12節(上巻)の $Cr^{6+}$ 反応剤を用いた酸化反応を復習し,化合物 **B** を次の反応剤で処理して得られる生成物を書け.

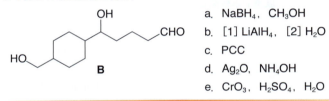

a. $NaBH_4$, $CH_3OH$
b. [1] $LiAlH_4$, [2] $H_2O$
c. PCC
d. $Ag_2O$, $NH_4OH$
e. $CrO_3$, $H_2SO_4$, $H_2O$

## 20.9　有機金属反応剤

次に,求核剤である**有機金属反応剤**(organometallic reagent)とカルボニル化合物の反応について見ていこう.

- **有機金属反応剤は金属に結合した炭素原子をもつ.**

有機金属反応剤に最も一般的に用いられる金属はリチウム Li,マグネシウム Mg,銅 Cu であるが,他にも Sn,Si,Tl,Al,Ti,Hg などが知られている.三つの一般的な有機金属反応剤の構造を示す.R としてはアルキル,アリール,アリル,ベンジル,$sp^2$ 混成炭素が可能であり,M=Li または Mg の場合は sp 混成炭素のこともある.金属は炭素よりも電気的に陽性であり(電気陰性度が小さい),炭素に電子密度を与えるので,**炭素は部分的な負電荷をもつ.**

R—Li
有機リチウム
反応剤

R—Mg—X
有機マグネシウム反応剤
または
グリニャール反応剤
(Grignard reagent)

R—Cu⁻ Li⁺ (with R above Cu)
有機銅反応剤
または
有機キュプラート
(Organocuprate)

- **炭素−金属結合の分極が大きいほど,有機金属反応剤の反応性は高くなる.**

Li と Mg はいずれも非常に電気陰性度が小さいので,**有機リチウム反応剤**(organolithium reagent, **RLi**)と**有機マグネシウム反応剤**(organomagnesium reagent, **RMgX**)は非常に極性の大きな炭素−金属結合をもち,そのため非常に反応性が高い.有機マグネシウム反応剤は,それらについての研究に対して1912年にノーベル化学賞を受賞したヴィクトル・グリニャール(Victor Grignard)にちなんで,**グリニャール反応剤**(Grignard reagent)と呼ばれる.

**有機銅反応剤**(organocopper reagent, **R₂CuLi**)は**有機キュプラート**(organocuprate)とも呼ばれ,炭素−金属結合の極性が小さく,より反応性が低い.有機キュプラートは銅に二つのアルキル基が結合しているが,一方の R 基しか反応しない.

*炭素と R−M 反応剤における一般的な金属の電気陰性度は,C (2.5),Li (1.0),Mg (1.3),Cu (1.8)である.*

金属の種類に関係なく，有機金属反応剤は遊離カルボアニオンのように反応するので合成に有用である．つまり，炭素は部分的な負電荷をもつので，**有機金属反応剤は塩基や求核剤として反応する**．

カルボアニオン
**塩基かつ求核剤**

### 20.9.1 有機金属反応剤の調製

次の式に示すように，有機リチウム反応剤やグリニャール反応剤はハロゲン化アルキルに金属を反応させて調製する．

$$R-X + 2Li \longrightarrow R-Li + LiX$$
有機リチウム反応剤

$$R-X + Mg \xrightarrow{\text{Et}_2\text{O}} R-Mg-X$$
グリニャール反応剤

$$CH_3-Br + 2Li \longrightarrow CH_3-Li + LiBr$$
メチルリチウム
(methyllithium)

$$CH_3-Br + Mg \xrightarrow{\text{Et}_2\text{O}} CH_3-Mg-Br$$
臭化メチルマグネシウム
(methylmagnesium bromide)

リチウムの場合，ハロゲンと金属の交換によって有機リチウム反応剤が生成する．マグネシウムの場合は，金属が炭素—ハロゲン結合に挿入して，グリニャール反応剤が生成する．グリニャール反応剤は通常ジエチルエーテル($CH_3CH_2OCH_2CH_3$)を溶媒として調製される．二つのエーテルの酸素原子がマグネシウム原子に配位し，反応剤を安定化していると考えられる．

グリニャール反応剤の Mg 原子には 2 分子の
ジエチルエーテルが配位する

有機キュプラートは CuI などの $Cu^+$ 塩と有機リチウム反応剤を反応させて調製される．

$$2\,R-Li + CuI \longrightarrow R-\overset{R}{\underset{}{Cu^-}}\,Li^+ + LiI$$
有機銅反応剤

$$2\,CH_3-Li + CuI \longrightarrow CH_3-\overset{CH_3}{\underset{}{Cu^-}}\,Li^+ + LiI$$
リチウムジメチルキュプラート
(lithium dimethylcuprate)

**問題 20.17** CH₃CH₂Br から次の反応剤を調製する方法を示せ．
 a. CH₃CH₂Li   b. CH₃CH₂MgBr   c. (CH₃CH₂)₂CuLi

### 20.9.2 アセチリドアニオン

11章（上巻）で学んだ**アセチリドアニオン**（acetylide anion）も，有機金属反応剤の一種である．これらの反応剤は，アルキンと NaNH₂ や NaH のような塩基の酸-塩基反応によって調製される．これらの化合物は**有機ナトリウム**（organosodium）反応剤である．ナトリウムは，リチウムよりもさらに電気陰性度が小さいので，これらの有機ナトリウム化合物の C–Na 結合は極性共有結合というよりも，**イオン性**結合と考えるほうがよい．

$$R-C\equiv C-H + Na^+\ :\!\ddot{N}H_2 \rightleftharpoons R-C\equiv C:^- Na^+ + :NH_3$$

アセチリドアニオン
有機ナトリウム反応剤

sp 混成有機リチウム化合物も酸-塩基反応によって調製できる．末端アルキンを CH₃Li で処理するとリチウムアセチリドが生成する．末端アルキンの sp 混成 C–H 結合は，sp³ 混成の共役酸である CH₄ より酸性が強いので，平衡は生成物側に傾く．

$$R-C\equiv C-H + CH_3-Li \rightleftharpoons R-C\equiv C-Li + CH_3-H$$

p$K_a \approx 25$　　塩基　　　リチウムアセチリド　　p$K_a = 50$
**より強い酸**　　　　　　　（lithium acetylide）　　**より弱い酸**

**問題 20.18** 1-オクチン（HC≡CCH₂CH₂CH₂CH₂CH₃）は NaH と速やかに反応し，気体の生成物が泡となって発生する．1-オクチンは，CH₃MgBr とも速やかに反応し，別の気体を生成する．二つの反応の反応式を書き，生成した気体を特定せよ．

**問題 20.19** 次の反応剤のうち有機金属化合物はどれか．
(a) BrMgC≡CCH₂CH₃，(b) NaOCH₂CH₃，(c) KOC(CH₃)₃，(d) PhLi

### 20.9.3 塩基としての反応

- 有機金属反応剤は強塩基であり，水からプロトンを容易に引き抜き炭化水素が生成する．

炭素-金属結合の電子対はプロトンと新しい結合を形成するのに用いられる．H₂O は生成物のアルカンよりもかなり強い酸であるため，平衡はこの酸-塩基反応の生成物側に傾く．

# 20章 カルボニル化合物の化学：有機金属反応剤，酸化と還元

$$CH_3Li + H-OH \rightleftharpoons CH_3-H + Li^+ \ ^-OH$$

塩基　　　酸　　　　　　　　　　　　非常に弱い酸
　　　pKa = 15.7　　　　　　　　pKa = 50
　　　より強い酸

アルコールおよびカルボン酸のO–HプロトンやアミンのN–Hプロトンに対しても同様の反応が起こる．

Ph–MgBr + H–OCH$_3$ → Ph–H + CH$_3$O$^-$ (MgBr)$^+$
強い塩基　　　酸

CH$_3$CH$_2$CH$_2$–Li + H–OC(O)CH$_3$ → CH$_3$CH$_2$CH$_2$–H + Li$^+$ $^-$OC(O)CH$_3$
強い塩基　　　酸

有機リチウムやグリニャール反応剤はハロゲン化アルキルから調製されるので，ハロゲン化アルキルは2段階でアルカン（または他の炭化水素）に変換される．

$$R-X \xrightarrow{M} R-M \xrightarrow{H_2O} R-H$$

ハロゲン化アルキル　　　　　　　　　アルカン

**問題 20.20** 次の有機金属反応剤を H$_2$O で処理して得られる生成物を書け．

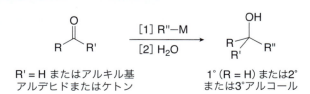

a. シクロヘキシル–Li　b. (CH$_3$)$_3$C–MgBr　c. PhCH$_2$–MgBr　d. CH$_3$CH$_2$C≡C–Li

## 20.9.4 求核剤としての反応

**有機金属反応剤は強い求核剤であり，求電子的な炭素原子と反応して，新しい炭素–炭素結合を生成する．** これらの反応は，複雑な有機分子の炭素骨格を構築するのに非常に有用である．有機金属反応剤の次のような反応については 20.10，20.13，20.14 節で説明する．

### [1] アルコールを生成する R—M とアルデヒドまたはケトンの反応（20.10 節）

$$\underset{\text{アルデヒドまたはケトン}}{\underset{R'=H \text{ またはアルキル基}}{R-\overset{O}{C}-R'}} \xrightarrow[\text{[2] } H_2O]{\text{[1] } R''-M} \underset{\underset{\text{または3°アルコール}}{1° (R=H) \text{ または2°}}}{R-\overset{OH}{\underset{R'}{C}}-R''}$$

アルデヒドやケトンは R"Li または R"MgX と反応して，第一級(R = H)，第二級，第三級アルコールに変換される．

### [2] R-M とカルボン酸誘導体の反応 (20.13 節)

$$\underset{Z\,=\,Cl\,\text{または}\,OR'}{R-\overset{O}{\underset{\|}{C}}-Z} \xrightarrow[\text{[2]}\,H_2O]{\text{[1]}\,R''-M} \underset{\text{ケトン}}{R-\overset{O}{\underset{\|}{C}}-R''} \text{または} \underset{3°\text{アルコール}}{R-\underset{R''}{\overset{OH}{\underset{|}{C}}}-R''}$$

酸塩化物およびエステルは有機金属反応剤と反応し，ケトンまたは第三級アルコールに変換される．どちらが生成するかは R"-M と脱離基 Z の性質に依存する．

### [3] R-M とその他の求電子的な官能基の反応 (20.14 節)

$$R-M \xrightarrow[\text{[2]}\,H_3O^+]{\text{[1]}\,CO_2} R-\overset{O}{\underset{\|}{C}}-OH \quad \text{カルボン酸}$$

$$R-M \xrightarrow[\text{[2]}\,H_2O]{\text{[1]}\,\triangle\text{O}} R-CH_2CH_2-OH \quad \text{アルコール}$$

† 訳者注: 一般に R-M はエーテルと反応しないが, エポキシドは歪みをもった三員環であるため反応する.

有機金属反応剤は $CO_2$ と反応してカルボン酸を生成する．またエポキシドとも反応してアルコールを生成する†．

## 20.10 有機金属反応剤とアルデヒドまたはケトンの反応

アルデヒドやケトンを有機リチウム反応剤やグリニャール反応剤で処理した後，水を反応させると新しい炭素–炭素結合が形成され，アルコールが生成する．この反応は，R" と H が π 結合に付加するので，**付加反応**である．

$$\underset{\substack{R' = H\,\text{またはアルキル基}\\ \text{アルデヒドまたはケトン}}}{R-\overset{O}{\underset{\|}{C}}-R'} \xrightarrow[\text{または}\,R''\text{Li}]{R''MgX} \xrightarrow{H-\ddot{O}H} \underset{\substack{1°\,(R=H)\,\text{または}\,2°\\ \text{または}\,3°\text{アルコール}}}{R-\underset{R'}{\overset{OH}{\underset{|}{C}}}-R''} \quad \text{新しい C-C 結合}$$

### 20.10.1 特 徴

この反応は，カルボアニオンの**求核付加**と**プロトン化**という求核付加反応の一般的反応機構 (20.2.1 項) に従う．機構 20.6 には R"MgX を用いた反応を示すが，有機リチウム反応剤やアセチリドアニオンを用いた場合も同じ機構で反応する．

## 機構 20.6　R"MgX による RCHO または RR'C=O への求核付加

**①** 求核剤(R")⁻ がカルボニル基を攻撃し，π結合が開裂してアルコキシドが生成する．このステップで，新しい炭素–炭素結合が生成する．

**②** アルコキシドが H₂O でプロトン化され，付加生成物と新しい O–H 結合が得られる．全体として，R" と H がカルボニル基に付加したことになる．

---

**この反応は**，アルデヒドまたはケトンのカルボニル炭素に結合しているアルキル基の数に応じて，**第一級，第二級，第三級アルコールを合成するのに利用される**．

[1] ホルムアルデヒド → 1°アルコール
[2] アルデヒド (R≠H) → 2°アルコール
[3] ケトン → 3°アルコール

[1] ホルムアルデヒド(CH₂=O)への R"MgX の付加により，第一級アルコールが生成する．
[2] その他のアルデヒドへの R"MgX の付加により，第二級アルコールが生成する．
[3] ケトンへの R"MgX の付加により，第三級アルコールが生成する．

それぞれの反応では，カルボニル炭素に一つの新しいアルキル基が付加し，一つの新しい炭素–炭素結合が生成する．式 [1]～[3] に示すように，この反応は，すべての有機リチウムやグリニャール反応剤に共通しており，アセチリドアニオンでも同様に起こる．

## 20.10 有機金属反応剤とアルデヒドまたはケトンの反応

[1] ホルムアルデヒド (formaldehyde) + [1] CH₃—MgX / [2] H₂O → 1°アルコール

[2] ベンズアルデヒド (benzaldehyde) + [1] CH₃CH₂Li / [2] H₂O → 2°アルコール

[3] シクロヘキサノン (cyclohexanone) + [1] HC≡C–Li / [2] H₂O → 3°アルコール

有機リチウム反応剤は強塩基であり，H₂Oと速やかに反応するので(20.9.3項)，アルキル基の付加反応は無水条件下で行わなければならない．微量でも水が存在すると，反応剤と反応して目的物のアルコールの収率が低下する．水は付加反応の後で加えられ，アルコキシドをプロトン化する．

**問題 20.21** 次の反応の生成物を書け．

a. ペンタン-3-オン + [1] CH₃CH₂CH₂Li / [2] H₂O

b. HCHO + [1] シクロヘキシルLi / [2] H₂O

c. シクロペンタノン + [1] C₆H₅Li / [2] H₂O

d. 6-メチル-5-ヘプテン-1-イニルリチウム + [1] CH₂=O / [2] H₂O

### 20.10.2 立体化学

還元と同様に，有機リチウム反応剤の付加によってsp²混成したカルボニル炭素が四面体構造のsp³混成炭素に変換される．R–Mの付加は，平面三方形構造のカルボニル炭素のどちらの面からも起こる．したがって，例題20.1で示すように，**アキラルな出発物質から新しい立体中心が生成する場合には，エナンチオマーの1：1混合物が生成する．**

**例題 20.1** 次の反応で生成するすべての立体異性体を書け．

2-メチルヘプタン-3-オン + [1] CH₃CH₂MgBr / [2] H₂O

**【解答】**
グリニャール反応剤の付加は，平面三方形構造のカルボニル炭素のどちらの面からも起

こり，新しい立体中心をもつ二つのアルコキシドが生成する．水によるプロトン化により，**二つのエナンチオマーが同量ずつ，つまりラセミ混合物**が得られる．

**問題 20.22** 次の反応の生成物を立体化学も含めて書け．

## 図 20.5 エチニルエストラジオールの合成

### 20.10.3 合成への応用

有用な化合物の多くの合成において，炭素−炭素結合生成にグリニャール反応剤や有機リチウム反応剤の求核付加反応が使われている．たとえば，図20.5に示すように，経口避妊薬の成分であるエチニルエストラジオール〔11.4節（上巻）〕合成の鍵段階は，ケトンへのリチウムアセチリドの付加である．

別の例は，昆虫のライフサイクルを制御する化合物群の一つ，$C_{18}$ 幼若ホルモンの合成である．合成の最終段階を図20.6に示す．この化合物には，成虫になる準備ができるまで昆虫を幼虫の状態にしておく働きがある．この特性は，家畜や農作物に被害を与えるガなどの害虫を抑制するのに利用されてきた．しかし，幼若ホルモンは光に不安定であり，また昆虫の個体数を制御するには高価すぎる．そのため，実際には**幼若ホルモン擬似薬**（juvenile hormone mimic）と呼ばれる類似化合物が使われてきた．合成幼若ホルモンを昆虫の卵や幼虫に作用させると，成熟化が阻害される．そのため，次の世代を繁殖できる性的に成熟した成虫がいなくなるので，昆虫の数は減少する．よく知られるのは，Altocid®，Precor®，および Diacon® などの商品名で市販されている**メトプレン**である．アメリカでメトプレンは，ノサシバエの発生を抑制す

幼若ホルモンはヤママユガのライフサイクルを制御している．

### 図 20.6 C$_{18}$ 幼若ホルモン

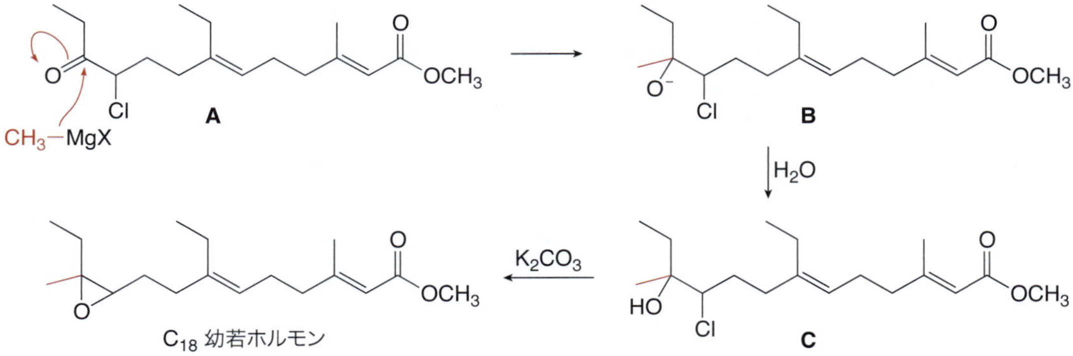

- ケトン **A** への CH$_3$MgCl の付加によって，アルコキシド **B** が生成し，H$_2$O によるプロトン化によって第三級アルコール **C** が生成する．エステル基(–COOCH$_3$)もグリニャール反応剤と反応しうるが(20.13節)，ケトンのカルボニル基よりも反応性が低い．このため，反応条件を制御すれば求核付加反応はケトンにだけ選択的に起こる．
- ハロヒドリン **C** を K$_2$CO$_3$ で処理すると，C$_18$ 幼若ホルモンが1段階で生成する．ハロヒドリンのエポキシドへの変換は 9.6 節(上巻)で学んだ．

るために肥育塩(牛が舐める塩の塊)に添加されたり，タバコ貯蔵時の害虫の抑制や犬や猫のノミの抑制に使用される．

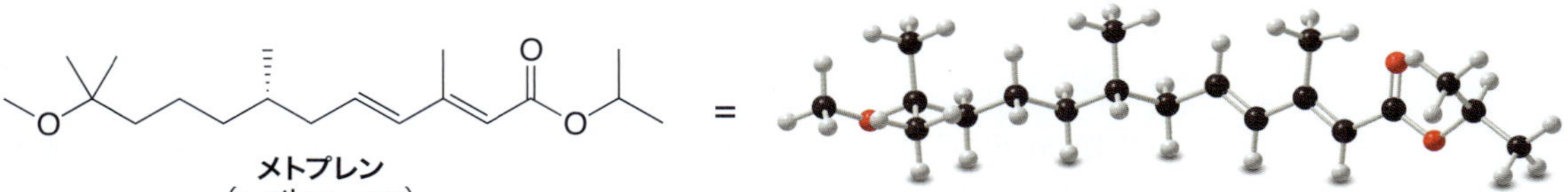

メトプレン
(methoprene)
幼若ホルモン擬似薬

## 20.11 グリニャール生成物の逆合成解析

合成にグリニャール付加を使うには，標的化合物を合成するのに必要なカルボニル化合物とグリニャール反応剤を決めなければならない．つまり，**後ろ向き**，いわゆる**逆合成の方向で考える必要がある**．これには2段階の工程が含まれる．

> **ステップ[1]** 生成物において OH 基の結合した炭素を特定する．
> **ステップ[2]** 分子を二つの成分に分割する．一つは有機金属反応剤に由来する OH 基をもつ炭素に結合したアルキル基．もう一つはカルボニル化合物に由来する分子である．

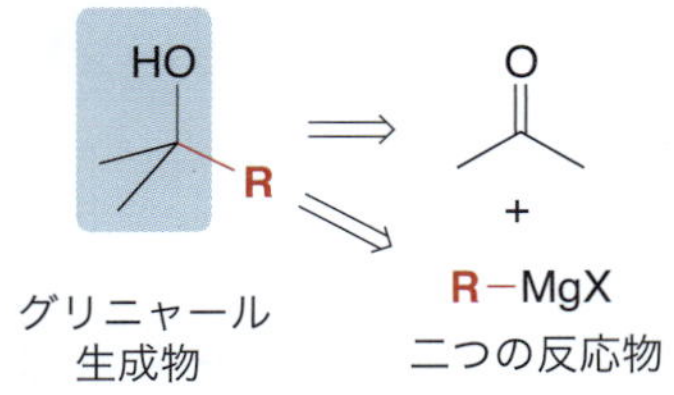

グリニャール生成物　⇒　二つの反応物 (R–MgX)

3-ペンタノール
(3-pentanol)

たとえば，3-ペンタノール〔$(CH_3CH_2)_2CHOH$〕をグリニャール反応によって合成するには，OH 基のついた炭素を特定し，この炭素で分子を二つの成分に分割する．このように逆合成すると，この炭素上のエチル基の片方はグリニャール反応剤（$CH_3CH_2MgX$）から，分子の残りの部分はカルボニル化合物，つまり3炭素のアルデヒドから誘導すればよいことがわかる．

**逆合成解析**

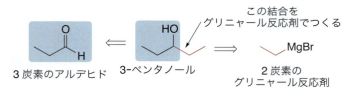

次に，反応を合成の方向，つまり出発物質から生成物の方向に書いてみると，先ほどの解析が正しかったかどうかがわかる．この例では，3炭素のアルデヒドと $CH_3CH_2MgBr$ が反応してアルコキシドが生成し，さらに $H_2O$ によってプロトン化されて目的のアルコールである3-ペンタノールが生成する．

**合成の方向**

例題 20.2 に示すように，グリニャール付加によって第二級アルコールを合成する場合，複数のルートがあることが多い．

**例題 20.2** グリニャール反応を用いて 2-ブタノールを合成する方法を二通り示せ．

2-ブタノール
(2-butanol)

**【解答】**

2-ブタノールには，OH 基をもつ炭素に結合した二つの異なるアルキル基がある．このため，グリニャール付加によって新しい炭素-炭素結合生成を行う方法が二通りある．

**可能性 [1]** $CH_3MgX$ と 3 炭素のアルデヒドを用いる．

**可能性 [2]** $CH_3CH_2MgX$ と 2 炭素のアルデヒドを用いる．

20.11 グリニャール生成物の逆合成解析

出発物質から生成物へ反応を書いて、いずれの方法でも標的化合物である 2-ブタノールが得られることを確認する.

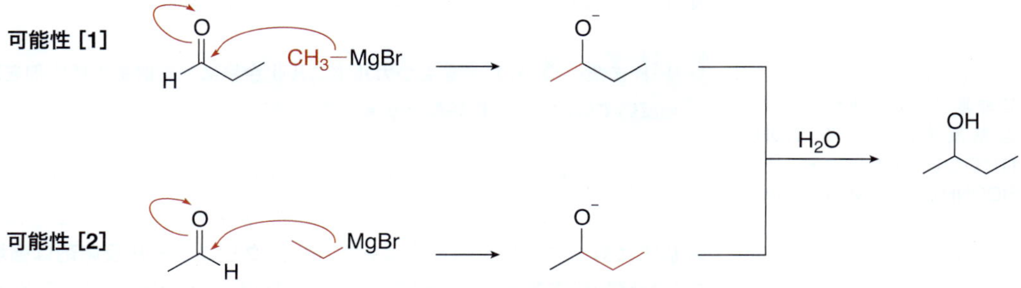

可能性 [1]

可能性 [2]

**問題 20.23** 次のアルコールを合成するために必要なグリニャール反応剤とカルボニル化合物は何か. 設問 (d) の第三級アルコールでは、OH 基をもつ炭素上に三つの異なる R 基があるので、三種類のグリニャール反応によって合成することができる.

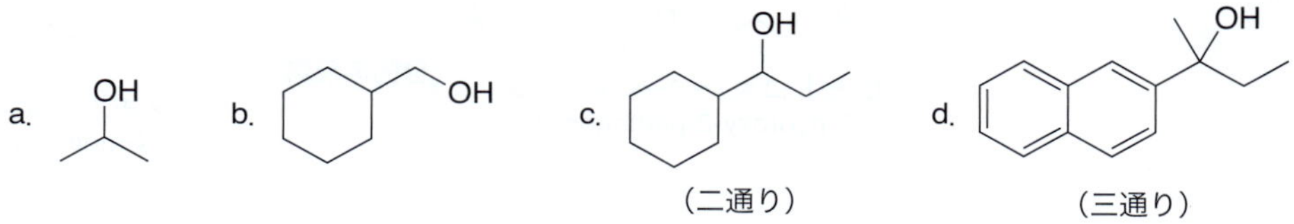

a. b. c.（二通り） d.（三通り）

**問題 20.24** リナロール〔9 章（上巻）の冒頭で紹介した分子〕とラバンズロールは、ラベンダー油の主成分である.（a）それぞれのアルコールを合成するために用いる有機リチウム反応剤とカルボニル化合物は何か.（b）どうすればカルボニル化合物の還元によってラバンズロールを合成できるか.（c）リナロールが還元によって合成できないのはなぜか.

リナロール（linalool）
（三通りの合成方法がある）

ラバンズロール（lavandulol）

**問題 20.25** 抗うつ剤ベンラファキシン（商品名：イフェクサー®）を合成するために必要なグリニャール反応剤とカルボニル化合物は何か.

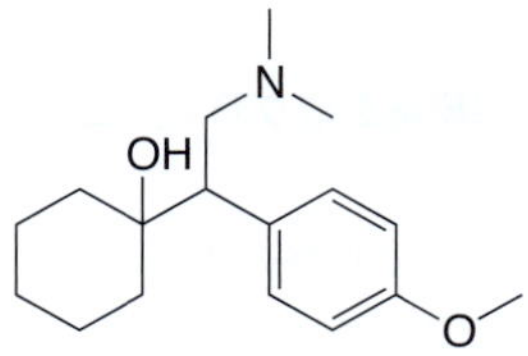

ベンラファキシン
（venlafaxine）

## 20.12 保護基

有機金属反応剤のカルボニル基に対する付加反応は広く使えるが,カルボニル基と N–H または O–H 結合をどちらももつ分子には使えない.

有機金属反応剤と次にあげる官能基の間では速やかに酸-塩基反応が起こる. ROH, RCOOH, RNH$_2$, R$_2$NH, RCONH$_2$, RCONHR, RSH.

- **N–H または O–H 結合をもつカルボニル化合物に,有機金属反応剤を用いると,付加反応ではなく酸-塩基反応が起こる.**

たとえば,塩化メチルマグネシウム(CH$_3$MgCl)を1当量5-ヒドロキシ-2-ペンタノンのカルボニル基に付加させて,ジオールの合成を試みたとしよう.しかし,この基質に対して求核付加反応は起きない.グリニャール反応剤は強塩基であり,プロトン移動反応を速やかに起こすので,CH$_3$MgCl は求核付加反応を起こす前に O–H プロトンを取り去ってしまうからである.20.9.3 項で説明したように,強酸と強塩基が反応し,より弱い共役酸と共役塩基を生成するからである.

しかし,この問題は次の3段階によって解決できる.

---

**ステップ[1]** まず,OH 基を,目的とする反応を妨害しないような他の置換基に変換する.このブロッキング(阻害)のための基を保護基(protecting group)といい,それを導入するための反応を保護(protection)という.

**ステップ[2]** 目的の反応を実行する.

**ステップ[3]** 保護基を取り除く.この反応を脱保護(deprotection)という.

---

この戦略の適用例として,図 20.7 に 5-ヒドロキシ-2-ペンタノンへの CH$_3$MgCl のグリニャール付加を示す.

## 20.12 保護基

### 図 20.7 保護基を用いる戦略の例

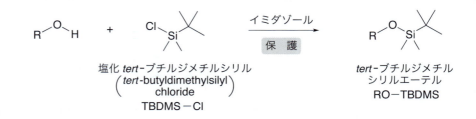

- ステップ [1]で，5-ヒドロキシ-2-ペンタノンの OH プロトンを **PG** で示した保護基に置き換える．ステップ [1]の生成物はもはや OH プロトンをもたないので，これに対して求核付加反応を行うことができる．
- ステップ [2]で，$CH_3MgCl$ のカルボニル基への付加と水によるプロトン化によって，第三級アルコールが生成する．
- ステップ [3]で，保護基を除去すれば，標的化合物である 4-メチル-1,4-ペンタンジオールが得られる．

---

一般的な OH 保護基として**シリルエーテル**がある．シリルエーテルはアルコールの O–H 結合の代わりに O–Si 結合をもつ．よく使われるシリルエーテル保護基は **TBDMS** と略される ***tert*-ブチルジメチルシリルエーテル**である．

シリルエーテル
(silyl ether)

*tert*-ブチルジメチルシリルエーテル
(*tert*-butyldimethylsilyl ether)
(RO–**TBDMS** と略記)

*tert*-ブチルジメチルシリルエーテルは，塩化 *tert*-ブチルジメチルシリルとアミン塩基(通常はイミダゾール)の反応によってアルコールから合成できる．

イミダゾール
(imidazole)

塩化 *tert*-ブチルジメチルシリル
(*tert*-butyldimethylsilyl chloride)
TBDMS–Cl

*tert*-ブチルジメチルシリルエーテル
RO–TBDMS

シリルエーテルは**フッ化テトラブチルアンモニウム**〔tetrabutylammonium fluoride，$(CH_3CH_2CH_2CH_2)_4N^+F^-$，$Bu_4N^+F^-$（Bu= ブチル）〕のようなフッ化物塩との反応によって除去できる．

# 20章 カルボニル化合物の化学：有機金属反応剤，酸化と還元

$$R-O-Si(CH_3)_2C(CH_3)_3 \xrightarrow[\text{脱保護}]{Bu_4N^+F^-} R-OH + F-Si(CH_3)_2C(CH_3)_3$$

tert-ブチルジメチル　　　　　　　　　　　　　　アルコールが再生する
シリルエーテル

tert-ブチルジメチルシリルエーテルを保護基として用いて，4-メチル-1,4-ペンタンジオールを次のような3段階で合成することができる．

5-ヒドロキシ-2-ペンタノン
(5-hydroxy-2-pentanone)

ステップ[1]: TBDMS—Cl, イミダゾール

ステップ[2]: [1] CH₃MgCl　[2] H₂O

ステップ[3]: Bu₄N⁺F⁻

4-メチル-1,4-ペンタンジオール
(4-methyl-1,4-pentanediol)

- **ステップ[1]**で，塩化 tert-ブチルジメチルシリルとイミダゾールの反応によって，tert-ブチルジメチルシリルエーテルとして **OH 基を保護する**．
- **ステップ[2]**で，CH₃MgCl を用いて**求核付加反応を行い**，続いてプロトン化する．
- **ステップ[3]**で，フッ化テトラブチルアンモニウムによって**保護基を除去して**目的の付加生成物を得る．

妨げになる官能基が反応しないように保護することによって，広範な反応を特定の基質に適用できるようになる．保護基については 21.15 節のアセタールのところでさらに詳しく述べる．

**問題 20.26** 保護基を用いて，エストロンをエチニルエストラジオールに変換する方法を示せ．エチニルエストラジオールは経口避妊薬として広く使われている．

エストロン
(estrone)

エチニルエストラジオール
(ethynylestradiol)

## 20.13 有機金属反応剤とカルボン酸誘導体の反応

有機金属反応剤はカルボン酸誘導体(RCOZ)と反応し，脱離基 Z と反応剤 R–M の種類に応じて，二つの異なる化合物を生成する．エステルや酸塩化物と反応して**ケトン**や**第三級アルコール**を生成する反応は，非常に有用である．

- RLi や RMgX は非常に反応性の高い反応剤だが，一方で R₂CuLi は反応性が低い．この反応性の違いによって選択的な反応が可能となる．

### 20.13.1 RLi および RMgX と，エステルまたは酸塩化物の反応

**エステルや酸塩化物を 2 当量のグリニャール反応剤や有機リチウム反応剤で処理すると，第三級アルコールが生成する．**このとき，新しく二つの炭素−炭素結合が生成する．

グリニャール反応剤を使った二つの例を以下に示す．

**問題 20.27** 次の化合物を 2 当量の CH₃CH₂CH₂CH₂MgBr，ついで H₂O で処理して得られる生成物を書け．

この付加反応の機構は，20.7.1 項で述べた酸塩化物やエステルの金属ヒドリド還元の反応機構とよく似ている．反応機構は概念的に二つの段階に分かれる．機構 20.7

に示すように，一つはケトンを生成する**求核置換反応**の段階（ステップ[1]と[2]），もう一つはそれに続く第三級アルコールを生成する**求核付加反応**の段階（ステップ[3]と[4]）である．

### 機構 20.7　R"MgX または R"Li と RCOCl または RCOOR' の反応

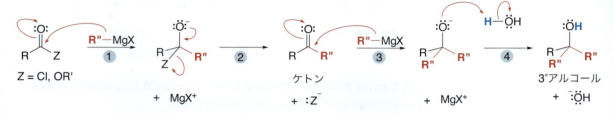

① (R")⁻ の求核攻撃により脱離基 Z をもつ四面体構造の中間体が生成する．
② π 結合が再生して脱離基 Z がはずれ，ケトンを生成する．全体としては，(R")⁻ の付加と Z⁻ の脱離によって，Z が R" で置換されたことになる．
③ (R")⁻ の求核攻撃により脱離基をもたないアルコキシドが生成する．
④ H₂O によるアルコキシドのプロトン化により第三級アルコールが生成する．

**有機リチウム反応剤とグリニャール反応剤は，エステルや酸塩化物と反応し，常に第三級アルコールを生成する．** 1 当量の反応剤が RCOZ に付加することによってケトンが生成すると（機構 20.7 のステップ[1]・[2]），すぐさまもう 1 当量の反応剤と反応し，第三級アルコールが生成する．

　この反応は，生成する第三級アルコールの二つのアルキル基が同じものになってしまうために，アルデヒドやケトンへのグリニャール付加に比べると制約がある．しかし，この反応は二つの新しい炭素−炭素結合を一挙に生成できる点で有用である．

**例題 20.3**　次のアルコールを合成するために必要なエステルとグリニャール反応剤は何か．

【解答】
エステルとグリニャール反応剤から生成する第三級アルコールは**二つの同じ置換基 R** をもち，これらの R 基は RMgX に由来する．分子の残りはエステルに由来することになる．OH 基に結合した炭素（水色で示す）はカルボニル炭素由来である．

## 20.13 有機金属反応剤とカルボン酸誘導体の反応

出発物質から生成物へ反応を書いて確認する.

**問題 20.28** 次のアルコールを合成するために必要なエステルとグリニャール反応剤は何か.

### 20.13.2 R$_2$CuLi と酸塩化物の反応

カルボン酸誘導体からケトンを合成するためには, 反応性の低い有機金属反応剤, つまり**有機キュプラート**が適している. **カルボン酸誘導体で最も優れた脱離基 (Cl$^-$) をもつ酸塩化物は R'$_2$CuLi と反応し, ケトンを生成する**. 劣った脱離基 ($^-$OR) をもつエステルは, R'$_2$CuLi とは反応しない.

この反応によって, 結果的に脱離基 Cl がアルキル基 R' で求核置換され, 一つの新しい炭素−炭素結合が生成したことになる.

**問題 20.29** CH$_3$CH$_2$COCl を次のケトンに変換するために必要な有機キュプラート反応剤は何か.

**問題 20.30** (CH$_3$)$_2$CHCH$_2$COCl を次の化合物に変換するために必要な反応剤は何か.

例題 20.4 に示すように，二通りの方法によって，カルボニル炭素に二つの異なる R 基が結合したケトンを合成することができる．

**例題 20.4** 2-ペンタノンを酸塩化物と有機キュプラート反応剤から合成する方法を二通り示せ．

2-ペンタノン
（2-pentanone）

**【解答】**
いずれの場合も，一方のアルキル基は有機キュプラートに，もう一方は酸塩化物に由来する．

**可能性 [1]** $(CH_3)_2CuLi$ と 4 炭素の酸塩化物を用いる．

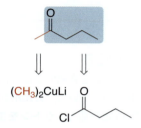

**可能性 [2]** $(CH_3CH_2CH_2)_2CuLi$ と 2 炭素の酸塩化物を用いる．

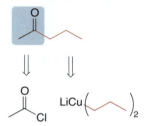

**問題 20.31** 次のケトンを酸塩化物と有機キュプラート反応剤から合成する方法を二通り示せ．

a.　　　　　b.

## 20.14 有機金属反応剤とその他の化合物の反応

有機金属反応剤は強力な求核剤なので，カルボニル基以外の求電子剤とも反応する．これらの反応は，常に新しい炭素−炭素結合生成をもたらすので，有機合成に有用である．20.14 節では，有機金属反応剤と**二酸化炭素**(carbon dioxide)および**エポキシド**(epoxide)の反応について述べる．

### 20.14.1 グリニャール反応剤と二酸化炭素の反応

**グリニャール反応剤は $CO_2$ と反応して**，その後，酸性水溶液でプロトン化することによって**カルボン酸を生成する**．この反応を，**カルボキシ化**(carboxylation)といい，グリニャール反応剤よりも 1 炭素多いカルボン酸を合成できる．

$$R-MgX \xrightarrow[\text{[2] } H_3O^+]{\text{[1] } CO_2} R-COOH$$

カルボン酸

## 20.14 有機金属反応剤とその他の化合物の反応

グリニャール反応剤はハロゲン化アルキルから調製できる．つまり**グリニャール反応剤の調製**と **$CO_2$ との反応**という2段階によってハロゲン化アルキルを1炭素多いカルボン酸に変換できる．

反応機構は機構20.8に示したように，求核的なグリニャール反応剤とカルボニル基の反応の一段階目とよく似ている．

### 機構 20.8　カルボキシ化 ── RMgX と $CO_2$ の反応

① 求核的なグリニャール反応剤が $CO_2$ の求電子的な炭素原子を攻撃し，π結合が切断されて新しい炭素―炭素結合が生成する．
② カルボキシラートアニオンが酸性水溶液でプロトン化され，カルボン酸が生成する．

**問題 20.32**　次のハロゲン化アルキルを [1] Mg，[2] $CO_2$，[3] $H_3O^+$ で処理して生成するカルボン酸は何か．

a. 　　b. 　　c.

### 20.14.2　有機金属反応剤とエポキシドの反応

他の強力な求核剤と同様に，RLi，RMgX，$R_2CuLi$ などの**有機金属反応剤はエポキシド環**(epoxide ring)**を開環させ，アルコールを生成する**．

アルコール

負電荷をもつ求核剤によるエポキシド環の開環反応については9.15.1項(上巻)で述べた.

反応は，負電荷をもつ他の求核剤によるエポキシド環の開環反応と同じ，2段階で進行する．つまり，**エポキシド環の背面から求核攻撃が起こり，生成したアルコキシドがプロトン化される**．非対称なエポキシドでは，求核攻撃は置換基のより少ない炭素原子で起こる．

**問題 20.33** $CH_3CH_2MgBr$ と反応させ，水で後処理することによって，次のアルコールを生成するエポキシドは何か．

a. （+ エナンチオマー）　b.　c.　d.

## 20.15　α,β-不飽和カルボニル化合物

**α,β-不飽和カルボニル化合物**（α,β-unsaturated carbonyl compound）は共役分子で，カルボニル基と炭素-炭素二重結合が一つのσ結合でつながった構造をもつ．

α,β-不飽和カルボニル化合物

α,β-不飽和カルボニル化合物の二つの官能基はπ結合をもっている．しかし，それぞれの官能基が独立している場合には，異なる種類の反応剤と反応する．つまり，炭素-炭素二重結合は求電子剤と反応し〔10章(上巻)参照〕，カルボニル基は求核剤と反応する(20.2節)．では，逆の反応性をもつこれら二つの官能基が隣接して存在する場合はどうだろうか．

二つのπ結合は共役しているので，α,β-不飽和カルボニル化合物の電子密度は四つの原子上に非局在化する．三つの共鳴構造式は，カルボニル炭素とβ炭素が部分的な正電荷をもっていることを示している．このことは，**α,β-不飽和カルボニル化合物が二つの異なる部位で求核剤と反応しうることを意味する**．

α,β-不飽和カルボニル化合物の三つの共鳴構造式　　　混成体　求電子的な部位が二つある

- カルボニル炭素への求核剤の付加を **1,2-付加**(1,2-addition)といい，C=O 結合に Nu と H が付加してアリルアルコールが生成する．

- β炭素への求核剤の付加を **1,4-付加**(1,4-addition)または**共役付加**(conjugate addition)といい，カルボニル化合物が生成する．

結果的に 1,2- および 1,4- 付加のいずれも Nu と H の求核付加反応である．

## 20.15.1　1,2-付加および 1,4-付加の反応機構

機構 20.9 に示すように，1,2-付加の反応機構はアルデヒドやケトンへの求核付加反応とまったく同じであり，それは**求核攻撃**と**プロトン化**である(20.2.1 項)．

**機構 20.9　α,β-不飽和カルボニル化合物への 1,2-付加**

① 求核剤は求電子的なカルボニル基を攻撃する．π結合が切断され，電子対は酸素原子上に移動する．
② 負電荷を帯びた酸素原子が H₂O によってプロトン化され，付加生成物が生成する．結果として，H と Nu がカルボニル基に付加したことになる．

機構 20.10 に示すように，1,4-付加の反応機構も求核攻撃から始まり，プロトン化と互変異性化(tautomerization)によってカルボニル化合物のα炭素に H が，β炭素に Nu が付加する．

## 機構 20.10　α,β-不飽和カルボニル化合物への1,4-付加

1. β炭素への求核攻撃によって，共鳴安定化されたエノラートアニオンが生成する．エノラートは次の段階で，酸素原子上と炭素原子上の両方で反応しうる．
2a. エノラートアニオンの炭素原子上でのプロトン化によって1,4-付加生成物が直接得られる．
2b-3. エノラートアニオンの酸素原子上でのプロトン化によって，エノールが生成する．エノールは11.9節に示した2段階の過程を経て互変異性化を起こす．これにより炭素のプロトン化から生成するのと同じ1,4-付加生成物が得られる．

### 20.15.2　α,β-不飽和カルボニル化合物と有機金属反応剤の反応

有機金属反応剤の金属の種類によって，α,β-不飽和アルデヒドやケトンとの反応が，1,2-付加か，1,4-付加のどちらになるかが決まる．

共役付加が1,4-付加とも呼ばれるのはなぜだろうか．エノールの原子をO原子から始めて番号をつけていくと，HとNuがそれぞれ"1"と"4"の原子に結合しているからである．

- **有機リチウム反応剤やグリニャール反応剤は1,2-付加生成物を生成する．**

## 20.16 有機金属反応剤による反応のまとめ

- 有機キュプラート反応剤は 1,4‐付加生成物を生成する．

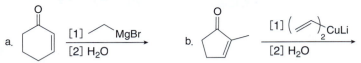

**例題 20.5** 次の反応の生成物を書け．

a. [cyclohex-2-enone] [1] CH₃CH₂MgBr / [2] H₂O →
b. [2-methylcyclopent-2-enone] [1] (CH₂=CH)₂CuLi / [2] H₂O →

**【解答】**
α,β‐不飽和カルボニル化合物の特徴的な反応は求核付加である．反応剤の種類によって付加の様式が 1,2‐付加か 1,4‐付加かが決まる．

a. グリニャール反応剤は 1,2‐付加を起こす．CH₃CH₂MgBr により，CH₃CH₂ 基がカルボニル炭素に導入される．

b. 有機キュプラート反応剤は 1,4‐付加を起こす．キュプラート反応剤により，ビニル基 (CH₂=CH) が β 炭素に導入される．

**問題 20.34** 次の化合物を (CH₃)₂CuLi または HC≡CLi と反応させ，H₂O で後処理して得られる生成物を書け．

a. [2,3-dimethylcyclohex-2-enone]  b. [hept-4-en-3-one]  c. [1-phenylprop-2-en-1-one]

## 20.16 有機金属反応剤による反応のまとめ

これまで，有機金属反応剤とさまざまな官能基の反応をたくさん見てきた．そのためもしかするとこのまま前に進み続けることが少し難しいと感じているかもしれない．しかし，全部を覚えようとするより，次の三つの概念を頭に入れておくことこそが大切である．

## [1] 有機金属反応剤(R–M)は求電子的な炭素原子，とくにカルボニル炭素を攻撃する．

カルボニル基　　　　二酸化炭素　　　　エポキシド

## [2] 有機金属反応剤がカルボニル基に付加した後，中間体がどのように反応するかは脱離基の有無によって変わる．

- 脱離基がなければ，<u>求核付加反応</u>が起こる．
- 脱離基があれば，<u>求核置換反応</u>が起こる．

## [3] R–M結合の分極の大きさによって反応剤の反応性が決定される．

- RLi と RMgX は非常に反応性が高い．
- $R_2CuLi$ はかなり反応性が低い．

## 20.17 合 成

　本章で学んだ反応は，有機合成にきわめて有用である．酸化および還元反応により，酸化状態の異なる官能基の相互変換が可能になる．また，有機金属反応剤により新しい炭素−炭素結合を生成できる．

　**有機化学を学ぶうえで，おそらく合成に関する部分が最も難しい**．なぜなら，学んだばかりの新しい反応とこれまでの章にでてきた反応をすべて覚えておく必要があるからである．合成を成功させるには，これらの反応を論理的に正しい順番で行わなければならない．しかし，ここでくじけてはならない．基本的な反応を学び，合成の問題を何度も繰り返し練習しよう．

　次の例題20.6 〜 20.8 に取り組む際は，20章の反応で得られた生成物は多くの他の官能基へ変換できることを心に留めておこう．たとえば，塩化ブチルマグネシウムをアセトアルデヒドへグリニャール付加した生成物である2-ヘキサノールは，図20.8に示すように多様な化合物へ変換できる．

20.17 合成    881

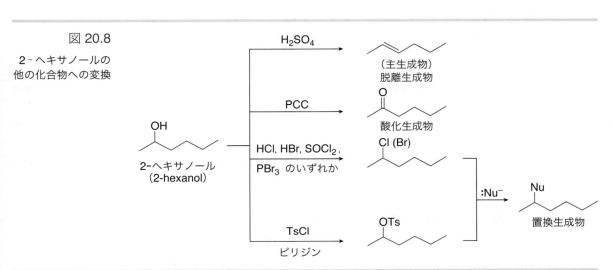

図 20.8
2-ヘキサノールの
他の化合物への変換

例題 20.6 ～ 20.8 に進む前に，11.12 節（上巻）にある，合成を計画する際の段階的な戦略を復習しておくのがよいだろう．

**例題 20.6**　シクロヘキサノンとアルコールから 1-メチルシクロヘキセンを合成する方法を示せ．

【解答】
逆合成解析

逆向きに考える．
- [1] アルコールの脱水により二重結合を生成．
- [2] CH₃MgX のグリニャール付加により第三級アルコールを生成．
- [3] アルコールから数段階でグリニャール反応剤を調製．

## 合成

4 段階を必要とする.

- CH$_3$OH をグリニャール反応剤 CH$_3$MgBr に変換するには, ハロゲン化アルキルの生成(ステップ[1])と Mg との反応(ステップ[2])の 2 段階を必要とする.
- シクロヘキサノンへの CH$_3$MgBr の付加と続くプロトン化によって, アルコールが生成する(ステップ[3]).
- 酸触媒による脱水により, 目的の三置換アルケンを主生成物としたアルケン混合物が生成する(ステップ[4]).

### 例題 20.7
4 炭素のアルコールから 2,4-ジメチル-3-ヘキサノンを合成する方法を示せ.

【解答】
**逆合成解析**

**逆向きに考える.**
- [1] 第二級アルコールの酸化によりケトンを合成.
- [2] アルデヒドへのグリニャール付加により第二級アルコールを合成. これらのいずれの化合物も 4 炭素であり, アルコールから合成できる.

### 合 成
まず, グリニャール反応に必要な二つの成分を合成する.

次に, グリニャール付加を行い, 続いてアルコールをケトンに酸化して合成を完成させる.

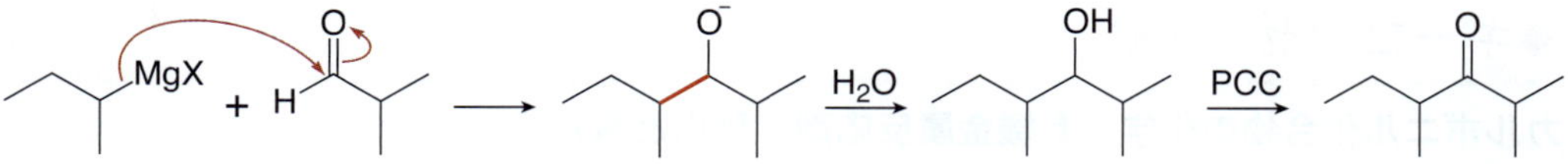

20.17 合成

新しいC–C結合を赤色で示す

**例題 20.8** 5炭素以下のアルコールからイソプロピルシクロペンタンを合成する方法を示せ．

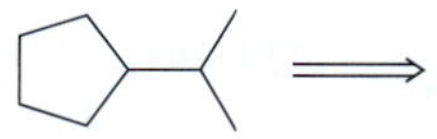

イソプロピルシクロペンタン
（isopropylcyclopentane）⟹ 5炭素以下のアルコール

【解答】
**逆合成解析**

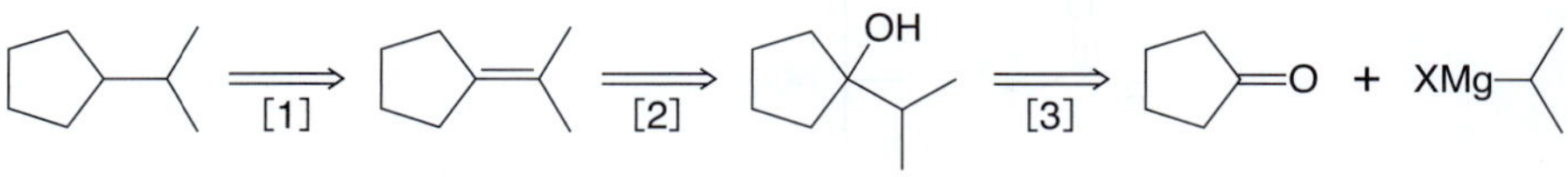

逆向きに考える．
- [1] アルケンの水素化反応によりアルカンを合成．
- [2] アルコールの脱水により二重結合を導入．
- [3] ケトンへのグリニャール付加により第三級アルコールを生成．グリニャール反応に必要な二つの成分が合成される．

**合 成**
まず，グリニャール反応に必要な二つの成分を合成する．

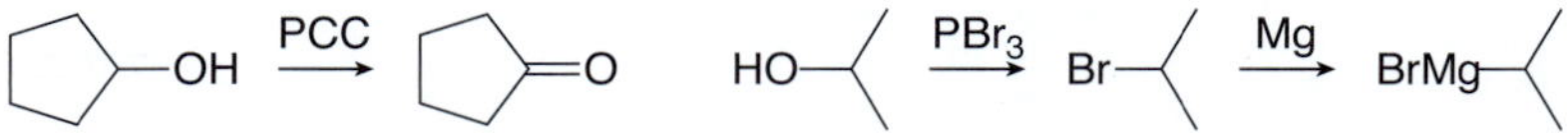

次に，グリニャール付加，脱水，および水素化反応によって合成を完成させる．

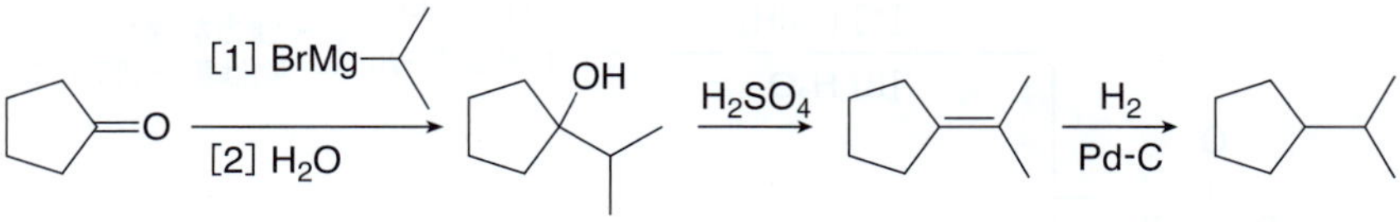

主生成物
四置換二重結合

**問題 20.35** シクロヘキサノール，エタノール，およびその他の反応剤から次の化合物を合成する方法を示せ．

a. 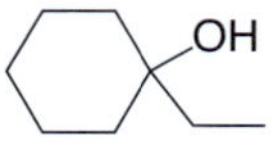 b. 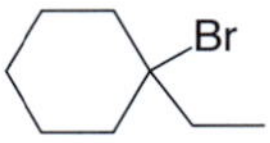 c. 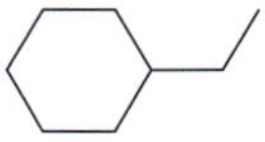 d. 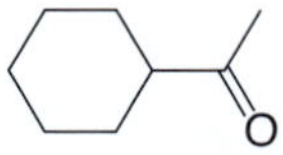 e.

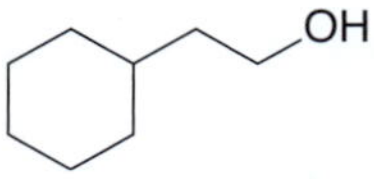

# ◆キーコンセプト◆

## カルボニル化合物の化学：有機金属反応剤, 酸化と還元

### 還元反応

[1] アルデヒドおよびケトンの第一級および第二級アルコールへの還元(20.4 節)

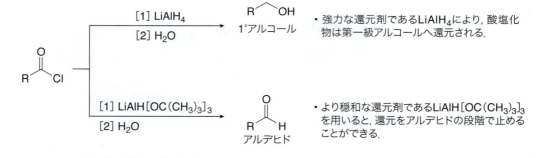

[2] C＝C 結合をもつα, β-不飽和アルデヒドおよびケトンの還元(20.4.3 項)

- C＝O 結合のみ還元
- C＝C 結合のみ還元

[3] エナンチオ選択的なケトンの還元(20.6 節)

- 一方のエナンチオマーが生成

[4] 酸塩化物の還元(20.7.1 項)

- 強力な還元剤であるLiAlH₄により, 酸塩化物は第一級アルコールへ還元される.
- より穏和な還元剤であるLiAlH[OC(CH₃)₃]₃を用いると, 還元をアルデヒドの段階で止めることができる.

# キーコンセプト

## [5] エステルの還元(20.7.1項)

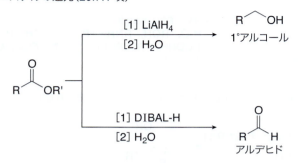

- 強力な還元剤であるLiAlH₄により,エステルは第一級アルコールへ還元される.
- より穏和な還元剤であるDIBAL-Hを用いると, 還元をアルデヒドの段階で止めることができる.

## [6] カルボン酸の第一級アルコールへの還元(20.7.2項)

$$RCOOH \xrightarrow[\text{[2] H}_2\text{O}]{\text{[1] LiAlH}_4} RCH_2OH \quad (1°アルコール)$$

## [7] アミドのアミンへの還元(20.7.2項)

$$R-C(=O)-NR'_2 \xrightarrow[\text{[2] H}_2\text{O}]{\text{[1] LiAlH}_4} R-CH_2-NR'_2 \quad (アミン)$$

R' = H または アルキル基

## 酸化反応

### アルデヒドのカルボン酸への酸化(20.8節)

$$RCHO \xrightarrow[\text{または Ag}_2\text{O, NH}_4\text{OH}]{\text{CrO}_3, \text{Na}_2\text{Cr}_2\text{O}_7, \text{K}_2\text{Cr}_2\text{O}_7, \text{KMnO}_4} RCOOH \quad (カルボン酸)$$

- PCC以外のCr⁶⁺反応剤によって, RCHOはRCOOHに酸化される.
- トレンス反応剤(Ag₂O + NH₄OH)はRCHOのみを酸化する. 第一級および第二級アルコールはトレンス反応剤と反応しない.

## 有機金属反応剤の合成(20.9節)

[1] 有機リチウム反応剤

$$R-X + 2\,Li \longrightarrow R-Li + LiX$$

[2] グリニャール反応剤

$$R-X + Mg \xrightarrow{\text{Et}_2\text{O}} R-Mg-X$$

[3] 有機キュプラート反応剤

$$R-X + 2\,Li \longrightarrow R-Li + LiX$$

$$2\,R-Li + CuI \longrightarrow R_2Cu^- Li^+ + LiI$$

[4] リチウムおよびナトリウムアセチリド

$$R-C\equiv C-H \xrightarrow{Na^+\, {}^-NH_2} R-C\equiv C^-\,Na^+ + NH_3$$
ナトリウムアセチリド

$$R-C\equiv C-H \xrightarrow{R'-Li} R-C\equiv C-Li + R'-H$$
リチウムアセチリド

## 有機金属反応剤の反応

**[1] 塩基としての反応（20.9.3 項）**

R–M + H–Ö–R ⟶ R–H + M⁺ :Ö–R

- RM = RLi, RMgX, R₂CuLi
- $H_2O$, ROH, $RNH_2$, $R_2NH$, RSH, RCOOH, $RCONH_2$, RCONHR についてこのような酸–塩基反応が起こる．

**[2] 第一級，第二級，および第三級アルコールを生成するアルデヒドおよびケトンとの反応（20.10 節）**

R−CO−R'  →[1] R"MgX または R"Li / [2] $H_2O$ →  R−C(OH)(R')(R")

R' = H またはアルキル基

1°(R=H), 2°, 3°アルコール

**[3] 第三級アルコールを生成するエステルとの反応（20.13.1 項）**

R−CO−OR' →[1] R"Li または R"MgX（2 当量） / [2] $H_2O$ → R−C(OH)(R")(R")

3°アルコール

**[4] 酸塩化物との反応（20.13.2 項）**

R−CO−Cl
- →[1] R"Li または R"MgX（2 当量） / [2] $H_2O$ → R−C(OH)(R")(R") 　3°アルコール
- →[1] R'₂CuLi / [2] $H_2O$ → R−CO−R' 　ケトン

・反応性が高い有機金属反応剤（R"Li と R"MgX）を用いると，酸塩化物に 2 当量の R" が付加して，二つの同一の R" をもつ第三級アルコールが生成する．

・より反応性が低い有機金属反応剤（R'₂CuLi）を用いると，酸塩化物に 1 当量のみ R' が反応して，ケトンが生成する．

**[5] 二酸化炭素との反応 ── カルボキシ化（20.14.1 項）**

R−MgX →[1] $CO_2$ / [2] $H_3O^+$ → R−COOH

カルボン酸

**[6] エポキシドとの反応（20.14.2 項）**

エポキシド →[1] RLi, RMgX, または R₂CuLi / [2] $H_2O$ → アルコール

[7] α,β-不飽和アルデヒドおよびケトンとの反応(20.15.2項)

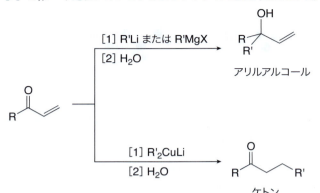

- 反応性が高い有機金属反応剤(R'Li と R'MgX)は，α,β-不飽和カルボニル化合物に対して 1,2-付加を起こす．

- より反応性が低い有機金属反応剤(R'₂CuLi)は，α,β-不飽和カルボニル化合物に対して 1,4-付加を起こす．

## 保護基(20.12節)

[1] アルコールの tert-ブチルジメチルシリルエーテルによる保護

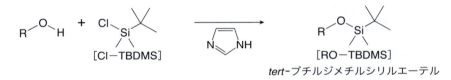

tert-ブチルジメチルシリルエーテル

[2] tert-ブチルジメチルシリルエーテルの脱保護によるアルコールの再生

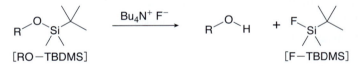

## ◆章末問題◆

### 三次元モデルを用いる問題

**20.36** 化合物 **A** および **B** を次の反応剤と反応させて得られる生成物を示せ．反応が起こらない場合もある．

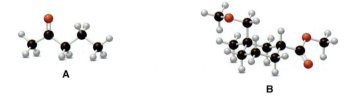

a. NaBH₄, CH₃OH
b. [1]LiAlH₄, [2]H₂O
c. [1]CH₃MgBr(過剰量); [2]H₂O
d. C₆H₅Li(過剰量); [2]H₂O
e. Na₂Cr₂O₇, H₂SO₄, H₂O

**20.37** 炭素数1または2のアルコールから次のアルコールを合成する方法を示せ．必要な反応剤は何を用いてもよい．

a.
(+ エナンチオマー)

b.

c. 

d. 

## 反応と反応剤

**20.38** ペンタナール($CH_3CH_2CH_2CH_2CHO$)を次の反応剤で処理して得られる生成物を書け．反応が起こらない場合もある．

a. $NaBH_4$，$CH_3OH$
b. [1]$LiAlH_4$，[2]$H_2O$
c. $H_2$，Pd-C
d. PCC
e. $Na_2Cr_2O_7$，$H_2SO_4$，$H_2O$
f. $Ag_2O$，$NH_4OH$

g. [1]$CH_3MgBr$，[2]$H_2O$
h. [1]$C_6H_5Li$，[2]$H_2O$
i. [1]$(CH_3)_2CuLi$，[2]$H_2O$
j. [1]$HC\equiv CNa$，[2]$H_2O$
k. [1]$CH_3C\equiv CLi$，[2]$H_2O$
l. (a)の生成物に対して TBDMS-Cl，イミダゾール

**20.39** 次の化合物を$(CH_3CH_2CH_2CH_2)_2CuLi$で処理して得られる生成物を書け．反応が起こらない場合もある．

a. 

b. 

c. 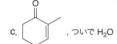，ついで $H_2O$

d. ，ついで $H_2O$

**20.40** 20.5節および20.6節で学んだように，還元生成物の立体化学は用いる反応剤によって変わる．このことを念頭に，3,3-ジメチル-2-ブタノン〔$CH_3COC(CH_3)_3$〕を次の化合物に変換する方法を示せ．(a) ラセミ体の3,3-ジメチル-2-ブタノール〔$CH_3CH(OH)C(CH_3)_3$〕，(b) ($R$)-3,3-ジメチル-2-ブタノールのみ，(c) ($S$)-3,3-ジメチル-2-ブタノールのみ．

**20.41** α,β-不飽和ケトン **A** を次の反応剤で処理して得られる生成物を書け．

a. $NaBH_4$，$CH_3OH$
b. $H_2$(1当量)，Pd-C
c. $H_2$(過剰量)，Pd-C
d. [1]$CH_3Li$，[2]$H_2O$
e. [1]$CH_3CH_2MgBr$，[2]$H_2O$
f. [1]$(CH_2=CH)_2CuLi$，[2]$H_2O$

**20.42** 次の反応の生成物を書け．

a. $\xrightarrow{NaBH_4, CH_3OH}$

c. $\xrightarrow{[1] LiAlH_4, [2] H_2O}$

b. $\xrightarrow{[1] LiAlH_4, [2] H_2O}$

d. $\xrightarrow{[1] LiAlH[OC(CH_3)_3]_3, [2] H_2O}$

**20.43** 有機金属反応剤を用いる次の反応の生成物を書け．

a. 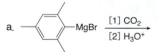 $\xrightarrow{[1] CO_2, [2] H_3O^+}$

d. $\xrightarrow{[1] CH_3MgCl (過剰量), [2] H_2O}$

b. $\xrightarrow{[1] CH_3CH_2MgBr, [2] H_2O}$

e. $\xrightarrow{[1] (CH_3)_2CuLi, [2] H_2O}$

c. $\xrightarrow{[1] C_6H_5MgBr (過剰量), [2] H_2O}$

f. $\xrightarrow{[1] (CH_3)_2CuLi, [2] H_2O}$

**20.44** 次の反応で生成するすべての立体異性体を書け．

a. 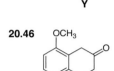  [1] CH₃Li / [2] H₂O

c. (phenyl ketone) [1] (S)-CBS 反応剤 / [2] H₂O

b. (epoxide) [1] (CH₂=CH)₂CuLi / [2] H₂O

d. (ethyl ester) [1] LiAlH₄ / [2] H₂O

**20.45** 化合物 **Y** の最も求電子的な炭素はどれか，理由とともに示せ．

**20.46** ケトン **A** をエチニルリチウム（HC≡CLi）と反応させて，$D_3O^+$ で後処理すると，分子式 $C_{12}H_{13}DO_3$ をもつ化合物 **B** が生成した．**B** は 1715 cm$^{-1}$ に赤外吸収を示す．**B** の構造を示し，それが生成した理由を説明せよ．

**20.47** 次の金属ヒドリド還元において，左の反応ではエンド体，右の反応ではエキソ体のアルコールが主生成物として生成する．その理由を述べよ．

エンド位に OH 基　　エキソ位に OH 基

**20.48** ある学生が次のような合成を行おうとしたところ，ジオール **A** は得られなかった．この計画のどこが間違っているかを説明し，**A** の正しい合成方法を段階ごとに示せ．

**20.49** 次の反応式の **A** ～ **K** の構造を同定せよ．化合物 **F**, **G**, **K** は分子式 $C_{13}H_{18}O$ をもつ異性体である．$^1$H NMR 分光法によってこれらの三つの化合物を区別するにはどうすればよいか．

## 20章 カルボニル化合物の化学：有機金属反応剤，酸化と還元

**20.50** 次に示したイソプロテレノールの合成における生成物 **A** 〜 **D** を示せ．イソプロテレノールは心拍数を増加させ，気管を拡張する薬である．

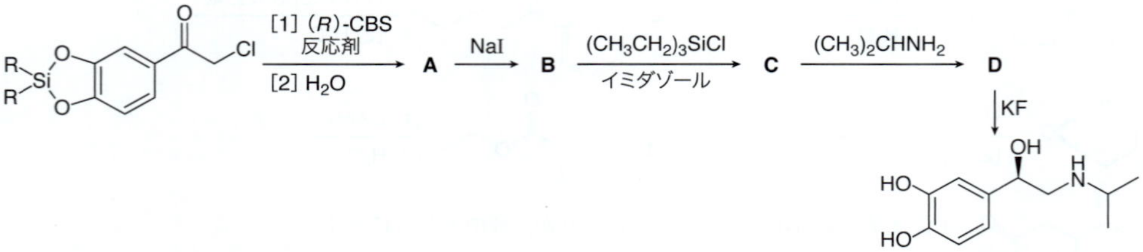

## 反応機構

**20.51** 次の反応の機構を段階ごとに示せ．両方の化合物がどのように生成したのかを説明すること．

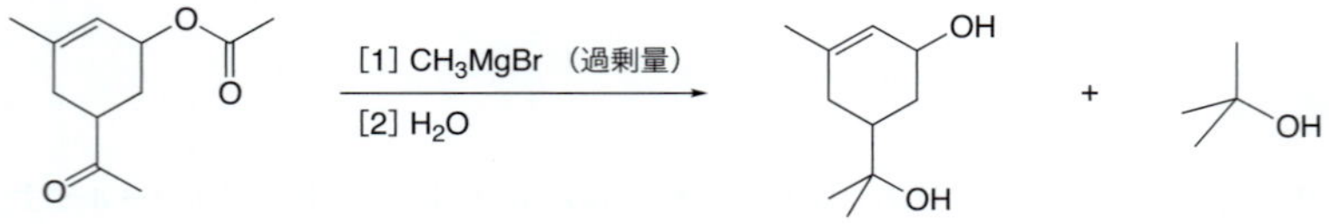

**20.52** 次の反応の機構を段階ごとに示せ．

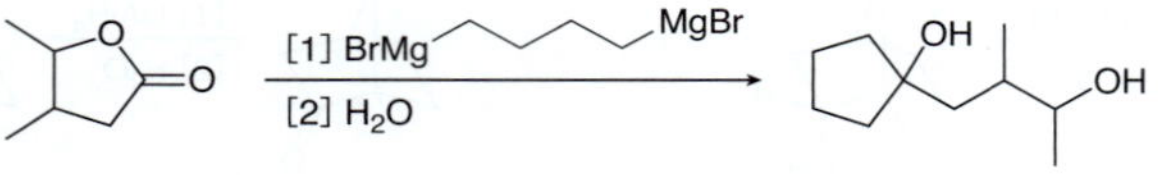

**20.53** 炭酸ジメチル〔$(CH_3O)_2C=O$〕と過剰量のグリニャール反応剤の反応によって，第三級アルコールが生成する．この反応の機構を段階的に示せ．

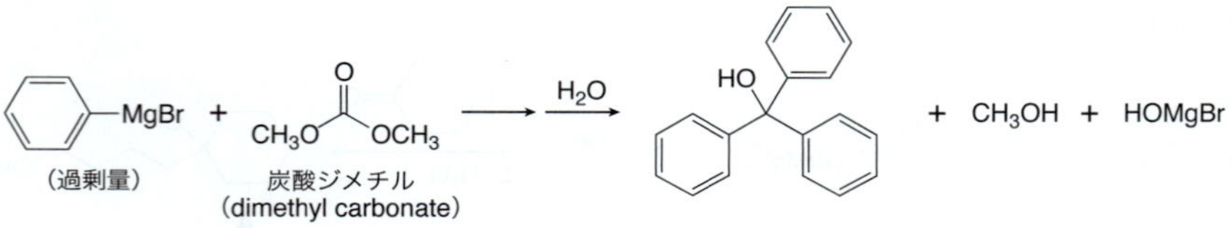

**20.54** 次の還元反応の機構を段階ごとに示せ．

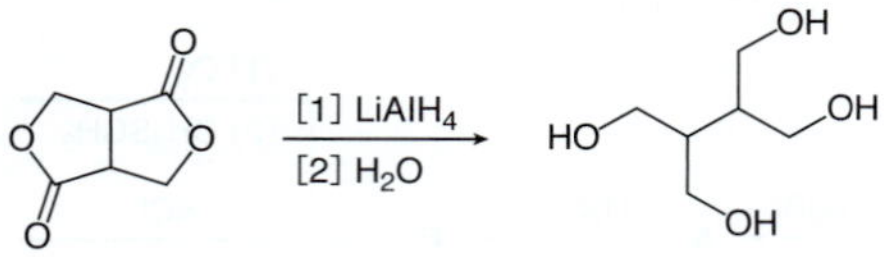

## 合成

**20.55** 次のアルコールを合成するために必要なグリニャール反応剤とアルデヒド（またはケトン）は何か．可能性のある反応経路をすべて示せ．

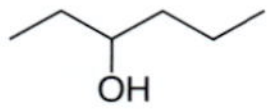

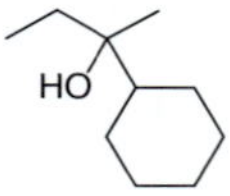

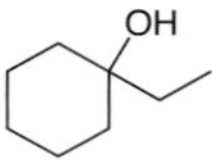

**20.56** プロシクリジンはパーキンソン病にともなう運動障害を治療するのに用いられている薬である．グリニャール反応剤を使ってプロシクリジンを合成する方法を三通り示せ．

プロシクリジン
(procyclidine)

**20.57** 次のアルコールを合成するために必要なグリニャール反応剤とエステルは何か．

a. 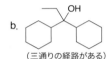　　b.

**20.58** 次の化合物を合成するために必要な有機リチウム反応剤とカルボニル化合物は何か．カルボニル出発物質としてアルデヒド，ケトン，またはエステルを用いることができるものとする．

a.（二通りの経路がある）　　b.（三通りの経路がある）

**20.59** 次のアルコールを合成するために必要なエポキシドと有機金属反応剤は何か．

a.　　b.　　c.

**20.60** $C_6H_5CH_2CH_2Br$ を $C_6H_5CH_2CH_3$ に変換する方法を少なくとも三通り示せ．

**20.61** 1-オクテン-3-オール〔$CH_3(CH_2)_4CH(OH)CH=CH_2$〕をグリニャール反応剤とカルボニル化合物を用いて合成する方法を二通り示せ．1-オクテン-3-オールは日本の松茸から最初に単離されたので，マツタケアルコールとも呼ばれている．

**20.62** シクロヘキサノールと他の有機または無機化合物を用いて，次の化合物を合成する方法を示せ．

a. 　　b. 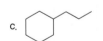　　c.　　d.
（両方のシクロヘキサン環をシクロヘキサノールから誘導すること）

**20.63** 2-プロパノール〔$(CH_3)_2CHOH$〕を次の化合物へ変換する方法を示せ．有機および無機化合物は何を用いてもよい．

a.　　b.

**20.64** ベンゼンを次の化合物に変換する方法を示せ．3炭素以下のアルコールと無機反応剤は何を用いてもよい．合成の段階の一つに必ずグリニャール反応を用いること．

a.　　b.

**20.65** 出発物質として4炭素以下のアルコールのみを用いて，次の化合物の合成を計画せよ．無機反応剤は何を用いてもよい．

a. (構造式) b. (構造式) c. (構造式)

**20.66** 与えられた出発物質から次の化合物を合成する方法を示せ．無機反応剤は何を用いてもよい．

a. (構造式) ⟹ (構造式)　+ 有機ハロゲン化物

b. (構造式) ⟹ HC≡CH + 2炭素以下の化合物

**20.67** 次のアルコールをベンゼンと4炭素以下のアルコールから合成する方法を示せ．反応剤は何も用いてもよい．

**20.68** (E)-11-テトラデセナールをアセチレンと Br(CH$_2$)$_{10}$OH から合成する方法を示せ．有機化合物および無機反応剤は何を用いてもよい．(E)-11-テトラデセナールは，モミやトウヒの森林を破壊する害虫トウヒノシントメハマキの性フェロモンである．

(E)-11-テトラデセナール
((E)-tetradec-11-enal)

## 分光法

**20.69** 未知化合物 **A**（分子式 C$_7$H$_{14}$O）を CH$_3$OH 中 NaBH$_4$ で処理して，化合物 **B**（分子式 C$_7$H$_{16}$O）を得た．化合物 **A** は赤外吸収スペクトルで 1716 cm$^{-1}$ に強い吸収をもつ．化合物 **B** は赤外吸収スペクトルで 3600 ～ 3200 cm$^{-1}$ に強い吸収をもつ．**A** および **B** の $^1$H NMR スペクトルを下に示す．**A** および **B** の構造を示せ．

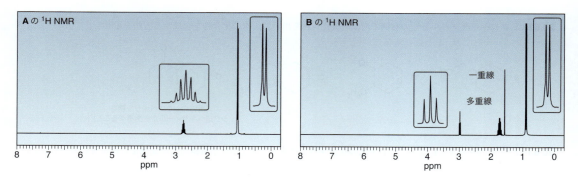

**20.70** 化合物 **C**（分子式 C$_4$H$_8$O）を C$_6$H$_5$MgBr と反応させ，水で処理すると，化合物 **D**（分子式 C$_{10}$H$_{14}$O）が生成した．化合物 **D** は赤外吸収スペクトルで 3600 ～ 3200 cm$^{-1}$ に強い吸収をもつ．**C** および **D** の $^1$H NMR スペクトルを下に示す．**C** および **D** の構造を示せ．

化合物 **C** のシグナル：1.3（一重線，6 H），2.4（一重線，2 H）ppm
化合物 **D** のシグナル：1.2（一重線，6 H），1.6（一重線，1 H），2.7（一重線，2 H），7.2（多重線，5 H）ppm

**20.71** 化合物 **E**(分子式 $C_4H_8O_2$)を過剰量の $CH_3CH_2MgBr$ で処理した後,水でプロトン化し,化合物 **F**(分子式 $C_6H_{14}O$)を得た. **E** は赤外吸収スペクトルで 1743 $cm^{-1}$ に強い吸収をもつ. **F** は赤外吸収スペクトルで 3600〜3200 $cm^{-1}$ に強い吸収をもつ. **E** および **F** の $^1H$ NMR スペクトルを下に示す. **E** および **F** の構造を示せ.

化合物 **E** のシグナル:1.2(三重線, 3 H),2.0(一重線, 3 H),4.1(四重線, 2 H)ppm

化合物 **F** のシグナル:0.9(三重線, 6 H),1.1(一重線, 3 H),1.5(四重線, 4 H),1.55(一重線, 1 H)ppm

**20.72** ブタンニトリル($CH_3CH_2CH_2CN$)を臭化メチルマグネシウム($CH_3MgBr$)と反応させ,酸性水溶液で処理すると化合物 **G** が得られる.質量スペクトルで **G** は $m/z = 86$ に分子イオン,$m/z = 43$ に基準ピークを示す.**G** は赤外吸収スペクトルで 1721 $cm^{-1}$ に強い吸収をもち,次のような $^1H$ NMR スペクトルを示す.**G** の構造を示せ.この反応については 22 章で詳しく学ぶ.

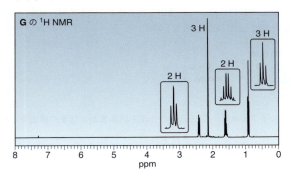

**20.73** イソブテン〔$(CH_3)_2C=CH_2$〕を $(CH_3)_3CLi$ と反応させるとカルボアニオンが生成する.このカルボアニオンと $CH_2=O$ を反応させ,反応混合物に水を加えると **H** が生成する.質量スペクトルで **H** は $m/z = 86$ に分子イオン,71 と 68 にフラグメントのピークを示す.**H** は赤外吸収スペクトルで 3600〜3200 と 1651 $cm^{-1}$ に強い吸収をもち,次のような $^1H$ NMR スペクトルを示す.**H** の構造を示せ.

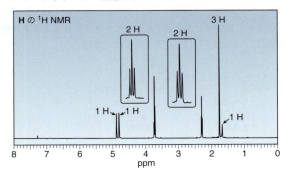

## チャレンジ問題

**20.74** 次の反応の機構を段階ごとに示せ.

**20.75** 次の出発物質から$(R)$-サルメテロール(図 20.3)を合成する方法を示せ.

**20.76** L-セレクトリド®として知られる水素化トリ sec-ブチルホウ素リチウムは，ホウ素上に三つの sec-ブチル基をもつ金属ヒドリド反応剤である．この還元剤を環状ケトンの還元に用いると，一方の立体異性体が生成物として優先的に得られることが多い．4-tert-ブチルシクロヘキサノンを L-セレクトリド®で還元するとシス体のアルコールが主生成物となる．この理由を説明せよ．

LiBH[CH(CH₃)CH₂CH₃]₃
水素化トリ-sec-ブチルホウ素リチウム
(lithium tri-sec-butylborohydride)
L-セレクトリド®(L-selectride)

4-tert-ブチルシクロヘキサノン
(4-tert-butylcyclohexanone)

[1] L-セレクトリド®
[2] H₂O

cis-4-tert-ブチルシクロヘキサノール
(cis-4-tert-butylcyclohexanol)

**20.77** α,β-不飽和カルボニル化合物のα炭素はβ炭素よりも電子求引性基であるカルボニル基に近いにもかかわらず，$^{13}$C NMR スペクトルにおいて，β炭素のほうがα炭素よりも低磁場に現れる．この理由を説明せよ．たとえば，メシチルオキシドのβ炭素は 150.5 ppm に吸収を示すのに対して，α炭素は 122.5 ppm に吸収を示す．

150.5 ppm → β  α ← 122.5 ppm
メシチルオキシド (mesityl oxide)

**20.78** 次の反応式に示す抗うつ剤ベンラファキシン(商品名：イフェクサー®)の二つの合成中間体 **X** および **Y** の構造を示せ．また，**W** から **X** が生成する反応機構を示せ．

**W** →[1] Li⁺ ⁻N[CH(CH₃)₂]₂ [2] / [3] H₂O→ **X** (C₁₅H₁₉NO₂) →[1] LiAlH₄ [2] H₂O→ **Y** → 1段階 → ベンラファキシン (venlafaxine)

**20.79** 塩化ベンジルマグネシウムとホルムアルデヒドを反応させた後でプロトン化すると，アルコール **N** および **P** が生成する．二つの生成物がどのように生成するか反応機構を段階ごとに示せ．

[1] CH₂=O
[2] H₂O

**N** 主生成物 + **P** 副生成物

**20.80** 次の反応の機構を段階ごとに詳しく示せ．ヒント：炭素求核剤だけでなくヘテロ原子求核剤でも共役付加が起こりうる．

NH₂OH / CH₃OH

**20.81** 次のグリニャール反応剤と環状アミドの反応の機構を段階ごとに示せ．

[1] CH₃CH₂MgBr (過剰量) THF, エーテル
[2] H₂O

# 21 アルデヒドとケトン：求核付加反応

- 21.1　はじめに
- 21.2　命名法
- 21.3　物理的性質
- 21.4　分光学的性質
- 21.5　興味深いアルデヒドとケトン
- 21.6　アルデヒドとケトンの合成
- 21.7　アルデヒドとケトンの反応 —— 一般的な考察
- 21.8　H⁻ と R⁻ の求核付加反応の復習
- 21.9　⁻CN の求核付加反応
- 21.10　ウィッティッヒ反応
- 21.11　第一級アミンの付加
- 21.12　第二級アミンの付加
- 21.13　H₂O の付加 —— 水和反応
- 21.14　アルコールの付加 —— アセタールの生成
- 21.15　保護基としてのアセタール
- 21.16　環状ヘミアセタール
- 21.17　炭水化物

天然物**ジゴキシン**(digoxin)は，1960年代から鬱血性心不全の患者に対して処方されてきた．鬱血性心不全とは，心臓のポンプとしての働きが弱くなり，全身の血流が滞る病気である．単純な前駆体から合成される多くの市販薬とは異なり，ジゴキシンは現在でもケジギタリスという植物の葉から抽出されている．ケジギタリスはオランダで栽培され，アメリカへ輸出され製品化されている．1000 kg の乾燥した葉から 1 kg のジゴキシンが得られ，Lanoxin® の商品名で販売されている．ジゴキシンは，カルボニル基への付加反応によって生成する三つのアセタール部位をもつ．本章では，アルデヒドやケトンに特徴的な反応である求核付加反応について学ぶ．

**本章では引き続き**，**アルデヒド**(aldehyde)と**ケトン**(ketone)について詳しく説明し，カルボニル化合物についてさらに学習する．まず，アルデヒドとケトンの命名法，物理的性質，分光学的性質について学ぶ．本章の後半は**求核付加反応**(nucleophilic addition)にあてる．すでに 20 章でも求核付加反応の例を二つ学んだが，アルデヒドやケトンに対する求核付加反応はさらに多くの求核剤によって進めることができ，得られる生成物も多様な反応である．

**本章にでてくる新しい反応すべてに求核付加反応が関与している**ので，個別の反応剤とそれぞれの反応を特徴づける反応機構を理解してほしい．

## 21.1　はじめに

20章で学んだように，**アルデヒドおよびケトンはカルボニル基をもつ**．アルデヒドは少なくとも一つの H 原子がカルボニル炭素に結合しており，ケトンは二つのア

アルデヒドは **RCHO** と表記されることが多い．**H 原子は酸素原子ではなく炭素原子に結合している**．

同様に，ケトンは **RCOR** と書かれ，両方のアルキル基が同じ場合は **R₂CO** とも書くことができる．どの構造も C=O 結合をもっていて，すべての原子が八電子則を満たしている．

ルキル基またはアリール基がカルボニル炭素に結合している．

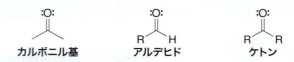

アルデヒドおよびケトンには，その反応性や物性を決める構造的特徴が二つある．

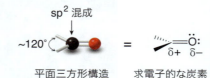

平面三方形構造　　求電子的な炭素

- カルボニル基は sp² 混成で平面三方形構造であり，そのため相対的に混み合っていない．
- 電気陰性度の大きな酸素原子によってカルボニル基が分極し，カルボニル炭素が求電子的になる．

結果として，**アルデヒドやケトンは求核剤と反応する**．カルボニル基の相対的反応性は，結合している R 基の数によって決まる．**カルボニル炭素のまわりの R 基の数が増えると，カルボニル化合物の反応性は低下する**．その結果，反応性の順序は次のようになる．

20.2.2 項で述べたように，カルボニル炭素上のアルキル基の増加によって，その反応性は立体的にも電子的にも減少する．

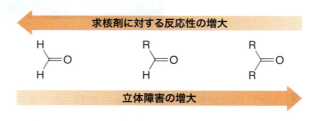

**問題 21.1** 次の化合物を求核攻撃に対する反応性の低いものから順に並べよ．

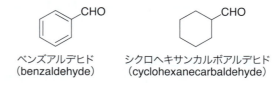

**問題 21.2** 求核攻撃に対して，ベンズアルデヒドがシクロヘキサンカルボアルデヒドより反応性が低い理由を説明せよ．

ベンズアルデヒド（benzaldehyde）　　シクロヘキサンカルボアルデヒド（cyclohexanecarbaldehyde）

## 21.2 命名法

アルデヒドやケトンの命名にはIUPAC名と慣用名の両方が用いられる．

### 21.2.1 IUPAC規則によるアルデヒドの命名

IUPAC命名法では，アルデヒドは最長鎖の母体名に接尾語をつけて命名する．CHO基が結合している部分が鎖状であるか環状であるかによって二つの接尾語を使い分ける．

**IUPAC規則を用いたアルデヒドの命名法：**

[1] CHOが鎖状の炭素に結合している場合，CHO基を含む最長鎖を特定し，母体アルカンの名称の最後の **-e** を接尾語 **-al** に変える．CHO基が環に結合している場合，環の名称の最後に接尾語 **-carbaldehyde**（カルボアルデヒド）をつける．

[2] 炭素鎖に番号をつける．鎖状アルデヒドではCHO基の炭素をC1とする．これに対し，環状アルデヒドの場合には，CHO基の結合した炭素をC1とする．名称には番号の1は示さない．命名法の他の一般的な規則もすべて適用される．

**例題 21.1** 次の化合物のIUPAC名を示せ．

**【解答】**

a. [1] CHOを含む最長鎖を特定し，その名称をつける．

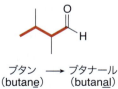

ブタン → ブタナール
(butane) (butanal)
(4炭素)

[2] 番号をつけ置換基を命名する．

答：2,3-ジメチルブタナール
(2,3-dimethylbutanal)

b. [1] CHO基が結合した環を特定し，その名称をつける．

シクロヘキサン ＋ カルボアルデヒド
(cyclohexane) (carbaldehyde)
(6炭素)

[2] 番号をつけ置換基を命名する．

答：2-エチルシクロヘキサンカルボアルデヒド
(2-ethylcyclohexanecarbaldehyde)

**問題 21.3** 次のアルデヒドの IUPAC 名を示せ．

a. (構造式)  b. (構造式)  c. (構造式)

**問題 21.4** 次の IUPAC 名をもつ化合物の構造を示せ．
a. 2-イソブチル-3-イソプロピルヘキサナール
b. *trans*-3-メチルシクロペンタンカルボアルデヒド
c. 1-メチルシクロプロパンカルボアルデヒド
d. 3,6-ジエチルノナナール

### 21.2.2 アルデヒドの慣用名

カルボン酸と同様，多くの単純なアルデヒドは慣用名をもち，広く用いられている．

- アルデヒドの慣用名は，母体の慣用名に，接尾語 -aldehyde をつけて表す．

母体の慣用名は，表 19.1 に示したカルボン酸のものと類似している．慣用名の**ホルムアルデヒド**，**アセトアルデヒド**，**ベンズアルデヒド**に対しては，IUPAC 名でなく常に慣用名が用いられる．

ホルムアルデヒド (formaldehyde) [メタナール methanal]

アセトアルデヒド (acetaldehyde) [エタナール ethanal]

ベンズアルデヒド (benzaldehyde) [ベンゼンカルボアルデヒド benzenecarbaldehyde]

（IUPAC 名を[ ]内に示す）

慣用名では，置換基の位置を示すのにギリシャ文字を使う．**CHO 基に隣接する炭素が α 炭素**で，鎖に沿って β，γ，δ … と続く．

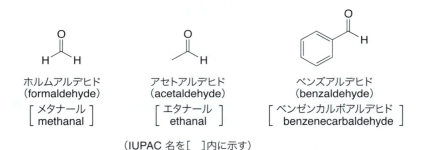

IUPAC名の番号はC=Oから始める
ギリシャ文字はC=Oに結合した炭素から始める

図 21.1 に，三つのアルデヒドの慣用名と IUPAC 名を示す．

### 図 21.1
アルデヒドの命名法の例

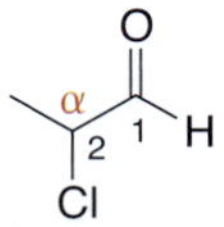

慣用名を [ ] 内に示す

2-クロロプロパナール
(2-chloropropanal)
[α-クロロプロピオンアルデヒド / α-chloropropionaldehyde]

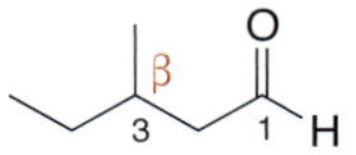

3-メチルペンタナール
(3-methylpentanal)
[β-メチルバレルアルデヒド / β-methylvaleraldehyde]

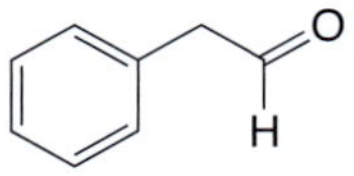

フェニルエタナール
(phenylethanal)
[フェニルアセトアルデヒド / phenylacetaldehyde]

## 21.2.3 IUPAC 規則によるケトンの命名

• **IUPAC 規則では，すべてのケトンの名称は接尾語 -one をもっている．**

**IUPAC 規則を用いた非環状ケトンの命名法：**

[1] カルボニル基を含む最長鎖を特定し，母体アルカンの名称の最後の **-e** を接尾語 **-one** に変える．
[2] カルボニル炭素ができるだけ小さい番号になるように主鎖に番号をつける．他のすべての一般的な命名法の規則も適用される．

環状ケトン (cyclic ketone) では，常にカルボニル炭素から番号をつけるので，"1" は普通名称にはつけない．環には，一つ目の置換基の番号ができるだけ小さくなるように番号をつける．

**例題 21.2** 次のケトンの IUPAC 名を示せ．

a. 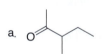   b.

【解答】
a. [1] カルボニル基を含む最長鎖を特定し名称をつける．

ペンタン (pentane) → ペンタノン (pentanone)
(5 炭素)

[2] 番号をつけ置換基を命名する．

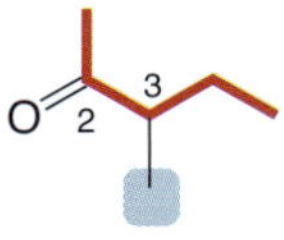

答：3-メチル-2-ペンタノン
(3-methyl-2-pentanone)

b. [1] 環の名称をつける．

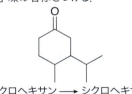

シクロヘキサン (cyclohexane) → シクロヘキサノン (cyclohexanone)
(6 炭素)

[2] 番号をつけ置換基を命名する．

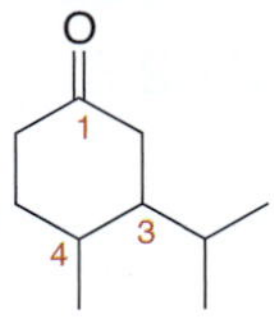

答：3-イソプロピル-4-メチルシクロヘキサノン
(3-isopropyl-4-methylcyclohexanone)

**問題 21.5** 次のケトンの IUPAC 名を示せ.

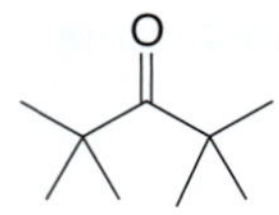

## 21.2.4 ケトンの慣用名

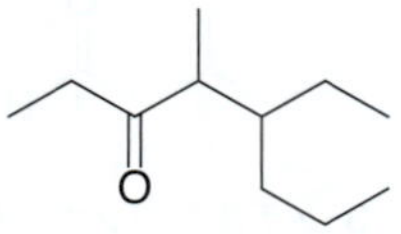

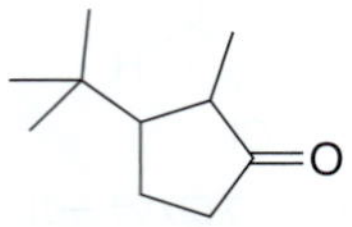

ケトンの慣用名は，カルボニル炭素に結合している**二つのアルキル基を命名し，アルファベット順に並べて**，最後に**ケトン**(*ketone*)をつける．この方法によると，2-ブタノンの慣用名はエチルメチルケトンとなる．

IUPAC名：**2-ブタノン**
(2-butanone)

慣用名：**エチルメチルケトン**
(ethyl methyl ketone)

広く用いられる単純な次の三つのケトンの慣用名は，この原則には従わない．

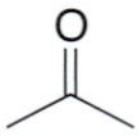

アセトン
(acetone)

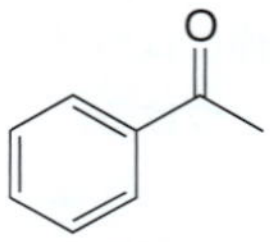

アセトフェノン
(acetophenone)

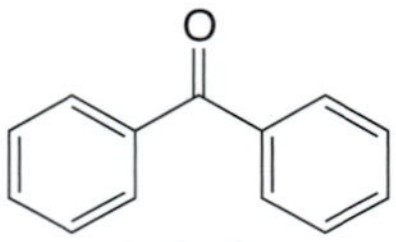

ベンゾフェノン
(benzophenone)

図 21.2 に，二つのケトンに対する慣用名を示す．

**図 21.2**

ケトンの命名法の例

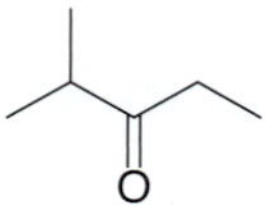

IUPAC名：**2-メチル-3-ペンタノン**
(2-methyl-3-pentanone)
慣用名：エチルイソプロピルケトン
(ethyl isopropyl ketone)

*m*-ブロモアセトフェノン
(*m*-bromoacetophenone)
または
3-ブロモアセトフェノン
(3-bromoacetophenone)

## 21.2.5 その他の命名法

アシル基(acyl group, RCO–)を置換基として命名することもある．アシル基は，IUPAC 名または慣用名の母体名に接尾語 **-yl** または **-oyl** をつけて命名する．代表的なアシル基を次に示す．

ベンジル(benzyl)基とベンゾイル(benzoyl)基を混同しないこと．

ホルミル基 (formyl group)
アセチル基 (acetyl group)
ベンゾイル基 (benzoyl group)

ベンジル基 (benz<u>yl</u> group)

C=C 結合とアルデヒドの両方をもつ化合物は**エナール**(enal)，C=C 結合とケトンの両方をもつ化合物は**エノン**(enone)と呼ばれる．鎖にはカルボニル基の番号が小さくなるように番号をつける．

2,2-ジメチル-3-ブテナール (2,2-dimethyl-3-butenal)
4-メチル-3-ペンテン-2-オン (4-methyl-3-penten-2-one)

**問題 21.6** 次の化合物名に対応する構造を示せ．
a. *sec*-ブチルエチルケトン
b. メチルビニルケトン
c. *p*-エチルアセトフェノン
d. 3-ベンゾイル-2-ベンジルシクロペンタノン
e. 6,6-ジメチル-2-シクロヘキセノン
f. 3-エチル-5-ヘキセナール

**問題 21.7** 次の不飽和アルデヒドの *E, Z* も含めた IUPAC 名を示せ．ネラールはレモングラスから単離される．キューカンバーアルデヒド(問題 1.30；上巻)は，新鮮なマンゴーの香りにも含まれる．

a. ネラール (neral)
b. キューカンバーアルデヒド (cucumber aldehyde)

## 21.3 物理的性質

**アルデヒドやケトンは**極性カルボニル基をもつため，**双極子–双極子相互作用を示す**．しかし，それらは O–H 結合をもたないので，RCHO や RCOR は分子間水素結合をもたない．そのため，アルコールやカルボン酸よりは極性が小さい．分子間力がアルデヒドやケトンの物性にどんな影響を与えるかを表 21.1 にまとめた．

**問題 21.8** 2-ブタノン(沸点 80°C)とジエチルエーテル(沸点 35°C)はどちらも双極子–双極子相互作用をもち，同程度の分子量であるにもかかわらず，かなり沸点が異なる．この理由を説明せよ．

## 表 21.1 アルデヒドとケトンの物理的性質

| 性　質 | 観 測 結 果 |
|---|---|
| 沸点と融点 | ・同程度の分子量をもつ化合物と比較して，沸点と融点は一般的な傾向通りである．つまり，分子間力が強いほど，沸点も融点も高くなる． |
| | VDW　　　　　　　　VDW, DD　MW = 72　　　　　VDW, DD, HB |
| | MW = 72　　　　　　　bp 76 ℃　　　　　　　　　　MW = 74 |
| | bp 36 ℃　　　　　　　　　　　　　　　　　　　　　　bp 118 ℃ |
| | VDW, DD　MW = 72 |
| | bp 80 ℃ |
| | → 分子間力が強いほど沸点が高くなる |
| 溶解性 | ・RCHO と RCOR は大きさに関係なく有機溶媒に溶ける．<br>・5 炭素以下の RCHO と RCOR は $H_2O$ と水素結合を形成するので，$H_2O$ に溶ける (3.4.3 項；上巻)．<br>・6 炭素以上の RCHO と RCOR は，無極性アルキル基が大きすぎるため，極性の $H_2O$ には溶けない． |

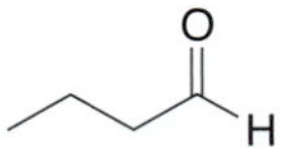

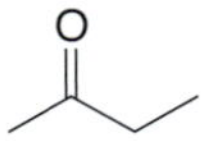

bp ＝ 沸点，VDW ＝ ファンデルワールス力，DD ＝ 双極子－双極子相互作用，HB ＝ 水素結合，MW ＝ 分子量

## 21.4　分光学的性質

アルデヒドおよびケトンはカルボニル基をもつので，赤外吸収および NMR スペクトルにおいて特徴的なピークをもつ．

### 21.4.1　赤外吸収スペクトル

アルデヒドおよびケトンは次のような特徴的な赤外吸収を示す．

- 他のカルボニル化合物と同様に，**アルデヒドおよびケトンは 1700 cm$^{-1}$ 付近に C＝O による強いピークをもつ**．
- **アルデヒドの sp$^2$ 混成の C–H 結合は，2700 ～ 2830 cm$^{-1}$ 付近に一つか二つのピークをもつ**．

図 21.3 のプロパナールの赤外吸収スペクトルはこれらの特徴的なピークを示している．

カルボニル吸収の正確な位置によって，さらに化合物についての情報が得られる．たとえば，アルデヒドは **1730 cm$^{-1}$** 付近に C＝O ピークをもつことが多いが，ケトンでは，一般的に **1715 cm$^{-1}$** 付近にピークをもつ．また，他の構造的特徴として**環の大きさ**(環状ケトンの場合)や**共役**(conjugation)によってもカルボニル吸収の位置が変化し，その変化は予想できる．

**[1]** 環状ケトンのカルボニル吸収は，環の大きさが小さくなり環歪み (ring strain) が大きくなると，高波数側に移動する．

### 図 21.3
プロパナール($CH_3CH_2CHO$)の赤外吸収スペクトル

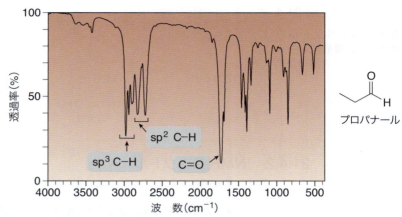

- 1739 $cm^{-1}$ に強い C=O 吸収をもつ．
- CHO の $sp^2$ C–H 結合は 2813 と 2716 $cm^{-1}$ に二つのピークをもつ．

環歪みが増大すると C=O 吸収の波数が増加する

**[2] カルボニル基が C=C やベンゼン環と共役すると，吸収が 30 $cm^{-1}$ ほど低波数側に移動する．**

C=O 吸収の振動数に対する共役の効果は**共鳴**（resonance）によって説明できる．α,β-不飽和カルボニル化合物には三つの共鳴構造式が書けるが，そのうちの二つで，カルボニル基の炭素と酸素原子間は単結合になっている．つまり，カルボニル基のπ結合は非局在化し，共役したカルボニル基は単結合性をもつようになる．このため，非共役の C=O より少し結合が**弱くなる**．**赤外吸収スペクトルでは，弱い結合は低振動数（すなわち低波数）に吸収を示す．**

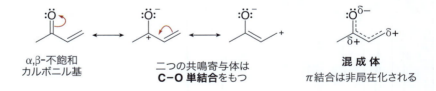

図 21.4 にいくつかの代表的な化合物について，カルボニル吸収の位置に対する共役の効果の具体例を示す．

**問題 21.9** 次の組合せで，カルボニル基の吸収が高波数側に現れるのはどちらか．

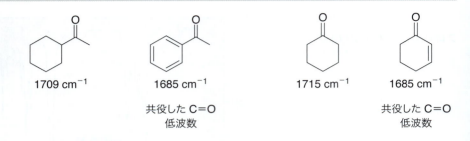

**図 21.4** 赤外吸収スペクトルのカルボニル吸収に対する共役の効果

1709 cm$^{-1}$　　1685 cm$^{-1}$　　1715 cm$^{-1}$　　1685 cm$^{-1}$
　　　　　　　共役した C=O　　　　　　　共役した C=O
　　　　　　　低波数　　　　　　　　　　低波数

### 21.4.2　NMR スペクトル

アルデヒドおよびケトンは，次のような特徴的な $^1$H および $^{13}$C NMR 吸収を示す．

- アルデヒドの sp$^2$ 混成の C-H プロトンは高度に非遮蔽化されており，9〜10 ppm の低磁場に吸収を示す．α 炭素上のプロトンとの分裂が起こるが，カップリング定数は非常に小さい($J$ = 1〜3 Hz)．
- カルボニル基の α 炭素上のプロトンは 2〜2.5 ppm に吸収を示す．たとえば，メチルケトンは，2.1 ppm 付近に特徴的な一重線を示す．
- $^{13}$C NMR スペクトルでは，**カルボニル炭素は高度に非遮蔽化されているため，190〜215 ppm にシグナルが現れる**．

プロパナールの $^1$H および $^{13}$C NMR スペクトルを図 21.5 に示す．

> **問題 21.10**　分子式 C$_5$H$_{10}$O をもつケトンの構造異性体をすべて書け．それぞれの異性体の IUPAC 名を示し，これらの異性体が $^{13}$C NMR 分光法によってどのように区別できるかを述べよ．

**図 21.5** プロパナール(CH$_3$CH$_2$CHO)の $^1$H および $^{13}$C NMR スペクトル

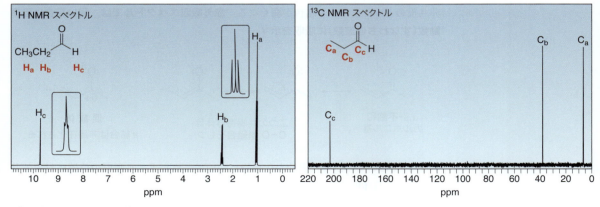

- **$^1$H NMR**：三つの異なる水素，H$_a$，H$_b$，H$_c$ による三つのシグナルがある．非遮蔽化された CHO プロトン(H$_c$)のシグナルは 9.8 ppm の低磁場に現れる．H$_c$ のシグナルは隣接する CH$_2$ 基によって三重線に分裂するが，カップリング定数は小さい．
- **$^{13}$C NMR**：三つの異なる炭素，C$_a$，C$_b$，C$_c$ による三つのシグナルがある．非遮蔽化されたカルボニル炭素のシグナルは 203 ppm の低磁場に現れる．

## 21.5 興味深いアルデヒドとケトン

ホルムアルデヒド
$CH_2=O$

アセトン
$(CH_3)_2C=O$

**ホルムアルデヒド**(formaldehyde)はさまざまな樹脂やプラスチックの出発物質であり，メタノール($CH_3OH$)の酸化により莫大な量がアメリカで生産されている．ホルムアルデヒドの37%水溶液は**ホルマリン**(formalin)と呼ばれ，殺菌剤，防腐剤，生体標本の保存剤として市販されている．ホルムアルデヒドは，石炭などの化石燃料が不完全燃焼した際の生成物であり，ばい煙によって引き起こされる炎症の一因である．

**アセトン**(acetone)は工業用溶媒で，ポリマー合成の出発物質でもある．アセトンは脂肪酸分解の際に生体内でも生産される．糖尿病は，インスリンの分泌が不十分なために通常の代謝過程に変化をきたす内分泌疾患である．糖尿病患者の血中には，異常に高いレベルのアセトンが含まれることが多い．このため，状態のよくない糖尿病患者の息からは，アセトンの特徴的な香りがすることがある．

図 21.6 に示すように，特徴的な香りをもつアルデヒドが天然には数多く存在する．

ステロイドホルモンの多くは，他の官能基に加えてカルボニル基をもっている．**コルチゾン**や**プレドニゾン**は，互いによく似た構造をもつ抗炎症性のステロイドである．コルチゾンは体内の副腎で分泌されるが，プレドニゾンは関節炎やぜんそくなどの炎症性疾患の治療に使われる合成類縁体である．

### 図 21.6 強い香りをもつ天然のアルデヒド

コルチゾン (cortisone)
天然物

プレドニゾン (prednisone)
合成品

## 21.6 アルデヒドとケトンの合成

アルデヒドおよびケトンはさまざまな方法で合成することができる．これらの反応は多段階を必要とするので，21.6 節ではアルデヒドやケトンを合成するこれまでにでてきた反応について簡潔にまとめる．

### 21.6.1 アルデヒドを合成する一般的な方法

アルデヒドは第一級アルコール，エステル，酸塩化物，アルキンから合成できる．

- **第一級アルコールの PCC による酸化**

$$R-CH_2OH \xrightarrow{PCC} R-CHO$$

1°アルコール　　　　　　　　　　　　　　　　　　〔12.12.2 項（上巻）〕

- **エステルおよび酸塩化物の還元**

$$R-COOR' \xrightarrow[\text{[2] H}_2\text{O}]{\text{[1] DIBAL-H}} R-CHO$$

エステル　　　　　　　　　　　　　　　　　　　　（20.7.1 項）

$$R-COCl \xrightarrow[\text{[2] H}_2\text{O}]{\text{[1] LiAlH[OC(CH}_3)_3]_3} R-CHO$$

酸塩化物

- **アルキンのヒドロホウ素化反応–酸化反応**

$$R-C\equiv C-H \xrightarrow[\text{[2] H}_2\text{O}_2, ^-\text{OH}]{\text{[1] R}_2\text{BH}} R-CH_2-CHO$$

アルキン　　　　　　　　　　　　　　　　　　　〔11.10 節（上巻）〕

### 21.6.2 ケトンを合成する一般的な方法

ケトンは第二級アルコール，酸塩化物，アルキンから合成できる．

- **第二級アルコールの $Cr^{6+}$ 反応剤による酸化**

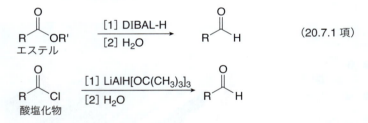

〔12.12.1 項（上巻）〕

2°アルコール

## 21.6 アルデヒドとケトンの合成

- **酸塩化物と有機キュプラートの反応**

R-C(=O)-Cl (酸塩化物) → [1] R'$_2$CuLi [2] H$_2$O → R-C(=O)-R' （20.13 節）

- **フリーデル‐クラフツアシル化反応**

ベンゼン + R-C(=O)-Cl (酸塩化物) → AlCl$_3$ → Ph-C(=O)-R （18.5 節）

- **アルキンの水和反応**

R-C≡C-H (アルキン) → H$_2$O, H$_2$SO$_4$, HgSO$_4$ → R-C(=O)-CH$_3$ （11.9 節（上巻））

アルデヒドおよびケトンはアルケンの酸化的開裂の生成物としても得られる（12.10 節；上巻）.

アルケン → O$_3$ → Zn, H$_2$O または CH$_3$SCH$_3$ → ケトン + アルデヒド

**問題 21.11** 次の化合物をブタナール（CH$_3$CH$_2$CH$_2$CHO）に変換するために必要な反応剤は何か.

a. メチル ブタノエート　b. 1-ブタノール　c. 1-ブチン　d. アルケン

**問題 21.12** 次の化合物をアセトフェノン（C$_6$H$_5$COCH$_3$）に変換するために必要な反応剤は何か.

a. ベンゼン　b. ベンゾイルクロリド　c. フェニルアセチレン

**問題 21.13** O$_3$ と反応させた後に (CH$_3$)$_2$S で処理すると，2,2-ジメトキシ-1,3-シクロペンタンジカルボアルデヒドを生成するアルケンを示せ.

2,2-ジメトキシ-1,3-シクロペンタンジカルボアルデヒド
(2,2-dimethoxy-1,3-cyclopentanedicarbaldehyde)

## 21.7 アルデヒドとケトンの反応──一般的な考察

アルデヒドおよびケトンの二つの一般的な反応を通して，カルボニル基の反応について考えてみよう．

### [1] カルボニル炭素での反応

20章で述べたように，混み合っていない求電子的なカルボニル炭素のため，アルデヒドおよびケトンは**求核付加反応**を受けやすい．

**カルボニル基にHとNuが付加する．** 20章では，ヒドリド($H:^-$)とカルボアニオン($R:^-$)を求核剤とする場合について述べた．本章では，他の求核剤を用いた類似の反応について説明する．

### [2] α炭素での反応

アルデヒドおよびケトンのもう一つの反応は，**α炭素**における反応である．カルボニル基のα炭素のC–H結合は，塩基との反応によって共鳴安定化されたエノラートアニオンが生成するため，他の多くのC–H結合より酸性度が高い．

- エノラートは求核剤であり，求電子剤($E^+$)と反応してα炭素原子上で新しい結合を生成する．

23章および24章では，カルボニル基のα炭素における反応について取りあげる．

- アルデヒドやケトンはカルボニル炭素原子上で求核剤と反応する．
- アルデヒドやケトンから生成したエノラートは，α炭素原子上で求電子剤と反応する．

### 21.7.1 求核付加反応の一般的な反応機構

求核付加反応に対して，二つの反応機構を書くことができる．そのどちらになるかは，求核剤が負電荷をもつか中性であるか，および酸触媒の有無によって変わる．負

電荷をもつ求核剤とは，機構 21.1 に示すように，20 章で最初に述べた**求核付加反応**と**プロトン化**の 2 ステップで反応が進行する．

## 機構 21.1　一般的な反応機構——求核付加反応

R' = H またはアルキル基

① 求核剤が求電子的なカルボニル基を攻撃する．π結合が切断され，電子対は酸素原子上に移動し，$sp^3$ 混成の炭素が生じる．
② 負電荷をもつ酸素原子が水によるプロトン化を受けて，付加体が生成する．

この反応機構では，**プロトン化の前に求核攻撃が起こる**．この過程は強い求核性をもつ，中性の求核剤や負電荷をもつ求核剤を用いた場合に進行する．

しかし，中性の求核剤の場合には，酸触媒を加えなければ反応が起こらないこともある．このような反応は，H と Nu がカルボニル基のπ結合に付加するために結果として同じ生成物を与えるが，2 段階ではなく 3 段階の反応からなる機構で起こる．この反応機構では，**プロトン化の後に求核攻撃が起こる**．機構 21.2 で，中性の求核剤 H–Nu: と酸 H–A を使ってこの機構を説明する．

## 機構 21.2　一般的な反応機構——酸触媒による求核付加反応

R' = H または
アルキル基　　　　　共鳴安定化されたカチオン
　　　　　　　　　　　+ :A⁻

① カルボニル酸素のプロトン化によって，共鳴安定化されたカチオンが生成する．
②–③ 求核攻撃と脱プロトン化により中性の付加体が生成する．結果的に，H と Nu がカルボニル基に付加する．

プロトン化によって，中性のカルボニル基が全体として正電荷をもつようになる．**プロトン化されたカルボニル基はより求電子的になるため**，求核剤による攻撃を受けやすくなる．この段階は，20 章で述べたヒドリド（H:⁻）のような強力な求核剤を用いる場合には必要ない．しかし，弱い求核剤の場合には，まずカルボニル基がプロトン化されないと求核攻撃が起こらない．

全体として電荷をもたない　　　　全体として（+）電荷
**求電子性が低い**　　　　　　　　**より求電子的**

このステップは，カルボニル基への求核付加の際によく起こる現象である．

- **カルボニル基と強酸が関与する反応では，まずカルボニル酸素のプロトン化から反応が始まる．**

### 21.7.2 求核剤

**どんな求核剤がカルボニル基に付加するだろうか．** これを7章（上巻）で学んだ求核性の大小のみから予測するのは難しい．$sp^3$混成炭素に対する求核置換反応でうまく反応する求核剤でも，求核付加反応を起こしにくいものもある．

**$Cl^-$，$Br^-$，$I^-$は，$sp^3$混成炭素における求核置換反応では優れた求核剤であるが，付加反応では有効な求核剤ではない．**たとえば，カルボニル基への$Cl^-$の付加によってC-O π結合が開裂し，アルコキシドが生成するとしよう．しかし，生成するアルコキシドよりも $Cl^-$ ははるかに弱い塩基なので，平衡は付加生成物ではなく出発物質に傾く．

より弱い塩基　　　より強い塩基

最初に得られた求核付加生成物が不安定で，脱離によって安定な生成物に変わることがあるので，状況はさらに込み入ってくる．たとえば，アミン（$RNH_2$）は弱酸の存在下カルボニル基に付加し，不安定な**ヘミアミナール**を生成するが，ヘミアミナールはすぐに脱水して**イミン**になる．この付加 – 脱離によってC=OはC=Nとなる．この過程の詳細は21.11節で述べる．

ヘミアミナール　　　イミン
（hemiaminal）　　　（imine）

図21.7には，代表例なケトンとしてシクロヘキサノンを例に，カルボニル基に付加する求核剤と求核付加で得られる生成物を示す．本章の後半ではこれらの反応について述べる．角括弧内にあるのは最初に生成する不安定な付加生成物であり，続く反応によって最終生成物となる．

**図 21.7**
求核付加反応の具体例

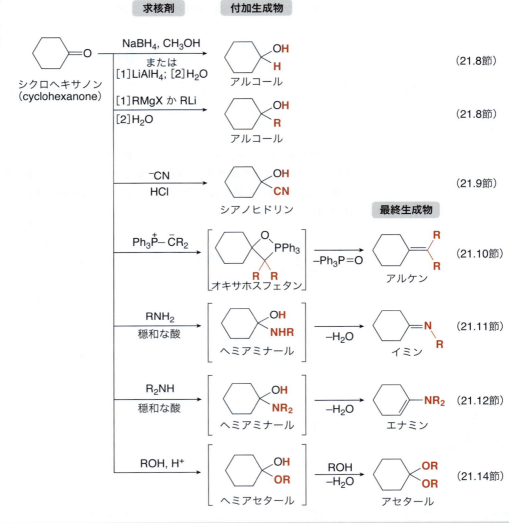

## 21.8 H⁻ と R⁻ の求核付加反応の復習

20.4 節と 20.10 節でそれぞれ説明したヒドリドとカルボアニオンの求核付加反応を簡単に復習してから，アルデヒドおよびケトンへの求核付加反応の学習を始めよう．

**アルデヒドまたはケトンを NaBH₄ や LiAlH₄ で処理して，その後プロトン化すると，第一級または第二級アルコールが生成する**．$NaBH_4$ や $LiAlH_4$ は求核剤であるヒドリド($H:^-$)源として作用し，反応によって C–O π 結合に $H_2$ が付加したことになる．$H_2$ の付加によってカルボニル基はアルコールに還元される．

20.4.2 項で見てきたように，アルデヒドやケトンのヒドリド還元は，求核付加の2段階機構，つまり **H:⁻ の求核攻撃とプロトン化**を経て起こる．

アルデヒドやケトンを**有機リチウム反応剤(R"Li)やグリニャール反応剤(R"MgX)と反応させて水で後処理すると，新しい炭素–炭素結合をもつ第一級，第二級，または第三級アルコールが生成する**．R"Li や R"MgX は**求核剤であるカルボアニオン (R")⁻ 源**として作用し，反応によって C–O π 結合に R" と H が付加したことになる．

20.10 節で見てきたように，アルデヒドやケトンに対するカルボアニオンの求核反応は，求核付加の2段階機構，つまり**(R")⁻ の求核攻撃とプロトン化**を経て起こる．

ヒドリド還元およびグリニャール付加の立体化学については，20.5 節および 20.10.2 項でそれぞれ述べた．

例題 21.3 に示すように，いずれの反応においても求核剤であるヒドリドやカルボアニオンは，平面三方形構造の $sp^2$ 混成のカルボニル炭素をどちらの側からでも攻撃できるので，新しい立体中心ができるときは立体異性体の混合物となる．

**例題 21.3** 次の反応の生成物をその立体化学も含めて書け．

(R)-3-メチルシクロペンタノン
〔(R)-3-methylcyclopentanone〕

【解答】
グリニャール反応剤が平面三方形構造のカルボニル基の両方の面から $CH_3^-$ を付加し，水によるプロトン化の後，第三級アルコールの混合物が生成する．この例では，出発物質のケトンと生成物のアルコールはともにキラルである．それぞれ二つの立体中心をもつ二つの生成物は，立体異性体ではあるが鏡像関係にはなく，**ジアステレオマー**である．

21.9 ⁻CN の求核付加反応

(R)-3-メチルシクロペンタノン に CH₃-MgCl が前面から／背面から付加し、H₂O で処理すると、ジアステレオマーの 3°アルコールが生成する。

**問題 21.14** 次の反応の生成物を書け．生成物の立体異性体もすべて示せ．

a. 3-ヘキサノン $\xrightarrow{\text{NaBH}_4 / \text{CH}_3\text{OH}}$

b. 4-tert-ブチルシクロヘキサノン $\xrightarrow[\text{[2] H}_2\text{O}]{\text{[1] CH}_2=\text{CHMgBr}}$

## 21.9 ⁻CN の求核付加反応

アルデヒドやケトンに NaCN と HCl のような強酸を作用させると，HCN が炭素−酸素 π 結合に付加し，**シアノヒドリン**が生成する．

$$\underset{\substack{R'=\text{H または}\\ \text{アルキル基}}}{\text{R-CO-R'}} \xrightarrow[\text{"HCN"}]{\text{NaCN, HCl}} \underset{\text{シアノヒドリン (cyanohydrin)}}{\text{R-C(OH)(R')-CN}}$$

この反応によって，アルデヒドやケトンに 1 炭素が付加し，新しい炭素−炭素結合が生成する．

$$\text{CH}_3\text{CHO} \xrightarrow[\text{HCl}]{\text{NaCN}} \text{CH}_3\text{CH(OH)CN}$$

アセトアルデヒドシアノヒドリン
(acetaldehyde cyanohydrin)
新しい C−C 結合を赤色で示す

### 21.9.1 反応機構

機構 21.3 に示すように，シアノヒドリンの生成機構は**求核攻撃とプロトン化**という 2 段階からなる求核付加反応を含む．

## 機構 21.3  ⁻CN の求核付加反応 ―― シアノヒドリンの生成

1. ⁻CN の求核攻撃によって新しい炭素−炭素結合が生成し，C−O π 結合が切断される．
2. 負電荷をもつ酸素が HCN によってプロトン化され，付加生成物が生成する．ここで使われる HCN はシアン化物イオン（⁻CN）と，強酸である HCl の酸-塩基反応によって生成する．

この反応は，HCN だけでは起こらない．強い求核剤である**シアン化物イオン**（cyanide anion）がカルボニル基を攻撃することによって，付加反応を可能にしている．

シアノヒドリンに塩基を作用させることによってカルボニル化合物にもどすことができる．この過程は HCN の付加の逆反応，つまり**脱プロトン化と⁻CN の脱離**によって起こる．

> 二つの似た用語に注意しよう．**水和反応**(hydration) は化合物に水が付加することであり，**加水分解**(hydrolysis) は水によって結合が開裂することである．

シアノヒドリンのシアノ基（CN）は，酸や塩基の水溶液とともに加熱することによって容易にカルボキシ基（COOH）に加水分解することができる．**加水分解によって三つの C−N 結合が三つの C−O 結合に置き換わる．**

### 問題 21.15
次の反応の生成物を書け．

a. PhCHO + NaCN / HCl

b. 1-ヒドロキシシクロペンタンカルボニトリル + H₃O⁺, 熱

シアノヒドリン誘導体であるアミグダリンは，モモやアプリコットの種から得られる．

### 21.9.2  応用：天然に存在するシアノヒドリン誘導体

シアノヒドリンは天然にはあまり見られない官能基だが，**リナマリン**や**アミグダリン**のように天然に存在するシアノヒドリン誘導体もある．いずれもシアノ基と酸素原子が結合した炭素原子を含んでおり，シアノヒドリンの類縁体である．

リナマリン
(linamarin)

アミグダリン
(amygdalin)

レートリル
(laetrile)

キャッサバは広範囲で栽培される根菜で，16世紀にブラジルからポルトガル商人によってアフリカにもち込まれた．皮をむいた根を茹でるか焼くかして食べる．調理せずに根を食べると，高濃度のHCNによって病気になったり死に至ることもある．

**リナマリン**は，南アメリカやアフリカの多湿な熱帯地域に生える潅木(かんぼく)で，根菜として栽培されているキャッサバから単離された化合物である．**アミグダリン**は，アプリコット，モモ，セイヨウミザクラなどの種に存在する．その類似の合成化合物であるレートリルは，有効な抗がん剤とされたことがあったが，その有効性はいまだ実証されていない．

**リナマリンおよびアミグダリンとレートリルは**，下に示すようにシアノヒドリンへと代謝されると，カルボニル化合物と毒性のある気体であるHCNに加水分解されるため，**毒性化合物**(toxic compound)**である**．HCNの気体（青酸ガス）は特徴的なアーモンド臭をもつ細胞毒である．2段階目の反応は単にシアノヒドリンのカルボニル化合物への再変換であり，実験室で塩基によって起こる反応と同じである(21.9.1項)．適切に処理すれば，あらかじめ下の酵素反応が起こり毒性のHCNが放出されるため，キャッサバを安全に食べることができる．

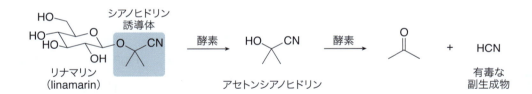

**問題 21.16** アミグダリンが同様に代謝されると，どんなシアノヒドリンとカルボニル化合物が生成するか．

## 21.10 ウィッティッヒ反応

$H^-$，$R^-$，および$^-CN$の付加はどれも求核攻撃とプロトン化の2段階からなるが，本章で取りあげる残りの求核付加反応は少し異なっている．求核攻撃によってはじめに得られる付加生成物が，それに続く反応によって別の生成物に変換される．

この種の反応として，**ウィッティッヒ反応**(Wittig reaction)がある．この反応は，ドイツの化学者ゲオルク・ウィッティッヒ(Georg Wittig)の名前にちなんで名づけられた．ウィッティッヒはこの反応の発見によって1979年にノーベル化学賞を受賞した．ウィッティッヒ反応では，**ウィッティッヒ反応剤**(Wittig reagent)を炭素求核剤として用い，**アルケン**が生成する．カルボニル化合物をウィッティッヒ反応剤で処理すると，リンに結合した負電荷をもつアルキル基によってカルボニル酸素原子が置き換えられ，**C=O が C=C に変換される**．

$$\underset{\substack{R' = H \text{ または}\\ \text{アルキル基}}}{\overset{R}{\underset{R'}{>}}\!\!=\!\!O} \;+\; \underset{\text{ウィッティッヒ反応剤}}{Ph_3\overset{+}{P}\!-\!\overset{R''}{\underset{R''}{\overset{..}{\overset{-}{C}}}}} \;\longrightarrow\; \underset{\text{アルケン}}{\overset{R}{\underset{R'}{>}}\!\!=\!\!\overset{R''}{\underset{R''}{<}}} \;+\; \underset{\substack{\text{トリフェニルホスフィン}\\ \text{オキシド}\\ (\text{triphenylphosphine oxide})}}{Ph_3P\!=\!O}$$

- **ウィッティッヒ反応によって二つの新しい炭素−炭素結合（一つの新しいσ結合と一つの新しいπ結合）と，リン由来の副生成物である $Ph_3P=O$ が生成する．**

$$\underset{H}{\overset{}{>}}\!\!=\!\!O \;\xrightarrow{Ph_3\overset{+}{P}-\overset{..}{\overset{-}{C}}H_2}\; \text{CH}_2\!=\!\text{CH}_2 \text{ 型} \;+\; Ph_3P=O$$

$$\text{シクロヘキサノン} \;\xrightarrow{Ph_3\overset{+}{P}-\overset{..}{\overset{-}{C}}\!\!\!\diagup}\; \text{シクロヘキシリデン} \;+\; Ph_3P=O$$

### 21.10.1 ウィッティッヒ反応剤

**ウィッティッヒ反応剤**（Wittig reagent）は，**有機リン反応剤**（organophosphorus reagent）であり，炭素−リン結合をもつ．ウィッティッヒ反応剤は，通常，リン原子上に負電荷を帯びたアルキル基を一つとフェニル基を三つもっている．

$$\underset{\text{ウィッティッヒ反応剤}}{Ph_3\overset{+}{P}\!\!-\!\!\overset{R''}{\underset{R''}{\overset{..}{\overset{-}{C}}}}\text{(Ph 3 個)}} \quad \text{は} \quad \underset{\substack{\text{イリド}(\text{ylide})\\ \text{隣接した原子上に}\\ (+)\text{と}(-)\text{電荷がある}}}{Ph_3\overset{+}{P}\!\!-\!\!\overset{R''}{\underset{R''}{\overset{..}{\overset{-}{C}}}}} \quad \text{と略記される}$$

> リンイリド（phosphorus ylide）を**ホスホラン**（phosphorane）ともいう．

ウィッティッヒ反応剤は**イリド**（ylide）である．**イリドとは，互いに結合した原子上に正および負の電荷をもち，どちらの原子も八電子則を満たすものを指す．** ウィッティッヒ反応剤では，正電荷をもつリン原子に負電荷をもつ炭素原子が結合している．

リンは第三周期の元素であるので，8 個を超える電子をまわりにもつことができる．そのため，炭素−リン二重結合をもつ別の共鳴構造式を書くことができる．どちらの共鳴構造式で書いても，**ウィッティッヒ反応剤は全体として電荷をもたない**．しかし，一方の共鳴構造式では炭素原子上に負電荷をもつ形で書けるので求核的である．

$$Ph_3\overset{+}{P}\!-\!\overset{R''}{\underset{R''}{\overset{..}{\overset{-}{C}}}} \quad \longleftrightarrow \quad \underset{\substack{\text{P のまわりに10個の電子}\\ (\text{五つの結合})}}{Ph_3P\!=\!\overset{R''}{\underset{R''}{C}}}$$

ウィッティッヒ反応剤は 2 段階で合成できる．

### ステップ[1]　トリフェニルホスフィンとハロゲン化アルキルの $S_N2$ 反応によるホスホニウム塩の生成

$$Ph_3P: + R-X: \xrightarrow{S_N2} Ph_3\overset{+}{P}-CH_2-R \quad :\overset{..}{X}:^-$$

トリフェニルホスフィン　　　　　　　　　　　　　　　　ホスホニウム塩
求核剤

リンは周期表で窒素の下に位置するので，三つの結合をもつリン原子は孤立電子対ももつ．

トリフェニルホスフィン (triphenylphosphine, $Ph_3P:$) は P 上に孤立電子対をもつため，求核剤である．この反応は $S_N2$ 機構であり，立体障害がない $CH_3X$ や第一級ハロゲン化アルキル ($RCH_2X$) で最もうまく進行する．第二級ハロゲン化アルキル ($R_2CHX$) を用いることもできるが，収率は低下することが多い．

### ステップ[2]　強塩基(:B)を用いるホスホニウム塩の脱プロトン化によるイリドの生成

Bu—Li
強い塩基

強塩基として働く有機金属反応剤の反応を 20.9.3 項で学んだ．

$$Ph_3\overset{+}{P}-\underset{R}{\underset{|}{C}}H + :B \longrightarrow Ph_3\overset{+}{P}-\overset{-}{\underset{R}{\underset{|}{C}}}H + H-B^+$$

ホスホニウム塩　　強い塩基　　　　　　　　　イリド

リンに結合した炭素からプロトンを取り去ると，共鳴安定化されたカルボアニオン（イリド）が生成する．そのため，このプロトンはリン原子上にあるアルキル基の他のプロトンよりいくぶん酸性度が高い．そこで非常に強い塩基を用いれば，この酸-塩基反応の平衡を生成物側に傾けることができる．この反応には，ブチルリチウム ($CH_3CH_2CH_2CH_2Li$，略して BuLi) のような有機リチウム反応剤を塩基として用いることが多い．

ウィッティッヒ反応剤 $Ph_3P=CH_2$ を合成するには，次の 2 段階を経由する．

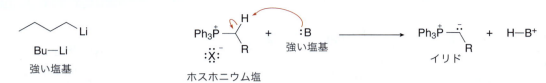

臭化メチルトリフェニルホスホニウム
(methyltriphenyl-phosphonium bromide)

イリドの二つの共鳴構造式

+ Bu—H　　+ LiBr
ブタン

- ステップ [1]　$Ph_3P:$ と $CH_3Br$ の $S_N2$ 反応によるホスホニウム塩の生成．
- ステップ [2]　強塩基として BuLi を用いたプロトンの引き抜きによるイリドの生成．

**問題 21.17** 次のウィッティッヒ反応の生成物を書け．

a.　(CH_3)_2C=O + Ph_3P=CH_2 ⟶

b.　シクロペンタノン=O + Ph_3P=CHCH_2CH_2CH_3 ⟶

**問題 21.18** Ph₃P とハロゲン化アルキルから次のウィッティッヒ反応剤を合成する方法を示せ．

a. Ph₃P=CH₂ 相当 b. Ph₃P=C(CH₃)₂ 相当 c. Ph₃P=CHPh 相当

### 21.10.2 ウィッティッヒ反応の反応機構

**ウィッティッヒ反応は2段階の反応機構で進むと考えられている．**他の求核剤と同様に，ウィッティッヒ反応剤も求電子的なカルボニル炭素を攻撃するが，はじめに得られる付加生成物が脱離反応を起こしてアルケンを生成する．機構21.4に，Ph₃P=CH₂を用いた反応を示す．

### 機構 21.4 ウィッティッヒ反応

（図：カルボニル化合物とイリドから、オキサホスフェタン（oxaphosphetane）を経てアルケンとトリフェニルホスフィンオキシドを生成する機構。新しいC–C結合を赤色で示す）

① 負電荷をもったイリドの炭素がカルボニル炭素を攻撃し，正電荷をもつリンをカルボニル酸素が攻撃する．この段階では，二つの結合が生成してオキサホスフェタンと呼ばれる四員環が生成する．

② トリフェニルホスフィンオキシドが脱離し，π結合が新たに二つ生成する．非常に強いP=O結合が生成することがウィッティッヒ反応の駆動力になっている．

ウィッティッヒ反応の問題点は，アルケンが立体異性体の混合物として生成することである．たとえば，プロパナール（CH₃CH₂CHO）とウィッティッヒ反応剤の反応によって，次のようにE異性体とZ異性体の混合物が生成する．

E異性体 59%　＋　Z異性体 41%

ウィッティッヒ反応では1段階で二重結合が生成するため，図21.8に示すβ-カロテンなど多くの天然物の合成に用いられている．

**問題 21.19** ベンズアルデヒド（C₆H₅CHO）を次のウィッティッヒ反応剤で処理して得られる生成物を立体異性体も含めて示せ．

a. Ph₃P=CHCH₂CH₃　b. Ph₃P=CHPh　c. Ph₃P=CHCO₂CH₃

## 図 21.8 ウィッティッヒ反応によるβ-カロテンの合成

β-カロテン (β-carotene)
ニンジンのオレンジ色素
（ビタミンAの前駆体）

*E* アルケン

- このウィッティッヒ反応では，より安定な *E* アルケンが主生成物となる．

### 21.10.3 逆合成解析

合成の際，ウィッティッヒ反応を用いるためには，標的化合物を合成するために必要なカルボニル化合物とウィッティッヒ反応剤を特定しなければならない．**逆合成の方向**，すなわち**後ろ向きに考える**必要がある．アルケンを得るための二種類のウィッティッヒ反応経路があるが，一方が立体的に有利であることが多い．

## HOW TO 逆合成解析によるウィッティッヒ反応の出発物質の決定

**例** アルケン X をウィッティッヒ反応によって合成するために必要な出発物質は何か．

X

**ステップ [1]** 炭素−炭素二重結合を切断し，二つの部分に分ける．

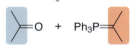

- 分子のそれぞれの部分は，カルボニル化合物とウィッティッヒ反応剤に由来する．

目的とするアルケンをウィッティッヒ反応を用いて合成するには二つの経路が存在する．

**可能性 [1]**　　　　　　　　　　　　**可能性 [2]**

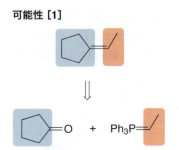 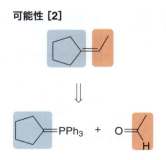

つづく

## HOW TO (つづき)

**ステップ[2]** ウィッティッヒ反応剤を比較する．CH₃X や RCH₂X などの立体障害の小さなハロゲン化アルキルからウィッティッヒ反応剤を合成する経路のほうが望ましい．

それぞれのウィッティッヒ反応剤を合成するために必要なハロゲン化アルキルを特定する．

可能性 [1] Ph₃P= ⟶ Ph₃P⁺  X⁻ ⟶ Ph₃P: + X
1°ハロゲン化物
有利な経路

可能性 [2] =PPh₃ ⟶ ⁺PPh₃ X⁻ ⟶ X + :PPh₃
2°ハロゲン化物

ウィッティッヒ反応剤の合成は $S_N2$ 反応によって行うので，**立体障害の小さなハロゲン化メチルや第一級ハロゲン化アルキルから始める経路がよい**．この例では，第一級ハロゲン化アルキルから合成できる Ph₃P=CHCH₃ を使う可能性[1]のほうがよいことになる．

---

**問題 21.20** ウィッティッヒ反応によって次のアルケンを合成するために必要な出発物質は何か．可能性が二つある場合は，どちらが望ましい経路であるかを示せ．

a. (2-メチル-2-ブテン構造)  b. (2-ヘキセン構造)  c. (1-フェニルプロペン構造)

---

### 21.10.4 アルケン合成法の比較

アルケンを合成する脱離反応のなかでもウィッティッヒ反応を用いる利点は，**二重結合の位置を特定できる**点にある．他のアルケン合成法では構造異性体の混合物が得られることが多いが，ウィッティッヒ反応では常に単一の構造異性体が生成する．

たとえば，シクロヘキサノンをアルケン **B**（メチレンシクロヘキサン）に変換する方法を二つ考える．一つは，グリニャール付加と脱水の 2 段階反応であり，もう一つは 1 段階のウィッティッヒ反応である．

シクロヘキサノン (cyclohexanone) ⟶ メチレンシクロヘキサン (methylenecyclohexane) **B**

9.8 節(上巻)で述べたように，酸触媒によるアルコールの脱水反応の主生成物は，より置換基の多いアルケンである．

2 段階の方法では，シクロヘキサノンを CH₃MgBr で処理してプロトン化すると，第三級アルコールが生成する．$H_2SO_4$ によるアルコールの脱水によってアルケンの混合物が生成するが，目的の二置換アルケンは副生成物にすぎない．

シクロヘキサノン ─[1] CH₃MgBr / [2] H₂O→ 3°アルコール ─$H_2SO_4$→ 三置換 C=C **主生成物** + 二置換 C=C **B 副生成物**

一方，シクロヘキサノンと $Ph_3P=CH_2$ の反応では，目的のアルケンが単一生成物として得られる．新しく生成する二重結合は常にカルボニル炭素とウィッティヒ反応剤の負電荷をもつ炭素の間に生成する．言い換えると，**ウィッティヒ反応では二重結合の生成する位置が正確に決まる．**この特徴のため，アルケンを合成する方法としてウィッティヒ反応は非常に魅力的である．

シクロヘキサノン → B 唯一の生成物

**問題 21.21** 次のアルケンを合成する方法を二つ示せ．一つはウィッティヒ反応剤を用いる1段階の方法であり，もう一つは有機金属反応剤によって炭素-炭素結合を生成する2段階の方法である．

a.
b.

## 21.11 第一級アミンの付加

次に，アルデヒドやケトンと，窒素や酸素などのヘテロ原子の反応について述べる．**アミンは有機窒素化合物であり，N原子上に孤立電子対をもっている．**上巻の 3.2 節で学んだようにアミンは，窒素原子に結合しているアルキル基の数によって，第一級，第二級，または第三級に分類される．

1°アミン
(N上に**一つ**のR)

2°アミン
(N上に**二つ**のR)

3°アミン
(N上に**三つ**のR)

第一級および第二級アミンはアルデヒドやケトンと反応する．まず，第一級アミンとアルデヒドやケトンの反応から見ていこう．

### 21.11.1 イミンの生成

アルデヒドやケトンと第一級アミンを反応させると，**イミン**(imine)〔**シッフ塩基**(Schiff base)ともいう〕が生成する．第一級アミンがカルボニル基に求核攻撃して，不安定な**ヘミアミナール**が生成し，これが水を失ってイミンが生成する．結果として，**C=O が C=NR で置き換わる．**

# 21章 アルデヒドとケトン：求核付加反応

イミンのN原子は三つの基，つまり二つの原子と一つの孤立電子対でかこまれている．このためN原子は$sp^2$混成であり，C–N–R''は180°ではなくおよそ120°となる．反応系が弱酸性の場合，イミンの生成は非常に速やかに起こる．

イミンの生成の反応機構（機構21.5）は，二つの部分に分けられる．**第一級アミンの求核付加（ステップ[1]と[2]）とそれに続く$H_2O$の脱離反応（ステップ[3]〜[5]）である**．どちらの段階も可逆な平衡反応であるため，$H_2O$を取り除くことによって反応は完全に進行する．

## 機構 21.5 アルデヒドまたはケトンからのイミンの生成

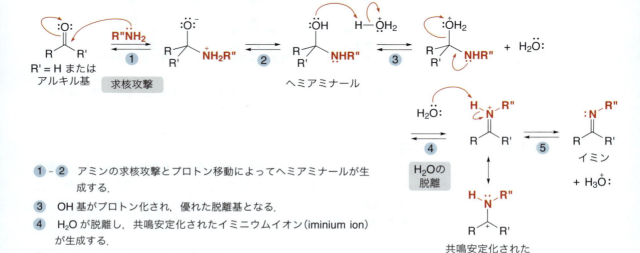

1-2 アミンの求核攻撃とプロトン移動によってヘミアミナールが生成する．
3 OH基がプロトン化され，優れた脱離基となる．
4 $H_2O$が脱離し，共鳴安定化されたイミニウムイオン（iminium ion）が生成する．
5 脱プロトン化によりイミンが生成する．

イミンの生成は pH 4〜5 で最も速い．ステップ [3] で，ヒドロキシ基をプロトン化して**優れた脱離基**を生成させるためには穏和な酸が必要となる．強い酸性条件下では，アミン求核剤がプロトン化されるため反応速度が低下する．プロトン化されて孤立電子対がなくなると，もはやそれは求核剤ではないので求核付加反応も起こらない．

**問題 21.22** 穏和な酸の存在下，$CH_3CH_2CH_2CH_2NH_2$ を次のカルボニル化合物と反応させて得られる生成物を書け．

a. PhCHO   b. アセトン   c. シクロペンタノン

**問題 21.23** 次のイミンを合成するために必要な第一級アミンとカルボニル化合物は何か．

a.   b.

## 21.11.2　応　用：レチナール，ロドプシン，および視覚の化学

多くのイミンが生体系においてきわめて重要な役割を果たしている．視覚の化学において鍵となる分子は高度に共役したイミンである**ロドプシン**（rhodopsin）である．ロドプシンは，目の桿体細胞中で **11-cis-レチナール**とタンパク質の**オプシン**（opsin）に結合した第一級アミンから合成される．

11-cis-レチナール
(11-cis-retinal)

H₂N—オプシン →

ロドプシン
(rhodopsin)

混み合っている

> 視覚におけるロドプシンの中心的な役割は，ノーベル賞受賞者であるハーバード大学のジョージ・ワルド（George Wald）によって解明された．

レチナールから誘導されるこのイミンを中心として，視覚に関する複雑な過程が進行する（図 21.9）．ロドプシンでは，11-シス二重結合によって剛直な側鎖に立体的な混み合いが生じている．光は網膜の桿体細胞に当たるとロドプシンの共役二重結合に吸収され，11-シス二重結合は 11-トランス二重結合に異性化する．この異性化によってタンパク質の構造に大きな変化が起こり，細胞膜を通る $Ca^{2+}$ イオンの濃度が変化し，神経刺激が脳に伝達され，視覚へと変換される．

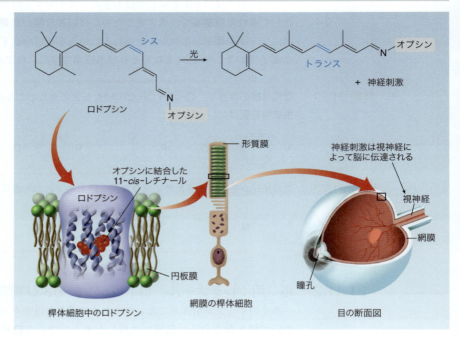

**図 21.9**
視覚の鍵となる反応

- ロドプシンは，目の網膜の桿体細胞の細胞膜にある光応答性の化合物である．ロドプシンは，タンパク質のオプシンとイミン結合でつながった 11-*cis*-レチナールからなる．この分子に光が当たると，混み合った 11-シス二重結合が 11-トランス異性体に異性化し，神経刺激が視神経によって脳まで伝達される．

## 21.12 第二級アミンの付加

### 21.12.1 エナミンの生成

第二級アミンはアルデヒドやケトンと反応して**エナミン**を生成する．**エナミンは二重結合に結合した窒素原子をもつ**（alk*ene* + *amine* = *enamine*）．

イミンと同様に，エナミンも窒素求核剤のカルボニル基への付加と水の脱離によって生成する．しかし，エナミンの場合，脱離は隣り合う二つの炭素原子間で起こり，新しい炭素−炭素 π 結合が生成する．

エナミン生成の反応機構(機構21.6)は，π結合を生成する最後の段階を除いてイミン生成の反応機構と同じである．反応機構は二つの部分に分けることができる．**第二級アミンの求核付加(ステップ[1]と[2])とそれに続く $H_2O$ の脱離反応(ステップ[3]～[5])である**．それぞれの段階は可逆な平衡反応であり，$H_2O$ を取り除くことで反応は完全に進行する．

  機 構 21.6　アルデヒドまたはケトンからのエナミンの生成

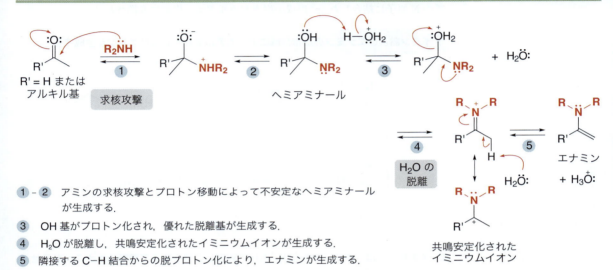

1 – 2 　アミンの求核攻撃とプロトン移動によって不安定なヘミアミナールが生成する．

3 　OH 基がプロトン化され，優れた脱離基が生成する．

4 　$H_2O$ が脱離し，共鳴安定化されたイミニウムイオンが生成する．

5 　隣接する C–H 結合からの脱プロトン化により，エナミンが生成する．

反応機構を見れば，**第一級アミンとカルボニル化合物の反応でイミンが生成し，第二級アミンとの反応でエナミンが生成する**理由が理解できる．図 21.10 では，出発物質にシクロヘキサノンを用いて，両方の反応機構の最後の段階を比較している．二重

図 21.10
イミンとエナミン
生成の比較

- **第一級アミン**を用いると，中間体のイミニウムイオンは N 原子上にまだプロトンをもっており，それが取り除かれて C=N が生成する．
- **第二級アミン**を用いると，中間体のイミニウムイオンは N 原子上にプロトンをもたないため，隣接する C–H 結合からプロトンが取り除かれ，C=C が生成する．

結合の位置は，最後の段階で取り除かれるプロトンの位置によって決まる．N–H プロトンが取り去られると C=N が，C–H プロトンが取り除かれると C=C が生成する．

### 21.12.2 イミンおよびエナミンの加水分解

イミンおよびエナミンはいくつかの可逆反応によって生成するので，どちらも穏和な酸で加水分解するとカルボニル化合物にもどすことができる．これらの反応機構は，イミンとエナミンの生成機構のまったく逆である．エナミンの加水分解では，出発物質の N 原子に結合した $sp^2$ 混成の炭素がカルボニル炭素に変換される．

- **イミンおよびエナミンの加水分解によってアルデヒドおよびケトンが生成する．**

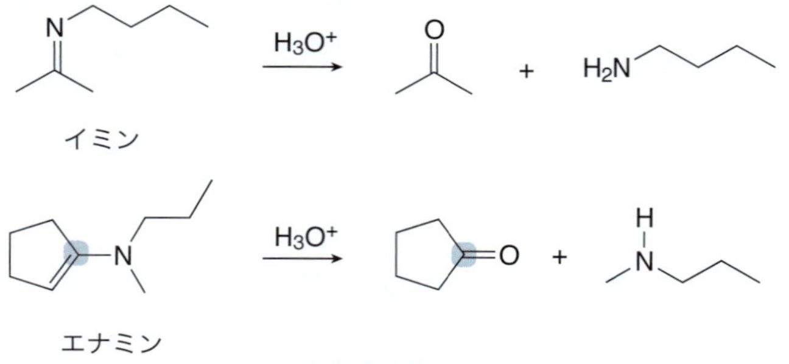

イミン + $H_3O^+$ → ケトン + アミン

エナミン + $H_3O^+$ → ケトン + アミン

**問題 21.24** 2-メチルシクロヘキサノンを $(CH_3)_2NH$ で処理して得られる二種類のエナミンを示せ．

**問題 21.25** 次の化合物を加水分解して得られるカルボニル化合物とアミンを示せ．

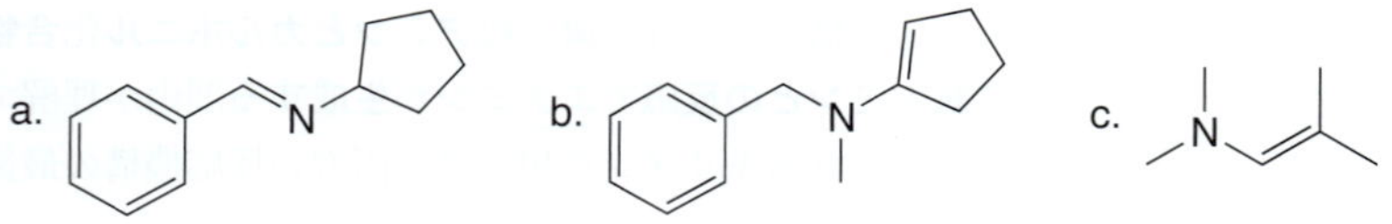

a. b. c.

**問題 21.26** 次のイミンの加水分解反応の機構を段階ごとに示せ．

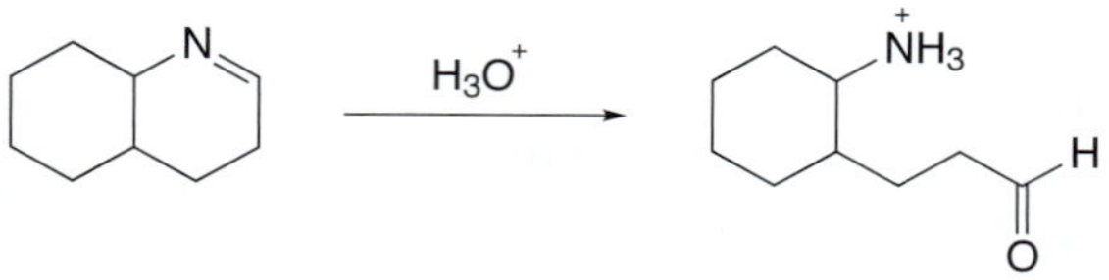

## 21.13 $H_2O$ の付加——水和反応

酸や塩基触媒の存在下，カルボニル化合物を $H_2O$ で処理すると，**炭素–酸素 π 結合に H と OH が付加し，*gem*-ジオール** (*gem*-diol) つまり **水和物** (hydrate) が生成する．

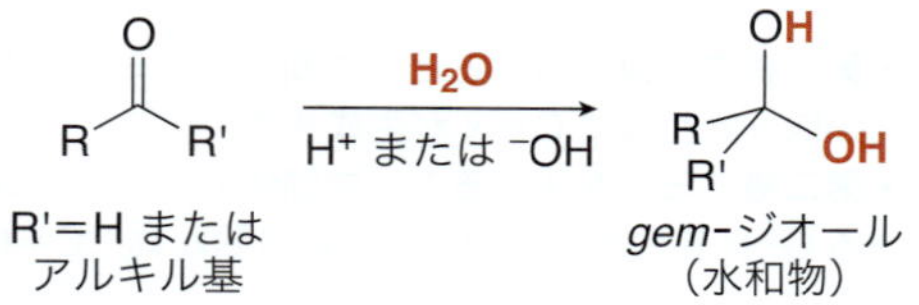

R'=H または アルキル基 + $H_2O$ ($H^+$ または $^-OH$) → *gem*-ジオール（水和物）

しかし，カルボニル基の水和によって gem‐ジオールが収率よく得られるのは，ホルムアルデヒドのような立体障害のないアルデヒドやすぐそばに電子求引性基をもつアルデヒドだけである．

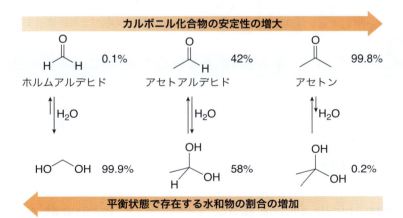

## 21.13.1 水和物生成の熱力学

カルボニル基への $H_2O$ の付加が収率よく gem‐ジオールを与えるかどうかは，出発物質と生成物の相対的エネルギーによって決まる．カルボニル出発物質があまり安定でない場合，平衡は水和反応の生成物側に傾くが，カルボニル出発物質が安定な場合には，平衡は出発物質側に傾く．**アルキル基はカルボニル基を安定化するので**（20.2.2 項），以下のことがいえる．

- カルボニル炭素上のアルキル基の数が増えるほど，平衡状態での水和物の割合が減少する．

ホルムアルデヒド，アセトアルデヒド，およびアセトンから生成する水和物の割合を比較すると，このことがよくわかる．

ホルムアルデヒドは非常に不安定なカルボニル化合物であり，水和物を生成する割合が大きい．一方，アセトンなどのケトンは電子供与性の R 基を二つもつので，平衡状態での水和物の割合は 1% 以下である．水和物の割合には電子的因子も関係する．

- カルボニル炭素付近の電子供与性基によってカルボニル基は安定化され，平衡状態での水和物の割合は減少する．
- カルボニル炭素付近の電子求引性基によってカルボニル基は不安定化され，平衡状態での水和物の割合は増加する．

抱水クロラール(クロラール水和物)は鎮静剤であり,手術前に患者を落ち着かせるために投与されることがある.しかし常習性があるので,管理には注意が必要であり,規制物質に指定されている.

電子的な因子を考慮することによって,平衡状態でクロラール(トリクロロアセトアルデヒド)の水和物の割合が増加する理由を説明できる.電子求引性の三つの Cl 原子のため,カルボニル基の α 炭素に部分的な正電荷が生じてカルボニル基を不安定化するので,平衡状態での水和物の割合が増加するのである.

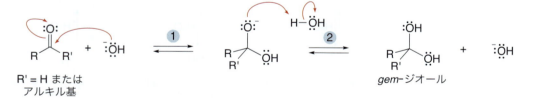

クロラール
(chloral)

隣り合う同種の電荷 (δ+) によって
カルボニル基が不安定化され,
水和物の割合が増加する

**問題 21.27** 次の組合せにおいて,平衡状態で *gem*-ジオールの割合が大きいのはどちらか.

a. （プロパナール）と（ブタノン） b. （ジフルオロアセトアルデヒド）と（プロパナール）

### 21.13.2 水和物生成の反応速度

$H_2O$ のカルボニル基への付加は遅いが,付加反応は酸や塩基によって触媒される.塩基を用いると,$^-OH$ が求核剤になり,機構 21.7 に示すように**求核攻撃とプロトン化**という一般的な求核付加反応が 2 段階機構で進行する.

 **機構 21.7** 塩基触媒による $H_2O$ のカルボニル基への付加

R' = H または
アルキル基

*gem*-ジオール

① 求核剤 ($^-OH$) がカルボニル基を攻撃し,π 結合が切断され,電子対が酸素原子上に移動する.
② 負電荷をもつ酸素原子が $H_2O$ によってプロトン化され,水和物が生成する.

酸触媒による付加は 21.7.1 項で見た一般的な機構に従う.$H_2O$ のような劣った求核剤の場合には,**求核攻撃の前にまず酸によるカルボニル基のプロトン化が必要である**.全体の反応機構は機構 21.8 に示すように 3 段階からなる.

## 機構 21.8　酸触媒による $H_2O$ のカルボニル基への付加

① カルボニル酸素のプロトン化により，共鳴安定化されたカチオンが生成する．
②–③ 求核攻撃と脱プロトン化によって *gem*-ジオールが生成する．全体として，カルボニル基に H と OH が付加する．

酸および塩基は反応速度を増大させるが，その原因はそれぞれ異なる．

- 塩基は $H_2O$ をより強い求核剤である $^-OH$ に変換する．
- 酸はカルボニル基をプロトン化し，求核攻撃に対してより求電子的にする．

これらの触媒は反応速度を増加させるが，平衡定数には影響しない．生成する *gem*-ジオールの割合は，触媒があってもなくても変化しない．これらの反応は可逆反応であるため，*gem*-ジオールのアルデヒドやケトンへの変換も酸や塩基で触媒され，各段階が逆方向の反応機構となる．

**問題 21.28**　次の反応の機構を段階ごとに示せ．

## 21.14　アルコールの付加——アセタールの生成

アルデヒドやケトンは **2 当量のアルコール**と反応してアセタールを生成する．アセタールでは，アルデヒドやケトンに由来するカルボニル炭素が二つの OR″（アルコキシ）基と単結合で結合している．

アセタールという用語は，二つの OR 基が一つの炭素に結合したアルデヒドまたはケトンから誘導される化合物を示す．ケトンを出発物質とした場合，つまりアルコキシ基が結合した炭素が H 原子をもたず，$R_2C(OR')_2$ という一般構造をもつ場合には，ケタールという用語が使われることもある．IUPAC 規則では，ケタールはアセタールの下位分類であると考えられているため，本書では一つの炭素原子に二つの OR 基をもつ化合物についてはアセタールという用語のみを用いて，ケタールという用語は用いないこととする．

この反応は，これまでに見てきた反応とは異なる．なぜなら，**2 当量のアルコールがカルボニル基に付加**して，二つの新しい C–O σ 結合が生成するからである．アセタールの生成は酸によって触媒され，通常，*p*-トルエンスルホン酸（*p*-toluenesulfonic acid, TsOH) が使われる.

$$\text{CH}_3\text{CH}_2\text{CHO} + \text{CH}_3\text{OH} \text{ (2 当量)} \underset{}{\overset{\text{TsOH}}{\rightleftarrows}} \text{CH}_3\text{CH}_2\text{CH(OCH}_3\text{)}_2 + \text{H}_2\text{O}$$

アセタール

2 当量の ROH の代わりにエチレングリコールなどのジオールを用いると, 環状アセタール (cyclic acetal) が生成する. 環状アセタールの酸素原子は両方ともジオール由来である.

シクロヘキサノン + HOCH₂CH₂OH (エチレングリコール, ethylene glycol) $\overset{\text{TsOH}}{\rightleftarrows}$ 環状アセタール + H₂O

アセタールは C–O σ 結合をもっているが, **エーテルではない**. 二つの C–O σ 結合が同一炭素原子上にある点で, アセタールはエーテルと大きく異なっている.

$$\underset{\text{アセタール}}{\text{R–C(OR)}_2\text{–R}} \neq \underset{\text{エーテル}}{\text{R–O–R}}$$

gem-ジオールの生成と同様に, アセタールの合成は可逆であり, 平衡は通常, 生成物側ではなく反応物側に傾く. しかし, アセタール合成では水が副生成物として生成するので, この水を取り除くことによって平衡を右側に傾かせることができる. 実験室では, 水を取り除くのにさまざまな方法が使われる. 乾燥剤を加えることもあるが, 図 21.11 に示すディーン–スターク (Dean–Stark) 装置を使って生成した水を反応混合物から蒸留して取り除くのが一般的である. 生成物の一つを取り除くと平衡が右側に傾くのは, ル・シャトリエの原理 [9.8 節 (上巻) 参照] による.

**問題 21.29** 次の反応の生成物を書け.

a. シクロペンタノン $\overset{2\,\text{CH}_3\text{OH}}{\underset{\text{TsOH}}{\rightarrow}}$

b. ブタン-2-オン + HOCH₂CH₂OH $\overset{\text{TsOH}}{\rightarrow}$

### 21.14.1 反応機構

アセタール生成の反応機構は二つの部分に分けることができる. **1 当量のアルコールの付加によるヘミアセタールの生成**と, **ヘミアセタールのアセタールへの変換**である. **ヘミアセタール**は, 一つの炭素原子に一つの OH 基と一つの OR 基が結合している.

$$\underset{}{\text{R–CO–R}} \underset{\text{反応 [1]}}{\overset{\text{R'OH, H}^+}{\rightleftarrows}} \underset{\text{ヘミアセタール}}{\text{R–C(OH)(OR')–R}} \underset{\text{反応 [2]}}{\overset{\text{R'OH, H}^+}{\rightleftarrows}} \underset{\text{アセタール}}{\text{R–C(OR')}_2\text{–R}} + \text{H}_2\text{O}$$

gem-ジオールと同様に, ヘミアセタールも出発物質のカルボニル化合物よりもエネルギーが高く, 平衡の位置はヘミアセタールの生成に有利ではない. ヘミアセタールがアセタールに変換される際に H₂O が脱離し, これを反応混合物から取り除くこ

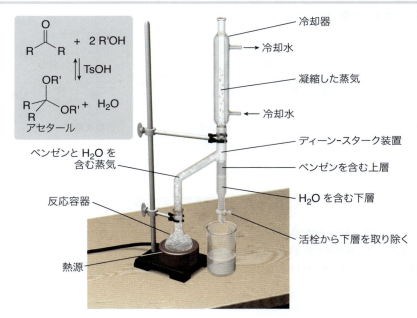

図 21.11
ディーン‐スターク装置
による水の除去

- **ディーン‐スターク装置は反応混合物から水を取り除くための器具である．** ディーン‐スターク装置を用いて，カルボニル化合物をアセタールに変換する．

まず，カルボニル化合物，アルコール，および酸をベンゼンに溶解させる．混合物を加熱すると，カルボニル化合物はアセタールに変換され，水が副生する．ベンゼンと水は反応混合物から共沸蒸留される．熱い蒸気が冷却器に到達すると凝縮し，液体になって下のガラス管にたまる．水はベンゼンより密度が大きいので，下側に層を形成する．この水は，下の活栓を通してフラスコから取り除くことができる．このようにして水を反応混合物から取り除き，平衡を右側に傾かせることができる．

とによって，平衡は生成物側に傾く．このことから，2 当量の ROH がカルボニル化合物と反応して，アセタールが生成する理由を説明できる．

一般的な酸 HA を用いた反応を，機構 21.9 に示す．

 **機構 21.9　アセタールの生成**

**反応[1]　ヘミアセタールの生成**

① カルボニル酸素のプロトン化によって，共鳴安定化されたカチオンが生成する．
②－③ R'OH の求核攻撃と脱プロトン化によりヘミアセタールが生成する．全体として，カルボニル基に H と OR' が付加する．

### 反応 [2]　アセタールの生成

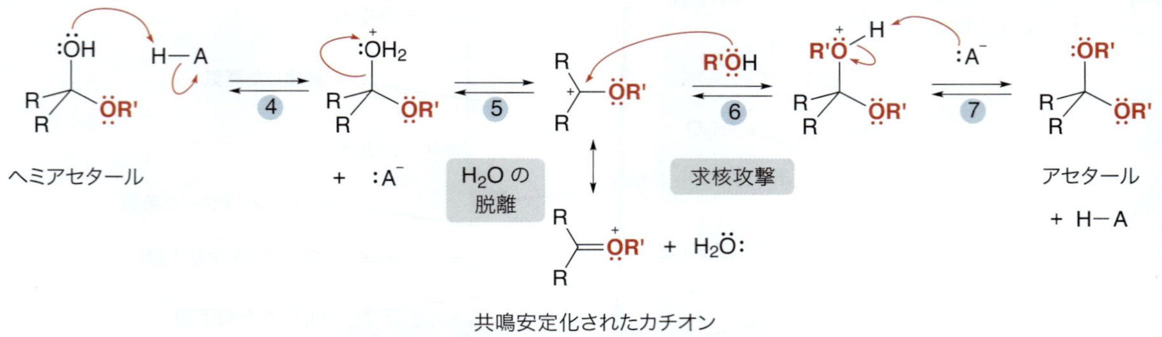

ヘミアセタール　　　　　　　　　　+ :A⁻　　H₂O の脱離　　　　　求核攻撃　　　　　　　　　　　　　アセタール + H—A

共鳴安定化されたカチオン

4　ヘミアセタールの OH 基のプロトン化によって，優れた脱離基が生成する．
5　H₂O が脱離して，共鳴安定化されたカチオンが生成する．
6 – 7　ROH の求核攻撃と脱プロトン化によってアセタールが生成する．反応[2]の全体として，カルボニル基に二つ目の OR' 基が付加する．

---

この反応機構は長く，全部で 7 段階ある．しかし，**求核剤の付加，脱離基の脱離，およびプロトン移動**という三種類の反応からなっているにすぎない．ステップ[2]と[6]は求核攻撃，ステップ[5]は H₂O の脱離である．反応機構の他の 4 ステップは一つの酸素原子から別の酸素原子へのプロトン移動であり，脱離基の脱離能やカルボニル基の求電子性を高めている．

**問題 21.30**　次の化合物をアセタール，ヘミアセタール，エーテルのいずれかに分類せよ．

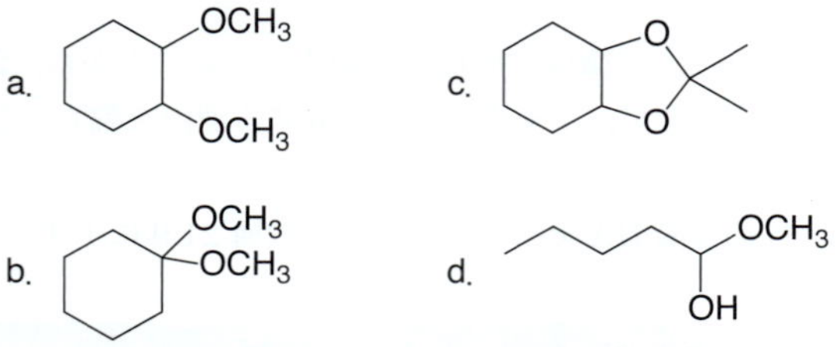

a.　b.　c.　d.

**問題 21.31**　次の反応の機構を段階ごとに示せ．

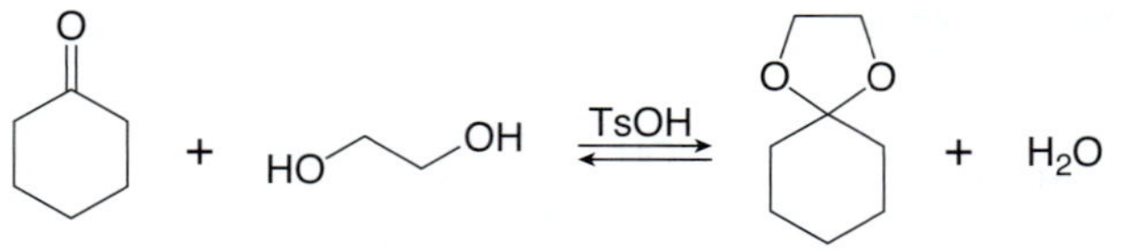

シクロヘキサノン + HO–CH₂CH₂–OH ⇌ (TsOH) ケタール + H₂O

## 21.14.2　アセタールの加水分解

アルデヒドやケトンのアセタールへの変換は**可逆反応**なので，**アセタールを酸水溶液で処理するとアルデヒドやケトンに加水分解することができる**．加水分解に大過剰量の水を用いることによって，この反応の平衡を右側に傾かせることができる．

## 21.14 アルコールの付加——アセタールの生成   933

例題 21.4 に示すように，この反応機構はアセタール合成の逆である．

**例題 21.4** 次の反応の機構を段階ごとに示せ．

**【解答】**
反応機構はアセタール生成の逆であり，アセタールのヘミアセタールへの変換と，それに続くヘミアセタールのカルボニル化合物への変換という二つの部分に分けられる．

**反応 [1]** アセタールのヘミアセタールへの変換
このアセタールをヘミアセタールに変換するには，1分子の $CH_3OH$ が脱離し，1分子の $H_2O$ が付加しなければならない．

**反応 [2]** ヘミアセタールのカルボニル化合物への変換
ヘミアセタールをカルボニル化合物に変換するには，1分子の $CH_3OH$ が脱離し，C–O $\pi$ 結合が生成しなければならない．

ステップ [2] と [6] で脱離基（$CH_3OH$）が脱離し，ステップ [3] で $H_2O$ の求核攻撃が起こ

る．反応機構の他の4ステップは一つの酸素原子から別の酸素原子へのプロトン移動である．ステップ[2]と[6]で共鳴安定化されたカルボカチオンが生成するが，ここでは共鳴構造式の片方だけを示した．

アセタールの加水分解には，優れた脱離基(ROH)を生成させるために強酸が必要である．例題21.4ではH$_2$SO$_4$によって，CH$_3$O$^-$が弱塩基で電荷をもたない脱離基であるCH$_3$OHに変換される．アセタールの加水分解は塩基では起こらない．

**問題 21.32** 次の反応の生成物を書け．

**問題 21.33** サフロールは天然に存在するアセタールであり，サッサフラスの木から単離される．かつてはルートビールやその他の飲料の食品添加物として用いられたが，発がん性があるため現在は禁止されている．サフロールを酸水溶液で加水分解して生成する化合物を示せ．

サフロールの原料であるサッサフラス．

サフロール
(safrole)

**問題 21.34** オレアンドリンのアセタールを特定し，アセタールの酸による加水分解生成物を示せ．

オレアンドリンは，熱帯および亜熱帯の観葉植物であるキョウチクトウ(Nerium oleander)の樹液から得られる心毒性のあるグリコシドであり，一部の国では鬱血性心不全の治療に用いられている．

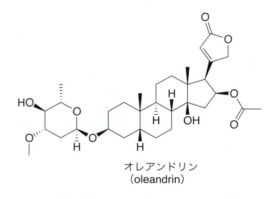

オレアンドリン
(oleandrin)

## 21.15 保護基としてのアセタール

アルコールの保護基として*tert*-ブチルジメチルシリルエーテルが用いられるように(20.12節)，**アセタールはアルデヒドやケトンの保護基**(protecting group)**として有用である**．

出発物質**A**がケトンとエステルのいずれも含み，ケトンを反応させずに選択的にエステルだけをアルコール(6-ヒドロキシ-2-ヘキサノン)に還元することを考えよう．そのような選択的還元は1段階では<u>不可能</u>である．ケトンはエステルより容易に還元され，5-ヒドロキシヘキサン酸メチルが生成するからである．

## 21.15 保護基としてのアセタール

(図: 化合物 A から目的の反応で 6-ヒドロキシ-2-ヘキサノン (6-hydroxy-2-hexanone) への変換は×、実際の反応では 5-ヒドロキシヘキサン酸メチル (methyl 5-hydroxy-hexanoate) が生成する。A のケトン C=O のほうが反応性が高い。)

この問題を解決するには、保護基を用いて、反応性の高いケトンのカルボニル基を保護すればよい。全体として、次の3ステップを必要とする。

**[1]** 邪魔になる官能基、つまりケトンのカルボニル基を保護する。
**[2]** 目的の反応、つまり還元を行う。
**[3]** 保護基を取り除く。

環状アセタールを用いた次の3ステップによって、目的の生成物が得られる。

(図: ステップ[1] 保護: HOCH₂CH₂OH, TsOH で環状アセタール化。ステップ[2] 還元: [1] LiAlH₄ [2] H₂O。ステップ[3] 脱保護: H₂O, H⁺ により目的の生成物 + HOCH₂CH₂OH)

- **ステップ[1]** 出発物質に $HOCH_2CH_2OH$ と TsOH を反応させ、ケトンのカルボニル基を環状アセタールとして保護する。
- **ステップ[2]** エステルを $LiAlH_4$ で還元し、$H_2O$ で後処理する。
- **ステップ[3]** 酸水溶液によってアセタールをケトンのカルボニル基に変換する。

アセタールは、アルデヒドやケトンの保護基として広く利用される。アセタールは収率よく簡単につけたりはずしたりすることができ、一方で幅広い反応条件に対して安定なためである。アセタールは塩基、酸化剤、還元剤、求核剤とはほとんど反応しない。優れた保護基は、分子の別の部位で起こるさまざまな反応に対して不活性であり、必要なときには穏和な条件下で選択的に取り除くことができなければならない。

**問題 21.35** 保護基を用いて，次の変換を行う方法を示せ．

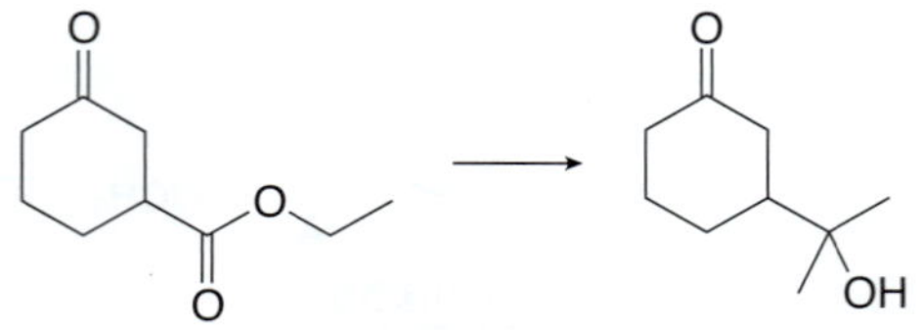

## 21.16 環状ヘミアセタール

環状ヘミアセタール(cyclic hemiacetal)を**ラクトール**(lactol)ともいう．

非環状ヘミアセタールは一般的には不安定で，そのため平衡状態で多量に存在するわけではないが，五員環や六員環をもつ環状ヘミアセタールは安定な化合物で，容易に単離することができる．

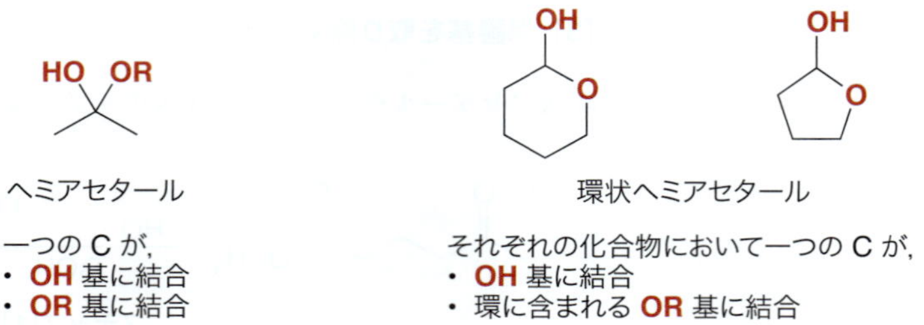

ヘミアセタール
一つの C が，
- **OH** 基に結合
- **OR** 基に結合

環状ヘミアセタール
それぞれの化合物において一つの C が，
- **OH** 基に結合
- 環に含まれる **OR** 基に結合

### 21.16.1 環状ヘミアセタールの生成

ヘミアセタールは，カルボニル基へのヒドロキシ基の求核付加によって生成する．同様に，環状ヘミアセタールは**ヒドロキシアルデヒドの分子内環化**(intramolecular cyclization)によって生成する．

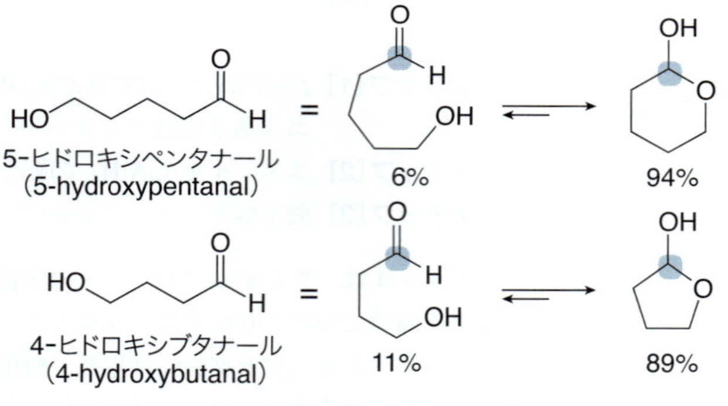

5-ヒドロキシペンタナール
(5-hydroxypentanal)   6%   94%

4-ヒドロキシブタナール
(4-hydroxybutanal)   11%   89%

[それぞれの化合物の平衡状態での割合]

五員環や六員環を生成する分子内反応は，分子間反応よりも速い．二つの反応性官能基(この場合は，OH と C=O)が近くに存在すると，反応が起こりやすくなる．

**問題 21.36** 次のヒドロキシアルデヒドの分子内環化によって生成する環状ヘミアセタール(ラクトール)を示せ.

a. HO-CH₂CH₂CH₂-CH(CH₃)-CHO    b. CH₃-CH(OH)-CH₂CH₂-CHO

ヘミアセタールの生成は,酸や塩基によって触媒される.酸触媒による反応機構は機構 21.9 の反応[1]と同じであり,反応が**分子内**で起こる点だけが異なる. 機構 21.10 では,5-ヒドロキシペンタナールの酸触媒による環化反応によって六員環ヘミアセタールが生成する反応機構を示す.

### 機構 21.10　酸触媒による環状ヘミアセタールの生成

① – ② カルボニル酸素のプロトン化と,分子内求核攻撃(intramolecular nucleophilic attack)によって,六員環が生成する.
③ 脱プロトン化により,中性のヘミアセタールが生成する.

ヒドロキシアルデヒドの分子内環化によって**新しい立体中心をもつヘミアセタール**が生成し,二つのエナンチオマーが同量生成する.

### 21.16.2　ヘミアセタールのアセタールへの変換

環状ヘミアセタールは,アルコールおよび酸で処理するとアセタールに変換できる. この反応で,ヘミアセタールの OH 基を OR 基に変えることができる.

この反応(機構 21.11)は,環状ヘミアセタールのアセタールへの変換を示したものであり,機構 21.9 の反応[2]と類似している.

## 機構 21.11　環状ヘミアセタールからの環状アセタールの生成

① ヘミアセタールの OH 基のプロトン化により，優れた脱離基が生成する．
② $H_2O$ の脱離によって，共鳴安定化されたカチオンが生成する．
③ – ④ $CH_3OH$ の求核攻撃と脱プロトン化によってアセタールが生成する．

この反応では全体として**ヘミアセタールの OH 基が $OCH_3$ 基で置き換わる**．この置換反応は，ステップ[2]で生成したカルボカチオンが共鳴によって安定化されているため，容易に進行する．このように，ヘミアセタールの OH 基は他のアルコールのヒドロキシ基とは異なる特徴をもつ．

アルコールの OH 基とヘミアセタールの OH 基のいずれももつ化合物をアルコールおよび酸で処理すると，ヘミアセタールの OH 基のみが反応し，アセタールを生成する．アルコールの OH 基は反応しない．

環状ヘミアセタールのアセタールへの変換は，28 章で学ぶように，炭水化物の化学において重要である．

**問題 21.37**　モネンシンと，本章の冒頭で紹介した分子ジゴキシンは，どちらも安定な環状ヘミアセタールをもつ天然物である．モネンシンは，ストレプトマイセス・シンナモネンシス（*Streptomyces cinnamonensis*）という菌がつくりだすポリエーテルの抗生物質であり，牛の飼料への添加物として使われている．ジゴキシンは，広く処方される心臓病の薬で，心臓の収縮力を強めるために使われる．それぞれの分子中にあるアセタール，ヘミアセタール，エーテルを示せ．

モネンシン
（monensin）

ジゴキシン
（digoxin）

**問題 21.38** 次の反応の生成物を書け．

a. [テトラヒドロピラン-2-オール] + CH₃CH₂OH →(H⁺) b. [2,3,4-トリヒドロキシテトラヒドロピラン] + CH₃CH₂OH →(H⁺)

## 21.17 炭水化物

**炭水化物**（carbohydrate）は，一般的には糖やデンプンといわれることも多いが，**ポリヒドロキシケトン，ポリヒドロキシアルデヒド，または水和反応によってこれらの化合物に変化する化合物を指す**．タンパク質，脂肪酸，ヌクレオチドと並んで，生きた細胞の構造と機能を担う重要な四つの生体分子のうちの一つである．

多くの炭水化物が環状アセタールや環状ヘミアセタールをもつ．たとえば，最も一般的な単糖の**グルコース**や，牛乳の主要な炭水化物である**ラクトース**などである．ヘミアセタールの炭素を水色で，アセタールの酸素を赤色で示す．

> グルコースは血液に乗って各細胞へ輸送される炭水化物である．ホルモンであるインスリンは，血中のグルコース濃度を制御している．糖尿病はインスリンの欠乏によって起こる一般的な病気であり，血中のグルコース濃度の増加やその他の代謝異常を引き起こす．インスリンを注射することによって，グルコース濃度を制御できる．

三次元構造

β-D-グルコース
（β-D-glucose）

グルコースの一形態を示す

ラクトース
（lactose）

三次元構造

糖のヘミアセタールは，他のヘミアセタールと同じく**ヒドロキシアルデヒドの環化**によって生成する．次の式に示すように，グルコースのヘミアセタールは非環状ポリヒドロキシアルデヒド **A** の環化によって生成する．この例から二つの重要な特徴がわかる．

## 21章 アルデヒドとケトン：求核付加反応

β-D-グルコース 63%（エクアトリアル OH）
α-D-グルコース 37%（アキシアル OH）

- C5 上の OH 基が求核剤となる場合，**安定な環である六員環が生成する**．
- **環化によって新しい立体中心（水色）が生成する**．この点は，21.16.1 項で示したヒドロキシアルデヒド（5-ヒドロキシペンタナール）の環化とまったく同じである．ヘミアセタールの新しい OH 基は，エクアトリアル位またはアキシアル位のどちらかに位置する．

この結果，グルコースには **β-D-グルコース**（エクアトリアル位に OH 基）と，**α-D-グルコース**（アキシアル位に OH 基）という二種類の環化体が存在する．β-D-グルコースは立体的に混み合いの少ないエクアトリアル位に新しい OH 基をもつので，この環化体が主生成物になる．平衡状態では，非環状ヒドロキシアルデヒド **A** はほとんど存在しない．

28 章では，この過程に関してさらに詳しく説明し，炭水化物の化学の他の側面についても見ていく．

**問題 21.39**

α-D-ガラクトース（α-D-galactose）

a. α-D-ガラクトースには立体中心がいくつあるか．
b. α-D-ガラクトースのヘミアセタールの炭素を示せ．
c. β-D-ガラクトースの構造を書け．
d. α-および β-D-ガラクトースへと環化するポリヒドロキシアルデヒドの構造を示せ．
e. 21.16.2 項で学んだことから考えて，α-D-ガラクトースを $CH_3OH$ と酸触媒で処理して得られる生成物は何か．

---

## ◆キーコンセプト◆

### アルデヒドとケトン：求核付加反応

**一般的な事項**

- アルデヒドおよびケトンは H 原子または R 基のみに結合したカルボニル基をもつ．カルボニル炭素は $sp^2$ 混成であり，平面三方形構造である（21.1 節）．
- アルデヒドは接尾語 *-al* をつけて命名する．ケトンは接尾語 *-one* をつけて命名する（21.2 節）．
- アルデヒドおよびケトンは極性化合物で，双極子-双極子相互作用を示す（21.3 節）．

### RCHO と $R_2CO$ の吸収スペクトルの特徴（21.4 節）

| 赤外吸収 | C=O | ケトン：約 $1715\ cm^{-1}$ |
|---|---|---|
| | | ・環の大きさの減少に伴い波数が増加する． |
| | | アルデヒド：約 $1730\ cm^{-1}$ |
| | | ・RCHO と $R_2CO$ のいずれも共役に伴い波数が減少する． |
| | CHO の $C_{sp^2}-H$ | 約 $2799 \sim 2830\ cm^{-1}$（一つか二つのピーク） |

| $^1$H NMR 吸収 | CHO | 9〜10 ppm（高度に非遮蔽化されたプロトン） |
| --- | --- | --- |
| | C=O の α 位の C–H | 2〜2.5 ppm（少し非遮蔽化された $C_{sp^3}$–H） |
| $^{13}$C NMR 吸収 | C=O | 190〜215 ppm |

## 求核付加反応

### [1] ヒドリド（H⁻）の付加（21.8 節）

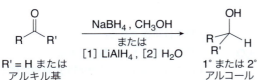

- 反応機構は 2 段階．
- H:⁻ は C=O 平面の両側から付加する．

### [2] 有機金属反応剤（R⁻）の付加（21.8 節）

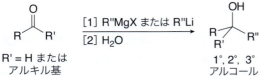

- 反応機構は 2 段階．
- (R")⁻ は C=O 平面の両側から付加する．

### [3] シアン化物（⁻CN）の付加（21.9 節）

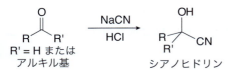

- 反応機構は 2 段階．
- ⁻CN は C=O 平面の両側から攻撃する．

### [4] ウィッティッヒ反応（21.10 節）

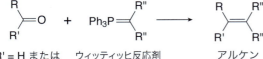

- 反応によって新しい C–C σ 結合と C–C π 結合が生成する．
- Ph₃P=O が副生する．

### [5] 第一級アミンの付加（21.11 節）

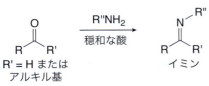

- 反応は pH 4〜5 で最も起こりやすい．
- 中間体のヘミアミナールは不安定で，H₂O を失って C=N が生成する．

### [6] 第二級アミンの付加（21.12 節）

- 反応は pH 4〜5 で最も起こりやすい．
- 中間体のヘミアミナールは不安定で，H₂O を失って C=C を生成する．

## [7] H₂O の付加——水和（21.13 節）

$$\underset{\text{R'} = \text{H またはアルキル基}}{\overset{\text{O}}{\underset{\text{R}}{\bigvee}}\text{R'}} \quad \underset{\text{H}^+ \text{または} ^-\text{OH}}{\overset{\text{H}_2\text{O}}{\rightleftharpoons}} \quad \underset{gem\text{-ジオール}}{\overset{\text{OH}}{\underset{\text{R'}}{\bigvee}}\text{OH}}$$

- 反応は可逆である．不安定なカルボニル化合物（たとえば，$H_2CO$ や $Cl_3CCHO$）を用いた場合のみ，平衡が生成物側に傾く．
- 反応は $H^+$ または $^-OH$ によって触媒される．

## [8] アルコールの付加（21.14 節）

$$\underset{\text{R'} = \text{H またはアルキル基}}{\overset{\text{O}}{\underset{\text{R}}{\bigvee}}\text{R'}} + \underset{(2 \text{ 当量})}{\text{R''OH}} \quad \overset{\text{H}^+}{\rightleftharpoons} \quad \underset{\text{アセタール}}{\overset{\text{OR''}}{\underset{\text{R'}}{\bigvee}}\text{OR''}} + \text{H}_2\text{O}$$

- 反応は可逆である．
- 反応は酸によって触媒される．
- $H_2O$ を除去すると平衡が生成物側に傾く．

## その他の反応

### [1] ウィッティッヒ反応剤の合成（21.10.1 項）

$$\text{R}\frown\text{X} \quad \xrightarrow[{[2] \text{ Bu-Li}}]{[1] \text{ Ph}_3\text{P:}} \quad \text{Ph}_3\text{P}=\text{R}$$

- ステップ [1] は $S_N2$ 機構に従うので，$CH_3X$ や $RCH_2X$ を用いるのが最適である．
- ステップ [2] のプロトンの引き抜きには強塩基を必要とする．

### [2] シアノヒドリンのアルデヒドまたはケトンへの変換（21.9 節）

$$\underset{\text{R'}}{\overset{\text{OH}}{\underset{\text{CN}}{\bigvee}}\text{R}} \quad \xrightarrow{^-\text{OH}} \quad \underset{\text{アルデヒドまたはケトン}}{\overset{\text{O}}{\underset{\text{R}}{\bigvee}}\text{R'}} + \text{H}_2\text{O} + {^-\text{CN}}$$

- 反応はシアノヒドリン生成の逆反応である．

### [3] ニトリルの加水分解（21.9 節）

$$\underset{\text{R'} = \text{H またはアルキル基}}{\overset{\text{HO}}{\underset{\text{R'}}{\bigvee}}\text{C}\equiv\text{N}} \quad \xrightarrow[{\text{熱}}]{\overset{\text{H}_2\text{O}}{\text{H}^+ \text{または} ^-\text{OH}}} \quad \underset{\alpha\text{-ヒドロキシカルボン酸}}{\overset{\text{HO}}{\underset{\text{R'}}{\bigvee}}\overset{\text{O}}{\text{C}}-\text{OH}}$$

### [4] イミンおよびエナミンの加水分解（21.12 節）

$$\underset{\substack{\text{R'} = \text{H またはアルキル基} \\ \text{イミン}}}{\overset{\text{N-R}}{\underset{\text{R'}}{\bigvee}}} \text{ または } \underset{\text{エナミン}}{\overset{\text{R}\diagdown\text{N}\diagup\text{R}}{\underset{\text{R'}}{\bigvee}}} \quad \xrightarrow{\text{H}_2\text{O, H}^+} \quad \underset{\text{アルデヒドまたはケトン}}{\overset{\text{O}}{\underset{\text{R'}}{\bigvee}}} + \text{RNH}_2 \text{ または } \text{R}_2\text{NH}$$

### [5] アセタールの加水分解（21.14 節）

$$\underset{\text{R'} = \text{H またはアルキル基}}{\overset{\text{OR''}}{\underset{\text{R'}}{\bigvee}}\text{OR''}} + \text{H}_2\text{O} \quad \overset{\text{H}^+}{\rightleftharpoons} \quad \underset{\text{アルデヒドまたはケトン}}{\overset{\text{O}}{\underset{\text{R}}{\bigvee}}\text{R'}} + \underset{(2 \text{ 当量})}{\text{R''OH}}$$

- 反応は酸によって触媒され，アセタール合成の逆反応である．
- 大過剰量の $H_2O$ を用いると，平衡が生成物側に傾く．

## ◆ 章 末 問 題 ◆

### 三次元モデルを用いる問題

**21.40** (a) 化合物 **A** および **B** の IUPAC 名を示せ．(b) **A** および **B** を次の反応剤と反応させて生成する化合物を示せ．[1]NaBH$_4$, CH$_3$OH；[2]CH$_3$MgBr, 続いて H$_2$O；[3]Ph$_3$P=CHOCH$_3$；[4]CH$_3$CH$_2$CH$_2$NH$_2$, 穏和な酸；[5]HOCH$_2$CH$_2$CH$_2$OH, H$^+$．

**21.41** 次の化合物を求核性が低いものから順に並べよ．

**21.42** 次のアセタールを合成するために必要なカルボニル化合物とジオールを示せ．

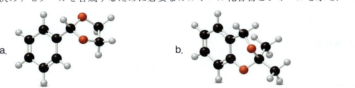

### 命名法

**21.43** 次の化合物の IUPAC 名を示せ．

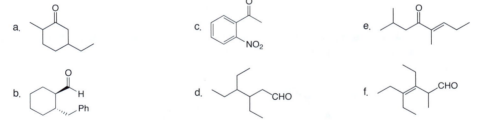

**21.44** 次の名称に対応する構造を示せ．
 a. 2-メチル-3-フェニルブタナール
 b. 3,3-ジメチルシクロヘキサンカルボアルデヒド
 c. 3-ベンゾイルシクロペンタノン
 d. 2-ホルミルシクロペンタノン
 e. (*R*)-3-メチル-2-ヘプタノン
 f. *m*-アセチルベンズアルデヒド
 g. 2-*sec*-ブチル-3-シクロペンテノン
 h. 5,6-ジメチル-1-シクロヘキセンカルボアルデヒド

### 反 応

**21.45** 次の反応の生成物を示せ．

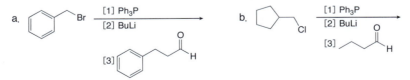

**21.46** 次の反応の生成物を示せ.

a. CH₃CH₂CHO + H₂N-シクロヘキシル → (穏和な酸)

b. 4-メチルシクロヘキサノン + HOCH₂CH₂OH / H⁺ →

c. (N-プロピルイミン) + H₃O⁺ →

d. C₆H₅COCH₂CH₃ + ピロリジン → (穏和な酸)

e. (HO)(CN)C(C₆H₅)₂ + H₃O⁺, 熱 →

f. 2-ヒドロキシテトラヒドロフラン + CH₃CH₂OH / H⁺ →

g. (ジメチルシクロペンテニル)ピペリジンエナミン + H₃O⁺ →

h. シクロペンタノン + Ph₃P=CH(CH₂)₅CO₂CH₃ →

**21.47** 次のアセタールを加水分解して得られるカルボニル化合物とアルコールは何か.

a. ジエトキシ化合物 (イソプロピル置換)
b. トリメトキシフェニル-ジメトキシベンゼン誘導体
c. 2-エトキシテトラヒドロピラン

**21.48** 次の反応で生成するすべての立体異性体を示せ.

a. ブタナール + Ph₃P=CHCH₂CH₃ →

b. ブタン-2-オン + NaCN / HCl →

c. 3-エチルシクロヘキサノン + NaBH₄ / CH₃OH →

d. 4,6-ジヒドロキシテトラヒドロピラン + CH₃OH / HCl →

**21.49** ヒドロキシアルデヒド **A** および **B** は容易に環化してヘミアセタールを生成する. **A** および **B** から生成する立体異性体の構造を書け. また, **A** からは光学不活性な生成物の混合物が得られ, **B** からは光学活性な生成物の混合物が得られる. その理由を説明せよ.

**A**: HO-CH₂CH₂CH₂-C(CH₃)₂-CHO  
**B**: (R)-HO-CH(CH₃)-CH₂CH₂-CHO

**21.50** 酸性水溶液で次のアセタールを加水分解した際の生成物を示せ.

a. 2,6,8-トリオキサビシクロ[3.2.1]オクタン型化合物
b. 1,4-ジオキサスピロ[4.4]ノナン

**21.51** 次のアセタールに酸性水溶液を作用させて生成する加水分解生成物を示せ.

(メチレンジオキシ基を含む N-メチル-メチルテトラヒドロナフチリジン誘導体)

21.52 エトポシドは肺がん，精巣がん，リンパ腫の治療に使われる薬剤である．(a) エトポシド分子中のアセタールを示せ．(b) 酸水溶液によってすべてのアセタールを加水分解して得られる生成物は何か．

## アルデヒドとケトンの性質

21.53 PhCOCHO と PhCH$_2$CHO のうち，平衡状態においてより高い割合で水和物を生成するのはどちらか，理由とともに答えよ．

21.54 パラ置換芳香族ケトンである NO$_2$C$_6$H$_4$COCH$_3$（$p$-ニトロアセトフェノン）および CH$_3$OC$_6$H$_4$COCH$_3$（$p$-メトキシアセトフェノン）について，次の問いに答えよ．
 a. どちらのカルボニル化合物がより安定か．
 b. 平衡状態での水和物の割合がより高いのはどちらの化合物か．
 c. 赤外吸収スペクトルでカルボニル吸収がより高波数側に現れるのはどちらの化合物か．また，その理由を述べよ．

## 合 成

21.55 次のアルケンを合成するために必要なウィッティッヒ反応剤とカルボニル化合物を示せ．二つの可能性がある場合，どちらが有利な経路かを示せ．

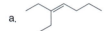

21.56 次の化合物を合成するために必要なカルボニル化合物とアミンまたはアルコールを示せ．

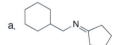

21.57 次の変換を行う方法を二つ示せ．一つはウィッティッヒ反応剤を用いる1段階の方法であり，もう一つはグリニャール反応剤を用いる2段階の方法である．それぞれの化合物についてどちらの方法がより望ましいかも示せ．

21.58 二重結合を生成するウィッティッヒ反応を用いて次のアルケンを合成する方法を示せ．出発物質としてベンゼンと4炭素以下のアルコール，さらに必要な反応剤は何を用いてもよい．

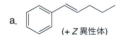

21.59 シクロヘキセンとアルコールから次の化合物を合成する方法を示せ．有機または無機反応剤は何を用いてもよい．

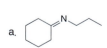

21.60 次に与えられた出発物質からそれぞれの化合物を合成する方法を示せ．4炭素以下のアルコールとともに，有機または無機反応剤は何を用いてもよい．

a. [構造式] (+Z異性体) ⇒ [ベンゼン] と [フェノール]

b. [構造式] ⇒ [構造式]

c. [構造式] ⇒ [ベンゼン]

21.61 エタノール($CH_3CH_2OH$)のみを炭素源として次の化合物を合成する方法を示せ．有機または無機反応剤は何を用いてもよい．

a. [構造式]   b. [構造式]

## 保護基

21.62 シクロペンタノンと4-ブロモブタノールからヒドロキシアルデヒド **A** を合成する方法を示せ．

[構造式] シクロペンタノン（cyclopentanone） + [構造式] 4-ブロモブタナール（4-bromobutanal） → [構造式] **A**

21.63 20章で紹介した *tert*-ブチルジメチルシリルエーテルの他に，多くのアルコールの保護基が用いられる．たとえば，シクロヘキサノールのようなアルコールを，クロロメチルメチルエーテルと塩基で処理するとメトキシメチルエーテル（MOM保護基）に変換できる．この保護基は，酸性水溶液で処理すると取り除くことができる．

[反応式] シクロヘキサノール（cyclohexanol） [1] NaH [2] Cl-CH₂-O-CH₃ → メトキシメチルエーテル（methoxymethyl ether） $H_3O^+$

a. シクロヘキサノールから MOM エーテルが生成する機構を段階ごとに示せ．
b. MOM エーテルがもつ官能基は何か．
c. MOM エーテルの加水分解によって生成するのは，シクロヘキサノール以外には何か．得られたそれぞれの生成物の生成を説明する機構を段階ごとに示せ．

## 反応機構

21.64 次の反応の機構を段階ごとに示せ．

[構造式] $H_3O^+$ → [構造式 with $NH_3^+$]

**21.65** 次の反応の機構を段階ごとに示せ．この反応は抗炎症剤セレコキシブ（商品名：セレコックス®）を合成する鍵段階である．

**21.66** (HOCH$_2$CH$_2$CH$_2$CH$_2$)$_2$CO を酸で処理すると分子式 C$_9$H$_{16}$O$_2$ をもつ生成物と 1 分子の水が得られる．生成物の構造を書き，どのようにそれが生成したかを説明せよ．

**21.67** 次の反応の機構を段階ごとに示せ．

a.

b.

**21.68** 次のジカルボニル化合物がフランに変換される反応の機構を段階ごとに示せ．

**21.69** 次の反応の機構を段階ごとに示せ．この反応は血小板の凝集を阻害する薬であるチクロピジンの合成の鍵段階である．チクロピジンは，アスピリンを服用できない患者の発作リスクを低減するために用いられている．

**21.70** サルソリノールは，バナナやチョコレート，その他植物原料から得られる食品などに含まれる天然物である．サルソリノールは，アルコール飲料に含まれるエタノールの酸化生成物であるアセトアルデヒドが体内で神経伝達物質のドーパミンと反応するときにも生成する．次のサルソリノール生成の反応機構を段階ごとに示せ．

**21.71** (a) CH$_3$OH 中，NaBH$_4$ によってヘミアセタール **A** が 1,4-ブタンジオール(HOCH$_2$CH$_2$CH$_2$CH$_2$OH)に還元される理由を説明せよ．(b) **A** を Ph$_3$P=CHCH$_2$CH(CH$_3$)$_2$ で処理して得られる生成物は何か．(c) イソトレチノインは化合物 **X** と **Y** の反応により合成される．イソトレチノインの構造を示せ．イソトレチノイン（日本では未承認）は海外で重度のニキビの治療に用いられているが，先天異常を引き起こすため厳重な管理のもとで投与される．

**21.72** 5,5-ジメトキシ-2-ペンタノンをヨウ化メチルマグネシウムと反応させ，酸性水溶液で後処理すると環状ヘミアセタール **Y** が生成する．**Y** が生成する反応機構を段階ごとに示せ．

## 分光法

**21.73** 赤外吸収スペクトルにおいて，環状ケトンのカルボニル吸収は一般的に環の大きさの減少とともに高波数側に移動するが，シクロプロペノンの C=O 吸収はシクロヘキセノンの C=O 吸収よりも低波数側に現れる．この観察結果を，17 章で学んだ芳香族性にもとづいて説明せよ．

**21.74** $^1$H NMR および赤外吸収スペクトルのデータを用いて次の化合物の構造を決定せよ．

化合物 **A**　　分子式：　　　$C_5H_{10}O$
　　　　　　　赤外吸収：　　1728, 2791, 2700 cm$^{-1}$
　　　　　　　$^1$H NMR データ：1.08（一重線，9 H），9.48（一重線，1 H）ppm

化合物 **B**　　分子式：　　　$C_5H_{10}O$
　　　　　　　赤外吸収：　　1718 cm$^{-1}$
　　　　　　　$^1$H NMR データ：1.10（二重線，6 H），2.14（一重線，3 H），2.58（七重線，1 H）ppm

化合物 **C**　　分子式：　　　$C_{10}H_{12}O$
　　　　　　　赤外吸収：　　1686 cm$^{-1}$
　　　　　　　$^1$H NMR データ：1.21（三重線，3 H），2.39（一重線，3 H），2.95（四重線，2 H），7.24（二重線，2 H），7.85（二重線，2 H）ppm

化合物 **D**　　分子式：　　　$C_{10}H_{12}O$
　　　　　　　赤外吸収：　　1719 cm$^{-1}$
　　　　　　　$^1$H NMR データ：1.02（三重線，3 H），2.45（四重線，2 H），3.67（一重線，2 H），7.06 ～ 7.48（多重線，5 H）ppm

**21.75** 微量の酸を含むアセトン〔$(CH_3)_2C=O$〕のエタノール（$CH_3CH_2OH$）溶液を数日間放置すると，分子式 $C_7H_{16}O_2$ をもつ化合物が新たに生成した．赤外吸収スペクトルでは，3000 cm$^{-1}$ 周辺の官能基領域に一つだけ主要なピークが現れた．$^1$H NMR スペクトルを下に示す．この生成物の構造を示せ．

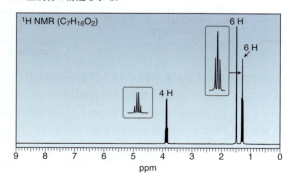

**21.76** 化合物 **A** および **B** は分子式 $C_9H_{10}O$ をもつ．$^1$H NMR および赤外吸収スペクトルから構造を決定せよ．

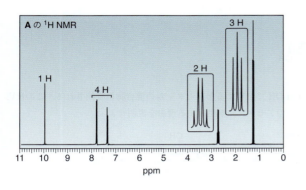
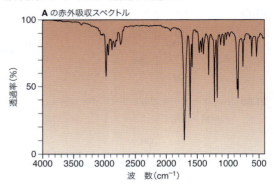
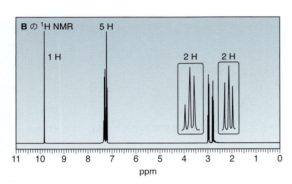
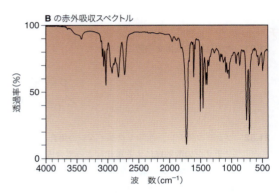

**21.77** 分子式 $C_6H_{12}O_3$ をもつ未知化合物 **C** は，赤外吸収スペクトルで 1718 cm$^{-1}$ に強い吸収をもち，下のような $^1$H NMR スペクトルを示す．**C** の構造を示せ．

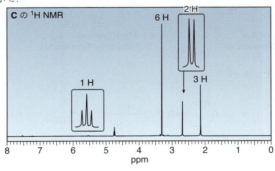

**21.78** 未知化合物 **D** は赤外吸収スペクトルで 1692 cm$^{-1}$ に強い吸収を示す．**D** の質量スペクトルは $m/z$ = 150 に分子イオンピークと 121 に基準ピークを示す．**D** の $^1$H NMR スペクトルを下に示す．**D** の構造を示せ．

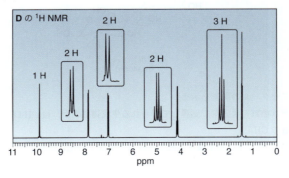

## 炭水化物

**21.79** 次のヘミアセタールへ環化する，非環状ポリヒドロキシアルデヒドの構造を示せ．

**21.80** ヘミアセタールであるβ-D-グルコースは，酸存在下 $CH_3OH$ で処理するとアセタールの混合物に変換される．この反応の機構を段階ごとに示せ．また，単一の出発物質から二つのアセタールが生成する理由を説明せよ．

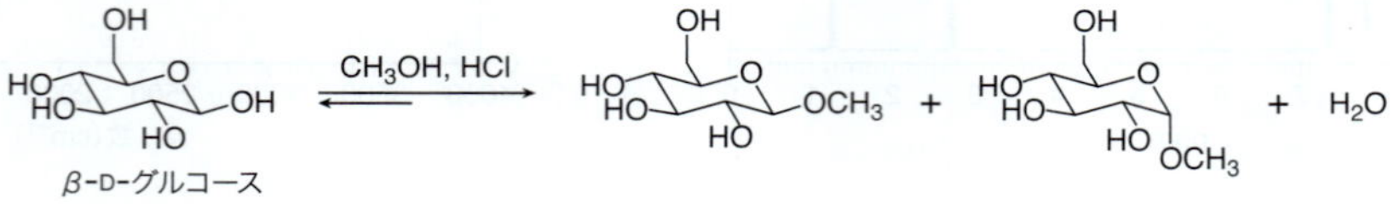

## チャレンジ問題

**21.81** 次の反応の機構を段階ごとに示せ．

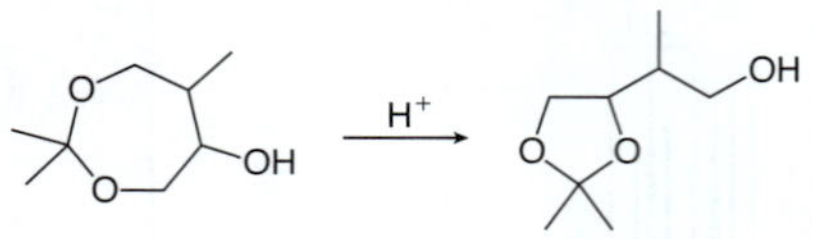

**21.82** ブレビコミンは，西洋マツクイムシの集合ホルモンである．ブレビコミンは二環式架橋環系であり，6,7-ジヒドロキシ-2-ノナノンの酸触媒による環化によって合成される．

   a. ブレビコミンの構造を示せ．
   b. 6-ブロモ-2-ヘキサノンから 6,7-ジヒドロキシ-2-ノナノンを合成する方法を示せ．3炭素のアルコールとともに，必要な有機または無機反応剤は何を用いてもよい．

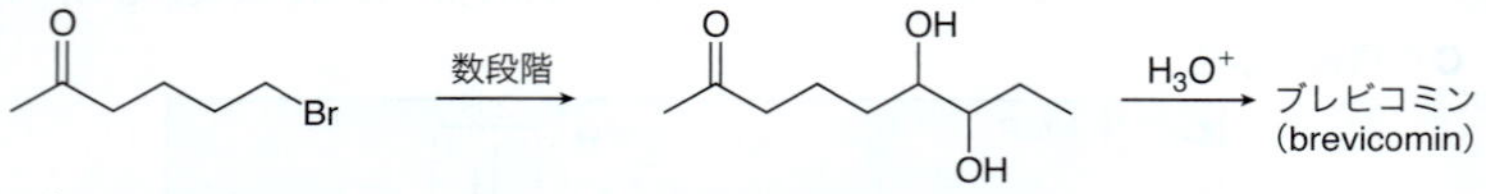

**21.83** 次の反応の機構を段階ごとに示せ．

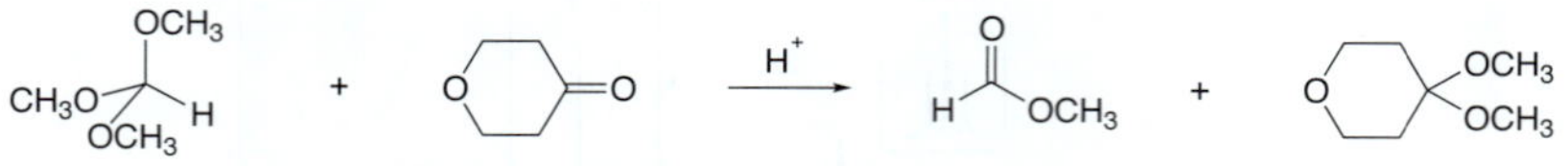

**21.84** マルトースは，大麦などの穀物から得られる液体であるモルトに含まれる糖類である．マルトースは多くの官能基を含むが，その反応はこれまでに見てきたのと同じ原理によって説明できる．

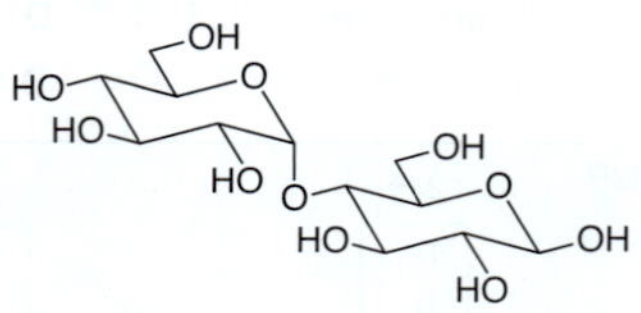

   a. アセタールとヘミアセタールの炭素を示せ．
   b. マルトースを次のそれぞれの反応剤で処理して得られる生成物は何か．[1] $H_3O^+$，[2] $CH_3OH$ と HCl，[3] 過剰量の NaH，ついで過剰量の $CH_3I$．
   c. 設問 b の反応[3]で得られた生成物を酸水溶液で処理して生成する化合物を示せ．

21.84 の設問 b と c の反応は，マルトースのような糖類の構造を決定するのに用いられる．28 章では，マルトースや類似の糖類について詳しく学ぶ．

**21.85** 次の反応式の化合物 **R** および **S** を特定し，**R** が **S**（分子式 $C_6H_{19}O_3$）に変換される反応機構を段階ごとに示せ．**S** は HIV 治療薬であるダルナビル（商品名：プリジスタ®）の合成に用いられる．

**21.86** 次の反応の機構を段階ごとに示せ．この反応は，低ナトリウム血症の治療薬であるコニバプタン（米国での商品名：Vaprisol®）合成の鍵段階である．

# 22 カルボン酸とその誘導体：求核アシル置換反応

- 22.1 はじめに
- 22.2 構造と結合
- 22.3 命名法
- 22.4 物理的性質
- 22.5 分光学的性質
- 22.6 興味深いエステルとアミド
- 22.7 求核アシル置換反応
- 22.8 酸塩化物の反応
- 22.9 酸無水物の反応
- 22.10 カルボン酸の反応
- 22.11 エステルの反応
- 22.12 応 用：脂質の加水分解
- 22.13 アミドの反応
- 22.14 応 用：β-ラクタム系抗生物質の作用機序
- 22.15 求核アシル置換反応のまとめ
- 22.16 天然繊維と合成繊維
- 22.17 生体内アシル化反応
- 22.18 ニトリル

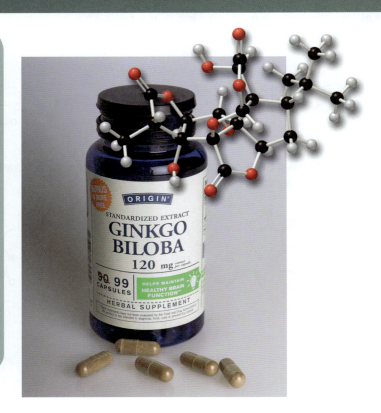

**ギンコライド B**(ginkgolide B)はイチョウ(*Ginkgo biloba*)の抽出液の主成分で，その複雑な分子構造は 1967 年に決定された．20 個もの炭素原子がいくつもの環でつながった硬く，コンパクトな分子で，合成に挑戦したくなる気持ちも理解できる．実際には，ノーベル賞を受賞した E. J. コーリーのグループが 1988 年に全合成に成功した．イチョウの抽出液は記憶を強化して認知症を改善する植物由来のサプリメントとして広く使われている．しかし，アメリカ国立保健研究所(NIH)の最近の研究からは，長期的な認知機能改善への有効性に疑問が投げかけられている．本章では，ギンコライド B にも三つ含まれている官能基であるエステルの反応について学ぶ．

**本章でも引き続きカルボニル化合物について学ぶ**．とくに，カルボン酸とその誘導体の鍵反応である**求核アシル置換反応**(nucleophilic acyl substitution)に焦点をあて，詳しく見ていこう．$sp^2$ 混成炭素原子上での置換反応については，炭素および水素求核剤がかかわる反応を 20 章で学んだ．本章では，求核アシル置換反応が，数多くのヘテロ原子求核剤でも起こる一般的な反応であることを学ぶ．この反応を用いると，一つのカルボン酸誘導体を別の誘導体に変換することができる．**本章の反応はすべて，カルボニル化合物を出発物質とする求核置換反応である**．他にも本章では，炭素−窒素三重結合をもつ**ニトリル**(nitrile)の性質と化学反応について取りあげる．ニトリルの炭素はカルボン酸と同じレベルの酸化状態にあり，反応により類縁体を生成する．

## 22.1 はじめに

本章では，**炭素より電気陰性度の大きな原子がアシル基に結合した**カルボニル化合物を取りあげる．それらには**カルボン酸**(carboxylic acid)や，それから合成できる誘導体である**酸塩化物**(acid chloride)，**酸無水物**(acid anhydride)，**エステル**(ester)，**アミド**(amide)などが含まれる．

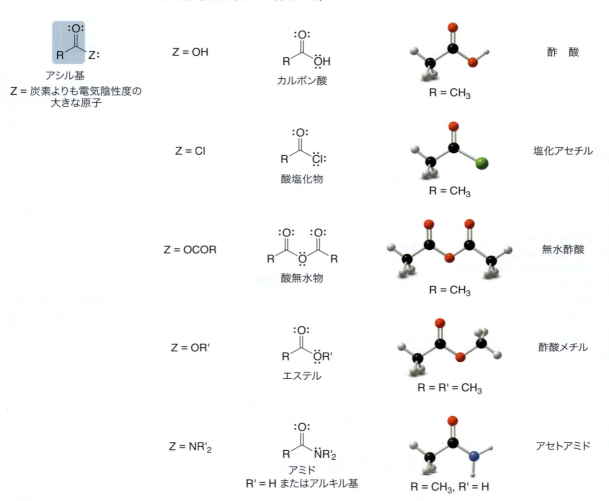

酸無水物は，二つのカルボニル基が酸素原子一つでつながった構造をもつ．**対称酸無水物**(symmetrical anhydride)は，カルボニル炭素に同じアルキル基が二つ結合している．一方，**混合酸無水物**(mixed anhydride)は，異なる二つのアルキル基をもっている．**環状酸無水物**(cyclic anhydride)も知られている．

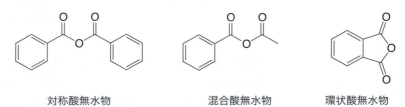

上巻の 3.2 節で学んだように，**アミド**は窒素原子に直接結合している炭素原子の数により**第一級，第二級，第三級**に分類される．

環状エステルとアミドをそれぞれ，**ラクトン**(lactone)，**ラクタム**(lactam)という．複素環の大きさはギリシャ文字で示される．四員環のアミドは，カルボニル基の β 位の炭素がヘテロ原子に結合しているので，**β-ラクタム**である．同様に，五員環のエステルは **γ-ラクトン**である．

求核アシル置換反応のうち，$R^-$ や $H^-$ を求核剤とする反応については 20 章で説明した．この置換反応はさまざまな求核剤で進行する一般的なもので，22.8〜22.13 節で扱う多くの種類の置換生成物が合成できる．

これらの化合物はどれも，**脱離基**として作用しうる電気陰性度の大きな原子 Z がアシル基に置換している．その結果，これらの化合物は**求核アシル置換反応を起こす**．アルデヒドとケトンにはカルボニル炭素上に脱離基がないために，求核置換反応が起こらないことを，20 章と 21 章で学んだ．

**ニトリルはアルキル基に結合したシアノ基 C≡N をもっている**．ニトリルはカルボニル基をもたないので，カルボン酸やその誘導体とは明らかに構造が異なっている．しかし，シアノ基の炭素原子はカルボン酸誘導体のカルボニル炭素と同じ酸化状態にあるので，それらと化学的に似ている点がある．

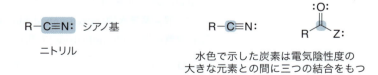

**問題 22.1** 天然のホルモンであるオキシトシンは，商品名アトニン®（米国での商品名：Pitocin®）として販売されており，子宮収縮を促して分娩を誘発する．オキシトシンに含まれるすべてのアミド基を第一級，第二級，第三級に分類せよ．

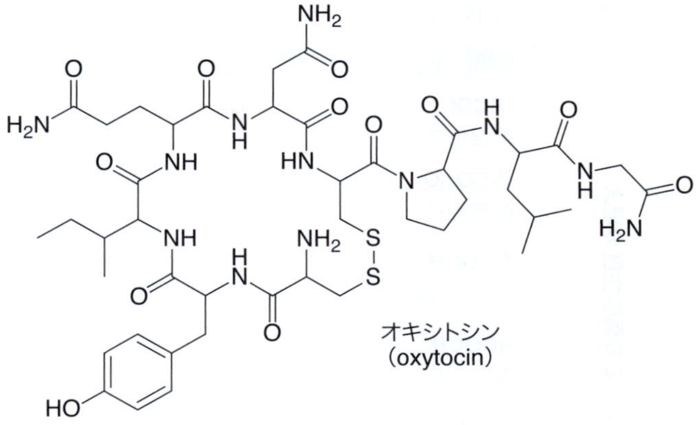

オキシトシン
（oxytocin）

## 22.2 構造と結合

カルボニル基にどのような基が結合しているかにかかわらず，カルボニル基をもつ化合物の最も重要な特徴は次の二つである．

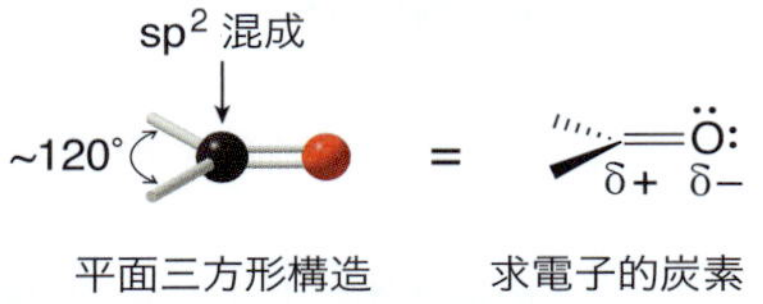

sp² 混成
~120°
平面三方形構造　　求電子的炭素

- カルボニル炭素は **sp²** 混成で平面三方形構造をもつので，立体的には比較的空いている．
- カルボニル基は電気陰性度の大きな酸素原子により分極しており，カルボニル炭素は求電子的である．

アルデヒドやケトンでは共鳴構造式を二つしか書けなかったのに対し（20.1 節），カルボン酸誘導体（RCOZ）は孤立電子対をもつ原子 Z を含んでいるため共鳴構造式を三つ書くことができる．これら三つの共鳴構造式は，電子密度を非局在化することによって RCOZ を安定化している．実際，共鳴混成体における共鳴構造式 **2** や **3** の寄与が大きいほど，RCOZ はより安定になる．

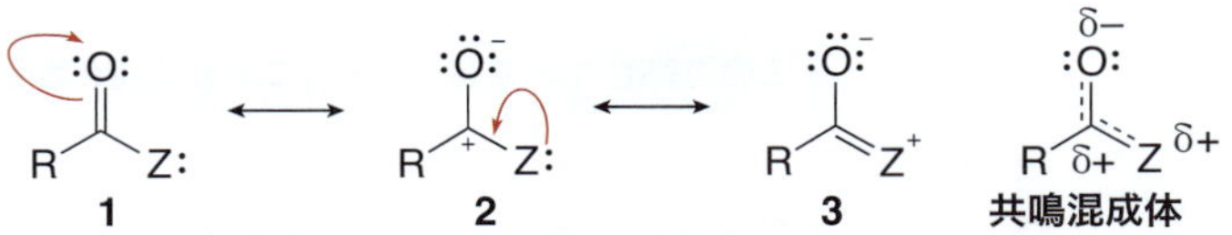

1　　　　2　　　　3　　共鳴混成体

- Z が塩基性になるほど，その電子対を供与できるので，共鳴構造式 **3** の混成体への寄与が大きくなる．

脱離基 Z の相対的な塩基性を決定するには，Z の共役酸である HZ の $pK_a$ 値を表 22.1 で比べればよい．塩基性は次の順になる．

表 22.1 一般的な Z 基をもつアシル化合物（RCOZ）の共役酸（HZ）の p$K_a$ 値

| 構造 | 脱離基（Z⁻） | 共役酸（HZ） | p$K_a$ |
|---|---|---|---|
| RCOCl<br>酸塩化物 | Cl⁻ | HCl | −7 |
| (RCO)₂O<br>酸無水物 | RCO₂⁻ | RCO₂H | 3〜5 |
| RCOOH<br>カルボン酸 | ⁻OH | H₂O | 15.7 |
| RCOOR'<br>エステル | ⁻OR' | R'OH | 15.5〜18 |
| RCONR'₂<br>アミド | ⁻NR'₂ | R'₂NH | 38〜40 |

左：Z の塩基性度の増大　右：HZ の酸性度の増大

最も弱い塩基 ── 同程度 ── 最も強い塩基
塩基性の増大 →

　Z の塩基性によりカルボン酸誘導体の相対的な安定性が決まる．**安定性の順**は次のようになる．

酸塩化物　酸無水物　カルボン酸　エステル　アミド
　　　　　　　　　└─同程度─┘
安定性の増大 →

　Cl⁻ が最も弱い塩基なので，カルボン酸誘導体のなかでは酸塩化物が最も不安定である．一方，⁻NR'₂ は最も強い塩基なので，アミドが最も安定である．

- **Z の塩基性が増すほど，共鳴による安定化が加わるので，RCOZ の安定性が増大する．**

問題 22.2　酸臭化物 RCOBr の共鳴構造式を三つ書け．付録 A の p$K_a$ 値を用いて，RCOBr がカルボン酸（RCOOH）と比べて共鳴によって安定化されているのか，逆に不安定化されているのか判断せよ．

問題 22.3　次の実験事実を用いて，酸塩化物とアミドの相対的な安定性と共鳴の関連を説明せよ．「CH₃Cl と CH₃COCl の C−Cl の結合距離はどちらも 178 pm であるが，HCONH₂ と CH₃NH₂ の C−N 結合距離はそれぞれ 135 pm と 147 pm で，HCONH₂ の結合のほうが短い」．

ニトリルの構造と結合の様子はカルボン酸誘導体とは大きく異なり，アルキンの炭素−炭素三重結合に似ている．

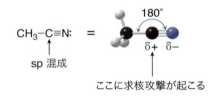

- C≡N 基の炭素原子は **sp** 混成であり，結合角が 180°の直線構造となっている．
- 三重結合は一つの σ 結合と二つの π 結合からなる．

カルボン酸誘導体と同様，**ニトリルは求電子的な炭素原子をもっており，求核攻撃を受けやすい**．

## 22.3 命名法

カルボン酸誘導体の名称は，19.2 節で学んだ母体カルボン酸の名称からつけられる．なお，**ギ酸**(formic acid)，**酢酸**(acetic acid)，**安息香酸**(benzoic acid)では常に慣用名が用いられており，それらの誘導体に対してもその慣用名を母体名として用いることを覚えておこう．

### 22.3.1 酸塩化物の命名 ── RCOCl

酸塩化物はアシル基に **chloride** という語を加えて名づける．命名には，二つの異なる方法がある．

[1] 非環状酸塩化物：母体カルボン酸の接尾語 *-ic acid* を *-yl chloride* に変える．または，

[2] −COCl 基が環に直接結合しているときには，接尾語 *-carboxylic acid* を *-carbonyl chloride* に変える．

無水物(anhydride)という用語は"水を除いた"ことを意味する．カルボン酸 2 分子から水 1 分子を取り去ると酸無水物が生成する．

↓ −H₂O

酸無水物

酢酸 (acetic acid) に由来する
**塩化アセチル**
(acetyl chloride)

シクロヘキサンカルボン酸 (cyclohexanecarboxylic acid) に由来する
**塩化シクロヘキサンカルボニル**
(cyclohexanecarbonyl chloride)

2-メチルブタン酸 (2-methylbutanoic acid) に由来する
**塩化 2-メチルブタノイル**
(2-methylbutanoyl chloride)

### 22.3.2 酸無水物の命名

**対称酸無水物**(symmetrical anhydride)は母体カルボン酸の最後にある *acid* を *anhydride* に変えて命名する．異なる 2 種類のカルボン酸からなる**混合酸無水物**(mixed anhydride)では，その二つのカルボン酸の名称をアルファベット順に並べ，*acid* を *anhydride* に変えて命名する．

酢酸に由来する
**無水酢酸**
（acetic anhydride）

酢酸と安息香酸に由来する
**酢酸安息香酸無水物**
（acetic benzoic anhydride）

### 22.3.3　エステルの命名── RCOOR'

エステルの化学式はアルキル基（R'）を最後に置いて，RCOOR'と書かれる．しかし，英語で命名するときには，R' 基が名前の最初にくる．日本語名ではR' 基は名前の末尾になる．

エステルは構造上，二つの部分に分けられるため，その部分ごとに**アシル基**（acyl group, **RCO−**）と**アルキル基**（alkyl group, **R'**）が酸素原子でつながっているとして命名される．

- **IUPAC 規則では，エステルに接尾語 -ate をつけて示す．**

### HOW TO　IUPAC 規則によるエステル（RCOOR'）の命名法

**例**　次のエステルに IUPAC 名をつけよ．

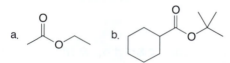

**ステップ[1]**　酸素原子に結合しているアルキル基である R' 基を命名する．
- ［英語］アルキル基の名称の最後には接尾語 -yl をつけ，エステルの名称の前半に置く．
- ［日本語］アルキル基の名称の「基」を除いて，エステルの名称の末尾に置く．

エチル基
（ethyl group）

tert-ブチル基
（tert-butyl group）

**ステップ[2]**　母体カルボン酸の最後の接尾語 -ic acid を -ate に変えてアシル基（RCO−）を命名する．
- ［英語］アシル基の名称は後半に置く．
- ［日本語］母体カルボン酸の後ろにアルキル基名称を続ける．

酢酸（acetic acid）に由来する　---→　アセタート（acet<u>ate</u>）

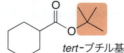
シクロヘキサンカルボン酸（cyclohexanecarboxy<u>lic acid</u>）に由来する　---→　シクロヘキサンカルボキシラート（cyclohexanecarboxy<u>late</u>）

**答：酢酸エチル**（ethyl acetate）

**答：シクロヘキサンカルボン酸 tert-ブチル**
（tert-butyl cyclohexanecarboxylate）

### 22.3.4 アミドの命名

すべての第一級アミドは，接尾語 **-ic acid**，**-oic acid**，**-ylic acid** を **amide** に変えて命名する†．

† 訳者注：日本語の場合は，英語名をカタカナ表記した名称が一般的である．

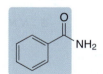

酢酸
(acetic acid)
に由来する

安息香酸
(benzoic acid)
に由来する

2-メチルシクロペンタンカルボン酸
(2-methylcyclopentanecarboxylic acid)
に由来する

**アセトアミド**
(acetamide)

**ベンズアミド**
(benzamide)

**2-メチルシクロペンタンカルボキサミド**
(2-methylcyclopentanecarboxamide)

第二級または第三級アミドは構造上，カルボニル基を含む**アシル基**（**RCO**−）と，一つまたは二つの**アルキル基**が結合した窒素原子の二つの部分からなる．

---

## HOW TO　第二級および第三級アミドの命名法

**例**　次のアミドに IUPAC 名をつけよ．

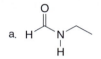

**ステップ[1]**　アミドの N 原子に結合しているアルキル基（または複数の基）を命名する．それぞれのアルキル基の名称の前に接頭語"**N −**"をつける．

- それぞれのアミドの名称の前半部分にアルキル基の名称を書く．
- 第三級アミドでは，N 原子上の二つのアルキル基が同じであれば接頭語 **di −** を，異なる場合は名称を**アルファベット順に並べる**．接頭語"**N −**"は，それぞれのアルキル基がたとえ同じであっても，一つのアルキル基に対して一つ必要である．

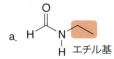

エチル基

- 化合物はエチル基一つをもつ第二級アミドである → **N − エチル**（*N*-ethyl）

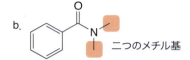

二つのメチル基

- 化合物はメチル基を二つもつ第三級アミドである．
- 接頭語 di − と二つの"N −"を名称の最初につける → **N,N − ジメチル**（*N,N*-dimethyl）

**ステップ[2]**　アシル基（RCO−）に接尾語 **−amide** をつけて命名する．

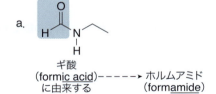

ギ酸
(formic acid)
に由来する　- - - - -→　ホルムアミド
　　　　　　　　　　　(form**amide**)

- 母体カルボン酸の **− ic acid** または **− oic acid** を接尾語 **− amide** に変える．
- 名称の間にスペースは置かない．
- **答：N − エチルホルムアミド**（*N*-ethylformamide）

つづく

## HOW TO（つづき）

b.

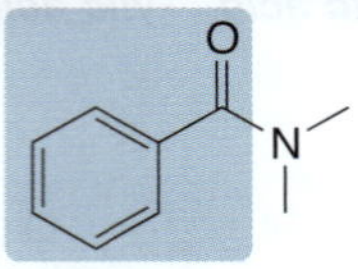

- benzoic acid を benzamide に変える．
- 二つの部分の間にスペースは置かない．
- **答：N,N-ジメチルベンズアミド**（*N,N*-dimethylbenzamide）

安息香酸
（benzoic acid）
に由来する ----→ ベンズアミド
（benz*amide*）

### 22.3.5 ニトリルの命名

カルボン酸誘導体とは異なり，**ニトリルはアルカンの誘導体として命名される**．IUPAC 規則によるニトリルの命名法は，

- **CN を含む最長鎖をさがしだし，母体アルカンの名称に *nitrile* をつける．CN に C1 と番号をつけるが，名称にはこの番号はつけない．**

ニトリルの慣用名は，同じ炭素原子数のカルボン酸の名称に由来し，カルボン酸の最後の *-ic acid* を接尾語 *-onitrile* に変えて名づける．

CN を置換基として命名する場合には，**シアノ**（cyano）基と呼ぶ．図 22.1 にニトリルの命名についての特徴を示す．

> ニトリルの命名では，CN の炭素が最長鎖の炭素原子の一つとなる．したがって，$CH_3CH_2CN$ はプロパンニトリルであり，エタンニトリルではない．

**図 22.1**
ニトリルの命名のまとめ

a. ニトリルのIUPAC名

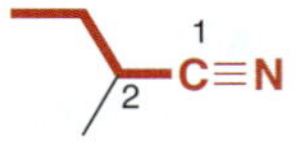

ブタン ＋ ニトリル
（4 炭素）
**2-メチルブタンニトリル**
（2-methylbutanenitrile）

b. ニトリルの慣用名

酢酸
（acetic acid）
に由来
**アセトニトリル**
（acetonitrile）

c. CNを置換基として命名

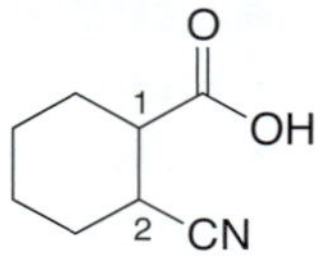

**2-シアノシクロヘキサンカルボン酸**
（2-cyanocyclohexanecarboxylic acid）

---

**例題 22.1**　次の化合物に IUPAC 名をつけよ．

a. 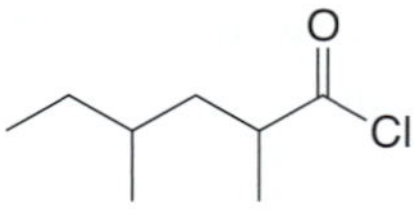  b.

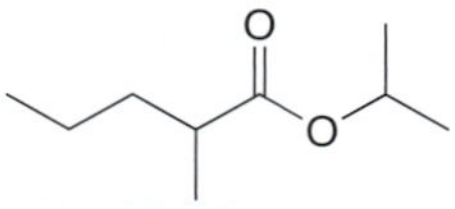

**【解答】**

a. 炭素鎖に結合している官能基は酸塩化物である．したがって，名前の最後は ***-yl chloride*** となる．

[1] COCl を含む最長鎖をさがしだし、名称をつける.

ヘキサン酸 → 塩化ヘキサノイル
(hexanoic acid)　　(hexanoyl chloride)
(6 炭素)

[2] 置換基の名称と位置番号をつける.

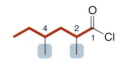

答：塩化 2,4-ジメチルヘキサノイル
(2,4-dimethylhexanoyl chloride)

b. 官能基はエステルなので、名前の最後は **-ate** となる.

[1] カルボニル基を含む最長鎖をさがしだし、名称をつける.

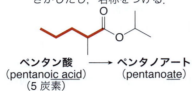

ペンタン酸 → ペンタノアート
(pentanoic acid)　　(pentanoate)
(5 炭素)

[2] 置換基の名称と位置番号をつける.

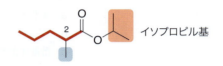

イソプロピル基

答：2-メチルペンタン酸イソプロピル
(isopropyl 2-methylpentanoate)

英語ではO原子に結合しているアルキル基を、名称の**最初に**書く．日本語では母体のカルボン酸の後にアルキル基の名称を書く．

表 22.2 にカルボン酸誘導体の命名に関する最も重要な点をまとめる．

表 22.2　まとめ：カルボン酸誘導体とニトリルの命名

| 化合物 | 接尾語など | 例 | 化合物名 |
|---|---|---|---|
| 酸塩化物 | **-yl chloride** または **-carbonyl chloride** | | 塩化ベンゾイル (benzoyl chloride) |
| 酸無水物 | **anhydride** | | 安息香酸無水物 (benzoic anhydride) |
| エステル | **-ate** | | 安息香酸エチル (ethyl benzoate) |
| アミド | **-amide** | | N-メチルベンズアミド (N-methylbenzamide) |
| ニトリル | **-nitrile** または **-onitrile** | | ベンゾニトリル (benzonitrile) |

**問題 22.4** 次の化合物に IUPAC 名をつけよ．

a. 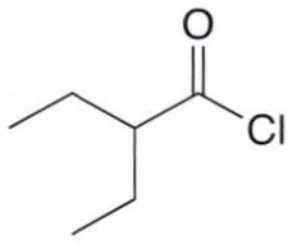 2-エチルブタノイルクロリド構造 (CH₃CH₂)₂CHC(O)Cl
b. 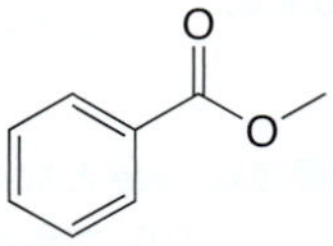 安息香酸メチル構造
c. プロパン酸 N-エチル-N-メチルアミド構造
d. 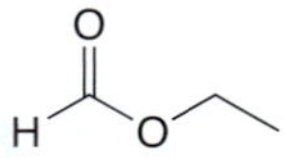 ギ酸エチル構造
e. プロパン酸 無水安息香酸混合無水物構造
f. 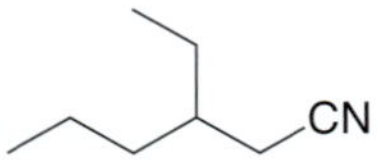 2-エチル基付きCH₂CN構造

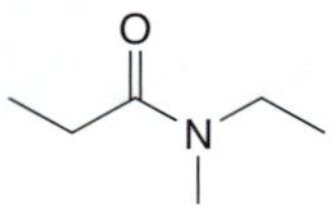

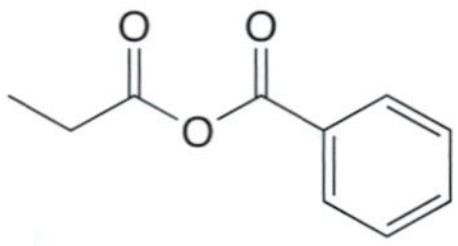

**問題 22.5** 次の化合物名に対応する構造を書け．
a. 塩化 5-メチルヘプタノイル
b. プロパン酸イソプロピル
c. 酢酸ギ酸無水物
d. *N*-イソブチル-*N*-メチルブタンアミド
e. 3-メチルペンタンニトリル
f. *o*-シアノ安息香酸
g. 2-メチルヘキサン酸 *sec*-ブチル
h. *N*-エチルヘキサンアミド

## 22.4 物理的性質

すべてのカルボニル化合物は極性のあるカルボニル基をもっているので，**双極子-双極子相互作用**が働く．ニトリルも極性 C≡N 基をもっているので，同様に双極子-双極子相互作用が働く．第一級および第二級アミドは一つまたは二つの N−H 結合を含むので，分子間水素結合が生成する．図 22.2 のアセトアミドの例で示すように，一つのアミドの N−H 結合は，別のアミドの C=O と分子間水素結合をつくる．

**図 22.2** アセトアミド（$CH_3CONH_2$）の分子間水素結合

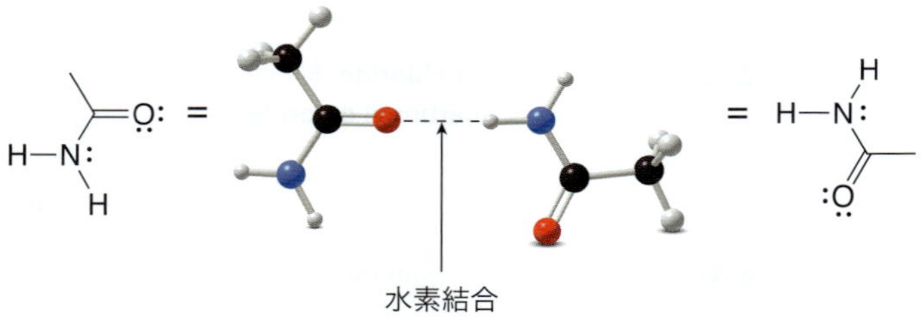

水素結合

**問題 22.6** アセトアミド（$CH_3CONH_2$）の沸点は 221 ℃で，酢酸（$CH_3CO_2H$）の沸点（118 ℃）に比べてかなり高い．その理由を説明せよ．

これらの因子がカルボン酸誘導体の物理的性質に与える影響を表 22.3 にまとめる．

表 22.3　カルボン酸誘導体の物理的性質

| 性質 | 観測結果 |
|---|---|
| 沸点と融点 | ・第一級および第二級アミドは同程度の分子量の化合物と比べると，その沸点と融点が高い．<br>・その他のカルボン酸誘導体の沸点と融点は，同程度の分子量と形をもつ極性化合物と同じくらいである． |

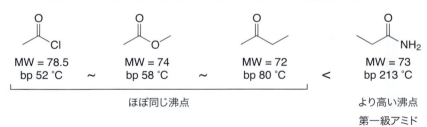

| | |
|---|---|
| ほぼ同じ沸点 | より高い沸点<br>第一級アミド |

| 性質 | 観測結果 |
|---|---|
| 溶解性 | ・カルボン酸誘導体は，その分子量にかかわらず，有機溶媒に溶ける．<br>・5炭素以下のカルボン酸誘導体の多くは，水分子と水素結合できるので，水に溶ける〔3.4.3項（上巻）〕．<br>・6炭素以上のカルボン酸誘導体は，無極性アルキル基部分の割合が大きいため，極性溶媒である水には溶けない． |

bp＝沸点，MW＝分子量

## 22.5　分光学的性質
### 22.5.1　赤外吸収スペクトル

カルボン酸誘導体およびニトリルの赤外吸収の最大の特徴を次に示す．

［1］他のカルボニル化合物と同様に，カルボン酸誘導体も **1600〜1850 cm$^{-1}$ に強い C＝O 吸収**をもつ．

［2］さらに，**第一級および第二級アミド**は N−H 結合に由来する二つの吸収をもつ．
- **3200〜3400 cm$^{-1}$** に1本あるいは2本の N−H 伸縮振動に由来するピーク．
- **1640 cm$^{-1}$** 付近に N−H 変角振動に由来するピーク．

［3］**ニトリル**は **2250 cm$^{-1}$** に C≡N の吸収をもつ．

カルボニル吸収の正確な位置は，カルボニル化合物 RCOZ の Z の種類により異なる．22.2 節で詳しく学んだように，Z の塩基性が増すほど RCOZ の共鳴による安定性も増大するので，次のような傾向が見られる．

- **カルボニル基のπ結合が非局在化するほど，C＝O による吸収は低振動数側に移動する．**

そのため，共鳴による安定化をほとんど受けない酸塩化物や酸無水物のカルボニル基は，共鳴でより安定化されるアミドのカルボニル基に比べて高振動数領域で吸収を示す．表 22.4 にカルボン酸誘導体のカルボニル吸収の具体的な値をあげる．

共役や環の大きさも，カルボニル吸収の値に影響する．

共役や環の大きさによるカルボニル吸収の値への影響については，21.4.1 項で説明した．

- **共役によってカルボニル吸収はより低振動数側に移動する．**
- **環状カルボン酸誘導体では，環が小さくなるほどカルボニル吸収はより高振動数側に移動する．**

## 表 22.4　カルボン酸誘導体におけるカルボニル基の赤外吸収

| 化合物の種類 | 構造（RCOZ） | カルボニル基の吸収（$\tilde{\nu}$） |
|---|---|---|
| 酸塩化物 | R–CO–Cl | ～1800 cm$^{-1}$ |
| 酸無水物 | R–CO–O–CO–R | 1820 および 1760 cm$^{-1}$（二つのピーク） |
| エステル | R–CO–OR' | 1735 ～ 1745 cm$^{-1}$ |
| アミド | R–CO–NR'$_2$ | 1630 ～ 1680 cm$^{-1}$ |

R' = H またはアルキル

（左矢印：Z の塩基性の増大／右矢印：吸収波数 $\tilde{\nu}$ の増大）

**問題 22.7**　次の化合物の組合せにおける赤外吸収スペクトルの違いを述べよ．

a. 酢酸エチル と N,N-ジエチルアセトアミド

b. δ-バレロラクトン と γ-ブチロラクトン

c. N-メチルプロピオンアミド と プロピオンアミド

d. 無水フタル酸 と ベンゾイルクロリド

### 22.5.2　NMR スペクトル

カルボン酸誘導体の $^1$H NMR スペクトルには二つの特徴がある．

［1］カルボニル基の α 炭素上のプロトンは 2 ～ 2.5 ppm に吸収を示す．
［2］第一級および第二級アミドの N–H プロトンは 7.5 ～ 8.5 ppm に吸収を示す．

カルボン酸誘導体の $^{13}$C NMR スペクトルでは，カルボニル炭素が強く非遮蔽化されるため 160 ～ 180 ppm にピークを示す．190 ～ 215 ppm にピークをもつアルデヒドやケトンのカルボニル吸収より少し高磁場に吸収が現れる．

ニトリルの $^{13}$C NMR スペクトルは，sp 混成炭素のため 115 ～ 120 ppm にピークを示す．この吸収は，65 ～ 100 ppm にピークをもつアルキンの sp 混成炭素の吸収より，かなり低磁場に現れる．

**問題 22.8**　次のデータから，ジャスミン油の主成分である二つの化合物 A と B の構造を推定せよ．
化合物 A：C$_9$H$_{10}$O$_2$，3091 ～ 2895 および 1743 cm$^{-1}$ に赤外吸収，2.06（一重線，3 H），5.08（一重線，2 H），7.33（幅広い一重線，5 H）ppm に $^1$H NMR シグナル
化合物 B：C$_{14}$H$_{12}$O$_2$，3091 ～ 2953 および 1718 cm$^{-1}$ に赤外吸収，5.35（一重線，2 H），7.26 ～ 8.15（多重線，10 H）ppm に $^1$H NMR シグナル

## 22.6 興味深いエステルとアミド

### 22.6.1 エステル

低分子量のエステルは，心地よい特徴的な香りをもっているものが多い．

多くの果物の特徴的な香りは，低分子量のエステルに由来する．

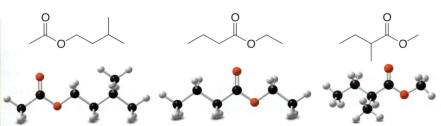

酢酸イソアミル
(isoamyl acetate)
バナナの香り

ブタン酸エチル
(ethyl butanoate)
マンゴーの香り

2-メチルブタン酸メチル
(methyl 2-methylbutanoate)
パイナップルの香り

ビタミンCやコカインなど重要な生理活性を担っているエステルも多い．

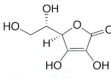

ビタミンC（vitamin C）

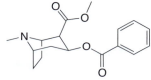

コカイン（cocaine）

南米産の低木であるコカの木（*Erythroxylon coca*）は，常習性の麻薬コカインの原料である．

- **ビタミンC**（または**アスコルビン酸**，ascorbic acid）は水溶性ビタミンで，五員環ラクトン骨格をもつ（3.5.2 項（上巻））．植物はビタミンCを合成できるが，ヒトにはこれを合成するための酵素がないので，食物から摂取しなければならない．
- **コカイン**は，コカの木の葉から得られる興奮剤である．コカの葉を噛んで気持ちを高揚させることを，南米の先住民は1000年以上もの間行ってきた．最初の20年間に生産されたコカコーラには，原料のごく一部にこのコカの葉が使われていた．コカインは一時的な快楽を得るために広く乱用されている麻薬であり，現在は多くの国でその使用が法的に禁止されている．

### 22.6.2 アミド

天然のアミドの重要な化合物群に，**アミノ酸が互いにアミド結合でつながったポリマーであるタンパク質**（protein）がある．タンパク質のポリマー鎖の長さやそこに結合している置換基Rの種類はさまざまである．タンパク質という用語は一般に，アミノ酸単位が40以上つながった，より分子量の大きいポリマーを指すときに用いられ，それよりも小さな分子量のポリマーはペプチド（peptide）ということが多い．

タンパク質分子の一部
[アミド結合を赤色で示す]

ペプチドとタンパク質については29章で，より詳しく説明する．

タンパク質とペプチドは細胞内で多様な働きをしている．それらは，筋肉，結合組織，毛髪，爪などの構成成分であり，さらに生体反応を触媒したり，細胞膜間でイオンや分子を輸送したりする働きも担っている．たとえば，**メチオニンエンケファリン**(Met-enkephalin)は四つのアミド結合をもつペプチドで，おもに神経組織の細胞に存在し，痛みを和らげ，モルヒネに似た鎮静剤として作用する．

メチオニンエンケファリン（Met-enkephalin）
[四つのアミド結合を赤色で示す]

よく使われている医薬品にも，アミド結合をもつ化合物は多い．たとえば，メタンスルホン酸($CH_3SO_3H$)の塩として売られているアミドである**グリベック®**（一般名：イマチニブメシル酸塩）は慢性骨髄性白血病や特定の消化管間質腫瘍の治療薬として用いられている抗がん剤で，ある特定のがんの原因となる分子機構を阻害する．

イマチニブメシル酸塩
商品名：グリベック®(Gleevec®)

**ペニシリン**(penicillin)は互いに類似した構造をもつ一連の抗生物質である．1920年代のペニシリンGの発見に至る，アレキサンダー・フレミング卿(Sir Alexander Fleming)の先駆的な研究によって知られるようになった．すべてのペニシリンは五員環と縮環した歪んだβ-ラクタムを含み，同時にβ-ラクタムのカルボニル基のα位にもう一つのアミドをもっている．ペニシリンの種類によって，このアミド側鎖のR基の種類が異なる．

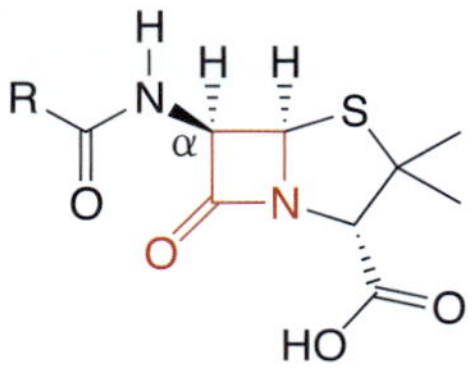

ペニシリン (penicillin)
[β-ラクタムを赤色で示す]

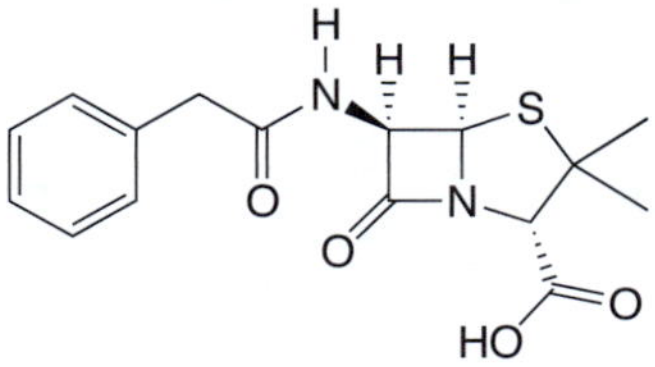

ペニシリンG (penicillin G)

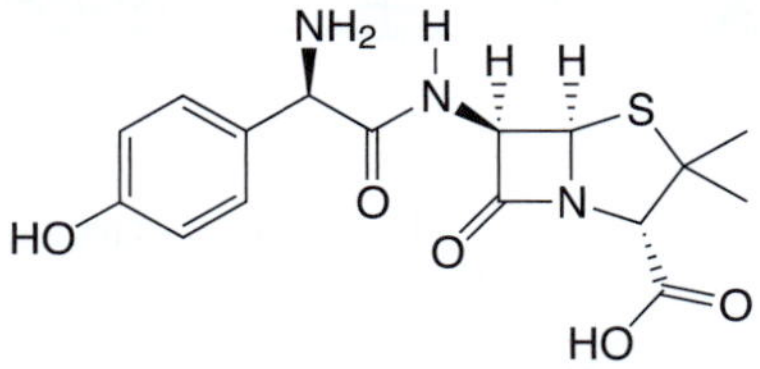

アモキシシリン (amoxicillin)

セファロスポリン(cephalosporin)はまた別のβ-ラクタム系抗生物質で，六員環と縮環した四員環を含んでいる．一般にセファロスポリンはペニシリンよりも広い範囲の細菌に対して有効である．

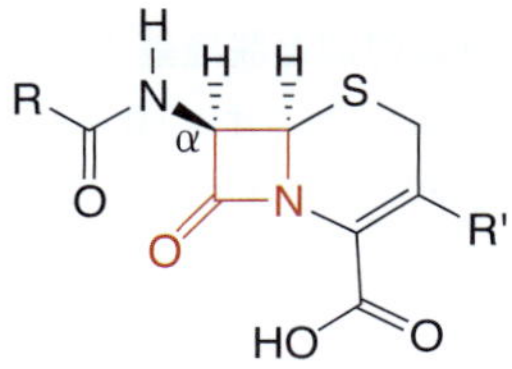

セファロスポリン (cephalosporin)
[β-ラクタムを赤色で示す]

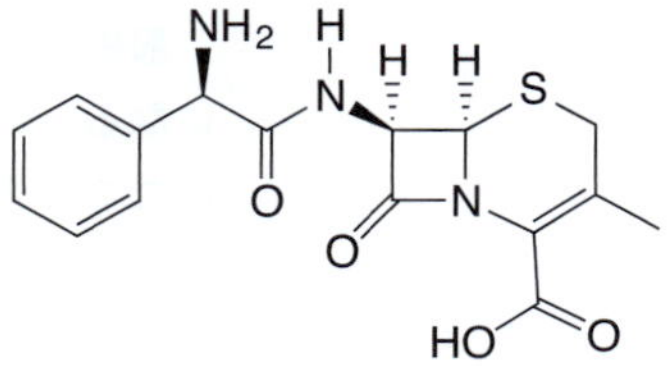

セファレキシン (cephalexin)
商品名：ケフレックス®(Keflex®)

## 22.7 求核アシル置換反応

カルボン酸誘導体の特徴的な反応は，**求核アシル置換反応**(nucleophilic acyl substitution)**である**．負電荷をもつ求核剤($Nu^-$)と中性の求核剤(HNu:)のどちらでも起こりうる一般的な反応である．

$$R-CO-Z \xrightarrow{:Nu^- \text{ または } HNu:} R-CO-Nu + :Z^- \text{ または } HZ$$

Nu が Z と置き換わる

- カルボン酸誘導体(RCOZ)は，求電子的で立体障害の小さなカルボニル炭素をもっているので，求核剤と反応する．
- カルボン酸誘導体(RCOZ)はカルボニル炭素に結合した脱離基Zをもっているので，付加反応ではなく置換反応が進行する．

### 22.7.1 機構

機構 22.1 に示すように，求核アシル置換反応の一般的な反応機構は**求核攻撃**とそれに続く**脱離基の脱離**の 2 段階からなる．

求核アシル置換反応の機構は，20.2 節ですでに学んだ．

## 機構 22.1　一般的な反応機構――求核アシル置換反応

Z = OH, Cl, OCOR, OR', NH$_2$

① 求電子的なカルボニル基を求核剤が攻撃する．π結合が開裂して電子対が酸素に移動し，sp$^3$ 混成炭素が生成する．
② 酸素上の電子対がふたたびπ結合を形成し，Z が C–Z 結合の電子対とともに脱離する．

---

**最終的に，求核剤の付加と脱離基の脱離によって，求核剤が脱離基と置換したことになる．** 求核剤にカルボアニオン（R$^-$）やヒドリド（H$^-$）を用いると，求核置換反応が進むことを 20 章で学んだ．さまざまな酸素および窒素求核剤もこのような反応を起こす．

**酸素求核剤**　　　　　　　　　　　　　　　　　　**窒素求核剤**

:ÖH　　H$_2$Ö:　　RÖH　　R–C(=O)–Ö:$^-$　　　　N̈H$_3$　　RN̈H$_2$　　R$_2$N̈H

ヘテロ原子求核剤を用いた求核アシル置換反応では，一つのカルボン酸誘導体から別の誘導体への変換が起こる．次にその二つの例を示す．

CH$_3$COCl + H–NH$_2$ → CH$_3$CONH$_2$ (1°アミド) + H–Cl

PhCOOH + H–OCH$_3$, H$^+$ → PhCOOCH$_3$ (エステル) + H–OH

求核剤が電荷を帯びているか帯びていないかにかかわらず，それぞれの反応により脱離基は求核剤で置き換えられる．求核アシル置換反応の生成物を書くには次のような手順をとるとよい．

- 脱離基の結合した sp$^2$ 混成炭素をさがしだす．
- 求核剤を同定する．
- 脱離基を求核剤で置換する．中性の求核剤の場合，中性の置換生成物を得るためにプロトンを取り去る必要がある．

### 22.7.2　カルボン酸とその誘導体の相対的反応性

20.2.2 項で学んだように，求核剤に対する反応性はカルボン酸とその誘導体の間

で大きく異なる．反応性は，脱離基 Z の脱離能に比例する．

- **優れた脱離基ほど，求核アシル置換反応における RCOZ の反応性が高い．**

**弱い塩基ほど優れた脱離基である**ことを思いだそう．よく使われる脱離基 Z の相対的な塩基性については表 22.1 を参照せよ．

したがって，次のような順序となる．

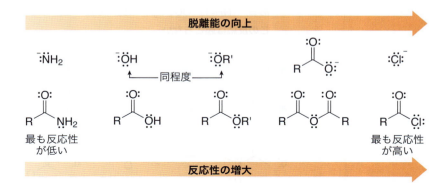

この反応性の順にもとづくと，**最も反応性の高いアシル化合物(酸塩化物や酸無水物)は，反応性のより低い化合物(カルボン酸，エステル，およびアミド)に変換できる．この逆は，普通起こらない．**

なぜそうなのか確かめるために，カルボニル基への求核反応では，二つの脱離基 Z⁻ および :Nu⁻ をもつ正四面体構造の中間体が生成することを思いだそう．続いて脱離する基は，二つの脱離基のうちのより優れたほうである．したがって，置換生成物を得るための反応では，Z⁻ がより優れた脱離基でなければならず，出発物質の RCOZ はより反応性の高いアシル化合物でなければならない．

求核置換反応が進行するかどうかを判断するためには，**離れていく脱離基と攻撃する求核剤の脱離能を比べるとよい．**その例を例題 22.2 に示す．

**例題 22.2** 次の求核アシル置換反応が起こりやすいかどうか判断せよ．

【解答】
a. $CH_3COOCH_2CH_3$ への $CH_3COCl$ の変換には，$Cl^-$ を $^-OCH_2CH_3$ で置換する必要がある．$Cl^-$ は $^-OCH_2CH_3$ に比べて弱い塩基であり，したがってより優れた脱離基なので，**この反応は起こる**．

b. $(C_6H_5CO)_2O$ への $C_6H_5CONH_2$ の変換には，$^-NH_2$ を $^-OCOC_6H_5$ で置換する必要がある．$^-NH_2$ は $^-OCOC_6H_5$ に比べて強い塩基であり，したがって劣った脱離基なので，**この反応は起こらない**．

**問題 22.9** 本章のこれより先の部分を読まずに，次の求核置換反応が起こりうるかどうか述べよ．

まとめると，

- 求核置換反応は，攻撃してくる求核剤:$Nu^-$ に比べて脱離基 $Z^-$ がより弱い塩基，つまりより優れた脱離基であるときに進行する．
- 反応性のより高いアシル化合物は，求核置換反応によって反応性のより低いアシル化合物に変換できる．

**カルボン酸誘導体の反応性の順序を覚えよう**．そうすれば，非常に多くの反応を整理して理解できる．

**問題 22.10** 次の化合物を，求核アシル置換反応の反応性が低いものから順に並べよ．
a. $C_6H_5COOCH_3$，$C_6H_5COCl$，$C_6H_5CONH_2$
b. $CH_3CH_2COOH$，$(CH_3CH_2CO)_2O$，$CH_3CH_2CONHCH_3$

**問題 22.11** トリクロロ酢酸の酸無水物 $((CCl_3CO)_2O)$ が，無水酢酸 $((CH_3CO)_2O)$ より求核アシル置換反応に対する反応性が高い理由を説明せよ．

### 22.7.3 特徴的な反応の概要

次の 22.8〜22.14 節は，ヘテロ原子を求核剤とする求核アシル置換反応を具体的に説明する．とても多くの反応があるので，カルボン酸誘導体の反応性の一般的な順序を学んでからでないと，混乱してしまうかもしれない．**アシル基をもつ出発物質からの反応では，常に求核置換反応が起こることを覚えておこう**．

本書では，すべての求核置換反応を出発物質のカルボン酸誘導体の種類によって分類している．最初に，最も反応性の高いアシル化合物である酸塩化物から始め，次により反応性の低いアシル化合物を順に取り上げ，最後にアミドについて述べる．酸塩化物は，あらゆるアシル化合物のなかでも最も優れた脱離基をもっているので反応性が高く，さまざまな反応の出発物質となる．一方，アミドは劣った脱離基をもっているので，激しい条件下でやっと一つの反応が進行するにすぎない．

これから次の式に示されるような四つの異なる求核剤を用いるアシル置換反応を見ていくことにする．

これらの反応は酸無水物，カルボン酸，エステル，アミドを他のアシル化合物から合成するときに使うことができるが，酸塩化物を合成するときには使えない．酸塩化物は最も優れた脱離基をもつ，最も反応性の高いアシル化合物であるため，それらを求核置換反応の生成物として得ることは難しい．22.10.1 項で述べるように，それらはカルボン酸を特別な反応剤で処理することによってのみ合成できる．

## 22.8 酸塩化物の反応

**酸塩化物は求核剤と速やかに反応して求核置換体を生成し**，副生成物として普通 HCl が生成する．生成した強酸をアンモニウム塩として取り除くために，反応混合物にピリジンなどの弱塩基を加える．

酸塩化物と水は速やかに反応する．そのため，酸塩化物の試薬瓶を，湿気を含んだ空気のもとで開けると，加水分解が起こり，副生成物である HCl 由来の強酸臭が発生する．

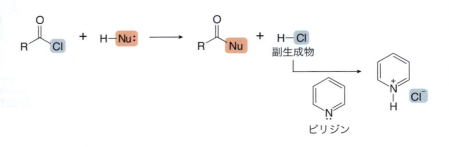

酸塩化物は酸素求核剤と反応し，酸無水物，カルボン酸，エステルを生成する．

[2] R-COCl + H-OH →(ピリジン) R-COOH + ピリジニウム Cl⁻
　　　　　　　　　　　　　カルボン酸

[3] R-COCl + H-OR' →(ピリジン) R-COOR' + ピリジニウム Cl⁻
　　　　　　　　　　　　　エステル

**酸塩化物はまた，アンモニアや第一級および第二級アミンと反応し，それぞれ第一級，第二級，第三級アミドを生成する．** 反応には 2 当量の $NH_3$ やアミンが用いられる．1 当量目は求核剤として反応し，Cl と置き換わり置換生成物を与え，2 当量目は塩基として作用し，副生する HCl と反応してアンモニウム塩を生成する．

DEET を含む防虫剤は，昆虫により媒介される感染症である西ナイル熱やライム病が広まったため，よく使われるようになった．DEET は昆虫を殺すのではなく，忌避する．昆虫はヒトの体のまわりの暖かい湿気を含む空気を感じて近寄ってくるが，DEET にはそれを惑わす効果があるとされる．

[1] R-COCl + H-NH₂ (2 当量) → R-CONH₂ + HCl ─NH₃→ ⁺NH₄ Cl⁻
　　　　　　　　　　　　　1° アミド

[2] R-COCl + H-NHR' (2 当量) → R-CONHR' + HCl ─R'NH₂→ R'⁺NH₃ Cl⁻
　　　　　　　　　　　　　2° アミド

[3] R-COCl + H-NR'₂ (2 当量) → R-CONR'₂ + HCl ─R'₂NH→ R'₂⁺NH₂ Cl⁻
　　　　　　　　　　　　　3° アミド

例として，**DEET** としてよく知られる第三級アミドの $N,N$-ジエチル-$m$-トルアミドを生成する酸塩化物とジエチルアミンの反応を示す．DEET は蚊，ノミ，ダニに効く防虫剤の成分として広く使われている．

m-CH₃-C₆H₄-COCl + (C₂H₅)₂NH (過剰量) → m-CH₃-C₆H₄-CON(C₂H₅)₂ + (C₂H₅)₂NH₂⁺ Cl⁻
　　　　　　ジエチルアミン　　　　　　　　　　$N,N$-ジエチル-$m$-トルアミド
　　　　　　(diethylamine)　　　　　　　　　　($N,N$-diethyl-$m$-toluamide)
　　　　　　（過剰量）　　　　　　　　　　　　　　　　　　**DEET**

問題 22.12　塩化ベンゾイル（$C_6H_5COCl$）を次の求核剤で処理して得られる生成物を書け．
(a) $H_2O$，ピリジン　　(b) $CH_3COO^-$　　(c) $NH_3$（過剰量）　　(d) $(CH_3)_2NH$（過剰量）

求核剤としてカルボキシラートアニオンを用いる反応は，22.7 節で学んだ**求核攻撃とそれに続く脱離基の脱離**という一般的な 2 段階機構で進行する．その様子を機構 22.2 に示す．

### 機構 22.2　酸塩化物から酸無水物への変換

① 求核的なカルボキシラートアニオンがカルボニル基を攻撃し，sp³ 混成炭素が生成する．
② 脱離基（Cl⁻）が脱離し，置換生成物である酸無水物が生成する．

中性の求核剤（$H_2O$, R'OH, $NH_3$ など）を用いる求核置換反応では，さらにもう 1 段階，プロトン移動が必要となる．たとえば，求核剤として $H_2O$ を用い，酸塩化物からカルボン酸に変換する反応は，機構 22.3 に示す 3 段階で進行する．

### 機構 22.3　酸塩化物からカルボン酸への変換

① 求核剤（$H_2O$）がカルボニル基を攻撃し，sp³ 混成炭素が生成する．
②–③ プロトンの引き抜きと脱離基（Cl⁻）の脱離により，置換生成物であるカルボン酸が生成する．

チャバネゴキブリの雌の性フェロモン，ブラッテラキノン（問題 22.13）の実験室での短工程合成により，そのフェロモンを混ぜた餌の罠でゴキブリをおびきよせて繁殖を抑えるという新しい手法が開発された．

酸塩化物に他の中性の求核剤を作用させても，まったく同様の 3 段階の機構を書くことができる．

**問題 22.13** アルコールと酸塩化物から化合物 **A** が生成する反応機構を段階ごとに示せ．**A** は 1 段階で，雌のチャバネゴキブリ（*Blatella germanica*）の性フェロモンであるブラッテラキノンへと変換できる．

## 22.9　酸無水物の反応

酸塩化物より少し反応性は低いものの，酸無水物もたいていの求核剤と反応し，置換生成物を与える．酸無水物は二つのカルボニル基をもっているが，その求核置換反

求核置換反応は，攻撃してくる求核剤に比べて脱離基がより弱い塩基であるとき，すなわち，より優れた脱離基であるときに起こる．

応は，他のカルボン酸誘導体の反応と同じである．**カルボニル基の一つに求核攻撃が起こり，もう一つのカルボニル基は脱離基の一部となる**．

$$\underset{R}{\overset{O}{\|}}\!\!-\!\!O\!\!-\!\!\underset{R}{\overset{O}{\|}} + H\text{—Nu:} \longrightarrow \underset{R}{\overset{O}{\|}}\!\!-\!\!Nu + HO\!\!-\!\!\underset{R}{\overset{O}{\|}}$$

副生成物

**酸無水物は酸塩化物の合成には用いることができない**．なぜなら，$RCOO^-$ は $Cl^-$ よりも強い塩基であり，したがって $Cl^-$ よりも劣った脱離基だからである．しかし，それ以外のアシル誘導体の合成には，酸無水物を用いることができる．水やアルコールとの反応では，それぞれ**カルボン酸**や**エステル**が生成する．2当量の $NH_3$ やアミンとの反応では，**第一級，第二級**，および**第三級アミド**が生成する．反応では常に，1当量のカルボン酸(またはカルボン酸塩)が副生する．

(酸無水物 + H—OH → カルボン酸 + 副生成物)

(酸無水物 + H—OR' → エステル + 副生成物)

(酸無水物 + H—NH₂ (2当量) → 1°アミド + 副生成物)

**問題 22.14** 無水安息香酸 $((C_6H_5CO)_2O)$ を次の求核剤で処理して得られる生成物を書け．
(a) $H_2O$ (b) $CH_3OH$ (c) $NH_3$ (過剰量) (d) $(CH_3)_2NH$ (過剰量)

酸無水物を出発物質として用いた，求核アシル置換反応によるアミドへの変換を機構 22.4 に示す．**求核付加反応**とそれに続く**脱離基の脱離**という通常の段階の他に，プロトン移動の段階を必要とする．

## 機構 22.4　酸無水物からアミドへの変換

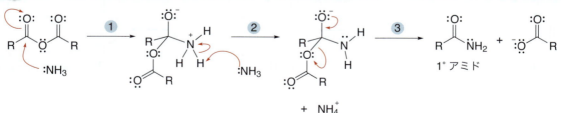

① 求核剤 ($NH_3$) がカルボニル基を攻撃し，$sp^3$ 混成炭素が生成する．
②-③ プロトンの引き抜きと脱離基 ($RCO_2^-$) の脱離により，第一級アミドが置換生成物として得られる．

アセトアミノフェンには解熱鎮痛作用はあるが抗炎症作用はないため，激しい炎症による関節炎などの治療には効果がない．また，アセトアミノフェンを大量に服用すると肝障害を引き起こすので，処方箋に書かれた用量を守ることが大事である．

酸無水物はアルコールやアミンと容易に反応するので，実験室でエステルやアミドを合成するときにしばしば用いられる．たとえば，無水酢酸は2種類の鎮痛剤**アセチルサリチル酸**（アスピリン）と**アセトアミノフェン**（カロナール®の有効成分）の合成に用いられる．

アセチルサリチル酸
(acetylsalicylic acid)
アスピリン
(aspirin)

アセトアミノフェン
(acetaminophen)
カロナール®の有効成分

これらの反応は，アセチル基（$CH_3CO-$）が一方のヘテロ原子からもう一方のヘテロ原子に移動する反応なので，**アセチル化**（acetylation）と呼ばれる．

**ヘロイン**（heroin）は，ケシから単離された鎮痛性化合物のモルヒネのアセチル化によって合成される．モルヒネの二つのOH基はいずれも無水酢酸により容易にアセチル化され，ヘロインのジエステル部位となる．

モルヒネ
(morphine)

ヘロイン
(heroin)

## 22.10 カルボン酸の反応

**カルボン酸は強い有機酸である**．酸-塩基反応は他の反応よりも速やかに進行するため，強い塩基でもある求核剤をカルボン酸に作用させると，求核置換反応が起こるより**先に**プロトンの引き抜きが起こる．

酸-塩基反応

酸-塩基反応は，$^-OH$，$NH_3$，およびアミンなど求核アシル置換反応に用いる一般的な求核剤を作用させたときに起こる．とはいうものの，カルボン酸への求核的なアシル置換反応も起こることがあり，酸触媒とともに特別な反応剤を作用させたり，厳

しい反応条件下で反応させることによりさまざまなアシル誘導体へと変換できる．それらの反応については，図 22.3 にまとめ，詳しくは 22.10.1 項～ 22.10.4 項で説明する．

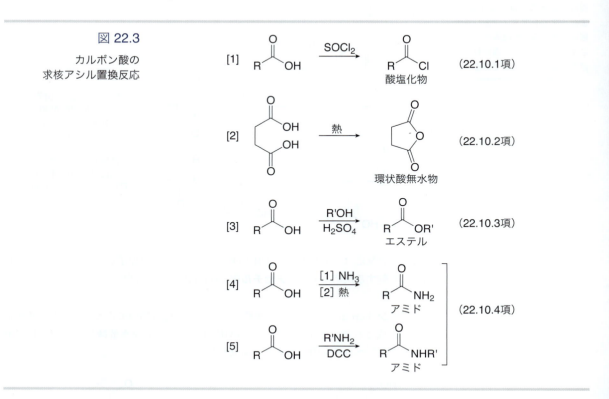

図 22.3
カルボン酸の求核アシル置換反応

## 22.10.1　RCOOH の RCOCl への変換

**カルボン酸に Cl⁻ を求核剤として作用させても酸塩化物に変換することはできない**．なぜなら，求核剤である Cl⁻ が，離れていく脱離基 OH⁻ よりも弱い塩基だからである．しかし，塩化チオニル(thionyl chloride, **SOCl₂**)を用いると，カルボン酸を酸塩化物に変換できる．この塩化チオニルは 9.12 節(上巻)で，アルコールをハロゲン化アルキルに変換するときに用いた反応剤である．

安息香酸に SOCl₂ を作用させると，塩化ベンゾイルが生成する．この反応では，反応性の低いアシル誘導体であるカルボン酸を，より反応性の高い酸塩化物に変換している．これが可能であるのは，塩化チオニルがカルボン酸の OH 基をより優れた脱離基に変えたためであり，さらに塩化チオニルは脱離基と置換する求核剤 Cl⁻ も供給しているからである．この反応の各段階を機構 22.5 に示す．

22.10 カルボン酸の反応

安息香酸 (benzoic acid) → 塩化ベンゾイル (benzoyl chloride)

### 機構 22.5　カルボン酸の酸塩化物への変換

①〜② カルボン酸は SOCl₂ と反応してプロトンを失い，OH 基は優れた脱離基である OSOCl に変換される．
③〜④ Cl⁻ の求核攻撃で，正四面体構造の中間体が生成する．脱離基 (SO₂ + Cl⁻) の脱離により酸塩化物が生成する．

**問題 22.15**　次の反応の生成物を書け．

a. CH₃CH₂COOH + SOCl₂ →

b. カルボン酸 [1] SOCl₂ / [2] (CH₃CH₂)₂NH (過剰量) →

## 22.10.2　RCOOH の (RCO)₂O への変換

カルボン酸から酸無水物への変換は容易ではないが，ジカルボン酸は高温に加熱することにより環状酸無水物に変換できる．この反応は二酸から水分子が失われる**脱水**(dehydration)反応である．

コハク酸 →(熱) コハク酸無水物 + $H_2O$

フタル酸 →(熱) 無水フタル酸 + $H_2O$

## 22.10.3　RCOOH の RCOOR′ への変換

酸触媒の存在下でカルボン酸にアルコールを作用させると，エステルが生成する．この反応を**フィッシャーエステル化反応**(Fischer esterification)という．

RCOOH + H–OR′ ⇌($H_2SO_4$) RCOOR′ + H–OH

## 978　22章　カルボン酸とその誘導体：求核アシル置換反応

この反応は平衡反応である．ル・シャトリエの原理に従い，アルコールを過剰に加えたりエステル生成時に水を系外へ取り除いたりすると，平衡は右側に傾く．

酢酸エチルは特有のにおいをもつ有機溶媒で，マニキュアの除光液やプラモデルの接着剤に使われている．

フィッシャーエステル化反応の機構も，通常の求核アシル置換反応と同様に**求核剤の付加と脱離基の脱離**の2段階を含んでいる．しかし，酸触媒による反応なので，これにプロトン化と脱プロトン化の段階が加わる．酸の一般式HAを用いて機構22.6に示すように，酸素を含む出発物質を用いるこれまでの反応と同様，最初の段階では，酸により**酸素原子がプロトン化される**．

### 機構22.6　フィッシャーエステル化反応──酸触媒によるカルボン酸のエステルへの変換

**反応[1]　求核剤 R'OH の付加**

① カルボニル酸素のプロトン化によって，カルボニル基はより求電子的になる．
②-③ R'OHによる求核攻撃で正四面体構造の中間体が生成し，脱プロトン化によって付加生成物が得られる．

**反応[2]　脱離基 $H_2O$ の脱離**

④ OH基がプロトン化され，優れた脱離基となる．
⑤-⑥ $H_2O$の脱離と脱プロトン化によりエステルが生成する．

**カルボン酸のエステル化は酸の存在下で進行し，塩基の存在下では進行しない．**塩基はカルボン酸からプロトンを引き抜いて，電子豊富な求核剤とは反応しないカルボキシラートアニオンを生成する．

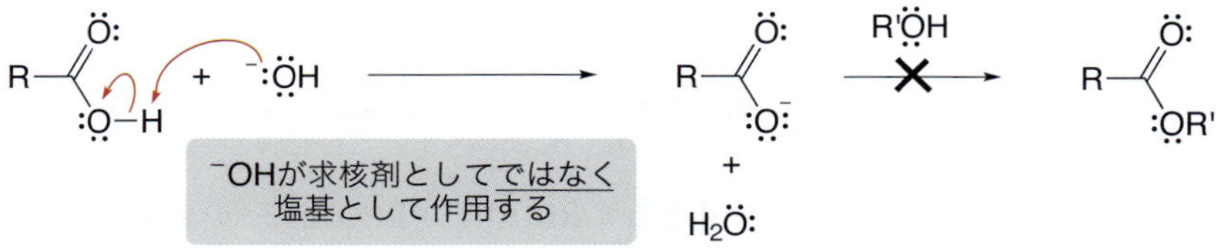

⁻OHが求核剤としてではなく塩基として作用する

γ- および δ-ヒドロキシカルボン酸の分子内エステル化では，それぞれ五および六員環ラクトンが生成する．

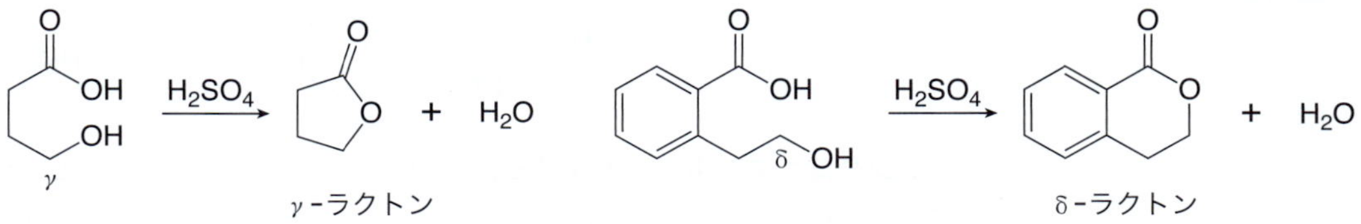

γ-ラクトン　　　δ-ラクトン

**問題 22.16** 次の反応の生成物を書け．

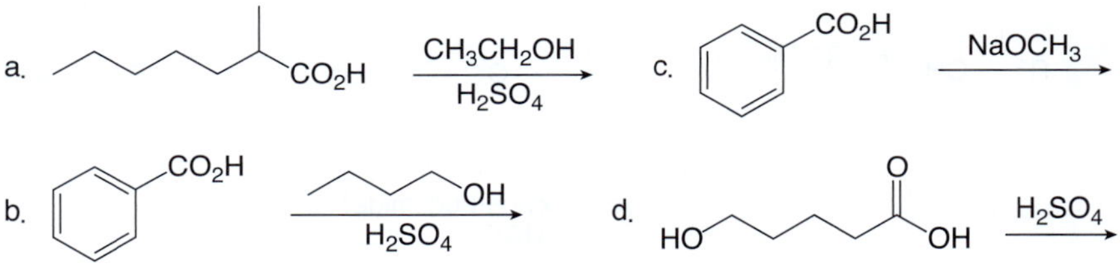

**問題 22.17** 安息香酸（$C_6H_5COOH$）を，$^{18}O$ で標識した O 原子をもつ $CH_3OH$（$CH_3{}^{18}OH$）で処理して得られる生成物を書け．生成物のどの位置に標識された O 原子が存在するかも示せ．

**問題 22.18** 次の反応の機構を段階ごとに示せ．

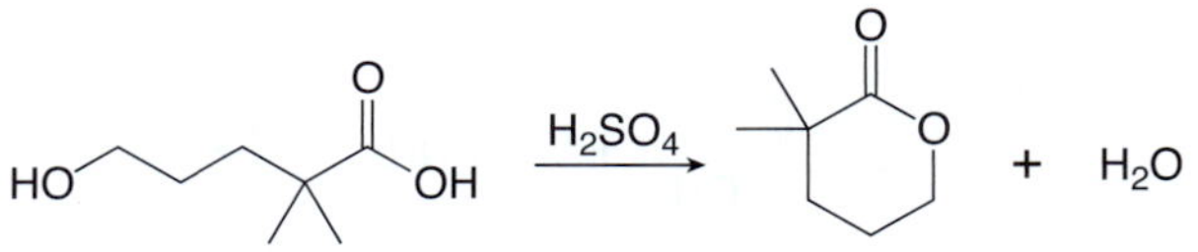

### 22.10.4　RCOOH の RCONR′$_2$ への変換

$NH_3$ またはアミンを用いたカルボン酸からアミドへの直接変換は，反応性の高いアシル化合物から反応性の低い化合物への変換ではあるが，非常に難しい．問題は，カルボン酸が強い有機酸，そして $NH_3$ やアミンが塩基であり，そのため求核置換反応が起こる前に**酸-塩基反応が起こり，アンモニウム塩が生成する**ことである．

高温（> 100 °C）に加熱すると，生成したカルボキシラートアニオンのアンモニウム塩の脱水によりアミドが生成するが，その収率は高くはない．

全体として RCOOH の RCONH$_2$ への変換には 2 段階を要する．

[1] **RCOOH と NH$_3$ の酸-塩基反応によるアンモニウム塩の生成**
[2] **高温（> 100 °C）での脱水反応**

22.8 節および 22.9 節で学んだように，酸塩化物や酸無水物を用いると，アミドはより簡単に合成できる．

**ジシクロヘキシルカルボジイミド（DCC）** という反応剤を用いると，カルボン酸とアミンからアミドを容易に合成できる．この反応では，DCC は副生成物のジシクロヘキシル尿素に変換される．

**DCC は脱水剤（dehydrating agent）である**．副生成物のジシクロヘキシル尿素は DCC に H$_2$O が付加して生成する．DCC はカルボン酸の OH 基をより優れた脱離基に変換してアミドの生成を促進する．

その反応機構は，[1] OH 基の優れた脱離基への変換と，その後の [2] **求核剤の付加および脱離基の脱離**の二つの部分からなり，求核アシル置換反応の生成物が生成する（機構 22.7）．

## 機構 22.7　DCC を用いたカルボン酸のアミドへの変換

**反応[1]　OH 基からより優れた脱離基への変換**

① 酸–塩基反応でカルボン酸から DCC にプロトンが移動する．
② DCC の共役酸に $RCO_2^-$ が求核攻撃して付加生成物が生成する．ステップ ① と ② により，OH はより優れた脱離基へと変換される．

**反応[2]　求核剤の付加と脱離基の脱離**

③ 活性化されたカルボキシ基をアミンが求核攻撃して，正四面体構造の中間体が生成する．
④–⑤ プロトン移動と，脱離基であるジシクロヘキシル尿素の脱離により，アミドが生成する．

DCC を加えて行う酸とアミンの反応は，研究室でペプチドのアミド結合を合成するのによく用いられる．詳しくは 29 章で学ぶ．

**問題 22.19**　酢酸を次の反応剤で処理して得られる生成物を書け．
(a) $CH_3NH_2$　　(b) $CH_3NH_2$ を加えて加熱　　(c) $CH_3NH_2$ + DCC

## 22.11 エステルの反応

エステルはカルボン酸やアミドに変換できる.

- エステルを,酸または塩基の存在下で加水分解すると,カルボン酸またはカルボキシラートアニオンが生成する.

$$R-C(=O)-OR' \xrightarrow[(H^+ または ^-OH)]{H_2O} R-C(=O)-OH \text{ または } R-C(=O)-O^- + H-OR'$$

カルボン酸（酸性条件下）　　カルボキシラートアニオン（塩基性条件下）

- エステルは $NH_3$ およびアミンと反応して,第一級,第二級,第三級アミドを生成する.

$$R-C(=O)-OR' \xrightarrow{HN} R-C(=O)-NH_2 \text{ または } R-C(=O)-NHR'' \text{ または } R-C(=O)-NR''_2 + H-OR'$$

（$NH_3$ と）1°アミド　（$R'NH_2$ と）2°アミド　（$R'_2NH$ と）3°アミド

### 22.11.1 酸性水溶液によるエステルの加水分解

酸触媒によるエステルの加水分解の最初の段階は,**酸素原子のプロトン化**である.これは,これまで学んできた酸素を含む出発物質と酸の反応における最初の段階と同じである.

酸性水溶液によるエステルの加水分解は可逆的な平衡反応で,大過剰の水を用いることにより平衡を右側に傾けることができる.

$$CH_3C(=O)OC_2H_5 + H_2O \xrightleftharpoons{H_2SO_4} CH_3C(=O)OH + C_2H_5OH$$

酸によるエステルの加水分解の機構（機構 22.8）は,機構 22.6 で述べたカルボン酸からのエステル合成の逆の反応である.したがって,この反応は求核剤の付加と脱離基の脱離という求核アシル置換反応と同じ 2 段階の機構で進行し,同時に酸触媒を用いるので,いくつかのプロトン移動を含む.

### 機 構 22.8　酸触媒によるエステルのカルボン酸への加水分解反応

**反応[1]　求核剤 $H_2O$ の付加**

① カルボニル酸素のプロトン化によってカルボニル基はより求電子的になる.
②–③ $H_2O$ の求核攻撃により正四面体構造の中間体が生成し,脱プロトン化により付加生成物が得られる.

つづく

22.11 エステルの反応

### 反応[2] 脱離基 R'OH の脱離

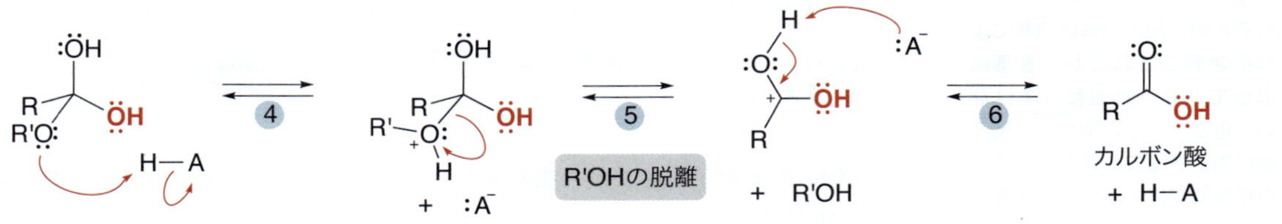

④ OR' 基のプロトン化によって，より優れた脱離基（R'OH）が生成する．
⑤-⑥ R'OH の脱離と脱プロトン化によりカルボン酸が生成する．

## 22.11.2 塩基性水溶液によるエステルの加水分解

エステルは塩基性水溶液による加水分解で，カルボキシラートアニオンを生成する．塩基によるエステルの加水分解を**けん化**（saponification）という．

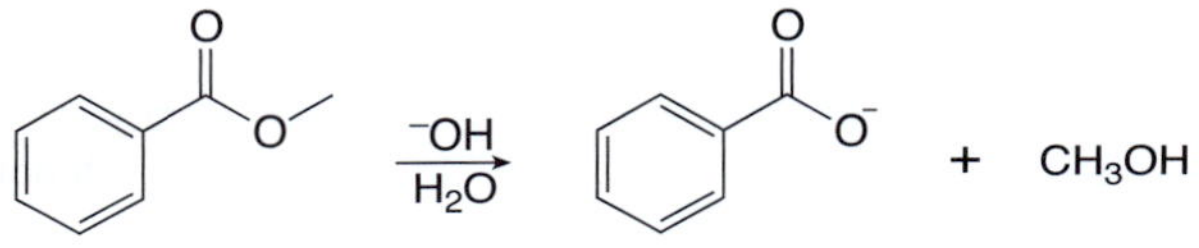

**けん化** の英語表記 saponification はラテン語で**せっけん**を意味する *sapo* に由来する．22.12.2 項で説明するが，せっけんは塩基性水溶液による油脂中のエステルの加水分解により製造される．

カルボキシラートアニオン

この反応の機構には，求核アシル置換反応（22.7 節）に特徴的な 2 段階反応機構である**求核剤の付加**と**脱離基の脱離**の後，さらにプロトン移動の段階が加わる（機構 22.9）．

### 機構 22.9　塩基によるエステルのカルボン酸への加水分解

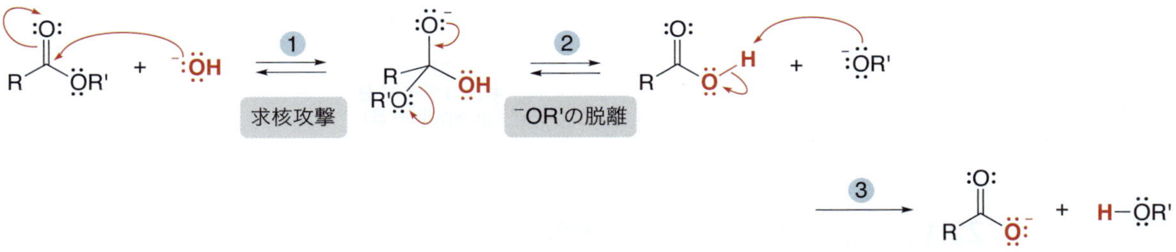

①-② 求核剤 OH⁻ の付加と，脱離基 ⁻OR' の脱離が起こる．これら 2 段階は可逆反応である．
③ カルボン酸は強い有機酸であり，脱離基の ⁻OR' は強塩基なので，酸-塩基反応が起こり，カルボキシラートアニオンが生成する．

カルボキシラートアニオンは共鳴安定化されており，これが平衡を右側に移動させる．いったん反応が完結しカルボキシラートアニオンが生成すると，これを強酸によりプロトン化することで，中性のカルボン酸が得られる．

塩基⁻OH が求核剤としてエステルに付加して生成物の一部となるため，**加水分解は塩基により引き起こされるが，塩基によって触媒されるわけではない**．塩基は反応に関与し，反応後に再生することはない．この点が酸触媒による反応とは異なる．

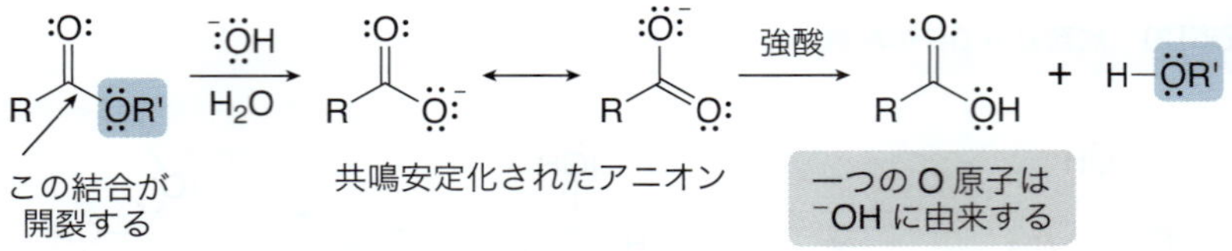

生成物の酸素原子はどこから来たのだろうか．エステルの C–OR' 結合は開裂するので，OR' 基は副生するアルコール R'OH となり，カルボキシラートアニオンの酸素の一つは求核剤⁻OH から来ることになる．

**問題 22.20** フェノフィブラートはコレステロール値を低下させる薬で，代謝による加水分解を受けて活性な薬物であるフェノフィブリン酸へと変換される．フェノフィブリン酸の構造を書け．

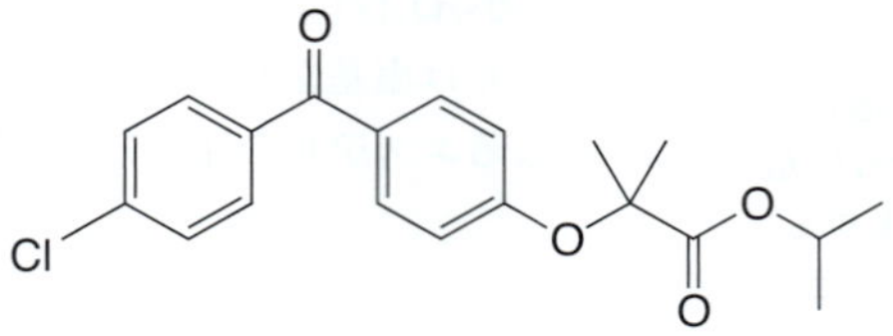

フェノフィブラート
(fenofibrate)

**問題 22.21** 本章の冒頭で紹介したギンコライド B を酸性水溶液で加水分解すると，すべてのエステル基が加水分解される．どのような生成物が得られるか．すべての立体中心における立体化学を正しく示せ．

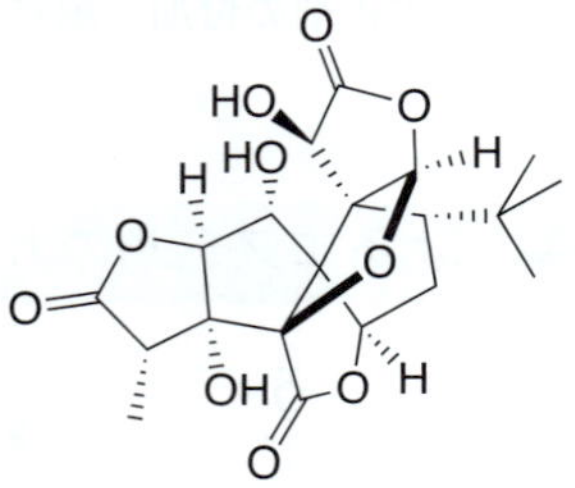

ギンコライド B
(ginkgolide B)

## 22.12 応　用：脂質の加水分解
### 22.12.1 オレストラ──合成脂肪

最もありふれた天然のエステルは，10.6 節（上巻）で述べた**トリアシルグリセロール**だろう．トリアシルグリセロールは動物性脂肪や植物性油を構成する脂質である．

- どのトリアシルグリセロールもトリエステルであり，三つの長い炭化水素側鎖をもっている．
- 不飽和トリアシルグリセロールは，その長い炭化水素鎖のなかに一つ以上の二重結合をもっている．一方，飽和トリアシルグリセロールは炭化水素鎖に二重結合をもたない．

## 22.12 応 用：脂質の加水分解

トリアシルグリセロール(triacylglycerol)
脂質の最も一般的な形

R 基は11〜19炭素をもっている
[三つのエステル基を赤色で示す]

図22.4 に飽和脂肪のボール＆スティックモデルを示す．

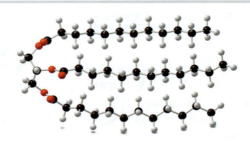

**図22.4**
飽和トリアシルグリセロール
の三次元構造

- このトリアシルグリセロールは，エステルカルボニル基に結合している三つの R 基（それぞれ 11 炭素）に二重結合がないので，飽和脂肪である．

動物はエネルギーを，皮膚表面下の脂肪細胞層にトリアシルグリセロールの形で蓄える．この脂肪層は生物を保護するとともに，長期にわたり代謝に必要なエネルギーを供給する．トリアシルグリセロールの代謝における最初の段階は，エステル結合のグリセロールと脂肪酸 3 分子への加水分解である．**この反応はエステルの加水分解である．リパーゼ**と呼ばれる酵素により，細胞内で反応が進行する．

トリアシルグリセロール
(triacylglycerol)

グリセロール
(glycerol)

12〜20 炭素をもつ三つの脂肪酸が
生成物として得られる

[加水分解で開裂する三つの結合を赤色で示す]

加水分解により生成した脂肪酸は段階的に酸化され，多くのエネルギーを生みだすとともに，最終的に $CO_2$ と $H_2O$ となる．脂肪酸の酸化による 1 グラムあたりのエネルギーは，同量の糖質を酸化する場合の 2 倍以上である．

高脂肪の食物を摂り続けると脂肪がどんどん蓄えられ，最終的に体重過多となる．そこで最近は，スナック菓子のカロリーを減らすために，トリアシルグリセロールを**オレストラ**などの合成脂肪に置き換える試みがなされている．

**オレストラ**
スクロースのポリエステル
合成脂肪
［R 基は 11〜19 の炭素を含む］

スクロース（sucrose）

オレストラの三次元構造

これらのエステル基は立体的にとても混み合っているので，加水分解反応が起こりにくい

アメリカのスナック菓子には合成脂肪のオレストラを含んでいるものがあり，カロリーを気にする消費者向けの低カロリー商品として売られている．

せっけんは上巻の 3.6 節で紹介した．

オレストラはスクロース（ショ糖）と長鎖脂肪酸からなるポリエステルである．天然のトリアシルグリセロールも長鎖脂肪酸をもつポリエステルであるが，オレストラは多くのエステル部位が密集しているので，立体障害が大きくなり加水分解されにくくなっている．その結果，オレストラは代謝されないで体内を通り過ぎていくので，それを食べても摂取カロリーは増えないし，体型が変わることもない．

つまり，オレストラは多くの C–C および C–H 結合をもつおかげで，天然のトリアシルグリセロールに似た溶解性を示す．しかし，その三次元構造が大きな立体障害を引き起こし，加水分解を妨げる．

**問題 22.22** スクロースからオレストラを合成するにはどうすればよいだろうか．

## 22.12.2　せっけんの製造

**せっけんは，トリアシルグリセロールの塩基性加水分解，すなわちけん化によって製造される**．動物性脂肪や植物性油を塩基水溶液で加熱してエステル結合三つを加水分解すると，グリセロールと三つの脂肪酸ナトリウム塩が生成する．これらのカルボン酸塩が汚れを落とす**せっけん**（soap）であり，構造の異なる二つの部分からできている．非極性尾部は油脂を溶かし，極性頭部は水に溶けやすくしている〔図 3.5（上巻）〕．多くのトリアシルグリセロールは 2〜3 種類の異なる炭化水素鎖 R 基をもつので，せっけんは普通 2〜3 種類の異なるカルボン酸塩の混合物である．

あらゆるせっけんは，脂肪酸の塩である．せっけんのおもな違いは，その洗浄性にはあまり影響のない他の成分による．たとえば，着色するための染料，心地よい香りを加える香料，および滑らかにするための油などである．水に浮くせっけんは泡立ちがよく，水よりも密度が小さい．

せっけんは一般的に，ラード（食用豚から採れる），獣脂（ウシやヒツジから採れる），ココナツ油，またはヤシ油などから製造される．せっけんはすべて類似の性質を示すが，脂質原料によっていくぶん異なる性質をもつ．脂肪酸の炭素鎖の長さや不飽和度の大きさが，せっけんの性質に多少なりとも影響を与える．

**問題 22.23** 次のトリアシルグリセロールを加水分解して製造されたせっけんの成分を示せ．

## 22.13 アミドの反応

アミドは，すべてのカルボン酸誘導体のなかで最も劣った脱離基をもつので，反応性が低い．激しい条件下では，**アミドは酸や塩基により加水分解され，カルボン酸またはカルボキシラートアニオンを生成する**．

酸を用いると，副生成物のアミンはプロトン化されてアンモニウムイオンとなり，一方，塩基を用いると，中性のアミンが生成する．

アミノ酸がアミド結合でつながったポリマーであるタンパク質では，そのアミド結合の反応性が比較的に低いことはよく知られている（22.6.2 項）．タンパク質は酸や塩基がなければ水溶液中で安定なので，細胞内の水を含む環境のなかで壊れることなくさまざまな機能を発揮している．タンパク質のアミド結合を加水分解するには，多様な特別の酵素を必要とする．

酸によるアミドの加水分解の機構は，脱離基が異なる以外は酸によるエステルの加水分解機構とまったく同じである（22.11.1 項）．

塩基によるアミドの加水分解の機構は，これまでに学んできた**求核剤の付加**とそれに続く**脱離基の脱離**という一般的な 2 段階機構の求核アシル置換反応に，プロトン移動が加わったものである．最初に生成したカルボン酸が塩基性条件下でさらに反応し，共鳴安定化されたカルボキシラートアニオンとなる．これにより平衡が右に傾き，反応が完了する．第一級アミドを例に，この反応を機構 22.10 に示す．

## 機構 22.10　塩基によるアミドの加水分解反応

① – ②　求核剤（⁻OH）の付加と，脱離基（⁻NH₂）の脱離が続けて起こり，カルボン酸が生成する．この 2 段階は可逆反応である．
③　カルボン酸は強い有機酸であり，脱離基（⁻NH₂）は強塩基なので，酸 – 塩基反応が起こり，カルボキシラートアニオンが生成する．

機構 22.10 のステップ[2]については，もう少し説明する必要がある．アミドの加水分解が起こるには，正四面体構造の中間体から ⁻OH よりも強い塩基，つまり劣った脱離基である ⁻NH₂ が脱離しなければならない．しかし，⁻NH₂ の脱離は起こりにくい．代わりに ⁻OH が脱離基として脱離することになるが，そうすると出発物質が再生する．一方で，確率は低いながらも ⁻NH₂ が脱離すると，ステップ[3]でカルボン酸生成物がよりエネルギー的に低いカルボキシラートアニオンに変換されるので，平衡は生成物側に傾き，反応が進行する．

**問題 22.24** 次の反応の機構を段階ごとに示せ.

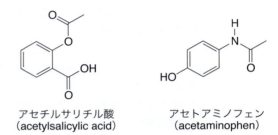

**問題 22.25** アセチルサリチル酸(アスピリン, 2章(上巻)の冒頭で紹介した分子)とアセトアミノフェン(カロナール® の有効成分)の構造を考え, アセトアミノフェンの錠剤は薬箱のなかで長い間保存できるのに対し, アスピリンは時間がたつにつれ分解するのはなぜか説明せよ.

アセチルサリチル酸　　　アセトアミノフェン
(acetylsalicylic acid)　 (acetaminophen)

## 22.14　応　用：β-ラクタム系抗生物質の作用機序

ペニシリンなどの β-ラクタム系抗生物質は, 求核アシル置換反応により細菌を死滅させる. あらゆるペニシリンは, 反応性の低いアミド側鎖と, β-ラクタムを構成している非常に反応性の高いアミドをもつ. β-ラクタムは, 歪みのある四員環の一部になっているために他のアミドに比べ反応性が高く, 求核剤によりすぐに開環する.

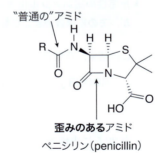

"普通の"アミド

歪みのあるアミド
ペニシリン(penicillin)

哺乳類の細胞とは異なり, 細菌の細胞はかなり強固な細胞壁にかこまれており, そのため細菌はさまざまな環境下で生存できる. この細胞壁は, アミド結合を含むペプチド鎖により互いにつながった炭水化物からなり, **糖ペプチドトランスペプチダーゼ**(glycopeptide transpeptidase)という酵素により合成される.

**ペニシリンは細菌の細胞壁合成を阻害する.** 糖ペプチドトランスペプチダーゼの求核的な OH 基は, 求核アシル置換反応によりペニシリンの β-ラクタム環を開裂する. 開環したペニシリン分子が酵素に共有結合でつながって残るため, 酵素は不活性化され, 細胞壁がつくれなくなり, 細菌は死滅する. ペニシリンは哺乳類の細胞には影響しない. なぜなら哺乳類の細胞は細胞壁ではなく, 柔軟な脂質二重層〔3章(上巻)〕からなる細胞膜にかこまれているからである.

このように，ペニシリンを含むβ-ラクタム系抗生物質は，細菌の重要な酵素に求核アシル置換反応を起こさせることで生理活性を示す．

**問題 22.26** ペニシリンのなかには，そのβ-ラクタムが胃の酸性環境で速やかに加水分解されるために，経口投与できないものがある．次の加水分解反応で得られる生成物は何か．

## 22.15 求核アシル置換反応のまとめ

カルボニル炭素上で起こるあらゆる求核アシル置換反応を系統立てて覚えるためには，次の二つの原則を覚えておくとよい．

- 優れた脱離基ほど，カルボン酸誘導体の反応性は高くなる．
- 反応性の高いアシル化合物を反応性の低いアシル化合物に変換することはできるが，その逆は普通起こらない．

この結果，反応性は次の順序になる．

$$RCONR'_2 \quad RCOOH \approx RCO_2R' \quad (RCO)_2O \quad RCOCl$$

反応性の増大 →

表 22.5 に求核アシル置換反応をまとめる．与えられた出発物質からどの生成物が得られるかを思いだすための早見表として使ってほしい．

表 22.5 カルボン酸とその誘導体の求核置換反応のまとめ

| 出発物質 | | RCOCl | $(RCO)_2O$ | $RCO_2H$ | $RCO_2R'$ | $RCONR'_2$ |
|---|---|---|---|---|---|---|
| [1] RCOCl | → | − | ○ | ○ | ○ | ○ |
| [2] $(RCO)_2O$ | → | × | − | ○ | ○ | ○ |
| [3] $RCO_2H$ | → | ○ | ○ | − | ○ | ○ |
| [4] $RCO_2R'$ | → | × | × | ○ | − | ○ |
| [5] $RCONR'_2$ | → | × | × | ○ | × | − |

表の見方：○ = 反応が起こる　× = 反応は起こらない

## 22.16 天然繊維と合成繊維

天然および合成繊維はすべて高分子量のポリマーである．天然繊維は植物原料または動物原料のいずれかから得られ，それにより化学構造の基本的な性質が異なる．**動物から得られる羊毛や絹**といった繊維は**タンパク質**であり，アミノ酸が多くのアミド結合により互いにつながってできている．一方，**綿や麻**は植物から得られ，グルコースのモノマーが**セルロース型の構造でつながった多糖（炭水化物）**である．これらのポリマーの一般構造を図 22.5 に示す．

有機化学の重要な実用化の例として，合成繊維の創出がある．合成繊維は天然の繊維とは異なる性質をもつだけではなく，ときにはそれらより優れた性質をもつ．合成繊維には，大きく分けるとポリアミドとポリエステルの 2 種類がある．

### 22.16.1 ナイロン──ポリアミド類

カイコが紡ぐ絹に似た性質をもち強くて耐久性のある合成繊維を目指して研究が進められ，**ポリアミド**(polyamide)の一種である**ナイロン**(nylon)が見いだされた．ナイロンにはいくつかの種類があるが，最もよく知られているのはナイロン 6,6 である．

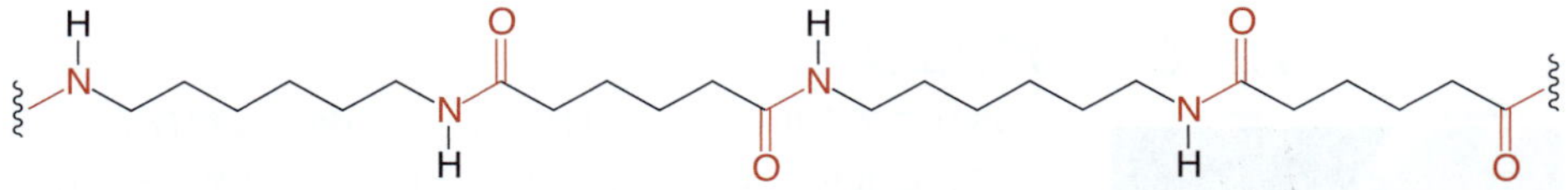

> デュポン社(DuPont)が最初にナイロン製造工場を建設したのは 1938 年のことである．当初，ナイロンは軍事用のパラシュートをつくるために生産されたが，第二次大戦後，絹に代わる衣料品の原料として急速に広まった．

ナイロン 6,6 (nylon 6,6)
[アミド結合を赤色で示す]

ナイロン 6,6 は 2 種類の 6 炭素のモノマー（名称の 6,6 はここに由来する）である．塩化アジポイル(**ClCOCH$_2$CH$_2$CH$_2$CH$_2$COCl**)とヘキサメチレンジアミン(**H$_2$NCH$_2$CH$_2$CH$_2$CH$_2$CH$_2$CH$_2$NH$_2$**)から合成される．この二酸塩化物はジアミンと反応して新しいアミド結合を生成し，ポリマーとなる．ナイロンは，合成のときに小分子（この場合は HCl）が脱離していくので，**縮合ポリマー**(condensation polymer)と呼ばれる．

図 22.5
よく知られている天然繊維の構造

a. 羊毛や絹──多くのアミド結合をもつタンパク質

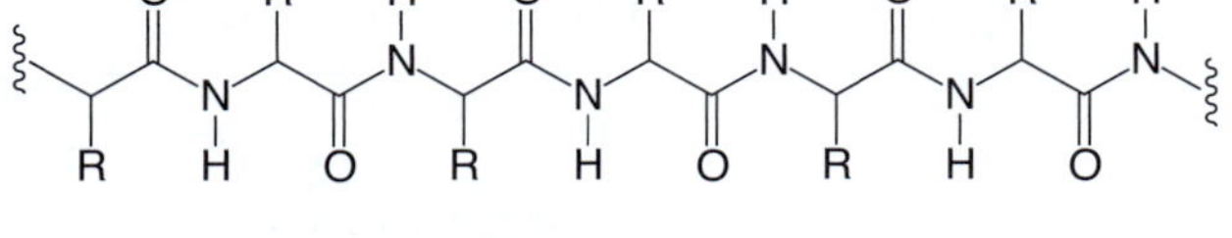

b. 綿や麻──セルロースなどの多糖

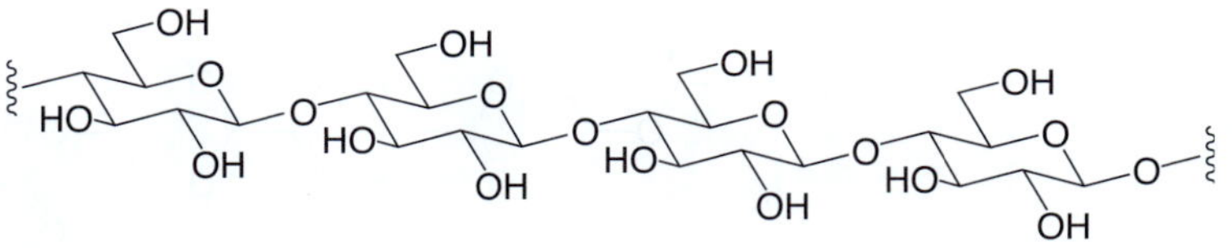

## 992　22章　カルボン酸とその誘導体：求核アシル置換反応

[ナイロン6,6の合成反応式]

ナイロン6,6

+ 3 HCl

**問題 22.27**　ナイロン 6,10 を合成するために必要な 2 種類のモノマーは何か．

ナイロン6,10

### 22.16.2　ポリエステル

**ポリエステル**（polyester）はもう一つの重要な縮合ポリマーである．最もよく知られているポリエステルは，ポリエチレンテレフタラート（polyethylene terephthalate, **PET**）で，用途によりダクロン®（Dacron®），マイラー®（Mylar®）などの商品名で売られている．

ポリエチレンテレフタラート
（Polyethylene terephthalate）
**PET**
（ダクロン®，マイラー®など）
エステル結合（赤色）が炭素骨格を互いにつないでいる

31.9 節で学ぶように，PET は他の高分子化合物に比べてリサイクルしやすい．たとえば，リサイクル PET はショッピングバッグの原料に使われている．

ポリエステルを合成する方法の一つに，酸触媒による二酸とジオールのエステル化反応（フィッシャーエステル化反応）がある．

テレフタル酸
（terephthalic acid）
＋
エチレングリコール
（ethylene glycol）

↓ 酸触媒

+ 3 $H_2O$

**問題 22.28** 1,4-ジヒドロキシメチルシクロヘキサンとテレフタル酸の反応から得られるポリエステル，Kodel® の構造を書け．Kodel® で織られた布は硬く，しわになりにくい．その理由を説明せよ．

1,4-ジヒドロキシメチルシクロヘキサン
(1,4-dihydroxymethylcyclohexane)

テレフタル酸

**問題 22.29** ポリ乳酸(PLA)は最近非常に注目されている．その理由の一つは，そのモノマーである乳酸($CH_3CH(OH)COOH$)が石油からではなく，炭水化物から得られるためである．そのため，PLA はより"環境に優しい"ポリエステルと考えられている〔31 章で，環境に優しいポリマー(グリーンなポリマー)合成についてさらに深く学ぶ〕．PLA の構造を書け．

## 22.17 生体内アシル化反応

生体系においても求核アシル置換反応はよく見られる．これらのアシル化反応は，アシル基が一つの原子から別の原子に(下の反応ではZからNuに)移ることから**アシル移動反応**(acyl transfer reaction)と呼ばれる．

チオエステル
(thioester)

細胞内では，このようなアシル化反応は，**チオエステル**(thioester)と呼ばれる **RCOSR'** の構造をもつエステルの硫黄類縁体で起こる．よく知られているチオエステルは**アセチル補酵素 A**(acetyl coenzyme A)と呼ばれ，単に**アセチル CoA**(acetyl CoA)と書かれることが多い．

アセチル基

アセチル補酵素 A
または
アセチル CoA

- チオエステル(RCOSR')は優れた脱離基(⁻SR')をもつので，他のアシル化合物と同様に，求核剤により置換反応を起こす．アセチルCoAの反応では，SCoAから求核剤:Nu⁻にアセチル基が移動する．

たとえば，アセチルCoAは酵素触媒によりコリンと求核アシル置換反応を起こし，アセチルコリンを生成する．アセチルコリンは電荷をもつ化合物で，神経細胞間の神経刺激を伝達する役割を担う．

他にも細胞内では多くの重要なアシル移動反応が行われている．脂肪酸のチオエステルは酵素触媒反応によりコレステロールと反応し，**コレステリルエステル**(cholesteryl ester, コレステロールエステル)を生成する(図22.6)．これらのエステルは，コレステロールを貯蔵し，体内の別の場所に輸送するための基本形である．コレステロールは脂質であり，血液という水環境には溶けないので，血流中ではタンパク質とリン脂質で包まれた粒子として運ばれる．これらの粒子はその密度により分類される．

- **LDL粒子**(LDL particle, 低密度リポタンパク質)はコレステロールを肝臓から身体の組織に輸送する．
- **HDL粒子**(HDL particle, 高密度リポタンパク質)は逆に，コレステロールを身体の組織から肝臓へ輸送する．肝臓で，コレステロールは他のステロイドへと代謝されたり分解されたりする．

**アテローム性動脈硬化**(atherosclerosis)は動脈壁の内膜に**プラーク**(plaque)と呼ばれる粥状のものが蓄積するために起こる病気である．プラークは大部分がLDL粒子のコレステロール(エステル化されている)からできている．このため，LDLはよく"悪玉コレステロール"と呼ばれる．これに対して，HDL粒子は肝臓にコレステロールを輸送して血流中のコレステロール量を減少させることから，"善玉コレステロール"と呼ばれる．

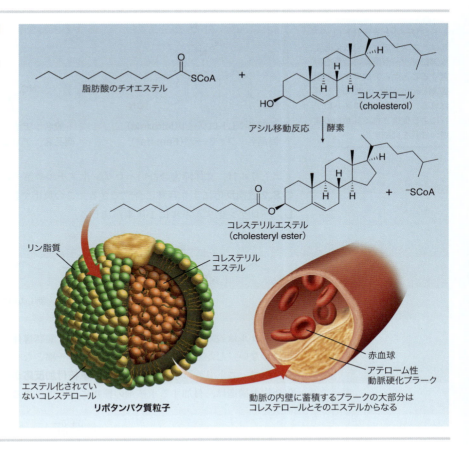

図 22.6
コレステリルエステルとリポタンパク質粒子

**問題 22.30** グルコサミンは，店頭で買える栄養補助食品である．アセチル CoA とグルコサミンの反応により *N*-アセチルグルコサミン（*N*-acetylglucosamine, NAG）が生成する．NAG は，エビやカニの硬い甲羅を形成している炭水化物キチンのモノマーである．NAG の構造を示せ．

## 22.18 ニトリル

本章の最後に**ニトリル**（nitrile, RC≡N）の化学を取りあげる．ニトリルは，本章の中心であるアシル化合物と同じ酸化状態の炭素原子をもつ．さらに，ニトリルの化学反応は本章の前半や 20 章および 21 章で学んだいくつかの概念を説明してくれる．

21.9 節で学んだシアノヒドリンの他にも，**レトロゾール**と**アナストロゾール**という 2 種類の有用な生理活性ニトリルがある．これらは，エストロゲンに反応する乳がんの再発を防止する医薬品である．

> レトロゾールとアナストロゾールは，エストロゲン合成に必要なアロマターゼ酵素の活性を阻害することから**アロマターゼ阻害剤**(aromatase inhibitor)と呼ばれる．これらは，エストロゲンにより促進される乳がんの腫瘍の成長を抑制する．

一般名：レトロゾール(letrozole)
商品名：フェマーラ®(Femara®)

一般名：アナストロゾール(anastrozole)
商品名：アリミデックス®(Arimidex®)

ニトリルは，立体障害のないハロゲン化メチルや第一級ハロゲン化アルキルと $^-CN$ の $S_N2$ 置換反応により容易に合成できる．この反応では新しい**炭素−炭素結合が生成**し，ハロゲン化アルキルに1炭素が加わる．

新しい C−C 結合を赤色で示す

ニトリルは脱離基をもたないので，カルボン酸誘導体とは異なり，求核置換反応は起こらない．しかし，シアノ基は多重結合の一部となっている求電子的な炭素原子をもつので，ニトリルは求核剤と反応し，**求核付加反応**が進行する．そのとき生成する化合物の構造は，付加する求核剤の種類によって決まる．

$$R-\overset{\delta+}{C}\equiv\overset{\delta-}{N}:$$

**ここが求核攻撃される**

ニトリルに求核剤として，水，ヒドリド，および有機金属反応剤を作用させたときの反応を次に示す．

[1] $R-C\equiv N$ $\xrightarrow{H_2O,\ H^+\text{または}^-OH}$ カルボン酸 または カルボキシラートアニオン 　**加水分解**

[2] $R-C\equiv N$ 
- [1] $LiAlH_4$ [2] $H_2O$ → アミン
- [1] DIBAL-H [2] $H_2O$ → アルデヒド

**還元**

[3] $R-C\equiv N$ $\xrightarrow{[1]\ R'MgX\text{または}R'Li,\ [2]\ H_2O}$ ケトン 　**R'−Mとの反応**

## 22.18.1 ニトリルの加水分解

ニトリルは，酸や塩基の存在下で加水分解され，**カルボン酸**または**カルボキシラートアニオン**が生成する．この反応では，三つのC−N結合が三つのC−O結合に置き換わる．

$$R-C\equiv N \xrightarrow[(H^+ \text{ または } {}^-OH)]{H_2O} \underset{\substack{\text{カルボン酸} \\ \text{(酸性条件下)}}}{R-COOH} \text{ または } \underset{\substack{\text{カルボキシラート} \\ \text{アニオン} \\ \text{(塩基性条件下)}}}{R-COO^-}$$

この反応の機構には，アミドの互変異性体の生成が含まれる．すべてのカルボニル化合物について二つの互変異性体を書くことができ，第一級アミドについては次のようになる．

イミド酸互変異性体 ⇌ (⁻OH または H⁺) アミド互変異性体
- C=N
- O−H 結合

アミド互変異性体
- C=O
- N−H 結合
**より安定な形**

> 11章(上巻)で学んだように，互変異性体は二重結合とプロトンの位置が異なる構造異性体である．

- **アミド互変異性体は，C=O 結合と N−H 結合をもち，より安定な形である．**
- **イミド酸互変異性体は，C=N 結合と O−H 結合をもち，より不安定な形である．**

イミド酸とアミドは互変異性体の関係にあり，カルボニル化合物のケト−エノール互変異性体と同様に，酸や塩基で処理すると互いに変換できる．実際，アミドの二つの互変異性体はカルボニル基に結合している炭素原子が窒素原子に置き換わった以外は，ケト−エノール互変異性体とまったく同じ形をしている．

> 11章(上巻)で学んだように，カルボニル化合物のケトおよびエノール互変異性体は平衡の状態にあるが，ケト形がより低いエネルギーをもつため，たいていの場合，平衡はケト形のほうにかなり傾いている．

エノール互変異性体
- C=C
- O−H 結合

⇌ (⁻OH または H⁺)

ケト互変異性体
- C=O
- C−H 結合
**より安定な形**

ニトリル加水分解の機構は酸による場合も塩基による場合も，次の二つの部分からなる．[1] **求核付加反応**によるイミド酸互変異性体の生成と，**互変異性化**によるアミドの生成，および[2] **アミドの加水分解**による $RCO_2H$ または $RCO_2^-$ の生成である．塩基性条件下での RCN から $RCOO^-$ への加水分解反応の機構を機構 22.11 に示す．

##  機構 22.11　ニトリルの塩基による加水分解

### 反応[1]　ニトリルから第一級アミドへの変換

R-C≡N: + ⁻:OH → [1] → R-C(=NH)-Ö-H + H-OH → [2] → R-C(=N:H)-Ö:H (イミド酸) + ⁻:OH → [3] → R-C(=N:⁻)-Ö:H + H-ÖH → [4] → R-C(=O)-NH₂ (アミド) + ⁻:OH

① - ② ⁻OH の求核攻撃と，それに続くプロトン化により，イミド酸が生成する．
③ - ④ 互変異性化は，脱プロトン化反応と，それに続くプロトン化の 2 段階で進行する．

### 反応[2]　第一級アミドの加水分解によるカルボキシラートアニオンの生成

R-C(=O)-NH₂ (アミド) → [⁻OH, H₂O, 3 段階 (機構 22.10)] → R-C(=O)-O:⁻ (カルボキシラートアニオン) + :NH₃

・ 機構 22.10 で示した 3 段階反応により，アミドのカルボキシラートアニオンへの変換が起こる．

---

**問題 22.31**　次の反応の生成物を書け．

a. CH₃CH₂CH₂Br + NaCN →

b. o-C₆H₄(CN)₂ + H₂O, H⁺ →

c. CH₃CH₂CH₂CH(CN)CH₃ + H₂O, ⁻OH →

**問題 22.32**　次の化合物の互変異性体を書け．

a. 1-シクロヘキセニルカルボキサミド (H₂N-C(=O)-cyclohexenyl)

b. CH₃CH(OH)CH₂C(=O)NHCH₃

c. CH₃C(=NH)OH

## 22.18.2 ニトリルの還元

ニトリルは金属ヒドリド反応剤で還元され，還元剤の種類により，第一級アミンまたはアルデヒドとなる．

- ニトリルに LiAlH$_4$ を作用させて，H$_2$O で後処理すると，三重結合に H$_2$ が 2 当量付加して第一級アミンが生成する．

(CH$_3$)$_3$C–C≡N $\xrightarrow{\text{[1] LiAlH}_4}{\text{[2] H}_2\text{O}}$ (CH$_3$)$_3$C–CH$_2$–NH$_2$

- より穏やかな還元剤，たとえば DIBAL-H(*i*-Bu$_2$AlH)をニトリルに作用させて，H$_2$O で後処理すると，アルデヒドが生成する．

Ph–C≡N $\xrightarrow{\text{[1] DIBAL-H}}{\text{[2] H}_2\text{O}}$ Ph–CHO

いずれの反応機構も，**分極した C≡N 三重結合へのヒドリド(H$^-$)の求核付加**を含んでいる．機構 22.12 を見ると，ニトリルからアミンへの還元反応には，LiAlH$_4$ に由来する 2 当量の H:$^-$ の付加が必要であることがわかる．中間体の窒素アニオンが AlH$_3$(反応系中で生成)に配位することで，さらなる付加が促進されていると考えられる．ステップ [4] では，ジアニオンのプロトン化によりアミンが生成する．

### 機構 22.12　ニトリルの LiAlH$_4$ による還元

R–C≡N: + H–ĀlH$_3$ →(1) R–CH=N̄–AlH$_3$ →(2) R–CH=N̄(AlH$_3$)–AlH$_3$ + H–ĀlH$_3$

→(3) R–CH$_2$–N̄(AlH$_3$)$_2$ + AlH$_3$ $\xrightarrow[4]{\text{2 H}_2\text{O}}$ R–CH$_2$–NH$_2$ + 2 H$_3$ĀlOH

- ①–② LiAlH$_4$ から 1 当量目の H:$^-$ が付加して新しい C–H 結合をもつ中間体が生成し，それが AlH$_3$ に配位する．
- ③–④ 2 当量目の H:$^-$ の求核攻撃と AlH$_3$ への配位によりジアニオンが生成する．ジアニオンが水と反応し，二つの新しい N–H 結合をもつ第一級アミンが生成する．

機構 22.13 に示すように，**DIBAL-H** との反応では，1 当量のヒドリドの求核付加によりアニオンが生成し(ステップ[1])，それが水でプロトン化されて**イミン**が生成する．21.12 節で学んだように，イミンは加水分解によりアルデヒドとなる．機構 22.13 では，簡便のため，ステップ[1]で生成したアニオンのアルミニウムへの配位を省いて書いている．

### 機構 22.13　ニトリルの DIBAL–H による還元

$$R-C\equiv N: \xrightarrow{\underset{1}{H-AlR_2}} \underset{R}{\overset{H}{\diagup}}C=N: \xrightarrow{\underset{2}{H-\ddot{O}H}} \underset{R}{\overset{H}{\diagup}}C=\underset{}{\overset{H}{\diagdown}}N \; + \; :\ddot{O}H \xrightarrow[\text{(機構 21.5)}]{H_2\ddot{O}:} \underset{R}{\overset{H}{\diagup}}C=\ddot{O}$$

① DIBAL–H（ここでは $R_2AlH$ と書く）の $H:^-$ が付加して，新しい C–H 結合が生成する．
② プロトン化によりイミンが生成し，それが機構 21.5 で示した連続反応を経て加水分解され，アルデヒドが生成する．

---

**問題 22.33**　次の反応の生成物を書け．

a. 3-メトキシフェニルエチルブロミド $\xrightarrow[\text{[3] }H_2O]{\text{[1] NaCN} \\ \text{[2] }LiAlH_4}$

b. シクロヘキシル–C≡N $\xrightarrow[\text{[2] }H_2O]{\text{[1] DIBAL-H}}$

---

### 22.18.3　ニトリルへのグリニャールおよび有機リチウム反応剤の付加

**グリニャールおよび有機リチウム反応剤はいずれもニトリルと反応して**，新しい炭素–炭素結合をもつ**ケトンを生成する**．

$$Ph-C\equiv N \xrightarrow[\text{[2] }H_2O]{\text{[1] }CH_3CH_2MgBr} Ph-\overset{O}{\underset{}{C}}-CH_2CH_3$$

この反応では，最初に有機金属反応剤が分極した C≡N 三重結合に求核付加してアニオンが生成し（ステップ[1]），アニオンが水によってプロトン化されて**イミン**が生成する．21.12 節で述べたように，このイミンはさらに加水分解され，C＝N が C＝O に置き換わる．最終生成物として新しい C–C 結合をもったケトンが得られる（機構 22.14）．

### 機構 22.14　ニトリルへのグリニャールおよび有機リチウム反応剤（R–M）の付加

$$R-C\equiv N: \xrightarrow{\underset{1}{R'-M}} \underset{R}{\overset{R'}{\diagup}}C=N: \xrightarrow{\underset{2}{H-\ddot{O}H}} \underset{R}{\overset{R'}{\diagup}}C=\underset{}{\overset{H}{\diagdown}}N \; + \; :\ddot{O}H \xrightarrow[\text{(機構 21.5)}]{H_2\ddot{O}:} \underset{R}{\overset{R'}{\diagup}}C=\ddot{O}$$

① R'M（M＝MgX あるいは Li）の $R':^-$ が付加して，新しい C–C 結合が生成する．
② プロトン化によりイミンが生成し，それが機構 21.5 で示した連続反応を経て加水分解され，ケトンが生成する．

問題 22.34　次の反応の生成物を書け．

a. 2-メトキシベンゾニトリル（OCH₃, CN置換ベンゼン） [1] CH₃CH₂MgCl / [2] H₂O

b. 2-エチルペンタンニトリル（CH₃CH₂CH(CN)CH₂CH₂CH₃）[1] C₆H₅Li / [2] H₂O

問題 22.35　フェニルアセトニトリル（$C_6H_5CH_2CN$）を次の化合物に変換するために必要な反応剤を示せ．
(a) $C_6H_5CH_2COCH_3$　　(b) $C_6H_5CH_2COC(CH_3)_3$　　(c) $C_6H_5CH_2CHO$
(d) $C_6H_5CH_2COOH$

問題 22.36　2-ブタノンを，ニトリルとグリニャール反応剤から合成する二通りの方法を述べよ．

# ◆キーコンセプト◆

## カルボン酸とその誘導体：求核アシル置換反応
### RCOZ の吸収スペクトルの特徴（22.5 節）

**赤外吸収**
- RCOZ 化合物はすべて，1600～1850 $cm^{-1}$ 領域に C=O 吸収をもつ．
  - RCOCl：1800 $cm^{-1}$
  - $(RCO)_2O$：1820 および 1760 $cm^{-1}$（2本のピーク）
  - $RCO_2R'$：1735～1745 $cm^{-1}$
  - $RCONR'_2$：1630～1680 $cm^{-1}$
- さらにアミド吸収が，3200～3400 $cm^{-1}$（N–H 伸縮振動）および 1640 $cm^{-1}$（N–H 変角振動）に現れる．
- 環状のラクトン，ラクタム，または酸無水物では，環の大きさが小さくなるほど C=O 吸収の振動数が増大する．
- 共役により，C=O がより低波数側に移動する．

**¹H NMR 吸収**
- C=O の α 炭素上のプロトンは 2～2.5 ppm に吸収を示す．
- アミドの N–H プロトンは 7.5～8.5 ppm に吸収を示す．

**¹³C NMR 吸収**
- C=O の炭素は 160～180 ppm に吸収を示す．

### RCN の吸収スペクトルの特徴（22.5 節）

**赤外吸収**
- C≡N は 2250 $cm^{-1}$ 付近に吸収を示す．

**¹³C NMR 吸収**
- C≡N は 115～120 ppm に吸収を示す．

## RCOZ の性質と Z⁻ の塩基性の関係のまとめ

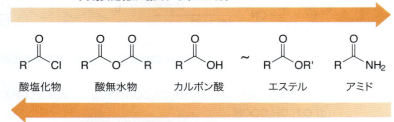

- 脱離基の塩基性が増大する（22.2 節）
- 共鳴安定化が増大する（22.2 節）

酸塩化物　酸無水物　カルボン酸　～　エステル　アミド

- 脱離能が向上する（22.7.2 項）
- 反応性が増大する（22.7.2 項）
- 赤外の C=O 吸収の振動数が増大する（22.5 節）

## 求核アシル置換反応の一般的な特徴

- 一般式 RCOZ で示される化合物に特有の反応は求核アシル置換反応である（22.1 節）．
- 機構は 2 段階反応からなる（22.7.1 項）．
  [1] 求核剤の付加による正四面体構造の中間体の生成
  [2] 脱離基の脱離
- 反応性のより高いアシル化合物は，それより反応性の低いアシル化合物の合成に用いることができる．この逆は，普通進行しない（22.7.2 項）．

## 求核アシル置換反応

[1] 酸塩化物（RCOCl）の合成反応

　$RCO_2H$ から（22.10.1 項）：　$RCOOH + SOCl_2 \longrightarrow RCOCl + SO_2 + HCl$

[2] 酸無水物〔$(RCO)_2O$〕の合成反応

　a. RCOCl から（22.8 節）：　$RCOCl + {}^-OOCR' \longrightarrow RCOOCOR' + Cl^-$

　b. ジカルボン酸から（22.10.2 項）：　コハク酸 $\xrightarrow{熱}$ 環状酸無水物 $+ H_2O$

環状酸無水物

[3] カルボン酸（RCOOH）の合成反応

　a. RCOCl から（22.8 節）：　$RCOCl + H_2O \xrightarrow{ピリジン} RCOOH +$ ピリジニウム $Cl^-$

　b. $(RCO)_2O$ から（22.9 節）：　$(RCO)_2O + H_2O \longrightarrow 2\ RCOOH$

c. RCO₂R' から (22.11 節):  R-C(=O)-OR' + H₂O →(H⁺ または ⁻OH) R-C(=O)-OH (酸性条件下) または R-C(=O)-O⁻ (塩基性条件下) + R'OH

d. RCONR'₂ から (R'=H または アルキル基, 22.13 節): R-C(=O)-NR'₂ (R' = H または アルキル基)
 - H₂O, H⁺ → R-C(=O)-OH + R'₂NH₂⁺
 - H₂O, ⁻OH → R-C(=O)-O⁻ + R'₂NH

[4] エステル (RCOOR') の合成反応

a. RCOCl から (22.8 節): R-C(=O)-Cl + R'OH →(ピリジン) R-C(=O)-OR' + ピリジニウム塩酸塩 (C₅H₅NH⁺Cl⁻)

b. (RCO)₂O から (22.9 節): (RCO)₂O + R'OH → R-C(=O)-OR' + RCOOH

c. RCO₂H から (22.10.3 項): R-C(=O)-OH + R'OH →(H₂SO₄) R-C(=O)-OR' + H₂O

[5] アミド (RCONH₂) の合成反応 〔以下の反応では NH₃ を求核剤として用いているので，RCONH₂ が生成する．同様に R'NH₂ を用いると RCONHR' が，R'₂NH を用いると RCONR'₂ が生成する．〕

a. RCOCl から (22.8 節): R-C(=O)-Cl + NH₃ (2 当量) → R-C(=O)-NH₂ + NH₄⁺Cl⁻

b. (RCO)₂O から (22.9 節): (RCO)₂O + NH₃ (2 当量) → R-C(=O)-NH₂ + RCO₂⁻NH₄⁺

c. RCO₂H から (22.10.4 項): R-C(=O)-OH →[1] NH₃ [2] 熱 R-C(=O)-NH₂ + H₂O

R-C(=O)-OH + R'NH₂ →(DCC) R-C(=O)-NHR' + H₂O

d. RCO₂R' から (22.11 節): R-C(=O)-OR' + NH₃ → R-C(=O)-NH₂ + R'OH

## ニトリル合成 (22.18 節)

ニトリルは，立体障害の小さいハロゲン化アルキルを出発物質にして，$S_N2$ 置換反応で合成できる．

R–X + ⁻CN →($S_N2$) R–C≡N + X⁻
R = CH₃, 1°

## ニトリルの反応

**[1] 加水分解反応（22.18.1 項）**

$$R-C\equiv N \xrightarrow[(H^+ \text{または} ^-OH)]{H_2O} \underset{(\text{酸性条件下})}{R-COOH} \text{ または } \underset{(\text{塩基性条件下})}{R-COO^-}$$

**[2] 還元反応（22.18.2 項）**

$$R-C\equiv N \xrightarrow[\text{[2] } H_2O]{\text{[1] LiAlH}_4} \underset{\text{第一級アミン}}{R-CH_2NH_2}$$

$$R-C\equiv N \xrightarrow[\text{[2] } H_2O]{\text{[1] DIBAL-H}} \underset{\text{アルデヒド}}{R-CHO}$$

**[3] 有機金属反応剤との反応（22.18.3 項）**

$$R-C\equiv N \xrightarrow[\text{[2] } H_2O]{\text{[1] R'MgX または R'Li}} \underset{\text{ケトン}}{R-CO-R'}$$

## ◆ 章 末 問 題 ◆

### 三次元モデルを用いる問題

**22.37** 次の化合物を，求核アシル置換反応に対する反応性の低いものから順に並べよ．

 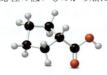 

**22.38** (a) 次の化合物を命名せよ．(b) 化合物 **A** あるいは **B** に次の各反応剤を作用させたときに生成する有機化合物を書け．
[1]$H_3O^+$　　[2]$^-OH, H_2O$　　[3]$CH_3CH_2CH_2MgBr$（過剰量）の後 $H_2O$　　[4]$LiAlH_4$ の後 $H_2O$

 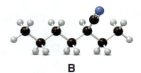

　　　　　　　　A　　　　　　　　　　　　　　B

**22.39** 次のエステル **C** と **D** において，求核アシル置換反応に対する反応性が高いのはどちらかを示せ．その理由も説明せよ．

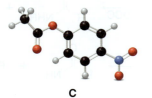 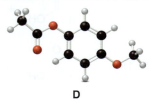

　　　　　　　　C　　　　　　　　　　　　　　D

## 命名法

**22.40** 次の化合物の IUPAC 名または慣用名を示せ.

a.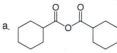
b.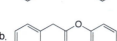
c.
d.
e. 
f. 

**22.41** 次の化合物の構造を示せ.
  a. プロパン酸シクロヘキシル
  b. シクロヘキサンカルボキサミド
  c. 4-メチルヘプタンニトリル
  d. 酢酸ビニル
  e. 安息香酸プロパン酸無水物
  f. 塩化-3-メチルヘキサノイル
  g. ブタン酸オクチル
  h. *N,N*-ジベンジルホルムアミド

## カルボン酸誘導体の性質

**22.42** なぜイミダゾリドは他のアミドよりも求核アシル置換反応の反応性がはるかに高いのか説明せよ.

イミダゾリド(imidazolide)

**22.43** $CH_3CONH_2$ が $CH_3CH_2NH_2$ よりも強い酸であり,かつ弱い塩基である理由を説明せよ.

**22.44** (a) カルボニル基の赤外吸収スペクトルを比較すると,酢酸フェニル($1765\ cm^{-1}$),酢酸シクロヘキシル($1738\ cm^{-1}$) となる.この違いを説明せよ.(b) 共鳴でより安定化されているのはどちらのカルボニル基か.(c) 塩基性水溶液を作用させた際に,反応が速く進行するのはどちらのエステルか.

酢酸フェニル
(phenyl acetate)

酢酸シクロヘキシル
(cyclohexyl acetate)

## 反応

**22.45** フェニル酢酸($C_6H_5CH_2COOH$)を次の反応剤で処理したときに得られる生成物を書け.なお,場合によっては反応が進行しないことがある.
  a. $NaHCO_3$
  b. $NaOH$
  c. $SOCl_2$
  d. $NaCl$
  e. $NH_3$(1 当量)
  f. $NH_3$,加熱
  g. $CH_3OH$,$H_2SO_4$
  h. $CH_3OH$,$^-OH$
  i. [1]$NaOH$,[2]$CH_3COCl$
  j. $CH_3NH_2$,DCC
  k. [1]$SOCl_2$,[2]$CH_3CH_2CH_2NH_2$(過剰量)
  l. [1]$SOCl_2$,[2]$(CH_3)_2CHOH$

**22.46** フェニルアセトニトリル($C_6H_5CH_2CN$)を次の反応剤で処理したときに得られる生成物を書け.
  a. $H_3O^+$
  b. $H_2O$,$^-OH$
  c. [1]$CH_3MgBr$,[2]$H_2O$
  d. [1]$CH_3CH_2Li$,[2]$H_2O$
  e. [1]DIBAL-H,[2]$H_2O$
  f. [1]$LiAlH_4$,[2]$H_2O$

**22.47** 次の反応で生成する有機化合物を書け.

a. 
e.

b. [構造: PhCN] [1] CH₃CH₂CH₂MgBr / [2] H₂O

f. [構造: PhCH₂COOH] [1] SOCl₂ / [2] CH₃CH₂CH₂CH₂NH₂ / [3] LiAlH₄ / [4] H₂O

c. [構造: PhNHC(O)CH₃] H₂O, ⁻OH

g. [構造: マレイン酸 HOOC-CH=CH-COOH] 熱 →

d. [構造: 二環性ラクトン（ケトン含む）] H₃O⁺

h. [無水酢酸 (CH₃CO)₂O] + [シクロヘキシルアミン] (過剰量) →

**22.48** コカイン桂皮酸エステルはコカの葉に含まれる天然物であり，次の連続反応でコカインへと変換できる．コカイン桂皮酸エステルと，中間体 **X**, **Y** の構造を書け．

コカイン桂皮酸エステル (cinnamoylcocaine) C₁₉H₂₃NO₄ →(H₃O⁺) **X** →((PhCO)₂O) **Y** →(NaOCH₃, CH₃I) コカイン (cocaine)

＋ 桂皮酸 (PhCH=CHCOOH)
＋ CH₃OH

**22.49** 次のラクトンまたはラクタムを，酸で加水分解したときの生成物を書け．

a. [デカヒドロイソクロメン-1-オン様ラクトン]
b. [二環性ラクトン]
c. [インドリジジノン]
d. [二環性ラクタム]

**22.50** 次の一連の反応で生成する化合物 **A** 〜 **M** を同定せよ．

シクロヘキシルメチルブロミド →(NaCN) **A** →(H₃O⁺) **B** →(SOCl₂) **D** →([1] (CH₃)₂CuLi / [2] H₂O) **E**
**A** →([1] LiAlH₄ / [2] H₂O) **C**
**B** →(CH₃OH, H⁺) **F** →([1] DIBAL-H / [2] H₂O) **G** →([1] CH₃Li / [2] H₂O) **H** →(PCC) **E**
**C** →((CH₃CO)₂O) **I**
**F** →([1] LiAlH₄ / [2] H₂O) **J** →(TsCl, ピリジン) **K** →(NaCN) **L** →([1] CH₃MgBr / [2] H₂O) **M**

**22.51** 次の反応の生成物を書け．立体中心における立体化学についても示せ．

a. [trans-2-メチルシクロヘキサノール] + CH₃COCl / ピリジン
b. [(R)-2-ブロモ-1-ジュウテロペンタン] + NaCN
c. [(S)-2-ジュウテロ乳酸] + EtOH / H⁺
d. CH₃COCl + [(R)-1-フェニルエチルアミン] (2 当量) →

**22.52** 次の化合物のすべてのアミドやエステル結合が加水分解されたときに得られる生成物は何か．設問 a の**タミフル**®

(Tamiflu®)は抗ウイルス剤であるオセルタミビルの商品名で，インフルエンザの治療に最も効果があると考えられている．設問 b の**アスパルテーム**は人工甘味料の成分で，多くのダイエット飲料に使われている．この加水分解反応の生成物の一つに，アミノ酸のフェニルアラニンがある．フェニルケトン尿症を患っている幼児はこのアミノ酸を代謝することができないので，体内に蓄積され，精神遅滞を引き起こす．初期段階でフェニルケトン尿症であることがわかれば，フェニルアラニン（またはアスパルテームなどそれに変換される化合物）をできるだけ摂らないように食事制限することにより，普通の生活を送ることが可能になる．

a. オセルタミビル（oseltamivir）

b. アスパルテーム（aspartame）

**22.53** 次の連続反応の生成物 **F** の構造を書け．この **F** は数段階の反応を経て抗うつ剤パロキセチン（商品名：パキシル®）へと変換できる（上巻の問題 9.9 を参照）．

[1] $CH_3SO_2Cl$, $(CH_3CH_2)_3N$
[2] $PhCH_2NH_2$, $(CH_3CH_2)_3N$

**F**
$C_{18}H_{18}FNO$

## 反応機構

**22.54** 次の反応の機構を段階ごとに示せ．

$+ NH_2NH_2 \xrightarrow{ピリジン} + $ ピリジニウム $Cl^-$

**22.55** 酢酸（$CH_3COOH$）を微量の酸と $^{18}O$ で標識された水で処理すると，$^{18}O$ がカルボン酸の両方の酸素原子に徐々に導入される．この現象を説明する反応機構を示せ．

$+ H_2{}^{18}O \xrightarrow{H^+} + $

**22.56** γ-ブチロラクトン（問題 19.62）は生物活性のある化合物ではないが，体内で常習性の中毒を引き起こす麻薬 4-ヒドロキシブタン酸（GHB）に変換される（19.5 節）．酸存在下でのこの変換の反応機構を段階ごとに示せ．

γ-ブチロラクトン（γ-butyrolactone） $\xrightarrow{H_3O^+}$ 4-ヒドロキシブタン酸（4-hydroxybutanoic acid）GHB

**22.57** アスピリンは，酵素の活性部位にある OH 基へアセチル基（$CH_3CO-$）を移動させ，アラキドン酸からプロスタグランジンへの変換を阻害する抗炎症剤である（19.6 節）．エステル交換と呼ばれるこの反応では，求核アシル置換反応によって，あるエステルが別のエステルへ変換される．このエステル交換反応の機構を段階ごとに書け．

アスピリン（aspirin） + 酵素 $\xrightarrow{酸触媒}$ 不活性化された酵素 + サリチル酸（salicylic acid）

22.58 次の反応の機構を段階ごとに示せ.

22.59 次の反応の機構を段階ごとに示せ．なお，この反応はコレステロール値降下薬であるエゼチミブ（ezetimibe）合成の1段階である（20.6節参照）．

22.60 ラクトン C からカルボン酸 D への変換についての反応機構を段階ごとに示せ．C はノーベル化学賞を受賞したハーバード大学の E. J. コーリーとその共同研究者がプロスタグランジン（19.6節）を合成したときの鍵中間体である．

22.61 エタノール中で HCl を作用させたときの，ラクトン A からエステル B への変換についての反応機構を段階ごとにを示せ．B は1段階で菊酸エチルに変換できる．菊から単離された三員環をもつ天然の殺虫剤にピレトリン類があるが，菊酸エチルはその重要な合成中間体である（26.4節）．

22.62 次の反応の機構を段階ごとに示せ.

22.63 酸触媒による $HOCH_2CH_2C(CH_3)_2CN$ の加水分解によって化合物 **A**（$C_6H_{10}O_2$）が生成する．**A** は赤外吸収スペクトルで 1770 cm$^{-1}$ に強いピークを示し，$^1$H NMR スペクトルにおけるシグナルは以下の通りである：1.27（一重線，6 H），2.12（三重線，2 H），4.26（三重線，2 H）ppm．化合物 **A** の構造と，加水分解の反応機構を段階ごとに書いてその生成を説明せよ．

## 合 成

22.64 フィッシャーエステル化反応によって次のエステルを合成するために必要なカルボン酸とアルコールは何か．

22.65 1-ブロモブタン（$CH_3CH_2CH_2CH_2Br$）だけを出発物質として用いて，次の化合物を合成する方法を示せ．必要な無機反応剤は何を用いてもよい．

22.66 ハロゲン化アルキルを炭素原子を一つ多く含むカルボン酸へ変換するには二通りの方法がある．

[1]　R–X　$\xrightarrow[\text{[2] H}_3\text{O}^+]{\text{[1] }^-\text{CN}}$　R–COOH　（22.18節）

[2]　R–X　$\xrightarrow[\text{[3] H}_3\text{O}^+]{\text{[1] Mg, [2] CO}_2}$　R–COOH　（20.14.1項）

ハロゲン化アルキルの構造により，[1]と[2]のいずれも用いることができることもあれば，どちらか一方しか用いることができないこともある．次のハロゲン化アルキルについて，炭素原子を一つ多く含むカルボン酸へと変換する方法を段階ごとに示せ．このとき，いずれの方法もうまくいくならば両方の方法を書き，一方の方法しか使えない場合はその理由を述べよ．

a. $CH_3Cl$　　b. $C_6H_5Br$　　c. $HOCH_2CH_2CH_2CH_2Br$

22.67 ベンゼン，メタノール，エタノール，および有機または無機反応剤を用いてベンゾカイン〔$p$-アミノ安息香酸エチル（$p$-$H_2NC_6H_4CO_2CH_2CH_3$）〕を合成する方法を示せ．ベンゾカインは歯科で用いる局所麻酔剤ハリケイン®の有効成分である（18.14.3項）．

22.68 フェノール（$C_6H_5OH$）および必要な有機または無機反応剤を用いて，次の鎮痛性化合物を合成する方法を示せ．

a. サリチルアミド（salicylamide）
b. アセトアミノフェン（acetaminophen）
c. $p$-アセトフェネチジン（$p$-acetophenetidin）

22.69 ベンゼンと4炭素以下のアルコールから，次の化合物を合成する方法を示せ．必要な有機または無機反応剤は何を用いてもよい．

## ポリマー

22.70 次のモノマーの組合せから合成できるポリエステルまたはポリアミドの構造を示せ．

22.71 次のポリマーを合成するのに必要な二つのモノマーは何か．

# 総合問題

**22.72** タキソテール®（Taxotere®）は合成抗がん剤ドセタキセルの商品名で，その構造はタイヘイヨウイチイの樹から単離された天然物パクリタキセル（商品名：タキソール®）と非常によく似ている〔5.5節（上巻）〕．

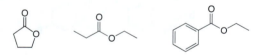

a. タキソール®は水に溶けにくいので，水への溶解度を高めたタキソール類縁体の研究が活発に行われた．どのような構造上の特徴によって，ドセタキセルの水への溶解度が向上したと考えられるか．

b. ドセタキセルは，カルバマート（赤色で示した）をもっている．カルバマートについて，ここに示した以外に，三つの共鳴構造式を書け．また，四つのすべての共鳴構造式を，安定性が低いものから順に並べよ．

c. tert-ブトキシ基〔$(CH_3)_3CO-$〕をもつカルバマートは上式のように加水分解が進行する．この反応の機構を段階ごとに示せ．

d. ドセタキセルが酸水溶液により加水分解され，すべてのエステルとカルバマートの結合が開裂したと仮定したとき，生成するすべての化合物を書け．

# 分光法

**22.73** 次の異性体の組合せを赤外吸収スペクトルの違いにより見分けるには，どこに着目すればよいか．

**22.74** 次の組合せの化合物を，赤外吸収スペクトルにおける C=O 吸収の振動数が小さいものから順に並べよ．

**22.75** 次に与えられたデータから，それぞれの化合物の構造を同定せよ．

a. 分子式　$C_6H_{12}O_2$
赤外吸収：1738 cm$^{-1}$
$^1$H NMR：1.12（三重線，3 H），1.23（二重線，6 H），2.28（四重線，2 H），5.00（七重線，1 H）ppm

b. 分子式　$C_4H_7N$
赤外吸収：2250 cm$^{-1}$
$^1$H NMR：1.08（三重線，3 H），1.70（多重線，2 H），2.34（三重線，2 H）ppm

c. 分子式　$C_8H_9NO$
赤外吸収：3328 および 1639 cm$^{-1}$
$^1$H NMR：2.95（一重線，3 H），6.95（一重線，1 H），7.3～7.7（多重線，5 H）ppm

d. 分子式　$C_4H_7ClO$
赤外吸収：1802 cm$^{-1}$
$^1$H NMR：0.95（三重線，3 H），1.07（多重線，2 H），2.90（三重線，2 H）ppm

e. 分子式　$C_{10}H_{12}O_2$
赤外吸収：1740 cm$^{-1}$
$^1$H NMR：1.2（三重線，3 H），2.4（四重線，2 H），5.1（一重線，2 H），7.1～7.5（多重線，5 H）ppm

**22.76** 分子式 $C_{10}H_{12}O_2$ の異性体 **A** と **B** の構造を，次の赤外吸収スペクトルおよび $^1$H NMR スペクトルから同定せよ．

 a. 異性体 **A** は 1718 cm$^{-1}$ に赤外吸収をもつ． b. 異性体 **B** は 1740 cm$^{-1}$ に赤外吸収をもつ．

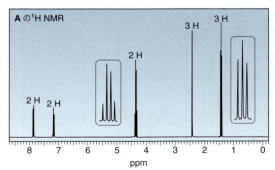
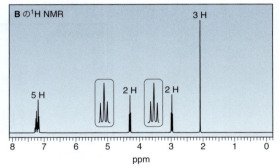

**22.77** フェナセチンは分子式 $C_{10}H_{13}NO_2$ をもつ鎮痛性化合物である．かつては，APC（**a**spirin, **p**henacetin, **c**affeine）などの市販鎮痛剤の成分としてよく入れられていたが，このフェナセチンには肝毒性があるため，今では用いられていない．次のフェナセチンの $^1$H NMR および赤外吸収スペクトルからフェナセチンの構造を推定せよ．

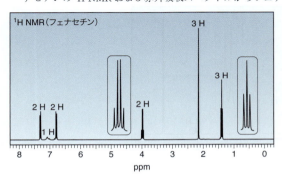
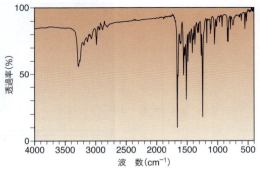

**22.78** 1699 cm$^{-1}$ に赤外吸収をもち，次に示す $^1$H NMR スペクトルをもつ化合物 **C**（分子式 $C_{11}H_{15}NO_2$）を同定せよ．

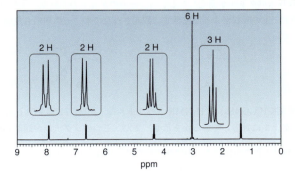

**22.79** 分子式 $C_6H_{12}O_2$ の異性体 **D** と **E** の構造を，次の赤外吸収スペクトルおよび $^1H$ NMR スペクトルから同定せよ．**D** では 1.35 および 1.60 ppm に，**E** では 1.90 ppm にそれぞれ多重線が観測された．

a. 異性体 **D** は 1743 cm$^{-1}$ に赤外吸収をもつ．

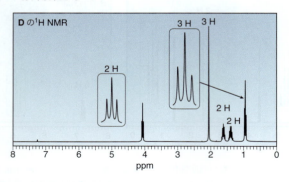

b. 異性体 **E** は 1746 cm$^{-1}$ に赤外吸収をもつ．

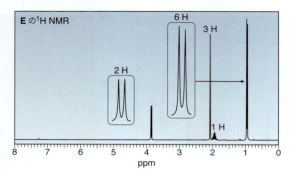

## チャレンジ問題

**22.80** アミド **A** と **B** の赤外吸収スペクトルを測定したところ，一方のアミドのカルボニル基の吸収がもう一方よりもかなり高波数となった．どちらのアミドの吸収がより高波数側に観測されたのか，その理由も説明せよ．

**22.81** 2-クロロアセトアミド($ClCH_2CONH_2$)の $^1H$ NMR スペクトルは，4.02，7.35，7.60 ppm に三つのシグナルを示す．どのプロトンがそれぞれのシグナルに対応しているかを示せ．また，三つのシグナルが観測される理由を説明せよ．

**22.82** 求核アシル置換反応における正四面体構造の中間体の存在は，1951 年にマイロン・ベンダー(Myron Bender)による一連の優れた実験によって明らかにされた．鍵となる実験は，$^{18}O$ でカルボニル酸素を標識した安息香酸エチル($C_6H_5COOCH_2CH_3$)の $^-OH$ 水溶液中での加水分解である．ベンダーは加水分解反応を完了させずに途中で止め，<u>回収された出発物質</u>，すなわち安息香酸エチル中に $^{18}O$ がきちんと残っているかを調べた．その結果，回収された安息香酸エチルのうちいくらかは，カルボニル酸素に $^{18}O$ を含んでいないことを見つけた．求核アシル置換反応の現在受け入れられている機構をもとに，この実験が正四面体構造の中間体の証拠となる理由を説明せよ．

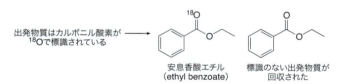

**22.83** 1958年にウッドワード(R. B. Woodward)によって行われたレセルピンの古典的合成を示す. 最初の[1]と[2]の反応の機構を段階ごとに示せ. レセルピンはインドジャボク(印度蛇木, *Rauwolfia serpentina* Benth)の抽出物から単離された天然物で, 不安による過度の精神緊張や高血圧の治療に用いられてきた.

**22.84** 次の反応の機構を段階ごとに示せ. この反応は, 単純な炭水化物であるグルコースを出発原料としてビタミンCを工業生産する際の最終段階である.

**22.85** 次の反応の機構を段階ごとに示せ. この反応は, 抗菌剤であるリネゾリドを合成する際の鍵段階である.

# 23 カルボニル化合物のα炭素での置換反応

- 23.1 はじめに
- 23.2 エノール
- 23.3 エノラート
- 23.4 非対称カルボニル化合物のエノラート
- 23.5 α炭素でのラセミ化反応
- 23.6 α炭素での反応の概要
- 23.7 α炭素でのハロゲン化反応
- 23.8 エノラートの直接的アルキル化反応
- 23.9 マロン酸エステル合成
- 23.10 アセト酢酸エステル合成

乳がん（ピンクリボン）月間

**タモキシフェン**（tamoxifen）は抗がん剤であり，乳がんの治療に広く用いられている．タモキシフェンはエストロゲン受容体に結合し，エストロゲン依存性の乳がんの増殖を抑制する．タモキシフェンを合成する過程で，エノラート中間体を用いるカルボニル基のα炭素上での炭素−炭素結合生成反応が利用されている．本章では，このようなα炭素上での炭素−炭素結合生成反応について学ぶ．

**本章および 24 章では**，カルボニル基のα炭素上で起こる反応に焦点をあてる．これらの反応は，20 〜 22 章で学んだ求電子的なカルボニル炭素への求核攻撃を含むどの反応とも異なる．α炭素上での反応は，カルボニル化合物が**求核剤**として作用し，炭素求電子剤やハロゲン求電子剤と反応して，そこに新しい結合を生成する．

本章では，**α炭素上での置換反応**に焦点をあてる．次の 24 章では一方が求核剤として作用し，もう一方が求電子剤として作用する二つのカルボニル化合物間の反応について学ぶ．本章の反応の多くは，新しい炭素−炭素結合を生成する．これらを学ぶことで，単純な前駆体からより複雑な有機分子を合成する反応のレパートリーが増えることになる．本章で取りあげる反応が，多くの興味深い有用な化合物の合成に用いられていることが理解できるだろう．

## 23.1 はじめに

これまでのカルボニル化合物についての説明は，求電子的なカルボニル炭素に対する求核剤の反応が中心であった．カルボニル化合物の出発物質の構造により，**二種類の反応が進行する．**

- アルデヒドやケトンのように，カルボニル炭素上に電気陰性度の大きな原子 Z がない場合，**求核付加反応**(nucleophilic addition)が起こる．

（アルデヒドまたはケトン）＋ [1] :Nu⁻ [2] H–OH → 求核付加反応生成物
脱離基をもたない場合，H や Nu が付加する

- カルボン酸やその誘導体のように，カルボニル炭素上に電気陰性度の大きな原子 Z がある場合，**求核アシル置換反応**(nucleophilic acyl substitution)が起こる．

R–C(=O)–Z （Z＝電気陰性度の大きな原子）＋ :Nu⁻ → R–C(=O)–Nu ＋ :Z⁻
脱離基をもつ場合，Nu は Z と置換する

反応はカルボニル基の α 炭素でも起こる．これらの反応は，**エノール**(enol)または**エノラート**(enolate)という二つの電子豊富な中間体を経由し，求電子剤と反応して α 炭素上に新しい結合を生成する．この反応では結果的に**水素が求電子剤 E で置換される．**

α 炭素上の水素原子を **α 水素**（α hydrogen）という．

R–C(=O)–CH(α)H → エノール / エノラート → （E⁺）→ R–C(=O)–CH(α)E
E は α 炭素上の H と置換する

## 23.2 エノール

11 章（上巻）で学んだように，**エノール形およびケト形は，二重結合とプロトンの位置が異なる，カルボニル基の互変異性体**(tautomer)**の関係にある．**これらの構造異性体は互いに平衡状態にある．

ケト形 ⇌ エノール形

- ケト互変異性体は C＝O 結合に加えて C–H 結合をもつ．
- エノール互変異性体は C＝C 結合に結合する O–H 基をもつ．

C=O 結合は C=C 結合よりも非常に強いため，たいていのカルボニル化合物では平衡はケト形に大きく傾いている．たとえば，単純なカルボニル化合物では，平衡状態ではエノール形は 1% 未満しか存在しない．非対称ケトンでは 2 種類のエノールが考えられるが，それらを合わせても 1% 未満にすぎない．

しかし，炭素一つを挟んで二つのカルボニル基をもつ，β-ジカルボニル化合物すなわち 1,3-ジカルボニル化合物と呼ばれる化合物では，ケト形よりエノール形の割合が高いこともある．

β-ジカルボニル化合物のエノールを安定化させている因子に，**共役**(conjugation) と **分子内水素結合**(intramolecular hydrogen bonding) の二つがある．エノールの C=C 結合はカルボニル基と共役しているので，π 結合の電子密度が非局在化 (delocalization) している．さらに，エノールの OH 基は近くのカルボニル基の酸素との間で水素結合を形成することができる．このような分子内水素結合は，この場合のように六員環が生成するときに，とくに安定化される．

**例題 23.1** 次の化合物をエノール形またはケト形に変換せよ．

【解答】

a. カルボニル化合物をそのエノール互変異性体に変換するには，カルボニル炭素と α 炭素間に二重結合を書き，C=O を C–OH に変える．この例の場合，両方の α 炭素が等価なので，ただ一つのエノールが可能である．

b. エノールをそのケト互変異性体に変換するには，C–OH を C=O に変え，C=C のもう一端に水素を書き加える．

**問題 23.1** 次の化合物のエノールまたはケト互変異性体を書け．

a., b., c., d., e., f. [モノエノール互変異性体だけを書く]

### 23.2.1 互変異性化の機構

　一つの互変異性体から別の互変異性体への**互変異性化**(tautomerization)は，酸でも塩基でも触媒される．互変異性化は常に**プロトン化**(protonation)と**脱プロトン化**(deprotonation)の2段階からなるが，反応に酸を使うか塩基を使うかにより，これらの段階の順序が変わる．ケト形からエノール形への互変異性化の反応機構を，機構23.1および23.2に示す．これらすべての段階は可逆的なので，逆のエノール形からケト形への変換にも同様に当てはまる．

### 機 構 23.1　酸による互変異性化

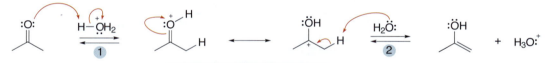

① 酸を用いると，最初にプロトン化が，続いて脱プロトン化が起こる．カルボニルのプロトン化により共鳴安定化されたカルボカチオンが生成する．
② プロトンが引き抜かれ，エノールが生成する．

### 機 構 23.2　塩基による互変異性化

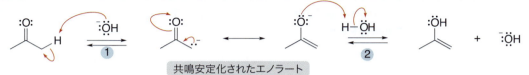

① 塩基を用いると，最初に脱プロトン化が，続いてプロトン化が起こる．α炭素からプロトンが引き抜かれ，共鳴安定化されたエノラートが生成する．
② エノラートのプロトン化により，エノールが生成する．

## 23 章 カルボニル化合物のα炭素での置換反応

**問題 23.2** グルコースの代謝において，グリセルアルデヒド 3-リン酸は 2 回のケト-エノール互変異性化を経てジヒドロキシアセトンリン酸に変換される．この反応が酸により進行するときの機構を段階ごとに書け．

グリセルアルデヒド3-リン酸
(glyceraldehyde 3-phosphate)

$\xrightarrow{H_3O^+}$

ジヒドロキシアセトンリン酸
(dihydroxyacetone phosphate)

### 23.2.2 エノールはどのように反応するか

炭素-炭素二重結合をもつ他の化合物と同様に，**エノールは電子豊富であり，そのため求核剤として反応する**．OH 基は強い電子供与性の共鳴効果を示すので，エノールはアルケンよりもはるかに電子豊富である．エノールについては，負電荷が一つの炭素原子上に置かれた第二の共鳴構造式を書くことができる．その結果，この炭素原子は強い求核性をもち，求電子剤 $E^+$ と反応して，炭素上に新しい結合を生成する．プロトンの脱離により，中性の生成物が得られる．

エノールの二つの共鳴構造式     $H^+$ の脱離

- **エノールと求電子剤 $E^+$ の反応により，α炭素上に新しい C–E 結合が生成する．結果的に，α炭素上で H が E に置き換わったことになる．**

互変異性化  $E^+$ との反応

**問題 23.3** フェニルアセトアルデヒド ($C_6H_5CH_2CHO$) が DCl を加えた $D_2O$ に溶けている場合，α炭素上の水素原子が徐々に重水素原子に置き換わる．エノールを中間体とする，この反応の機構を示せ．

## 23.3 エノラート

**エノラート** (enolate) は，塩基がカルボニル基のα炭素上のプロトンを引き抜くことにより生成する．生成するエノラートが共鳴安定化されるために，α炭素上の C–H 結合は，他の多くの $sp^3$ 混成の C–H 結合よりも，より酸性である．さらに，共鳴構造式のうちの一つは，電気陰性度のより大きな酸素原子に負電荷があるので，とくに安定である．

## 23.3 エノラート

カルボニル化合物からのエノラートの生成については，21.7節ですでに学んだ．

エノラートは常に**α炭素**上のプロトンの引き抜きにより生成する．

プロパナール

シクロヘキサノン

アルデヒドやケトンのα水素の$pK_a$は**20程度**である．表23.1に示すように，この値は$CH_3CH_3$や$CH_3CH=CH_2$のC–H結合よりもはるかに酸性度が高い．このようにカルボニルのα位のC–H結合は他のC–H結合に比べてより酸性であるが，共役塩基の負電荷が常に電気陰性度の大きな酸素原子上にある化合物，たとえば表23.1に示した$CH_3CH_2OH$や$CH_3COOH$のO–H結合に比べると，酸性度は低い．

### 表 23.1 $pK_a$ 値の比較

| 化合物 | $pK_a$ | 共役塩基 | 共役塩基の構造上の特徴 |
|---|---|---|---|
| $CH_3CH_3$ | 50 | $CH_3\overset{-}{C}H_2$ | ・共役塩基はC上に(−)電荷をもつが，共鳴安定化されていない． |
| （プロペン） | 43 | （アリルアニオン共鳴） | ・共役塩基はC上に(−)電荷をもち，共鳴安定化されている． |
| （アセトン） | 19.2 | （エノラート共鳴） | ・共役塩基は二つの共鳴構造式をもち，そのうちの一つはO原子上に(−)電荷をもつ． |
| （エタノール）OH | 16 | O⁻ | ・共役塩基はO原子上に(−)電荷をもつが，共鳴安定化されていない． |
| （酢酸）OH | 4.8 | （カルボキシラート共鳴） | ・共役塩基は二つの共鳴構造式をもち，いずれもO原子上に(−)電荷をもつ． |

酸性度がより高くなる　共役塩基の安定性が増大

- 共役塩基が共鳴安定化されることにより，酸性度が高くなる．
    - $CH_2=CHCH_3$ は $CH_3CH_3$ よりも酸性である．
    - $CH_3COOH$ は $CH_3CH_2OH$ よりも酸性である．

- 共役塩基の負電荷をO上に置くことにより，酸性度が高くなる．
    - $CH_3CH_2OH$ は $CH_3CH_3$ よりも酸性である．
    - $CH_3COCH_3$ は $CH_2=CHCH_3$ よりも酸性である．
    - $CH_3COOH$（二つのO原子をもつ）は $CH_3COCH_3$ よりも酸性である．

## 図 23.1　エノラートとアルコキシドの電子密度

アセトンエノラート（acetone enolate）　＝　　　　　＝　アルコキシドアニオン（alkoxide anion）

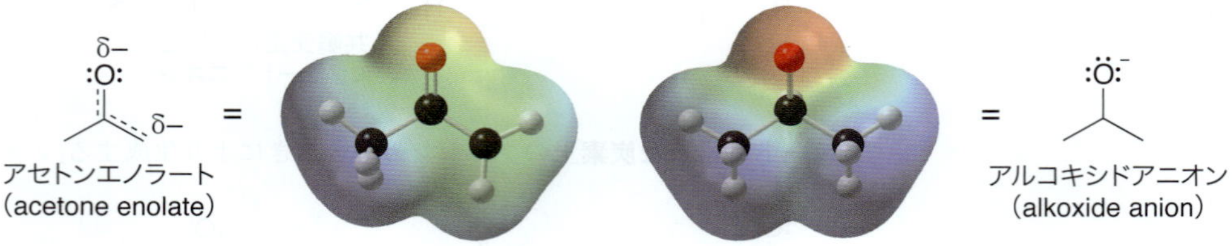

- アセトンエノラートは共鳴安定化されている．負電荷は酸素原子（淡赤色）と炭素原子（淡緑色）上に非局在化している．
- アルコキシドアニオンは共鳴安定化されていない．負電荷は酸素原子上（濃赤色）のみに集中している．

図 23.1 に，共鳴安定化されて電荷が非局在化したアセトンエノラートと，共鳴安定化されていないアルコキシドの電子密度を比較した静電ポテンシャル図を示す．

### 23.3.1　エノラートと関連アニオンの例

アルデヒドやケトンからのエノラートの他にも，**エステルや第三級アミドからも同様にエノラートが生成する**が，これらの α 水素の酸性度はいくらか低い．**ニトリル**（nitrile）も共役塩基の負電荷が電気陰性度の大きな窒素原子に非局在化することによって安定化されるために，シアノ基に隣接する炭素原子上の水素は酸性である．

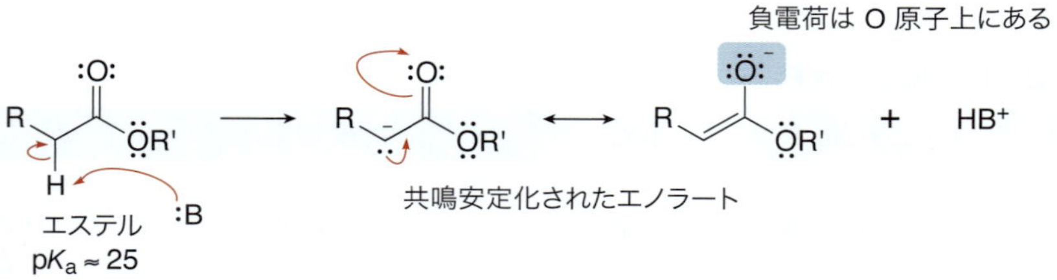

エステル　$pK_a \approx 25$　　共鳴安定化されたエノラート　　負電荷は O 原子上にある

ニトリル　$pK_a \approx 25$　　共鳴安定化されたカルボアニオン　　負電荷は N 原子上にある

β-ジカルボニル化合物の二つのカルボニル基に挟まれた炭素上の水素は，共役塩基の負電荷が異なる二つの酸素原子上に非局在化しているので，とくに酸性である．表 23.2 に，β-ジカルボニル化合物とともに，いくつかのカルボニル化合物やニトリルの $pK_a$ 値を示す．

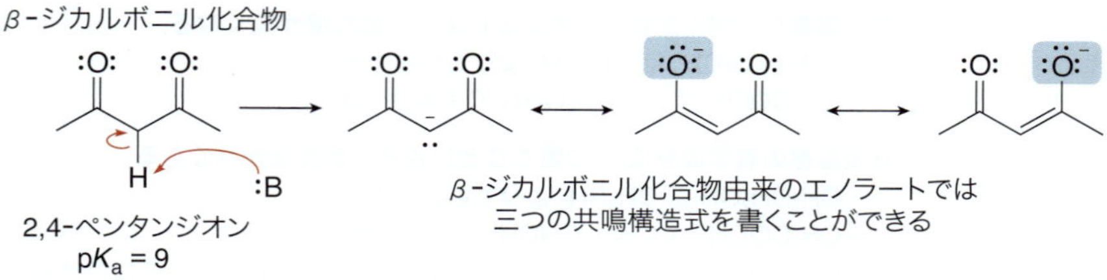

β-ジカルボニル化合物

2,4-ペンタンジオン　$pK_a = 9$

β-ジカルボニル化合物由来のエノラートでは三つの共鳴構造式を書くことができる

表 23.2　代表的なカルボニル化合物とニトリルの p$K_a$ 値

| 化合物の種類 | 例 | p$K_a$ | 化合物の種類 | 例 | p$K_a$ |
|---|---|---|---|---|---|
| [1] アミド | | 30 | [6] 1,3-ジエステル | | 13.3 |
| [2] ニトリル | | 25 | [7] 1,3-ジニトリル | | 11 |
| [3] エステル | | 25 | [8] β-ケトエステル | | 10.7 |
| [4] ケトン | | 19.2 | [9] β-ジケトン | | 9 |
| [5] アルデヒド | | 17 | | | |

**問題 23.4**　次のアニオンについて，他の共鳴構造式を書け．

**問題 23.5**　共役塩基の共鳴安定化を考慮して，次の分子中のどの C–H 結合が酸性かを示せ．

**問題 23.6**　水色で示した CH$_2$ 基の水素を，酸性度が低いものから順に並べよ．また，その順序にした理由を説明せよ．

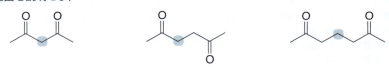

### 23.3.2 塩基

エノラートの生成は酸-塩基平衡なので，**塩基が強いほどエノラートは生成しやすい．**

$$\underset{\text{酸}\\ \text{p}K_\text{a} \approx 20}{\text{R-CO-CH}_2\text{-H}} + \text{:B} \rightleftarrows \underset{}{\text{R-CO-CH}_2^-} + \underset{\text{共役酸}}{\text{HB}^+}$$

強塩基によって平衡は右に傾く

酸-塩基反応がどの程度進行するかは，出発物質（この場合はカルボニル化合物）の p$K_\text{a}$ と，生成する共役酸の p$K_\text{a}$ の比較により予測することができる．**平衡はより弱い酸（すなわち p$K_\text{a}$ 値がより大きな酸）が生成する側に傾く．** 多くのカルボニル化合物の p$K_\text{a}$ は 20 程度なので，共役酸の p$K_\text{a}$ が 20 より大きい場合には多量のエノラートが生成する．

エノラートを生成するのによく使われる塩基に，水酸化物イオン（$^-$OH），さまざまなアルコキシド（$^-$OR），ヒドリド（H$^-$），ジアルキルアミド（$^-$NR$_2$）などがある．表23.3 に，これらの塩基を用いたときに生成するエノラートの量を示す．

**アミド**（amide）という用語は，異なる二つの意味で用いられる．これまでは官能基（たとえばカルボン酸誘導体 RCONH$_2$）を表すために使ってきた．本章では塩基（たとえば市販されている NaNH$_2$ や LiNH$_2$ の $^-$NH$_2$）を表すために使う．$^-$NH$_2$ の二つの H 原子を二つの R 基で置換したジアルキルアミド $^-$NR$_2$ を本章で用いる．

**表 23.3** さまざまな塩基によるエノラートの生成
RCOCH$_3$(p$K_\text{a}$ ≈ 20) + B: → RCOCH$_2^-$ + HB$^+$

| 塩基(B:) | 共役酸(HB$^+$) | HB$^+$ の p$K_\text{a}$ | エノラート(%) |
|---|---|---|---|
| [1] Na$^+$ $^-$OH | H$_2$O | 15.7 | < 1% |
| [2] Na$^+$ $^-$OCH$_2$CH$_3$ | CH$_3$CH$_2$OH | 16 | < 1% |
| [3] K$^+$ $^-$OC(CH$_3$)$_3$ | (CH$_3$)$_3$COH | 18 | 1〜10% |
| [4] Na$^+$ H$^-$ | H$_2$ | 35 | 100% |
| [5] Li$^+$ $^-$N[CH(CH$_3$)$_2$]$_2$ | HN[CH(CH$_3$)$_2$]$_2$ | 40 | 100% |

LDA を用いるエノラート生成は普通 −78 ℃で行う．これは，ドライアイス（固体の CO$_2$）が昇華する温度なので，実験室で容易に実現できる温度である．低温冷却浴は，−78 ℃になるまでアセトンにドライアイスを加えてつくる．この冷却浴に反応容器を浸すと容器内は低温（−78 ℃）に保たれる．

共役酸の p$K_\text{a}$ が 20 未満の塩基，たとえば $^-$OH や $^-$OR を用いたときには（表 23.3 の [1]〜[3]），平衡状態ではエノラートはほんの少ししか存在しない．しかし，これらの塩基は，より酸性の 1,3-ジカルボニル化合物を出発物質として用いたときのエノラート生成には有用である．また，こうした塩基を用いると，反応系内にエノラートと出発物質であるカルボニル化合物が共存する状況をつくれる．このような反応については 24 章で学ぶ．

ほとんど 100% の収率でエノラートを生成するには，**LDA** と略記されるリチウムジイソプロピルアミド（**Li$^+$ $^-$N[CH(CH$_3$)$_2$]$_2$**，lithium diisopropylamide）（表 23.3 の [5]）などの非常に強い塩基を用いなければならない．**LDA は非求核性の強塩基である．** 他の非求核性塩基（上巻の 7.8.2 項と 8.1 節）と同様に，その嵩高いイソプロピル基により窒素原子は求核剤として作用することができない．しかし，酸-塩基反応でプロトンを引き抜くことはできる．

## 23.3 エノラート

リチウムジイソプロピルアミド
(lithium diisopropylamide)
**LDA**

N原子が立体的に混みすぎており，求核剤として働かない

LDAを用いると，出発物質であるカルボニル化合物は$-78\,°C$でも速やかにほとんど完全に脱プロトン化され，エノラートが生成する．この反応にはTHFを溶媒として用いることが多い．

THF
テトラヒドロフラン
(tetrahydrofuran)
非プロトン性極性溶媒

$pK_a = 20$

**平衡は生成物に大きく傾いている**
**ほとんどすべてのケトンがエノラートに変換される**

ジイソプロピルアミン
(diisopropylamine)
$pK_a = 40$

LDAは，ブチルリチウムなどの有機リチウム反応剤を用いるジイソプロピルアミンの脱プロトン化により合成でき，生成したLDAをすぐに反応に使うことができる．

ジイソプロピルアミン

**LDA**

**問題 23.7** 次の出発物質を，$-78\,°C$においてTHF溶液中LDAで処理して得られる生成物を書け．

a. b. c. d.

**問題 23.8** 20章で学んだように，有機リチウム反応剤(RLi)は強塩基で，酸性のプロトンと速やかに反応する．それなのに，なぜ有機リチウム反応剤はエノラートを発生させるときに直接，用いることができないのだろうか．

### 23.3.3 エノラートの反応

**エノラートは求核剤であり，多くの求電子剤と反応する**．しかし，エノラートは共鳴安定化されているので，**負電荷をもつ炭素および酸素原子という二つの反応部位をもつ．このような，二つの反応部位をもつ求核剤をアンビデント求核剤**(ambident nucleophile)**と呼ぶ**．理論的には，これらのいずれの反応部位も求電子剤と反応でき，ある場合は炭素に新しい結合が，別の場合には酸素に新しい結合が生成して，異なる二つの生成物を与える．

エノラートは酸素よりも炭素で反応することが多いので，多段階の反応機構を書くときなど，負電荷が酸素にある共鳴構造式は省かれることが多い．

しかし，炭素部位の求核性がより強いため，**普通エノラートは炭素末端で反応する**．このように**エノラートは求電子剤と一般的にα炭素で反応する**ので，本章の多くの反応は次の2段階の経路で進行する．

[1] カルボニル化合物が塩基と反応し，エノラートが生成する．
[2] エノラートが求電子剤と反応し，α炭素上に新しい結合が生成する．

## 23.4 非対称カルボニル化合物のエノラート

2-メチルシクロヘキサノンのような非対称カルボニル化合物を塩基で処理すると何が起こるだろうか．**二つのエノラートが生成可能であり**，一つは第二級水素の引き抜きによって生成し，もう一方は第三級水素の引き抜きによって生成する．

経路[1]の反応は経路[2]の反応よりも速く進行する．それは，立体障害の小さな第二級水素が引き抜かれるためであり，置換基の少ないα炭素側にエノラートが生成する．経路[2]は第三級水素が引き抜かれるので，より置換基の多い二重結合をもつより安定なエノラートが生成する．平衡ではこのエノラートが主生成物となる．

- **速度論支配のエノラート**は，置換基のより少ないエノラートなので，より速く生成する．
- **熱力学支配のエノラート**は，置換基のより多いエノラートなので，エネルギーが低く，より安定である．

23.4 非対称カルボニル化合物のエノラート 1025

塩基，溶媒，および反応温度などにより，どちらのエノラートが生成するかが決まるので，反応条件を制御することにより，どちらか一方のエノラートを位置選択的に生成することができる．

### 速度論支配のエノラート

速度論支配のエノラートはより速く生成するので，反応条件が穏やかであるほど，大きな活性化エネルギーが必要な遅い過程よりも有利になる．このエノラートはより不安定なので，より安定な熱力学支配のエノラートとの平衡が起こらないようにしなければならない．**速度論支配のエノラートは次の条件で生成しやすい．**

- [1] **非求核性の強塩基．**強塩基を用いると，エノラートは確実に速やかに生成する．**LDA** などの嵩高い塩基は，立体障害の大きいプロトンよりも，**より引き抜きやすい置換基の少ない炭素上のプロトンをより速く引き抜く．**
- [2] **非プロトン性極性溶媒．**溶媒には，極性の出発物質と中間体の両方が溶ける程度の極性が必要である．生成したエノラートがプロトン化されない非プロトン性溶媒でなければならない．**THF** は極性があり，また非プロトン性でもある．
- [3] **低温．**反応温度は，速度論支配のエノラートから熱力学支配のエノラートへの平衡を防ぐために，低温(**−78 °C**)でなければならない．

- 速度論支配のエノラートは，低温(−78 °C)で，非プロトン性極性溶媒(THF)中の非求核性の強塩基(LDA)により生成する．

### 熱力学支配のエノラート

**熱力学支配のエノラートは平衡条件下で多く生成する．**このような状態は，**強塩基をプロトン性溶媒中**で用いたときにつくりだすことができる．強塩基を作用させると両方のエノラートが生成するが，プロトン性溶媒中ではエノラートがプロトン化されて，もとの出発物質のカルボニル化合物を再生することもある．平衡条件下では，常により低いエネルギーの中間体が勝ち残るため，**より置換基の多い，より安定なエノラートが高い割合で存在する．**したがって，**熱力学支配のエノラートは次の条件で生成しやすい．**

- [1] **強塩基．**$Na^{+\,-}OCH_2CH_3$，$K^{+\,-}OC(CH_3)_3$ などのアルコキシドが一般的である．
- [2] **プロトン性溶媒．**$CH_3CH_2OH$ あるいは $(CH_3)_3COH$ などのアルコール．
- [3] **室温(25 °C)．**

簡単に構造を示すために，次のように省略する．
Me = CH₃　したがって
NaOCH₃ = NaOMe

Et = CH₂CH₃　したがって
NaOCH₂CH₃ = NaOEt

tBu = C(CH₃)₃　したがって
KOC(CH₃)₃ = KOtBu

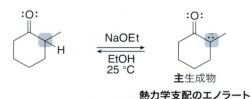

- 熱力学支配のエノラートは，室温(25 ℃)で，プロトン性極性溶媒(ROH)中の強塩基($RO^-$)により生成する．

**例題 23.2**　次の反応でおもに生成するエノラートの構造を示せ．

a. [ペンタン-2-オン] → LDA / THF / −78 ℃
b. [3,3,5-トリメチルシクロペンタノン様] → NaOEt / EtOH / 25 ℃

【解答】

a. LDA は非求核性の強塩基なので，置換基の少ないα炭素上のプロトンを引き抜いて，速度論支配のエノラートが生成する．

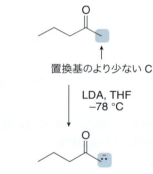

置換基のより少ない C

速度論支配のエノラート

b. NaOCH₂CH₃(強塩基)と CH₃CH₂OH(プロトン性溶媒)を用いると，より置換基の多いα炭素からプロトンが引き抜かれる熱力学支配のエノラートが有利となり生成する．

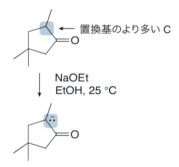

置換基のより多い C

熱力学支配のエノラート

**問題 23.9**　次のケトンを THF 溶液中，LDA で処理したときに生成するのはどのようなエノラートか．また，同じケトンを CH₃OH 溶液中，NaOCH₃ で処理したときに生成するのはどのようなエノラートか．

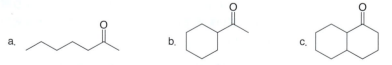

## 23.5　α炭素でのラセミ化反応

16.5 節で，適切な立体構造と混成が維持されているとき，電子密度の非局在化によりエノラートが安定化されることを学んだ．

- C=O 結合に隣接する炭素上の電子対は，必ず C=O 結合の二つの p 軌道と重なり合う p 軌道を占め，エノラートを共役させている．
- そのため，エノラートの三つの原子（二つの炭素と一つの酸素）はすべて $sp^2$ 混成で，平面三方形構造となる．

アセトンエノラートを例に，これらの結合の特徴を図 23.2 に示す．

#### 図 23.2 アセトンエノラートの混成と立体構造

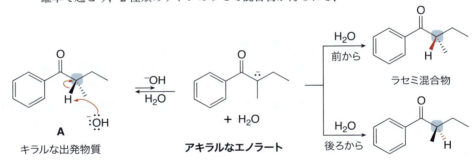

- O 原子とエノラートの二つの C は $sp^2$ 混成で，かつ同じ平面上にある．さらに，二つの C に結合している原子も同じ平面上にある．
- 三つの原子はその平面の上下に広がる p 軌道をもつ．これらの p 軌道の重なりにより電子密度は非局在化している．

カルボニルの α 炭素が立体中心であるとき，塩基性水溶液で処理すると，**脱プロトン化によるエノラートの生成と，そのプロトン化によるカルボニル化合物の再生**という 2 段階の経路で**ラセミ化**（racemization）が進行する．たとえば，キラルなケトン **A** と $^-$OH 水溶液の反応で，$sp^2$ 混成の α 炭素をもつアキラルなエノラートが生成する．エノラートは平面状なので，$H_2O$ によるプロトン化はその平面のどちらからも同じ確率で起こり，2 種類のケトンのラセミ混合物が得られる．

**問題 23.10** 次の観測結果を説明せよ．(a) (R)-2-メチルシクロヘキサノンを NaOH 水溶液で処理したところ，光学活性であった溶液は徐々にその光学活性を失っていった．(b) (R)-3-メチルシクロヘキサノンを NaOH 水溶液で処理したところ，その溶液の光学活性に変化は見られなかった．

## 23.6 α 炭素での反応の概要

エノラートの合成法と性質について学んできたが，次にエノラートがどのような反応をするかを見ていこう．エノールと同様に，**エノラートも求核剤である**が，負電荷

をもっているので，中性のエノールよりもその求核性ははるかに強い．そのため，エノラートを用いるとさまざまな反応を実行できる．

一般に，エノラートを用いると，**置換反応**と**別のカルボニル化合物との反応**という2種類の反応が行える．これらの反応について，本章の後半と24章で述べる．どちらの反応も，カルボニルのα炭素で新しい結合を生成する．

- **エノラートは求電子剤と反応し，置換生成物を与える．**

X₂による**ハロゲン化反応**とハロゲン化アルキル RX による**アルキル化反応**という，二つの置換反応について 23.7 〜 23.10 節で詳しく見ていこう．

- **エノラートは，別のカルボニル化合物の求電子的なカルボニル炭素と反応する．**

こちらの反応は少し複雑である．なぜなら，カルボニル基の構造に依存して，最初にできる付加生成物がさらに別の生成物へと変わる可能性があるからである．この反応が24章の主題である．

## 23.7 α炭素でのハロゲン化反応

最初に取りあげる置換反応は**ハロゲン化反応**(halogenation)である．ケトンやアルデヒドに酸または塩基とともにハロゲンを作用させると，**α炭素上のHがXで置換され，α-ハロケトン**（α-haloketone）**または α-ハロアルデヒド**（α-haloaldehyde）が生成する．このハロゲン化反応は $Cl_2$，$Br_2$，および $I_2$ で容易に起こる．

酸と塩基によるハロゲン化反応の機構は少し異なる．

- **酸による反応は，一般にエノール中間体を経由して進む．**
- **塩基による反応は，一般にエノラート中間体を経由して進む．**

### 23.7.1 酸性条件下でのハロゲン化反応

ハロゲン化反応は，酢酸中，カルボニル化合物にハロゲンを作用させて行うことが多い．この方法では，酢酸は反応の溶媒と酸触媒という両方の役割をもっている．

$$\text{CH}_3\text{COCH}_3 \xrightarrow[\text{CH}_3\text{CO}_2\text{H}]{\text{Br}_2} \text{CH}_3\text{COCH}_2\text{Br} + \text{HBr}$$

酸触媒によるハロゲン化反応の機構は，カルボニル化合物のエノール形への**互変異性化反応**と，**エノールとハロゲンの反応**の二つの部分からなる．機構 23.3 に，$\text{CH}_3\text{CO}_2\text{H}$ 中での $(\text{CH}_3)_2\text{C}=\text{O}$ と $\text{Br}_2$ の反応を示す．

### 機構 23.3 酸触媒によるα炭素でのハロゲン化反応

[機構図：1-2 プロトン化と脱プロトン化によりエノール互変異性体を生成；3-4 Br$_2$ がエノールに付加し，脱プロトン化により α-ブロモケトンを生成．新しい結合を赤色で示す．]

**1 - 2** ケトンが，プロトン化と，それに続く脱プロトン化という 2 段階反応で，エノール互変異性体に変換される．

**3 - 4** ハロゲンがエノールに付加し，α 炭素と Br との間に新しい結合が生成し，続く脱プロトン化により置換生成物が得られる．

---

**問題 23.11** 次の反応の生成物を書け．

a. シクロペンタノン $\xrightarrow[\text{H}_2\text{O, HCl}]{\text{Cl}_2}$

b. $\text{CH}_3\text{CH}_2\text{CH}_2\text{CHO} \xrightarrow[\text{CH}_3\text{CO}_2\text{H}]{\text{Br}_2}$

c. α-テトラロン $\xrightarrow[\text{CH}_3\text{CO}_2\text{H}]{\text{Br}_2}$

---

### 23.7.2 塩基性条件下でのハロゲン化反応

塩基性条件下でのハロゲン化反応はそれほど有用ではない．なぜなら，α炭素にハロゲン原子を一つ導入した後，そこで反応を止めることが難しいからである．たとえば，プロピオフェノンに $^-\text{OH}$ 水溶液中で $\text{Br}_2$ を作用させると，ジブロモケトン (dibromo ketone) が得られる．

$$\text{PhCOCH}_2\text{CH}_3 \xrightarrow[-\text{OH}]{\text{Br}_2} \text{PhCOCBr}_2\text{CH}_3$$

プロピオフェノン (propiophenone)

> カルボニル化合物と塩基の反応では，カルボニル化合物のα水素が容易に引き抜かれるため，常にエノラートが生成する．

二つの Br 原子はどちらも，**塩基による脱プロトン化**と，**それに続く $\text{Br}_2$ との反応**による新しい C–Br 結合の生成という，機構 23.4 に示す反応機構とまったく同じ過程を経て導入される．

## 機構 23.4　塩基性条件下でのα炭素でのハロゲン化反応

1. ケトンに塩基を作用させると、求核的なエノラートが生成する。
2. エノラートは $Br_2$ と反応し、α炭素上の H が Br で置き換えられた置換生成物が得られる。

---

塩基として $^-OH$ を用いると、平衡状態で少量しかエノラートは生成しない。しかし、エノラートは非常に強い求核剤なので、$Br_2$ と速やかに反応し、その結果、平衡が右に傾く。同様に、**脱プロトン化**とそれに続く**求核攻撃**の2段階反応により、α炭素上に二つ目の Br 原子が導入される。

電気陰性度の大きい Br は負電荷を安定化する

Br の電子求引性誘起効果により二つ目のエノラートが安定化される。その結果、α-ブロモプロピオフェノンのα水素が、プロピオフェノンのα水素よりも酸性になり、そのため塩基により容易に引き抜かれる。したがって、この反応を、Br 原子が一つだけ置換した段階で止めることは難しい。

過剰量のハロゲンによるメチルケトンのハロゲン化は**ハロホルム反応**(haloform reaction)と呼ばれる。この反応では、炭素-炭素σ結合が開裂し、カルボキシラートアニオンと $CHX_3$(一般に**ハロホルム**と呼ばれる)の二つの生成物が得られる。

α水素をもつすべてのケトンは塩基と $I_2$ で反応するが、**メチルケトン**のときにだけ $CHI_3$ の淡黄色固体が沈澱する。この反応は、かつてメチルケトンを検出するための化学的手法であった**ヨードホルム試験**(iodoform test)のもとになっている。メチルケトンはヨードホルム試験で陽性(黄色固体が出現)であるが、その他のケトンは陰性(反応混合物に変化は見られない)である。

赤色で示した C-C 結合が開裂する

ハロホルム反応では、$CH_3$ 基の三つの H 原子が次つぎに X と置き換わった後、生成した中間体が塩基により酸化的に開裂する。機構 23.5 に、ハロゲンとして $I_2$ を用いて、$CHI_3$(ヨードホルム)が生成する反応を示す。

## 機構 23.5　ハロホルム反応

### 反応[1]　α炭素のハロゲン化

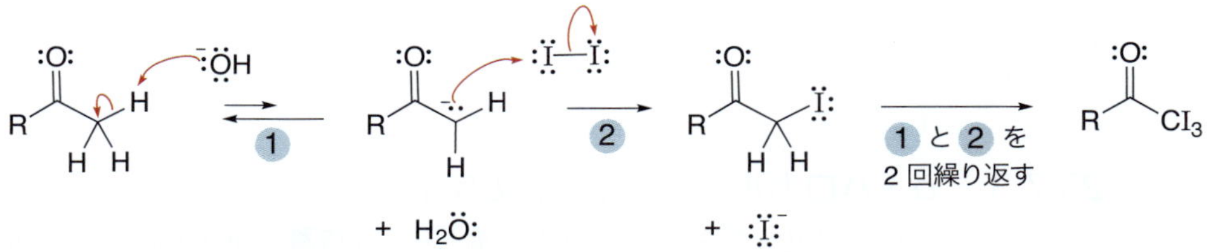

[①と②を2回繰り返す]

**①-②** プロトンが引き抜かれてエノラートが生成し、それが $I_2$ と反応してα-ヨードケトンとなる。ステップ[1]と[2]がさらに2回繰り返され、トリヨード置換化合物が生成する。

### 反応[2]　$^-$OH による酸化的開裂

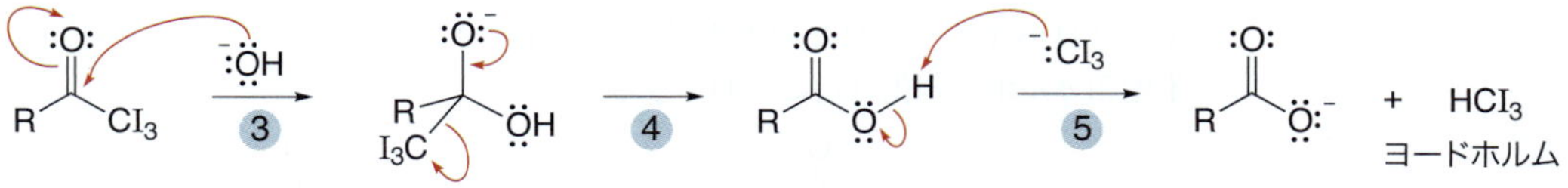

**③** $^-$OH がカルボニル基に求核付加し、四面体構造の中間体が生成する。
**④** $^-CI_3$ の脱離により C–C 結合が切断され、置換生成物が生成する。
**⑤** プロトン移動(酸-塩基反応)が起こり、カルボキシラートアニオンとヨードホルム($HCI_3$)が生成する。

ステップ[3]と[4]はケトンの**求核置換**反応である。普通ケトンでは**求核付加**反応が起こるので、ハロホルム反応の開裂過程は珍しい。置換反応が起こる理由は、電気陰性度の大きなハロゲン原子が三つ置換したことにより、$CX_3$(上の例では $CI_3$)が優れた脱離基となったからである。

図 23.3 に、反応の基質や条件によって左右される、α炭素上で起こりうるハロゲン化反応をまとめる。

**図 23.3** まとめ：カルボニル基のα炭素上で起こるハロゲン化反応

a. 酸性条件下でのハロゲン化反応—α炭素上の一置換生成物が得られる

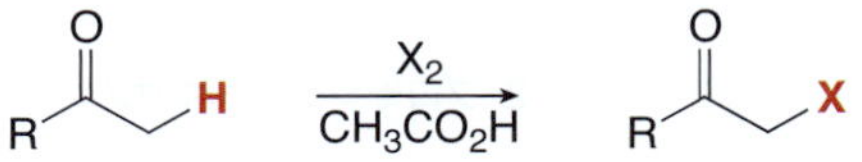

b. 塩基性条件下での一般的なハロゲン化反応—α炭素上の多置換生成物が得られる

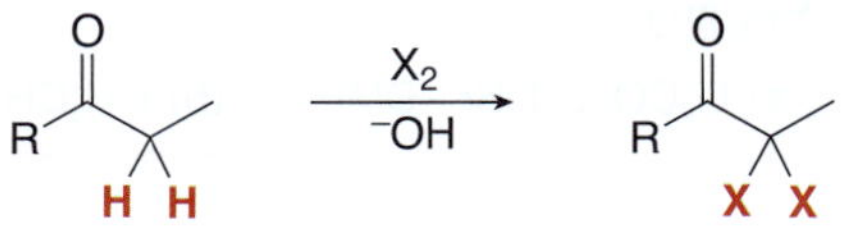

c. 過剰量の $X_2$ と塩基によるメチルケトンのハロゲン化反応—酸化的開裂

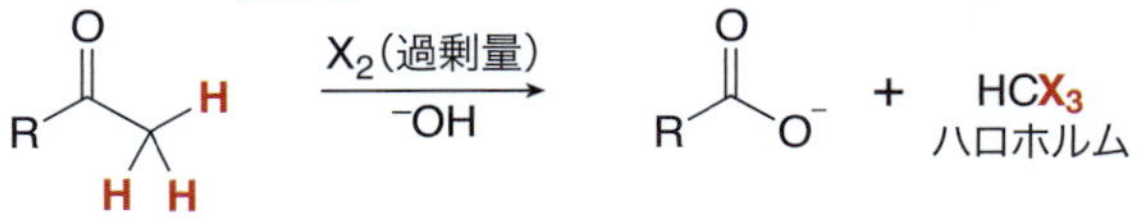

$HCX_3$ ハロホルム

**問題 23.12** 次の反応の生成物を書け．なお，ハロゲンは過剰量存在していると仮定せよ．

### 23.7.3 α-ハロカルボニル化合物の反応

α-ハロカルボニル化合物では，塩基による**脱離**(elimination)と求核剤による**置換**(substitution)の二つの有用な反応が進行する．

たとえば，2-ブロモシクロヘキサノンに，非プロトン性極性溶媒であるDMF〔HCON(CH$_3$)$_2$〕中，LiBr存在下に塩基Li$_2$CO$_3$を作用させると，BrとHがそれぞれαとβ炭素から脱離して2-シクロヘキセノンが得られる．このように，2段階反応でシクロヘキサノンなどのカルボニル化合物を2-シクロヘキセノンのようなα,β-不飽和カルボニル化合物に変換できる．

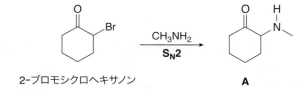

α, β-不飽和カルボニル化合物には，さまざまな1,2-および1,4-付加反応が起こる．詳しくは20.15節で述べた．

**[1]** α炭素での臭素化反応(bromination)はCH$_3$CO$_2$H中，Br$_2$を作用させて行う．
**[2]** BrとHの脱離反応は，DMF中Li$_2$CO$_3$とLiBrによって起こる．

α-ハロカルボニル化合物は求核剤ともS$_N$2機構で反応する．たとえば，2-ブロモシクロヘキサノンにCH$_3$NH$_2$を反応させると，置換生成物**A**が生成する．同様のα-ハロケトンへの分子内求核置換反応は，抗マラリア薬であるキニーネ合成の鍵段階となっている（図23.4）．

**問題 23.13** 2-ブロモ-3-ペンタノン(CH$_3$CH$_2$COCHBrCH$_3$)を次の反応剤で処理して得られる化合物を書け．
(a) Li$_2$CO$_3$, LiBr, DMF  (b) CH$_3$CH$_2$NH$_2$  (c) CH$_3$SH

### 図 23.4 キニーネ合成での分子内求核置換反応

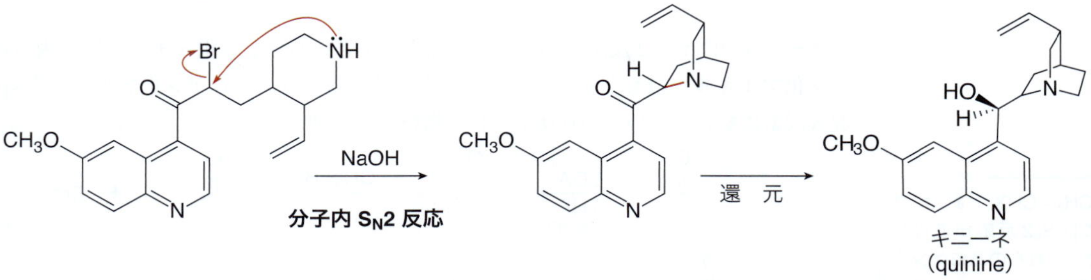

- α-ハロケトンへの窒素求核剤による分子内 $S_N2$ 反応により, キニーネに 1 段階で変換できる前駆化合物が得られる. α炭素上に新しく生成した C-N 結合を赤色で示す.

**問題 23.14** 次の 2 段階反応の生成物 M を同定せよ. M は幻覚作用のある麻薬 LSD(図 18.4)に数段階で変換される.

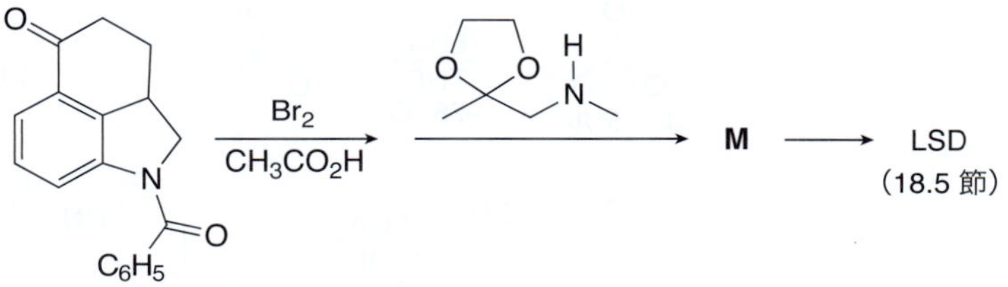

## 23.8 エノラートの直接的アルキル化反応

アルデヒドやケトンに塩基とハロゲン化アルキル(RX)を作用させると, **α炭素上のHがRに置換されるアルキル化反応**(alkylation)が進行する. アルキル化反応では, α炭素上に新しい炭素-炭素結合が生成する.

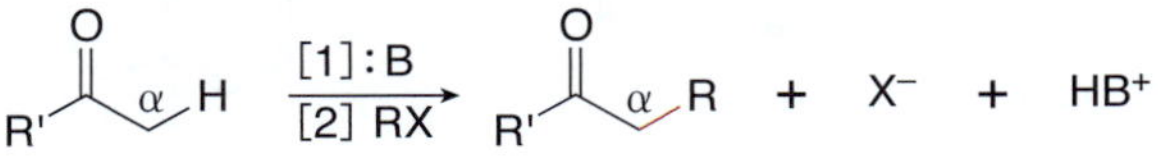

新しい結合を赤色で示す

### 23.8.1 一般的な特徴

まずはカルボニル α 位での**直接的アルキル化反応**(direct alkylation)から見ていこう. 次に 23.9 および 23.10 節で, 現在でもまだ用いられている古くからある二つの多段階手法について学ぶ. 直接的アルキル化反応は 2 段階で進行する.

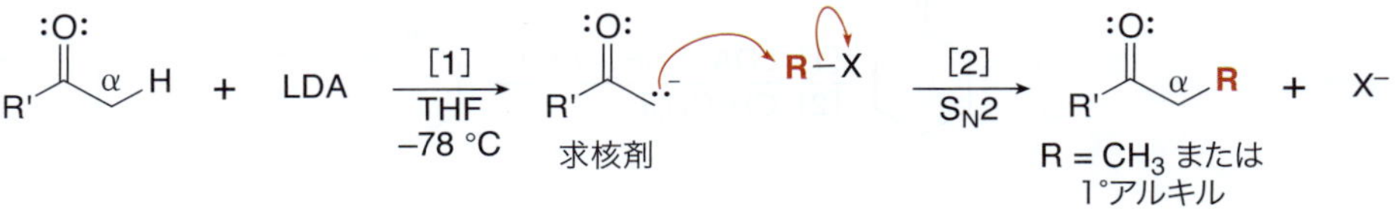

[1] **脱プロトン化反応**:塩基がα炭素からプロトンを引き抜き, エノラートが生成する. この反応では, 低温(−78 ℃)で THF 溶媒中, LDA などの非求核性の強塩基が用いられる.

[2] **求核攻撃**：求核的なエノラートがハロゲン化アルキルを攻撃し，優れた脱離基であるハロゲンを脱離させ，$S_N2$ 反応によってアルキル化生成物が得られる．

ステップ[2]は $S_N2$ 反応なので，立体障害の小さいハロゲン化メチルや第一級ハロゲン化アルキルで最もうまく進行する．立体障害の大きいハロゲン化アルキルや $sp^2$ 混成炭素に結合しているハロゲンでは，置換反応は進行しない．

$R_3CX$，$CH_2=CHX$，および $C_6H_5X$ では $S_N2$ 反応が進行しないので，これらのハロゲン化アルキルでは，エノラートのアルキル化反応は進行しない．

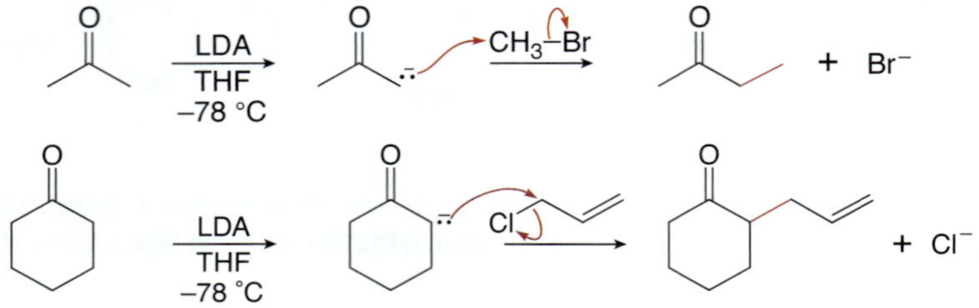

エステルのエノラートやニトリル由来のカルボアニオンも同様に，これらの条件下でアルキル化される．

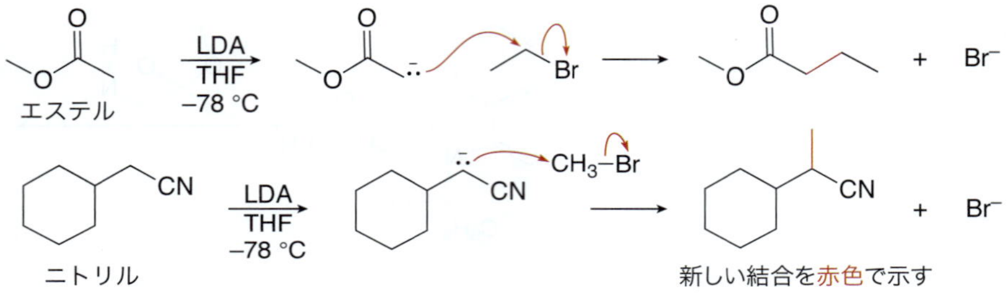

新しい結合を赤色で示す

**問題 23.15** 次の化合物を低温で THF 中 LDA で処理した後，$CH_3CH_2I$ を加えると，どのような生成物が得られるか．

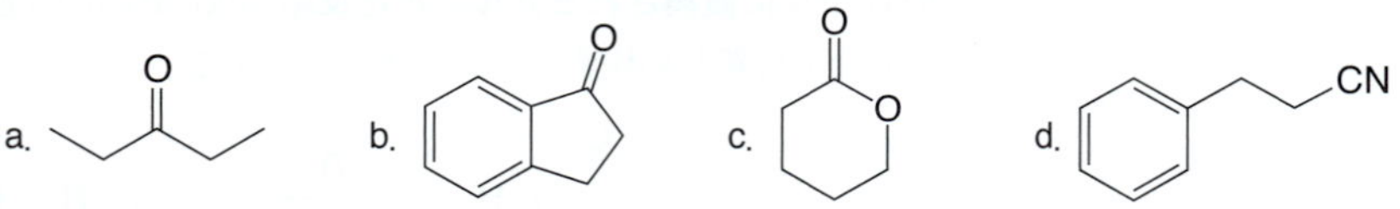

a. （ケトン）　b. （インダノン）　c. （δ-ラクトン）　d. （フェニルプロパンニトリル）

エノラートのアルキル化反応の立体化学は，反応の立体化学を決める一般則に従う．すなわち，**アキラルな出発物質を用いる反応では，アキラルな化合物またはラセミ混合物が生成する**．たとえば，シクロヘキサノン（アキラルな出発物質）を塩基と $CH_3CH_2I$ で処理して 2-エチルシクロヘキサノンに変換する反応では，新しい立体中心が生成し，二つのエナンチオマーが等量に，すなわち**ラセミ混合物**が得られる．

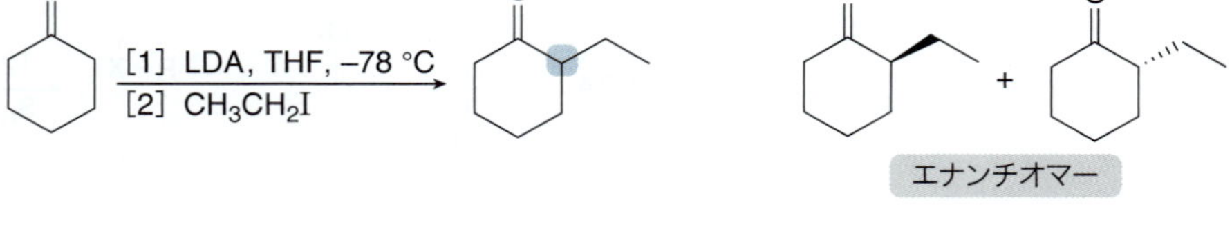

[1] LDA, THF, –78 ℃
[2] $CH_3CH_2I$

エナンチオマー

## 23.8 エノラートの直接的アルキル化反応

**問題 23.16** 次の化合物を LDA で処理した後,CH$_3$I を加えたときに得られる生成物を,立体化学も含めて書け.

a. (プロピオフェノン)  b. (ヘプタン-4-オン)  c. (フェニル酢酸メチル)

**問題 23.17** 鎮痛剤ナプロキセンはエステル **A** からの段階的な反応で合成できる.エノラートのアルキル化反応を一つの段階として用いる場合,**A** をナプロキセンに変換するために必要な反応剤は何か.また,それぞれの中間体の構造を示せ.さらに,ラセミ体が生成する理由を説明せよ.

**A** → ナプロキセン (naproxen)

### 23.8.2 非対称ケトンのアルキル化反応

**非対称ケトンを位置選択的にアルキル化すれば,一つの主生成物が得られる.** その手法は,速度論支配または熱力学支配のエノラートを生成するための適切な塩基,溶媒,および温度に依存し(23.4 節),得られたエノラートにハロゲン化アルキルを作用させることによってアルキル化生成物が得られる.

たとえば,適切な反応条件を選ぶことにより,2-メチルシクロヘキサノンから 2,6-ジメチルシクロヘキサノン(**A**),または 2,2-ジメチルシクロヘキサノン(**B**)のいずれにも変換することができる.

- 2-メチルシクロヘキサノンに THF 溶液中,−78 ℃で LDA を作用させると,置換基の少ない速度論支配のエノラートが得られる.そのエノラートは CH$_3$I と反応して化合物 **A** を生成する.

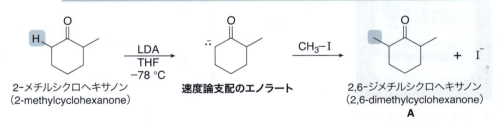

2-メチルシクロヘキサノン
(2-methylcyclohexanone)

速度論支配のエノラート

2,6-ジメチルシクロヘキサノン
(2,6-dimethylcyclohexanone)
**A**

- 2-メチルシクロヘキサノンに (CH$_3$)$_3$COH 中,KOC(CH$_3$)$_3$ を室温で作用させると,置換基の多い熱力学支配のエノラートが得られる.そのエノラートは CH$_3$I と反応して化合物 **B** を生成する.

2-メチルシクロヘキサノン → (KOC(CH₃)₃ / (CH₃)₃COH, 25°C) 熱力学支配のエノラート（低濃度） → (CH₃–I) → 2,2-ジメチルシクロヘキサノン (2,2-dimethylcyclohexanone) **B** + I⁻

最後に，LDA を用いて置換基の少ない α 炭素でエノラートをアルキル化する方法の位置選択性は信頼できるが，KOC(CH₃)₃ を用いて置換基の多い α 炭素でエノラートをアルキル化する方法は混合物を与えることがある．この位置選択性は，基質や実験条件に左右されるので，目的のアルキル化生成物を収率よく得るためには，条件による変化を注意深く観察する必要がある．

**問題 23.18** 2-ペンタノンを次の化合物に変換する方法を示せ．

a. （構造式）
b. （構造式）
c. （構造式）
d. （構造式）

### 23.8.3 エノラートのアルキル化反応の応用：タモキシフェンの合成

本章の冒頭で紹介した分子，**タモキシフェン**は，乳がんの治療に有効な抗がん剤として長年使われてきた．タモキシフェン合成の一つの段階に，ケトン **A** に塩基として NaH を作用させるエノラート生成がある．このエノラートに CH₃CH₂I を作用させるアルキル化反応で **B** が高収率で生成する．**B** は，すでに学んだいくつかの反応を含む数段階を経てタモキシフェンに変換される．

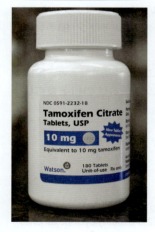

タモキシフェンはノルバデックス®（Nolvadex®）の商品名で 1970 年代から市販されてきた．

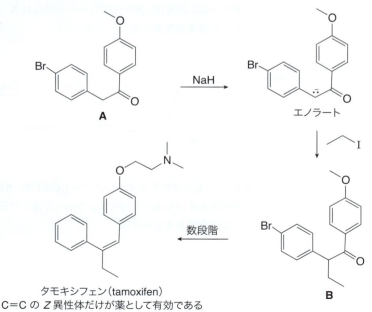

タモキシフェン（tamoxifen）
C=C の Z 異性体だけが薬として有効である

**問題 23.19** α-メチレン-γ-ブチロラクトンと呼ばれる五員環化合物の合成中間体である化合物 **A**, **B**, **C** の構造を同定せよ．抗がん剤には，このヘテロ環系を含むものが知られている．

$$\text{γ-ブチロラクトン} \xrightarrow[\text{THF}]{\text{LDA}} \mathbf{A} \xrightarrow{\text{CH}_3\text{I}} \mathbf{B} \xrightarrow[\text{CH}_3\text{CO}_2\text{H}]{\text{Br}_2} \mathbf{C} \xrightarrow[\substack{\text{LiBr}\\\text{DMF}}]{\text{Li}_2\text{CO}_3} \text{α-メチレン-γ-ブチロラクトン}$$
(α-methylene-γ-butyrolactone)

## 23.9 マロン酸エステル合成

23.8 節で述べたエノラートの直接的アルキル化の他に，マロン酸エステル合成とアセト酢酸エステル合成を用いても，新しいアルキル基を α 炭素に導入することができる．

- **マロン酸エステル合成を用いると，次の二つの一般構造式をもつカルボン酸を合成できる．**

- **アセト酢酸エステル合成を用いると，次の二つの一般構造式をもつメチルケトンを合成できる．**

### 23.9.1 マロン酸エステル合成の背景

- **マロン酸エステル合成** (malonic ester synthesis) **とは，マロン酸ジエチルを，α 炭素上に一つまたは二つのアルキル基をもつカルボン酸** (carboxylic acid) **へと変換する段階的な方法である．**

構造式を簡素化するために，エステルの $CH_3CH_2$ 基を Et と省略して書く．

マロン酸ジエチル (diethyl malonate)
Et = $CH_3CH_2$

マロン酸エステル合成を段階ごとに書く前に，22.11 節で学んだエステルの酸性水溶液による加水分解反応を思いだそう．マロン酸ジエチルに酸と水を加えて加熱すると，エステル基は二つともカルボキシ基に加水分解され，β-二酸 (β-diacid, 1,3-二酸) が生成する．

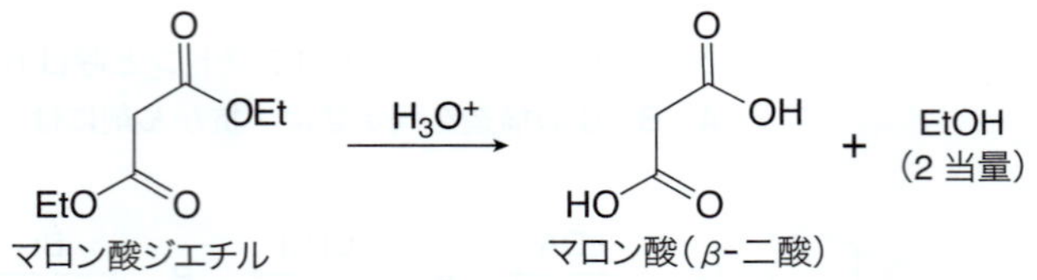

23章 カルボニル化合物のα炭素での置換反応

$$\text{マロン酸ジエチル} \xrightarrow{H_3O^+} \text{マロン酸}(\beta\text{-二酸}) + \text{EtOH} (2当量)$$

β-二酸は熱に対して不安定であり，**脱炭酸**(decarboxylate, **$CO_2$ の脱離**)により炭素−炭素結合が開裂し，カルボン酸が生成する．脱炭酸はすべてのカルボン酸で進行する反応というわけではない．β-二酸では六員環遷移状態を経るため $CO_2$ が脱離しやすくなっている．この反応でカルボン酸のエノールが生成するが，それはより安定なケト形へと互変異性化する．

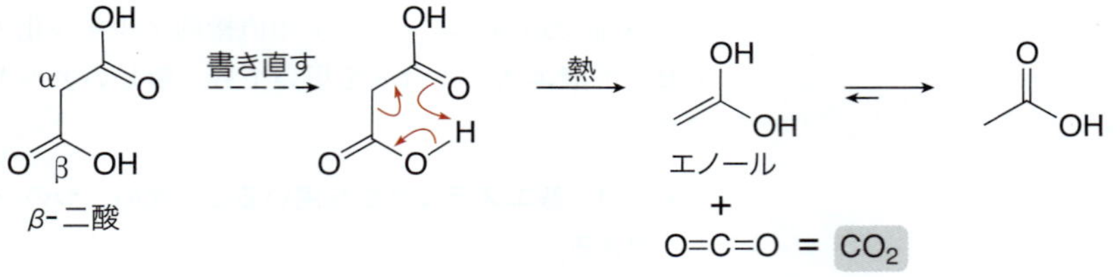

β-二酸 →(書き直す) →(熱) エノール ⇌ 
+ O=C=O = $CO_2$

**脱炭酸の結果，$CO_2$ の脱離とともに，α炭素上の炭素−炭素結合が開裂する．**

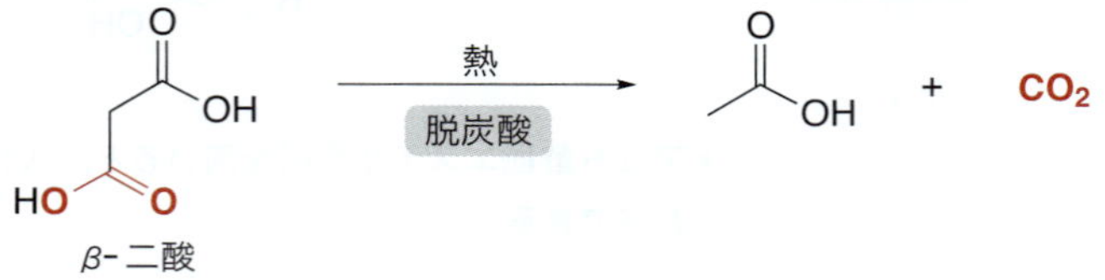

β-二酸 →(熱, 脱炭酸) + $CO_2$

脱炭酸は，カルボキシ基(COOH)が別のカルボニル基のα炭素に結合しているときに起こりうる．たとえば，β-ケト酸もまた加熱により $CO_2$ を容易に失い，ケトンが生成する．

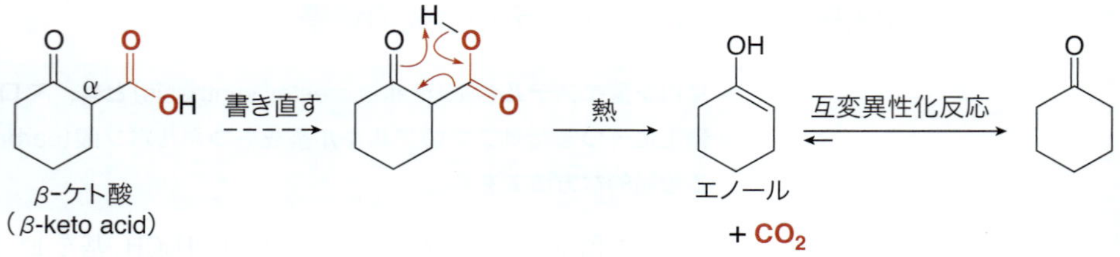

β-ケト酸 (β-keto acid) →(書き直す) →(熱) エノール + $CO_2$ ⇌(互変異性化反応)

**問題 23.20** 加熱したときに容易に $CO_2$ を失うのは次の化合物のうちどれか．

a.

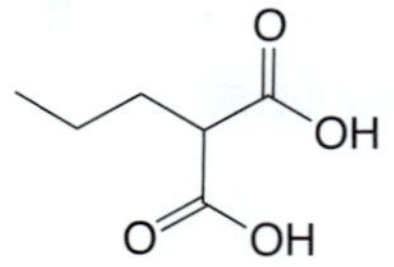

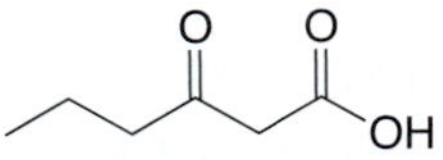

b.

c.

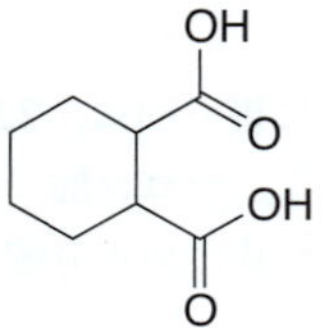

d.

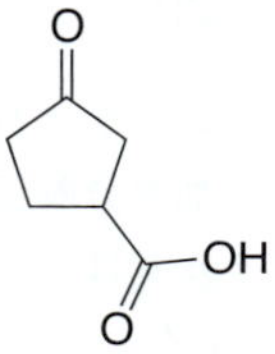

### 23.9.2 マロン酸エステル合成の各段階

マロン酸エステル合成を用いると，マロン酸ジエチルからカルボン酸に3段階で変換できる．

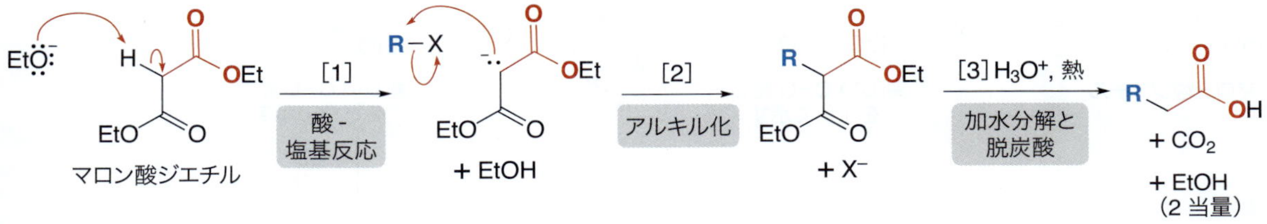

[1] **脱プロトン化** マロン酸ジエチルに $^-$OEt を作用させ，二つのカルボニル基に挟まれた酸性のαプロトンを引き抜く．23.3.1項で学んだように，生成するエノラートについて，通常は二つしか書けない共鳴構造式を三つ書くことができるので，これらのプロトンは普通のカルボニルのαプロトンよりも酸性である．そのため，この反応には，LDAなどの強塩基ではなく， $^-$OEt を用いることができる．

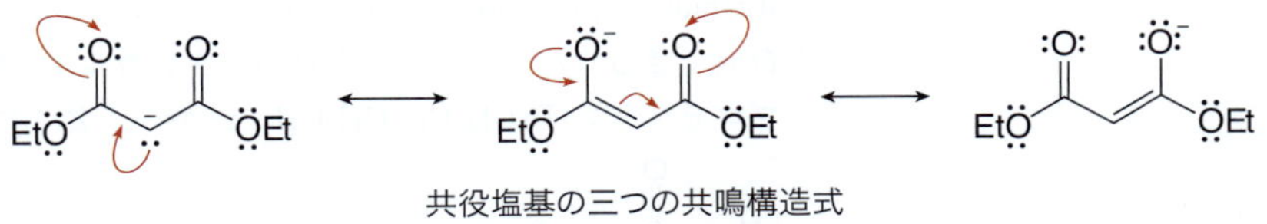

共役塩基の三つの共鳴構造式

[2] **アルキル化** 求核的なエノラートはハロゲン化アルキルと $S_N2$ 反応して置換生成物を与える．反応は $S_N2$ 機構で進むので，R が $CH_3$ または第一級アルキル基の場合には収率が高い．

[3] **加水分解と脱炭酸** 得られたジエステルを酸性水溶液中で加熱すると，ジエステルはβ-二酸に加水分解され，さらに $CO_2$ を失ってカルボン酸が生成する．

この変換反応の例として，マロン酸ジエチルからブタン酸（$CH_3CH_2CH_2COOH$）を合成する反応を示す．

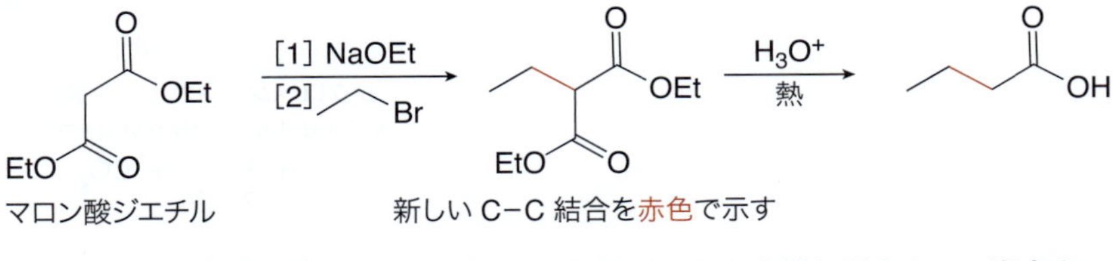

新しい C–C 結合を赤色で示す

加水分解と脱炭酸の前に反応の最初の2段階をもう一度繰り返すと，α炭素上に二つの新しいアルキル基をもつカルボン酸が合成できる．マロン酸ジエチルから2-ベンジルブタン酸〔$CH_3CH_2CH(CH_2C_6H_5)COOH$〕を合成する反応を次に示す．

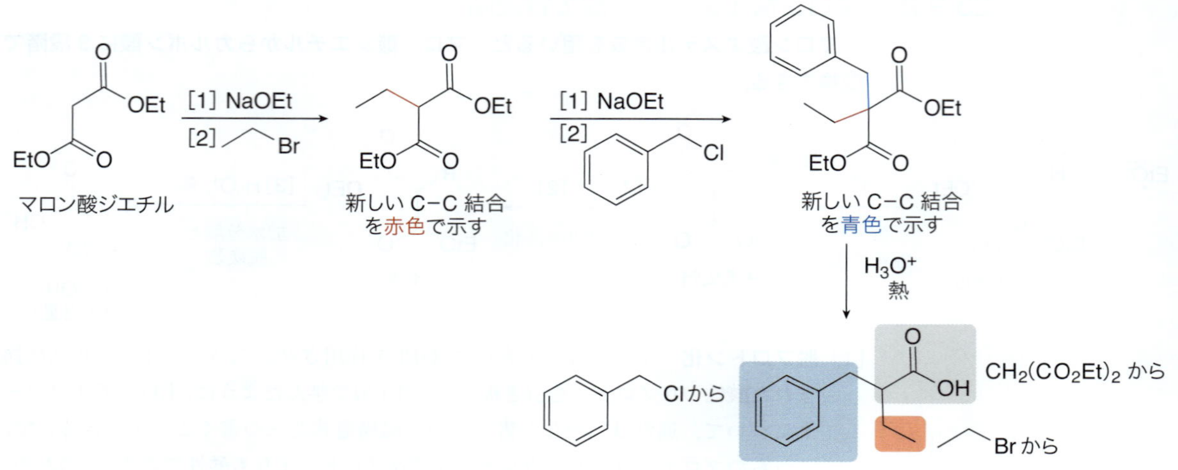

23章 カルボニル化合物のα炭素での置換反応

マロン酸ジエチル　新しい C–C 結合を赤色で示す　新しい C–C 結合を青色で示す

CH$_2$(CO$_2$Et)$_2$ から
Br から
Cl から

適切なジハロゲン化物を出発物質として用いれば，**分子内マロン酸エステル合成** (intramolecular malonic ester synthesis) によって，三員環化合物から六員環化合物を合成できる．たとえば，シクロペンタンカルボン酸は，マロン酸ジエチルと 1,4-ジブロモブタン (BrCH$_2$CH$_2$CH$_2$CH$_2$Br) から，次に示す一連の反応で合成できる．

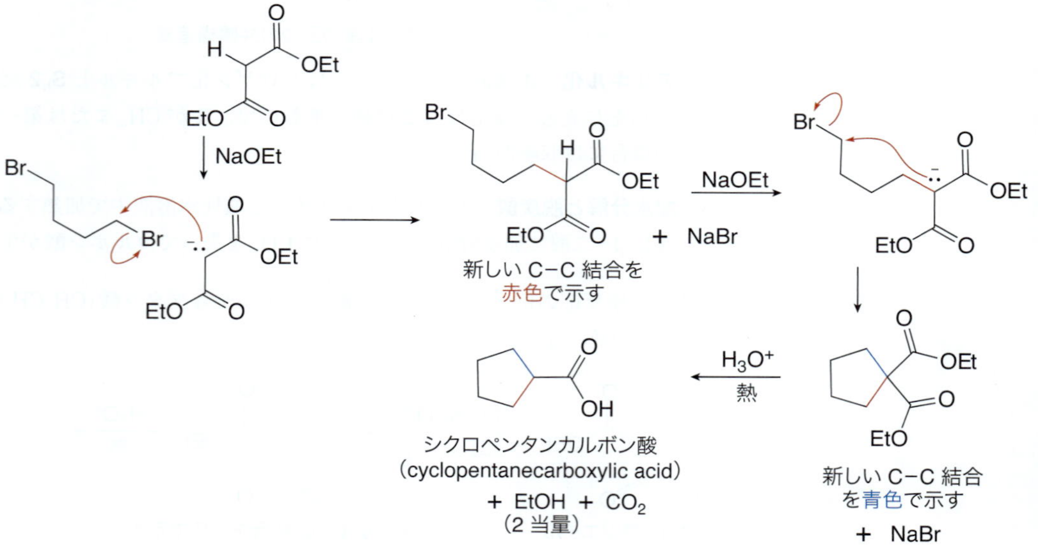

新しい C–C 結合を赤色で示す

シクロペンタンカルボン酸 (cyclopentanecarboxylic acid)
+ EtOH + CO$_2$
(2 当量)

新しい C–C 結合を青色で示す
+ NaBr

**問題 23.21** 次の反応の生成物を書け．

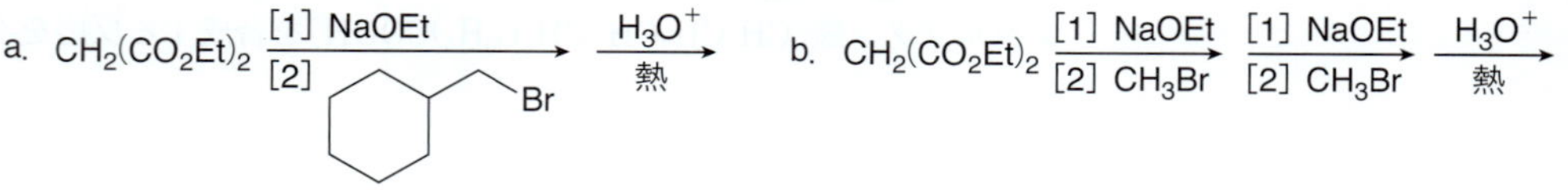

a. CH$_2$(CO$_2$Et)$_2$ [1] NaOEt / [2] (シクロヘキシルメチル)Br　H$_3$O$^+$ 熱

b. CH$_2$(CO$_2$Et)$_2$ [1] NaOEt [2] CH$_3$Br　[1] NaOEt [2] CH$_3$Br　H$_3$O$^+$ 熱

**問題 23.22** マロン酸エステル合成を用いて，それぞれのジハロゲン化物から得られる環状化合物は何か．

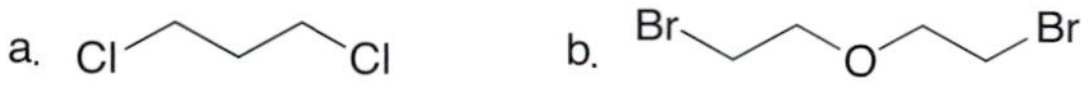

a. Cl–CH$_2$CH$_2$CH$_2$–Cl　　b. BrCH$_2$CH$_2$–O–CH$_2$CH$_2$Br

### 23.9.3 逆合成解析

マロン酸エステル合成を使うには，目的の化合物を合成するのにどのような出発物質を用いるかを決定しなければならない．**逆合成の方向**すなわち，**後ろ向きに考える**必要がある．この逆合成解析は次の2段階で行う．

**[1]** COOH 基の α 炭素をさがしだし，α 炭素に結合しているすべてのアルキル基を同定する．

**[2]** 分子を二つ（または三つ）の成分に分ける．α 炭素に結合している各アルキル基はハロゲン化アルキルに由来する．残りの分子は $CH_2(COOEt)_2$ に由来する．

R–X ⟸ R–α–COOH ⟹ マロン酸ジエチル
ハロゲン化アルキル　生成物

**例題 23.3** マロン酸エステル合成を用いて，2-メチルヘキサン酸（$CH_3CH_2CH_2CH_2CH(CH_3)COOH$）を合成するために必要な出発物質は何か．

**【解答】**
目的の分子は，α 炭素に異なる二つのアルキル基が結合しているので，合成するためには三つの成分を必要とする．

2-メチルヘキサン酸 ⟹ マロン酸ジエチル ＋ $CH_3$–I ＋ ブチルブロミド

合成する向きに反応を書くと次のようになる．

マロン酸ジエチル →[1] NaOEt, [2] $CH_3$I → メチル化体 →[1] NaOEt, [2] ブチルブロミド → 二置換体 →$H_3O^+$/熱→ 2-メチルヘキサン酸

**問題 23.23** マロン酸エステル合成を用いて，次のカルボン酸を合成するために必要なハロゲン化アルキルは何か．

a. （分岐カルボン酸）　b. （分岐カルボン酸）　c. （分岐カルボン酸）

**問題 23.24** 次のカルボン酸は，マロン酸エステル合成では合成することができない．その理由を説明せよ．

## 23.10 アセト酢酸エステル合成

- **アセト酢酸エステル合成**(acetoacetic ester synthesis)とは，アセト酢酸エチルを，α炭素に一つまたは二つのアルキル基をもつケトンに変換する段階的な方法である．

### 23.10.1 アセト酢酸エステル合成の各段階

**β-ケトエステル**

アセト酢酸エステル合成の各段階は，マロン酸エステル合成とまったく同じである．出発物質が β-ケトエステル(β-keto ester)である $CH_3COCH_2COOEt$ なので，最終生成物はカルボン酸ではなく**ケトン**(ketone)となる．

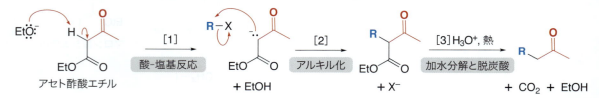

[1] **脱プロトン化** アセト酢酸エチルに $^-OEt$ を作用させ，二つのカルボニル基に挟まれた酸性のプロトンを引き抜く．

[2] **アルキル化** 求核的なエノラートはハロゲン化アルキル(RX)と $S_N2$ 反応して置換生成物を与える．反応は $S_N2$ 機構で進むので，R が $CH_3$ または第一級アルキル基の場合には収率が高い．

[3] **加水分解と脱炭酸** 得られた β-ケトエステルを酸性水溶液中で加熱すると，β-ケト酸に加水分解され，さらに $CO_2$ を失ってケトンが生成する．

加水分解と脱炭酸の前に反応の最初の2段階をもう一度繰り返すと，α炭素上に二つの新しいアルキル基をもつケトンを合成できる．

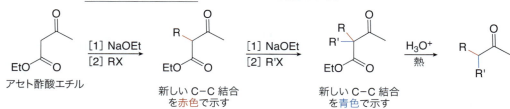

問題 23.25 次の反応によって合成されるケトンは何か.

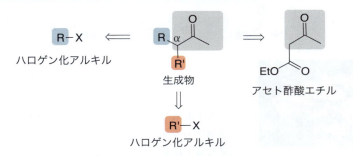

### 23.10.2 逆合成解析

アセト酢酸エステル合成を用いて，目的とするケトンを合成するために必要な出発物質を決定するには，同様に**逆合成**の方向に考える必要がある．この逆合成解析は次の2段階で行う．

> [1] カルボニル基のα炭素に結合しているアルキル基を同定する．
> [2] 分子を二つ（または三つ）の成分に分ける．α炭素に結合しているそれぞれのアルキル基はハロゲン化アルキルに由来する．残りの分子は $CH_3COCH_2COOEt$ に由来する．

α炭素にR基を二つもつケトンでは，三成分が必要となる．

**例題 23.4** アセト酢酸エステル合成を用いて2-ヘプタノンを合成するのに必要な出発物質を示せ．

2-ヘプタノン（2-heptanone）

【解答】
2-ヘプタノンはα炭素に結合したアルキル基を一つだけもつので，アセト酢酸エステル合成にはハロゲン化アルキルを一つだけ必要とする．

合成する向きに反応を書くと次のようになる．

**問題 23.26** アセト酢酸エステル合成を用いて，次のケトンを合成するために必要なハロゲン化アルキルを示せ．

**問題 23.27** アセト酢酸エチルに 2 当量の NaOEt と $BrCH_2CH_2Br$ を作用させると化合物 **X** が生成する．この反応は，ツキヨタケの仲間である黄褐色の毒キノコ "ジャック・オ・ランタン (jack-o'-lantern)" から単離された抗腫瘍物質イルジン-S の全合成における最初の段階である．化合物 **X** の構造はどのようなものか．

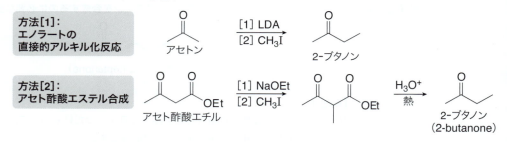

ジャック・オ・ランタンは抗腫瘍物質イルジン-S の原料である．

アセト酢酸エステル合成とエノラートの直接的アルキル化反応は，どちらもケトンを合成する方法である．2-ブタノンを例に示すと，エノラートの直接的アルキル化反応では $CH_3I$ を用いてアセトンから合成することができ（方法 [1]），アセト酢酸エステル合成では，加水分解と脱炭酸反応によってアセト酢酸エチルから合成することができる（方法 [2]）．

2-ブタノンはアセトンから短段階で合成できるにもかかわらず，なぜアセト酢酸エステルからの合成を考える必要があるのだろうか．いくつかの理由があげられる．まず言えることは，有機合成化学者は，一つの反応を達成するのに，いろいろな方法でやってみたいと思っているということである．なぜなら，出発物質の構造の微妙な差異が，反応の収率に大きく影響を与えることがあるからである．

さらに，化学工業ではコストが重要な問題となる．実際に医薬品やその他の消費者向け製品を大量に合成するための反応には，安価な出発物質を用いる必要がある．エノラートの直接的アルキル化反応をうまく行うには，普通 LDA のような強塩基が必

要とされ，一方，アセト酢酸エステル合成では NaOEt で十分である．NaOEt はより安価な出発物質から合成できることから，アセト酢酸エステル合成は，反応の段階数が多いけれども魅力的な反応である．

このように，それぞれの方法には，出発物質，反応剤の入手の容易さ，コスト，および副反応の有無によって，長所と短所がある．

**問題 23.28** ナブメトンは，Relafen® の商品名でアメリカで市販されている抗炎症・鎮痛剤である．

ナブメトン（nabumetone）

a. アセト酢酸エチルからナブメトンを合成する方法を示せ．
b. エノラートの直接的アルキル化反応によってナブメトンを合成するために必要なケトンとハロゲン化アルキルは何か．

## ◆キーコンセプト◆

### カルボニル化合物の α 炭素での置換反応
#### 速度論支配および熱力学支配のエノラート（23.4 節）

**速度論支配のエノラート**
- 置換基がより少ない．
- 強塩基，非プロトン性極性溶媒，低温が適している：LDA，THF，−78 ℃．

**熱力学支配のエノラート**
- 置換基がより多い．
- 強塩基，プロトン性溶媒，高温が適している：NaOCH$_2$CH$_3$，CH$_3$CH$_2$OH，室温．

### α炭素でのハロゲン化反応

[1] 酸性条件下でのハロゲン化反応（23.7.1 項）

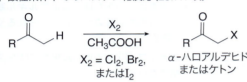

- 反応はエノール中間体を経て起こる．
- α炭素上の H が X に置き換わり一置換体が生成する．

## [2] 塩基性条件下でのハロゲン化反応（23.7.2 項）

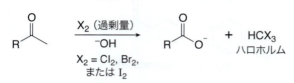

- 反応はエノラート中間体を経て起こる．
- α炭素上の複数の H が X に置き換わり多置換体が生成する．

## [3] 塩基性条件下でのメチルケトンのハロゲン化反応 ── ハロホルム反応（23.7.2 項）

$$\underset{R}{\overset{O}{\|}}\overset{}{C}-CH_3 \xrightarrow[-OH]{X_2 (過剰量)} \underset{R}{\overset{O}{\|}}C-O^- + HCX_3 \text{ ハロホルム}$$

$X_2 = Cl_2, Br_2,$ または $I_2$

- メチルケトンで起こる反応であり，炭素−炭素σ結合が開裂する．

## α‐ハロカルボニル化合物の反応（23.7.3 項）

### [1] 脱離による α, β‐不飽和カルボニル化合物の生成

$$\underset{Br}{\overset{O}{\|}}\underset{\alpha}{R-C-CH}-CH_3 \xrightarrow[DMF]{Li_2CO_3 \atop LiBr} R-\overset{O}{\overset{\|}{C}}-CH=CH_2 \text{ (}\alpha, \beta\text{)}$$

- Br と H が脱離して新しい π 結合が生成し，α, β‐不飽和カルボニル化合物が得られる．

### [2] 求核置換反応

$$R-\overset{O}{\overset{\|}{C}}-CH_2Br \xrightarrow{:Nu^-} R-\overset{O}{\overset{\|}{C}}-CH_2Nu$$

- 反応は $S_N2$ 機構で進行し，α‐置換カルボニル化合物が生成する．

## α炭素でのアルキル化反応

### [1] α炭素での直接的アルキル化反応（23.8 節）

$$R'-\overset{O}{\overset{\|}{C}}-CH_2H \xrightarrow[\text{[2] RX}]{\text{[1] 塩基}} R'-\overset{O}{\overset{\|}{C}}-CH_2R + X^-$$

- 反応によりα炭素に新しい C–C 結合が生成する．
- LDA は中間体エノラートを生成するために用いられる一般的な塩基である．
- ステップ [2] のアルキル化反応は $S_N2$ 機構で進行する．

### [2] マロン酸エステル合成（23.9 節）

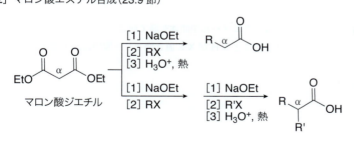

- α炭素に一つまたは二つのアルキル基をもつカルボン酸の合成に用いられる反応である．
- ステップ [2] のアルキル化反応は $S_N2$ 機構で進行する．

[3] アセト酢酸エステル合成（23.10 節）

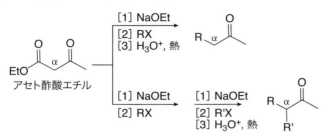

- α炭素に一つまたは二つのアルキル基をもつケトンの合成に用いられる反応である．
- ステップ[2]のアルキル化反応は $S_N2$ 機構で進行する．

## ◆章末問題◆

### 三次元モデルを用いる問題

**23.29** 次の化合物のエノール互変異性体を書け．立体異性体は無視してよい．

a. 　　b.

**23.30** シス体のケトン **A** は NaOH 水溶液を作用させると，トランス体のケトン **B** に異性化する．しかし，同様の異性化反応はケトン **C** では起こらない．(a) いす形配座のシクロヘキサンを用いて，**B** の構造を書け．(b) **C** の二つの置換基の関係はシスかトランスか．さらに反応性の違いを説明せよ．

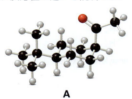　　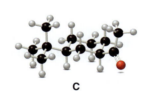

### エノール，エノラート，および酸性プロトン

**23.31** 次の化合物のエノール互変異性体を書け．

a. 　　b. 　　c.

**23.32** 2,4-ペンタンジオンとアセト酢酸エチルは，どちらも一つの炭素原子を挟む二つのカルボニル基をもっている．平衡状態における混合物は，2,4-ペンタンジオン互変異性体が 76% のエノール形を含んでいるのに対し，アセト酢酸エチル互変異性体は 8% しかエノール形を含まない．この違いの理由を説明せよ．

2,4-ペンタンジオン　　アセト酢酸エチル
(2,4-pentanedione)　　(ethyl acetoacetate)

**23.33** 次のカルボニル化合物において，エノール互変異性体の割合が高いのはどちらか．

**23.34** 次の化合物において，$pK_a$ が 25 以下の水素原子はどれか．

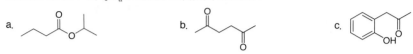

**23.35** 次の化合物において $H_a \sim H_c$ で示された水素を，酸性度が低いものから順に並べよ．

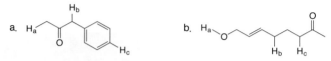

**23.36** 次の化合物を LDA で処理したときに，おもに生成するエノラート（カルボアニオン）は何か．エノラートの立体化学は無視してよい．

**23.37** 1-アセチルシクロヘキセンの水素 $H_a$ の $pK_a$ が，$H_b$ の水素の $pK_a$ より大きい理由を説明せよ．

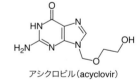

1-アセチルシクロヘキセン（1-acetylcyclohexene）

**23.38** アシクロビル（acyclovir）は単純ヘルペスウイルスの治療に用いられる有効な抗ウイルス剤である．(a) アシクロビルのエノール形を書き，なぜこのエノール形が芳香族性をもつのかを説明せよ．(b) アシクロビルのエノール形が芳香族性をもつにもかかわらず，一般的にはケト形で書くことが多い．ケト形でも芳香族性が説明できることを示せ．

アシクロビル（acyclovir）

**23.39** 次の反応では，作用させる塩基を 1 当量から 2 当量に増量したときに，2,4-ペンタジオンから異なる二つのアルキル化生成物 **A** と **B** が生成する．その理由を説明せよ．

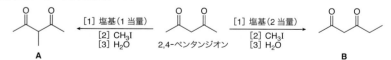

**23.40** ビタミンCは安定なエンジオールである．エンジオールの平衡状態における二種類のケト互変異性体の構造を書き，このエンジオールの形がなぜ最も安定な互変異性体であるかを説明せよ．

ビタミンC（vitamin C）
エンジオール（enediol）

## ハロゲン化反応

**23.41** 2-ペンタノン（CH₃COCH₂CH₂CH₃）の酸触媒による臭素化反応では，BrCH₂COCH₂CH₂CH₃（**A**）とCH₃COCH(Br)CH₂CH₃（**B**）の二つの生成物が得られるが，カルボニル基に隣接した置換基のより多い炭素にBr原子が結合した**B**が主生成物として得られる．その理由を説明せよ．

**23.42** 次の反応の機構を段階ごとに示せ．

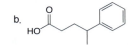

## マロン酸エステル合成

**23.43** マロン酸エステル合成を用いて，次のカルボン酸を合成するために必要なハロゲン化アルキルは何か．

a. b. c.

**23.44** マロン酸エステル合成を用いて，次のカルボン酸を合成する方法を示せ．

a. b.

**23.45** マロン酸エステル合成を用いて，てんかんの発作の治療薬であるバルプロ酸〔(CH₃CH₂CH₂)₂CHCO₂H，valproic acid〕を合成する方法を示せ．

**23.46** 次の化合物をマロン酸ジエチルから合成する方法を示せ．必要な有機または無機反応剤は何を用いてもよい．

a. b.

**23.47** マロン酸ジエチル由来のエノラートは，ハロゲン化アルキルだけではなくさまざまな求電子剤と反応して新しい炭素−炭素結合を生成する．このことを念頭において，Na⁺ ⁻CH(CO₂Et)₂がそれぞれの求電子剤と反応し，H₂Oで後処理をしたときに得られる生成物を書け．

a. b. c. d.

## アセト酢酸エステル合成

**23.48** 次のケトンを，アセト酢酸エステル合成を用いて合成するために必要なハロゲン化アルキルは何か．

a., b., c.

**23.49** アセト酢酸エステルから次の化合物を合成する方法を示せ．必要な有機または無機反応剤は何を用いてもよい．

a., b.

## 反　応

**23.50** 次の反応で得られる生成物を書け．

a. 熱

b. [1] LDA　[2] EtI

c. (isopropylamine) NH₂

d. [1] LDA　[2] EtI

e. [1] Br₂, CH₃CO₂H　[2] Li₂CO₃, LiBr, DMF

f. I₂（過剰量）／⁻OH

g. NaH → C₆H₉N

h. Br₂（過剰量）／⁻OH

**23.51** 次の反応の生成物を，立体化学も含めて書け．

a. [1] LDA　[2] PrCl

b. [1] LDA　[2] (R)-CHD(I)CH₃

c. [1] LDA　[2] CH₃I

**23.52** a. $p$-イソブチルベンズアルデヒドから鎮痛剤イブプロフェンへの段階的な変換における中間体 **A** ～ **C** の構造を書け．

$p$-イソブチルベンズアルデヒド ($p$-isobutylbenzaldehyde) → (NaBH₄ / CH₃OH) **A** → ([1] PBr₃ [2] NaCN) **B** → ([1] LDA [2] CH₃I) **C** → (H₃O⁺ / 熱) イブプロフェン (ibuprofen)

b. 化合物 **D** に 1 当量の LDA と CH₃I を作用させる直接的アルキル化反応を用いてもイブプロフェンは生成しない．この反応で得られた別の生成物を同定し，それが生成した理由を説明せよ．

**D**

**23.53** 麻薬性のある鎮痛剤のメペリジン(meperidine, 商品名：デメロール®；Demerol®)を合成するときの鍵段階は，フェニルアセトニトリルを下式に従って **X** に変換する反応である．(a)**X** の構造を示せ．(b)**X** からメペリジンに変換するには，どのような反応(数段階)を行えばよいか．

フェニルアセトニトリル (phenylacetonitrile) → [2 NaH, ClCH₂CH₂N(CH₃)CH₂CH₂Cl] → **X** (C₁₃H₁₆N₂) → メペリジン (meperidine)

**23.54** クロピドグレルはプラビックス®（Plavix®）という商品名で販売されており，心臓発作や脳卒中の病歴のある患者の血栓の生成を抑える薬である．クロピドグレルの単一のエナンチオマーは，光学的に純粋な α-ヒドロキシ酸 **A** から3段階の反応で合成できる．この一連の反応における生成物 **B** と **C** を同定せよ．また，この反応で生成するクロピドグレルのエナンチオマーの立体配置が R か S かを示せ．

**A** → [CH₃OH, H₂SO₄] → **B** → [TsCl, ピリジン] → **C** → クロピドグレル (単一のエナンチオマー)

**23.55** 分子内アルキル化反応によってケトン **A** を **B** または **C** に変換するために必要とされる反応条件，すなわち塩基，溶媒，および温度をそれぞれ示せ．

## 反 応 機 構

**23.56** イブプロフェン(ibuprofen)はラセミ混合物として市販されているが，S 体のエナンチオマーだけに鎮痛作用がある．しかし体内では，R 体のエナンチオマーは互変異性化によるエノールの生成とプロトン化によるカルボニル基の再生により，S 体に変わる平衡が存在する．この異性化反応の機構を段階ごとに示せ．

R 異性体 活性作用のないエナンチオマー ⇌ [HA] S 異性体 活性なエナンチオマー

**23.57** 次の反応で二つのアルキル化生成物がどのように生成するかを，反応機構を段階ごとに書いて説明せよ．

[1] LDA [2] CH₃I → 生成物 + 生成物 + I⁻

**23.58** 次の反応の機構を段階ごとに示せ．

マロン酸ジエチル + [1] NaOEt [2] エポキシド [3] H₃O⁺ → 生成物

**23.59** α,β-不飽和カルボニル化合物 **X** に塩基を作用させると,そのジアステレオマーである **Y** が生成する.この反応の機構を段階ごとに示せ.なぜ一つの立体中心だけ立体配置が変わり,もう一方は変わらないのか,その理由を説明せよ.

**23.60** 次に示したそれぞれの生成物がどのように得られるかを,反応機構を段階ごとに書いて説明せよ.

**23.61** β-ベチボンは,熱帯や亜熱帯地域に見られる多年草ベチベルの主成分である.β-ベチボン合成の鍵反応は,化合物 **A** とジハロゲン化物 **B** を 2 当量の LDA で処理して,**C** を生成する反応である.この反応の機構を段階ごとに示せ.β-ベチボンは,二つの環が単一の炭素原子でつながったスピロ環系をもっている.

## 合 成

**23.62** (a) 分子内アルキル化反応で **A** を合成するときに原料として用いることができる異なるハロケトンを二つ示せ.(b) アセト酢酸エステル合成を用いて **A** を合成する方法を示せ.

**23.63** 次の化合物をシクロヘキサノンと 4 炭素以下の有機ハロゲン化物から合成する方法を示せ.必要な無機反応剤は何を用いてもよい.

a. b. c.

**23.64** Zyban® の商品名でアメリカで販売されているブプロピオンは,1997 年に禁煙を補助するためにアメリカで認可された抗うつ薬である.ベンゼンと 4 炭素以下の有機化合物からブプロピオンを合成する方法を示せ.必要な無機反応剤は何を用いてもよい.

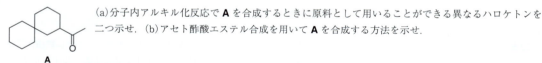

**23.65** 乳がんの再発抑制薬であるアナストロゾール(22.18節)を，下に示す二つの化合物から合成する方法を考えよ．必要であれば，有機化合物および無機反応剤は何を用いてもよい．

**23.66** (Z)-5-ヘプテン-2-オンをアセト酢酸エチル($CH_3COCH_2CO_2Et$)と下に示す出発物質から合成する方法を示せ．必要であれば，どのような有機化合物および無機反応剤を用いてもよい．

**23.67** ケトン **A** を LDA で処理して，その後 $CH_3CH_2I$ を加えても目的のアルキル化生成物 **B** は得られない．代わりに得られる生成物は何か．また，**A** を **B** に変換するための多段階の反応を示せ．なお，**B** は抗がん剤タモキシフェン(23.8.3項と本章の冒頭で紹介した分子)を合成するために用いられた合成中間体である．

**23.68** カプサイシンはトウガラシの辛み成分で，アミン **X** と酸塩化物 **Y** から合成できる．(E)-6-メチル-4-ヘプテン-1-オール〔$(CH_3)_2CHCH=CH(CH_2)_3OH$〕，$CH_2(CO_2Et)_2$，および必要な無機反応剤から **Y** を合成する方法を示せ．

## 分光法

**23.69** 化合物 **W** に $CH_3Li$ を作用させ，さらに $CH_3I$ を加えると，化合物 **Y**($C_7H_{14}O$)が主生成物として得られる．**Y** は赤外吸収スペクトルで 1713 $cm^{-1}$ に強い吸収を示し，$^1H$ NMR スペクトルでは次に示すスペクトルが得られた．(a)考えられる **Y** の構造を書け．(b) **W** から **Y** が生成する際の反応機構を段階ごとに示せ．

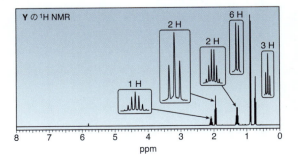

## チャレンジ問題

**23.70** 水素 $H_a$ の酸性度が $H_b$ よりもはるかに低い理由を説明せよ．さらに，次の反応の機構を示せ．

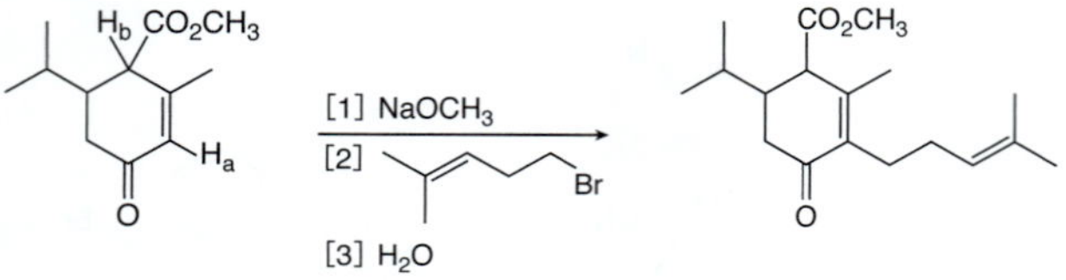

**23.71** 次の反応の機構を段階ごとに示せ．

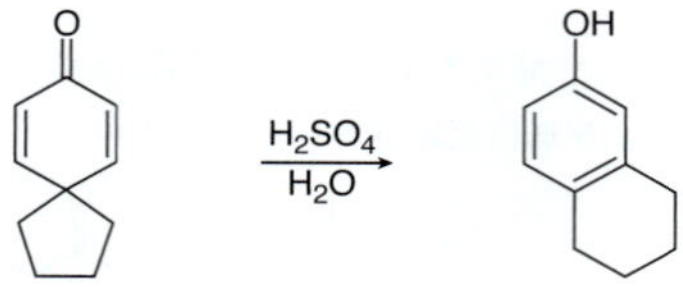

**23.72** β-ベチボン（章末問題 23.61）の合成の最終段階では，化合物 **C** に $CH_3Li$ を作用させると中間体 **X** が生成し，それを酸性水溶液で処理して β-ベチボンを得る．**X** の構造を同定し，さらに **X** を β-ベチボンに変換する際の反応機構を示せ．

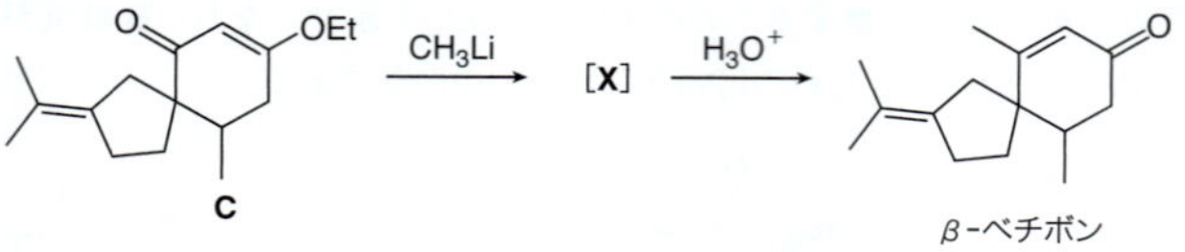

**23.73** 12 章（上巻）で学んだ，アルキンのトランスアルケンへの溶解金属による還元の機構を思いだしながら，次に示す，α,β-不飽和カルボニル化合物を α 炭素上に新しいアルキル基をもつカルボニル化合物へ変換する際の反応機構を段階ごとに示せ．

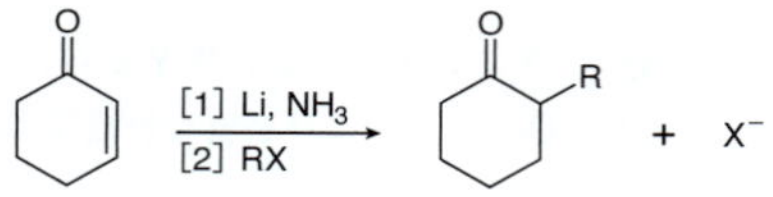

**23.74** 胃腸障害の治療に用いられる光学活性な医薬品の(−)-ヒヨスチアミンは，猛毒のナス科植物であるベラドンナ（*Atropa belladonna*）から塩基性水溶液を用いた抽出により単離される．単離操作の過程で塩基を多く用いすぎると，単離した化合物の光学活性は失われてしまう．(a) 光学活性が失われる理由を，反応機構を段階ごとに書いて説明せよ．(b) 一方，オーストラリアの植物ベニウチワから単離されるリットリンが，抽出に用いる塩基の量にかかわらず光学的に純粋な形で得ることができる理由を説明せよ．

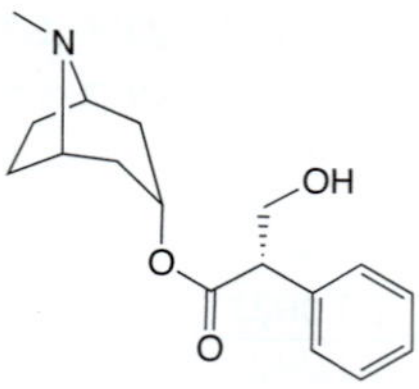

(−)-ヒヨスチアミン
((−)-hyoscyamine)

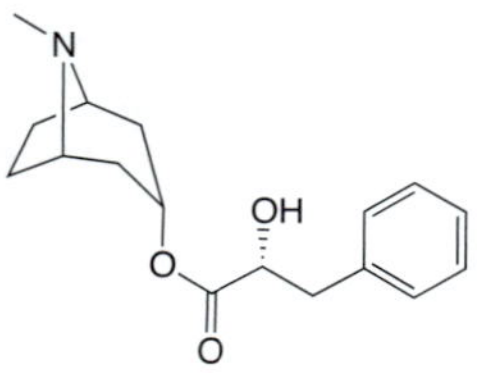

(−)-リットリン
((−)-littorine)

# 24 カルボニル縮合反応

24.1 アルドール反応
24.2 交差アルドール反応
24.3 制御されたアルドール反応
24.4 分子内アルドール反応
24.5 クライゼン反応
24.6 交差クライゼン反応とその関連反応
24.7 ディークマン反応
24.8 マイケル反応
24.9 ロビンソン環化

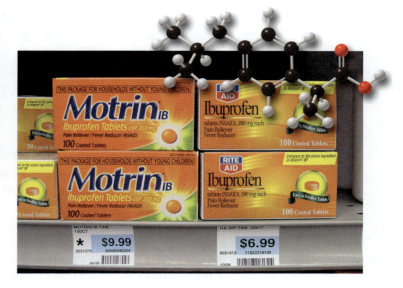

**イブプロフェン**(ibuprofen)は，Motrin®やAdvil®（日本ではカロナール®など）といった商品名で知られる鎮痛剤の一般名である．アスピリンと同様に，アラキドン酸からのプロスタグランジンの合成を阻害することでイブプロフェンは抗炎症剤として作用する．工業的イブプロフェン合成法には，求電子的なカルボニル基に対するエノラートの求核反応が含まれている．本章ではカルボニル基をもつ求電子的化合物とエノラートによる炭素−炭素結合生成反応について学ぶ．

**本章では**カルボニル縮合(carbonyl condensation)，すなわち二つのカルボニル化合物間の反応について学ぶ．これはカルボニル基のα炭素で起こるもう一つの反応形式である．本章で書かれていることの多くは，すでに学んだ原理の応用である．本章で学ぶ多くの反応が，これまでの章で学んだ反応より複雑に見えるかもしれないが，基本的には同じである．つまり，求核剤が求電子的なカルボニル炭素を攻撃し，カルボニル出発物質の構造によってさまざまな求核付加生成物，または求核置換生成物が生成する．

**本章の反応では，すべてカルボニル基のα炭素で新しい炭素−炭素結合が生成する．** したがって，これらの反応は複雑な天然物の合成に非常に有用である．

### 24.1 アルドール反応

本章では，エノラートのもう一つの反応，すなわち**別のカルボニル化合物との反応**に焦点を絞る．これらの反応では，一方のカルボニル成分は求核剤として働き，もう一方は求電子剤として働いて，新しい炭素−炭素結合が生成する．

求電子的なカルボニル炭素に脱離基が結合しているかどうかによって，生成物の構造が決まる．たとえそれらが多少複雑に見えても，21章および22章で学んだ求核付加反応や求核アシル置換反応を思いだせばよい．本章では次の四種類の反応について学ぶ．

- **アルドール反応**(aldol reaction，24.1節～24.4節)
- **クライゼン反応**(Claisen reaction，24.5節～24.7節)
- **マイケル反応**(Michael reaction，24.8節)
- **ロビンソン環化**(Robinson annulation，24.9節)

### 24.1.1 アルドール反応の一般的な特徴

**アルドール反応**では，塩基の存在下，アルデヒドまたはケトンの二つの分子が互いに反応して，**β-ヒドロキシカルボニル化合物**(β-hydroxy carbonyl compound)を生成する．たとえば，アセトアルデヒドに水溶性の $^-$OH を作用させると**β-ヒドロキシアルデヒド**(β-hydroxy aldehyde)である 3-ヒドロキシブタナールが生成する．

> 多くのアルドール生成物は，アルデヒド(aldehyde)とアルコール(alcohol)官能基をもっているため，アルドール(aldol)という名称がつけられた．

アルドール反応の機構は，機構 24.1 に示したように **3 段階**からなる．求核的なエノラートが求電子的なカルボニル炭素と反応するステップ[2]で炭素–炭素結合が生成する．

アルドール反応は可逆的な平衡反応で，平衡の位置は塩基とカルボニル化合物の種類に左右される．アルドール反応によく用いられる**塩基は $^-$OH** である．23.3.2 項で，$^-$OH を用いた場合にはエノラートがほんの少量しか生成しないことを学んだ．アルドール反応では，機構のステップ[2]で出発物質のアルデヒドがエノラートとの反応に必要とされるので，これは理にかなっている．

**アルドール反応はアルデヒドまたはケトンのいずれでも進行する**．アルデヒドの場合，平衡は一般に生成物側に傾くが，ケトンの場合には出発物質側に傾く．しかし，この平衡を右へ傾ける方法があるので，基質がアルデヒドまたはケトンのいずれであってもアルドール生成物が得られる．

## 機構 24.1　アルドール反応

① 塩基がα炭素上のプロトンを引き抜き，共鳴安定化されたエノラートが生成する．
② エノラートがもう一つのアルデヒド分子の求電子的なカルボニル炭素を求核攻撃して，新しい C–C 結合が生成する．
③ アルコキシドがプロトン化され，β-ヒドロキシアルデヒドが生成する．

- 求核付加反応（21.7 節）はアルデヒドおよびケトンの特徴的な反応である．アルドール反応はエノラートを求核剤とする求核付加反応である．図 24.1 の比較を参照しよう．

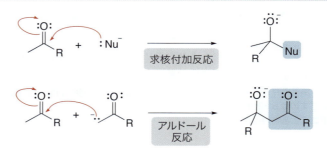

図 24.1
アルドール反応：
求核付加の例

- アルデヒドとケトンは求核付加によって反応する．アルドール反応では**エノラートが求核剤**としてカルボニル基に付加する．

**アルドール反応の二つ目の例として，** プロパナールを出発物質とする反応をあげる．アルドール反応に関与するアルデヒドの二つの分子は異なる方法で反応する．

- プロパナールの一方の分子は，電子豊富な求核剤であるエノラートになる．
- プロパナールのもう一方の分子は，そのカルボニル炭素が電子不足であるために<u>求電子剤</u>として働く．

これらの二つの例はアルドール反応の一般的な特徴をよく表している．**一つのカルボニル化合物のα炭素が，もう一つのカルボニル化合物のカルボニル炭素と結合する．**

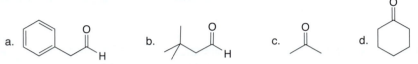

**問題 24.1** 次の化合物から得られるアルドール生成物を示せ．

a. ベンジルアルデヒド誘導体  b. 3,3-ジメチルブタナール  c. アセトン  d. シクロヘキサノン

**問題 24.2** 水中で⁻OH を加えたときにアルドール反応が起こら**ない**カルボニル化合物は次のうちどれかを示せ．

a. PhCHO  b. アセトフェノン  c. ピバルアルデヒド  d. シクロヘキサンカルバルデヒド

### 24.1.2　アルドール生成物の脱水反応

β-ヒドロキシカルボニル化合物を含むすべてのアルコールは，酸の存在下で脱水反応を起こす．しかし，塩基の存在下で脱水反応を起こすのは β-ヒドロキシカルボニル化合物のみである．

　アルドール反応で生成する β-ヒドロキシカルボニル化合物は，他のアルコールよりもより容易に脱水反応(dehydration reaction)を起こす．実際，塩基性の反応条件下では元来のアルドール生成物が単離されないことがよくある．その代わりに，**α炭素と β炭素から $H_2O$ 分子が失われ，α,β-不飽和カルボニル化合物が生成する．**

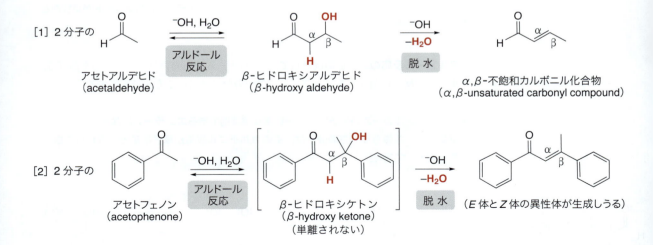

[1] 2 分子の アセトアルデヒド (acetaldehyde) → β-ヒドロキシアルデヒド (β-hydroxy aldehyde) → α,β-不飽和カルボニル化合物 (α,β-unsaturated carbonyl compound)

[2] 2 分子の アセトフェノン (acetophenone) → β-ヒドロキシケトン (β-hydroxy ketone)（単離されない） → (E 体と Z 体の異性体が生成しうる)

はじめに生成するβ-ヒドロキシカルボニル化合物が脱水してH₂Oを失うので，アルドール反応はしばしば**アルドール縮合** (aldol condensation) と呼ばれる．縮合反応とは，反応途中で小さな分子，この場合はH₂Oが脱離する反応である．

アルドール反応の条件下でβ-ヒドロキシカルボニル化合物を単離することは難しい．反応[2]の場合のように，α,β-不飽和カルボニル化合物がさらに炭素−炭素二重結合やベンゼン環と共役していると，**H₂Oの脱離が速やかに起こり**，β-ヒドロキシカルボニル化合物は単離できない．

脱水の反応機構は2段階からなる．機構24.2に示すように，**脱プロトン化** (deprotonation) とこれに続く⁻OHの脱離である．

### 機 構 24.2　塩基によるβ-ヒドロキシカルボニル化合物の脱水

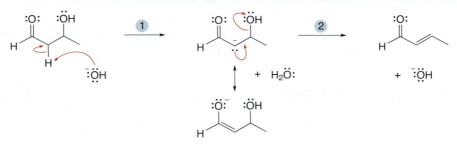

共鳴安定化したエノラート

① 塩基がα炭素上のプロトンを引き抜き，共鳴安定化されたエノラートが生成する．
② ⁻OHがエノラートの電子対からの押し出しによって脱離し，新しいπ結合が生成する．

E1脱離反応と同様に，E1cB反応も2段階からなる．しかし，E1反応と異なり，E1cB反応の中間体はカルボアニオンであって，カルボカチオンではない．E1cBとは，**脱離** (elimination)，**1分子** (unimolecular)，**共役塩基** (conjugate base) の略記である．

**E1cB反応機構** (E1cB mechanism) と呼ばれるこの脱離機構は，8章 (上巻) で学んだ二つのより一般的な脱離反応であるE1反応やE2反応とは異なっている．E1cB機構は2段階からなり，**アニオン中間体** (anionic intermediate) を経て進行する．

水酸化物イオンは脱離能が低いので，一般的なアルコールは酸の存在下でのみ脱水反応し，塩基の存在下では脱水しない．しかし，ヒドロキシ基がカルボニル基のβ位にある場合には，αおよびβ炭素からそれぞれHとOHが脱離して**共役二重結合** (conjugated double bond) を生成し，共役系の生成による安定化が脱離能の低さを補って反応を起こさせる．

はじめに生成するβ-ヒドロキシカルボニル化合物が脱水すると，アルドール反応の平衡は右に傾き，生成物側への反応が有利となる．ひとたび共役したα,β-不飽和カルボニル化合物が生成すると，β-ヒドロキシカルボニル化合物へはもどらない．

**問題 24.3**　次のβ-ヒドロキシカルボニル化合物の脱水によって生成する不飽和カルボニル化合物を示せ．

**問題 24.4** β-ヒドロキシカルボニル化合物の酸触媒による脱水反応は 9.8 節（上巻）で説明した機構で進行する．このことを踏まえて次の反応の機構を段階ごとに示せ．

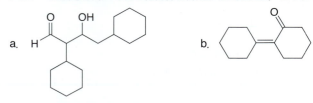

### 24.1.3 逆合成解析

アルドール反応を合成に用いるためには，目的とするβ-ヒドロキシカルボニル化合物やα,β-不飽和カルボニル化合物の合成に，どんなアルデヒドやケトンが必要かを考えなければならない．つまり，**合成を後ろ向きに考えること，すなわち逆合成解析**（retrosynthetic analysis）**が必要である．**

## HOW TO アルドール反応を用いた化合物の合成法

**例** アルドール反応を用いて次の化合物を合成するためには，どのような出発物質が必要か．

**ステップ[1]** カルボニル基のαおよびβ炭素をさがす．
- カルボニル基が二つの異なるα炭素をもつ場合には，β-ヒドロキシカルボニル化合物の OH 基を含むαおよびβ炭素を選択する．またはα,β-不飽和カルボニル化合物の C=C を含むαおよびβ炭素を選択する．

**ステップ[2]** αおよびβ炭素の間で分子を切断し，二つの成分に分ける．
- α炭素およびこの炭素に結合している残りのすべての原子は一つのカルボニル成分に属している．β炭素およびこの炭素に結合している残りのすべての原子はもう一つのカルボニル成分に属している．これまでに取り扱ってきたすべてのアルドール反応では，この二つのカルボニル成分は同じものである．

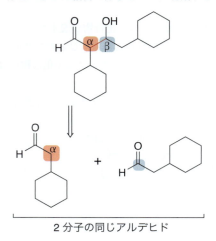

**問題 24.5** アルドール反応によって次の化合物を合成するためには，どのようなアルデヒドまたはケトンが必要かを示せ．

## 24.2 交差アルドール反応

これまでに学んだすべてのアルドール反応では，求電子的なカルボニル化合物と求核的なエノラートは同じアルデヒドまたはケトンに由来するものであった．しかしながら，異なるカルボニル化合物間でもアルドール反応を起こすことは可能である．

- 異なるカルボニル化合物間のアルドール反応は，**交差アルドール反応**（crossed aldol reaction）または**混合アルドール反応**（mixed aldol reaction）と呼ばれる．

### 24.2.1 α水素原子をもつ異なるアルデヒド間での交差アルドール反応

ともにカルボニル基のα位に水素原子をもつ異なるアルデヒドをアルドール反応に用いると，四種類のβ-ヒドロキシカルボニル化合物が生成する．二つのアルデヒドがそれぞれ塩基の存在下で酸性度の高いα水素原子を失い，エノラートを生成するので，四つの化合物が生成する．下に示すアセトアルデヒドとプロパナールの反応でわかるように，生成したエノラートはそれぞれのカルボニル化合物と反応する．

- **結論**：α水素をもつ異なるアルデヒド間の交差アルドール反応は合成の役に立たない．

## 24.2.2 合成の役に立つ交差アルドール反応

次にあげる二つの特別な状況では,交差アルドール反応は合成上有用である.

- **一方のカルボニル成分のみがα水素原子をもつ場合,交差アルドール反応が有用となる.**

一方のカルボニル化合物がα水素をもたなければ,交差アルドール反応の場合には**一つの生成物が得られる**.このためによく用いられる代表的なカルボニル化合物が**ホルムアルデヒド**(formaldehyde, $CH_2=O$)と**ベンズアルデヒド**(benzaldehyde, $C_6H_5CHO$)である.これらはどちらもα水素をもたない.

たとえば,求電子剤に $C_6H_5CHO$ を用いて,アセトアルデヒド($CH_3CHO$)またはアセトン〔$(CH_3)_2C=O$〕と塩基の存在下で反応させると,脱水を経て単一のα,β-不飽和カルボニル化合物が生成する.

[1] (反応式) → シンナムアルデヒド (cinnamaldehyde) シナモンの成分 (+ Z 異性体)

[2] (反応式) (+ Z 異性体)

立体的に嵩高くない求電子的なカルボニル成分であるアルデヒドを大過剰に使用することによって,交差アルドール生成物の収率を向上させることができる.

**問題 24.6** 一般的にフロサールと呼ばれる 2-ペンチルシンナムアルデヒドは,ジャスミンの香りをもつ香料の成分である.フロサールは,ベンズアルデヒド($C_6H_5CHO$)とヘプタナール($CH_3CH_2CH_2CH_2CH_2CH_2CHO$)の交差アルドール反応と,これに続く脱水によって合成されるα,β-不飽和アルデヒドである.フロサールを合成する次の反応の機構を段階ごとに示せ.

$C_6H_5CHO$ + (ヘプタナール) $\xrightarrow[H_2O]{-OH}$ フロサール (flosal) 香料の成分 + $H_2O$

**問題 24.7** 次の交差アルドール反応の生成物を示せ.

a. (ブタナールとホルムアルデヒド) b. (ベンズアルデヒドとシクロヘキサノン)

24.2 交差アルドール反応　1063

> ・一つのカルボニル成分が非常に酸性度の高いα水素原子をもつ場合，交差アルドール反応がとくに有用となる．

アルデヒドまたはケトンとβ-ジカルボニル化合物(またはその類縁体)の間では有用な交差アルドール反応が起こる．

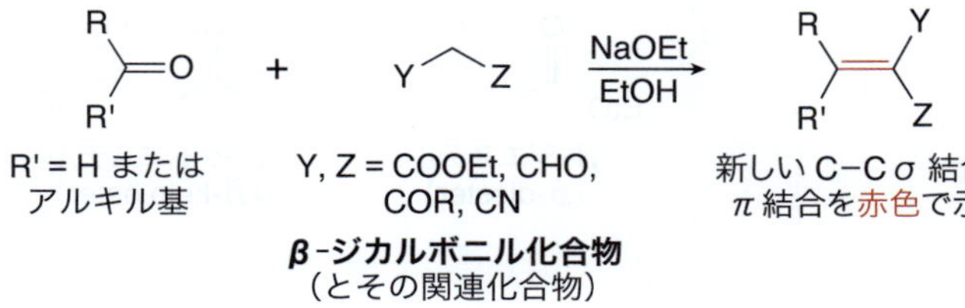

R'= H または アルキル基

Y, Z = COOEt, CHO, COR, CN
**β-ジカルボニル化合物**
(とその関連化合物)

新しい C–C σ 結合と π 結合を赤色で示す

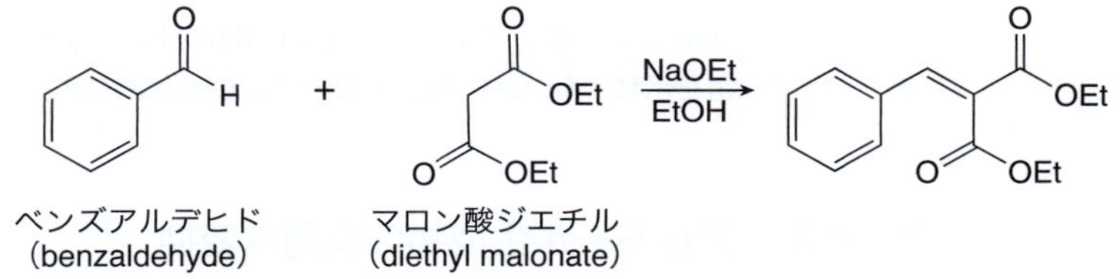

ベンズアルデヒド
(benzaldehyde)

マロン酸ジエチル
(diethyl malonate)

23.3節で学んだように，二つのカルボニル基で挟まれたα水素は非常に酸性度が高く，他のα水素原子よりも容易に引き抜かれる．その結果，**アルドール反応ではβ-ジカルボニル化合物が常にエノラート成分となる**．マロン酸ジエチルとベンズアルデヒドの交差アルドール反応の各段階を図 24.2 に示す．このような交差アルドール反応では，はじめに生成するβ-ヒドロキシカルボニル化合物から常に水が脱離し，

**図 24.2**
ベンズアルデヒドと $CH_2(COOEt)_2$ の交差アルドール反応

β-ジカルボニル化合物がエノラートを生成する

アルデヒドは求電子剤として働く

単離されない

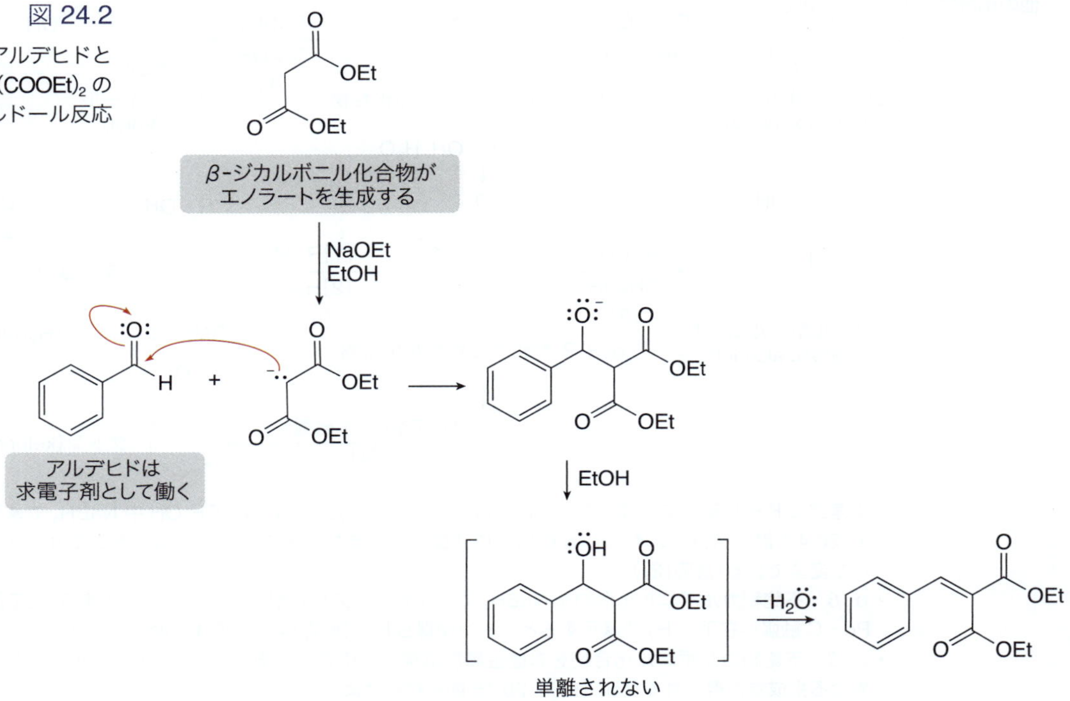

より高度に共役した生成物が得られる．

β-ジカルボニル化合物は，他のカルボニル化合物よりも塩基で脱プロトン化されやすく活性であるため，しばしば**活性メチレン化合物**(active methylene compound)と呼ばれる．**1,3-ジニトリル**(1,3-dinitrile)や**α-シアノカルボニル化合物**(α-cyano carbonyl compound)も活性メチレン化合物である．

β-ジエステル
(β-diester)

β-ケトエステル
(β-keto ester)

α-シアノカルボニル化合物
(α-cyano carbonyl compound)

1,3-ジニトリル
(1,3-dinitrile)

**問題 24.8** フェニルアセトアルデヒド($C_6H_5CH_2CHO$)と次の化合物の，交差アルドール反応の生成物を示せ．(a) $CH_2(COOEt)_2$，(b) $CH_2(COCH_3)_2$，(c) $CH_3COCH_2CN$．

### 24.2.3 アルドール生成物の有用な変換

アルドール反応は，新しい炭素-炭素結合を生成しつつ，二つの官能基をもった生成物を与えるので合成上有用である．さらに，生成するβ-ヒドロキシカルボニル化合物は，さまざまな化合物へと容易に変換できる．図24.3には，シクロヘキサノン

**図24.3** β-ヒドロキシカルボニル化合物の他の化合物への変換

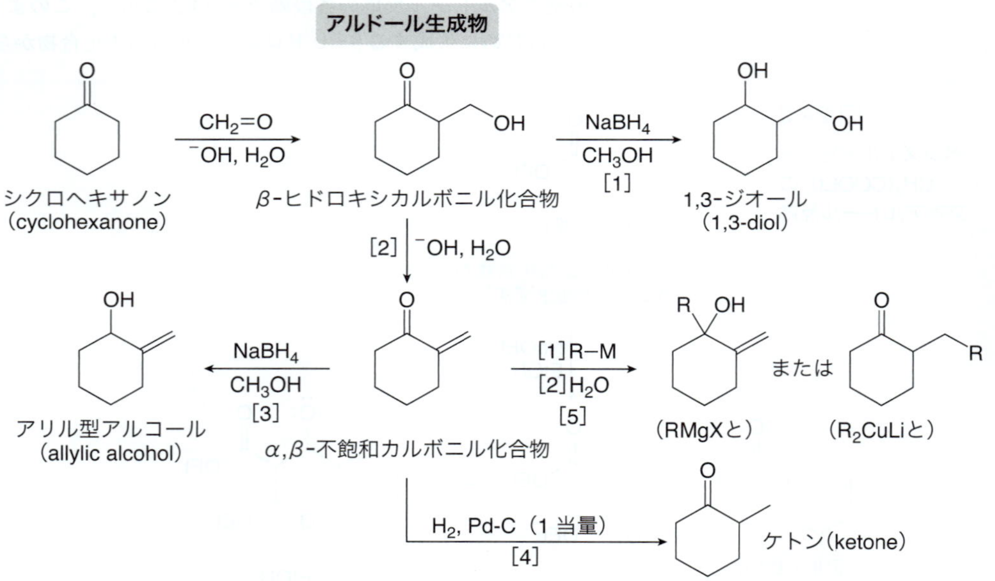

シクロヘキサノン (cyclohexanone) → β-ヒドロキシカルボニル化合物 → 1,3-ジオール (1,3-diol)

アリル型アルコール (allylic alcohol) ← α,β-不飽和カルボニル化合物 → (RMgXと) または (R₂CuLiと) → ケトン (ketone)

- 交差アルドール反応で生成したβ-ヒドロキシカルボニル化合物は，$CH_3OH$中$NaBH_4$で還元することで(20.4.1節)，1,3-ジオール(反応[1])に変換でき，また脱水によってα,β-不飽和カルボニル化合物にも変換できる(反応[2])．
- α,β-不飽和カルボニル化合物を$NaBH_4$で還元するとアリル型アルコールが生成する(反応[3])．またPd-C触媒存在下に$H_2$で還元するとケトンが得られる(反応[4])．20.4.3節を参照せよ．
- α,β-不飽和カルボニル化合物を有機金属反応剤と反応させる際に，R-Mを選択することで，二つの異なる生成物が得られる(反応[5])．20.15節を参照せよ．

とホルムアルデヒド($CH_2=O$)から得られた交差アルドール生成物を，すでに学んだ反応を用いて他の化合物に変換する方法を示す．

**問題 24.9** 塩基の存在下に2分子のブタナールを反応させると，どのようなアルドール生成物が得られるか．また，このアルドール生成物を次のそれぞれの化合物に変換するためにはどのような反応剤が必要かを示せ．

a. 
b. 
c. (+ Z 異性体)
d. (+ Z 異性体)

## 24.3 制御されたアルドール反応

交差アルドール反応の一つである**制御されたアルドール反応**(directed aldol reaction)とは，一方のカルボニル化合物を求核的なエノラートとして，もう一方を求電子的なカルボニル炭素として役割を明確に決めたうえで反応させるものである．このアルドール反応を有効に進行させるための戦略は次のとおりである．

> [1] LDA を用いて一方のカルボニル成分からエノラートを合成しておく．
> [2] このエノラートに第二のカルボニル化合物(求電子剤)を加える．

各段階を連続的に実行し，求核性の弱い強塩基が一方のカルボニル化合物からのエノラート生成に使用されるので，さまざまなカルボニル基質を反応に用いることができる．LDA によって一つのエノラートだけを生成させるので，二つのカルボニル成分がともにα水素をもっていてもよい．さらに，非対称なケトンを用いても，LDA は**より置換基の少ない，速度論支配のエノラート**(kinetic enolate)を選択的に生成する．

ともにα水素をもつケトンおよびアルデヒド間で行う，制御されたアルドール反応の各段階を例題 24.1 に示す．

**例題 24.1** 次の制御されたアルドール反応の生成物を書け．

2-メチルシクロヘキサノン
(2-methylcyclohexanone)
[1] LDA, THF
[2] $CH_3CHO$
[3] $H_2O$

【解答】
2-メチルシクロヘキサノンは置換基のより少ない炭素上でエノラートを生成し，次に求電子剤である $CH_3CHO$ と反応する．

より置換基の少ない速度論支配のエノラート

新しい C–C 結合を赤色で示す

雌のアメリカゴキブリの性フェロモンである**ペリプラノン B**の合成において，制御されたアルドール反応がどのように利用されているかを図 24.4 に示す．

**図 24.4**
ペリプラノン B の合成における制御されたアルドール反応

脱プロトン化　求核付加　数段階

ペリプラノン B (periplanone B)
雌のアメリカゴキブリの性フェロモン

制御されたアルドール反応に必要なカルボニル成分を決定するには，例題 24.2 に示すように，24.1.3 項で学んだ一般のアルドール反応に対して用いたのと同じ戦略に従えばよい．

香辛料の一種で熱帯性の多年生植物であるウコンの根を乾燥させ，粉状にしたものはカレー粉の重要な成分である．

**例題 24.2** 制御されたアルドール反応を用いて *ar*-ターメロンを合成するために必要な出発物質を示せ．*ar*-ターメロンはウコンの根から採れる精油の主要成分である．

*ar*-ターメロン
(*ar*-turmerone)

【解答】
目的とする生成物が α,β-不飽和カルボニル化合物である場合，まず C=C 二重結合の α および β 炭素を見つけて，それらの炭素間で分子を二つの成分に分ける．

## 24.3 制御されたアルドール反応

分子を二つに切断する

ar-ターメロン ⟹ ここでエノラートをつくる

**問題 24.10** 制御されたアルドール反応を使って次の化合物を合成するために必要なカルボニル出発物質を示せ.

a. b. c.

**問題 24.11** ショウガを調理したときに感じるスパイシーな甘味成分であるジンゲロンの OH 基を, 20 章で学んだ方法で保護し, TBDMS エーテル **A** に変換する. 制御されたアルドール反応を鍵段階として用い, どうすれば **A** をジンゲロールに変換することができるか. ジンゲロールは生のショウガに含まれる化合物である.

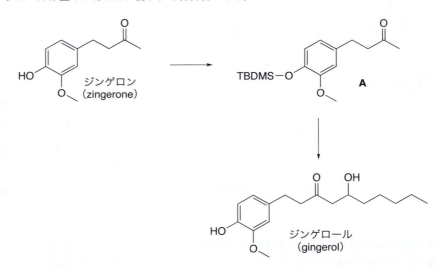

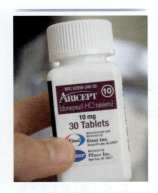

ドネペジル(商品名：アリセプト®)は，認知症やアルツハイマー病に苦しむ患者の認知能力を改善するために使用されている薬である.

**問題 24.12** ドネペジルの合成における鍵段階は, $\alpha,\beta$-不飽和カルボニル化合物 **X** を生成する制御されたアルドール反応である. 制御されたアルドール反応を用いて **X** を合成するために必要なカルボニル出発物質は何か. また, **X** をドネペジルに変換するために必要な反応剤を示せ.

### 24.4　分子内アルドール反応

ジカルボニル化合物のアルドール反応は，五員環および六員環の合成に利用することができる．一方のカルボニル基から生成したエノラートが求核剤となり，もう一方のカルボニル基のカルボニル炭素が求電子剤となって働く．たとえば，2,5-ヘキサンジオンを塩基で処理すると，五員環が生成する．

2,5-ヘキサンジオンはその二つのカルボニル基の相対的な位置関係を強調するために **1,4-ジカルボニル化合物** (1,4-dicarbonyl compound) と呼ばれる．1,4-ジカルボニル化合物は **五員環** (five-membered ring) を合成するための出発物質である．

機構 24.3 に示したように，この反応における各段階は 24.1 節で述べたアルドール反応と脱水反応の一般的な機構と同じである．

### 機構 24.3　分子内アルドール反応

① 塩基がα炭素上のプロトンを引き抜き，共鳴安定化されたエノラートが生成する．
② 同一分子内に存在する求電子的なカルボニル炭素に対するエノラートの求核攻撃によって，新しいC−C σ結合が生成する．
③ アルコキシドがプロトン化され，β-ヒドロキシカルボニル化合物が生成する．
④-⑤ プロトンの引き抜きによるエノラートの生成と $^-$OH の脱離によるπ結合の生成という 2 段階の E1cB 反応機構によって脱水反応が進行する．

ステップ [1] において，2,5-ヘキサンジオンに塩基を作用させると，$H_a$ および $H_b$ をそれぞれ引き抜くことによって二つの異なるエノラート **A** と **B** の生成が可能になる．エノラート **A** は次の段階で五員環を生成するのに対し，エノラート **B** は分子内環化 (intramolecular cyclization) を起こして歪みをもった三員環を生成しようとする．

24.4 分子内アルドール反応

しかし三員環は，出発物質のエノラートよりもエネルギー的に不安定なので，平衡は出発物質側に大きく傾き，**三員環は生成しない**．脱水を除くすべての段階が平衡状態にあるので，この反応条件ではエノラート **B** は再びプロトン化され 2,5-ヘキサンジオンが生成する．こうして，**平衡は不安定な三員環よりもより安定な五員環が生成する側に傾く**．

同様に，**1,5-ジカルボニル化合物**（1,5-dicarbonyl compound）の分子内アルドール反応（intramolecular aldol reaction）では六員環が優先的に生成する．

スタンフォード大学の W. S. ジョンソンらによる，女性ホルモンである**プロゲステロン**の合成は全合成における金字塔の一つと考えられている．ステロイド骨格に必要な最後の六員環は，図 24.5 に示すように分子内アルドール反応を利用した連続する 2 段階反応で合成された．

**問題 24.13** EtOH 中で NaOEt を作用させて 2,6-ヘプタンジオンを 3-メチル-2-シクロヘキセノンに変換する反応機構を段階ごとに示せ．

**問題 24.14** 次の二つの 1,5-ジカルボニル化合物に ⁻OH 水溶液を作用させたときに生成する環状化合物を示せ．

## 図 24.5　分子内アルドール反応を利用したプロゲステロンの合成

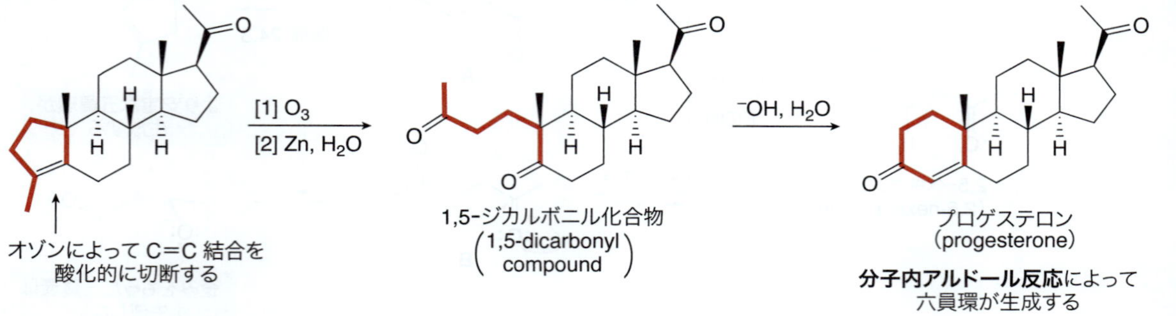

- $O_3$ によるアルケンの酸化的開裂と，これに続く Zn, $H_2O$ による処理（12.10 節（上巻））によって，1,5-ジカルボニル化合物が得られる．
- 希薄$^-$OH 水溶液中での 1,5-ジカルボニル化合物の分子内アルドール反応によってプロゲステロンが生成する．
- **この連続する 2 段階反応によって五員環を六員環に変換できる**．小さい環からより大きい環を合成する反応を**環拡大反応**（ring expansion reaction）と呼ぶ．

**問題 24.15**　図 24.5 に示した 2 段階反応に従って，化合物 **A** を **B** へ変換するのに必要な段階を示せ．

## 24.5　クライゼン反応

**クライゼン反応**（Claisen reaction）は，エノラートと他のカルボニル化合物の第二の反応である．クライゼン反応によって，2 分子のエステルがアルコキシド塩基の存在下で互いに反応して，***β*-ケトエステル**（β-keto ester）が生成する．たとえば，酢酸エチルに NaOEt を作用させ，その後に酸性水溶液によるプロトン化を行うと，アセト酢酸エチルが生成する．

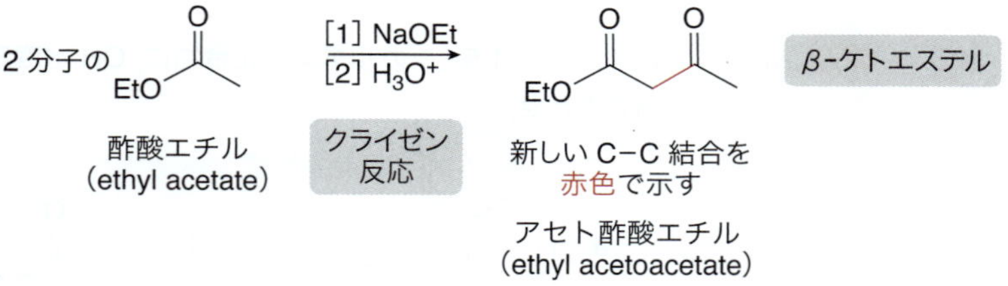

塩基触媒によるアルドール反応とは異なり，機構 24.4 で示したクライゼン反応のステップ[3]には十分な量の塩基が必要である．塩基は，生成する *β*-ケトエステルをステップ[4]で脱プロトン化するために用いられる．

　クライゼン反応の反応機構（機構 24.4）はアルドール反応の機構と似ており，求電子的なカルボニル基に対する，もう一つのカルボニル化合物から生成したエノラートの求核付加を含む．しかし，エステルはカルボニル炭素上に脱離基をもつので，これが脱離して，**付加生成物ではなく置換生成物**が生成する．

## 機構 24.4 クライゼン反応

**反応[1]** β-ケトエステルの生成

① 塩基がα炭素上のプロトンを引き抜き，共鳴安定化されたエノラートが生成する．
② もう一つのエステル分子の求電子的カルボニル炭素をエノラートが求核攻撃して，新しいC−C結合が生成する．
③ 脱離基($^-$OEt)の脱離によってβ-ケトエステルが生成する．

**反応[2]** 脱プロトン化とプロトン化

④ ステップ[3]で生成したβ-ケトエステルは二つのカルボニル基に挟まれた非常に酸性度の高いプロトンをもっているため，塩基によって容易にプロトンが引き抜かれ，共鳴安定化されたエノラートが生成する．
⑤ エノラートが強酸でプロトン化され，β-ケトエステルが再生する．

いったん生成したβ-ケトエステルから共鳴安定化したエノラートが生成することによってクライゼン反応は進行するので(機構 24.4 のステップ[4])，**α炭素上に 2〜3 個の水素をもつエステルだけがこの反応を起こす**．すなわち，エステルは $CH_3CO_2R'$ または $RCH_2CO_2R'$ の構造をもっていなければならない．

- **覚えておこう**：エステルの特徴的な反応は求核置換反応である．クライゼン反応は，エノラートが求核剤として働く求核置換反応である．

クライゼン反応とエステルの一般的な求核置換反応の比較を図 24.6 に示す．例題 24.3 ではクライゼン反応の基本的な特徴についてさらに詳しく述べる．

## 24章 カルボニル縮合反応

### 図 24.6 クライゼン反応：求核置換反応の例

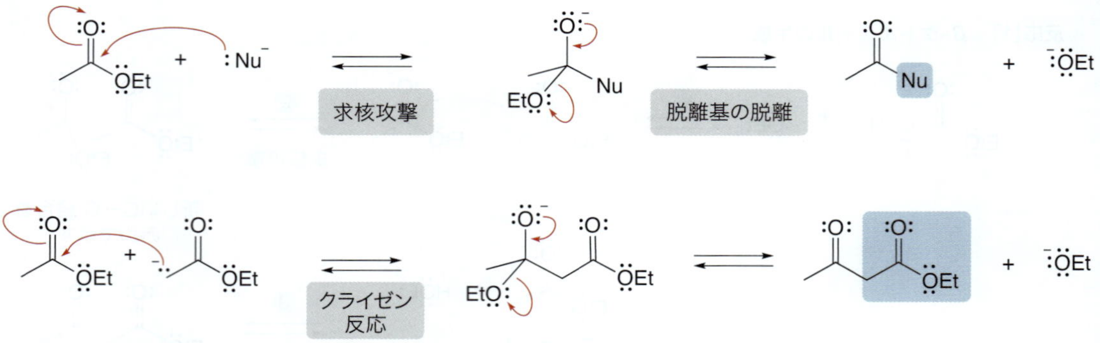

- エステルは**求核置換**によって反応する．クライゼン反応では，エノラートがカルボニル基に付加する求核剤となる．

---

**例題 24.3** 次のクライゼン反応の生成物を書け．

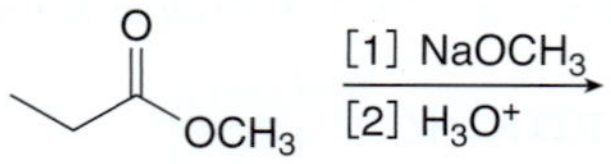

$$\text{CH}_3\text{CH}_2\text{COOCH}_3 \xrightarrow[\text{[2] H}_3\text{O}^+]{\text{[1] NaOCH}_3}$$

【解答】
クライゼン反応の生成物を書くには，一方のエステルのα炭素ともう一方のエステルのカルボニル炭素間に新しい炭素−炭素結合を生成させ，脱離基（この場合は，$^-\text{OCH}_3$）を取り去ればよい．

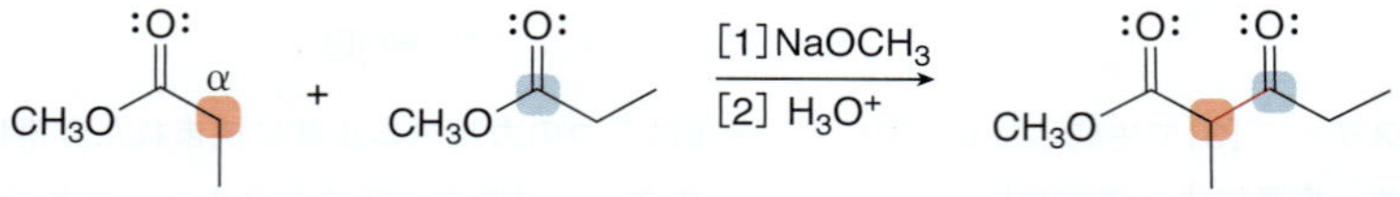

新しい C–C 結合を赤色で示す

次に，この生成物が正しいことを確かめるために段階を追って反応式を書く．

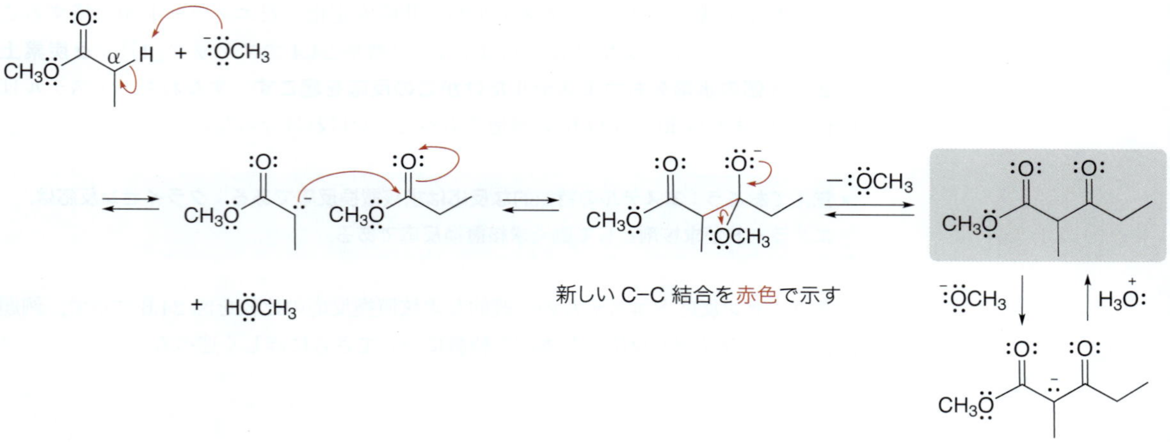

新しい C–C 結合を赤色で示す

**問題 24.16** 次のエステルのクライゼン反応により，どのようなβ-ケトエステルが生成するか示せ．

a. PhCH₂C(O)OCH₃　　b. CH₃CH₂CH₂C(O)OEt

## 24.6 交差クライゼン反応とその関連反応

アルドール反応と同様に，二つの異なるカルボニル化合物を出発物質としてクライゼン反応を行うことができる．

- 二つの異なるカルボニル化合物間のクライゼン反応は **交差クライゼン反応**（crossed Claisen reaction）と呼ばれる．

### 24.6.1 二つの有用な交差クライゼン反応

次の二つの場合に限り，交差クライゼン反応は合成上有用である．

- 一方のエステルだけが α 水素をもつエステル間では有用な交差クライゼン反応が進行する．

**一方のエステルが α 水素をもたない場合には，交差クライゼン反応は生成物を一つだけ与える．** α 水素原子をもたない一般的なエステルは，ギ酸エチル（$HCO_2Et$）と安息香酸エチル（$C_6H_5CO_2Et$）である．たとえば，安息香酸エチル（求電子剤になる）と酢酸エチル（エノラートを生成する）を塩基の存在下で反応させると，β-ケトエステルが唯一の生成物として生成する．

安息香酸エチル（ethyl benzoate） + 酢酸エチル（ethyl acetate） [このエステルだけがエノラートを生成できる] →[1] NaOEt [2] $H_3O^+$ → 新しい C–C 結合を赤色で示す β-ケトエステル（β-keto ester）

- 交差クライゼン反応はケトンとエステルの間でも起こる．

塩基の存在下でケトンとエステルを反応させても，交差クライゼン反応は起こる．一般にケトン成分からエノラートが生成し，エステルが α 水素をもたない場合に反応は最も効率よく進行する．この交差クライゼン反応の生成物は，β-ケトエステルでは**なく**，β-ジカルボニル化合物である．

(新しい C–C 結合を赤色で示す)
β-ジカルボニル化合物

**問題 24.17** 次の化合物から得られる交差クライゼン反応の生成物を示せ.

a. CH₃CH₂CH₂CH₂CH₂C(O)OEt と HC(O)OEt

b. シクロヘキサノン と PhC(O)OEt

**問題 24.18** アボベンゾンは 320〜400 nm 領域の波長の紫外線を吸収する共役化合物であり，市販されている日焼け止めにしばしば含まれる成分である．アボベンゾンを合成する交差クライゼン反応を二種類示せ．

日焼け止めの成分表．

アボベンゾン
（avobenzone）

### 24.6.2 交差クライゼン反応に類似の他の有用な反応

β-ジカルボニル化合物は，エノラートと**クロロギ酸エチル**および**炭酸ジエチル**の反応によっても得られる．

クロロギ酸エチル
（ethyl chloroformate）

炭酸ジエチル
（diethyl carbonate）

これらの反応はクライゼン反応とよく似ており，同じ 3 段階からなる．

**[1] エノラートの生成**
**[2] カルボニル基への求核付加**
**[3] 脱離基の脱離**

たとえば，エステルのエノラートと炭酸ジエチルの反応は β-ジエステルを生成し（反応[a]），一方，ケトンのエノラートとクロロギ酸エチルの反応によって β-ケトエステルが生成する（反応[b]）．新しい C–C 結合を赤色で示す．

[a] の反応: CH₃COOEt + (EtO)₂C=O → マロン酸ジエチル (diethyl malonate) + ⁻OEt
（[1] NaOEt, [2] (EtO)₂C=O）

[b] の反応: シクロヘキサノン + ClCO₂Et → β-ケトエステル (β-keto ester) + Cl⁻
（[1] NaOEt, [2] ClCO₂Et）

アセト酢酸エステル合成(23.10節)の有用な出発物質である**β-ケトエステル**を簡単に合成できるので，反応[b]は注目すべき反応である．この反応では，次にあげる反応式に示すように，Cl⁻ がより優れた脱離基であるため，ステップ[3]において ⁻OEt ではなく Cl⁻ が優先的に脱離する．

機構: シクロヘキサノン → [1] ⁻OEt で脱プロトン化 → エノラート + EtOH → [2] ClCO₂Et と反応 → 四面体中間体 → [3] Cl⁻ 脱離 → β-ケトエステル + :Cl⁻

**問題 24.19** 次の反応の生成物を書け．

a. シクロヘキサノン [1] NaOEt [2] (EtO)₂C=O

b. PhCH₂CO₂Et [1] NaOEt [2] ClCO₂Et

**問題 24.20** 本章の冒頭で取り上げた分子である鎮痛剤のイブプロフェンの合成は，カルボニルの縮合反応とそれに続くアルキル化反応という2段階からなる．イブプロフェン合成における中間体 **A** と **B** を示せ．

4-イソブチルフェニル酢酸エチル $\xrightarrow[\text{[2](EtO)}_2\text{C=O}]{\text{[1]NaOEt}}$ **A** $\xrightarrow[\text{[2]CH}_3\text{I}]{\text{[1]NaOEt}}$ **B** $\xrightarrow[\text{熱}]{\text{H}_3\text{O}^+}$ イブプロフェン (ibuprofen)

## 24.7 ディークマン反応

**ジエステルの分子内クライゼン反応**(intramolecular Claisen reaction)**によって五員環および六員環が生成する**．一方のエステルのエノラートが求核剤となり，もう一方のエステルのカルボニル炭素が求電子剤となる．分子内クライゼン反応は**ディークマン反応**(Dieckmann reaction)と呼ばれる．次の二種類のジエステルは環状生成物を収率よく与える．

- **1,6-ジエステルはディークマン反応によって五員環を生成する．**

- **1,7-ジエステルはディークマン反応によって六員環を生成する．**

ディークマン反応の機構は分子間クライゼン反応（intermolecular Claisen reaction）の機構とまったく同じである．六員環の生成についての反応機構を機構24.5に示す．

## 機構24.5 ディークマン反応

①-② 塩基がα炭素上のプロトンを引き抜いてエノラートが生成し，次にエノラートがもう一つの求電子的なカルボニル炭素を攻撃して新しいC–C結合が生成する．

③ ⁻OEtが脱離して，β-ケトエステルが生成する．

④-⑤ 塩基性の反応条件下では，二つのカルボニル基に挟まれたプロトンが塩基によって容易に引き抜かれ，エノラートが生成する．エノラートが酸でプロトン化され，β-ケトエステルが再生する．

**問題 24.21** 次のジエステルのディークマン反応において生成する二つの β-ケトエステルを示せ.

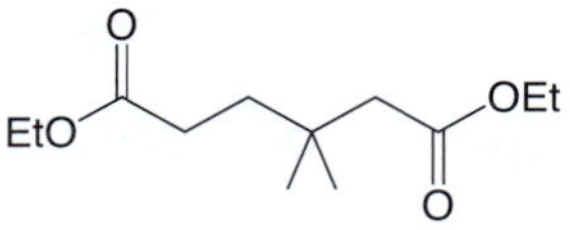

## 24.8 マイケル反応

アルドール反応やクライゼン反応と同様に，**マイケル反応**(Michael reaction)は，二つのカルボニル化合物，すなわち一方のカルボニル化合物のエノラートと α,β-不飽和カルボニル化合物の反応である．

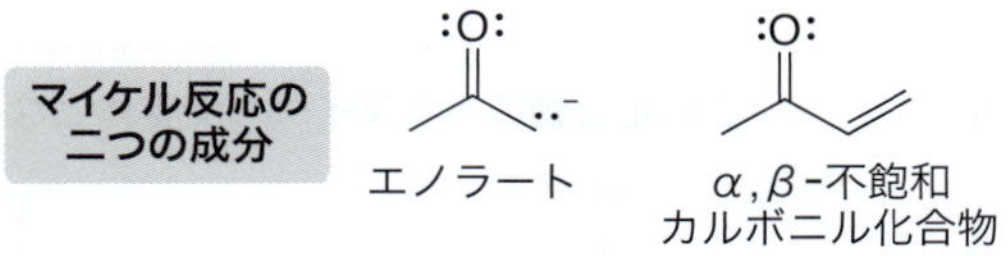

20.15 節をもう一度見てみよう．α,β-不飽和カルボニル化合物は共鳴安定化されており，**カルボニル炭素と β 炭素の二つの求電子部位**をもっている．

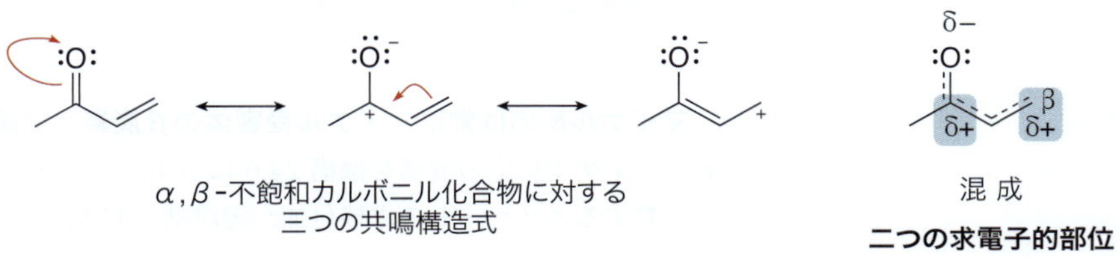

α,β-不飽和カルボニル化合物に対する三つの共鳴構造式

混成
二つの求電子的部位

- **マイケル反応は共鳴安定化されたエノラートが α,β-不飽和カルボニル化合物の β 炭素に共役付加**(conjugate addition，1,4-付加)**する反応である．**

すべての共役付加では，**H** と **Nu** がそれぞれ α および β 炭素に付加する．

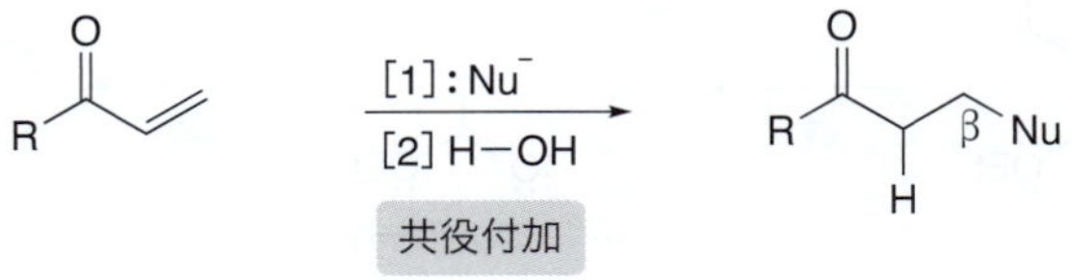

共役付加

マイケル反応では，**エノラートが求核剤になる**．活性メチレン化合物のエノラートは求核剤としてとくに一般的である．α,β-不飽和カルボニル成分はしばしば**マイケル受容体**(Michael acceptor)と呼ばれる．

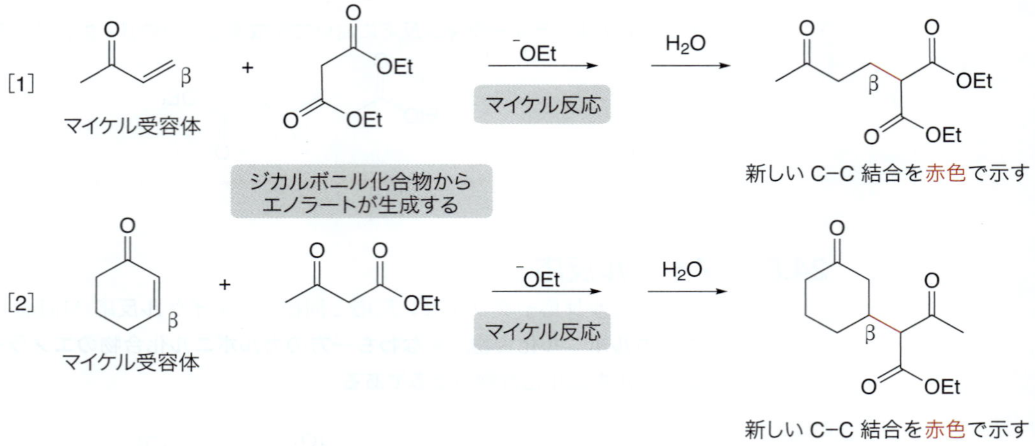

## 24章 カルボニル縮合反応

[1] マイケル受容体 + ジエチルマロナート → (⁻OEt, マイケル反応) → H₂O → 生成物
ジカルボニル化合物からエノラートが生成する
新しい C–C 結合を赤色で示す

[2] マイケル受容体 + アセト酢酸エチル → (⁻OEt, マイケル反応) → H₂O → 生成物
新しい C–C 結合を赤色で示す

**問題 24.22** 次の化合物のうちマイケル受容体となるのはどれかを示せ.

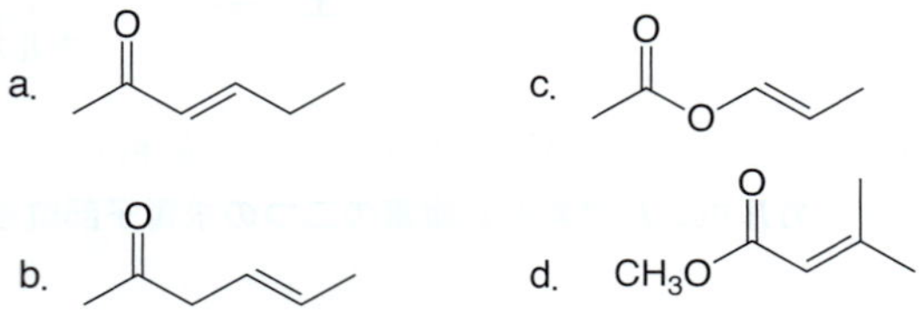

a. (構造式)
b. (構造式)
c. (構造式)
d. (構造式)

**マイケル反応は常にマイケル受容体のβ炭素上で新しい炭素−炭素結合を生成する.** マイケル反応の機構を機構 24.6 に示す. ステップ[2]の,マイケル受容体のβ炭素に対するエノラートの求核付加が鍵段階である.

### 機構 24.6 マイケル反応

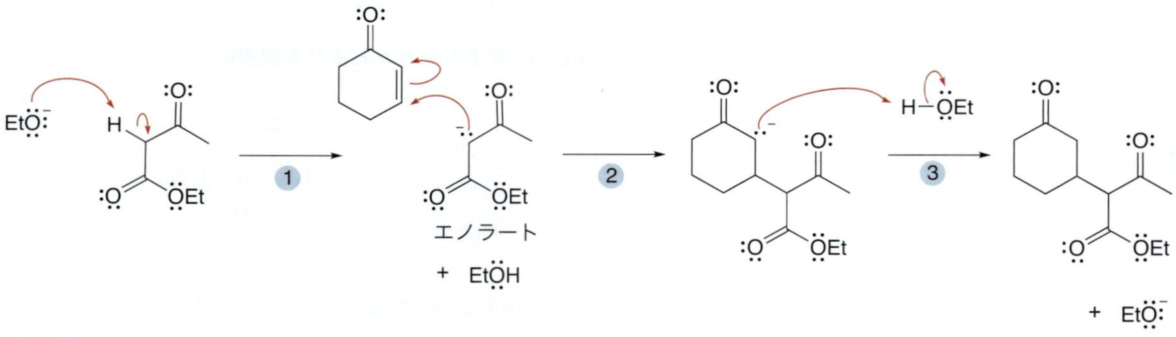

(機構図)

エノラート + EtOH

① 二つのカルボニル基に挟まれた炭素上のプロトンを塩基が引き抜き,エノラートが生成する.
② エノラートが α,β-不飽和カルボニル化合物のβ炭素に求核付加し,新しい炭素−炭素結合が生成するとともに,もう一つのエノラートが生成する.
③ エノラートがプロトン化され,1,4-付加生成物が得られる.

図 24.7 マイケル反応を用いてステロイドの一つであるエストロンを合成する

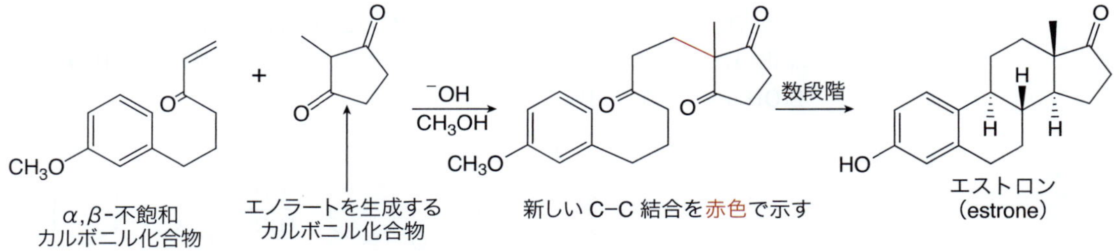

α,β-不飽和カルボニル化合物 + エノラートを生成するカルボニル化合物 —[⁻OH / CH₃OH]→ 新しい C–C 結合を赤色で示す —[数段階]→ エストロン（estrone）

マイケル反応の生成物が β-ケトエステルの場合には，23.9 節で説明したように酸性水溶液中で加熱すると，加水分解と脱炭酸が起こる．すると **1,5-ジカルボニル化合物**（1,5-dicarbonyl compound）が生成する．女性ホルモンである**エストロン**（estrone）の合成における鍵段階であるマイケル反応を図 24.7 に示す．

24.4 節で学んだように，1,5-ジカルボニル化合物は分子内アルドール反応の出発物質である．

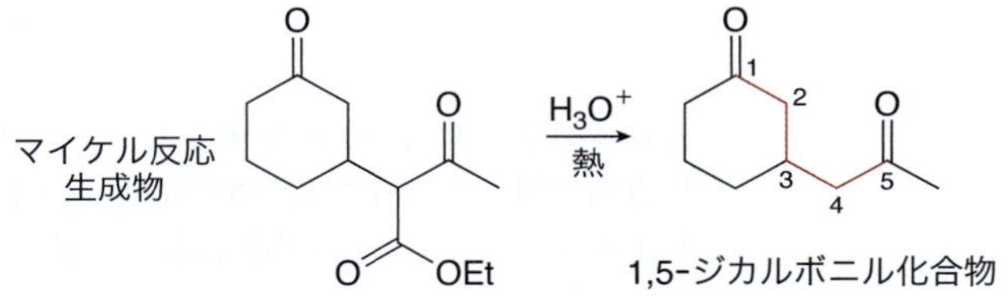

マイケル反応生成物 —[$H_3O^+$ 熱]→ 1,5-ジカルボニル化合物

**問題 24.23** 次の化合物をエタノール中 NaOEt で処理したときに得られる生成物を示せ．

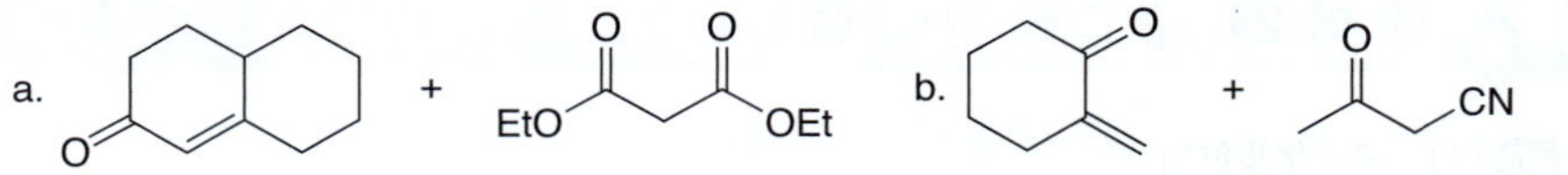

a. （化合物）+ EtO₂C–CH₂–CO₂Et   b. （化合物）+ O=C(CH₃)–CH₂–CN

**問題 24.24** マイケル反応を用いて次の化合物を合成するために必要な出発物質を示せ．

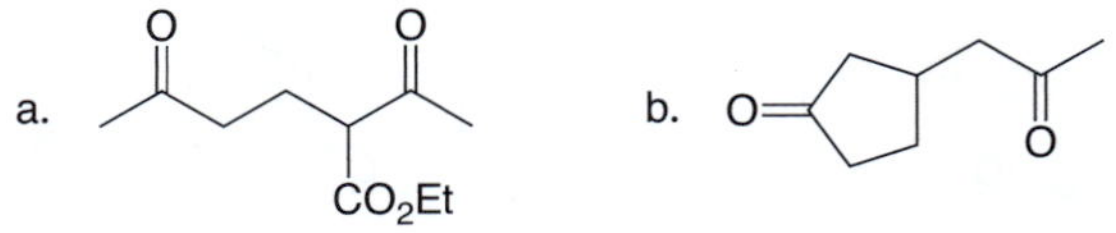

a. （化合物，CO₂Et 付き）   b. （化合物）

## 24.9 ロビンソン環化

"環化"（annulation）という用語は，ギリシャ語で"環"を表す *annulus* に由来する．ロビンソン環化は，1947 年にノーベル化学賞を受賞したイギリス人の化学者ロバート・ロビンソン卿（Sir R. Robinson）にちなんで名づけられた．

**ロビンソン環化**（Robinson annulation）**はマイケル反応と分子内アルドール反応を組み合わせた環生成反応**（ring-forming reaction）**である**．本章で学んだ他の反応と同様にエノラートが生成し，このエノラートが反応して炭素−炭素結合を生成する．ロビンソン環化の二つの出発物質は，α,β-不飽和カルボニル化合物とエノラートである．

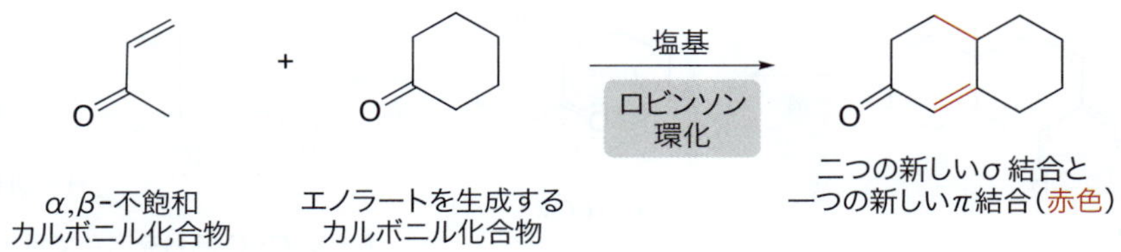

α,β-不飽和カルボニル化合物 + エノラートを生成するカルボニル化合物 —[塩基 ロビンソン環化]→ 二つの新しい σ 結合と一つの新しい π 結合（赤色）

**ロビンソン環化によって，六員環と三つの新しい炭素−炭素結合（二つのσ結合と一つのπ結合）が生成する．** 生成物は，シクロヘキサン環のなかにα,β-不飽和ケトンの官能基をもった **2-シクロヘキセノン**（2-cyclohexenone）環である．ロビンソン環化のためのエノラート成分を生成させるために，一般的にはH₂O中の⁻OHやEtOH中の⁻OEtが用いられる．

メチルビニルケトン（methyl vinylketone）

2-メチル-1,3-シクロヘキサンジオン（2-methyl-1,3-cyclohexanedione）

新しいC−C結合（赤色）

ロビンソン環化の反応機構は大きく二つの部分からなる．α,β-不飽和カルボニル化合物に対して**マイケル付加**（Michael addition）が起こり1,5-ジカルボニル化合物が生成する部分と，**分子内アルドール反応**（intramolecular aldol reaction）によって六員環が生成する部分である．上の例にあげたメチルビニルケトンと2-メチル-1,3-シクロヘキサンジオンの反応機構を詳しく示す（機構24.7）．

## 機構 24.7　ロビンソン環化

### 反応[1]　マイケル付加

エノラート + H₂Ö:

新しいC−C結合を赤色で示す

1,5-ジカルボニル化合物

1−2　塩基が最も酸性度の高いプロトン，すなわち二つのカルボニル基に挟まれたプロトンを引き抜き，エノラートが生成する．エノラートがα,β-不飽和カルボニル化合物に共役付加し，新しいC−C結合が生成するとともに，もう一つのエノラートが生成する．

3　エノラートがプロトン化され，1,5-ジカルボニル化合物が生成する．

### 反応[2]　分子内アルドール反応

+ H₂Ö:

新しいC−C結合を赤色で示す

β-ヒドロキシカルボニル化合物

24.9 ロビンソン環化 1081

④-⑤ 塩基がプロトンを引き抜き，エノラートが生成する．エノラートがカルボニル基を攻撃して新しい C–C σ 結合が生成し，六員環が生成する．

⑥ アルコキシドがプロトン化され，β-ヒドロキシカルボニル化合物が生成する．

**反応[3]** β-ヒドロキシカルボニル化合物の脱水反応

⑦-⑧ 2段階 E1cB 反応機構による脱水，すなわちプロトンの引き抜きによるエノラートの生成と ⁻OH の脱離によって，π 結合が生成する．

反応機構は3段階からなり，まずマイケル付加反応が起こり，一つ目の炭素–炭素 σ 結合の生成とともに，1,5-ジカルボニル化合物が生成する(反応[1])．次に分子内アルドール反応によって二つ目の炭素–炭素 σ 結合が生成し(反応[2])，最後に β-ヒドロキシケトンの脱水によって π 結合が生成する(反応[3])．この反応機構に登場する三つの反応は，本章のこれまでの節のなかですでに説明している．2-シクロヘキセノン環が生成するという最終結果だけが，ロビンソン環化の新しい点である．

反応機構を書かずにロビンソン環化の生成物を直接書くためには，**エノラートになる化合物の α 炭素を α, β-不飽和カルボニル化合物の β 炭素の隣に置き，これらの炭素を結びつける**．そして下側に書いた α,β-不飽和カルボニル化合物のメチル基の炭素と，エノラートを生成する化合物のカルボニル炭素を結びつければよい．この方法に従って書けば，生成物中の六員環の二重結合の位置は常にもともとカルボニル基のあった位置と同じになる．

**例題 24.4** 次の出発物質のロビンソン環化の生成物を示せ．

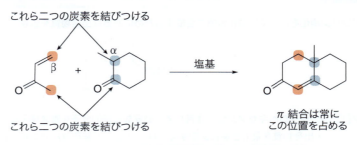

【解答】
**反応する原子同士が互いに隣に位置するように出発物質を配置する**．たとえば，
・α,β-不飽和カルボニル化合物をカルボニル化合物の下線{左側}に置く．

- どちらのα炭素がエノラートを生成するかを決定する．塩基によって最初に引き抜かれるのは，最も酸性度の高いH原子である．この場合には二つのカルボニル基に挟まれたα炭素上のHが引き抜かれる．このα炭素をα,β-不飽和カルボニル化合物のβ炭素の隣に書く．

次に新しい六員環を生成する二つの結合を書く．

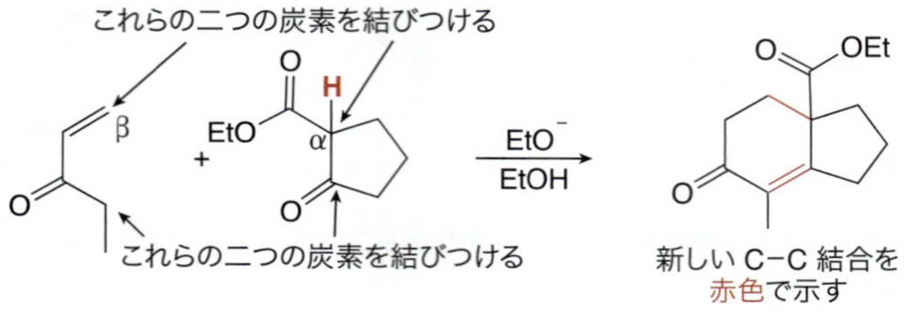

**問題 24.25** 次の化合物を塩基性水溶液中で処理したときに起こるロビンソン環化の生成物を示せ．

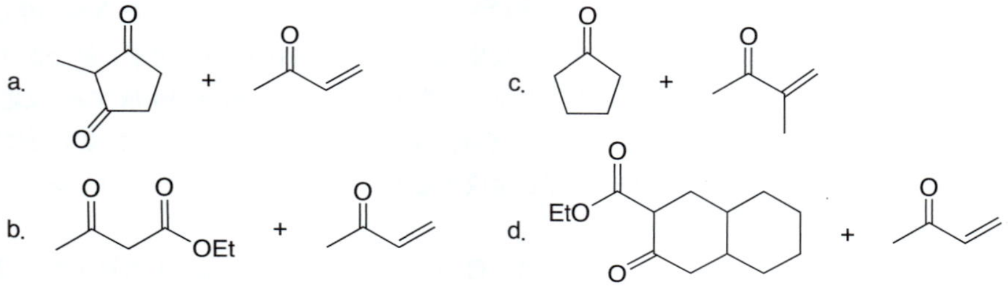

ロビンソン環化を合成に利用するには逆合成解析を行い，目的物を合成するのに必要な出発物質を決定する．

## HOW TO ロビンソン環化を用いた化合物の合成法

**例** ロビンソン環化を用いて次の化合物を合成するために必要な出発物質を示せ．

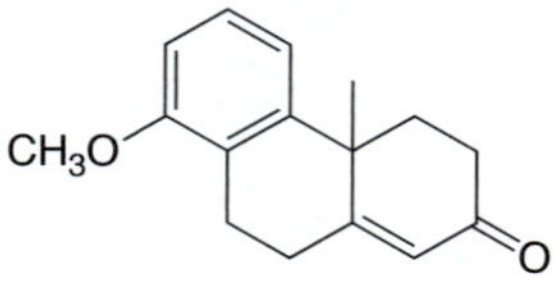

**ステップ[1]** 2-シクロヘキセノン環に注目して，必要なら標的分子を書き換える．

- 出発物質を最も容易に決定するには，α,β-不飽和カルボニル化合物を常に同じ位置に配置すればよい．標的化合物を反転させたり，回転させたりしても構わないが，これらの操作中に，結合の位置を間違ったところへ移動させないよう注意しよう．

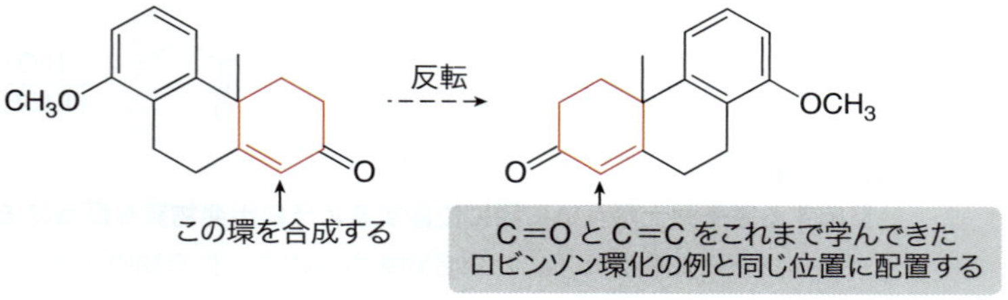

つづく

## HOW TO （つづき）

**ステップ[2]** 2-シクロヘキセノン環を二つの成分に分ける．
- C=C 結合を切断する．一方はエノラートを生成するカルボニル基となる．
- β炭素とそのβ炭素に結合している炭素間の結合を切断する．

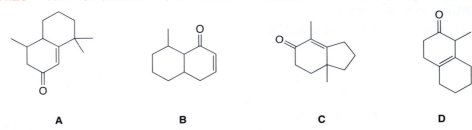

**問題 24.26** 次の二環式化合物のうち，分子間ロビンソン環化反応によって合成できるものはどれか．

A　B　C　D

**問題 24.27** ロビンソン環化を用いて次の化合物を合成するために必要な出発物質を示せ．

a.　b.　c.

---

# ◆キーコンセプト◆

## カルボニル縮合反応

### 四つの主要なカルボニル縮合反応

| 反応の種類 | 反応（新しい C–C 結合を赤色で示す） |
|---|---|
| [1] アルドール反応（24.1 節） | 2 分子の アルデヒド（またはケトン） → β-ヒドロキシカルボニル化合物 → （E および Z）α,β-不飽和カルボニル化合物 |

［2］クライゼン反応(24.5節)

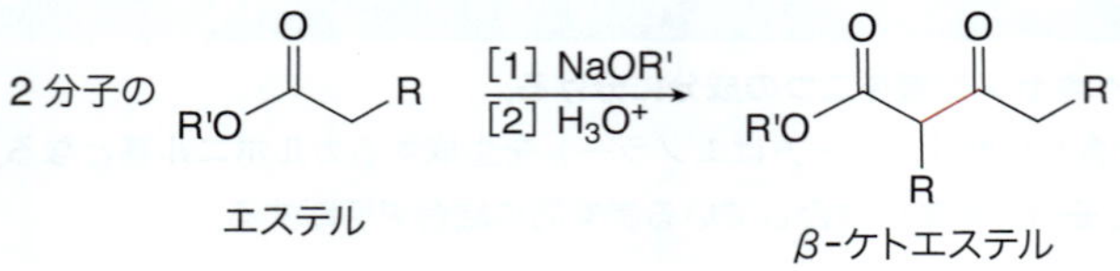
2分子の
R'O
R
エステル
[1] NaOR'
[2] $H_3O^+$
R'O
R
R
β-ケトエステル

［3］マイケル反応(24.8節)

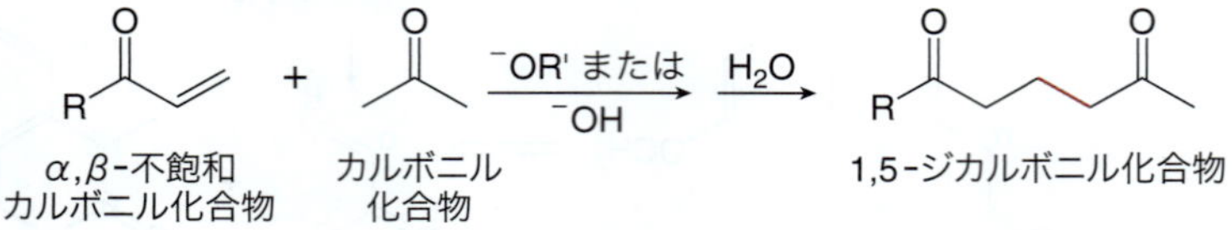
R
α,β-不飽和
カルボニル化合物
+
カルボニル
化合物
$^-$OR' または
$^-$OH
$H_2O$
R
1,5-ジカルボニル化合物

［4］ロビンソン環化(24.9節)

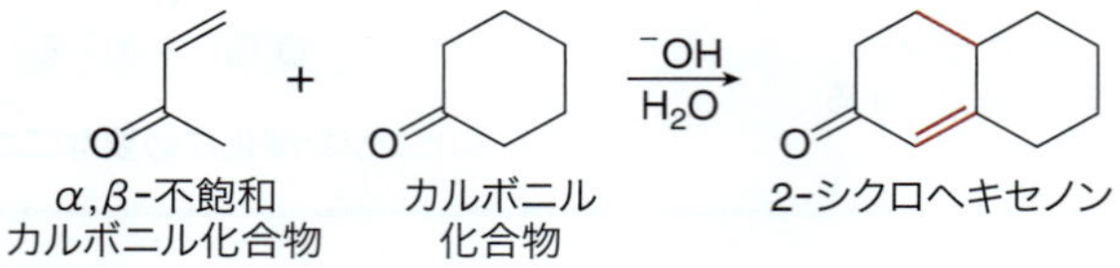
+
α,β-不飽和
カルボニル化合物
カルボニル
化合物
$^-$OH
$H_2O$
2-シクロヘキセノン

## 有用な類縁反応

**［新しいC–C結合を赤色で示す］**

［1］制御されたアルドール反応(24.3節)

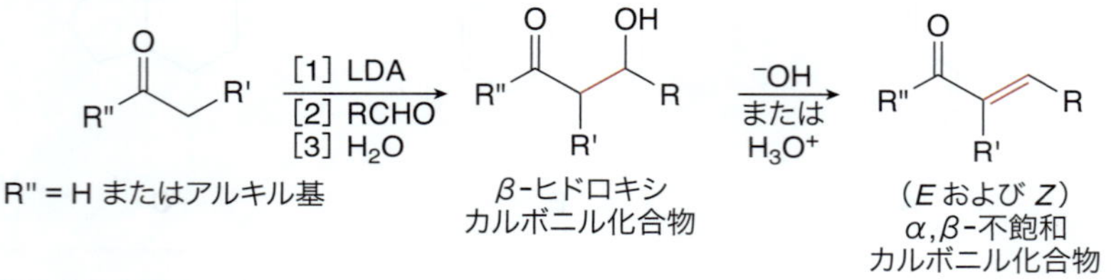
R''
R'
R'' = H またはアルキル基
[1] LDA
[2] RCHO
[3] $H_2O$
OH
R''
R
R'
β-ヒドロキシ
カルボニル化合物
$^-$OH
または
$H_3O^+$
R''
R
R'
(E および Z)
α,β-不飽和
カルボニル化合物

［2］分子内アルドール反応(24.4節)

a. 1,4-ジカルボニル化合物から

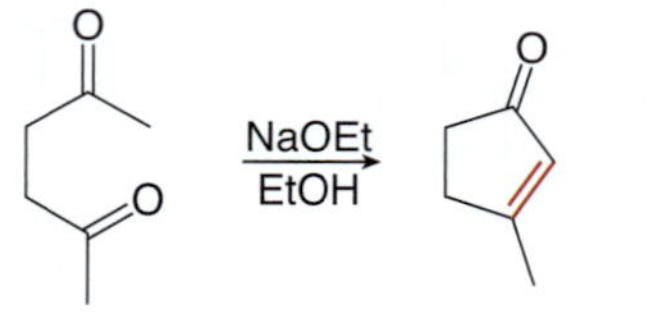
NaOEt
EtOH

b. 1,5-ジカルボニル化合物から

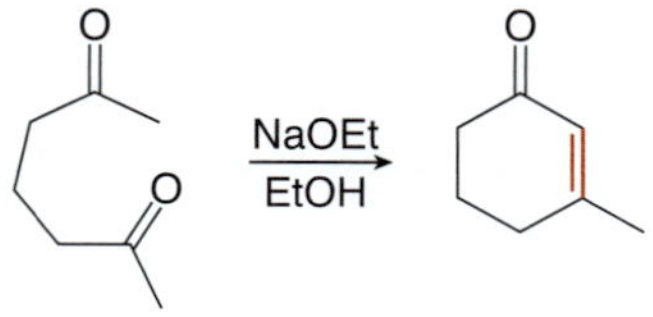
NaOEt
EtOH

［3］ディークマン反応(24.7節)

a. 1,6-ジエステルから

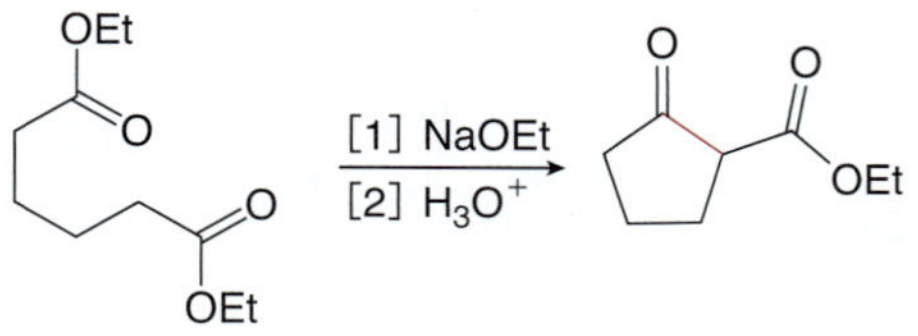
OEt
OEt
[1] NaOEt
[2] $H_3O^+$
OEt

b. 1,7-ジエステルから

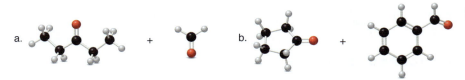

## ◆ 章 末 問 題 ◆

### 三次元モデルを用いる問題

**24.28** 次の出発物質に ⁻OH, $H_2O$ を作用させて生成するアルドール生成物を示せ.

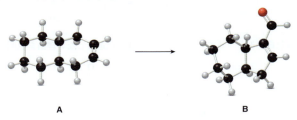

**24.29** 化合物 **A** を **B** に変換するには何段階の反応が必要か.

### アルドール反応

**24.30** 次の出発物質の ⁻OH, $H_2O$ によるアルドール反応の生成物を示せ.

a. (isobutyraldehyde) のみ　b. (isobutyraldehyde) + (formaldehyde)　c. (benzaldehyde) + (butyraldehyde)

**24.31** 次に示す,制御されたアルドール反応の生成物を示せ.

a. アセトン [1] LDA [2] ブタナール [3] $H_2O$

b. プロピオン酸エチル [1] LDA [2] (THPオキシ基含有アルデヒド) [3] $H_2O$

**24.32** 次のジカルボニル化合物が分子内アルドール反応とそれに続く脱水反応を起こしたときの生成物を示せ.

a. 4-オキソヘキサナール　b. OHC-(CH$_2$)$_4$-CHO　c. 2,7-オクタンジオン

**24.33** アルドール反応またはその類縁反応を利用して,次の化合物を合成するために必要な出発物質を示せ.

a. 2,2-ジメチル-1-フェニル-1-ペンテン-3-オン　b. 2-メチレンシクロペンタノン　c. 2-(ジフェニルメチレン)シクロヘキサノン　d. (E)-3-(2-メチルフェニル)アクリロニトリル

**24.34** 化合物 **A** と **B** の溶液に穏和な塩基を作用させたときに生成する化合物は何か．この反応は高コレステロール症の患者の治療に用いられる薬であるロスバスタチン（クレストール®という商品名で，カルシウム塩として市販されている）合成の最初の段階である．

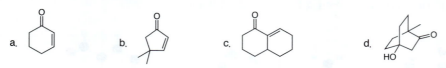

**24.35** 分子内アルドール反応を利用して次の化合物を合成するために必要なジカルボニル化合物を示せ．

**24.36** 次の反応経路における化合物 **C** と **D** の構造を示せ．

**24.37** ケトン **K** ではアルドール反応が進行するのに対し，ケトン **J** では進行しない理由を説明せよ．

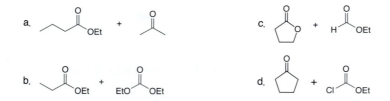

## クライゼン反応とディークマン反応

**24.38** 次のエステルから得られるクライゼン反応の生成物を示せ．

**24.39** 次の出発物質に ⁻OEt，EtOH を作用させて得られるクライゼン反応の生成物を示せ．

**24.40** 交差クライゼン反応を用いて次の化合物を合成するために必要な出発物質を示せ．

**24.41** 化合物 B は三つのエステル基をもっているのにもかかわらず，$CH_3OH$ 中で $NaOCH_3$，続いて $H_3O^+$ で処理すると単一のディークマン反応生成物が得られる．その生成物の構造を書き，なぜ単一の生成物しか得られないのかを説明せよ．

## マイケル反応

**24.42** 次の出発物質を $^-OEt$，EtOH で処理したときのマイケル反応の生成物を示せ．

**24.43** マイケル反応を用いて次の化合物を合成するために必要な出発物質を示せ．

**24.44** β-ベチボンは伝統的な東洋医学やペストの抑制，香料などに用いられる多年生草本のベチバー（カスカスガヤ）から単離される．ある合成法では，ケトン A がマイケル反応とそれに続く分子内アルドール反応の2段階工程でβ-ベチボンに変換される．(a) 共役付加のために必要なマイケル受容体は何か（二環式化合物であるβ-ベチボンのもう一つの合成法については問題 23.61 を参照せよ）．(b) 六員環を生成するアルドール反応の機構を段階ごとに示せ．

## ロビンソン環化

**24.45** 次の出発物質を水中で，$^-OH$ で処理して得られるロビンソン環化の生成物を示せ．

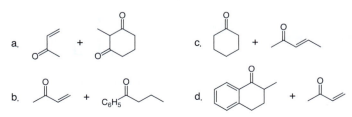

# 1088　24章　カルボニル縮合反応

**24.46** ロビンソン環化を用いて次の化合物を合成するために必要な出発物質を示せ．

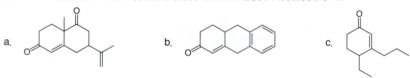

## 反応

**24.47** 次の反応の生成物を示せ．

**24.48** 次の反応に必要な反応剤 **A 〜 K** を示せ．

**24.49** 次の分子内反応において生成する化合物を立体化学も含めて示せ．

**24.50** 1979 年に，コーリーとスミスによって植物成長促進ホルモンであるジベレリン酸の全合成が達成された．その反応における二つの合成中間体 **A** と **B** の構造を示せ．ジベレリン酸は細胞の分化と伸長を誘導し，植物を生長させ，葉を大きくする．

ジベレリン酸
(gibberellic acid)

## 反応機構

**24.51** 理論上，6-オキソヘプタナールの分子内アルドール反応は下に示す三つの化合物を生成する可能性がある．しかし実際は，1-アセチルシクロペンテンがほぼ単一の生成物として得られる．他の二つの化合物がほんのわずかしか生成しないのはなぜか．これら三つの生成物の反応機構を段階ごとに示せ．

6-オキソヘプタナール (6-oxoheptanal) →(⁻OH, H₂O) 主生成物 1-アセチルシクロペンテン (1-acetylcyclopentene) + [methylcyclopentene-carbaldehyde] + [cycloheptenone]

**24.52** 次の反応は，ニトロアルドール反応 (nitro aldol reaction) と呼ばれるアルドール反応の類縁反応である．この反応機構を段階ごとに示せ．

PhCHO + $CH_3NO_2$ →(⁻OH, $H_2O$) PhCH=CHNO₂

**24.53** 次のロビンソン環化の反応機構を段階ごとに示せ．この反応は1951年にハーバード大学のR. B. ウッドワード (Woodward) らによって発表された，ステロイドの一種コルチゾンの全合成における鍵段階である．

[decalone] + [methyl vinyl ketone] →(NaOH, $H_2O$) [tricyclic enone] →(数段階) コルチゾン (cortisone)

**24.54** シタグリプチン（問題17.14，II型の糖尿病の治療薬）の合成の1段階に，混合酸無水物 **A** と化合物 **B** の反応による化合物 **C** の生成が含まれている．この反応の機構を段階ごとに示せ．

**A** (trifluorophenyl acetic pivalic mixed anhydride) + **B** (Meldrum's acid) →(塩基) **C**

**24.55** 化合物 **X** とフェニル酢酸の反応によって中間体 **Y** が生成し，**Y** はさらに分子内反応によってロフェコキシブに変換される．ロフェコキシブはかつてアメリカで Vioxx® という商品名で非ステロイド系抗炎症剤として市販されていたが，長期使用による心臓発作のリスク増加が認められたため市場から姿を消した．中間体 **Y** の構造を示し，さらに **Y** をロフェコキシブへ変換する反応の機構を段階ごとに示せ．

**X** (4-methylsulfonyl phenacyl bromide) + フェニル酢酸 (phenylacetic acid) →($Et_3N$, DBU) **Y** → ロフェコキシブ (rofecoxib)

**24.56** ラベンダーや，シナガワハギ，トンカマメから単離される天然物であるクマリンは，実験室では $o$-ヒドロキシベンズアルデヒドから次の反応によって合成される．この反応の機構を段階ごとに示せ．クマリンの誘導体は有用な合成抗凝血剤である．

$o$-ヒドロキシベンズアルデヒド ($o$-hydroxybenzaldehyde) + (無水酢酸) $\xrightarrow{CH_3CO_2^- Na^+}$ クマリン (coumarin) + $CH_3CO_2H$ + $H_2O$

**24.57** 化合物 **A** を $^-$OH 水溶液で処理すると，主生成物として化合物 **B** が生成する．さらに **B** はエステルの加水分解と脱炭酸を経て **C** に変換される．**A** を **B** へ変換する反応の機構を段階ごとに示せ．

**A** $\xrightarrow{^-OH, H_2O}$ **B** $\longrightarrow$ **C**

**24.58** プロスタグランジン（19.6 節）の最新の短工程合成における 1 段階に，スクシンアルデヒドの二環式ヘミアセタール **X** への変換が含まれている．この反応の機構を段階ごとに示せ．（ヒント：反応は分子間アルドール反応から始まる．）

スクシンアルデヒド (succinaldehyde) $\xrightarrow{\text{穏和な }^+H}$ **X**

**24.59** (a) 塩基存在下での 2,4-ヘキサジエン酸エチルとシュウ酸ジエチルの反応の機構を段階ごとに示せ．(b) C6 上で新しい炭素–炭素結合が生成する理由をその反応機構から説明せよ．(c) なぜこの反応が交差クライゼン反応の例にあたるのか．

2,4-ヘキサジエン酸エチル (ethyl 2,4-hexadienoate) + シュウ酸ジエチル $(CO_2Et)_2$ (diethyl oxalate) $\xrightarrow[EtOH]{NaOEt}$ $EtO_2C$–(生成物)–$CO_2Et$ + EtOH

## 合 成

**24.60** 与えられた出発物質から右の化合物を合成する方法を示せ．有機化合物および無機反応剤は何を用いてもよい．

a. 

b. 

**24.61** シクロペンタノン，ベンゼン，および 3 炭素以下のアルコールを用いて，次の化合物を合成する方法を示せ．必要な有機反応剤または無機反応剤は何を用いてもよい．

a.   b.   c.

**24.62** CH₃CH₂CH₂CO₂Et，ベンゼン，および2炭素以下のアルコールを用いて，次の化合物を合成する方法を示せ．有機反応剤または無機反応剤は何を用いてもよい．

a. [構造: 2-ヒドロキシ-2-(ヒドロキシメチル)-2-フェニル 構造]   b. [構造: 1-フェニル-1,3-ヘキサンジオン]

**24.63** シクロヘキセンから2-メチルシクロペンタノンを合成する方法を示せ．反応剤は何を用いてもよい．

**24.64** オクチノキサートは日焼け止めの活性成分として用いられる不飽和エステルである．(a) 縮合反応を利用してこの化合物を合成するために必要なカルボニル化合物を示せ．(b) 与えられた出発物質とその他の反応剤からオクチノキサートを合成する方法を示せ．

[オクチノキサート構造] ⟹ HO-C₆H₄-（フェノール） ＋ 5炭素未満のアルコール

## 総合問題

**24.65** 2-アセチルシクロペンタノンについて次の問いに答えよ．

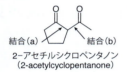
2-アセチルシクロペンタノン
(2-acetylcyclopentanone)
結合(a)，結合(b)

a. 結合(a)を生成するクライゼン反応を用いて2-アセチルシクロペンタノンを合成するのに必要な出発物質は何か．
b. 結合(b)を生成するクライゼン反応を用いて2-アセチルシクロペンタノンを合成するのに必要な出発物質は何か．
c. 2-アセチルシクロペンタノンにNaOCH₂CH₃，続いてCH₃Iを作用させて得られる生成物は何か．
d. 2-アセチルシクロペンタノンとメチルビニルケトン(CH₂=CHCOCH₃)の反応によって生成するロビンソン環化生成物を示せ．
e. 最も安定なエノール互変異性体の構造を示せ．

## チャレンジ問題

**24.66** 高コレステロール症の治療に用いられる薬であるエゼチミベ(20.6節)の合成に用いられる次の反応の機構を段階ごとに示せ．

[反応式: ジメチルグルタラート + [1] LDA, [2] イミン → β-ラクタム生成物]

**24.67** 次のβ-ケトエステルの反応の機構を段階ごとに示せ．また，この転位反応が起こる理由を説明せよ．

[反応式: 2-メチル-2-(エトキシカルボニル)シクロヘキサノン → [1] NaOEt, EtOH, [2] H₃O⁺ → 3-メチル-2-(エトキシカルボニル)シクロヘキサノン]

**24.68** イソホロンは塩基の存在下で3分子のアセトン〔(CH₃)₂C=O〕から生成する．この反応機構を示せ．

[イソホロン構造]
イソホロン
(isophorone)

**24.69** 次の反応の機構を段階ごとに示せ．（ヒント：反応は ⁻OH の共役付加から始まる．）

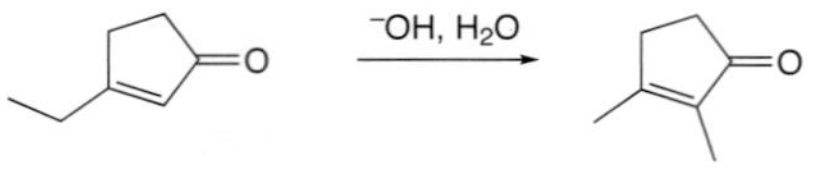

**24.70** 次の反応の機構を段階ごとに示せ．（ヒント：マイケル反応を2回必要とする．）

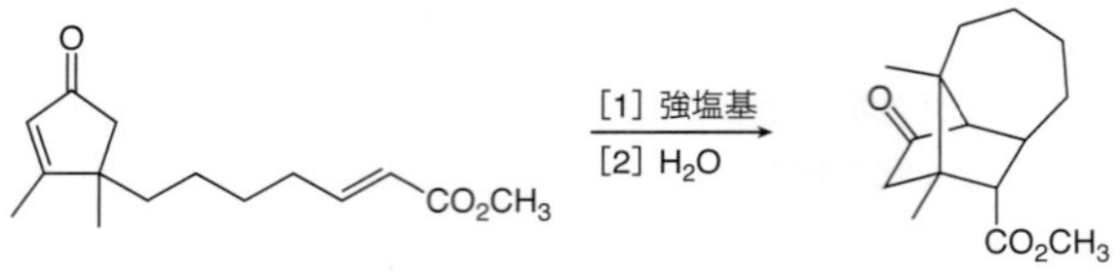

**24.71** 4-メチルピリジンは塩基の存在下でベンズアルデヒド（$C_6H_5CHO$）と反応して化合物 **A** を生成する．(a) この反応の機構を段階ごとに示せ．(b) 2-メチルピリジンまたは3-メチルピリジンも同様の縮合反応を起こす可能性はあるか．その理由とともに説明せよ．

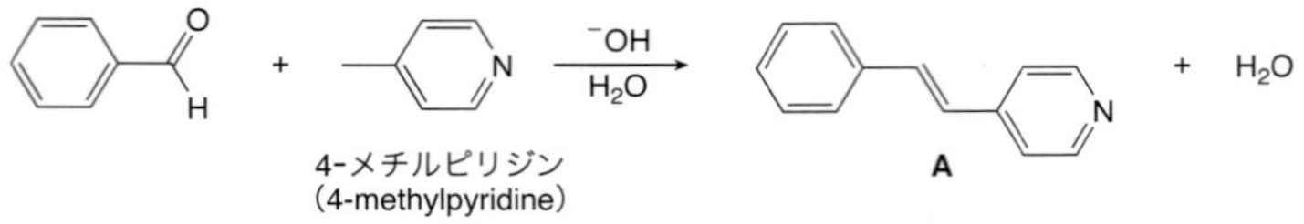

4-メチルピリジン
(4-methylpyridine)

**24.72** ピタバスタチンのカルシウム塩は，リバロ®という商品名で販売されているコレステロール降下薬である．ピタバスタチンの合成過程の1段階である次の反応の機構を段階ごとに示せ．

ピタバスタチン
(pitavastatin)

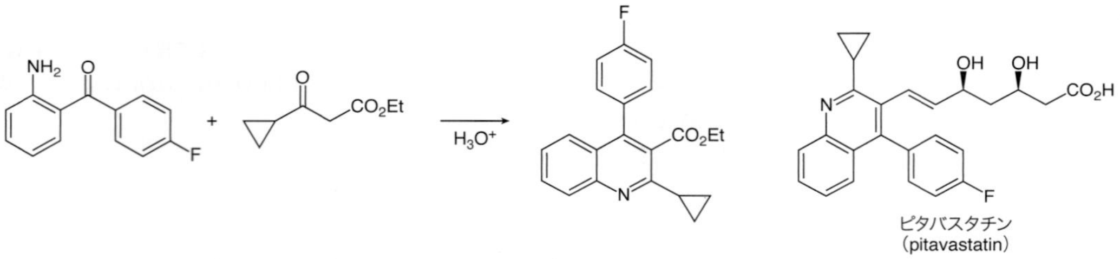

**24.73** 抗生物質であるアビソマイシン C の合成における鍵段階である次の反応の機構を段階ごとに示せ．アビソマイシン C は日本海の海底およそ300メートルのところに溜まった沈殿物から単離された．（ヒント：反応はディークマン反応から始まる．）

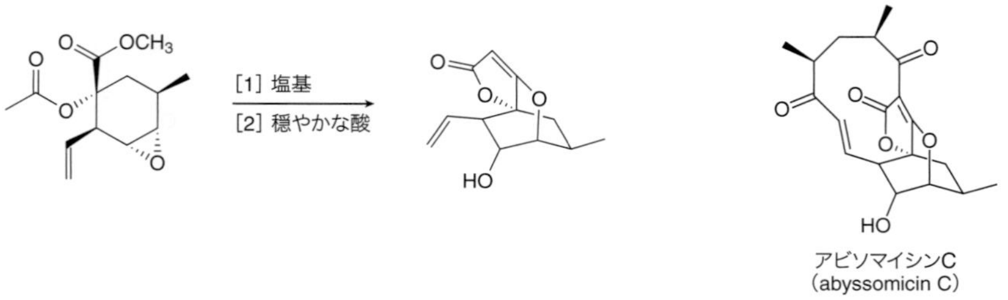

アビソマイシンC
(abyssomicin C)

# 25 アミン

- 25.1　はじめに
- 25.2　構造と結合
- 25.3　命 名 法
- 25.4　物理的性質
- 25.5　分光学的性質
- 25.6　興味深い有用なアミン
- 25.7　アミンの合成
- 25.8　アミンの反応——一般的な特徴
- 25.9　塩基としてのアミン
- 25.10　アミンと他の化合物の相対的塩基性度
- 25.11　求核剤としてのアミン
- 25.12　ホフマン脱離
- 25.13　アミンと亜硝酸の反応
- 25.14　アリールジアゾニウム塩の置換反応
- 25.15　アリールジアゾニウム塩のカップリング反応
- 25.16　応　用：合成染料とサルファ剤

**スコポラミン**(scopolamine)は，南アメリカ原産の観賞植物中に存在する複雑なアミンである．この植物は，大きなトランペット形の花を咲かせることから「天使のトランペット」と呼ばれている．乗物酔いのむかつきや吐き気を止めるのに，スコポラミンがごく少量ずつ放出される経皮絆創膏が用いられる．スコポラミンは**アルカロイド**の一種である．アルカロイドは天然由来のアミンで，おもに植物が生成する．本章ではスコポラミンのようなアミンの性質と反応について学ぶ．

　　本章では，いったんカルボニル化合物から離れて，アンモニア($NH_3$)の三つの水素のうちのどれかをアルキル基やアリール基で置き換えて得られるアンモニア有機誘導体である**アミン**(amine)に焦点をあてよう．**アミンは，他の中性の有機化合物よりも強い塩基であり，より優れた求核剤である**．本章ではアミンのこれらの性質を中心に解説する．

　　アルコールと同様，アミンの化学は一つの反応形式に当てはまらない．したがって，アミンの反応を学ぶことは容易ではない．しかし，アミンはよく知られている多くの天然物や医薬品などに含まれ，広く用いられているので，この官能基が有機分子にどのように導入されているかを知ることは重要である．

## 25.1　はじめに

　　**アミンは有機窒素化合物であり**，アンモニア($NH_3$)の一つ以上の水素原子をアルキル基で置換することによって生成する．3.2節(上巻)で述べたように，アミンは**窒素**

原子に結合しているアルキル基の数によって第一級(1°)，第二級(2°)，第三級(3°)に分類される．

1°アミン（Nに一つのR基）
2°アミン（Nに二つのR基）
3°アミン（Nに三つのR基）

アンモニアと同様に，**アミンの窒素原子は孤立電子対をもっている**ので，塩基としても，また求核剤としても働く．その結果，アミンは求電子剤と反応して窒素に四つの結合をもつ化合物である**アンモニウム塩**(ammonium salt)を生成する．

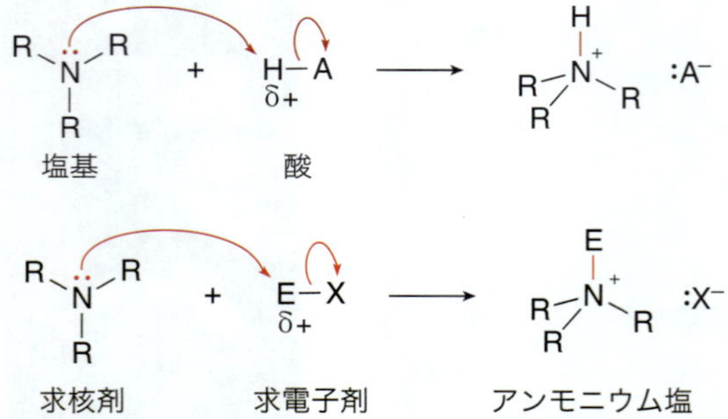

塩基　　　酸　　　　　　　　アンモニウム塩

求核剤　　求電子剤　　　　　アンモニウム塩

- アミンの化学は窒素原子上の孤立電子対によって決定される．

## 25.2 構造と結合

アミンの窒素原子は三つの原子と一対の孤立電子対にかこまれており，N原子は**$sp^3$混成**した**三角錐形**をしている．その結合角は108°と，正四面体の結合角109.5°に近い値である．

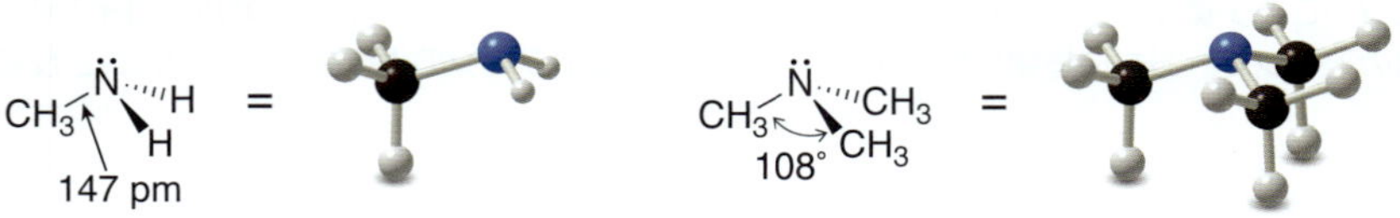

窒素は炭素や水素に比べて電気陰性度が非常に大きいので，**C–N結合とN–H結合はどちらも極性をもっており**，N原子のほうが電子豊富で，CやH原子は電子不足である．図25.1の静電ポテンシャル図には，$CH_3NH_2$(メチルアミン，methylamine)および$(CH_3)_3N$(トリメチルアミン，trimethylamine)の極性C–N結合およびN–H結合を示している．

1組の電子対と三つの異なるアルキル基に結合したアミンの窒素原子は立体中心となりうるので，重ね合わせることのできない二つの三角錐を書くことができる．

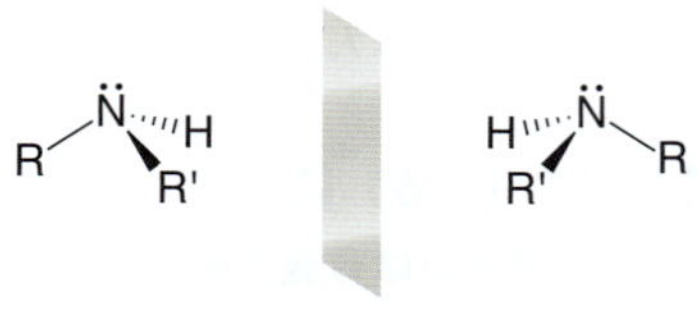

互いに重ね合わせることのできない鏡像

### 図 25.1
CH₃NH₂ および (CH₃)₃N の静電ポテンシャル図

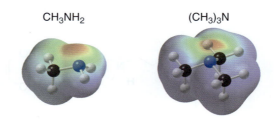

- 二つのアミンはともに，N原子上に明らかに電子豊富な領域（赤色で示す）をもっている．

しかし，室温で一方の構造からその鏡像の構造にすばやく変換されるので，アミンにはエナンチオマーは存在しない．アミンは三角形の平面（アキラル）の遷移状態を経由して内側を外に向けて反転する．**二つのエナンチオマーは相互変換するので，アミンの窒素のキラリティーは無視することができる．**

平面状の遷移状態

これに対して，四つの異なる置換基がNに結合したアンモニウムイオンのキラリティーは無視できない．窒素原子上に孤立電子対がないので，相互変換は起こらない．この場合のN原子は，自身のまわりに四つの異なる置換基をもった炭素原子とまったく同じ状態となる．

キラルなアンモニウムイオン

- **N原子が四つの異なる置換基と結合している場合には，アンモニウム塩のN原子は立体中心となる．**

**問題 25.1** 次の分子の立体中心に印をつけよ．

ドブタミン（dobutamine）
心臓の健康状態を測定する
ストレステストに使用される心臓刺激剤

## 25.3 命 名 法

### 25.3.1 第一級アミン

第一級アミン（primary amine）は，体系的名称または慣用名を用いて次のように命名される．

> • **体系的名称**（systematic name）をつけるには，アミンの窒素に結合している最長鎖を見つけ，母体アルカンの名称の末尾の **-e** を接尾語 **-amine**（-アミン）に変える．それ以外は，炭素鎖の数と置換基の名称を用いる一般の命名法に従えばよい．
> • **慣用名**（common name）をつけるには，窒素原子に結合しているアルキル基の名称に接尾語の **-amine**（アミン）をつけ加え，一語として命名する．

CH₃NH₂

体系的名称：**メタンアミン**（methanamine）
慣用名　　：**メチルアミン**（methylamine）

体系的名称：**シクロヘキサンアミン**（cyclohexanamine）
慣用名　　：**シクロヘキシルアミン**（cyclohexylamine）

### 25.3.2 第二級アミンと第三級アミン

同一のアルキル基をもつ第二級（secondary）および第三級アミン（tertiary amine）は，第一級アミンの名称に接頭語の **ジ-（di-）** または **トリ-（tri-）** をつける．

**トリエチルアミン**（triethylamine）

**ジイソプロピルアミン**（diisopropylamine）

二種類以上のアルキル基をもつ第二級および第三級アミンは，次の手順に従って，**N-置換の第一級アミン**（N-substituted primary amine）として命名する．

## HOW TO 異なるアルキル基をもつ第二級および第三級アミンの命名法

**例** 次の第二級アミン （CH₃)₂CHNHCH₃ を命名せよ．

**ステップ[1]** N 原子に結合している最長アルキル鎖（または最大環）をさがしだして母体アミンとし，慣用名または体系的名称をつける．

最長鎖は **3 炭素**  ---→  イソプロピルアミン（慣用名）
または
2-プロパンアミン（体系的名称）

**ステップ[2]** N 原子に結合している他のアルキル基をアルファベット順に並べ，アルキル基の前に接頭語 *N*− を加え *N*−アルキルとする．その後にステップ[1]で得た名称を続ける．

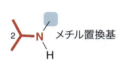

答：***N*-メチルイソプロピルアミン（慣用名）**
(*N*-methylisopropylamine)
または
***N*-メチル-2-プロパンアミン（体系的名称）**
(*N*-methyl-2-propanamine)

---

**例題 25.1** 次のアミンを命名せよ．

a.    b.

**【解答】**

a. [1] 第一級アミン：アミン窒素を含む最長鎖をさがしだして命名する．

ペンタン ---→ ペンタンアミン
(pent**ane**)  (pentan**amine**)
(**5 炭素**)

[2] 置換基に位置番号と名称をつける．

NH₂ 基の位置を表す位置番号をつける
答：**4-メチル-1-ペンタンアミン**
(4-methyl-1-pentanamine)

b. 第三級アミンの場合，N 原子上の一つのアルキル基を主要な R 基とし，他は置換基とする．

[1] N に結合している環の名称をつける．  [2] 置換基に名称をつける．

シクロペンタンアミン
(cyclopentanamine)

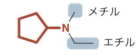

それぞれのアルキル基に対して一つずつ，すなわち二つの *N*− を必要とする
答：***N*-エチル-*N*-メチルシクロペンタンアミン**
(*N*-ethyl-*N*-methylcyclopentanamine)

**問題 25.2** 次のアミンを命名せよ．

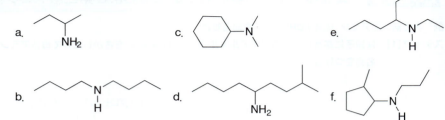

### 25.3.3 芳香族アミン

芳香族アミン(aromatic amine)はアニリン誘導体として命名される．

アニリン
(aniline)

N-エチルアニリン
(N-ethylaniline)

o-ブロモアニリン
(o-bromoaniline)

### 25.3.4 命名上のさまざまな問題

置換基としての $NH_2$ 基は**アミノ基**(amino group)と呼ばれる．

さまざまな**含窒素ヘテロ環**(nitrogen heterocycle)があり，それぞれの環は，環に含まれる N 原子数，環の大きさ，および芳香族かどうかなどによって異なる名称をもっている．一般的な四つの含窒素ヘテロ環の構造とその名称を図 25.2 に示す．

**問題 25.3** 次の名称をもつアミンの構造を示せ．

a. 2,4-ジメチル-3-ヘキサンアミン
b. N-メチル-1-ペンタンアミン
c. N-イソプロピル-p-ニトロアニリン
d. N-メチルピペリジン
e. N,N-ジメチルエチルアミン
f. 2-アミノシクロヘキサノン
g. N-メチルアニリン
h. m-エチルアニリン

**図 25.2** 一般的な含窒素ヘテロ環

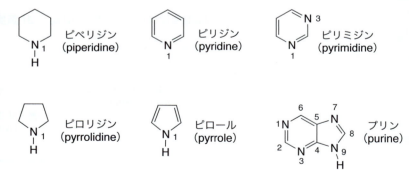

- N 原子を一つ含むヘテロ環では N 原子に "1" の位置番号をつける．
- N 原子を二つ含むヘテロ環では，一つの N 原子に位置番号 "1" をつけ，二つ目の N 原子がより小さな番号をもつように位置番号をつける．

## 25.4 物理的性質

アミンは，極性の C–N および N–H 結合を含むので双極子‐双極子相互作用をもつ．**第一級アミンと第二級アミンは N–H 結合をもっているので，分子間水素結合**(intermolecular hydrogen bonding)**も形成することができる**．しかし，窒素は酸素よりも電気陰性度が小さいので，N と H の間の分子間水素結合は O と H の間の分子間水素結合よりも弱い．これらの因子がどのようにアミンの物理的性質に影響するかを表 25.1 にまとめる．

表 25.1 アミンの物理的性質

| 性 質 | 観 測 結 果 |
|---|---|
| 沸点と融点 | ・第一級(1°)と第二級(2°)アミンは，水素結合を形成できない(エーテルのような)同程度の分子量をもった化合物よりも沸点が高いが，より強い分子間水素結合を形成するアルコールよりは沸点が低い．<br><br>MW = 74, bp 38 ℃ ／ MW = 73, bp 78 ℃ ／ MW = 74, bp 118 ℃<br>分子間力が大きくなる，沸点が高くなる<br><br>・第三級(3°)アミンは N–H 結合をもたず，水素結合を形成できないので，同程度の分子量をもつ第一級や第二級アミンより低い沸点を示す．<br><br>3°アミン MW = 73, bp 38 ℃ N–H 結合がない ／ MW = 73, bp 56 ℃ N–H 結合がある 2°アミンより高い bp |
| 溶解性 | ・アミンは大きさに関係なく有機溶媒に溶解する．<br>・5 炭素以下のすべてのアミンは，水と水素結合を形成できるので，水に溶解する(3.4.3 項(上巻))．<br>・6 炭素以上のアミンは，無極性のアルキル部位が大きすぎるため，極性をもった水に溶解しない． |

bp = 沸点，MW = 分子量

**問題 25.4** 次の化合物を沸点が低いものから順に並べよ．

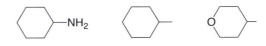

## 25.5 分光学的性質

アミンのもつ独特の特徴は質量スペクトル, 赤外吸収スペクトル, $^1$H ならびに $^{13}$C NMR スペクトルに現れる.

### 25.5.1 質量スペクトル

アミンの質量スペクトルは, 常に偶数の質量をもつ分子イオンピークを与える C, H, および O 原子だけからなる化合物とは異なっている. これは, 図 25.3 に示した 1-ブタンアミンの質量スペクトルを見れば明らかである.

一つの N 原子をもつアミンの分子式は $C_nH_{2n+3}N$ である.

- 奇数個の N 原子をもつアミンは, 質量スペクトルで奇数の分子イオンピークを与える.

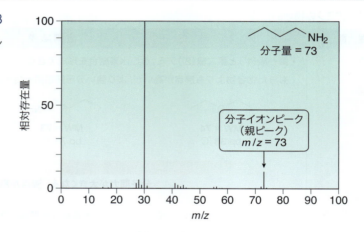

図 25.3
1-ブタンアミンの質量スペクトル

- $CH_3CH_2CH_2CH_2NH_2$ の分子イオンは $m/z = 73$ に現れる. 分子イオンが奇数の質量になるのは奇数個の N 原子をもつアミンの特徴である.

### 25.5.2 赤外吸収スペクトル

N–H 結合をもつアミンの赤外吸収スペクトルは特徴的なピークを示す.

- 第一級アミンは, 3300 ～ 3500 cm$^{-1}$ に二つの N–H の吸収を示す.
- 第二級アミンは, 3300 ～ 3500 cm$^{-1}$ に一つの N–H の吸収を示す.

第三級アミンは N–H 結合をもたないので, 赤外吸収スペクトルのこの領域には吸収がない. 第一級, 第二級, 第三級アミンの単結合領域 (> 2500 cm$^{-1}$) での赤外吸収スペクトルの様子を図 25.4 に示す.

図 25.4 第一級, 第二級, および第三級アミンの赤外吸収スペクトルの単結合領域

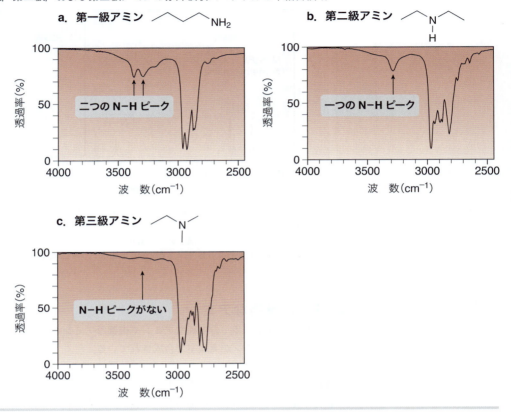

### 25.5.3 NMR スペクトル

アミンは次の特徴的な $^1$H NMR および $^{13}$C NMR 吸収を示す.

- **NH のシグナルは 0.5～5.0 ppm 間に現れる**. その正確な位置は, 水素結合の程度と試料の濃度に依存する.
- アミンの窒素に結合した炭素上のプロトンは非遮蔽化されており, 一般的には **2.3～3.0 ppm** に吸収をもつ.
- $^{13}$C NMR スペクトルにおいて, N 原子に結合した炭素は非遮蔽化されており, 一般的には **30～50 ppm** に吸収をもつ.

アルコールの OH の吸収と同様に, **$^1$H NMR スペクトルにおいて, NH の吸収は隣接するプロトンによって分裂しない. また隣接する C–H の吸収も分裂させない**. スペクトルにおけるアミンの NH のピークは他のピークよりも少し幅が広い. $N$-メチルアニリンの $^1$H NMR スペクトルを図 25.5 に示す.

**問題 25.5** 次のような $^1$H NMR の吸収を示す分子式 $C_6H_{15}N$ をもった未知化合物の構造を示せ.
0.9 (一重線, 1 H), 1.10 (三重線, 3 H), 1.15 (一重線, 9 H), 2.6 (四重線, 2 H) ppm.

図 25.5　N-メチルアニリンの ¹H NMR スペクトル

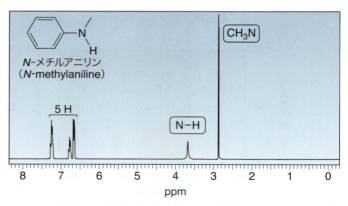

- $CH_3$ 基のプロトンは隣接する NH プロトンによって分裂しないので，$CH_3$ 基は 2.7 ppm に一重線のピークを示す．
- NH のプロトンは 3.6 ppm に幅広い一重線のピークを示す．
- 芳香環の 5 個の H 原子は 6.6〜7.2 ppm に複雑なパターンのピークを示す．

## 25.6　興味深い有用なアミン

自然界には非常に多くの単純なアミンや複雑なアミンが存在し，一方では生理活性をもった多くのアミンが実験室で合成されている．

### 25.6.1　単純なアミンとアルカロイド

低分子量のアミンの多くは強い悪臭を放つ．酵素が魚のタンパク質を分解するときに生成する**トリメチルアミン**〔trimethylamine, $(CH_3)_3N$〕は，腐敗した魚に特有のにおいをもっている．**プトレシン**(putrescine, $NH_2CH_2CH_2CH_2CH_2NH_2$)や**カダベリン**(cadaverine, $NH_2CH_2CH_2CH_2CH_2CH_2NH_2$)はどちらも腐敗臭を放つ有害なジアミンである．これらは腐敗した魚のなかにも存在し，精液や尿のにおい，口臭の一因でもある．

植物由来の天然に存在するアミンは**アルカロイド**(alkaloid)と呼ばれる．本書でこれまでに紹介したアルカロイドは，**キニーネ**(quinine, 問題 17.15)，**モルヒネ**(morphine, 22.9 節)，**コカイン**〔cocaine, 問題 3.54(上巻)〕である．これら以外の代表的な三つのアルカロイド，**アトロピン**(atropine)，**ニコチン**(nicotine)，**コニイン**(coniine)を図 25.6 にあげる．

アルカロイド(alkaloid)という用語は，その水溶液がわずかに塩基性を示すことから，アルカリ(alkali)という用語をとって名づけられた．

### 25.6.2　ヒスタミンと抗ヒスタミン

**ヒスタミン**(histamine)は 17.8 節で取りあげた単純なトリアミンで，幅広い生物学的効果をもたらす．ヒスタミンは血管拡張剤(毛細血管を拡張する)で，血流を増大させるために損傷したり感染したりした部位で放出される．ヒスタミンは鼻水や涙目などアレルギー症状の原因物質でもある．胃ではヒスタミンが酸の分泌を促している．

これらの生化学過程におけるヒスタミンのおもな役割を理解すれば，好ましくない副作用を抑えるような薬を開発することができる．

**抗ヒスタミン剤**(antihistamine)は，細胞内でヒスタミンが結合する酵素の同じ活性部位に結合するにもかかわらず，ヒスタミンとは異なる応答を引き起こす．たとえ

### 図 25.6 三つの代表的なアルカロイド：アトロピン, ニコチン, コニイン

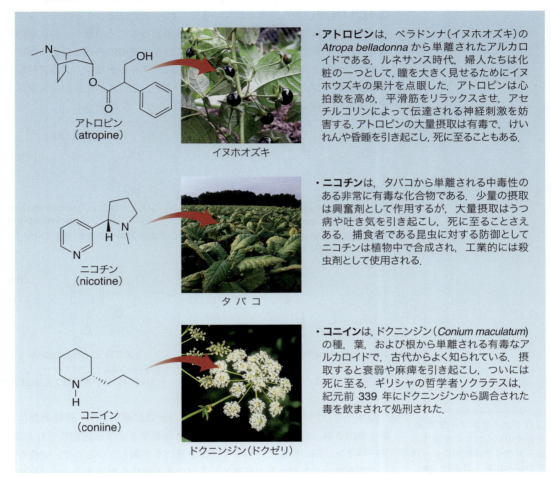

- **アトロピン**は, ベラドンナ(イヌホオズキ)の *Atropa belladonna* から単離されたアルカロイドである. ルネサンス時代, 婦人たちは化粧の一つとして, 瞳を大きく見せるためにイヌホウズキの果汁を点眼した. アトロピンは心拍数を高め, 平滑筋をリラックスさせ, アセチルコリンによって伝達される神経刺激を妨害する. アトロピンの大量摂取は有毒で, けいれんや昏睡を引き起こし, 死に至ることもある.

- **ニコチン**は, タバコから単離される中毒性のある非常に有毒な化合物である. 少量の摂取は興奮剤として作用するが, 大量摂取はうつ病や吐き気を引き起こし, 死に至ることさえある. 捕食者である昆虫に対する防御としてニコチンは植物中で合成され, 工業的には殺虫剤として使用される.

- **コニイン**は, ドクニンジン(*Conium maculatum*)の種, 葉, および根から単離される有毒なアルカロイドで, 古代からよく知られている. 摂取すると衰弱や麻痺を引き起こし, ついには死に至る. ギリシャの哲学者ソクラテスは, 紀元前339年にドクニンジンから調合された毒を飲まされて処刑された.

ば, **フェキソフェナジン**(fexofenadine, 商品名：アレグラ®)のような抗ヒスタミン剤は, 血管の拡張を阻害するので, 風邪やアレルギー症状の症状改善に用いられる. 多くの抗ヒスタミン剤とは異なり, フェキソフェナジンはヒスタミン受容体と結合はするものの, 血液脳関門を越えることができない. そのため, 中枢神経系に影響を及ぼさず眠気を引き起こさない. **シメチジン**(cimetidine, 商品名：タガメット®)はヒスタミンを真似た化合物で, 胃の塩酸分泌を抑えるため, 潰瘍をもった患者の治療に用いられている.

### 25.6.3 2-フェニルエタンアミンの誘導体

生理活性をもつ化合物の多くが **2-フェニルエタンアミン**（2-phenylethanamine, $C_6H_5CH_2CH_2NH_2$）から誘導されている．これらの化合物のうちのいくつかは細胞中で合成され，健康な精神状態を保つために必須である．その他のものは植物資源から単離されたり実験室で合成されたりする．これらは通常の神経伝達を妨害するので，脳に重大な影響を与える．これらの化合物には，**アドレナリン**，**ノルアドレナリン**，**メタンフェタミン**，および**メスカリン**などがある．これらの化合物は窒素原子を置換基としてもつ2炭素鎖に結合したベンゼン環（赤色で示す）を含む．

アドレナリン（adrenaline）
（エピネフリン，epinephrine）
ストレスに応答して分泌されるホルモン
（図7.19（上巻））

ノルアドレナリン（noradrenaline）
（ノルエピネフリン，norepinephrine）
心拍数を高め気道を拡張する神経伝達物質

メタンフェタミン（methamphetamine）
スピード，メス，クリスタル・メスとして売られている中毒性の覚醒剤

メスカリン（mescaline）
アメリカ南西部やメキシコ産のサボテンの一種であるウバタマから単離された幻覚誘発剤

コカイン，アンフェタミン，その他のいくつかの中毒性のあるドラッグは脳内のドーパミンレベルを上昇させ，楽しくハイな気分にさせる．常用すると，脳が高いドーパミンレベルに慣れ，同じ感覚を味わうのにより多くのドラッグが必要となる．

アマゾンのジャングルに生息するヒキガエルから幻覚剤のブフォテニンが得られる．

もう一つの例の**ドーパミン**（dopamine）は神経伝達物質で，神経細胞（ニューロン）から放出され，近傍の標的細胞の受容体と結合する化学伝達物質でもある（図25.7）．ドーパミンは脳の機能に作用して運動と感情を制御しているので，適度なドーパミンレベルを保つことがヒトの精神的および肉体的健康を維持するのに必要である．たとえば，ドーパミンを製造する神経細胞が死滅すると，ドーパミンレベルが下がり，パーキンソン病の徴候である運動制御の低下につながる．

**セロトニン**は，気分，睡眠，知覚，温度調節など重要な役割を担う神経伝達物質である．セロトニンが不足するとうつ状態になる．ヒトの気分を左右するセロトニンの主要な役割が理解できれば，うつ病の治療のためのさまざまな薬の開発につながるだろう．今日最も広く用いられている抗うつ剤は，選択的セロトニン再取込み阻害剤（SSRI）である．これらの薬は，セロトニンを製造するニューロンがセロトニンの再取込みを行うのを阻害し，セロトニンの濃度を高めることで効果を発揮する．フルオキセチン（米国での商品名：Prozac®）は，このような方法で作用する一般的な抗うつ剤である（日本では未承認）．

セロトニン（serotonin）

フルオキセチン（fluoxetine）

セロトニンの代謝を阻害する薬物は精神状態に大きな影響を及ぼす．たとえば，アマゾンのジャングルに生息するヒキガエル（*Bufo*）から単離されたブフォテニンや，キノコの一種であるシビレタケ（*Psilocybe*）から単離されたサイロシンは，セロトニンと非常によく似た構造をしており，いずれも強い幻覚を誘発する．

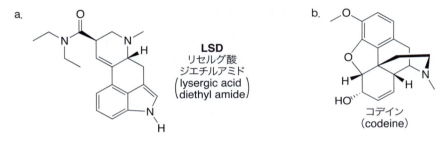

**問題 25.6** LSD（幻覚剤）やコデイン（麻薬）は，より複雑な構造をもった2-フェニルエチルアミンの誘導体である．次の化合物において2-フェニルエチルアミン由来の原子を特定せよ．

図 25.7 ドーパミン：神経伝達物質

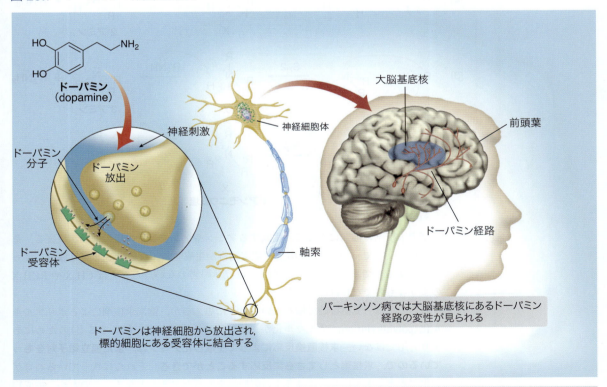

## 25.7 アミンの合成

ある官能基を合成する際には，多くの異なる出発物質から目的の化合物(この場合はアミン)を得ることができる．

アミンの合成には三種類の反応が利用される．

[1] 窒素求核剤を用いる**求核置換反応**(nucleophilic substitution)
[2] 窒素を含む他の官能基の**還元**(reduction)
[3] アルデヒドやケトンの**還元的アミノ化反応**(reductive amination)

### 25.7.1 求核置換反応を利用するアミンの合成

アミンを合成する二つの異なる方法，すなわち直接的求核置換反応と第一級アミンのガブリエル合成においては求核置換反応が鍵段階である．

#### 直接的求核置換反応

概念的に，アミンを合成する最も簡単な方法は，**$NH_3$ またはアミンによるハロゲン化アルキルの $S_N2$ 反応**である．この反応は2段階で起こる．

[1] 窒素求核剤の**求核攻撃**(nucleophilic attack)によるアンモニウム塩の生成．
[2] N原子上の**プロトンの脱離**(removal of a proton)によるアミンの生成．

[1] $R-X$ + $H_3N:$ $\xrightarrow{S_N2}$ $RNH_3^+ X^-$ $\xrightarrow{:NH_3}$ $RNH_2$ + $NH_4^+$
       1°アミン

[2] $R-X$ + $R'NH_2$ $\xrightarrow{S_N2}$ $RR'NH_2^+ X^-$ $\xrightarrow{R'NH_2}$ $RR'NH$ + $R'NH_3^+$
       2°アミン

[3] $R-X$ + $R'_2NH$ $\xrightarrow{S_N2}$ $RR'_2NH^+ X^-$ $\xrightarrow{R'_2NH}$ $RR'_2N$ + $R'_2NH_2^+$
       3°アミン

[4] $R-X$ + $R'_3N$ $\xrightarrow{S_N2}$ $RR'_3N^+ X^-$
       4°アンモニウム塩

R = $CH_3$ または1°アルキル

窒素求核剤の種類によって，生成するアミンやアンモニウム塩の種類が決まる．それぞれの反応で一つの新しい炭素-窒素結合が生成する．反応は $S_N2$ 反応機構に従って進行するので，ハロゲン化アルキルは立体障害のない，たとえば $CH_3X$ や $RCH_2X$ のようなものでなければならない．

この方法は一見直接的で優れているように思えるが，窒素求核剤によるポリアルキル化(polyalkylation，アルキル化が一度で終わらず繰り返し起こること)のためにあまり有用ではない．**求核置換反応によって生成したアミンは，まだ孤立電子対をもっているので，求核剤としてさらに反応することができる**．それらは残っているハロゲン化アルキルと反応し，より多くの置換基をもったアミンとなる．このため，生成物

として第一級，第二級，および第三級アミンの混合物が得られることが多い．N 原子上に四つのアルキル基をもつ**第四級アンモニウム塩**が最終生成物として得られ，反応は停止する．

したがって，この反応は大過剰量の $NH_3$（比較的安価な出発物質）を用いる第一級アミンの合成，または 1 当量以上のハロゲン化アルキルを用いる窒素求核剤のアルキル化による第四級アンモニウム塩の合成の際に最も有用である．

$\diagdown$Br + $\ddot{N}H_3$ $\longrightarrow$ $\diagdown \dot{N}H_2$ + $NH_4^+$ Br$^-$
　　　　過剰量　　　　　　　　　　　1°アミン

$CH_3-Br$ + $H_2\ddot{N}-$cyclohexyl $\longrightarrow$ $(CH_3)_3\overset{+}{N}-$cyclohexyl Br$^-$
過剰量　　　　　　　　　　　　　　　　　　　　4°アンモニウム塩

**問題 25.7**　次の反応の生成物を書け．

a. $\diagdown\diagdown$Cl + $NH_3$（過剰量）$\longrightarrow$

b. cyclohexyl-N(H)(CH_3) + $\diagdown$Br（過剰量）$\longrightarrow$

### 第一級アミンのガブリエル合成

ポリアルキル化反応が起こるのを防ぐために，求核置換反応を 1 回だけ起こす窒素求核剤が用いられる．すなわち，その求核剤による求核置換反応が起こると，さらなる求核置換反応を引き起こすような求核的窒素原子をもたない生成物が得られる．

**ガブリエル合成**（Gabriel synthesis）は，求核置換反応によって第一級アミンを合成する方法であり，共鳴安定化された窒素求核剤を利用する 2 段階反応である．ガブリエル合成は**イミド**（imide）と呼ばれる化合物群の一つである**フタルイミド**から始める．**イミドの N–H 結合**の水素は，生成するアニオンが両側に配置された二つのカルボニル基によって共鳴安定化されるため，**とくに酸性度が高い**．

フタルイミド（phthalimide）
$pK_a = 10$

共鳴安定化されたアニオン

酸-塩基反応は求核的なアニオンを生成する．次に，これを立体障害の小さい $CH_3X$ や $RCH_2X$ のようなハロゲン化アルキルと $S_N2$ 反応させることで置換生成物が得られる．さらに，このアルキル化されたイミドを塩基性水溶液で加水分解すると，第一級アミンとジカルボン酸塩が生成する．この反応は，22.13 節で説明したアミドの加水分解によるアミンとカルボン酸アニオンの生成反応に似ている．この2段階反応を全体として見ると，**X を $NH_2$ で求核置換**したことになる．したがって，ガブリエル合成は第一級アミンの合成にのみ利用できる．

**ガブリエル合成の 2 段階**

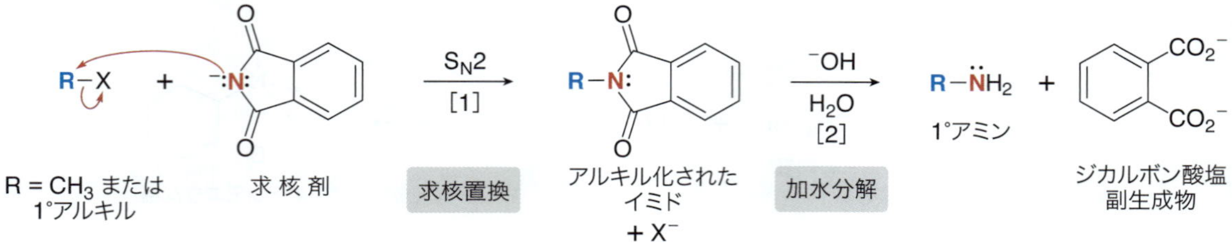

- ガブリエル合成によって，ハロゲン化アルキルは求核置換とそれに続く加水分解の2段階で第一級アミンに変換される．

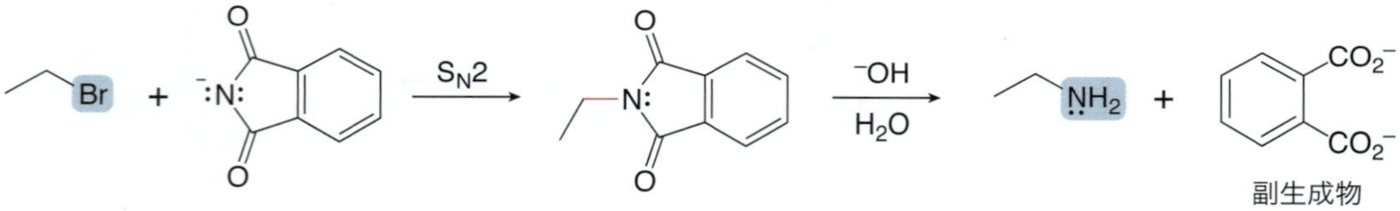

新しい C–N 結合を赤色で示す

**問題 25.8** ガブリエル合成を利用して次の第一級アミンを合成するために必要なハロゲン化アルキルを示せ．

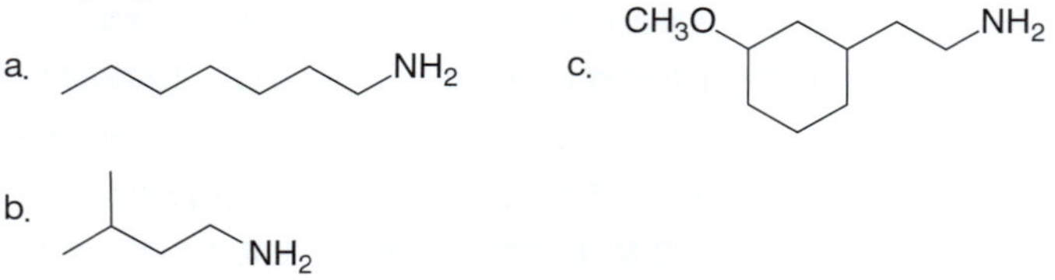

**問題 25.9** ガブリエル合成で得られないアミンはどれか．その化合物を選んだ理由も述べよ．

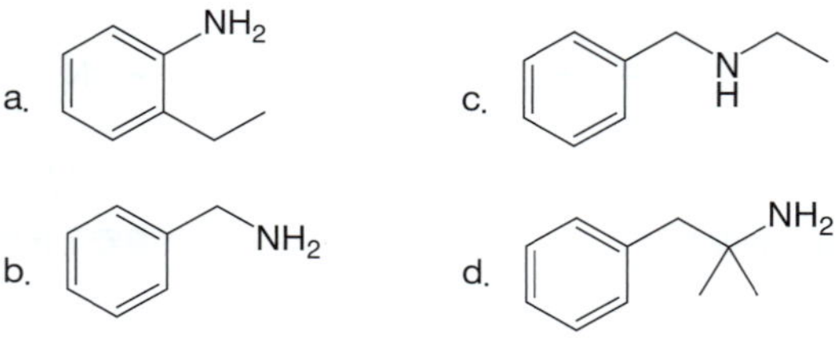

## 25.7.2 窒素を含む他の官能基の還元

アミンは，ニトロ化合物，ニトリル，アミドの還元によって得ることができる．これらの反応の詳細についてはすでに説明したので，ここではまとめのみを書きとめておく．

### [1] ニトロ化合物から（18.15.3 項）

**ニトロ基**（nitro group）はさまざまな還元剤によって**第一級アミンに還元される**．

$$R-NO_2 \xrightarrow[\text{Sn, HCl}]{\substack{\text{H}_2,\text{ Pd-C} \\ \text{または} \\ \text{Fe, HCl} \\ \text{または}}} R-NH_2 \quad \text{1°アミン}$$

### [2] ニトリルから（22.18.2 項）

**ニトリル**（nitrile）は **LiAlH$_4$ によって第一級アミンに還元される**．

$$R-C{\equiv}N \xrightarrow[\text{[2] H}_2\text{O}]{\text{[1] LiAlH}_4} R{\frown}NH_2 \quad \text{1°アミン}$$

シアノ基はハロゲン化アルキルの $^-$CN による $S_N2$ 置換反応によって容易に導入できるので，上の反応を用いれば**ハロゲン化アルキルを 2 段階で炭素鎖の一つ長い第一級アミンに変換することができる**．$(CH_3)_2CHCH_2CH_2Br$ を，2 段階で $(CH_3)_2CHCH_2CH_2CH_2NH_2$ に変換する方法を下に示す．

新しい C–C 結合を赤色で示す

### [3] アミドから（20.7.2 項）

**第一級(1°)アミド，第二級(2°)アミド，第三級(3°)アミドは，LiAlH$_4$ によってそれぞれ第一級アミン，第二級アミン，第三級アミンに還元される**．

$$\underset{3°アミド}{\overset{O}{\underset{R'}{\underset{|}{R-C-N-R'}}}} \xrightarrow[{[2] H_2O}]{[1] LiAlH_4} \underset{3°アミン}{R-CH_2-N\underset{R'}{\overset{R'}{|}}}$$

**問題 25.10** 還元されると次の化合物になるニトロ化合物，ニトリル，およびアミドを示せ．

a. (CH$_3$)$_2$CHCH$_2$NH$_2$  b. シクロヘキシルCH$_2$NH$_2$  c. CH$_3$(CH$_2$)$_4$CH$_2$NH$_2$

**問題 25.11** 次のアミドを還元して生成するアミンを示せ．

a. ベンズアミド (PhCONH$_2$)  b. CH$_3$CH$_2$CH$_2$CON(CH$_2$CH$_3$)$_2$  c. CH$_3$CH$_2$CH$_2$CH$_2$CH(CH$_3$)CONHCH$_3$

**問題 25.12** アミドの還元を利用して合成できないアミンは次のうちどれか．

a. 2-エチルアニリン  b. ベンジルアミン (PhCH$_2$NH$_2$)  c. PhCH$_2$C(CH$_3$)$_2$NH$_2$  d. PhCH(CH$_3$)NHCH(CH$_3$)$_2$

### 25.7.3 アルデヒドとケトンの還元的アミノ化反応

**還元的アミノ化反応**(reductive amination)は，アルデヒドやケトンを第一級，第二級，および第三級アミンに変換する2段階反応である．はじめに，NH$_3$を用いて第一級アミンを合成する方法を考えてみよう．還元的アミノ化反応は二つの異なる反応からなる．

[1] **NH$_3$ がカルボニル基を求核攻撃しイミンを生成する**(21.11.1項)．イミンは単離しない．

[2] **イミンの還元によってアミンが生成する**(20.7.2項)．

$$\underset{R' = H\,または\,アルキル}{\overset{O}{\underset{R'}{R-C}}} \xrightarrow[求核攻撃]{NH_3} \underset{\substack{イミン(imine)\\+\\H_2O}}{\left[\overset{N-H}{\underset{R'}{R-C}}\right]} \xrightarrow[還元]{[H]} \underset{1°アミン}{\overset{H\quad NH_2}{\underset{R'}{R-C}}}$$

新しい C–H と C–N 結合を赤色で示す

- 還元的アミノ化反応によって C=O 結合は C–H 結合と C–N 結合に置き換えられる．

## 25.7 アミンの合成

この反応に最も有効な還元剤は，シアノ水素化ホウ素ナトリウム（NaBH$_3$CN；sodium cyanoborohydride）である．この水素化反応剤は，水素化ホウ素ナトリウム（NaBH$_4$）の一つのH原子をCNで置き換えて生成する誘導体である．

還元的アミノ化反応は，すでに学んだ二つの反応を組み合わせたものである．二番目の例にあげた反応は注目すべきもので，強力な中枢神経系の覚醒剤である**アンフェタミン**が生成する．

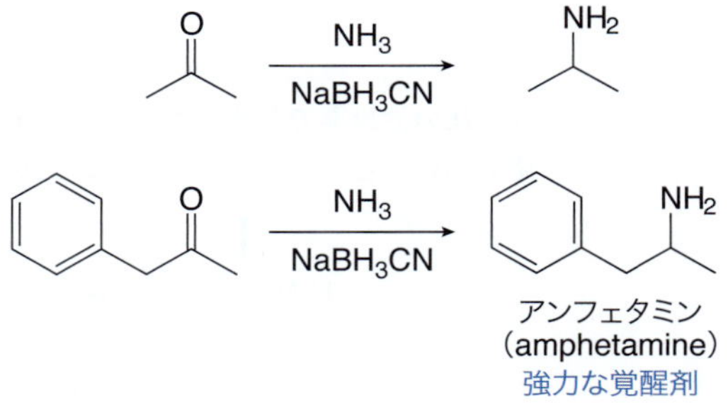

第一級または第二級アミンを出発物質として用いると，還元的アミノ化反応によってそれぞれ第二級および第三級アミンが生成する．この結果をよく見てみよう．還元的アミノ化反応では，窒素原子上の一つのH原子がアルキル基で置き換えられるために，アルデヒドまたはケトンを用いて，より多くの置換基をもったアミンを合成することができる．

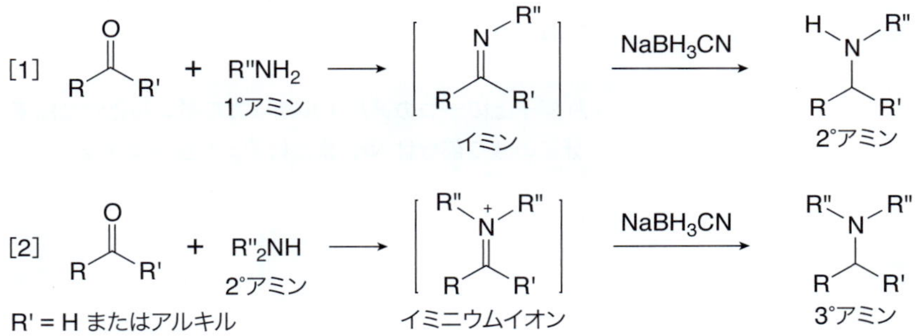

還元的アミノ化反応によるメタンフェタミン（25.6.3 項）の合成を，図 25.8 に示す．

**図 25.8**
還元的アミノ化反応によるメタンフェタミンの合成

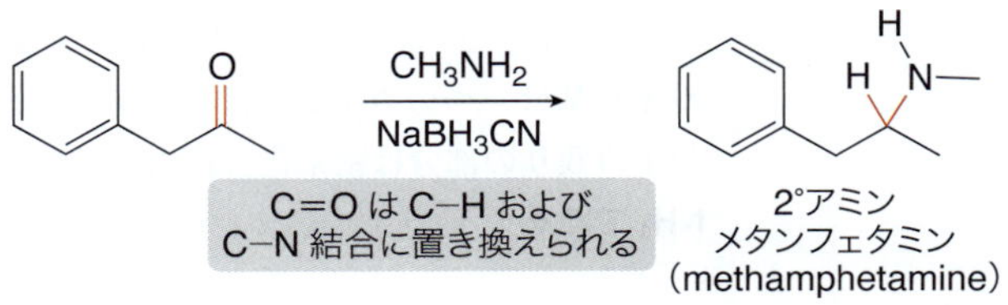

C=O は C-H および C-N 結合に置き換えられる

- 還元的アミノ化反応では，N原子に結合しているH原子の一つがアルキル基で置き換えられる．その結果，第一級アミンは第二級アミンに，そして第二級アミンは第三級アミンに変換される．この反応では，CH$_3$NH$_2$（第一級アミン）がメタンフェタミン（第二級アミン）に変換される．

**問題 25.13** 次の反応の生成物を示せ．

a. PhCHO + CH₃NH₂ / NaBH₃CN →

b. シクロヘキシル-CH₂-CO-CH₃ + NH₃ / NaBH₃CN →

c. シクロヘキサノン + (CH₃CH₂)₂NH / NaBH₃CN →

d. (CH₃)₂C=O + (CH₃)₂CHNH₂ / NaBH₃CN →

**問題 25.14** 高血圧の治療薬であるエナラプリル(enalapril)は，化合物 **D** と **E** から還元的アミノ化反応を用いて合成される．エナラプリルの構造を示せ．

**D**: H₂N-CH(CH₃)-CO-N(proline)-COOH (アラニル-プロリン)

**E**: PhCH₂CH₂-CO-COOEt

還元的アミノ化反応を合成に利用するには，目的とするアミンを合成するためにどのようなアルデヒドまたはケトンおよび窒素化合物が必要かを理解しなければならない．すなわち，逆合成解析を行う必要がある．そのために，次の二つのポイントを覚えておこう．

- **N 原子上の一つのアルキル基はカルボニル化合物由来である．**
- **分子の残り部分は NH₃ またはアミン由来である．**

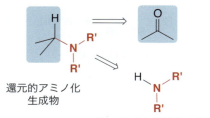

還元的アミノ化生成物 ⇒ ケトン + HNR'R' (R' = H またはアルキル基) 二つの反応物質

たとえば，2-フェニルエタンアミンは第一級アミンなので，N 原子に結合したアルキル基は一つのみであり，このアルキル基はカルボニル化合物由来である．また，分子の残りの部分は窒素化合物由来である．**第一級アミンの場合，窒素化合物は必ず NH₃ である．**

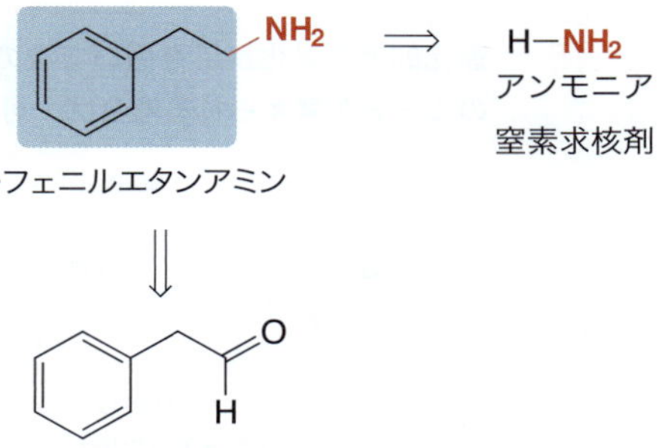

## 25.7 アミンの合成

2-フェニルエタンアミン ⟹ H–NH₂ アンモニア 窒素求核剤

⟹ カルボニル化合物

第二級アミンの合成法について例題 25.2 で述べるように，還元的アミノ化反応を利用して第二級および第三級アミンを合成する方法は一般的に複数ある．

**例題 25.2** 還元的アミノ化反応を用いて，N-エチルシクロヘキサンアミンを合成するために必要なアルデヒドまたはケトンおよび窒素化合物を示せ．

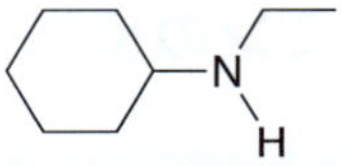

N-エチルシクロヘキサンアミン
(N-ethylcyclohexanamine)

**【解答】**
N-エチルシクロヘキサンアミンは，N 原子に結合した二つの異なるアルキル基をもっているので，二つのうちどちらの R 基がカルボニル化合物由来であってもよい．還元的アミノ化反応によって，C–N 結合を生成するには次の二種類の方法がある．

**可能性[1]** $CH_3CH_2NH_2$ とシクロヘキサノンを用いる

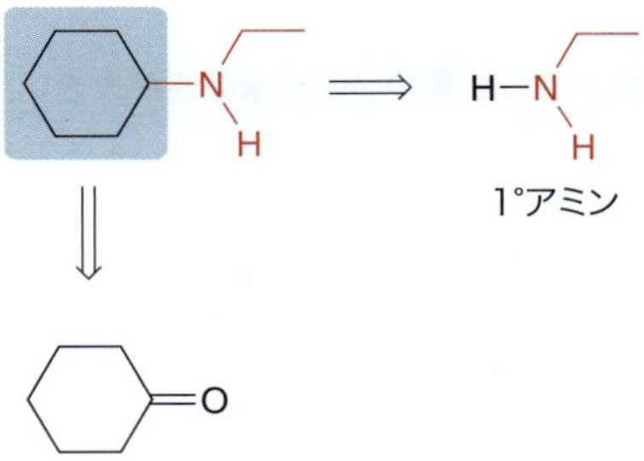

⟹ H–N(Et)H  1°アミン

⟹ シクロヘキサノン

**可能性[2]** シクロヘキシルアミンとアルデヒドを用いる

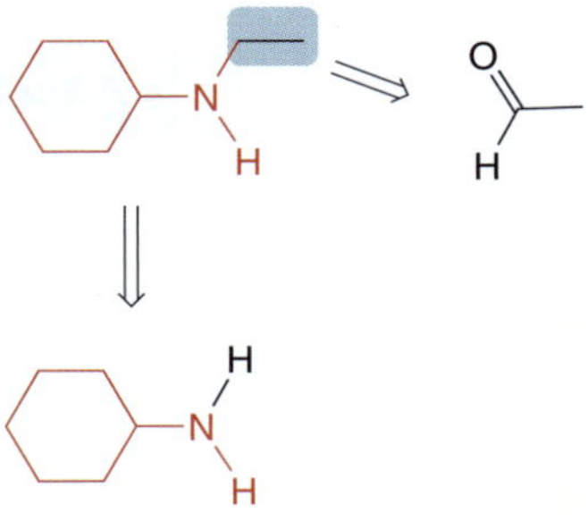

⟹ アセトアルデヒド

⟹ シクロヘキシルアミン  1°アミン

還元的アミノ化反応によって窒素原子に R 基が一つ結合するので，第二級アミンを合成する二つのルートはいずれも第一級アミンが出発物質となる．

**問題 25.15** 還元的アミノ化反応を用いて次の医薬品を合成するために必要な出発物質を示せ．複数のルートが考えられる場合は，可能な化合物の組合せすべてを示せ．

a. リマンタジン（rimantadine）
インフルエンザ治療に用いられる抗ウイルス剤

b. プソイドエフェドリン（pseudoephedrine）
鼻粘膜充血緩和剤

**問題 25.16** (a) フェンテルミン（PhCH$_2$C(CH$_3$)$_2$NH$_2$）は，還元的アミノ化反応によっては合成することができない．その理由を説明せよ．(b) 法律によって禁止されたダイエット薬であるフェン・フェン（fen-phen）の成分の一つであるフェンテルミンの体系的名称を示せ．

## 25.8 アミンの反応――一般的な特徴

- **アミンの化学は窒素上の孤立電子対によって決められる．**

周期表の第二周期にある三つの元素である窒素，酸素，およびフッ素だけが，中性の有機化合物において孤立電子対をもっている．同一周期を右へ進むにつれて塩基性および求核性は減少するので，これらの元素のうち**最も塩基性が強く最も求核性が大きいのは窒素である**．

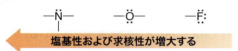

塩基性および求核性が増大する

- **アミンは他の中性の有機化合物よりも塩基性が強く求核性が大きい．**

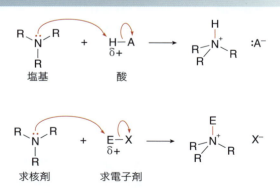

- アミンは酸性度の高いプロトンをもつ化合物に対しては塩基として反応する．
- アミンは求電子的な炭素をもつ化合物に対しては求核剤として反応する．

## 25.9 塩基としてのアミン

**アミンはさまざまな有機酸や無機酸に対して、塩基として反応する．**

$$R-\ddot{N}H_2 + H-A \rightleftharpoons R-\overset{+}{N}H_3 + :A^-$$
塩基　　　酸　　　　共役酸
$pK_a \approx 10 \sim 11$

> 生成物側に傾かせるには
> HA の $pK_a$ が 10 未満でなければならない

アミンをプロトン化するのに利用できる酸にはどんなものがあるだろうか．より弱い酸とより弱い塩基が生成するとき，酸-塩基反応の平衡は生成物側に傾く．プロトン化されたアミンの $pK_a$ はたいてい 10 〜 11 なので，平衡を生成物側に傾けるには，出発物質の酸の $pK_a$ が **10 未満**でなければならない．アミンは，HCl や $H_2SO_4$ のような強無機酸およびカルボン酸によって容易にプロトン化される．

$$\text{Et}\ddot{N}H_2 + H-\ddot{C}\ddot{l}: \rightleftharpoons \text{Et}\overset{+}{N}H_3 + :\ddot{C}\ddot{l}:^-$$
$pK_a = -7$　　　　　　　　　$pK_a = 10.8$

$$\text{Et}_3\ddot{N} + H-\ddot{O}-\text{COCH}_3 \rightleftharpoons \text{Et}_3\overset{+}{N}H + :\ddot{O}-\text{COCH}_3^-$$
$pK_a = 4.8$　　　　　　　　　$pK_a = 11.0$
**平衡は生成物側に傾く**

> 抽出操作の原理については 19.12 節で詳しく説明した．

アミンは酸性水溶液によってプロトン化されるので，分液ロートを用いる抽出によって他の有機化合物から分離することができる．**抽出**（extraction）**は溶解度の違いにもとづいて化合物を分離する操作である．**アミンが酸水溶液によってプロトン化されると，その溶解性が変化する．

たとえば，シクロヘキシルアミンに HCl 水溶液を作用させると，プロトン化されアンモニウム塩が生成する．アンモニウム塩はイオン性なので，水には溶けるが有機溶媒には溶けない．非常に塩基性の弱いアルコールのような他の有機化合物では，同様の酸-塩基反応は起こらない．

$$C_6H_{11}-\ddot{N}H_2 + H-Cl \longrightarrow C_6H_{11}-\overset{+}{N}H_3 + Cl^-$$

シクロヘキシルアミン　　　　　塩化シクロヘキシルアンモニウム
（cyclohexylamine）　　　　　（cyclohexylammonium chloride）
・水に不溶　　　　　　　　　　・水に可溶
・$CH_2Cl_2$ に可溶　　　　　　・$CH_2Cl_2$ に不溶

この酸-塩基の化学の違いは，図 25.9 に示した段階的な抽出操作を用いてシクロヘキシルアミンとシクロヘキサノールを分離するのに利用される．

> • 酸-塩基反応によって水溶性のアンモニウム塩に変換することで，アミンは他の有機化合物から分離することができる．

したがって，$(C_6H_{11}NH_2$ のプロトン化によって得られる）水溶性の塩 $C_6H_{11}NH_3^+Cl^-$

は，水に不溶なシクロヘキサノールから抽出操作によって分離することができる．

**問題 25.17** 次の酸‐塩基反応の生成物を示せ．また，平衡は反応物質側と生成物側のどちらに傾くかも示せ．

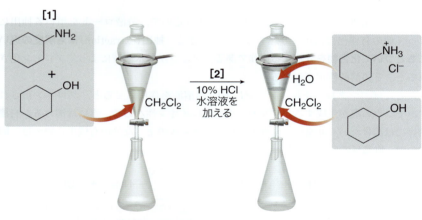

アミンの多くは有用な医薬品としての性質をもっているが，水に不溶という難点がある．そこで血中の水媒体を介して体内で医薬品が容易に輸送されるように，水溶性のアンモニウム塩の形で市販されている．ジフェンヒドラミンをHClで処理して得

図 25.9 抽出操作によるシクロヘキシルアミンとシクロヘキサノールの分離

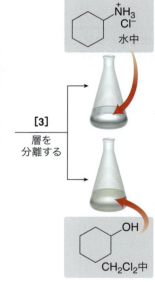

**ステップ[1]** シクロヘキシルアミンとシクロヘキサノールを $CH_2Cl_2$ に溶かす．

**ステップ[2]** 10% HCl 水溶液を加えると二層に分かれる．

**ステップ[3]** 層を分離する．

- 二つの化合物はともに有機溶媒である $CH_2Cl_2$ に溶ける．

- 10% HCl 水溶液を加えると二層になる．二つの層を混合する（振り混ぜる）と，HClがアミン（$RNH_2$）をプロトン化し，水層に溶ける $RNH_3^+Cl^-$ が生成する．
- シクロヘキサノールは $CH_2Cl_2$ 層に残ったままである．

- 栓を開けて下の層を流しだすことによって，二つの層を分離できる．
- シクロヘキサノール（$CH_2Cl_2$ に溶けている）を一つのフラスコにとる．アンモニウム塩 $RNH_3^+Cl^-$（水に溶けている）をもう一つのフラスコにとる．

25.10 アミンと他の化合物の相対的塩基性度　1117

抗ヒスタミン剤や充血緩和剤の多くがアンモニウム塩として売られている.

られる Benadryl® は，皮膚の発疹やじんましんのかゆみ，炎症を抑える効能をもった抗ヒスタミン剤である．

ジフェンヒドラミン
(diphenhydramine)
水に不溶

＋ HCl →

アンモニウム塩
米商品名：Benadryl®
(ジフェンヒドラミンの塩酸塩)
水に可溶

**問題 25.18** 次の化合物を抽出操作によって分離するための手順を示せ．

a. シクロヘキシルアミン と メチルシクロヘキサン

b. トリブチルアミン と ジブチルエーテル

## 25.10 アミンと他の化合物の相対的塩基性度

異なる化合物の相対的酸性度は $pK_a$ 値によって比べることができる．これに対してアミンのような化合物の相対的塩基性度(basicity)は，それらの共役酸(conjugate acid)の $pK_a$ 値によって比べることができる．

- 共役酸が弱いほど，その $pK_a$ 値はより大きく，元の塩基はより強い．

$$R-\ddot{N}H_2 + H-A \rightleftharpoons R-\overset{+}{N}H_3 + :A^-$$
塩基　　　　　　　　共役酸

より強い塩基 ← 酸が弱いほど $pK_a$ はより大きい

二つの化合物の塩基性度を比べるには次のことを覚えておこう．

- N原子上の電子密度を高めるすべての因子がアミンの塩基性度を高める．
- N原子上の電子密度を低下させるすべての因子がアミンの塩基性度を低下させる．

### 25.10.1 アミンと $NH_3$ の比較

アルキル基は電子供与性基なので，窒素上の電子密度を高める．したがって，$CH_3CH_2NH_2$ のようなアミンは $NH_3$ よりも塩基性が強い．実際，$CH_3CH_2NH_3^+$ の $pK_a$ 値は $NH_4^+$ の $pK_a$ 値より大きく，そのため **$CH_3CH_2NH_2$ は $NH_3$ よりも強い塩基である．**

第一級，第二級，および第三級アミンの相対的塩基性度は，さまざまな因子に依存するが，本書ではそれらについては考慮していない．

$pK_a = 9.3$　　H–$\overset{+}{N}H_3$　　　　　$\overset{..}{N}H_3$
　　　　　　$pK_a$がより小さい　　　より弱い塩基
　　　　　　より強い酸

$pK_a = 10.8$　　　$\overset{+}{N}H_3$　　　　　$\overset{..}{N}H_2$
　　　　　　$pK_a$がより大きい　　　より強い塩基
　　　　　　より弱い酸

一つの電子供与性基がアミンの塩基性を強くする

- 第一級，第二級，および第三級アルキルアミンは，R 基の電子供与性の誘起効果のために $NH_3$ よりも塩基性が強い．

**問題 25.19** 次の組合せにおいてより塩基性が強い化合物はどちらか．
a. $(CH_3)_2NH$ と $NH_3$　　　b. $CH_3CH_2NH_2$ と $ClCH_2CH_2NH_2$

## 25.10.2 アルキルアミンとアリールアミンの比較

アルキルアミン($CH_3CH_2NH_2$)とアリールアミン($C_6H_5NH_2$，アニリン)を比較するには，N 原子上の孤立電子対がどれだけ利用できるかを見ればよい．$CH_3CH_2NH_2$ においては，電子対は N 原子上に局在化している．一方，アリールアミンにおいては，電子対がベンゼン環に非局在化している．そのため，アリールアミンでは N 原子上の電子密度が<u>減少しており</u>，$C_6H_5NH_2$ は $CH_3CH_2NH_2$ よりも塩基性が弱くなっている．

電子対がベンゼン環に非局在化している
より弱い塩基

電子対が N 原子上に局在化している
より強い塩基

$pK_a$ 値がこの理論を裏づけてくれる．$CH_3CH_2NH_3^+$ の $pK_a$ は $C_6H_5NH_3^+$ の $pK_a$ よりもはるかに大きいので(10.8 vs 4.6)，**$CH_3CH_2NH_2$ は $C_6H_5NH_2$ よりもはるかに強い塩基である**．

- アリールアミン(arylamine)は N 原子上の電子対が非局在化しているので，アルキルアミンよりも塩基性が弱い．

置換アニリンの塩基性は，置換基の性質によってアニリンより強くも弱くもなる．

- 電子供与性基はベンゼン環の電子密度を高めるので，アリールアミンをアニリンよりも強い塩基にする．

## 25.10 アミンと他の化合物の相対的塩基性度

**D = 電子供与性基**

D はアミンをアニリンよりも強い塩基にする

| D |
|---|
| $-NH_2$ |
| $-OH$ |
| $-OR$ |
| $-NHCOR$ |
| $-R$ |

- 電子求引性基はベンゼン環から電子密度を奪うので，アリールアミンをアニリンよりも弱い塩基にする．

**W = 電子求引性基**

W はアミンをアニリンよりも弱い塩基にする

| W | |
|---|---|
| $-X$ | $-CN$ |
| $-CHO$ | $-SO_3H$ |
| $-COR$ | $-NO_2$ |
| $-COOR$ | $-NR_3^+$ |
| $-COOH$ | |

置換安息香酸の酸性度に対する，電子供与性基および電子求引性基の影響については 19.11 節で説明した．

置換基が電子密度を与えるか奪うかは，その置換基の誘起効果と共鳴効果(18.6 節および図 18.8)の間のバランスで決まる．

**例題 25.3** 次の化合物を塩基性度が低いものから順に並べよ．

アニリン
(aniline)

p-ニトロアニリン
(p-nitroaniline)

p-メチルアニリン
(p-methylaniline)
(p-トルイジン, p-toluidine)

**【解答】**

**p-ニトロアニリン**：$NO_2$ は電子求引性基なのでこのアミンはアニリンよりも**塩基性が弱い**．

N 原子上の孤立電子対が O 原子に非局在化するので，アミンの塩基性度が低くなる

**p-メチルアニリン**：$CH_3$ は電子供与性の誘起効果をもっているので，このアミンはアニリンよりも**塩基性が強い**．

$CH_3$ 基は誘起的に電子密度を供与するので，アミンの塩基性度が高くなる

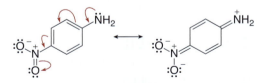

p-ニトロアリニン　　アニリン　　p-メチルアニリン
　　　　　　　　　　　　　　　　(p-トルイジン)

塩基性度が高くなる →

### 図 25.10
置換アニリンの静電ポテンシャル図

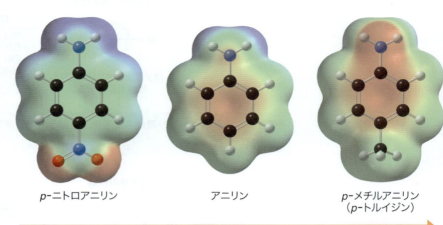

p-ニトロアニリン　　アニリン　　p-メチルアニリン（p-トルイジン）

**塩基性度が高くなる →**

パラ位の置換基が，$NO_2 \rightarrow H \rightarrow CH_3$ と変化するにつれて，$NH_2$ 基はより電子豊富になる．このことが静電ポテンシャル図の $NH_2$ のまわりの色の変化（緑→黄→赤色）によって表されている．

---

図 25.10 の静電ポテンシャル図を見れば，これらの置換アニリンの窒素原子の電子密度が矢印で示した順に増大していることがわかる．

**問題 25.20** 次の化合物を塩基性度が低いものから順に並べよ．

a. ![aniline] と ![p-methoxyaniline] と ![methyl p-aminobenzoate]

b. ![cyclohexylamine] と ![aniline] と ![p-nitroaniline]

## 25.10.3 アルキルアミンとアミドの比較

アルキルアミン（$RNH_2$）とアミド（$RCONH_2$）の塩基性度を比較するには，窒素上の孤立電子対がどれだけ有効に利用できるかを比べればよい．$RNH_2$ では電子対が N 原子上に局在化している．一方，アミドでは電子対は共鳴によってカルボニル酸素上に非局在化している．このため，N 原子上の電子密度が減少し，**アミドはアルキルアミンよりも塩基性が弱くなる**．

N 原子上の電子対が共鳴によって O 原子上に非局在化される

## 25.10 アミンと他の化合物の相対的塩基性度

- **N 原子上の電子対が非局在化されるので，アミドはアミンよりも塩基性が弱い．**

実際，アミドは普通のカルボニル化合物と同程度の塩基性しかない．アミドに酸を作用させると，**プロトン化は窒素ではなくカルボニル酸素に起こる**．これは，生成するカチオンが共鳴安定化されるためである．

共役酸に対して三つの共鳴構造式が書ける

**問題 25.21** 次の化合物を塩基性度が低いものから順に並べよ．

### 25.10.4 芳香族ヘテロ環アミン

芳香族である含窒素ヘテロ環の相対的塩基性度を決めるには，窒素の孤立電子対が芳香族π系の一部を担っているかどうかを見ればよい．

たとえば，ピリジンとピロールはいずれも芳香族化合物であるが，これらの化合物のN原子上の孤立電子対は異なる軌道を占めている．**ピリジンの孤立電子対は六つのp軌道の方向と垂直な sp$^2$ 混成軌道を占めており**，芳香族系の一部を担っていない．一方，ピロールの孤立電子対はp軌道を占めており，芳香族系の一部である．これらについて学んだ 17.8.3 項を思いだそう．**ピロールの孤立電子対は五員環を形成しているすべての原子上に非局在化しており**，そのためピロールの塩基性はピリジンよりもはるかに弱い．

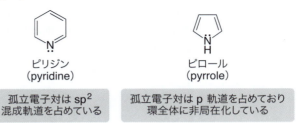

ピリジン
(pyridine)

孤立電子対は sp$^2$
混成軌道を占めている

ピロール
(pyrrole)

孤立電子対は p 軌道を占めており
環全体に非局在化している

その結果，ピロールの共役酸の p$K_a$ はピリジンの共役酸の p$K_a$ よりもはるかに小さくなる．

問題 17.50 で示したように，ピロールのプロトン化は N 原子ではなく環上の炭素原子で起こる．

$pK_a$ がより大きい
より弱い酸
$pK_a = 5.3$

ピリジン
より強い塩基

$pK_a$ がより小さい
より強い酸
$pK_a = 0.4$

ピロール
より弱い塩基

- ピロールはその孤立電子対が芳香族 π 系の一部であるため，ピリジンよりもはるかに塩基性が弱い．

### 25.10.5 混成効果

H–A 結合の酸性度に対する混成の影響については 2.5.4 項（上巻）で説明した．

アミンの孤立電子対を含む軌道の混成（hybridization）もまた塩基性度に影響する．二つの含窒素ヘテロ環化合物である**ピペリジン**（piperidine）と**ピリジン**（pyridine）の塩基性度の比較によってこのことが明らかになる．ピペリジンの孤立電子対は 25% の s 性をもった $sp^3$ 混成軌道を占めている．一方，ピリジンの孤立電子対は 33% の s 性をもった $sp^2$ 混成軌道を占めている．

ピペリジン
(piperidine)

孤立電子対は $sp^3$ 混成軌道を占めている

ピリジン
(pyridine)

孤立電子対は $sp^2$ 混成軌道を占めている

- 孤立電子対を含む軌道の s 性の割合が大きいほど，孤立電子対はしっかりと窒素の原子核に保持されており，より弱い塩基になる．

ピリジンはその孤立電子対が $sp^2$ 混成軌道にあるので，ピペリジンよりも弱い塩基である．ピリジンは芳香族アミンであるが，その孤立電子対は非局在化した π 系の一部ではないので，その塩基性度は N 原子の混成状態によって決まる．その結果，ピリジンの共役酸の $pK_a$ 値はピペリジンの共役酸の $pK_a$ 値よりもはるかに小さく，ピリジンのほうが弱い塩基になる．

$pK_a$ がより小さい
より強い酸
$pK_a = 5.3$

ピリジン
より弱い塩基

$pK_a$ がより大きい
より弱い酸
$pK_a = 11.1$

ピペリジン
より強い塩基

**問題 25.22** 次のそれぞれの化合物において，より塩基性の強い窒素原子はどちらか．

a. DMAP
4-(*N*,*N*-ジメチルアミノ)ピリジン
〔4-(*N*,*N*-dimethylamino)pyridine〕

b. ニコチン
(nicotine)

### 25.10.6 まとめ

酸-塩基の化学は有機化学の多くのプロセスのなかで中心となるので，本書の全体にわたって絶えず取り上げてきた．表 25.2 および 25.3 に 25.10 節で解説した酸-塩基の原理についてまとめる．これらの表を指針として，例題 25.4 のように，二つ以上の窒素原子をもつ分子の最も塩基性の強い部位を決定することができる．

**例題 25.4** クロロキンに存在する N 原子のうち，どれが最も強い塩基かを示せ．

クロロキン
(chloroquine)

**【解答】**
クロロキンに含まれる赤色，青色，緑色の三つの窒素原子について考える．N 原子上の電子密度が減少すると塩基性が弱くなることを思い起こそう．

マラリアは，ハマダラカ類(*Anopheles*)の蚊によって拡散される原生動物の寄生虫が引き起こす伝染病である．1945 年以来，マラリアの治療にクロロキンが使用されている．

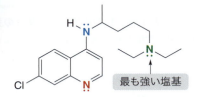

最も強い塩基

- N 原子は芳香環に結合しているので，孤立電子対はアニリンのように環に非局在化し，塩基性は弱くなる．
- 孤立電子対は N 原子上に局在化しているが，N 原子は $sp^2$ 混成している．s 性の割合が大きくなると塩基性は弱くなる．
- N 原子は局在化した孤立電子対をもち，$sp^3$ 混成しているので，この窒素が分子中で最も塩基性の強い部位である．

## 表 25.2 アミンの塩基性度を決定する因子

| 因子 | 例 |
|---|---|
| [1] 誘起効果：N原子に電子供与性基が結合すると塩基性が強くなる. | • $RNH_2$, $R_2NH$, $R_3N$ は $NH_3$ よりも塩基性が強い. |
| [2] 共鳴効果：N原子上の孤立電子対が非局在化すると塩基性は弱くなる. | • アリールアミン($C_6H_5NH_2$)はアルキルアミン($RNH_2$)よりも塩基性が弱い.<br>• アミド($RCONH_2$)はアミン($RNH_2$)よりもはるかに塩基性が弱い. |
| [3] 芳香族性：N原子上の孤立電子対が芳香族π系の一部となると塩基性は弱くなる. | • ピロールはピリジンよりも塩基性が弱い.<br> <br>塩基性がより弱い　　塩基性がより強い |
| [4] 混成効果：孤立電子対をもった軌道のs性の割合が大きくなると塩基性は弱くなる. | • ピリジンはピペリジンよりも塩基性が弱い.<br> <br>塩基性がより弱い　　塩基性がより強い |

## 表 25.3 代表的な有機窒素化合物の $pK_a$ 値

| | 化合物 | 共役酸の$pK_a$ |
|---|---|---|
| アンモニア (ammonia) | $NH_3$ | 9.3 |
| アルキルアミン[a] (alkylamine) | ピペリジン | 11.1 |
| | $(CH_3CH_2)_2NH$ | 11.1 |
| | $(CH_3CH_2)_3N$ | 11.0 |
| | $CH_3CH_2NH_2$ | 10.8 |
| アリールアミン[b] (arylamine) | $p$-$CH_3OC_6H_4NH_2$ | 5.3 |
| | $p$-$CH_3C_6H_4NH_2$ | 5.1 |
| | $C_6H_5NH_2$ | 4.6 |
| | $p$-$NO_2C_6H_4NH_2$ | 1.0 |
| 芳香族ヘテロ環アミン[c] (heterocyclic aromatic amine) | ピリジン | 5.3 |
| | ピロール | 0.4 |
| アミド (amide) | $RCONH_2$ | -1 |

[a] アルキルアミンの共役酸の $pK_a$ 値は約10〜11である
[b] 共役酸の $pK_a$ は，ベンゼン環の電子密度が減少するにつれて小さくなる
[c] 共役酸の $pK_a$ は N 原子上の孤立電子対が局在化しているか非局在化しているかに依存する

**問題 25.23** 次のそれぞれの化合物の中でより塩基性の強いN原子はどれか．それぞれの化合物にHClを作用させたときの生成物は何か．

a.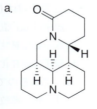
マトリン (matrine)
ルピンに含まれるアルカロイド

b.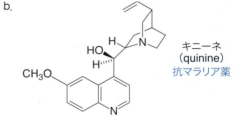
キニーネ (quinine)
抗マラリア薬

顕花植物に分類されるルピン（問題25.23と25.78）は，ペルーのアンデス山脈やアラスカの一部地域の道端でたくさん見ることができる．

## 25.11 求核剤としてのアミン

アミンは求核剤として，求電子的な炭素原子と反応する．この反応の詳細については 21 章および 22 章ですでに述べたので，ここではアミンの窒素が果たす役割について強調するにとどめる．

> • アミンはカルボニル基を攻撃し，求核付加または求核置換生成物を与える．

生成物の形はカルボニル求電子剤に依存する．これらの反応では，中性の有機生成物だけが生成するので，反応は第一級アミンと第二級アミンに限定される．

### [1] 第一級アミンおよび第二級アミンと，アルデヒドおよびケトンの反応（21.11 節，21.12 節）

アルデヒドやケトンは第一級アミンと反応して**イミン**（imine）を生成し，第二級アミンと反応すると**エナミン**（enamine）を生成する．いずれの反応もアミンのカルボニル基への求核付加で始まり，まずヘミアミナール（hemiaminal）が生成する．続いてこれが水を失って最終生成物が得られる．

### [2] $NH_3$，第一級アミン，および第二級アミンと，酸塩化物および酸無水物の反応（22.8 節，22.9 節）

酸塩化物と酸無水物は $NH_3$，第一級アミン，第二級アミンと反応して，それぞれ**第一級，第二級，第三級アミド**（amide）を生成する．これらの反応は窒素求核剤のカルボニル基への攻撃と，それに続く脱離基（$Cl^-$ または $RCO_2^-$）の脱離によって進行する．全体として反応を見れば，窒素求核剤による脱離基の置換反応としてとらえることができる．

**問題 25.24** 次のカルボニル化合物を以下の二つのアミンと反応させたときの生成物を書け．
[1] CH₃CH₂CH₂NH₂   [2] (CH₃CH₂)₂NH

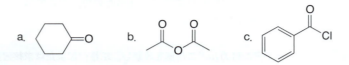

アミンのアミドへの変換は置換アニリンの合成に有用である．アニリン自体はフリーデル-クラフツ反応(18.10.2項)を起こさない．その代わりに，N原子上の塩基性の孤立電子対がルイス酸($AlCl_3$)と反応して，それ以上反応できない不活性錯体 (deactivated complex) を生成する．

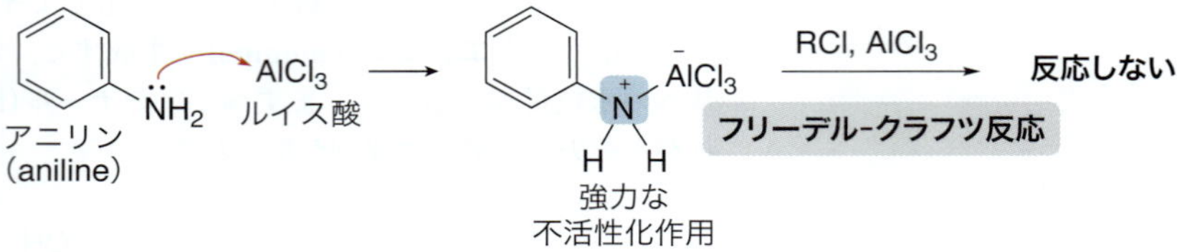

しかし，アミドのN原子は，アミンのN原子よりもはるかに塩基性が弱いので，$AlCl_3$を用いても同様のルイス酸-塩基反応は進行しない．そこで，中間体アミド (intermediate amide) を経由する三つの反応を段階的に行えば，フリーデル-クラフツ反応の生成物を合成できる．

[1] アミン(アニリン)のアミド(アセトアニリド)への変換．
[2] フリーデル-クラフツ反応の実行．
[3] **アミドの加水分解**による遊離アミノ基 (free amino group) の再生．

**図 25.11** アミンの保護基としてのアミド

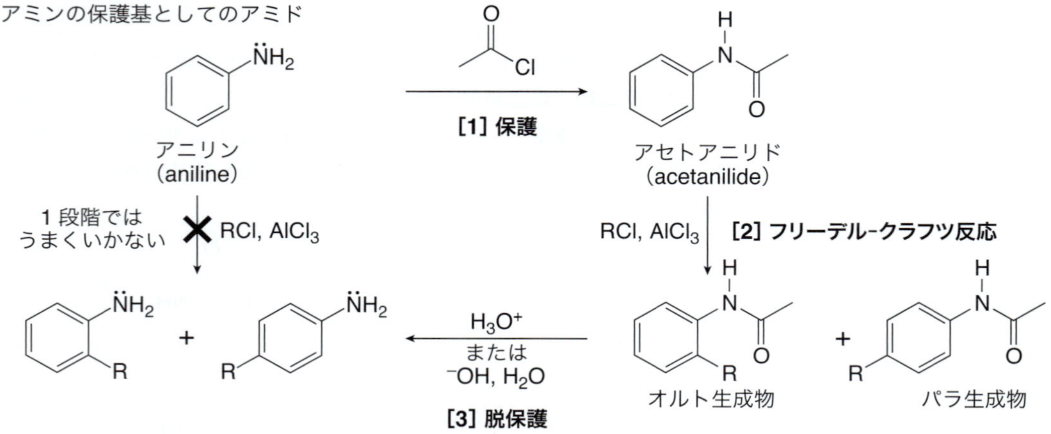

アミドを保護基として用いる3段階の手法
[1] アニリンを塩化アセチル($CH_3COCl$)と反応させてアミド(アセトアニリド)を生成する．
[2] アニリンに比べてはるかに塩基性の弱いアセトアニリドは，フリーデル-クラフツ反応条件下で求電子芳香族置換反応を起こし，オルトおよびパラ生成物が得られる．
[3] アミドの加水分解によってフリーデル-クラフツ置換生成物が得られる．

この3段階の手法を図 25.11 に示す．tert - ブチルジメチルシリルエーテルやアセタールが，アルコールやカルボニルをそれぞれ保護するのに用いられる（20.12 節および 21.15 節）ように，**アミドは $NH_2$ 基の保護基**（protecting group）**として利用できる**．

**問題 25.25** アニリン（$C_6H_5NH_2$）から次の化合物を合成する方法を示せ．

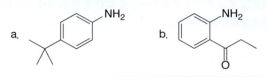

## 25.12 ホフマン脱離

**アルコールと同様，アミンは劣った脱離基をもっている**．たとえば，β 脱離反応を起こすためには，第一級アミンは二つの隣接する原子から $NH_3$ を失う必要がある．しかし，脱離基である $^-NH_2$ は非常に強い塩基であり，この反応は起こらない．

この課題を解決する唯一の方法は，$^-NH_2$ をより優れた脱離基に変換することである．これを実行するための最も一般的な方法は**ホフマン脱離**（Hofmann elimination）と呼ばれ，β 脱離に先立ってアミンを第四級アンモニウム塩に変換する．

### 25.12.1 ホフマン脱離の詳細

**ホフマン脱離**によってアミンはアルケンに変換される．

ホフマン脱離は，次のプロピルアミンのプロペンへの変換で示すように，3段階からなる．

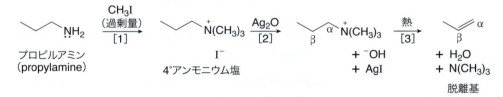

- ステップ[1]で，アミンは求核剤として過剰量の $CH_3I$ と $S_N2$ 反応して，第四級アンモニウム塩が生成する．**生成した $N(CH_3)_3$ 基は $^-NH_2$ よりもはるかに優れた脱離基である**．
- ステップ[2]で，アンモニウム塩のアニオン部分を入れ換えて，異なるアニオンを対イオンとする第四級アンモニウム塩に変換する．酸化銀（I）（$Ag_2O$）によって，対イオンである $I^-$ アニオンをより強い塩基である $^-OH$ に変換する．

- ステップ[3]で，アンモニウム塩を加熱すると，$^-$OH が β 炭素原子からプロトンを引き抜いて，アルケンの新しい π 結合が生成する．この脱離は **E2** 機構で進む．そのため，

- すべての結合の切断と生成が 1 段階で起こる．
- 脱離はアンチペリプラナー，すなわち H と N(CH$_3$)$_3$ が分子の反対側に配置された構造を経て進行する．

ホフマン脱離に対する一般的な E2 機構を機構 25.1 に示す．

### 機構 25.1　ホフマン脱離の E2 機構

脱離は H と N(CH$_3$)$_3$ がアンチペリプラナーの配置をとった構造で進行する．塩基が β 炭素上のプロトンを引き抜き，C−H 結合を形成していた電子対が π 結合を生成し，N(CH$_3$)$_3$ が脱離基として脱離する．

すべてのホフマン脱離は，シクロヘキシルアミンと 2-フェニルエチルアミンについて示したように，α および β 炭素原子間に新しい π 結合を生成する．

シクロヘキシルアミン
(cyclohexylamine)
[1] CH$_3$I (過剰量)
[2] Ag$_2$O
[3] 熱

2-フェニルエチルアミン
(2-phenylethylamine)
[1] CH$_3$I (過剰量)
[2] Ag$_2$O
[3] 熱

ホフマン脱離の各ステップで用いる反応剤を覚えるためには，各ステップで起こる反応を理解しておく必要がある．

- **ステップ[1]**では，アミンから第四級アンモニウム塩を生成し，劣った脱離基を優れた脱離基に変換する．
- **ステップ[2]**では，脱離反応に必要な強塩基 $^-$OH を供給する．
- **ステップ[3]**では，E2 脱離反応によって新しい π 結合が生成する．

25.12 ホフマン脱離　1129

**問題 25.26** 次の化合物に過剰量の $CH_3I$ を作用させ，続いて $Ag_2O$ を加えて加熱することによって得られる生成物を示せ．

a. $CH_3CH_2CH_2CH_2NH_2$　b. $(CH_3)_2CHNH_2$　c. シクロペンチルアミン ($C_5H_9NH_2$)

### 25.12.2 ホフマン脱離の位置選択性

ホフマン脱離と他の E2 脱離の間には，大きな違いが一つある．

- 構造異性体が生成する可能性のある場合，ホフマン脱離では置換基のより<u>少ない</u>アルケンが主生成物となる．

たとえば，2-メチルシクロペンタンアミンから H と $N(CH_3)_3$ をホフマン脱離によって脱離させると，異なる β 炭素($β_1$ と $β_2$)をもった二つの構造異性体が生成する．すなわち，二置換アルケン **A**(主生成物)と三置換アルケン **B**(副生成物)の二つである．

2-メチルシクロペンタンアミン
(2-methylcyclopentanamine)
→ [1] $CH_3I$ (過剰量) [2] $Ag_2O$ → 中間体($β_1$, $β_2$, $N(CH_3)_3$, $^-OH$) → [3] 熱 →
**A** 主生成物 二置換アルケン ＋ **B** 副生成物 三置換アルケン

ホフマン脱離のこの位置選択性(regioselectivity)は，ザイツェフ則〔8.5 節(上巻)〕によって置換基のより多い二重結合を生成する他の E2 脱離反応とは異なっている．この結果は脱離基 $N(CH_3)_3$ の大きさによって説明することができる．**ホフマン脱離では，α 炭素の近傍に嵩高い脱離基があるので，塩基はより置換基が少なくて近づきやすい β 炭素原子からプロトンを引き抜く**．

**例題 25.5** 次のアミンのホフマン脱離によって生成する主生成物を示せ．

シクロヘキシルアミン → [1] $CH_3I$ (過剰量) [2] $Ag_2O$ [3] 熱

**【解答】**
問題のアミンには三つの β 炭素があるが，そのうちの二つは同等であるため，二種類のアルケンが生成する可能性がある．α および β 炭素間に C＝C をもつアルケンを生成させて，二つの脱離生成物を書く．主生成物は**より置換基の少ない二重結合**，すなわちこの例では α および $β_1$ 炭素間に C＝C をもったアルケンである．

$β_2$, $β_1$, α, $NH_2$, $β_2$ → [1] $CH_3I$ (過剰量) [2] $Ag_2O$ [3] 熱 → 主生成物 ($β_1$ 位に =CH_2) 二置換アルケン ＋ 副生成物 (α, $β_2$ 間) 三置換アルケン

出発物質としてハロゲン化アルキルとアミンをそれぞれ用いたときの，E2 脱離反応の生成物の違いを図 25.12 に示す．ハロゲン化アルキル（2-ブロモペンタン）に塩基を作用させると，**ザイツェフ則**に従って，より置換基の多いアルケンが主生成物として生成する．一方，アミン（2-ペンタンアミン）から 3 段階を経由するホフマン脱離では，より置換基の少ないアルケンが主生成物として生成する．

図 25.12　ハロゲン化アルキルとアミンをそれぞれ出発物質とする E2 脱離反応の比較

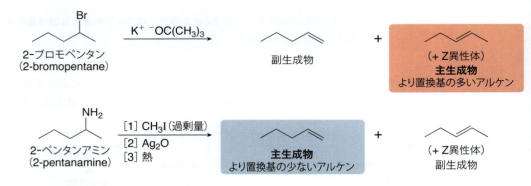

問題 25.27　次のアミンに過剰量の CH$_3$I を作用させ，続いて Ag$_2$O を加えて加熱することによって得られる生成物を示せ．

問題 25.28　次の反応で得られる主生成物を示せ．

## 25.13　アミンと亜硝酸の反応

**亜硝酸（HNO$_2$）**は不安定な弱酸で，NaNO$_2$ と HCl などの強酸から生成する．

## 25.13 アミンと亜硝酸の反応

[反応式: H–Cl + Na⁺ ⁻O–N=O → HO–N=O (亜硝酸) + Na⁺ Cl⁻]

酸が存在すると，亜硝酸は**ニトロソニウムイオン**（nitrosonium ion，⁺NO）に分解する．この求電子剤はアミンの求核的な窒素原子と反応して，第一級アミンから**ジアゾニウム塩**（diazonium salt, RN₂⁺Cl⁻）を，第二級アミンから**N-ニトロソアミン**（N-nitrosamine, R₂NN=O）を生成する．

[反応式: H–Cl + HO–N=O (亜硝酸) → H₂O⁺(H)–N=O + :Cl⁻ → H₂O + ⁺N=O: ニトロソニウムイオン (nitrosonium ion) 求電子剤]

### 25.13.1 ⁺NO と第一級アミンの反応

亜硝酸を第一級アミンやアリールアミンと反応させると，**ジアゾニウム塩**（diazonium salt）が生成する．この反応は**ジアゾ化反応**（diazotization）と呼ばれる．

[反応式: R–NH₂ —NaNO₂/HCl→ R–N⁺≡N: Cl⁻ アルキルジアゾニウム塩 (alkyl diazonium salt)]

[反応式: Ph–NH₂ —NaNO₂/HCl→ Ph–N⁺≡N: Cl⁻ アリールジアゾニウム塩 (aryl diazonium salt)]

この反応の機構は数段階からなる．このジアゾ化反応はニトロソニウムイオンへのアミンの求核攻撃で始まり，概念的にはこれを二つの部分に分けることができる．すなわち，機構25.2に示すように，**N-ニトロソアミン**の生成と，これに続く H₂O の脱離である．

### 機構 25.2　第一級アミンからのジアゾニウム塩の生成

**反応[1]** *N*-ニトロソアミンの生成

[反応機構: R–NH₂ + :N⁺=O: (NaNO₂ + HCl から) —①→ R–N⁺(H)(H)–N=O: / :Cl⁻ —②→ R–N(H)–N=O: *N*-ニトロソアミン (*N*-nitrosamine) + HCl]

①–② ニトロソニウムイオン（⁺NO）に対するアミンの求核攻撃と，それに続く *N*-ニトロソアンモニウムイオンからのプロトンの脱離．

つづく

## 反応[2] ジアゾニウム塩の生成

③-⑤ 三度のプロトン移動によって優れた脱離基($H_2O$)をもつ中間体が生成する．
⑥ 水が脱離し，ジアゾニウムイオン($RN_2^+$)が生成する．ジアゾニウム塩はジアゾニウムイオン($RN_2^+$)と塩素アニオン($Cl^-$)からなる．

**アルキルジアゾニウム塩は一般的にあまり有用な化合物ではない**．それらは室温よりも低い温度で容易に分解し，非常に優れた脱離基である $N_2$ を放出してカルボカチオンが生成する．生成したカルボカチオンは，通常，置換反応，脱離反応，および転位反応による生成物の複雑な混合物を与える．

乾燥させると爆発することがあるので，ジアゾニウム塩の取扱いには十分な注意が必要である．

一方，**アリールジアゾニウム塩は非常に有用な合成中間体である**．それらはまれにしか単離されず，一般的に 0 ℃以上では不安定ではあるが，25.14 節で述べるように二つの一般的な反応の有用な出発物質として利用される．

### 25.13.2 $^+$NO と第二級アミンの反応

第二級アルキルアミンや第二級アリールアミンは亜硝酸と反応して $N$-ニトロソアミンを与える．

多くの $N$-ニトロソアミンはいくつかの食物やタバコの煙に含まれる強力な発がん性物質である．食物中のニトロソアミンは実験室で合成されるものと同じ方法，すなわち**第二級アミンと亜硝酸($HNO_2$)から生成するニトロソニウムイオン**(nitrosonium ion)**の反応**によって生成する．ジメチルアミン〔$(CH_3)_2NH$〕の $N$-ニトロソジメチル

アミン〔$(CH_3)_2NN=O$〕への変換を，機構 25.3 に示す．

### 機構 25.3　第二級アミンからの N-ニトロソアミンの生成

① - ② $^+NO$ に対するアミンの求核攻撃と，それに続くプロトンの脱離によって N-ニトロソアミンが生成する．

**問題 25.29**　次の化合物に $NaNO_2$ と HCl を作用させたときの生成物を示せ．

a. (2-メチルアニリン)  b. (N-メチルエチルアミン)  c. (ピペリジン)  d. (sec-ブチルアミン)

## 25.14　アリールジアゾニウム塩の置換反応

アリールジアゾニウム塩（aryl diazonium salt）は，次にあげる二つの一般的な反応に用いられる．

- 原子または原子団 Z による $N_2$ の置換によってさまざまな置換ベンゼンが生成する．

$$C_6H_5N_2^+Cl^- \xrightarrow{Z} C_6H_5Z + N_2 + Cl^-$$

- ベンゼン誘導体とジアゾニウム塩のカップリングによって，窒素-窒素二重結合をもつアゾ化合物（azo compound）が生成する．

$$C_6H_5N_2^+Cl^- + C_6H_5Y \longrightarrow C_6H_5-N=N-C_6H_4-Y + HCl$$

アゾ化合物

Y = $NH_2$, NHR, $NR_2$, OH（強い電子供与性基）

### 25.14.1　特殊な置換反応

アリールジアゾニウム塩はさまざまな反応剤と反応して，非常に優れた脱離基である $N_2$ が Z（原子または原子団）に置き換わった生成物を与える．これらの反応の機構は Z の性質によって変わるので，反応機構ではなく生成物に焦点をあてて見ていこう．

PhN₂⁺Cl⁻ → Ph-Z + N₂ + Cl⁻ (優れた脱離基)

### [1] OH による置換――フェノールの合成

PhN₂⁺Cl⁻ + H₂O → PhOH
フェノール (phenol)

ジアゾニウム塩に H₂O を反応させると**フェノール**(phenol)が生成する.

### [2] Cl または Br による置換――塩化アリールまたは臭化アリールの合成

PhN₂⁺Cl⁻ + CuCl → PhCl 塩化アリール (aryl chloride)

PhN₂⁺Cl⁻ + CuBr → PhBr 臭化アリール (aryl bromide)

ジアゾニウム塩に塩化銅(I)または臭化銅(I)を反応させると,**塩化アリール**または**臭化アリール**がそれぞれ得られる.この反応を**ザンドマイヤー反応**(Sandmeyer reaction)と呼ぶ.これは,$Cl_2$ または $Br_2$ とルイス酸触媒を用いる芳香環の直接塩素化反応(または直接臭素化反応)の別法である.

### [3] F による置換――フッ化アリールの合成

PhN₂⁺Cl⁻ + HBF₄ → PhF
フッ化アリール (aryl fluoride)

ジアゾニウム塩にテトラフルオロホウ酸($HBF_4$)を反応させると,**フッ化アリール**が生成する.フッ化アリールは,$F_2$ の反応性があまりに激しすぎて,$F_2$ とルイス酸触媒による直接フッ素化反応では合成できないために(18.3節),この方法は有用である.

### [4] I による置換――ヨウ化アリールの合成

PhN₂⁺Cl⁻ + NaI または KI → PhI
ヨウ化アリール (aryl iodide)

ジアゾニウム塩にヨウ化ナトリウムまたはヨウ化カリウムを反応させると,**ヨウ化

アリールが生成する．これもまた，$I_2$ による反応があまりにも遅く，$I_2$ とルイス酸触媒による直接ヨウ素化反応によってヨウ化アリールを合成することができないので（18.3節），有用な反応である．

[5] **CN による置換――ベンゾニトリルの合成**

$$\text{PhN}_2^+\text{Cl}^- \xrightarrow{\text{CuCN}} \text{PhCN}$$
ベンゾニトリル
（benzonitrile）

ジアゾニウム塩にシアン化銅(I)を作用させると，**ベンゾニトリル**が生成する．シアノ基は加水分解によってカルボン酸に，還元によってアミンまたはアルデヒドに，さらに有機金属反応剤との反応でケトンに，それぞれ変換できる．したがって，この反応は 22.18 節で述べた反応で用いる多様なベンゼン誘導体を合成する足がかりとなる．

[6] **H による置換――ベンゼンの合成**

$$\text{PhN}_2^+\text{Cl}^- \xrightarrow{\text{H}_3\text{PO}_2} \text{PhH}$$
ベンゼン
（benzene）

ジアゾニウム塩に次亜リン酸($H_3PO_2$)を作用させると，**ベンゼン**が生成する．この反応は $N_2$ を水素原子で置換し，ベンゼン環上の官能基を減らしてしまうので，その用途は限られている．それでも，他の方法では合成できない置換様式をもつ化合物を合成する際に，この反応は有用である．

たとえば，ベンゼンから直接臭素化反応によって 1,3,5-トリブロモベンゼンを合成することはできない．Br はオルト，パラ配向性基なので，$Br_2$ と $FeBr_3$ を用いる臭素化反応では，互いにベンゼン環上のメタ位に Br 置換基を導入することはできないためである．

1,3,5-トリブロモベンゼン
（1,3,5-tribromobenzene）

ところが，アニリンを出発物質にすると，三つの Br 原子を互いにメタ位に導入することが可能となる．$NH_2$ 基が非常に強力なオルト，パラ配向性をもっているので，ハロゲン化という 1 段階の反応で三つの Br 原子を一挙に導入することができる（18.10.1 項）．その後に，$NH_2$ 基をジアゾ化して，それに続く $H_3PO_2$ との反応によって取り除けばよい．

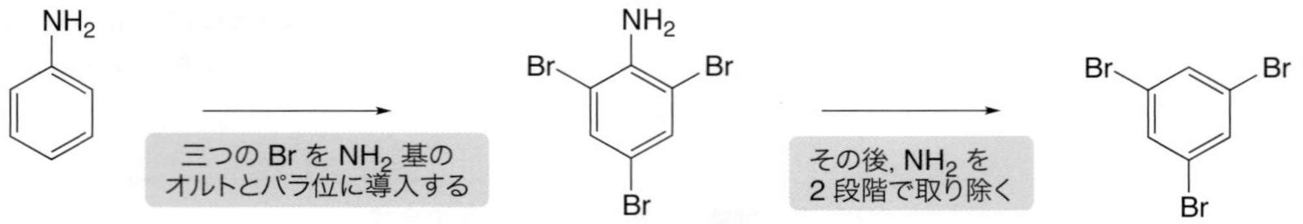

[三つの Br を NH₂ 基のオルトとパラ位に導入する] → [その後, NH₂ を 2 段階で取り除く]

ベンゼンから 1,3,5-トリブロモベンゼンを合成する全工程を図 25.13 にまとめる.

**図 25.13** ベンゼンからの 1,3,5-トリブロモベンゼンの合成

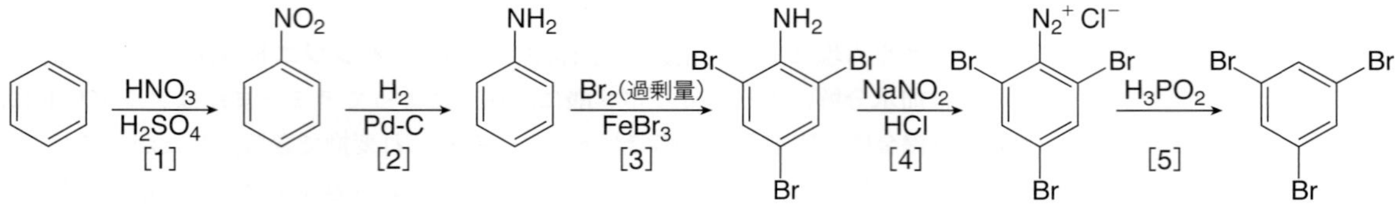

ベンゼン →[HNO₃/H₂SO₄ [1]]→ ニトロベンゼン →[H₂/Pd-C [2]]→ アニリン →[Br₂(過剰量)/FeBr₃ [3]]→ 2,4,6-トリブロモアニリン →[NaNO₂/HCl [4]]→ ジアゾニウム塩 →[H₃PO₂ [5]]→ 1,3,5-トリブロモベンゼン

- ベンゼンのニトロ化反応とそれに続く還元によってアニリン($C_6H_5NH_2$)が生成する(ステップ[1]・[2]).
- ステップ[3]で,アニリンの臭素化反応によってトリブロモ誘導体が得られる.
- $NH_2$ 基を 2 段階,すなわち $NaNO_2$ と HCl によるジアゾ化反応(ステップ[4])とそれに続く $H_3PO_2$ を用いるジアゾニウムイオンの H による置換(ステップ[5])で取り除く.

### 25.14.2 ジアゾニウム塩の合成への応用

ジアゾニウム塩は多くのベンゼン誘導体へ容易に変換することができる.さまざまな置換ベンゼンの合成に用いられるので,次の 4 段階の工程は覚えておこう.

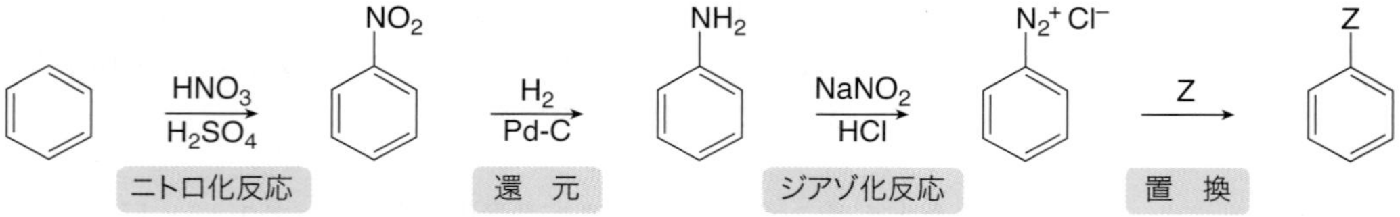

ベンゼン →[HNO₃/H₂SO₄](ニトロ化反応)→ ニトロベンゼン →[H₂/Pd-C](還元)→ アニリン →[NaNO₂/HCl](ジアゾ化反応)→ ジアゾニウム塩 →[Z](置換)→ 置換ベンゼン

これらの原理を応用した多段階合成(multistep synthesis)の二つの例を例題 25.6 と 25.7 に示す.

**例題 25.6** ベンゼンから m-クロロフェノールを合成する方法を示せ.

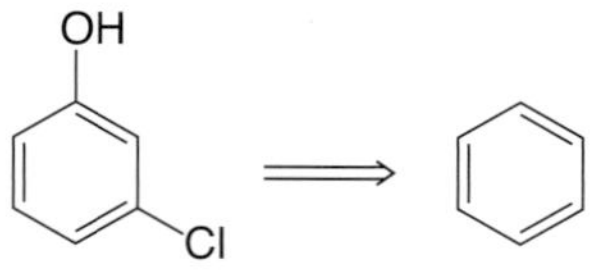

m-クロロフェノール ⇒ ベンゼン

**【解答】**
OH と Cl はいずれもオルト,パラ配向性であるにもかかわらず,互いにメタ位を占めている.OH 基は,$NO_2$ 基から数段階を経て生成されるジアゾニウム塩の置換によって得られる.

## 逆合成解析

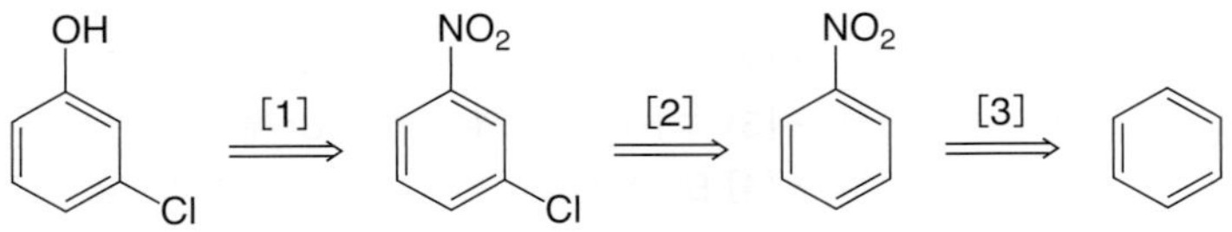

[図: m-クロロフェノール ⇒[1] m-クロロニトロベンゼン ⇒[2] ニトロベンゼン ⇒[3] ベンゼン]

**逆向きに考える：**
- [1] ジアゾニウム塩を用いる3段階反応によって $NO_2$ 基を OH 基に変換.
- [2] ハロゲン化反応によって $NO_2$ のメタ位へ Cl を導入.
- [3] ニトロ化反応による $NO_2$ 基の導入.

## 合 成

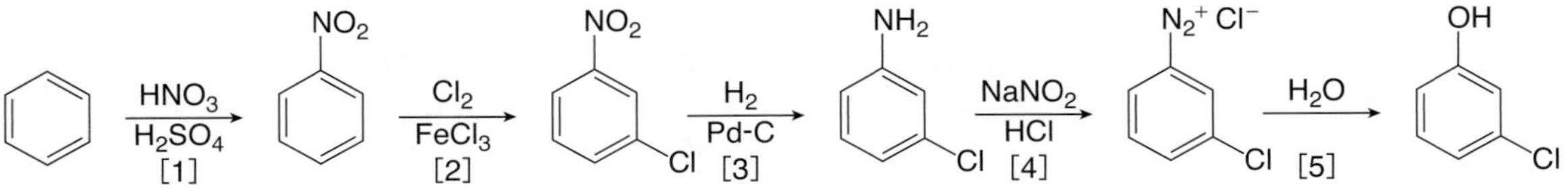

[図: ベンゼン →[1] $HNO_3$/$H_2SO_4$ → ニトロベンゼン →[2] $Cl_2$/$FeCl_3$ → m-クロロニトロベンゼン →[3] $H_2$/Pd-C → m-クロロアニリン →[4] $NaNO_2$/HCl → m-クロロベンゼンジアゾニウム塩 →[5] $H_2O$ → m-クロロフェノール]

- ニトロ化反応とそれに続く $NO_2$ 基のメタ位への塩素化反応によって，メタ二置換ベンゼンが生成する(ステップ[1]・[2]).
- ニトロ基の還元(ステップ[3])とそれに続くステップ[4]のジアゾ化反応によってジアゾニウム塩が生成し，さらに $H_2O$ を作用させると目的のフェノールへ変換できる(ステップ[5]).

**例題 25.7** ベンゼンから p-ブロモベンズアルデヒドを合成する方法を示せ.

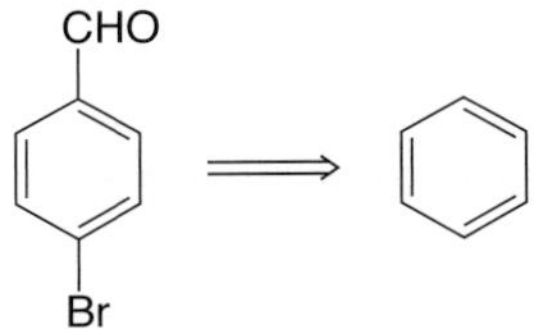

[図: p-ブロモベンズアルデヒド ⇒ ベンゼン]

**【解答】**
二つの官能基が互いにパラ位にあり，Br はオルト，パラ配向性なので，まず Br を環に導入するべきである．CHO 基を導入するためには，CHO 基が CN 基の還元によって生成することを思いだそう.

### 逆合成解析

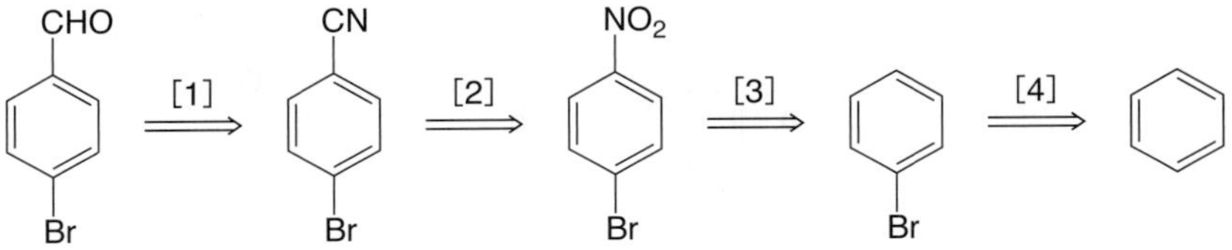

[図: p-ブロモベンズアルデヒド ⇒[1] p-ブロモベンゾニトリル ⇒[2] p-ブロモニトロベンゼン ⇒[3] ブロモベンゼン ⇒[4] ベンゼン]

**逆向きに考える:**
- [1] CN 基の還元による CHO 基の生成.
- [2] ジアゾニウム塩を用いる 3 段階反応によって $NO_2$ 基を CN 基へ変換.
- [3] ニトロ化反応によって Br 原子のパラ位へ $NO_2$ 基を導入.
- [4] $Br_2$ と $FeBr_3$ を用いたベンゼンの臭素化反応によって Br を導入.

**合 成**

- 臭素化反応とそれに続くニトロ化反応によって,二つの置換基が互いにパラ位を占める二置換ベンゼンが生成する(ステップ[1]・[2]).なお,目的物でないオルト置換異性体は分離することができる.
- $NO_2$ 基の還元(ステップ[3])とそれに続くジアゾ化反応(ステップ[4])によってジアゾニウム塩が生成する.次に CuCN との反応によってニトリルへ変換される(ステップ[5]).
- CN 基を DIBAL–H(穏やかな還元剤)で還元して CHO 基が生成する.ここで合成は完了する.

**問題 25.30** 次の反応の生成物を示せ.

**問題 25.31** 次の化合物をベンゼンから合成する方法を示せ.

## 25.15 アリールジアゾニウム塩のカップリング反応

ジアゾニウム塩のもう一つの一般的な反応は**カップリング反応**(coupling reaction)である．ジアゾニウム塩を強い電子供与性基をもつ芳香族化合物と反応させると，二つの環が連結した，窒素–窒素二重結合をもった**アゾ化合物**(azo compound)が生成する．

Y = NH$_2$, NHR, NR$_2$, OH
（強い電子供与性基）

アゾ化合物

合成染料については 25.16 節でより詳しく説明する．

アゾ化合物は高度に共役しているので発色する（16.15 節）．"バターイエロー"のようなアゾ化合物の多くは合成染料である．バターイエローはかつてマーガリンの着色に用いられていた．

黄色のアゾ染料
"バターイエロー"

この反応は，**求電子剤として作用するジアゾニウム塩による芳香族求電子置換反応**のもう一つの例である．すべての求電子置換（18.2 節）と同様に，反応機構は 2 段階で進む．すなわち，機構 25.4 に示したように求電子剤（ジアゾニウムイオン）が付加して共鳴安定化されたカルボカチオンを生成する段階と，脱プロトン化(deprotonation)の段階である．

### 機構 25.4　アゾカップリング反応

（他に三つの共鳴構造式がある）
共鳴安定化されたカルボカチオン

+ HCl

① ジアゾニウムイオンがベンゼン環と反応して，共鳴安定化されたカルボカチオンが生成する．
② プロトンが脱離して芳香環が再生する．

ジアゾニウム塩は弱い求電子剤なので，ベンゼン環に **NH$_2$**，**NHR**，**NR$_2$**，または **OH** のような強い電子供与性基 **Y** が結合している場合にのみ反応が起こる．これらの

基はオルトおよびパラ位の両方を活性化するが，パラ位が他の置換基ですでに占められている場合を除いて，パラ位で置換が起こる．

ある特定のアゾ化合物を合成するためにどのような出発物質が必要かを決めるには，分子を常に二つの成分，すなわち**ジアゾニウムイオンを含むベンゼン環と非常に強い電子供与性基をもったベンゼン環**に分割すればよい．

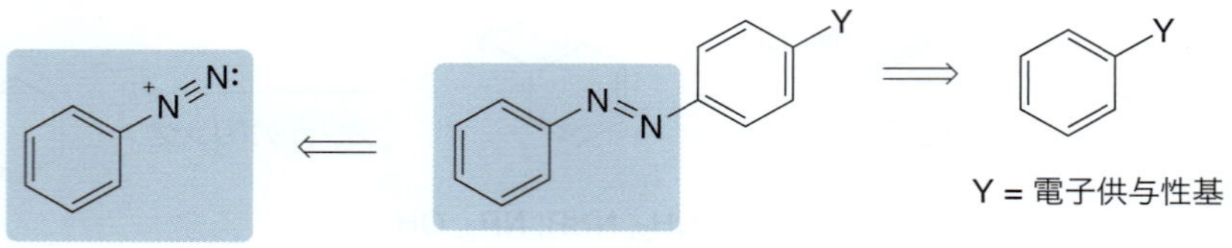

Y = 電子供与性基

**例題 25.8** 次のアゾ化合物を合成するために必要な出発物質を示せ．

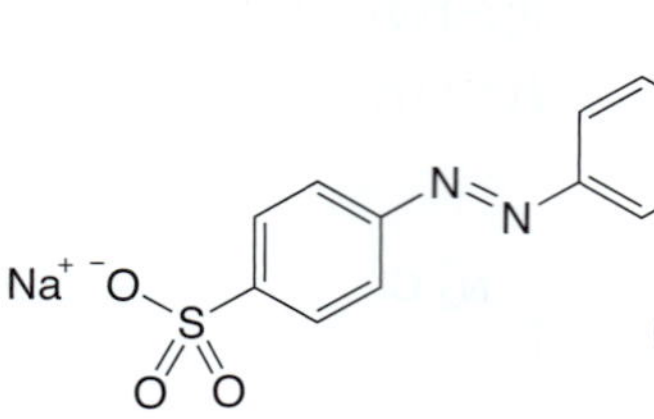

メチルオレンジ
(methyl orange)
オレンジ染料

【解答】
メチルオレンジの二つのベンゼン環はいずれも置換基を一つもっているが，そのうちの N(CH₃)₂ のみが強い電子供与性基である．二つの出発物質を決定する際，**ジアゾニウムイオンは N(CH₃)₂ の結合しているベンゼン環ではなく，もう一方のベンゼン環に結合していなければならない**．

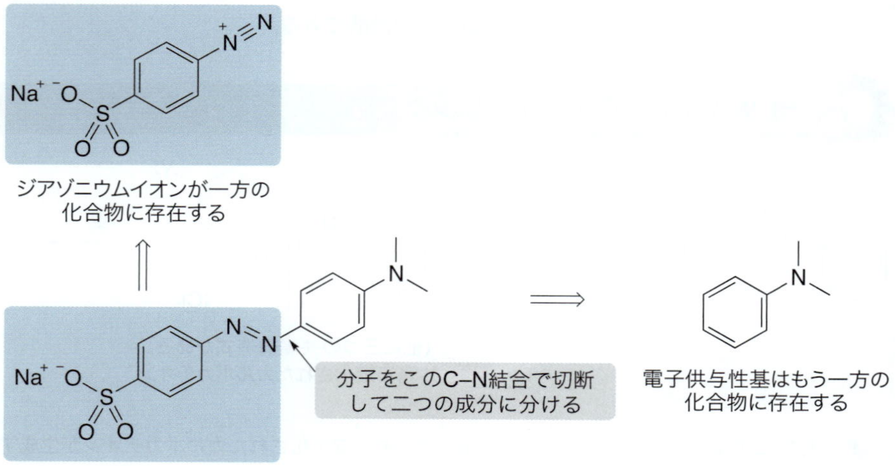

ジアゾニウムイオンが一方の化合物に存在する

分子をこのC-N結合で切断して二つの成分に分ける

電子供与性基はもう一方の化合物に存在する

**問題 25.32** 次の化合物を $C_6H_5N_2^+Cl^-$ と反応させたときの生成物を示せ.

a. アニリン（$C_6H_5NH_2$）  b. フェノール  c. ヒドロキノン（1,4-ジヒドロキシベンゼン）

**問題 25.33** 次のアゾ化合物を合成するために必要な出発物質を示せ.

a. 4-アミノフェニル-(2-ニトロフェニル)ジアゼン  b. 4-ヒドロキシフェニル-(2-クロロ-4-メチルフェニル)ジアゼン

## 25.16 応 用：合成染料とサルファ剤

アゾ化合物には二つの重要な用途がある．一つは染料として，もう一つは最初の合成抗菌剤であるサルファ剤としての用途である．

### 25.16.1 天然染料と合成染料

1856年までは，すべての染料は天然由来で，植物，動物，鉱物からつくられていた．何百年にもわたって使われてきた三つの天然染料が，**インジゴ**，**古代紫（チリアンパープル）**，**アリザリン**である.

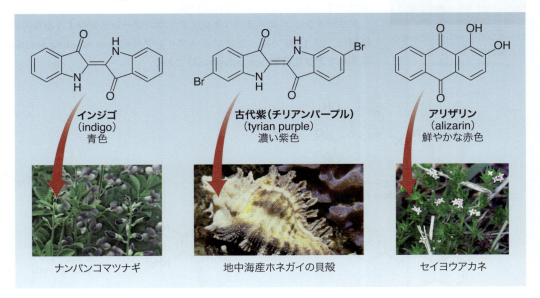

**インジゴ**（indigo） 青色 — ナンバンコマツナギ

**古代紫（チリアンパープル）**（tyrian purple） 濃い紫色 — 地中海産ホネガイの貝殻

**アリザリン**（alizarin） 鮮やかな赤色 — セイヨウアカネ

青色染料である**インジゴ**は植物のナンバンコマツナギ（*Indigofera tinctoria*）から採取され，インドでは何千年にもわたって使われてきた．貿易商たちがこれを地中海へ，そしてヨーロッパへと伝えた．地中海に棲む巻貝の仲間であるホネガイ（*Murex*）属の粘液腺から採取された天然の濃い紫色染料である**古代紫（チリアンパープル）**は，ロー

マ帝国の滅亡まで王族の象徴であった．インドや北東アジア原産の植物であるセイヨウアカネ(*Rubia tinctorum*)の根から採取された鮮やかな赤色染料である**アリザリン**は，エジプトのミイラとともに埋葬された衣類に使われていた．

　これらの三つの染料はすべて天然資源由来であり，入手することが困難なため，特権階級のみが手にすることができた高価な染料であった．この状況が一変したのは，当時18歳の学生であったウィリアム・ヘンリー・パーキン(William Henry Perkin)が偶然に，後にモーベイン(mauveine)と呼ばれる紫色の染料を合成してからである．それは，彼が，間に合わせの自宅の実験室で，抗マラリア薬のキニーネの合成を試みて失敗を重ねるなかでの出来事であった．モーベインは，一つの芳香環上にメチル基が一つあるかないかという点だけが異なる二つの化合物の混合物である．

パーキンが合成した
モーベインの主成分

パーキンが合成した
モーベインの副成分

パーキンのモーベインで染められた紫色のショール

　パーキンの発見は化学工業の始まりを告げるものであった．彼は染料の特許を取得し，工業的に大量生産できる工場を建設した．この出来事が単に染料の合成にとどまらず，香料，麻酔剤，インク，医薬品の合成においても，有機化学研究の隆盛につながる契機となった．パーキンは残りの人生を基礎化学の研究に捧げるために36歳で引退した．アメリカ化学工業会から授与される最も権威ある賞は，彼の功績をたたえてパーキンメダルと名づけられている．

　アリザリンイエロー R，パラレッド，コンゴーレッドのような多くの一般的な合成染料は，25.15 節で述べたアゾカップリング反応(azo coupling reaction)によって合成された**アゾ化合物**(azo compound)である．

アリザリンイエロー R
(alizarine yellow R)

パラレッド
(para red)

コンゴーレッド
(Congo red)

　天然染料および合成染料は，構造はかなり異なるが，**いずれも高度に共役しているため発色する**．8個またはそれ以上のπ結合で共役した分子は，電磁波の可視領域の光を吸収し(16.15.1項)，吸収しない可視スペクトルの色を呈する．

**問題 25.34** (a) アゾカップリング反応によるパラレッドの合成に必要な二つの成分は何か．(b) アリザリンイエロー R の合成に必要な二つの成分は何か．

### 25.16.2　応　用：サルファ剤

　まったく無関係のように思えるが，染料の合成は最初の合成抗菌剤の開発につながった．この分野における初期の業績の多くは，合成染料を研究し，それらを織物の着色に用いたドイツ人化学者，ポール・エールリッヒ(Paul Ehrlich)によってもたらされた．彼はその研究のなかで，これらの染料を細菌感染症の治療に用いることを思いつき，他の組織細胞には影響を及ぼすことなく細菌だけを殺す染料を探索した．しかし，長年にわたるこの努力は失敗に終わった．

　その後，1935 年に，染料工場で働いていたドイツ人内科医のゲルハルト・ドーマク(Gerhard Domagk)が細菌を殺す薬としてはじめて合成染料を用いた．彼の娘が連鎖球菌の感染症にかかって重篤となったとき，マウスのある細菌の成長を阻害するアゾ染料である**プロントジル**(prontosil)を娘に投与した．娘は回復し，ここに合成抗菌剤の歴史が始まった．この先駆的な業績に対して，ドーマクは 1939 年にノーベル医学生理学賞を受賞している．

　プロントジルやその他の硫黄を含む抗菌剤をまとめて**サルファ剤**(sulfa drug)という．プロントジル自体は活性な薬剤ではない．細胞内で，活性な薬である**スルファニルアミド**(sulfanilamide)に代謝される．スルファニルアミドが抗菌剤としてどのように作用するかを理解するには，細菌が p-アミノ安息香酸から合成する**葉酸**についての知識が必要である．

　スルファニルアミドと p-アミノ安息香酸は大きさと形がよく似ており，関連した官能基をもっている．したがって，スルファニルアミドが投与されると，細菌は p-アミノ安息香酸の代わりにこれを使って葉酸を合成しようとする．葉酸の合成を誤ると，細菌は成長も再生もできなくなる．ヒトは葉酸を合成できず，食事から摂取しなければならないので，スルファニルアミドは細菌の細胞のみに影響を与える．

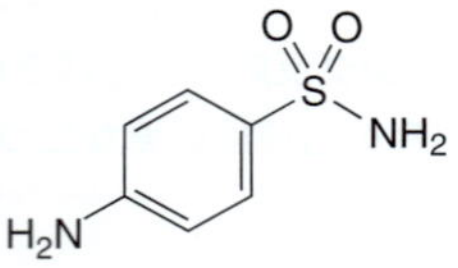

スルファニルアミド 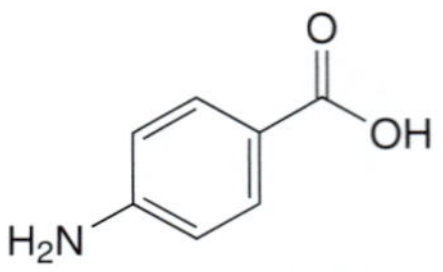　　　p-アミノ安息香酸

似た構造をもつ多くの他の化合物が合成され，今も広く抗菌剤として使用されている．図25.14に二つのサルファ剤の構造を示す．

**図 25.14**
二つの一般的なサルファ剤

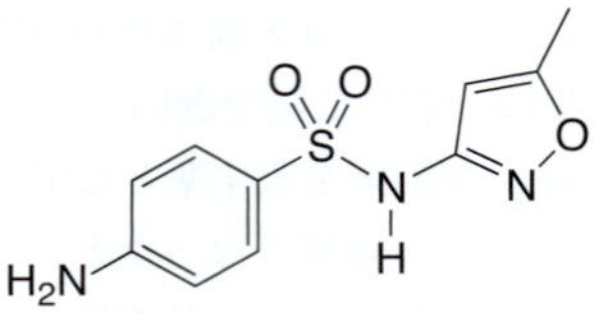

スルファメトキサゾール　　　スルフイソキサゾール
（sulfamethoxazole）　　　（sulfisoxazole）

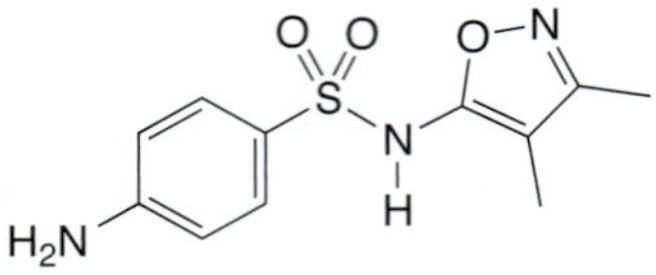

- スルファメトキサゾールは抗菌薬含剤のバクトラミン®に入っているサルファ剤で，スルフイソキサゾールは Gantrisin® としてアメリカで市販されている．いずれの薬も，耳や泌尿器系の感染症治療に一般的に用いられている．

## ◆キーコンセプト◆

### アミン

#### 一般的な事項

- アミンはN原子上に孤立電子対をもった一般式 $RNH_2$，$R_2NH$，$R_3N$ で表される有機窒素化合物である（25.1節）．
- アミンは接尾語 -アミン（-amine）を用いて命名される（25.3節）．
- すべてのアミンは極性C–N結合をもっている．第一級（1°）と第二級（2°）アミンは極性N–H結合をもち，分子間水素結合を形成することができる（25.4節）．
- N原子上に孤立電子対をもつために，アミンは強い有機塩基でありかつ求核剤である（25.8節）．

#### スペクトルの特徴（25.5節）

| 質量スペクトル | 分子イオン | 奇数個のN原子を含むアミンは奇数の分子イオンを与える． |
|---|---|---|
| 赤外吸収 | N–H | 3300～3500 cm$^{-1}$（$RNH_2$では二つのピーク，$R_2NH$では一つのピーク） |
| $^1$H NMR 吸収 | NH | 0.5～5 ppm（隣接するプロトンによって分裂しない） |
|  | CH–N | 2.3～3.0 ppm（非遮蔽化された $C_{sp^3}$–H） |
| $^{13}$C NMR 吸収 | C–N | 30～50 ppm |

#### アミンとその他の化合物の塩基性度の比較（25.10節）

- アルキルアミン（$RNH_2$，$R_2NH$，$R_3N$）は，R基が電子供与性をもつために $NH_3$ よりも塩基性が強い（25.10.1項）．
- アルキルアミン（$RNH_2$）は，N原子上の孤立電子対が非局在化したアリールアミン（$C_6H_5NH_2$）よりも塩基性が強い（25.10.2項）．
- 電子供与性基をもつアリールアミンは，電子求引性基をもつアリールアミンよりも塩基性が強い（25.10.2項）．

# キーコンセプト

- アルキルアミン($RNH_2$)は，N原子上の孤立電子対が非局在化したアミド($RCONH_2$)よりも塩基性が強い(25.10.3項)．
- N原子上に局在化した電子対をもつ芳香族ヘテロ環は，N原子上の孤立電子対が非局在化した芳香族ヘテロ環よりも塩基性が強い(25.10.4項)．
- $sp^3$混成軌道に孤立電子対をもつアルキルアミンは，$sp^2$混成軌道に孤立電子対をもつアルキルアミンよりも塩基性が強い(25.10.5項)．

## アミンの合成(25.7節)

[1] $NH_3$とアミンによる直接的求核置換反応(25.7.1項)

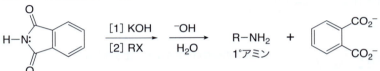

- 反応機構は$S_N2$．
- $CH_3X$または$RCH_2X$に対して反応は最もうまく進行する．
- 第一級アミンと第四級アンモニウム塩を合成するときに反応は最もうまく進行する．

[2] ガブリエル合成(25.7.1項)

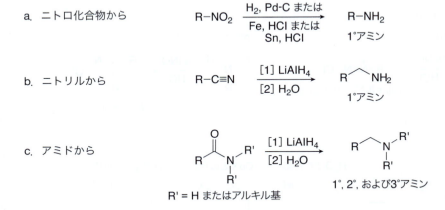

- 反応機構は$S_N2$．
- $CH_3X$または$RCH_2X$に対して反応は最もうまく進行する．
- 第一級アミンのみが合成できる．

[3] 還元法(25.7.2項)

a. ニトロ化合物から

$$R-NO_2 \xrightarrow[\text{Fe, HCl または}]{\text{H}_2\text{, Pd-C または Sn, HCl}} R-NH_2$$
1°アミン

b. ニトリルから

$$R-C\equiv N \xrightarrow[\text{[2] H}_2\text{O}]{\text{[1] LiAlH}_4} R\text{-CH}_2\text{-NH}_2$$
1°アミン

c. アミドから

(アミド) $\xrightarrow[\text{[2] H}_2\text{O}]{\text{[1] LiAlH}_4}$ (アミン)
R' = H またはアルキル基
1°, 2°, および3°アミン

[4] 還元的アミノ化反応(25.7.3項)

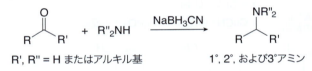

R', R" = H またはアルキル基　　1°, 2°, および3°アミン

- 還元的アミノ化反応によって窒素求核剤に(アルデヒドまたはケトンから)アルキル基が一つ導入される．
- 第一級(1°)，第二級(2°)，および第三級(3°)アミンを合成することができる．

## アミンの反応
[1] 塩基としての反応(25.9節)

$$R-NH_2 + H-A \rightleftharpoons R-\overset{+}{N}H_3 + :A^-$$

[2] アルデヒドやケトンへの求核付加(25.11節)

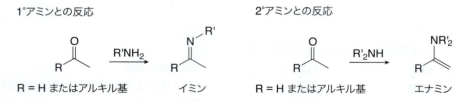

[3] 酸塩化物または酸無水物との求核置換反応(25.11節)

$$R-\underset{Z}{\overset{O}{C}} + R'_2NH \text{(2当量)} \longrightarrow R-\underset{NR'_2}{\overset{O}{C}}$$

Z = Cl または OCOR
R' = H またはアルキル基

1°, 2°, および 3°アミド

[4] ホフマン脱離(25.12節)

・より置換基の少ないアルケンが主生成物となる．

[5] 亜硝酸との反応(25.13節)

## ジアゾニウム塩の反応
[1] 置換反応(25.14節)

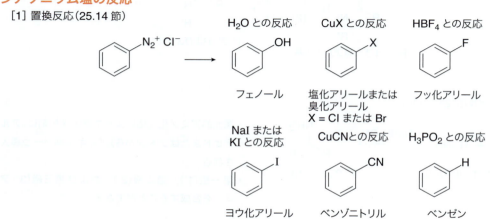

[2] アゾ化合物を生成するカップリング反応(25.15節)

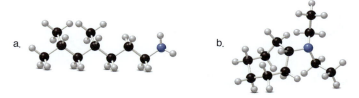

Y = NH₂, NHR, NR₂, OH
（強い電子供与性基）

## ◆ 章 末 問 題 ◆

### 三次元モデルを用いる問題

**25.35** 次の化合物の体系的名称あるいは慣用名を示せ.

**25.36** より強い塩基はどちらの化合物か.

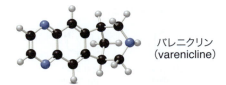

**25.37** バレニクリン(商品名：チャンピックス®)は喫煙家がタバコを止めるのを手助けする薬である．(a)バレニクリンにある N 原子のうち最も塩基性の強いのはどれか．理由も述べよ．(b)バレニクリンに HCl を作用させて得られる生成物は何か．

バレニクリン
(varenicline)

### 命 名 法

**25.38** 次の化合物に対する体系的名称または慣用名を示せ.

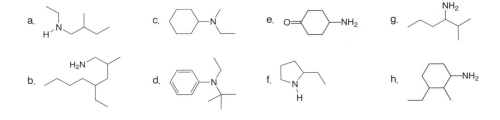

## 25章 アミン

**25.39** 次の名称に対応する化合物の構造を書け.
a. N-イソブチルシクロペンチルアミン
b. トリ-tert-ブチルアミン
c. N,N-ジイソプロピルアニリン
d. N-メチルピロール
e. N-メチルシクロペンチルアミン
f. 3-メチル-2-ヘキサンアミン
g. 2-sec-ブチルピペリジン
h. (S)-2-ヘプタンアミン

## キラル化合物

**25.40** 次のテトラアルキルアンモニウム塩に存在する立体中心の数はいくつか. また, 立体異性体をすべて書け.

## 塩基性度

**25.41** 次の化合物を塩基性度の低いものから順に並べよ.

a. ピペリジン と キノリン と インドール

b. p-ニトロアニリン と p-トルイジン と p-クロロアニリン

**25.42** それぞれの分子に存在するN原子のうち最も塩基性の強いものを示し, それぞれの化合物に$CH_3CO_2H$を作用させたときの生成物を示せ. ゾルピデム(商品名:マイスリー®)は不眠症の治療に用いられ, アリピプラゾール(商品名:エビリファイ®)はうつ病, 精神分裂症, および双極性障害の治療に用いられる.

a. ゾルピデム (zolpidem)
b. アリピプラゾール (aripiprazole)

**25.43** ピリミジンの塩基性度がピリジンより低い理由を説明せよ.

ピリジン (pyridine)　ピリミジン (pyrimidine)

**25.44** 次の化合物中の窒素原子を塩基性度の低いものから順に並べよ. イソニアジドは結核の治療に用いられる薬であり, ヒスタミン(25.6.2項)は, アレルギーによる鼻水や涙目の原因物質である.

a. イソニアジド (isoniazid)
b. ヒスタミン (histamine)

**25.45** m-ニトロアニリンがp-ニトロアニリンより強い塩基である理由を説明せよ.

**25.46** アミン **A** とアミン **B** の共役酸の p$K_a$ 値における差を説明せよ．

**A** p$K_a$ = 5.2  **B** p$K_a$ = 7.29

**25.47** ピロールがピロリジンよりも強い酸である理由を説明せよ．

ピロール (pyrrole) p$K_a$ = 23  ピロリジン (pyrrolidine) p$K_a$ = 44

## アミンの合成

**25.48** 還元反応によって次のアミンを合成するにはどんなアミドを用いればよいかを示せ．

a.  b. c.

**25.49** 還元的アミノ化反応によって次の化合物を合成するには，どのようなカルボニル化合物および窒素化合物を用いればよいかを示せ．出発物質の組合せが2組以上あるときは，すべての可能な方法を示せ．

a. b. c.

**25.50** 次の還元的アミノ化反応の生成物を示せ．

a. $C_6H_5$COCH$_3$ + NH$_2$CH$_2$— / NaBH$_3$CN
b. シクロヘプタノン + (CH$_3$)$_2$NH / NaBH$_3$CN
c. $C_6H_5$CH$_2$CH$_2$CHO + NH$_3$ / NaBH$_3$CN
d. 2-ペンタノン + シクロヘキシルアミン / NaBH$_3$CN

## 抽　出

**25.51** トルエン($C_6H_5CH_3$)，安息香酸($C_6H_5COOH$)，およびアニリン($C_6H_5NH_2$)を抽出によって分離する方法を示せ．

## 反　応

**25.52** $p$-メチルアニリン($p$-CH$_3$C$_6$H$_4$NH$_2$)を次の反応剤と反応させたときの生成物を示せ．

a. HCl
b. CH$_3$COCl
c. (CH$_3$CO)$_2$O
d. 過剰量の CH$_3$I
e. (CH$_3$)$_2$C=O
f. CH$_3$COCl, AlCl$_3$
g. CH$_3$CO$_2$H
h. NaNO$_2$, HCl
i. (b)の生成物に対して CH$_3$COCl, AlCl$_3$
j. CH$_3$CHO, NaBH$_3$CN

**25.53** 次のアミンを[1] CH$_3$I(過剰量)，[2] Ag$_2$O，[3] 加熱，の順に処理したときの生成物を示せ．混合物が生成するときは，主生成物を示せ．

a. b. c. d.

25.54 食欲抑制剤であるベンズフェタミンについて次の問いに答えよ．ベンズフェタミンは，アメリカでは Didrex® という商品名でダイエット薬として市販されているが，日本では未承認である．

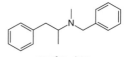
ベンズフェタミン
(benzphetamine)

a. 立体中心に印をつけよ．
b. ベンズフェタミンを合成するにはどのようなアミドを還元すればよいか．
c. 還元的アミノ化反応によってベンズフェタミンを合成しようとすると，どのようなカルボニル化合物とアミンを用いればよいか．可能な組合せをすべて示せ．
d. ベンズフェタミンからホフマン脱離によって生成する化合物は何か．主生成物を示せ．

25.55 次の反応の生成物を示せ．

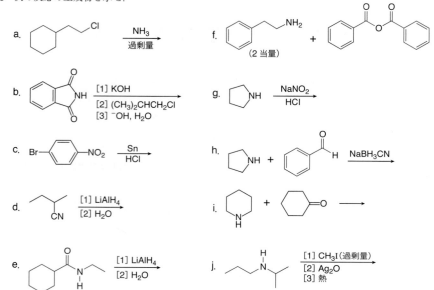

25.56 次のアミンからホフマン脱離によって得られる主生成物を示せ．

25.57 痛みをやわらげる麻酔剤として使用されるフェンタニルの三つの合成中間体 A，B，C の構造を示せ．

**25.58** ラセミ体のオフロキサシンの合成における次の反応スキーム中の中間体(**A ~ C**)の構造を示せ．生成物のエナンチオマーの一つであるレボフロキサシンは，他の薬では効果がない細菌性感染症を治療するのに用いられる抗生物質である．

**25.59** 化合物 **A** を次の反応剤で処理したときの生成物を示せ．

a. [1] $H_2O$; [2] NaH; [3] $CH_3Br$
b. [1] CuCN; [2] DIBAL-H; [3] $H_2O$
c. [1] $C_6H_5NH_2$; [2] $CH_3COCl$

**25.60** $R$ 立体配置をもったキラルアミン **A** は，ホフマン脱離によってアルケン **B** を主生成物として与える．**B** をオゾンで酸化的開裂させ，続いて $CH_3SCH_3$ で処理すると $CH_2=O$ と $CH_3CH_2CH_2CHO$ が生成する．**A** と **B** の構造を示せ．

## 反応機構

**25.61** 次の反応の機構を段階ごとに示せ．

**25.62** 次の反応の機構を段階ごとに示せ．

**25.63** アルキルジアゾニウム塩は容易に分解してカルボカチオンが生成する．このカチオンはただちに置換反応，脱離反応，（ときには）転位反応生成物に変換される．このことに留意して，次のすべての化合物が生成する反応機構を段階ごとに示せ．

**25.64** 第三級(3°)芳香族アミンは $NaNO_2$ と HCl と反応して，求電子芳香族置換生成物を与える．このニトロソ化反応の機構を段階ごとに示し，なぜ，強いオルト，パラ活性基をもつベンゼン環上でのみこの反応が起こるのかを説明せよ．

## 合 成

**25.65** ベンゼンから次の化合物を合成する方法を示せ．有機反応剤または無機反応剤は何を用いてもよい．

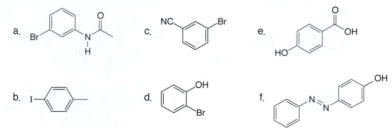

**25.66** アニリン（C₆H₅NH₂）を出発物質として次の化合物を合成する方法を示せ．

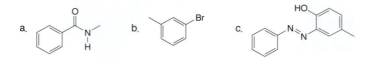

**25.67** 1 炭素の有機化合物と必要な反応剤を用いて，ベンゼンから N‐メチルベンジルアミン（PhCH₂NHCH₃）を合成する方法を少なくとも三つ示せ．

**25.68** サッサフラス（問題 21.33）から単離されるサフロールは，さまざまな方法によって，違法な覚醒剤である MDMA（3,4‐メチレンジオキシメタンフェタミン，"エクスタシー"）に変換することができる．
(a) サフロールから出発してアミンを導入するために求核置換反応を利用する合成法を示せ．
(b) サフロールから出発してアミンを導入するために還元的アミノ化反応を用いる合成法を示せ．

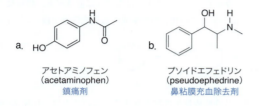

**25.69** ベンゼンから次の化合物を合成する方法を示せ．合成中間体の一つとしてジアゾニウム塩を利用すること．

**25.70** ベンゼンを出発物質として，次の生理活性化合物を合成する方法を示せ．

a. アセトアミノフェン（acetaminophen）鎮痛剤

b. プソイドエフェドリン（pseudoephedrine）鼻粘膜充血除去剤

**25.71** 4炭素以下のアルコールと必要な反応剤を用いて，ベンゼンから次の化合物を合成する方法を示せ．

a. b. c.

## 分 光 法

**25.72** 分子式 $C_8H_{11}N$ で表される三つの異性体 **A**, **B**, **C** がある．**A**, **B**, **C** の $^1$H NMR と赤外吸収スペクトルのデータを下に示す．これらの化合物の構造を示せ．

化合物 **A**：3400 cm$^{-1}$ に赤外吸収スペクトルのピーク

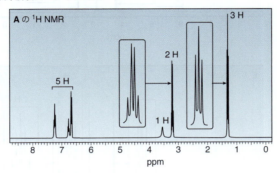

化合物 **B**：3310 cm$^{-1}$ に赤外吸収スペクトルのピーク

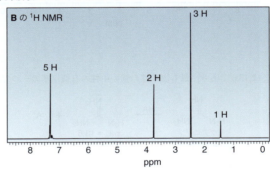

化合物 **C**：3430 と 3350 cm$^{-1}$ に赤外吸収スペクトルのピーク

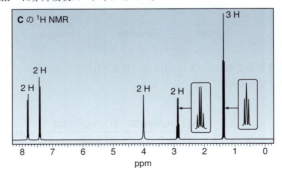

**25.73** 化合物 **D** に LiAlH$_4$ を反応させ，その後 H$_2$O で処理すると化合物 **E** が生成する．化合物 **D** は質量スペクトルでは $m/z =$ 71 に分子イオンピークを与え，赤外吸収スペクトルでは 3600〜3200 と 2263 cm$^{-1}$ にピークを示す．一方，化合物 **E** は質量スペクトルでは，$m/z = 75$ に分子イオンピークを与え，赤外吸収スペクトルでは 3636 と 3600〜3200 cm$^{-1}$ に吸収を示す．これらのデータと $^1$H NMR のスペクトルから，化合物 **D** と **E** の構造を推定せよ．

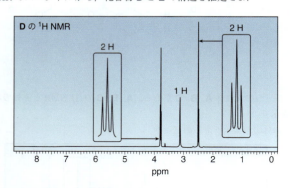

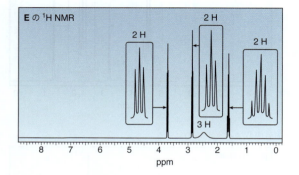

## チャレンジ問題

**25.74** グアニジンの共役酸の p$K_a$ は 13.6 であり，最も塩基性の強い中性の有機塩基の一つである．この強い塩基性を説明せよ．

$$\underset{\substack{\text{グアニジン}\\\text{(guanidine)}}}{\text{H}_2\text{N}\diagup\overset{\overset{\displaystyle +\text{NH}}{\|}}{\text{C}}\diagdown\text{NH}_2} \xrightarrow{\text{HA}} \underset{\text{p}K_a = 13.6}{\text{H}_2\text{N}\diagup\overset{\overset{\displaystyle +\text{NH}_2}{\|}}{\text{C}}\diagdown\text{NH}_2} + \;:\text{A}^-$$

**25.75** 次の化合物を塩基性が弱いものから順に並べ，その理由を説明せよ．

ピロール (pyrrole)　　イミダゾール (imidazole)　　チアゾール (thiazole)

**25.76** 次の一連の反応の生成物 **Y** の構造を示せ．**Y** は 1911 年に発表されたウィルシュテッター (Willstätter) による有名なシクロオクタテトラエン合成の中間体である．

[1] CH$_3$I (過剰量)　[2] Ag$_2$O　[3] 熱 → [1] CH$_3$I (過剰量)　[2] Ag$_2$O　[3] 熱 → C$_8$H$_{10}$　**Y**

**25.77** 以下の出発物質から次の化合物を合成する方法を示せ．アルブテロールは気管支拡張薬であり，プロパラカインは局所麻酔剤である．

a. アルブテロール(albuterol)

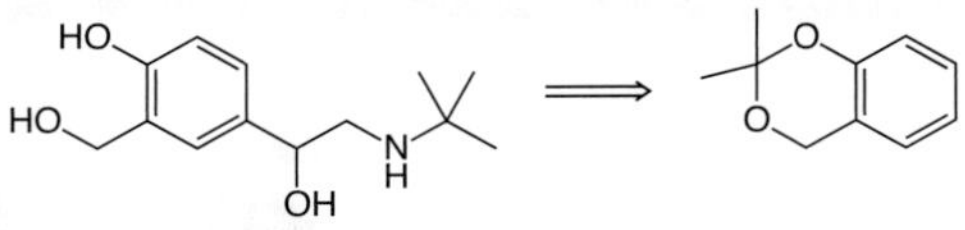

b. プロパラカイン(proparacaine)

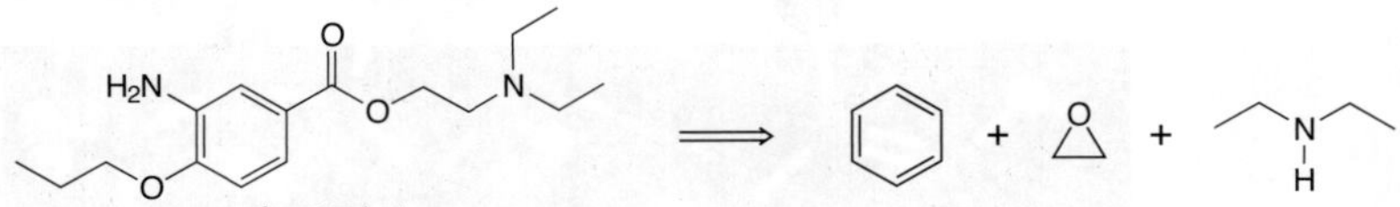

**25.78** 化合物 **X** をホルムアルデヒド水溶液とともに加熱すると **Y**($C_{17}H_{23}NO$)が生成する．**Y** は，アラスカの道端でよく見られる多年生の観賞植物であるルピン(25.10節)から単離されるアルカロイドである．ルピニンとエピルピニンの混合物へ変換される．**Y** の構造を示し，**X** からどのように生成するか説明せよ．

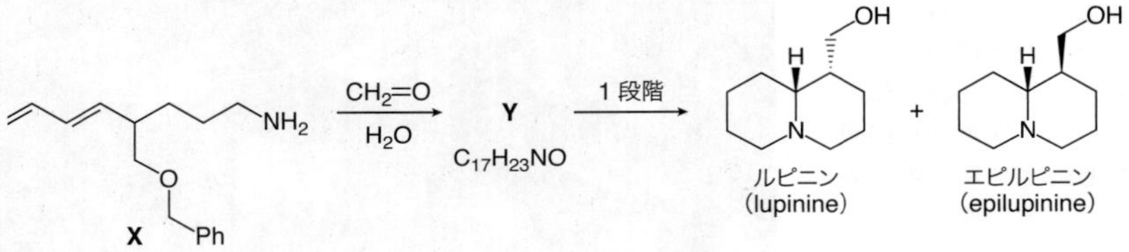

# 26 有機合成における炭素-炭素結合生成反応

- 26.1 有機キュプラート反応剤のカップリング反応
- 26.2 鈴木-宮浦カップリング反応
- 26.3 溝呂木-ヘック反応
- 26.4 カルベンとシクロプロパン合成
- 26.5 シモンズ-スミス反応
- 26.6 メタセシス

**インゲノールメブタート**(ingenol mebutate)は，ヨーロッパ，北アフリカ，西アジアに生育するトウワタの一種 *Euphorbia peplus* の樹液から採取される天然物のインゲノールから誘導されるエステルである．インゲノール誘導体は有用な生物活性を示すが，天然から単離するのは容易ではないため，科学者は効率的な実験室での合成法を開発した．インゲノールメブタートのゲル製剤(米商品名：Picato®)は，日光曝露により誘発される皮膚病変である日光角化症(放置すると扁平上皮がんという皮膚がんの原因となりうる)の治療薬としてアメリカで市販されている(日本では未承認)．本章では，インゲノールのような複雑な化合物を合成するための炭素-炭素結合生成反応について学ぶ．

　複雑な分子の炭素骨格を生成するために，有機化学では，幅広いレパートリーの炭素-炭素結合生成反応(carbon-carbon bond-forming reaction)が必要とされる．たとえば，20章では有機リチウム反応剤，グリニャール反応剤，有機キュプラートといった有機金属反応剤とカルボニル化合物の反応について学んだ．また，23章と24章では新しい炭素-炭素結合を生成する求核的エノラートの反応を学んだ．

　本章では，有機合成にとくに有用な手段となる炭素-炭素結合生成反応をさらに紹介する．これまでの章では，一つまたは二つの官能基の反応について注目してきたが，本章の反応はさまざまな出発物質を活用して多様な生成物を与える，概念的に異なる反応である．いずれの反応も，新しい炭素-炭素結合を温和な条件下で生成できるため，用途の広い合成手法となっている．

## 26.1 有機キュプラート反応剤のカップリング反応

　炭素-炭素結合生成反応には，有機ハロゲン化物(R'X)と有機金属反応剤またはア

ルケンのカップリングを含むものがある．26.1 〜 26.3 節では三つの有用な炭素−炭素結合生成反応を取りあげる．

**[1] 有機ハロゲン化物と有機キュプラート反応剤の反応(26.1 節)**

$$\text{R'−X} + \text{R}_2\text{CuLi} \longrightarrow \text{R'−R} + \text{RCu} + \text{LiX}$$
有機キュプラート　　　新しい C−C 結合

**[2] 鈴木 − 宮浦カップリング反応：パラジウム触媒による有機ハロゲン化物と有機ホウ素反応剤の反応(26.2 節)**

$$\text{R'−X} + \text{R−B} \xrightarrow[\text{NaOH}]{\text{Pd 触媒}} \text{R'−R} + \text{HO−B} + \text{NaX}$$
　　　　　有機ホウ素反応剤　　　　　　新しい C−C 結合

**[3] 溝呂木 − ヘック反応：パラジウム触媒による有機ハロゲン化物とアルケンの反応 (26.3 節)**

$$\text{R'−X} + \diagup\!\!\!\diagdown\text{Z} \xrightarrow[\text{Et}_3\text{N}]{\text{Pd 触媒}} \text{R'}\diagup\!\!\!\diagdown\text{Z} + \text{Et}_3\overset{+}{\text{N}}\text{H} \ \text{X}^-$$
　　　　　　　　　　　　　　　　　新しい C−C 結合

> 上巻の付録 H に C−C 結合を生成する反応の一覧をまとめている．

### 26.1.1　有機キュプラートを用いるカップリング反応の一般的特徴

有機キュプラート反応剤($\text{R}_2\text{CuLi}$, organocuprate reagent)は，酸塩化物，エポキシド，$\alpha, \beta$ - 不飽和カルボニル化合物(20.13 〜 20.15 節)だけでなく，有機ハロゲン化物 R'−X とも反応して，新しい C−C 結合をもつカップリング生成物 R−R' を生成する．有機キュプラートの R 基は一つだけが生成物に移動し，もう一つの R 基は反応の副生成物 RCu に残る．

$$\text{R'−X} + \text{R}_2\text{CuLi} \longrightarrow \text{R'−R} + \underbrace{\text{RCu} + \text{LiX}}_{\text{副生成物}}$$
　　　　　有機キュプラート　　新しい C−C 結合

この反応では，ハロゲン化メチルや第一級ハロゲン化アルキルのみならず，$sp^2$ 混成炭素に結合した X をもつハロゲン化ビニルやハロゲン化アリールなど，さまざまな有機ハロゲン化物を用いることができる．環状第二級ハロゲン化アルキルのなかには収率よく生成物を与えるものもあるが，第三級ハロゲン化アルキルは立体的に嵩高すぎる．R'X のハロゲン X としては Cl，Br，または I が利用できる．

[1] CH₃CH₂CH₂CH₂CH₂−Br + (C₆H₅)₂CuLi ⟶ C₆H₅−CH₂CH₂CH₂CH₂CH₃

[2] C₆H₅−Cl + (sec-C₄H₉)₂CuLi ⟶ C₆H₅−CH(CH₃)CH₂CH₃

## 26章 有機合成における炭素−炭素結合生成反応

[3] trans-1-ブロモ-1-ヘキセン (trans-1-bromo-1-hexene) + (CH$_3$)$_2$CuLi ⟶ trans-2-ヘプテン (trans-2-heptene)

新しい C–C 結合を赤色で示す

ハロゲン化ビニルとのカップリング反応(coupling reaction)は**立体特異的**(stereospecific)である．たとえば，trans-1-ブロモ-1-ヘキセンと(CH$_3$)$_2$CuLi の反応では，trans-2-ヘプテンが単一の立体異性体として得られる(式[3])．

**問題 26.1** 次のカップリング反応の生成物を示せ．

a. ヘキシル-Cl + (CH$_2$=CHCH$_2$)$_2$CuLi →

b. 3-ブロモシクロヘキセン + (CH$_3$)$_2$CuLi →

c. 3,4-ジメトキシヨードベンゼン + (ペンチル)$_2$CuLi →

d. ゲラニルブロミド + (ブチル)$_2$CuLi →

**問題 26.2** 次の反応式の反応剤 **A** と **B** を同定せよ．この合成経路は 20 章の冒頭で紹介した分子である C$_{18}$ 幼若ホルモンの合成法である(図 20.6 も参照)．

（反応スキーム：ヨードアリルアルコール → **A**（過剰量）→ → （数段階）→ → → **B**（過剰量）→ → （数段階）→ C$_{18}$ 幼若ホルモン）

### 26.1.2 有機キュプラートのカップリングを用いた炭化水素の合成

有機キュプラート反応剤(R$_2$CuLi)は，ハロゲン化アルキル(RX)から 2 段階で調製できる．したがってこの手法を用いれば，二種類の有機ハロゲン化物(RX と R'X)を新しい炭素−炭素結合をもった炭化水素 R−R' に変換できる．例題 26.1 に示すように，炭化水素は通常二つの異なる経路で合成できる．

$$R-X \xrightarrow[\text{(2 当量)}]{Li} R-Li \xrightarrow[\text{(0.5 当量)}]{CuI} R_2CuLi \xrightarrow{R'-X} R'-R$$

出発物質として二種類の有機ハロゲン化物が必要である

**例題 26.1** 1-ブロモシクロヘキセンと $CH_3I$ から 1-メチルシクロヘキセンを合成する方法を示せ．

1-メチルシクロヘキセン
(1-methylcyclohexene)
⇒
1-ブロモシクロヘキセン
(1-bromocyclohexene)
+ $CH_3I$

**【解答】**
この例では，どちらのハロゲン化物からも有機キュプラートを得ることができ，それをもう一方のハロゲン化物とカップリングさせればよい．

**可能性[1]** $CH_3I$ $\xrightarrow{\text{[1] Li (2 当量)}}_{\text{[2] CuI (0.5 当量)}}$ $(CH_3)_2CuLi$ →

**可能性[2]** ─Br $\xrightarrow{\text{[1] Li (2 当量)}}_{\text{[2] CuI (0.5 当量)}}$ ( )₂CuLi $\xrightarrow{CH_3I}$

**問題 26.3** 有機キュプラートのカップリング反応を用いて，以下の出発物質からそれぞれの標的化合物を合成せよ．

a. ⇒ ─Br + ─I

b. ⇒ 4 炭素からなる RX

c. ⇒ ─Cl のみ

この反応は，R'−X における R' の種類によって反応機構が変わると考えられている．有機ハロゲン化物のハロゲン X の結合した炭素原子が $sp^3$ 混成でも $sp^2$ 混成でもカップリングが起こるため，$S_N2$ 反応機構では実験結果のすべてを説明することはできない．

## 26.2 鈴木‒宮浦カップリング反応

有機パラジウム化合物中間体を経由するパラジウム触媒(Pd 触媒)を利用した反応として，まず**鈴木‒宮浦カップリング反応**[†](Suzuki‒Miyaura coupling reaction)を取り上げる．次に，溝呂木‒ヘック反応も取り上げる(26.3 節)．

### 26.2.1 Pd 触媒を用いる反応の一般的特徴

パラジウム化合物を用いる反応は，他の遷移金属を用いる反応と共通点が多い．反応系においてパラジウムには，**配位子**(ligand)と呼ばれるさまざまな基が配位している．配位子は金属に対して電子密度を供与したり，ときには求引したりする．一般的な電子供与性配位子は**ホスフィン**(phosphine)であり，トリフェニルホスフィン，トリ(o‒トリル)ホスフィン，トリシクロヘキシルホスフィンなどが代表的である．

†訳者注：鈴木 章，根岸英一，リチャード・F・ヘック(Richard F. Heck)は，「有機合成におけるパラジウム触媒クロスカップリング反応の開発」により，2010 年にノーベル化学賞を共同で受賞した．なかでも鈴木‒宮浦カップリング反応は基礎研究から，化学工業，製薬，エレクトロニクス産業にいたるまで幅広く使われている反応である．

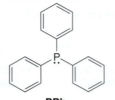
**PPh₃**
トリフェニルホスフィン[†1]
(triphenylphosphine)

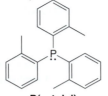
**P(o-tolyl)₃**
トリ(o-トリル)ホスフィン[†1]
(tri(o-tolyl)phosphine)

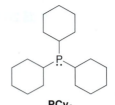
**PCy₃**
トリシクロヘキシルホスフィン
(tricyclohexylphosphine)

[†1] 訳者注：トリフェニルホスフィンやトリ(o-トリル)ホスフィンのように，アリール基を三つもつホスフィンをトリアリールホスフィンと呼び，**PAr₃** と略記することがある．

Ac はアセチル基 $CH_3C=O$ の略称であり，OAc($^-$OAc) は酢酸アニオン $CH_3CO_2$ ($CH_3CO_2^-$) の略である．

金属に結合した配位子はしばしば **L** と表される．四つの配位子が結合した Pd は $PdL_4$ と表される．

[†2] 訳者注：パラジウム金属の酸化的付加では，パラジウムは 0 価から 2 価に酸化され，還元的脱離では 2 価から 0 価に還元されている．

炭素-パラジウム結合をもつ有機パラジウム化合物(organopalladium compound)は，通常 $Pd(OAc)_2$ や $Pd(PPh_3)_4$ のようなパラジウム反応剤から反応系中で合成される．多くの場合，用いるパラジウム反応剤は触媒量でよい．

**酸化的付加**(oxidative addition)と**還元的脱離**(reductive elimination)の二つの過程がパラジウム化合物の反応では重要である[†2]．

- **酸化的付加**とは，RX のような反応剤が金属に付加し，金属上の基の数が二つ増えることである．

$$PdL_2 + R-X \xrightarrow{\text{酸化的付加}} \underset{\text{有機パラジウム化合物}}{L-\underset{L}{\overset{R}{Pd}}-X}$$

- **還元的脱離**とは，金属上の二つの基が脱離して，新しい C–H または C–C 結合が生成することである．

$$\underset{\text{有機パラジウム化合物}}{L-\underset{L}{\overset{R}{Pd}}-H} \xrightarrow{\text{還元的脱離}} PdL_2 + R-H$$

パラジウム化合物を用いる反応機構は，通常，多段階からなる．反応の過程で，Pd に結合していることが明確な置換基もあるが，配位子の種類がわからないこともある．そのため，反応に関与する金属まわりの重要な基のみが反応式に書かれ，その他の配位子はしばしば省略される．

### 26.2.2 鈴木-宮浦カップリング反応の詳細

**鈴木-宮浦カップリング反応**とは，パラジウム触媒により有機ハロゲン化物(R'X)と有機ボラン($RBY_2$)がカップリングして，新しい C–C 結合をもった生成物(R–R')を得る反応である．$Pd(PPh_3)_4$ は典型的なパラジウム触媒であり，反応は NaOH や $NaOCH_2CH_3$ のような塩基の存在下で行われる．

鈴木-宮浦カップリング反応

$$R'-X + R-\underset{X}{\overset{Y}{B}} \xrightarrow[NaOH]{Pd(PPh_3)_4} R'-R + HO-\underset{Y}{\overset{Y}{B}} + NaX$$

X = Br, I　　有機ボラン　　　　　新しい C–C 結合
　　　　　(organoborane)

## 26.2 鈴木-宮浦カップリング反応

ハロゲン化ビニルやハロゲン化アリールはいずれも $sp^2$ 混成炭素に直接結合したハロゲン X をもっており，これらが基質として最もよく利用される．ハロゲンとしては Br か I を用いることが多い．鈴木-宮浦カップリング反応は完全に**立体特異的**であり，例 [3] に示したように，シス-ハロゲン化ビニルとトランス-ビニルボランから *cis,trans* -1,3-ジエンが生成する．

[1] PhBr + catecholborane-vinyl → Ph-CH=CH-hexyl (Pd(PPh₃)₄ / NaOH)

[2] α-bromostyrene + catecholborane-vinyl → product (Pd(PPh₃)₄ / NaOH)

[3] シス-臭化ビニル (cis vinyl bromide) + トランス-ビニルボラン (trans vinylborane) → 新しい C-C 結合を赤色で示す (Pd(PPh₃)₄ / NaOEt)

鈴木-宮浦カップリング反応に用いられる有機ボランの合成法には二種類ある．

- **ビニルボラン**(vinylborane)は炭素-炭素二重結合に結合したホウ素原子をもち，市販の反応剤であるカテコールボランを用いたアルキンのヒドロホウ素化反応により合成される．**ヒドロホウ素化反応**(hydroboration)では **H と B がシン付加し，トランス-ビニルボランが生成する**．末端アルキンのヒドロホウ素化反応では，ホウ素原子は常に<u>置換基の少ない</u>末端炭素上に導入される．

$$R-\equiv + H-B(catecholborane) \longrightarrow \text{trans vinylborane}$$

H と B のシン付加

- **アリールボラン**(arylborane)はベンゼン環に結合したホウ素原子をもっており，ホウ酸トリメチル〔$B(OCH_3)_3$〕と有機リチウム反応剤から合成できる．

PhLi + $B(OCH_3)_3$ (ホウ酸トリメチル, trimethyl borate) ⟶ Ph-$B(OCH_3)_2$ (アリールボラン, arylborane) + $LiOCH_3$

**問題 26.4** 次の反応の生成物を示せ．

a. (2-methyl-1-iodo-1-butene) + (trans-1-propenyl catecholborane) → Pd(PPh₃)₄ / NaOH

b. [PhB(OCH₃)₂] + [CH₃-CH=CH-CH₂-Br] $\xrightarrow{\text{Pd(PPh}_3)_4}{\text{NaOH}}$

c. [PhBr] $\xrightarrow{\text{[1] Li}}{\text{[2] B(OCH}_3)_3}$

d. [cyclohexyl-C≡CH] + [H–B(benzodioxaborole)] ⟶

**問題 26.5** 非ステロイド系抗炎症薬ロフェコキシブの合成の 1 段階には，化合物 **A** と **B** の鈴木–宮浦カップリングが用いられる．この反応の生成物は何か．

**A**: 3-ブロモ-4-フェニル-2(5H)-フラノン  **B**: 4-(メチルチオ)フェニルボロン酸 $CH_3S\text{-}C_6H_4\text{-}B(OH)_2$

鈴木–宮浦カップリング反応の反応機構は以下の部分からなる．まずパラジウム触媒への R'–X の酸化的付加，次にホウ素からパラジウムへのアルキル基 R の移動，そして新しい C–C 結合を生成する R–R' の還元的脱離である．機構 26.1 にこの過程を，一般的なハロゲン化物 R'–X と有機ボラン R–BY₂ を用いて示す．パラジウム反応剤は還元的脱離により再生するので，触媒量のパラジウムしか必要としない．

## 機構 26.1  鈴木–宮浦カップリング反応

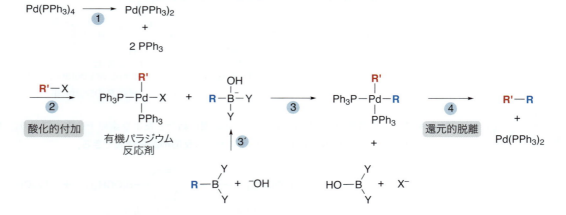

① – ② 二つのトリフェニルホスフィン配位子がはずれ，R'X の酸化的付加が起こり，有機パラジウム反応剤が生成する．

③ 有機ボラン RBY₂ に ⁻OH が反応し，求核的ホウ素中間体が生成する．その後，ホウ素上のアルキル基がパラジウム上に移動する．

④ R'–R の還元的脱離により新しい炭素–炭素結合が生成し，パラジウム触媒 Pd(PPh₃)₂ が再生する．

## 図 26.1　鈴木-宮浦カップリング反応を用いた天然物合成の例

新しい C−C 結合を赤色で示す

鈴木-宮浦カップリング反応は図 26.1 に示すように，雌カイコガの性フェロモン**ボンビコール**や，ホップから単離される脂質**フムレン**の合成の鍵段階である．フムレンの合成では，分子内鈴木カップリング反応により環が構築される．例題 26.2 では鈴木-宮浦カップリング反応を用いてアルキンとハロゲン化ビニルから共役ジエン (conjugated diene) を合成する方法を示す．

カイコガ *Bombyx mori* の雌の性フェロモンであるボンビコールの構造は，50 万匹のカイコガから得られた 6.4 mg の物質を使って 1959 年に決定された．

**例題 26.2**　1-ヘキシンと (*Z*)-2-ブロモスチレンから鈴木-宮浦カップリング反応を用いて (1*Z*,3*E*)-1-フェニル-1,3-オクタジエンを合成する方法を示せ．

(1*Z*,3*E*)-1-フェニル-1,3-オクタジエン
((1*Z*,3*E*)-1-phenyl-1,3-octadiene)

1-ヘキシン
(1-hexyne)

(*Z*)-2-ブロモスチレン
((*Z*)-2-bromostyrene)

**【解答】**
この合成は 2 段階からなる．まず 1-ヘキシンのカテコールボランによるヒドロホウ素化反応によりビニルボランが生成する．このビニルボランと (*Z*)-2-ブロモスチレンのカップリングにより望みの 1,3-ジエンが得られる．ビニルボランの *E* の立体配置と臭化ビニルの *Z* の立体配置は生成物中でともに保持される．

[1] ヒドロホウ素化反応

H と B のシン付加

[2] Pd(PPh₃)₄ / NaOH カップリング

新しい C−C 結合を赤色で示す

(1*Z*,3*E*)-1-フェニル-1,3-オクタジエン

**問題 26.6** 次の出発物質からそれぞれの標的化合物を合成する方法を示せ．

## 26.3 溝呂木‐ヘック反応

溝呂木‐ヘック反応(Mizorogi‐Heck reaction)では，ハロゲン化ビニルまたはハロゲン化アリールとアルケンのパラジウム触媒を用いたカップリングにより，新しいC−C結合をもった多置換アルケンが生成する．トリ($o$‐トリル)ホスフィン〔P($o$-tolyl)$_3$〕と酢酸パラジウム(II)〔Pd(OAc)$_2$〕の組合せが一般的な触媒であり，反応はトリエチルアミン(Et$_3$N)などの塩基存在下で行われる．溝呂木‐ヘック反応は**置換反応**の一種であり，出発物質であるアルケンの一つのH原子がハロゲン化ビニルまたはハロゲン化アリールのR'基で置換される．

R' = ビニルまたはアリール
X = BrまたはI

アルケンには通常，エチレンや一置換アルケン(CH$_2$=CHZ)が用いられ，ハロゲンXはBrかIである．一置換アルケンのZがPh，COOR，またはCNのとき，**新しいC−C結合は置換基のより少ない炭素上で生成し，トランス‐アルケンが得られる．**例[3]に示すように，ヨウ化ビニルのトランスの立体化学は生成物中でも保持される．すなわち，ハロゲン化ビニルを有機ハロゲン化物として用いたとき，反応は**立体特異的**である．

**問題 26.7** 次の化合物を Pd(OAc)$_2$,P($o$-トリル)$_3$,および(CH$_3$CH$_2$)$_3$N で処理して得られるカップリング生成物を示せ.

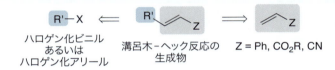

溝呂木–ヘック反応を合成に利用するにあたっては,目的の化合物を合成するためにどのアルケンとどの有機ハロゲン化物が必要になるかを考えなければならない.生成物から逆方向に考えて,アリール基,COOR,または CN 置換基を含む二重結合をさがしだし,これらの置換基が結合していない側で分子を二つの成分に分ける.例題 26.3 を用いてこの逆合成解析を説明する.

**例題 26.3** 次のアルケンを溝呂木–ヘック反応を用いて合成するために必要な出発物質を示せ.

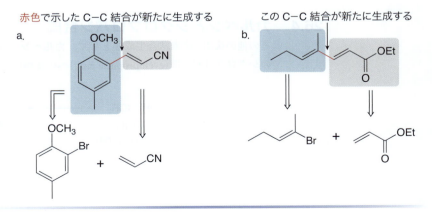

【解答】
一般式 R'CH=CHZ で表されるアルケンを溝呂木–ヘック反応を用いて合成するためには,アルケン(CH$_2$=CHZ)とハロゲン化ビニルまたはハロゲン化アリール(R'X)の二つの出発物質が必要である.

**問題 26.8** 次のアルケンを溝呂木-ヘック反応を用いて合成するために必要となる出発物質を示せ．

a. (methyl *o*-methylcinnamate構造)　b. (スチルベン構造)　c. (テトラヒドロピラニル側鎖のジエンエステル構造)

　溝呂木-ヘック反応における実際のパラジウム触媒は，二つのトリ(*o*-トリル)ホスフィン配位子をもつ Pd(PAr$_3$)$_2$ であると考えられている．この点では鈴木-宮浦カップリング反応で用いられる 2 価のパラジウム触媒と似ている．溝呂木-ヘック反応の反応機構は，ハロゲン化物 R'X のパラジウム触媒への酸化的付加と，生成した有機パラジウム反応剤のアルケンへの付加，そして二つの連続する脱離反応からなる．機構 26.2 にこの過程を，一般的な有機ハロゲン化物 R'X とアルケン CH$_2$=CHZ を用いて示す．

**機構 26.2　溝呂木-ヘック反応**

(反応機構の図：Pd(PAr$_3$)$_2$ → 酸化的付加(①) → 有機パラジウム反応剤 → (②) → (③) → (④) 還元的脱離 → Pd(PAr$_3$)$_2$ + HX)

① R'X の酸化的付加により有機パラジウム反応剤が生成する．
② 置換基 Z をもつ炭素上にパラジウムがくるように，CH$_2$=CHZ の π 結合に対して R' と Pd が付加する．
③ H と Pd の脱離により反応生成物の π 結合が生成し，水素はパラジウム上に移動する．
④ HX の還元的脱離によりパラジウム触媒 Pd(PAr$_3$)$_2$ が再生する．

## 26.4　カルベンとシクロプロパン合成

その他の炭素-炭素結合生成法として，**カルベン** (carbene) 中間体を用いたアルケンのシクロプロパン環 (cyclopropane ring) への変換反応がある．

(反応式：アルケン + :CR$_2$ (カルベン) → シクロプロパン)

新しい C-C 結合を赤色で示す

26.4 カルベンとシクロプロパン合成　1167

ピレトリンを含む殺虫剤の成分表.

**ピレトリン I** と **デカメトリン** はいずれもシクロプロパン環を含んでいる．ピレトリン I は除虫菊から採取される天然の生分解性殺虫剤である．デカメトリンは農業で殺虫剤として広く使われている，より強力な合成類縁体である．

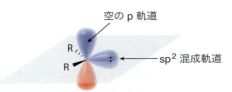

ピレトリン I
(pyrethrin I)

デカメトリン
(decamethrin)

### 26.4.1 カルベン

**カルベン**($R_2C:$)は中性の反応中間体であり，**1 組の孤立電子対と R 基由来の 2 組の共有電子対の合計 6 個の電子にかこまれた 2 価の炭素からなる**．これらの三つの基によりカルベン炭素は **$sp^2$ 混成**となり，C と二つの R 基からなる平面の上下に空の p 軌道が広がっている．孤立電子対は $sp^2$ 混成軌道を占めている．

空の p 軌道

$sp^2$ 混成軌道

カルベン炭素は $sp^2$ 混成である

カルベンはカルボカチオンや炭素ラジカルと二つの共通点をもつ．

- 炭素が八電子則を満たさないため，カルベンは非常に反応性が高い．
- カルベンは電子不足であり，求電子剤として振る舞う．

### 26.4.2 ジハロカルベンの合成と反応

ジハロカルベン($:CX_2$)はトリハロメタン($CHX_3$)と強塩基の反応により容易に合成できるため，非常に有用な反応中間体である．クロロホルム $CHCl_3$ に $KOC(CH_3)_3$ を作用させると，ジクロロカルベン($:CCl_2$)が生成する．

$$CHCl_3 \xrightarrow{KOC(CH_3)_3} :CCl_2 + (CH_3)_3COH + KCl$$

クロロホルム　　　　　ジクロロカルベン
(chloroform)　　　　　(dichlorocarbene)

機構 26.3 に示すように，ジクロロカルベンは同一炭素から H と Cl が脱離する 2 段階で生成する．同一炭素から二つの元素が失われることを **α脱離**（α elimination）と呼び，8 章(上巻)で扱った隣り合う炭素から二つの元素が失われる β 脱離と区別される．

## 機構 26.3　ジクロロカルベンの生成

1. 三つの電気陰性な Cl 原子のためにクロロホルムの C–H 結合が酸性になる．そのため，強塩基で H を引き抜くことができ，カルボアニオンが生成する．
2. Cl⁻ の脱離によりカルベンが生成する．

ジハロカルベンは求電子剤なので，二重結合と速やかに反応してシクロプロパンを与える．この際，二つの新しい炭素－炭素結合が生成する．

新しい C–C 結合を赤色で示す

機構 26.4 に示すように，シクロプロパン化反応は協奏反応であり，両方の C–C 結合が 1 段階で生成する．

## 機構 26.4　ジクロロカルベンのアルケンへの付加

カルベンは平面二重結合の片側から**シン**付加する．アルケン反応物の置換基の相対的位置はシクロプロパン生成物中で保持されている．例題 26.4 に示すように，シス－およびトランス－アルケンから生成物として異なる立体異性体が得られるので，**カルベンの付加は立体特異的反応である**．

**例題 26.4**　cis－ および trans－2－ブテンを CHCl₃ と KOC(CH₃)₃ で処理して得られる生成物を示せ．

**【解答】**
カルベン炭素をアルケンの平面二重結合の片側から付加させて生成物を書く．このときすべての置換基はもとの配置のままにしておく．cis－2－ブテンにおける二つの**シス**のメチル基は，シクロプロパン中でも**シス**置換基となる．アルケンの平面のどちら側から付加しても同じ化合物，すなわち**二つの立体中心をもったアキラルなメソ化合物**が得られる（立体中心を水色で示した）．

26.5 シモンズ-スミス反応

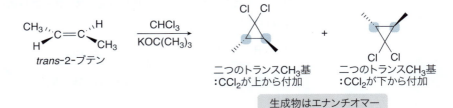

trans-2-ブテンにおける二つの**トランス**のメチル基は，シクロプロパン中でも**トランス**置換基となる．アルケンの平面のどちら側からでも付加でき，**ラセミ混合物**(racemic mixture)である二つのエナンチオマーの等量混合物が得られる．

**問題 26.9** 次のアルケンを CHCl₃ と KOC(CH₃)₃ で処理して得られる立体異性体をすべて示せ．

a. b. c.

　最終的に，ジハロシクロプロパンは有機キュプラートとの反応によりジアルキルシクロプロパンへと変換できる(26.1節)．たとえば，シクロヘキセンは，ジブロモカルベン(:CBr₂)によるシクロプロパン化と，それに続くリチウムジメチルキュプラート LiCu(CH₃)₂ との2段階の反応により，四つの新しいC–C結合をもった二環式生成物へと変換できる．

**問題 26.10** 2-メチルプロペン〔(CH₃)₂C=CH₂〕を次の化合物に変換するために必要な反応剤を示せ．2段階以上を必要とする場合もある．

## 26.5 シモンズ-スミス反応

　ジハロカルベンとアルケンの反応によりハロゲン化されたシクロプロパンを収率よく得ることはできるが，最も単純なカルベンである**メチレン :CH₂** との反応はそうは

うまくいかない．ジアゾメタン $CH_2N_2$ を加熱すると分解が起こり，$N_2$ を失って，メチレンが容易に生成する．しかし，アルケンと :$CH_2$ の反応は複雑な混合物を与えてしまうことが多い．そのため，この反応はシクロプロパン合成法としては信頼性に欠け，利用できない．

$$:\overset{-}{C}H_2-\overset{+}{N}\equiv N: \longrightarrow :CH_2 + :N\equiv N:$$

ジアゾメタン (diazomethane)　　メチレン (methylene)

ハロゲンをもたないシクロプロパンは，亜鉛-銅合金〔Zn(Cu)〕と呼ばれる銅によって活性化された亜鉛反応剤の存在下，ジヨードメタン $CH_2I_2$ とアルケンを反応させて合成できる．1959 年にこの反応を発見したデュポン社の化学者，H. E. シモンズと R. D. スミスにちなんで，この反応は**シモンズ-スミス反応**(Simmons-Smith reaction) と呼ばれる．

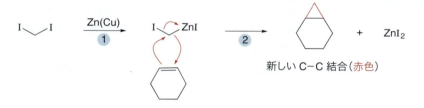

シモンズ-スミス反応では遊離のカルベンが関与しているわけではない．機構 26.5 に示すように，$CH_2I_2$ と Zn(Cu) の反応からヨウ化ヨードメチル亜鉛が生成し，これからアルケンに $CH_2$ 基が移動する．

## 機 構 26.5　シモンズ-スミス反応

① $CH_2I_2$ と亜鉛-銅合金の反応により，**シモンズ-スミス反応剤** $ICH_2ZnI$（ヨウ化ヨードメチル亜鉛）が生成する．この中間体は，$CH_2$ が遊離のカルベンとして存在しているわけではなく，カルベノイド (carbenoid) と呼ばれる．
② シモンズ-スミス反応剤によって $CH_2$ 基がアルケンに移動し，二つの新しい C-C 結合が生成する．

**シモンズ-スミス反応は立体特異的である**．アルケンにおける置換基の相対的配置は，シクロプロパン生成物中でも保持されている．cis-3-ヘキセンの cis-1,2-ジエチルシクロプロパンへの変換を例に示す．

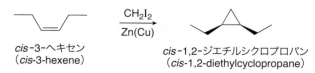

cis-3-ヘキセン (cis-3-hexene)　　cis-1,2-ジエチルシクロプロパン (cis-1,2-diethylcyclopropane)

**問題 26.11** 次のアルケンを $CH_2I_2$ と $Zn(Cu)$ で処理して得られる生成物を示せ.

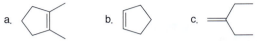

**問題 26.12** *trans*-3-ヘキセンを $CH_2I_2$ と $Zn(Cu)$ で処理して得られる立体異性体を示せ.

## 26.6 メタセシス

**オレフィンメタセシス**(olefin metathesis) とも呼ばれる**アルケンメタセシス**(alkene metathesis) は, 二つのアルケン分子間の反応で, それらの二重結合の炭素の交換が起こる. 二つのσ結合と二つのπ結合が切断され, 新たに二つのσ結合と二つのπ結合が生成する.

> オレフィンはアルケンの別名である[10.1節(上巻)].
>
> metathesis という用語はギリシャ語の *meta*(変化) と *thesis*(位置) に由来する. 2005年のノーベル化学賞は, カリフォルニア工科大学のロバート・グラブス(Robert Grubbs), フランス国営石油研究所のイヴ・ショーヴァン(Yves Chauvin), マサチューセッツ工科大学のリチャード・シュロック(Richard Schrock)のオレフィンメタセシスに関する業績に対して授与された.

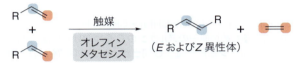

オレフィンメタセシスは炭素-金属二重結合をもつ複雑な遷移金属触媒の存在下で起こる. 金属としてはルテニウム(Ru), タングステン(W), またはモリブデン(Mo)がよく用いられる. **グラブス触媒**(Grubbs catalyst) と呼ばれる触媒が広く使われており, その中心金属は Ru である.

オレフィンメタセシスは平衡過程であり, 多くのアルケンの場合, 出発物質と二つ以上のアルケン生成物の混合物が平衡状態で存在する. そのためメタセシスは合成には不向きである. しかし, 末端アルケンを基質にすると, メタセシスによって $CH_2=CH_2$(気体)が生成物として発生し, これが反応混合物から気化して消失することで平衡は右に傾く. その結果, 式[1], [2]に示すように, 一置換アルケン($RCH=CH_2$)と 1,1-二置換アルケン($R_2C=CH_2$)は単一のアルケン生成物を収率よく生成するメタセシスの優れた基質である.

グラブス触媒

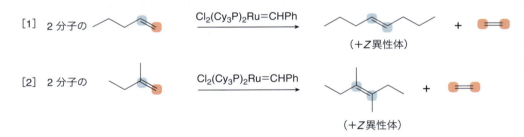

メタセシス反応の生成物を書くには,

> [1] 二つの出発物質のアルケン分子を隣り合わせに並べる. 図 26.2 ではスチレン($PhCH=CH_2$)が出発物質として用いられている.
>
> [2] その後, 出発物質中の二重結合を切断し, 出発物質のアルケン中でもともと互いに結合していなかった炭素原子を用いて二つの新しい二重結合を生成させる.

図 26.2 出発物質にスチレン（PhCH＝CH₂）を用いたオレフィンメタセシスの生成物の書き方

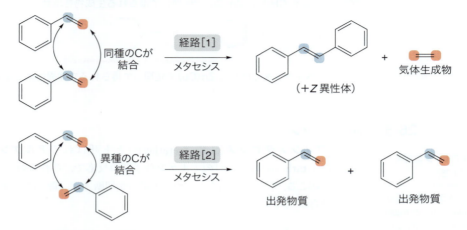

- 全体の反応：2 PhCH=CH₂ → PhCH=CHPh + CH₂=CH₂.
- メタセシス生成物を得るために同一のアルケンの C をつなげるには，常に二つの方法がある（経路 [1] と [2]）．
- 一つ目の反応では，アルケン基質の同じ C 同士がつながり（経路 [1]），PhCH=CHPh（シスおよびトランス体の混合物）と CH₂=CH₂ が生成する．CH₂=CH₂ は気体として反応混合物からでていくので，PhCH=CHPh のみが生成物として単離される．
- もう一つの反応（経路 [2]）では，経路 [1] のときとは異なる C 同士がつながり，出発物質が再生する．再生した出発物質は，一つ目の経路 [1] により生成物が生じるまで触媒サイクルに再び組み込まれる．
- このようにして単一の生成物 PhCH=CHPh が単離される．

出発物質のアルケンを並べるときには常に二つの方法がある（図 26.2 の経路 [1] と [2]）．この例では，一つ目の反応で二つの生成物 PhCH=CHPh と CH₂=CH₂ が生成し（経路 [1]），もう一つの反応で出発物質が再生する（経路 [2]）．出発物質のアルケンが再生しても，生成物が得られるまで触媒サイクルは繰り返される．

**問題 26.13** 次のアルケンをグラブス触媒で処理して得られる生成物を示せ．

a. (構造式)   b. (構造式 OCH₃ 付き)   c. (構造式)

**問題 26.14** *cis*-2-ペンテンのメタセシス反応で得られる生成物を示せ．また，この反応を用いて，1,2-二置換アルケン（RCH=CHR'）のメタセシスがアルケンの合成法としてあまり実用的でない理由を説明せよ．

オレフィンメタセシスの反応機構は複雑であり，**金属－炭素二重結合を含む金属－カルベン中間体**が関与している．末端アルケン（RCH=CH₂）と **Ru=CHPh** と略記されるグラブス触媒の反応により，RCH=CHR と CH₂=CH₂ が生成する反応機構を見ていこう．メタセシスでは，はじめにグラブス触媒がアルケン基質と反応して，二種類の新しい金属－カルベン錯体 **A** と **B** が生成する．この過程は 2 段階からなり，Ru

＝CHPh のアルケンへの付加により二種類の新しいメタラシクロブタンが生成し(ステップ[1])，続く脱離により **A** と **B** が生成する(ステップ[2a]と[2b])．グラブス触媒は触媒量しか用いられないため，この過程で副生するアルケン(RCH＝CHPh と PhCH＝CH$_2$)は微量である．

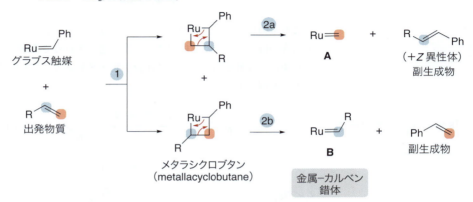

機構 26.6 に示すように，これらの金属－カルベン中間体 **A** と **B** はさらに出発物質のアルケンと反応してメタセシス生成物を与える．この反応機構は，触媒サイクルがわかりやすいように，しばしば円状に書かれる．機構 26.6 には，2 分子の RCH＝CH$_2$ が RCH＝CHR と CH$_2$＝CH$_2$ に変換される反応機構を示している．反応機構を書くときには，反応剤 **A** から始めても **B** から始めてもよく，すべての過程は平衡である．

 **機構 26.6**　オレフィンメタセシス：2 RCH＝CH$_2$ → RCH＝CHR ＋ CH$_2$＝CH$_2$

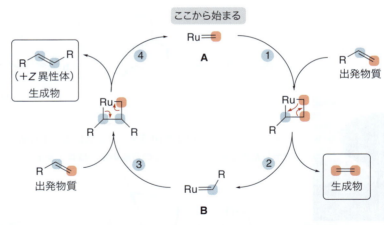

① Ru＝CH$_2$(**A**)と RCH＝CH$_2$ の反応によりメタラシクロブタンが生成する．Ru はアルケンの置換基が多い側にも少ない側にも結合できるが，図に示したように Ru が置換基が多い側に結合したときにのみ生成物が得られる．

② 脱離によりメタセシス生成物の一つである CH$_2$＝CH$_2$ と金属－カルベン錯体 **B** が生成する．

③ **B** と RCH＝CH$_2$ の反応によりメタラシクロブタンが生成する．Ru はアルケンの置換基が多い側にも少ない側にも結合できるが，図に示したように Ru が置換基が少ない側に結合したときにのみ生成物が得られる．

④ 脱離によりもう一つのメタセシス生成物である RCH＝CHR と金属－カルベン錯体 **A** が生成する．触媒が再生し，触媒サイクルが繰り返される．

環を生成するメタセシス反応を**閉環メタセシス**(ring-closing metathesis, **RCM**)という.

**ジエンを出発物質とすると，閉環が起こる．**

これらの反応は，同一分子内の二つの反応末端同士が異なる分子の反応末端同士よりも高い確率で互いに反応するように，通常きわめて希薄な溶液中で行われる．高度希釈条件では分子内メタセシスが分子間メタセシスよりも優勢になるためである．二つの反応例を示す．

メタセシス触媒は OH, OR, および C=O などのさまざまな官能基が存在していても利用できる．また，事実上あらゆる大きさの環を合成できる．そのため，メタセシスは多くの複雑な天然物の合成に利用されている(図 26.3)．

**問題 26.15** 次の化合物の閉環メタセシスにより得られる生成物を示せ．

インゲノールは，通称チュウテンカクと呼ばれる南アフリカの乾燥地帯に生育する大型サボテンの *Euphorbia ingens* から採取される乳液から単離された．

**問題 26.16** 化合物 **V** の閉環メタセシスにより生じる生成物は何か．**V** は本章の冒頭で示した天然物インゲノールの合成の鍵中間体である．

26.6 メタセシス 1175

**図 26.3** エポチロン A と Sch38516 の合成における閉環メタセシス

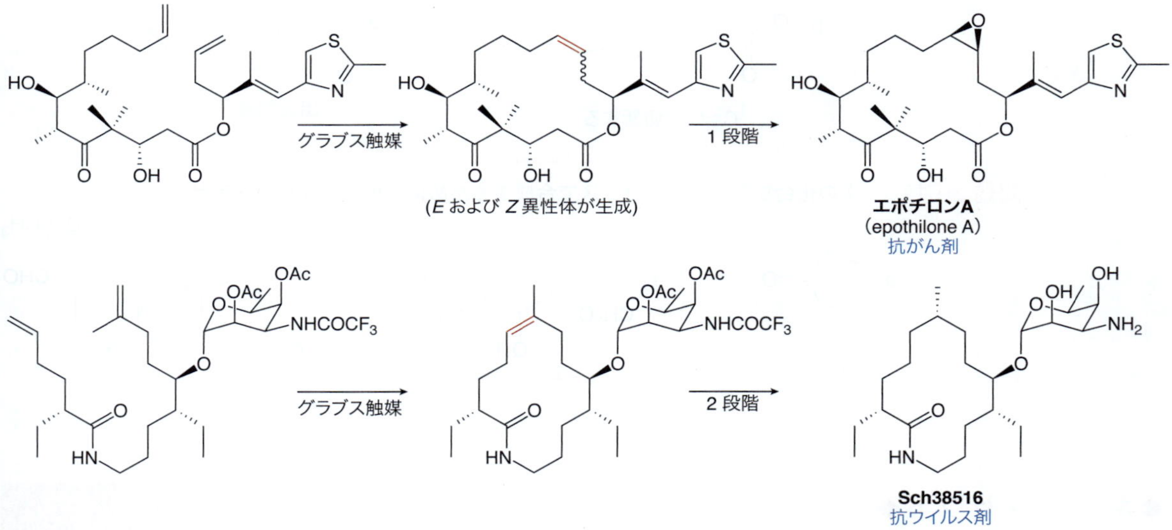

(E および Z 異性体が生成)

**エポチロン A**
（epothilone A）
抗がん剤

**Sch38516**
抗ウイルス剤

- 有望な抗がん剤である**エポチロン A** は，南アフリカのザンベジ川の堆積物から採取された土壌細菌からはじめて単離された．
- **Sch38516** は A 型インフルエンザに効く抗ウイルス剤である．
- メタセシスによって生成する新しい C–C 結合を赤色で示す．どちらのメタセシス反応においても $CH_2=CH_2$ が副生する．

**例題 26.5** 次の化合物を閉環メタセシス反応で合成するために必要な出発物質を示せ．

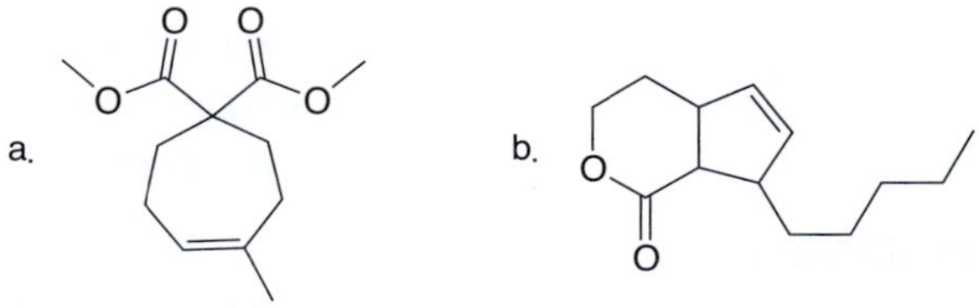

a.  b.

**【解答】**
逆合成解析を行うには，生成物中の C=C 結合を開裂して，それぞれの炭素に $CH_2$ 基を二重結合によって付加する．

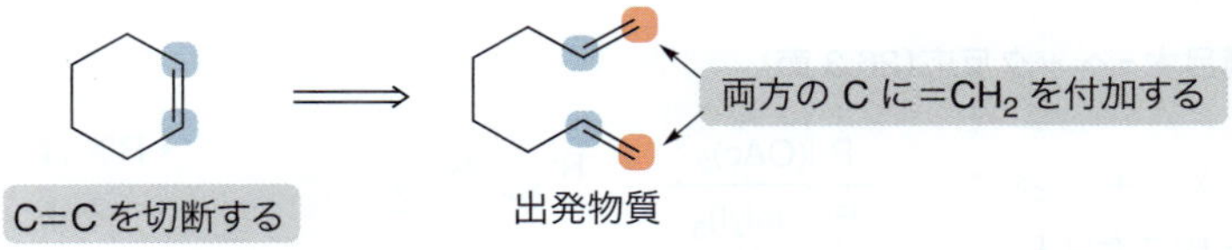

C=C を切断する　　出発物質　　両方の C に =$CH_2$ を付加する

生成する化合物は二つの末端アルケンを含む炭素鎖をもつ．

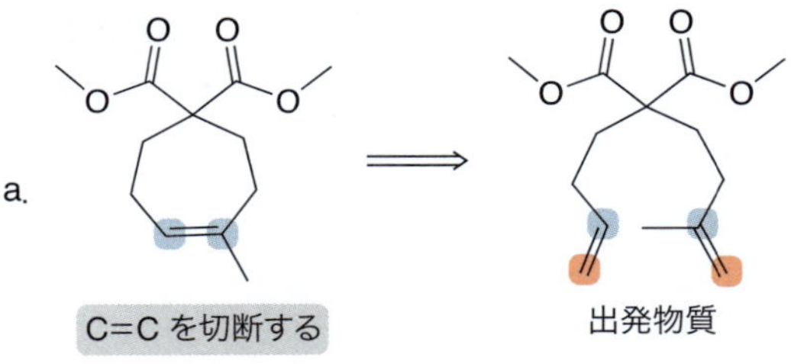

a.

C=C を切断する　　出発物質

b. [構造式: C=Cを切断する] ⟹ [出発物質]

**問題 26.17** 次の化合物を閉環メタセシスで合成するために必要な出発物質を示せ．

a. 2-シクロペンテノン
b. メトキシ-ヒドロキシデカリン誘導体
c. ステロイド様多環構造（CO₂CH₃, CHO, ケトン基を有する）

---

## ◆キーコンセプト◆

## 有機合成における炭素−炭素結合生成反応

### カップリング反応

**[1] 有機キュプラート反応剤のカップリング反応（26.1 節）**

$$R'-X + R_2CuLi \longrightarrow R'-R + RCu + LiX$$
$$X = Cl, Br, I$$

- R'X としては $CH_3X$，$RCH_2X$，環状の第二級ハロゲン化アルキル，ハロゲン化ビニル，およびハロゲン化アリールが利用できる．
- X としては Cl，Br，または I が利用できる．
- ハロゲン化ビニルとのカップリング反応は立体特異的である．

**[2] 鈴木‐宮浦カップリング反応（26.2 節）**

$$R'-X + R-B(Y)_2 \xrightarrow{Pd(PPh_3)_4, NaOH} R'-R + HO-BY_2 + NaX$$
$$X = Br, I$$

- R'X は通常ハロゲン化ビニルかハロゲン化アリールである．
- ハロゲン化ビニルとのカップリング反応は立体特異的である．

**[3] 溝呂木‐ヘック反応（26.3 節）**

$$R'-X + CH_2=CHZ \xrightarrow[Et_3N]{Pd(OAc)_2, P(o\text{-tolyl})_3} R'-CH=CH-Z + Et_3NH^+ X^-$$
$$X = Br\ \text{または}\ I$$

- R'X はハロゲン化ビニルかハロゲン化アリールである．
- Z=H，Ph，COOR，または CN．
- ハロゲン化ビニルとのカップリング反応は立体特異的である．
- トランス‐アルケンが生成する．

## シクロプロパン合成

[1] ジハロカルベンのアルケンへの付加（26.4 節）

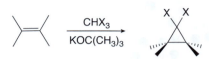

- シン付加で進行する．
- アルケンの置換基の位置はシクロプロパンでも保持される．

[2] シモンズ-スミス反応（26.5 節）

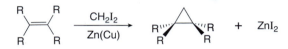

- シン付加で進行する．
- アルケンの置換基の位置はシクロプロパンでも保持される．

## メタセシス（26.6 節）

[1] 分子間反応

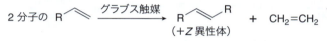

- 気体の $CH_2=CH_2$ が生成物の一つとして反応混合物から系外にでていく場合には，メタセシスがうまくいく．

[2] 分子内反応

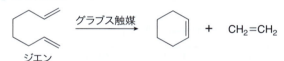

- 閉環メタセシスを使えば，ジエンを出発物質としてあらゆる大きさの環を構築できる．

## ◆章末問題◆

### 三次元モデルを用いる問題

**26.18** 有機ハロゲン化物の他に，アルキルトシラート〔R'OTs, 9.13 節（上巻）〕も有機キュプラート（$R_2CuLi$）と反応し，カップリング生成物 R–R' が生成する．第二級アルキルトシラート（$R_2CHOTs$）を出発物質として用いる場合，立体中心で立体配置の反転が起こる．このことを考慮に入れて，それぞれの化合物を $(CH_3)_2CuLi$ と反応させたときの生成物を示せ．

a.

b.

**26.19** それぞれの化合物の閉環メタセシスにより得られる生成物は何か.

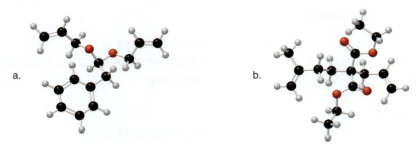

## カップリング反応

**26.20** 次の反応の生成物を示せ.

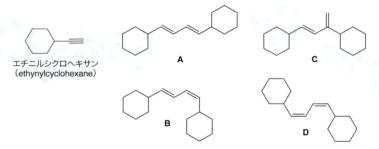

**26.21** リチウムジビニルキュプラート〔$(CH_2=CH)_2CuLi$〕を次の化合物へ変換するために必要な有機ハロゲン化物は何か.

**26.22** 鈴木-宮浦カップリング反応を用いてエチニルシクロヘキサンをジエン **A**〜**C** に変換する方法を示せ. 有機化合物および無機反応剤は何を用いてもよい. また, 鈴木-宮浦カップリング反応を用いてジエン **D** を合成することは可能か. その理由も説明せよ.

**26.23** 溝呂木-ヘック反応を用いてスチレン（$C_6H_5CH=CH_2$）を次の生成物に変換するために必要な化合物を示せ.

26.24 有機キュプラート反応剤を用いたカップリング反応により，1-ブテン($CH_3CH_2CH=CH_2$)をオクタン〔$CH_3(CH_2)_6CH_3$〕に変換する工程を示せ．なお，オクタン中のすべての炭素原子は1-ブテン由来とする．

26.25 化合物 A と B を鈴木-宮浦カップリングさせたときの生成物は何か．この反応は高血圧の治療薬ロサルタン合成の鍵段階である．

26.26 偏頭痛の治療薬エレトリプタン（商品名：レルパックス®）の合成中間体 X を示せ．

## シクロプロパン
26.27 次の反応の生成物を立体化学も含めて示せ．

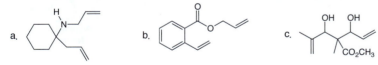

26.28 シクロヘキセンを $C_6H_5CHI_2$ と Zn(Cu) で処理すると，分子式 $C_{13}H_{16}$ の二つの立体異性体が生成する．それらの構造を書き，なぜ二種類の生成物が得られるかを説明せよ．

## メタセシス
26.29 次の基質を高希釈条件下にグラブス触媒で処理して得られる閉環メタセシス生成物は何か．

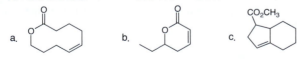

26.30 次の化合物を閉環メタセシス反応を用いて合成するために必要な出発物質を示せ．

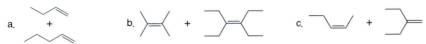

26.31 メタセシス反応は異なる二つのアルケン基質を混合して行うこともできる．C=C 結合まわりの置換様式に応じて，反応は一つの主生成物を与えるときもあれば，多数の生成物の混合物を与えるときもある．次のアルケン基質の組合せにおいて，得られるメタセシス生成物をすべて書け．なお，平衡状態で存在する出発物質は無視してよい．また，これらの例を参考にして，どのようなときに異なる二つのアルケンのメタセシスが合成上有用になるかを議論せよ．

**26.32** 化合物 **M** を高希釈条件下にグラブス触媒で処理して得られる二つの生成物(分子式 $C_{15}H_{26}O_2$)の構造を書け.

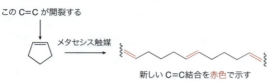

**26.33** 出発物質としてシクロペンテンのようなシクロアルケンを用いるメタセシス反応では，**開環メタセシス重合(ROMP)**が起こり，高分子量のポリマーが得られる．反応はシクロアルケンの歪みの解消を駆動力として進行する．

次のアルケンの開環メタセシス重合で得られる生成物は何か．

a., b., c.

## 一般的反応
**26.34** 次の反応の生成物を示せ．

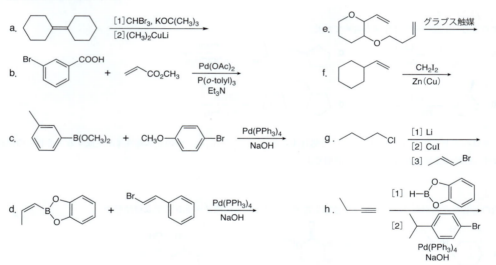

## 反応機構
**26.35** $CHX_3$ と塩基を使ったジハロカルベンの合成法(26.4節)以外に，ジクロロカルベン($:CCl_2$)はトリクロロ酢酸ナトリウムを加熱しても合成できる．この反応の機構を段階ごとに示せ．

**26.36** 次の反応の機構を段階ごとに示せ.

**26.37** 21章で示したリンイリド同様,硫黄イリドもまた有機合成における有用な中間体である. *trans*-菊酸メチルは殺虫剤ピレトリン I (26.4節)の合成中間体であり,ジエン **A** と硫黄イリドの反応で合成できる.この反応の機構を段階ごとに示せ.

**26.38** ジアゾメタン($CH_2N_2$)はシクロプロパン合成に有用な反応剤とはいえないが,その他のジアゾ化合物は複雑なシクロプロパンを収率よく与える.ジアゾ化合物 **A** を,水カビの一種カワリミズカビ(*Allomyces*)の雌の生殖体が生産する精子誘引物質シレニンの合成中間体 **B** に変換する反応の機構を段階ごとに示せ.

**26.39** 溝呂木-ヘック反応条件下でヨードベンゼンとシクロヘキセンを反応させると,新しいフェニル基がアリル位炭素に結合したカップリング生成物 **E** が得られる.このとき,フェニル基が炭素−炭素二重結合に直接結合した"望みの"カップリング生成物 **F** はまったく得られない.

a. **E** が生成する反応機構を段階ごとに示せ.
b. 機構26.2のステップ[2]では Pd と R′ は二重結合に対してシン付加する.機構26.2のステップ[3]における脱離反応の立体化学に関して,**E** の生成は何を意味しているか.

## 合成

**26.40** (*Z*)-2-ブロモスチレンを唯一の出発物質としてジエン **A** を合成する方法を示せ.このとき鈴木-宮浦カップリング反応を利用せよ.

**26.41** 鈴木-宮浦カップリング反応を用いて6炭素以下の炭化水素から(*E*)-1-フェニル-1-ヘキセン(CH₃CH₂CH₂CH₂CH=CHPh)を合成する方法を示せ.

**26.42** ボンビコール合成(図26.1)に使われる次のトランス-ビニルボランを合成する方法を示せ. ビニルボランのすべての炭素原子はアセチレン, 1,9-ノナンジオール, およびカテコールボラン由来とする.

**26.43** 溝呂木-ヘック反応を用いて次の化合物を合成する方法を示せ. ベンゼン, CH₂=CHCO₂Et, 2炭素以下のアルコール, および無機反応剤は何を用いてもよい.

a. 　b.

**26.44** シクロヘキセンから次の化合物を合成する方法を示せ. 有機または無機反応剤は何を用いてもよい.

a. 　b.

**26.45** ベンゼンから次の化合物を合成する方法を示せ. 4炭素以下の有機化合物ならびに無機反応剤は何を用いてもよい.

a. 　b.

**26.46** 次の置換シクロプロパンを合成する方法を示せ. 設問(a)ではアセチレン(HC≡CH)を, (b)ではシクロヘキサノンを出発物質とせよ. 有機化合物および反応剤は何を用いてもよい.

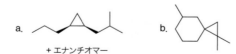

+ エナンチオマー

**26.47** 二つの芳香環がC-C結合でつながった化合物であるビアリール(biaryl)は, 二通りの鈴木-宮浦カップリング反応で効率的に合成できることが多い. これはどちらの芳香環を有機ボランから誘導するかによる. しかし, 一つしか合成法がない場合もある. このことを念頭に, どちらの芳香環もベンゼンを出発物質として次のビアリールを合成せよ. 二つ以上の合成経路がある場合には両方とも書け. 有機または無機反応剤は何を用いてもよい.

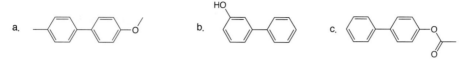

**26.48** 次の化合物の閉環メタセシスから得られる生成物を書け．また，CH$_2$(CO$_2$Et)$_2$ と 4 炭素以下のアルコールから次の出発物質を合成する方法を示せ．有機または無機反応剤は何を用いてもよい．

a. (構造: EtO$_2$C, CO$_2$Et を持つ四級炭素に allyl 基と methallyl 基)

b. (構造: O–TBDMS 基を持つ divinyl carbinol 誘導体)

**26.49** 次の化合物の閉環メタセシスから得られる生成物を書け．また，ベンゼンと 4 炭素以下のアルコールから次の出発物質を合成する方法を示せ．有機または無機反応剤は何を用いてもよい．

a. (構造: PhCH(OCH$_2$CH=CH$_2$)CH$_2$CH=CH$_2$)

b. (構造: PhCH$_2$CH(OCH$_2$CH=CH$_2$)$_2$)

**26.50** アルデヒド **A** の合成において，[1]～[3] の変換を行うために必要な反応剤は何か．**A** は数段階で抗腫瘍剤メイタンシンに変換できる．

(反応スキーム: ヨウ化ベンジル → [1] → アリルシリルエーテル → [2] → α,β-不飽和アルデヒド → [3] → **A** (ジエナール) → 数段階 → メイタンシン (maytansine))

**26.51** 次の化合物を合成する方法を示せ．無機反応剤の他，6 炭素以下の炭化水素とハロゲン化物，ならびに CH$_2$=CHCO$_2$CH$_3$ を出発物質として用いてよい．それぞれの合成において，本章で学んだ炭素-炭素結合生成反応を少なくとも 1 回は利用せよ．

a. (構造: 2-メトキシフェニル基を持つ第二級アルコール)
（二つのエナンチオマー）

b. (構造: 末端にプレニル基を持つジオール)
（二つのエナンチオマー）

c. (構造: 共役ジエン)

d. (構造: フェニル基と CO$_2$CH$_3$ を持つシクロプロパン)
（+ エナンチオマー）

## チャレンジ問題

**26.52** これまで閉環メタセシスに関するさまざまな応用例が報告されてきた．たとえば，側鎖に二つの炭素-炭素二重結合をもった環状アルケンでは，連続的開環-閉環メタセシスが起こる．この反応ではシクロアルケンが開裂し，二つの新しい環が生成する．[1]次の基質の連続反応で生成する化合物は何か．[2]マレイン酸ジエチルをジエノフィルとするディールス-アルダー反応を用いて設問(b)における基質を合成する方法を示せ．

a. $C_8H_{10}O_2$  b. $C_{13}H_{18}O_2$  マレイン酸ジエチル（diethyl maleate）

**26.53** グラブス触媒とエチレンガスの存在下に行われる次の反応は，連続的メタセシス反応からなる．出発物質がどのようにして生成物 **Z** に変換されるか一連の反応を示し，水色で示した炭素がそれぞれ **Z** 中のどこに配置されるのか示せ．

**26.54** ヨウ化アリール **A** とビニルボラン **B** の鈴木-宮浦カップリング反応により化合物 **C** が生成し，**C** は酸性水溶液中で **D** に変換される．化合物 **C** と **D** を同定し，**C** から **D** への変換についての反応機構を段階ごとに示せ．

$C_{11}H_{11}NO$

**26.55** ジメチルシクロプロパンは，α,β-不飽和カルボニル化合物 **X** と，2当量のウィッティッヒ反応剤 **Y** の反応により合成できる．この反応の機構を段階ごとに示せ．

(2当量)

**26.56** ジエンイン（dienyne）はメタセシスにより融着したビシクロ環骨格に変換される．(a)どのようにして **A** が **B** に変換されるか説明せよ．(b)この反応を考慮に入れて，**C** のジエンインメタセシスにより生じる二つの生成物を示せ．

# 27 ペリ環状反応

27.1 ペリ環状反応の種類
27.2 分子軌道
27.3 環状電子反応
27.4 付加環化反応
27.5 シグマトロピー転位
27.6 ペリ環状反応の規則のまとめ

ユニークな十員環ジエポキシド構造をもつ**ペリプラノンB**(periplanone B)は,雌のアメリカゴキブリが分泌する強力な性フェロモンである.ペリプラノンBは1952年に単離されたが,その構造は,75,000匹を超える雌のアメリカゴキブリから採取した試料200 μgを分析することで,1976年にはじめて明らかになった.さらに1979年には全合成が達成され,その後もいくつかの合成法が報告されている.1984年に報告されたペリプラノンBのあざやかな合成の鍵反応が,本章で取りあげるペリ環状反応である.この反応は立体特異的な反応のなかでも特に有用である.

　これまでに学んできた反応の多くは,カチオンやアニオン,ラジカルなどの反応中間体を経由して進行するものであった.たとえば,上巻の7章で学んだ$S_N1$反応や18章で学んだ芳香族求電子置換反応はカルボカチオン経由の反応であり,一方,24章のアルドール反応やクライゼン反応は,エノラートアニオンを経由して進行する.また,15章(上巻)で学んだアルカンのハロゲン化反応やアルケンの重合反応はラジカル中間体を経由して進行する.
　本章では,グループとしては小さいけれども用途の広い反応である**ペリ環状反応**(pericyclic reaction)について学ぶ.これらの反応では環状の遷移状態を経て,すべての結合の切断と生成が1段階,すなわち協奏的に起こる.16章で学んだディールス-アルダー反応は,ペリ環状反応の代表例である.ペリ環状反応にはπ結合が関与しており,一連の規則に従って反応が進むので,生成物の構造と立体化学は予想することができる.したがってペリ環状反応は有機分子を合成する非常に有用な手段である.

## 27.1　ペリ環状反応の種類

　有機反応の多くはイオンやラジカル中間体を経由して進行するが,反応中間体を生成せず1段階過程で進行する反応もある.

• ペリ環状反応は環状の遷移状態を経由して進行する協奏反応である.

立体特異的反応については10章（上巻）で学んだ．

**ペリ環状反応は光あるいは熱によって起こり，完全に立体特異的である**．すなわち，ある立体異性体の出発物質から特定の立体異性体の生成物が得られる．ペリ環状反応には**環状電子反応**（electrocyclic reaction），**付加環化反応**（cycloaddition）ならびに**シグマトロピー転位反応**（sigmatropic rearrangement）の三種類がある．

**環状電子反応**は，一つの出発物質が閉環や開環によって一つの生成物へと変換される可逆的な反応である．

- 環状電子閉環反応は，出発物質よりも一つ多い数のσ結合と，一つ少ない数のπ結合をもつ環状生成物を生成する分子内反応である．

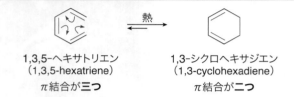

1,3,5-ヘキサトリエン　　　　1,3-シクロヘキサジエン
（1,3,5-hexatriene）　　　　（1,3-cyclohexadiene）
π結合が**三つ**　　　　　　　π結合が**二つ**

- 環状電子開環反応は，環状出発物質のσ結合が一つ開裂してπ結合が一つ多い共役生成物を生成する反応である．

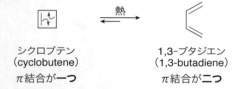

シクロブテン　　　　　　1,3-ブタジエン
（cyclobutene）　　　　（1,3-butadiene）
π結合が**一つ**　　　　　π結合が**二つ**

**付加環化反応**は環を形成する．16章で学んだディールス–アルダー反応は，付加環化反応の一例である．

- 付加環化反応は，π結合をもった二つの化合物の間で二つの新しいσ結合をもつ環状生成物を生成する反応である．

環状電子反応や付加環化反応では出発物質と生成物に含まれるπ結合の数が変わるのに対して，**シグマトロピー転位反応ではπ結合の数が変化しない**．

- シグマトロピー転位反応は，出発物質のσ結合の一つが切断され，π結合が転位し，生成物にσ結合が新しく一つ生成する反応である．

π結合が二つ　　　　π結合が二つ

ホフマンと福井は，ペリ環状反応の反応経路を説明する理論を確立したことで1981年にノーベル化学賞を受賞した．

二つの要素が反応の経路を決定する．その二つの要素とは関与するπ結合の数と，反応が熱によって起こるのか（加熱下），それとも光によって起こるのか（光照射下）である．これらの反応は，1954年に福井謙一によって発表された理論をもとに，1965年にR.B. ウッドワードとR. ホフマンによってはじめて提案された軌道と対称性にも

とづく一連の規則に従って進行する反応である．

ペリ環状反応を理解するために，π結合をもつ系の分子軌道について17章で学んだことを復習し，さらに展開しよう．

**問題 27.1** 次の反応を，「環状電子反応」，「付加環化反応」，「シグマトロピー転位反応」に分類せよ．各反応において切断されるσ結合と生成するσ結合に印をつけよ．

a.

b.

c.

d.

## 27.2 分子軌道

17.9節では，結合を**分子軌道**(molecular orbital, MO)と呼ばれる原子軌道の数学的な組合せとして記述する，分子軌道理論を学んだ．そこで**利用される原子軌道の数は，生成する分子軌道の数に等しい**．

ペリ環状反応にはπ結合が関与するので，π結合をそれぞれ，一つ，二つあるいは三つもつ分子であるエチレン，1,3-ブタジエン，1,3,5-ヘキサトリエンについて，p軌道の重なりから生成する分子軌道を考えてみよう．

p軌道の二つのローブは逆の位相をもっており，核が電子密度の節になっていることを心に留めておこう．

### 27.2.1 エチレン

エチレン($CH_2=CH_2$)のπ結合は，隣接する炭素上にある二つのp軌道が横に並んで重なることによって生成する．二つのp軌道は二種類の様式で結合する．図27.1に示すように，同じ位相をもつ二つのp軌道が重なると，結合性のπ分子軌道($\Psi_1$と表記)が生成する．二つの電子は，このエネルギー的に低い結合性の分子軌道を占める．一方，逆の位相をもった二つのp軌道が重なると，反結合性のπ*分子軌道($\Psi_2^*$と表記)が生成する．逆の位相をもった二つの軌道が組み合わさると，軌道の不安定化に寄与する節が生じる．

### 27.2.2 1,3-ブタジエン

1,3-ブタジエン($CH_2=CH-CH=CH_2$)の二つのπ結合は，隣接する四つの炭素上にある四つのp軌道の重なりによって生成する．図27.2に示すように，四つのp軌道は四通りの様式で重なることができ，$\Psi_1$-$\Psi_4$で記述される四つの分子軌道を形成する．二つは結合性の分子軌道($\Psi_1$と$\Psi_2$)で，他の二つは反結合性の分子軌道($\Psi_3^*$

図 27.1 エチレンのπ分子軌道とπ*分子軌道

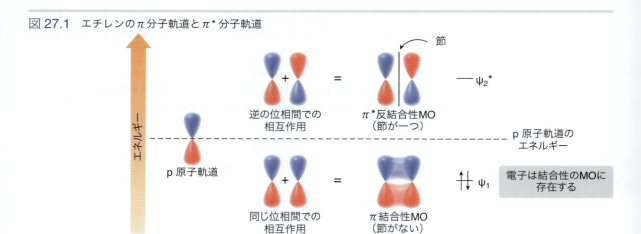

と$\Psi_4^*$)である.二つの結合性 MO のエネルギーは,それらを形成するのに使われた p 原子軌道のエネルギーよりも低くなる.一方,二つの反結合性 MO のエネルギーは,それらを形成するのに使われた p 原子軌道のエネルギーよりも高くなる.**結合性の相互作用の数が減少し,節の数が増加するにつれ,分子軌道のエネルギーは増大する.**

- 基底状態における電子配置では,4 個のπ電子が二つの結合性分子軌道を占有している.

図 27.2 1,3-ブタジエンの四つのπ分子軌道

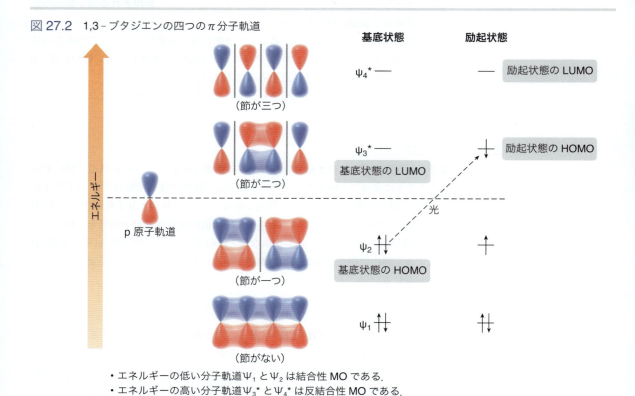

- エネルギーの低い分子軌道$\Psi_1$と$\Psi_2$は結合性 MO である.
- エネルギーの高い分子軌道$\Psi_3^*$と$\Psi_4^*$は反結合性 MO である.

## 27.2 分子軌道

17.9 節の記述を思い起こそう．

- 電子を収容している最もエネルギーの高い軌道は最高被占軌道(HOMO)と呼ばれる．1,3-ブタジエンの基底状態では$\Psi_2$がHOMOである．
- 電子を収容していない最もエネルギーの低い軌道は最低空軌道(LUMO)と呼ばれる．1,3-ブタジエンの基底状態では$\Psi_3^*$がLUMOである．

27.3 節で議論する熱反応では，基底状態の電子配置をもつ出発物質が反応する．

1,3-ブタジエンが適切なエネルギーをもつ光を吸収すると，一つの電子が$\Psi_2$(HOMO)から$\Psi_3^*$(LUMO)に昇位し，励起状態と呼ばれるより高いエネルギーをもった電子配置をとる．励起状態では$\Psi_3^*$がHOMOになる[†]．**27.3 節で取り上げる光化学反応では，出発物質はその励起状態にある**．その結果，1,3-ブタジエンのHOMOは$\Psi_3^*$，そしてLUMOは$\Psi_4^*$となる．

すべての共役ジエンは，1,3-ブタジエンに対して図 27.2 に書かれたものと同様の分子軌道によって記述することができる．

†訳者注：ここでは最も高エネルギーの占有軌道という意味で励起状態のHOMOと述べているが，電子を一つだけもつ分子軌道は半占分子軌道(SOMO: singly occupied molecular orbital)と呼ばれる．

**問題 27.2** 図 27.2 のそれぞれの分子軌道に対して，結合性相互作用(同じ位相をもつ隣接する軌道の間の相互作用)の数と，節の数を示せ．(a)結合性分子軌道についてこれら二つの数字を比べよ．(b)反結合性分子軌道についてこれら二つの数字を比べよ．

### 27.2.3 1,3,5-ヘキサトリエン

1,3,5-ヘキサトリエン($CH_2=CH-CH=CH-CH=CH_2$)の三つの$\pi$結合は，隣接する六つの炭素それぞれに存在する六つのp軌道の重なりによって生成される．図 27.3 に示したように，六つのp軌道は六つの様式で結合でき，$\Psi_1-\Psi_6$で記述される六つの分子軌道を形成する．うち三つが結合性の分子軌道($\Psi_1-\Psi_3$)であり，残りの三つは反結合性の分子軌道($\Psi_4^*-\Psi_6^*$)である．

基底状態の電子配置において，6個の$\pi$電子は三つの結合性MOを占有し，$\Psi_3$がHOMOで，$\Psi_4^*$がLUMOになる．電子1個が$\Psi_3$から$\Psi_4^*$へ昇位した励起状態では，$\Psi_4^*$がHOMOで，$\Psi_5^*$LUMOになる．

**問題 27.3** (a)図 27.2 にならって，2,4-ヘキサジエンの分子軌道を書け．(b)基底状態のHOMOとLUMOに印をつけよ．(c)励起状態のHOMOとLUMOに印をつけよ．

**問題 27.4** (a)1,3,5,7,9-デカペンタエン($CH_2=CH-CH=CH-CH=CH-CH=CH-CH=CH_2$)には$\pi$分子軌道がいくつあるか．(b)それらのうち結合性MOと反結合性MOはそれぞれいくつあるか．(c)$\Psi_1$には節がいくつあるか．(d)$\Psi_{10}^*$には節がいくつあるか．

**図 27.3** 1,3,5-ヘキサトリエンの六つのπ分子軌道

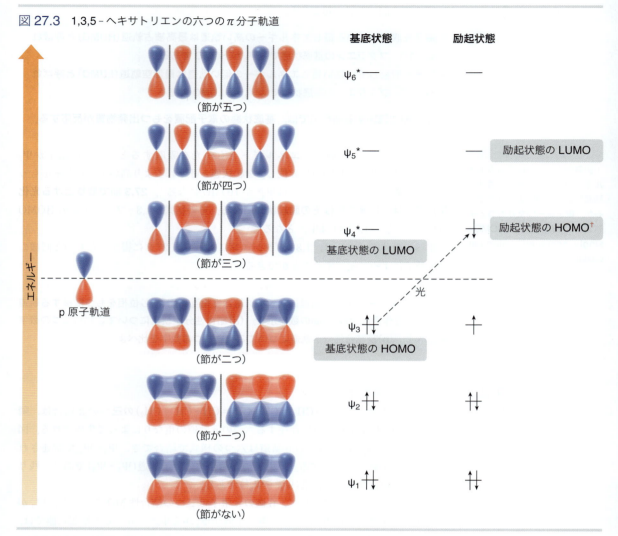

† こちらも図 27.2 と同様，厳密には SOMO である

## 27.3 環状電子反応

**環状電子反応**(electrocyclic reaction)は，共役ポリエンが閉環してシクロアルケンを生成する，あるいはシクロアルケンが開環して共役ポリエンを生成する可逆反応である．たとえば，1,3,5-ヘキサトリエンが閉環すると，反応物よりもσ結合が一つ多く，π結合が一つ少ない生成物である 1,3-シクロヘキサジエンが生成する．シクロブテンが開環すると，反応物よりもσ結合が一つ少なく，π結合が一つ多い生成物である 1,3-ブタジエンが生成する．

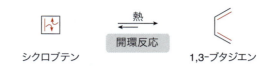

電子の流れを示すのに時計回りあるいは反時計回りの矢印が用いられる．

- **各反応の生成物を書くにはπ結合を起点とした曲がった矢印を用いる．隣接する炭素－炭素結合へ向かって，環状に電子を動かす．**

閉環反応では，共役ポリエンの端同士が結合し，新しいσ結合が生成する．これに対して開環反応では，一つのσ結合が切断され，π結合が一つ多い共役ポリエンが生成する．

平衡状態において出発物質と生成物のどちらが主になるかは，環状化合物の環の大きさに依存する．六員環の場合には，環のほうが非環状のトリエンよりも有利である．これとは逆に，歪みをもった四員環では，非環状のジエンのほうが有利である．

**問題 27.5** 曲がった矢印を用いて，環状電子反応の生成物を示せ．

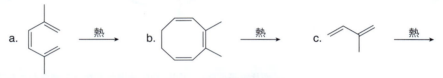

## 27.3.1 立体化学と軌道の対称性

**環状電子反応は完全に立体特異的である**．たとえば，(2*E*,4*Z*,6*E*)-2,4,6-オクタトリエンは，閉環すると二つのメチル基が環に対してシスの関係にあるただ一つの生成物を与える．また，*cis*-3,4-ジメチルシクロブテンが開環すると，*E*-アルケンと*Z*-アルケンをもつ1種類の共役ジエンだけが生成する．

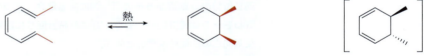

(2*E*,4*Z*,6*E*)-2,4,6-オクタトリエン　　*cis*-5,6-ジメチル-1,3-シクロヘキサジエン  
　　　　　　　　　　　　　　　　　　**シス**生成物のみ

生成しない

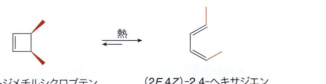

*cis*-3,4-ジメチルシクロブテン　　(2*E*,4*Z*)-2,4-ヘキサジエン  
　　　　　　　　　　　　　　　**(2*E*,4*Z*)** ジエンのみ

生成しない

さらに，環状電子反応の生成物の立体化学は，反応を加熱のみの熱条件で行ったか光を照射して光化学の条件で行ったかによって異なったものとなる．(2*E*,4*E*)-2,4-ヘキサジエンの熱による環化では，二つのメチル基がトランスのシクロブテンが生成し，一方，光による環化ではシスのジメチルシクロブテンが生成する．

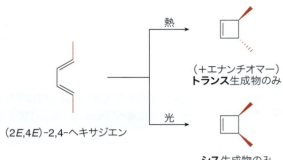

(2E,4E)-2,4-ヘキサジエン　熱 → （＋エナンチオマー）**トランス**生成物のみ

光 → **シス**生成物のみ

> 環状電子反応の閉環では，キラルでないメソ化合物か，あるいはキラルなエナンチオマーの混合物が得られる．この反応においてエナンチオマーの混合物が得られるときには一方のエナンチオマーだけを書くことにする．

これらの結果を理解するため，環状電子反応の出発物質または生成物である鎖状の共役ポリエンの HOMO に注目しよう．とくに，HOMO における両末端炭素の p 軌道を調べ，軌道の同じ位相が同じ側にあるのか，あるいは反対側にあるのかを見極める．

同じ側に同じ位相

反対側に同じ位相

- 環状電子反応は，同位相の軌道が重なって結合が生成できるときにだけ進行する．このような反応は対称許容である．
- 環状電子反応は，逆位相の軌道ローブ間では進行しない．このような反応は<u>対称禁制</u>である．

結合を生成するためには，同じ位相同士が重なって σ 結合ができるように，末端炭素の p 軌道が回転する必要がある．二通りの回転が考えられる．

- 同じ位相の p 軌道が分子の同じ側にある場合，二つの軌道は互いに反対の向き，すなわち一方は時計回り，もう一方は反時計回りに回転する必要がある．このような反対向きの回転を<u>逆旋的</u>と呼ぶ．

反時計回り　時計回り　逆旋的　新しいσ結合

- 同じ位相の p 軌道が分子の反対側にある場合には，二つの軌道は互いに同じ向き，すなわち両方とも時計回り，あるいは両方とも反時計回りに回転する必要がある．このような同じ向きの回転を<u>同旋的</u>と呼ぶ．

時計回り　時計回り　同旋的　新しいσ結合

## 27.3.2 熱による環状電子反応

環状電子反応の立体化学を説明するため，π電子が入っている最もエネルギー準位の高い分子軌道の対称性を調べてみよう．熱反応では，**基底状態の電子配置におけるHOMO** を考える必要がある．回転は，この分子軌道(HOMO)の末端炭素のp軌道が同じ位相同士で重なり合うように，逆旋的あるいは同旋的に起こる．

- 回転が同旋的あるいは逆旋的いずれの様式で起こるかは，共役ポリエンにおける二重結合の数によって決まる．

異なる結果を与える二つの例を次に示す．

$(2E,4Z,6E)$-2,4,6-オクタトリエンの熱による環状電子閉環反応では二つのメチル基がシスとなる化合物が単一生成物として得られる．

> わかりやすくするために，HOMOにおける，末端炭素のp軌道だけ表記している．

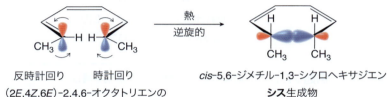

反時計回り　時計回り
$(2E,4Z,6E)$-2,4,6-オクタトリエンの基底状態の HOMO

cis-5,6-ジメチル-1,3-シクロヘキサジエン
**シス生成物**

**閉環反応は逆旋的に進行する**．共役トリエンの HOMO では最も外側のp軌道における同じ位相が分子の同じ側にきているからである(図 27.3)．逆旋的閉環は対称許容である．なぜならp軌道の同じ位相が重なり合い，環の新しいσ結合をつくるからである．逆旋的閉環においては，末端のメチル基が二つとも<u>下向き</u>(あるいは<u>上向き</u>)に回転するので，<u>シス体</u>の生成物が得られる．

これは奇数個のπ結合をもつ共役ポリエンで見られる一般的な反応の例である．奇数個のπ結合をもつ共役ポリエンの HOMO では，最も外側のp軌道における同じ位相が分子の<u>同じ</u>側にある．その結果，

- π結合を奇数個もつ共役ポリエンでは，熱による環状電子反応は<u>逆旋的</u>な様式で進行する．

これに対し，$(2E,4E)$-2,4-ヘキサジエンの熱による環状電子閉環反応では，二つのメチル基がトランス位にあるシクロブテンが生成する．

> $(2E,4E)$-2,4-ヘキサジエンの同旋的閉環は二つの時計回りの回転で書くことができる．また，同旋的閉環を二つの反時計回りの回転で表すこともでき，この場合にはエナンチオマーであるトランスの生成物が得られる．これら二つのエナンチオマーは等量生成する．

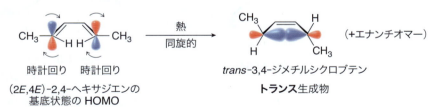

時計回り　時計回り
$(2E,4E)$-2,4-ヘキサジエンの基底状態の HOMO

trans-3,4-ジメチルシクロブテン
**トランス生成物**
(+エナンチオマー)

**閉環反応は同旋的に進行する**．共役ジエンの HOMO では最も外側のp軌道における同じ位相が分子の<u>反対側</u>にきているからである(図 27.2)．同旋的閉環は対称許容である．なぜならp軌道の同じ位相が重なり合い環の新しいσ結合をつくるからである．同旋的閉環においては，末端のメチル基の一つが<u>上向き</u>に，もう一つが<u>下向き</u>に回転するので，<u>トランス体</u>の生成物が得られる．

これはπ結合を偶数個もつ共役したポリエンで見られる一般的な反応の例である．π結合を偶数個もつ共役ポリエンのHOMOでは，最も外側のp軌道における同じ位相が分子の反対側にある．その結果，

- **π結合を偶数個もつ共役ポリエンでは，熱による環状電子反応は同旋的な様式で進行する．**

環状電子反応では逆反応も起こるので，**環状電子開環反応は環状電子閉環反応と同じ法則に従う**．そのため，cis-3,4-ジメチルシクロブテンの熱による開環反応は同旋的に進行し，偶数個のπ結合をもつジエンである(2E,4Z)-2,4-ヘキサジエンが唯一の生成物となる．

**例題 27.1** 次の環状電子閉環反応の生成物を書け．

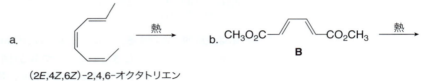

【解答】
共役ポリエンのπ結合の数を数え，熱による環状電子閉環反応の様式を決める．
- 共役ポリエンのπ結合が**奇数個**の場合は，**逆旋的**な閉環反応が進行する．
- 共役ポリエンのπ結合が**偶数個**の場合は，**同旋的**な閉環反応が進行する．

a. (2E,4Z,6Z)-2,4,6-オクタトリエンは三つのπ結合をもっている．π結合を奇数個もつ共役ポリエンのHOMOでは，最も外側のp軌道における同じ位相が分子の同じ側にある．その結果，閉環は逆旋的に進行する．

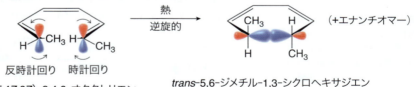

b. ジエン**B**は二つのπ結合をもっている．π結合を偶数個もつ共役ポリエンのHOMOでは，最も外側のp軌道における同じ位相が分子の反対側にある．その結果，閉環は同旋的に進行する．

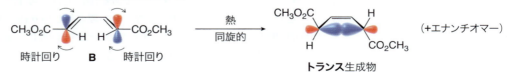

**問題 27.6** 次の化合物が熱によって開環あるいは閉環したときの生成物を書け．それぞれの反応が同旋的あるいは逆旋的かを示すとともに，四面体の立体中心および二重結合における立体化学を示せ．

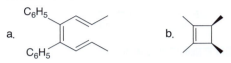

**問題 27.7** 次のデカテトラエンの熱による閉環反応が進行したときに生成する環状化合物を示せ．

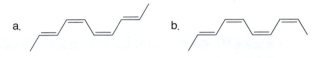

## 27.3.3 光による環状電子反応

光による環状電子反応は，熱による反応と細部まで同じ原則に従って進行するが，1点だけ重要な違いがある．**光化学反応で進行する反応様式を決めるには，励起状態におけるHOMO(SOMO)の軌道を考えなければならない**．光子を吸収すると，基底状態のHOMOの電子は同じ基底状態のLUMOへと励起される．その結果，励起状態のHOMOはそれまでよりも一つ上のエネルギー準位となる（図27.2および27.3）．励起状態のHOMOでは，最も外側のp軌道における位相が基底状態のHOMOの逆になっている．その結果，**同じ数のπ結合が関与する反応において，光化学条件における環状電子反応は熱による環状電子反応とは逆の閉環様式となる**．

光反応による($2E,4Z,6E$)-2,4,6-オクタトリエンの環状電子閉環反応では二つのメチル基がトランス位にある環状化合物が生成する．

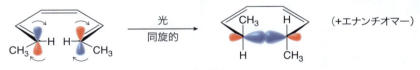

($2E,4Z,6E$)-2,4,6-オクタトリエンの励起状態のHOMO

*trans*-5,6-ジメチル-1,3-シクロヘキサジエン
**トランス**生成物

**閉環反応は同旋的に進行する**．それは，共役ポリエンの励起状態のHOMOでは，最も外側のp軌道における同じ位相が分子の反対側にあるからである（図27.3）．同旋的閉環では，末端のメチル基の一つが下向きに，またもう一つが上向きに回転するので，トランス体の生成物が得られる．これはπ結合を奇数個もつ共役ポリエンで見られる一般的な反応の例である．

- **π結合を奇数個もつ共役ポリエンでは，光による環状電子反応は同旋的な様式で進行する．**

($2E,4E$)-2,4-ヘキサジエンの光による環状電子反応では二つのメチル基がシスの位置にあるシクロブテンが生成する．

CH₃ H H CH₃ → 光 逆旋的 → cis-3,4-ジメチルシクロブテン シス生成物

時計回り　反時計回り
(2E,4E)-2,4-ヘキサジエンの
励起状態の HOMO

**閉環反応は逆旋的に進行する．**共役ジエンの励起状態の HOMO では，最も外側の p 軌道における同じ位相が分子の同じ側にあるからである（図 27.2）．逆旋的閉環では，末端のメチル基が二つとも下向き（あるいは上向き）に回転するので，シス体の生成物が得られる．これは π 結合を偶数個もつ共役ポリエンで見られる一般的な反応の例である．

- π 結合を偶数個もつ共役ポリエンでは，光による環状電子反応は逆旋的な様式で進行する．

**問題 27.8**　問題 27.6 の化合物に対して光による環状電子開環および閉環反応を行うと，どのような生成物が得られるか．それぞれの反応が同旋的あるいは逆旋的かを示すとともに，四面体の立体中心および二重結合における立体化学を示せ．

ビタミン D（問題 27.9）はカルシウムの吸収を調節するため，順調な骨の成長には適切な量の摂取が必要となる．アメリカで販売されているビタミン D の含有量を増やした牛乳は，牛乳に紫外線を照射してつくられている．

**問題 27.9**　ビタミン D 群のなかで最もよく見られるビタミン $D_3$ は，サケ，サバなど脂肪の多い魚や牛乳に含まれる 7-デヒドロコレステロールから合成される．皮膚が日光を受けると，光による環状電子反応が進行し，プロビタミン $D_3$ が生成する．それがシグマトロピー転位（27.5 節）によりビタミン $D_3$ に変化する．プロビタミン $D_3$ の構造を書け．

7-デヒドロコレステロール
（7-dehydrocholesterol）
→ 光 → プロビタミン$D_3$

プロビタミン$D_3$ → ビタミン$D_3$

### 27.3.4　環状電子反応のまとめ

表 27.1 に，熱または光による環状電子反応に関する法則，**ウッドワード–ホフマン則**（Woodward-Hoffmann rule）をまとめてある．π 結合の数は，環状電子反応の出発物あるいは生成物である非環状共役ポリエンについて数える．

27.4 付加環化反応

表 27.1 環状電子反応に対するウッドワード-ホフマン則

| π結合の数 | 熱反応 | 光反応 |
| --- | --- | --- |
| 偶数 | 同旋的 | 逆旋的 |
| 奇数 | 逆旋的 | 同旋的 |

**例題 27.2** 次の反応式における化合物 **A** および **B** を示せ．各段階が同旋的か逆旋的であるかも示せ．

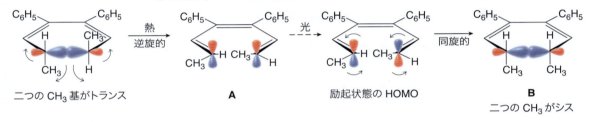

【解答】
シクロヘキサジエンの開環反応により**三つ**のπ結合をもつヘキサトリエンが生成する．表 27.1 に示すように，奇数個のπ結合をもつ共役ポリエンでは，熱による環状電子反応は逆旋的に進行する．次に生成したヘキサトリエン **A** の，光による環状電子反応は同旋的に進行し，二つのメチル基がシスのシクロヘキサジエン **B** が生成する．

**問題 27.10** 次の二つのトリエンについて[1]熱および[2]光による環状電子反応が進行した場合の生成物を示せ．

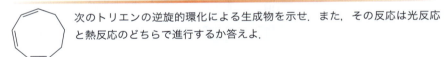

**問題 27.11** 次のトリエンの逆旋的環化による生成物を示せ．また，その反応は光反応と熱反応のどちらで進行するか答えよ．

## 27.4 付加環化反応

　**付加環化反応**(cycloaddition reaction)**とは，π結合をもつ二つの化合物が反応し，二つの新しいσ結合をもつ環状生成物を与える反応である**．環状電子反応と同様，反応は協奏的かつ立体特異的であり，出発物質の分子軌道の対称性によって反応の進み方すなわち生成物の構造が決まってくる．

　付加環化反応は，熱(熱的条件)または光(光化学的条件)によって進行する．付加環化反応は，二つの反応物のπ電子の数によって区別される．

　**ディールス-アルダー反応は，熱による[4 + 2]付加環化反応であり**，4個のπ電子をもつジエンと 2個のπ電子をもつアルケン(ジエノフィル)との間で起こる(16.12～16.14 を参照)．

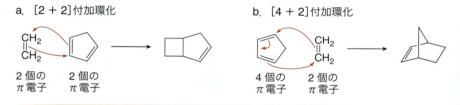

光による[2 + 2]付加環化反応は二つのアルケンの間で起こり，それぞれ2個のπ電子をもつアルケンが反応してシクロブタンを生成する．熱反応による[2 + 2]付加環化反応は起こらない．

**例題 27.3** 次の反応式に示す付加環化反応の様式を示せ．

a. シクロペンタジエン + CH₂=CH₂ →

b. シクロペンタジエン + CH₂=CH₂ →

【解答】
それぞれの出発物質に含まれるπ電子の数を数え，付加環化反応を分類する．

a. [2 + 2]付加環化

b. [4 + 2]付加環化

**問題 27.12** (a) [2 + 2]，(b) [4 + 2]，および (c) [6 + 2]付加環化反応によって，シクロヘプタトリエノンとエチレンから生成する生成物を示せ．

シクロヘプタトリエノン（cycloheptatrienone） + CH₂=CH₂

## 27.4.1 軌道の対称性と付加環化反応

付加環化反応を理解するため，二つの出発物質の末端炭素のp軌道に注目しよう．結合の生成は，両方のp軌道が同位相で結合するときにのみ起きる．二通りの反応様式が可能である．

- 両方の出発物質においてp軌道の同じ位相がπ電子系の同じ側にあり，二つの結合性相互作用が生じる場合，スプラ型付加環化反応が起こる．

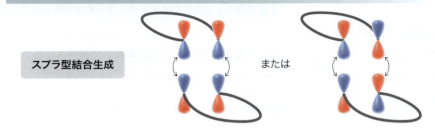

- 出発物質の分子の末端にあるp軌道の位相をそろえるために一方のπ電子系をねじらなければならない場合，アンタラ型付加環化反応が起こる．

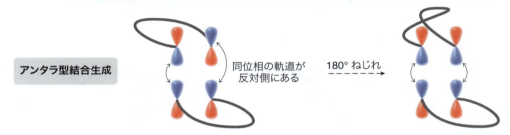

小さな環という構造上の制約のため，**四員環や六員環を生じる付加環化反応は必ずスプラ型で進行する**．

　付加環化反応では，一方の出発物質からもう一方の出発物質へ電子密度が供与される．すなわち，一方の出発物質がHOMOにある最もゆるく束縛された電子を，もう一方の出発物質の電子を受け入れ可能な空軌道であるLUMOに供与する．したがって，どちらの出発物質のHOMOを分析してもよい．

- **付加環化反応では，一方の出発物質のHOMOともう一方の出発物質のLUMOとの結合性相互作用を吟味する必要がある．**

### 27.4.2　[4 + 2]付加環化反応

　[4 + 2]付加環化反応の過程を考えるにあたり，ジエンのHOMOとアルケンのLUMOに注目し，両方の出発物質における末端炭素のp軌道の対称性を調べてみる．2組のp軌道の同位相が重なることによって二つの結合性相互作用が生じるので，**[4 + 2]付加環化反応は熱により容易に起こる**．

この反応は，奇数個のπ結合（ジエンの二つとアルケンの一つを合わせて計三つ）が関与する付加環化反応の例である．

- **奇数個のπ結合が関与する熱による付加環化反応はスプラ型で進行する．**

16.13 節で説明したように，ジエノフィルの立体化学はディールス–アルダー生成物において保持される．

ディールス–アルダー反応は協奏的にスプラ型で起こるので，**ジエンの立体化学はディールス–アルダー生成物において保持される**．結果として，(2E,4E)-2,4-ヘキサジエンとエチレンの反応により，シスの置換基をもつシクロヘキセンが生成する（反応[1]）．一方，(2E,4Z)-2,4-ヘキサジエンとエチレンの反応では，トランスの置換基をもつシクロヘキセンが生成する（反応[2]）．

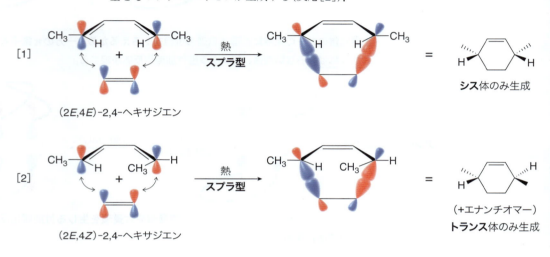

**問題 27.13** アルケンの HOMO とジエンの LUMO による，[4 + 2] 付加環化反応では熱によるスプラ型の反応が対称許容であることを示せ．

**問題 27.14** 次の化合物の組合せにおいて，熱による [4 + 2] 付加環化反応によって生じる生成物を立体化学がわかるように示せ．

**問題 27.15** （a）次の [4 + 2] 付加環化反応の生成物を示せ．また，新しく生じた不斉中心の立体化学を示せ．この反応は，アルカロイドであるレセルピン（問題 22.83）合成の初期段階に用いられている．（b）アルケンと共役ジエンの末端炭素の p 軌道を示し，反応物の位置関係と軌道の重なりから生成物の立体化学を説明せよ．

レセルピン（問題 27.15）は，精神疾患や毒ヘビによる咬傷の治療のため数百年にわたってインドの伝統薬として用いられていたインドジャボクの根から単離される．

### 27.4.3 [2 + 2]付加環化反応

[4 + 2]付加環化反応とは対照的に，[2 + 2]付加環化反応は熱では進行しない．しかし，光では進行する．このことは，反応物であるアルケンのHOMOとLUMOの対称性を調べれば，容易に説明できる．

熱による[2 + 2]付加環化反応では，二つの末端炭素のうち片側だけで同位相のp軌道が重なる．もう一方においても同位相の軌道が重なるためには，分子がねじれてアンタラ型にならなければならないが，小員環を生成する場合この過程は不可能である．

アルケンの基底状態のHOMO

同位相の軌道が反対側にある

もう一方のアルケンのLUMO

光による[2 + 2]付加環化反応では，光エネルギーによって電子が基底状態のHOMOから励起状態のHOMO（図27.1の$\Psi_2^*$）へ励起される．この励起状態のHOMOともう一方のアルケンのLUMOが相互作用し，両方の末端で同位相のp軌道が重なることができる．二つの結合性相互作用によって，反応はスプラ型で進行する．

アルケンの励起状態のHOMO

$\xrightarrow[\text{光による[2+2]}\atop\text{付加環化反応}]{\text{光}\atop\textbf{スプラ型}}$

もう一方のアルケンのLUMO

二つの新しい$\sigma$結合が生成する

この反応は，偶数個の$\pi$結合（各アルケンから一つずつ，全部で二つの$\pi$結合）が関与する付加環化反応の例である．

- **偶数個の$\pi$結合が関与する光による付加環化反応はスプラ型で進行する．**

---

**問題 27.16** 次の付加環化反応の生成物を示せ．

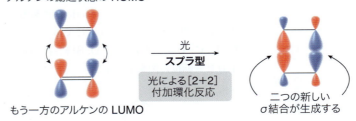

### 27.4.4 付加環化反応のまとめ

表 27.2 に付加環化反応を支配するウッドワード-ホフマン則をまとめている．表中の「π結合の数」とは，付加環化反応に関与する二つの反応物がもつπ結合の合計を表している．π結合の数が同じであれば，付加環化反応の様式は熱による反応と光による反応で必ず反対になる．

表 27.2 付加環化反応に対するウッドワード-ホフマン則

| π結合の数 | 熱反応 | 光反応 |
| --- | --- | --- |
| 偶数 | アンタラ型 | スプラ型 |
| 奇数 | スプラ型 | アンタラ型 |

**問題 27.17** ウッドワード-ホフマン則にもとづいて，次の付加環化反応の様式を予想せよ．
(a) 光による[6 + 4]付加環化反応，(b) 熱による[8 + 2]付加環化反応．

**問題 27.18** 軌道の対称性にもとづいて，ディールス-アルダー反応が光反応では進行しない理由を説明せよ．

## 27.5 シグマトロピー転位

**シグマトロピー転位**(sigmatropic rearrangement)とは，出発物質のσ結合が切断され，π結合が転位し，生成物に新しいσ結合が生じる，分子内ペリ環状反応(intramolecular pericyclic reaction)**である**．シグマトロピー転位では，出発物質と生成物の間でπ結合の数は同じであり，切断あるいは生成するσ結合は**アリル位**のC-H，C-C，C-Z(Z = N, O, S)結合である．C-H結合の切断と生成を伴うシグマトロピー転位の例を下に示す．

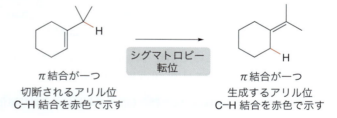

π結合が一つ
切断されるアリル位
C-H結合を赤色で示す

π結合が一つ
生成するアリル位
C-H結合を赤色で示す

シグマトロピー転位は，角括弧で囲まれた二つの数字[$n,m$]で表現され，これは切断されるσ結合から見た新たに生成するσ結合の場所を示す．シグマトロピー転位を表記するには，

- 出発物質の切断されるσ結合を見つけ，その結合につながっている二つの原子をそれぞれ "1" 番とする．
- 新たに生成するσ結合を見つけ，切断されるσ結合から新たに生成するσ結合に向かってその間にある原子に，それぞれの断片について番号をつける．
- 角括弧のなかにその二つの数字(番号)を小さいほうから順に入れる．C-H結合の転位を伴う場合は，一つ目の数字は常に "1" 番になる．

27.5 シグマトロピー転位

たとえば，下の[3,3]シグマトロピー転位により，ジエン **A** はジエン **B** に変換される．このとき，**A** のアリル位の C–C 結合が切断され，**B** にアリル位 C–C 結合が生成する．

**例題 27.4** 次の反応はどのような様式のシグマトロピー転位か．

【解答】
切断されるσ結合を見つけて，その結合につながっている二つの原子をそれぞれ 1 番とする．新しく生成するσ結合を構成する原子を見つけ，切断されるσ結合から生成するσ結合に向かってその間にある原子に番号をつける．C–H 結合が切断される場合は，水素は他の原子とは結合していないので，[*n,m*]表記法の一つ目の数字は 1 になる．

a. アリル位 C の C–H 結合が切断され，C5 の位置に新たに C–H 結合が生成する．よって，この反応は**[1,5]シグマトロピー転位**である．

b. この反応は**[3,3]シグマトロピー転位**である．なぜなら，C–O σ結合が切断され，切断される結合から 3 原子離れた炭素同士の間で新たにアリル位 C–C σ結合が生成するからである．

**問題 27.19** 次の反応はどのような様式のシグマトロピー転位か．

### 27.5.1 シグマトロピー転位と軌道の対称性

他のペリ環状反応と同様に，シグマトロピー転位の立体化学は反応に関与する軌道の対称性によって決まる．シグマトロピー転位では，切断されるσ結合の軌道と新たにσ結合が生じる場所となるπ結合の末端のp軌道について考える．**スプラ型**と**アンタラ型**の二つの転位様式が可能である．

- スプラ型転位では，切断されるσ結合と同じ側のπ系で新しいσ結合が生じる．

- アンタラ型転位では，切断されるσ結合と反対側のπ系で新しいσ結合が生じる．

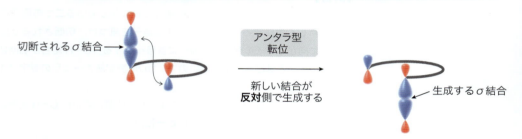

シグマトロピー転位は熱反応によっても光反応によっても進行し，付加環化反応と同じルールに従う．シグマトロピー転位では，切断されるσ結合と転位するπ結合の電子対の総数を数える（表 27.3）．シグマトロピー転位は環状の遷移状態を経由し，小さい環には構造上の制約があるため，**6 原子以下の反応ではスプラ型の経路を取らざるをえない**．

表 27.3 シグマトロピー転位におけるウッドワード–ホフマン則

| 電子対の数 | 熱反応 | 光化学反応 |
| --- | --- | --- |
| 偶数 | アンタラ型 | スプラ型 |
| 奇数 | スプラ型 | アンタラ型 |

たとえば，**X** の **Y** への [1,5] シグマトロピー転位では，三つの電子対が関与する．切断されるσ結合の電子対一つと，転位するπ結合の電子対二つの合計三つである．

表 27.3 に示すように，この反応は熱による場合はスプラ型で，光による場合はアンタラ型で進行する．この反応は 6 原子（移動する H 原子も含めて）しか関与しないので，熱反応によってスプラ型で進行する．

**例題 27.5** 次のシグマトロピー転位を分類し，熱あるいは光のいずれで容易に進行するか決定せよ．

【解答】
まず，例題 27.4 で行ったように転位を分類する．切断されるσ結合につながっている二つの原子を見つけて，それぞれ 1 番とする．生成するσ結合を見つけ，切断される結合から生成する結合に向かってその間にある原子に番号をつける．そして，反応に関与する電子対の数を数え，表 27.3 を使って反応の立体化学的経路を決定する．6 原子以下の反応はスプラ型でしか進行しないことを忘れないようにしよう．

この反応は[1,3]シグマトロピー転位であり，切断される一つの C–H σ結合の電子対と一つのπ結合の電子対の合わせて二つの電子対が関与している．4 原子が関与するこの反応は，スプラ型経路でしか進行しない．よって，光反応によって進行する．

**問題 27.20** (a)次のトリエンの重水素が[1,7]シグマトロピー転位して生じる生成物を示せ．(b)熱的条件では，スプラ型，アンタラ型のいずれで反応は進行するか．(c)光化学条件では，スプラ型，アンタラ型のいずれで反応は進行するか．

### 27.5.2 [3,3]シグマトロピー転位

有機合成において広く利用されている[3,3]シグマトロピー転位が二つある．1,5-ジエンから別の 1,5-ジエン異性体への**コープ転位**（Cope rearrangement）と不飽和エーテルからγ,δ-不飽和カルボニル化合物への**クライゼン転位**（Claisen rearrangement）である．

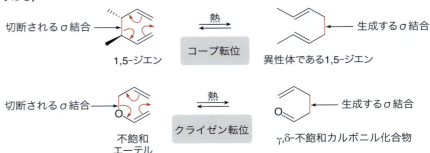

どちらの反応も二つのπ結合と一つのσ結合の計三つの電子対が関与する．6個の原子が関与するため，**熱反応によるスプラ型経路**で容易に進行する．

### コープ転位

コープ転位では，異性体の関係にある 1,5-ジエンが出発物質と生成物であるので，平衡状態ではより安定なジエンが有利となる．出発物質である 1,5-ジエンが生成物よりもかなり不安定なときにコープ転位は有用である．たとえば，cis-1,2-ジビニルシクロブタンの反応では，シクロブタン環の歪みが解消されることで 1,5-シクロオクタジエンに転位する．

cis-1,2-ジビニルシクロブタン　　　1,5-シクロオクタジエン
（cis-1,2-divinylcyclobutane）　　（1,5-cyclooctadiene）

**オキシコープ転位**（oxy-Cope rearrangement）は，不飽和アルコールを用いるコープ転位であり，特に強力な反応である．[3,3]シグマトロピー転位により最初にエノールが生じ，これが互変異性化を経てカルボニル基を生じる．

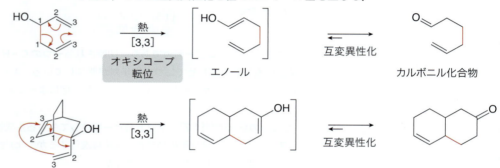

さらに，**アニオン性オキシコープ転位**（anionic oxy-Cope rearrangement）は，しばしば非常に温和な条件のもと，転位生成物を高い収率で与える．アニオン性オキシコープ転位では，出発物質である不飽和アルコールを，通常 18-クラウン-6（9.5.2 節）の存在下に KH のような強塩基でまず処理し，アルコキシドを調製する．続く[3,3]シグマトロピー転位により共鳴安定化されたエノラートが生じ，これがプロトン化されてカルボニル化合物が生成する．

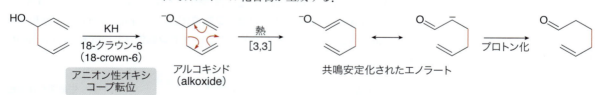

**問題 27.21** 次の化合物のコープ転位あるいはオキシコープ転位によって生じる生成物を示せ．

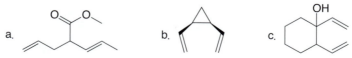

**問題 27.22** 本章の冒頭で紹介したペリプラノン B の合成過程で，次の不飽和アルコールのアニオン性オキシコープ転位が利用されている．中間体であるエノラートのプロトン化で生じる生成物を示せ．

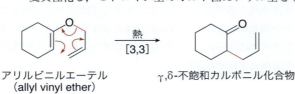

**問題 27.23** コープ転位によってゲラニアール（図 21.6）を生じる反応物を示せ．

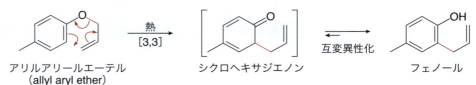
ゲラニアール
（geranial）

### クライゼン転位

　クライゼン転位とは，アリルビニルエーテルやアリルアリールエーテルといった不飽和エーテルの[3,3]シグマトロピー転位である．アリルビニルエーテルでは，γ,δ-不飽和カルボニル化合物が協奏的転位により 1 段階で生成する．アリルアリールエーテルでは，クライゼン転位によりシクロヘキサジエノン中間体がまず生じ，これが互変異性化し，ヒドロキシ基のオルト位にアリル基をもつフェノールとなる．

アリルビニルエーテル　　　　γ,δ-不飽和カルボニル化合物
（allyl vinyl ether）

アリルアリールエーテル　　　シクロヘキサジエノン　　　フェノール
（allyl aryl ether）

**問題 27.24** 次の化合物のクライゼン転位により生じる生成物を示せ．

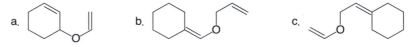

**問題 27.25**

ガルスベリン A（問題 27.25）は沖縄に生育するフクギ（*Garcinia subelliptica*）という樹木から単離された．

(a) 化合物 **Z** のクライゼン転位により生じる生成物を示せ．(b) 閉環メタセシスについて 26 章で学んだことを使って，(a) の生成物をグラブス触媒で処理して得られる生成物を示せ．これら二つの反応は，神経伝達物質アセチルコリンの合成を刺激する生物活性天然物，ガルスベリン A 合成の鍵段階である．この種の化合物はアルツハイマー病などの神経変性疾患の治療に有用な薬となる可能性がある．

**Z**

ガルスベリンA
(garsubellin A)

## 27.6 ペリ環状反応の規則のまとめ

表 27.4 に，ペリ環状反応を支配する規則をまとめる．この表は，多くの情報を含んでいる．これを記憶するには，**表の横一列だけを覚え**，それとは条件が一つあるいは二つ異なるときの結果を考えればよい．たとえば，

- 偶数の電子対が関与する熱反応は同旋的かアンタラ型である．〈これを覚える〉
- 反応条件のうちの一つが変わった場合（熱反応から光反応に，あるいは，電子対の数が偶数から奇数に）→ 反応の立体化学は「逆旋的かスプラ型」に変わる．
- 両方の反応条件が変わった場合（たとえば，奇数の電子対が関与する光反応）→ 反応の立体化学は変わらない．

**表 27.4** ペリ環状反応の立体化学規則のまとめ

| 反応条件 | 電子対の数 | 立体化学 |
|---|---|---|
| 熱反応 | 偶数 | 同旋的 あるいは アンタラ型 |
| | 奇数 | 逆旋的 あるいは スプラ型 |
| 光反応 | 偶数 | 逆旋的 あるいは スプラ型 |
| | 奇数 | 同旋的 あるいは アンタラ型 |

**問題 27.26** 表 27.4 のウッドワード–ホフマン則を用いて，次の反応の立体化学を予測せよ．
a. [6＋4] 熱反応による付加環化
b. 1,3,5,7,9-デカペンタエンの光化学的環状電子閉環
c. [4＋4] 光反応による付加環化
d. 熱反応による [5,5] シグマトロピー転位

## ◆キーコンセプト◆

### ペリ環状反応
#### 環状電子反応（27.3 節）
環状電子反応に対するウッドワード-ホフマン則

| π結合の数 | 熱反応 | 光反応 |
|---|---|---|
| 偶数 | 同旋的 | 逆旋的 |
| 奇数 | 逆旋的 | 同旋的 |

例

熱による環状電子反応の立体化学は，光による環状電子反応の立体化学とは逆である．

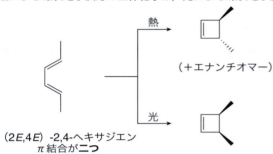

・偶数個のπ結合をもった化合物の熱による環状電子反応は同旋的に進行する．

・偶数個のπ結合をもった化合物の光による環状電子反応は逆旋的に進行する．

#### 付加環化反応（27.4 節）
付加環化反応に対するウッドワード-ホフマン則

| π結合の数 | 熱反応 | 光化学反応 |
|---|---|---|
| 偶数 | アンタラ型 | スプラ型 |
| 奇数 | スプラ型 | アンタラ型 |

例

[1] 奇数個のπ結合が関与する熱による[4 + 2]付加環化反応は，スプラ型で進行する．これに対して，六員環を形成するアンタラ型の光による[4 + 2]付加環化反応は，構造上の制約のために進行しない．

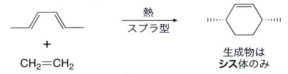

[2] 偶数個のπ結合が関与する光による[2 + 2]付加環化反応は，スプラ型で進行する．これに対して，四員環を形成するアンタラ型の熱による[2 + 2]付加環化反応は，構造上の制約のために進行しない．

## シグマトロピー転位反応（27.5節）

**シグマトロピー転位反応に対するウッドワード-ホフマン則**

| 電子対の数 | 熱反応 | 光反応 |
|---|---|---|
| 偶数 | アンタラ型 | スプラ型 |
| 奇数 | スプラ型 | アンタラ型 |

例

[1] **コープ転位**は，1,5-ジエンをその異性体である別の1,5-ジエンに変換する，熱による[3,3]シグマトロピー転位である．

1,5-ジエン　　　　　　　　　異性体の1,5-ジエン

[2] **オキシ-コープ転位**は，1,5-ジエン-3-オールを中間体であるエノールの互変異性化を経て $\delta,\varepsilon$-不飽和カルボニル化合物に変換する熱による[3,3]シグマトロピー転位である．

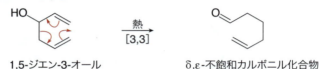

1,5-ジエン-3-オール　　　　　　$\delta,\varepsilon$-不飽和カルボニル化合物

[3] **クライゼン転位**は，不飽和エーテルを $\gamma,\delta$-不飽和カルボニル化合物に変換する，熱による[3,3]シグマトロピー転位である．

不飽和エーテル　　　　　　　　$\gamma,\delta$-不飽和カルボニル化合物

## ◆章末問題◆

### 三次元モデルを用いる問題

**27.27** (a) 次の化合物が熱による環状電子開環反応を起こしたときの生成物を示せ．
(b) 次の化合物が光による環状電子開環反応を起こしたときの生成物を示せ．

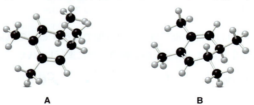

**A**　　　　　　　　　**B**

**27.28** 次の化合物が[3,3]シグマトロピー転位を起こしたときの生成物を示せ．

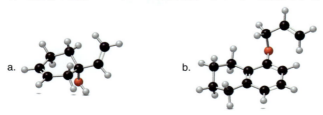

a.　　　　　　　b.

## ペリ環状反応の形式

**27.29** 次のペリ環状反応を,「環状電子反応」,「付加環化反応」,「シグマトロピー転位」に分類せよ. さらに, その反応の立体化学が,「同旋的」,「逆旋的」,「スプラ型」,「アンタラ型」のいずれであるかを示せ.

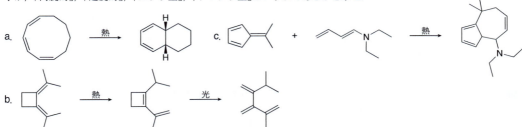

## 環状電子反応

**27.30** 次の化合物が, 熱による環状電子開環反応あるいは閉環反応を起こしたときに得られる生成物を書け. それぞれの反応が同旋的か逆旋的かを述べるとともに, 四面体の立体中心および二重結合における立体化学を示せ.

a.      b.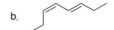

**27.31** 問題 27.30 の化合物の光による環状電子開環反応および閉環反応で得られる生成物を示せ. それぞれの反応が同旋的か逆旋的かを述べるとともに, 四面体の立体中心および二重結合における立体化学を示せ.

**27.32** 下に示す二つのデカテトラエンに対して光によって環状電子閉環反応を行ったときに得られる環状の生成物を書け.

a. 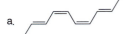     b.

**27.33** 次の環状電子反応の生成物を書け.
  a. (2E,4Z,6Z)-2,4,6-ノナトリエンの熱による環状電子閉環反応
  b. (2E,4Z,6Z)-2,4,6-ノナトリエンの光による環状電子閉環反応
  c. cis-5-エチル-6-メチル-1,3-シクロヘキサジエンの熱による環状電子開環反応
  d. trans-5-エチル-6-メチル-1,3-シクロヘキサジエンの光による環状電子開環反応

**27.34** 次の環状電子閉環反応について考えよう. 生成物は同旋的あるいは逆旋的のどちらの過程で生成するかを示せ. さらにこの反応が光反応と熱反応のどちらで進行するかを推定せよ.

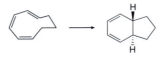

**27.35** ジエン M の逆旋的な閉環反応による生成物を書け. この反応で新たに生じる sp$^3$ 混成炭素の立体化学を示せ. また, この反応は光反応と熱反応のどちらで進行するかを示せ.

M

**27.36** (a) トリエン N の熱による環状電子閉環反応で得られる生成物を書け. (b) トリエン N の光による閉環反応で得られる生成物を書け. (c) それぞれの反応が, 同旋的あるいは逆旋的のどちらで進行するかを示せ.

N

**27.37** ビシクロアルケン P は, シクロデカジエン Q の熱による環状電子閉環反応, あるいはシクロデカジエン R の光による環状電子閉環反応で合成することができる. Q と R の構造を示せ. また, それぞれの反応がどのような立体化学で進行するかを書け.

P

## 付加環化反応

**27.38** 反応[1]ではどのような形式の付加環化反応が起こったのか．反応[2]で同じ形式の反応が進行したときの生成物を書け．これらの反応が，熱反応あるいは光反応のどちらで進行するかを予想せよ．

**27.39** 次のディールス–アルダー反応の生成物を書け．すべての立体中心における立体化学を示せ．

**27.40** 次の反応では，どのような付加環化生成物が得られるか．それぞれの生成物の立体化学を示せ．

a. 2分子の　　　　光→　　　　b. 2分子の　　　　光→

**27.41** 熱による[4 + 2]付加環化反応で次の生成物を合成するときに必要な出発原料を示せ．

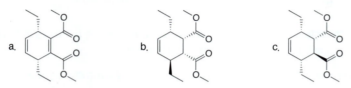

**27.42** 1,3-ブタジエンを加熱すると1,5-シクロオクタジエンではなく4-ビニルシクロヘキセンが生成する理由を説明せよ．

**27.43** 何回かの[2 + 2]付加環化反応によって化合物 **X** の構造異性体から **X** を合成する方法を示せ．ペンタシクロアナモキシル酸メチルは *Candidatus Brocadia anammoxidans* という細菌の細胞小器官の膜から単離された脂質である．この発見により，シクロブタンが縮環した構造をもつ分子に対して注目が集まった．この異様な天然物の役割は依然として不明である．

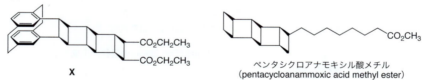

ペンタシクロアナモキシル酸メチル
(pentacycloanammoxic acid methyl ester)

## シグマトロピー転位

**27.44** 次の反応はどのような様式のシグマトロピー転位であるか示せ．

**27.45** 次の化合物の[3,3]シグマトロピー転位による生成物を示せ．

**27.46** 5-メチル-1,3-シクロペンタジエンの溶液は，室温で1-メチル-1,3-シクロペンタジエン，2-メチル-1,3-シクロペンタジエンおよび5-メチル-1,3-シクロペンタジエンの混合物へ転位する．(a) 5-メチル-1,3-シクロペンタジエンからC–H結合が関与するシグマトロピー転位によって二つの異性体が生成する機構を示せ．(b) 2-メチル-1,3-シクロペンタジエンが5-メチル-1,3-シクロペンタジエンから[1,3]転位によって直接生成しない理由を説明せよ．

**27.47** 次の不飽和エーテルから[5,5]シグマトロピー転位によって生成する化合物を示せ.

**27.48** 次の化合物 A を加熱すると,クライゼン転位とそれに続くコープ転位という二つの連続する[3,3]シグマトロピー転位が起こり,ミカンオイルの成分であるβ-シネンサールが生成する.β-シネンサールの構造を示せ.

**27.49** 次の反応式の化合物 A, B, C を示し,B から C への反応の様式を説明せよ.

## 一般的なペリ環状反応

**27.50** 次の反応の各段階はどのようなペリ環状反応であるか述べよ.

**27.51** 次のペリ環状反応の生成物を立体化学がわかるように示せ.

**27.52** 次の反応の生成物を示せ.

## 反応機構

**27.53** 酸素原子の両側のオルト位に置換基をもつアリルアリールエーテルは,パラ置換フェノールへと転位する.2回の[3,3]シグマトロピー転位を含む,次に示す反応の機構を段階ごとに示せ.

**27.54** 次の反応の詳細な機構を段階ごとに示せ.

**27.55** 次の出発物質が，2回のペリ環状反応を経て生成物に変換される反応機構を示せ．また，立体化学について説明せよ．

**27.56** [1,5]シグマトロピー転位と，それに続く[4 + 2]付加環化からなる2段階反応により化合物 **E** が **F** に変換される過程を，曲がった矢印を用いて図示せよ．

**27.57** 次の反応において，連続する二つのペリ環状反応によって反応物が生成物に変換される過程を示せ．立体化学についても説明せよ．

**27.58** 次の反応の機構を段階ごとに詳しく示せ．

## チャレンジ問題

**27.59**  左の化合物の[3,3]シグマトロピー転位により生じる生成物を示せ．すべての四面体の立体中心に関する立体化学についても明記せよ．

**27.60** (a)化合物 **C** の構造を示せ．**C** は NaOEt の存在下で，**B** のオキシコープ転位により生じる．(b) **C** から二環式アルコール **D** への変換の反応機構を段階ごとに示せ．

**27.61** キャロル転位(Carroll rearrangement)の反応機構を段階ごとに示せ．キャロル転位とは，塩基の存在下でβ-ケトエステルとアリルアルコールからγ,δ-不飽和カルボニル化合物が生成する反応である．

**27.62** エンジアンドル酸は，東オーストラリアの熱帯雨林に生育する木から単離された一連の不飽和カルボン酸である．エンジアンドル酸DおよびEのメチルエステルは，ポリエンYからの連続する2回の環状電子反応によって合成された．すなわち，Yの共役テトラエンの熱的閉環による共役トリエンの生成と，これに続くその共役トリエンの閉環である．(a)エンジアンドル酸DおよびEのメチルエステルの構造を立体化学も含めて示せ．(b)エンジアンドル酸EのメチルエステルはÑ分子内[4 + 2]付加環化により，エンジアンドル酸AのメチルエステルにÑ変換される．エンジアンドル酸Aの可能な構造を示せ．

**27.63** 化合物Bのようなo-キノンの[4 + 2]付加環化は，さまざまな生成物を生じる可能性があり，しばしば複雑となる．

a. Bがスチレンと反応するとき，それぞれの生成物が生じる過程を曲がった矢印を用いて図示せよ．また，どの部分が"ジエン"あるいは"ジエノフィル"として働いているか示せ．

b. Bが1,3-ブタジエンと反応するとき，それぞれの生成物が生じる過程を曲がった矢印を用いて図示せよ．また，どの部分が"ジエン"あるいは"ジエノフィル"として働いているか示せ．

c. o-キノンCとジエンDが反応し，付加環化とそれに続く[3,3]シグマトロピー転位を経て複素環化合物Eが生成する．この2段階過程がどのように進行するかを曲がった矢印を用いて図示せよ．Eは直接ディールス-アルダー反応により生じるのではない．

# 28 炭水化物

- 28.1 はじめに
- 28.2 単糖
- 28.3 D-アルドース類
- 28.4 D-ケトース類
- 28.5 単糖の物理的性質
- 28.6 単糖の環状構造
- 28.7 グリコシド
- 28.8 単糖の OH 基の反応
- 28.9 カルボニル基の反応
  ——酸化と還元
- 28.10 カルボニル基の反応
  ——1 炭素原子の除去と追加
- 28.11 二糖
- 28.12 多糖
- 28.13 その他の重要な糖とその誘導体

ジャガイモの葉や茎，皮の表面にある緑色の斑点には**ソラニン**(solanine)という毒素が含まれており，この毒は植物が虫や動物に食べられるのを防ぐためにつくられる．ソラニンは炭水化物の誘導体であり，複雑なアミンと三つの単糖環がグリコシドと呼ばれるアセタールでつながっている．炭水化物部分に存在するたくさんのヒドロキシ基のおかげでソラニンは水によく溶け，水分の多い生体系では有用である．本章では，炭水化物と，ソラニンのような炭水化物誘導体について学ぶ．

本章，29 章，および 30 章では，生体系で見られる有機化合物，つまり**生体分子**(biomolecule)を扱う．これまでにもすでに同様の性質をもった生体分子について学んできた．たとえば，上巻の 10 章(アルケン)では，脂肪酸が脂肪(固形)になるか油(液状)になるかが二重結合の有無に影響を受けることを学んだ．19 章(カルボン酸と O-H 結合の酸性度)では，アミノ酸がタンパク質の構成要素であることを学んだ．

本章では炭水化物に焦点を絞る．炭水化物は自然界に最も多く存在する生体分子であり，地上のバイオマス(biomass)の 50% 近くを占める．29 章ではタンパク質とそれらを構成するアミノ酸について，30 章では脂質について学ぶ．これらの化合物はすべて有機分子であり，これまでに学んだ原理や化学反応の多くを復習することになる．しかし，それぞれの化合物群は固有の特徴ももっている．以降はこれらについて学んでいく．

## 28.1 はじめに

**炭水化物**(carbohydrate)は糖(sugar)やデンプン(starch)とも呼ばれ，ポリヒドロ

炭水化物は，単純糖質の分子式で $C_n(H_2O)_n$ とも表すことができる．この式は**炭素の水和物**(hydrate)と見なせることから炭水化物という名前がつけられた．

グルコースやセルロースのような炭水化物については上巻の5.1節，6.4節，および本書の21.17節で議論した．

炭水化物の代謝よりも，脂質の代謝のほうが 1 g あたりより多くのエネルギーを供給できる．しかし，運動中など多大なエネルギーを要するときにはグルコースが優先的に使われる．グルコースは水溶性で，血流に乗せて迅速かつ容易に細胞組織へ運ぶことができるためである．

**キシアルデヒド**(polyhydroxy aldehyde)や**ポリヒドロキシケトン**(polyhydroxy ketone)，または加水分解によりそうした化合物に変換される化合物の総称である．植物の茎や樹木の幹に存在するセルロースや，節足動物や軟体動物の外骨格に含まれるキチンは，どちらも複雑な炭水化物である．図28.1に四つの例を示す．グルコースやセルロースだけでなく，ドキソルビシン(抗がん剤)や 2′-デオキシアデノシン 5′-一リン酸(DNAのヌクレオチド塩基)も炭水化物であり，より大きな分子の部分構造として炭水化物部位をもっている．

炭水化物は化学エネルギーの貯蔵庫であり，それらは緑色植物や藻類による**光合成**(photosynthesis)で合成される．光合成とは太陽からの光エネルギーを使って，二酸化炭素と水を，グルコースと酸素に変換する工程である．グルコースが代謝されると，蓄えられたエネルギーが放出される．グルコースの酸化は，二酸化炭素，水，および大量のエネルギーを生みだす多段階工程である〔6.4節(上巻)〕．

$$6\,CO_2 + 6\,H_2O \xrightarrow[\text{クロロフィル}]{\text{光}} C_6H_{12}O_6\,(\text{グルコース}) + 6\,O_2$$

光合成：エネルギーが蓄えられる
代謝：エネルギーが放出される

## 28.2 単 糖

最も単純な炭水化物は**単糖**(monosaccharide または simple sugar)と呼ばれる．**単糖は 3〜7 個の炭素原子**を鎖内にもち，末端炭素(C1)またはその隣の炭素(C2)に**カルボニル基**(carbonyl group)が存在する．ほとんどの炭水化物では，残りの炭素原子に**ヒドロキシ基**(hydroxy group)が結合している．単糖は通常，カルボニル基を上に置いて垂直に書かれる．このように書くと，単糖はこれまでの章ででてきた分子と違うように見える．

D-フルクトースは，1 g あたりのカロリー量が一般的な卓上糖(スクロース)とほぼ同じであるのに，約2倍甘い．〝低カロリー〟食品では砂糖の代わりにその半量のフルクトースを使うことで，甘さを保ったままカロリーを減らしている．

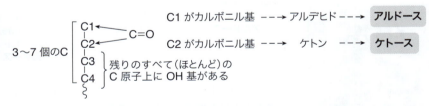

- **C1にアルデヒドのカルボニル基をもつ単糖をアルドース**(aldose)**と呼ぶ**．
- **C2にケトンのカルボニル基をもつ単糖をケトース**(ketose)**と呼ぶ**．

単純な炭水化物の例をいくつか示す．D-グリセルアルデヒドとジヒドロキシアセトンは同じ分子式をもち，互いに**構造異性体**の関係にある．D-グルコースとD-フルクトースも同様である．

## 図 28.1　炭水化物の例

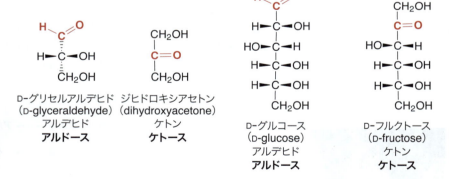

β-D-グルコース
（β-D-glucose）
最も一般的な単糖

セルロース
（cellulose）
木の主成分

ドキソルビシン
（doxorubicin）
抗がん剤

炭水化物部分

炭水化物部分

2′-デオキシアデノシン5′-一リン酸
（2′-deoxyadenosine 5′-monophosphate）
DNAのヌクレオチド成分

これらの化合物から，炭水化物とその誘導体の構造の多様性が見て取れる．**グルコース**は最もありふれた単糖であり，**セルロース**は木，植物の茎，草などを構成し，植物界では最もありふれた炭水化物である．**ドキソルビシン**は構造の一部に炭水化物環を含む抗がん剤であり，白血病，ホジキン病，肺がん，膀胱がん，卵巣がんの治療に用いられている．**2′-デオキシアデノシン 5′-一リン酸**は DNA を構成する四種類のヌクレオチドの一つである．

ジヒドロキシアセトンはセルフタンニング（人工日焼け）液の有効成分である．

D-グリセルアルデヒド
（D-glyceraldehyde）
アルデヒド
**アルドース**

ジヒドロキシアセトン
（dihydroxyacetone）
ケトン
**ケトース**

D-グルコース
（D-glucose）
アルデヒド
**アルドース**

D-フルクトース
（D-fructose）
ケトン
**ケトース**

すべての炭水化物は慣用名をもっている．最も単純なアルドースであるグリセルアルデヒドと最も単純なケトースであるジヒドロキシアセトンは，名称の最後に接尾語 *-ose* がつかない数少ない単糖である．接頭語"D-"については 28.2.3 項で説明する．単糖は以下のように呼ばれる．

- 3 炭素からなる場合はトリオース（triose）
- 4 炭素からなる場合はテトロース（tetrose）
- 5 炭素からなる場合はペントース（pentose）
- 6 炭素からなる場合はヘキソース（hexose），以下同様．

## 28.2 単糖

これらの呼び方をアルドースやケトースといった用語と組み合わせると，単糖内の炭素原子数と，アルデヒドまたはケトンのどちらを含むかを表現できる．すなわち，グリセルアルデヒドはアルドトリオース（3C原子とアルデヒド），グルコースはアルドヘキソース（6C原子とアルデヒド），フルクトースはケトヘキソース（6C原子とケトン）となる．

**問題 28.1** (a)ケトテトロース，(b)アルドペントース，(c)アルドテトロースの構造を書け．

### 28.2.1 フィッシャー投影式

炭水化物の顕著な構造的特徴の一つは，立体中心の存在である．**ジヒドロキシアセトン以外のすべての炭水化物は一つ以上の立体中心をもつ．**

最も単純なアルドースであるグリセルアルデヒドは立体中心を一つもち，二つの**エナンチオマー**が存在しうる．天然には，$R$ の立体配置をもつエナンチオマーのみが存在する．

(R)-グリセルアルデヒド
天然に存在するエナンチオマー

(S)-グリセルアルデヒド

糖の立体中心は，通常とは異なる方法で表されることが多い．二つの結合を平面に置いて，残る二つの結合をその平面の手前と奥に置いた正四面体構造を書くのではなく，**正四面体構造を傾け，水平な結合を前に（くさびで表記），垂直な結合を奥に（破線のくさびで表記）配置する．**この構造はさらに，**フィッシャー投影式**（Fischer projection formula）と呼ばれる**十字式**（cross formula）に省略される．フィッシャー投影式では，

- 十字の線の交点に炭素原子がある．
- 水平の結合が手前にくる．すなわち，くさび（wedge）に結合した置換基となる．
- 垂直の結合が奥にいく．すなわち，破線のくさび（dashed wedge）に結合した置換基となる．
- 炭水化物では，アルデヒドまたはケトンのカルボニル基は一番上かその近くに置く．

立体中心ではない炭素原子は，通常 C を使って書き込まれる．フィッシャー投影式を用いると，($R$)-グリセルアルデヒドは次のように表せる．

赤色で示した結合を手前に突きださせる
(R)-グリセルアルデヒド

・水平な結合は手前にくる
・垂直な結合は奥にいく

フィッシャー投影式
(R)-グリセルアルデヒド

28 章 炭水化物

**フィッシャー投影式を紙面上で回転させないように注意しよう**．なぜなら，回転させると気づかないうちにエナンチオマーに変換してしまっていることがあるからである．回転させたいときには，フィッシャー投影式をくさび破線構造に変換し，それから取り扱うのがよい．フィッシャー投影式はあらゆる化合物の立体中心の表記に利用できるが，特に単糖の表記によく利用される．

**例題 28.1** 次の化合物をフィッシャー投影式に変換せよ．

【解答】
それぞれの分子を回転させて書き直して，水平方向の結合を紙面の手前に，垂直方向の結合を紙面の奥に置く．それから，十字を使って立体中心を表現する．

**問題 28.2** 次の立体中心をフィッシャー投影式を用いて書け．

フィッシャー投影式で書かれた立体中心は，次の方法により $R,S$ 表記法で表現できる．

[1] 5.6 節（上巻）で解説した規則に従って，立体中心に結合した四つの基に優先順位（$1 \to 4$）を割りあてる．
[2] 優先順位の最も低い基が垂直方向に位置しているとき，すなわち紙面の奥に向かって破線で表現されるとき，時計回りに優先順位が下がる（優先的な基から $1 \to 2 \to 3$）場合には $R$ の立体配置である．反時計回りに優先順位が下がる場合には $S$ の立体配置である．
[3] 優先順位の最も低い基が水平方向に位置しているとき，すなわち紙面の手前に向かってくさびで表現されるとき，立体配置は [2] と逆になる．

**例題 28.2** 次のフィッシャー投影式をくさび形の実線と破線を用いて書き直し，中心が $R$ か $S$ かを示せ．

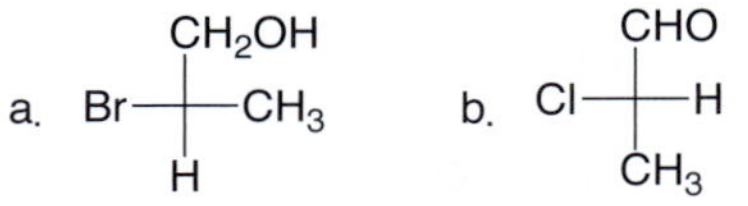

a. Br—CH(CH₂OH)(CH₃)(H)  b. Cl—CH(CHO)(CH₃)(H)

**【解答】**
それぞれの分子について，
[1] フィッシャー投影式をくさび形の実線と破線を用いた表現法に変換する．
[2] 優先順位を割りあてる〔5.6節（上巻）〕．
[3] 一般的な様式で $R$ か $S$ かを決定する．**4 基が手前にある**（くさび形の実線で結合している）ときには解答は逆になる．

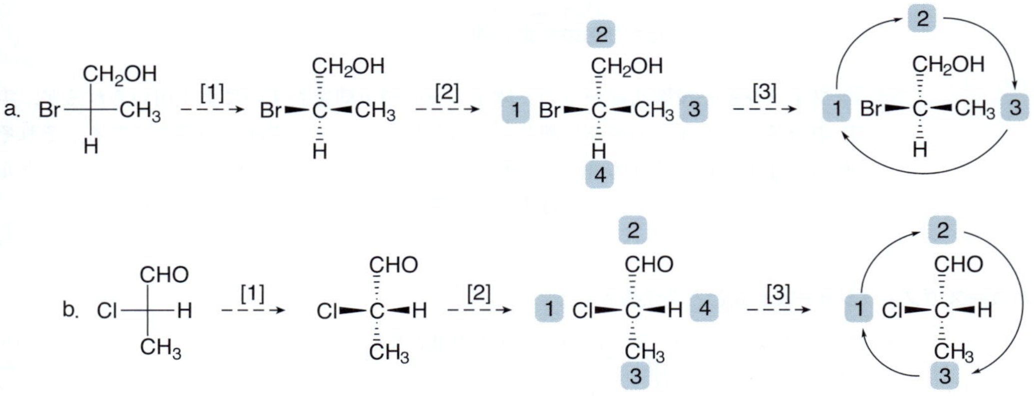

a. 時計回りで 4 基が後方：**$R$ 立体配置**

b. 時計回りで 4 基が前方：**$S$ 立体配置**

**問題 28.3** 次の立体中心が $R$ か $S$ か示せ．

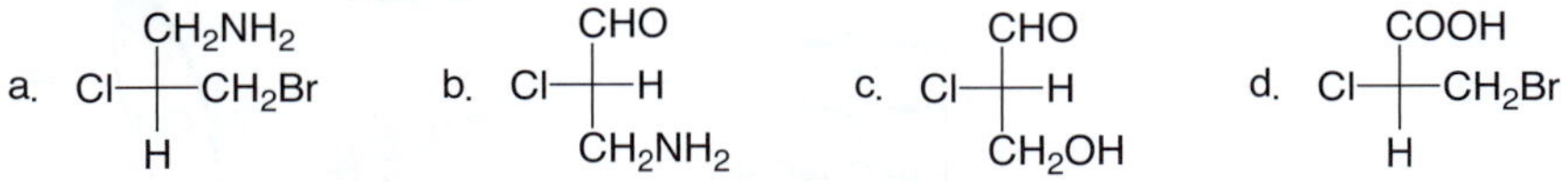

a. Cl—C(CH₂NH₂)(CH₂Br)(H)  b. Cl—C(CHO)(H)(CH₂NH₂)  c. Cl—C(CHO)(H)(CH₂OH)  d. Cl—C(COOH)(CH₂Br)(H)

## 28.2.2 複数の立体中心をもつ単糖

単糖の立体異性体の数は，立体中心の数とともに指数関数的に増大する．**アルドヘキソースには四つの立体中心があるので，$2^4 = 16$ 種類の立体異性体**，つまり 8 組のエナンチオマー対が存在する．

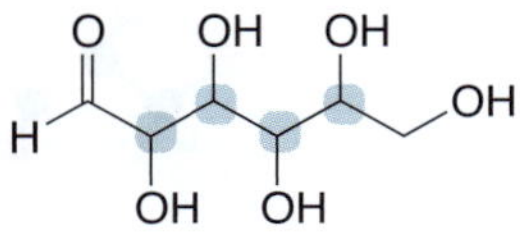

アルドヘキソース（aldohexose）
**四つの立体中心**
16 種類の立体異性体

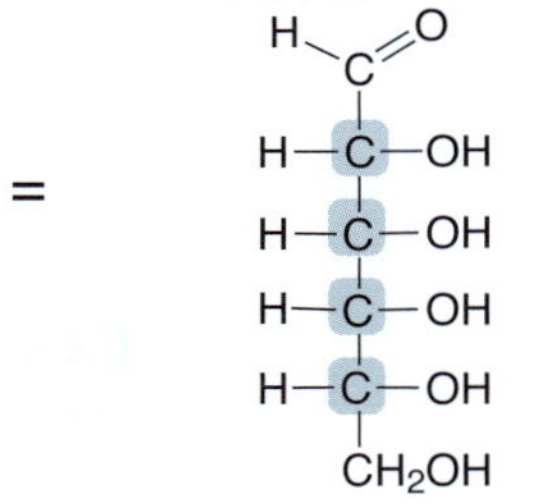

= 垂直方向に表記

フィッシャー投影式は，アルドヘキソースのような複数の立体中心をもつ化合物にも利用できる．この場合，分子は炭素骨格を垂直に，立体中心は上から順番に並べて書かれる．この表記法では，**すべての水平な結合が手前に突きでる（くさび形の実線で結合）**．

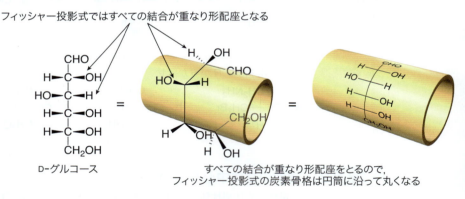

D-グルコース
水平な結合はすべて
**くさび形の実線**で書く

フィッシャー投影式

フィッシャー投影式は多くの立体中心をもつ単糖を表すのによく用いられるが，実際の分子の三次元的描像を反映しているわけではないので注意が必要である．それぞれの立体中心は不安定な重なり形配座で書かれており，図 28.2 に示すように，グルコースのフィッシャー投影式は実際は円筒に沿った立体配座を表している．

**図 28.2** グルコースのフィッシャー投影式と三次元構造

フィッシャー投影式ではすべての結合が重なり形配座となる

D-グルコース

すべての結合が重なり形配座をとるので，
フィッシャー投影式の炭素骨格は円筒に沿って丸くなる

**例題 28.3** 次のボール＆スティックモデルをフィッシャー投影式に変換せよ．

【解答】
このボール＆スティックモデルは最も安定なねじれ形配座で示されている．よって，フィッシャー投影式で用いられる不安定な重なり形配座に変換する必要がある．まず，モデルを構造式(**A**)に書き換える．次に，カルボニル基を上側に置くために回転させる(**B**)．ねじれ形の構造から重なり形の構造に変換するためには，赤色の二つの炭素を振り回して，**B**

の中の結合を回転させて，**C**とする．四つの立体中心に結合したHとOHに対するすべての結合がくさびになるように**C**を書き直し，**D**とする．**C**の赤色で示した置換基は**D**の炭素骨格の左側に，青色で示したくさび形の破線上の置換基は右側に配置される．最後にくさび形の結合を十字に置き換えると，フィッシャー投影式となる．

**問題 28.4** 次のボール＆スティックモデルをフィッシャー投影式に変換せよ．

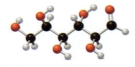

**問題 28.5** グルコースのそれぞれの立体中心が $R$ か $S$ かを述べよ．

### 28.2.3 D-およびL-単糖

単糖の立体中心の立体配置を指定するために接頭語 $R$ と $S$ が使われるが，接頭語 D- と L- を使う命名法も古くから存在する．$R$ の立体配置をもつ天然のグリセルアルデヒドを **D-異性体**，そのエナンチオマーである (S)-グリセルアルデヒドを **L-異性体** と呼ぶ．

(**R**)-グリセルアルデヒド  
**D**-グリセルアルデヒド

(**S**)-グリセルアルデヒド  
**L**-グリセルアルデヒド

> D と d の二つの表記法はまったく異なる現象を示している．"D"は単糖の立体中心まわりの立体配置を示す．一方，"d"は "右旋性(dextrorotatory)" の略であり，d-化合物は偏光面を右の時計回りに回転させる．D-糖は右旋性であるかもしれないし左旋性であるかもしれない．D と d (または L と l) に直接的な相関はない．

D と L は複数の立体中心をもつものも含め，すべての単糖の分類に用いられる．**カルボニル基から最も離れた立体中心の立体配置が，単糖の D か L かを決定する．**

- **D-糖**は，カルボニル基から最も離れた立体中心上の OH 基がフィッシャー投影式の右側にある（D-グリセルアルデヒドと同じ）．
- **L-糖**は，カルボニル基から最も離れた立体中心上の OH 基がフィッシャー投影式の左側にある（L-グリセルアルデヒドと同じ）．

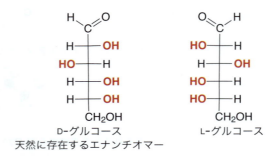

グルコースをはじめとする天然の糖はすべて **D–糖である**. 天然には存在しないL–グルコースは，D–グルコースのエナンチオマーである. L–グルコースはすべての立体中心においてD–グルコースと逆の立体配置をもつ.

**問題 28.6** (a) 化合物 **A**, **B**, **C** を D–または L–糖に分類せよ. (b) **A** と **B**, **A** と **C**, **B** と **C** は，「エナンチオマー」，「ジアステレオマー」，「構造異性体」のいずれの関係にあるか.

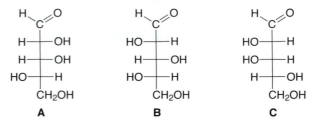

## 28.3 D–アルドース類

D–グリセルアルデヒドから始めて，C1 と C2 の間にそれぞれ H と OH が結合した炭素原子を1個ずつ足していくことで，4個，5個，6個の炭素原子をもつ D–アルドースを系統的に得ることができる. **D–グリセルアルデヒドから二つの D–アルドテトロースを得ることができ**，一つは新しい OH 基を右側にもち，もう一つは新しい OH 基を左側にもつ. 名称はそれぞれ D–エリトロース，D–トレオースといい，互いにジアステレオマーの関係にあり，どちらも二つの立体中心（水色で示す）をもつ.

単糖の慣用名は原子数と立体中心の立体配置を示している．慣用名は完全に定着しており，これらの化合物を命名するための系統的な命名法は使わない．

D-エリトロース
(D-erythrose)

D-トレオース
(D-threose)

アルドテトロースにはそれぞれ二つの立体中心があり，$2^2 = 4$ 種類の立体異性体が存在する．D-エリトロースとD-トレオースはそれらのうちの二つである．残りの二つはこれらのエナンチオマーであり，それぞれL-エリトロースとL-トレオースと呼ばれる．それぞれの立体中心まわりの立体配置は，エナンチオマーではまったくの逆になる．図 28.3 にアルドテトロースの4種類の立体異性体を示す．

図 28.3 アルドテトロースの四つの立体異性体

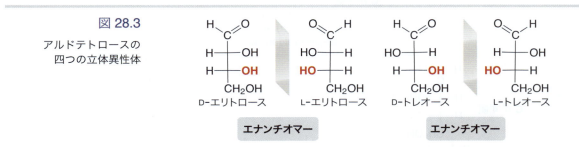

D-エリトロース　L-エリトロース　D-トレオース　L-トレオース

エナンチオマー　　　　エナンチオマー

D-リボース，D-アラビノース，および D-キシロースはすべて天然に存在するアルドペントースである．D-リボースは，DNA の遺伝情報をタンパク質合成のために翻訳するポリマーである RNA の炭水化物部位を構成している．

続けて D-アルドース類を得るには，D-エリトロースと D-トレオースに対して H と OH が結合した炭素原子をもう1個カルボニル基のすぐ下に追加すればよい．二つの D-アルドテトロースに対する新しい OH 基の配置の仕方(右か左)が二通りあるので，D-リボース，D-アラビノース，D-キシロース，D-リキソースという四種類の D-アルドペントースが存在することになる．アルドペントースはそれぞれ三つの立体中心をもっており，$2^3 = 8$ 種類の立体異性体，つまり4組のエナンチオマー対が存在する．D-エナンチオマーの組合せのみを図 28.4 に示す．

最後に D-アルドヘキソースを得るには，すべてのアルドペントースに対して H と OH が結合した炭素原子をもう1個カルボニル基のすぐ下に追加すればよい．四つの D-アルドペントースに対する新しい OH 基の配置の仕方(右か左)が二通りあるので，8種類の D-アルドヘキソースが存在することになる．アルドヘキソースにはそれぞれ四つの立体中心があり，$2^4 = 16$ 種類の立体異性体，つまり8組のエナンチオマー対が存在する．D-エナンチオマーの組合せのみを図 28.4 に示す．

D-アルドヘキソースのなかで D-グルコースと D-ガラクトースだけが天然に存在する．D-グルコースは D-アルドースのなかでも圧倒的に大量に存在する．D-グルコースはデンプンやセルロースの加水分解で得られ，D-ガラクトースは果物のペクチンの加水分解で得られる．

D-アルドースの系統樹(図 28.4)では，化合物が対になるように配置されている．D-グルコースと D-マンノースをはじめそれぞれの化合物対は，一つを除くすべての立体中心まわりの立体配置が同じである．

- **一つの立体中心まわりの立体配置のみが異なるジアステレオマーをエピマー(epimer)と呼ぶ．**

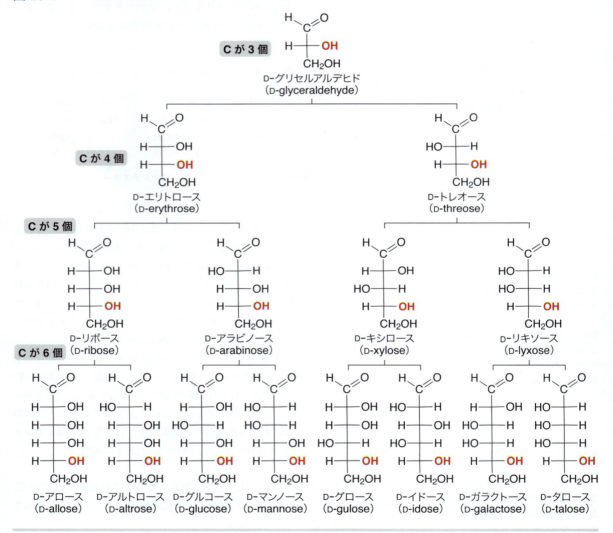

図 28.4　3〜6個の炭素原子からなる D-アルドース類

**問題 28.7**　何種類のアルドヘプトースが存在するか．そのうち D-糖は何種類あるか．C2 と C3 が R の立体配置をもつ D-アルドヘプトースをすべて書け．

**問題 28.8** D-エリトロースの二つの可能なエピマーを書け．また，図 28.4 を用いてそれぞれの化合物を命名せよ．

## 28.4 D-ケトース類

ジヒドロキシアセトンから始めて，C2 と C3 の間に H と OH が結合した炭素原子を1個ずつ足していくことで，図 28.5 に示す D-ケトース類が生成する．カルボニル基が C2 にあるので，D-ケトース類では立体中心の数が少なく，D-ケトヘキソースは四種類しか存在しない．最も一般的な天然のケトースは D-フルクトースである．

図 28.5
3〜6個の炭素原子からなる D-ケトース類

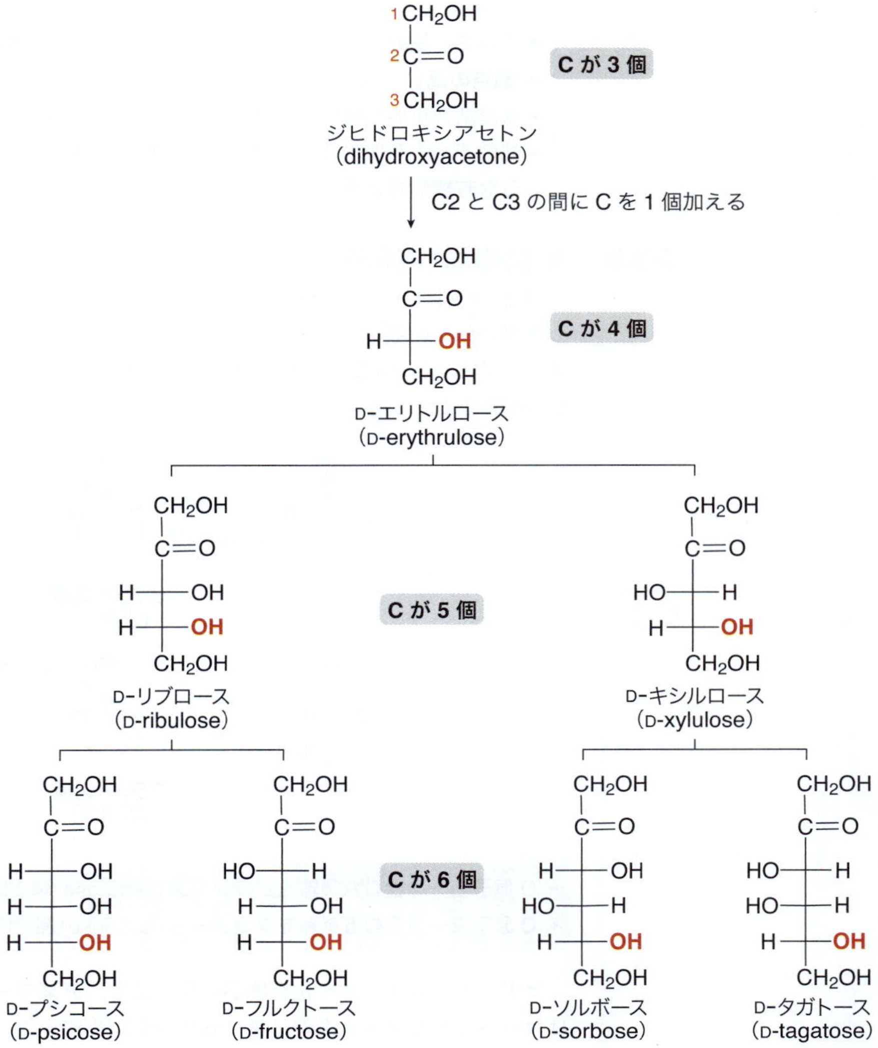

**問題 28.9** 図 28.4 と図 28.5 の構造を参考に，それぞれの化合物の組合せを「エナンチオマー」，「エピマー」，「エピマーではないジアステレオマー」，「構造異性体」に分類せよ．
a. D-アロースと L-アロース
b. D-アルトロースと D-グロース
c. D-ガラクトースと D-タロース
d. D-マンノースと D-フルクトース
e. D-フルクトースと D-ソルボース
f. L-ソルボースと L-タガトース

**問題 28.10**
a. D-フルクトースのエナンチオマーを書け
b. D-フルクトースの C4 におけるエピマーを書け．また，この化合物の名称は何か．
c. D-フルクトースの C5 におけるエピマーを書け．また，この化合物の名称は何か．

**問題 28.11** 図 28.5 を参考に，C3 が S の立体配置の D-ケトヘキソースはどれか述べよ．

## 28.5 単糖の物理的性質

単糖は次のような物理的性質をもつ．

- すべて**甘み**があるが，その甘さにはかなりの差がある．
- **融点の高い極性化合物**である．
- 水素結合可能な極性官能基をたくさんもっているため，**水溶性**である．
- 他の多くの有機化合物と異なり，単糖は極性が高いので，**ジエチルエーテルのような有機溶媒に不溶**である．

## 28.6 単糖の環状構造

図 28.4 や図 28.5 の単糖は，複数のヒドロキシ基をもつ非環状カルボニル化合物として書かれているが，ヒドロキシ基とカルボニル基の分子内環化反応により，五員環または六員環の**ヘミアセタール**(hemiacetal)が生成しうる．この過程については 21.16 節ですでに述べた．

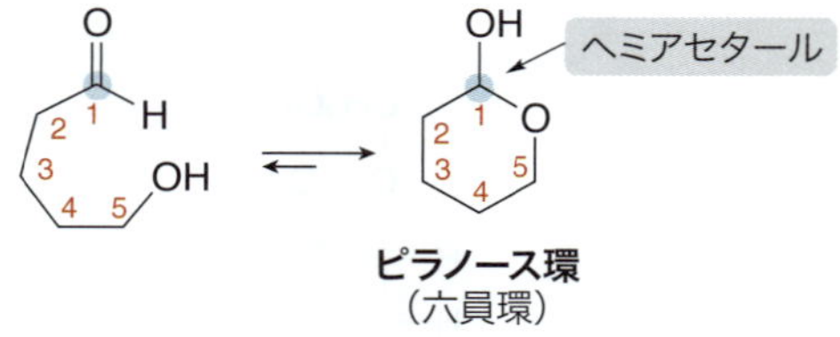

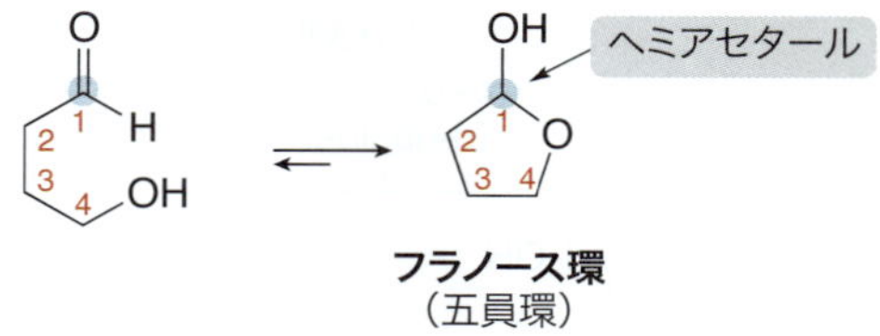

ピラノース環（六員環）

フラノース環（五員環）

- O 原子を一つ含む六員環を**ピラノース**(pyranose)環と呼ぶ．
- O 原子を一つ含む五員環を**フラノース**(furanose)環と呼ぶ．

ヒドロキシカルボニル化合物が環化すると，**アノマー炭素**(anomeric carbon)と呼ばれるヘミアセタール炭素に常に立体中心が生成する．二種類のヘミアセタールを**アノマー**(anomer)という．

- **アノマーは，ヘミアセタール炭素における OH 基の位置の違いに起因する環状単糖の立体異性体である．**

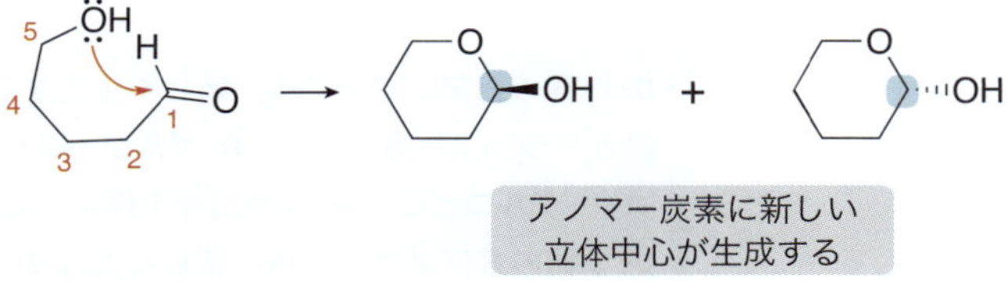

アノマー炭素に新しい立体中心が生成する

環化では，より安定な大きさの環が生成する．**最も一般的な単糖，すなわちグルコースのようなアルドヘキソースでは，通常ピラノース環が生成する**．ここでは D - グルコースからの環状ヘミアセタールの生成に関する議論から始めることにする．

### 28.6.1 グルコースを環状ヘミアセタールとして書く

六員環を生成するためには，グルコースの五つの OH 基のうち，どれがカルボニル基から適切な距離にあるだろうか．**カルボニル基から最も離れた立体中心(C5)上の O 原子**はカルボニル炭素から数えて六番目の原子であり，環化によってピラノース環を生成するために適切な位置にある．

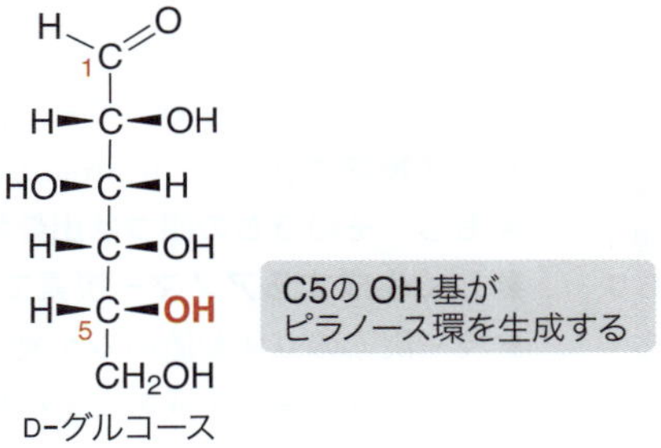

C5 の OH 基がピラノース環を生成する

D - グルコース

非環状グルコースを環状ヘミアセタールに変換するためには，まず生成する環の原子の位置がわかりやすいようにヒドロキシアルデヒドを書き直し，それから環を書く．**通常，新しいピラノース環の O 原子は六員環の右上の角に書かれる．**

　**A** の一番下の立体中心の基を回転させて，環形成に必要な六つの原子すべて(OH も含む)を垂直に並べる(**B**)．フィッシャー投影式に書き直すとすっきりした構造になる(**C**)．この構造を曲げて 90° 回転させると **D** になる．**A**～**D** の構造は，D - グルコースの非環状構造の四つの異なる書き方である．

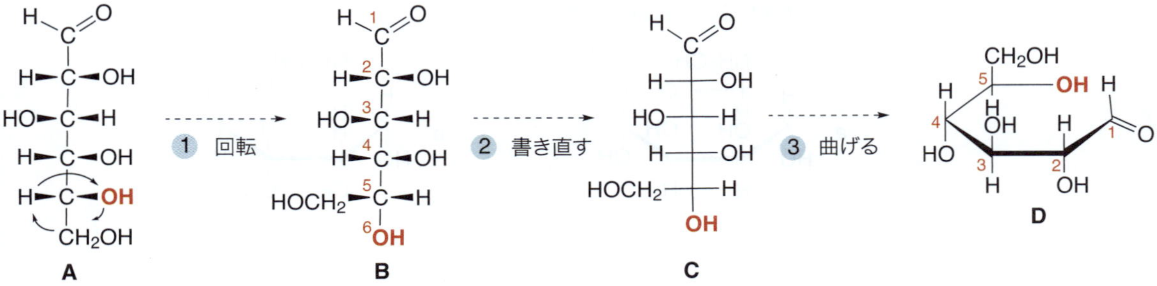

① 回転　② 書き直す　③ 曲げる

A　B　C　D

次に，アルデヒドカルボニル基に対する C5 の OH 基の求核攻撃によって生成する環状ヘミアセタールを書こう．環化により新しい立体中心が一つ生成するので，**αアノマー**(α anomer)と**βアノマー**(β anomer)**の二つの環状 D-グルコース構造**が存在する．もとからある立体中心の立体配置は，生成物においてもすべて保持される．

> - D-単糖の α アノマーでは，新しく生成する OH 基は**下側**，すなわち C5 の CH₂OH 基とトランスに書かれる．D-グルコースの α アノマーは，α-D-グルコースまたは **α-D-グルコピラノース**(六員環を強調するため)と呼ばれる．
> - D-単糖の β アノマーでは，新しく生成する OH 基は**上側**，すなわち C5 の CH₂OH 基とシスに書かれる．D-グルコースの β アノマーは，β-D-グルコースまたは **β-D-グルコピラノース**(六員環を強調するため)と呼ばれる．

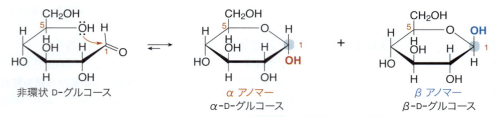

非環状 D-グルコース ⇌ α アノマー α-D-グルコース + β アノマー β-D-グルコース

アノマー炭素(C1)に新しい立体中心が生成する

あらゆる単糖の α アノマーでは，アノマー位の OH 基と CH₂OH 基が**トランス**であり，β アノマーでは**シス**である．

グルコースをはじめとする，糖の環状ヘミアセタールを表現する平面状の六員環を**ハース投影式**(Haworth projection)という．グルコースの環状構造は**五つの立体中心をもち，そのうちの四つは出発物質のヒドロキシアルデヒドに由来し，残りの一つは新しく生成するアノマー炭素である**．α-D-グルコースと β-D-グルコースは，アノマー炭素の立体配置のみが異なるので，**ジアステレオマー**である．

ヘミアセタール生成の反応機構は，機構 21.10 で述べたヒドロキシアルデヒドを環状ヘミアセタールへ変換する機構とまったく同じである．非環状アルデヒドと二つの環状ヘミアセタールは平衡にある．環状ヘミアセタールはそれぞれ別べつに結晶化させて単離できる．しかし，いずれの化合物も溶液状態にすると，三つの形の平衡混合物が生成する．この現象を**変旋光**(mutarotation)という．平衡状態では，37% の α アノマーと 63% の β アノマーとごく微量の非環状ヒドロキシアルデヒドの混合物が存在している(図 28.6)．くさび形の実線と破線を使ってグルコースの三つの形を表記したものも示す．

**問題 28.12** 次のハース投影式について，α アノマーか β アノマーかを示すとともに，くさび形の実線と破線を使った六員環に書き直せ．

### 図 28.6　グルコースの三つの構造

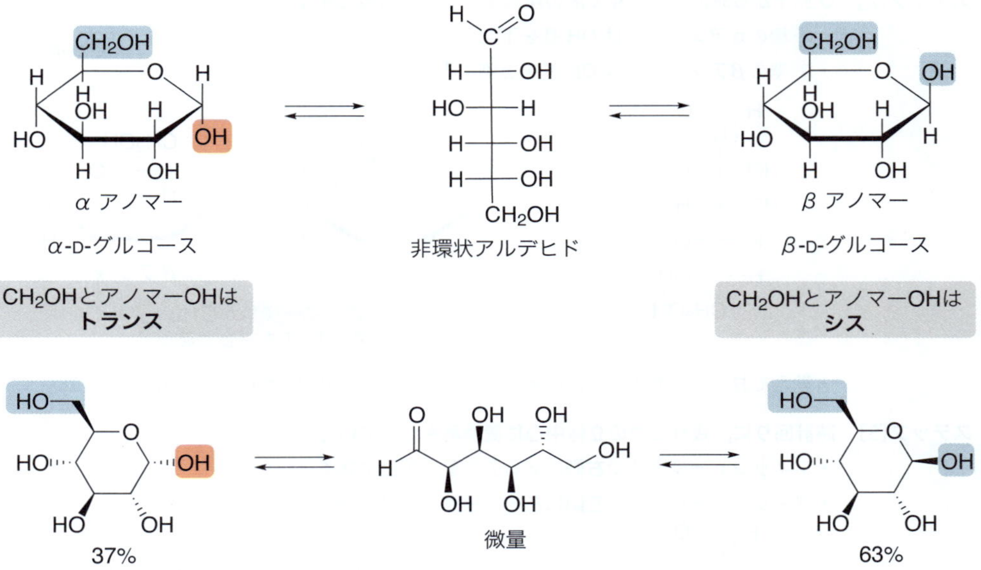

α アノマー
α-D-グルコース
**CH₂OHとアノマーOHはトランス**

非環状アルデヒド

β アノマー
β-D-グルコース
**CH₂OHとアノマーOHはシス**

37%　　微量　　63%

- ハース投影式で環の上側にある結合はくさび形の実線で書く．
- ハース投影式で環の下側にある結合はくさび形の破線で書く．

### 28.6.2　ハース投影式

非環状単糖をハース投影式に変換するには，次の段階的な手順に従えばよい．

## HOW TO　ハース投影式による非環状アルドヘキソースの書き方

**例**　D-マンノースをハース投影式で書け．

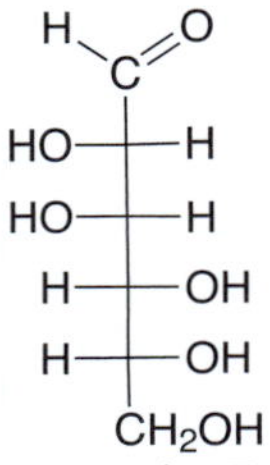

D-マンノース

**ステップ[1]**　六角形の右上の角に O 原子を置き，O 原子から反時計回りに見て隣の炭素に CH₂OH 基をつける．
- D-糖では CH₂OH 基を**上側**に，L-糖では CH₂OH 基を**下側**に書く．

D-マンノース　D-糖

**CH₂OH を上に書く**

つづく

# HOW TO（つづき）

**ステップ[2]** O 原子から時計回りに見て隣の炭素をアノマー炭素とする．
- D-糖の**αアノマー**では **OH** 基を下側に書く．
- D-糖の**βアノマー**では **OH** 基を上側に書く．

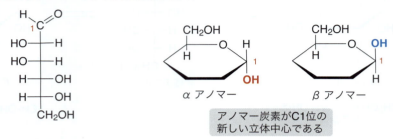

アノマー炭素がC1位の新しい立体中心である

- 覚えておこう：カルボニル炭素がアノマー炭素（新しい立体中心）になる．

**ステップ[3]** 時計回りに，残り三つの立体中心に置換基をつけていく．
- フィッシャー投影式で**右側**にある置換基を**下側**に書く．
- フィッシャー投影式で**左側**にある置換基を**上側**に書く．

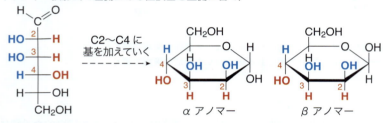

**問題 28.13** ハース投影式を使って，次のアルドヘキソースを指定されたアノマーに変換せよ．
a. αアノマーに　　　b. αアノマーに　　　c. βアノマーに

次の例題 28.4 では，ハース投影式から非環状単糖に戻す方法を示す．αアノマーもβアノマーも同一のヒドロキシアルデヒドに変換されるので，ヘミアセタールがαかβかは重要ではない．

**例題 28.4** 次のハース投影式を非環状アルドヘキソースに変換せよ．

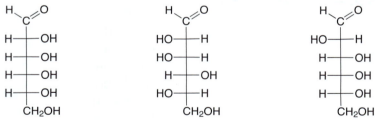

## 【解答】

置換基を非環状型に変換するために，ピラノースの O 原子から始めて環を **反時計回り** に進み，鎖を下から上に沿って考える．

[1] CHO を上に，CH₂OH を下にして，炭素骨格を書く．

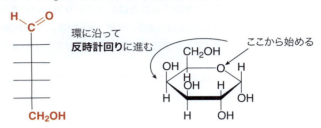

[2] 糖を D か L に分類する．
- CH₂OH が **上側** に書かれているので **D-糖** である．
- D-糖では一番下の立体中心の OH 基を **右側** に書く．

[3] 残りの三つの立体中心を書き加える．
- **上側** の置換基は **左側** に書く．
- **下側** の置換基は **右側** に書く．

答：

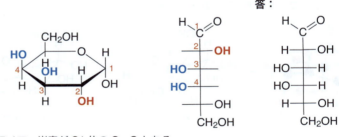

- アノマー炭素が C1 位の C＝O となる．

**問題 28.14** 次のハース投影式を非環状型に変換せよ．

### 28.6.3 D-グルコースの三次元表示

六員環の三次元構造を最も正確に反映しているのは「いす形表記」なので，ハース投影式をいす形に変換する方法は重要である．

## ハース投影式をいす形に変換するには，

- ピラノース環の O 原子を"上側"の原子として書く．
- ハース投影式の"上側"の置換基は，折れ曲がった六員環の炭素原子の"上側"の結合（アキシアルまたはエクアトリアルのいずれの場合もありうる）になる．
- ハース投影式の"下側"の置換基は，折れ曲がった六員環の炭素原子の"下側"の結合（アキシアルまたはエクアトリアルのいずれの場合もありうる）になる．

結果として，β-D-グルコースの三次元いす形構造は次の方法で表される．

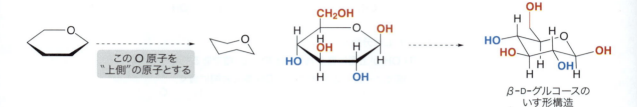

β-D-グルコースのいす形構造

グルコースは，水素原子よりも大きな置換基がすべて，より空間的に広いエクアトリアル位を占めているので，最も安定で一般的な単糖である．さらに，βアノマーはヘミアセタールの OH 基もエクアトリアル位にあるため，平衡状態ではβアノマーが優勢に存在している．図 28.7 に，いす形配座の D-グルコースのアノマーを示す．

**問題 28.15** 問題 28.14 のハース投影式を，いす形ピラノース環を用いて三次元的に表示せよ．

**図 28.7** D-グルコースのアノマーの三次元表示

α アノマー　　　β アノマー

### 28.6.4　フラノース

ある種の単糖，とくにアルドペントースとケトヘキソースは，溶液中でピラノース環よりはおもにフラノース環(furanose ring)を形成する．環が 1 原子分小さいことを除けば，ピラノース環を書くときと同じ法則でフラノース環を書くことができる．

- 環化によって常にアノマー炭素上に新しい立体中心が生成するので，二種類のアノマーが生成しうる．D-糖の場合，アノマー位の OH 基をαアノマーでは下側に，βアノマーでは上側に書く．
- 置換基のつけ方も六員環と同じである．D-糖では $CH_2OH$ 基を上側に書く．

## 28.6 単糖の環状構造

D-リボースでは，五員環フラノースを形成するのに使われる OH 基が C4 にある．環化によって新しい立体中心が生成し，**α-D-リボフラノース**と**β-D-リボフラノース**と呼ばれる二種類のアノマーが得られる．

近代になってサトウキビから採れる砂糖が普及するまで，蜂蜜は最も一般的な甘味料であった．蜂蜜はおもに D-フルクトースと D-グルコースの混合物である．

最も一般的なケトヘキソースである D-フルクトースのフラノース構造を書くときにも同様の手順でよい．カルボニル基が C1 にあるアルドースと異なり，ケトースではカルボニル基が C2 にある．そのため C5 の OH 基が五員環ヘミアセタール形成に使われ，二つのアノマーが生成する．

問題 25.16　アルドテトロースはフラノース型で存在する．D-エリトロースの両方のアノマーを書け．

## 28.7　グリコシド

単糖は溶液中で環状型と非環状型の平衡にあるため，三種類の反応を起こす．

- ヘミアセタールの反応
- ヒドロキシ基の反応
- カルボニル基の反応

非環状型の単糖は微量しか存在していないものの，ル・シャトリエの原理〔9.8 節（上巻）〕によって平衡を非環状型の単糖側に傾けることができる．たとえば，非環状型のカルボニル基を反応剤と反応させて，平衡状態での割合を減らす．すると，その消失を補うように平衡が移動し，非環状型が新たに生成し，さらに反応が進むことになる．

単糖には二種類の OH 基が存在することにも注意しよう．そのほとんどは"通常の"アルコールであり，アルコールに特徴的な反応性を示す．一方，アノマー OH 基はヘミアセタールの一部であり，それに特有の反応性も示す．

ヘミアセタールとアセタールの違いを覚えておこう．

**ヘミアセタール**
- 一つの OH 基
- 一つの OR 基

**アセタール**
- 二つの OR 基

### 28.7.1　グリコシド生成

単糖をアルコールと HCl で処理すると，ヘミアセタールは**グリコシド**（glycoside）と呼ばれるアセタールに変換される．たとえば，α-D-グルコースを $CH_3OH$ と HCl で処理すると，アセタール炭素に関するジアステレオマーである二種類のグリコシドが生成する．α と β 表示はアノマーのときと同様に割りあてられる．つまり，D-糖においては，α グリコシドでは新しく生成した OR 基（この例では $OCH_3$ 基）が下側に，β グリコシドでは上側にくる．

ヘミアセタールの OH のみが反応する

機構 28.1 に，単一のアノマーから二種類のグリコシドが生成する理由を説明する．この反応は**平面型カルボカチオン**（planar carbocation）を経由して進行する．これが二方向から求核攻撃を受け，ジアステレオマーの混合物を与える．α- および β-D-グルコースはいずれも同一の平面型カルボカチオンを生成するので，どちらから始めても同じ二つのグリコシド混合物を得ることになる．

## 機構 28.1 グリコシド形成

**反応[1]** ヘミアセタールからの $H_2O$ の脱離

1 - 2 ヘミアセタールの OH 基のプロトン化と，それに続く $H_2O$ の脱離により，共鳴安定化されたカチオンが生成する．

**反応[2]** グリコシドの生成

3 - 4 平面型カルボカチオンへの $CH_3OH$ の求核攻撃が両側から起こり，その後にプロトンを失うと，α および β グリコシドが生成する．

なぜヘミアセタールの OH 基のみが反応するのかが，反応機構から理解できる．ヘミアセタールの OH 基のプロトン化と，それに続く $H_2O$ の脱離により，ステップ[2]で共鳴安定化されたカチオンが生成する．他の OH 基からは $H_2O$ の脱離によって共鳴安定化されたカチオンは生成しない．

環状ヘミアセタールとは異なり，**グリコシドはアセタールであり，変旋光は起こらない**．単一のグリコシドを $H_2O$ に溶かしても，α および β グリコシドの平衡混合物にはならない．

- **グリコシドは，アノマー炭素に結合したアルコキシ基(OR)をもつアセタールである．**

**問題 28.17** 次の単糖を $CH_3CH_2OH$ と HCl で処理して得られるグリコシドは何か．(a) β-D-マンノース，(b) α-D-グロース，(c) β-D-フルクトース．

### 28.7.2 グリコシドの加水分解

グリコシドはアセタールなので，**酸性水溶液中で環状ヘミアセタールとアルコールに加水分解される**．その結果，単一のグリコシドから二種類のアノマーの混合物が生成する．たとえば，メチル α-D-グルコピラノシドを酸性水溶液で処理すると，α- および β-D-グルコースの混合物とメタノールが生成する．

メチル α-D-グルコピラノシド
（methyl α-D-glucopyranoside） → α-D-グルコース + β-D-グルコース + CH₃OH

グリコシドの加水分解の反応機構は，グリコシドの生成と真逆になる．機構 28.2 に示すように，**平面型カルボカチオンの生成**と続く **H₂O の求核攻撃**の2段階からなり，ヘミアセタールのアノマー混合物が生成する．

## 機構 28.2　グリコシドの加水分解

**反応[1]　グリコシドからの CH₃OH の脱離**

**①-②** アセタールの OCH₃ のプロトン化と，それに続く **CH₃OH の脱離**により，共鳴安定化されたカチオンが生成する．

**反応[2]　ヘミアセタールの生成**

平面型カルボカチオン　上から／下から　→ β-D-グルコース／α-D-グルコース

**③-④** 平面型カルボカチオンへの H₂O の求核攻撃が両側から起こり，その後にプロトンを失うと，α および β アノマーが生成する．

**問題 28.18** 次の反応の機構を段階ごとに示せ．

### 28.7.3 天然に存在するグリコシド

**サリシン**と**ソラニン**は，いずれもその構造にグリコシド結合をもつ天然物である．サリシンはヤナギの樹皮から採れる鎮痛剤であり，本章の冒頭でも紹介したソラニンは，ジャガイモの葉や茎，皮の表面にある緑色の斑点でつくられる有毒な化合物である．ソラニンはナス科のベラドンナ（イヌホオズキ）の実からも単離される．サリシンとソラニンにおける糖環の役割は，水への溶解度を増大させるためであると考えられている．

イヌホオズキ (*Solanum nigrum*) の実は，毒性のあるアルカロイドであるソラニンを含んでいる．

[グリコシド結合に関与しているO原子を赤色で示す]

サリシン (salicin)

ソラニン (solanine)

グリコシドは天然に広く存在する．すべての二糖と多糖は，単糖が互いにグリコシド結合でつながってできたものである．これらの化合物の詳細は 28.11 節で述べる．

**問題 28.19** (a) レバウジオシド A はステビアから採れる甘いグリコシドで，アメリカでは Truvia® という商品名で甘味料として流通している．ステビアはパラグアイで何世紀にも渡って甘味料として使われてきた．レバウジオシド A のグリコシド結合の O 原子をすべて示せ．(b) グリコシドの加水分解で生成するアルコールやフェノールはアグリコン (aglycon) と呼ばれる．レバウジオシド A の加水分解で生成するアグリコンと単糖を示せ．

レバウジオシド A はスクロース（卓上糖）よりも約 400 倍甘い天然のグリコシドであり，中南米原産の低木であるステビアの葉から採れる．

レバウジオシド A
(rebaudioside A)
米商品名：Truvia®

## 28.8 単糖の OH 基の反応

単糖は OH 基をもつので，アルコールに典型的な反応性を示す．たとえばそれらは**エーテル**や**エステル**に変換される．環状ヘミアセタール構造に含まれる OH 基も通常の OH 基と同様の反応性を示すので，単糖の環状ヘミアセタール構造を出発物質として書くのがよい．

**環状単糖のすべての OH 基は，ハロゲン化アルキルと塩基の作用によりエーテルに変換される**．たとえば，α-D-グルコースは酸化銀(I)（$Ag_2O$，塩基）と過剰量の $CH_3I$ と反応してペンタメチルエーテルを生成する．

α-D-グルコース　→　ペンタメチルエーテル
（pentamethyl ether）

- ヘミアセタールのOHを赤色で示す
- アセタールのOCH₃を赤色で示す
- エーテルのOCH₃を青色で示す

$Ag_2O$ はアルコールからプロトンを引き抜き，アルコキシド（$RO^-$）を生成し，そのアルコキシドは $CH_3I$ と $S_N2$ 反応する．C-O 結合は切断されないので，出発物質中の立体配置はすべて**保持**され，単一の生成物を与える．

**この生成物には二種類のエーテル結合が含まれる**．四つの"通常の"ヒドロキシ基からは"通常の"エーテルが生成する．ヘミアセタールの一部であるアルコールに由来するもう一つのエーテルは**アセタール**の部分構造，すなわち**グリコシド**である．

アセタールの部分構造ではない四つのエーテル結合は，HBr や HI のような強酸以外の反応剤とは反応しない〔9.14 節（上巻）〕．**一方，アセタールのエーテルは酸性水溶液中で加水分解される**（28.7.2 項）．単一のグリコシド（たとえばα-D-グルコース

## 28.9 カルボニル基の反応──酸化と還元

のペンタメチルエーテル)の加水分解では,生成物として単糖の両方のアノマーが得られる.

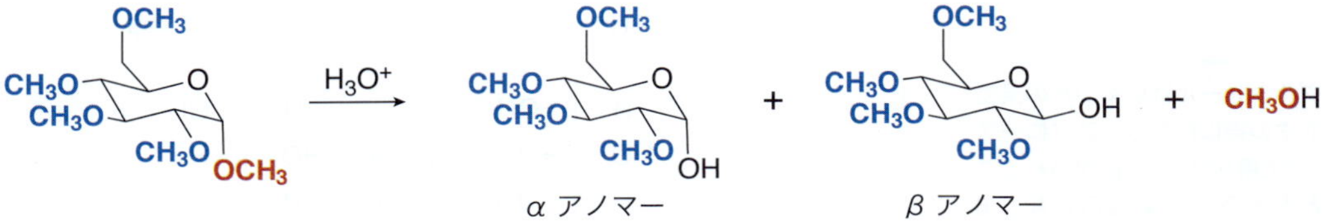

単糖の **OH 基はエステルにも変換できる**. たとえば, β-D-グルコースをピリジン(塩基)存在下で無水酢酸や塩化アセチルで処理すると,すべての OH 基が酢酸エステルに変換される.

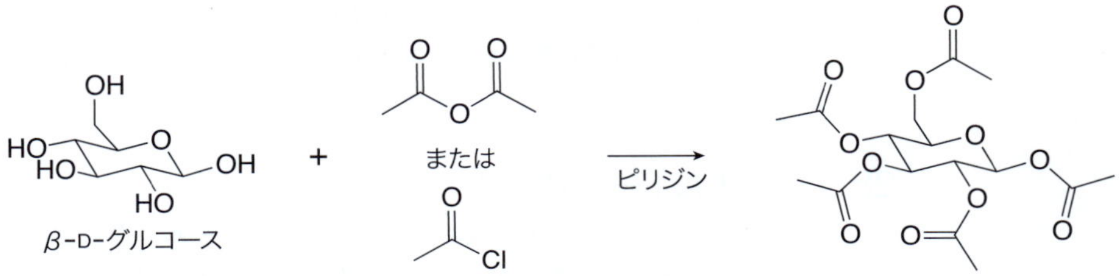

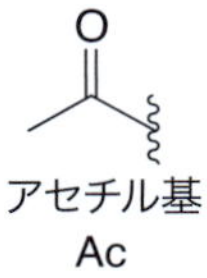

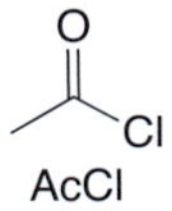

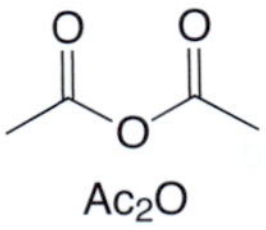

エステルのすべての原子を書くのは面倒なので,アセチル基 **CH₃C=O** に対して **Ac** という略称が使われる.これにより β-D-グルコースのエステル化は次のようにも書ける.

単糖は極性が大きく通常の有機溶媒には溶けないため,単離したり有機反応に用いたりするのが難しい.しかし,五つの OH 基の代わりにエーテルまたはエステル基をもつ単糖誘導体は有機溶媒によく溶ける.

**問題 28.20** β-D-ガラクトースを次の反応剤で処理して得られる生成物を書け.

a. Ag₂O + CH₃I
b. NaH + C₆H₅CH₂Cl
c. (b)の生成物に対して H₃O⁺
d. Ac₂O + ピリジン
e. C₆H₅COCl + ピリジン
f. (c)の生成物に対して C₆H₅COCl + ピリジン

## 28.9 カルボニル基の反応──酸化と還元

単糖のカルボニル基では酸化および還元反応が起こる.そのためここでは,単糖を非環状型で書いて,出発物質をアルドースに限定して議論を進めよう.

### 28.9.1 カルボニル基の還元

他のアルデヒド同様,**アルドースのカルボニル基は NaBH₄ を用いて第一級アルコー

ルに還元される．生成したアルコールは**アルジトール**（alditol）と呼ばれる．たとえば，D-グルコースを $CH_3OH$ 中 $NaBH_4$ で還元すると，グルシトール（ソルビトールともいう）が生成する．

> グルシトールはいくつかの果物や木の実に存在し，スクロース（卓上糖）の代わりに使われることもある．水素結合可能な6個の極性 OH 基をもち，吸湿性が高い．そのため，食べ物の乾燥を防ぐための添加物としても使われる．

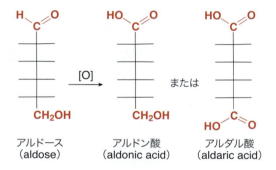

D-グルコース　　　グルシトール（glucitol）
　　　　　　　（ソルビトール, sorbitol）

**問題 28.21** ある2-ケトヘキソースは $CH_3OH$ 中 $NaBH_4$ で還元され，D-ガラクチトールと D-タリトールの混合物を与える．もとの2-ケトヘキソースの構造を示せ．

### 28.9.2 アルドースの酸化

アルドースは第一級および第二級アルコール，ならびにアルデヒドをもち，これらはすべて酸化されうる官能基である．アルデヒドのカルボン酸（**アルドン酸**）への酸化と，アルデヒドと第一級アルコールの二酸（**アルダル酸**）への酸化の，二種類の酸化反応はとくに有用である．

アルドース　　　アルドン酸　　　または　　　アルダル酸
(aldose)　　　(aldonic acid)　　　　　　　(aldaric acid)

#### [1] アルデヒドのカルボン酸への酸化

アルデヒドのカルボニル基はアルドース中で最も酸化されやすい官能基であり，さまざまな反応剤によってカルボキシ基に酸化され，**アルドン酸**が生成する．

酸化剤が目に見える有色の生成物に還元されるので，以下に示す三つの反応剤を用いると，特徴的な色の変化を観察することができる．20.8節で述べたように，**トレンス反応剤**（Tollens reagent）は $Ag_2O$ を $NH_4OH$ 中で用いることでアルデヒドをカルボン酸に酸化し，銀鏡が副生成物として得られる．**ベネディクト反応剤**（Benedict's reagent）と**フェーリング反応剤**（Fehling's reagent）は青色の $Cu^{2+}$ 塩を酸化剤として用いる．$Cu^{2+}$ 塩は $Cu_2O$ に還元され，赤レンガ色の固体となる．しかし残念ながら，これらの反応剤では高収率でアルドン酸を得ることはできない．アルドン酸が必要なときには $Br_2 + H_2O$ が酸化剤として用いられる．

28.9 カルボニル基の反応——酸化と還元　1243

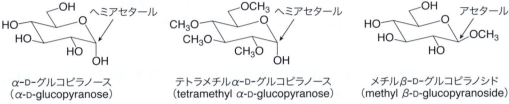

- ヘミアセタールとして存在する炭水化物は，微量の非環状アルデヒドと平衡にあるため，酸化されてアルドン酸になる．
- グリコシドはアセタールであり，ヘミアセタールではないので，アルドン酸に酸化されない．

トレンス，ベネディクト，またはフェーリング反応剤で酸化される炭水化物は**還元糖**（reducing sugar），酸化されない炭水化物は**非還元糖**（nonreducing sugar）と呼ばれる．図 28.8 に還元糖と非還元糖の例を示す．

**問題 28.22**　次の化合物を還元糖と非還元糖に分類せよ．

a. [構造式：ピラノース環]

b. [構造式：フラノース環 エトキシ基付き]

c. ラクトース（lactose）

図 28.8　還元糖と非還元糖の例

α-D-グルコピラノース　　　テトラメチル α-D-グルコピラノース　　　メチル β-D-グルコピラノシド
（α-D-glucopyranose）　　（tetramethyl α-D-glucopyranose）　　（methyl β-D-glucopyranoside）
**還元糖**　　　　　　　　　　**還元糖**　　　　　　　　　　　　　　**非還元糖**

- ヘミアセタールをもつ炭水化物は非環状アルデヒドと平衡にあるため，還元糖となる．
- グリコシドはアセタールであり，非環状アルデヒドと平衡になく，非還元糖である．

### [2] アルデヒドと第一級アルコールの二酸への酸化

アルドースのアルデヒドと第一級アルコールはいずれも，温めた硝酸で処理するとカルボキシ基に酸化され，**アルダル酸**が生成する．これらの条件下で，D-グルコースはD-グルカル酸に変換される．

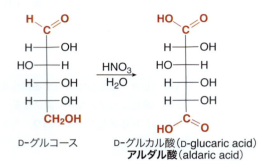

D-グルコース　　D-グルカル酸（D-glucaric acid）
**アルダル酸**（aldaric acid）

アルダル酸は同一の官能基を両端の炭素にもつため，アルダル酸のなかには対称面を含むアキラルな分子もある．たとえば，D-アロースの酸化では，アキラルで光学不活性なアルダル酸が生成する．一方，グルコースから生成するD-グルカル酸は対称面を含まず，光学活性のままである．

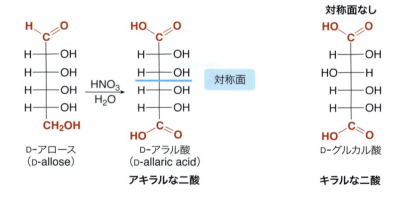

D-アロース　　　D-アラル酸　　　　　　D-グルカル酸
（D-allose）　　（D-allaric acid）
　　　　　　**アキラルな二酸**　　　　　**キラルな二酸**

**問題 28.23** D-アラビノースを次の反応剤で処理して得られる生成物を書け．
(a) $Ag_2O$, $NH_4OH$　　(b) $Br_2$, $H_2O$　　(c) $HNO_3$, $H_2O$

**問題 28.24** 次のアルドースのうち，酸化により光学不活性なアルダル酸を生成するのはどれか．
(a) D-エリトロース　　(b) D-リキソース　　(c) D-ガラクトース

## 28.10　カルボニル基の反応── 1 炭素原子の除去と追加

炭水化物の化学では，アルドース骨格に炭素原子を1個加えたり，取り除いたりする二種類の方法がある．**ウォール分解**（Wohl degradation）はアルドース鎖を1炭素短くし，**キリアニ-フィッシャー合成**（Kiliani-Fischer synthesis）は1炭素長くする．いずれの反応もシアノヒドリンを中間体として経由する．21.9節で学んだように，

シアノヒドリンはアルデヒドに HCN を付加させて合成される．シアノヒドリンを塩基で処理することにより，カルボニル化合物にもどすこともできる．

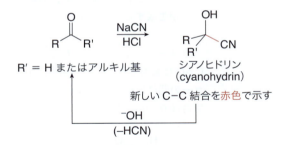

- シアノヒドリンの生成は，カルボニル化合物を1炭素増やすことになる．
- シアノヒドリンのカルボニル化合物への再変換は，1炭素減らすことになる．

### 28.10.1 ウォール分解

**ウォール分解**は，C1–C2 結合の開裂により**アルドース鎖を短くする段階的な手法である**．結果として，アルドヘキソースは下側の三つの立体中心（C3 〜 C5）における立体配置を保ったまま，アルドペントースに変換される．たとえば，ウォール分解は D-グルコースを D-アラビノースに変換する．

ウォール分解は3段階からなる．D-グルコースの場合を例に示す．

[1] D-グルコースをヒドロキシルアミン（NH$_2$OH）で処理すると，求核付加により**オキシム**が生成する．この反応は，21.11 節で扱ったイミン生成と類似の反応である．

[2] 無水酢酸（Ac₂O）と酢酸ナトリウム（NaOAc）によりオキシムをニトリルに脱水する．生成物のニトリルはシアノヒドリンである．

[3] **シアノヒドリンを塩基で処理すると，HCN がはずれて 1 炭素少ないアルデヒドが生成する．**

ウォール分解により，もとのアルドースにおける C2 の立体中心は，sp² 混成の C=O に変換される．その結果，D-ガラクトースと D-タロースといった C2 でエピマーの関係にあるアルドース対からは，ウォール分解により同一のアルドース（この場合は D-リキソース）が得られる．

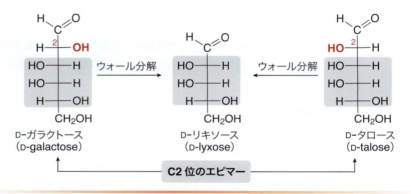

**問題 28.25** ウォール分解により D-キシロースを得るアルドースを二つ示せ．

### 28.10.2　キリアニ–フィッシャー合成

**キリアニ–フィッシャー合成では，アルドース末端のアルデヒドに 1 炭素加えることで炭水化物鎖を長くできる．** これにより，生成物の C2 に新しい立体中心が生成する．生成物はエピマーの混合物であり，C2 の新しい立体中心の立体配置のみが異なる．たとえば，キリアニ–フィッシャー合成により D-アラビノースは D-グルコースと D-マンノースの混合物に変換される．

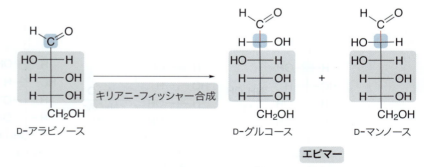

新しい C—C 結合を赤色で示す

## 28.10 カルボニル基の反応 — 1炭素原子の除去と追加

キリアニ-フィッシャー合成は3段階からなる．具体例としてD-アラビノースから始まる例を示す．"波線"は，新しい立体中心のために二種類の立体異性体が生成していることを意味する．ウォール分解同様，鍵中間体はシアノヒドリンである．

[構造式: D-アラビノース → NaCN/HCl "HCN" [1] → シアノヒドリン → H₂/Pd-BaSO₄ [2] → イミン(imine) → H₃O⁺ [3] → アルドース]

[1] アルドースをNaCNとHClで処理すると，カルボニル基にHCNが付加し，新しいC–C結合が生じるとともに**シアノヒドリン**が生成する．$sp^2$混成のカルボニル炭素は四つの異なる基をもつ$sp^3$混成炭素に変換されるため，新しい立体中心がこの段階で生成する．

[2] 生成したニトリルを，被毒したPd触媒であるPd–BaSO₄の存在下でH₂で還元すると，**イミン**が生成する．

[3] イミンを酸性水溶液中で加水分解すると，もとのアルドースよりも1炭素増えたアルデヒドが生成する．

**ウォール分解とキリアニ-フィッシャー合成は，概念的に逆の変換である**ことに注意しよう．

- ウォール分解はアルドースのアルデヒド末端から炭素原子を1個**取り除く**．C2でエピマーの関係にある二種類のアルドースからは同一の生成物が得られる．
- キリアニ-フィッシャー合成はアルドースのアルデヒド末端に炭素原子を1個**加える**．C2における二種類のエピマーが得られる．

**問題 28.26** 次のアルドースからキリアニ-フィッシャー合成を行うと，どのようなアルドースが生成するか．(a) D-トレオース，(b) D-リボース，(c) D-ガラクトース．

### 28.10.3 未知の単糖の構造決定

例題28.4に示すように，28.9〜28.10節の反応は未知の単糖の構造を決定するのに利用できる．

**例題 28.5** D-アルドペントース**A**はHNO₃によって光学不活性なアルダル酸に酸化される．**A**はD-アルドテトロース**B**のキリアニ-フィッシャー合成により生成する．**B**もHNO₃により光学不活性なアルダル酸に酸化される．**A**と**B**の構造を示せ．

【解答】
それぞれの事実にもとづいて，D-アルドペントースのOH基の相対的な向きを決定しよう．

**事実[1]** D-アルドペントース A は HNO₃ によって光学不活性なアルダル酸に酸化される．

光学不活性なアルダル酸は必ず**対称面**をもつ．C4 位の OH 基は D-糖では右側にあるはずなので，5 炭素の D-アルダル酸の OH 基を並べる方法は二通りしかない．すなわち **A** に対しては，**A′** もしくは **A″** で示される二つの構造が考えられる．

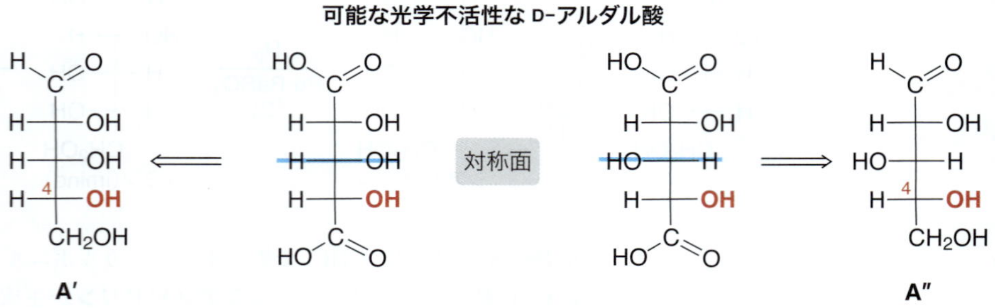

**可能な光学不活性な D-アルダル酸**

**事実[2]** D-アルドテトロース B のキリアニ-フィッシャー合成により A が生成する．

**A′** と **A″** はそれぞれ，D-アルドテトロース **B′** と **B″** から合成される．**B′** と **B″** の下側の二つの立体中心の立体配置はそれぞれ **A′** と **A″** と同一である．

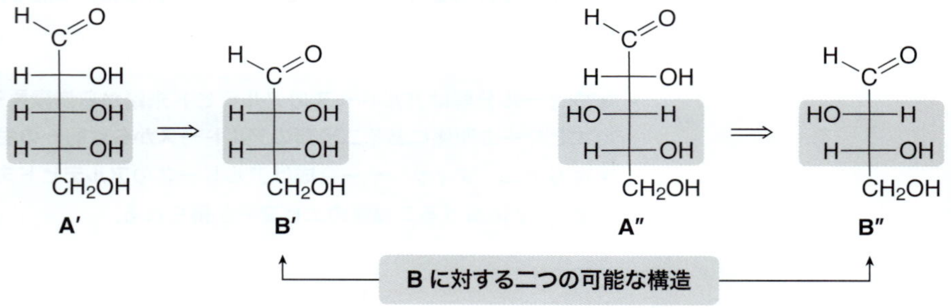

**B に対する二つの可能な構造**

**事実[3]** D-アルドテトロースは HNO₃ で処理すると光学不活性なアルダル酸に酸化される．

**B′** 由来のアルダル酸のみが対称面をもち，光学不活性となる．したがって，**B′** が D-アルドテトロース **B** の正しい構造であり，**A′** が D-アルドペントース **A** の構造となる．

答:

$$H-C(=O)-H-C(OH)-H-C(OH)-CH_2OH = B = H-C(=O)-H-C(OH)-H-C(OH)-H-C(OH)-CH_2OH = A$$

**問題 28.27** D-アルドペントース **A** は光学不活性なアルダル酸へと酸化される．ウォール分解により **A** は，光学活性なアルダル酸へと酸化されるアルドテトロース **B** に変換される．**A** と **B** の構造を示せ．

**問題 28.28** D-アルドヘキソース **A** は，アルドペントース **B** からキリアニ–フィッシャー合成により生成する．**A** を $NaBH_4$ で還元すると，光学不活性なアルジトールが生成する．**B** を酸化すると，光学活性なアルダル酸が生成する．**A** と **B** の構造を示せ．

## 28.11 二 糖

二糖は，互いにグリコシド結合でつながった二つの単糖を含んでいる．**二糖(disaccharide)の一般的特徴**には次のようなものがある．

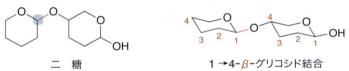

二 糖
グリコシド結合を赤色で示す
アセタール炭素を水色で示す

1→4-β-グリコシド結合

[1] 二つの単糖には五員環のものと六員環のものがあるが，六員環が圧倒的に多い．二つの環はアセタールの一部をなす O 原子によって α または β につながれている†．この結合を**グリコシド結合**(glycosidic linkage)という．

[2] **グリコシドは一方の単糖のアノマー炭素ともう一方の単糖のいずれかの OH 基から生成する**．二糖は必ず**一つのアセタール**をもっており，さらにヘミアセタールかもう一つのアセタールをもっている．

[3] ピラノース環の場合，それぞれの環の炭素原子はアノマー炭素から順に番号づけされる．一方の環のヘミアセタール炭素 C1 ともう一方の環の C4 がつながった二糖が多い．

† 訳者注：グリコシド結合の名称中の，1→4 は結合している炭素の番号を，α と β はグリコシド結合の立体化学を表している．

最も豊富に存在する二糖に，**マルトース**(maltose)，**ラクトース**(lactose)，**スクロース**(sucrose)がある．

### 28.11.1 マルトース

**マルトース**(maltose，麦芽糖とも呼ばれる)はデンプンの加水分解により得られる二糖であり，発芽した大麦などの穀類に含まれる．マルトースは二つのグルコース単位からなり，1→4-α-グリコシド結合によって互いにつながっている．マルトースは，赤色で示したアセタール炭素と水色で示したヘミアセタール炭素を一つずつ含んでいる．

マルトースの語源は，大麦などの穀類から得られる液体であるモルト（malt）である．

マルトース
(maltose)
$1\rightarrow 4\text{-}\alpha\text{-}$グリコシド結合

βアノマー

マルトース中の一つのグルコース環はヘミアセタール構造を含んでいるため，αおよびβアノマーの混合物として存在している．図ではβアノマーのみを示している．マルトースはヘミアセタール構造を含むすべての炭水化物が示す二つの性質をもつ．すなわち，**変旋光**（mutarotation）を起こし，酸化剤と反応する（還元糖）．

**マルトースの加水分解により2分子のグルコースが生成する**．C1－O結合が加水分解で開裂し，グルコースのアノマー混合物が生成する．加水分解の反応機構は28.7.2項のグリコシドの加水分解とまったく同じである．

$\alpha$-D-グルコース + $\beta$-D-グルコース

**問題 28.29** マルトースのαアノマーを書け．これを加水分解して得られる生成物は何か．

## 28.11.2 ラクトース

**ラクトース**（lactose，乳糖とも呼ばれる）は，ヒトや牛の乳に含まれる主要な二糖である．他の単糖および二糖とは異なり，ラクトースはそれほど甘くない．ラクトースは**ガラクトース1分子**と**グルコース1分子**からなり，ガラクトースのアノマー炭素からグルコースのC4への**$1\rightarrow 4\text{-}\beta\text{-}$グリコシド結合**によってつながっている．

牛乳は二糖であるラクトースを含んでいる．

ラクトース
(lactose)
$\beta$-グリコシド結合

βアノマー

マルトース同様，ラクトースもヘミアセタールを含んでおり，αおよびβアノマーの混合物として存在している．図ではβアノマーのみを示している．ラクトースも**変旋光**を起こし，酸化剤と反応する**還元糖**である．

ラクトースは酵素ラクターゼによって$1\rightarrow 4\text{-}\beta\text{-}$グリコシド結合が切断され，体

## 28.11 二糖

内で消化される．特にアジア系とアフリカ系の人には，ラクターゼの量が不足している人が多く，ラクトースを消化し吸収することができない．この状態をラクトース不耐症といい，こうした人が牛乳をはじめとする乳製品を摂取すると，腹部のけいれんや反復性の下痢を引き起こす．

**問題 28.30** セロビオースはセルロースの加水分解で得られる二糖であり，二つのグルコース分子が $1 \rightarrow 4-\beta-$ グリコシド結合により互いにつながっている．セロビオースの構造を示せ．

### 28.11.3 スクロース

**スクロース**（sucrose，ショ糖とも呼ばれる）はサトウキビに含まれる二糖であり，卓上糖として使われている（図28.9）．天然で最も一般的な二糖で，**グルコース1分子とフルクトース1分子**からなる．

スクロースにはマルトースやラクトースとは異なる構造的特徴がいくつかある．まず，マルトースとラクトースはいずれも二つの六員環から構成されているが，スクロースは六員環（グルコース）と五員環（フルクトース）一つずつから構成されている．スクロースにおいて，六員環のグルコース環は，フルクトフラノース環のC2とα-グリコシド結合によりつながっている．フルクトフラノースの番号づけは，ピラノース環のそれとは異なる．アノマー炭素はC2と番号づけされ，そのためグルコースおよびフルクトース環のアノマー炭素はいずれもグリコシド結合の生成に関与する．

その結果，**スクロースは二つのアセタールをもつものの，ヘミアセタールはもたない**．したがって，スクロースは**非還元糖であり，変旋光を起こさない**．

スクロースには心地よい甘みがあり，焼き菓子，シリアル，パンをはじめとする多くの食品に広く使われている．統計によると，アメリカ人は平均で年間100ポンド（約

**図 28.9** スクロース

スクロース（ショ糖）卓上糖

二種類の精製糖　　　サトウキビ

## 図 28.10 人工甘味料

これらの三つの人工甘味料はどれも偶然発見された．スクラロースの甘みは1976年に発見された．ある化学者が上司の指示を誤解して，彼の合成した化合物を試す(tested)代わりに味見した(tasted)のである．アスパルテームは1965年に発見された．ある化学者が実験室で汚れた指をなめてその甘さに気がついた．サッカリンは最も古くから知られている人工甘味料で，ある化学者が実験を終えた後，手を洗い忘れたために1879年に見つかった．サッカリンは第一次世界大戦中に生じた砂糖不足を機に広く使われるようになった．1970年代にはサッカリンの発がん性が危惧されたが，がんの発生と通常量のサッカリン摂取との明確な関連は認められていない．

45 kg)のスクロースを摂取している．しかし，他の炭水化物同様，スクロースもカロリーが高い．甘さを保ちながらカロリー摂取量を減らすために，さまざまな人工甘味料が開発されてきた．スクラロース，アスパルテーム，サッカリンはその代表例である（図 28.10）．これらの化合物はスクロースよりも甘く，ごく少量で同等の甘味を感じさせることができる．

## 28.12 多 糖

**多糖**(polysaccharide)**は互いにつながった三つ以上の単糖を含んでおり**，その代表ともいえる**セルロース**(cellulose)，**デンプン**(starch)，**グリコーゲン**(glycogen)の三つは天然に広く存在している．いずれも異なるグリコシド結合でつながったグルコース単位の繰返しからなる．

### 28.12.1 セルロース

*セルロースの構造については5.1節(上巻)で述べた．*

セルロースはほとんどすべての植物の細胞壁に見られ，幹や茎を支え，固くしている．綿はほぼ純粋なセルロースである．

セルロース(cellulose)

1→4-*β*-グリコシド結合を赤色で示す

図5.2(上巻)ではボール＆スティックモデルで，セルロースとデンプンの三次元構造を示した．

セルロースは，グルコースが1→4-β-グリコシド結合で繰り返しつながった枝分かれのない高分子である．このβ-グリコシド結合によりセルロース分子は長い直線的な鎖となり，それがシート状に積み重なって三次元的に広がる．鎖やシートの間には分子間水素結合による網目構造ができているため，表面上のごくわずかなOH基のみが水と水素結合できる．したがって，セルロースは極性の大きな化合物であるにもかかわらず水に不溶である．

セルロースの誘導体である**酢酸セルロース**は，セルロースを無水酢酸と硫酸で処理して得られる．酢酸セルロースではすべてのOH基が酢酸エステルに置き換わっている．酢酸セルロースは繊維に紡がれ，絹のような深い光沢がある<u>アセテート</u>(acetate)と呼ばれる織物になる．

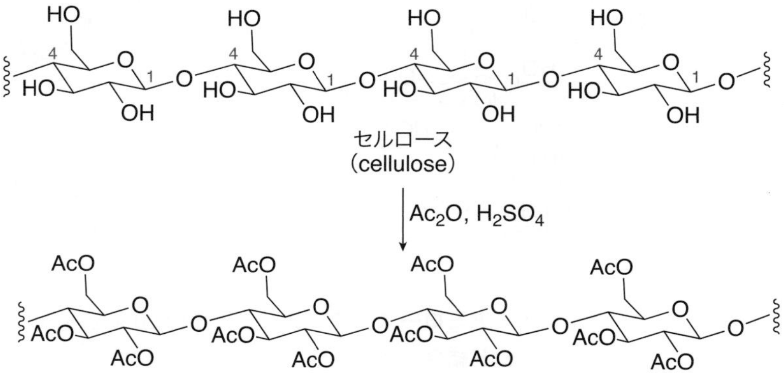

すべてのβ-グリコシド結合が切断されることで，**セルロースはグルコースに加水分解され**，グルコースの二つのアノマーが得られる．

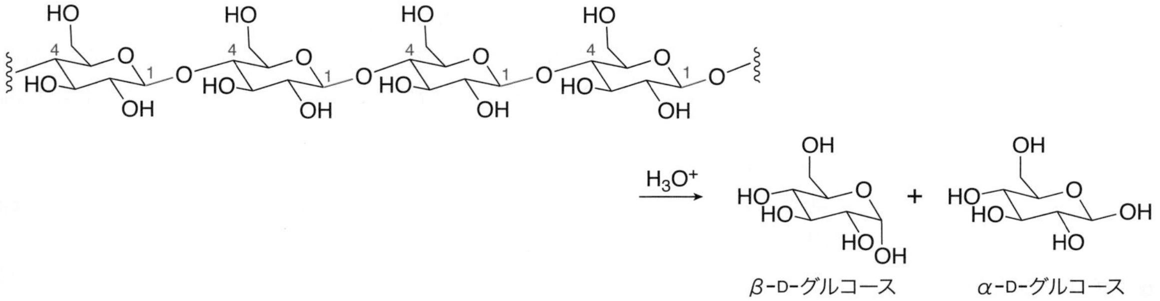

**β-グリコシダーゼ**(β-glycosidase)は，β-グリコシド結合を加水分解する酵素の総称である．

細胞内では，セルロースの加水分解は**β-グルコシダーゼ**(β-glucosidase)と呼ばれる酵素により行われる．この酵素はグルコース由来のすべてのβ-グリコシド結合を切断する．ヒトはこの酵素をもたないため，セルロースを消化できない．一方，牛や馬，シカ，ラクダなどの反芻動物は，消化系にβ-グルコシダーゼを含む細菌をもっている．そのため，これらの動物は草や葉を食べて栄養を摂取することができる．

### 28.12.2 デンプン

**デンプン**(starch)は植物の種や根に含まれるおもな炭水化物である．トウモロコシ，米，麦，イモは大量のデンプンを含む食物の代表例である．

デンプンは，α-グリコシド結合でグルコース単位が繰り返しつながったポリマーである．デンプンもセルロースもグルコースのポリマーであるが，デンプンはα-グリコシド結合を含み，一方，セルロースはβ-グリコシド結合を含む．デンプンとしては，**アミロース**と**アミロペクチン**の二つがよく知られている．

アミロース
(amylose)
直鎖型デンプン
1→4-α-グリコシド結合を
赤色で示す

アミロペクチン
(amylopectin)
枝分かれ型デンプン
1→6-α-グリコシド結合を
赤色で示す

**アミロース**はデンプン分子の約 20% を占め，グルコース分子が **1→4-α-グリコシド結合**で枝分かれすることなくつながっている．この結合のため，アミロース鎖はらせん構造をとり，直線状のセルロースとまったく異なる三次元構造をしている．アミロースについては 5.1 節(上巻)ですでに述べた．

**アミロペクチン**はデンプン分子の約 80% を占め，**α-グリコシド結合**でグルコース単位がつながって骨格を形成しているが，たくさんの枝分かれをもっている．アミロペクチンの直鎖状構造は，アミロースと同じ **1→4-α-グリコシド結合**からなる．一方，枝分かれ部分は **1→6-α-グリコシド結合**でつながっている．

デンプンのどちらの構造も水溶性である．デンプン分子の OH 基は三次元網目構造には埋まっておらず，水分子と水素結合できるため，セルロースよりも水溶性が高い．

枝分かれのあるポリマーを形成できるアミロペクチンの性質は，炭水化物に特有の特徴である．29 章で述べるタンパク質のような他の細胞内ポリマーは，天然では直鎖状の分子としてしか存在しない．

アミロースもアミロペクチンも，グリコシド結合の切断によりグルコースに加水分解される．ヒトの消化系は，この加水分解を触媒する酵素 **α-グルコシダーゼ**(α-glucosidase)をもっている．小麦粉や米からつくられたパンやパスタ，トウモロコシからつくられたトルティーヤはすべて消化されやすいデンプン源である．

α-グリコシダーゼ(α-glycosidase)は，α-グリコシド結合を加水分解する酵素の総称である．

### 28.12.3 グリコーゲン

**グリコーゲンは動物が多糖を蓄える際の一般的な形である**．グリコーゲンは**α-グリコシド結合**でつながったグルコースのポリマーであり，アミロペクチンと同じ枝分かれ構造をもつ．しかし，その枝分かれははるかに多い．

グリコーゲンはおもに肝臓と筋肉に蓄えられる．細胞がエネルギーとしてグルコースを必要とするとき，グリコーゲンポリマーの末端からグルコース単位が加水分解さ

## 28.13 その他の重要な糖とその誘導体

れ，エネルギーを放出しつつ代謝される．グリコーゲンには枝分かれが多いため，体がそれらを必要としたときにはいつでも分解できるように，枝分かれの末端には多くのグルコース単位がある．

**問題 28.31** 次の多糖の構造を書け．(a) D-マンノース単位が 1→4-β-グリコシド結合でつながった多糖，(b) D-グルコース単位が 1→6-α-グリコシド結合でつながった多糖．(b) の多糖をデキストランといい，歯垢の成分の一つである．

### 28.13 その他の重要な糖とその誘導体

生物界には，有用な性質をもった炭水化物が他にも数多く存在している．28.13 節では，窒素原子を含むいくつかの炭水化物について見ていく．

### 28.13.1 アミノ糖とその関連化合物

アミノ糖はアノマー炭素ではない部位に OH 基の代わりに NH₂ 基を含んでいる．天然で最も一般的なアミノ糖は **D-グルコサミン**であり，D-グルコースの C2 の OH 基が NH₂ 基に形式的に置き換わっている．D-グルコサミンは薬ではなく，アメリカ食品医薬品局による規制の対象外であるが，変形性関節症の治療薬として薬局で販売されている．

グルコサミンを含んだ栄養補助食品は変形性関節症に苦しむ人に利用されている．

D-グルコサミン
(D-glucosamine)

N-アセチル-D-グルコサミン
(N-acetyl-D-glucosamine)
**NAG**

グルコサミンをアセチル CoA (22.17 節) によりアセチル化すると，**N-アセチル-D-グルコサミン**（**NAG** と略される）が生成する．**キチン**は世界で二番目に多い炭水化物の高分子であり，NAG 単位が **1→4-β-グリコシド結合**で互いにつながった多糖である．キチンは C2 のそれぞれの OH 基が NHCOCH₃ 基に置き換わっている以外はセルロースとまったく同じ構造である．ロブスター，カニ，およびエビの外骨格はキチンからなる．キチンもセルロース鎖と同じく広範な水素結合の網目構造で互いに保持されているため，水に不溶のシートを形成する．

カニの殻が頑丈なのは，高分子量の炭水化物であるキチンのおかげである．キチンによるコーティングは，果物の保存期間を長くするなど，商業的にも応用されている．カニ，ロブスター，およびエビの殻は，加工工場でキチンをはじめとするさまざまな誘導体に変換され，多くの日用品に利用されている．

1→4-β-グリコシド結合を赤色で示す
キチン
(chitin)

アミノ糖を含む三糖 (trisaccharide) のなかには，重篤な再発性細菌感染症の治療に用いられる強力な抗生物質もある．トブラマイシンやアミカシンなどの化合物は，**アミノグリコシド系抗生物質** (aminoglycoside antibiotic) と呼ばれる．

トブラマイシン(tobramycin)　　　アミカシン(amikacin)

**問題 28.32**　キチンをアルカリ性水溶液で処理すると，アミド結合の加水分解が起こり，キトサンと呼ばれる化合物が生成する．キトサンの構造を示せ．キトサンはシャンプー，縫合糸，包帯に使われている．

### 28.13.2　N-グリコシド

　　$N$-グリコシド($N$-glycoside)は弱酸存在下に単糖とアミンを反応させると生成する（反応[1]と[2]）．

[1] β-D-グルコピラノース（β-D-glucopyranose） + CH₃CH₂NH₂ （穏和なH⁺）→ α-N-グリコシド ＋ β-N-グリコシド

[2] α-D-リボフラノース（α-D-ribofuranose） + シクロヘキシルアミン（穏和なH⁺）→ α,β-N-グリコシド

　　$N$-グリコシド生成の反応機構はグリコシド生成の反応機構と類似しており，$N$-グリコシドの二つのアノマーが生成物として得られる．

**問題 28.33**　次の反応の生成物を書け．

a. （糖構造）＋ CH₃NH₂ / 穏和なH⁺
b. （糖構造）＋ C₆H₅NH₂ / 穏和なH⁺

**問題 28.34**　反応[1]に書かれた式，β-D-グルコピラノースの $N$-エチルグルコピラノシドの両方のアノマーへの変換について，その反応機構を段階ごとに書け．

## 28.13 その他の重要な糖とその誘導体

接頭語 *deoxy* は"酸素がない"ことを表す.

二つの糖, **D-リボース**と **2-デオキシ-D-リボース**の $N$-グリコシドは, それぞれ RNA と DNA の構成要素となるのでとくに重要である. 2-デオキシリボースという名称は, リボースの C2 に OH 基が存在しないことに由来する.

D-リボース
(D-ribose)

2-デオキシ-D-リボース
(2-deoxy-D-ribose)

- **D-リボース**をある種のヘテロ環アミンと反応させると, リボヌクレオシドと呼ばれる $N$-グリコシドが生成する.
- **2-デオキシ-D-リボース**に対して同様の反応を行うと, デオキシリボヌクレオシドが生成する.

**リボヌクレオシド**(ribonucleoside)と**デオキシリボヌクレオシド**(deoxyribonucleoside)の例を下に示す. これらの $N$-グリコシドはβ配置である. 糖環の番号は, アノマー炭素を 1′ として時計回りに順につけていく.

シチジン
(cytidine)
**リボヌクレオシド**

2-デオキシアデノシン
(2-deoxyadenosine)
**デオキシリボヌクレオシド**

ヌクレオシドには通常, 五種類の含窒素ヘテロ環しか使われない. そのうち三つの化合物は環を一つもつ**ピリミジン**(pyrimidine)の誘導体である. 残りの二つは二環式の**プリン**(purine)の誘導体である. これらの五つのアミンは<u>塩基</u>(base)と呼ばれる. それぞれの塩基はアルファベット一文字で表される. ウラシル(U)はリボヌクレオシドにのみ見られ, チミン(T)はデオキシリボヌクレオシドにのみ見られる.

- それぞれのヌクレオシドは糖と塩基の二つの部分からなり, それらはβ-$N$-グリコシド結合で互いにつながっている.

ピリミジン　　　　シトシン　　　　ウラシル　　　　チミン
(pyrimidine)　　(cytosine)　　　(uracil)　　　(thymine)
元となるヘテロ環　　C　　　　　　U　　　　　　T

プリン　　　　アデニン　　　グアニン　　　糖に結合するN原子を
(purine)　　(adenine)　　(guanine)　　赤色で示す
　　　　　　　A　　　　　　G

糖部分のOH基がリン酸と結合した誘導体を，**リボヌクレオチド**（ribonucleotide）および**デオキシリボヌクレオチド**（deoxyribonucleotide）と呼ぶ．

シチジン–リン酸　　　　　　デオキシアデノシン–リン酸
（cytidine monophosphate）　（deoxyadenosine monophosphate）
リボヌクレオチド　　　　　　デオキシリボヌクレオチド

- リボヌクレオチドはポリマーのリボ核酸(RNA)の構成要素であり，遺伝情報をタンパク質へと変換する伝達分子である．
- デオキシリボヌクレオチドはポリマーのデオキシリボ核酸(DNA)の構成要素であり，あらゆる遺伝情報を蓄えている分子である．

RNAとDNAの部分構造を図28.11に示す．RNAとDNAにおける糖部分の中心的な役割に注目しよう．糖部位は二つのリン酸エステル基と結合することにより，RNAやDNAの鎖をつなげている．糖部位はまた，アノマー炭素を介して窒素塩基とも結合している．

DNA骨格　　塩基
DNA骨格

### 図 28.11　RNA と DNA の部分構造

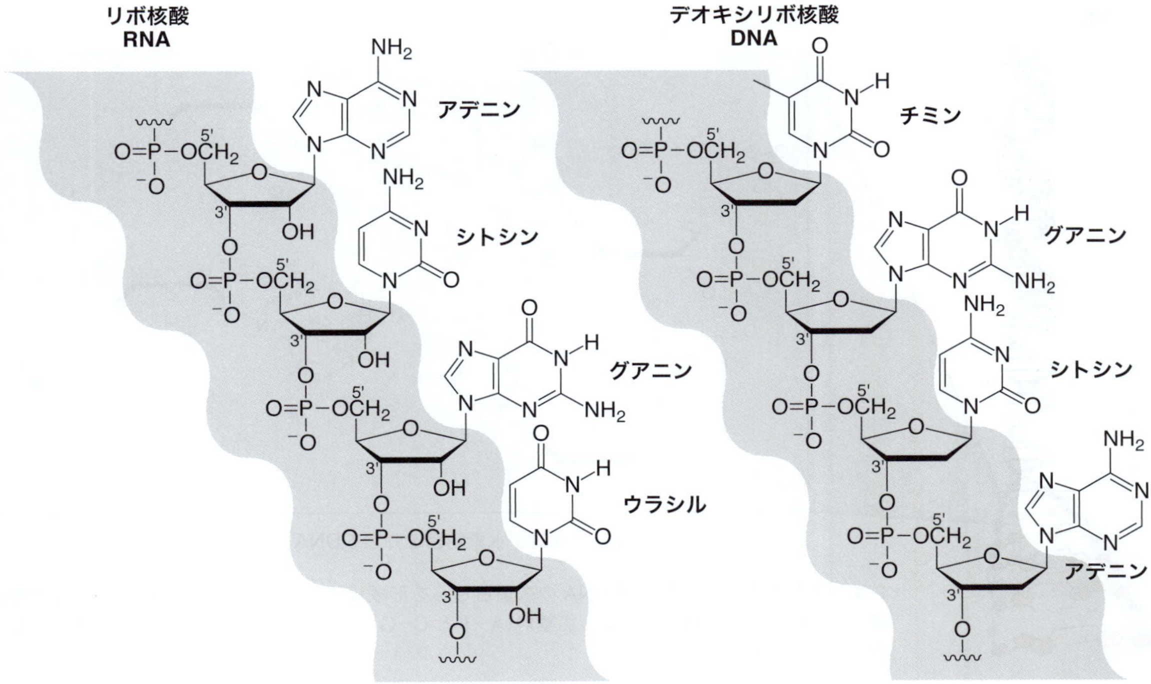

**リボ核酸 RNA** — アデニン、シトシン、グアニン、ウラシル

**デオキシリボ核酸 DNA** — チミン、グアニン、シトシン、アデニン

DNA は 2 本のポリヌクレオチド鎖からなり，互いに巻きつき合って，らせんばしごのような二重らせんを形成している．図 28.12 に示すように，はしごの両側はポリマーの糖 - リン酸の骨格からなり，はしごの横木は塩基からなる．

DNA では，1 本の鎖の窒素塩基がもう 1 本の鎖の窒素塩基と水素結合を形成している．プリン塩基はもう一方の鎖のピリミジン塩基と水素結合する．二種類の**塩基対 (base pair)** が互いに水素結合しており，アデニンはチミンと (A–T)，シトシンはグアニンと (C–G) 水素結合している．

**問題 28.35**　次の成分から構成されるヌクレオシドの構造を書け．
(a) リボース + ウラシル　　(b) 2 - デオキシリボース + グアニン

**問題 28.36**　(a) 二つのプリン塩基 (A と G) が，DNA の二重らせんにおいて互いに水素結合を介して塩基対を形成できない理由を説明せよ．(b) グアニンとシトシンの水素結合がグアニンとチミンの水素結合よりも有利である理由を説明せよ．

### 図 28.12　DNA の二重らせん

DNA の二重らせん

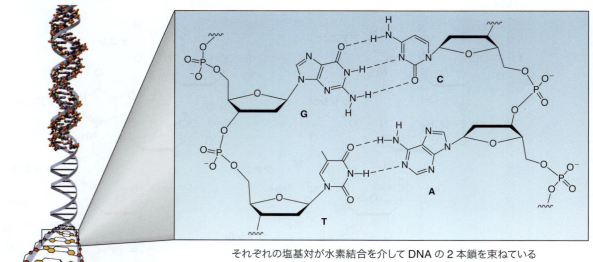

それぞれの塩基対が水素結合を介して DNA の 2 本鎖を束ねている

- 2 本のポリヌクレオチド鎖が DNA の二重らせんを形成している．それぞれの高分子鎖の骨格は糖-リン酸部位から構成される．塩基対(A-T と C-G)の水素結合により，DNA の 2 本鎖がしっかりと束ねられている．

## ◆キーコンセプト◆

### 炭水化物

**重要な用語**

- アルドース　　アルデヒドを含む単糖(28.2 節)
- ケトース　　　ケトンを含む単糖(28.2 節)
- D-糖　　　　　フィッシャー投影式でカルボニル基から最も離れた立体中心上の OH 基が右側にくる単糖(28.2.3 項)
- エピマー　　　一つの立体中心の立体配置のみが異なる二つのジアステレオマー(28.3 節)
- アノマー　　　ヘミアセタールの OH 基の立体配置が異なる単糖(28.6 節)
- グリコシド　　単糖のヘミアセタールから生成するアセタール(28.7 節)

## D-グルコースの非環状，ハース，および三次元表示(28.6 節)

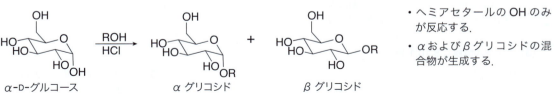

α アノマー　　　　　　　　　非環状アルデヒド　　　　　　　β アノマー
α-D-グルコース　　　　　　　　　　　　　　　　　　　　　　β-D-グルコース

37%　　　　　　　　　　　　微量　　　　　　　　　　　　　63%

## ヘミアセタールが関与する単糖の反応

[1] グリコシド生成(28.7.1 項)

α-D-グルコース　　　　　　α グリコシド　　　β グリコシド

- ヘミアセタールの OH のみが反応する．
- α および β グリコシドの混合物が生成する．

[2] グリコシドの加水分解(28.7.2 項)

α アノマー ＋ ROH　β アノマー

- α および β アノマーの混合物が生成する．

## 単糖の OH 基での反応

[1] エーテル生成(28.8 節)

- すべての OH 基が反応する．
- すべての立体中心の立体化学が保持される．

[2] エステル生成(28.8節)

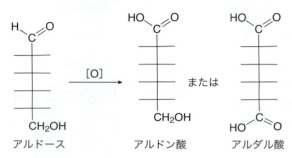

- すべての OH 基が反応する.
- すべての立体中心の立体化学が保持される.

## 単糖のカルボニル基での反応

[1] アルドースの酸化(28.9.2項)

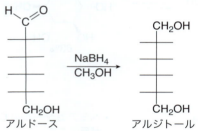

- 次の反応剤との反応でアルドン酸が生成する:
  - $Ag_2O$, $NH_4OH$
  - $Cu^{2+}$
  - $Br_2$, $H_2O$
- $HNO_3$ と $H_2O$ によってアルダル酸が生成する.

[2] アルドースのアルジトールへの還元(28.9.1項)

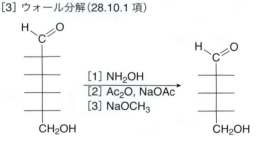

[3] ウォール分解(28.10.1項)

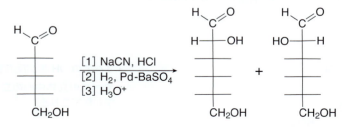

- C1−C2 結合が開裂し,アルドース鎖が 1 炭素短くなる.
- その他の立体中心の立体化学はすべて保持される.
- C2 に関する二つのエピマーからは同一の生成物が得られる.

[4] キリアニ-フィッシャー合成(28.10.2項)

- アルドースのアルデヒド末端に 1 炭素加えられる.
- C2 に関する二つのエピマーが生成する.

### その他の反応

[1] 二糖の加水分解（28.11 節）

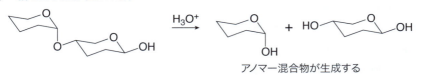

アノマー混合物が生成する

[2] $N$-グリコシドの生成（28.13.2 項）

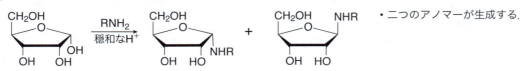

・二つのアノマーが生成する．

# ◆章末問題◆

## 三次元モデルを用いる問題

**28.37** 次のボール＆スティックモデルをフィッシャー投影式に変換せよ．

**28.38** (a) 次の環状単糖をそれぞれ非環状のフィッシャー投影式に変換せよ．(b) それぞれの単糖の名称を示せ．(c) α アノマーか β アノマーか示せ．

## フィッシャー投影式

**28.39** 次の化合物を，**A** と同一かエナンチオマーかに分類せよ．

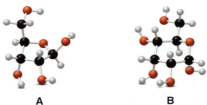

**28.40** 次の化合物をフィッシャー投影式に変換し，それぞれの立体中心を $R$ か $S$ かに分類せよ．

## 単糖の構造と立体化学

**28.41** D-アラビノースについて，次の問いに答えよ．
  a. そのエナンチオマーを書け．
  b. C3 エピマーを書け．
  c. エピマーではないジアステレオマーを書け．
  d. カルボニル基を含む構造異性体を書け．

**28.42** 次の六つの化合物 **A ～ F** について，次の問いに答えよ．

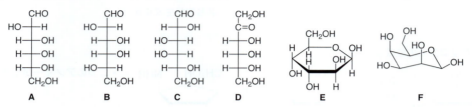

次の組合せは，「エナンチオマー」，「エピマー」，「エピマーではないジアステレオマー」，「構造異性体」，「同一化合物」のいずれに相当するか．
  a. **A** と **B**   b. **A** と **C**   c. **B** と **C**   d. **A** と **D**   e. **E** と **F**

**28.43** 図 28.4 と図 28.5 を使って，次の化合物のハース投影式を書け．
  a. β-D-タロピラノース   b. α-D-ガラクトピラノース   c. α-D-タガトフラノース

**28.44** D-グルコースの C2 位に関してエピマーの関係にある単糖の β アノマーをハース投影式で書け．

**28.45** 次のアルドヘキソースの二つのピラノースアノマーを，いす形ピラノースを用いた三次元表示で書け．それぞれのアノマーを α または β に分類せよ．

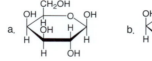

**28.46** 次の環状型単糖を非環状型構造に変換せよ．

**28.47** D-アラビノースはピラノース型とフラノース型の両方の形で存在しうる．
  a. D-アラビノフラノースの α および β アノマーを書け．
  b. D-アラビノピラノースの α および β アノマーを書け．

**28.48** 多くの D-アルドヘキソースのピラノース環の最も安定な立体配座では，最も大きな基である $CH_2OH$ 基がエクアトリアル位にある．例外として D-イドースがある．D-イドースの α および β アノマーの二つの可能ないす配座を書け．D-イドースの最も安定な立体配座では，なぜ $CH_2OH$ 基がアキシアル位にあるのか説明せよ．

## 単糖の反応

**28.49** α-D-グロースを次の反応剤で処理して得られる生成物を示せ．
  a. $CH_3I$, $Ag_2O$
  b. $CH_3OH$, HCl
  c. $Ac_2O$, ピリジン
  d. (a) の生成物に対して $H_3O^+$
  e. (b) の生成物に対して $Ac_2O$, ピリジン
  f. (d) の生成物に対して $C_6H_5CH_2Cl$, $Ag_2O$

28.50 D-アルトロースを次の反応剤で処理して得られる生成物を示せ.
- a. $(CH_3)_2CHOH$, HCl
- b. $NaBH_4$, $CH_3OH$
- c. $Br_2$, $H_2O$
- d. $HNO_3$, $H_2O$
- e. [1]$NH_2OH$, [2]$(CH_3CO)_2O$, $NaOCOCH_3$, [3]$NaOCH_3$
- f. [1]NaCN, HCl, [2]$H_2$, Pd-$BaSO_4$, [3] $H_3O^+$
- g. $CH_3I$, $Ag_2O$
- h. $C_6H_5CH_2NH_2$, 穏和な $H^+$

28.51 サリシンとソラニン(28.7.3項)を酸性水溶液で加水分解したときに得られるアグリコンと単糖を示せ.

28.52 次のグリコシドを合成するのに必要な単糖のフィッシャー投影式を示せ.

28.53 ウォール分解によりD-アラビノースを与える二つのアルドヘキソースは何か.

28.54 次の化合物をキリアニ-フィッシャー合成に用いたときに得られる生成物は何か.

28.55 D-グルコースから次の化合物へはどのように変換されるか示せ.複数の段階が必要である.

28.56 $CH_3OH$中 $NaBH_4$を用いて還元を行ったとき,光学不活性なアルジトールを与える D-アルドペントースは何か.

28.57 次の化合物を酸性水溶液で処理して得られる生成物は何か.

## 反応機構

28.58 次の反応の機構を段階ごとに示せ.

28.59 次の加水分解の反応機構を段階ごとに示せ.

**28.60** 次のD-グルコースを出発物質とする異性化反応は，塩基の存在下ですべてのアルドヘキソースでも起こる．それぞれの化合物がどのように生成するかを示す反応機構を段階ごとに示せ．

## 単糖の同定

**28.61** あるD-アルドペントースは酸化されて光学活性なアルダル酸となる．また，ウォール分解により，光学活性なアルダル酸に酸化されるD-アルドテトロースを与える．このようなD-アルドペントースを同定せよ．

**28.62** D-アルドペントース **A** は $HNO_3$ により酸化されて光学不活性なアルダル酸 **B** となる．**A** はキリアニ-フィッシャー合成により **C** と **D** を与える．**C** は酸化されて光学活性なアルダル酸となる．**D** は酸化されて光学不活性なアルダル酸となる．化合物 **A**〜**D** を同定せよ．

**28.63** D-アルドペントース **A** は光学活性なアルジトールへと還元される．**A** はキリアニ-フィッシャー合成により，二つのD-アルドヘキソース **B** と **C** に変換される．**B** は酸化により光学不活性なアルダル酸となる．**C** は酸化により光学活性なアルダル酸となる．**A**〜**C** の構造を示せ．

## 二糖と多糖

**28.64** 二つのマンノース単位が $1 \rightarrow 4\text{-}\alpha\text{-}$ グリコシド結合でつながった二糖の構造を示せ．

**28.65** (a) 二糖 **C** のグリコシド結合を示して，そのグリコシド結合をαまたはβに分類せよ．また，その結合を番号を用いて表せ．
(b) 次の反応における化合物 **D**〜**F** を同定せよ．

**28.66** 次に示した四糖のスタキオースについて考える．スタキオースはホワイトジャスミン，ダイズ，レンズマメに含まれる．人間はこれを食べても消化できず，腸内にガスが溜まる鼓腸の原因となる．

a. グリコシド結合をすべて示せ．
b. それぞれのグリコシド結合をαかβかに分類し，二つの環の間の結合の位置を番号で表せ（$1 \rightarrow 4\text{-}\beta$ のように）．
c. スタキオースを $H_3O^+$ で加水分解したときに得られる生成物は何か．
d. スタキオースは還元糖か．
e. スタキオースを過剰量の $CH_3I$ と $Ag_2O$ で処理して得られる生成物は何か．
f. (e) における生成物を $H_3O^+$ で処理して得られる生成物は何か．

**28.67** 次の情報をもとに二糖イソマルトースの構造を推定せよ．
[1] 加水分解によりD-グルコースのみが生成する．
[2] イソマルトースはα-グリコシダーゼ酵素により分解される．
[3] イソマルトースは還元糖である．
[4] 過剰量のCH₃IとAg₂Oによるメチル化と，続くH₃O⁺による加水分解により次の二つの化合物が生成する．

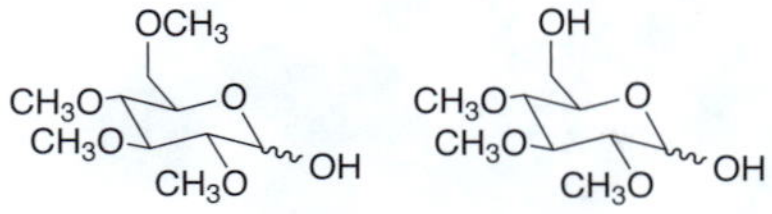

(両方のアノマーが存在している)

**28.68** 次の化合物の構造を示せ．
a. D-グルコサミンが1→6-α-グリコシド結合でつながった多糖．
b. D-マンノースとD-グルコースがマンノースのアノマー炭素で1→4-β-グリコシド結合でつながった二糖．
c. D-アラビノースとC₆H₅CH₂NH₂から生成するα-N-グリコシド．
d. D-リボースとチミンから生成するリボヌクレオシド．

## チャレンジ問題

**28.69** (a) フコースのより安定ないす形配座を書け．フコースは食事から摂らねばならない単糖であり，哺乳類と植物細胞の表面にある炭水化物の成分である．(b) フコースをD-あるいはL-単糖のどちらかに分類せよ．(c) フコースには通常とは異なる構造的特徴が二つある．それは何か．

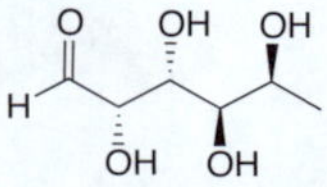

フコース
(fucose)

**28.70** 本章を通して学んだとおり，単糖にはさまざまな表記法がある．実際，単糖は環状化合物の混合物として溶液中に存在している．通常の形とは異なる構造で描かれた下のそれぞれの単糖を，D, Lのどちらに分類しつつ同定せよ．

a. 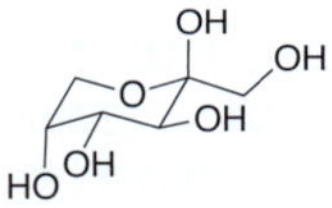  b. 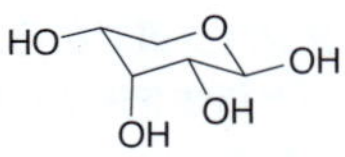  c. 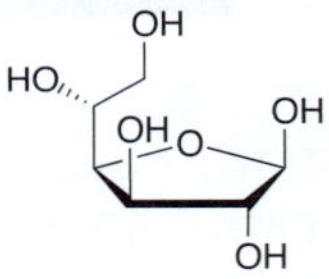  d.

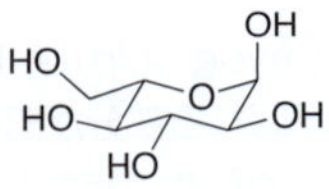

**28.71** 次の反応の機構を段階ごとに示せ．

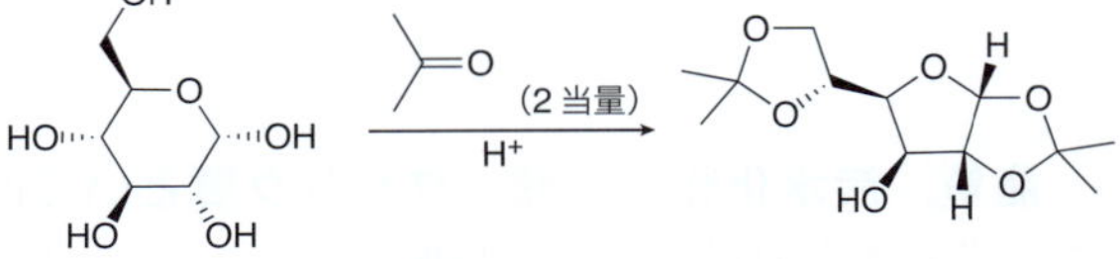

# 29 アミノ酸とタンパク質

- 29.1 アミノ酸
- 29.2 アミノ酸の合成
- 29.3 アミノ酸の分離
- 29.4 アミノ酸のエナンチオ選択的合成
- 29.5 ペプチド
- 29.6 ペプチド配列の決定
- 29.7 ペプチドの合成
- 29.8 自動ペプチド合成
- 29.9 タンパク質の構造
- 29.10 重要なタンパク質

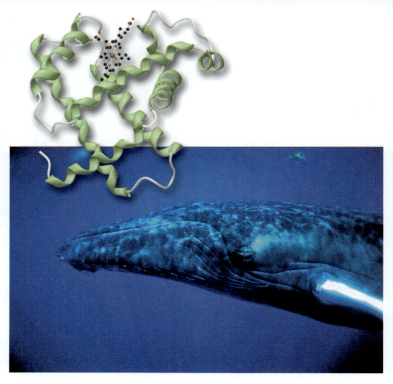

ミオグロビン(myoglobin)は153個のアミノ酸がつながった球状タンパク質である．ミオグロビンには，タンパク質ではない「ヘム」と呼ばれる部分が組み込まれている．ヘムは$Fe^{2+}$カチオンと錯体を形成した大きな含窒素ヘテロ環からなる．$Fe^{2+}$カチオンは血中で酸素と結合し，組織内で酸素を貯蔵する．クジラの筋肉にはミオグロビンが非常に高濃度で存在しており酸素貯蔵庫の役割を担っているため，クジラは長時間にわたって潜水できる．本章ではタンパク質と，その構成成分であるアミノ酸の性質について学ぶ．

　**脂質，炭水化物，核酸，タンパク質という**四種類のおもな生体分子のなかで，タンパク質は最も多彩な機能をもつ．たとえば，**ケラチン**(keratin)と**コラーゲン**(collagen)は不溶性の長い繊維を形成する構造タンパク質の代表であり，組織を支え強度をもたらす．髪，角，ひづめ，爪はすべてケラチンからなり，**コラーゲン**は骨，関節，組織，腱，軟骨に見られる．**酵素**(enzyme)は細胞機能のすべてを触媒し制御するタンパク質である．**膜タンパク質**(membrane protein)は細胞膜を介して小さな有機分子やイオンを輸送する．**インスリン**(insulin)は血中グルコース濃度を制御するホルモンであり，**フィブリノーゲン**(fibrinogen)と**トロンビン**(thrombin)は血栓を形成し，**ヘモグロビン**(hemoglobin)は酸素を肺から組織に輸送する．これらはいずれもタンパク質である．

　本章ではタンパク質と，その構成主成分であるアミノ酸について学ぶ．

## 29.1 アミノ酸

天然に存在するアミノ酸は，カルボキシ基(COOH)のα炭素に結合したアミノ基(NH$_2$)をもち，**α-アミノ酸**(α-amino acid)と呼ばれる．

> アミノ酸については19.14節ですでに述べた．

- **あらゆるタンパク質はアミノ酸がつながって生成したポリアミド(polyamide)である．**

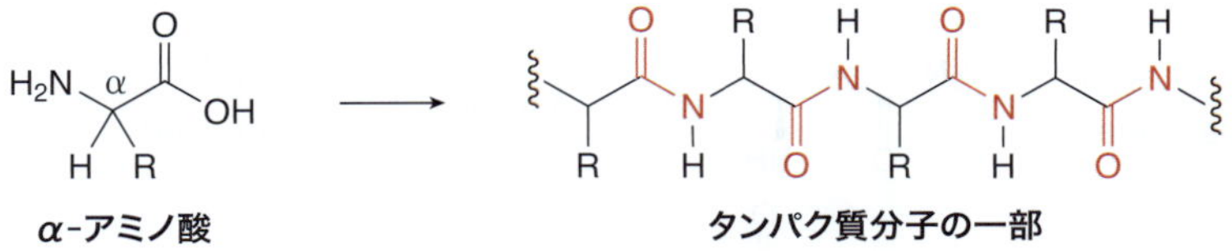

### 29.1.1 α-アミノ酸の一般的な特徴

天然に存在する20種類のアミノ酸は，α炭素に結合したR基の種類によって区別される．R基はアミノ酸の**側鎖**(side chain)と呼ばれる．

最も単純なアミノ酸であるグリシンではR=Hである．**その他のすべてのアミノ酸(R≠H)はα炭素上に立体中心をもつ．** 単糖のときと同様に，アミノ酸の立体中心の立体配置を表すのに接頭語**D**と**L**が使われる．通常，天然のアミノ酸は**L-アミノ酸**と呼ばれる．そのエナンチオマーであるD-アミノ酸は天然にはほとんど存在しない．図29.1にこれらの一般構造式を示す．R,S表記法では，システイン以外のすべてのL-アミノ酸は**Sの立体配置**をもつ．

すべてのアミノ酸には慣用名がある．また，これらの名前は一文字または三文字の略号で表されることもある．図29.2に，20種類の天然のアミノ酸の一覧を略号とともにまとめている．R基の多様性に注目しよう．側鎖は単純なアルキル基の場合もあれば，OH，SH，COOH，NH$_2$といった官能基をもつ場合もある．

- 側鎖にもう一つCOOH基をもつアミノ酸を酸性アミノ酸(acidic amino acid)という．
- 側鎖にもう一つ塩基性のN原子をもつアミノ酸を塩基性アミノ酸(basic amino acid)という．
- それ以外のものは中性アミノ酸(neutral amino acid)である．

### 図29.1
α-アミノ酸の一般的な特徴

グリシン (glycine) 立体中心なし

L-アミノ酸 (L-amino acid) この異性体のみがタンパク質中に存在する

D-アミノ酸 (D-amino acid)

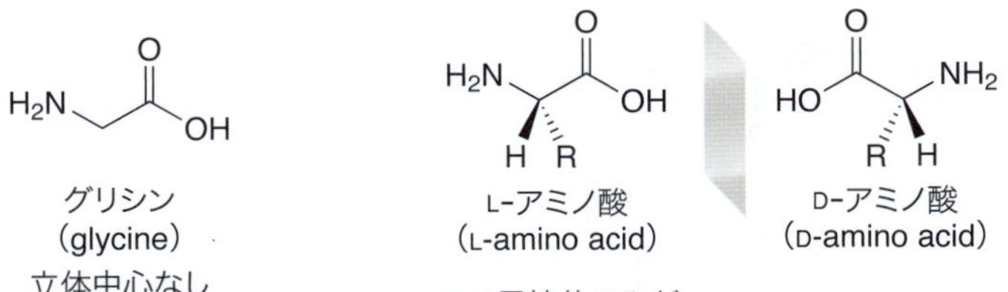

## 図 29.2 天然に存在する 20 種類のアミノ酸

### 中性アミノ酸

| 名称 | 構造 | 略号 | 名称 | 構造 | 略号 |
|---|---|---|---|---|---|
| アラニン (alanine) | 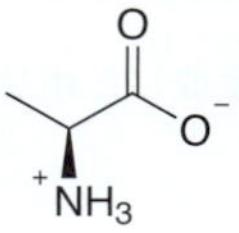 | Ala A | フェニルアラニン* (phenylalanine) | 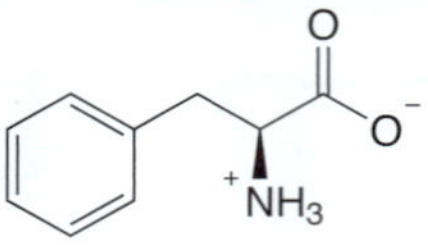 | Phe F |
| アスパラギン (asparagine) | 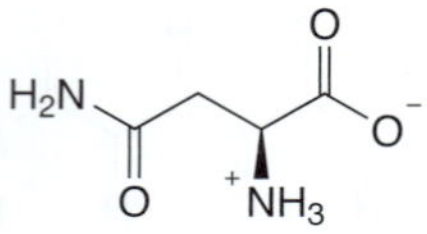 | Asn N | プロリン (proline) | 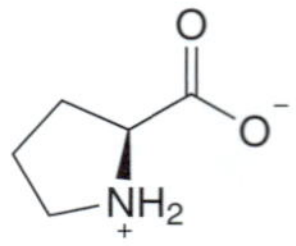 | Pro P |
| システイン (cysteine) | 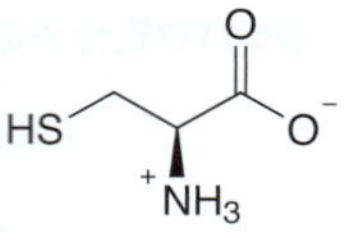 | Cys C | セリン (serine) | 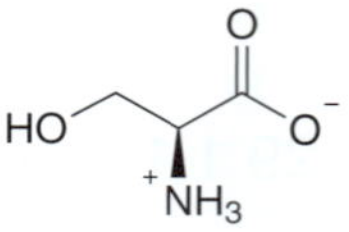 | Ser S |
| グルタミン (glutamine) | 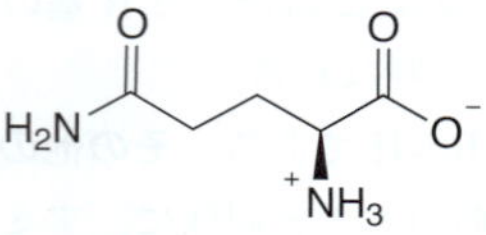 | Gln Q | トレオニン* (threonine) | 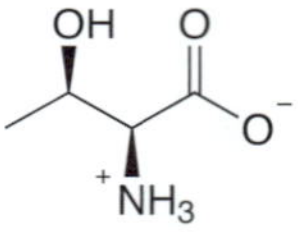 | Thr T |
| グリシン (glycine) | 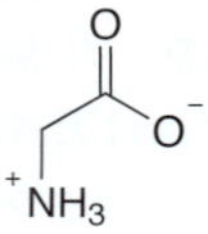 | Gly G | トリプトファン* (tryptophan) | 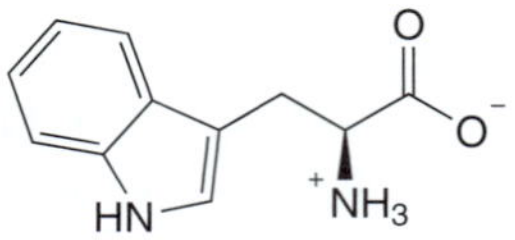 | Trp W |
| イソロイシン* (isoleucine) | 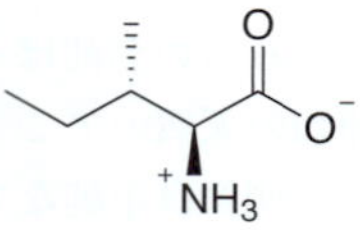 | Ile I | チロシン (tyrosine) | 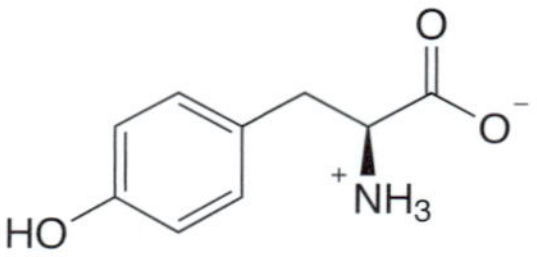 | Tyr Y |
| ロイシン* (leucine) | 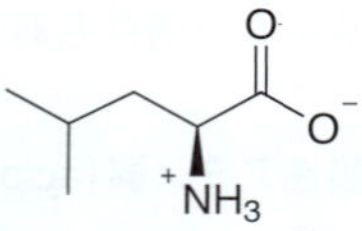 | Leu L | バリン* (valine) | 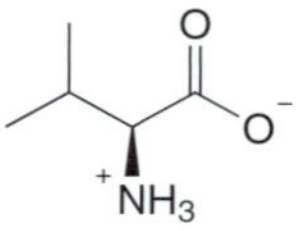 | Val V |
| メチオニン* (methionine) | 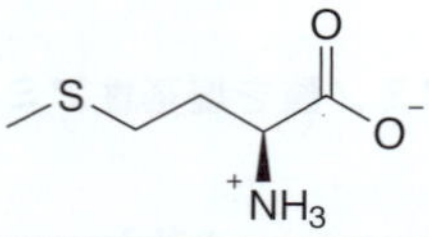 | Met M | | | |

### 酸性アミノ酸

| 名称 | 構造 | 略号 |
|---|---|---|
| アスパラギン酸 (aspartic acid) | 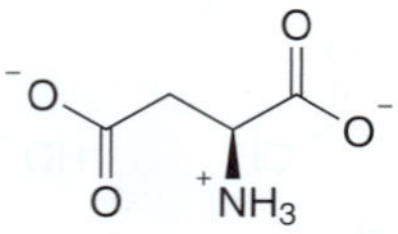 | Asp D |
| グルタミン酸 (glutamic acid) | 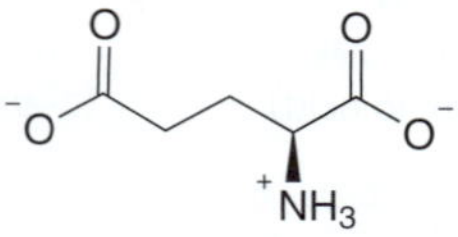 | Glu E |

### 塩基性アミノ酸

| 名称 | 構造 | 略号 |
|---|---|---|
| アルギニン* (arginine) | 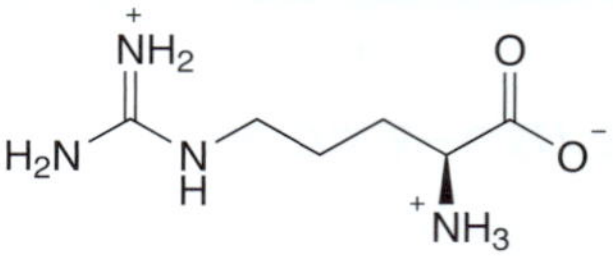 | Arg R |
| ヒスチジン* (histidine) | 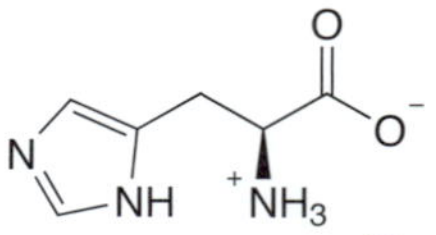 | His H |
| リシン* (lysine) | 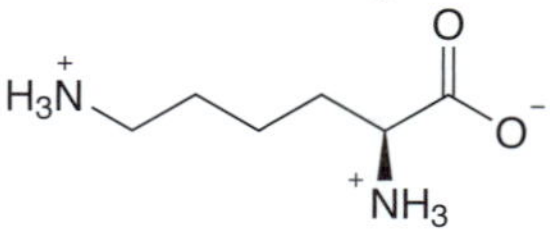 | Lys K |

必須アミノ酸にはアスタリスク（*）をつけて示している.

プロリン，イソロイシン，トレオニンの構造について詳しく見ていこう．

- **プロリンを除くすべてのアミノ酸は第一級アミンである**．プロリンではN原子が五員環内にあり，**第二級アミン**となっている．
- **イソロイシン**と**トレオニン**はβ炭素上にもう一つ立体中心をもつ．したがって，四つの**立体異性体**があるが，天然に存在するのはそのうちの一つのみである．

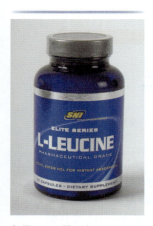

必須アミノ酸であるロイシンは，負傷した後に筋肉組織を修復するのを助けるためや，ボディービルダーが筋肉の減少を抑えるために摂る栄養補助食品として市販されている．

ヒトは20種類のアミノ酸のうち，10種類しか体内で合成できない．残りの10種類のアミノ酸は食事から摂取しなければならないので**必須アミノ酸**(essential amino acid)と呼ばれる．図29.2では必須アミノ酸にアスタリスク(＊)をつけて示した．

**問題 29.1** L-イソロイシンについて上記以外の三つの立体異性体を書き，立体中心を $R$ か $S$ に分類せよ．

### 29.1.2 酸-塩基としての挙動

19.14.2項で，アミノ酸は酸性および塩基性官能基のいずれももっており，プロトン移動により**双性イオン**(zwitterion)と呼ばれる塩を形成することを学んだ．

図29.2の構造は血中の生理的pHにおけるアミノ酸の帯電状態を示している．

- **アミノ酸は電荷をもたない中性化合物として存在することはない**．それらは塩として存在しており，融点や水溶性が高い．

図29.3に示すように，アミノ酸は溶解している水溶液のpHに依存して，異なる電荷を帯びて存在する．中性アミノ酸については，全体としての電荷は＋1，0，－1のいずれかである．pH 6付近でのみ双性イオンとして存在する．

アミノ酸の－COOH基と－$NH_3^+$基は水溶液中でプロトンを失う．結果的に，それぞれ異なる $pK_a$ 値を示す．表29.1に示すように，－COOH基の $pK_a$ は通常およそ2で，－$NH_3^+$基はおよそ9である．

**図 29.3**
中性アミノ酸の電荷の pH 依存性

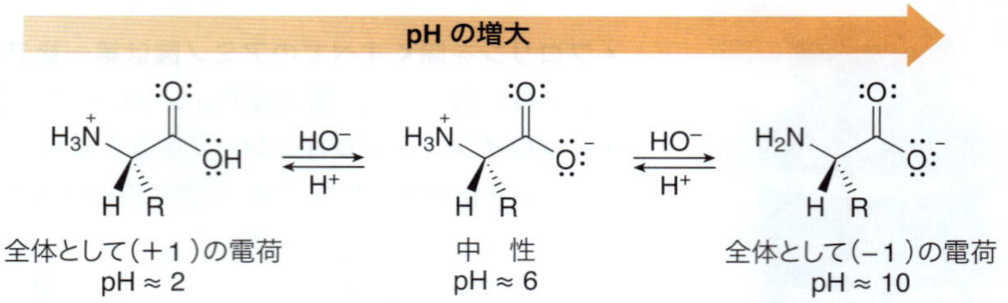

全体として(＋1)の電荷　pH ≈ 2　⇌　中　性　pH ≈ 6　⇌　全体として(−1)の電荷　pH ≈ 10

アスパラギン酸やリシンのようなアミノ酸は，酸性または塩基性の側鎖をもっている．これらのさらなるイオン化可能な基が，アミノ酸の酸–塩基としての挙動を少し複雑にしている．表 29.1 には，酸性および塩基性側鎖の $pK_a$ 値も示している．

**表 29.1** α-アミノ酸のイオン化可能な官能基の $pK_a$ 値

| アミノ酸 | α-COOH | α-NH$_3^+$ | 側　鎖 | p$I$ |
|---|---|---|---|---|
| アラニン | 2.35 | 9.87 | — | 6.11 |
| アルギニン | 2.01 | 9.04 | 12.48 | 10.76 |
| アスパラギン | 2.02 | 8.80 | — | 5.41 |
| アスパラギン酸 | 2.10 | 9.82 | 3.86 | 2.98 |
| システイン | 2.05 | 10.25 | 8.00 | 5.02 |
| グルタミン酸 | 2.10 | 9.47 | 4.07 | 3.08 |
| グルタミン | 2.17 | 9.13 | — | 5.65 |
| グリシン | 2.35 | 9.78 | — | 6.06 |
| ヒスチジン | 1.77 | 9.18 | 6.10 | 7.64 |
| イソロイシン | 2.32 | 9.76 | — | 6.04 |
| ロイシン | 2.33 | 9.74 | — | 6.04 |
| リシン | 2.18 | 8.95 | 10.53 | 9.74 |
| メチオニン | 2.28 | 9.21 | — | 5.74 |
| フェニルアラニン | 2.58 | 9.24 | — | 5.91 |
| プロリン | 2.00 | 10.00 | — | 6.30 |
| セリン | 2.21 | 9.15 | — | 5.68 |
| トレオニン | 2.09 | 9.10 | — | 5.60 |
| トリプトファン | 2.38 | 9.39 | — | 5.88 |
| チロシン | 2.20 | 9.11 | 10.07 | 5.63 |
| バリン | 2.29 | 9.72 | — | 6.00 |

表 29.1 にはすべてのアミノ酸の等電点(p$I$)も併記している．19.14.3 項で学んだことを思いだそう．**等電点**(isoelectric point)**はアミノ酸がおもに中性状態で存在する pH であり**，(中性アミノ酸についてのみ) α-COOH 基と α-NH$_3^+$ 基の $pK_a$ 値の平均値から算出できる．

**問題 29.2** 次のアミノ酸について，等電点ではどの構造で存在しているか．
(a) バリン　　(b) ロイシン　　(c) プロリン　　(d) グルタミン酸

**問題 29.3** α-アミノ酸の-NH$_3^+$基のp$K_a$が，第一級アミンのアンモニウムイオン(RNH$_3^+$)のp$K_a$より小さい理由を述べよ．たとえば，アラニンの-NH$_3^+$基のp$K_a$は9.87であるが，CH$_3$NH$_3^+$のそれは10.63である．

**問題 29.4** 甲状腺ホルモンの一種であるL-チロキシンは，甲状腺ホルモン欠乏症を治療するための経口薬であり，タンパク質中には存在しないアミノ酸である．L-チロキシンの双性イオンの構造を示せ．

L-チロキシン (L-thyroxine)

## 29.2 アミノ酸の合成

実験室ではいろいろな方法でアミノ酸を合成できる．本章では三つの方法を紹介するが，いずれの手法も以前の章で学んだ反応にもとづいている．

### 29.2.1 α-ハロカルボン酸のNH$_3$によるS$_N$2反応

α-アミノ酸を合成する最も直接的な方法は，**α-ハロカルボン酸の大過剰量のNH$_3$によるS$_N$2反応**である．

単純なハロゲン化アルキルによるアンモニアのアルキル化では，一般的には収率よく第一級アミンを合成できない(25.7.1項)が，α-ハロカルボン酸を用いると目的のアミノ酸が収率よく得られる．この場合，生成物中のアミノ基は通常の第一級アミンよりも塩基性が低く，また立体的に混んでいるため，アルキル化が1回だけ起こり，目的のアミノ酸が得られる．

**問題 29.5** 次のアミノ酸を合成するために必要なα-ハロカルボニル化合物を示せ．
(a) グリシン　　(b) イソロイシン　　(c) フェニルアラニン

### 29.2.2 マロン酸ジエチル誘導体のアルキル化

二つ目のアミノ酸の合成法は，マロン酸エステル合成にもとづく．23.9節では，この合成によってマロン酸ジエチルを，α炭素原子にアルキル基が新しく導入されたカルボン酸に変換できることを学んだ．

この反応は，市販のマロン酸ジエチル誘導体を出発物質として使うことで，α-アミノ酸の合成に適用できる．**アセトアミドマロン酸ジエチル**はα炭素上に窒素原子をもち，これが最終的にはアミノ酸のα炭素の$NH_2$基になる．

マロン酸エステル合成は3段階からなり，アミノ酸合成に適用した場合も同様である．

[1] NaOEt によるアセトアミドマロン酸ジエチルの**脱プロトン化**(deprotonation)により，二つのカルボニル基に挟まれた酸性プロトンが引き抜かれてエノラートが生成する．

[2] 立体障害の小さいハロゲン化アルキル(通常は$CH_3X$か$RCH_2X$)によるエノラートの**アルキル化**(alkylation)により，α炭素上に新しいアルキル基をもつ置換生成物が得られる．

[3] アルキル化生成物を酸性水溶液中で加熱すると，エステルとアミドの**加水分解**(hydrolysis)と，それに続いて**脱炭酸**(decarboxylation)が起こり，アミノ酸が生成する．

たとえば，フェニルアラニン(phenylalanine)は次のように合成できる．

## 29.2 アミノ酸の合成

アミノ酸生成物の電荷（+1, −1, あるいは 0）は反応条件に依存する．フェニルアラニンの場合，合成の最終段階で強酸を使うため，正味の正電荷をもつ．

**問題 29.6** アセトアミドマロン酸ジエチルから生成するエノラートを，次のハロゲン化アルキルで処理して加水分解と脱炭酸を行うと，どのようなアミノ酸が得られるか．
(a) $CH_3I$  (b) $(CH_3)_2CHCH_2Cl$  (c) $CH_3CH_2CH(CH_3)Br$

**問題 29.7** $CH_3CONHCH(CO_2Et)_2$ を次の一連の反応剤で順番に処理すると，どのようなアミノ酸が得られるか．[1] NaOEt，[2] $CH_2=O$，[3] $H_3O^+$，熱．

### 29.2.3 ストレッカー合成

三つ目の方法は，**ストレッカーアミノ酸合成**（Strecker amino acid synthesis）と呼ばれ，アルデヒドのカルボニル基に炭素原子を一つ加える2段階工程によって，アルデヒドをアミノ酸に変換する．まず，アルデヒドを $NH_4Cl$ と NaCN で処理すると，**α-アミノニトリル**（α-amino nitrile）が生成する．これは酸性水溶液中でアミノ酸に加水分解される．

例として，アラニンのストレッカー合成を次に示す．

機構 29.1 に示すアルデヒドからの α-アミノニトリルの生成（ストレッカー合成の最初の段階）は，**$NH_3$ の求核付加**によるイミンの生成と，それに続く C=N 結合への**シアン化物イオンの付加**からなる．なお，イミンとシアノヒドリンに関しては，それぞれ 21.11 節と 21.9 節で学んだ．

ストレッカー合成の第二段階の内容は，ニトリル（RCN）のカルボン酸（RCOOH）への加水分解であるが，これについては 22.18.1 項ですでに述べた．

三種類の方法によるメチオニンの合成を図 29.4 に示す．

**問題 29.8** 次のアミノ酸をストレッカー合成で合成するために必要なアルデヒドは何か．(a) バリン，(b) ロイシン，(c) フェニルアラニン．

## 機構 29.1　α－アミノニトリルの生成

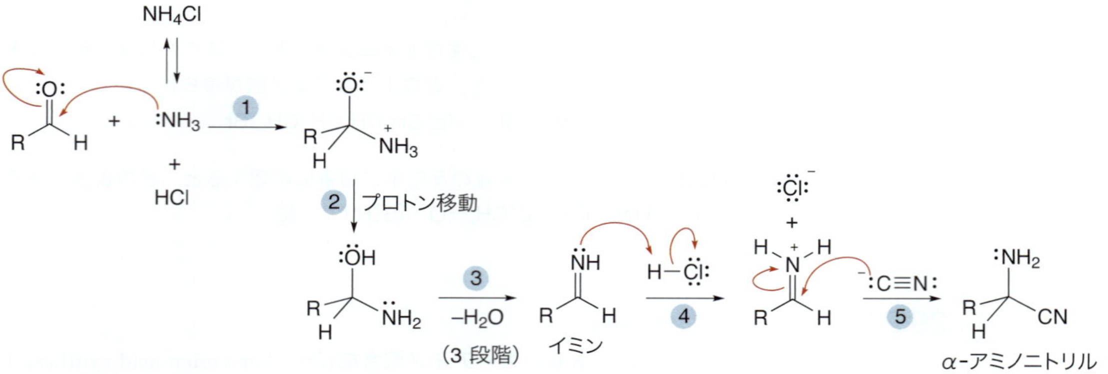
NH4Cl
NH3
HCl
1
2 プロトン移動
3
−H2O
(3 段階)
イミン
4
H−Cl
5
C≡N
α-アミノニトリル

1－3　$NH_3$ の求核攻撃と，それに続くプロトン移動と $H_2O$ の脱離により，イミンが生成する．$H_2O$ の脱離は，機構 21.5 で紹介したのと同じ 3 段階の過程を経て起こる．

4－5　イミンのプロトン化と，それに続く $^-CN$ の求核攻撃により，α－アミノニトリルを得る．

**問題 29.9**　次の反応の生成物を書け．

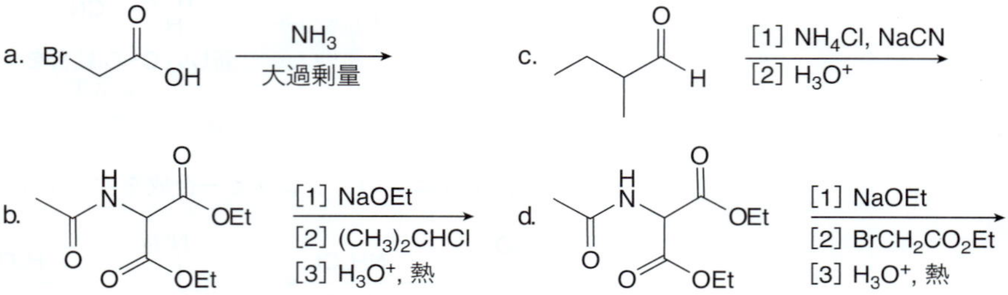
a.
NH3
大過剰量
c.
[1] NH4Cl, NaCN
[2] H3O+
b.
[1] NaOEt
[2] (CH3)2CHCl
[3] H3O+, 熱
d.
[1] NaOEt
[2] BrCH2CO2Et
[3] H3O+, 熱

**図 29.4**　三種類の方法によるメチオニンの合成

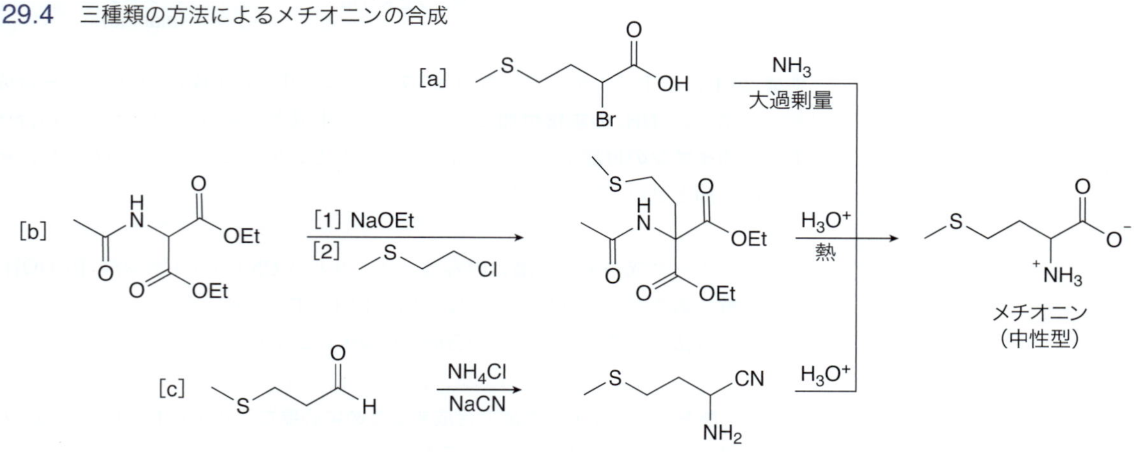
[a]
NH3
大過剰量
[b]
[1] NaOEt
[2]
H3O+
熱
[c]
NH4Cl
NaCN
H3O+
メチオニン
(中性型)

[a]　α－ハロカルボン酸を用いた $S_N2$ 反応
[b]　アセトアミドマロン酸ジエチルのアルキル化
[c]　ストレッカー合成

## 29.3 アミノ酸の分離

前述したどのアミノ酸合成法を使ったとしても，生成物はラセミ混合物になる．しかし，天然のアミノ酸は単一のエナンチオマーとして存在しており，生体への応用を考えたときには，二つのエナンチオマーを分離しなければならない．この作業は容易ではない．二つのエナンチオマーは同じ物理的性質を示すため，蒸留やクロマトグラフィーなどの通常の物理的手法では分離できない．さらに，エナンチオマーはアキラルな反応剤とは同じように反応するので，化学反応を使って分離することもできない．

しかし，物理的手法や化学反応を使って二つのエナンチオマーを分離する方法が開発されてきた．29.3 節では二種類の戦略について見ていこう．その後，29.4 節では分離することなく光学活性なアミノ酸を得る方法について述べる．

† 訳者注：光学分割(optical resolution)ともいう．

- **ラセミ混合物**(racemic mixture)**をエナンチオマー成分へ分離することを分割†**(resolution)**という．すなわち，ラセミ混合物はエナンチオマー成分に分割できる．**

### 29.3.1 アミノ酸の分割

最も古くから使われ，今日でも最も広く使われているエナンチオマーの分割法は次の事実を利用するものである．**エナンチオマー**(enantiomer)**は同一の物理的性質を示すが，ジアステレオマー**(diastereomer)**は異なる物理的性質を示す**．すなわち，ラセミ混合物は次の一般的戦略を使って分割できる．

［1］**一対のエナンチオマーを一対のジアステレオマーに変換する**．ジアステレオマーは融点や沸点が異なるので分離可能となる．
［2］**ジアステレオマーを分離する**．
［3］**それぞれのジアステレオマーをもとのエナンチオマーに再変換する**．こうしてエナンチオマーを互いに分離できる．

図 29.5 にこの一般的な 3 段階過程を図示する．

($R$)- および ($S$)- アラニンのようなアミノ酸のラセミ混合物を分割するには，まずラセミ体を無水酢酸で処理して **$N$- アセチルアミノ酸**($N$-acetyl amino acid)に変換する．生成したアミドはそれぞれ一つの立体中心をもつのでエナンチオマーの関係にあり，そのためまだ分離できない．

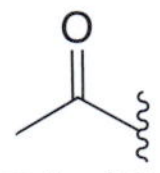

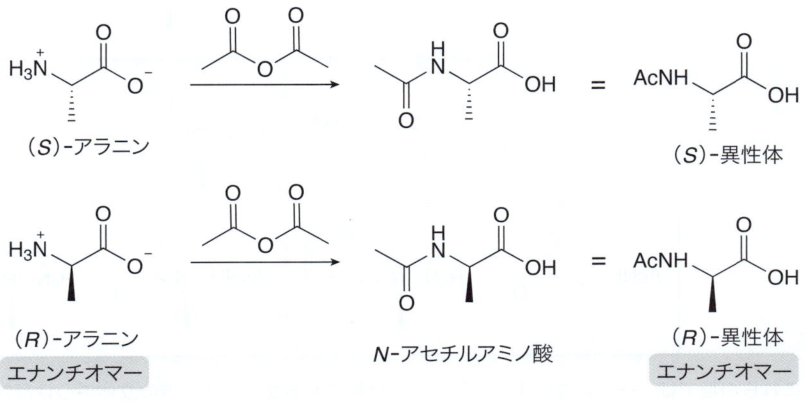

### 図 29.5　ラセミ混合物のジアステレオマー混合物への変換によるラセミ混合物の分割

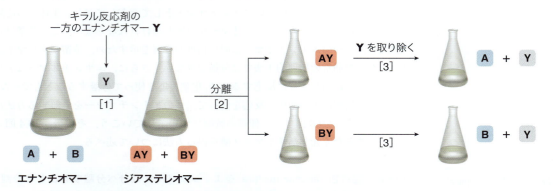

エナンチオマー **A** と **B** を分離するには，キラル反応剤の一方のエナンチオマーである **Y** と反応させればよい．分割の過程には 3 段階を要する．

[1] エナンチオマー **A** と **B** を **Y** と反応させ，二つのジアステレオマー **AY** と **BY** を生成させる．
[2] ジアステレオマー **AY** と **BY** は異なる物理的性質をもつ．したがって，分別蒸留や結晶化などの物理的手法により分離できる．
[3] 分離された **AY** と **BY** を化学反応により **A** と **B** に再変換する．二つのエナンチオマー **A** と **B** はこうして互いに分離され，分割が完了する．

(*R*)-α-メチルベンジルアミン
((*R*)-α-methylbenzylamine)

分割剤

*N*-アセチルアラニンのいずれのエナンチオマーも，アミンと酸-塩基反応できる遊離カルボキシ基をもっている．**仮に，(*R*)-α-メチルベンジルアミンのようなキラルアミンを用いたとすると，生成する二種類の塩はジアステレオマーとなり，エナンチオマーではない**．ジアステレオマーは物理的手法により互いに分離でき，エナンチオマーをジアステレオマーに変換する化合物を**分割剤**（resolving agent）と呼ぶ．どちらのエナンチオマーも分割剤として利用できる．

### HOW TO　(*R*)-α-メチルベンジルアミンを使ってアミノ酸のラセミ混合物を分割する

**ステップ[1]**　両方のエナンチオマーをキラルアミンの R 異性体と反応させる．

これらの塩では，一方の立体中心は同じ立体配置であるが，もう一方の立体中心は反対の立体配置である．　　　つづく

## HOW TO（つづき）

**ステップ[2]** ジアステレオマーを分離する．

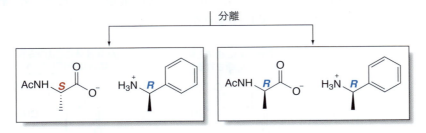

**ステップ[3]** アミドを加水分解すると，アミノ酸が再生する．

**ステップ[1]** は単なる酸-塩基反応であり，*N*-アセチルアラニンのラセミ混合物が分割剤の一方のエナンチオマー〔この場合は(*R*)-α-メチルベンジルアミン〕と反応する．生成する塩は，一方の立体中心は同じ立体配置であるが，もう一方の立体中心は反対の立体配置であるので，**ジアステレオマーであり，エナンチオマーではない．**

**ステップ[2]** で，結晶化や蒸留などの物理的手法によりジアステレオマーが分離される．

**ステップ[3]** で，塩ならびにアミドを塩基性水溶液で加水分解して，アミノ酸を再生する．アミノ酸はここでは互いに分離されている．アミノ酸の光学活性を測定して，既知の旋光度と比較すれば，それぞれのエナンチオマーの純度を決定することができる．

**問題 29.10** アミノ酸のラセミ混合物を分割するために使えるアミンは次のうちどれか．

**問題 29.11** ロイシンのラセミ混合物を，(*R*)-α-メチルベンジルアミンを用いて光学活性なアミノ酸に分割する方法を段階的に示せ．

### 29.3.2 酵素を用いるアミノ酸の速度論的分割

アミノ酸を分離するのに用いられるもう一つの戦略は，二つのエナンチオマーではキラル反応剤に対する反応性が異なる，という事実にもとづいている．**酵素**(enzyme)はキラル反応剤としてよく使われる．

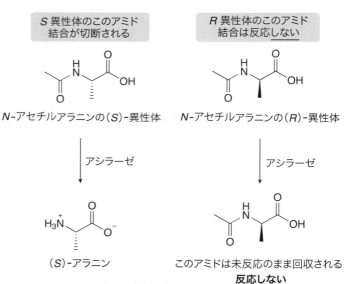

この戦略を説明するために，もう一度，N-アセチルアラニンの二つのエナンチオマーから始めよう．まず，(R)-および(S)-アラニンのラセミ混合物を無水酢酸で処理して，N-アセチルアラニンを合成する(29.3.1項)．**アシラーゼ**(acylase)と呼ばれる酵素は，アミド結合を加水分解するが，L-アミノ酸のアミド結合しか切断できない．したがって，N-アセチルアラニンのラセミ混合物をアシラーゼで処理すると，L-アラニンのアミド(S立体異性体)のみが加水分解されてL-アラニンが生成するが，一方でD-アラニンのアミド(R立体異性体)はそのまま残る．こうして，一つのアミノ酸と一つのN-アセチルアミノ酸からなる反応混合物が得られる．これらは物理的性質が異なる別の官能基をもっているので，物理的に分離できる．

- 二つのエナンチオマーのうち，一方のエナンチオマーのみを選択的に反応させる化学反応によって二つのエナンチオマーを分離することを**速度論的分割**(kinetic resolution)と呼ぶ．

問題 29.12　次の反応で得られる生成物を書け．

(エナンチオマー混合物) ロイシン $\xrightarrow{[1] Ac_2O}{[2] アシラーゼ}$

## 29.4 アミノ酸のエナンチオ選択的合成

　29.3節で紹介したアミノ酸のラセミ混合物の二つの分割法を用いれば，さらなる反応に利用できる光学的に純粋なアミノ酸を得ることができる．しかし，反応生成物の半分は望まない立体配置をもっており，不要である．さらには，こうした分割法は経済的でなく，時間もかかる．

　しかし，アミノ酸の合成にキラル反応剤を用いれば，望みの一方のエナンチオマーを優先的に合成でき，分割する必要もなくなる．たとえば，アミノ酸の一方のエナンチオマーだけを**エナンチオ選択的(または不斉)水素化反応**〔enantioselective (asymmetric) hydrogenation reaction〕によって合成できる．シャープレス不斉エポキシ化〔12.15節(上巻)〕と同様に，この手法の成功はキラル触媒(chiral catalyst)の発見にかかっている．

　必要な出発物質はアルケンである．$H_2$ を二重結合に付加すると，カルボキシ基の α 炭素に新しい立体中心をもつ N-アセチルアミノ酸が生成する．キラル触媒を適切に選べば，天然に存在する S 体の立体配置をもつアミノ酸が生成物として得られる．

アキラルなアルケン　→（$H_2$，キラル触媒）→　α 炭素上に新しい立体中心が生じる　／　触媒を適切に選ぶことにより，天然の S 異性体を合成できる

　今日では複雑な構造をもったさまざまなキラル触媒が不斉水素化反応のために開発されている．多くの場合，**ロジウム**(rhodium)が中心金属であり，一つまたは複数のリン原子を含むキラル分子がこれに配位している．一例を下に示す．本書では，この触媒を単に **Rh\*** と略記する．

キラル水素化触媒　$Ph = C_6H_5$

## 図 29.6
BINAP の構造

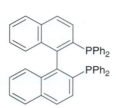

2,2'-ビス（ジフェニルホスフィノ）-1,1'-ビナフチル
〔2,2'-bis(diphenylphosphino)-1,1'-binaphthyl〕
**BINAP**
（一方のエナンチオマーを示す）

BINAPの一つのエナンチオマーの三次元モデル

- 二つのナフタレン環が互いに直交する形で配置されることにより，分子をキラルにする剛直な構造ができている．

野依良治は，キラル BINAP 触媒を使った不斉水素化反応の開発により，2001 年度のノーベル化学賞を受賞した．

ツイストオーフレックス（twist-oflex）とヘリセン（helicene, 17.5 節）も，その分子形状によってキラルとなる芳香族化合物である．

**BINAP は，四面体立体中心をもたないにもかかわらずキラルな低分子量の分子である．** その構造のために BINAP はキラル分子となっている．BINAP 分子の二つのナフタレン環が互いにほぼ 90°に直交しており，隣接する環における水素原子間の立体相互作用が最小になる．自由に回転できない二つのナフタレン環をもつこの剛直な三次元構造により，BINAP はその鏡像と重ね合わせることができず，したがってキラルな化合物となる．

フェニルアラニンの一方の立体異性体はエナンチオ選択的水素化反応により合成される．アキラルなアルケン **A** を $H_2$ とキラルロジウム触媒 Rh\* で処理すると，$N$-アセチルフェニルアラニンの $S$ 異性体が 100% ee で得られる．窒素上のアセチル基を加水分解すると，フェニルアラニンの一方のエナンチオマーが得られる．

**問題 29.13** $H_2$ と Rh\* を用いるエナンチオ選択的水素化反応により，次のアミノ酸を合成するために必要なアルケンは何か．(a) アラニン，(b) ロイシン，(c) グルタミン．

## 29.5 ペプチド

アミノ酸が互いにアミド結合でつながると，**ペプチド**(peptide)や**タンパク質**(protein)と呼ばれる巨大分子が生成する．

- **ジペプチド**(dipeptide)は，一つのアミド結合で互いにつながった二つのアミノ酸からなる．
- **トリペプチド**(tripeptide)は，二つのアミド結合で互いにつながった三つのアミノ酸からなる．

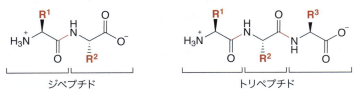

ジペプチド　　　　　　　　　　　　　　トリペプチド
二つのアミノ酸が互いにつながっている　　三つのアミノ酸が互いにつながっている
[アミド結合を赤色で示す]

**ポリペプチド**(polypeptide)や**タンパク質**はいずれも，たくさんのアミノ酸が互いにつながって長い鎖を形成している．しかし，**タンパク質**という用語は 40 個以上のアミノ酸のポリマー(重合体)を指すことが多い．

- ペプチドやタンパク質中のアミド結合を**ペプチド結合**(peptide bond)という．
- 個々のアミノ酸を**アミノ酸残基**(amino acid residue)という．

### 29.5.1 単純なペプチド

ジペプチドを合成するには，一つのアミノ酸のアミノ基と，もう一つのアミノ酸のカルボキシ基からアミド結合をつくればよい．どちらのアミノ酸もアミノ基とカルボキシ基の両方をもつので，**二種類のジペプチドが生成しうる**．アラニンとシステインを例に示す．

[1] **アラニンの $COO^-$ 基はシステインの $NH_3^+$ 基と結合できる．**

アラニン　　　システイン　　　ペプチド結合
Ala–Cys

[2] **システインの $COO^-$ 基はアラニンの $NH_3^+$ 基と結合できる．**

システイン　　　アラニン　　　ペプチド結合
Cys–Ala

得られた化合物は互いに**構造異性体**(constitutional isomer)である．いずれも一方の端に遊離アミノ基($NH_3^+$ にプロトン化されている)を，もう一方の端に遊離カルボキシ基(カルボキシラートアニオン $COO^-$ に脱プロトン化されている)をもつ．

- 遊離アミノ基をもつアミノ酸を **N 末端アミノ酸**(N-terminal amino acid)という．
- 遊離カルボキシ基をもつアミノ酸を **C 末端アミノ酸**(C-terminal amino acid)という．

慣例によれば，**常に N 末端アミノ酸は鎖の左側に，C 末端アミノ酸は鎖の右側に書かれる**．ペプチドは，N 末端から C 末端へと鎖を沿って，一文字または三文字のアミノ酸記号を書くことによって略記することもできる．したがって，Ala–Cys ではアラニンが N 末端でシステインが C 末端であり，Cys–Ala ではシステインが N 末端でアラニンが C 末端である．例題 29.1 ではこの規則をトリペプチドに適用してみよう．

**例題 29.1** トリペプチド Ala–Gly–Ser の構造を書き，N 末端と C 末端のアミノ酸を示せ．

【解答】
左から右へ順番にアミノ酸の構造式を書き，一つのアミノ酸の $COO^-$ 基を，隣のアミノ酸の $NH_3^+$ 基の横に置く．必ず **$NH_3^+$ 基は左側，$COO^-$ 基は右側**に書くこと．隣り合う $COO^-$ 基と $NH_3^+$ 基をつないでアミド結合をつくれば，トリペプチドとなる．

N 末端アミノ酸は**アラニン**であり，C 末端アミノ酸は**セリン**である．

例題 29.1 のトリペプチドは，一つの N 末端アミノ酸，一つの C 末端アミノ酸，二つのペプチド結合をもつ．

- アミノ酸残基がいくつあったとしても，N 末端アミノ酸と C 末端アミノ酸は**一つずつしかない**．
- 鎖のなかに $n$ 個のアミノ酸があれば，アミド結合の数は $n-1$ 個である．

**問題 29.14** 次のペプチドの構造を書き，N 末端と C 末端のアミノ酸，すべてのアミド結合を示せ．
a. Val–Glu   b. Gly–His–Leu   c. M–A–T–T

**問題 29.15** 一文字および三文字のアミノ酸の略号を用いて，次のペプチドを命名せよ．

**問題 29.16** 三種類のアミノ酸から何種類のトリペプチドが生成しうるか．

### 29.5.2 ペプチド結合

アミドのカルボニル炭素は **sp² 混成**であり，**平面三方形構造**をとる．右側の共鳴構造式は，N 原子の非結合電子対が非局在化しているように書かれている．アミドは他のアシル化合物よりも大きく共鳴安定化されており，C=N 結合を含んだ共鳴構造式は混成体への寄与が大きい．

ペプチド結合に対する二つの共鳴構造式

共鳴安定化は重要な結果をもたらす．C–N 結合は部分的な二重結合性をもつので，C–N 結合まわりの回転が制限される．その結果，次の二つの立体配座が考えられる．

*s*-トランス　　*s*-シス

- *s*-トランス立体配座は二つの R 基を C–N 結合の反対側にもつ．
- *s*-シス立体配座は二つの R 基を C–N 結合の同じ側にもつ．
- ペプチド結合 (peptide bond) の *s*-トランス立体配座は，二つの嵩高い R 基が互いに遠く離れて位置しているため，*s*-シス立体配座よりも通常安定である．

16.6 節で，1,3-ブタジエンも *s*-シスおよび *s*-トランス立体配座をとることを学んだ．1,3-ブタジエンでは，*s*-シス立体配座では二つの二重結合が単結合を介して同じ側（二面角 = 0°）に，*s*-トランス立体配座では反対側（二面角 = 180°）にある．

ペプチド結合の平面構造はエチレンのそれに似ている．すなわち，エチレン分子では，sp² 混成炭素原子間の二重結合によりすべての結合角がおよそ 120° で，6 個すべての原子が同一平面上にある．

もう一つの共鳴安定化の重要な結果は，**ペプチド結合に関与している 6 個すべての原子が同一平面上に位置する**ことである．すべての結合角はおよそ 120° であり，C=O および N–H 結合は互いに 180° をなしている．

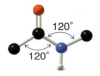

これらの 6 個の原子は同一平面上にある

テトラペプチド(tetrapeptide)の構造から，長鎖ペプチドにおける共鳴安定化の影響を見てとれる．

- $s$-トランス配置のために長鎖はジグザグ配列になる．
- いずれのペプチド結合においても，N–H および C=O 結合は互いに平行かつ180°反対に並ぶ．

テトラペプチド

### 29.5.3 興味深いペプチド

比較的単純なペプチドでさえも重要な生物学的機能をもっている．たとえば，**ブラジキニン**は9個のアミノ酸からなるペプチドホルモンで，平滑筋の収縮を刺激し，血管を拡張し，痛みを引き起こす．ブラジキニンはハチ毒の成分である．

Arg–Pro–Pro–Gly–Phe–Ser–Pro–Phe–Arg
ブラジキニン(bradykinin)

**オキシトシン**と**バソプレッシン**もノナペプチドホルモンである．それらのアミノ酸配列は二つのアミノ酸を除いて同じであるが，この差によってそれらの生理活性が大きく異なる．オキシトシンは子宮筋の収縮を促すことにより，陣痛を引き起こす．また，出産後に母乳がでるのを促進する．一方，バソプレッシンは，平滑筋の収縮を制御することで血圧を制御する．どちらのホルモンも，N末端アミノ酸はシステイン残基であり，C末端アミノ酸はグリシン残基である．遊離カルボキシ基に代わって，どちらのペプチドもアミド基 $CONH_2$ をもっており，鎖のC末端に $NH_2$ を書き加えて表現する．

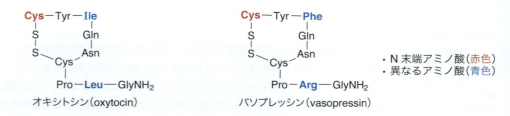

- N末端アミノ酸(赤色)
- 異なるアミノ酸(青色)

チオールのジスルフィドへの酸化は9.15節(上巻)で述べた．

どちらのペプチド構造も**ジスルフィド結合**(disulfide bond)を含む．ジスルフィド結合は共有結合の一種であり，二つのシステイン残基の–SH基が酸化されて，硫黄–硫黄結合が生成する．オキシトシンとバソプレッシンでは，ジスルフィド結合がペプチド環を形成している．オキシトシンとバソプレッシンの三次元構造を図29.7に示す．

## 図 29.7
オキシトシンと
バソプレッシンの
三次元構造

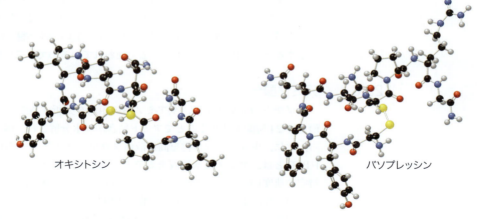

オキシトシン　　　　　　　　　　　バソプレッシン

$$2分子の\ R-S-H\ \xrightarrow{[O]}\ R-S-S-R$$
チオール　　　　　　　　ジスルフィド結合

人工甘味料の**アスパルテーム**（図28.11参照）は，ジペプチド Asp–Phe のメチルエステルである．この合成ペプチドはスクロース（一般的な卓上糖）よりも単位重量あたり180倍甘い．アスパルテームのアミノ酸はどちらも天然のL-立体配置である．D-アミノ酸で，Asp か Phe を置き換えると，その化合物は苦くなる．

アスパルテーム（aspartame）
Asp–Phe のメチルエステル
合成人工甘味料

**問題 29.17** 鎮痛剤や鎮静剤として作用するペンタペプチドであり，Tyr–Gly–Gly–Phe–Leu の配列をもつロイシンエンケファリンの構造を書け．なお，類縁ペプチドであるメチオニンエンケファリンは 22.6.2 項で扱った．

**問題 29.18** 細胞内で有害酸化物質を破壊する強力な抗酸化剤であるグルタチオンは，グルタミン酸，システイン，グリシンからなり，次の構造をもつ．

グルタチオン（glutathione）

a. グルタチオンが酸化剤と反応して得られる生成物は何か．
b. グルタミン酸とシステイン間のペプチド結合は，通常とは異なる．これを説明せよ．

## 29.6 ペプチド配列の決定

ペプチドの構造を決定するためには，どのようなアミノ酸が含まれているかだけでなく，ペプチド鎖中でのアミノ酸の配列も知る必要がある．質量分析が高分子量のタンパク質の分析に強力な手法となりつつある〔13.4 節（上巻）〕が，ペプチドの構造を決定するための化学的手法もまだ広く使われているので，この節で説明する．

### 29.6.1 アミノ酸分析

ペプチドの構造決定は，全アミノ酸の組成を分析することから始まる．まず，塩酸中で 24 時間加熱することでアミド結合が加水分解され，個々のアミノ酸が生成する．次に，生成した混合物を高速液体クロマトグラフィー（HPLC）により分離する．HPLC とは，アミノ酸水溶液をカラムに通して，個々のアミノ酸がカラム内をある特定の速度（多くの場合極性に依存）で通過することを利用した分析法である．

この過程によって個々のアミノ酸の種類とその含有量を決定できる．しかし，ペプチド中でのアミノ酸配列の順番についての情報は得られない．たとえば，テトラペプチド Gly–Gly–Phe–Tyr の完全加水分解と HPLC 分析では，グリシン，フェニルアラニン，チロシンの三種類のアミノ酸があり，グリシン残基はフェニルアラニンやチロシン残基の 2 倍含まれていることが明らかになる．しかし，ペプチド鎖におけるアミノ酸の配列については，別の方法で決定しなければならない．

### 29.6.2 N 末端アミノ酸を決定する —— エドマン分解

ペプチド鎖のアミノ酸配列を決定するために，さまざまな手順が組み合わされる．とくに有用な方法の一つは，**エドマン分解**（Edman degradation）による N 末端アミノ酸の同定である．エドマン分解では，N 末端から一つだけアミノ酸が切りだされて，そのアミノ酸の種類が同定される．この過程を全配列がわかるまで繰り返し行う．この方法論を利用した自動配列決定装置（シークエンサー）は，今日では 50 程度までのアミノ酸を含むペプチドの配列に利用できる．

エドマン分解は，N 末端アミノ酸の求核的な $NH_2$ 基とフェニルイソチオシアナート $C_6H_5N=C=S$ の求電子的な炭素の反応にもとづいている．N 末端アミノ酸がペプチド鎖から切りだされると，**$N$-フェニルチオヒダントイン**（$N$-phenylthiohydantoin，**PTH**）と一つアミノ酸の少なくなった新しいペプチドの二つの生成物が得られる．

$N$-フェニルチオヒダントイン誘導体は N 末端アミノ酸の側鎖を含んでいる．天然に存在する 20 種類すべてのアミノ酸の PTH 誘導体は既知でその性質がわかっているので，ここで得られた生成物からペプチド中の N 末端アミノ酸を同定することができる．エドマン分解により生成した新しいペプチドは，もとのペプチドよりもアミノ酸が一つ少ない．さらに，新しい N 末端アミノ酸を含んでいるので，エドマン分

解を繰り返すことができる．

　機構29.2に，エドマン分解の鍵段階を示している．求核的なN末端のNH₂基がフェニルイソチオシアナートの求電子的な炭素に付加し，N-フェニルチオ尿素が求核付加生成物として得られる（反応[1]）．分子内環化と，それに続く脱離により，末端のアミド結合が開裂し（反応[2]），一つアミノ酸の少ない新しいペプチドが生成する．チアゾリノンと呼ばれる硫黄を含んだヘテロ環も生成し，このチアゾリノンから多段階経路による転位でN-フェニルチオヒダントインが生成する．この生成物中のR基をもとに，N末端に位置していたアミノ酸が同定できる．

## 機構29.2　エドマン分解

**反応[1]**　*N*-フェニルチオ尿素の生成

[反応機構の図]

① ② N末端アミノ酸のアミノ基がフェニルイソチオシアナートに付加し，続くプロトン移動により *N*-フェニルチオ尿素が生成する．

**反応[2]**　N末端アミノ酸を含む *N*-フェニルチオヒダントイン（PTH）の生成

[反応機構の図]

③ 硫黄原子がアミドのカルボニル基に求核付加し，五員環が生成する．
④ アミノ基が脱離することで，二つの生成物が得られる．チアゾリノンともとのペプチドよりも一つアミノ酸の少ないペプチド鎖である．
⑤ チアゾリノンは多段階経路で転位し，もとのN末端アミノ酸を含む *N*-フェニルチオヒダントイン（PTH）が生成する．

理論的には，エドマン分解を利用すれば，あらゆる長さのタンパク質の配列を決定できる．しかし実際には，少量の望まない副生成物が蓄積してくるため，50 程度以下のアミノ酸をもつタンパク質の配列決定が限界である．

**問題 29.19** 次のペプチドをエドマン分解したときに最初に生成する N-フェニルチオヒダントインの構造を書け．(a) Ala–Gly–Phe–Phe，(b) Val–Ile–Tyr．

## 29.6.3 ペプチドの部分的加水分解

さらなる構造に関する情報が，ペプチド中のアミド結合を全部ではなく部分的に開裂することにより得られる．酸によるペプチドの部分的加水分解で，小さなペプチド断片が無作為に生成する．例題 29.2 に示すように，これらのペプチド断片の配列を決定し，重なった部分を特定すれば，完全なペプチド配列を決定できる．

**例題 29.2** あるヘキサペプチドはアミノ酸 Ala, Val, Ser, Ile, Gly, Tyr からなり，HCl による部分的加水分解により Gly–Ile–Val，Ala–Ser–Gly，および Tyr–Ala の断片が生成する．このヘキサペプチドのアミノ酸配列を決定せよ．

【解答】
小さな断片の配列の重なりを見れば，どのように各断片をつなぎ合わせればよいかがわかる．この例では，断片 Ala–Ser–Gly が他の二つの断片と共通のアミノ酸を含んでいる．したがって三つの断片をうまくつなぎ合わせることができる．

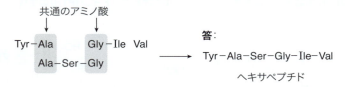

**問題 29.20** あるオクタペプチドはアミノ酸 Tyr, Ala, Leu (2 当量), Cys, Gly, Glu, Val からなり，HCl による部分的加水分解により Val–Cys–Gly–Glu，Ala–Leu–Tyr，および Tyr–Leu–Val–Cys の断片が生成する．このオクタペプチドのアミノ酸配列を決定せよ．

酵素を使えば，ペプチドを特定の位置で加水分解できる．酵素カルボキシペプチダーゼは，C 末端に最も近いアミド結合の加水分解を触媒し，C 末端アミノ酸とアミノ酸が一つ少ないペプチドが生成する．このように，カルボキシペプチダーゼは C 末端アミノ酸の同定に利用される．

特定のアミノ酸が生成するアミド結合の加水分解を触媒する酵素もある．たとえば：

- **トリプシン**は塩基性アミノ酸のアルギニンやリシンの一部をなすカルボニル基に由来するアミド結合の加水分解を触媒する．
- **キモトリプシン**は芳香族アミノ酸のフェニルアラニン，チロシン，トリプトファンの一部をなすカルボニル基に由来するアミド結合を加水分解する．

表 29.2 に，ペプチドの配列決定において用いられる酵素の切断位置特異性についてまとめる．

29.6 ペプチド配列の決定　1291

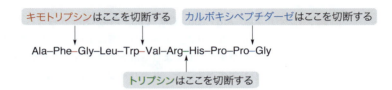

表 29.2　ペプチド配列における特定の酵素の切断部位

| 酵 素 | 切 断 部 位 |
|---|---|
| カルボキシペプチダーゼ | C 末端アミノ酸に最も近いアミド結合 |
| キモトリプシン | Phe, Tyr, Trp のカルボニル基に由来するアミド結合 |
| トリプシン | Arg, Lys のカルボニル基に由来するアミド結合 |

**問題 29.21**　(a) 次のペプチドをトリプシンで処理して得られる生成物は何か．(b) 次のペプチドをキモトリプシンで処理して得られる生成物は何か．
[1] Gly–Ala–Phe–Leu–Lys–Ala
[2] Phe–Tyr–Gly–Cys–Arg–Ser
[3] Thr–Pro–Lys–Glu–His–Gly–Phe–Cys–Trp–Val–Val–Phe

**例題 29.3**　アミノ酸 Ala, Glu, Gly, Ser, Tyr を含むペンタペプチドの配列を，次の実験データから推定せよ．エドマン分解によりペンタペプチドから Gly が切りだされ，カルボキシペプチダーゼにより Ala とテトラペプチドが生成する．ペンタペプチドをキモトリプシンで処理すると，ジペプチドとトリペプチドが生成する．部分的加水分解により，Gly, Ser, およびトリペプチド Tyr–Glu–Ala が生成する．

**【解答】**
それぞれの結果をもとに，ペンタペプチド中のアミノ酸の位置を決定しよう．

| 実 験 | 結 果 |
|---|---|
| ・エドマン分解により N 末端アミノ酸が同定される．この場合は Gly． | → Gly–＿＿–＿＿–＿＿–＿＿ |
| ・カルボキシペプチダーゼにより鎖の終端から切りだされて，C 末端アミノ酸 (Ala) が同定される． | → Gly–＿＿–＿＿–＿＿–Ala |
| ・キモトリプシンは，芳香族アミノ酸のカルボニル基を含むアミドを切りだす．この場合は Tyr．キモトリプシンで処理するとジペプチドとトリペプチドが得られたので，Tyr はジペプチドまたはトリペプチドのいずれかの C 末端アミノ酸である．したがって，Tyr はペンタペプチド鎖の二番目か三番目のアミノ酸である． | → Gly–Tyr–＿＿–＿＿–Ala または Gly–＿＿–Tyr–＿＿–Ala |
| ・部分的加水分解によってトリペプチド Tyr–Glu–Ala が生成する．Ala は C 末端アミノ酸であるので，ペンタペプチド鎖の最後の三つのアミノ酸が同定される． | → Gly–＿＿–Tyr–Glu–Ala |
| ・最後のアミノ酸である Ser は，ペンタペプチド鎖の残った二番目のアミノ酸の位置に入れるしかない．これで全配列が決定される． | → Gly–Ser–Tyr–Glu–Ala |

**問題 29.22** Ala, Arg, Glu, Gly, Leu, Phe, Ser からなるヘプタペプチドの配列を，次の実験データから推定せよ．エドマン分解によりヘプタペプチドから Leu が切りだされ，カルボキシペプチダーゼにより Glu とヘキサペプチドが生成する．ヘプタペプチドをキモトリプシンで処理すると，ヘキサペプチドと一種類のアミノ酸が生成する．ヘプタペプチドをトリプシンで処理すると，ペンタペプチドとジペプチドが生成する．部分的加水分解により，Glu, Leu, Phe, およびトリペプチド Gly–Ala–Ser と Ala–Ser–Arg が生成する．

## 29.7 ペプチドの合成

アラニンとグリシンから Ala–Gly を合成するような，特定のジペプチドの合成は，両方のアミノ酸が二つの官能基をもっているため複雑である．結果的に，四種類の生成物，すなわち Ala–Ala, Ala–Gly, Gly–Gly, および Gly–Ala が生成しうる．

二つのアミノ酸から… …四つのジペプチドが生成しうる

Ala + Gly → Ala–Ala + Ala–Gly + Gly–Gly + Gly–Ala

アラニンの COOH 基とグリシンの NH₂ 基を選択的につなぐにはどうすればよいだろうか．

- 反応させたくない官能基を保護（protect）し，その後でアミド結合を生成させる．

### HOW TO 二つのアミノ酸からのジペプチドの合成法

例

Ala–Gly ⟹ Ala + Gly

赤色の官能基をつなぐ

**ステップ[1]** アラニンの NH₂ 基を保護する．

Ala → [PG–NH–Ala–COOH]　[PG = 保護基]

- 中性アミノ酸では，NH₂ 基はほとんどがアンモニウムイオン–NH₃⁺ として存在する．

つづく

## 29.7 ペプチドの合成

### HOW TO（つづき）

**ステップ[2]** グリシンの COOH 基を保護する．

- 中性アミノ酸では，COOH 基はほとんどがカルボキシラートイオン $-COO^-$ として存在する．

**ステップ[3]** DCC によりアミド結合を生成する．

ジシクロヘキシルカルボジイミド（dicyclohexylcarbodiimide, **DCC**）は，アミド結合の生成によく使われる反応剤である（22.10.4 項参照）．DCC はカルボン酸の OH 基を優れた脱離基にし，**カルボキシ基が求核攻撃を受けやすいように活性化する**．

DCC = ジシクロヘキシルカルボジイミド（dicyclohexylcarbodiimide）

**ステップ[4]** 片方または両方の保護基を除去（脱保護）する．

Ala-Gly

---

アミンの**カルバマート**（carbamate）への変換には，二種類のアミノ基の保護基（protecting group）がよく用いられる．カルバマートは酸素と窒素原子の両方が結合したカルボニル基をもつ官能基で，その N 原子はカルボニル基に結合し保護されているために，この保護されたアミノ基は求核的ではない．

tert-ブトキシカルボニル
（tert-butoxycarbonyl）
**Boc**

$(Boc)_2O$

アミノ酸 → 保護 → N-保護アミノ酸（カルバマート (carbamate)）

たとえば，**Boc** と略される **tert-ブトキシカルボニル保護基**（tert-butoxycarbonyl protecting group）は，アミノ酸を二炭酸ジ-tert-ブチルと求核アシル置換反応させることにより生成する．

二炭酸ジ-tert-ブチル
（di-tert-butyl dicarbonate）
+ アミノ酸 → (Et₃N, 保護) → Boc-NH-CHR-COOH
Boc で保護されたアミノ酸

有用な保護基として働くためには，Boc 基は分子内の他の官能基に影響を与えないような反応条件下で取り除けなければならない．Boc 基は**トリフルオロ酢酸**，**HCl**，**HBr** などの酸で除去できる．

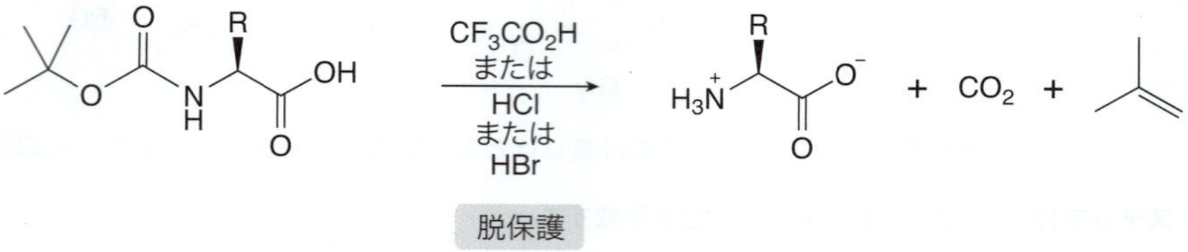

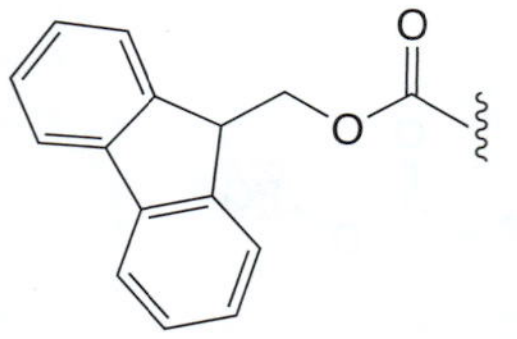

もう一つのアミノ基の保護基である **Fmoc** と略される **9‐フルオレニルメトキシカルボニル保護基**(9-fluorenylmethoxycarbonyl protecting group)は，アミノ酸をクロロギ酸 9‐フルオレニルメチルと求核アシル置換反応させることにより生成する．

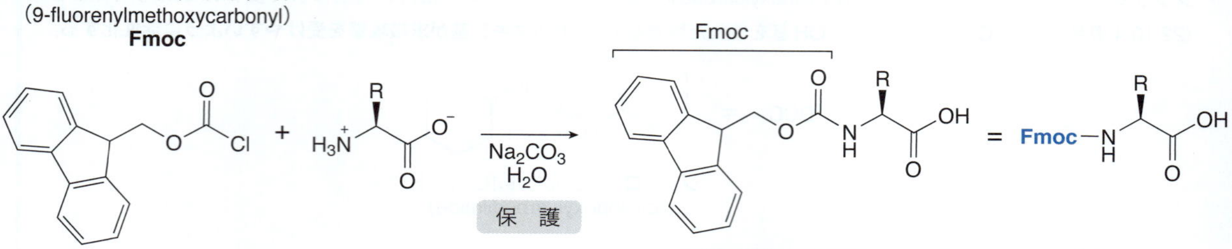

9-フルオレニルメトキシカルボニル
(9-fluorenylmethoxycarbonyl)
**Fmoc**

クロロギ酸
9-フルオレニルメチル
(9-fluorenylmethyl chloroformate)
**Fmoc−Cl**

Fmoc で保護されたアミノ酸

Fmoc 保護基はほとんどの酸に対して安定であるが，塩基($NH_3$ やアミン)で処理すれば除去できる．

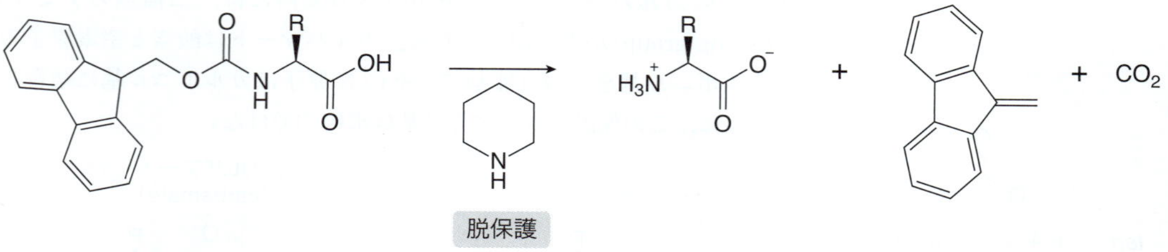

カルボキシ基は一般的に，アルコールと酸で処理することで**メチル**または**ベンジルエステル**にして保護される．

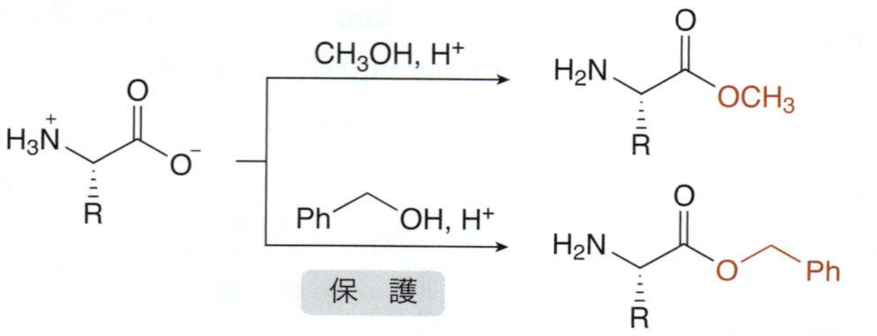

アミノ酸エステル

これらのエステルは通常，塩基性水溶液による加水分解で除去される．

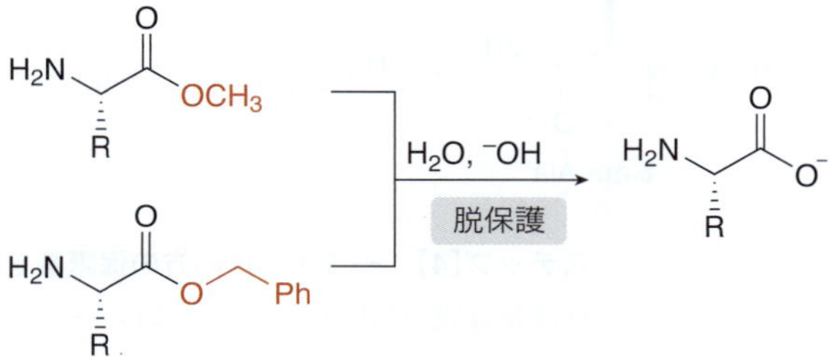

アミノ酸エステル

保護にベンジルエステルを用いる長所は，Pd 触媒の存在下に $H_2$ を用いても除去できることである．この過程を**水素化分解**(hydrogenolysis)と呼ぶ．水素化分解には酸も塩基も必要とせず，反応条件は非常に温和である．ベンジルエステルは酢酸中 HBr を用いても除去できる．

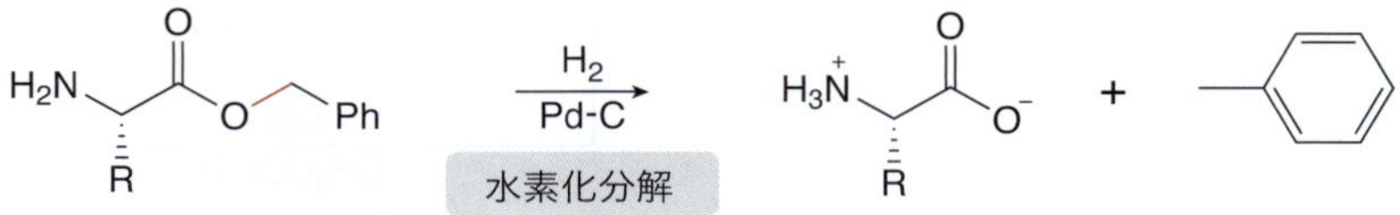

ベンジル位の C–O 結合（赤色）が切断される

ジペプチド Ala–Gly の合成に必要な反応を具体的に例題 29.4 に示す．

**例題 29.4**　ジペプチド Ala–Gly の合成について反応を段階ごとに示せ．

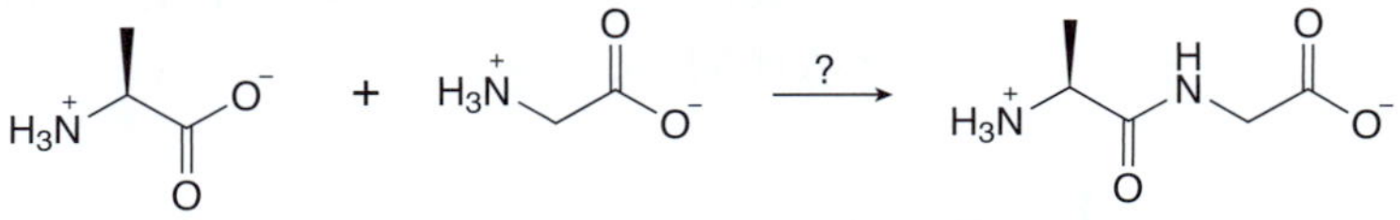

Ala ＋ Gly → Ala–Gly

【解答】
**ステップ[1]**　アラニンの $NH_2$ 基を Boc 基で保護する．

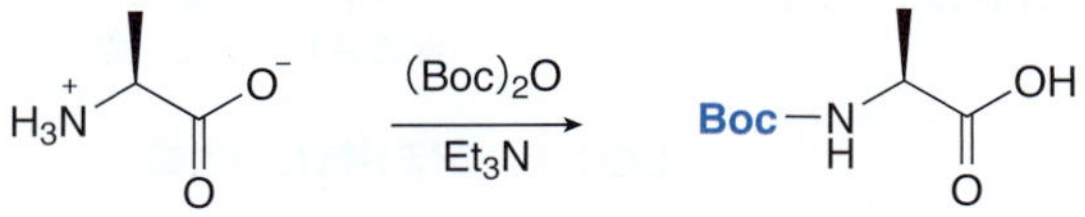

Ala → Boc–Ala

**ステップ[2]**　グリシンの COOH 基をベンジルエステルとして保護する．

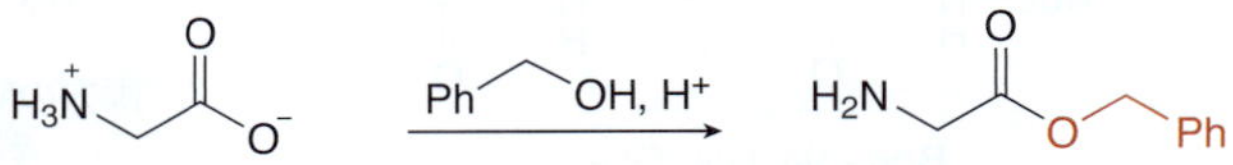

Gly → Gly–OCH$_2$Ph

## ステップ[3] DCC でアミド結合を形成する．

Boc–Ala + Gly–OCH₂Ph → (DCC) → Boc–Ala–Gly–OCH₂Ph

## ステップ[4] 一つまたは両方の保護基を除去する．

保護基は段階的にも除去できるし，一つの反応で一挙に除去することもできる．

Boc–Ala–Gly–OCH₂Ph
- $H_2$/Pd-C（ベンジル基の除去）→ Boc–Ala–Gly
- $CF_3COOH$（Boc 基の除去）→ Ala–Gly
- HBr / $CH_3COOH$（両方の脱離基の除去）→ Ala–Gly

この方法はトリペプチドやさらに長いポリペプチドの合成にも適用できる．次の式で示すように，ステップ[3]で保護されたジペプチドが合成された後，一方の保護基のみを除去する．生成したジペプチドは，一方の官能基を保護した三つ目のアミノ酸とつなげられる．

Boc–Ala–Gly（N 保護ジペプチド） + Gly–OCH₂Ph（カルボキシ基が保護されたアミノ酸）

→ DCC（アミド結合の生成）→ Boc–Ala–Gly–Gly–OCH₂Ph

→ HBr / $CH_3COOH$（両方の脱離基の除去）→ Ala–Gly–Gly トリペプチド

**問題 29.23** アミノ酸を出発物質として，次のペプチドを合成する方法を示せ．
(a) Leu–Val　　(b) Ala–Ile–Gly

**問題 29.24** アミノ酸を出発物質として，次のジペプチドを合成する方法を示せ．

## 29.8 自動ペプチド合成

29.7節で述べた方法は，小さなペプチドの合成には有用である．しかし，より大きなタンパク質をこの方法で合成しようとすると，各段階で生成物を単離したり精製したりする必要があるため非常に手間がかかる．したがって，より大きなポリペプチドの合成には，通常，ロックフェラー大学のR. ブルース・メリフィールド（R. Bruce Merrifield）によって開発された**固相法**（solid phase technique）が用いられる．

**メリフィールド法**（Merrifield method）では，一つ目のアミノ酸を**不溶性ポリマー**（insoluble polymer）に結合させる．ここにアミノ酸を一つずつ順番に加えていくことで，次つぎに連続したペプチド結合が生成していく．不純物や副生成物はポリマー鎖に結合していないので，合成の各段階において溶媒で洗い流せば簡単に除去できる．

通常使われるポリマーは，ポリマー鎖中のベンゼン環に−$CH_2Cl$基が一部結合した**ポリスチレン誘導体**（polystyrene derivative）である．Cl原子はアミノ酸をポリマー鎖に担持するための足がかりである．

Clを脱離基にもつポリスチレン誘導体

Fmocで保護されたアミノ酸を，カルボキシ基を介して$S_N2$反応でポリマーに担持させる．

アミノ酸が不溶性ポリマーに担持される

いったん一つ目のアミノ酸をポリマーに結合させれば，次のアミノ酸を順番に加えていくことができる．固相ペプチド合成法の各段階についてはHOW TOに示す．最終段階では，HFによってポリマーからポリペプチド鎖が切り離される．

> 固相法の開発により，メリフィールドは1984年のノーベル化学賞を受賞した．その手法によって多くのポリペプチドやタンパク質の合成が可能になった．

## HOW TO　メリフィールドの固相法を用いたペプチドの合成法

**ステップ[1]**
Fmoc 保護アミノ酸をポリマーにくっつける

[1] 塩基
[2] Cl−CH₂−ポリマー

ポリマーとの新しい結合（赤色）

**ステップ[2]**
保護基を除去する

（ピペリジン）

遊離アミノ基

**ステップ[3]**
DCC を使ってアミド結合を形成する

DCC、Fmoc-NH-CHR²-COOH

新しいアミド結合を赤色で示す

**ステップ[4]**
ステップ[2] と [3] を繰り返す

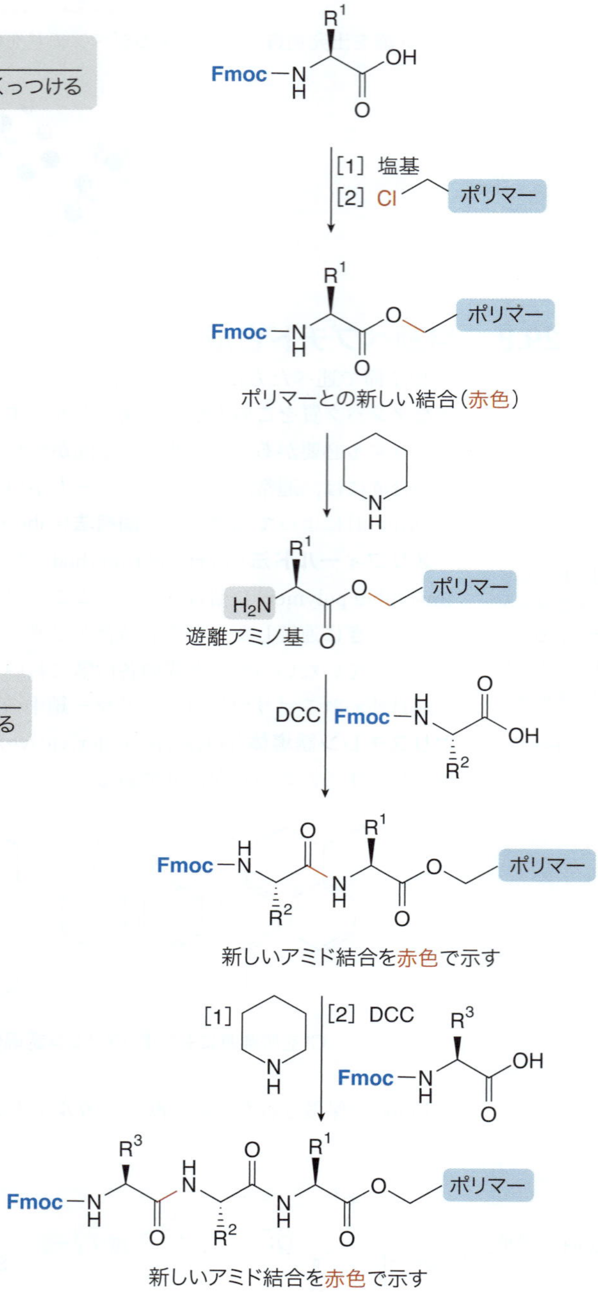

[1] ピペリジン　[2] DCC、Fmoc-NH-CHR³-COOH

新しいアミド結合を赤色で示す

つづく

## HOW TO（つづき）

**ステップ[5]**
保護基を除去し，ポリマーからペプチドを切り離す

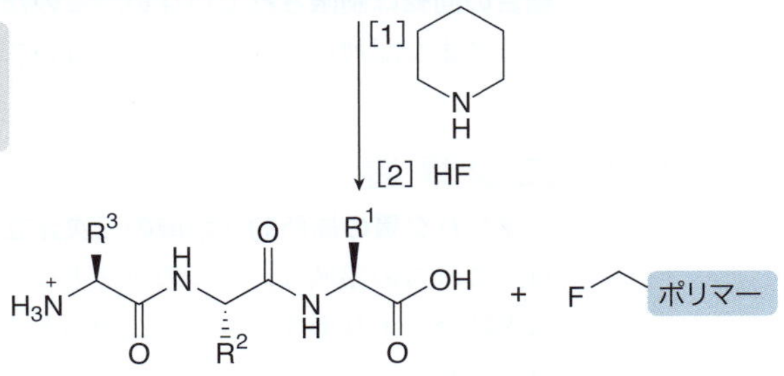

トリペプチド

今日ではメリフィールド法は完全に自動化されている．自動ペプチド合成装置が市販されており，上記のすべての操作を自動で行い，目的の生成物の鎖の長さに応じて，時間単位，日単位，または週単位でポリペプチドを高収率で合成できる．たとえば，タンパク質リボヌクレアーゼは128のアミノ酸から構成されているが，この手法により全収率17%で合成された．この驚異的な合成は369の反応からなり，各反応の収率は99%を超える．

**問題 29.25** メリフィールド法を用いてテトラペプチド Ala–Leu–Ile–Gly を合成するために必要な段階を示せ．

## 29.9 タンパク質の構造

アミノ酸の化学を学習したところで，次にタンパク質について学ぼう．タンパク質はアミノ酸の巨大なポリマーであり，生きた細胞の構造と機能の多くを司っている．まず，タンパク質の**一次，二次，三次，および四次構造**について見ていこう．

### 29.9.1 一次構造

タンパク質の**一次構造**(primary structure)とは，ペプチド結合で互いにつながったアミノ酸の配列のことである．一次構造の最も重要な要素は**アミド結合**である．

- 電子が非局在化しているため，アミドのC–N結合まわりの回転は制限されており，*s*-トランス立体配座がより安定な配置である．
- 各ペプチド結合で，N–H結合とC=O結合は互いに180°の二面角をなす．

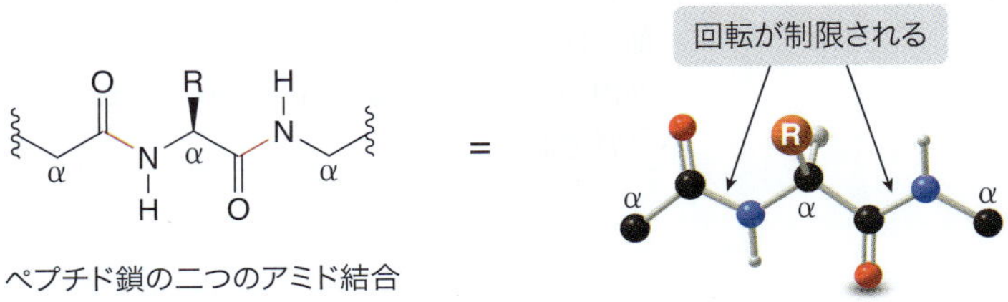

ペプチド鎖の二つのアミド結合

回転が制限される

アミド結合まわりの回転は制限されているものの，**タンパク質骨格中のその他のσ結合の回転は制限されていない**．このため，ペプチド鎖はねじれたり曲がったりしてさまざまな配列をとり，タンパク質の二次構造を構成する．

### 29.9.2　二次構造

タンパク質の局所的な領域の三次元立体配座を**二次構造**(secondary structure)という．これらの領域は，一つのアミドのN–Hプロトンと別のアミドのC=O酸素間の水素結合により形成される．二つのとくに安定な構造は**α-ヘリックス**と**β-プリーツシート**(単にβシート)と呼ばれる．

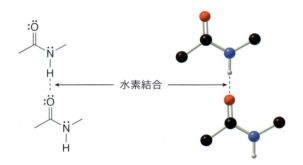

#### α-ヘリックス

図29.8に示すように，ペプチド鎖が右巻き，すなわち時計回りのらせんを形成するようにねじれると，**α-ヘリックス**(α-helix)が生成する．α-ヘリックスには次の四つの重要な特徴がある．

［1］ヘリックスはアミノ酸3.6残基ごとに1回転する．
［2］**N–HおよびC=O結合がヘリックスの軸に沿って並ぶ**．すべてのC=O結合は同じ方向を向いており，すべてのN–H結合はその逆方向に向いている．
［3］**あるアミノ酸のC=O基は四つ先のアミノ酸残基のN–H基と水素結合している**．したがって，同じ鎖のなかの二つのアミノ酸の間で水素結合を形成する．水素結合はヘリックスの軸に平行であることにも注意しよう．
［4］**アミノ酸のR基は**ヘリックスの中心から**外側に向いている**．

α-ヘリックスはアミドのカルボニル基のα炭素の結合が回転できるときだけ形成でき，すべてのアミノ酸がα-ヘリックスを形成できるわけではない．たとえば，窒素原子が五員環に組み込まれたアミノ酸のプロリンは，他のアミノ酸よりも剛直であり，$C_\alpha$–N結合は十分には回転できない．さらに，ヘリックスを安定化する分子内水素結合を形成するN–Hプロトンもない．したがって，プロリンはα-ヘリックスの一部にはなれない．

筋肉のミオシンや髪のα-ケラチンは，ほとんどα-ヘリックスだけでできたタンパク質である．

## 図 29.8 α-ヘリックスの二種類の表現

a. 右巻きの α-ヘリックス

b. α-ヘリックスの骨格

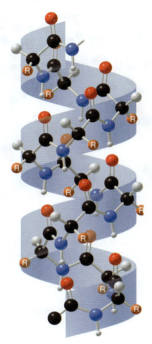

α-ヘリックスのすべての原子を示す．すべての C=O は上を向き，すべての N–H は下を向いている．

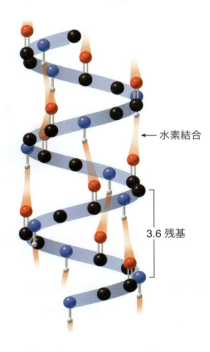

← 水素結合

3.6 残基

ペプチド骨格に関与する原子のみを示す．互いに四残基離れた C=O と N–H 間の水素結合も合わせて示す．

### β-プリーツシート

図 29.9 に示すように，**ストランド**(strand)と呼ばれる二つ以上のペプチド鎖が隣り合って列をなすと，**β-プリーツシート**(β-pleated sheet，単にβシートと呼ばれる)という二次構造が生成する．すべてのβ-プリーツシートには次のような特徴がある．

[1] **C=O 結合と N–H 結合はシートの平面上にある．**
[2] **隣り合うアミノ酸残基の N–H 基と C=O 基の間で水素結合を形成する．**
[3] **R 基はシート平面の上下を向いており，**鎖に沿って一方の側からもう一方の側まで交互に並んでいる．

β-プリーツシートは，アラニンやグリシンのような R 基が小さなアミノ酸のときによく見られる．R 基が大きくなると立体障害のため鎖同士が接近しにくくなり，シートが水素結合で安定化できなくなる．β-プリーツシートのペプチド鎖には，図 29.10 に示すように二つの方向性がある．

- **平行β-プリーツシート**では，鎖が N 末端アミノ酸から C 末端アミノ酸に向かって同じ方向に並んでいる．
- **逆平行β-プリーツシート**では，鎖が逆方向に並んでいる．

### 図 29.9
β-プリーツシートの三次元構造

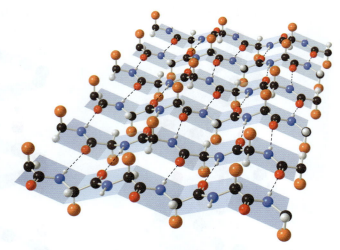

- β-プリーツシートは，伸びたペプチド鎖が互いに水素結合によって保持されてできる．C=O および N–H 結合はシートの平面上にあり，R 基（図ではオレンジ色の球）が平面の上下に交互に並んでいる．

### 図 29.10　β-プリーツシートの平行および逆平行構造

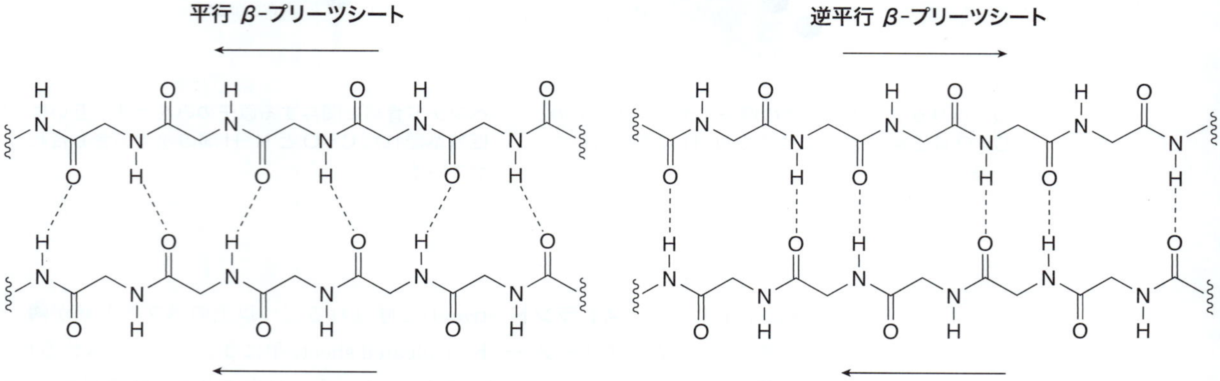

**平行 β-プリーツシート**

2本のペプチド鎖が同一方向に並んでいる．水素結合は隣り合う鎖の N–H 結合と C=O 結合間で起こる．

[注意：見やすくするために炭素鎖上の R 基は省略している]

**逆平行 β-プリーツシート**

2本のペプチド鎖が逆向きに並んでいる．N–H 基と C=O 基間の水素結合は2本の鎖をやはりしっかりとつないでいる．

ほとんどのタンパク質は α-ヘリックスおよび β-プリーツシート領域，さらにはこれらのいずれの領域にも当てはまらないその他の領域からなる．タンパク質の α-ヘリックスおよび β-プリーツシート領域を示すのに，省略表現がしばしば用いられる．**平らならせんリボン**（flat helical ribbon）が α-ヘリックスを，**平らな幅広矢印**（flat wide arrow）が β-プリーツシートを表現するのに使われる．こうした表現法はタンパク質構造を表す**リボンダイヤグラム**（ribbon diagram）でよく用いられる．

29.9 タンパク質の構造

α-ヘリックスの省略表現　　　　　　　　　　　β-プリーツシートの省略表現

タンパク質は，それらの構造のさまざまな側面を表現するために多様な表記法で書かれる．図 29.11 には，動植物に見られる酵素リゾチームを三つの異なる表記法で示している．リゾチーム(lysozyme)は細菌細胞壁内の結合を加水分解する触媒で，細菌を弱らせ，しばしば破壊する．

### 図 29.11　リゾチーム

a. ボール＆スティックモデル　　　b. 空間充填モデル　　　c. リボンダイヤグラム

(a) リゾチームのボール＆スティックモデルでは，タンパク質の骨格が見てとれる．この表現法を用いると，アミノ酸一つ一つがはっきりとわかる．(b) 空間充填モデル(space-filling model)では，酵素の骨格におけるそれぞれの原子が占める空間が表現されている．(c) リボンダイヤグラムでは，(a)や(b)でははっきり表現できないα-ヘリックスやβ-プリーツシート領域が明確にわかる．

クモの糸は，β-プリーツシート領域とα-ヘリックス領域を両方もっているために，強くしなやかなタンパク質である（図 29.12）．α-ヘリックス領域は，ペプチド鎖がねじれていて（完全に伸びきっていない）伸びることができるため，糸にしなやかさを与える．β-プリーツシート領域は伸びきっていて，それ以上伸びることはできないが，整然と並んだ三次元構造のため，糸に強度を与える．このように，両方の二次構造を組み合わせることで，クモにとって有用な機能をもたらしている．

**問題 29.26**　アラニン残基のみからなるテトラペプチドの 2 分子を考える．これらの 2 本のペプチドが平行β-プリーツシート構造をとるときに生成する水素結合相互作用を図示せよ．逆平行β-プリーツシート構造のときにはどうなるか．

### 図 29.12 クモの糸における二次構造の異なる領域

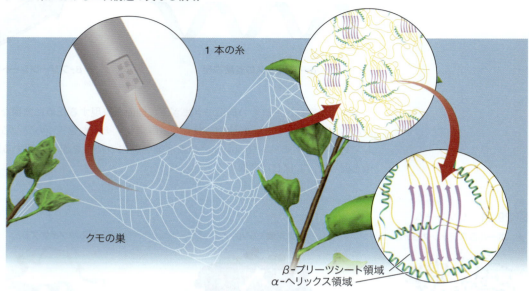

クモの糸は α‐ヘリックスと β‐プリーツシート領域をもっており，それらが糸に強度としなやかさを与えている．緑色のコイルは α‐ヘリックス領域を，紫色の矢印は β‐プリーツシート領域を，黄色の線はそれ以外の領域を表している．

## 29.9.3 三次および四次構造

**ペプチド鎖全体がとる三次元構造を三次構造（tertiary structure）という．**ペプチドは，一般に安定性が最大になるような立体配座をとりながら折り畳まれる．細胞の水環境では，水との双極子‐双極子相互作用や水素結合相互作用が最大になるように，タンパク質は極性の電荷を帯びたたくさんの基を外部表面に配置するように折り畳まれている．一般に無極性の側鎖はタンパク質の内側に置かれ，これらの疎水基間のファンデルワールス相互作用によってもタンパク質分子は安定化している．

さらに，極性官能基は互いに（水とだけではなく）水素結合を形成し，$-COO^-$ や $-NH_3^+$ のような電荷を帯びた側鎖をもつアミノ酸が静電相互作用により三次構造を安定化させる．

最後に，**ジスルフィド結合（disulfide bond）は三次構造を安定化する唯一の共有結合である．**前述したように，この強い結合は，同一のポリペプチド鎖または同じタンパク質の別のポリペプチド鎖のいずれかの間に，二つのシステイン残基の酸化によって生成する．

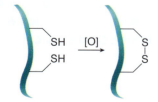

同じ鎖にある二つの SH 基の間のジスルフィド結合

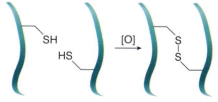

異なる鎖にある二つの SH 基の間のジスルフィド結合

ノナペプチドである**オキシトシン**(oxytocin)と**バソプレッシン**(vasopressin)は，分子内ジスルフィド結合をもつ(29.5.3項)．一方，**インスリン**(insulin)は2本の分子間ジスルフィド結合により，共有結合でつながった2本の異なるポリペプチド鎖(**A**と**B**)から構成されている(図29.13)．**A**鎖は分子内にもジスルフィド結合をもっており，21アミノ酸残基からなる．**B**鎖は30アミノ酸残基からなる．

図29.14は，ポリペプチド鎖の二次および三次構造を安定化するさまざまな種類の分子間力を模式的に示している．

二つ以上の複数の折り畳まれたポリペプチド鎖が，一つのタンパク質複合体へと集合した形状のものをタンパク質の**四次構造**(quaternary structure)と呼ぶ．それぞれのポリペプチド鎖はタンパク質全体の**サブユニット**(subunit)と呼ばれる．たとえば，**ヘモグロビン**(hemoglobin)は二つのαサブユニットと二つのβサブユニットから構成され，互いに分子間力によって保持され密な三次元形状をとる．これらの四つのサブユニットが集まってはじめてヘモグロビンの興味深い機能が発揮される．

図 29.13
インスリン

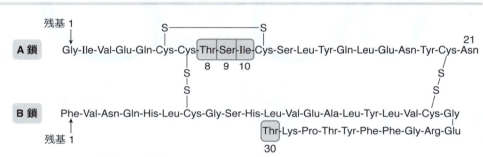

**インスリン**は，2本のジスルフィド結合で互いにつながった二つのポリペプチド鎖(**A**鎖と**B**鎖)からなる，小さなタンパク質である．**A**鎖にはもう一つジスルフィド結合があり，二つのシステイン残基をつないでいる．

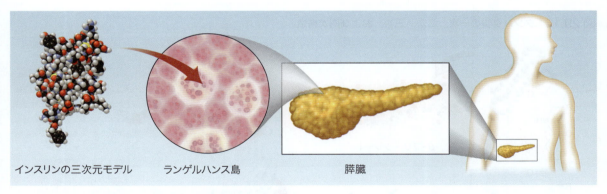

インスリンの三次元モデル　　ランゲルハンス島　　膵臓

インスリンはランゲルハンス島と呼ばれる膵臓内の細胞で合成され，血中グルコース濃度を制御するタンパク質である．インスリンが不足すると糖尿病になる．この病気による異常は，多くの場合，インスリンを注射することで制御できる．遺伝子工学技術によりヒトインスリンが入手可能になるまでは，インスリンはすべてブタかウシから採取していた．これらのインスリンタンパク質のアミノ酸配列は，ヒトインスリンとわずかしか違わない．右の表に示すように，ブタインスリンはアミノ酸が一つだけ違い，ウシインスリンは三つ違う．

| 残基の位置→ | A鎖 | | | B鎖 |
|---|---|---|---|---|
| | 8 | 9 | 10 | 30 |
| ヒトインスリン | Thr | Ser | Ile | Thr |
| ブタインスリン | Thr | Ser | Ile | Ala |
| ウシインスリン | Ala | Ser | Val | Ala |

図 29.14 タンパク質の二次および三次構造を安定化する相互作用

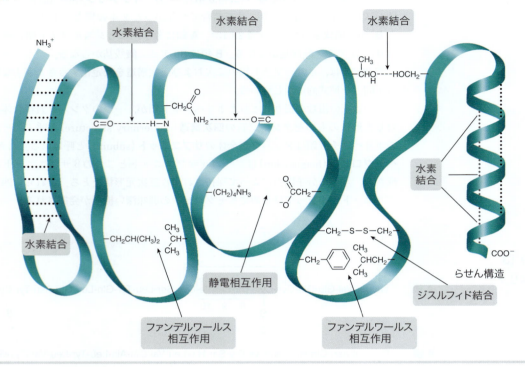

タンパク質構造の四つの階層構造を図 29.15 にまとめる.

図 29.15 タンパク質の一次, 二次, 三次, および四次構造

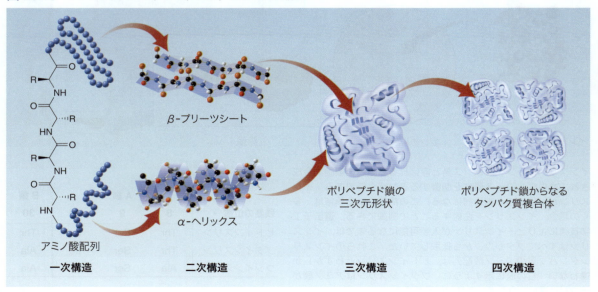

**問題 29.27** 次のアミノ酸の組合せには，どのような種類の安定化相互作用が働くか．
a. Ser と Tyr　　b. Val と Leu　　c. 二つの Phe 残基

**問題 29.28** 絹の繊維に見られるフィブロインタンパク質は，大きな β - プリーツシート領域が積み重なった構造からなる．（a）1残基おきにグリシンが並ぶことにより，β - プリーツシートが互いに積み重なることができる理由を説明せよ．（b）絹が水に溶けないのはなぜか．

## 29.10 重要なタンパク質

一般にタンパク質は三次元形状によって分類される．

- **繊維状タンパク質**(fibrous protein)は長い直線状のポリペプチド鎖からなり，集まって棒またはシートを形成する．これらのタンパク質は水に不溶で，構造的な役割を果たし，組織や細胞に強さを与え保護している．
- **球状タンパク質**(globular protein)はコンパクトに折り畳まれ，外側に親水性基をだすことで水溶性となる．酵素や輸送タンパク質は球状で，血中およびその他の細胞内の水環境中に溶ける．

### 29.10.1 α - ケラチン

**α - ケラチン**(α-keratin)は髪の毛，ひづめ，爪，皮膚，羊毛に見られるタンパク質である．ほとんどすべてが長い α - ヘリックス単位からなり，多数のアラニンおよびロイシン残基をもつ．α - ヘリックスの外側に無極性のアミノ酸が伸びているので，α - ケラチンは水にまったく溶けない．2 本の α - ケラチンヘリックスが互いに巻きつき合い，**スーパーコイル**(supercoil)や**スーパーヘリックス**(superhelix)と呼ばれる構造をとる．図 29.16 に示した模式図のように，さらにスーパーコイルはより大きな繊維の束を形成し，最終的に 1 本の髪の毛となる．

α - ケラチンもまた多くのシステイン残基を含んでいる．そのため，ジスルフィド

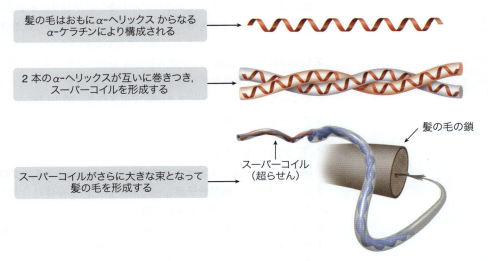

図 29.16 髪の毛の詳細な構造：α - ケラチンから始まる

髪の毛はおもに α-ヘリックス からなる α-ケラチンにより構成される

2 本の α-ヘリックスが互いに巻きつき，スーパーコイルを形成する

スーパーコイルがさらに大きな束となって髪の毛を形成する

スーパーコイル（超らせん）

髪の毛の鎖

図 29.17　"パーマ"の化学：まっすぐな髪をカールさせる

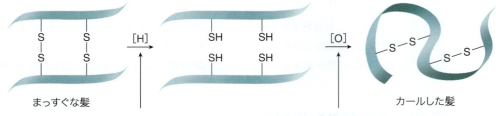

まっすぐな髪　　　　ジスルフィド結合を還元　　　　ジスルフィド結合を再形成して，髪をカールした束にする　　　　カールした髪

まっすぐな髪の毛をカールさせるには，α-ヘリックス鎖を保持しているジスルフィド結合を還元により切断する．これにより遊離チオール基(-SH)が生成する．その後，髪をカーラーに巻きつけて，酸化剤で処理する．髪の毛にジスルフィド結合が再形成されるが，もととは違うチオール基との間で生成するため，髪がカールする．

結合を隣り合うヘリックス間で形成する．ジスルフィド架橋の数がその物質の強度を決める．甲殻類のはさみ，角，指の爪は，ジスルフィド結合が張り巡らされていて，非常に強固になっている．

図 29.17 に示した模式図のように，α-ケラチンのジスルフィド結合を切断して，再配置してつなぎ直すことで，まっすぐな髪の毛をカールさせることができる．まず，まっすぐな髪の毛のジスルフィド結合をチオール基(thiol group)に還元する．すると，α-ケラチン鎖の束はもはやもとの"まっすぐな"状態を保つことができない．次に，髪をカーラーで巻いて酸化剤で処理すればチオール基がジスルフィド結合にもどる．このとき，ねじれや曲がりがケラチン骨格に生じ，髪の毛はカールされる．これが"パーマ"の化学的原理である．

### 29.10.2　コラーゲン

**コラーゲン**(collagen)は脊椎動物に最も豊富に存在するタンパク質であり，骨，軟骨，腱，歯，血管などの結合組織に見られる．グリシンとプロリンがアミノ酸残基に豊富に含まれ，システインはほとんどない．プロリンが豊富なので，右巻き α-ヘリックスをとることはできない．その代わりに，伸びた左巻きのヘリックスを形成し，このヘリックスが 3 本束になって互いに絡み合い，右巻きの**スーパーヘリックス**(superhelix)や**三重ヘリックス**(triple helix)を形成する．グリシンは唯一側鎖が水素原子であり，豊富なグリシンがコラーゲンのスーパーヘリックスを密にし，水素結合によってスーパーヘリックスが安定化される．図 29.18 にコラーゲンのスーパーヘリックスを二つの表記法で示す．

### 29.10.3　ヘモグロビンとミオグロビン

球状タンパク質である**ヘモグロビン**(hemoglobin)と**ミオグロビン**(myoglobin)は，タンパク質単位と**補欠分子族**(prosthetic group)と呼ばれる非タンパク質分子から構成されているため，**複合タンパク質**(conjugated protein)と呼ばれる．ヘモグロビンとミオグロビンの補欠分子族は**ヘム**(heme)である．ヘムは**ポルフィリン**(porphyrin)と呼ばれる含窒素ヘテロ環によって配位された $Fe^{2+}$ を含む複雑な構造の有機化合物である．ヘモグロビンとミオグロビンの $Fe^{2+}$ イオンは血中で酸素と結合する．ヘモ

### 図 29.18
コラーゲンの三重ヘリックスに対する二種類の表現

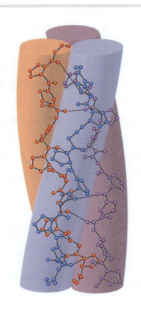

- コラーゲンでは，通常とは異なる左巻きらせんの3本のポリペプチド鎖が互いに巻きつき合って，右巻きの三重ヘリックスを形成する．小さいグリシン残基が多く含まれているので，鎖は互いに密集し，鎖間で水素結合できる．

### 図 29.19　ミオグロビンとヘモグロビンのタンパク質リボンダイヤグラム

a. ミオグロビン

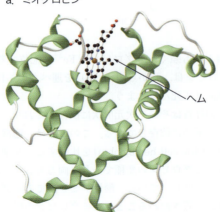

ミオグロビンは1本のポリペプチド鎖からなり，そこにボール＆スティックモデルで示された一つのヘム単位が入っている．

b. ヘモグロビン

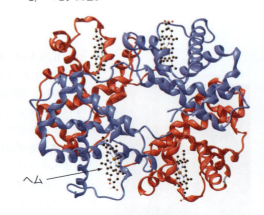

ヘモグロビンはそれぞれ赤色と青色で示された2本のα鎖と2本のβ鎖からなり，ボール＆スティックモデルで示された四つのヘム単位が入っている．

グロビンは赤血球に存在し，体内の必要とされる部位へ酸素を輸送する．一方，ミオグロビンは組織に酸素を貯蔵する．ミオグロビンとヘモグロビンのリボンダイヤグラムを図29.19に示す．

本章の冒頭で紹介した**ミオグロビン**は，153アミノ酸残基を1本のポリペプチド鎖中にもつ．八つのα-ヘリックス領域が互いに折り重なって，補欠分子族のヘムがそのポリペプチド鎖の内側の空孔に位置している．極性残基のほとんどはタンパク質の外側に位置し，水溶媒と相互作用できる．タンパク質の内側の空孔は無極性アミノ酸からなる．ミオグロビンのために心筋は特徴的な赤色を示す．

**ヘモグロビン**は4本のポリペプチド鎖(二つのαサブユニットと二つのβサブユニット)からなり，それぞれのサブユニットがヘムをもっている．ヘモグロビンは，ミオグロビンよりも無極性アミノ酸を多く含んでいる．各サブユニットが折り畳まれたときには，無極性アミノ酸の一部が表面に現れる．表面の疎水性基間のファンデルワールス引力のおかげで，四つのサブユニットからなる四次構造が安定化されている．

ヘム (heme)

一酸化炭素は，酸素よりも強くヘモグロビンの$Fe^{2+}$に配位するため，毒性が高い．COが配位したヘモグロビンは，肺から組織へ$O_2$を運べない．代謝過程で組織に$O_2$がなければ，細胞は機能せず死んでしまう．

すべてのタンパク質の性質はその三次元形状に依存しており，またその形状は一次構造，すなわちアミノ酸配列に依存している．このことは，通常のヘモグロビンと**鎌状赤血球ヘモグロビン**(sickle cell hemoglobin)を比較すると非常によくわかる．鎌状赤血球ヘモグロビンはヘモグロビンの変種であり，両方のβサブユニットの一つのグルタミン酸がバリンに置き換わっている．酸性アミノ酸であるグルタミン酸が，無極性アミノ酸であるバリンに置き換わることでヘモグロビンの形が変わり，その機能に深刻な影響をもたらす．鎌状赤血球ヘモグロビンを含む赤血球は，酸素と結合していない状態では伸びて三日月型になり，異常にもろくなる．その結果，毛細血管をスムーズに流れることができず，痛みや炎症を引き起こす．また，赤血球が壊れることで，重篤な貧血や器官疾患を引き起こす．最終的には，激しい痛みを伴った早すぎる死を招く．

**鎌状赤血球貧血症**(sickle cell anemia)と呼ばれるこの病気は，マラリアが深刻な健康問題となっている中央および西アフリカの人だけに見られる．鎌状赤血球ヘモグロビンは，ヘモグロビンの合成に関与するDNA配列の遺伝子変異により生じる．両親からこの変異を受け継いだ人は鎌状赤血球貧血症を引き起こす．一方，片方の親からのみ変異を受け継いだ人は，鎌状赤血球形質をもっているものの貧血症は引き起こさず，変異をもたない人よりもマラリアに対する耐性が高い．マラリア耐性のために，この有害な遺伝子が世代を超えて受け継がれているのは明らかである．

鎌状赤血球貧血症の人で，赤血球が"鎌"状になると，毛細血管を塞ぎやすくなり(器官疾患につながる)，また壊れやすくなる(重篤な貧血を引き起こす)．この重篤な病はヘモグロビンのたった一つのアミノ酸の変化によるものである．写真では一つの鎌状赤血球が三つの正常な赤血球にかこまれている．

# ◆キーコンセプト◆

## アミノ酸とタンパク質
### アミノ酸の合成（29.2 節）

[1] α-ハロカルボン酸の $S_N2$ 反応

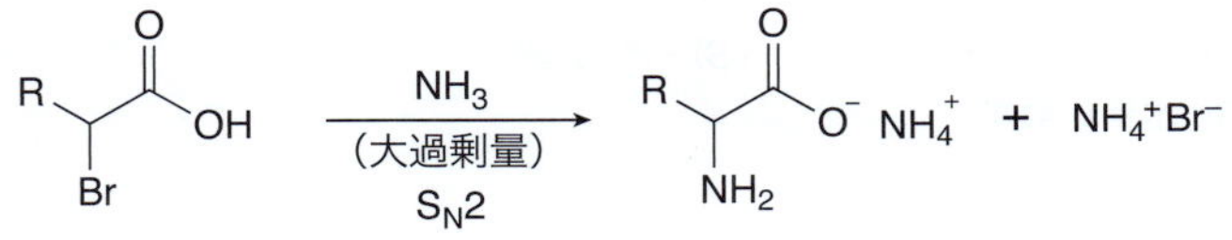

[2] アセトアミドマロン酸ジエチルのアルキル化

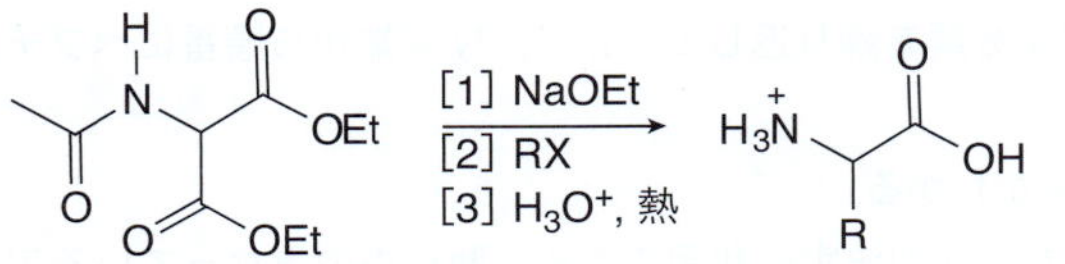

- アルキル化は，$CH_3X$ や $RCH_2X$ のような立体障害の小さなハロゲン化アルキルを用いると最もうまくいく．

[3] ストレッカー合成

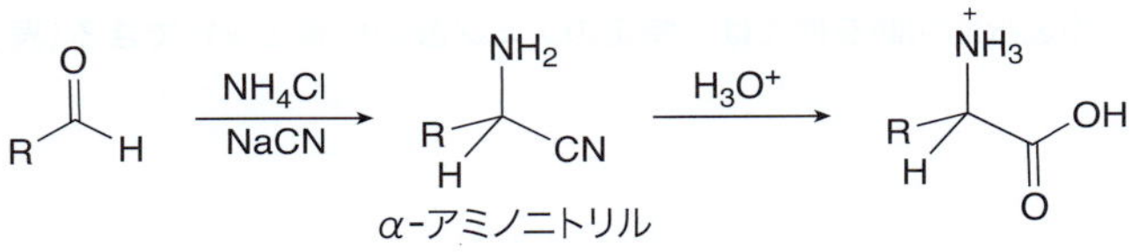

α-アミノニトリル

### 光学活性アミノ酸の合成

[1] ジアステレオマーの生成とエナンチオマーの分割（29.3.1 項）
- アミノ酸のラセミ混合物を，N-アセチルアミノ酸のラセミ混合物〔(S)- および (R)-$CH_3CONHCH(R)COOH$〕に変換する．
- エナンチオマーをキラルアミンと反応させて，ジアステレオマーの混合物を得る．
- 生成したジアステレオマーを分離する．
- カルボン酸塩をプロトン化して N-アセチル基を加水分解すると，アミノ酸が再生する．

[2] 酵素を使った速度論的分割（29.3.2 項）

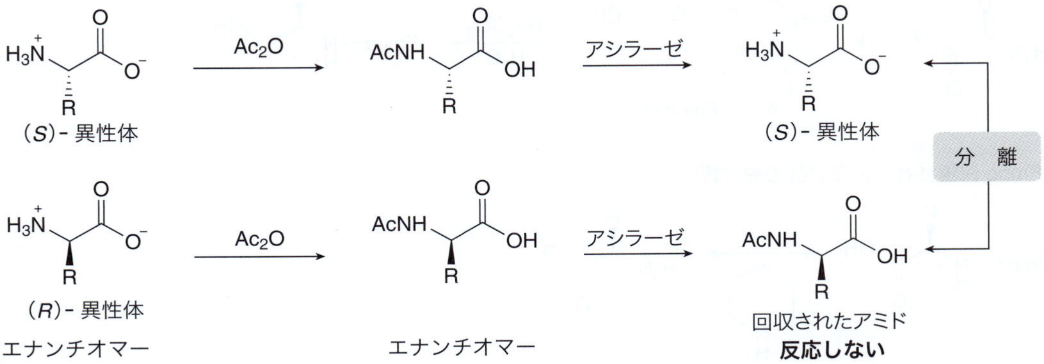

(S)-異性体 → Ac₂O → AcNH → アシラーゼ → (S)-異性体

(R)-異性体 エナンチオマー → Ac₂O → エナンチオマー → アシラーゼ → 回収されたアミド **反応しない**

分離

[3] エナンチオ選択的水素化反応(29.4節)

$$\text{AcNH-C(=CHR)-COOH} \xrightarrow{H_2, Rh^*} \text{AcNH-CH(R)-COOH (}S\text{エナンチオマー)} \xrightarrow{H_2O, {}^-OH} (S)\text{-アミノ酸}$$

Rh* = キラル Rh 水素化触媒

## ペプチド配列決定法のまとめ(29.6 節)

- ペプチド中のすべてのアミド結合を完全に加水分解すると，各アミノ酸の種類と量がわかる．
- エドマン分解により N 末端アミノ酸がわかる．エドマン分解を繰り返していけば，N 末端から順番にペプチド配列を決定できる．
- カルボキシペプチダーゼで切断すれば，C 末端アミノ酸がわかる．
- ペプチドを部分的に加水分解すると，小さな断片となり，配列決定に利用できる．断片中の重なっているアミノ酸配列を使うと，全アミノ酸配列を決定できる．
- トリプシンやキモトリプシンによるペプチドの選択的切断を使えば，特定のアミノ酸の位置を決定できる(表29.2)．

## アミノ酸の保護と脱保護(29.7 節)

[1] Boc 誘導体としてアミノ基を保護

$$\text{H}_3\text{N}^+\text{-CH(R)-COO}^- \xrightarrow[\text{Et}_3\text{N}]{(\text{Boc})_2\text{O}} \text{Boc-NH-CH(R)-COOH}$$

[2] Boc 保護されたアミノ酸の脱保護

$$\text{Boc-NH-CH(R)-COOH} \xrightarrow[\text{HCl または HBr}]{\text{CF}_3\text{CO}_2\text{H または}} \text{H}_3\text{N}^+\text{-CH(R)-COO}^-$$

[3] Fmoc 誘導体としてアミノ基を保護

$$\text{H}_3\text{N}^+\text{-CH(R)-COO}^- + \text{Fmoc-Cl} \xrightarrow[\text{H}_2\text{O}]{\text{Na}_2\text{CO}_3} \text{Fmoc-NH-CH(R)-COOH}$$

[4] Fmoc 保護されたアミノ酸の脱保護

$$\text{Fmoc-NH-CH(R)-COOH} \xrightarrow{\text{ピペリジン}} \text{H}_3\text{N}^+\text{-CH(R)-COO}^-$$

[5] エステルとしてカルボキシ基を保護

[6] エステル基の脱保護

## ジペプチドの合成（29.7 節）

[1] DCC によるアミド生成

[2] ジペプチドの合成に必要な 4 段階
   a. **Boc** または **Fmoc** 基で一方のアミノ酸のアミノ基を**保護**．
   b. もう一方のアミノ酸のカルボキシ基をエステルとして**保護**．
   c. **DCC** でアミド結合を形成．
   d. 一挙にあるいは一つずつ**両方の保護基を除去**．

## メリフィールドのペプチド合成法（29.8 節）

[1] Fmoc 保護されたアミノ酸をポリスチレン誘導体に担持．
[2] Fmoc 保護基の除去．
[3] DCC を用いて二つ目の Fmoc 保護されたアミノ酸とアミド結合を形成．
[4] [2] と [3] を繰り返す．
[5] 保護基を除去して，ポリマーからペプチドを切り離す．

# ◆ 章 末 問 題 ◆

## 三次元モデルを用いる問題

**29.29** 次のアミノ酸をそれぞれの反応剤で処理したときに得られる生成物を書け．
   (a) CH₃OH, H⁺    (b) CH₃COCl, ピリジン    (c) HCl（1 当量）    (d) NaOH（1 当量）    (e) C₆H₅N=C=S

**29.30** 次のペプチドを参照しながら，(a) N 末端および C 末端アミノ酸を同定せよ．(b) 一文字略号を用いてペプチドを命名せよ．(c) ペプチド鎖中のアミド結合をすべて示せ．

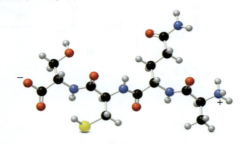

**29.31** アミノ酸を出発物質として，次のジペプチドを合成する方法を示せ．

## アミノ酸

**29.32**
ペニシラミン (penicillamine)

a. ($S$) - ペニシラミンはタンパク質中には存在しないアミノ酸で，先天性銅代謝異常症のウィルソン病の治療に用いられる銅キレート剤である．($R$) - ペニシラミンは毒性が高く，ときには失明を引き起こす．($R$) - および ($S$) - ペニシラミンの構造を書け．

b. ($S$) - ペニシラミンの酸化で生成するジスルフィドは何か．

**29.33** ヒスチジンはその五員環内の N 原子のうちの一つが酸により容易にプロトン化されるので，塩基性アミノ酸に分類される．どの N 原子がプロトン化されるか，その理由とともに答えよ．

**29.34** トリプトファンは含窒素ヘテロ環をもつにもかかわらず，塩基性アミノ酸には分類されない．トリプトファンの五員環の N 原子が容易にはプロトン化されないのはなぜか．

**29.35** 次のアミノ酸の等電点における構造を書け．(a) アラニン，(b) メチオニン，(c) アスパラギン酸，(d) リシン．

**29.36** pH = 1 における次のアミノ酸の最も優勢な構造は何か．また，そのときのアミノ酸の全電荷はいくつか．(a) トレオニン，(b) メチオニン，(c) アスパラギン酸，(d) アルギニン．

**29.37** pH = 11 における次のアミノ酸の最も優勢な構造は何か．また，そのときのアミノ酸の全電荷はいくつか．(a) バリン，(b) プロリン，(c) グルタミン酸，(d) リシン．

**29.38** a. トリペプチド A–A–A の構造を書き，二つのイオン化可能な官能基を示せ．
b. pH = 1 における A–A–A の優勢な構造は何か．
c. A–A–A 中の二つのイオン化可能な官能基の p$K_a$ 値(3.39 と 8.03)は，アラニンのそれ(2.35 と 9.87，表 29.1 を見よ)とは大きく異なる．観測される p$K_a$ 値の違いを説明せよ．

## アミノ酸の合成と反応

**29.39** 次の反応の生成物を書け.

a. (2-ブロモ-4-メチルペンタン酸) + NH₃ (過剰量)

b. アセトアミドマロン酸ジエチル → [1] NaOEt [2] 4-(ブロモメチル)フェニル アセタート [3] H₃O⁺, 熱

c. メチル 4-オキソブタノアート → [1] NH₄Cl, NaCN [2] H₃O⁺

d. アセトアミドマロン酸ジエチル → [1] NaOEt [2] Cl(CH₂)₄NHAc [3] H₃O⁺, 熱

**29.40** 次のアミノ酸をアセトアミドマロン酸ジエチルから合成するときに必要なハロゲン化アルキルは何か.(a) Asn, (b) His, (c) Trp.

**29.41** アセトアミドマロン酸ジエチルからトレオニンを合成する方法を示せ.

**29.42** アセトアルデヒド(CH₃CHO)から次のアミノ酸を合成する方法を示せ.(a) グリシン, (b) アラニン.

**29.43** 次の反応スキームにおける中間体 **A** ~ **D** を同定せよ.これは第一級アミンのガブリエル合成にもとづくもう一つのアミノ酸合成法である(25.7.1 項).

マロン酸ジエチル → Br₂/CH₃CO₂H → **A** → フタルイミドカリウム → **B** → [1] NaOEt [2] ClCH₂CH₂SCH₃ → **C** → [1] NaOH, H₂O [2] H₃O⁺, 熱 → **D**

**29.44** グルタミン酸は次の反応式で合成される.ステップ[1]~[3]の反応機構を段階ごとに示せ.

アセトアミドマロン酸ジエチル → [1] NaOEt [2] CH₂=CHCO₂Et [3] H₃O⁺ → 中間体 → H₃O⁺, 熱 → グルタミン酸(glutamic acid)

**29.45** 次の一連の反応において化合物 **A** ~ **E** を同定せよ.

4-メチル-3-シアノピリジン → [1] DIBAL-H [2] H₂O → **A** → Ph₃P=CHCO₂Et → **B** → H₂/Pd-C → **C** → [1] KOH, H₂O [2] H₃O⁺ → **D** → H-Lys(OCH₃)-NHBoc / DCC → **E**

## 分割; キラルアミノ酸の合成

**29.46** 抗血小板剤クロピドグレルの二つのエナンチオマーを 10-カンファースルホン酸を用いて分割する方法を図示せよ.

クロピドグレル (clopidogrel)

10-カンファースルホン酸 (10-camphorsulfonic acid)

**29.47** アミノ酸を分割するもう一つの手法に，カルボキシ基をエステルに変換して，その後キラルカルボン酸で遊離アミノ基と酸-塩基反応を行うというものがある．アラニンのエナンチオマーのラセミ混合物と分割剤としての(R)-マンデル酸を使って，どのようにして分割過程が起こるのかを段階ごとに示せ．

**29.48** ブルシンはインド，スリランカ，北オーストラリアに生育する木のストリキニーネノキ(Strychnos nux vomica)から採れる毒性のアルカロイドである．ブルシンを用いるフェニルアラニンのラセミ混合物の分割方法を，29.3.1項で示したものと同様の分割スキームで示せ．

**29.49** 次の反応の生成物を書け．

**29.50** 化合物 **A** をパーキンソン病の治療に有効な珍しいアミノ酸 L-ドーパに変換するのに必要な二つの段階は何か．これらの2段階はキラル遷移金属触媒を使って商業化された最初の不斉合成の鍵反応である．この製法はモンサント(Monsanto)社によって1974年に開発された．

## ペプチドの構造と配列決定

**29.51** 次のペプチドの構造を書け．(a) Phe-Ala, (b) Gly-Gln, (c) Lys-Gly, (d) R-H.

**29.52** テトラペプチド Asp-Arg-Val-Tyr について，次の問いに答えよ．
a. 一文字略号を使ってペプチドを命名せよ．
b. 構造を書け．
c. すべてのアミド結合を示せ．
d. N末端およびC末端アミノ酸を示せ．

**29.53** 次のペプチドを三文字および一文字略号の両方を使って命名せよ．

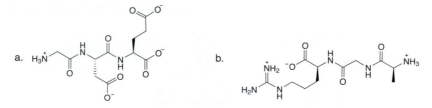

**29.54** グラミシジン S は *Bacillus brevis* という細菌により生産される局所抗生物質であり、五種類のアミノ酸からなる環状デカペプチドである。グラミシジン S を構成するアミノ酸の構造をすべて書き、通常とは異なる二つの構造的特徴を説明せよ。

グラミシジン S
(gramicidin S)

**29.55** デカペプチド A-P-F-L-K-W-S-G-R-G を次の酵素または反応剤で処理して得られるアミノ酸およびペプチド断片を書け。
(a) キモトリプシン、(b) トリプシン、(c) カルボキシペプチダーゼ、(d) $C_6H_5N=C=S$。

**29.56** デカペプチドであるアンジオテンシン I について考える。

アンジオテンシン I
(angiotensin I)

a. アンジオテンシン I をトリプシンで処理すると、何が生成するか。
b. アンジオテンシン I をキモトリプシンで処理すると、何が生成するか。
c. アンジオテンシン I を ACE(アンジオテンシン変換酵素)で処理すると、フェニルアラニン由来のカルボニル基のアミド結合でのみ切断が起こり、二つの生成物を与える。より大きいほうのポリペプチドはアンジオテンシン II であり、血管を収縮させ血圧を高めるホルモンである。三文字略号を用いてアンジオテンシン II のアミノ酸配列を記せ。ACE 阻害剤は ACE 酵素を阻害することで血圧を下げる薬である〔問題 5.15(上巻)〕。

**29.57** 酸によるペプチドの部分的加水分解によって得られた断片を使って、次のペプチドのアミノ酸配列を決定せよ。
a. Ala, Gly, His, Tyr からなるテトラペプチドは、ジペプチド His-Tyr、Gly-Ala、および Ala-His に加水分解される。
b. Glu, Gly, His, Lys, Phe からなるペンタペプチドは、His-Gly-Glu、Gly-Glu-Phe、および Lys-His に加水分解される。

**29.58** Ala, Gly(2当量), His(2当量), Ile, Leu, Phe からなるオクタペプチドの配列を与えられた実験データをもとに推定せよ。エドマン分解により、オクタペプチドから Gly が切りだされる。また、カルボキシペプチダーゼにより Leu とヘプタペプチドが生成する。部分的加水分解を行うと、次の断片が生成する。Ile-His-Leu、Gly、Gly-Ala-Phe-His、Phe-His-Ile。

**29.59** あるオクタペプチドは、Arg, Glu, His, Ile, Leu, Phe, Tyr, Val のアミノ酸を含む。カルボキシペプチダーゼでオクタペプチドを処理すると Phe が生成する。また、オクタペプチドをキモトリプシンで処理すると、テトラペプチド **A** と **B** が生成する。**A** をトリプシンで処理すると、二つのジペプチド **C** と **D** が得られる。エドマン分解を行うとそれぞれのペプチドから Glu(オクタペプチド)、Glu(**A**)、Ile(**B**)、Glu(**C**)、Val(**D**)が切りだされる。テトラペプチド **B** の部分的加水分解を行うと、Ile-Leu とその他の生成物が生成する。オクタペプチドならびにその断片 **A**～**D** の構造を推定せよ。

## ペプチドの合成

**29.60** 次の反応で得られる生成物を書け．

a. ロイシン $+ $ PhCH₂OH / H⁺ →

b. グリシン $+$ (Boc)₂O / Et₃N →

c. (a)の生成物 $+$ (b)の生成物 $\xrightarrow{DCC}$

d. Boc-Val-OBn $\xrightarrow{H_2 / Pd-C}$

e. (d)の生成物 $\xrightarrow{CF_3COOH}$

f. フェニルアラニン $+$ Fmoc–Cl $\xrightarrow{Na_2CO_3 / H_2O}$

**29.61** 次のペプチドをアミノ酸から合成する全段階を示せ．（a）Gly-Ala，（b）Ile-Ala-Phe．

**29.62** メリフィールド法を用いて次のペプチドを合成する方法を段階ごとに示せ．（a）Ala-Leu-Phe-Phe，（b）Phe-Gly-Ala-Ile．

**29.63** ペプチド合成で利用される Boc および Fmoc 保護基以外にも，アミンはクロロギ酸ベンジル（$C_6H_5CH_2OCOCl$）との反応でも保護できる．アラニンとクロロギ酸ベンジルの反応の生成物の構造を示せ．

**29.64** ペプチド結合を生成するもう一つの方法は次の 2 段階過程からなる．
[1] Boc 保護されたアミノ酸を $p$-ニトロフェニルエステルに変換する．
[2] $p$-ニトロフェニルエステルをアミノ酸のエステルと反応させる．

a. $p$-ニトロフェニルエステルがアミド生成に向けて最初のアミノ酸のカルボキシ基を"活性化する"のはなぜか．
b. $p$-メトキシフェニルエステルは同様の機能を発揮できるだろうか．その理由とともに述べよ．

**29.65** 次の反応条件でアミノ酸から Fmoc 基を除去する反応の反応機構を示せ．

## タンパク質

**29.66** 次のアミノ酸を，球状タンパク質の内側によく見られるアミノ酸と表面によく見られるアミノ酸に分類せよ．（a）フェニルアラニン，（b）アスパラギン酸，（c）リシン，（d）イソロイシン，（e）アルギニン，（f）グルタミン酸．

**29.67** コラーゲンのペプチド鎖が生成した後，多くのプロリン残基がヒドロキシ化されて，ヒドロキシ基が環内炭素原子上に導入される．この過程がコラーゲンの三重ヘリックスに重要であるのはなぜか．

## チャレンジ問題

**29.68** 3-メチルブタナール〔$(CH_3)_2CHCH_2CHO$〕を唯一の有機出発物質として，トリペプチド Val-Leu-Val を段階的に合成する方法を示せ．

**29.69** 不斉水素化反応(29.4節)の他にも，光学活性アミノ酸を合成する手法がいくつか知られている．ストレッカー合成のような反応を用いてキラルアミノ酸を合成するにはどうすればよいか．

**29.70** オルリスタットは抗肥満薬であり，腸内のトリアシルグリセロールの加水分解に重要な酵素である膵リパーゼを非可逆的に阻害することにより，トリアシルグリセロールは代謝されずに排出される．オルリスタットは，膵リパーゼのセリン残基と反応して共有結合をつくり，不活性な酵素生成物となることでこれを阻害する．阻害に際して生じる生成物の構造を書け．

**29.71** 機構 29.2 で示したように，エドマン分解の最終段階はチアゾリノンの $N$-フェニルチオヒダントインへの転位である．この酸触媒反応の反応機構を段階ごとに示せ．

# 30 脂　質

30.1　はじめに
30.2　ろ　う
30.3　トリアシルグリセロール
30.4　リン脂質
30.5　脂溶性ビタミン
30.6　エイコサノイド
30.7　テルペン
30.8　ステロイド

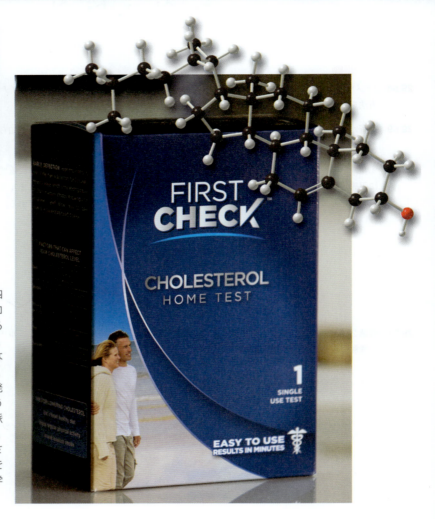

**コレステロール**(cholesterol)は，四環式構造をもつ有機脂質であるステロイド類のなかで最も有名なものだろう．コレステロールは肝臓でつくられ，あらゆる体内組織に含まれる．健康な細胞膜のきわめて重要な成分であり，すべてのステロイド合成における出発物質でもある．よく知られているように，コレステロール値の上昇は冠動脈疾患を引き起こす．そのため今日では，食品にコレステロール含有量が表示されている．本章ではコレステロールをはじめとする脂質の性質について学ぶ．

　**生体系における有機分子の議論の締めくくりとして**，有機溶媒に溶ける生体分子である脂質に注目する．28章の炭水化物や29章のアミノ酸とタンパク質とは異なり，脂質は多くの炭素−炭素および炭素−水素結合をもつ一方で，官能基をほとんどもたない．

　脂質は上巻の4章および10章で学んだ炭化水素と非常によく似た生体分子であるため，その性質についてはすでに多くを学んでいる．しかし，すべての脂質に共通な官能基が一つも存在しないので，脂質の化学にはこれまでの章で学んだ知識を総動員する必要がある．

## 30.1 はじめに

脂質(lipid)という用語は、"脂肪"を意味するギリシャ語の *lipos* に由来する.

- **脂質**(lipid)**は有機溶媒に可溶な生体分子である.**

脂質は，特定の官能基の存在によってではなく，物理的性質(physical property)にもとづいて定義される唯一の有機分子である．したがって，脂質の構造はさまざまで，細胞内で担う機能も多様である．図 30.1 に脂質の例を三つ示す．

**脂質には多くの炭素−炭素および炭素−水素 σ 結合が存在するため，有機溶媒によく溶け，水には不溶である**．一方で，単糖(炭水化物の構成要素)やアミノ酸(タンパク質の構成要素)は非常に極性が大きく，水に溶けやすい．脂質は炭化水素と多くの共通する性質を示すので，脂質の構造と性質の一部についてはすでに学んでいることになる．これまでに脂質の化学を扱った節(または項)を表 30.1 にまとめる．

**表 30.1** 本章以前に扱った脂質の化学のまとめ

| 事　項 | 節・項 | 事　項 | 節・項 |
|---|---|---|---|
| ・ビタミン A | 3.5 | ・脂質の酸化 | 15.11 |
| ・セッケン | 3.6 | ・ビタミン E | 15.12 |
| ・リン脂質，細胞膜 | 3.7 | ・ステロイド合成 | 16.14 |
| ・脂質 パート 1 | 4.15 | ・プロスタグランジン | 19.6 |
| ・ロイコトリエン | 9.16 | ・脂質の加水分解 | 22.12.1 |
| ・脂肪と油 | 10.6 | ・セッケン | 22.12.2 |
| ・経口避妊薬 | 11.4 | ・コレステリルエステル | 22.17 |
| ・油脂の水素化 | 12.4 | ・ステロイド合成 | 24.8 |

脂質は，加水分解できるものとできないものに分類できる．

[1] **加水分解できる脂質は，水により加水分解を行うとより小さな分子に分解できる．** 加水分解できる脂質にはエステル部位をもつものが多い．ろう，トリアシルグリセロール，およびリン脂質の三つの分子群について見ていく．

[2] **加水分解できない脂質は，加水分解によってより小さな分子に分解できない．** 加水分解できない脂質は構造がより多様化している傾向にある．脂溶性ビタミン，エイコサノイド[†]，テルペン，およびステロイドの四つの分子群について見ていく．

† 訳者注: IUPAC ではエイコサノイドという用語の代わりにイコサノイド(icosanoid)が推奨されているが，従来からの慣例に従い，本書ではエイコサノイドを用いる．

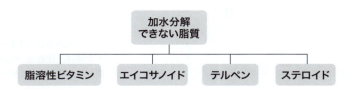

## 図 30.1
三種類の脂質

PGF$_{2\alpha}$
プロスタグランジン
(prostaglandin)

トリアシルグリセロール
(triacylglycerol)

プロゲステロン (progesterone)
ステロイド (steroid)

- 脂質は多くの C–C および C–H 結合をもっているが，すべての脂質に共通な官能基は存在しない．

## 30.2 ろう

葉の表面はろうで覆われているため，水が滴状になる．

ろう (wax) は加水分解できる脂質のなかで最も単純な物質である．**ろうは，高分子量のアルコール (R'OH) と脂肪酸 (RCOOH) から生成するエステル (RCOOR') である．**

長い炭化水素鎖のため，**ろうは非常に疎水性が高い** (hydrophobic)．ろうは鳥の羽に保護被膜を形成して水をはじき，葉からは水の蒸発を防いでいる．**ラノリン** (lanolin) は，高分子量エステルの複雑な混合物からなるろうであり，羊毛を覆っている．**鯨ろう** (spermaceti wax) はマッコウクジラの頭から単離されるろうで，$CH_3(CH_2)_{14}COO(CH_2)_{15}CH_3$ を主成分とする．この化合物の三次元構造を見ると，長い炭化水素鎖に比べていかにエステル基が小さいかがわかる．

鯨ろう（マッコウクジラから）

**問題 30.1** ホホバオイルの成分には，エイコセン酸 [$CH_3(CH_2)_7CH=CH(CH_2)_9CO_2H$] と $CH_3(CH_2)_7CH=CH(CH_2)_8OH$ から生成されるろうが含まれている．両方の炭素–炭素二重結合がシス配置であることを考慮しつつ，このろうの構造を書け．

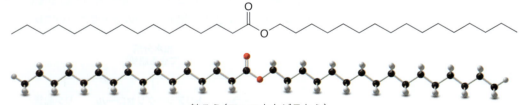

アメリカ南西部に生育するホホバの木の種は，化粧品や日用ケア用品で使われるろうを多く含んでいる．

## 30.3 トリアシルグリセロール

表10.2(上巻)にステアリン酸,オレイン酸,リノール酸,およびリノレン酸の直線構造を示している.図10.6(上巻)にはこれらの脂肪酸のボール&スティックモデルも示している.

**トリアシルグリセロール**(triacylglycerol)〔**トリグリセリド**(triglyceride)ともいう〕は最も豊富に存在する脂質であり,そのため本書でもそれらの性質の多くについてはすでに学んできた.

- **トリアシルグリセロールは,加水分解によりグリセロールと3分子の脂肪酸を生成するトリエステルである.**

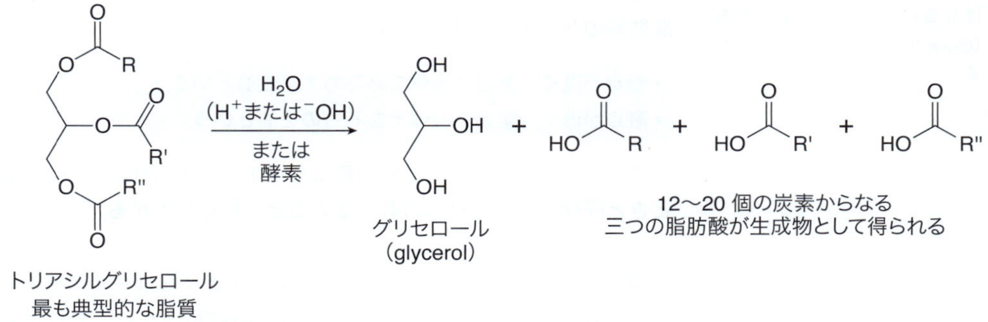

トリアシルグリセロール
最も典型的な脂質

$H_2O$
($H^+$または$^-OH$)
または
酵素

グリセロール
(glycerol)

12〜20個の炭素からなる
三つの脂肪酸が生成物として得られる

**単純トリアシルグリセロール**(simple triacylglycerol)は三つの同一の脂肪酸側鎖からなるが,**混合トリアシルグリセロール**(mixed triacylglycerol)は二種類または三種類の異なる脂肪酸からなる.表30.2にトリアシルグリセロールを形成する一般的な脂肪酸をあげる.

**表30.2** トリアシルグリセロールを形成する一般的な脂肪酸

| C原子の数 | C=C結合の数 | 構造 | 名称 | 融点(°C) |
|---|---|---|---|---|
| **飽和脂肪酸** | | | | |
| 12 | 0 | $CH_3(CH_2)_{10}COOH$ | ラウリン酸 | 44 |
| 14 | 0 | $CH_3(CH_2)_{12}COOH$ | ミリスチン酸 | 58 |
| 16 | 0 | $CH_3(CH_2)_{14}COOH$ | パルミチン酸 | 63 |
| 18 | 0 | $CH_3(CH_2)_{16}COOH$ | ステアリン酸 | 69 |
| 20 | 0 | $CH_3(CH_2)_{18}COOH$ | アラキジン酸 | 77 |
| **不飽和脂肪酸** | | | | |
| 16 | 1 | $CH_3(CH_2)_5CH=CH(CH_2)_7COOH$ | パルミトレイン酸 | 1 |
| 18 | 1 | $CH_3(CH_2)_7CH=CH(CH_2)_7COOH$ | オレイン酸 | 4 |
| 18 | 2 | $CH_3(CH_2)_4(CH=CHCH_2)_2(CH_2)_6COOH$ | リノール酸 | −5 |
| 18 | 3 | $CH_3CH_2(CH=CHCH_2)_3(CH_2)_6COOH$ | リノレン酸 | −11 |
| 20 | 4 | $CH_3(CH_2)_4(CH=CHCH_2)_4(CH_2)_2COOH$ | アラキドン酸 | −49 |

最も多く存在する飽和脂肪酸はパルミチン酸とステアリン酸である．最も多く存在する不飽和脂肪酸はオレイン酸である．

リノール酸とリノレン酸は，われわれの体内では合成することができず食事から摂取しなければならないので，**必須脂肪酸**（essential fatty acid）と呼ばれる．

これら脂肪酸の特徴は何だろうか．

- すべての脂肪酸鎖は枝分かれをもたないが，飽和でも不飽和でもよい．
- 天然に存在する脂肪酸は偶数個の炭素原子をもつ．
- 天然に存在する脂肪酸内にある二重結合は一般に $Z$ の立体配置をもつ．
- 脂肪酸の融点（melting point）は不飽和度に依存する．

**脂肪**（fat）と**油**（oil）はトリアシルグリセロール，すなわちグリセロールとこれらの脂肪酸のトリエステルである．

- 融点が高く，室温で固体であるものを脂肪という．
- 融点が低く，室温で液体であるものを油という．

この融点の違いは，脂肪酸側鎖に存在する不飽和度の違いと関係がある．**脂肪酸のときと同様に，二重結合の数が増えると，融点が下がる**．

図 30.2 に，飽和および不飽和トリアシルグリセロールの三次元構造を示す．二重結合がない場合，飽和脂肪酸由来の 3 本の側鎖は互いに平行に並び，化合物は結晶格子中で比較的に密に詰まることができるため，融点が高くなる．これに対し不飽和脂質では $Z$ の二重結合によって側鎖が折れ曲がり，固体状態で密に詰まりにくくなっている．そのため融点が低くなる．

固体の脂肪は飽和脂肪酸を比較的高い割合でもち，一般に動物由来である．液体の油は不飽和脂肪酸を高い割合でもち，一般に植物由来である．表 30.3 におもな脂肪と油の脂肪酸組成を示す．

図 30.2　飽和および不飽和トリアシルグリセロールの三次元構造

a. 飽和トリアシルグリセロール

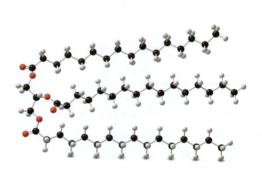

- 3 本の飽和側鎖が互いに平行に並び，密な脂質となる．

b. 不飽和トリアシルグリセロール

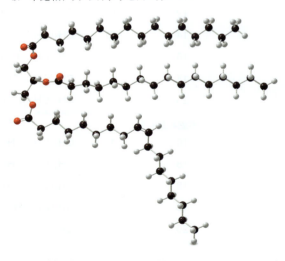

- 脂肪酸側鎖における $Z$ の二重結合のためにねじれが生じ，脂質はそれほど密ではない．

## 30.3 トリアシルグリセロール

表30.3 脂肪と油の脂肪酸組成

| 源 | 飽和脂肪酸(%) | オレイン酸(%) | リノール酸(%) |
|---|---|---|---|
| 牛　肉 | 49〜62 | 37〜43 | 2〜3 |
| 牛　乳 | 37 | 33 | 3 |
| ココナッツ | 86 | 7 | — |
| トウモロコシ | 11〜16 | 19〜49 | 34〜62 |
| オリーブ | 11 | 84 | 4 |
| ヤ　シ | 43 | 40 | 8 |
| ベニバナ | 9 | 13 | 78 |
| 大　豆 | 15 | 20 | 52 |

*Merck Index*, 10th ed. Rahway, NJ: Merck and Co. および Wilson, et al., 1967, *Principles of Nutrition*, 2nd ed. New York: Wiley より引用.

ヤシやココナッツの木から採れる油は，他の植物性油と違って飽和脂肪(saturated fat)が非常に多い．これまでの研究により，飽和脂肪をたくさん摂取すると，心臓病の危険性が高まることが示唆されている．このため，ヤシ油やココナッツ油の需要は年々減少しており，南太平洋で盛んだった大規模ココナッツ栽培は現在では行われていない．

タラの肝油やニシン油など魚の油には，複数の二重結合を含む多不飽和トリアシルグリセロール(polyunsaturated triacylglycerol)が豊富に含まれている．こうしたトリアシルグリセロールは密に詰まっていないので，融点が非常に低い．このため，これらの魚が生息する冷たい水中でも液体のままである．

　ここで12章(上巻)，15章(上巻)，および22章で述べたトリアシルグリセロールの加水分解，水素化，および酸化について，もう一度復習する．

### [1] トリアシルグリセロールの加水分解 (22.12.1項)

三つのエステル結合が切断される

　酸，塩基，または酵素のいずれかの存在下で，水によるトリアシルグリセロールの加水分解を行うと，グリセロールと三つの脂肪酸が得られる．この切断反応は他のエステル結合の加水分解とまったく同じ反応機構で進行する(22.11節)．この反応はトリアシルグリセロールの代謝の第一段階である．

### [2] 不飽和脂肪酸の水素化反応〔12.4 節(上巻)〕

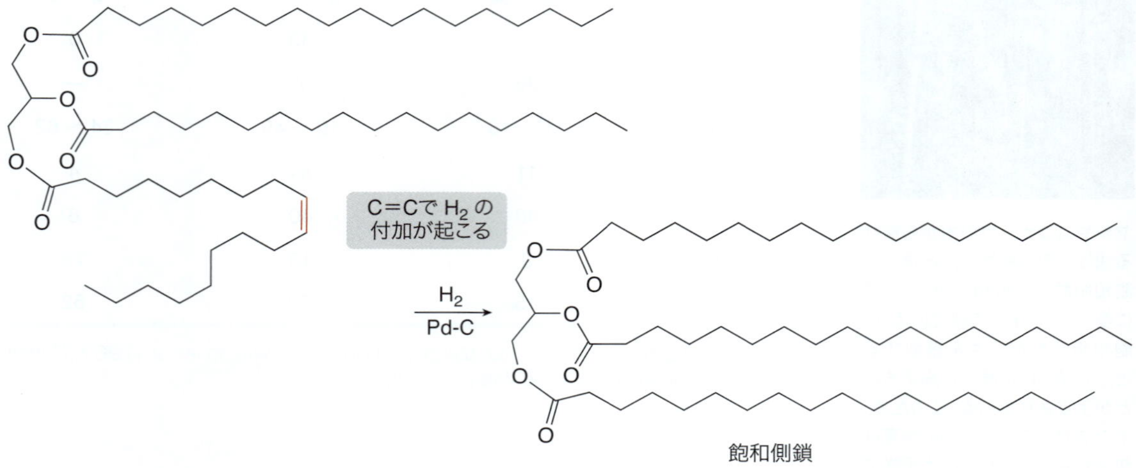
C=Cで $H_2$ の
付加が起こる
$H_2$
Pd-C
飽和側鎖

不飽和脂肪酸の二重結合は，遷移金属触媒の存在下，$H_2$ を使って水素化(hydrogenation)できる．水素化により液体の油は固体の脂肪に変換される．**硬化**(hardening)と呼ばれるこの工程は，植物性油からマーガリンをつくるときに使われる．

### [3] 不飽和脂肪酸の酸化〔15.11 節(上巻)〕

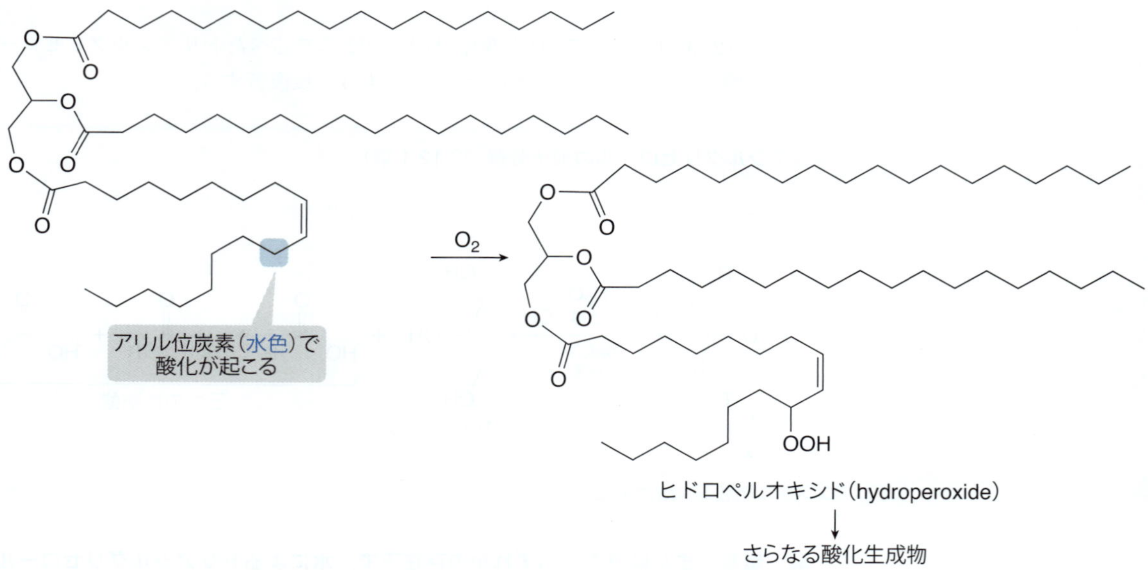
アリル位炭素(水色)で
酸化が起こる
$O_2$
OOH
ヒドロペルオキシド(hydroperoxide)
さらなる酸化生成物

アリル位の C–H 結合は通常の C–H 結合よりも弱く，酸素分子によってラジカル機構で酸化されやすい．この過程で生成するヒドロペルオキシドは不安定で，さらなる酸化反応を経て不快臭のする生成物になる．この酸化過程によって油は，悪臭を放つようになる．

**細胞におけるトリアシルグリセロールの最も重要な役割は，エネルギーの貯蔵である．** トリアシルグリセロールを完全に代謝すると，$CO_2$，$H_2O$，および大量のエネルギーが生じる．全体としてこの反応は，化石燃料中のアルカンの燃焼〔4.14.2項（上巻）〕に類似している．化石燃料を燃やすと，同じく $CO_2$ と $H_2O$，および家を暖めたり車を動かしたりするエネルギーが生成する．基本的にはどちらの過程も，C–C および C–H 結合を C–O 結合に変換する非常に発熱的な反応である．

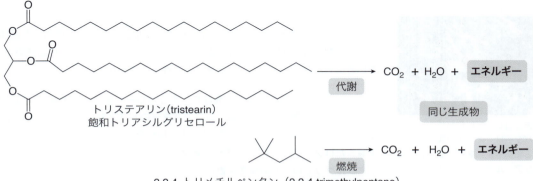

トリステアリン（tristearin）
飽和トリアシルグリセロール

2,2,4-トリメチルペンタン（2,2,4-trimethylpentane）
イソオクタン（isooctane）
ガソリンの成分

男性と女性の平均体脂肪率はそれぞれ約 20% と約 25% である（対して，一流の運動選手では男性で 10% 未満，女性で 15% 未満である）．この蓄えられた脂肪は 2〜3 カ月分のエネルギー需要量に相当する．

炭水化物はエネルギーを一挙に供給できるが，これは激しい運動をしているときなどの短い間だけである．炭水化物やタンパク質が約 16 kJ/g のエネルギーしか蓄えられないのに対し，トリアシルグリセロールは約 38 kJ/g ものエネルギーを蓄えられるため，長時間のエネルギー需要にはトリアシルグリセロールが適している．

トリアシルグリセロールは燃焼により熱を放出するため，原理的には自動車などの燃料にも利用できる．実際，第一次および第二次世界大戦の間，ガソリンやディーゼル燃料の供給不足を補うためにココナッツ油が燃料として使われた．ココナッツ油は石油由来の燃料よりも粘性が高く，24 ℃で凍ってしまうため，それを使うためにはエンジンを改造しなければならず，また寒冷な気候では使えない．それにもかかわらず今日では，燃料源としてディーゼルに混ぜたりして植物性油を利用するトラックやボートが登場してきている．原油価格が高いときには，これらの**バイオ燃料**（biofuel）の使用が経済的に魅力的なものとなる．

**問題 30.2** エイコサペンタエン酸〔$CH_3CH_2(CH=CHCH_2)_5(CH_2)_2COOH$〕の融点はどれくらいと予測されるか．表 30.2 の脂肪酸の融点の値を参照して答えよ．

**問題 30.3** トリアシルグリセロール **A** を次の反応剤で処理して得られる生成物を書け．化合物 **A**，**B**，**C** を融点の低いものから順に並べよ．

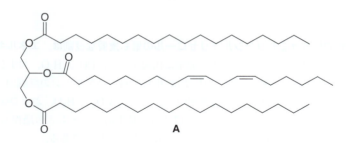

a. $H_2O, H^+$
b. $H_2$（過剰量），Pd-C → **B**
c. $H_2$（1 当量），Pd-C → **C**

チョコレートに使われるココアバターは，オレイン酸に由来する脂肪酸側鎖を一つ以上もつトリアシルグリセロールを多く含んでいる．

**問題 30.4** ココナッツ油に含まれるトリアシルグリセロールのおもな脂肪酸成分は，ラウリン酸 $CH_3(CH_2)_{10}COOH$ である．ココナッツ油にはこの飽和脂肪酸が多く含まれているにもかかわらず，室温で液体である理由を説明せよ．

**問題 30.5** 多くの脂肪や油と異なり，チョコレートをつくるときに使うココアバターはその成分が非常に均一である．ココアバターのトリアシルグリセロールは，グリセロールの第二級 OH 基にはオレイン酸がエステル結合し，二つの第一級 OH 基にはパルミチン酸またはステアリン酸がエステル結合している．ココアバターを構成する二種類のトリアシルグリセロールの構造を書け．

## 30.4 リン脂質

**リン脂質**(phospholipid)は，リン原子を含む加水分解可能な脂質である．**ホスホアシルグリセロール**(phosphoacylglycerol)と**スフィンゴミエリン**(sphingomyelin)の二つのリン脂質がよく知られている．3.7 節（上巻）で述べたように，いずれのリン脂質ももっぱら動植物の細胞膜に存在する．

リン脂質はリン酸の有機誘導体であり，H 原子のうち二つを R 基に置き換えることによって得られる．この含リン置換基を**ホスホジエステル**(phosphodiester)または**リン酸ジエステル**(phosphoric acid diester)という．これらの化合物はカルボン酸エステルのリン類縁体である．細胞では，リンに結合している OH 基がプロトンを失い，ホスホジエステルは負電荷を帯びる．

$$\underset{\text{リン酸 }(H_3PO_4)}{H-O-\overset{\overset{\displaystyle O}{\|}}{\underset{\underset{\displaystyle OH}{|}}{P}}-O-H} \qquad \underset{\text{ホスホジエステル}}{R-O-\overset{\overset{\displaystyle O}{\|}}{\underset{\underset{\displaystyle OH}{|}}{P}}-O-R'} \qquad \underset{\text{細胞内ではこの形で存在する}}{R-O-\overset{\overset{\displaystyle O}{\|}}{\underset{\underset{\displaystyle O^-}{|}}{P}}-O-R'}$$

### 30.4.1 ホスホアシルグリセロール

**ホスホアシルグリセロール**（ホスホグリセリドともいう）は，脂質のなかで二番目に豊富に存在する分子で，ほとんどの細胞膜の主要な脂質成分である．その構造は

## 30.4 リン脂質

30.3節のトリアシルグリセロールに似ているが，一点だけ決定的に異なる部位がある．ホスホアシルグリセロールでは，グリセロールの二つのヒドロキシ基だけが脂肪酸とエステル結合している．三つ目のOH基はホスホジエステルの一部となっており，もう一つの低分子量アルコールと結合している．

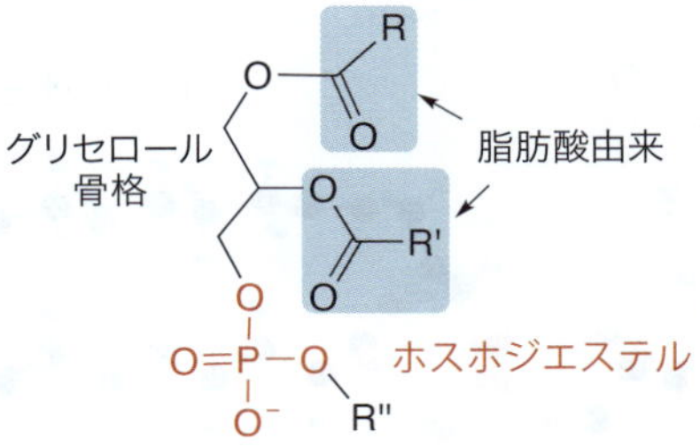

**ホスホアシルグリセロール**

ホスホアシルグリセロールには代表的なものが二種類あり，ホスホジエステル部位のR″基の種類によって区別される．

- R″=$CH_2CH_2NH_3^+$ のとき，ホスファチジルエタノールアミン（phosphatidylethanolamine）またはセファリン（cephalin）と呼ばれる．
- R″=$CH_2CH_2N(CH_3)_3^+$ のとき，ホスファチジルコリン（phosphatidylcholine）またはレシチン（lecithin）と呼ばれる．

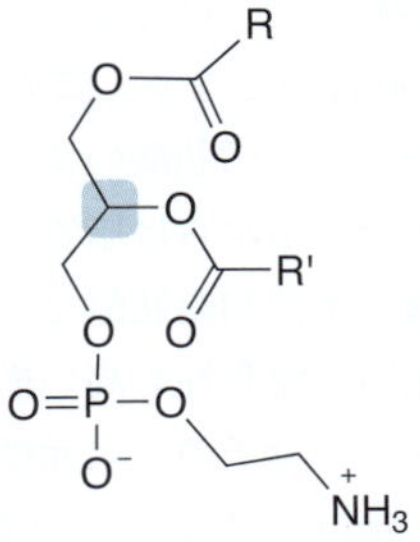

ホスファチジルエタノールアミン
または
セファリン

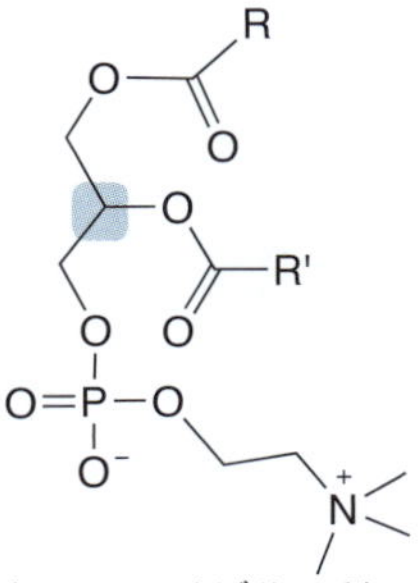

ホスファチジルコリン
または
レシチン

これらの化合物におけるグリセロール骨格の中心炭素は立体中心であり（水色の部分），通常 $R$ の立体配置をとる．

ホスホアシルグリセロールは，そのリン側鎖のためにトリアシルグリセロールとは異なる性質をもつ．2本の脂肪酸側鎖が互いに平行に並んで無極性の"尾"を形成し，一方，分子のホスホジエステル末端が電荷を帯びた，極性の"頭"を形成している．ホスホアシルグリセロールの三次元構造を図30.3に示す．

### 図 30.3 ホスホアシルグリセロールの三次元構造

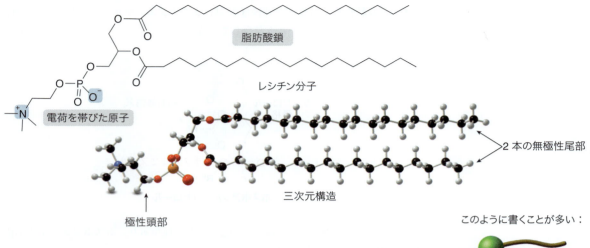

- ホスホアシルグリセロールには二つの異なる領域がある．長鎖脂肪酸に由来する2本の無極性尾部と，電荷を帯びたホスホジエステルに由来する非常に極性の高い頭部である．

3.7節（上巻）で議論したように，これらのリン脂質を水に混ぜると，**脂質二重層**(lipid bilayer)と呼ばれる集合体となる．このときリン脂質のイオン性頭部は外側に，無極性尾部は内側に配向する．脂肪酸の種類によって，この二重層の強度が決まる．脂肪酸が飽和脂肪酸の場合，それらは脂質二重層の内側にうまく密に詰まり，膜は非常に強固になる．脂肪酸が不飽和脂肪酸を多く含む場合，無極性尾部はうまく詰まることができず，脂質二重層は流動性の高い構造となる．つまり，脂質二重層の重要な特性は，リン脂質を構成する分子の三次元構造によって決定されている．

**細胞膜**(cell membrane)はこれらの脂質二重層からなる〔図3.7（上巻）〕．タンパク質やコレステロールも膜のなかに埋め込まれているが，おもにリン脂質二重層(phospholipid bilayer)によって，細胞を守る不溶性の障壁が形成されている．

**問題 30.6** オレイン酸とパルミチン酸を脂肪酸側鎖として含むレシチンの構造を書け．

**問題 30.7** ホスホアシルグリセロールを見るとセッケンを思いだすだろう〔3.6節（上巻）〕．どの点において，この二つの化合物は似ているか．

### 30.4.2 スフィンゴミエリン

**スフィンゴミエリン**(sphingomyelin)はリン脂質のなかで二番目に多い化合物群であり，トリアシルグリセロールやホスホアシルグリセロールがグリセロールの誘導体であるのと同様に，**スフィンゴシン**(sphingosine)というアミノアルコールの誘導体

である．特筆すべきスフィンゴミエリンの特徴には次のようなものがある．

- **C1 位にホスホジエステルがある．**
- **C2 位に脂肪酸とのアミド結合がある．**

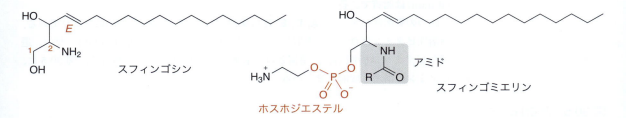

ホスホアシルグリセロールと同様に，**スフィンゴミエリンも細胞膜の脂質二重層の構成要素である．**スフィンゴミエリンは，神経細胞を絶縁している被膜である**ミエリン鞘**(myelin sheath)にとくに多く含まれ，適切な神経機能に必要不可欠である．多発性硬化症でよく見られるようにミエリン鞘が劣化すると神経伝達に障害が生じる．

図 30.4 では，最も一般的な加水分解できる脂質であるトリアシルグリセロール，ホスホアシルグリセロール，スフィンゴミエリンの構造的特徴を比べている．

**問題 30.8** トリアシルグリセロールではなくリン脂質が細胞膜に見られるのはなぜか．

**図 30.4** トリアシルグリセロール，ホスホアシルグリセロール，スフィンゴミエリンの比較

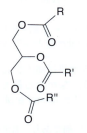

R, R', R''=炭素11〜19のアルキル基

R, R'=長い炭素鎖
R''=H, CH₃

R=CH₃(CH₂)₁₂
R'=長い炭素鎖
R''=H, CH₃

- トリアシルグリセロールは 3 本の無極性側鎖をもつ．
- グリセロールの三つの OH 基が三つの脂肪酸でエステル化されている．

- ホスホアシルグリセロールは 2 本の無極性側鎖の尾部と一つのイオン性頭部をもっている．
- グリセロールの二つの OH 基が脂肪酸でエステル化されている．
- ホスホジエステルが末端炭素に存在する．

- スフィンゴミエリンは 2 本の無極性側鎖の尾部と一つのイオン性頭部をもっている．
- スフィンゴミエリンはグリセロールではなく，スフィンゴシンから合成される．無極性尾部のうちの 1 本はアミドである．
- ホスホジエステルが末端炭素に存在する．

## 30.5 脂溶性ビタミン

ビタミン(vitamin)は，代謝の際に少量必要な有機化合物である〔3.5 節(上巻)〕．われわれの細胞はビタミンを合成できないので，それらを食事から摂取しなければならない．ビタミンは脂溶性と水溶性に分類される．**脂溶性ビタミン**(fat-soluble vitamin)**は脂質である．**

四つの脂溶性ビタミン，**A, D, E, K** は果物，野菜，魚，肝臓，乳製品に含まれている．脂溶性ビタミンは食事から摂取しなければならないが，毎日摂取する必要はない．過剰なビタミンは脂肪細胞に蓄積され，必要なときにそこから使われる．図 30.5 に，ビタミンの構造と機能をまとめる．

**図 30.5** 脂溶性ビタミン

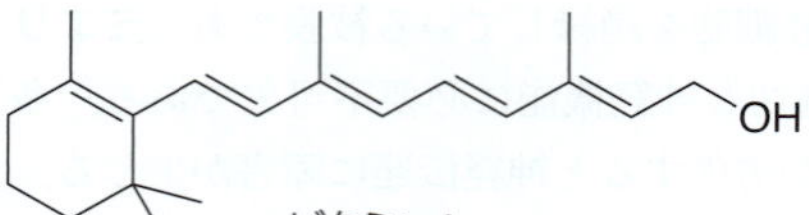

|  |  |
|---|---|
| ビタミンA | ・**ビタミン A**(レチノール，3.5 節(上巻))は魚の肝油や乳製品から得られ，ニンジンのオレンジ色素である β-カロテンから合成される．<br>・体内でビタミン A はすべての脊椎動物の視力を担う光感受性化合物 11-*cis*-レチナールに変換される(21.11.2 項)．ビタミン A はまた健康な粘膜にも必要である．<br>・ビタミン A の不足は，ドライアイや乾燥肌，さらには夜盲症を引き起こす． |
| ビタミンD₃ | ・**ビタミン $D_3$** はビタミン D のなかで最も豊富にある．ビタミン $D_3$ は体内でコレステロールから合成できるため，厳密にいうとビタミンではない．それにもかかわらず，ビタミン $D_3$ はビタミンに分類され，栄養価を高める目的で多くの食品(とくに牛乳)に添加されており，われわれはこの重要な栄養素を十分に摂取している．<br>・ビタミン D はカルシウムおよびリン代謝の制御を助ける．<br>・ビタミン D の不足は，くる病，X 脚などの骨障害，脊柱湾曲やその他の変形を引き起こす． |
| ビタミンE<br>(α-トコフェロール) | ・**ビタミン E** という用語は構造的に類似した化合物の総称であり，なかでも最も重要なのは α-トコフェロール(α-tocopherol, 15.12 節(上巻))である．<br>・ビタミン E は抗酸化剤であり，脂肪酸の不飽和側鎖を酸化から守る．<br>・ビタミン E の不足は，さまざまな神経系の問題を引き起こす． |
| ビタミンK | ・**ビタミン K**(フィロキノン，phylloquinone)は血液の凝固に必要なプロトロンビンやその他のタンパク質の合成を制御する．<br>・ビタミン K が不足すると，血液が十分に固まらず大量出血を引き起こし，ときには死に至る． |

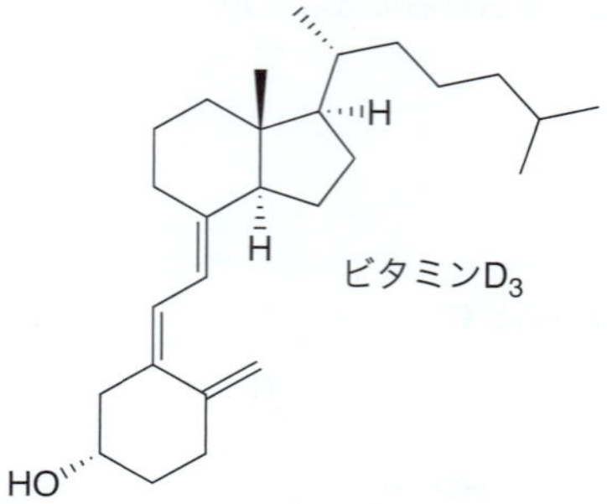

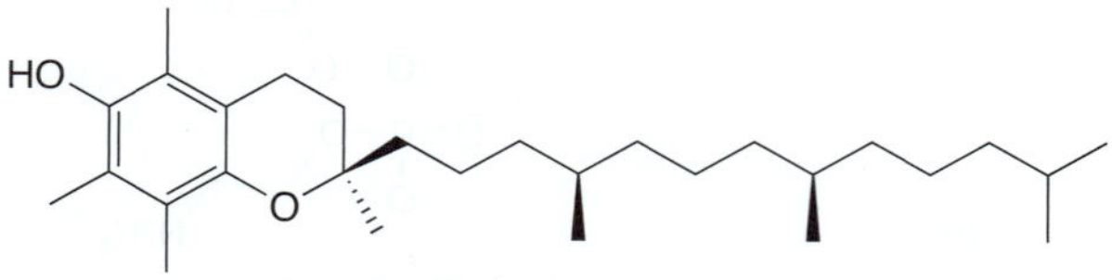

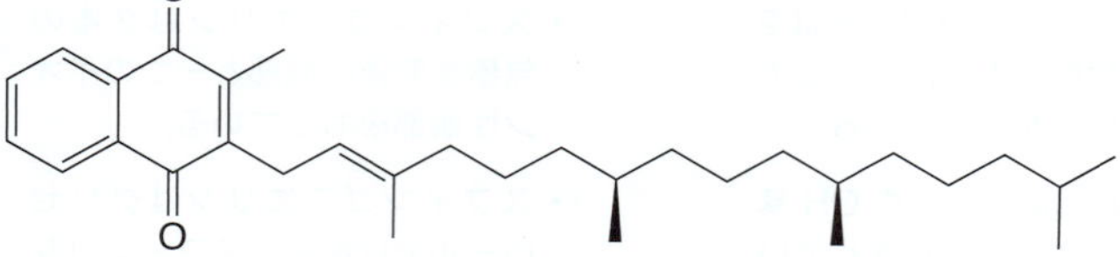

ビタミン A と E の静電ポテンシャル図(図 30.6)を見ると，電子密度がほとんど均一であることがわかる．無極性の C−C および C−H 結合が大部分を占め，一つまた

は二つの極性結合に由来する小さな双極子は目立たないため，ビタミンは無極性で疎水性となっている．

**問題 30.9** 水溶性ビタミンを大過剰に摂取しても健康にはほとんど問題ないが，脂溶性ビタミンを常に大過剰に摂取すると重大な健康問題を引き起こす．その理由を説明せよ．

図 30.6
ビタミン A と E の静電ポテンシャル図

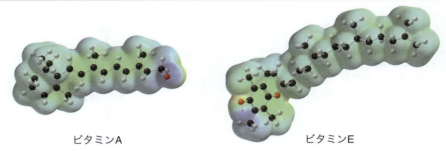

ビタミンA　　　　　　　　　　　ビタミンE

・ほとんどが無極性の C–C および C–H 結合からなるため，これらのビタミンの炭素原子上には電子密度がほぼ均一に分布している．

## 30.6 エイコサノイド

エイコサノイドという用語はギリシャ語で **20** を意味する *eikosi* に由来する．

**エイコサノイド**（eicosanoid）はアラキドン酸から誘導される，20 個の炭素原子を含む生理活性化合物群の一つである．**プロスタグランジン**（19.6 節）や**ロイコトリエン**〔9.16 節（上巻）〕はいずれもエイコサノイドである．その他には**トロンボキサン**と**プロスタサイクリン**がある．

PGF$_{2\alpha}$
プロスタグランジン（prostaglandin）

LTC$_4$
ロイコトリエン（leukotriene）

TXA$_2$
トロンボキサン（thromboxane）

PGI$_2$
プロスタサイクリン（prostacyclin）

すべてのエイコサノイドは細胞に低濃度で存在する，非常に強い生理活性をもつ化合物である．これらは**局所仲介物質**(local mediator)であり，合成されたその場所で機能を発揮する．この事実は**ホルモン**(hormone)とは異なる．ホルモンは合成されてから血流に乗って作用部位に輸送される．エイコサノイドは細胞中に蓄えられることはなく，外部からの刺激に応答してアラキドン酸から合成される．

図 30.7

アラキドン酸のプロスタグランジン，トロンボキサン，プロスタサイクリン，ロイコトリエンへの変換

二種類の経路は
アラキドン酸から始まる

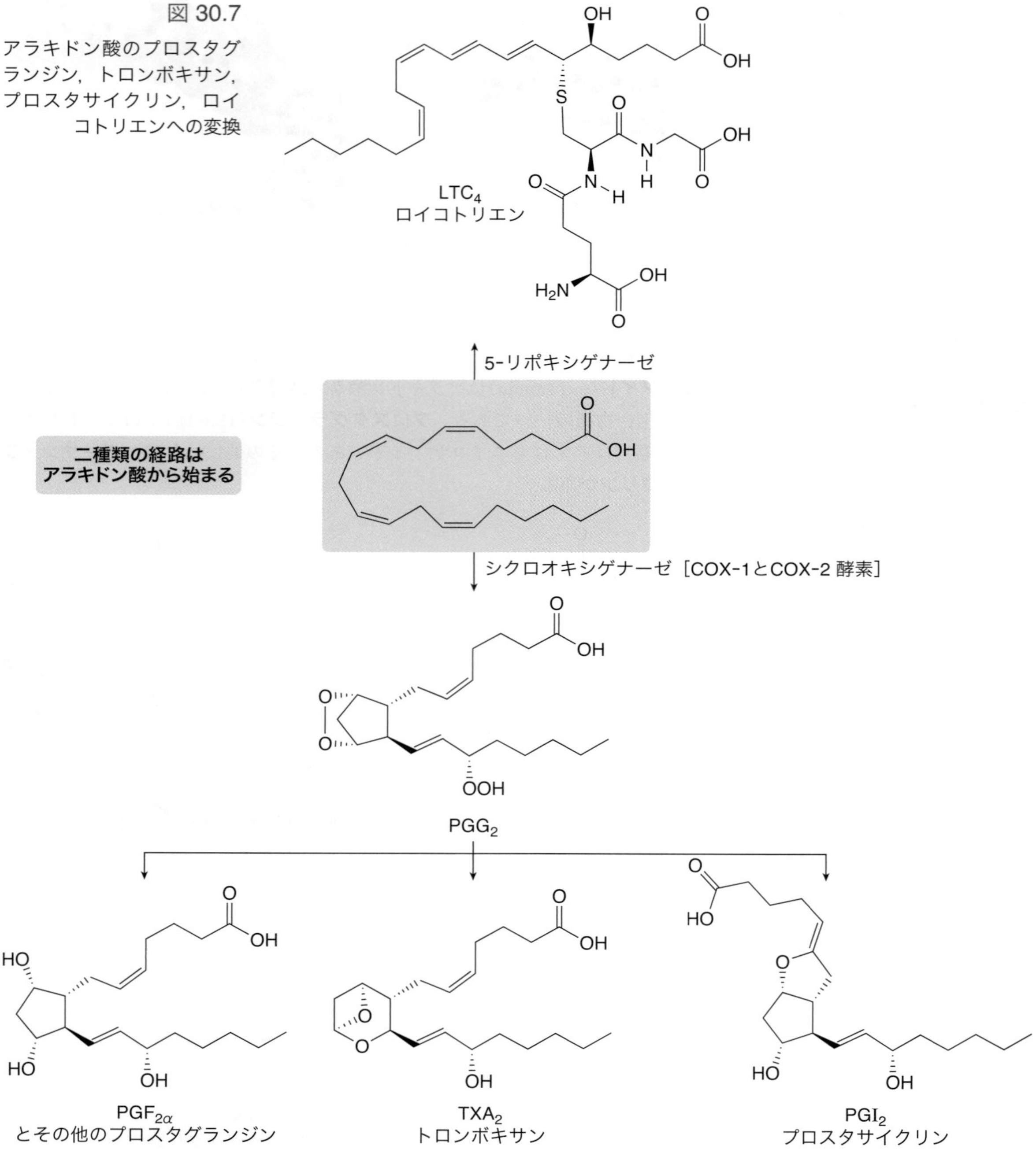

ロイコトリエンやプロスタグランジンの生合成の詳細については，それぞれ 9.17 節（上巻）と 19.6 節で述べた．

プロスタグランジン，トロンボキサン，プロスタサイクリンの合成は，酵素**シクロオキシゲナーゼ**(cyclooxygenase)によってアラキドン酸(arachidonic acid)が $O_2$ で酸化されることにより始まる．この酸化により不安定な環状中間体 $PGG_2$ が生成する．次に $PGG_2$ はさまざまな経路を介して，これらの三つの化合物群に変換される．ロイコトリエンは**リポキシゲナーゼ**(lipoxygenase)と呼ばれる酵素によって異なる経路で生成する．アラキドン酸からのこれら四つの経路を図 30.7 にまとめる．

それぞれのエイコサノイドは特徴的な生理活性をもっている（表 30.4）．ある化合物の作用が別の化合物の作用と正反対のこともある．たとえば，トロンボキサンは血小板の凝集を引き起こす血管収縮剤であるが，プロスタサイクリンは血小板凝集を阻害する血管拡張剤である．細胞の機能を適切に保つためには，これらの二つのエイコサノイドの量がうまく釣り合っていなければならない．

プロスタグランジンとその類縁体は幅広い生物学的機能を示すため，臨床にも用いられてきた．たとえば，**ジノプロストン**は $PGE_2$ の一般名であり，子宮の平滑筋を弛緩させて陣痛を誘発するためや，妊娠初期に人工的に流産を引き起こすために投与される．

$PGE_2$
（ジノプロストン，dinoprostone）

表 30.4　エイコサノイドの生理活性

| エイコサノイド | 効　果 | エイコサノイド | 効　果 |
|---|---|---|---|
| プロスタグランジン | ・血圧低下<br>・血小板凝集阻害<br>・炎症制御<br>・胃液分泌低下<br>・子宮収縮刺激<br>・子宮平滑筋の弛緩 | トロンボキサン | ・血管収縮<br>・血小板凝集誘起 |
|  |  | プロスタサイクリン | ・血管拡張<br>・血小板凝集阻害 |
|  |  | ロイコトリエン | ・肺の平滑筋の収縮 |

† 訳者注：有機化学として正しい名称は"ウノプロストンイソプロピル"だが，日本では正しくない語順の名前"イソプロピルウノプロストン"で市販されている．

プロスタグランジン自身は体内で不安定であり，半減期が数分しかないものもある．そのため，重要な生理活性をより長く持続させるために，より安定な類縁体が開発されてきた．ミソプロストールはプロスタグランジンの類縁体であり，胃潰瘍の発病リスクが高い患者にその予防のために投与される．イソプロピルウノプロストン† は，緑内障の患者の眼圧を下げるために使われる．

（＋C16位に関するエピマー）

ミソプロストール
（misoprostol）

イソプロピルウノプロストン
（unoprostone isopropyl）

エイコサノイドの生合成に関する研究は，別の発見にもつながった．たとえば，アスピリンをはじめとする非ステロイド系抗炎症薬(**NSAID**)は，プロスタグランジン合成に必要な酵素シクロオキシゲナーゼを不活性化する．こうして，NSAIDは炎症を引き起こすプロスタグランジンの合成を阻害する(19.6節)．

さらに最近では，**COX-1**と**COX-2**と呼ばれる二種類の異なる**シクロオキゲナー**ゼが，プロスタグランジン合成にかかわっていることが明らかになった．COX-1はプロスタグランジンの通常の合成に関与しているが，COX-2は関節炎のような炎症疾患において別のプロスタグランジンの合成に関与している．**アスピリン**(aspirin)**やイブプロフェン**(ibuprofen)**のようなNSAIDはCOX-1とCOX-2の両方の酵素を不活性化する**．一方で，この働きによって胃液の分泌が増え，胃潰瘍になりやすくなる．

1990年代に，COX-2酵素のみを阻害する抗炎症薬群が開発された．**ロフェコキシブ**，**バルデコキシブ**，および**セレコキシブ**は胃液の分泌を促進しない．したがって，日頃から抗炎症薬を飲む必要があった関節炎の患者にとって，これらの薬は非常に効果的なNSAIDであると大々的に宣伝された．しかし残念なことに，ロフェコキシブとバルデコキシブは，服用により心臓発作のリスクが高まることがわかり，現在は市場から消えている．

一般名：ロフェコキシブ（rofecoxib）
米国での商品名：Vioxx®

一般名：バルデコキシブ（valdecoxib）
米国での商品名：Bextra®

一般名：セレコキシブ（celecoxib）
商品名：セレコックス®

プロスタグランジン合成を阻害する薬の発見は，有機化学の基礎研究がどのようにして重要な応用につながるのかをよく示している．プロスタグランジンの構造と生合成の解明は基礎研究として始まり，今日ではさまざまな疾患に苦しむたくさんの患者を救う医療技術へと展開されている．

## 30.7 テルペン

**テルペン**(terpene)はイソプレン単位と呼ばれる5炭素単位の繰り返しからなる脂

質である．**イソプレン単位**(isoprene unit)では4炭素が列になり，その中央の炭素から1炭素の枝がでて，炭素を合計五つもっている．

テルペンは炭化水素であり，非環状のものもあれば，一つ以上の環をもつものもある．**テルペノイド**(terpenoid)という用語は，イソプレン単位と酸素原子を一つもつ化合物を指す．精油は植物由来の油から蒸留によって単離される化合物群であるが，これらの多くはテルペンあるいはテルペノイドである．例として，ヤマモモから採れるミルセンと，ペパーミントから採れるメントールをあげる．

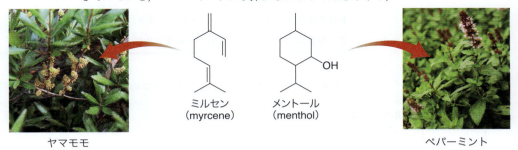

### 30.7.1 テルペン中のイソプレン単位の配置

テルペン中のイソプレン単位を見きわめるにはどうすればよいだろうか．まず，枝分かれ部位近傍の分子の端に注目しよう．次に，**4炭素の鎖と1炭素の枝をさがそう**．これが一つのイソプレン単位となる．この操作を，すべての炭素がイソプレン単位に帰属されるように，環のまわりや鎖に沿って続ける．このとき次のことを忘れないようにしよう．

- イソプレン単位はC–C σ結合のみから構成されていることもあれば，π結合がどこかに含まれていることもある．
- イソプレン単位は常に一つまたはそれ以上の炭素–炭素結合によってつながっている．
- それぞれの炭素原子は一つのイソプレン単位のみに属する．
- それぞれのイソプレン単位は5個の炭素原子からなる．ヘテロ原子は存在してもよいが，イソプレン単位の帰属に際してその存在は無視される．

たとえば，ミルセンとメントールはそれぞれ10個の炭素原子を含んでおり，二つのイソプレン単位から構成されている．

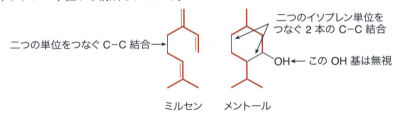

テルペンとテルペノイドは，含まれるイソプレン単位の数によって分類される．たとえば，**モノテルペン（またはモノテルペノイド）は**二つのイソプレン単位を含む **10 炭素**，**セスキテルペン（またはセスキテルペノイド）は**三つのイソプレン単位を含む **15 炭素**から構成されており，以下同様に続く．表 30.5 にテルペンの分類を示す．

表 30.5　テルペンとテルペノイドの分類

| 名　称 | C 原子の数 | イソプレン単位の数 |
|---|---|---|
| モノテルペン（monoterpene）；モノテルペノイド | 10 | 2 |
| セスキテルペン（sesquiterpene）；セスキテルペノイド | 15 | 3 |
| ジテルペン（diterpene）；ジテルペノイド | 20 | 4 |
| セスタテルペン（sesterterpene）；セスタテルペノイド | 25 | 5 |
| トリテルペン（triterpene）；トリテルペノイド | 30 | 6 |
| テトラテルペン（tetraterpene）；テトラテルペノイド | 40 | 8 |

イソプレン単位を赤色で示したテルペンの例を図 30.8 に示す．

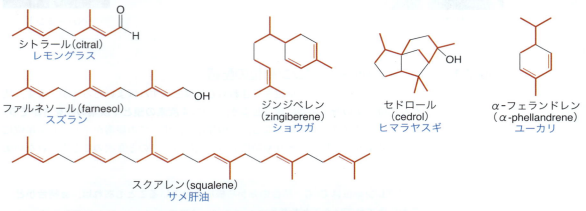

図 30.8　一般的なテルペンとテルペノイドの例

- イソプレン単位は赤色で，二つの単位をつなぐ C–C 結合は黒色で示されている．
- それぞれのテルペンあるいはテルペノイドの源を青字で示す．

**問題 30.10**　次の化合物のイソプレン単位を示せ．

a. ゲラニオール（geraniol）　バラやゼラニウム

b. ビタミンA

c. グランジソール（grandisol）　雄のワタミゾウムシの性フェロモン

d. ショウノウ（camphor）

**問題 30.11** 琥珀の成分であるビホルメンのなかのイソプレン単位を示し，ビホルメンをモノテルペン，セスキテルペンなどに分類せよ．

ビホルメン（biformene）

琥珀は大昔に樹木からにじみでた樹液の化石であり，ビホルメンのほかラブダノイド（labdanoid）と呼ばれる多くのテルペノイドを含んでいる．

### 30.7.2 テルペンおよびテルペノイドの生合成

テルペンおよびテルペノイドの生合成は，自然界ではいかに効率よく合成が行われているかを示す好例である．これには二つの方法がある．

[1] 同じ反応を何度も繰り返し使い，連続的により複雑な化合物を合成する．
[2] 途中の鍵中間体がさまざまな化合物の出発物質となる．

すべてのテルペンおよびテルペノイドはジメチルアリル二リン酸とイソペンテニル二リン酸から合成される．どちらの5炭素化合物も有機二リン酸（16.2.2節）であり，優れた脱離基（二リン酸，$P_2O_7^{4-}$，$PP_i$）をもっている．

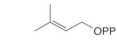

ジメチルアリル二リン酸
（dimethylallyl diphosphate）

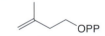

イソペンテニル二リン酸
（isopentenyl diphosphate）

ジメチルアリル二リン酸とイソペンテニル二リン酸からのテルペンの生合成の全体的な戦略を図 30.9 にまとめる．

それは三つの基本的な部分からなる．

[1] 二種類の $C_5$ 二リン酸は **$C_{10}$ のモノテルペンであるゲラニル二リン酸**（geranyl diphosphate）に変換される．ゲラニル二リン酸は他のすべてのモノテルペンおよびモノテルペノイドの出発物質となる．

[2] ゲラニル二リン酸にさらに5炭素単位が付加して，**$C_{15}$ のセスキテルペンであるファルネシル二リン酸**（farnesyl diphosphate）が得られる．ファルネシル二リン酸は他のすべてのセスキテルペンとジテルペンおよび関係するテルペノイドの出発物質となる．

[3] ファルネシル二リン酸2分子は **$C_{30}$ のトリテルペンであるスクアレン**（squalene）に変換される．スクアレンはすべてのトリテルペンとステロイドの出発物質となる．

二種類の5炭素二リン酸からのゲラニル二リン酸の生体内での生成は機構 16.1 に示した．生体内におけるゲラニル二リン酸のファルネシル二リン酸への変換は，機構 30.1 に示すように，まったく同じ3段階を経る．

### 図 30.9 テルペンおよびテルペノイドの生合成の概略

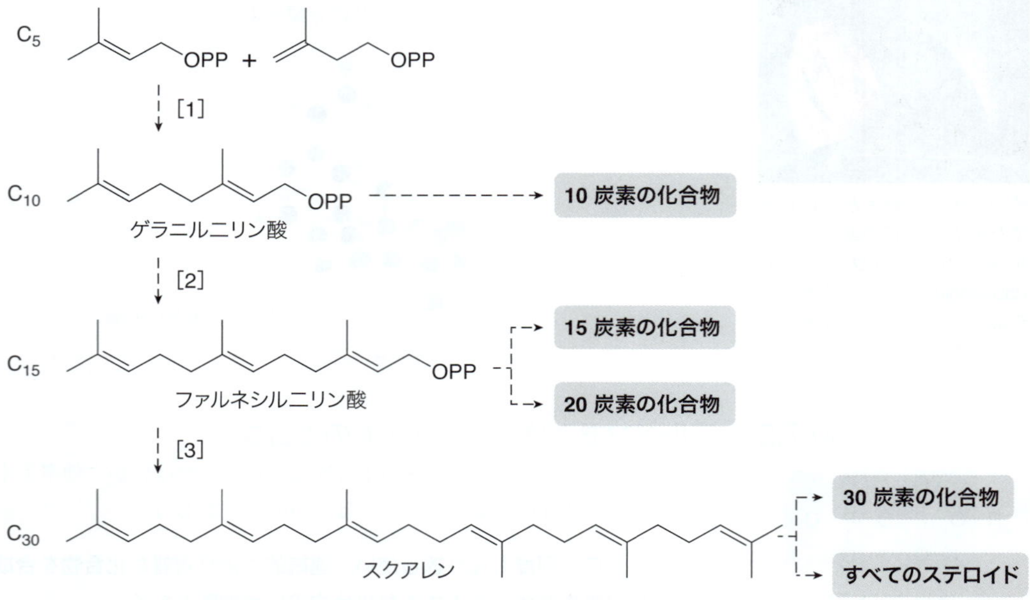

$C_5$ の2つのOPP化合物 → [1] → $C_{10}$ ゲラニル二リン酸 → 10 炭素の化合物

→ [2] → $C_{15}$ ファルネシル二リン酸 → 15 炭素の化合物 / 20 炭素の化合物

→ [3] → $C_{30}$ スクアレン → 30 炭素の化合物 / すべてのステロイド

---

## 機構 30.1 生体内におけるファルネシル二リン酸の生成

### 反応[1] 新しい炭素–炭素σ結合の生成

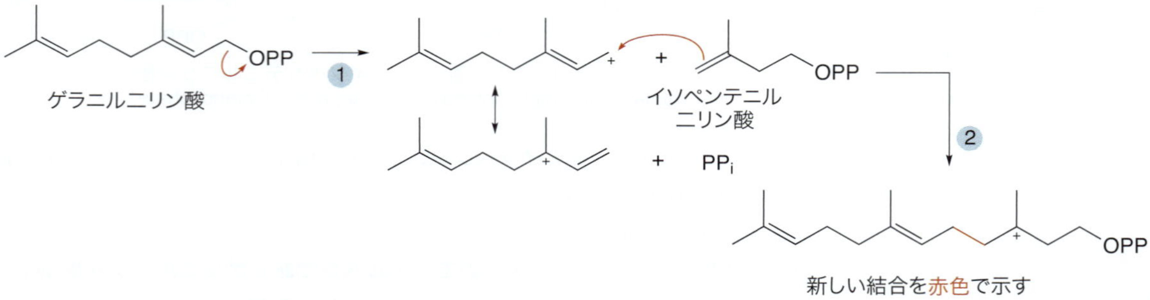

ゲラニル二リン酸 → ① 脱離基である二リン酸が脱離して、共鳴安定化されたカルボカチオンが生成する。

生成したアリルカルボカチオン + イソペンテニル二リン酸 → ② このアリルカルボカチオンがイソペンテニル二リン酸の求核攻撃を受け、新しい C–C σ結合が生成する。

+ $PP_i$

新しい結合を赤色で示す

① 脱離基である二リン酸が脱離して、共鳴安定化されたカルボカチオンが生成する。
② このアリルカルボカチオンがイソペンテニル二リン酸の求核攻撃を受け、新しい C–C σ結合が生成する。

### 反応[2] プロトンの脱離によるπ結合の生成

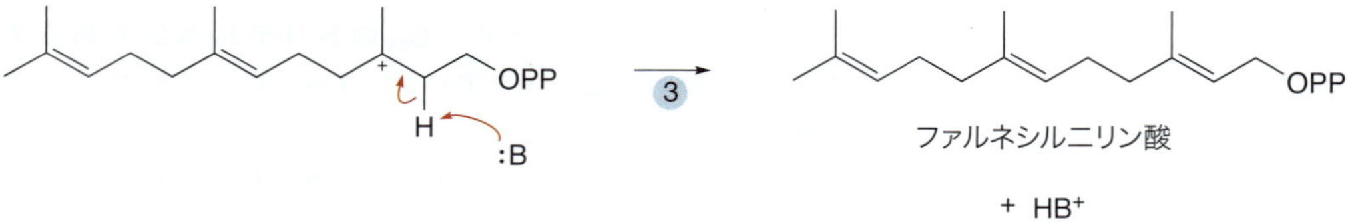

中間体カルボカチオン + :B → ③ → ファルネシル二リン酸 + $HB^+$

③ プロトンの脱離(一般的な塩基 B: による)により、新しいπ結合とともにファルネシル二リン酸が生成する。

**2分子のファルネシル二リン酸が反応するとスクアレンが生成し**，ここからすべてのトリテルペンとステロイドが合成される．

ゲラニルおよびファルネシル二リン酸の加水分解により，モノテルペンであるゲラニオール（geraniol）と，セスキテルペンであるファルネソール（farnesol）がそれぞれ生成する．

**その他すべてのテルペンおよびテルペノイドは，一連の反応によってゲラニルおよびファルネシル二リン酸から生体内で誘導される**．環状化合物は，カルボカチオン中間体への分子内π結合による求核攻撃によって生成する．いくつかの環状化合物を生成するためには，Eの二重結合をもつゲラニル二リン酸が，Zの二重結合をもつ異性体であるネリル二リン酸にまず異性化しなければならない．機構30.2にその過程を示す．異性化によって基質のもつ脱離基と求核的な二重結合が接近し，分子内反応が可能になる．

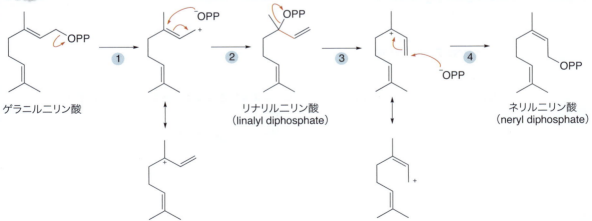

**機構 30.2　ゲラニル二リン酸のネリル二リン酸への異性化**

**1-2**　脱離基である二リン酸が脱離して，共鳴安定化されたカルボカチオンが生成する．このカルボカチオンが二リン酸アニオンと反応して，リナリル二リン酸が生成する．

③ 赤色で示した単結合の回転とニリン酸が脱離によって，共鳴安定化されたカルボカチオンが生成する．
④ ニリン酸の求核攻撃により，ネリルニリン酸が生成する．ネリルニリン酸のニリン酸脱離基は炭素鎖のもう一方の端にある二重結合と接近しており，分子内環化が可能になる．

たとえば，α-テルピネオールやリモネンの合成では，ゲラニルニリン酸はネリルニリン酸に異性化する（次の一連の反応のステップ[1]）．その後，ネリルニリン酸は分子内攻撃により，第三級カルボカチオンへと環化する（ステップ[2]と[3]）．このカルボカチオンへの水による求核攻撃によりモノテルペノイドであるα-テルピネオールが生じる（ステップ[4]）．または，プロトンの脱離によりモノテルペンであるリモネンが生じる（ステップ[5]）．

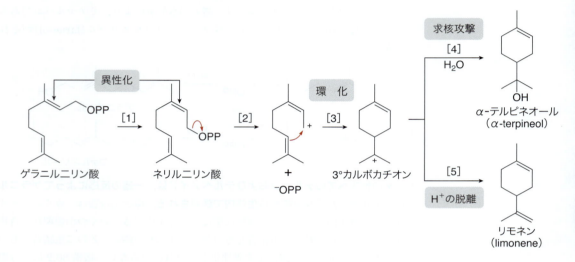

**問題 30.12** 次の反応の機構を段階ごとに示せ．

**問題 30.13** ゲラニルニリン酸がα-テルピネンに変換される反応機構を段階ごとに示せ．

## 30.8 ステロイド

ステロイド（steroid）は四環式の脂質であり，その多くが生理活性をもつ．

### 30.8.1 ステロイドの構造

ステロイドは三つの六員環と一つの五員環が図のように互いにつながって構成されている．多くのステロイドは**核間メチル基**（angular methyl group）と呼ばれる二つのメチル基を，図に示した二つの環の連結部にもつ．ステロイド環は **A，B，C，D** と示され，17 個の環内炭素は図のように番号づけされる．二つの核間メチル基は C18 と C19 と番号づけされる．

二つの環が縮環しているときには必ず，縮環部位の置換基がシスまたはトランスに配置される．このことを二つの六員環からなる**デカリン**（decalin）を例に説明しよう．*trans*-デカリンは縮環したところに二つの水素原子を反対側にもち，*cis*-デカリンではそれらを同じ側にもつ．

これらの分子の三次元構造を見れば，異なる二つの可能な配置が実際どうなっているかがわかる．*trans*-デカリンの二つの環はおおよそ同一平面にある．一方，*cis*-デカリンの二つの環は互いにほぼ垂直となる．**トランス配置はエネルギー的により低く，したがってより安定である．**

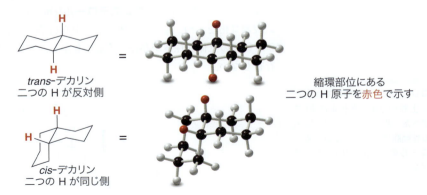

縮環部位にある二つの H 原子を赤色で示す

ステロイドにおける縮環は，理論的にはシスでもトランスでもよいが，すべてトランス配置をとるのが最も一般的である．このため，**ステロイド骨格の四つのすべての環は同一平面に並び**，環系を非常に剛直にしている．二つの核間メチル基は分子の平

面に対して垂直に配向している．図 30.10 に示すように，これらのメチル基のために，ステロイド骨格の片側は他に比べて著しく混み合っている．

### 図 30.10
ステロイド母核の三次元構造

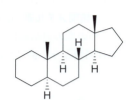

すべての環がトランス縮環している

- ステロイド骨格の四つすべての環がほぼ同一平面をつくっている．
- 二つの $CH_3$ 基が分子平面の上側に張りだしている．

縮環部位にある原子を赤色で示す．

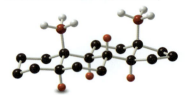

- すべての C 原子を示す．
- 縮環部位にある H と $CH_3$ が書かれている．
- その他の H 原子は省略されている．

ステロイド類はどれも同一の縮環骨格をもっているが，その骨格に結合する置換基の種類や位置に違いがある．

**問題 30.14** (a) 次の記述をもとに，"アンドロ"とも呼ばれる筋肉増強ステロイド 4-アンドロステン-3,17-ジオンの構造を書け．アンドロは四環式のステロイド骨格をもち，C3 と C17 にカルボニル基を，C4 と C5 間に二重結合を，そして C10 と C13 にメチル基をもつ．(b) 次の情報をもとにすべての立体中心をくさび形の実線と破線で表せ．C10 の立体配置は R，C13 の立体配置は S であり，縮環部位の置換基はすべて互いにトランスの関係にある．

### 30.8.2 コレステロール

本章の冒頭で紹介した**コレステロール**(cholesterol)は，ステロイドに特有の四環式炭素骨格をもつ．また，8 個の立体中心(7 個は環内，1 個は側鎖上)をもち，$2^8 =$ 256 種類の立体異性体が存在しうる．しかし，天然には次に示す立体異性体のみしか存在しない．

コレステロールについてはすでに上巻の 3.4.3 項と 4.15 節で述べた．歯垢の生成やアテローム性動脈硬化に関するコレステロールの役割は 22.17 節で述べた．

コレステロール

コレステロールは細胞膜の重要な成分であり，他のすべてのステロイドの出発物質であることから，生命に必要不可欠である．肝臓で合成され，血流に乗って体内の他の組織に運ばれるので，ヒトは食事からコレステロールを摂取する必要はない．コレ

## 30.8 ステロイド

コンラート・ブロッホ(Konrad Bloch)とフェオドル・リネン(Feodor Lynen)は，スクアレンのコレステロールへの複雑な変換を解明したことにより，1964年のノーベル医学生理学賞を受賞した．

ステロールには極性OH基が一つあるのみで，無極性C–CとC–H結合が数多く存在するため，水には(したがって血液の水環境中にも)溶けない．

コレステロールは，30.7.2項で述べたように，より小さなテルペンから合成される$C_{30}$のトリテルペンであるスクアレンを経て体内で合成される．すべてのテルペンの生合成はアセチルCoAから始まるので，コレステロールの27個の炭素原子はすべてこの2炭素の前駆体に由来する．スクアレンのコレステロールへの変換における主要な段階を図30.11に示す．

**図 30.11** コレステロールの生合成

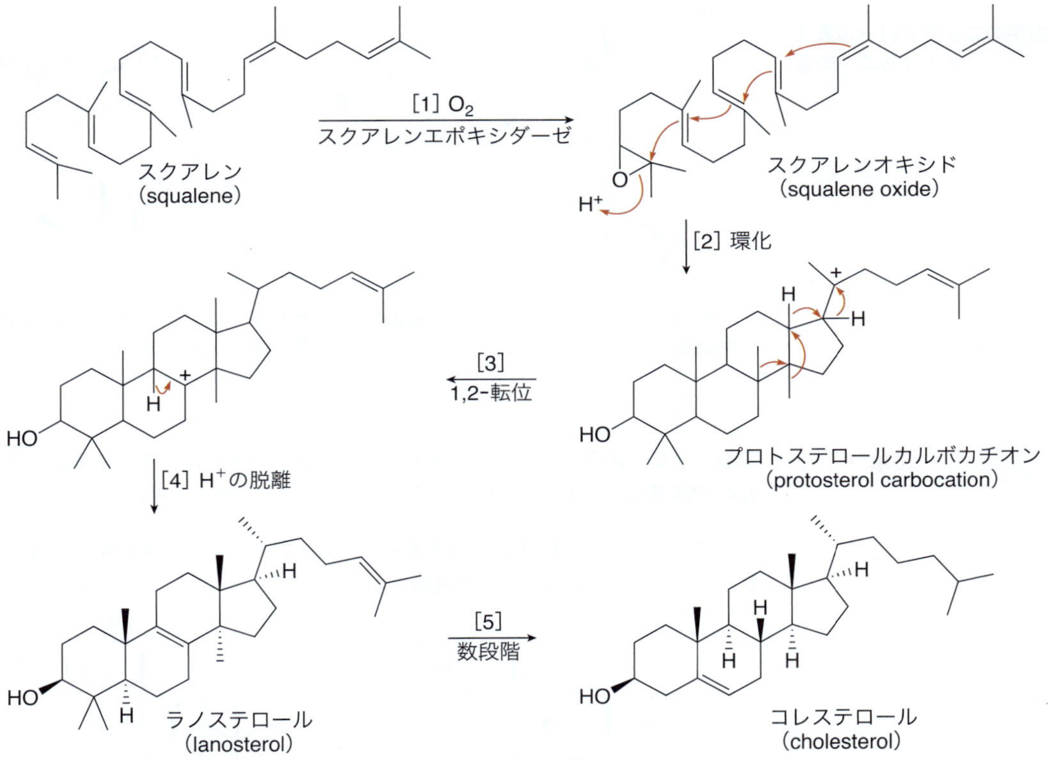

スクアレンのコレステロールへの変換は五つの部分から構成される．

[1] スクアレンエポキシダーゼという酵素によりスクアレンが**エポキシ化**(epoxidation)され，スクアレンオキシドが生成する．スクアレンの六つの二重結合のうち，両端の一方の二重結合だけがエポキシ化される．

[2] スクアレンオキシドの**環化**(cyclization)により，プロトステロールカチオンというカルボカチオンが生成する．この反応で四つの新しいC–C結合と四環式骨格が一挙に構築される．

[3] **プロトステロールカルボカチオンは**，水素やメチル基の1,2-転位を経て別の第三級カルボカチオンに**再構築**される．

［4］**プロトンが脱離する**ことで，**ラノステロール**というアルケンが生成する．ラノステロールは 7 個の立体中心をもつが，一種類の立体異性体しか生成しない．

［5］ラノステロールから多段階を経て三つのメチル基が除去され，コレステロールに変換される．

血中のコレステロール濃度を下げるスタチンという薬が今日では入手可能である．これらの薬は，コレステロールの生合成を初期段階で阻害することによって作用する．アトルバスタチン（リピトール®）とシンバスタチン（リポバス®）はその代表例であり，図 30.12 にその構造を示す．

**図 30.12**
血中のコレステロール濃度を下げる二つの薬

一般名：アトルバスタチン (atorvastatin)
商品名：リピトール® (Lipitor®)

一般名：シンバスタチン (simvastatin)
商品名：リポバス®

**問題 30.15** コレステロールのエナンチオマーおよび二つのジアステレオマーを書け．コレステロールの OH 基は，アキシアル位もしくはエクアトリアル位のどちらを占めるか．

**問題 30.16** コレステロールを mCPBA で処理すると，単一のエポキシド **A** が生成する．その異性体 **B** がまったく生成しない理由を説明せよ．

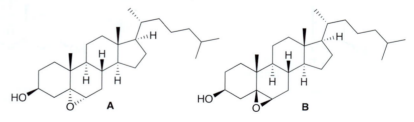

### 30.8.3 その他のステロイド

他の多くの重要なステロイドは，内分泌腺から分泌されるホルモンである．**性ホルモン** (sex hormone) と **副腎皮質ステロイド** (adrenal cortical steroid) の二種類がある．
女性ホルモンには**エストロゲン** (estrogen) と**プロゲスチン** (progestin) の二種類がある．男性ホルモンは**アンドロゲン** (androgen) と呼ばれる．それぞれのホルモン群のなかで，最も重要なホルモンを表 30.6 に示す．

これらのステロイドの合成類縁体は，11.4 節（上巻）で述べたように，エチニルエストラジオールやノルエチンドロンといった経口避妊薬など重要な用途がある．

## 30.8 ステロイド

### 表 30.6 女性ホルモンと男性ホルモン

| 構造 | 性質 |
|---|---|
| エストラジオール（estradiol）／エストロン（estrone） | ・**エストラジオール**と**エストロン**は卵巣で合成されるエストロゲンである．女性の第二次性徴の発達を制御し，月経周期を正常に保つ． |
| プロゲステロン（progesterone） | ・**プロゲステロン**は"妊娠ホルモン"とも呼ばれる．受精卵の着床のために子宮を準備する． |
| テストステロン／アンドロステロン | ・**テストステロン**と**アンドロステロン**は睾丸で合成されるアンドロゲンである．男性の第二次性徴の発達を制御している． |

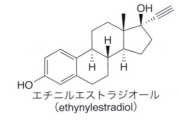

エチニルエストラジオール（ethynylestradiol）／ノルエチンドロン（norethindrone）

**同化ステロイド**（anabolic steroid）と呼ばれる合成アンドロゲン類縁体は，筋肉の成長を促進する．それらは，手術後に筋肉がやせ衰えてしまった人びとを救うために開発された．その後，運動選手やボディービルダーによって使われるようになったが，競技では使用が認められていない．ステロイドの長期使用は多くの肉体的かつ精神的問題を招く．

スタノゾロール，ナンドロロン，テトラヒドロゲストリノンのような同化ステロイドはテストステロンと同様の作用をもつが，それらはより安定ですぐには代謝されにくい．テトラヒドロゲストリノン（THG または "Clear" とも呼ばれる）は，2000 年のシドニーオリンピックで花形ランナーであったマリオン・ジョーンズ（Marion Jones）によって使われた運動能力向上剤であり，尿によるドーピング検査では当初検出されなかったので，"デザイナーステロイド"と考えられていた．その化学構造と性質が決定されると，使用禁止の同化ステロイドとして 2004 年に登録された．

ボディービルダーのなかには，同化ステロイドを使って筋肉量を増やす人もいるが，長期使用や過剰使用は，高血圧，肝障害，心筋疾患などの健康問題を引き起こす．

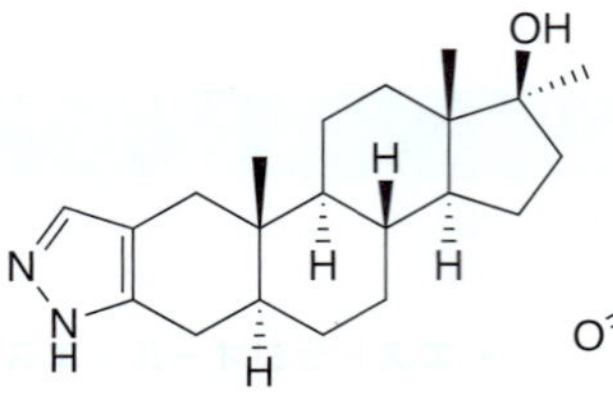

スタノゾロール
（stanozolol）

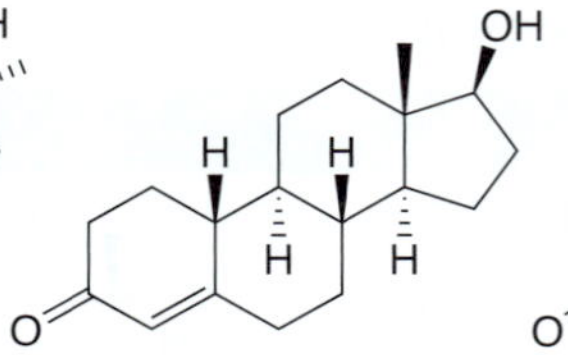

ナンドロロン
（nandrolone）

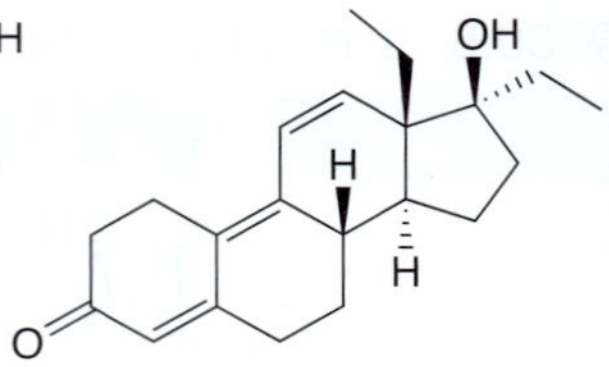

テトラヒドロゲストリノン
（tetrahydrogestrinone）

もう一つのステロイドホルモンは**副腎皮質ステロイド**である．**コルチゾン，コルチゾール，アルドステロン**の三つを例にあげる．これらはすべて副腎の外層（副腎皮質）で合成される．コルチゾンとコルチゾールは抗炎症剤として機能し，炭水化物の代謝も制御する．アルドステロンは体液の $Na^+$ と $K^+$ の濃度を調整して血圧や血液量を制御する．

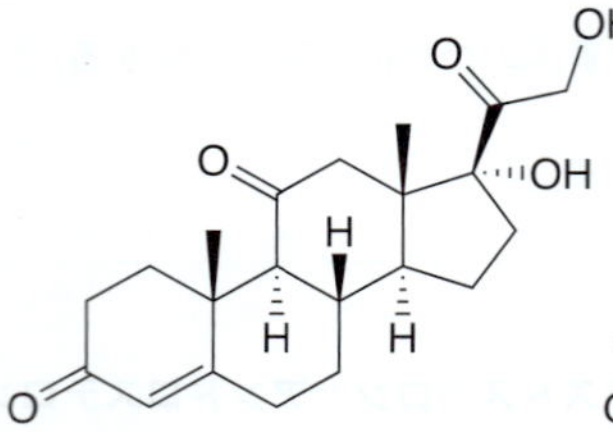

コルチゾン
（cortisone）

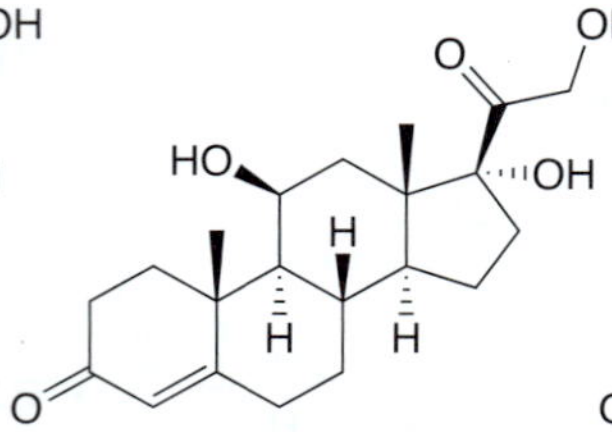

コルチゾール
（cortisol）

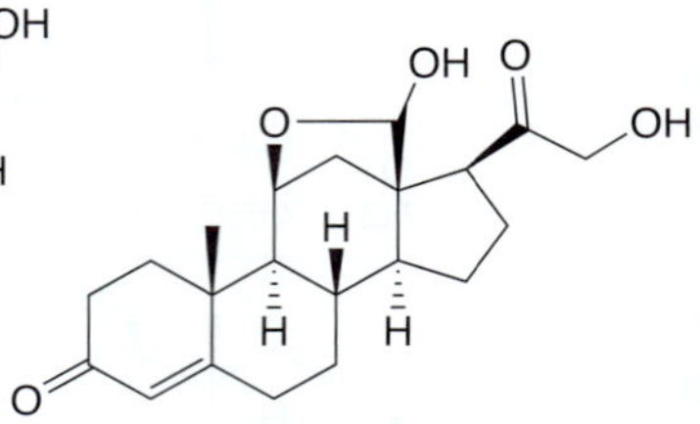

アルドステロン
（aldosterone）

## ◆キーコンセプト◆

### 脂　質

#### 加水分解できる脂質

[1] **ろう**（30.2節）——長鎖アルコールと長鎖カルボン酸から生成するエステル

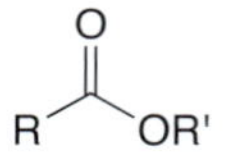

R, R' = 長い炭素鎖

[2] **トリアシルグリセロール**（30.3節）
——グリセロールと三つの脂肪酸からなるトリエステル

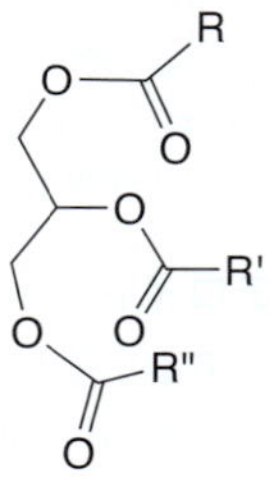

R, R', R'' = 炭素数 11〜19 のアルキル基

[3] **リン脂質**（30.4節）

a. ホスファチジルエタノールアミン
（セファリン）

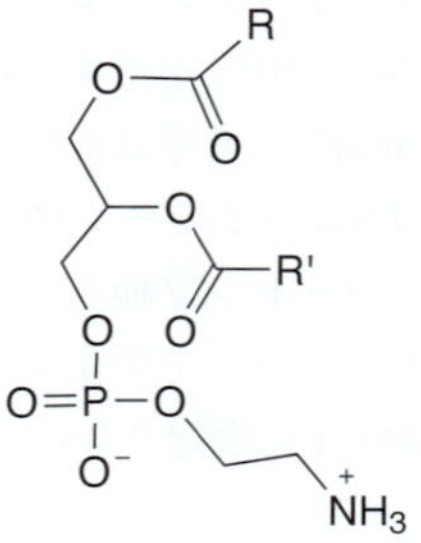

b. ホスファチジルコリン
（レシチン）

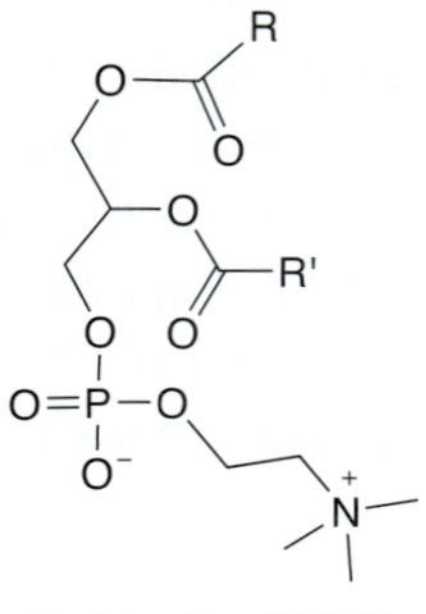

c. スフィンゴミエリン

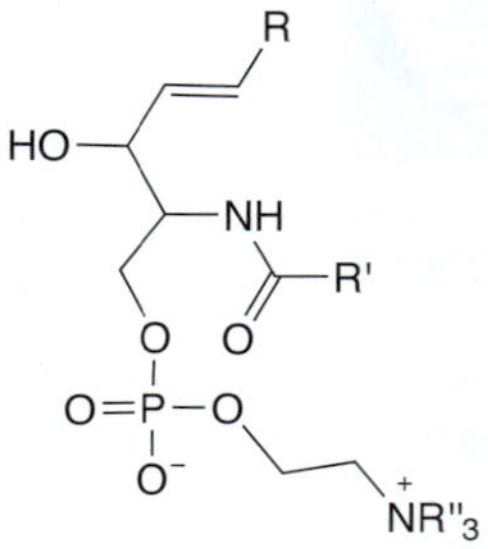

R, R' = 長い炭素鎖

R, R' = 長い炭素鎖

R = $CH_3(CH_2)_{12}$
R' = 長い炭素鎖
R'' = H または $CH_3$

### 加水分解できない脂質

[1] **脂溶性ビタミン**（30.5 節）──ビタミン A, D, E, K

[2] **エイコサノイド**（30.6 節）── 20 個の炭素を含む化合物で，アラキドン酸から誘導される．プロスタグランジン，トロンボキサン，プロスタサイクリン，ロイコトリエンの四種類がある

[3] **テルペン**（30.7 節）──イソプレン単位と呼ばれる 5 炭素単位の繰り返しからなる脂質

| イソプレン単位 | テルペンの種類 | | | |
|---|---|---|---|---|
|  | [1] モノテルペン | 10 個の炭素 | [4] セスタテルペン | 25 個の炭素 |
|  | [2] セスキテルペン | 15 個の炭素 | [5] トリテルペン | 30 個の炭素 |
|  | [3] ジテルペン | 20 個の炭素 | [6] テトラテルペン | 40 個の炭素 |

[4] **ステロイド**（30.8 節）──三つの六員環と一つの五員環からなる四環式脂質

## ◆ 章末問題 ◆

### 三次元モデルを用いる問題

**30.17** 次の化合物中のイソプレン単位を示せ．

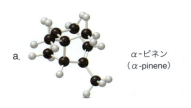
a. α-ピネン（α-pinene）

b. フムレン（humulene）

**30.18** 次のボール＆スティックモデルを，デカリン誘導体の縮環部分の立体化学を明示しつつ，骨格構造に書き直せ．

a.   b.

**30.19** アンドロステロンのボール＆スティックモデルを，(a) すべての立体中心をくさび形の実線と破線で表した骨格構造と，(b) いす形シクロヘキサン環を使った三次元表記に書き直せ．

アンドロステロン（androsterone）

## ろう，トリアシルグリセロール，リン脂質

**30.20** 羊毛を覆うろうであるラノリンの成分の一つは，コレステロールとステアリン酸から誘導される．その構造をすべての立体中心の立体化学を明示しつつ書け．

**30.21** パルミチン酸，オレイン酸，リノール酸を一つずつ含むトリアシルグリセロールのすべての構造異性体を書け．それぞれの構造異性体における四面体立体中心の位置も示せ．

**30.22** 酸性水溶液における加水分解により，2モルのオレイン酸と1モルのパルミチン酸を得る光学不活性なトリアシルグリセロールの構造を書け．

**30.23** トリアシルグリセロール **L** を Pd-C と過剰量の $H_2$ で処理すると化合物 **M** が生成する．**L** をオゾン分解 [[1] $O_3$, [2] $(CH_3)_2S$] すると，化合物 **N**〜**P** が生成する．**L** の構造を書け．

**30.24** 次のリン脂質の構造を書け．
  a. 2分子のステアリン酸から生成するセファリン
  b. パルミチン酸から生成するスフィンゴミエリン

## プロスタグランジン

**30.25** $PGF_{2\alpha}$ の合成において，C15 位の OH 基を望みの立体配置で導入するのは難しい．
  a. この立体中心が *R* か *S* かを決定せよ．
  b. $PGF_{2\alpha}$ のよく知られた合成法では，$NaBH_4$ と類似の反応性をもつ $Zn(BH_4)_2$ を **A** と反応させて，二つの異性体 **B** と **C** を得る．**B** と **C** の構造を書き，立体化学的関係を示せ．
  c. **A** を単一の立体異性体 **X** に変換する反応剤を示せ．

## テルペンおよびテルペノイド

**30.26** 次の化合物におけるイソプレン単位を示せ.

a. ネラール（neral）

b. カルボン（carvone）

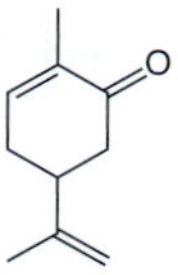

c. リコペン（lycopene）

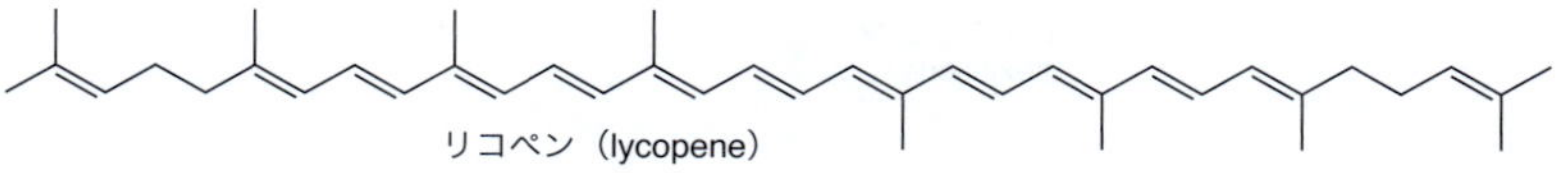

d. β-カロテン（β-carotene）

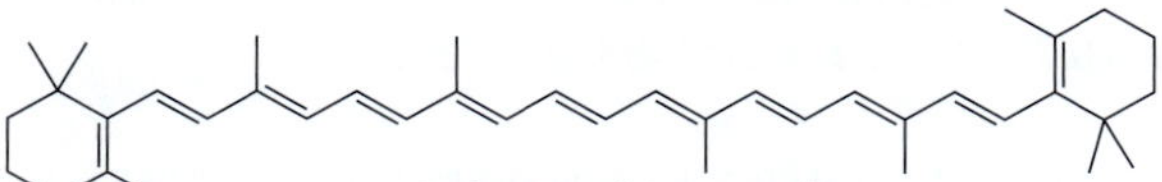

e. パチョリアルコール（patchouli alcohol）

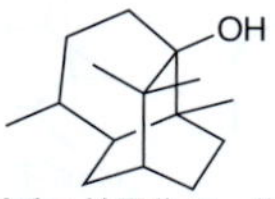

f. ペリプラノン B（periplanone B）

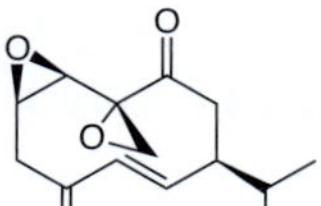

g. デキストロピマル酸（dextropimaric acid）

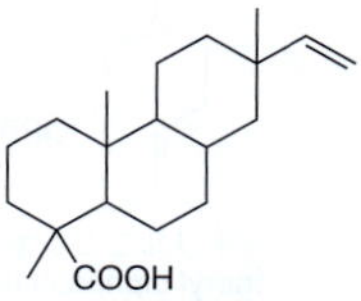

h. β-アミリン（β-amyrin）

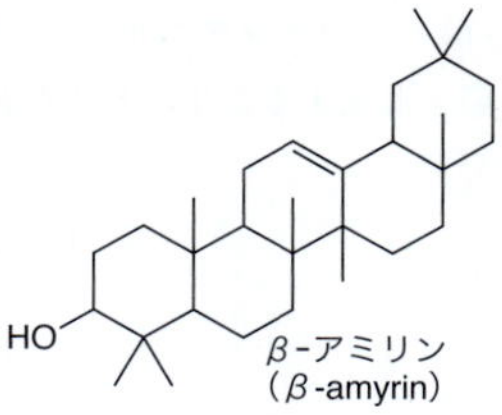

**30.27** 問題 30.26 のそれぞれのテルペンおよびテルペノイドをモノテルペン，セスキテルペンなどに分類せよ．

**30.28** クロシンはクロッカスとクチナシの花に含まれる天然物であり，サフランの色のおもな原因である．(a)クロシンの加水分解で生成する脂質と単糖は何か．(b)その脂質をモノテルペノイド，ジテルペノイドなどに分類し，イソプレン単位を示せ．

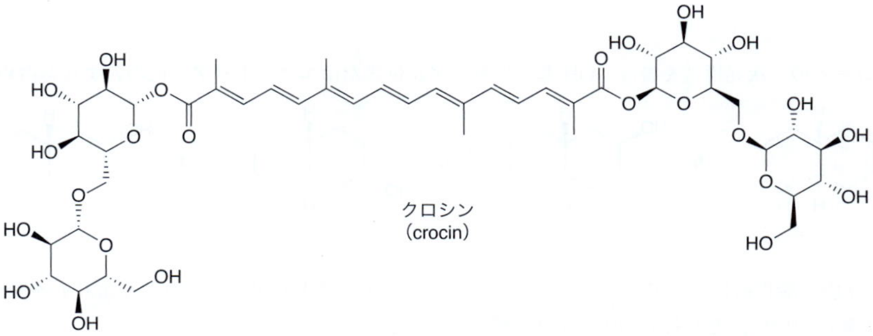

クロシン（crocin）

**30.29** イソプレン単位は頭部と尾部をもっていると考えることができる．イソプレン単位の"頭部"は枝分かれに近い鎖の端に位置し，"尾部"は枝分かれから遠い炭素鎖の端に位置する．ほとんどのイソプレン単位は図に示すように，"頭-尾"型につながっている．リコペン（問題 30.26）とスクアレン（図 30.9）について，どのイソプレン単位が頭-尾型につながっていて，どれが違うかを述べよ．

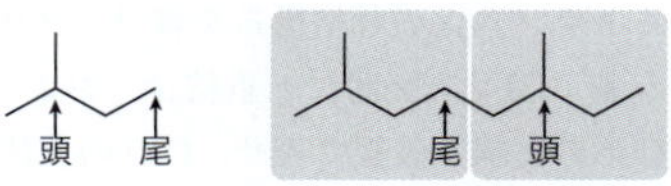

頭　尾　　尾　頭

二つのテルペン単位が頭-尾型につながっている

**30.30** ネリル二リン酸をα-ピネンに変換する反応の機構を段階ごとに示せ．α-ピネンは松油やローズマリー油の成分である．

**30.31** フレキシビレンはインド洋の軟体サンゴであるヤナギカタトサカ（*Sinularia flexibilis*）から単離されたテルペンである．ファルネシル二リン酸とイソペンテニル二リン酸からフレキシビレンを生成する反応機構を段階ごとに示せ．また，フレキシビレンの15員環を形成する環化はどこが普通とは異なるかを説明せよ．

フレキシビレン
(flexibilene)

**30.32** スクアレンからのラノステロールの生合成は，その発見以来，化学者を魅了してきた．今日では，非環状または単環式の前駆体から複数のC–C結合を一挙に構築する反応によって多環式化合物を合成できる．
  a. 次の反応の機構を段階ごとに書け．
  b. **X** を 16,17-デヒドロプロゲステロンに変換する手法を示せ（ヒント：類似の変換については図24.5を見よ）．

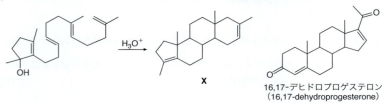

## ステロイド

**30.33** 次のアルコールの三次元構造を書け．OH基がアキシアル位またはエクアトリアル位のいずれを占めるかも示せ．

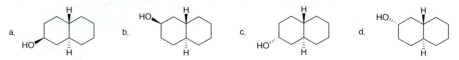

**30.34** PCCなどのCr$^{6+}$酸化剤によって，アキシアルアルコールはエクアトリアルアルコールよりも速やかに酸化される．それぞれの化合物において，どちらのOH基が速く酸化されるか．

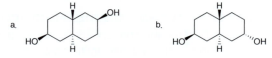

**30.35** (a) 次の記述から同化ステロイドであるメテノロンの骨格構造を書け．メテノロンは四環式のステロイド骨格を含み，C3位にカルボニル基，C17位にヒドロキシ基，C1とC2間に二重結合，およびC1，C10，C13にメチル基をもつ．(b) 次の情報をもとにすべての立体中心をくさび形の実線と破線で表せ．C10の立体配置が*R*，C13とC17の立体配置が*S*であり，縮環部位の置換基はすべて互いにトランスの関係にある．(c) メテノロンをCH$_3$(CH$_2$)$_5$COClとピリジンで処理して得られる生成物であるプリモボランの構造を書け．プリモボランは経口または注射によって投与される同化ステロイドであり，有名なメジャーリーグの野球選手たちによって違法に使われてきた．

**30.36** ベタメタゾンはかゆみ止め用の局所クリームに使われる合成抗炎症ステロイドである．ベタメタゾンはコルチゾールの誘導体であり，C1 と C2 の間に二重結合，C9 位にフッ素，C16 位にメチル基がある点がコルチゾールとは異なる．C9 位と C16 位の立体配座はそれぞれ $R$ と $S$ である．ベタメタゾンの構造を書け．

**30.37**　a．次のステロイドの三次元構造を書け．
　　　　b．このケトンの $H_2$ と Pd-C を用いる還元により生成する単一の異性体の構造を示せ．また，単一の異性体が生成する理由を説明せよ．

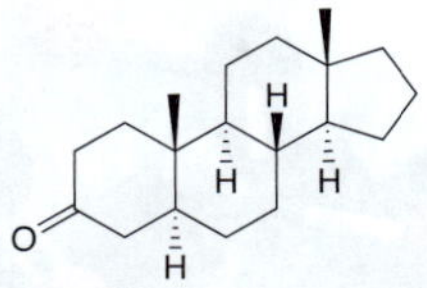

**30.38** コレステロールを次の反応剤で処理して得られる生成物を示せ．生成物に立体中心が生成するときはその立体化学も示せ．
　　a．$CH_3COCl$　　　c．PCC　　　e．[1] $BH_3 \cdot THF$, [2] $H_2O_2$, $^-OH$
　　b．$H_2$, Pd-C　　　d．オレイン酸，$H^+$

## チャレンジ問題

**30.39** カンフェンを生成する次の反応の機構を段階ごとに示せ．カンフェンは，ショウノウやシトロネラ油の成分である．

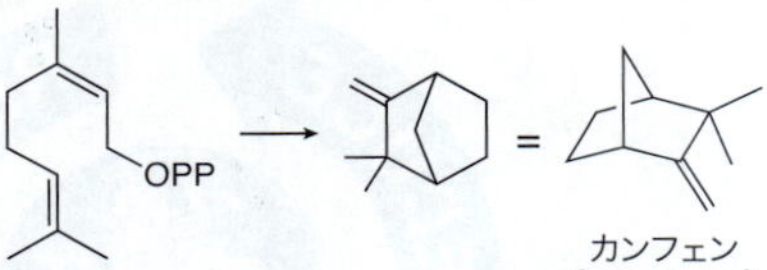

カンフェン
(camphene)

**30.40** 次の反応の機構を段階ごとに示せ．

$H_3O^+$

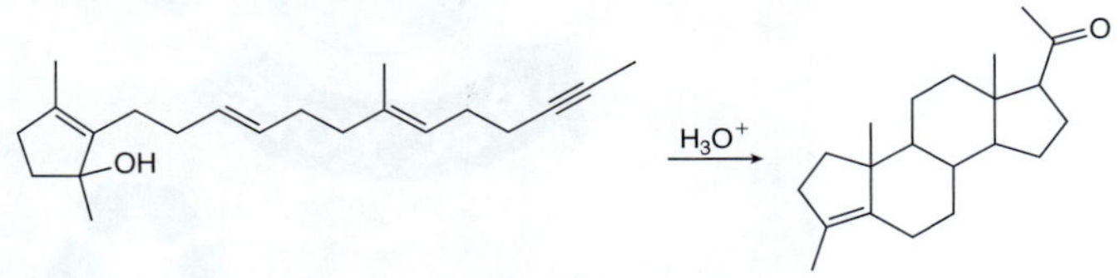

**30.41** ファルネシル二リン酸はセスキテルペン **A** に環化し，その後二環式生成物エピ-アリストロケンとなる．二つの反応の機構を段階ごとに示せ．

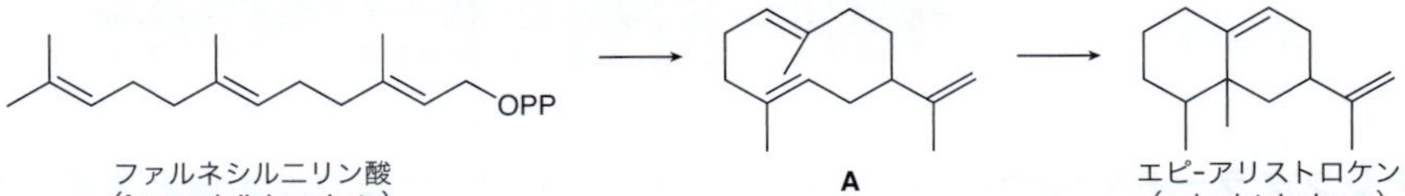

ファルネシル二リン酸
(farnesyl diphosphate)

**A**

エピ-アリストロケン
(epi-aristolochene)

# 31 合成ポリマー

31.1 はじめに
31.2 連鎖重合により生成するポリマー
　　　——付加ポリマー
31.3 エポキシドのアニオン重合
31.4 チーグラー-ナッタ触媒とポリマーの立体化学
31.5 天然ゴムと合成ゴム
31.6 逐次重合により生成するポリマー
　　　——縮合ポリマー
31.7 ポリマーの構造と性質
31.8 グリーンなポリマー合成
31.9 ポリマーの再利用と廃棄

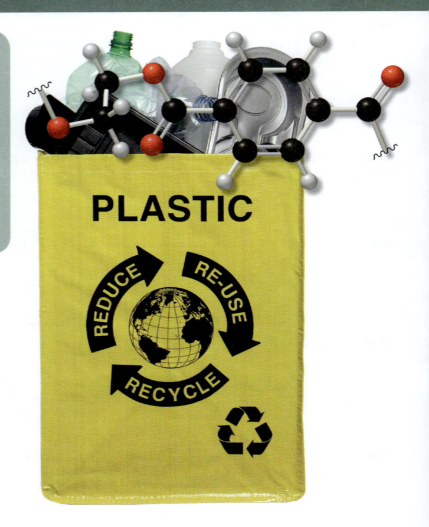

**ポリエチレンテレフタラート**(polyethylene terephthalate, PET)は，テレフタル酸とエチレングリコール($HOCH_2CH_2OH$)の反応で生成する合成ポリマーである．PETは軽量で空気や水を通さないので，清涼飲料水の透明容器としてよく使われている．PETはまた合成繊維をつくるのにも使われており，ダクロン®の商品名で売られている．アメリカ国内で再利用コード"1"と表示された飲用ボトルはほとんどすべてPETでできているため，汎用性の高い六種類の合成ポリマーのなかで，PETは最も容易に再利用できる．再利用されたポリエチレンテレフタラートは，フリース生地やカーペットに生まれ変わる．本章ではポリエチレンテレフタラートをはじめとする合成ポリマーの合成法と性質について学ぶ．

**本章では，ポリマーについて議論する**．ポリマーとは，互いに共有結合でつながったモノマーと呼ばれる繰り返し単位からなる巨大有機分子である．ポリマーは27章の多糖や28, 29章のタンパク質のように天然にも存在するが，実験室でも合成される．

とくに本章は**合成ポリマー**(synthetic polymer)に焦点を絞り，15章(上巻)と22章ですでに紹介した材料にも話を広げよう．何千もの合成ポリマーが現在合成されて

いる．天然の化合物と同様の性質を示すものもあれば，特徴的な性質を示すものもある．ポリマーはすべて巨大な分子であるが，ポリマー鎖の長さ，枝分かれや官能基の種類によってポリマーの性質は決まり，用途に応じたポリマーを合成できる．

## 31.1　はじめに

**ポリマー**(polymer)は，共有結合で互いにつながった**モノマー**(monomer)と呼ばれる繰り返し単位からなる巨大有機分子である．ポリマーという用語は"たくさんの部分"を意味するギリシャ語の poly + meros に由来する．

**重合**(polymerization)とは，モノマーがつながってポリマーをつくることである．

現代社会を支えるうえで，合成ポリマーは合成化合物のなかでもとくに必要不可欠なものである．ナイロンのバックパックやポリエステルの服，車のバンパーやCDケース，ポリタンクや買い物袋，人工心臓弁やコンドーム，他にも無数の製品が合成ポリマーでできている．1976年以降，アメリカにおける合成ポリマーの生産量は，鉄鋼の生産量を上回っている．図31.1にいくつかの日用品とそれらをつくるポリマーを示す．

合成ポリマーは，**連鎖重合**(chain-growth polymerization)によって生成するポリマーと**逐次重合**(step-growth polymerization)によって生成するポリマーに分類できる．

- **連鎖重合により生成するポリマーは付加ポリマー**(addition polymer)**とも呼ばれ，連鎖反応**(chain reaction)**で合成される．**

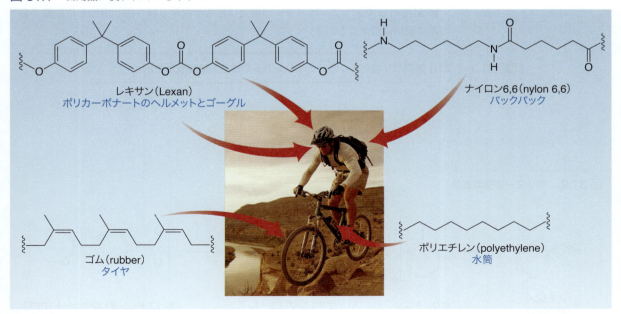

図 31.1　日用品に使われているポリマー

- われわれの日常生活は合成ポリマーにかこまれている．自転車にまたがっているこの人は，合成ゴムのタイヤに乗り，ポリエチレンの水筒で水を飲み，レキサンの防護ヘルメットとゴーグルを着け，軽量ナイロンのバックパックを背負っている．

これらの化合物は，ポリマー鎖の成長末端にモノマーが付加することで生成する．塩化ビニルのポリ塩化ビニルへの変換は，連鎖重合の一例である．これらの反応については 15.14 節（上巻）で紹介した．

> • 逐次重合により生成するポリマーは縮合ポリマー (condensation polymer) とも呼ばれ，二つの官能基をもつモノマーが $H_2O$ や HCl のような小さな分子を失いながら互いにつながることによって合成される．

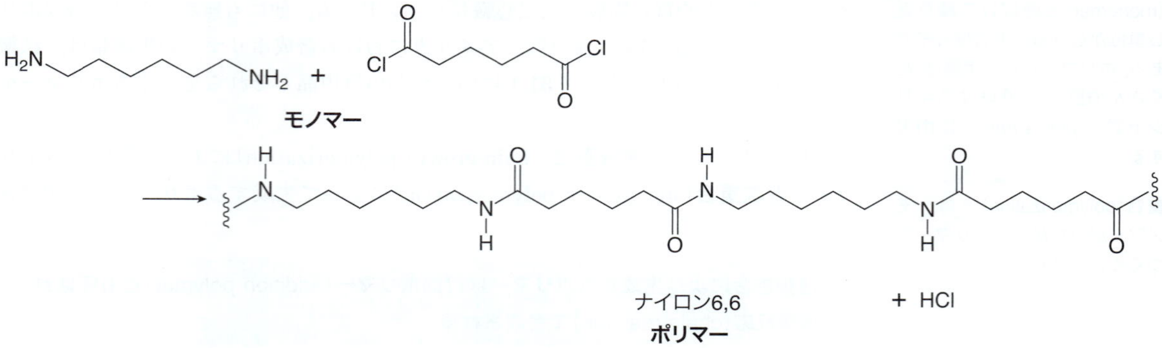

モノマー

ナイロン6,6
ポリマー
+ HCl

この方法では，2 個の反応性分子がつながるため，連鎖重合のように成長鎖の末端にモノマーを付加させる必要はない．逐次重合は，22.16 節で述べたようなポリアミドやポリエステルの合成に使われる．

1〜27 章で見てきたほとんどの有機分子は，分子量が 1000 g/mol よりもかなり小さい．対照的に，ポリマーの分子量は一般的に 10,000〜1,000,000 g/mol 程度と非常に大きい．実は合成ポリマーは，さまざまな長さのポリマー鎖の混合物である．したがって，報告されている分子量はポリマー鎖の平均的な長さにもとづいた平均値である．

図 31.2 に示すように，ポリマーの構造は鎖を形成する繰り返し単位を角括弧でかこんで簡単に示すことが多い．

**問題 31.1** 31.1 節のポリ塩化ビニルとナイロン 6,6 の構造を簡略表示で示せ．

図 31.2 ポリマーの簡略表示

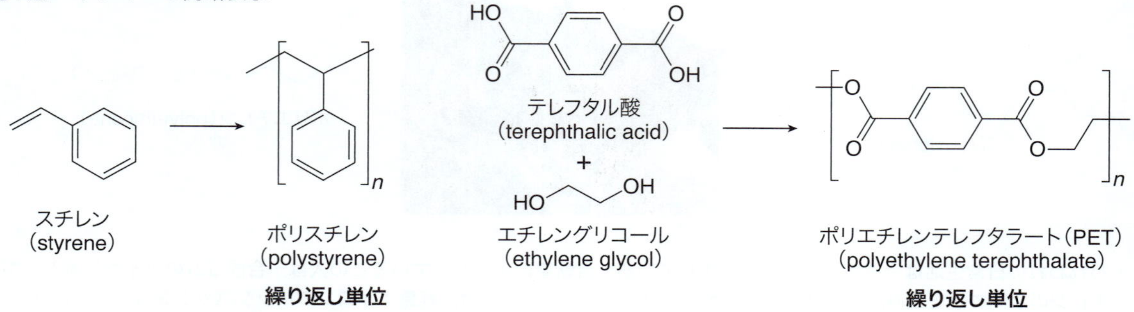

スチレン (styrene) → ポリスチレン (polystyrene)
繰り返し単位

テレフタル酸 (terephthalic acid) + エチレングリコール (ethylene glycol) → ポリエチレンテレフタラート (PET) (polyethylene terephthalate)
繰り返し単位

## 31.2 連鎖重合により生成するポリマー——付加ポリマー

**連鎖重合**(chain-growth polymerization)は，通常はアルケンのような有機出発物質をラジカル，カチオン，またはアニオンといった反応中間体を介してポリマーに変換する連鎖反応である．

$$CH_2=CHZ \xrightarrow[\text{連鎖重合}]{\text{開始剤}} \text{—CH(Z)—CH}_2\text{—CH(Z)—CH}_2\text{—CH(Z)—}$$

新しい結合を赤色で示す

- アルケンには，エチレン($CH_2=CH_2$)やエチレン誘導体($CH_2=CHZ$ や $CH_2=CZ_2$)が用いられる．
- 中間体としてラジカル，カチオン，アニオンのうちどれが生成するかは，置換基 Z によってある程度決まる．
- 重合を開始するためには，ラジカル，カチオン，アニオンといった開始剤が必要である．
- 連鎖重合は連鎖反応であるため，反応機構は開始段階，伝搬段階，停止段階からなる〔15.4 節（上巻）〕．

ほとんどの連鎖重合では，開始剤がモノマーの炭素–炭素二重結合に付加して反応中間体が生成し，これが次のモノマーと反応することで鎖が構築される．$CH_2=CHZ$ の重合では，1 炭素原子おきに Z 置換基が導入された炭素鎖が生成する．

**問題 31.2** 次のモノマーの連鎖重合により生成するポリマーを示せ．

a. $CH_2=CCl_2$　　b. $CH_2=CH$–C$_6$H$_4$–OCH$_3$　　c. $CH_2=CH$–OCH$_3$　　d. $CH_2=CH$–CO$_2$CH$_3$

### 31.2.1 ラジカル重合

アルケンの**ラジカル重合**(radical polymerization)については 15.14 節（上巻）ですでに述べた．ここでは他の方法による連鎖重合との関係に重点を置く．開始剤としてペルオキシラジカル(RO·)がよく用いられ，これは有機過酸化物 ROOR の弱い O–O 結合が開裂することで生成する．機構 31.1 には，スチレン($CH_2=CHPh$)を出発物質として示す．

### 機構 31.1　$CH_2=CHPh$ のラジカル重合

**反応[1]　開始段階**

$$RO\text{–}OR \xrightarrow{\text{1}} 2\ RO\cdot\ +\ CH_2=CHPh \xrightarrow{\text{2}} RO\text{–}CH_2\text{–}\dot{C}H\text{–}Ph$$

-② ROOR による開始は 2 段階を経て起こる．弱い O–O 結合のホモリシスと RO· のアルケンへの付加により炭素ラジカルが生成する．

## 反応[2] 伝搬段階

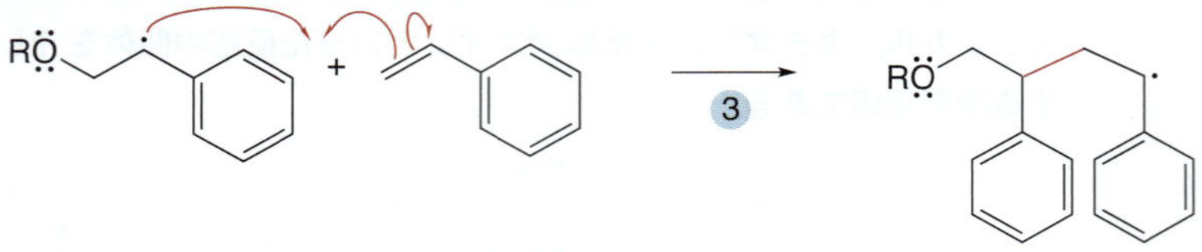

新しい C–C 結合を赤色で示す

③ 伝搬段階は単一のステップからなる．炭素ラジカルがもう一つのアルケン分子に付加して新しい C–C 結合が生じるとともに，新たな炭素ラジカルが生成する．この付加では，置換基 Z をもつ原子上に，不対電子をもつラジカルが生成する．ステップ[3]は繰り返し起こり，ポリマー鎖が成長する．

## 反応[3] 停止段階

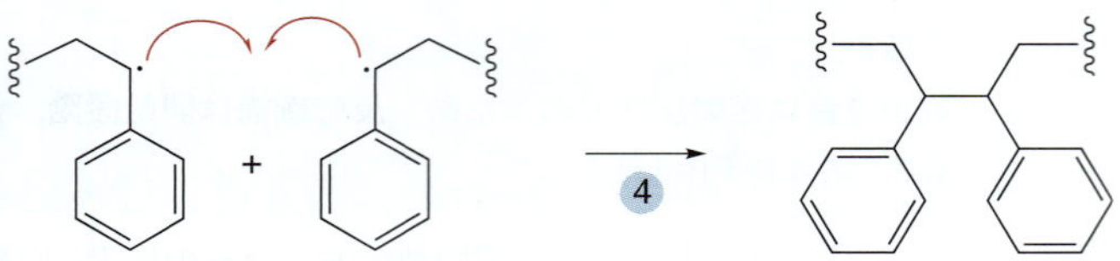

④ 二つのラジカルがつながって結合が生じ，連鎖反応が停止する．

Z 置換基が電子の非局在化によりラジカルを安定化できれば，$CH_2=CHZ$ のラジカル重合は有利となる．Z 置換基をもつ炭素上に中間体ラジカルが配置されるように，それぞれの付加段階が起こる．出発物質がスチレンの場合，中間体ラジカルはベンジル型であり，非常に強く共鳴安定化されている．図 31.3 に，ラジカル重合反応に使われるモノマーをいくつか示す．

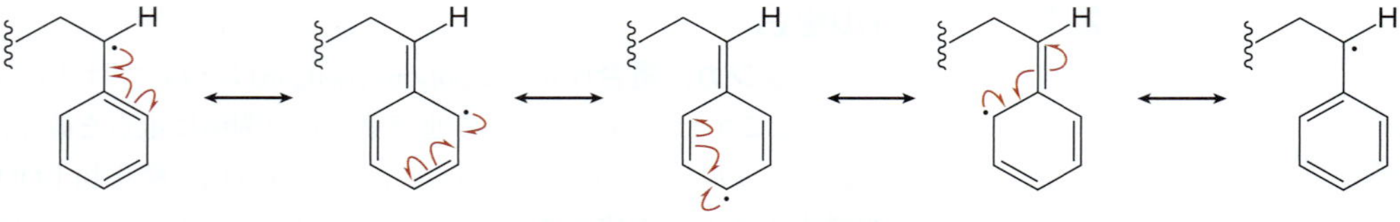

ベンジル型ラジカルの五つの共鳴構造式

### 図 31.3 ラジカル重合反応に使われるモノマー

$CH_2=CH_2$　　エチレン

塩化ビニル

スチレン

酢酸ビニル

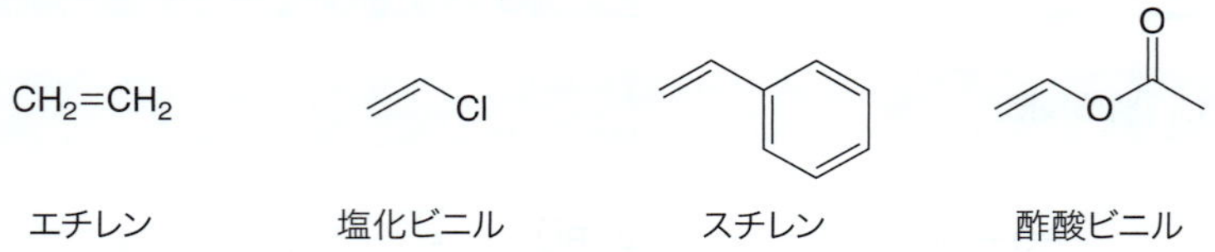

**問題 31.3** 次のモノマーのラジカル重合により生成するポリマーを示せ.

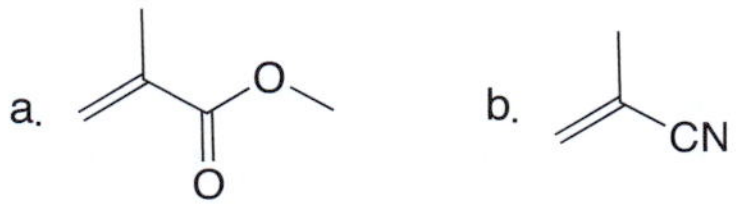

a. CH₂=C(CH₃)COOCH₃   b. CH₂=C(CH₃)CN

**問題 31.4** $(CH_3)_3CO-OC(CH_3)_3$ を開始剤とする,酢酸ビニル($CH_2=CHOCOCH_3$)のラジカル重合の反応機構を示せ.

機構 31.1 に示すように,連鎖停止はラジカル同士のカップリングにより起こる.また,連鎖停止は**不均化**(disproportionation)でも起こる.不均化とは,水素原子が一つのポリマーラジカルから別のポリマーラジカルに移り,移った先のポリマー鎖に新しい C–H 結合が,もう一方に二重結合が生成する過程である.

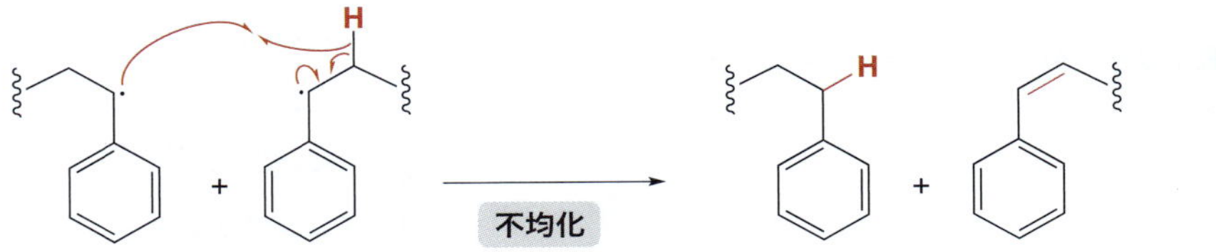

新しい C–H 結合と π 結合を赤色で示す

### 31.2.2 枝分かれ

HDPE はポリタンクや水筒に,LDPE はプラスチックバッグや絶縁材に使われる.

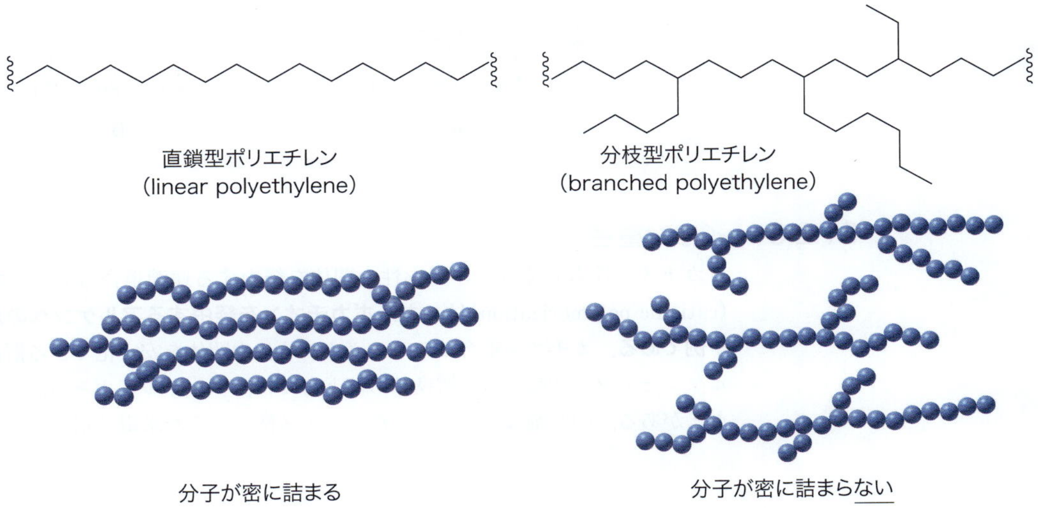

反応条件の違いは合成ポリマーの性質に大きな影響を与える.15.14 節(上巻)では,ポリエチレンには**高密度ポリエチレン**(high-density polyethylene,**HDPE**)と,**低密度ポリエチレン**(low-density polyethylene,**LDPE**)の 2 種類があることを学んだ.直鎖状に互いにつながった CH₂ 基の長鎖からなる高密度ポリエチレンは,その直鎖が密に詰まって強いファンデルワールス相互作用を生じるため,強く硬い.一方,低密

直鎖型ポリエチレン
(linear polyethylene)

分枝型ポリエチレン
(branched polyethylene)

分子が密に詰まる

分子が密に詰まらない

度ポリエチレンは，鎖に沿って多くの枝分かれのある長い炭素鎖からなる．枝分かれがあると鎖が密に詰まらないので，LDPE は分子間相互作用が弱く，柔らかくしなやかな物質となる．

機構 31.2 に示すように，成長している 1 本のポリエチレン鎖のラジカルが，他のポリマー鎖の $CH_2$ 基から水素原子を引き抜くことで枝分かれができる．新たに生成した第二級ラジカルが次のエチレン分子に付加し，連鎖が続くことで枝分かれができる．

### 機構 31.2　ラジカル重合における枝分かれポリエチレンの生成

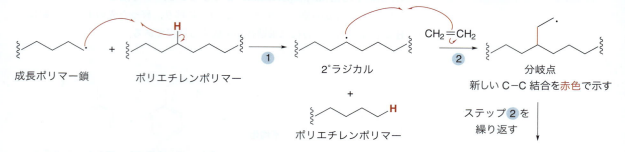

① すでにあるポリマー鎖から水素原子を引き抜くと，ポリマー鎖の中央に第二級ラジカルが生成する．
② 他のエチレン分子にラジカルが付加すると，新しいラジカルと分岐点が生成する．ステップ[2]は繰り返し起こり，長い枝がもとのポリマー鎖から成長していく．

**問題 31.5**　スチレンのラジカル重合において，**A** のように第四級炭素からは枝分かれが生成するのに，**B** のように第三級炭素からは枝分かれが生成しない．その理由を説明せよ．

### 31.2.3　イオン重合

カチオン性もしくはアニオン性中間体を経由する連鎖重合もある．**カチオン重合 (cationic polymerization) は，カルボカチオンを経由するアルケンへの求電子付加の一例である**．カチオン重合は，カルボカチオン中間体を安定化できる置換基をもつアルケンモノマーで起こる．置換基の例としては，アルキル基やその他の電子供与性基などがある．開始剤は，プロトン源やルイス酸のような求電子剤である．

31.2 連鎖重合により生成するポリマー──付加ポリマー　1361

機構 31.3 に，$BF_3$ と $H_2O$ から生成するルイス酸-塩基複合体である $BF_3 \cdot H_2O$ を開始剤に用いた一般的なモノマー $CH_2=CHZ$ のカチオン重合を示す．

##  機構 31.3　$CH_2=CHZ$ のカチオン重合

**反応[1]　開始段階**

[図：$F_3B$ と $:OH_2$ からルイス酸-塩基複合体 $F-B(F)(F)-O^+H_2$ が生成し，アルケン $CH_2=CHZ$ に $H^+$ が付加してカルボカチオン（$Z$ = 電子供与性基）と $F_3\bar{B}-\ddot{O}H$ を与える]

ルイス酸-塩基複合体　　　カルボカチオン
　　　　　　　　　　　　$Z$ = 電子供与性基

①-②　$BF_3 \cdot H_2O$ からの $H^+$ の求電子付加により，カルボカチオンが生成する．

**反応[2]　伝搬段階**

[図：カルボカチオンがアルケン $CH_2=CHZ$ に付加し，新たなカルボカチオンを生じる．ステップ③を繰り返す]

新しい C–C 結合を赤色で示す

③　カルボカチオンが他のアルケン分子に付加し，新しい C–C 結合が生成する．この付加では，電子供与性の Z 置換基によって安定化されたカルボカチオンが生成する．ステップ[3]は繰り返し起こり，ポリマー鎖が成長する．

**反応[3]　停止段階**

[図：カルボカチオンから $F_3\bar{B}-\ddot{O}H$ がプロトンを引き抜き，アルケン（$E$ または $Z$ の二重結合）と $F_3\bar{B}-\overset{+}{O}H_2$ を与える]

（$E$ または $Z$ の二重結合）

④　プロトンの脱離により新しい π 結合が生成し，連鎖反応が停止する．

---

カチオン重合にはカルボカチオンが関与するので，付加はマルコウニコフ則に従い，より安定でより多置換のカルボカチオンが生成する．プロトンの脱離によるアルケンの生成など，連鎖停止はいろいろな経路によって起こる．カチオン重合を起こすアルケンモノマーを図 31.4 の上半分に示す．

**問題 31.6**　カチオン重合は，$CH_2=C(CH_3)_2$ の重合には有効な手法であるのに対し，$CH_2=CH_2$ には有効でない．その理由を説明せよ．

### 図 31.4　イオン連鎖重合により生成する代表的なポリマー

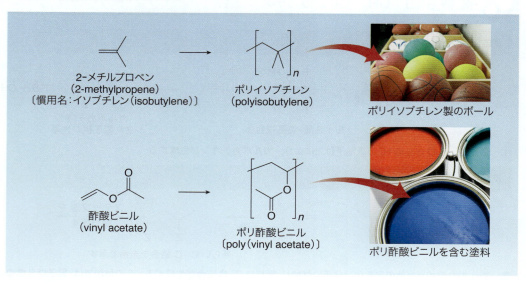

- カチオン重合により生成するポリマー

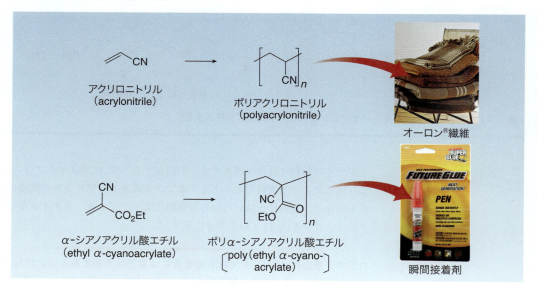

- アニオン重合により生成するポリマー

- 連鎖重合により生成するポリマーは，英語で命名する際，モノマーの名称に接頭語 *poly* をつける．モノマーが2単語からなる場合は，接頭語 *poly* をつける際にモノマーの名称を括弧でかこむ．

　　アルケンは電子不足ラジカルや求電子剤と容易に反応するが，アニオンなどの求核剤とは一般に反応しない．したがって，**アニオン重合**(anionic polymerization)は COR，COOR，CN などの中間体の負電荷を安定化する**電子求引性基をもつアルケン**

## 機構 31.4 CH₂=CHZ のアニオン重合

**反応[1] 開始段階**

R—Li + CH₂=CHZ → R—CH₂—CH⁻(Z) Li⁺

① RLi の求核付加により，電子求引性基 Z によって安定化されたカルボアニオンが生成する．

**反応[2] 伝搬段階**

R—CH₂—CH⁻(Z) + CH₂=CHZ → R—CH₂—CH(Z)—CH₂—CH⁻(Z)

ステップ②を繰り返す

新しい C–C 結合を赤色で示す

② カルボアニオンが他のアルケンに付加し，新しい C–C 結合が生成する．このとき，Z 置換基の結合した炭素原子上に負電荷をもった新しいカルボアニオンが生成する．ステップ[2]は繰り返し起こり，ポリマー鎖が成長する．

**反応[3] 停止段階**

～CH(Z)—CH⁻(Z) + H—ÖH → ～CH(Z)—CH₂(Z) + ⁻:ÖH

③ H₂O またはその他の求電子剤を加えると，酸-塩基反応により連鎖反応が停止する．

---

他の連鎖重合と異なり，アニオン重合には連鎖機構を停止する反応がない．重合反応は開始剤とモノマーがすべて消費されるまで続き，それぞれのポリマー鎖末端がカルボアニオンを含む(機構 31.4 のステップ[2])．この段階でモノマーを追加すれば重合が再び始まるので，アニオン重合はしばしば**リビング重合**(living polymerization)と呼ばれる．アニオン重合を停止するためには，$H_2O$ や $CO_2$ のような求電子剤を加えなければならない．アニオン重合を起こすアルケンモノマーを図 31.4 の下半分に示す．

問題 31.7 次のモノマーのイオン重合には，カチオン重合とアニオン重合のどちらの方法が適しているか．また，その理由も説明せよ．

a. メタクリル酸メチル  b. プロペン  c. CH₂=CH—O—C(CH₃)₃  d. メチルビニルケトン

**問題 31.8** ブチルリチウム(BuLi)を開始剤，$CO_2$ を連鎖停止のための求電子剤として，アクリロニトリル($CH_2=CHC\equiv N$)をポリアクリロニトリル－$[CH_2CH(C\equiv N)]_n$－に変換する際の反応機構を段階ごとに示せ．

**問題 31.9** スチレン($CH_2=CHPh$)は三種類の連鎖重合法のいずれによってもポリスチレンに変換できる．その理由を説明せよ．

### 31.2.4　共重合体

これまで議論してきたすべてのポリマーは，単一のモノマーの重合により生成する**単独重合体**(homopolymer)である．一方，**共重合体**(copolymer)は二つ以上のモノマー(**X** と **Y**)が互いにつながってできるポリマーである．

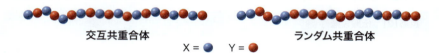

- **X** と **Y** が鎖に沿って一つずつ順番に並んだものを，<u>交互共重合体</u>(alternating copolymer)という．
- **X** と **Y** が鎖に沿って無秩序に配置されたものを，<u>ランダム共重合体</u>(random copolymer)という．

共重合体の構造は，**X** と **Y** の量比と相対的反応性，および重合の反応条件に依存する．

いくつかの共重合体は工業的に重要で，日用品に幅広く使われている．たとえば，塩化ビニルと塩化ビニリデンの共重合体は**サラン**と呼ばれ，食品用ラップとしてよく知られている．1,3－ブタジエンとスチレンの共重合体は**スチレン－ブタジエンゴム**(**SBR**)となり，そのほとんどが自動車のタイヤに使われている．

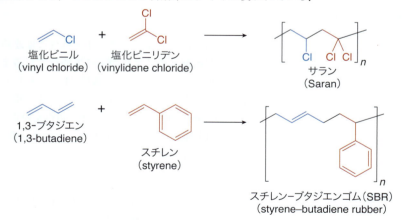

**問題 31.10** 次のモノマーの組合せから生成する交互共重合体を示せ．

レゴブロックはABS共重体でつくられている．

**問題 31.11** ABSはヘルメットや電化製品，玩具に使われる汎用共重合体であり，アクリロニトリル($CH_2$=CHCN)，1,3-ブタジエン($CH_2$=CH−CH=$CH_2$)，スチレン($CH_2$=CHPh)の三つのモノマーから生成される．ABSの可能な構造を示せ．

## 31.3 エポキシドのアニオン重合

連鎖重合の最も一般的な出発物質はアルケンモノマーであるが，エポキシドも利用でき，**ポリエーテル**(polyether)が生成する．エポキシドの歪んだ三員環は $^-$OH や $^-$OR のような求核剤により容易に開環し，アルコキシドを生成する．これが別のエポキシドモノマーを開環してポリマー鎖が構築される．C−C結合を互いにモノマーにつなぎながらの連鎖重合法とは異なり，この過程ではポリマー骨格に**新しいC−O結合**を生成しながら重合が進む．

たとえば，エチレンオキシドの $^-$OH 開始剤による開環によってアルコキシド求核剤が生成し，これがエチレンオキシドと反応していくことで鎖が伸びる．こうして，ローションやクリームに使われるポリマー，**ポリエチレングリコール**〔poly(ethylene glycol)，**PEG** ともいう〕が生成する．このポリマーは多くのC−O結合をもつために，水溶性が非常に高い．

エポキシドの求核剤による開環は9.15節(上巻)で学んだ．

アニオン条件下では，開環は $S_N2$ 機構で進行する．したがって非対称なエポキシドの開環はアニオンの接近しやすい，より置換基の少ない炭素原子上(水色)で起こる．

**問題 31.12** 次のモノマーのアニオン重合ではどのようなポリマーが生成するか．

a. b.

## 31.4 チーグラー‐ナッタ触媒とポリマーの立体化学

一置換アルケンモノマー($CH_2=CHZ$)から合成されるポリマーには，**イソタクチック**(isotactic)，**シンジオタクチック**(syndiotactic)，**アタクチック**(atactic)と呼ばれる三種類の異なる立体配置が存在しうる．

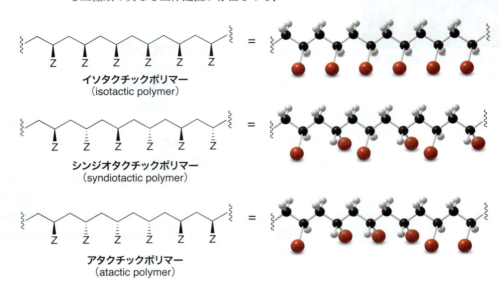

- **イソタクチックポリマー**は，すべてのZ基を炭素骨格の同じ側にもつ．
- **シンジオタクチックポリマー**は，Z基を炭素鎖の同じ側と反対側に交互にもつ．
- **アタクチックポリマー**は，ポリマー鎖に沿って無秩序に配列したZ基をもつ．

イソタクチックならびにシンジオタクチックポリマーはZ置換基の比較的規則正しい配列のために，これらのポリマーが密に詰まりやすく，そのため強固で剛直なポリマーとなる．一方，アタクチックポリマー鎖は互いにそれほど密に詰まらず，低融点で柔らかいポリマーとなる．ラジカル重合では多くの場合，アタクチックポリマーが生成するが，特殊な反応条件下では生成するポリマーの立体化学が大きく影響を受ける．

1953年，カール・チーグラー(Karl Ziegler)とジュリオ・ナッタ(Giulio Natta)は，連鎖重合を促進する金属触媒を利用したアルケンモノマーの新しい重合法を開発した．これらの触媒は今日では**チーグラー‐ナッタ触媒**(Ziegler-Natta catalyst)と呼ばれ，通常の連鎖重合法よりも優位な点を二つもっている．

- ポリマーの立体化学を容易に制御できる．重合に用いる触媒を変えることにより，イソタクチック，シンジオタクチック，アタクチックポリマーを合成できる．
- 枝分かれのほとんどない長い直鎖状のポリマーを合成できる．ラジカルが反応中間体として生成しないので，分子間水素引き抜きによる枝分かれが生じないからである．

チーグラーとナッタは，重合触媒に関する先駆的な研究により1963年のノーベル化学賞を受賞した．

さまざまなチーグラー‐ナッタ触媒が重合に使われているが，そのほとんどは($CH_3CH_2)_2AlCl$のような有機アルミニウム化合物とルイス酸である$TiCl_4$からなる．

活性な触媒は，$(CH_3CH_2)_2AlCl$ から $TiCl_4$ へのエチル基の移動によって生成するアルキルチタン化合物と考えられているが，反応機構の詳細はよくわかっていない．機構 31.5 に示すように，アルケンモノマーがアルキルチタン錯体に配位し，Ti–C 結合に挿入して新しい炭素–炭素結合が生成するという反応機構が一般に受け入れられている．

### 機構 31.5　$CH_2=CH_2$ のチーグラー–ナッタ重合

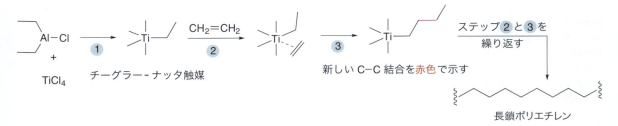

① 有機アルミニウム化合物が $TiCl_4$ と反応して，Ti–C 結合をもつチーグラー–ナッタ触媒が生成する．
② アルケンモノマーがチタン触媒に配位する．
③ $CH_2=CH_2$ の Ti–C 結合への挿入により，新しい C–C 結合が生成する．ステップ[2]と[3]を次つぎ繰り返すことで，長いポリマー鎖が得られる．

超高密度ポリエチレンからなる**ダイニーマ®**(Dyneema®)は最強の繊維として知られており，ロープ，網，防弾チョッキ，ヘルメットなどに使われている．

エチレンのチーグラー–ナッタ重合では，長い炭素鎖が密に詰まった剛直なポリマーである**高密度ポリエチレン(HDPE)** が生成する．ポリマー鎖を直線状に延伸しながら固体にする特殊な製造技術により，超高密度ポリエチレンと呼ばれる鋼鉄よりも強い有機材料をつくることもできる．

最近開発された重合触媒では，反応溶媒に溶けるジルコニウム錯体を利用している．これらの触媒を**均一系触媒**(homogeneous catalyst)という．これらの溶解性の高い触媒を使った反応は**配位重合**(coordination polymerization)と呼ばれる．

## 31.5　天然ゴムと合成ゴム

**天然ゴム**(natural rubber)**はイソプレン単位の繰り返しからなるテルペンであり，二重結合はすべて $Z$ の立体配置をもつ**．天然ゴムは炭化水素であるため，水には不溶で，防水に利用できる．$Z$ の二重結合によってポリマー鎖に折れ曲がりが生じ，天然ゴムを柔らかい材料にしている．

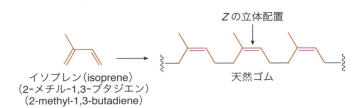

天然ゴムは，ゴムの木の樹皮につくった傷からにじみだす防水性のラテックスから得られる．ラテックスの分泌は，ゴムの木の防御反応といえる．1800年代後半まで，ゴムはブラジルで独占的に生産されていたが，今日では東南アジア，スリランカ，インドネシアの農場により世界のゴムのほとんどが生産されている．

グッタペルカはラテックスから得られる天然ゴムよりもはるかに硬い材料で，ゴルフボールの外皮に使われる．

架橋(cross-linking)の度合いによってゴムの性質が決まる．自動車のタイヤに使われる硬いゴムは，輪ゴムに使われる柔らかいゴムよりも架橋度が高い．

ラジカル条件下でのイソプレンの重合では，**グッタペルカ**と呼ばれる天然ゴムの立体異性体が生成する．グッタペルカのすべての二重結合は $E$ の立体配置をもつ．天然ゴムである $Z$ 立体異性体に比べるとかなり少ないながらも，グッタペルカも天然に存在するポリマーである．一方，イソプレンをチーグラー-ナッタ触媒で重合すると，すべて $Z$ の立体配置をもった天然ゴムを合成することができる．

天然ゴムは柔らかすぎて，ほとんどの場合，材料としては使えない．さらに，天然ゴムを伸ばすと，ポリマー鎖が伸びて互いにずれ，ちぎれる．1839年にチャールズ・グッドイヤー(Charles Goodyear)は，熱したゴムを硫黄と混ぜるとより強く弾力のある材料が得られることを発見した．この工程は**加硫**(vulcanization)と呼ばれ，図31.5に示すように，ジスルフィド結合(disulfide bond)によって炭化水素鎖が架橋される．架橋後は，ポリマーが伸ばされても鎖がずれないため，ちぎれない．加硫ゴムは，**荷重をかけると伸縮するが荷重を除くともとの形にもどるポリマー**，すなわち<u>エラストマー</u>(elastomer)である．

チーグラー-ナッタ触媒を用いて別の1,3-ジエンを重合させると別の合成ゴムをつくることができる．たとえば，1,3-ブタジエンの重合からは $(Z)$-ポリ1,3-ブタジエンが，2-クロロ-1,3-ブタジエンの重合からはウエットスーツやタイヤに使われるネオプレンが得られる．

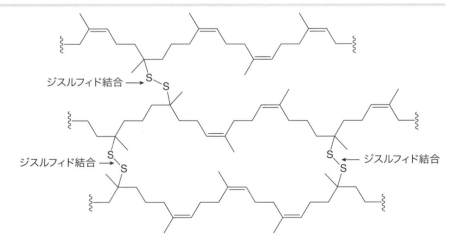

図31.5 加硫ゴムの構造

- 加硫ゴム(vulcanized rubber)は，炭化水素鎖を互いに架橋するジスルフィド結合を多く含む．

31.6 逐次重合により生成するポリマー──縮合ポリマー

1,3-ブタジエン
(1,3-butadiene)
→ チーグラー–ナッタ触媒 →
(Z)-ポリ1,3-ブタジエン
((Z)-poly(1,3-butadiene))
Zの立体配置

2-クロロ-1,3-ブタジエン
(2-chloro-1,3-butadiene)
→ チーグラー–ナッタ触媒 →
ネオプレン
(neoprene)

**問題 31.13** ネオプレンの二重結合の立体配置は $E$ か $Z$ かを示せ．すべての二重結合に関して逆の立体配置をもつネオプレンの立体異性体を書け．

**問題 31.14** $CH_2=CHCH=CH_2$ のラジカル重合は生成物 **A** と **B** を与える．これらを説明する反応機構を示せ．

A      B

## 31.6 逐次重合により生成するポリマー──縮合ポリマー

**逐次重合**(step-growth polymerization)**により生成するポリマー**は，連鎖重合により生成するポリマーについで多いポリマー群であり，二つの官能基をもつモノマーが $H_2O$ や HCl などの小分子を失いながら互いにつながって生成する．逐次重合により生成するポリマーのうち，工業的に重要なものを示す．

- **ポリアミド**(polyamide)
- **ポリエステル**(polyester)
- **ポリウレタン**(polyurethane)
- **ポリカーボナート**(polycarbonate)
- **エポキシ樹脂**(epoxy resin)

### 31.6.1 ポリアミド

ナイロン 6,6 はパラシュートや衣服など数多くの製品に使われている．

**ナイロン**は，逐次重合によって生成するポリアミドである．22.16.1 項で，**ナイロン 6,6** を二酸塩化物とジアミンの反応により合成できることを学んだ．ナイロン 6,6 はアジピン酸と 1,6-ジアミノヘキサンを加熱することでも合成できる．ブレンステッド–ローリーの酸–塩基反応によりジアンモニウム塩が生成し，ここから高温で $H_2O$ が除去される．いずれの方法で合成しても，それぞれの出発物質は二つの同一の官能基をもっている．

アジピン酸
(adipic acid)

＋

1,6-ジアミノヘキサン
(1,6-diaminohexane)

→ (プロトン移動) → カルボキシラート二価アニオン ＋ $H_3N^+$‐(CH2)6‐$NH_3^+$

↓ 熱 ($-H_2O$)

ナイロン6,6 (nylon 6,6)

ナイロン6は商品名を**ペルロン®**(Perlon®)といい、ロープやタイヤコードに使われている。

**ナイロン6**もポリアミドであり、ε－カプロラクタムの水溶液を加熱することで合成される。ラクタム(環状アミド)の七員環は開環して6－アミノヘキサン酸となり、これがさらにラクタムと反応してポリアミド鎖を生成する。この逐次重合は$NH_2$と$COOH$の二つの<u>異なる</u>官能基をもつ単一の二官能性モノマーから始まる。

ε-カプロラクタム
(ε-caprolactam)

→ ($H_2O$) →

6-アミノヘキサン酸
(6-aminohexanoic acid)

→ (熱または塩基, $-H_2O$) →

ナイロン6 (nylon 6)

**ケブラー®**はテレフタル酸と1,4-ジアミノベンゼンから合成されるポリアミドである。ポリマー骨格中の芳香環のために鎖は柔軟性に乏しく、非常に強い材料となる。ケブラーは同様の強度をもつ他の材料と比べて軽く、防弾チョッキ、陸軍のヘルメット、消防士用の耐火服など数多くの製品に使われている。

テレフタル酸
(terephthalic acid)

＋

1,4-ジアミノベンゼン
(1,4-diaminobenzene)

→ (熱, $-H_2O$) →

ケブラー®
(Kevlar®)

ケブラー®で強化されたアルマジロ社の自転車用タイヤは、尖ったものでも穴があきにくく、パンクしにくい。

**問題 31.15** 次のモノマーまたはモノマーの組合せから生成するポリアミドを示せ。

a. イソフタル酸 ＋ $H_2N$-(CH2)6-$NH_2$

b. δ-バレロラクタム (2-ピペリジノン)

c. 1,3-ジアミノベンゼン ＋ コハク酸

## 31.6.2 ポリエステル

ポリエステルは 22.16.2 項で学んだように，求核アシル置換反応を用いた逐次重合により生成する．たとえば，テレフタル酸とエチレングリコールの反応では，本章の冒頭で紹介した，**ポリエチレンテレフタラート（PET）**が生成する．

PET は非常に安定な物質であるが，水溶媒中でカルボン酸とアルコールに容易に加水分解されるポリエステルもあり，緩やかな分解を利用した応用に適している．たとえば，グリコール酸と乳酸の共重合により，手術用の溶解性縫合糸に利用される共重合体が生成する．この共重合体は数週間以内にもとのモノマーに加水分解され，生成したモノマーは体内で速やかに代謝される．これらの縫合糸は，外科手術で体内の組織を縫いあわせるのに有用である．

**問題 31.16** フランジカルボン酸とエチレングリコールの縮合ポリマーであるポリエチレンフラノアート（PEF）の構造を書け．PEF は再生可能原料から得られる前駆体を用いて合成でき，ポリエチレンテレフタラート（PET）と共通する性質を多くもつ．

**問題 31.17** ポリエチレンテレフタラートはテレフタル酸ジメチルとエチレングリコールのエステル交換によっても合成できる．この求核アシル置換反応の機構を示せ．

## 31.6.3 ポリウレタン

**ウレタン**（urethane）〔**カルバマート**（carbamate）ともいう〕は，OR 基と NHR（または NR$_2$）基の両方がカルボニル基に結合した化合物である（29.7 節）．ウレタンは**イソシアナート**（**R**N=C=O）のカルボニル基にアルコールを求核付加させて合成される．

$$\text{R-N=C=O} + \text{R'OH} \xrightarrow{\text{求核付加}} \underset{\substack{\text{ウレタン}\\\text{または}\\\text{カルバマート}}}{\text{R-NH-CO-OR'}}$$

イソシアナート (isocyanate)

**ポリウレタン**はジイソシアナートとジオールの反応で生成するポリマーである.

トルエン2,6-ジイソシアナート (toluene 2,6-diisocyanate) + エチレングリコール → ポリウレタン (polyurethane)

スパンデックスは強さと柔軟さを併せもつポリウレタンポリマーの一般名称であり,ポリマーの巨視的性質が分子レベルの微視的構造にいかに依存しているかを示すよい例である.スパンデックスは最初,女性用のコルセット,ガードル,ストッキングに使われていたが,今では男女の運動着によく使われている.スパンデックスは強く,着用すると"支えられている"ように感じるが,一方で伸縮性もある.スパンデックスは他の多くの伸縮性ポリマーよりも軽く,汗や洗剤にも強い.分子レベルでは,剛直な領域が柔軟な領域とつながっており,柔軟な領域のおかげでポリマーが伸びたりもとの形にもどったりできる.剛直な領域はポリマーを強くしている.

柔軟な領域 / 剛直な領域

**スパンデックス**(spandex)
商品名:**ライクラ®**(Lycra®)

### 31.6.4 ポリカーボネート

ビスフェノール A (BPA) には急性毒性はないが,ヒトのホルモンに類似した生理作用を示し,正常な内分泌機能を撹乱する.乳児への低濃度暴露が懸案となり,乳児用粉ミルクの包装に関して,BPA の段階的廃止が自主的に進められた.

**カーボナート**は二つの OR 基が結合したカルボニル基をもつ.カーボナートはホスゲン($Cl_2C=O$)に 2 当量のアルコール(ROH)を反応させて合成できる.

$$\text{Cl-CO-Cl} + \text{ROH (2当量)} \xrightarrow{\text{求核置換}} \text{RO-CO-OR}$$

カーボナート (carbonate)

**ポリカーボネート**はホスゲンとジオールから合成される.最も広く使われているポリカーボネートは**レキサン**である.レキサンは軽く,透明な素材であり,ホスゲンとビスフェノール A から合成され,自転車用ヘルメット,ゴーグル,キャッチャーマスク,防弾ガラスに使われている.

31.6 逐次重合により生成するポリマー──縮合ポリマー 1373

ホスゲン（phosgene） + ビスフェノール A（bisphenol A） → レキサン（Lexan）

**問題 31.18** レキサンは炭酸ジフェニルとビスフェノール A の酸触媒反応によっても合成できる．この過程の反応機構を段階ごとに示せ．

炭酸ジフェニル（diphenyl carbonate） + ビスフェノール A $\xrightarrow{\text{酸}}$ レキサン + 2 $C_6H_5OH$

### 31.6.5 エポキシ樹脂

**エポキシ樹脂**は逐次重合により生成するポリマーであり，壊れた物を接着剤でくっつけるために"エポキシ"を使ったことのある人にはなじみ深い．エポキシ樹脂は二つの成分から構成されている．一つは反応性の高いエポキシド部位を両末端にもつ短いポリマー鎖からなる流動性**プレポリマー**(prepolymer)，もう一つはエポキシドを開環してポリマー鎖を架橋するジアミンやトリアミンといった**硬化剤**(hardener)である．プレポリマーはビスフェノール A とエピクロロヒドリンの二つの二官能性モノマーを反応させて合成する．

ビスフェノール A + エピクロロヒドリン（epichlorohydrin）

ビスフェノール A は二つの求核的な OH 基をもち，エピクロロヒドリンは二つの求核剤と反応できる極性 C–O および C–Cl 結合をもつ．エピクロロヒドリンと求核剤の反応を示す．歪んだエポキシ環への求核攻撃によりアルコキシドが生成し，これが分子内 $S_N2$ 反応により塩素を置換して，新たなエポキシドが生成する．二つ目の求核剤による開環で第二級アルコールを得る．

エピクロロヒドリン → アルコキシド $\xrightarrow{S_N2}$ + $Cl^-$ $\xrightarrow[\text{[2] プロトン化}]{\text{[1] :Nu}^-}$ 二つの C–Nu 結合

図 31.6 プレポリマーと硬化剤からのエポキシ樹脂の生成

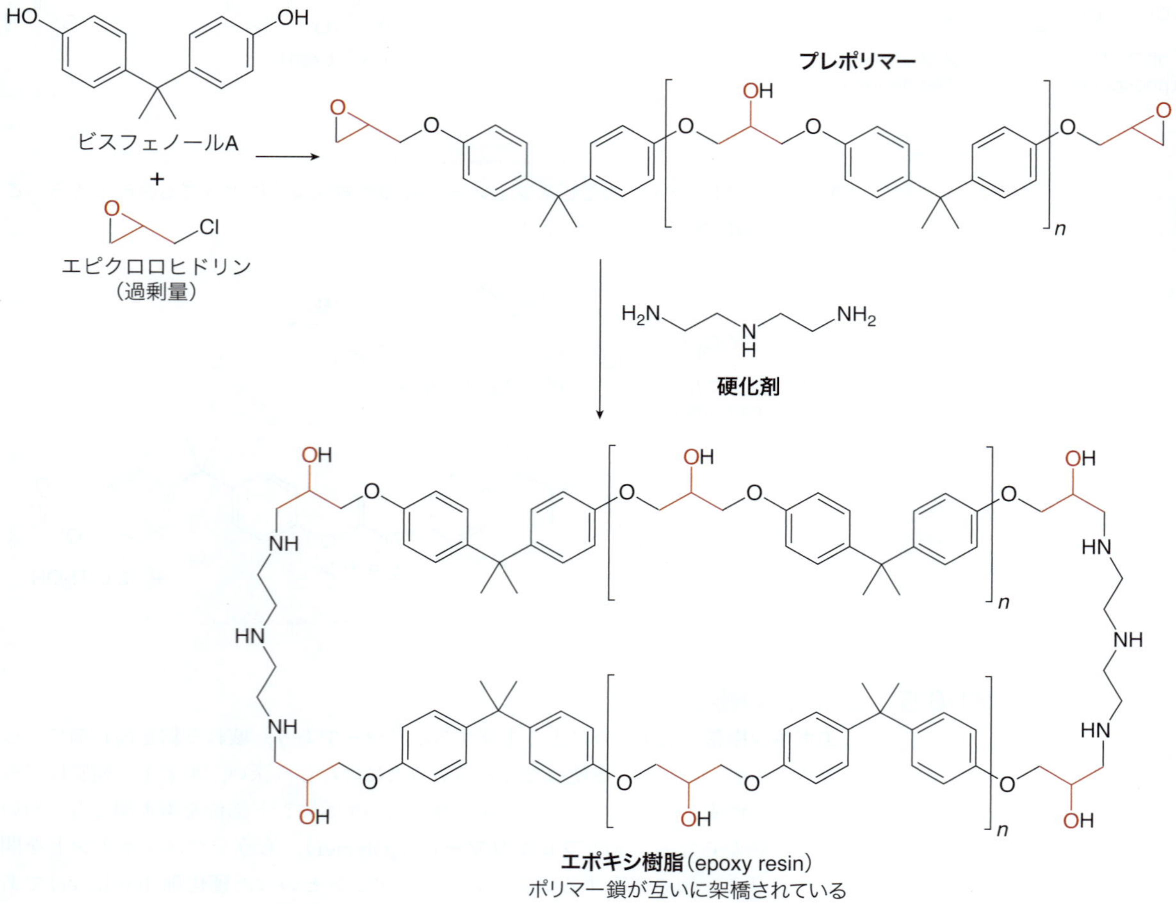

ビスフェノールA ＋ エピクロロヒドリン（過剰量） → プレポリマー

硬化剤

エポキシ樹脂（epoxy resin）
ポリマー鎖が互いに架橋されている

　ビスフェノール A を過剰量のエピクロロヒドリンで処理すると，すべてのフェノール性 OH 基が開環反応に使われるまでこの段階的過程が続き，最終的にポリマー鎖の両末端にエポキシ基が残る．図 31.6 に示すように，これが流動性**プレポリマー**を構成している．

　このプレポリマーをジアミンやトリアミン（**硬化剤**）と混ぜると，反応性のエポキシドが求核的なアミノ基によって開環し，ポリマー鎖の架橋が起こり，ポリマーが硬化する．さまざまなエポキシ樹脂がこの方法で工業的に合成されており，接着剤や被覆剤として利用されている．ポリマー鎖がより長く，しっかり架橋されるほど樹脂は硬くなる．

**問題 31.19** (a) 1,4-ジヒドロキシベンゼンと過剰量のエピクロロヒドリンから生成するプレポリマー **A** の構造を示せ．(b) **A** を硬化剤 $H_2NCH_2CH_2CH_2NH_2$ で処理したときに生成する架橋ポリマー **B** の構造を示せ．

HO—C₆H₄—OH + エピクロロヒドリン（過剰量） → **A** + $H_2N$〜〜$NH_2$ → **B**

1,4-ジヒドロキシベンゼン
(1,4-dihydroxybenzene)

## 31.7 ポリマーの構造と性質

ポリマー合成の化学は通常の有機反応で説明できるが，ポリマーは大きいために小さな有機分子と比べて独特な物理的性質を示す．

ポリマーはその長い鎖のために結晶格子中に効率的に詰まりにくいので，直鎖ポリマーも枝分かれポリマーも結晶性固体にならない．ほとんどのポリマー鎖は**結晶領域**(crystalline region)と**非晶質領域**(amorphous region)をもつ．

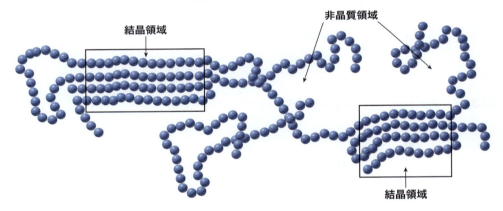

- 秩序をもった結晶領域は**クリスタリット**(crystallite, または**微結晶**)と呼ばれ，ポリマー鎖の一部が近接して並び，分子間力によって互いに結びついている領域である．ポリエチレン $-[CH_2CH_2]_n-$ の秩序をもつ領域はファンデルワールス相互作用により互いに結びついており，ナイロン鎖の秩序をもつ領域は分子間水素結合で結びついている．
- **非晶質領域**はポリマー鎖が無秩序に配列し，分子間相互作用が弱い領域である．

**結晶領域はポリマーに強度をもたらし，非晶質領域は柔軟性をもたらす**．ポリマーの結晶性が高いほど，すなわち秩序をもつ領域の割合が大きいほど，ポリマーは硬くなる．枝分かれポリマーは一般に非晶質領域が多く，枝分かれがあると鎖が密に詰まらないため柔軟である．

$T_g$ と $T_m$ の二つの温度によって，ポリマーの熱的特徴がわかる．

- $T_g$ はガラス転移温度(glass transition temperature)であり，硬い非晶質領域が柔らかくなる温度である．
- $T_m$ は融解転移温度(melt transition temperature)であり，ポリマーの結晶領域が融解し非晶質になる温度である．秩序だったポリマーほど高い $T_m$ をもつ．

**熱可塑性プラスチック**(thermoplastic)は，融解させてから型に流し込んだ後，冷却されてその形を保ったまま成形できるポリマーである．それらは高い $T_g$ 値をもち室温では硬いが，加熱するとそれぞれのポリマー鎖が滑るようになり，素材が柔らかくなる．ポリエチレンテレフタラートとポリスチレンは熱可塑性ポリマーである．

**熱硬化性ポリマー**(thermosetting polymer)は，複雑に絡み合った架橋ポリマーである．熱硬化性ポリマーは，モノマーを加熱することによって生成し，網目は共有結合によって互いに保持されているので，加熱しても融解して液体状態になることはない．**ベークライト**(Bakelite)はルイス酸共存下，フェノール(PhOH)とホルムアルデヒド($H_2C=O$)から芳香族求電子置換反応で合成される熱硬化性ポリマーである．図 31.7 に示すように，ホルムアルデヒドは反応性の高い求電子剤であり，フェノールは電子供与性の高い OH 基をもっているため，置換は OH 基のすべてのオルト位とパラ位で起こり，高度に架橋したポリマーとなる．

**問題 31.20** $AlCl_3$ をルイス酸触媒として，図 31.7 のステップ[2]の反応機構を段階ごとに示せ．

**図 31.7** フェノールとホルムアルデヒドからのベークライト合成

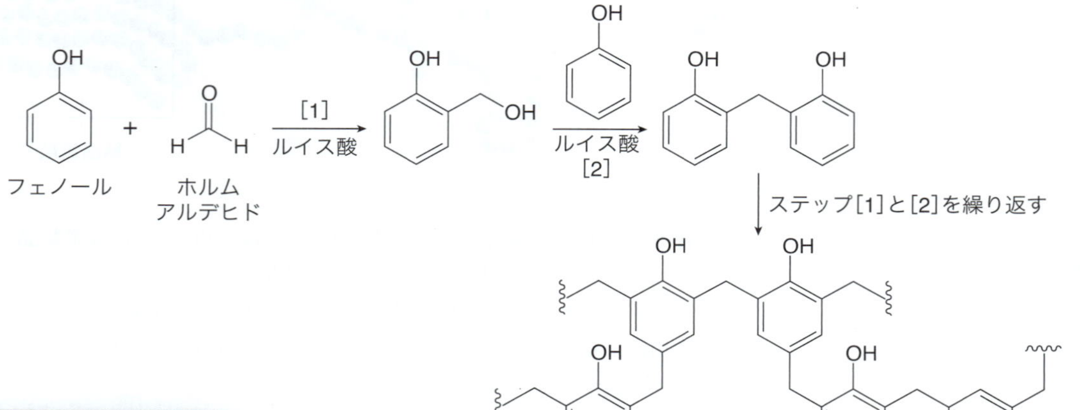

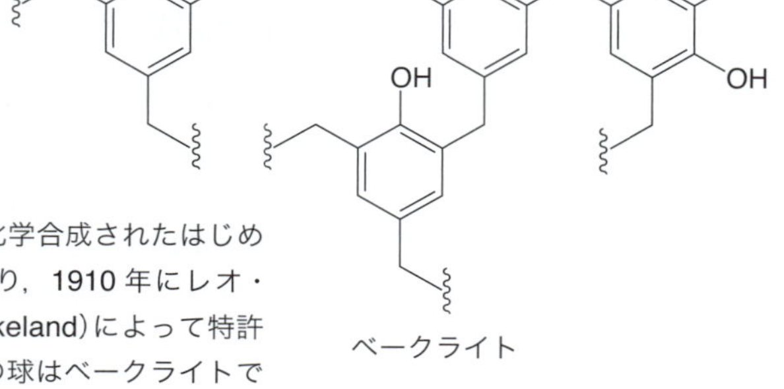

- ベークライトは完全に化学合成されたはじめてのポリマー材料であり，1910 年にレオ・ベークランド(Leo Baekeland)によって特許化された．ボーリングの球はベークライトでできている．

ポリマーは硬すぎたりもろすぎたりして実用的でないこともある．このような場合には，**可塑剤**（plasticizer）と呼ばれる低分子量の化合物を添加し，ポリマーを柔らかくしなやかにする．可塑剤はポリマー鎖と相互作用して，ポリマー鎖間の分子間相互作用を部分的に置き換える．これによりポリマーの結晶性が低下し，非晶質性が向上して柔らかくなる．

フタル酸ジブチルは，ビニルの室内装飾品や園芸用ホースに使われているポリ塩化ビニルに添加される可塑剤である．可塑剤は分子量の大きいポリマーよりも揮発性が高いため，時が経つにつれて徐々に揮発し，ポリマーがもろくなりひびが入りやすくなる．フタル酸ジブチルのように加水分解される官能基を含む可塑剤は化学反応によってもゆっくりと分解されていく．

フタル酸ジブチル
（dibutyl phthalate）

## 31.8 グリーンなポリマー合成

150年前には化学工場や合成ポリマーは存在せず，石油にはほとんど価値がなかった．合成ポリマーによって現代社会の日常生活は大きく変わったが，その代償は大きい．ポリマーの合成と廃棄は環境に多大な影響をもたらし，二つの重要な問題が発生した．

- **ポリマーは何からつくられるのか**．ポリマー合成にはどのような原料が使われ，その製造が環境にどのような結果をもたらすのか．
- **ポリマーを使ったらその後どうなるのか**．ポリマーの廃棄は環境にどのような影響を与え，その負の影響を最小にするためにはどうすればよいか．

### 31.8.1 環境に優しいポリマー合成——工業原料

12章（上巻）で，化合物を合成するために環境に優しい手法を使う**グリーンケミストリー**（green chemistry）を紹介した．毎年世界で2億トン以上ものポリマーが合成されていることを考えれば，環境への影響を最小にする手法が必要なのは明らかである．今日，グリーンなポリマー合成にはさまざまな方法が導入されてきた．

原油の採掘量の3%が化学合成の工業原料として利用されていることを4.7節（上巻）で学んだ．

- 石油ではなく，再生可能な原料から誘導した出発物質を使う．工業的に使われる出発物質はしばしば**化学工業原料**（chemical feedstock）と呼ばれる．
- 安全で毒性が低く，副生成物をできるだけださない反応剤を使う．
- 有機溶媒を使わずに，無溶媒または水溶媒中で反応を行う．

最近まで，**すべてのポリマー合成の工業原料は石油であった**．すなわち，事実上すべてのポリマー合成のモノマーは再生不能な原油から合成される．たとえば，ナイロン6,6はアジピン酸〔$HOOC(CH_2)_4COOH$〕と1,6-ジアミノヘキサン〔$H_2N(CH_2)_6NH_2$〕から工業的に合成され，二種類のモノマーはいずれも石油精製の産物であるベンゼンから合成される（図31.8）．

## 図 31.8　ナイロン 6,6 合成のためのアジピン酸と 1,6-ジアミノヘキサンの合成

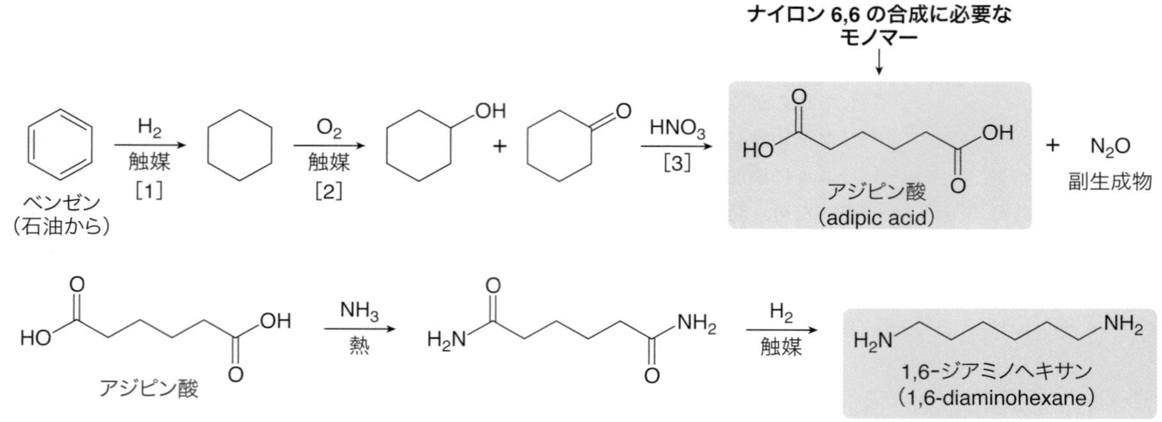

ベンゼン（石油から） →[H₂ 触媒 [1]]→ シクロヘキサン →[O₂ 触媒 [2]]→ シクロヘキサノール ＋ シクロヘキサノン →[HNO₃ [3]]→ **アジピン酸 (adipic acid)**（ナイロン 6,6 の合成に必要なモノマー）＋ $N_2O$（副生成物）

アジピン酸 →[$NH_3$ 熱]→ ジアミド →[$H_2$ 触媒]→ 1,6-ジアミノヘキサン (1,6-diaminohexane)

- ナイロン 6,6 の合成に必要なモノマーはどちらも，石油製品であるベンゼンから合成される．

---

　再生不能な化学工業原料を使うこと以外にも，アジピン酸の合成には問題がある．発がん性があり肝臓に対する毒性が高いベンゼンを，大規模な反応で使うのは好ましくない．さらに，ステップ [3] の $HNO_3$ による酸化では副生成物として $N_2O$ が生成する．$N_2O$ は 15 章（上巻）で述べた CFCs と同様に成層圏のオゾンを減少させる．さらに，$N_2O$ は $CO_2$ と同様に地表から放出される熱エネルギーを吸収し，4.14 節（上巻）で述べた地球温暖化を進める可能性がある．

　その結果，再生可能な環境に優しい出発物質を使い，有害な副生成物の生成の少ない新しいモノマー合成法を開発するべく，研究が行われている．たとえば，アメリカのミシガン州立大学の化学者は，植物原料由来の単糖である D-グルコースからアジピン酸を 2 段階で合成する方法を開発した．この合成法では遺伝子改変した大腸菌株 (*E.coli*) 〔**生体触媒** (biocatalyst) と呼ばれる〕を使い，D-グルコースを (2Z,4Z)-2,4-ヘキサジエン二酸に変換する．このカルボン酸を水素化してアジピン酸を得る．このような方法は石油由来の出発物質を使わないので，化学界で大きな注目を集めている．

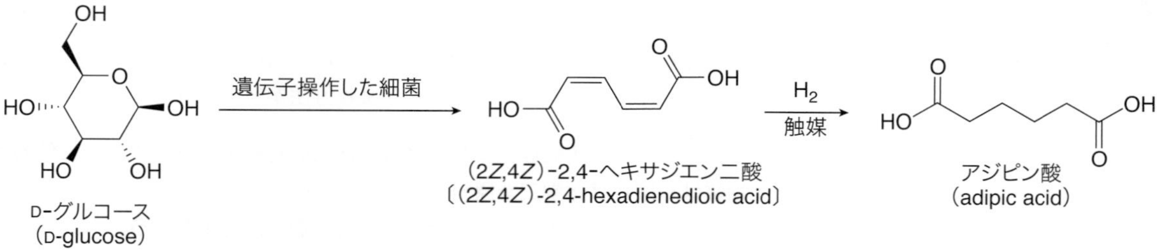

D-グルコース (D-glucose) →[遺伝子操作した細菌]→ (2Z,4Z)-2,4-ヘキサジエン二酸 〔(2Z,4Z)-2,4-hexadienedioic acid〕 →[$H_2$ 触媒]→ アジピン酸 (adipic acid)

　**ソロナ®** (Sorona®) は**ポリトリメチレンテレフタラート**のデュポン社の商品名であり，トウモロコシのような再生可能な植物原料から誘導されたグルコースを少ないながらも一部使って大量生産されているポリマーである．生体触媒によって D-グルコースを 1,3-プロパンジオールに変換し，次にテレフタル酸と反応させてポリトリメチレンテレフタラート (PTT) を合成する（図 31.9）．

　関連する化学として，ポリ乳酸〔poly(lactic acid)，PLA〕はボトルや包装に使わ

### 図 31.9 トウモロコシから（一部）つくられた水着： トウモロコシ由来の1,3-プロパンジオールからのポリトリメチレンテレフタラートの合成

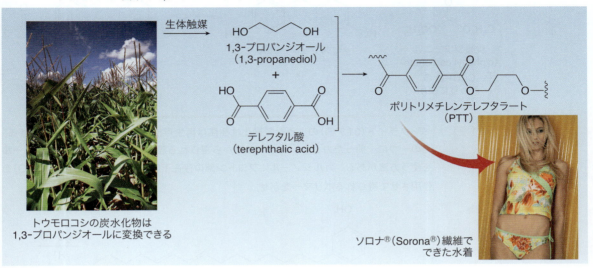

トウモロコシの炭水化物は1,3-プロパンジオールに変換できる

ソロナ®（Sorona®）繊維でできた水着

- ポリトリメチレンテレフタラートはデュポン社からソロナ®として販売され、衣服やその他の製品に使われている繊維である。1,3-プロパンジオールはソロナの合成に必要なモノマーの一つであるが、これまでは石油工業原料から合成されていた。しかし、現在ではトウモロコシのような再生可能な植物原料から入手できる。

れるポリマーであり、衣服やカーペットに使われる合成繊維〔商品名：インジオ®（Ingeo®）〕にもなる。

ポリ乳酸はトウモロコシから採れる炭水化物の発酵により大量に合成されている。発酵によって、まずラクチドと呼ばれる環状ラクトンを得る。ラクチドは2分子の乳酸〔$CH_3CH(OH)CO_2H$〕からなり、酸とともに加熱するとポリ乳酸となる。ポリ乳酸は埋立地で容易に分解するため、とくに魅力的なポリマーである。

炭水化物 →(発酵)→ ラクチド（lactide） →($H^+$)→ ポリ乳酸〔poly（lactic acid）〕

### 31.8.2 危険性の低い反応剤を使ったポリマー合成

グリーンなポリマー合成へのもう一つの手法は、危険性の少ない反応剤を使うことと溶媒を使わないことが鍵である。たとえば、今日ではレキサンは、無溶媒でビスフェノールAと炭酸ジフェニル〔$(PhO)_2C=O$〕の反応により合成できる。この過程では、きわめて慎重な取扱いが必要な猛毒のホスゲン（$Cl_2C=O$, 31.6.4項）と、重合過程に通常使われる溶媒である大量の $CH_2Cl_2$ の使用が回避できる。

よりな"グリーン"な反応剤から炭酸ジフェニル(diphenyl carbonate)[Cl₂C=Oの代わりに使用] + ビスフェノールA → レキサン

**問題 31.21** ベークライト(31.7節)のような熱硬化性樹脂は再生可能な工業原料からも合成できる. その一つに, 煎ったカシューナッツの殻から得られる液体の主成分であるカルジノールを使う方法がある. カルジノールにプロトン源の存在下にホルムアルデヒド($H_2C=O$)を作用させて得られるポリマーを示せ.

カルジノール(cardinol)  $\xrightarrow{H_2C=O,\ H^+}$

## 31.9 ポリマーの再利用と廃棄

耐久性, 高強度, 低反応性といった日用品の素材として望ましいポリマーの特徴は, 同時に環境問題にもつながる. ポリマーは容易には分解しない. その結果, 毎年1億トンほどのポリマーが埋め立てられている.

ポリマーによる廃棄物問題を解決する二つの方法がある. 一つはポリマーを新しい材料に再利用すること, もう一つはある一定の期間で分解する**生分解性ポリマー**を使うことである.

### 31.9.1 ポリマーの再利用

数千ものさまざまな合成ポリマーが合成されてきたが, **"ビッグ6"** と呼ばれる六種類の化合物が毎年アメリカで生産される合成ポリマーの76%を占める. それぞれのポリマーは再利用のしやすさに応じて再利用コード(1〜6)で分類されている[†]. **数字が小さいほど再利用(recycle)が容易である**. (表 31.1 にはこれらの六種類の汎用ポリマーと, 再利用されたそれぞれのポリマーからつくられた製品を併記する.

再利用はプラスチックを種類に応じて分別することから始まる. その後, 小さく破砕し, 接着剤やラベルを取り除くために洗浄する. 小片は乾燥されて, 金属製のふたや輪が取り除かれる. その後ポリマー片は融解され, 再利用のために成形される.

ビッグ6のなかでも, 清涼飲料水の容器に使われているポリエチレンテレフタラート(PET)と牛乳やジュースの容器に使われている高密度ポリエチレン(HDPE)は再利用が非常に進んでいる. 再利用されたポリマーは少量の接着剤などが混じってしまうため, 食料品や飲料を保存する用途には一般に適さない. 再利用された HDPE は, 新築の家の断熱防水シートである建築資材タイベック®(Tyvek®)に変換される. 再利用された PET はフリース生地やカーペット用の繊維をつくるのに使われる. 現在アメリカでは全プラスチックの約23%が再利用されている.

[†] 訳者注: これは米国プラスチック産業協会が1989年に制定したコードである. 日本では下記のように飲料・酒類・特定調味料用のPETボトルに三角マーク(左)の"1"を, それ以外のプラスチック製容器包装に四角のプラマーク(右)を使用している.

## 31.9 ポリマーの再利用と廃棄

表 31.1 再利用可能なポリマー

| 再利用コード(米国) | ポリマー名 | 構造 | 再利用製品 |
|---|---|---|---|
| 1 | PET<br>ポリエチレンテレフタラート<br>(polyethylene terephthalate) | | フリースジャケット<br>カーペット<br>ペットボトル |
| 2 | HDPE<br>高密度ポリエチレン<br>(high-density polyethylene) | | タイベック断熱材<br>スポーツウェア |
| 3 | PVC<br>ポリ塩化ビニル<br>(poly(vinyl chloride)) | | フロアマット |
| 4 | LDPE<br>低密度ポリエチレン<br>(low-density polyethylene) | | ごみ袋 |
| 5 | PP<br>ポリプロピレン<br>(polypropylene) | | 家具 |
| 6 | PS<br>ポリスチレン<br>(polystyrene) | | 成型トレイ<br>ごみ箱 |

　再利用のもう一つの方法は，ポリマーをモノマーに再変換することであり，ポリマー骨格に C–O や C–N 結合を含むアシル化合物では成功を収めている．たとえば，ポリエチレンテレフタラートを $CH_3OH$ と加熱すると，ポリマー鎖のエステル結合が開裂し，エチレングリコール($HOCH_2CH_2OH$)とテレフタル酸ジメチルが生成する．これらのモノマーは再び PET の出発物質として働く．この化学的再利用法は 22 章で述べた求核アシル置換反応によって起こるエステル交換反応である．

　同様に，廃棄されたナイロン 6 ポリマーを $NH_3$ で処理すると，ポリアミド骨格が切断され，ε-カプロラクタムが生成する．このラクタムは精製の後，再びナイロン 6 に変換される．

ナイロン6　　　　ε-カプロラクタム

化学的再利用

**問題 31.22** 化学的再利用，すなわちポリマーをモノマーに再変換して，再度そのモノマーをポリマーに変換するのは HDPE と LDPE では容易ではない．その理由を説明せよ．

## 31.9.2 生分解性ポリマー

埋立地における廃棄ポリマーの集積の問題を解決するもう一つの方法は，生分解性ポリマーを設計，利用することである．

> • **生分解性ポリマー**（biodegradable polymer）とは，自然界に存在する細菌，菌，藻などの微生物によって分解されるポリマーである．

現在ではいくつかの生分解性ポリマーが開発されている．たとえば，**ポリヒドロキシアルカン酸**（polyhydroxyalkanoate，**PHA**）は 3-ヒドロキシ酪酸や 3-ヒドロキシ吉草酸などの 3-ヒドロキシカルボン酸のポリマーである．

ポリヒドロキシアルカン酸
（PHA）

モノマー
3-ヒドロキシカルボン酸
（3-hydroxy carboxylic acid）
R = CH₃, 3-ヒドロキシ酪酸
（3-hydroxybutyric acid）
R = CH₂CH₃, 3-ヒドロキシ吉草酸
（3-hydroxyvaleric acid）

二つの最も一般的な PHA は，**ポリヒドロキシ酪酸**（**PHB**）および**ポリヒドロキシ酪酸**と**ポリヒドロキシ吉草酸**の共重合体（**PHBV**）である．PHA はフィルム，繊維，熱い飲み物を入れる紙コップを覆う被覆剤として使われている．

PHB
（polyhydroxybutyrate）

PHBV
（polyhydroxyvalerate）

土壌細菌は PHA を容易に分解し，最終分解生成物は好気条件下では $CO_2$ と $H_2O$ となる．分解の速度は湿度，温度，pH に依存する．整地された閉鎖系の埋立地では分解は遅くなる．

ポリヒドロキシアルカン酸のもう一つの利点は，ポリマーを発酵によって合成できることである．ある種の細菌は，特定の栄養素がない条件下でグルコース溶液中で育てられると，PHA をエネルギー貯蔵のために合成する．ポリマーは細菌の細胞内で

分散型微粒子として生成し，これを抽出によって除去すると白い粉となる．この粉は融解されてさまざまな製品へと加工される．

生分解性ポリアミドもアミノ酸から合成されてきた．たとえば，アスパラギン酸はポリアスパラギン酸〔**TPA**（熱ポリアスパラギン酸）と略される〕に変換される．TPAは通常ポリアクリル酸の代替品として利用され，廃水処理設備のポンプやボイラーの配管の内側を覆うために使われる．

**問題 31.23** 次のモノマーから生成されるポリマーを示せ．

## ◆キーコンセプト◆

**合成ポリマー**

**連鎖重合により生成するポリマー ── 付加ポリマー**

**[1] アルケンを出発物質とする連鎖重合により生成するポリマー（31.2 節）**

・一般的な反応：

・反応機構 ── Z の種類に応じて三つの可能性がある：

| 種　類 | Z の種類や性質 | 開 始 剤 | 備　考 |
|---|---|---|---|
| [1] ラジカル重合 | Z はラジカルを安定化する．<br>Z = R, Ph, Cl など | ラジカル源<br>（ROOR） | ラジカル同士の結合または不均化で停止する．枝分かれが起こる． |
| [2] カチオン重合 | Z はカルボカチオンを安定化する．<br>Z = R, Ph, OR など | H–A またはルイス酸<br>（$BF_3 + H_2O$） | プロトンの脱離により停止する． |
| [3] アニオン重合 | Z はカルボアニオンを安定化する．<br>Z = Ph, $CO_2R$, COR, CN など | 有機リチウム反応剤<br>（R–Li） | 酸やその他の求電子剤を加えたときのみ停止する． |

## [2] エポキシドを出発物質とする連鎖重合により生成するポリマー(31.3 節)

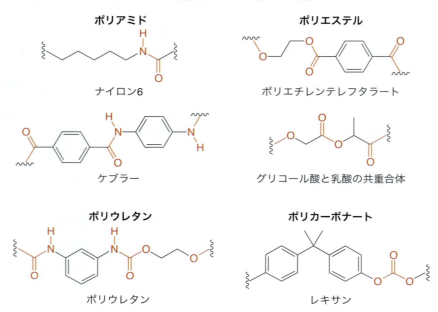

- 反応機構は $S_N2$ である.
- エポキシドの置換基の少ない炭素で開環が起こる.

## 逐次重合により生成するポリマーの例——縮合ポリマー(31.6 節)

**ポリアミド**
ナイロン6

**ポリエステル**
ポリエチレンテレフタラート

ケブラー

グリコール酸と乳酸の共重合体

**ポリウレタン**
ポリウレタン

**ポリカーボネート**
レキサン

[鍵となる官能基を赤色で示す]

## 構造と性質

- 一般式 $CH_2=CHZ$ のモノマーから合成されるポリマーは, $Z$ の種類や合成法に応じて, イソタクチック, シンジオタクチック, アタクチックのいずれかになる(31.4 節).
- チーグラー‐ナッタ触媒は枝分かれのほとんどないポリマーを生成する. 1,3‐ジエンから合成されるポリマーは触媒に応じて, $E$ または $Z$ の立体配置をもつ(31.4 節, 31.5 節).
- ほとんどのポリマーは秩序だった結晶領域と秩序性の低い非晶質領域をもつ(31.7 節). 結晶度が高いほどポリマーは硬くなる.
- エラストマーとは, 伸縮しもとの形状にもどることができるポリマーである(31.5 節).
- 熱可塑性プラスチックは鋳型に入れて成形でき, 冷やすことによって新しい形状を保つことのできるポリマーである(31.7 節).
- 熱硬化性ポリマーは共有結合が複雑に絡み合った網目構造からなり, 再融解して液体にすることができない(31.7 節).

# ◆ 章 末 問 題 ◆

## 三次元モデルを用いる問題

**31.24** 次のモノマーの連鎖重合で生成するポリマーの構造を書け．

a. 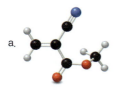  b.

**31.25** 次のポリマーあるいは共重合体を合成するために必要なモノマーは何か．

a.   b.

**31.26** 次のモノマーあるいはモノマーの組合せの逐次重合で生成するポリマーの構造を書け．

a. 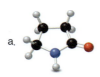  b.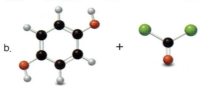

## ポリマーの構造と性質

**31.27** 次のモノマーの連鎖重合により生成するポリマーの構造を示せ．

**31.28** 次のモノマーの組合せから生成する交互共重合体の構造を示せ．

a. ⌇CN と ⌇  c. ⌇CN と ⌇⌇

b. Cl₂C=CH₂ と スチレン  d. イソブチレン と プロピレン

**31.29** 次のポリマーまたは共重合体を合成するために必要なモノマーを示せ．

a. 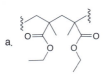  c.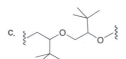

b. (構造式)  d. (構造式)

**31.30** 問題31.29のそれぞれのポリマーを図31.2で示した簡略表示を用いて示せ.

**31.31** 次のポリマーの部分構造を示せ．(a) イソタクチックポリ塩化ビニル，(b) シンジオタクチックポリアクリロニトリル，(c) アタクチックポリスチレン．

**31.32** エチレンオキシドを連鎖停止の求電子剤として用いた $p$-トリクロロメチルスチレン（$CCl_3C_6H_4CH=CH_2$）のアニオン重合によって生成するポリマーの構造を示せ．

**31.33** 次のモノマーまたはモノマー対の逐次重合により生成するポリマーの構造を示せ．

a. [H₂N-C₆H₄-NH₂ (m-phenylenediamine)] と [HOOC-C₆H₄-COOH (terephthalic acid)]

c. [phthaloyl chloride] と [1,4-cyclohexanediol]

b. [O=C=N-cyclohexyl-N=C=O] と [HO-CH₂CH₂CH₂-OH]

d. [HO-cyclohexyl-COOH]

**31.34** 次に示すモノマーから逐次重合により合成される市販のポリマー，**キアナ®** と **ノーメックス®** の構造を示せ．ノーメックスは航空機のタイヤやマイクロ波変圧器に使われる高強度ポリマーである．キアナはしわになりにくい繊維をつくるために使われている．

a. [H₂N-cyclohexyl-CH₂-cyclohexyl-NH₂] + [HOOC-(CH₂)₆-COOH] ⟶ キアナ® (Qiana®)

b. [ClOC-C₆H₄-COCl (isophthaloyl chloride)] + [H₂N-C₆H₄-NH₂ (m-phenylenediamine)] ⟶ ノーメックス® (Nomex®)

**31.35** ポリブチラートアジパートテレフタラート（PBAT）は Ecoflex® という商品名で販売されている生分解性共重合体である．PBATを合成するために使われる三つのモノマーを書け．PBATは低密度ポリエチレンと類似の性質を示すため，生分解性の食品包装材やプラスチックバッグとして利用できる．

PBAT

**31.36** ケブラー（31.6.1項）は，その骨格に多くの芳香環を含んでおり，ポリマー鎖同士が多数の水素結合で互いに結びついているため，非常に強固なポリマーである．二つのケブラー鎖の短い断片を書き，鎖同士が互いにどのように水素結合しているかを示せ．

**31.37** (a) ポリエステル**A**とPETについて，$T_g$ 値と $T_m$ 値に見られる違いを説明せよ．(b) ポリエステル**A**とナイロン6,6について，$T_g$ 値と $T_m$ 値に見られる違いを説明せよ．(c) ケブラー（31.6.1項）とナイロン6,6の $T_m$ 値を比べるとどのような違いが予想されるか．また，その理由も説明せよ．

ポリエステル**A**
$T_g < 0\ °C$, $T_m = 50\ °C$

PET
$T_g = 70\ °C$, $T_m = 265\ °C$

ナイロン6,6
$T_g = 53\ °C$, $T_m = 265\ °C$

**31.38** 可塑剤としてフタル酸ジブチルの代わりに，ジエステル **A** が現在ではよく使われている．その理由を説明せよ．

## 反応機構

**31.39** $(CH_3)_3CO-OC(CH_3)_3$ を開始剤とするイソプレンの重合によるグッタペルカ合成の反応機構を段階ごとに示せ．

**31.40** 3-フェニルプロペン($CH_2=CHCH_2Ph$)のカチオン重合では，**B** ではなく **A** が主生成物として得られる．この観測結果を説明する反応機構を段階ごとに示せ．

**31.41** アクリロニトリル($CH_2=CHCN$)は 3-ブテンニトリル($CH_2=CHCH_2CN$)よりもカチオン重合が遅い．その理由を説明せよ．

**31.42** BuLi を開始剤とするスチレン($CH_2=CHPh$)のアニオン重合によりポリスチレン$-[CH_2CHPh]_n-$が生成する反応機構を段階ごとに示せ．連鎖反応の停止には $CO_2$ を求電子剤として用いよ．

**31.43** スチレンでは，カチオン重合もアニオン重合も同様に進行するが，置換スチレンではどちらか一方の重合法が有利となる．次の化合物ではどちらの重合法が有利か．その理由も説明せよ．

a. ～ $-OCH_3$　b. ～ $-NO_2$　c. ～ $-CF_3$　d. ～ エチル

**31.44** 次の化合物をアニオン連鎖重合を起こしやすいものから順に並べよ．

**31.45** $H_3O^+$ の存在下で 2-メチルプロペンオキシドは連鎖重合する．このとき求核攻撃はエポキシドの多置換側で起こる．この反応の機構を段階ごとに示し，この位置選択性について説明せよ．

**31.46** $AlCl_3$ 存在下，ジハロゲン化物 **A** と 1,4-シクロヘキサンジオールからポリエーテル **B** を合成する際の反応機構を段階ごとに示せ．

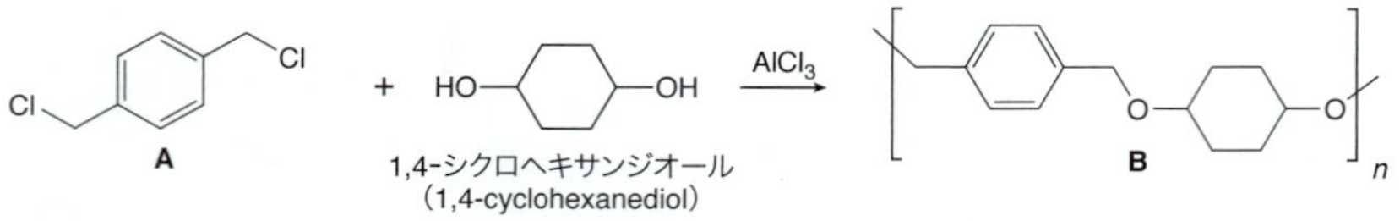


**31.47** 次の反応の機構を段階ごとに示せ．この反応はポリマー合成で広く使われるモノマーであるビスフェノール A(BPA)を合成する際に用いられる．

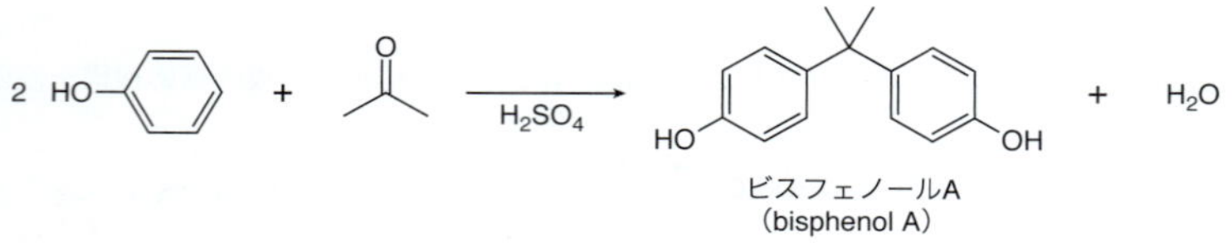


**31.48** アルコールとイソシアナートからウレタンが生成する反応の機構を段階ごとに示せ．

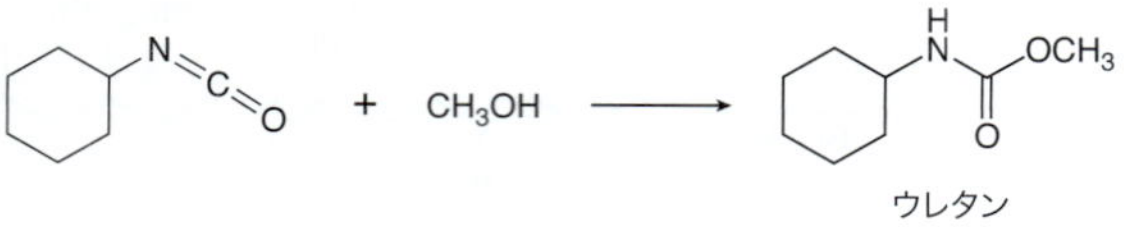


## 反応と合成

**31.49** 次の反応の生成物を示せ．

a. 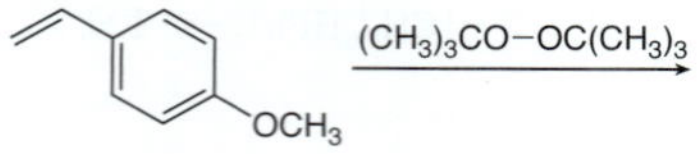


b. 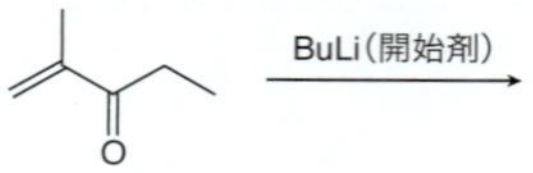


c. 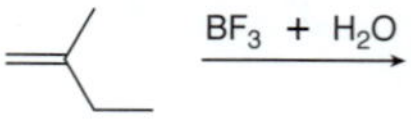


d. 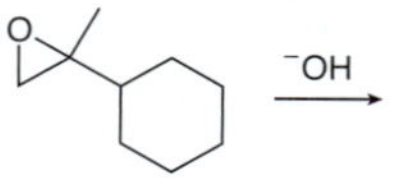


e. 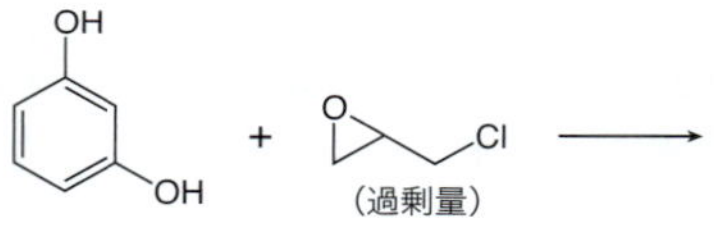


f. 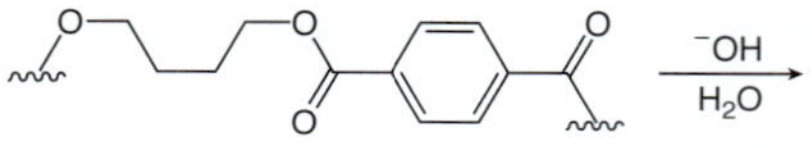


g. 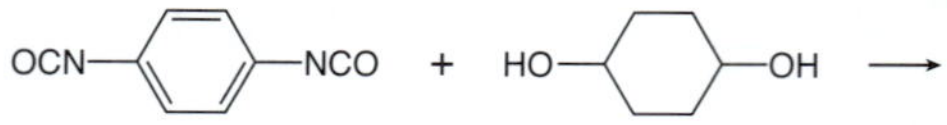


h. 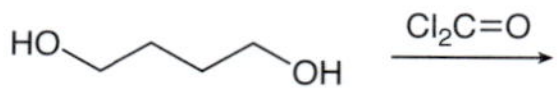


**31.50** ポリエチレンの容器に NaOH 水溶液を保存することはできるのに，ポリエステルのシャツやナイロンのストッキングに塩基性水溶液をこぼすとすぐに穴があく．その理由を説明せよ．

**31.51** 次の反応で生成するエポキシ樹脂を示せ．

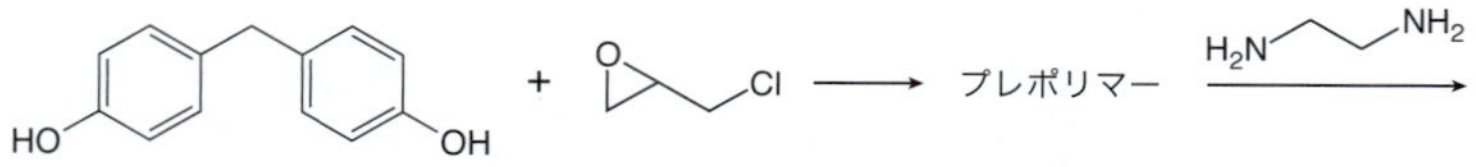

**31.52** (a)ポリビニルアルコールをビニルアルコール（CH₂=CHOH）のラジカル重合で合成することはできない．その理由を説明せよ．(b)酢酸ビニル（CH₂=CHOCOCH₃）からポリビニルアルコールを段階的に合成する方法を示せ．(c)ポリビニルアルコールを，車のフロントガラスに使われるポリマーのポリビニルブチラールに変換するにはどうすればよいか．

ポリビニルアルコール
（poly(vinyl alcohol)）

ポリビニルブチラール
（poly(vinyl butyral)）

**31.53** ポリエチレンテレフタラート合成に必要な二つのモノマーであるテレフタル酸とエチレングリコールを次の出発物質から合成する方法を示せ．

テレフタル酸

エチレングリコール

**31.54** $p$-クレゾールと H₂C=O の反応は，フェノール（PhOH）と H₂C=O の反応に似ているが，生成するポリマーは熱可塑性をもつが熱硬化性ではない．生成するポリマーの構造を書き，これらの二つのポリマーの性質が大きく異なる理由を説明せよ．

$p$-クレゾール
（$p$-cresol）

## 生物学的応用

**31.55** グリコール酸や乳酸の他にも（31.6.2 項），溶解性縫合糸は次のようなラクトンモノマーからも合成できる．それぞれのモノマーから生成するポリマーの構造を示せ．

a. $\varepsilon$-カプロラクトン
（$\varepsilon$-caprolactone）
→ ポリカプロラクトン
（polycaprolactone）

b. $p$-ジオキサノン
（$p$-dioxanone）
→ ポリジオキサノン
（polydioxanone）

**31.56** 化合物 **A** は薬剤の放出を制御するための生体吸収性コーティングとして使われる新しいポリエステルアミド共重合体である．**A** は四つのモノマーの共重合体であり，そのうちの二つはアミノ酸またはアミノ酸誘導体である．体内の酵素はポリマー骨格内のこれらの天然アミノ酸を認識し，ポリマーの酵素による分解を制御して内包している薬剤を定常的に放出する．**A** を合成するために使われている四つのモノマーを示せ．また，図 29.2 を使ってその二つのアミノ酸を命名せよ．

ポリエステルアミド **A**
（poly(ester amide)）

**31.57** ラトガース大学の研究者は，体内で非ステロイド性抗炎症剤に変換される生体適合性ポリマーを開発した．たとえば，2当量のサリチル酸ベンジルと1当量の塩化セバコイルの反応から，ポリアスピリンと呼ばれるポリ酸無水物エステルが生成する．これがサリチル酸(抗炎症剤)とセバシン酸(体外に排出)に加水分解される．この技術は特定の炎症部位への選択的なドラッグデリバリーに使えると期待されている．ポリアスピリンの構造を示せ．

## チャレンジ問題

**31.58** メルマックはメラミンとホルムアルデヒド($H_2C=O$)から合成される熱硬化性ポリマーであり，皿や調理台をつくるのに使われる．メルマックの合成の第一段階となる，1モルのホルムアルデヒドと2モルのメラミンの縮合反応の反応機構を段階ごとに示せ．

**31.59** 機構31.2で示したように，ラジカル重合における枝分かれは分子間水素の引き抜きにより起こるが，分子内水素の引き抜きでも起こり，ブチル基を枝とする枝分かれポリエチレンが生成する．

a. ブチル置換基を生成するにはどの水素原子が分子内で引き抜かれなければならないか．それを示す反応機構を段階ごとに示せ．

b. 他の水素原子よりもその水素原子が引き抜かれやすい理由を推定せよ．

**31.60** 尿素〔$(H_2N)_2C=O$〕とホルムアルデヒド($H_2C=O$)の反応により，発泡体として使われる高度に架橋したポリマーが生成する．このポリマーの構造を推定せよ〔ヒント：ベークライト(図31.7)とメルマック(問題31.58)の構造を見よ〕．

# 写真版権の一覧

**16 章**
章扉：© John Foxx/Getty Images RF; p. 671: © Franz-Marc-Frei/Corbis; p. 680: © Stephen Frink/Getty Images RF; p. 682: © Alvis Upitis/Getty Images RF; p. 690: © C Squared Studios/Getty Images RF; p. 692: © McGraw-Hill Education/Jill Braaten, photographer.

**17 章**
章扉：© iodrakon/Getty Images RF; 17.3(左): © C. Zachariasen/PhotoAlto RF; (右): Photo by Bob Nichols, USDA Natural Resources Conservation Service; p. 719: © Daniel C. Smith; p. 720(上): © Forest&Kim Starr; (下): © Bloomberg/Getty Images; p. 729(上): © Charles O'Rear/Corbis; (下): © Lester V. Bergman/Corbis; p. 730: © Photodisc/Getty Images RF.

**18 章**
章扉：© Jill Braaten; p. 745: © Time Life Pictures/Getty Images; p. 754: © Rene Dulhoste/Science Source; p. 755: © Bill Aron/Photo Edit, Inc.; p. 783: © McGraw-Hill Education/Jill Braaten, photographer.

**19 章**
章扉：© Sarka Babicka/Getty Images RF; p. 802: © Dr. Steven J. Wolf; p. 806: © Ryman Cabannes/Photocuisine/Corbis; p. 808: © Biopix.dx http://www.biopix.dk; p. 820: © Ken Samuelsen/ Getty Images RF; p. 824: © FoodCollection RF

**20 章**
章扉：© Daniel C. Smith; p. 838: © Gerald D. Carr, PhD; p. 847: © M.K. Ranjitsinh/Science Source; p. 849: © John Kaprielian/Science Source; p. 850: © C Squared Studios/Getty Images RF; p. 856: © McGraw-Hill Education/Charles D. Winters, photographer p. 864: © George Grall/National Geographic/Getty Images.

**21 章**
章扉：© Richo Cech, Horizon Herbs, LLC; 21.6&p. 914: © McGraw-Hill Education/Jill Braaten, photographer; p. 915: © Daniel C. Smith; p. 934(両方): © iStock/Getty Images RF.

**22 章**
Opener&p. 965(上): © Jill Braaten; (下): © blickwinkel/Alamy RF; p. 971: © McGraw-Hill Education/Joe Franek, photographer; p. 972: Photo by Scott Bauer, USDA-ARS; p. 986: © McGraw-Hill Education/Jill Braaten photographer p. 987: © Jill Braaten; p. 992: © Jill Braaten.

**23 章**
章扉：© iStock/Getty Images Plus RF; p. 1022&1030: © McGraw-Hill Education/Joe Franek, photographer; p. 1036: © McGraw-Hill Education/Mary Reeg, photographer; p. 1044: © iStock/Getty Images Plus RF.

**24 章**
章扉：© Jill Braaten; p. 1066(ゴキブリ): © James H. Robinson/Science Source; p. 1066(ウコン)& p. 1067(ドネペジル): © Jill Braaten; p. 1074: © McGraw-Hill Education/Jill Braaten, photographer.

**25 章**
章扉：© James Forte/Getty Images RF; 25.6(イヌホオズキ): © Werner Arnold; (タバコ): © Creatas Images RF; (ドクニンジン): © Steven P. Lynch RF; p. 1104: © Daniel C. Smith; p. 1117: © McGraw-Hill Education/Jill Braaten, photographer; p. 1123: James Gathany/CDC; p. 1124: © Daniel C. Smith; p. 1141(インジゴ): © Kirsten Soderlind/Corbis; (巻貝): © Andrew J. Martinez/Science Source; (セイヨウアカネ): © Bob Gibbons/Alamy; p. 1142: © Science&Society Picture Library.

**26 章**
章扉：© De Agostini Picture Library/Getty Images; p. 1163: © Pascal Goetgheluck/Science Source; p. 1167: © McGraw-Hill Education/John Thoeming, photographer; p. 1174: © Ross Warner/Alamy.

**27 章**
章扉：© Nature Picture Library/Alamy; p. 1196: © McGraw-Hill Education/Mary Reeg, photographer; p. 1200: © blickwinkel/Alamy; p. 1207: © Marina Khaytarova TopTropicals.com.

**28 章**
章扉：© Phil Degginger/Alamy; p. 1217: © McGraw-Hill Education/Jill Braaten, photographer; p. 1218: © McGraw-Hill Education/Elite Images; p. 1235: © Brand X Pictures/PunchStock RF; p. 1239: © Nature Picture Library/Alamy; p. 1240: © inga spence/Alamy; p. 1250 (上): © Vol. 3/PhotoDisc/Getty RF; p. 1250 (下): © McGraw-Hill Education/Elite Images; 28.9(左): © McGraw-Hill Education/Elite Images; (右): © David Muench/Corbis; 28.10: © McGraw-Hill Education/Jill Braaten, photographer; p. 1255(上): © McGraw-Hill Education/Jill Braaten, photographer; (下): © Comstock Images/PictureQuest RF.

**29 章**
章扉：© Corbis RF; p. 1271: © Jill Braaten; p. 1310: © Eye of Science/Science Source.

**30 章**
章扉：©Jill Braaten; p. 1322(上): ©Daniel C. Smith; (下): ©USDA, ARS, National Genetic Resources Program; p. 1325(ココナッツ): ©Corbis RF; (油): ©McGraw-Hill Education/ Elite Images; (魚): ©Rick Price/Corbis; p. 1327: ©AP/Wide World Photos; p. 1328: ©PhotoDisc/Getty RF; p. 1337(左): ©Henriette Kress; (右): ©Mark Turner/Getty Images; p. 1339: ©Thomas J. Abercrombie/Getty Images; p. 1347: ©Comstock/JupiterImages RF.

**31 章**
章扉：© Stuart Burford/Alamy; 31.1: © Getty Images; 31.4(ボール): © Dynamicgraphics/JupiterImages RF; (ペンキ): © Beathan/Corbis RF; (繊維): © Fernando Bengoe/Corbis; (接着剤): © McGraw-Hill Education/John Thoeming, photographer; p. 1365: © Savushkin/Getty Images RF; p. 1367: © DSM Dyneema; p. 1368: © Bob Krist/Corbis; p. 1370: © McGraw-Hill Education/John Thoeming, photographer ; p. 1376: © Rim Light/PhotoLink/Getty RF; 31.9(左): © Morey Milradt/Brand X/Corbis RF; (右): © E.I. du Pont de Nemours and Company.

# 代表的な化合物の p$K_a$ 値

付　録 A

| 化合物 | p$K_a$ |
|---|---|
| HI | −10 |
| HBr | −9 |
| H$_2$SO$_4$ | −9 |
| (CH$_3$)$_2$C=O$^+$H (プロトン化アセトン) | −7.3 |
| 4-CH$_3$-C$_6$H$_4$-SO$_3$H | −7 |
| HCl | −7 |
| (CH$_3$)$_2$O$^+$H | −3.8 |
| CH$_3$O$^+$H$_2$ | −2.5 |
| H$_3$O$^+$ | −1.7 |
| CH$_3$SO$_3$H | −1.2 |
| CH$_3$C(=O$^+$H)NH$_2$ | 0.0 |
| CF$_3$CO$_2$H | 0.2 |
| CCl$_3$CO$_2$H | 0.6 |
| 4-O$_2$N-C$_6$H$_4$-NH$_3^+$ | 1.0 |
| Cl$_2$CHCO$_2$H | 1.3 |
| H$_3$PO$_4$ | 2.1 |
| FCH$_2$CO$_2$H | 2.7 |
| ClCH$_2$CO$_2$H | 2.8 |
| BrCH$_2$CO$_2$H | 2.9 |
| ICH$_2$CO$_2$H | 3.2 |
| HF | 3.2 |

| 化合物 | p$K_a$ |
|---|---|
| 4-O$_2$N-C$_6$H$_4$-CO$_2$H | 3.4 |
| HCO$_2$H | 3.8 |
| 4-Br-C$_6$H$_4$-NH$_3^+$ | 3.9 |
| 4-Br-C$_6$H$_4$-CO$_2$H | 4.0 |
| C$_6$H$_5$-CO$_2$H | 4.2 |
| 4-CH$_3$-C$_6$H$_4$-CO$_2$H | 4.3 |
| 4-CH$_3$O-C$_6$H$_4$-CO$_2$H | 4.5 |
| C$_6$H$_5$-NH$_3^+$ | 4.6 |
| CH$_3$CO$_2$H | 4.8 |
| (CH$_3$)$_3$CCO$_2$H | 5.0 |
| 4-CH$_3$-C$_6$H$_4$-NH$_3^+$ | 5.1 |
| ピリジニウム | 5.3 |
| 4-CH$_3$O-C$_6$H$_4$-NH$_3^+$ | 5.3 |
| H$_2$CO$_3$ | 6.4 |
| H$_2$S | 7.0 |
| 4-O$_2$N-C$_6$H$_4$-OH | 7.1 |

A-2

| 化合物 | p$K_a$ | 化合物 | p$K_a$ |
|---|---|---|---|
| C$_6$H$_5$SH | 7.8 | cyclopentadiene-H | 15 |
| CH$_3$COCH(H)COCH$_3$ | 8.9 | CH$_3$OH | 15.5 |
| HC≡N | 9.1 | H$_2$O | 15.7 |
| 4-Cl-C$_6$H$_4$-OH | 9.4 | CH$_3$CH$_2$OH | 16 |
| NH$_4^+$ | 9.4 | CH$_3$CONH$_2$ | 16 |
| H$_3$N$^+$CH$_2$CO$_2^-$ | 9.8 | CH$_3$CHO | 17 |
| C$_6$H$_5$-OH | 10.0 | (CH$_3$)$_3$COH | 18 |
| 4-CH$_3$-C$_6$H$_4$-OH | 10.2 | (CH$_3$)$_2$C=O | 19.2 |
| HCO$_3^-$ | 10.2 | CH$_3$CO$_2$CH$_2$CH$_3$ | 24.5 |
| CH$_3$NO$_2$ | 10.2 | HC≡CH | 25 |
| 4-H$_2$N-C$_6$H$_4$-OH | 10.3 | CH$_3$C≡N | 25 |
| CH$_3$CH$_2$SH | 10.5 | CHCl$_3$ | 25 |
| (CH$_3$)$_3$N$^+$H | 10.6 | CH$_3$CON(CH$_3$)$_2$ | 30 |
| CH$_3$COCH(H)CO$_2$Et | 10.7 | H$_2$ | 35 |
| CH$_3$N$^+$H$_3$ | 10.7 | NH$_3$ | 38 |
| C$_6$H$_{11}$-N$^+$H$_3$ | 10.7 | CH$_3$NH$_2$ | 40 |
| (CH$_3$)$_2$N$^+$H$_2$ | 10.7 | C$_6$H$_5$CH$_2$-H | 41 |
| CF$_3$CH$_2$OH | 12.4 | C$_6$H$_5$-H | 43 |
| EtO$_2$C-CH(H)-CO$_2$Et | 13.3 | CH$_2$=CHCH$_3$ | 43 |
| | | CH$_2$=CH$_2$ | 44 |
| | | cyclopropane-H | 46 |
| | | CH$_4$ | 50 |
| | | CH$_3$CH$_3$ | 50 |

# 用語解説

### 数字

**1,2-アルキル移動**(1,2-alkyl shift, 9.9節) アルキル基が一つの炭素から隣接する炭素へ移動すること．これによって，不安定なカルボカチオンがより安定なカルボカチオンに転位する．

**1,2-移動**(1,2-shift, 9.9節) 水素原子あるいはアルキル基が一つの炭素原子から隣接する炭素原子へ移動することで，不安定なカルボカチオンがより安定なカルボカチオンへ転位すること．

**1,2-水素移動**(1,2-hydride shift, 9.9節) 一つの炭素原子から隣接する炭素原子へ水素原子が移動することによって，不安定なカルボカチオンがより安定なカルボカチオンへ転位すること．

**1,2-付加**(1,2-addition, 16.10節, 20.15節) 二つの隣接する原子に官能基を結合させる，共役系への付加反応．

**1,2-メチル移動**(1,2-methyl shift, 9.9節) メチル基が一つの炭素原子から隣接する炭素原子へ移ることによって，不安定なカルボカチオンがより安定なカルボカチオンへ転位すること．

**1,3-ジアキシアル相互作用**(1,3-diaxial interaction, 4.13.1項) シクロヘキサンのいす形配座における，二つのアキシアル置換基間の立体的相互作用．大きなアキシアル置換基は，シクロヘキサンの立体配座を不安定にする不利な1,3-ジアキシアル相互作用を起こす．

**1,4-付加**(1,4-addition, 16.10節, 20.15節) 共役系の1と4の位置にある原子に官能基を結合させる付加反応．共役付加とも呼ばれる．

**4中心遷移状態**(four-centered transition state, 10.16節) 四つの原子を含む遷移状態．

### A-Z

**CBS反応剤**(CBS reagent, 20.6.1項) オキサザボロリジンと$BH_3$の反応によって生成する光学活性な還元剤．CBS反応剤はケトン還元において一方のエナンチオマーを主生成物として与えることが期待できる．

**C末端アミノ酸**(C-terminal amino acid, 29.5.1項) 遊離カルボキシ基をもつペプチド鎖の末端にあるアミノ酸．

**D-糖**(D-Sugar, 28.2.3項) カルボニル基から最も離れた立体中心にあるヒドロキシ基が，フィッシャー投影式において右側にある糖．

**E1cB反応機構**(E1cB mechanism, 24.1.2項) カルボアニオン中間体を経て進行する2段階の脱離機構．E1cBとは"Elimination Unimolecular, Conjugate Base"の略称．

**E1機構**(E1 mechanism, 8.3節, 8.6節) カルボカチオン中間体を含む2段階過程で進行する脱離機構．E1は"elimination unimolecular"（一分子脱離）の略称．

**E2機構**(E2 mechanism, 8.3節, 8.4節) 二つの反応物質が遷移状態に含まれる，1段階の協奏過程で進行する脱離機構．E2は"elimination bimolecular"（二分子脱離）の略称．

**E,Z命名法**(E,Z system of nomenclature, 10.3.2項) 二重結合のそれぞれの炭素に結合している二つの基の優先順位を知ることで，アルケンの立体異性体を明確に命名する体系．E異性体では二つの高い優先順位をもつ基が二重結合の反対側に位置し，Z異性体ではそれらが同じ側に位置する．

**GC-MS**(GC-MS, 13.4.2項) ガスクロマトグラフィー（GC）と質量分析法（MS）を組み合わせた分析装置．

**IUPAC命名法**(IUPAC system of nomenclature, 4.3節) 国際純正応用化学連合によって決められた，化合物を命名する体系的な方法．

$K_a$(2.3節) 酸HAの酸性度定数．$K_a$の値が大きいほど酸として強い．

$$K_a = \frac{[H_3O^+][A:^-]}{[HA]}$$

$K_{eq}$(2.3節) 平衡定数．$K_{eq}$=［生成物］/［出発物質］．

**L-糖**(L-Sugar, 28.2.3項) カルボニル基から最も離れた立体中心にあるヒドロキシ基が，フィッシャー投影式において左側にある糖．

**Mピーク**(M peak, 13.1節) 質量スペクトルにおいて分子イオンの質量に対応するピーク．分子イオンピークあるいは親ピークとも呼ばれる．

**M+1ピーク**(M+1 peak, 13.1節) 質量スペクトルで分子イオン+1の質量に対応するピーク．M+1ピークは，分子イオンの質量を増やす同位体の存在によって生じる．

**M+2ピーク**(M+2 peak, 13.2節) 質量スペクトルで分子イオン+2の質量に対応するピーク．M+2ピークは，塩素原子や臭素原子のような同位体をもつ原子によって生じる．

**NMRシグナル**(NMR signal, 14.6.1項) NMRスペクトル中の特定のプロトンから生じる吸収全体．

**NMRピーク**(NMR peak, 14.6.1項) NMRシグナルの個々の吸収．

**NMR分光計**(NMR spectrometer, 14.1.1項) 強い磁場に置かれた特定の原子核によって吸収されるラジオ波を測定す

る分析計.

**n + 1 則**(*n* + 1 rule, 14.6.3 項)　近傍に非等価な *n* 個のプロトンをもつプロトンが，*n* + 1 本のピークに分裂するという NMR シグナルに関する規則.

**N 末端アミノ酸**(N - terminal amino acid, 29.5.1 項)　遊離アミノ基をもつペプチド鎖の末端にあるアミノ酸.

**p$K_a$**(2.3 節)　酸の強さを対数目盛りで示したもの．p$K_a$ = $-\log K_a$．p$K_a$ の値が小さいほど強い酸である.

**R,S 命名法**(R,S system of nomenclature, 5.6 節)　立体中心に結合しているそれぞれの基の優先順位を決定することで，四面体の立体中心の立体化学を区別する命名の体系．*R* という表示は優先順位の高いものから順に三つの基が時計回りに配列していることを示し，*S* という表示は優先順位の高いものから順に三つの基が反時計回りに配列していることを示す．カーン-インゴルド-プレローグ命名法とも呼ばれる.

**S$_N$1 機構**(S$_N$1 mechanism, 7.10 節，7.12 節)　カルボカチオン中間体を含む 2 段階過程で進行する求核置換反応の機構．S$_N$1 は一分子求核置換(substitution nucleophilic unimolecular)の略称.

**S$_N$2 機構**(S$_N$2 mechanism, 7.10 節，7.13 節)　両方の反応物質が遷移状態に含まれる 1 段階過程で進行する求核置換反応の機構．S$_N$2 は二分子求核置換(substitution nucleophilic bimolecular)の略称.

**s-シス**(s-cis, 16.6 節，29.5.2 項)　二つの二重結合をつなぐ単結合の同じ側に二重結合がある 1,3-ジエンの立体配座．また，ペプチド結合に対しては，二つの R 基を C-N 結合の同じ側にもつ立体配座.

**s 性**(s - character, 1.11.2 項)　混成軌道を形成するために用いられている s 軌道の寄与の割合.

**s-トランス**(s-trans, 16.6 節，29.5.2 項)　二つの二重結合をつなぐ単結合の反対側に二重結合がある 1,3-ジエンの立体配座．また，ペプチド結合に対しては，二つの R 基を C-N 結合の反対側にもつ立体配座.

**VSEPR 理論**(VSEPR theory, 1.7.2 項)　原子価殻電子対反発理論．中心にある原子を取りまく基の数によって，分子の三次元構造が決まるという理論．最も安定な配列はそれぞれの基が互いにできるだけ遠くに離れた状態である.

## ギリシャ文字

**α アノマー**(α anomer, 28.6 節)　アノマー位の OH 基と CH$_2$OH 基が互いにトランスの関係にある環状の単糖の立体異性体．D-単糖では，アノマー炭素上の OH 基は環の下側に書く.

**α-アミノ酸**(α-amino acid, 19.14.1 項，29.1 節)　一般構造式 RCH(NH$_2$)COOH で表される化合物．タンパク質の構成要素である.

**α-アミノニトリル**(α-amino nitrile, 29.2.3 項)　一般構造式 RCH(NH$_2$)C≡N をもつ化合物.

**α 開裂**(α cleavage, 13.3.2 項)　質量分析法において炭素-炭素結合が開裂するフラグメント化．アルデヒドやケトンの場合には，α 開裂によってカルボニル炭素とそれに隣接する炭素の間の結合が切断される．アルコールの場合には，OH 基が結合した炭素とアルキル基の間の結合が切断される.

**α 水素**(α hydrogen, 23.1 節)　カルボニル炭素原子に結合した炭素(α 炭素)上の水素原子.

**α 脱離**(α elimination, 26.4 節)　同じ原子から二つの元素が脱離する脱離反応.

**α 炭素**(α carbon, 8.1 節，19.2.2 項)　脱離反応において，脱離基に結合している炭素．カルボニル化合物の場合にはカルボニル炭素に結合している炭素.

**α-ハロアルデヒド，α-ハロケトン**(α - halo aldehyde, α - halo ketone, 23.7 節)　α 炭素に結合したハロゲン原子をもつアルデヒドあるいはケトン.

**α-ヘリックス**(α - helix, 29.9.2 項)　ペプチド鎖が右巻きか時計回りのらせんを形成するときに生成するタンパク質の二次構造.

**α,β-不飽和カルボニル化合物**(α,β - unsaturated carbonyl compound, 20.15 節)　カルボニル基と一つの σ 結合によって隔てられた炭素-炭素二重結合をもつ共役化合物.

**β アノマー**(β anomer, 28.6 節)　アノマー位の OH 基と CH$_2$OH 基が互いにシスの関係にある環状の単糖の立体異性体．D-単糖では，アノマー炭素上の OH 基は環の上側に書く.

**β-ケトエステル**(β-keto ester, 23.10 節)　エステルカルボニル基の β 炭素上にケトンのカルボニル酸素をもつ化合物.

**β 脱離**(β elimination, 8.1 節)　二つの隣接する原子から元素が脱離する反応.

**β 炭素**(β carbon, 8.1 節，19.2.2 項)　脱離反応において，脱離基をもつ炭素に隣接した炭素．カルボニル化合物では，カルボニル炭素から二つ目に位置する炭素.

**β-ヒドロキシカルボニル化合物**(β - hydroxy carbonyl compound, 24.1.1 項)　カルボニル基の β 炭素にヒドロキシ基をもつ有機化合物.

**β-プリーツシート**(β - pleated sheet, 29.9.2 項)　二つ以上のペプチド鎖が隣り合って列をなすときに生成するタンパク質の二次構造.

**δ 値**(δ scale, 14.1.2 項)　テトラメチルシランの吸収シグナルを 0 ppm とする，NMR 分光法における化学シフトの一般的な尺度.

**π 結合**(π bond, 1.10.2 項)　電子密度が二つの核をつなぐ軸上には集まっておらず，二つの p 軌道が横に並ぶことでできる重なりによって形成する結合．一般的に σ 結合よりも弱い.

**σ 結合**(σ bond, 1.9.1 項)　二つの核を連結する軸上に高い電子密度をもつ円筒状の対称な結合.

## あ行

**アキシアル結合**(axial bond, 4.12.1 項)　シクロヘキサンのいす形立体配座の平面に対して，垂直に上向き(または下向き)にでている結合．下図では，三つが上向き(炭素より上方)のアキシアル結合，他の三つは下向き(炭素より下方)のアキシアル結合である.

**アキラル分子**(achiral molecule, 5.3 節)　その鏡像と重ね合わせることができる分子．アキラルな分子はキラルではなく，光学不活性である.

**アグリコン**(aglycon, 28.7.3 項)　グリコシドの加水分解に

## 用語解説

よって生成するアルコール.

**アシリウムイオン**(acylium ion, 18.5.2 項)　正電荷を帯びた一般構造式$(R-C\equiv O)^+$をもつ求電子剤.酸塩化物の炭素-ハロゲン結合をルイス酸である$AlCl_3$によってイオン化することで生成する.

**アシル移動反応**(acyl transfer reaction, 22.17 節)　ある原子から別の原子へアシル基が移動する反応.

**アシル化反応**(acylation, 18.5.1 項, 22.17 節)　ある官能基にアシル基を結合させる反応.

**アシル基**(acyl group, 18.5.1 項)　一般構造式 RCO- をもつ置換基.

**アセタール**(acetal, 21.14 節)　一般式 $R_2C(OR')_2$(R=H,アルキル,あるいはアリール)をもつ化合物.アルデヒドやケトンの保護基として利用される.

**アセチリドアニオン**(acetylide anion, 11.11 節, 20.9.2 節)　末端アルキンに強塩基を作用させることで生成するアニオン.$R-C\equiv C^-$の一般的な構造をもつ.

**アセチル化**(acetylation, 22.9 節)　アセチル基($CH_3CO-$)がある原子から別の原子に移動する反応.

**アセチル基**(acetyl group, 21.2.5 項)　-COCH$_3$の構造をもった置換基.

**アセチル補酵素 A**(acetyl coenzyme A, 22.17 節)　アセチル化剤として作用する生化学上のチオエステル.アセチル CoA と表記される.

**アセト酢酸エステル合成**(acetoacetic ester synthesis, 23.10 節)　アセト酢酸エステルをα炭素に一つあるいは二つのアルキル基をもつケトンへと変換する段階的な方法.

**アゾ化合物**(azo compound, 25.15 節)　一般構造式 RN=NR' で表される化合物.

**アタクチックポリマー**(atactic polymer, 31.4 節)　ポリマー鎖の炭素骨格に沿って,置換基が無秩序に配列されたポリマー.

**アニオン**(anion, 1.2 節)　中性の原子が一つあるいは二つ以上の電子を受け取ることによって生成する負電荷をもったイオン.

**アニオン重合**(anionic polymerization, 31.2.3 節)　アニオン性中間体を安定化する電子求引性基によって置換されたアルケンの連鎖重合.

**アニリン**(aniline, 25.3.3 項)　$C_6H_5NH_2$の構造をもつ化合物.

**アヌレン**(annulene, 17.8.1 項)　二重結合と単結合を交互にもつ単一の環からなる炭化水素.

**アノマー炭素**(anomeric carbon, 28.6 節)　環状の単糖のヘミアセタール炭素における立体中心.

**油**(oil, 10.6.2 項, 30.3 節)　室温で液体であり,高い不飽和度をもった脂肪酸の側鎖で構成されたトリアシルグリセロール.

**アミド**(amide, 20.1 節, 22.1 節)　一般構造式 $RCONR'_2$(R'=H,またはアルキル基)で表される化合物.

**アミド塩基**(amide base, 8.10 節, 23.3.2 項)　アミンまたはアンモニアの脱プロトン化によって生成する窒素を含む塩基.

**アミノ基**(amino group, 25.3.4 項)　-NH$_2$の構造をもつ置換基.

**アミノ酸残基**(amino acid residue, 29.5 節)　ペプチドやタンパク質に含まれる個々のアミノ酸.

**アミノ糖**(amino sugar, 28.13.1 項)　アノマー炭素ではない部位に OH 基の代わりに NH$_2$基をもつ炭水化物.

**アミン**(amine, 21.11 節, 25.1 節)　一般構造式 $RNH_2$,$R_2NH$,$R_3N$で表される塩基性の有機窒素化合物.窒素原子上に孤立電子対をもつ.

**アリル位炭素**(allylic carbon, 15.10 節)　炭素-炭素二重結合に結合している炭素.

**アリル位の臭素化反応**(allylic bromination, 15.10.1 項)　炭素-炭素二重結合に隣接する炭素上の水素を臭素で置き換えるラジカル置換反応.

**アリル型ハロゲン化物**(allylic halide, 7.1 節)　炭素-炭素二重結合に隣接する炭素に結合したハロゲン原子をもつ分子.

**アリルカルボカチオン**(allyl carbocation, 16.1.2 項)　炭素-炭素二重結合に隣接する炭素上に正電荷をもつカルボカチオン.共鳴安定化されている.

**アリル基**(allyl group, 10.3.3 項)　$-CH_2-CH=CH_2$の構造をもつ置換基.

**アリール基**(aryl group, 17.3.4 項)　芳香環から一つの水素原子を取り除くことによってできる置換基.

**アリルラジカル**(allyl radical, 15.10 節)　炭素-炭素二重結合に隣接する炭素上に不対電子をもつラジカル.共鳴安定化されている.

**アルカロイド**(alkaloid, 25.6.1 項)　植物から単離される塩基性の含窒素化合物.

**アルカン**(alkane, 4.1 節)　C-C と C-H のσ結合だけからなる脂肪族炭化水素.

**アルキル化反応**(alkylation, 23.8 節)　アルキル基がある原子から別の原子へ移動する反応.

**アルキル基**(alkyl group, 4.4 節)　アルカンから一つの水素を取り去ることで生成する基.母体となるアルカンの接尾語 -ane を -yl に置き換えることで命名される.

**アルキルトシラート**(alkyl tosylate, 9.13 節)　一般構造式 $ROSO_2C_6H_4CH_3$をもつ化合物.トシラートとも呼ばれ,ROTs と略記される.

**アルキン**(alkyne, 8.10 節)　炭素-炭素三重結合をもつ脂肪族炭化水素.

**アルケン**(alkene, 8.2.1 項)　炭素-炭素二重結合をもつ脂肪族炭化水素.

**アルコキシ基**(alkoxy group, 9.3.2 項)　酸素に結合したアルキル基をもつ置換基(RO 基).

**アルコキシド**(alkoxide, 8.1 節, 9.6 節)　塩基によるアルコールの脱プロトン化によって生成する一般構造式 RO$^-$で表されるアニオン.

**アルコール**(alcohol, 9.1 節)　一般構造式 ROH で表される化合物.$sp^3$混成炭素原子に結合したヒドロキシ基(OH 基)をもつ.

**アルジトール**(alditol, 28.9.1 項)　アルドースのアルデヒドを第一級アルコールに還元することによって生成する化合物.

**アルダル酸**(aldaric acid, 28.9.2 項)　アルドースのアルデヒドと第一級アルコールを酸化することによって生成するジカルボン酸.

**アルデヒド**(aldehyde, 11.10 節)　一般構造式 RCHO(R=H,アルキル基,あるいはアリール基)で表される化合物.

**アルドース**(aldose, 28.2 節)　ポリヒドロキシアルデヒドからなる単糖.

**アルドール縮合**(aldol condensation, 24.1.2 項)　最初に形成したβ-ヒドロキシカルボニル化合物が脱水反応によって

水を失うアルドール反応.

**アルドール反応**(aldol reaction, 24.1.1 項)　アルデヒドあるいはケトンの二分子が塩基の存在下で互いに反応して β-ヒドロキシカルボニル化合物を生成する反応.

**アルドン酸**(aldonic acid, 28.9.2 項)　アルドースのアルデヒドをカルボン酸に酸化することによって生成する化合物.

**アンタラ型反応**(antarafacial reaction, 27.4 項)　π 電子系にある二つの末端の反対側で起こるペリ環状反応.

**アンチ-ジヒドロキシ化反応**(anti dihydroxylation, 12.9.1 項)　二重結合の面の反対側から二つのヒドロキシ基が付加する反応.

**アンチ配座**(anti conformation, 4.10 節)　隣接する炭素原子上の二つの大きな基が 180°の二面角をもつねじれ形立体配座.

**アンチ付加**(anti addition, 10.8 節)　反応剤の二つの部分が二重結合の反対側から付加する付加反応.

**アンチペリプラナー**(anti periplanar, 8.8.1 項)　脱離反応において,β 水素と脱離基が分子の反対側にある立体配座.

**アンビデント求核剤**(ambident nucleophile, 23.3.3 項)　二つの反応点をもつ求核剤.

**アンモニウム塩**(ammonium salt, 25.1 節)　$R_4N^+X^-$のような,四つの σ 結合をもち正電荷を帯びた含窒素化合物.

**イオノホア**(ionophore, 3.7.2 項)　細胞膜を通って輸送できるようにカチオンと複合体を形成できる化合物.疎水性をもつ外部と,カチオンと複合体を形成する親水性の中央の空洞をもっている.

**イオン結合**(ionic bond, 1.2 節)　一つの元素からもう一つの元素へ電子が移動することによって形成する結合.イオン結合は逆の電荷をもったイオン間の強い静電相互作用によって形成する.電子の移動によってカチオンとアニオンからなる安定な塩が生成する.

**異性体**(isomer, 1.4.1 項, 4.1.1 項, 5.1 節)　同じ分子式をもつ二つの異なる化合物.

**イソシアナート**(isocyanate, 31.6.3 項)　RN=C=O という一般構造式で表される化合物.

**イソタクチックポリマー**(isotactic polymer, 31.4 節)　ポリマー鎖の炭素骨格の同じ側にすべての置換基をもつポリマー.

**イソプレン単位**(isoprene unit, 30.7 節)　4 炭素が一列に並び,中央の炭素の一つに 1 炭素の枝をもつ 5 炭素単位.

**一次構造**(primary protein structure, 29.9.1 項)　ペプチド結合で互いにつながったアミノ酸の配列.

**一次の速度式**(first-order rate equation, 6.9.2 項, 7.10 節)　反応速度が一つの反応物質の濃度だけに依存する反応速度式.

**一重線**(singlet, 14.6.1 項)　1 本のピークを与える NMR シグナル.

**位置選択性が制御されたアルドール反応**(directed aldol reaction, 24.3 節)　二種類のカルボニル化合物の一方のエノラートを選択的に生成させて,これをもう一つのカルボニル化合物と反応させる交差アルドール反応.

**位置選択的反応**(regioselective reaction, 8.5 節)　二つ以上の構造異性体の生成が可能なとき,一つの構造異性体を優先して生成する反応.

**一置換アルケン**(monosubstituted alkene, 8.2.1 項)　二重結合を形成している炭素に一つのアルキル基と三つの水素が結合したアルケン($RCH=CH_2$).

**一分子反応**(unimolecular reaction, 6.9.2 項, 7.10 節, 7.12.1 項)　一つの反応物質だけが律速段階に関与し,一つの反応物質の濃度だけが速度式に現れる反応.

**イミド**(imide, 25.7.1 項)　二つのカルボニル基の間に窒素原子をもつ化合物.

**イミニウムイオン**(iminium ion, 21.11.1 項)　一般構造式$(R_2C=NR'_2)^+$,R=H あるいはアルキル基で表される共鳴安定化されたカチオン.

**イミン**(imine, 21.7.2 項, 21.11.1 項)　一般構造式 $R_2C=NR'$で表される化合物.シッフ塩基とも呼ばれる.

**イリド**(ylide, 21.10.1 項)　互いに結合した反対の電荷を帯びた二つの原子をもち,二つの原子がともに八電子則を満たしている化学種.

**ウィッティッヒ反応**(Wittig reaction, 21.10 節)　カルボニル基と有機リン反応剤からアルケンを生成する反応.

**ウィッティッヒ反応剤**(Wittig reagent, 21.10.1 項)　一般構造式 $Ph_3P=CR_2$をもつ有機リン反応剤.

**ウィリアムソンエーテル合成**(Williamson ether synthesis, 9.6 節)　ハロゲン化メチルあるいは第一級ハロゲン化アルキルとアルコキシド($RO^-$)の反応によるエーテルの合成法.

**ウォルフ-キシュナー還元**(Wolff-Kishner reduction, 18.15.2 項)　ヒドラジン($NH_2NH_2$)と強塩基(KOH)を用いてアリールケトンをアルキルベンゼンに還元する方法.

**ウォール分解**(Wohl degradation, 28.10.1 項)　アルデヒド末端から炭素を一つ取り除くことでアルドース鎖を短くする反応.

**右旋性**(dextrorotatory, 5.12.1 項)　平面偏光を時計回りの方向に回転させること.$d$あるいは(+)と表示する.

**ウッドワード-ホフマン則**(Woodward-Hoffmann rules, 27.3 節)　ペリ環状反応の立体化学の推移を説明するのに用いられる,軌道の対称性に基づく一連の規則.

**ウレタン**(urethane, 31.6.3 項)　OR 基と NHR 基(あるいは $NR_2$基)の両方がカルボニル基に結合した化合物.カルバマートとも呼ばれる.

**エイコサノイド**(eicosanoid, 30.6 節)　アラキドン酸から誘導される 20 炭素原子をもつ生理活性化合物群.

**エキソ位**(exo position, 16.13.4 項)　架橋した二環式化合物上にある置換基が占める位置のうち,両方の環をつなぐ二つの炭素に結合したより短い架橋に近い位置.

**エクアトリアル結合**(equatorial bond, 4.12.1 項)　シクロヘキサンのいす形立体配座を大まかに一つの平面と考えたとき,その平面上にある(赤道まわりの)結合.三つのエクアトリアル結合は平面に対して(下向きの炭素上から)少し上のほうを,そして残り三つのエクアトリアル結合は(上向きの炭素上から)少し下を向いている.

**エステル**(ester, 20.1 節, 22.1 節)　一般構造式 RCOOR' で

表される化合物.

**エステル化**(esterification, 22.10.3 節) カルボン酸あるいはカルボン酸誘導体をエステルに変換する反応.

**エチニル基**(ethynyl group, 11.2 節) $-C\equiv C-H$ の構造をもつアルキニル置換基.

**エーテル**(ether, 9.1 節) 一般構造式 ROR' で表される官能基.

**エドマン分解**(Edman degradation, 29.6.2 項) ペプチドのアミノ酸配列を決定する方法.1回の操作で N 末端から一つのアミノ酸を切断し,そのアミノ酸を同定する.すべての順序が明らかになるまで同じ操作を繰り返す.

**エナミン**(enamine, 21.12 節) 炭素–炭素二重結合に結合したアミンの窒素原子をもつ化合物〔$R_2C=CH(NR'_2)$〕.

**エナンチオ選択的反応**(enantioselective reaction, 12.15 節, 20.6.1 項, 29.4 節) おもに一つのエナンチオマーのみを与える反応.不斉反応とも呼ばれる.

**エナンチオトピックなプロトン**(enantiotopic proton, 14.2.3 項) どちらかの水素を Z 基で置換するとエナンチオマーが生成するような同じ炭素上にある二つの水素原子.二つの水素原子は等価で単一の NMR シグナルを与える.

**エナンチオマー**(enantiomer, 5.3 節) 鏡像の関係にあるが互いに重ね合わせることができない立体異性体.エナンチオマー同士はすべての立体中心について反対の $R, S$ 立体配置をもっている.

**エナンチオマー過剰率**(enantiomeric excess, 5.12.4 項) ラセミ混合物中に一方のエナンチオマーがどれほど過剰に存在しているかを示す尺度.エナンチオマー過剰率 (ee) は光学純度とも呼ばれる.ee =(一方のエナンチオマーの%) -(他方のエナンチオマーの%).

**エネルギー図**(energy diagram, 6.7 節) 反応物質が生成物へ変換される際に起こるエネルギー変化を図で表現したもの.エネルギー図は,反応がいかに容易に進行するか,何段階の反応が必要なのか,反応物質や生成物,中間体のエネルギーがどのように比較できるかなどを示す.

**エノラート**(enolate, 20.15, 23.3 節) 塩基がカルボニル基の α 炭素から α 水素を引き抜いたときに生成する共鳴安定化されたアニオン.

**エノール互変異性体**(enol tautomer, 9.1 節, 11.9 節, 20.15 節) 炭素–炭素二重結合に結合したヒドロキシ基をもつ化合物.〔$CH_2=C(OH)CH_3$ のような〕エノール互変異性体は,そのケト互変異性体〔$(CH_3)_2C=O$〕と平衡の状態にある.

**エポキシ化反応**(epoxidation, 12.8 節) アルケンに一つの酸素原子を付加させてエポキシドを生成する反応.

**エポキシ樹脂**(epoxy resin, 31.6.5 項) 流動性プレポリマーと架橋ポリマーを連結させる硬化剤から遂次重合により生成するポリマー.

**エポキシド**(epoxide, 9.1 節) 三員環の一部分として酸素原子をもつ環状エーテル.オキシランとも呼ばれる.

**エラストマー**(elastomer, 31.5 節) 荷重をかけると伸縮するが,荷重を除くと元の形にもどるポリマー.

**エレクトロスプレーイオン化**(electrospray ionization, 13.4.3 項) 質量スペクトルで大きな生体分子をイオン化する方法.ESI と略記される.

**塩化アシル**(acyl chloride, 18.5.1 項) 一般構造式 RCOCl をもつ化合物.酸塩化物とも呼ばれる.

**塩基性**(basicity, 7.8 節) どれくらい容易に原子がその電子対をプロトンに与えるかの尺度.

**塩素化反応**(chlorination, 10.14 節, 15.5 節, 18.3 節) 化合物に塩素が導入される反応.

**エンタルピー変化**(enthalpy change, 6.4 節) 反応中に吸収したり放出したりするエネルギー.$\Delta H°$ で表示され,反応熱とも呼ばれる.

**エンド位**(endo position, 16.13.4 節) 架橋した二環式化合物上にある置換基が占める位置のうち,両方の環をつなぐ二つの炭素に結合したより長い架橋に近い位置.

**エンド付加のルール**(rule of endo addition, 16.13.4 項) ディールス–アルダー反応においてエンド体が優先的に生成するルール.

**エントロピー**(entropy, 6.6 節) 系の無秩序さの尺度.運動の自由度が大きくなればなるほど,あるいは無秩序さが大きくなればなるほど,エントロピーは大きくなる.$S°$ という記号で表される.

**エントロピー変化**(entropy change, 6.6 節) 反応において反応物質が生成物へ変換されたときの無秩序さの変化.$\Delta S°$ で表され,その値は $\Delta S° = S°_{生成物} - S°_{反応物質}$ である.

**オキサザボロリジン**(oxazaborolidine, 20.6.1 項) ホウ素,窒素,酸素を含むヘテロ環.キラルな還元剤を調製するために用いることができる.

**オキサホスフェタン**(oxaphosphetane, 21.10.2 項) リン–酸素結合を含む四員環からなるウィッティッヒ反応の中間体.

**オキシ–コープ転位**(oxy-Cope rearrangement, 27.5 節) 1,5–ジエン–3–オールの δ, ε–不飽和カルボニル化合物への [3,3] シグマトロピー転位.

**オキシム**(oxime, 28.10.1 項) 一般構造式 $R_2C=NOH$ をもつ化合物.

**オキシラン**(oxirane, 9.1 節) 三員環の一部分として酸素原子をもつ環状エーテル.エポキシドとも呼ばれる.

**オゾン分解**(ozonolysis, 12.10 節) 多重結合に酸化剤としてオゾン ($O_3$) を作用させる酸化的切断反応.

**親イオン**(parent ion, 13.1 節) 有機分子から1電子を取り除くことで生成する一般構造式 $M^{+\cdot}$ をもつラジカルカチオン.分子イオンとも呼ばれる.

**オルト異性体**(ortho isomer, 17.3.2 項) 1,2–二置換ベンゼン環.o– と略記される.

**オルト–パラ配向基**(ortho, para director, 18.7 節) 芳香族求電子置換反応において,新しい基をオルト位とパラ位に誘導するベンゼン環上の置換基.

**オレフィン**(olefin, 10.1 節) アルケン.炭素–炭素二重結合をもつ化合物.

## か行

**開環メタセシス重合**(ring-opening metathesis polymerization, 問題 26.33) 特定の環状アルケンから高分子量のポリマーを生成するオレフィンメタセシス反応.

**開始段階**(initiation, 15.4.1 項) 結合の開裂によって活性な中間体を生成する連鎖反応の最初の段階.

**回転障壁**(barrier to rotation, 4.10 節) σ結合まわりの回転に際し,分子の最も低いエネルギーをもつ立体配座と最も高いエネルギーをもつ立体配座の間のエネルギー差.

**化学シフト**(chemical shift, 14.1.2 項) NMR スペクトルに

おいて，標準試料テトラメチルシランのピークに対する $x$ 軸上での吸収シグナルの相対的な位置．

**架橋環系**(bridged ring system, 16.13.4 項)　二つの環が隣り合っていない炭素原子を共有している二環性の系．

**核間メチル基**(angular methyl group, 30.8.1 項)　ステロイド骨格の二つの縮合環の環の交点に位置するメチル基．

**核磁気共鳴画像法(MRI)**(magnetic resonance imaging, 14.12 節)　医療に用いられる NMR の一形態．

**核磁気共鳴分光法**(nuclear magnetic resonance spectroscopy, 14.1 節)　有機分子の炭素と水素の骨格を同定するために役立つ有用な分析手段．

**角歪み**(angle strain, 4.11 節)　$sp^3$ 混成原子の結合角が四面体角の 109.5° からはずれることによって生じる歪み．これによって，エネルギーの増大が見られる．

**化合物**(compound, 1.2 節)　二つ以上の元素が互いにつながって安定な配列をとった物質．

**重なり形配座**(eclipsed conformation, 4.9 節)　一つの炭素上の結合が隣接する炭素の結合とちょうど一列に並ぶ分子の立体配座．

**過酸**(peroxyacid, 12.7 節)　一般構造式 $RCO_3H$ をもつ酸化剤．

**過酸化物**(peroxide, 15.2 節)　一般構造式 ROOR をもつ反応性が高い有機化合物．過酸化物は弱い O–O 結合を均等開裂させ，ラジカル開始剤として使用される．

**加水分解**(hydrolysis, 21.9.1 項)　水による結合の開裂反応．

**ガスクロマトグラフィー**(gas chromatography, 13.4.2 項)　気体の沸点とカラムを通過する速度の関係を利用して，混合物の成分を分離する分析技術．

**可塑剤**(plasticizer, 31.7 節)　ポリマーに柔軟性を与えるために加える低分子量の化合物．

**カチオン**(cation, 1.2 節)　中性の原子が一つあるいは二つ以上の電子を失うことで生成する正電荷を帯びたイオン．

**カチオン重合**(cationic polymerization, 31.2.3 項)　カルボカチオン中間体を含むアルケンモノマーの連鎖重合．

**活性化エネルギー**(energy of activation, 6.7 節)　遷移状態と出発物質の間のエネルギー差．$E_a$ という略号で示され，反応物質にある結合を切断するのに必要なエネルギー．

**活性部位**(active site, 6.11 節)　基質と結合する酵素の特定の場所．

**カップリング定数**(coupling constant, 14.6.1 項)　分裂した NMR シグナルのピーク間の Hz 単位で表した周波数の差．

**カップリング反応**(coupling reaction, 25.15 節)　二つの異なる分子間に結合を形成させる反応．

**価電子**(valence electron, 1.1 節)　最も外側の軌道にある電子．価電子が元素の性質を決定する．価電子はゆるく拘束されており，化学反応に関与する．

**ガブリエル合成**(Gabriel synthesis, 25.7.1 項)　フタルイミドから誘導される求核剤を用いて，ハロゲン化アルキルを第一級アミンに変換する 2 段階の合成法．

**カーボナート**(carbonate, 31.6.4 項)　一般構造式 $(RO)_2C=O$ をもつ化合物．

**カーボン NMR 分光法**〔carbon ($^{13}$C) NMR spectroscopy, 14.1 節〕　分子中の炭素原子の種類を決定するために用いられる核磁気共鳴分光法．

**カルバマート**(carbamate, 29.7 節, 31.6 節)　酸素原子と窒素原子の両方に結合したカルボニル基をもつ官能基．

**カルベン**(carbene, 26.4 節)　:$CR_2$ の一般構造式をもつ中性の反応中間体．カルベンは 6 個の電子にかこまれた 2 価の炭素をもっているので，C=C 二重結合に付加する非常に反応性の高い求電子剤である．

**カルボアニオン**(carbanion, 2.5.4 項)　炭素原子上に負の電荷をもつイオン．

**カルボカチオン**(carbocation, 7.13.3 項)　正の電荷を帯びた炭素原子．カルボカチオンは $sp^2$ 混成で平面三方形構造をもち，空の p 軌道をもっている．

**カルボキシ化**(carboxylation, 20.14 節)　有機金属反応剤に $CO_2$ を作用させ，その後プロトン化することでカルボン酸を得る反応．

**カルボキシ基**(carboxy group, 19.1 節)　COOH の構造をもつ官能基．

**カルボキシラートアニオン**(carboxylate anion, 19.2.3 項)　カルボン酸にブレンステッド–ローリーの塩基を作用させて脱プロトン化することによって生成する $RCOO^-$ の構造をもったアニオン．

**カルボニル基**(carbonyl group, 3.2.3 項, 11.9 節, 20.1 節)　炭素–酸素二重結合(C=O)を含む官能基．炭素–酸素結合は極性をもっており，カルボニル炭素は求電子性をもつ．

**カルボン酸**(carboxylic acid, 19.1 節)　RCOOH の一般構造式をもつ化合物．

**カルボン酸誘導体**(carboxylic acid derivative, 20.1 節)　カルボン酸から合成され，一般構造式 RCOZ をもつ化合物．一般的なカルボン酸誘導体には酸塩化物，酸無水物，エステルやアミドがある．

**カーン–インゴルド–プレローグ命名法**(Cahn-Ingold-Prelog system of nomenclature, 5.6 節)　立体中心に結合している四つの基の配列についてその中心を $R$ か $S$ で示す体系．

**環化**(annulation, 24.9 節)　新しい環を生成する反応．

**還元**(reduction, 4.14.1 項, 12.1 節)　電子を受け取る過程．有機化合物の場合は，還元されると C–Z 結合の数が減少し，C–H 結合の数が増える．ここで Z は炭素よりも電気陰性度が大きい元素である．

**還元的アミノ化反応**(reductive amination, 25.7.3 項)　アルデヒドやケトンをアミンに変換する 2 段階反応．

**還元的脱離**(reductive elimination, 26.2.1 項)　一つの金属に結合した二つの基の脱離．しばしば新しい炭素–水素結合あるいは炭素–炭素結合を形成する．

**還元糖**(reducing sugar, 28.9.2 項)　トレンス反応剤，ベネディクト反応剤あるいはフェーリング反応剤によって酸化される炭水化物．

**環状電子開環反応**(electrocyclic ring-opening reaction, 27.1 節)　環状反応物の一つの σ 結合が切断され，反応物よりも一つ多い π 結合をもつ共役生成物を生成するペリ環状反応．

**環状電子閉環反応**(electrocyclic ring closure, 27.1 節)　反応物よりも一つ多い σ 結合と一つ少ない π 結合をもつ環状生成物を生成する分子内ペリ環状反応．

**環電流**(ring current, 14.4 節)　外部磁場の存在によって起こる芳香環の π 電子の円運動．

**官能基**(functional group, 3.1 節)　特徴的な化学的ならびに物理的性質をもった一つあるいは複数の原子からなる基．分子の反応活性な部位である．

**官能基の相互変換反応**(functional group interconversion, 11.12 節)　一つの官能基を別の官能基に変換する反応．

**官能基領域**(functional group region, 13.6.2 項)　赤外スペクトルの 1500 cm$^{-1}$ 以上の領域．一般的な官能基はこの領域に特徴的な振動数をもついくつかのピークを示す．

**環の反転**(ring-flipping, 4.12.2 項)　シクロヘキサンの一つのいす形配座が第二のいす形配座と相互変換する段階的な過程．

**慣用名**(common name, 4.6 節)　IUPAC 命名法が確立される以前に使われていた分子の名称．

**簡略構造式**(condensed structure, 1.8.1 項)　すべての原子を書き，結合や孤立電子対は省略した簡潔な構造の表記．同じ原子に似た官能基が複数結合している場合には括弧を用いる．

**基質**(substrate, 6.11 節)　酵素の作用によって変換される有機分子．

**基準ピーク**(base peak, 13.1 節)　質量スペクトルで最も強度が強いピーク．

**基底状態**(ground state, 1.9.2 項, 16.5.1 項)　最小のエネルギーをもつ原子の電子配置．

**軌道**(orbital, 1.1 節)　原子核のまわりの電子密度の大きい空間領域．s, p, d, f という異なる四種類の軌道がある．

**ギブズの自由エネルギー**(Gibbs free energy, 6.5.1 項)　分子の自由エネルギー．記号 $G°$ で表される．

**ギブズの自由エネルギー変化**(Gibbs free energy change, 6.5.1 項)　反応物質と生成物の間のエネルギー差．ギブズの自由エネルギー変化 $\Delta G°$ は，$\Delta G° = G°_{生成物} - G°_{反応物質}$ で表される．

**逆合成解析**(retrosynthetic analysis, 10.18 節)　ある生成物を合成するための出発物質を見つける方法であり，生成物から逆向きに合成経路を考える解析法．

**逆旋的回転**(disrotatory rotation, 27.3 節)　環状電子閉環あるいは開環における p 軌道の逆方向への回転．

**逆ディールス-アルダー反応**(retro Diels-Alder reaction, 16.14.2 項)　シクロヘキセンが切断され 1,3-ジエンとアルケンになるディールス-アルダー反応の逆反応．

**求核アシル置換反応**(nucleophilic acyl substitution, 20.2.2 項, 22.1 節)　カルボニル炭素上での求核剤による脱離基の置換反応．

**求核剤**(nucleophile, 2.8 節, 7.6 節)　電子不足の化合物に電子対を供与して共有結合を生成する電子豊富な化合物．:Nu$^-$ と表記される．ルイス塩基は求核剤である．

**求核性**(nucleophilicity, 7.8.1 項)　どれくらい容易に原子がその電子対を他の原子に供与するかの尺度．

**求核置換反応**(nucleophilic substitution, 7.6 節)　分子中の脱離基が求核剤に置き換わる反応．

**求核付加反応**(nucleophilic addition, 20.2.1 項)　カルボニル基の炭素への求核剤の付加とそれにつづく酸素のプロトン化．

**球状タンパク質**(globular proteins, 29.10 節)　水溶性となるように外側に親水性の面をもつコンパクトに折り畳まれたポリペプチド鎖．

**求電子剤**(electrophile, 2.8 節)　電子豊富な化合物から電子対を受け取り，共有結合を生成することができる電子不足の化合物．E$^+$ と表記される．ルイス酸は求電子剤である．

**求電子付加反応**(electrophilic addition reaction, 10.9 節)　反応機構の最初の段階で，反応剤の求電子的な部位が π 結合に対して付加する付加反応．

**吸熱反応**(endothermic reaction, 6.4 節)　生成物のエネルギーが反応物質のエネルギーよりも大きい反応．吸熱反応ではエネルギーが吸収され，$\Delta H°$ は正の値をとる．

**共重合体**(copolymer, 31.2.4 項)　二つ以上の異なるモノマーをつなげることによって生成するポリマー．

**協奏反応**(concerted reaction, 6.7 節, 7.11.2 項)　すべての結合の生成と切断が同時に起こる反応．

**共鳴**(resonance, 14.1.1 項)　NMR 分光法において，原子核がラジオ波を吸収し，高エネルギー状態へとスピン反転すること．

**共鳴構造式**(resonance structure, 1.5 節, 16.2 節)　π 結合と非結合電子の位置が異なる二つ以上の分子の構造式．原子と σ 結合の位置は変わらない．

**共鳴混成体**(resonance hybrid, 1.5.3 項, 16.4 節)　可能なすべての共鳴構造式からなる混成体．共鳴混成体は，それぞれの共鳴構造において電子の位置が異なるため，電子密度が非局在化していることを示している．

**共役**(conjugation, 16.1 節)　三つ以上の隣接する原子上での p 軌道の重なり．

**共役塩基**(conjugate base, 2.2 節)　プロトン移動反応において，酸がプロトンを失うことで生成する化合物．

**共役酸**(conjugate acid, 2.2 節)　プロトン移動反応において，塩基がプロトンを受け取ることで生成する化合物．

**共役ジエン**(conjugated diene, 16.1.1 項)　一つの σ 結合で連結された二つの炭素–炭素二重結合をもつ化合物．π 電子は両方の二重結合に非局在化している．1,3-ジエンとも呼ばれる．

**共役付加**(conjugate addition, 16.10 節, 20.15 節)　共役系の 1 と 4 の位置にある原子に官能基を結合させる付加反応．1,4-付加反応とも呼ばれる．

**共有結合**(covalent bond, 1.2 節)　二つの核の間で電子を共有することで生成する結合．二電子結合である．

**極性**(polarity, 1.12 節)　双極子によって引き起こされる性質．双極子の正の末端にある矢印に垂直な線をもった矢元から双極子の負の末端に向かう矢印によって示される．結合の極性は，$\delta+$ と $\delta-$ という記号によっても表される．

**極性結合**(polar bond, 1.12 節)　二つの原子間で電子が不均等に共有されている共有結合．一般に電気陰性度の差が 0.5 単位以上ある二つの原子間では不均等な電子の共有が起こる．

**極性分子**(polar molecule, 1.13 節)　分子全体で双極子をもった分子．極性分子は一つの極性結合をもっているか，あるいは双極子が相殺しない複数の極性結合をもっている．

**キラリティー中心**(chirality center, 5.3 節)　四つの異なる基に結合した炭素原子．キラル中心，立体中心，あるいは不斉中心とも呼ばれる．

**キラル分子**(chiral molecule, 5.3 節)　鏡像と重ね合わせることのできない分子．

**キリアニ-フィッシャー合成**(Kiliani-Fischer synthesis, 28.10.2 項)　カルボニル末端に炭素を一つ付加してアルドース鎖を長くする反応．

**金属ヒドリド反応剤**(metal hydride reagent, 12.2 節)　部

分的な負の電荷が水素原子上にあり，ヒドリドイオン($H^-$)源として作用する極性をもった金属–水素結合をもつ反応剤．

**クライゼン転位**（Claisen rearrangement, 27.5節）　不飽和エーテルの$\gamma, \delta$-不飽和カルボニル化合物への[3,3]シグマトロピー転位．

**クライゼン反応**（Claisen reaction, 24.5節）　塩基の存在下で二分子のエステルが反応して$\beta$-ケトエステルを生成する反応．

**クラウンエーテル**（crown ether, 3.7.2項）　複数の酸素原子を含む環状エーテル．その中央の穴の大きさに応じて特定のカチオンと結びつく．

**グラブス触媒**（Grubbs catalyst, 26.6節）　$Cl_2(Cy_3P)_2Ru=CHPh$の構造をもったオレフィンメタセシスに広く用いられるルテニウム触媒．

**グリコシダーゼ**（glycosidase, 28.12.2項）　グリコシド結合を加水分解する酵素．$\alpha$-グリコシダーゼは$\alpha$-グリコシド結合だけを加水分解する．

**グリコシド**（glycoside, 28.7.1節）　アノマー炭素に結合したアルコキシ基をもつ単糖．

**$N$-グリコシド**（$N$-Glycoside, 28.13.2項）　アノマー炭素に結合した窒素をもつ単糖．

**グリコシド結合**（glycosidic linkage, 28.11節）　一つの単糖のOH基と二つ目の単糖のアノマー炭素間に生成するアセタール結合．

**グリコール**（glycol, 9.3.1項）　二つのヒドロキシ基をもった化合物．ジオールとも呼ばれる．

**グリニャール反応剤**（Grignard reagent, 20.9節）　一般構造式RMgXをもつ有機金属反応剤．

**グリーンケミストリー**（green chemistry, 12.13節，31.8節）　化合物の合成において環境に優しい方法を用いること．

**クレメンゼン還元**（Clemmensen reduction, 18.15.2節）　強酸の存在下にZn(Hg)を用いてアリールケトンをアルキルベンゼンに還元する方法．

**クロム酸エステル**（chromate ester, 12.12.1項）　アルコールのクロム酸による酸化の中間体．$R-O-CrO_3H$の構造をもつ．

**クロロヒドリン**（chlorohydrin, 10.15節）　隣接する炭素原子上に塩素とヒドロキシ基をもつ化合物．

**クロロフルオロカーボン**（chlorofluorocarbon, 7.4節，15.9節）　一般分子式$CF_xCl_{4-x}$をもつハロゲン化アルキル．CFCsと略記され，冷却剤やスプレー用の高圧ガスとして使用されたが，オゾン層の破壊の原因物質とされてその製造が禁止された．

**形式電荷**（formal charge, 1.3.3項）　ルイス構造式で各原子に振り分けられた電荷．形式電荷は，その原子が中性の状態でもっている価電子の数から原子の非共有電子の数と共有電子の半分の数を差し引くことによって求められる．

**ケクレ構造式**（Kekulé structure, 17.1節）　ベンゼンに対する二つの平面構造式．それぞれは六員環構造をもち，単結合と二重結合が交互に現れる．

**ゲスト分子**（guest molecule, 9.5.2項）　より大きなホスト分子に結合する小さな分子．

**ケタール**（ketal, 21.14節）　一般構造式$R_2C(OR')_2$で表される化合物．なおR＝アルキル基あるいはアリール基．ケタールはケトンから生成するアセタールの分類の一つである．

**結合**（bonding, 1.2節）　二つの原子が安定な配列に連結すること．エネルギーを減少させ安定性を増大させる有利な過程で結合する．

**結合解離エネルギー**（bond dissociation energy, 6.4節）　共有結合を均等開裂させるのに必要なエネルギー．

**結合性分子軌道**（bonding molecular orbital, 17.9.1項）　同じ位相で二つの原子軌道が重なり合うことによって生成する低いエネルギーをもつ分子軌道．

**結合の長さ**（bond length, 1.7.1項）　結合した二つの原子の中心間の平均距離．ピコメートル(pm)で表される．

**ケト互変異性体**（keto tautomer, 11.9節）　$C=O$と$\alpha$炭素に結合した水素をもつケトンの互変異性体．ケト互変異性体はエノール互変異性体と平衡にある．

**ケトース**（ketose, 28.2節）　ポリヒドロキシケトンからなる単糖．

**ケトン**（ketone, 11.9節）　一般構造式$R_2C=O$もしくはRCOR'で表される$C=O$炭素原子に二つのアルキル基が結合した化合物．

**けん化**（saponification, 22.11.2項）　エステルの塩基性条件下での加水分解．アルコールとカルボキシラートアニオンが生成する．

**原子価結合理論**（valence bond theory, 17.9.1項）　共有結合について，電子対をもった二つの原子軌道が重なることで二つの原子間で共有された結合が生成したと考える理論．

**原子番号**（atomic number, 1.1節）　原子核にある陽子の数．

**原子量**（atomic weight, 1.1節）　特定の元素において，すべての同位体の質量の質量平均をいう．原子質量単位(amu)で表される．

**光学活性**（optically active, 5.12.1項）　平面偏光が化合物の溶液を通過したときにその面が回転すること．

**光学純度**（optical purity, 5.12.4項）　ラセミ混合物中に一方のエナンチオマーがどれほど過剰に存在しているかを示す尺度．エナンチオマー過剰率(ee)とも呼ばれる．ee＝（一方のエナンチオマーの％）－（他方のエナンチオマーの％）．

**光学不活性**（optically inactive, 5.12.1項）　平面偏光が化合物の溶液を通過したときにその面が回転しないこと．

**交差アルドール反応**（crossed aldol reaction, 24.2節）　反応する二つのカルボニル化合物が異なるアルドール反応．混合アルドール反応ともいう．

**交差クライゼン反応**（crossed Claisen reaction, 24.6節）　反応する二つのエステルが異なるクライゼン反応．

**光子**（photon, 13.5節）　電磁波の粒子．

**高磁場シフト**（upfield shift, 14.1.2項）　NMRスペクトルにおいて，吸収シグナルの相対的な位置を表すために用いられる用語．スペクトルではシグナルが右へ移動し，$\delta$値では化学シフトが小さくなることを意味する．

**酵素**（enzyme, 6.11節）　きわめて特異な三次元構造に組み上げられた少なくとも1本のアミノ酸の鎖からなる生体触媒．

**構造異性体**〔constitutional (structural) isomer, 1.4.1項，4.1.1項，5.2節〕　同じ分子式をもつが，互いに結合する原子の連結の仕方が異なる二つの化合物．

**酵素–基質複合体**（enzyme-substrate complex, 6.11節）　酵素の活性部位に基質が結合した構造．

**高分解能質量分析計**（high-resolution mass spectrometer,

13.4.1 項）質量と電荷の比を小数第 4 位以上の桁まで測定できる質量分析計．化合物の分子式を決定するために用いられる．

**高分子**（polymer, 5.1 節，15.14 節）互いに共有結合で連結した小さなモノマー単位の繰り返し構造からなる大きな分子．

**五重線**（quintet, 14.6.3 項）5 本のピークに分裂した NMR シグナル．

**ゴーシュ配座**（Gauche conformation, 4.10 節）隣接する炭素原子上の二つの大きな官能基が互いに 60°の二面角をもつねじれ形の立体配座．

**骨格構造式**（skeletal structure, 1.7.2 項）炭素原子とそれに結合した水素原子を省略し，有機化合物の構造を簡潔にした表記．すべてのヘテロ原子とそれらに結合した水素は書く．二つの直線の交点ならびに直線の末端には炭素原子が存在していると見なす．

**コープ転位**（Cope rearrangement, 27.5 節）1,5-ジエンがその異性体である 1,5-ジエンに [3,3] シグマトロピー転位する反応．

**互変異性化**（tautomerization, 11.9 節，23.2.1 項）一つの互変異性体をもう一つの互変異性体へ変換する過程．

**互変異性体**（tautomer, 11.9 節）二重結合と水素原子の位置が異なる互いに平衡にある構造異性体．

**孤立ジエン**（isolated diene, 16.1.1 項）二つ以上の σ 結合で連結された二つの炭素-炭素二重結合を含む化合物．

**孤立電子対**（lone pair of electrons, 1.2 節）他の原子との共有結合に使われていない価電子対．非共有電子対あるいは非結合電子対とも呼ばれる．

**混合アルドール反応**（mixed aldol reaction, 24.2 節）二つの異なるカルボニル化合物の間でのアルドール反応．交差アルドール反応ともいう．

**混合酸無水物**（mixed anhydride, 22.1 節）二つの異なるアルキル基がカルボニル炭素原子に結合した酸無水物．

**混成**（hybridization, 1.9.2 項）二つ以上の原子軌道（異なった形をしている）を数学的に混ぜ合わせて同じ数の混成軌道（すべてが同じ形をしている）をつくること．

**混成軌道**（hybrid orbital, 1.9.2 項）二つ以上の原子軌道を数学的に混ぜ合わせることで形成される新しい軌道．混成軌道のエネルギー準位は，混ぜ合わせる原子軌道のエネルギー準位の中間にある．

## さ行

**最高被占分子軌道**（highest occupied molecular orbital, 17.9.2 項）電子を収容している最も高いエネルギーをもった分子軌道．HOMO と略記される．

**ザイツェフ則**（Zaitsev rule, 8.5 節）β 脱離において，最も置換基の多い二重結合をもったアルケンが主生成物になるという規則．

**最低空分子軌道**（lowest unoccupied molecular orbital, 17.9.2 項）電子を収容していない最もエネルギーの低い分子軌道．LUMO と略記される．

**左旋性**（levorotatory, 5.12.1 項）平面偏光を反時計回りの方向へ回転させること．$l$ あるいは（−）の記号をつける．

**酸塩化物**（acid chloride, 20.1 節，22.1 節）一般構造式 RCOCl をもつ化合物．

**酸化**（oxidation, 4.14.1 項，12.1 節）電子を失う過程．有機化合物では，酸化されると C−Z 結合の数が増え，C−H 結合の数が減る．ここで Z は炭素よりも電気陰性度が大きい元素である．

**酸化的開裂反応**（oxidative cleavage, 12.10 節）多重結合の σ 結合と π 結合の両方の結合が切れて，二つの酸化生成物が生じる酸化反応．

**酸化的付加**（oxidative addition, 26.2.1 項）金属に対する反応剤の付加．金属のまわりの基の数が二つ増える．

**酸化防止剤**（antioxidant, 15.12 節）酸化が進行するのを防ぐ化合物．

**三重線**（triplet, 14.6 節）1:2:1 の面積比をもつ 3 本のピークに分裂した NMR シグナル．

**三次構造**（tertiary protein structure, 29.9.3 項）ペプチド鎖全体がとる三次元構造．

**酸性度定数**（acidity constant, 2.3 節）酸 (HA) の強さを表す $K_a$ によって表現される値．$K_a$ の値が大きいほどその酸は強い．

$$K_a = \frac{[H_3O^+][A:^-]}{[HA]}$$

**三置換アルケン**（trisubstituted alkene, 8.2.1 項）二重結合を形成する二つの炭素上に三つのアルキル基と一つの水素をもつアルケン．

**ザンドマイヤー反応**（Sandmeyer reaction, 25.14.1 項）アリールジアゾニウム塩とハロゲン化銅（I）からハロゲン化アリール（$C_6H_5Cl$ あるいは $C_6H_5Br$）が生成する反応．

**酸無水物**（anhydride, 22.1 節）一般構造式 $(RCO)_2O$ で表される化合物．

**三リン酸塩**（triphosphate, 7.16 節）生化学系において用いられる良好な脱離基であり，PPP$_i$ と略記される．

**ジアステレオトピックなプロトン**（diastereotopic proton, 14.2.3 項）どちらかの水素を Z 基で置換するとジアステレオマーが生成するような同じ炭素上にある二つの水素原子．

**ジアステレオマー**（diastereomer, 5.7 節）互いに鏡像の関係にない立体異性体．ジアステレオマーは少なくとも一つの立体中心に対しては同じ $R, S$ 表示をもち，他の立体中心のうち少なくとも一つは反対の $R, S$ 表示をもっている．

**ジアゾ化反応**（diazotization reaction, 25.13.1 項）第一級アルキルアミンとアリールアミンをジアゾニウム塩に変換する反応．

**ジアゾニウム塩**（diazonium salt, 25.13.1 項）一般構造式 $(R-N\equiv N)^+Cl^-$ をもつイオン性の塩．

**シアノ基**（cyano group, 22.1 節）炭素−窒素三重結合（C≡N）からなる官能基．

**シアノヒドリン**（cyanohydrin, 21.9 節）一般構造式 $R_2C(OH)C\equiv N$ をもつ化合物．アルデヒドあるいはケトンのカルボニル基への HCN の付加によって生成する．

**ジアルキルアミド**（dialkylamide, 23.3.2 項）一般構造式 $R_2N^-$ で表されるアミド塩基．

**シアン化物イオン**（cyanide anion, 21.9.1 項）$^-C\equiv N$ の構造をもつアニオン．

ジエノフィル（dienophile, 16.12 節）　ディールス-アルダー反応で 1,3-ジエンと反応するアルケン成分．

ジェミナル-ジハロゲン化物（geminal dihalide, 8.10 節）　同じ炭素原子上に二つのハロゲン原子をもつ化合物．

1,3-ジエン（1,3-diene, 16.1.1 項）　一つの σ 結合で連結された二つの炭素−炭素二重結合をもつ化合物．π 電子は両方の二重結合に非局在化している．共役ジエンとも呼ばれる．

ジオール（diol, 9.3.1 項）　二つのヒドロキシ基をもった化合物．グリコールとも呼ばれる．

gem-ジオール（gem-diol, 21.13 節）　一般構造式 $R_2C(OH)_2$ で表される化合物．水和物とも呼ばれる．

紫外（UV）光〔ultraviolet（UV）light, 16.15 節〕　200～400 nm の波長の電磁波．

紫外線（UV）スペクトル（ultraviolet（UV）spectrum, 16.15 節）　波長に対して紫外線の吸収をプロットしたもので，共役系化合物によく観察される．

1,3-ジカルボニル化合物（1,3-dicarbonyl compound, 23.2 節）　炭素を一つ挟んで二つのカルボニル基をもつ化合物．

1,4-ジカルボニル化合物（1,4-dicarbonyl compound, 24.4 節）　カルボニル基が三つの単結合によって隔てられたジカルボニル化合物．1,4-ジカルボニル化合物は，分子内反応によって五員環を生成する．

1,5-ジカルボニル化合物（1,5-dicarbonyl compound, 24.4 節）　カルボニル基が四つの単結合によって隔てられたジカルボニル化合物．1,5-ジカルボニル化合物は，分子内反応によって六員環を生成する．

シグマトロピー転位（sigmatropic rearrangement, 27.1 節）　反応物の一つの σ 結合が切断され，π 結合が転位し，生成物において一つの σ 結合が生成するペリ環状反応．

シクロアルカン（cycloalkane, 4.1 節，4.2 節）　一つ以上の環に組み込まれた炭素を含む化合物．一つの環をもつシクロアルカンは一般式 $C_nH_{2n}$ で表される．

シクロプロパン化反応（cyclopropanation, 26.4 節）　炭素−炭素二重結合に反応してシクロプロパンを生成する付加反応．

シクロヘキサンのいす形配座（chair conformation of cyclohexane, 4.12.1 項）　いすの形に似た構造をもつシクロヘキサンの安定な立体配座．いす形立体配座の安定性は角歪みの解消（すべての C−C−C 結合角が 109.5°である）とねじれ歪みの解消（隣接する炭素原子上のすべての基がねじれ形に位置している）に起因する．

シクロヘキサンの舟形配座（boat conformation of cyclohexane, 4.12.2 項）　舟の形に似たシクロヘキサンの不安定な立体配座．その不安定さは，ねじれ歪みと立体歪みによる．シクロヘキサンの舟形配座は，いす形配座よりも 30 kJ/mol 不安定である．

脂質（lipid, 4.15 節，30.1 節）　有機溶媒に可溶で水に不溶な多くの C−C の結合と C−H の結合をもった生体分子．

シス異性体（cis isomer, 4.13.2 項，8.2.2 項）　環あるいは二重結合の同じ側に二つの官能基をもつ異性体．

ジスルフィド（disulfide, 9.15.1 項，29.5.3 項）　一般構造式 RSSR' をもつ化合物．しばしば二つのシステイン残基の側鎖間で生成する．

実測旋光度（observed rotation, 5.12.1 項）　光学活性な化合物の試料が平面偏光を回転させる角度．記号 α で表示され，角度（°）で測定される．

シッフ塩基（Schiff base, 21.11.1 項）　一般構造式 $R_2C=NR'$ をもつ化合物．イミンとも呼ばれる．

質量数（mass number, 1.1 節）　原子核のなかにある陽子と中性子の総数．

質量対電荷比（mass-to-charge ratio, 13.1 節）　分子イオンあるいはフラグメントの質量と電荷の比．$m/z$ と略記する．

質量分析法（mass spectrometry, 13.1 節）　有機分子の分子量を測定し，その分子式を決定するための手法．

ジテルペン（diterpene, 30.7.1 項）　四つのイソプレン単位を含む 20 炭素から構成されるテルペン．ジテルペノイドは少なくとも一つの酸素原子を含む．

ジヒドロキシ化反応（dihydroxylation, 12.9 節）　二つのヒドロキシ基が二重結合に付加して 1,2-ジオールを生成する反応．

ジペプチド（dipeptide, 29.5 節）　一つのアミド結合でつながった二つのアミノ酸．

脂肪（fat, 10.6.2 項，30.3 節）　高い不飽和度をもった脂肪酸の側鎖からなる室温で固体のトリアシルグリセロール．

脂肪酸（fatty acid, 10.6.1 項，19.6 節）　12～20 個の炭素数をもつ長鎖のカルボン酸．

脂肪族（aliphatic, 3.2.1 項）　芳香族ではない C−C σ 結合と π 結合をもつ化合物全体．

シモンズ-スミス反応（Simmons-Smith reaction, 26.5 節）　アルケンに $CH_2I_2$ と Zn(Cu) を作用させシクロプロパンを生成する反応．

指紋領域（fingerprint region, 13.6.2 項）　赤外スペクトルの 1500 cm$^{-1}$ 以下の領域．それぞれの化合物に固有の複雑なピークが現れる．

シャープレスの不斉エポキシ化反応（Sharpless asymmetric epoxidation, 12.15 節）　アリルアルコールの二重結合を，あらかじめ予測した一方のエナンチオマーが豊富なエポキシドに変換するエナンチオ選択的な酸化反応．

シャープレス反応剤（Sharpless reagent, 12.15 節）　シャープレスの不斉エポキシ化反応で用いられる反応剤．第三級ブチルヒドロペルオキシド，チタン触媒，および酒石酸ジエチルの一方のエナンチオマーからなる．

遮蔽効果（shielding effect, 14.3.1 項）　外部磁場に対して逆向きに働く電子の小さな誘起磁場による効果．遮蔽によって核に影響を与える磁場の強さが軽減され，吸収は高磁場に移動する．

重合（polymerization, 15.14.1 項）　モノマーを連結させ，ポリマーを合成する化学工程．

臭素化反応（bromination, 10.13 節，15.6 節，18.3 節）　化合物に臭素が導入される反応．

縮合環系（fused ring system, 16.13.3 項）　二つの環が一つの結合と二つの隣接する原子を共有する二環性の系．

縮合反応（condensation reaction, 24.1.2 項）　反応過程で水のような小さな分子が脱離する反応．

縮合ポリマー（condensation polymer, 22.16.1 項，31.1 節）

二つの官能基をもつモノマーが水やHClのような小さな分子を放出しながら連結することによって生成するポリマー．

**縮退軌道**(degenerate orbital, 17.9.2項)　同じエネルギーをもった軌道(原子軌道あるいは分子軌道)．

**触媒**(catalyst, 6.10節)　反応速度を高め，かつそのものは変化せずに反応後に回収され，生成物中には取り込まれない物質．

**触媒的水素化反応**(catalytic hydrogenation, 12.3節)　金属触媒の存在下に，π結合へ$H_2$を付加させる還元反応．

**シリルエーテル**(silyl ether, 20.12節)　O-H結合をO-Si結合で置き換えたアルコールの一般的な保護基．

**シンジオタクチックポリマー**(syndiotactic polymer, 31.4節)　ポリマー鎖の炭素骨格の両側に置換基を交互にもつポリマー．

**シン-ジヒドロキシ化反応**(syn dihydroxylation, 12.9.2項)　二重結合面の同じ側から二つのヒドロキシ基が付加する反応．

**親水性**(hydrophilic, 3.4.3項)　水に引きつけられる性質．極性をもつ水分子と相互作用する分子の極性部分は親水性を示す．

**振動数**(frequency, 13.5節)　単位時間ごとにある点を通過する波の数．振動数は1秒あたりの波の数であり，ヘルツ(Hz)とも呼ばれる．ギリシャ文字のニュー($\nu$)で略記される．

**シン付加**(syn addition, 10.8節)　反応剤の二つの部分が二重結合の同じ側から付加する付加反応．

**シンペリプラナー**(syn periplanar, 8.8節)　脱離反応において$\beta$水素と脱離基が分子の同じ側に位置する配列．

**水素化熱**(heat of hydrogenation, 12.3.1項)　触媒的水素化反応の$\Delta H°$は，π結合の水素化によって放出されるエネルギーの量に等しい．

**水素化分解**(hydrogenolysis, 29.7節)　金属触媒の存在下で$H_2$を用いて$\sigma$結合を切断する反応．

**水素結合**(hydrogen bonding, 3.3.2項)　OあるいはN, Fと結合している水素原子が他の分子中のOあるいはN, Fの孤立電子対と静電的な引力で引き合うときに生じる分子間相互作用．

**水和反応**(hydration, 10.12節, 21.9.1項)　分子への水の付加．

**水和物**(hydrate, 12.12.2項, 21.13節)　一般構造式$R_2C(OH)_2$で表される化合物．gem-ジオールとも呼ばれる．

**鈴木-宮浦カップリング反応**(Suzuki-Miyaura coupling reaction, 26.2節)　有機ハロゲン化物(R'X)と有機ホウ素化合物($RBY_2$)からR-R'を合成するパラジウム触媒を用いるカップリング反応．

**ステロイド**(steroid, 16.14.3項, 30.8節)　三つの六員環と一つの五員環をもつ四環性の脂質．

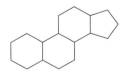

**ストレッカーアミノ酸合成**(Strecker amino acid synthesis, 29.2.3項)　$\alpha$-アミノニトリルを経由するアルデヒドの$\alpha$-アミノ酸への変換反応．

**スピロ環系**(spiro ring system, 問題23.61, 付録B)　一つの炭素原子を共有した二つの環をもつ化合物．

**スピン-スピン分裂**(spin-spin splitting, 14.6節)　同じ炭素上あるいは隣接炭素上の非等価なプロトンによって，NMRシグナルがいくつかのピークに分裂すること．

**スピン反転**(spin flip, 14.1.1項)　NMR分光法において，原子核がラジオ波を吸収すると外部磁場に対して核スピンが反転すること．

**スフィンゴミエリン**(sphingomyelin, 30.4.2項)　スフィンゴシンから誘導される加水分解が可能なリン脂質．

**スプラ型反応**(suprafacial reaction, 27.4節)　π電子系にある二つの末端の同じ側で起こるペリ環状反応．

**スルフィド**(sulfide, 9.15節)　一般構造式RSR'で表される化合物．

**スルホナートアニオン**(sulfonate anion, 19.13節)　スルホン酸からブレンステッド-ローリーの塩基でプロトンを引き抜くことで生成する一般構造式$RSO_3^-$をもったアニオン．

**スルホン化反応**(sulfonation, 18.4節)　ベンゼンが$^+SO_3H$と反応してベンゼンスルホン酸$C_6H_5SO_3H$を生成する芳香族求電子置換反応．

**スルホン酸**(sulfonic acid, 19.13節)　一般構造式$RSO_3H$をもつ化合物．

**生体分子**(biomolecule, 3.9節)　生体系に見られる有機化合物．

**静電ポテンシャル図**(electrostatic potential map, 1.12節)　分子の電子密度の分布を色で示した図．電子豊富な領域は赤で表示され，電子不足の領域は青で表示される．電子密度が中間の領域はオレンジ，黄そして緑で表示される．

**生分解性ポリマー**(biodegradable polymer, 31.9.2項)　(自然)環境下に存在する微生物によって分解できるポリマー．

**精油**(essential oil, 30.7節)　植物由来の油から蒸留によって単離されるテルペンの一種．

**赤外分光法**〔infrared(IR) spectroscopy, 13.6節〕　赤外領域での電磁波の吸収にもとづく分子の官能基の同定に用いられる分析方法．

**積分**(integration, 14.5節)　NMRシグナルの面積．シグナルを与える吸収核の数に比例する．

**石油**(petroleum, 4.7節)　おもに炭素数が1～40の炭化水素である化合物の複雑な混合物からなる化石燃料．

**セスキテルペン**(sesquiterpene, 30.7.1項)　三つのイソプレン単位を含む15炭素から構成されるテルペン．セスキテルペノイドは少なくとも一つの酸素原子を含む．

**セスタテルペン**(sesterterpene, 30.7.1項)　五つのイソプレン単位を含む25炭素から構成されるテルペン．セスタテルペノイドは少なくとも一つの酸素原子を含む．

**セッケン**(soap, 3.6節, 22.12.2項)　トリアシルグリセロールの塩基性条件下での加水分解(けん化)によって調製される長鎖脂肪酸のカルボン酸塩．

**絶対立体配置**(absolute configuration, 27.11節)　分子中の立体中心の正確な三次元的配置．

**セファリン**(cephalin, 30.4.1項)　ホスホジエステルのアルキル基が$-CH_2CH_2NH_3^+$であるホスホアシルグリセロール．ホスファチジルエタノールアミンとも呼ばれる．

**遷移状態**(transition state, 6.7節)　化学反応が反応物質から生成物へと移行するときの不安定でエネルギーが最大となる状態．遷移状態はエネルギーの"山"の頂上にあたり，決し

て単離できない.

**繊維状タンパク質**(fibrous protein, 29.10 節)　棒状やシート状に束ねられた長い直線状のポリペプチド鎖.

**旋光計**(polarimeter, 5.12.1 項)　化合物が平面偏光を回転させる大きさを測定する機器.

**センチメートルの逆数**(reciprocal centimeter, 13.6.1 項)　赤外分光法で振動数を表すために用いられる波数の単位.

**前面攻撃**(frontside attack, 7.11.3 項)　求核剤が脱離基と同じ側から接近すること.

**双極子**(dipole, 1.12 節)　正電荷と負電荷が分離している状態.

**双極子-双極子相互作用**(dipole-dipole interaction, 3.3.2 項)　双極子をもった分子の永久双極子間の分子間引力.隣接分子の双極子が一列に並んで部分的な正電荷と負電荷が接近する.

**双性イオン**(zwitterion, 19.14.2 項, 29.1.2 項)　正と負両方の電荷をもつ中性の化合物.

**速度式**(rate equation, 6.9.2 項)　反応の速度と反応物質の濃度の間の関係を表す式.反応機構に依存し,速度則とも呼ばれる.

**速度式の次数**(order of a rate equation, 6.9.2 項)　反応の速度式中における濃度項の指数の総和.

**速度定数**(rate constant, 6.9.2 項)　反応の基本的な特性を示す定数.$k$ で示される速度定数は,反応速度が温度と活性化エネルギーに依存することを考慮した複雑な数学上の項である.

**速度論**(kinetics, 6.5 節)　化学反応速度に関する研究.

**速度論支配のエノラート**(kinetic enolate, 23.4 節)　最も速く生成する一般的に置換基のより少ないエノラート.

**速度論支配の生成物**(kinetic product, 16.11 節)　二つ以上の生成物を与える可能性がある反応において,最も速く生成する生成物.

**速度論的分割**(kinetic resolution, 29.3.2 項)　エナンチオマーのうち一方だけを選択的に反応させる化学反応による二つのエナンチオマーの分離.

**族番号**(group number, 1.1 節)　周期表の特定の列の数字.族の数字はアラビア数字(1～18)を用いて表される.

**疎水性**(hydrophobic, 3.4.3 項)　水と反発する性質.極性をもつ分子と反発する分子の無極性な部位は疎水性を示す.

## た行

**対イオン**(counterion, 2.1 節)　反応に関与せず,反応に関与するイオンと逆の電荷をもったイオン.傍観イオンともいう.

**第一級(1°)アミド**(primary amide, 3.2 節)　一般構造式 $RCONH_2$ をもつアミド.

**第一級(1°)アミン**(primary amine, 3.2 節)　一般構造式 $RNH_2$ をもつアミン.

**第一級(1°)アルコール**(primary alcohol, 3.2 節)　一般構造式 $RCH_2OH$ をもつアルコール.

**第一級(1°)カルボカチオン**(primary carbocation, 7.13 節)　一般構造式 $RCH_2^+$ をもつカルボカチオン.

**第一級(1°)水素**(primary hydrogen, 3.2 節)　第一級炭素に結合した水素.

**第一級(1°)炭素**(primary carbon, 3.2 節)　一つの他の炭素に結合した炭素原子.

**第一級(1°)ハロゲン化アルキル**(primary alkyl halide, 3.2 節)　一般構造式 $RCH_2X$ をもつハロゲン化アルキル.

**第一級(1°)ラジカル**(primary radical, 15.1 節)　一般構造式 $RCH_2\cdot$ をもつラジカル.

**大環状ラクトン**(macrocyclic lactone, 22.6.1 項)　エステル基を含む大きな環をもつ化合物.マクロライドとも呼ばれる.

**体系的名称**(systematic name, 4.3 節)　分子の化学構造を示す分子の名称.IUPAC 名とも呼ぶ.

**第三級(3°)アミド**(tertiary amide, 3.2 節)　一般構造式 $RCONR'_2$ をもつアミド.

**第三級(3°)アミン**(tertiary amine, 3.2 節)　一般構造式 $R_3N$ をもつアミン.

**第三級(3°)アルコール**(tertiary alcohol, 3.2 節)　一般構造式 $R_3COH$ をもつアルコール.

**第三級(3°)カルボカチオン**(tertiary carbocation, 7.13 節)　一般構造式 $R_3C^+$ をもつカルボカチオン.

**第三級(3°)水素**(tertiary hydrogen, 3.2 節)　第三級炭素に結合した水素.

**第三級(3°)炭素**(tertiary carbon, 3.2 節)　三つの他の炭素原子に結合した炭素原子.

**第三級(3°)ハロゲン化アルキル**(tertiary alkyl halide, 3.2 節)　一般構造式 $R_3CX$ をもつハロゲン化アルキル.

**第三級(3°)ラジカル**(tertiary radical, 15.1 節)　一般構造式 $R_3C\cdot$ をもつラジカル.

**対称エーテル**(symmetrical ether, 9.1 節)　酸素に二つの同じアルキル基が結合したエーテル.

**対称酸無水物**(symmetrical anhydride, 22.1 節)　カルボニル炭素原子に二つの同じアルキル基が結合した酸無水物.

**対称面**(plane of symmetry, 5.3 節)　分子を半分に切断する鏡面.分子の片方は,もう片方の鏡像である.

**第二級(2°)アミド**(secondary amide, 3.2 節)　一般構造式 $RCONHR'$ をもつアミド.

**第二級(2°)アミン**(secondary amine, 3.2 節, 25.1 節)　一般構造式 $R_2NH$ をもつアミン.

**第二級(2°)アルコール**(secondary alcohol, 3.2 節)　一般構造式 $R_2CHOH$ をもつアルコール.

**第二級(2°)カルボカチオン**(secondary carbocation, 7.13 節)　一般構造式 $R_2CH^+$ をもつカルボカチオン.

**第二級(2°)水素**(secondary hydrogen, 3.2 節)　第二級炭素に結合した水素.

**第二級(2°)炭素**(secondary carbon, 3.2 節)　二つの他の炭素に結合した炭素原子.

**第二級(2°)ハロゲン化アルキル**(secondary alkyl halide, 3.2 節)　一般構造式 $R_2CHX$ をもつハロゲン化アルキル.

**第二級(2°)ラジカル**(secondary radical, 15.1 節)　一般構造式 $R_2CH\cdot$ をもつラジカル.

**第四級(4°)炭素**(quaternary carbon, 3.2 節)　四つの他の炭素に結合した炭素原子.

**多環芳香族炭化水素**(polycyclic aromatic hydrocarbon, 9.17 節, 17.5 節)　炭素-炭素結合を共有する二つ以上のベンゼン環を含む芳香族炭化水素.PAH と略記される.

**多重線**(multiplet, 14.6.3 項)　8本以上のピークに分裂する NMR シグナル.

**脱水**(dehydration, 9.8 節, 22.10.2 項)　反応成分から水が

脱離する反応．

**脱炭酸**（decarboxylation, 23.9.1 項）　炭素－炭素結合の切断によって $CO_2$ が脱離する反応．

**脱ハロゲン化水素化反応**（dehydrohalogenation, 8.1 節）　出発物質から水素とハロゲンが失われる脱離反応．

**脱保護**（deprotection, 20.12 節）　保護基をはずして官能基を再生させる反応．

**脱離基**（leaving group, 7.6 節）　置換反応あるいは脱離反応において C–Z 結合の電子を受け取ることができる原子あるいは基（Z）．

**脱離能**（leaving group ability, 7.7 節）　置換反応あるいは脱離反応において，C–Z 結合の電子を脱離基（Z）がいかに容易に受け取ることができるかの尺度．

**脱離反応**（elimination reaction, 6.2.2 項，8.1 節）　出発物質から元素が"脱離"し，π 結合が生成する化学反応．

**多糖**（polysaccharide, 28.12 節）　グリコシド結合によってつながった三つ以上の単糖からなる炭水化物．

**炭化水素**（hydrocarbon, 3.2.1 項，4.1 節）　炭素と水素の元素だけからなる化合物．

**炭水化物**（carbohydrate, 21.17 節，28.1 節）　ポリヒドロキシアルデヒドまたはケトン，さらにはポリヒドロキシアルデヒドあるいはケトンに加水分解されうる化合物．

**炭素主鎖**（carbon backbone, 3.1 節）　有機分子の骨格を形づくる C–C σ 結合と C–H σ 結合の骨組み．

**単糖**（monosaccharide, 28.2 節）　3〜7 個の炭素原子からなる単純な糖．

**単独重合体**（homopolymer, 31.2.4 項）　単一のモノマーから合成されたポリマー．

**タンパク質**（protein, 22.6.2 項, 29.5 節）　アミノ酸単位が 40 以上のアミド結合でつながった高分子量のポリマー．

**チオエステル**（thioester, 22.17 節）　一般構造式 RCOSR' をもつ化合物．

**チオール**（thiol, 9.15 節）　一般構造式 RSH をもつ化合物．

**置換基**（substituent, 4.4 節）　有機分子の連続した最も長い炭素鎖に結合した基．

**置換反応**（substitution reaction, 6.2.1 項）　原子や基が他の原子あるいは基で置換される反応．σ 結合が関与し，一つの σ 結合が切断され新しい一つの σ 結合が同じ原子上で生成する．

**逐次重合により成長するポリマー**（step-growth polymer, 22.16.1 項, 31.1 節）　二つの官能基をもつモノマーが水や HCl のような小さい分子を放出しながら連結することによって生成するポリマー．縮合ポリマーとも呼ばれる．

**チーグラー–ナッタ触媒**（Ziegler-Natta catalyst, 31.4 節）　枝分かれが少なく，しかも立体化学が制御されたポリマー鎖を与える有機アルミニウム化合物と $TiCl_4$ のようなルイス酸から調製された重合触媒．

**抽出**（extraction, 19.12 節）　溶解度の違いと酸–塩基の原理を用いて化合物の混合物を分離，精製する実験の手法．

**超共役**（hyperconjugation, 7.13.2 項）　空の p 軌道と隣接する σ 結合との重なり．

**直鎖アルカン**（straight-chain alkane, 4.1.1 項）　すべての炭素が一列に並んだ非環状アルカン．ノルマルアルカンとも呼ばれる．

**釣針形矢印**（fishhook, 6.3.2 項）　1 電子の動きを示すために反応機構のなかで用いられる曲がった片跳ね矢印．

**ディークマン反応**（Dieckmann reaction, 24.7 節）　ジエステルの分子内クライゼン反応で，とくに五員環あるいは六員環を生成する．

**停止段階**（termination, 15.4.1 項）　連鎖反応の最終段階．ラジカル連鎖反応では，二つのラジカルが結合して安定な結合を生成し反応を停止させる．

**低磁場シフト**（downfield shift, 14.1.2 項）　NMR スペクトルにおいて，吸収シグナルの相対的な位置を表すために用いられる用語．スペクトルではシグナルが左へ移動し，δ 値では化学シフトが大きくなることを意味する．

**ディールス–アルダー反応**（Diels-Alder reaction, 16.12 節）　1,3-ジエンとジエノフィルの付加反応でシクロヘキセン環を生成する反応．

**デオキシ**（deoxy, 28.13.2 項）　酸素がないことを意味する接頭語．

**デオキシリボヌクレオシド**（deoxyribonucleoside, 28.13.2 項）　2-デオキシ-D-リボースとアミンのヘテロ環化合物の反応で生成する N-グリコシド．

**デオキシリボヌクレオチド**（deoxyribonucleotide, 28.13.2 項）　デオキシリボースと N-グリコシド結合によってつながったプリンあるいはピリミジン塩基と，糖の OH 基に結合したリン酸塩からなる DNA の構成要素．

**デカリン**（decalin, 30.8.1 項）　二つの六員環が縮環した化合物．cis-デカリンでは，縮環したところで共有された二つの炭素上の水素が環と同じ側にある．一方 trans-デカリンでは，二つの水素原子が環の反対側にある．

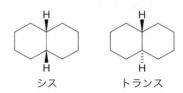

シス　　　トランス

**テスラ**（tesla, 14.1.1 項）　磁場の強さを表す単位．記号 T で表示される．

**テトラテルペン**（tetraterpene, 30.7.1 項）　八つのイソプレン単位を含む 40 炭素から構成されるテルペン．テトラテルペノイドは少なくとも一つの酸素原子を含む．

**テトラメチルシラン**（tetramethylsilane, 14.1.2 項）　NMR 分光法で対照として用いられる内部標準物質．テトラメチルシラン（TMS）のピークを，δ 値で 0 ppm として基準にする．

**テトロース**（tetrose, 28.2 節）　4 炭素からなる単糖．

**テルペノイド**（terpenoid, 30.7 節）　イソプレン単位と少なくとも一つの酸素ヘテロ原子を含む脂質．

**テルペン**（terpene, 30.7 節）　5 個の炭素からなるイソプレン単位の繰返しで構成される炭化水素．

**電気陰性度**（electronegativity, 1.12 節）　結合を形成している電子を原子が引きつける大きさの尺度．電気陰性度は特定の原子がどれくらい電子を"欲しがっている"かを示すものである．

**電子求引性誘起効果**（electron-withdrawing inductive effect, 2.5 節，7.13.1 項）　近傍の電気的に陰性な原子が σ 結合を通じて電子密度を自身のほうへ引きつける誘起効果．

**電子供与性誘起効果**（electron-donating inductive effect, 7.13.1 項）　電気的に陽性な原子あるいは分極性の基が σ 結合を通じて他の原子に電子密度を供与する誘起効果．

電磁波照射（electromagnetic radiation, 13.5節） 波と粒子の両方の性質をもつ放射エネルギー．電磁波スペクトルはあらゆる波長の電磁波を含んでおり，適宜異なる領域に分類される．

天然物（natural product, 7.18節） 天然源から単離される化合物．

伝搬段階（propagation, 15.4.1項） 一つの活性な化学種が消費され，もう一つの活性種が生成する連鎖反応の途中段階．伝搬段階は，停止段階が起こるまで繰り返される．

同位体（isotope, 1.1節） 同じ元素であるが，原子核のなかの陽子の数が同じで中性子の数が異なる原子．同位体は同じ原子番号をもつが，質量数は異なる．

透過率（percent transmittance, 13.6.2項） 電磁波が化合物の試料を通過したとき，どれだけが吸収されるかの尺度．

同旋的回転（conrotatory rotation, 27.3節） 環状電子閉環あるいは開環における，p軌道の同じ方向への回転．

同族列（homologous series, 4.1.2項） メタン，エタン，プロパンのようにそれぞれの構造式で $CH_2$ 単位ずつ異なる一連の化合物．

等電点（isoelectric point, 19.14.3項, 29.1.1項） アミノ酸がおもにその中性の双性イオンの形で存在するpHの値．p$I$と略記される．

頭‐尾重合（head‐to‐tail polymerization, 15.14.2項） 成長しているポリマー鎖において置換基のより多いラジカルが常に新しいモノマーの置換基のより少ない末端に付加するラジカル重合の様式．

トシラート（tosylate, 9.13節） 一般構造式 $CH_3C_6H_4SO_3^-$ をもつ非常に優れた脱離基．$TsO^-$ と略記する．

トランス異性体（trans isomer, 4.13.2項, 8.3.2項） 二つの基が環あるいは二重結合の反対側にある異性体．

トランスかつジアキシアル（trans diaxial, 8.8.2項） シクロヘキサンの脱離反応におけるβ水素と脱離基が両方ともにアキシアル位を占める幾何学的配列．

トリアシルグリセロール（triacylglycerol, 10.6節, 22.12.1項, 30.3節） 3個の長鎖脂肪酸と結合したグリセロールのトリエステルからなる脂質．トリアシルグリセロールは，動物の脂肪と植物の油を含む脂質である．トリグリセリドとも呼ばれる．

トリオース（triose, 28.2節） 3炭素からなる単糖．

トリテルペン（triterpene, 30.7.1項） 六つのイソプレン単位を含む30炭素から構成されるテルペン．トリテルペノイドは少なくとも一つの酸素原子を含む．

$p$-トルエンスルホン酸エステル（$p$-toluenesulfonate, 9.13節） $p$-トルエンスルホン酸イオン（$CH_3C_6H_4SO_3^-$）は非常に優れた脱離基であり，$TsO^-$ と略記される．この脱離基をもつアルキルエステルはアルキルトシラートと呼ばれ，ROTsと略記される．

トレンス反応剤（Tollens reagent, 20.8節, 28.9.2項） 酸化銀（I）と水酸化アンモニウム水溶液からなるアルデヒドを酸化する反応剤．アルデヒドが存在するかどうかの検出に用いられる．

## な行

内殻電子（core electron, 1.1節） 軌道の内側の殻にある電子．内殻電子はその元素の化学に普通は関与しない．

内接多角形法（inscribed polygon method, 17.10節） 分子軌道が満たされているかあるいは空かを決めるために環状で完全に共役した化合物の相対的エネルギーを予測する方法．フロスト円とも呼ばれる．

内部アルキン（internal alkyne, 11.1節） 三重結合を形成する二つの炭素が一つずつの炭素原子をもつアルキン．

内部アルケン（internal alkene, 10.1節） 二重結合を形成する二つの炭素がそれぞれ少なくとも一つの炭素原子をもつアルケン．

七重線（septet, 14.6.3項） 7本のピークに分裂したNMRシグナル．

1,3-二酸（1,3-diacid, 23.9.1項） 一つの炭素原子でつながった二つのカルボン酸をもつ化合物．β-二酸とも呼ばれる．

二次構造（secondary protein structure, 29.9.2項） タンパク質の局所的な領域の三次元立体配座．

二次の速度式（second‐order rate equation, 6.9.2項, 7.10節） 反応速度が二つの反応物質の濃度に依存する速度式．

二重線（doublet, 14.6節） 近傍にある1個のプロトンによって同じ面積をもつ2本のピークに分裂したNMRシグナル．

二重の二重線（doublet of doublet, 14.8節） 2個の異なる非等価なプロトンによってシグナルが分裂したときに観測される4本のピークの分裂様式．

"似たもの同士はよく溶けあう"（"like dissolves like", 3.4.3項） 化合物は同様の分子間力をもつ溶媒に溶ける．すなわち極性をもった化合物は極性溶媒に溶解し，極性をもたない化合物は無極性溶媒に溶解する．

二置換アルケン（disubstituted alkene, 8.2.1項） 二重結合の炭素に結合した二つのアルキル基と二つの水素をもつアルケン（$R_2C=CH_2$ あるいは $RCH=CHR$）．

二糖（disaccharide, 28.11節） グリコシド結合で互いにつながった二つの単糖からなる炭水化物．

ニトリル（nitrile, 22.1節, 22.18節） 一般構造式 $RC\equiv N$ で表される化合物．

ニトロ化反応（nitration, 18.4節） ベンゼンが $^+NO_2$ と反応してニトロベンゼン $C_6H_5NO_2$ を与える芳香族求電子置換反応．

$N$-ニトロソアミン（$N$-nitrosamine, 7.6節, 25.13.2項） 一般構造式 $R_2N-N=O$ をもつ化合物．第二級アミンに $^+NO$ を反応させることで生成する．

ニトロソニウムイオン（nitrosonium ion, 25.13節） $^+NO$ の構造をもつ求電子剤．

ニトロニウムイオン（nitronium ion, 18.4節） $^+NO_2$ の構造をもつ求電子剤．

二分子反応（bimolecular reaction, 6.9.2項, 7.10節, 7.11.1項） 二つの反応物質の濃度が両方とも反応速度に影響を及ぼし，両方の濃度項が反応式に関与する反応．二分子反応では，二つの反応物質はただ一つの段階あるいは律速段階に関与する．

二面角（dihedral angle, 4.9節） 一つの原子上の結合と隣接する原子の結合がなす角度．

ニューマン投影式（Newman projection, 4.9節） 分子の立体配座を一方の端から見た表示法．特定のC-C結合を形成している二つの炭素に結合している三つの基を，それぞれの炭素上の基を隔てている二面角とともに表示する．

あるいは

**ニリン酸**(diphosphate, 7.16節) 生体系でしばしば用いられる優れた脱離基．$PP_i$と略記される．

**ヌクレオシド**(nucleoside, 28.13.2項) $N$-グリコシド結合によって互いにつながった糖とプリンあるいはピリミジン塩基をもつ生体分子．

**ヌクレオチド**(nucleotide, 28.13.2項) $N$-グリコシド結合によって互いにつながった糖とプリンあるいはピリミジン塩基をもち，かつ糖のOH基に結合したリン酸塩をもつ生体分子．

**ねじれエネルギー**(torsional energy, 4.9節) 分子のねじれ形配座と重なり形配座の間で生じるエネルギー差．

**ねじれ形配座**(staggered conformation, 4.9節) 一つの炭素上の結合が隣接する炭素のR-C-R結合角を二等分する立体配座．

**ねじれ歪み**(torsional strain, 4.9節) 隣接する炭素原子に結合した基の間で起こる重なり形相互作用による分子のエネルギーの増加．

**熱可塑性プラスチック**(thermoplastic, 31.7節) 融解させてから型に流し込んで成型することが可能で，冷却してもその形を維持するポリマー．

**熱硬化性ポリマー**(thermosetting polymer, 31.7節) 再び溶けて液体状態にならない複雑な網目構造をもつ架橋ポリマー．

**熱力学**(thermodynamics, 6.5節) 化学反応のエネルギーと平衡に関する研究．

**熱力学支配のエノラート**(thermodynamic enolate, 23.4節) エネルギー的に低い，すなわち一般的には置換基のより多いエノラート．

**熱力学支配の生成物**(thermodynamic product, 16.11節) 二つ以上の生成物を与える可能性がある反応において，平衡時に優先的に生成する生成物．

**燃焼**(combustion, 4.14.2項) アルカンや他の有機化合物が酸素と反応して，エネルギーを放出しながら$CO_2$と$H_2O$を生成する酸化-還元反応．

**ノルマルアルカン**(normal alkane, 4.1.1項) すべての炭素が一列に並んだ非環状のアルカン．$n$-アルカンあるいは直鎖アルカンと呼ばれる．

## は行

**配位子**(ligand, 26.2.1項) 金属に電子を供与したり，ときには電子を求引して金属に対して配位する基．

**配位重合**(coordination polymerization, 31.4節) 用いる溶媒に可溶な均一系触媒を用いる重合反応．

**背面攻撃**(backside attack, 7.11.3項) 求核剤が脱離基の反対側から接近すること．

**波数**(wavenumber, 13.6.1項) 波長に反比例する電磁波の振動数の単位．センチメートルの逆数で示され，赤外分光法で振動数を表すために用いられる．

**ハース投影式**(Haworth projection, 28.6.1項) 環を平面的に表現した単糖の環状構造の表現法．

**旗ざお水素**(flagpole hydrogen, 4.12.2項) シクロヘキサンの舟形配座の"舟"のどちらかの端にあって互いに近接した水素．

**八電子則**(octet rule, 1.2節) 第二周期の元素の結合様式を規定する一般則．結合することで第二周期の元素は8個の価電子をもつ完全な外殻を得る．

**波長**(wavelength, 13.5節) 一つの波のある地点と隣接する波の同じ地点の間の距離．波長はギリシャ文字のラムダ($\lambda$)で略記される．

**発熱反応**(exothermic reaction, 6.4節) 生成物のエネルギーが反応物質のエネルギーよりも低い反応．発熱反応ではエネルギーが放出され$\Delta H°$は負の値をとる．

**ハモンドの仮説**(Hammond postulate, 7.14節) 反応の遷移状態がエネルギー的により近い化学種(反応物質あるいは生成物)の構造に似ているとする仮説．

**パラ異性体**(para isomer, 17.3.2項) 1,4-二置換ベンゼン環．$p$-と略記される．

**ハロゲン化アリール**(aryl halide, 7.1節, 18.3節) 芳香環に結合したハロゲン原子Xをもつ$C_6H_5X$のような分子．

**ハロゲン化アルキル**(alkyl halide, 7.1節) $sp^3$混成炭素に結合したハロゲン原子を含む化合物．分子式$C_nH_{2n+1}X$で表される．

**ハロゲン化水素化反応**(hydrohalogenation, 10.9節) アルケンあるいはアルキンへのハロゲン化水素(HX)の求電子付加反応．

**ハロゲン化反応**(halogenation, 10.13節, 15.3節, 18.3節) 化合物にハロゲン原子を導入する反応．

**ハロゲン化ビニル**(vinyl halide, 7.1節) 炭素-炭素二重結合の$sp^2$混成炭素に結合したハロゲン原子をもつ分子．

**ハロニウムイオン**(halonium ion, 10.13節) 正の電荷を帯びたハロゲン原子．架橋したハロニウムイオンは三員環を含み，アルケンへのハロゲン($X_2$)の付加反応において生成する．

**ハロヒドリン**(halohydrin, 9.6節, 10.15節) 隣接する炭素原子にヒドロキシ基とハロゲン原子をもつ化合物．

**ハロホルム反応**(haloform reaction, 23.7.2項) メチルケトン($RCOCH_3$)に過剰のハロゲンと塩基を作用させ，$RCOO^-$と$CHX_3$(ハロホルム)を生成するハロゲン化反応．

**反結合性分子軌道**(antibonding molecular orbital, 17.9節) 逆の位相で二つの原子軌道が重なり合うことによって生成する高いエネルギーをもつ分子軌道．

**反応機構**(reaction mechanism, 6.3節) 出発物質が生成物へ変換されるとき，どのように結合が切断されたり生成したりするのかを詳細に記したもの．

**反応座標**(reaction coordinate, 6.7節) 反応物質から生成物への反応の進み具合を表現するエネルギー図の$x$軸．

**反応性-選択性の原則**(reactivity-selectivity principle, 15.6節) より反応性の低い反応剤が一般的に選択性がより高く，典型的には一つの主生成物だけを生成するという化学原理．

**反応中間体**(reactive intermediate, 6.3節, 10.18節) 安定な出発物質から安定な生成物への変換の間に生成する高エネルギー状態の不安定な中間体．

**反応熱**(heat of reaction, 6.4節) 反応によって吸収された

り放出されるエネルギー．$\Delta H°$ で表され，エンタルピー変化とも呼ばれる．

**反芳香族化合物**(antiaromatic compound, 17.7 節)　環状で平面構造をもち完全に共役した $4n$ 個の $\pi$ 電子をもつ有機化合物．

**非還元糖**(nonreducing sugar, 28.9.2 項)　トレンス反応剤やベネディクト反応剤，フェーリング反応剤によって酸化されない炭水化物．

**非環状アルカン**(acyclic alkane, 4.1 節)　一般式 $C_nH_{2n+2}$ をもつ化合物．各炭素が最大数の水素原子をもつので，飽和炭化水素とも呼ばれる．

**非求核性塩基**(nonnucleophilic base, 7.8.2 項)　嵩高い基をもち，その立体障害のために求核性の低い塩基．

**非結合性分子軌道**(nonbonding molecular orbital, 17.10 節)　その分子軌道を形成した原子軌道と同じエネルギーをもつ分子軌道．

**非結合電子対**(nonbonded pair of electrons, 1.2 節)　他の原子と共有されていない価電子対．非共有電子対あるいは孤立電子対とも呼ばれる．

**ビシナル-ジハロゲン化物**(vicinal dihalide, 8.10 節)　隣接する炭素原子に二つのハロゲン原子をもつ化合物．

**非遮蔽効果**(deshielding effect, 14.3.1 項)　電子密度の減少によって，核が受ける磁場の強さが増して生じる NMR の効果．吸収は低磁場に移動する．

**比旋光度**(specific rotation, 5.12.3 項)　キラルな化合物が平面偏光を回転させる量を標準化した物理定数．記号 $[\alpha]$ で表示され，試料管の長さ ($l$, デシメートル)，濃度 ($c$, g/mL)，温度 (25℃) と波長 (589 nm) で定義される．
$[\alpha] = \alpha / (l \times c)$

**非対称エーテル**(unsymmetrical ether, 9.1 節)　酸素に結合した二つのアルキル基が異なるエーテル．

**ビタミン**(vitamin, 3.5 節, 30.5 節)　正常な細胞機能を保つために，生物学的にごく少量必要とされる有機化合物．

**被毒触媒**(poisoned catalyst, 12.5.2 項)　選択的な反応を行うために活性を弱めた水素化触媒．リンドラー触媒は活性を弱めた Pd 触媒でアルキンをシス-アルケンに変換するのに用いられる．

**ヒドリド**(hydride, 12.2 節)　負の電荷をもった水素イオン ($H$:$^-$)．

**ヒドロキシ基**(hydroxy group, 9.1 節)　OH 官能基．

**ヒドロペルオキシド**(hydroperoxide, 15.11 節)　一般構造式 ROOH で表される有機化合物．

**ヒドロホウ素化反応**(hydroboration, 10.16 節)　ボラン ($BH_3$) のアルケンあるいはアルキンへの付加．

**ビニル基**(vinyl group, 10.3 節)　$-CH=CH_2$ の構造をもつアルケン置換基．

**非プロトン性極性溶媒**(polar aprotic solvent, 7.8.3 項)　O-H あるいは N-H 結合をもたないために，分子間水素結合を形成することができない極性溶媒．

**ヒュッケル則**(Hückel's rule, 17.7 節)　化合物の芳香族性を表現する原理．芳香族性をもつには，環構造をもち，平面構造と完全な共役系を形成して，$4n+2$ 個の $\pi$ 電子をもっていなければならない．

**標的化合物**(target compound, 11.12 節)　合成スキームの最終生成物．

**ピラノース**(pyranose, 28.6 節)　酸素原子を含む六員環構造をもつ単糖．

**ピリミジン**(pyrimidine, 25.3 節, 28.13.2 項)　環内に二つの窒素をもつ六員環芳香族ヘテロ環．

**ファンデルワールス力**(van der Waals force, 3.3.2 項)　分子の電子密度の瞬間的な変化によって生じる非常に弱い分子間相互作用．電子密度の変化は，隣接する分子に瞬間的に生じる双極子によって誘起された瞬間的な双極子に起因する．ロンドン力とも呼ばれる．

**フィッシャーエステル化反応**(Fischer esterification, 22.10.3 項)　カルボン酸とアルコールからエステルを生成する酸触媒を用いるエステル化反応．

**フィッシャー投影式**(Fischer projection formula, 28.2.1 項)　垂直な直線と水平な直線の交点に不斉炭素を置く立体中心を表記する方法．十字式とも呼ばれる．

$$Z-\overset{\overset{W}{|}}{\underset{\underset{Y}{|}}{C}}-X \quad = \quad Z-\!\!\!\!\overset{\overset{W}{|}}{\underset{\underset{Y}{|}}{\phantom{C}}}\!\!\!\!-X$$

**フェニル基**(phenyl group, 17.3.4 項)　ベンゼンから一つの水素を取り除いて生成する基．$C_6H_5-$ や Ph- と略記される．

**フェノール**(phenol, 9.1 節, 15.12 節)　ベンゼン環に直接結合したヒドロキシ基をもつ $C_6H_5OH$ のような化合物．

**フェーリング反応剤**(Fehling's reagent, 28.9.2 項)　$Cu^{2+}$ 塩を酸化剤として用いて，アルデヒドを酸化してカルボン酸に変換する反応剤．赤レンガ色の $Cu_2O$ が副生成物として生成する．

**フェロモン**(pheromone, 4.1 節)　動物あるいは昆虫の種の間で情報交換のために用いられる化学物質．

**付加環化反応**(cycloaddition, 27.1 節)　$\pi$ 結合をもった二つの化合物が反応し，二つの新しい $\sigma$ 結合をもった環状化合物を生成するペリ環状反応．

**付加反応**(addition reaction, 6.2.3 項, 10.8 節)　出発物質に元素または基が付加する反応．付加反応では $\pi$ 結合が切断され二つの $\sigma$ 結合が形成する．

**付加ポリマー**(addition polymer, 31.1 節)　ポリマー鎖の成長末端にモノマーを付加させる連鎖反応によってつくられるポリマー．

**不均化**(disproportionation, 31.2 節)　ラジカル重合の連鎖を停止する過程．あるポリマーラジカルから別のポリマーラジカルへ水素が移動し，新しい C-H 結合が一方のポリマー鎖上で生成し，もう一方のポリマーには新しい二重結合が生成する．

**複合タンパク質**(conjugated protein, 29.10.3 項)　タンパク質分子と非タンパク質分子からなる構造．

**不斉炭素**(asymmetric carbon, 5.3 節)　四つの異なる基に結合した炭素原子．立体中心，キラル中心あるいはキラリティー中心とも呼ばれる．

**不斉反応**(asymmetric reaction, 12.15 節, 20.6.1 項, 29.4 節)　アキラルな出発物質を優先的に一つのエナンチオマーに変換する反応．

**フックの法則**(Hooke's law, 13.7 節)　バネの伸びと力の関

係を表す物理の法則．結合の強さと結合でつながっている原子の質量から結合の振動の周波数を求めることができる．

**沸点**(boiling point, 3.4.1 項)　液体の分子が気体になる温度．より強い分子間力をもつ分子はより高い沸点をもつ．bp と略記する．

**不飽和脂肪酸**(unsaturated fatty acid, 10.6.1 項)　一つあるいは二つ以上の炭素-炭素二重結合を炭化水素鎖にもつ脂肪酸．天然脂肪酸では二重結合の立体配置は一般に $Z$ 形である．

**不飽和炭化水素**(unsaturated hydrocarbon, 10.2 節)　炭素原子の数に対して最大数の水素原子よりも少ない数の水素原子しかもたない炭化水素．$\pi$ 結合や環をもった炭化水素は不飽和である．

**不飽和度**(degree of unsaturation, 10.2 節)　分子に含まれる環あるいは $\pi$ 結合の数．不飽和度の数は，同じ炭素数をもつ飽和炭化水素の水素の数とその化合物の水素の数を比べることで求められる．

**フラグメント**(fragment, 13.1 項)　質量スペクトル解析において分子イオンが分解して生成するラジカルとカチオン．

**フラノース**(furanose, 28.6 節)　酸素原子を含む五員環構造をもつ単糖．

**フリーデル-クラフツアシル化反応**(Friedel-Crafts acylation, 18.5.1 項)　ルイス酸の存在下でベンゼンに酸塩化物を反応させてケトンを生成する芳香族求電子置換反応．

**フリーデル-クラフツアルキル化反応**(Friedel-Crafts alkylation, 18.5.1 項)　ルイス酸の存在下でベンゼンにハロゲン化アルキルを反応させてアルキルベンゼンを生成する芳香族求電子置換反応．

**プリン**(purine, 25.3 節, 28.13.2 項)　二つの環それぞれに二つの窒素をもつ二環式芳香族ヘテロ環．

**フレオン**(freon, 7.4 節, 15.9 節)　冷媒としてかつてよく使用されていたハロゲンを含む簡単な有機化合物からなるクロロフルオロカーボン．

**ブレンステッド-ローリーの塩基**(Brønsted-Lowry base, 2.1 節)　:B で表されるプロトンの受容体．電子対を供与することでプロトンと結合を形成する．

**ブレンステッド-ローリーの酸**(Brønsted-Lowry acid, 2.1 節)　HA で表されるプロトンの供与体．水素原子を含んでいなければならない．

**プロスタグランジン**(prostaglandin, 4.15 節, 19.6 節, 30.6 節)　20 個の炭素をもち，五員環ならびに COOH 基を含む脂質の一つ．プロスタグランジンにはさまざまな種類があり，多様な生理活性を示す．

**プロトン**(proton, 2.1 節)　正の電荷をもった水素イオン($H^+$)．

**プロトン NMR 分光法**(proton ($^1$H) NMR spectroscopy, 14.1 節)　分子中の水素原子の数と種類を決定するために用いられる核磁気共鳴分光法．

**プロトン移動反応**(proton transfer reaction, 2.2 節)　ブレンステッド-ローリーの酸-塩基反応．プロトンが酸から塩基へ移る反応．

**プロトン性極性溶媒**(polar protic solvent, 7.8.3 項)　O–H 結合あるいは N–H 結合をもち，分子間水素結合を形成できる極性溶媒．

**ブロモヒドリン**(bromohydrin, 10.15 節)　隣接する炭素原子上に臭素とヒドロキシ基をもつ化合物．

**分液ロート**(separatory funnel, 19.12 節)　抽出のために実験室で使用するガラス器具．

**分割**(resolution, 29.3 節)　ラセミ混合物を二つのエナンチオマー成分に分離すること．

**分極率**(polarizability, 3.3.2 項)　原子のまわりの電子雲が電気的な環境の変化に応じて分極する尺度．

**分光法**(spectroscopy, 13.1 節)　分子の構造を決定するために分子と電磁波の相互作用を利用する分析手法．

**分子**(molecule, 1.2 節)　共有結合で互いに連結した二つ以上の原子を含む化合物．

**分枝アルカン**(branched-chain alkane, 4.1.1 項)　母体の炭素鎖に結合したアルキル置換基をもつ非環状アルカン．

**分子イオン**(molecular ion, 13.1 節)　有機分子から 1 電子を取り除くことで生成する一般構造式 $M^{+\cdot}$ をもつラジカルカチオン．親イオンともいう．

**分子間力**(intermolecular force, 3.3 節)　分子間に働く相互作用．官能基がこれらの力の種類と強さを決定する．非共有性相互作用あるいは非結合性相互作用とも呼ばれる．

**分子軌道理論**(molecular orbital theory, 17.9.1 項)　新しい一連の軌道を形成する原子軌道の数学的な組合せ(分子軌道)として結合を表現する理論．MO 理論とも呼ばれる．

**分子認識**(molecular recognition, 9.5.2 項)　特別なゲスト分子を認識して結合を形成するホスト分子の能力．

**閉環メタセシス**(ring-closing metathesis, 26.6 節)　ジエンを出発物質として用いて，閉環しながら進行する分子内オレフィンメタセシス反応．

**平衡定数**(equilibrium constant, 6.5.1 節)　記号 $K_{eq}$ で表される数学的表現で，平衡時における出発物質と生成物の量の比を示す．$K_{eq}$ = [生成物]/[出発物質]．

**平面偏光**(plane-polarized light, 5.12.1 項)　単一の平面で振動する電気ベクトルをもった光．偏光とも呼ばれ，通常の光を偏光プリズムに通すことによって得られる．

**ヘキソース**(hexose, 28.2 節)　6 炭素からなる単糖．

**ヘテロ環**(heterocycle, 9.3.2 項)　環の一部にヘテロ原子を含む環状化合物．

**ヘテロ原子**(heteroatom, 1.6 節, 3.1 節)　炭素あるいは水素以外の原子．有機化学で見られる一般的なヘテロ原子は窒素，酸素，硫黄，リン，そしてハロゲンである．

**ヘテロリシス**(heterolysis, 6.3.1 項)　結合を形成している二つの原子間で電子を不均等に分配することによって共有結合を切断すること．ヘテロリシスによって電荷をもった中間体が生成する．不均等開裂とも呼ばれる．

**ベネディクト反応剤**(Benedict's reagent, 28.9.2 項)　$Cu^{2+}$ 塩を酸化剤として用いて，アルデヒドを酸化してカルボン酸に変換する反応剤．赤レンガ色の $Cu_2O$ が副生成物として生成する．

**ペプチド**(peptide, 22.6.2 項, 29.5 節)　アミノ酸単位が 40 以下のアミド結合でつながった低分子量のポリマー．

**ペプチド結合**(peptide bond, 29.5 節)　ペプチドやタンパク質中のアミド結合．

**ヘミアセタール**(hemiacetal, 21.14.1 項)　同じ炭素上に結

合したアルコキシ基とヒドロキシ基をもつ化合物．

**ヘミアミナール**（hemiaminal, 21.7.2 項） 同じ炭素上にヒドロキシ基とアミノ基をもった不安定な中間体．アミンのカルボニル基への付加によって生成する．

**ヘム**（heme, 29.10.3 項） ポルフィリンに配位した $Fe^{2+}$ を含む複雑な構造の有機化合物．

**ペリ環状反応**（pericyclic reaction, 27.1 節） 環状の遷移状態を経由して進行する協奏反応．

**ペルオキシラジカル**（peroxy radical, 15.11 節） 一般構造式 ROO·で表されるラジカル．

**ヘルツ**（hertz, 13.5 節） 1 秒間にある地点を通過する波の数を示す周波数の単位．

**ベンザイン**（benzyne, 18.13.2 項） ハロゲン化アリールから HX が脱離することによって生成する反応活性な中間体．

**ベンジル型ハロゲン化物**（benzylic halide, 7.1 節, 18.13 節） ベンゼン環に隣接する炭素にハロゲン原子 X が結合した $C_6H_5CH_2X$ のような化合物．

**ベンジル基**（benzyl group, 17.3.4 項） $C_6H_5CH_2-$ の構造をもつ置換基．

**変旋光**（mutarotation, 28.6.1 項） 純粋な単糖のアノマーを溶液としたときに，二つのアノマーの平衡混合物になる過程．

**ベンゾイル基**（benzoyl group, 21.2.5 項） $-COC_6H_5$ の構造をもつ置換基．

**ペントース**（pentose, 28.2 節） 5 炭素からなる単糖．

**傍観イオン**（spectator ion, 2.1 節） 反応に関与せず，反応に関与するイオンと逆の電荷をもったイオン．対イオンとも呼ばれる．

**芳香族化合物**（aromatic compound, 17.1 節） 環を構成するすべての原子上に p 軌道が存在し，軌道に合計で $4n+2$ 個の π 電子をもつ平面上の環状有機化合物．

**芳香族求核置換**（nucleophilic aromatic substitution, 18.13 節） 強力な求核剤によるハロゲン化アリールに対する置換反応．

**芳香族求電子置換反応**（electrophilic aromatic substitution, 18.1 節） 環上の水素原子が求電子剤で置換されるベンゼンに特徴的な反応．

**飽和脂肪酸**（saturated fatty acid, 10.6.1 項） 炭化水素長鎖に炭素−炭素多重結合をもたない脂肪酸．

**飽和炭化水素**（saturated hydrocarbon, 4.1 節） C−C と C−H の σ 結合だけをもつ炭化水素．

**補欠分子族**（prosthetic group, 29.10.3 項） 複合タンパク質の非タンパク質単位．

**保護**（protection, 20.12 節） 反応活性な官能基を保護基でブロックする反応．

**補酵素**（coenzyme, 12.14 節） 生化学的な反応を起こすために酵素に補助的に作用する化合物．

**保護基**（protecting group, 20.12 節） 反応活性な官能基を不活性にして，目的とする反応を妨害しないようにするブロッキングのための基．

**保持時間**（retention time, 13.4.2 項） 混合物の成分それぞれがクロマトグラフィーのカラムを通過するのに要する時間の長さ．

**ホスト-ゲスト錯体**（host-guest complex, 9.5.2 項） ゲスト分子がホスト分子と結合するときに生成する錯体．

**ホスト分子**（host molecule, 9.5.2 項） ゲスト分子と結合する大きな分子．

**ホスファチジルエタノールアミン**（phosphatidylethanolamine, 30.4.1 項） ホスホジエステルのアルキル基が $-CH_2CH_2NH_3^+$ であるホスホアシルグリセロール．セファリンとも呼ばれる．

**ホスファチジルコリン**（phosphatidylcholine, 30.4.1 項） ホスホジエステルのアルキル基が $-CH_2CH_2N(CH_3)_3^+$ であるホスホアシルグリセロール．レシチンとも呼ばれる．

**ホスホアシルグリセロール**（phosphoacylglycerol, 30.4.1 項） 二つの OH 基が脂肪酸でエステル化され，三つ目の OH 基がホスホジエステルの一部であるグリセロール骨格をもつ脂質．

**ホスホジエステル**（phosphodiester, 30.4 節） リン酸 ($H_3PO_4$) の二つの水素原子をアルキル基で置換することで生成する $ROPO_2OR'$ の構造をもつ官能基．

**ホスホニウム塩**（phosphonium salt, 21.10.1 項） $R_4P^+X^-$ のような正の電荷をもったリン原子と適当な対イオンからなる有機リン反応剤．強塩基で処理するとイリドが生成する．

**ホスホラン**（phosphorane, 21.10.1 項） たとえば，$Ph_3P=CR_2$ のようなリンイリド．

**母体名**（parent name, 4.4 節） 分子の最長鎖の炭素数を表す有機化合物の IUPAC 名の一部．

**ホフマン脱離**（Hofmann elimination, 25.12 節） アミンを脱離基としての第四級アンモニウム塩に変換する E2 脱離反応．置換基のより少ないアルケンを主生成物として与える．

**ホモトピックなプロトン**（homotopic protons, 14.2.3 項） どちらの水素を置換基 Z で置換しても同じ生成物を生成するような二つの等価な水素原子．二つの水素原子は単一の NMR シグナルを与える．

**ホモリシス**（homolysis, 6.3.1 項） 結合を形成している二つの原子間の電子を均等に分配することによって共有結合を切断すること．電荷をもたないラジカル中間体が生成する．均等開裂とも呼ばれる．

**ポリアミド**（polyamide, 22.16.1 項, 31.6.1 項） 多数のアミド結合を含む逐次重合で生成するポリマー．ナイロン 6,6 やナイロン 6 はポリアミドである．

**ポリウレタン**（polyurethane, 31.6.3 項） 多くの −NHC(=O)O− 結合を骨格にもち，ジイソシアナートとジオールから逐次重合により生成するポリマー．

**ポリエステル**（polyester, 22.16.2 項, 31.6.2 項） ジオールと二酸の間に多くのエステル結合をもった逐次重合で生成するポリマー．

**ポリエーテル**（polyether, 9.5.2 項, 31.3 節） 二つ以上のエーテル結合をもった化合物．

**ポリエン**（polyene, 16.7 節） 三つ以上の二重結合をもつ化合物．

**ポリカーボナート**（polycarbonate, 31.6.3 項） 多くの −OC(=O)O− 結合を骨格にもち，$Cl_2C=O$ とジオールから逐次重合により生成するポリマー．

**ポルフィリン**（porphyrin, 29.10.3 項） 金属イオンと複合体をつくることのできる含窒素ヘテロ環．

**ホルミル基**（formyl group, 21.2.5 項） −CHO の構造をもつ置換基．

## ま，や行

**マイケル受容体**（Michael acceptor, 24.8 節） マイケル反応

のα,β-不飽和カルボニル化合物.

**マイケル反応**(Michael reaction, 24.8節) 共鳴安定化されたカルボアニオン(一般的にはエノラート)がα,β-不飽和カルボニル化合物のβ炭素に付加する反応.

**曲がった片跳ね矢印**(half-headed curved arrow, 6.3.2項) 1電子の動きを示すために反応機構のなかで用いられる矢印. 釣針型矢印とも呼ばれる.

**曲がった矢印の記号**(curved arrow notation, 1.6.1項) 電子対の動きを表現する手法. 矢印の尾は電子対を起点とし, 矢頭は電子対が移動するその先を示す.

**曲がった両跳ね矢印**(full-headed curved arrow, 6.3.2項) 一対の電子の動きを示すために反応機構のなかで用いられる矢印.

**マクロライド**(macrolide, 22.6.1項) エステル基を含む大きな環をもつ化合物. 大環状ラクトンとも呼ばれる.

**末端アルキン**(terminal alkyne, 11.1節) 炭素鎖の末端に三重結合をもつアルキン.

**末端アルケン**(terminal alkene, 10.1節) 炭素鎖の末端に二重結合をもつアルケン.

**マルコウニコフ則**(Markovnikov's rule, 10.10節) HX が非対称なアルケンに付加するとき, 水素原子は置換基のより少ない炭素原子に結合するという規則.

**マロン酸エステル合成**(malonic ester synthesis, 23.9.1項) マロン酸ジエステルをα炭素に一つあるいは二つのアルキル基をもつカルボン酸へと変換する段階的な方法.

**ミセル**(micelle, 3.6節) イオン性をもつ頭部を表面に, そして非極性の尾部を折り畳んで内側にもつセッケン分子が集合して形成される球状の小滴. グリースや油は内部の無極性領域に溶解する.

**溝呂木–ヘック反応**(Mizorogi-Heck reaction, 26.3節) パラジウム触媒によるハロゲン化ビニルあるいはハロゲン化アリールとアルケンのカップリング反応. 新しい炭素–炭素結合をもった多置換アルケンを生成する.

**無極性結合**(nonpolar bond, 1.12節) 二つの原子間で電子が均等に共有されている共有結合.

**無極性分子**(nonpolar molecule, 1.13節) 分子全体で双極子をもたない分子. 極性結合をもたないか, あるいは双極子を相殺する複数の極性結合をもっている分子.

**メガヘルツ**(megahertz, 14.1.1項) NMR分光法でラジオ波の周波数を表すために用いられる単位. MHzと略記される. 1 MHz = $10^6$ Hz.

**メソ化合物**(meso compound, 5.8節) 二つ以上の四面体立体中心をもったアキラルな化合物.

**メタ異性体**(meta isomer, 17.3.2項) 1,3-二置換ベンゼン環. $m$-と略記される.

**メタセシス**(metathesis, 26.6節) 二重結合の炭素が入れ替わる二つのアルケン分子間の反応.

**メタ配向基**(meta director, 18.7節) 芳香族求電子置換反応において, 新しい基をメタ位に誘導するベンゼン環上の置換基.

**メチル化**(methylation, 7.16節) $CH_3$ 基が一つの化合物からもう一つの別の化合物へ移動する反応.

**メチレン基**(methylene group, 4.1.2項, 10.3.3項) 炭素鎖に結合した $CH_2$ 基($-CH_2-$)あるいは二重結合の一部である $CH_2$ 基($CH_2=$).

**メリフィールド法**(Merrifield method, 29.8節) 不溶性ポリマーを担持させてポリペプチドを合成する方法.

**モノテルペン**(monoterpene, 30.7.1項) 二つのイソプレン単位を含む10炭素から構成されるテルペン. モノテルペノイドは少なくとも一つの酸素原子を含む.

**モノマー**(monomer, 5.1節, 15.14節) 互いに共有結合で結合してポリマーを生成する低分子化合物.

**有機金属反応剤**(organometallic reagent, 20.9節) 金属と結合した炭素原子を含む反応剤.

**誘起効果**(inductive effect, 2.5.2節, 7.13.1項) 原子の電気陰性度の差によって生じるσ結合を通した電子密度の引き込み, または供与.

**有機銅反応剤**(organocopper reagent, 20.9節) 一般構造式 $R_2CuLi$ をもつ有機金属反応剤. 有機キュプラートとも呼ばれる.

**有機パラジウム化合物**(organopalladium compound, 26.2節) 炭素–パラジウム結合をもつ有機金属化合物.

**有機ボラン**(organoborane, 10.16節) 炭素–ホウ素結合をもつ化合物. 一般構造式 $RBH_2$, $R_2BH$ あるいは $R_3B$ で表される.

**有機マグネシウム反応剤**(organomagnesium reagent, 20.9節) 一般構造式 RMgX をもつ有機金属反応剤. グリニャール反応剤とも呼ばれる.

**有機リチウム反応剤**(organolithium reagent, 20.9節) 一般構造式 RLi をもつ有機金属反応剤.

**有機リン反応剤**(organophosphorus reagent, 21.10.1項) 炭素–リン結合をもつ反応剤.

**融点**(melting point, 3.4.2項) 固体状態の分子が液体に変化する温度. より強い分子間力やより高い対称性をもった分子は, より高い融点をもつ. mp と略記する.

**溶解金属による還元**(dissolving metal reduction, 12.2節) アルカリ金属を電子源とし, 液体アンモニアをプロトン源とする還元反応.

**溶解度**(solubility, 3.4.3項) 化合物が液体に溶ける度合.

**溶質**(solute, 3.4.3項) 溶媒に溶けている物質.

**溶媒**(solvent, 3.4.3項) 溶質を溶かす液体成分.

**四次構造**(quaternary protein structure, 29.9.3項) 二つ以上の折り畳まれたポリペプチド鎖が, 一つのタンパク質複合体へと集合した形状.

**ヨードホルム試験**(iodoform test, 23.7.2項) メチルケトンの存在を調べる試験. ハロホルム反応によって黄色の沈澱である $CHI_3$ が生成することで判定する.

**四重線**(quartet, 14.6.3項) 1:3:3:1の面積比をもつ4本のピークに分裂した NMR のシグナル.

**四置換アルケン**(tetrasubstituted alkene, 8.2.1項) 二重結合を形成する二つの炭素上に四つのアルキル基があり, 水素原子のないアルケン($R_2C=CR_2$).

### ら, わ行

**ラクタム**(lactam, 22.1節) カルボニル炭素と窒素のσ結合が環の一部を構成している環状のアミド. β-ラクタムは四員環に炭素–窒素のσ結合を含んでいる.

**ラクトール**(lactol, 21.16節) 環状のヘミアセタール.

**ラクトン**(lactone, 22.1節) カルボニル炭素–酸素のσ結合が環の一部を構成している環状のエステル.

**ラジオ波**(RF radiation, 14.1.1項) 長い波長と低周波およ

び低エネルギーで特徴づけられる電磁波.

**ラジカル**(radical, 6.3.2項, 15.1節) 共有結合のホモリシスによって生成する一つの不対電子をもった反応性の高い中間体.

**ラジカルアニオン**(radical anion, 12.5.3項) 負電荷と不対電子の両方をもった反応活性な中間体. 中性分子に電子を一つ与えた場合に生成する.

**ラジカル開始剤**(radical initiator, 15.2節) ラジカル源として働く化合物. とくに弱い結合をもっていることが多い.

**ラジカルカチオン**(radical cation, 13.1節) 質量分析計のなかで電子ビームを分子にぶつけることで生成する不対電子と正電荷をもった化学種. 中性分子から電子を一つ取り除いた場合にも生成する.

**ラジカル重合**(radical polymerization, 15.14.2項, 31.2.1項) π結合にラジカルが付加することによるアルケンモノマーの重合を含むラジカル連鎖反応.

**ラジカル阻害剤**(radical inhibitor, 15.2節) ラジカル反応が起こるのを妨げる化合物. ラジカル捕捉剤ともいう.

**ラジカル捕捉剤**(radical scavenger, 15.2節) ラジカル反応が起こるのを妨げる化合物. ラジカル阻害剤ともいう.

**ラセミ混合物**(racemic mixture, 5.12.2項) 二つのエナンチオマーの等量混合物. ラセミ体とも呼ばれ, 光学不活性である.

**律速段階**(rate-determining step, 6.8節) 多段階反応において, 遷移状態のエネルギーが最も高い段階.

**立体異性体**(stereoisomer, 4.13.2項, 5.1節) 空間で原子の配列する仕方が異なる二つの異性体.

**立体化学**(stereochemistry, 4.9節, 5.1節) 分子の三次元構造.

**立体障害**(steric hindrance, 7.8.2項) 反応点に嵩高い基が存在すると反応性が低下すること.

**立体選択的反応**(stereoselective reaction, 8.5節) 二つ以上の立体異性体が生成しうるとき, おもに一つの立体異性体のみが生成する反応.

**立体中心**(stereogenic center, 5.3節) 二つの基を交換することで立体異性体が生成する分子の場所. 四つの異なる基に結合した炭素は四面体形の立体中心である. キラリティー中心, キラル中心, あるいは不斉中心と呼ばれる.

**立体特異的反応**(stereospecific reaction, 10.14節) 互いに立体異性体である二つの出発物質が, それぞれ別の立体異性体を生成物として与える反応.

**立体配座**(conformation, 4.9節) 単結合まわりの回転によって生じる分子の一時的な形. 異なる立体配座は単結合まわりの回転により相互変換が可能.

**立体配置**(configuration, 5.2節) 原子の三次元的配列. 異なる立体配置をもつ化合物に変換するには, 結合を切断し, 原子あるいは基をつけかえることが必要となる.

**立体配置の反転**(inversion of configuration, 7.11.3項) 化学反応によって出発物質と生成物の立体中心の相対的な立体化学が逆になること. たとえば求核置換反応において, 求核剤と脱離基が炭素上の他の三つの基をはさんで反対の位置を占めるときに起こる.

**立体配置の保持**(retention of configuration, 7.11.3項) 化学反応の反応物質と生成物にある立体中心の相対的な立体化学が同じであること.

**立体歪み**(steric strain, 4.10節) 分子中の原子が互いに近づきすぎることによって生じるエネルギーの増大.

**リボヌクレオシド**(ribonucleoside, 28.13.2項) D-リボースとある種のヘテロ環アミンの反応によって生成する N-グリコシド.

**リボヌクレオチド**(ribonucleotide, 28.13.2項) リボースと N-グリコシド結合によってつながったプリン塩基あるいはピリミジン塩基と, 糖の OH 基に結合したリン酸塩からなる RNA の構成要素.

**量子**(quantum, 13.5節) 電磁波の粒子(すなわち光子)がもつ不連続な量のエネルギー.

**リン酸塩**(phosphate, 7.16節) $PO_4^{3-}$アニオン.

**リン脂質**(phospholipid, 3.7.1項, 30.4節) リン原子を含む脂質.

**リンドラー触媒**(Lindlar catalyst, 12.5.2項) アルキンをシス-アルケンへ変換する水素化触媒.

**ルイス塩基**(Lewis base, 1.3節) 電子対の供与体.

**ルイス構造式**(Lewis structure, 1.3節) 共有結合と非結合電子の位置を示す分子表現. ルイス構造式では, 非共有電子は点で, 二電子共有結合は実線で表される. 電子点式構造式とも呼ばれる.

**ルイス酸**(Lewis acid, 2.8節) 電子対の受容体.

**ルイス酸-塩基反応**(Lewis acid-base reaction, 2.8節) ルイス塩基がルイス酸に電子対を供与するときに起こる反応.

**ル・シャトリエの法則**(Le Châtelier's principle, 9.8.4項) 平衡状態にある系では, 状態変数を変化させると, その変化を相殺するように平衡が移動するという原理.

**励起状態**(excited state, 1.9.2項, 16.15.1項) エネルギーを吸収して, 一つ以上の電子がより高いエネルギー軌道に昇位した高エネルギーの電子状態.

**レシチン**(lecithin, 30.4.1項) リン酸ジエステルのアルキル基が$-CH_2CH_2N(CH_3)_3^+$であるホスホアシルグリセロール. ホスファチジルコリンとも呼ばれる.

**連鎖機構**(chain mechanism, 15.4.1項) 繰り返し段階を含む反応機構.

**連鎖重合により生成するポリマー**(chain-growth polymer, 31.1節) ポリマー鎖の成長末端にモノマーが付加する連鎖反応によって合成されるポリマー.

**ロイコトリエン**(leukotriene, 9.16節) アラキドン酸の酸化によって細胞中で合成される不安定で生理活性のある生体分子. ぜんそくの発作の原因物質である.

**ろう**(wax, 4.15節, 30.2節) 高分子量のアルコールと脂肪酸から生成するエステルからなる脂質.

**六重線**(sextet, 14.6.3項) 6本のピークに分裂するNMRシグナル.

**ロビンソン環化**(Robinson annulation, 24.9節) マイケル反応と分子内アルドール反応を組合せて, 2-シクロヘキセノンを生成する環形成反応.

**ワルデン反転**(Walden inversion, 7.11.3項) $S_N2$反応における立体中心の反転.

# 索引

## 数字

1,2-アルキル移動(1,2-alkyl shift) 379
1,2-移動(1,2-shift) 379, 751
1,2-水素移動(1,2-hydride shift) 379, 752
1,2-付加(1,2-addition) 675, 877
1,2-付加体(1,2-addition product) 674
1,2-メチル移動(1,2-methyl shift) 379
1,4-ジカルボニル化合物(1,4-dicarbonyl compound) 1068
1,4-付加(1,4-addition) 675, 877, 1077
1,4-付加体(1,4-addition product) 674
1,5-ジカルボニル化合物(1,5-dicarbonyl compound) 1069, 1079
1s 軌道(1s orbital) 4
1 段階反応(one-step reaction) 231
[2+2]付加環化反応([2+2]cycloaddition) 1198
2p 軌道(2p orbital) 4
2s 軌道(2s orbital) 4
2 段階反応(two-step reaction) 335
——機構のエネルギー図 248
[3,3]シグマトロピー転位([3,3]sigmatropic rearrangement) 1205
[4+2]付加環化反応([4+2]cycloaddition) 1198
4 中心(four-centered) 448

## A-Z

ABS 1365
Advil® 1055
$ar$-ターメロン($ar$-turmerone) 1066
ATP(adenosine triphosphate, アデノシン三リン酸) 305, 399
Avandia® 792
AZT(azidodeoxythymidine, アジドデオキシチミジン) P-4
9-BBN(9-borabicyclo[3.3.1]nonane, 9-ボラビシクロ[3.3.1]ノナン) 449
Benadryl® 1117
Bextra® 1336
BHA(butylated hydroxy anisole, ブチルヒドロキシアニソール) 651
BHT(butylated hydroxy toluene, ブチル化ヒドロキシトルエン) 643
BINAP 1282
Boc($tert$-butoxycarbonyl protecting group, $tert$-ブトキシカルボニル保護基) 1293
BTX 94, 708
$^{13}C$ NMR 573
——分光法 605
$C_{18}$ 幼若ホルモン($C_{18}$ juvenile hormone) 1158
CBS 反応剤(CBS reagent) 847
CFCs(chlorofluorocarbons, クロロフルオロカーボン) 270, 636
C-H 結合(C-H bond) 496
CPC (cetylpyridinium chloride) 273
CT スキャン(CT scan) 610
C-Z 結合(C-Z bond) 496
C 末端アミノ酸(C-terminal amino acid) 1284
DBN(1,5-diazabicyclo[4.3.0]-5-nonene, ジアザビシクロノネン) 329
DBU(1,8-diazabicyclo[5.4.0]-7-undecene, ジアザビシクロウンデセン) 90
DCC(dicyclohexylcarbodiimide, ジシクロヘキシルカルボジイミド) 980
DDE(dichloro-diphenyl-dichloroethylene, ジクロロジフェニルジクロロエチレン) 320, 322
DDT(dichloro-diphenyl-trichloroethane, ジクロロジフェニルトリクロロエタン) P-4, 270
DEET 972
Depakote® 803
DET(diethyl tartrate, 酒石酸ジエチル) 527
DHA(docosahexaenoic acid, ドコサヘキサエン酸) 535
Diacon® 864
DIBAL-H(diisobutylaluminium hydride, 水素化ジイソブチルアルミニウム) 851, 999
Didrex® 1150
DMF(dimethylformamide, ジメチルホルムアミド) 278, 618, 1032
DMSO(dimethyl sulfoxide, ジメチルスルホキシド) 14, 278, 445
DNA(deoxyribonucleic acid, デオキシリボ核酸) 124, 1218, 1258, 1259
D-糖(D-sugar) 1224
$E,Z$ 命名法($E,Z$ system of nomenclature) 422
E1cB 反応機構(E1cB mechanism) 1059
E1 反応機構(E1 mechanism) 327, 335, 338
E2 反応機構(E2 mechanism) 327, 328, 339
ee(enantiomeric excess+ エナンチオマー過剰率) 214, 527
ESI(electrospray ionization, エレクトロスプレーイオン化) 551
Fmoc(9-fluorenylmethoxycarbonyl protecting group, 9-フルオレニルメトキシカルボニル保護基) 1294
Gantrisin® 1144
GC(gas chromatography, ガスクロマトグラフィー) 549
GC-MS(gas chromatography-mass spectrometry, ガスクロマトグラフィー-質量分析法) 549
$^1H$ NMR 573, 582
HCFCs(hydrochlorofluorocarbons, ハイドロクロロフルオロカーボン) 636
HDL 粒子(HDL particle) 994
HDPE(high-density polyethylene, 高密度ポリエチレン) 647, 1359, 1367
HFCs(hydrofluorocarbons, ハイドロフルオロカーボン) 636
HMPA(hexamethylphosphoramide, ヘキサメチルホスホルアミド) 278
HOMO(最高被占軌道) 726, 1189
IR(infrared spectroscopy, 赤外分光法) 538, 551, 553
IUPAC(International Union of Pure and Applied Chemistry) 139
IUPAC 命名法(IUPAC nomenclature) 198, 800
Kodel® 993
Lanoxin R 895
LDA(lithium diisopropylamide, リチウムジエチルアミド) 414, 1022, 1065
LDL 粒子(LDL particle) 994
LDPE(low-density polyethylene, 低密度ポリエチレン) 647, 1359
$LiAlH_4$ 999
LSD(lysergic acid diethyl amide, リセルグ酸ジエチルアミド) 700, 754, 1033, 1105
LUMO(最低空軌道) 726, 1189
$m$CPBA($m$-chloroperoxybenzoic acid, $m$-クロロ過安息香酸) 509
Motrin® 1055
MRI (magnetic resonance imaging, 核磁気共鳴画像法) 610
MS(mass spectrometry, 質量分析法) 538, 539
MSG(monosodium glutamate) 215
MTBE($tert$-butyl methyl ether, $tert$-ブチルメチルエーテル) 112, 365, 440
$NaBH_3CN$(sodium cyanoborohydride, シアノ水素化ホウ素ナトリウム) 1111
$NaBH_4$ 還元 846

I-1

NAD⁺(nicotinamide adenine dinucleotide, ニコチンアミドアデニンジヌクレオチド) 525
NADH(nicotinamide adenine dinucleotide, ニコチンアミドアデニンジヌクレオチドの還元型) 849
NAG(*N*-acetylglucosamine, *N*-アセチルグルコサミン) 995
NBS(*N*-bromosuccinimide, *N*-ブロモコハク酸イミド) 445
NCS(*N*-chlorosuccinimide, *N*-クロロコハク酸イミド) 494
NMO(*N*-methylmorpholine *N*-oxide, *N*-メチルモルホリン *N*- オキシド) 515
NMR(nuclear magnetic resonance spectroscopy, 核磁気共鳴分光法) 538, 551, 573
NMR スペクトル(NMR spectrum) 904
NMR 分光計(NMR spectrometer) 575
Novocain® 710
NSAID(non-steroidal anti-inflammatory drug, 非ステロイド系抗炎症剤) 1336
N 末端アミノ酸(N-terminal amino acid) 1284
P(*o*-tolyl)₃〔tri(*o*-tolyl)phosphine, トリ(*o*-トリル)ホスフィン〕 1160
PAH(polycyclic aromatic hydrocarbon, 多環芳香族炭化水素) 406
PBAT(polybutyrate adipate terephthalate, ポリブチラートアジパートテレフタラート) 1386
PCB(polychlorinated biphenyl, ポリ塩化ビフェニル) 112
PCC(pyridinium chlorochromate, クロロクロム酸ピリジニウム) 509
PCy₃(tricyclohexylphosphine, トリシクロヘキシルホスフィン) 1160
PEG〔poly(ethylene glycol), ポリエチレングリコール〕 131
PET(polyethylene terephthalate, ポリエチレンテレフタラート) 992, 1354, 1356, 1371
PGF(prostaglandinF) 176
PGF₂α 808
PHA(polyhydroxyalkanoate, ポリヒドロキシアルカン酸) 1382
PHB(polyhydroxybutyrate, ポリヒドロキシ酪酸) 1382
PHBV(polyhydoroxyvalerate) 1382
Picato® 1156
Pitocin® 954
p$K_a$ 63
PLA〔poly(lactic acid), ポリ乳酸〕 993, 1378
PMMA(polymethylmethacrylate, ポリメタクリル酸メチル) 655
PPh₃(triphenylphosphine, トリフェニルホスフィン) 1160

Precor® 864
Prozac® 796, 1104
PTH(*N*-phenylthiohydantoin, *N*-フェニルチオヒダントイン) 1288
PVC〔poly(vinyl chloride), ポリ塩化ビニル〕 131, 269, 426, 648, 1356
p 軌道(p orbital) 3
RCM(ring-closing methasesis, 閉環メタセシス) 1174
RNA(ribonucleic acid, リボ核酸) 1258
RU 486 467, 469
SAM(*S*-adenosylmethionine, *S*-アデノシルメチオニン) 226, 305, 306, 399
SBR(styrene-butadiene rubber, スチレン-ブタジエンゴム) 1364
Sch38516 1175
Sinemet® 48
S_N1 反応 338
S_N1 反応機構(substitution nucleophilic unimolecular reaction mechanism) 282
S_N2 反応機構(substitution nucleophilic bimolecular reaction mechanism) 282
SOMO(singly occupied molecular orbital, 半占軌道) 1188
sp² 混成(sp³ hybridized) 35
sp³ 混成(sp³ hybridized) 135
s 軌道(s orbital) 3
s 性(s-character) 44, 76
TBDMS-Cl(*tert*-butyldimethylsilyl chloride, 塩化 *tert*-ブチルジメチルシリル) 869
THC(tetrahydrocannabinol, テトラヒドロカンナビノール) 78, 131
THF(tetrahydrofuran, テトラヒドロフラン) 133, 278, 365, 447, 1023
TMS(tetramethylsilane, テトラメチルシラン) 576
Truvia® 1239
TsOH(*p*-toluenesulfonic acid, *p*-トルエンスルホン酸) 79
UMP(uridine monophosphate, ウリジン一リン酸) 316
Vaprisol® 951
Vioxx® 1089, 1336
VSEPR 理論(valence shell electron pair repulsion theory, 原子価殻電子対反発理論) 22
Vytorin® 849
Zyban® 1052
Zyflo CR 405

### ギリシャ文字

α, β-不飽和カルボニル化合物(α, β-unsaturated carbonyl compound) 876, 1058
α-アミノ酸(α-amino acid) 824, 1269
α-アミノニトリル(α-amino nitrile) 1275
α 開裂(α cleavage) 547

α-グリコシダーゼ(α-glycosidase) 1254
α-クロロプロピオンアルデヒド(α-chloropropionaldehyde) 899
α-ケラチン(α-keratin) 1307
α-シアノカルボニル化合物(α-cyano carbonyl compound) 1064
α-シクロゲラニオール(α-cyclogeraniol) 462
α-シネンサール(α-sinensal) 838
α 水素(α hydrogen) 1015
α 脱離(α elimination) 1167
α 炭素(α carbon) 321, 801
　——上での置換反応 1014
　——でのハロゲン化反応 1028
　——でのラセミ化反応 1026
α-テトラロン(α-tetralone) 754
α-テルピネオール(α-terpineol) 462, 1342
α-テルピネン(α-terpinene) 1342
α-トコフェロール(α-tocopherol) 1332
α-ハロアルデヒド(α-haloaldehyde) 1028
α-ハロカルボニル化合物(α-halo carbonyl compound) 1032
α-ハロカルボン酸(α-halo carboxylic acid) 1273
α-ハロケトン(α-haloketone) 1028
α-ヒドロキシ酸(α-hydroxy acid) 73
α-ピネン(α-pinene) 1349
α-ヒマカレン(α-himachalene) 567
α-ピロン(α-pyrone) 733
α-ファルネセン(α-farnesene) 426
α-フェランドレン(α-phellandrene) 1338
α-ヘリックス(α-helix) 1300
α-マルチストリアチン(α-multistriatin) 529
α-メチルブチロフェノン(α-methylbutyrophenone) 494
α-メチレン-γ-ブチロラクトン(α-methylene-γ-butyrolactone) 1037
β-アミリン(β-amyrin) 1351
β-カロテン(β-carotene) 115, 426, 919
β-グルコシダーゼ(β-glucosidase) 1253
β-ケトエステル(β-keto ester) 1042, 1064, 1070, 1075
β-ジエステル(β-diester) 1064
β-ジカルボニル化合物(β-dicarbonyl compound) 1016
β-セスキフェランドレン(β-sesquiphellandrene) 682
β 脱離反応(β elimination) 321
β 炭素(β carbon) 321, 801
β-二酸(β-diacid) 1037
β-ヒドロキシアルデヒド(β-hydroxy aldehyde) 1056
β-ヒドロキシカルボニル化合物(β-hydroxy carbonyl compound) 1056
β-プリーツシート(β-pleated sheet) 1301
β ブロッカー(β blocker) 101
β-ベチボン(β-vetivone) 1052, 1054, 1087

索 引　I-3

βメチルバレルアルデヒド
　（β methylvaleraldehyde）　899
β-ラクタム（β-lactam）　359, 954, 966, 989
β-ラクタム環（β-lactam ring）　990
γ-ヒドロキシ酪酸（γ-hydroxybutyric
　acid, GHB）　806
γ-ブチロラクトン（γ-butylolactone）　834
γ-ラクタム（γ-lactam）　954
γ-ラクトン（γ-lactone）　954
δ-ラクトン（δ-lactone）　954
π結合（pi bond）　39, 93
σ結合（sigma bond）　32
ω炭素（ω carbon）　801
ω−3脂肪酸（omega-3 fatty acid）　428

### あ

アキシアル水素（axial hydrogen）　162
アキュプリル®（Accupril®）　132, 316
アキラル（achiral）　189
アクトス®（Actos®）　792
アグリコン（aglycon）　1239
アクリロニトリル（acrylonitrile）　52
麻（linen）　991
アシクロビル（acyclovir）　1048
アジドデオキシチミジン
　（azidodeoxythymidine, AZT）　P-4
亜硝酸（nitrous acid）　1130
アシラーゼ（acylase）　1280
アシリウムイオン（acylium ion）　547, 750
アジリジン（aziridine）　415
アシル移動反応（acyl transfer reaction）
　　993
アシル化反応（acylation）　748
アシル基（acyl group）
　　748, 837, 953, 958, 959
アシル誘導体（acyl derivative）　837
アスコルビン酸（ascorbic acid）
　　91, 92, 115, 965
アスパラギン（asparagine）　1270
アスパラギン酸（aspartic acid）　1270
アスパルテーム（aspartame）
　　124, 1007, 1252, 1287
アスピリン（aspirin, アセチルサリチル酸）
　　55, 58, 80, 81, 308, 309, 807, 975, 1336
アスプール®（Asthpul®）　890
アズレン（azulene）　732
アセタール（acetal）　929
　——の加水分解　932
　——の生成　929
アセチリドアニオン（acetylide anion）
　　471, 480, 859
アセチル CoA（acetyl CoA）　993
N-アセチルアミノ酸（N-acetyl
　amino acid）　1277
N-アセチルグルコサミン
　（N-acetylglucosamine, NAG）　995

N-アセチル-D-グルコサミン（N-acetyl-D-
　glucosamine, NAG）　1255
アセチル化（acetylation）　975
アセチルコリン（acetylcholine）　994
アセチルサリチル酸（acetylsalicylic acid）
　　58, 80, 309, 975, 989
アセチル補酵素 A（acetyl coenzyme A）
　　993
アセチレン（acetylene）
　　22, 37, 40, 66, 75, 464, 466, 467
アセチレンジカルボン酸ジメチル
　（dimethyl acetylenedicarboxylate）　700
アセトアニリド（acetanilide）　832
アセトアミド（acetamide）
　　19, 57, 90, 832, 959
アセトアミノフェン（acetaminophen）
　　57, 975, 989, 1152
アセトアルデヒド（acetaldehyde）
　　526, 898, 947
アセトアルデヒドシアノヒドリン
　（acetaldehyde cyanohydrin）　913
アセト酢酸エステル合成
　（acetoacetic ester synthesis）　1042
アセトニトリル（acetonitrile）
　　55, 68, 75, 278, 960
アセトフェノン（acetophenone）　900
アセトン（acetone）
　　41, 75, 111, 278, 900, 905
アセトンエノラート（acetone enolate）
　　1020, 1027
アセブトロール（acebutolol）　131
アゾ化合物（azo compound）
　　1133, 1139, 1142
アゾカップリング反応（azo coupling
　reaction）　1142
アタクチック（atactic）　1366
アデニン（adenine）　1258
S-アデノシルメチオニン
　（S-adenosylmethionine, SAM）
　　226, 305, 306, 399
アデノシン三リン酸（adenosine
　triphosphate, ATP）　305, 399
アテノロール（atenolol）　89, 101
アテローム性動脈硬化（atherosclerosis）
　　994
アトニン®（Atonin®）　954
アドビル®（Advil®）　140, 217
アトルバスタチン（atorvastatin）　1346
アドレナリン（adrenaline）　306, 1104
アトロピン（atropine）　1102, 1103
アナシン®（Anacin®）　55
アナストロゾール（anastrozole）　996, 1053
アニオン（anion）　2
アニオン重合（anionic polymerization）
　　1362, 1363
アニオン性オキシコープ転位（anionic oxy-
　Cope rearrangement）　1206

アニオン中間体（anionic intermediate）
　　1059
アニソール（anisole）　396
アニリン（aniline）
　　699, 705, 706, 746, 757, 782
　——誘導体　1098
アヌレン（annulene）　716
［18］-アヌレン（18-annulene）　619
アノマー（anomer）　1228
アノマー炭素（anomeric carbon）　1228
アビソマイシン C（abyssomicin C）　1092
油（oil）　429, 1324
アボベンゾン（avobenzone）　30, 130, 1074
アミカシン（amikacin）　1256
アミグダリン（amygdalin）　225, 915
アミド（amide）　100, 101, 837, 854, 953,
　　954, 1022, 1109, 1120
　——結合　965
　——の反応　987
　——の命名　959
p-アミノ安息香酸（p-aminobenzoic acid,
　PABA）　692, 1143
アミノ基（amino group）　98, 782, 824, 1098
アミノグリコシド系抗生物質
　（aminoglycoside antibiotic）　1255
アミノ酸（amino acid）　123, 824, 965, 1269
　——残基　1283
　——の合成　1273
　——の分離　1277
　——分析　1288
アミノベンゼン（aminobenzene）　705
アミロース（amylose）　1254
アミロペクチン（amylopectin）　1254
アミン（amine）　98, 1093
　——の塩基性度　1124
　——の合成　1106
　——の相対的塩基性度　1117
　——の反応　1114
アミンオキシド（amine oxide）　515
アモキシシリン（amoxicillin）
　　P-3, 56, 221, 967
アラキドン酸（arachidonic acid）
　　114, 405, 654, 808
アラニン（alanine）　123, 214, 1270
アラビノース（arabinose）　1226
アラル酸（allaric acid）　1244
アリザリン（alizarin）　1141
アリザリンイエロー R（alizarine
　yellow R）　1142
アリシン（allicin）　139
アリスキレン（aliskiren）　194, 536
アリセプト®（Aricept®）　101, 1067
アリピプラゾール（aripiprazole）　1148
アリーブ®（Aleve®）　217
アリミデックス®（Arimidex®）　996
アリールアミン（arylamine）　1118
アリル型（allylic）　664

# 索引 I-4

──カルボカチオン (allylic carbocation) 659
──ハロゲン化物 (allylic halide) 265
アリルカルボカチオン (allyl carbocation) 661
アリル基 (allyl group) 424
アリール基 (aryl group) 707
アリル位炭素 (allylic carbon) 637
アリル位ハロゲン化反応 (allylic halogenation) 640
アリールジアゾニウム塩 (aryl diazonium salt) 1132, 1133
アリールボラン (arylborane) 1161
アリルラジカル (allyl radical) 637, 641
アルカロイド (alkaloid) 1093, 1102
アルカン (alkane) 94, 134
──の沸点 152
──の融点 152
──の溶解性 152
エポキシ── 366
シクロ── 135, 138, 160
置換シクロ── 164
直鎖── 136
ノルマル── 136
ハロ── 266
非環状── 135
分枝── 136
アルギニン (arginine) 1270
アルキルアミン (alkylamine) 1118
アルキル化反応 (alkylation) 748, 1033
アルキル基 (alkyl group) 140, 286, 292, 958, 959
アルキルジアゾニウム塩 (alkyl diazonium salt) 1132
アルキルチオ基 (alkylthio group) 98
アルキルトシラート (alkyl tosylate) 390
アルキルベンゼン (alkylbenzene) 779
──の酸化 780
アルキルボラン (alkylborane) 448
アルキン (alkyne) 94, 344, 463, 464
──の還元 504
──の合成 469
──の沸点 467
──の融点 467
内部── 464
末端── 464
アルケノール (alkenol) 421
アルケン (alkene) 94, 321, 323, 416
──の還元 498
──の合成 429, 920
──のヒドロホウ素化反応 - 酸化反応 451
──の融点 424
──の沸点 424
一置換── 323
二置換── 323
三置換── 323
四置換── 323
シクロ── 417
シス- ── 504, 506
トランス- ── 505
内部── 416
非環状── 418
末端── 416
アルケンオキシド (alkene oxide) 366
アルケンメタセシス (alkene metathesis) 1171
アルコキシ基 (alkoxy group) 98
アルコキシド (alkoxide) 321, 373
アルコキシドアニオン (alkoxide anion) 1020
アルコール (alcohol) 94, 98, 360, 361, 368, 374, 798
──の合成 862
──の酸化 521
──の置換反応および脱離反応 393
アルジトール (alditol) 1242
アルダル酸 (aldaric acid) 1242, 1244
アルデヒド (aldehyde) 101, 479, 837, 843, 895
──とケトンの合成 906
──の慣用名 898
──の酸化 856
──の命名 897
アルテミシニン (artemisinin) P-6, 225, 451, 452
アルトシッド® (Altocid®) 864
アルドース (aldose) 1217, 1242
アルドステロン (aldosterone) 1348
アルドヘキソース (aldohexose) 1219
アルドリン (aldrin) 697
アルドール縮合 (aldol condensation) 1059
アルドール反応 (aldol reaction) 1056, 1057, 1060
アルトロース (altrose) 1226
アルドン酸 (aldonic acid) 1242
アルブテロール (albuterol) 193, 403, 404, 1155
アレグラ® (Allegra®) 1103
アレン (allene) 226
アレーン (arene) 701, 780
アレーンオキシド (arene oxide) 183
アレンドロン酸 (alendronic acid) 14
アロース (allose) 1226
アロマターゼ阻害剤 (aromatase inhibitor) 996
アンジオテンシン I (angiotensin I) 1317
安息香酸 (benzoic acid) 780, 802, 819, 957
安息香酸エチル (ethyl benzoate) 961
安息香酸ナトリウム (sodium benzoate) 807
安息香酸無水物 (benzoic anhydride) 961
アンタビューズ (antabuse) 526
アンタラ型転位 (antarafacial rearrangement) 1204
アンタラ型付加環化反応 (antarafacial cycloaddition) 1199
アンチ (anti) 157
アンチ-ジヒドロキシ化反応 (anti-dihydroxylation) 514
アンチ付加 (anti addition) 431
アンチペリプラナー配座 (anti periplanar conformation) 339
アントラセン (anthracene) 716, 717
アンドロゲン (androgen) 1346
アンドロステロン (androsterone) 1349
アンビデント求核剤 (ambident nucleophile) 1023
アンフェタミン (amphetamine) 81, 86, 221, 1111
アンモニア (ammonia) 24
アンモニウム塩 (ammonium salt) 1094

## い

イエジマリド B (iejimalide B) 459
硫黄イリド (sulfur ylide) 1181
イオノホア (ionophore) 120
イオン-イオン相互作用 (ion-ion interaction) 105
イオン化合物 (ionic compound) 6
イオン結合 (ionic bond) 5
イオン交換樹脂 (ion exchange resin) 523
イオン重合 (ion polymerization) 1360
イオン条件 (ion condition) 779
イオン-双極子相互作用 (ion-dipole interaction) 110
いす形 (chair form) 162
異性体 (isomer) 13, 136, 187, 210, 1223
構造── 13, 136, 188, 210
互変── 476
シス── 168
トランス── 168
立体── 13, 136, 168, 187, 188, 210
位相 (phase) 724
イソオクタン (isooctane) 239, 1327
イソコメン (isocomene) 462
イソシアナート (isocyanate) 1371, 1372
イソタクチック (isotactic) 1366
イソトレチノイン (isotretinoin) 807, 947
イソフタル酸 (isophthalic acid) 832
イソブタン (isobutane) 136
イソブチル基 (isobutyl) 141
イソプレゴン (isopulegone) 572
イソプレン (isoprene) 670, 671, 691
──単位 (isoprene unit) 1337
イソプロテレノール (isoproterenol) 890
イソプロピル (isopropyl) 140
イソプロピルアミン (isopropylamine) 414
イソプロピルアルコール (isopropyl alcohol) 364
イソプロピルウノプロストン (unoprostone isopropyl) 1336

イソプロピルベンゼン(isopropylbenzene) 782
イソペンタン(isopentane) 136, 149
イソペンテニル二リン酸(isopentenyl diphosphate) 663, 1339
イソホロン(isophorone) 1091
イソメントール(isomenthol) 181
イソロイシン(isoleucine) 1270
一次構造(primary structure) 1299
一次の速度論(first-order kinetics) 252
一重線(singlet) 589
一置換(monosubstitution) 768
——アルケン(monosubstituted alkene) 323
——ベンゼン(monosubstituted benzene) 705
一分子求核置換(substitution nucleophilic unimolecular) 282
一分子反応(unimolecular reaction) 252
一般名(generic name) 139
イドース(idose) 1226
イフェクサー®(Effexor®) 867, 894
イブフェナク(ibufenac) 795
イブプロフェン(ibuprofen) 88, 127, 140, 217, 782, 846, 1050, 1051, 1055, 1075, 1336
イマチニブメシル酸塩(imatinib mesylate) 966
イミダゾリド(imidazolide) 1005
イミダゾール(imidazole) 869
イミド(imide) 1107
イミン(imine) 490, 854, 910, 921, 1125
イリド(ylide) 916
イルジン-S(illudin-S) 1044
インゲノール(ingenol) 1174
インゲノールメブタート(ingenol mebutate) 1156
インジオ®(Ingeo®) 1379
インジゴ(indigo) 1141
インジナビル(indinavir) 128
インスプラ®(Inspra®) 371
インスリン(insulin) 939, 1268, 1305
インデン(indene) 734
インドール(indole) 797
インビラーゼ®(Invirase®) 225

## う

ウィッティッヒ反応(Wittig reaction) 915
ウィッティッヒ反応剤(Wittig reagent) 915, 916
ウィリアムソンエーテル合成(Williamson ether synthesis) 371
ウォルフ-キシュナー還元(Wolff-Kishner reduction) 781
ウォール分解(Wohl degradation) 1244, 1245
右旋性(dextrorotatory) 212
ウッドワードホフマン則(Woodward-Hoffman rule) 1196
ウラシル(uracil) 1258
ウリジン一リン酸(uridine monophosphate, UMP) 316
ウルシオール(urushiol) 820
ウレタン(urethane) 1371
ウンデカン(undecane) 135

## え

エイコサノイド(eicosanoid) 1333
——の生理活性 1335
エイコセン酸(eicosenoic acid) 1322
エキソ(exo) 685
エクアトリアル水素(equatorial hydrogen) 162
エージェントオレンジ(Agent Orange) 745
エステル(ester) 101, 427, 837, 851, 871, 953, 965
——の加水分解 982
——の反応 982
——の命名 958
エストラジオール(estradiol) 54, 331, 332, 467, 1347
エストロゲン(estrogen) 463, 1346
エストロン(estrone) 231, 447, 689, 797, 870, 1079, 1347
エスモロール(esmolol) 90
エゼチミブ(ezetimibe) 220, 849, 1008
エタナール(ethanal) 898
エタノール(ethanol) P-3, 13, 72, 73, 93, 112, 368, 369, 426, 495
枝分かれ(branching) 1359
エタン(ethane) 37, 75, 93, 135
——の二面角 156
——の立体配座 153
エタンチオール(ethanethiol) 396
エタンブトール(ethambutol) 54, 222, 287
エチニルエストラジオール(ethynylestradiol) 463, 467, 864, 870, 1347
エチニル基(ethynyl group) 466
エチニルリチウム(ethynyllithium) 889
エチルプロピルスルフィド(ethyl propyl sulfide) 398
エチルベンゼン(ethylbenzene) 705
エチルメチルケトン(ethyl methyl ketone) 900
エチレン(ethylene) 10, 23, 37, 38, 75, 323, 424, 425
エチレンオキシド(ethylene oxide) 366
エチレングリコール(ethylene glycol) 181, 364, 368, 426, 930, 992, 1356
エチレンモノマー(ethylene monomer) 647
エチン(ethyne) 466

エーテル(ether) 98, 360, 361, 364, 369, 375, 394
エテン(ethene) 424
エトキシ基(ethoxy) 365
エトキシド(ethoxide) 74, 813
エトポシド(etoposide) 945
エドマン分解(Edman degradation) 1288, 1289
エナミン(enamine) 490, 924, 1125
——の生成 924
エナラプリル(enalapril) 1112
エナール(enal) 901
エナンチオ選択的還元(enantioselective reduction) 847, 848
エナンチオ選択的反応(enantioselective reaction) 527
エナンチオトピック(enantiotopic) 581
エナンチオマー(enantiomer) 190, 195, 210, 211
——過剰率(enantiomeric excess, ee) 214, 527
エナントトキシン(enanthotoxin) 26
エニン(enyne) 466
エネルギー障壁(energy barrier) 246, 250
エネルギー図(energy diagram) 245
エノラート(enolate) 908, 1015, 1018, 1024
——アニオン(enolate anion) 17
エノール(enol) 361, 476, 1015, 1018
——形(enol form) 476
エノン(enone) 901
エピ-アリストロケン(epi-aristolochene) 1353
エピクロロヒドリン(epichlorohydrin) 414
エピネフリン(epinephrine) 306, 1104
エピマー(epimer) 1225
エビリファイ®(Abilify®) 1148
エピルピニン(epilupinine) 1155
エフェドリン(ephedrine) 193, 223
エプレレノン(eplerenone) 371
エポキシアルカン(epoxyalkane) 366
エポキシ化(epoxidation) 509, 527, 1345
エポキシ樹脂(epoxy resin) 1373, 1374
エポキシド(epoxide) 360, 361, 366, 371, 375, 399, 509, 874, 875, 1365
エポキシド環(epoxide ring) 875
——の開環 399
エポチロンA(epothilone A) 1175
エライジン酸(elaidic acid) 459
エラストマー(elastomer) 1368
エリトルロース(erythrulose) 1227
エリトロース(erythrose) 1226
エルロチニブ(erlotinib) 489
エレオステアリン酸(eleostearic acid) 459
エレクトロスプレーイオン化(electrospray ionization, ESI) 551
エレトリプタン(eletriptan) 1179
塩(salt) 6

塩化2-メチルブタノイル
　（2-methylbutanoyl chloride）　957
塩化アシル（acyl chloride）　748
塩化アセチル（acetyl chloride）　957
塩化アリール（aryl chloride）　1134
塩化シクロヘキサンカルボニル
　（cyclohexanecarbonyl chloride）　957
塩化セチルピリジニウム（cetylpyridinium
　chloride, CPC）　273
塩化チオニル（thionyl chloride）　387, 976
塩化ビニル（vinyl chloride）　55, 1356
塩化tert-ブチルジメチルシリル（tert-
　butyldimethylsilyl chloride, TBDMS-Cl）
　　　869
塩化ヘキサノイル（hexanoyl chloride）　961
塩化ベンゾイル（benzoyl chloride）　961
塩化メチレン（methylene chloride）　269
塩基（base）　59, 78, 1257
塩基性アミノ酸（basic amino acid）　1269
塩基対（base pair）　1259
エンクロミフェン（enclomiphene）　458
エンジオール（enediol）　1049
塩素化反応（chlorination）　626, 630, 632, 746
エンタカポン（entacapone）　56
エンタルピー（enthalpy）　243
エンタルピー変化（enthalpy change）
　　　236, 243
エンド（endo）　685
エンド付加（endo addition）　684
エントロピー（entropy）　243
エントロピー変化（entropy change）　243

## お

オキサザボロリジン（oxazaborolidine）　847
オキサホスフェタン（oxaphosphetane）　918
オキシ塩化リン（phosphorus oxychloride）
　　　382
オキシコドン（oxycodone）　133, 569
オキシコープ転位（oxy-Cope
　rearrangement）　1206
オキシトシン（oxytocin）　955, 1286, 1305
オキシム（oxime）　1245
オキシラン（oxirane）　361, 366
オキソン®（Oxone®）　524
オクチノキサート（octinoxate）　30, 1091
オーグメンチン®（Augmentin®）　458
オシメン（ocimene）　325, 535
オセルタミビル（oseltamivir）
　　　100, 415, 1007
オゾニド（ozonide）　516
オゾン（ozone）　508, 516, 635
──分解（ozonolysis）　516
（−）-オッシデンタロール
　〔（−）-occidentalol〕　700
オプシン（opsin）　923
オフロキサシン（ofloxacin）　1151
親イオン（parent ion）　539

オルト（ortho）　705
オルト-パラ配向基（ortho, para director）
　　　760, 765
オルリスタット（orlistat）　1319
オレアンドリン（oleandrin）　934
オレイン酸（oleic acid）　123, 428, 563
オレストラ（olestra）　984
オレフィン（olefin）　416
──メタセシス（olefin metathesis）
　　　1171, 1173
オングストローム（Å, angstrom）　21

## か

外殻（outer shell）　5
開始段階（initiation step）　626
回転障壁（barrier to rotation）　159
化学シフト（chemical shift）　576
──の値　584
化学的再利用（chemical recycling）　1381
架橋環系（bridged ring system）　684
架橋二環式系（bridged two-ring system）
　　　685
架橋ハロニウムイオン（bridged halonium
　ion）　442, 445, 475
核間メチル基（angular methyl group）　1343
核磁気共鳴（nuclear magnetic resonance,
　NMR）　573
──画像法（magnetic resonance imaging,
　MRI）　610
──分光法（nuclear magnetic resonance
　spectroscopy, NMR）　538, 551
核スピン（nuclear spin）　574
──の反転　574
角歪み（angle strain）　160
化合物（compound）　5
過酢酸（peroxyacetic acid）　509
嵩高さ（volume）　70
重なり形配座（eclipsed conformation）　153
過酸（peroxy acid）　508, 509
過酸化水素（hydrogen peroxide）　508
過酸化物（peroxide）　623
可視光線（visible light）　551
加水分解（hydrolysis）　914
ガスクロマトグラフィー
　（gas chromatography, GC）　549
化石燃料（fossil fuel）　150, 174
可塑剤（plasticizer）　1377
ガソリン（gasoline）　150, 1327
カダベリン（cadaverine）　1102
カチオン（cation）　2
カチオン重合（cationic polymerization）
　　　1360, 1361
活性化エネルギー（energy of activation）
　　　246, 250
活性化基（activating group）　763
活性部位（active site）　255

活性メチレン化合物（active methylene
　compound）　1064
カップリング（coupling）　592
カップリング定数（coupling constant）　591
カップリング反応（coupling reaction）
　　　1139, 1158
価電子（valence electron）　4
カバイン（kavain）　423
ガバペンチン（gabapentin）　197
ガバペンチンエナカルビル（gabapentin
　enacarbil）　197
カフェイン（caffeine）　55, 118, 130, 612
カプサイシン（capsaicin）
　　　P-4, 54, 231, 563, 612, 701, 1053
カプネレン（capnellene）　483
ガブリエル合成（Gabriel synthesis）　1107
カプロン酸（caproic acid）　802
カーボナート（carbonate）　1372
カーボンNMR（carbon NMR）　573
鎌状赤血球貧血症（sickle cell anemia）　1310
鎌状赤血球ヘモグロビン（sickle cell
　hemoglobin）　1310
過マンガン酸カリウム（potassium
　permanganate）　509
ガラクトース（galactose）　940, 1226
ガラス転移温度
　（glass transition temperature）　1376
カリウムtert-ブトキシド（potassium tert-
　butoxide）　79, 322
カリオフィレン（caryophyllene）　353
加硫ゴム（vulcanized rubber）　1368
カルシトリオール（calcitriol）　671
ガルスベリンA（garsubellin A）　1208
カルバクロール（carvacrol）　739
カルバマート（carbamate）　1010, 1293, 1371
カルビドパ（carbidopa）　48, 49
カルベノイド（carbenoid）　1170
カルベン（carbene）　233, 1166, 1167
カルボアニオン（carbanion）
　　　79, 233, 506, 839
カルボカチオン（carbocation）
　　　17, 84, 233, 289, 293, 338
──転位（carbocation rearrangement）
　　　379, 752
カルボキシ化（carboxylation）　874
カルボキシ基（carboxy group）
　　　101, 176, 799, 824
カルボキシペプチダーゼ（carboxypeptidase）
　　　1290
カルボキシラートアニオン（carboxylate
　anion）　811
──の金属塩　802
カルボニル化合物（carbonyl compound）
　　　952
カルボニル基（carbonyl group）
　　　99, 101, 476, 837, 895, 1217
──の赤外吸収　964

カルボニル縮合(carbonyl condensation) 1055
カルボン(carvone) 218, 739
カルボン酸(carboxylic acid)
　　101, 519, 522, 798, 799, 837, 854, 953
　——塩 807
　——の合成 809
　——の反応 810
　——の物理的性質 803
　——の分光学的性質 804
　——誘導体(carboxylic acid derivative) 837
カロタトキシン(carotatoxin) 130
カロナール®(Calonal®) 975, 1055
カロリー(calorie) 43
カーン-インゴルド-プレローグ命名法
　(Cahn-Ingold-Prelog nomenclature) 198
環化(annulation) 1079
環化(cyclization) 1345
環拡大反応(ring expansion reaction) 1070
還元(reduction) 172, 495
還元剤(reducing agent) 497
還元的アミノ化反応(reductive amination) 1110
還元的脱離(reductive elimination) 1160
還元糖(reducing sugar) 1243
環状 1,3-ジエン(cyclic 1,3-diene) 684
環状アセタール(cyclic acetal) 930
　——の生成 938
環状エーテル(cyclic ether) 365
環状酸無水物(cyclic anhydride) 953
環状ジエノフィル(cyclic dienophile) 683
環状電子開環反応(electrocyclic opening) 1194
環状電子反応(electrocyclic reaction) 1186, 1189
環状電子閉環反応(electrocyclic closure) 1194
環状ヘミアセタール(cyclic hemiacetal) 936, 1229
環生成反応(ring-forming reaction) 1079
含窒素ヘテロ環(nitrogen heterocycle) 1098
官能基(functional group) 93
　——領域(functional group region) 554
環の反転(ring-flipping) 164
10-カンファースルホン酸
　(10-camphorsulfonic acid) 1315
カンフェン(camphene) 1353
慣用名(common name) 149, 801
簡略構造式(condensed structure) 26

## き

キアナ®(Qiana®) 1386
菊酸(chrysanthemic acid) 607
菊酸エチル(ethyl chrysanthemate) 1008
キサラタン®(Xalatan®) 809
ギ酸(formic acid) 66, 139, 802, 805, 957
基質(substrate) 255
基準ピーク(base peak) 540
キシルロース(xylulose) 1227
p-キシレン(p-xylene) 652
キシロース(xylose) 1226
キセノン(xenon) 119
キチン(chitin) 1255
吉草酸(valeric acid) 802
基底状態(ground state) 33
軌道(orbital) 3
　——の混成 704
キナプリル(quinapril) 132, 316
キニーネ(quinine) P-5, 225, 331, 332, 720, 1033, 1102, 1124
絹(silk) 991
キヌクリジン(quinuclidine) 318
キノリン(quinoline) 505, 797
ギブズ自由エネルギー(Gibbs free energy) 241
キモトリプシン(chymotrypsin) 1290
逆合成解析(retrosynthetic analysis) 455, 486, 686, 881
逆旋的(disrotatory) 1192
逆ディールス-アルダー反応(retro Diels-Alder reaction) 687, 688
キャロル転位(Carroll rearrangement) 1214
吸エルゴン的(endergonic) 244
求核アシル置換反応(nucleophilic acyl substitution) 840, 952, 954, 967, 968, 1015
　——のまとめ 990
求核攻撃(nucleophilic attack) 839
求核剤(nucleophile) 83, 122, 272, 275
求核性(nucleophilicity) 276
求核置換反応(nucleophilic substitution reaction) 272, 280, 304, 308, 839, 840
求核付加反応(nucleophilic addition) 839, 895, 908, 996, 1015
求ジエン体(dienophile) 679
球状タンパク質(globular protein) 1307
求電子剤(electrophile) 83, 122
求電子付加(electrophilic addition) 432, 437, 439, 472, 674
吸熱的(endothermic) 236
キューカンバーアルデヒド(cucumber aldehyde) 42, 901
キュバン(cubane) 149, 161
強酸(strong acid) 394
共重合体(copolymer) 1364
鏡像(mirror image) 189
協奏反応(concerted reaction) 231
共鳴(resonance) 574, 662, 703
共鳴安定化(resonance stabilization) 15
共鳴効果(resonance effect) 68, 73, 756
共鳴構造式(resonance structure) 14, 662
共鳴混成体(resonance hybrid) 15, 19, 666
共鳴式(resonance form) 14
共鳴するプロトン(absorbing proton) 590
共鳴理論(resonance theory) 15
共役(conjugation) 659, 1016
共役塩基(conjugate base) 60
共役酸(conjugate acid) 60
共役ジエン(conjugated diene) 661, 669, 671, 674, 689
　——の安定性 672
共役二重結合(conjugated double bond) 665
共役付加(conjugate addition) 674, 877, 1077
共有結合(covalent bond) 5, 6
局在化(localized) 74
局所仲介物質(local mediator) 1334
極性結合(polar bond) 46
極性頭部(polar head) 116
極性反応(polar reaction) 234
極性分子(polar molecule) 47
キラリティー(chirality) 190
　——中心(chirality center) 191
キラル(chiral) 189
　——触媒(chiral catalyst) 1281
　——炭素(chiral carbon) 191
　——中心(chiral center) 191
　——な還元剤(chiral reducing agent) 847
キラルな薬(chiral drug) 217
キリアニ-フィッシャー合成(Kiliani-Fischer synthesis) 1244, 1246
均一系触媒(homogeneous catalyst) 1367
銀鏡反応(silver mirror reaction) 856
ギンコライドB(ginkgolide B) 952, 984
近接効果(proximity effect) 678
金属触媒(metal catalyst) 498
金属ヒドリド(metal hydride) 497, 507
　——還元 844
　——還元剤 855
　——反応剤 851
均等開裂(homolytic cleavage) 232

## く

グアニジン(guanidine) 1154
グアニン(guanine) 1258
クエン酸(citric acid) 51
くさび形の実線(wedge) 24
くさび形の破線(dashed wedge) 24
グッタペルカ(gutta-percha) 1368
クマリン(coumarin) 1090
クメン(cumene) 782
クライゼン転位(Claisen rearrangement) 1205, 1207
クライゼン反応(Claisen reaction) 1070, 1071
クラウンエーテル(crown ether) 120, 370
クラック(crack) 131

グラブス触媒(Grubbs catalyst) 1171
クラブラン酸(clavulanic acid) 458
グラミシジン S(gramicidin S) 1317
クラリチン®(Claritin®) 710
グランジソール(grandisol) 1338
クリキシバン®(Crixivan®) 128
グリコーゲン(glycogen) 1252, 1254
グリコシド(glycoside) 934, 1236, 1239
N-グリコシド(N-glycoside) 1256
──結合(glycosidic linkage) 1249
──の加水分解 1238
グリコール(glycol) 364, 514
グリコール酸(glycolic acid) 11, 73
グリシン(glycine) 91, 824, 1270
クリスタリット(crystallite) 1375
グリセルアルデヒド(glyceraldehyde)
212, 1218, 1223, 1226
グリセルアルデヒド 3-リン酸
(glyceraldehyde 3-phosphate) 1018
グリセロール(glycerol) 364, 427, 985, 1323
グリセロールリン酸(glycerol phosphate)
533
グリニャール反応剤(Grignard reagent)
857
グリベック®(Gleevec®) 966
グリーンケミストリー(green chemistry)
523, 1377
グルカル酸(D-lucaric acid) 1244
クルクミン(curcumin) 738
グルコサミン(glucosamine) 995, 1255
グルコース(glucose) 123, 182, 186,
227, 239, 939, 1218, 1226
グルシトール(glucitol) 1242
グルタチオン(glutathione) 1287
グルタミン(glutamine) 1270
グルタミン酸(glutamic acid) 835, 1270
クレアチン(creatine) 52
クレストール®(Crestor®) 1086
p-クレゾール(p-cresol) 796
グレープフルーツメルカプタン(grapefruit
mercaptan) 397
クレメンゼン還元(Clemmensen reduction)
781
クロシン(crocin) 1351
グロース(gulose) 1226
クロピドグレル(clopidogrel)
203, 411, 1051, 1315
クロミッド®(Clomid®) 458
クロラムフェニコール(chloramphenicol)
193
クロラール(chloral) 928
──水和物 928
クロルフェニラミン(chlorpheniramine)
745
クロロエタン(chloroethane) 55, 97
m-クロロ過安息香酸
(m-chloroperoxybenzoic acid, mCPBA)
509

クロロキン(chloroquine) P-5, 1123
クロロクロム酸ピリジニウム(pyridinium
chlorochromate, PCC) 509
N-クロロコハク酸イミド
(N-chlorosuccinimide, NCS) 494
クロロシクロペンタン(chlorocyclopentane)
113
クロロフルオロカーボン
(chlorofluorocarbons, CFCs) 270, 636
クロロベンゼン(chlorobenzene) 705, 744
クロロホルム(chloroform) 268
クロロメタン(chloromethane) 269

## け

経口避妊薬(combined oral contraceptive
pill) 468
形式電荷(formal charge) 11
鯨ろう(spermaceti wax) 1322
ケクレ構造式(Kekul-structure) 702
ケタール(ketal) 929
結合(bond) 5
 C–H── 496
 アミド── 965
 共役二重── 665
 グリコシド── 1249
 水素── 104, 962
 多重── 10
 単── 37
 炭素-炭素── 742
 炭素-炭素二重── 323
 二重── 38
 二電子── 6
 分子間水素── 366, 803, 962
 分子内水素── 1016
 ペプチド── 1283
 無極性── 46
 C–Z── 496
 π── 39, 93
 σ── 32
 イオン── 5
 共有── 5, 6
 極性── 46
 三重── 40
 ジスルフィド── 129, 1286, 1304
結合解離エネルギー(bond dissociation
energy) 236
結合開裂(bond cleavage) 232
結合角(bond angle) 22
結合性分子軌道(bonding MO) 724
結合の強さ(bond strength) 43
結合の長さ(bond length) 21, 43
結晶領域(crystalline region) 1375
ケテン(ketene) 54
ケト形(keto form) 476
ケトース(ketose) 1217, 1227
ケトプロフェン(ketoprofen) 78, 221

ケトン(ketone)
101, 476, 479, 837, 843, 895, 1042
──の慣用名 900
──の命名 899
ケブラー®(Kevlar®) 1370
ケフレックス®(Keflex®) 967
ケラチン(keratin) 1268
ゲラニアール(geranial) 905, 1207
ゲラニオール(geraniol) 529, 1338, 1341
ゲラニル二リン酸(geranyl diphosphate)
305, 663, 1339
けん化(saponification) 983, 986
原子(atom) 1
原子価殻電子対反発(valence shell electron
pair repulsion, VSEPR)理論 22
原子核(nucleus) 2
原子価結合理論(valence bond theory) 723
原子質量単位(amu) 2
原子番号(atomic number) 2
原子量(atomic weight) 2
元素の効果(element effect) 68, 69

## こ

硬化(hardening) 502, 1326
光学純度(optical purity) 214
光学的に活性(optically active) 212
光学的に不活性(optically inactive) 212
光学分割(optical resolution) 1277
硬化剤(hardener) 1373
光合成(photosynthesis) 1217
交互共重合体(alternating copolymer) 1364
交差アルドール反応(crossed aldol reaction)
1061
交差クライゼン反応(crossed Claisen
reaction) 1073
光子(photon) 551
高磁場(upfield) 576
合成(synthesis) 308, 880
合成繊維(synthetic fiber) 991
合成洗剤(detergent) 117, 748
合成染料(synthetic dye) 1141
合成中間体(synthetic intermediate) 455
合成反応(preparation) 809
抗生物質(antibiotics) 967
合成ポリマー(synthetic polymer)
647, 1355
酵素(enzyme) 255, 525, 1268, 1280
構造異性体(constitutional isomer)
13, 136, 188, 210, 1284
酵素-基質複合体(enzyme-substrate
complex) 255
抗ヒスタミン剤(antihistamine) 1103
高分解能質量分析計(high-resolution mass
spectrometer) 548
高分子(polymer) 186
高密度ポリエチレン(high-density
polyethylene, HDPE) 647, 1359, 1367

索引　I-9

高密度リポタンパク質(high-density lipoprotein) 994
鉱油(mineral oil) 183
コカイン(cocaine) 88, 131, 965, 1006, 1102
コカイン塩酸塩(cocaine hydrochloride) 131
コカイン桂皮酸エステル(cinnamoylcocaine) 1006
黒鉛(graphite) 729
ココアバター(cocoa butter) 1328
ゴーシュ(gauche) 157
固相法(solid phase technique) 1297
古代紫(チリアンパープル)(tyrian purple) 1141
骨格構造式(skeletal structure) 26, 28
コデイン(codeine) 831, 1105
コニイン(coniine) 1102, 1103
コニバプタン(conivaptan) 951
コハク酸(succinic acid) 802
コハク酸イミド(succinimide) 639
コハク酸ジメチル(dimethyl succinate) 589
コープ転位(Cope rearrangement) 1205, 1206
互変異性化(tautomerization) 476, 1017
互変異性体(tautomer) 476, 1015
ゴム(rubber) 1355, 1367
コラーゲン(collagen) 92, 1268, 1308
孤立ジエン(isolated diene) 660, 674
孤立電子対(lone pair) 7
コリン(choline) 994
コール酸(cholic acid) 183
コルチゾール(cortisol) 361, 1348
コルチゾン(cortisone) 689, 906, 1089, 1348
コレステリルエステル(cholesteryl ester) 994
コレステロール(cholesterol) 112, 176, 197, 689, 1320, 1344
　——低下薬 671
混合アルドール反応(mixed aldol reaction) 1061
混合酸無水物(mixed anhydride) 953, 957
混合トリアシルグリセロール(mixed triacylglycerol) 1323
コンゴーレッド(Congo red) 1142
混成(hybridization) 32, 33
混成軌道(hybrid orbital) 33
混成様式による効果(hybridization effect) 68, 75
コンドロコール A(chondrocole A) 270
コンピュータ断層撮影 (computed tomography, CT) 610

## さ

最高被占軌道(highest occupied molecular orbital, HOMO) 726, 1189
ザイツェフ則(Zaitsev rule) 333, 337
最低空軌道(lowest unoccupied molecular orbital, LUMO) 726, 1189
細胞(cell) 118
細胞膜(cell membrane) 118, 119, 176, 1330
サイロシン(psilocin) 1105
サキナビル(saquinavir) 225
酢酸(acetic acid) 73, 79, 799, 802, 805, 957
酢酸アニオン(acetate) 526
酢酸安息香酸無水物(acetic benzoic anhydride) 958
酢酸イオン(acetate) 74, 672
酢酸イソアミル(isoamyl acetate) 965
酢酸エチル(ethyl acetate) 958
左旋性(levorotatory) 212
サッカリン(saccharin) 1252
サブユニット(subunit) 1305
サフロール(safrole) 934, 1152
サポニン(saponin) 116
サラン(Saran) 1364
サリシン(salicin) 80, 807, 1239
サリチラート(salicylate) 80
サリチル酸(salicylic acid) 807
サリチル酸ナトリウム(sodium salicylate) 807
サリドマイド(thalidomide) 197
サリノスポラミド A(salinosporamide A) 128
サルソリノール(salsolinol) 947
サルファ剤(sulfa drug) 1143
サルメテロール(salmeterol) 403, 404, 848, 893
酸(acid) 59, 78
　——の強さ 63
酸塩化物(acid chloride) 101, 748, 837, 851, 871, 953
　——の反応 971
　——の命名 957
酸化(oxidation) 172, 495
酸化-還元反応(oxidation-reduction reaction) 172
酸化銀(I)〔silver(I) oxide〕 509
酸化クロム(chromium oxide) 509
酸化剤(oxidizing agent) 508
酸化的開裂反応(oxidative cleavage) 516, 519
酸化的付加(oxidative addition) 1160
酸化反応(oxidation reaction) 809
酸化防止剤(antioxidant) 643
三原子系(triatomic system) 18
三次構造(tertiary structure) 1304
酸臭化物(acid bromide) 956
三臭化リン(phosphorus tribromide) 387
三重結合(triple bond) 40
三重線(triplet) 590
酸触媒反応(acid-catalyzed reaction) 377
酸性アミノ酸(acidic amino acid) 1269
酸性度(acidity) 59
　——の決定法 77
酸性度定数 $K_a$(acidity constant, $K_a$) 63
酸素求核剤(oxygen nucleophile) 968
三置換アルケン(trisubstituted alkene) 323
三置換ベンゼン(trisubstituted benzene) 786
三糖(trisaccharide) 1255
ザンドマイヤー反応(Sandmeyer reaction) 1134
三フッ化ホウ素(boron trifluoride) 23
三方錐(trigonal pyramid) 24
酸無水物(acid anhydride) 953
　——の反応 973
　——の命名 957
三リン酸イオン(triphosphate) 304

## し

ジアキシアル(diaxial) 169
1,3-ジアキシアル相互作用(1,3-diaxial interaction) 166, 167
ジアステレオトピック(diastereotopic) 581
ジアステレオマー(diastereomer) 205, 210, 325, 1230
ジアゼパム(diazepam) 710
ジアゾ化反応(diazotization) 1131
ジアゾニウム塩(diazonium salt) 1131
ジアゾメタン(diazomethane) 1170
シアノ(cyano) 960
シアノ基(cyano group) 954
シアノヒドリン(cyano hydrine) 913
ジアルキルボラン(dialkylborane) 448, 449
シアン化水素(hydrogen cyanide) 11
シアン化物イオン(cyanide anion) 914
ジイソプロピルアミン(diisopropylamine) 1023
ジイン(diyne) 465
ジェイゾロフト®(Jzoloft®) 710, 755
ジエクアトリアル(diequatorial) 169
ジエチルアミン(diethylamine) 113, 972
ジエチルエーテル(diethyl ether) 52, 97, 113, 130, 133, 365, 369
ジエチルスルフィド(diethyl sulfide) 398
$N,N$-ジエチル-$m$-トルアミド ($N,N$-diethyl-$m$-toluamide) 972
ジエノフィル(dienophile) 679
　——の反応性 682
　——の立体化学 683
ジェミナルジハロゲン化物(geminal dihalide) 345, 472
ジェミナル二塩化物(geminal dichloride) 469
ジェミナルプロトン(geminal proton) 598
1,3-ジエン(1,3-diene) 659, 669, 679
ジエン(diene) 421, 660
　——の反応性 681
ジエンイン(dienyne) 1184
四塩化炭素(carbon tetrachloride) 268
ジオキシベンゾン(dioxybenzone) 130

ジオール(diol) 364
1,2-ジオール(1,2-diol) 514
gem-ジオール(gem-diol) 926
ジオールエポキシド(diol epoxide) 406
シガトキシン CTX3C(ciguatoxin CTX3C) 836, 851
シキミ酸(shikimic acid) 100
ジクチオプテレン D'(dictyopterene D') 535
シグマトロピー転位(sigmatropic rearrangement) 1186, 1202, 1204
シクロアルカン(cycloalkane) 135, 138, 160
——の命名法 146
シクロアルケン(cycloalkene) 417
シクロオキシゲナーゼ(cyclooxygenase) 259, 1335
シクロオクタテトラエン(cyclooctatetraene) 713, 735
シクロオクチン(cyclooctyne) 465
シクロオクテン(trans-cyclooctene) 417
シクロデカン(cyclodecane) 161
シクロブタジエン(cyclobutadioene) 714
シクロブタン(cyclobutane) 138, 161
シクロプロパン(cyclopropane) 138
シクロプロパン環(cyclopropane ring) 1166
シクロプロペニルラジカル(cyclopropenyl radical) 734
シクロヘキサン(cyclohexane) 28, 135, 138, 161
シクロヘキサンアミン(cyclohexanamine) 699, 1096
1,3-シクロヘキサンジオン (1,3-cyclohexanedione) 832
シクロヘキシルアミン(cyclohexylamine) 1096
シクロヘキセン(cyclohexene) 84, 432
3-シクロヘキセン-1-オール (3-cyclohexen-1-ol) 414
シクロヘプタトリエノン (cycloheptatrienone) 1198
シクロヘプタン(cycloheptane) 161
シクロペンタジエニルアニオン (cyclopentadienyl anion) 720
シクロペンタジエニルカチオン (cyclopentadienyl cation) 721
シクロペンタジエニルラジカル (cyclopentadienyl radical) 721
シクロペンタノール(cyclopentanol) 113
シクロペンタン(cyclopentane) 138, 161
シクロペンタンカルボン酸 (cyclopentanecarboxylic acid) 1040
ジクロロカルベン(dichlorocarbene) 1168
ジクロロジフェニルジクロロエチレン (dichlorodiphenyldichloroethylene, DDE) 320, 322
ジクロロジフェニルトリクロロエタン (dichlorodiphenyltrichloroethane, DDT) P-4, 270
ジクロロジフルオロメタン (dichlorodifluoromethane) 636
4,4'-ジクロロビフェニル (4,4'-dichlorobiphenyl) 112
2,4-ジクロロフェノキシ酢酸 (2,4-dichlorophenoxyacetic acid, 2,4-D) 745
ジクロロメタン(dichloromethane) 269
ジゴキシン(digoxin) 895, 939
ジ酢酸エチレン(ethylene diacetate) 589
四酸化オスミウム(osmium tetroxide) 509
ジシクロヘキシルカルボジイミド(DCC) 980
脂質(lipid) 175, 427, 1321
脂質二重層(lipid bilayer) 118, 176, 1330
シス(cis) 422
シス-アルケン(cis-alkene) 504, 506
シス異性体(cis isomer) 168
シス縮環(cis-fused) 684
システイン(cysteine) 1270
シスプロトン(cis proton) 598
ジスルフィド(disulfide) 397
ジスルフィド結合(disulfide bond) 129, 1286, 1304
シタグリプチン(sitagliptin) 720, 1089
シタロプラム(citalopram) 222
実測旋光度(observed rotation) 212
シッフ塩基(Schiff base) 921
質量数(mass number) 2
質量スペクトル(mass spectrum) 540
質量電荷比(mass-to-charge ratio, $m/z$) 540
質量分析計(mass spectrometer) 539
質量分析法(mass spectrometry, MS) 538, 539
自動ペプチド合成(automated peptide synthesis) 1297
シトシン(cytosine) 1258
ジドブジン(zidovudine) P-4
シトラール(citral) 1338
シトロネラール(citronellal) 905
シトロネロール(citronellol) 572
1,3-ジニトリル(1,3-dinitrile) 1064
ジノプロストン(dinoprostone) 1335
ジハロゲン化物(dihalide) 344
ジヒドロキシアセトン(dihydroxyacetone) 52, 1218, 1227
ジヒドロキシ化反応(dihydroxylation) 514
ジフェンヒドラミン(diphenhydramine) 316, 704, 1117
ジブロモケトン(dibromo ketone) 1029
ジブロモベンゼン(dibromobenzene) 708
ジペプチド(dipeptide) 1283
ジベレリン酸(gibberellic acid) 1088
脂肪(fat) 429, 1324
脂肪酸(fatty acid) 123, 427
脂肪族カルボン酸(fatty carboxy acid) 816
脂肪族炭化水素(aliphatic hydrocarbon) 94, 134
ジボラン(diborane) 447
シムバスタチン(simvastatin) 197, 671
シメチジン(cimetidine) 1102, 1103
$N,N$-ジメチルアセトアミド ($N,N$-dimethylacetamide) 67
ジメチルアリル二リン酸(dimethylallyl diphosphate) 663, 1339
ジメチルエーテル(dimethyl ether) 13
2,2-ジメチルオキシラン (2,2-dimethyloxirane) 403
ジメチルスルフィド(dimethyl sulfide) 516
ジメチルスルホキシド(dimethyl sulfoxide, DMSO) 14, 278, 445
2,2-ジメチルプロパン (2,2-dimethylpropane) 103, 136
$N,N$-ジメチルホルムアミド ($N,N$-dimethylformamide) 108
ジメチルホルムアミド(dimethylformamide, DMF) 278, 618, 1032
四面体構造(tetrahedral structure) 23
シモンズ-スミス反応(Simmons-Smith reaction) 1169, 1170
指紋領域(fingerprint region) 554
ジャスモン(jasmone) 505
ジャヌビア®(Januvia®) 720
シャープレスエポキシ化反応(Sharpless epoxidation) 526
シャープレス反応剤(Sharpless reagent) 527
遮蔽化(shield) 582
自由エネルギー変化(free energy change) 241, 243
臭化アリール(aryl bromide) 1134
臭化チオトロピウム(tiotropium bromide) 371
臭化メチルトリフェニルホスホニウム (methyltriphenyl-phosphonium bromide) 917
臭化メチルマグネシウム (methylmagnesium bromide) 858
周期表(periodic table) 2
重クロム酸カリウム(potassium dichromate) 509
重クロム酸ナトリウム(sodium dichromate) 509
重合(polymerization) 647, 1355
重合体(polymer) 647
シュウ酸(oxalic acid) 802, 806
重水素(deuterium) 2
臭素化反応(bromination) 630, 631, 745, 1032
縮合環系(fused ring system) 683
縮合二環式系(fused two-ring system) 685
縮合反応(condensation reaction) 1059

| | | |
|---|---|---|
| 縮合ポリマー (condensation polymer) 991, 1356, 1369 | 水素化 (hydrogenation) 1326 | スペルミン (spermine) 99 |
| 縮退軌道 (degenerate orbital) 726 | 水素化アルミニウムリチウム (lithium aluminum hydride, LiAlH$_4$) 497, 843, 851 | スルファニルアミド (sulfanilamide) 1143 |
| 酒石酸 (tartrate) 216 | | スルファメトキサゾール (sulfamethoxazole) 1144 |
| 酒石酸ジエチル (diethyl tartrate, DET) 527 | 水素化ジイソブチルアルミニウム (diisobutylaluminum hydride, DIBAL-H) 851, 999 | スルフイソキサゾール (sulfisoxazole) 1144 |
| 出発物質 (starting material) 227 | | スルフィド (sulfide) 98, 396, 398 |
| 主要な寄与体 (major contributor) 20, 666 | 水素化トリ-tert-ブトキシアルミニウムリチウム (lithium tri-tert-butoxyaluminum hydride) 851 | スルホナートアニオン (sulfonate anion) 823 |
| ジュール (Joule) 43 | | スルホニウムイオン (sulfonium ion) 226, 398 |
| 脂溶性ビタミン (fat-soluble vitamin) 740, 1332 | 水素化トリブチルスズ (tributylstannane) 657 | スルホニウム塩 (sulfonium salt) 306 |
| ショウノウ (camphor) 1338 | 水素化熱 (heat of hydrogenation) 498, 672 | スルホン化反応 (sulfonation) 742, 746 |
| 商品名 (trade name) 139 | 水素化反応 (hydrogenation) 498 | スルホン酸 (sulfonic acid) 823 |
| 蒸留装置 (distillation apparatus) 108 | 水素化分解 (hydrogenolysis) 1295 | |
| 触媒 (catalyst) 255 | 水素化ベリリウム (beryllium hydride) 22 | **せ** |
| 触媒的水素化反応 (catalytic hydrogenation) 498 | 水素化ホウ素ナトリウム (sodium borohydride, NaBH$_4$) 497, 843 | 制御されたアルドール反応 (directed aldol reaction) 1065 |
| ショ糖 (table sugar) 1251 | 水素結合 (hydrogen bonding) 104, 962 | 精製 (refining) 150 |
| シリルエーテル (silyl ether) 869 | 分子間―― 366, 803, 962 | 生体触媒 (biocatalyst) 1378 |
| シルデナフィル (sildenafil) 710 | 分子内―― 1016 | 生体内アシル化反応 (biological acylation) 993 |
| シレニン (sirenin) 1181 | 水和反応 (hydration) 432, 439, 471, 476, 914, 926 | |
| ジロイトン (zileuton) 405 | | 生体内還元 (biological reduction) 849 |
| ジンゲロール (gingerol) 1067 | 水和物 (hydrate) 926 | 生体分子 (biomolecule) 123, 1216 |
| ジンゲロン (zingerone) 51, 1067 | スクアレン (squalene) 535, 1338, 1339, 1345 | 静電相互作用 (electrostatic interaction) 102 |
| シンジオタクチック (syndiotactic) 1366 | | |
| シン-ジヒドロキシ化反応 (syn dihydroxylation) 515 | スクシンアルデヒド (succinaldehyde) 1090 | 静電ポテンシャル図 (electrostatic potential map) 46 |
| ジンジベレン (zingiberene) 426, 535, 682, 1338 | スクラロース (sucralose) 1252 | 生分解性ポリマー (biodegradable polymer) 1380, 1382 |
| | スクロース (sucrose) 130, 197, 986, 1249, 1251 | |
| 伸縮振動 (stretching vibration) 553 | | 性ホルモン (sex hormone) 1346 |
| 親水性 (hydrophilic) 112 | スコポラミン (scopolamine) 1093 | 赤外吸収 (infrared absorption) 555 |
| 振動数 (frequency) 551 | 鈴木-宮浦カップリング反応 (Suzuki-Miyaura coupling reaction) 1157, 1159, 1160, 1162 | ――スペクトル (infrared absorption spectrum) 554, 902 |
| 振動モード (vibrational motion) 553 | | |
| シンナムアルデヒド (cinnamaldehyde) 905, 1062 | スタキオース (stachyose) 1266 | 赤外不活性 (IR inactive) 557 |
| シンバスタチン (simvastatin) 1346 | スタノゾロール (stanozolol) 738, 1348 | 赤外分光法 (infrared spectroscopy, IR) 538, 551, 553 |
| シン付加 (syn addition) 431 | スダフェド® (sudafed®) 71 | |
| シンペリプラナー配座 (syn periplanar conformation) 339 | スタレボ® (Stalevo®) 56 | 石油 (petroleum) 150, 425 |
| | スチレン (styrene) 779, 1356 | ゼストリル® (Zestril®) 203 |
| **す** | スチレン-ブタジエンゴム (styrene-butadiene rubber, SBR) 1364 | ゼチーア® (Zetia®) 220, 849 |
| | | せっけん (soap) 117, 983, 986 |
| 水酸化カリウム (potassium hydroxide) 322 | ステアリドン酸 (stearidonic acid) 428, 533 | 接頭語 (prefix) 140 |
| 水酸化ナトリウム (sodium hydroxide) 79, 322 | ステアリン酸 (stearic acid) 428 | 接尾語 (suffix) 140 |
| | ステロイド (steroid) 688, 1322, 1343 | セドロール (cedrol) 1338 |
| 水素 | ストレッカーアミノ酸合成 (Strecker amino acid synthesis) 1275 | セファレキシン (cephalexin) 967 |
| ――結合 104 | | セファロスポリン (cephalosporin) 967 |
| α―― 1015 | スーパーコイル (supercoil) 1307 | セボフルラン (sevoflurane) 118, 370 |
| アキシアル―― 162 | スーパーヘリックス (superhelix) 1307 | セリン (serine) 1270 |
| エクアトリアル―― 162 | スパンデックス (spandex) 1372 | セルシン® (Cercine®) 710 |
| 過酸化―― 508 | スピリーバ® (Spiriva®) 371 | セルトラリン (sertraline) 710, 755 |
| シアン化―― 11 | スピン (spin) 574 | セルロース (cellulose) 186, 187, 1218, 1252 |
| 重―― 2 | スピン-スピン分裂 (spin-spin splitting) 589 | セレコキシブ (celecoxib) 947, 1336 |
| 第一級―― 96 | スフィンゴシン (sphingosine) 1331 | セレコックス® (Celecox®) 947, 1336 |
| 第二級―― 96 | スフィンゴミエリン (sphingomyelin) 1328, 1331 | セレニカ® (Selenica®) 803 |
| 第三級―― 96 | スプラ型転位 (suprafacial rearrangement) 1204 | セレベント® (Serevent®) 404, 848 |
| ハロゲン化―― 472 | | セロトニン (serotonin) 755, 1104 |
| 水素イオン (hydrogen ion) 59 | スプラ型付加環化反応 (suprafacial cycloaddition) 1199 | セロリケトン (celery ketone) 219 |
| | | 繊維 (fiber) 991 |

繊維状タンパク質（fibrous protein） 1307
旋光計（polarimeter） 212
前面攻撃（frontside attack） 283
染料（dye） 1141

## そ

双極子（dipole） 46
双極子-双極子相互作用（dipole-dipole interaction） 104, 268, 803, 962
双性イオン（zwitterion） 91, 825, 1271
相対存在量（relative abundance） 540
側鎖（side chain） 1269
速度式（rate equation） 251
速度則（rate law） 251
速度定数（rate constant） 251
速度論（kinetics） 240, 250
　──支配のエノラート 1025
　──支配の生成物（kinetic product） 676
　──的分割（kinetic resolution） 1280
ゾコール®（Zocor®） 197, 671
疎水性（hydrophobic） 112
ソラニン（solanine） 1216, 1239
ゾルピデム（zolpidem） 420, 737, 1148
ソルビトール（sorbitol） 208, 1242
ソルビン酸カリウム（potassium sorbate） 807
ソルボース（sorbose） 1227
ソロナ®（Sorona®） 1378

## た

対イオン（counter ion） 59
第一級アルコール（primary alcohol） 521
第一級ハロゲン化アルキル（primary alkylhalide） 348
第一級アミン（primary amine） 1096
　──の付加 921
第一級水素（primary hydrogen） 96
第一級炭素（primary carbon） 96
体系的名称（systematic nomenclature） 139
第三級アミン（tertiary amine） 1096
第三級水素（tertiary hydrogen） 96
第三級炭素（tertiary carbon） 96
第三級ハロゲン化アルキル（tertiary alkylhalide） 347
対称許容（symmetry allowed） 1192
対称禁制（symmetry forbidden） 1192
対称酸無水物（symmetrical anhydride） 953, 957
対称面（plane of symmetry） 191
第二級アミン（secondary amine） 1096
第二級水素（secondary hydrogen） 96
第二級炭素（secondary carbon） 96
第二級ハロゲン化アルキル（secondary alkylhalide） 348
ダイニーマ®（Dyneema®） 1367
ダイヤモンド（diamond） 729

第四級アンモニウム塩（quaternary ammonium salt） 1107
第四級炭素（quaternary carbon） 96
タイレノール®（Tylenol®） 57
タガトース（tagatose） 1227
タガメット®（Tagamet®） 1102
多環芳香族炭化水素（polycyclic aromatic hydrocarbon, PAH） 406, 708
タキソテール®（Taxotere®） 1009
タキソール®（Taxol®） 185, 197, 841, 1010
ダクロン®（Dacron®） 992, 1354
多重結合（multiple bond） 10
多重線（multiplet） 592
多段階合成（multi-step synthesis） 486, 784
多置換アルケン（multi-substituted alkene） 1164
多置換ベンゼン（multi-substituted benzene） 706
脱水剤（dehydrating agent） 980
脱水反応（dehydration reaction） 375, 977, 1058
脱炭酸（decarboxylate） 1038
脱ハロゲン化水素化反応（dehydrohalogenation） 321
脱プロトン化（deprotonation） 67, 477, 811
脱保護（deprotection） 868
脱離（elimination） 227, 229
脱離基（leaving group） 271, 273
脱離能（leaving group ability） 273
脱離反応（elimination reaction） 321
脱離-付加（elimination-addition） 773
多糖（polysaccharide） 991, 1252
多不飽和トリアシルグリセロール（polyunsaturated triacylglycerol） 1325
ダーボン（Darvon） 127, 193
タミフル®（Tamiflu®） 100, 1006
タモキシフェン（tamoxifen） 458, 1014, 1036
タルセバ®（Tarceva®） 489
ダルナビル（darunavir） 951
タロース（talose） 1226
段階的反応（stepwise reaction） 232
炭化水素（hydrocarbon） 94
　脂肪族── 94, 134
　多環芳香族── 406, 708
　不飽和── 418
　芳香族── 94, 701
　飽和── 135
単結合（single bond） 37
胆汁酸（bile acid） 183
胆汁酸塩（bile salt） 183
単純トリアシルグリセロール（simple triacylglycerol） 1323
炭水化物（carbohydrate） 186, 939, 991, 1216
炭素（carbon）
　──骨格（carbon skeleton） 93
　──主鎖（carbon backbone） 93

　α── 321, 801
　β── 321, 801
　ω── 801
　アノマー── 1228
　アリル位── 503, 637
　キラル── 191
　四塩化── 268
　第一級── 96
　第二級── 96
　第三級── 96
　第四級── 96
　不斉── 191
炭素-炭素結合（carbon-carbon bond） 742
炭素-炭素結合生成反応（carbon-carbon bond-forming reaction） 1156
炭素-炭素二重結合（carbon-carbon double bond） 323
単糖（simple sugar, monosaccharide） 123, 1217
　──の環状構造 1228
単独重合体（homopolymer） 1364
タンパク質（protein） 128, 965, 991, 1283
　──の一次構造 1299
　──の二次構造 1300
　──の三次構造 1304
　──の四次構造 1305
単量体（monomer） 647

## ち

チオエステル（thioester） 993
チオール（thiol） 98, 396
置換（substitution） 227, 229
置換安息香酸（substituted benzoic acid） 818
置換基（substituent） 140
　──の配向性 770
置換シクロアルカン（substituted cycloalkane） 164
置換反応（substitution reaction） 702
置換ベンゼン（substituted benzene） 756
　──の酸化と還元 780
　──の配向性 764
　──の反応性と配向性 767
逐次重合（step-growth polymerization） 1355, 1369
チーグラー-ナッタ重合 1367
チーグラー-ナッタ触媒（Ziegler-Natta catalyst） 1366
チクロピジン（ticlopidine） 273, 947
窒素求核剤（nitrogen nucleophile） 968
窒素ルール（nitrogen rule） 543
チミン（thymine） 1258
チモール（thymol） 612, 736
チャーチャン（churchane） 149
チャンピックス®（Champix®） 1147
中間体（intermediate） 455
抽出（extraction） 821, 1115

索 引　I-13

中性アミノ酸(neutral amino acid)　1269
中性子(neutron)　2
超共役(hyperconjugation)　294
直鎖アルカン(straight-chain alkane)　136
直鎖型ポリエチレン(linear polyethylene)　1359
直接的アルキル化反応(direct alkylation)　1033
直線構造(linear structure)　22
L-チロキシン(L-thyroxine)　1273
チロシン(tyrosine)　1270
鎮痛剤(analgesic)　975

## つ

ツイストオーフレックス(twistoflex)　709
ツキヨタケ(*Omphalotus japonicus*)　1044

## て

ディークマン反応(Dieckmann reaction)　1075, 1076
停止段階(termination step)　626
低磁場(downfield)　576
ディスコデルモライド(discodermolide)　226
ディスパルアー(disparlure)　512
ディーゼル燃料(diesel fuel)　150
低密度ポリエチレン(low-density polyethylene, LDPE)　647, 1359
低密度リポタンパク質(low-density lipoprotein)　994
ディールス-アルダー反応(Diels-Alder reaction)　679, 1198
ディルドリン(dieldrin)　697
ディーン-スターク装置(Dean-Stark apparatus)　931
デオキシアデノシン 5′-一リン酸(deoxyadenosine 5′-monophosphate)　123
2′-デオキシアデノシン 5′-一リン酸(2′-deoxyadenosine 5′ monophosphate)　1218
デオキシリボ核酸(deoxyribonucleic acid)　124, 1259
デオキシリボヌクレオシド(deoxyribonucleoside)　1257
デオキシリボヌクレオチド(deoxyribonucleotide)　1258
デカメトリン(decamethrin)　1167
デカリン(decalin)　184, 535, 1343
デキサメタゾン(dexamethasone)　99
デキストロピマル酸(dextropimaric acid)　1351
テトラクロロメタン(tetrachloromethane)　268
11-テトラデセナール(11-tetradecenal)　892
テトラハロゲン化物(tetrahalide)　475
テトラヒドロカンナビノール(tetrahydrocannabinol, THC)　78, 131
テトラヒドロゲストリノン(tetrahydrogestrinone)　1348
テトラヒドロフラン(tetrahydrofuran, THF)　133, 278, 365, 447, 737
テトラヘドラン(tetrahedrane)　161
テトラメチルシラン(tetramethylsilane, TMS)　576
テトロース(tetrose)　1218
テトロドトキシン(tetrodotoxin)　680
7-デヒドロコレステロール(7-dehydrocholesterol)　1196
16,17-デヒドロプロゲステロン(16,17-dehydroprogesterone)　1352
テフロン®(Teflon®)　269, 648
デメロール®(Demerol®)　1051
テルファイリン(telfairine)　265
テルペノイド(terpenoid)　1337, 1338
テルペン(terpene)　1336
テレフタル酸(terephthalic acid)　992, 1356
転位(rearrangement)　751
電気陰性度(electronegativity)　44, 69, 756
電子(electron)　2
電子雲(electron cloud)　2
電子求引性(electron-withdrawing)　293
――基(electron-withdrawing group)　816
――共鳴効果(electron-withdrawing resonance effect)　757
――誘起効果(electron-withdrawing inductive effect)　72, 756
電子供与性(electron-donating)
――基(electron-donating group)　816
――共鳴効果(electron-donating resonance effect)　757
――誘起効果(electron-donating inductive effect)　756
電磁波照射(electromagnetic radiation)　551
電磁波スペクトル(electromagnetic spectrum)　552
天然ガス(natural gas)　150
天然ゴム(natural rubber)　1367
天然繊維(natural fiber)　991
天然染料(natural dye)　1141
伝搬段階(propagation step)　626
デンプン(starch)　186, 187, 1216, 1252, 1253

## と

糖(sugar)　1216
同位体(isotope)　2
同化ステロイド(anabolic steroid)　1347
透過率(transmittance)　554
同族列(homologous series)　137
等電点(isoelectric point)　827, 1272
糖ペプチドトランスペプチダーゼ(glycopeptide transpeptidase)　989
同旋的(conrotatory)　1192
灯油(kerosene)　150
渡環ディールス-アルダー反応(transannular Dirls-Alder reaction)　697
ドキソルビシン(doxorubicin)　1218
トシラート(tosylate)　390
トシル基(tosyl group)　823
ドセタキセル(docetaxel)　1009, 1010
ドデカヘドラン(dodecahedrane)　149, 161, 700
ドネペジル(donepezil)　101, 1067
L-ドーパ(L-dopa)　1, 48
ドーパミン(dopamine)　568, 947, 1104, 1105
ドブタミン(dobutamine)　1096
トブラマイシン(tobramycin)　1256
ドミノディールス-アルダー反応(domino Diels-Alder reaction)　700
ドラスタチン(dolastatin)　100
トランス(trans)　422
トランス-アルケン(trans-alkene)　505
トランス異性体(trans isomer)　168
トランスジハロゲン化物(trans dihalide)　475
トランス脂肪酸(trans fat)　503
トランスプロトン(trans proton)　598
トリアシルグリセロール(triacylglycerol)　427, 502, 984, 985, 1322, 1323
トリアルキルボラン(trialkylborane)　448
トリイン(triyne)　465
トリエチルアミン(triethylamine)　80, 318
トリエン(triene)　421
トリオース(triose)　1218
トリオール(triol)　364
トリグリセリド(triglyceride)　1323
2,4,5-トリクロロフェノキシ酢酸(2,4,5-trichlorophenoxyacetic acid, 2,4,5-T)　745
トリクロロフルオロメタン(trichlorofluoromethane)　P-3, 636
トリクロロメタン(trichloromethane)　268
トリステアリン(tristearin)　1327
トリフェニルホスフィン(triphenylphosphine)　917
トリフェニルホスフィンオキシド(triphenylphosphineoxide)　916
トリフェニルメチルラジカル(triphenylmethyl radical)　657
トリフェニレン(triphenylene)　739
トリプシン(trypsin)　1290
トリプトファン(tryptophan)　835, 1270
2,2,2-トリフルオロエタノール(2,2,2-trifluoroethanol)　72
トリフルオロメタンスルホン酸(trifluoromethanesulfonic acid)　824
トリペプチド(tripeptide)　1283

トリメチルアミン (trimethylamine) 1101
トルイジン (toluidine) 776
トルエン (toluene) 129, 705, 708, 760
p-トルエンスルホン酸 (p-toluenesulfonic acid, TsOH) 79, 376, 823, 929
トレオース (threose) 1226
トレオニン (threonine) 834, 1270
トレンス反応剤 (Tollens reagent) 856, 1242
トロピリウムカチオン (tropylium cation) 722
トロンビン (thrombin) 1268
トロンボキサン (thromboxane) 1333

## な

ナイアシン (niacin) 115, 850
内接多角形法 (inscribed polygon method) 726
内部アルキン (internal alkyne) 464
内部アルケン (internal alkene) 416
ナイロン (nylon) 991
―― 6 (nylon 6) 1370
―― 6,6 (nylon 6,6) 991, 1355, 1369
ナトリウムアミド (sodium amide) 79
ナトリウムエトキシド (sodium ethoxide) 79, 322, 373
ナトリウムメトキシド (sodium methoxide) 79, 322
ナフタレン (naphthalene) 708, 716, 717, 794
1-ナフトール (1-naphthol) 414
ナブメトン (nabumetone) 1045
ナプロキセン (naproxen) 87, 217, 1035
ナプロシン® (Naprosyn®) 217
ナンドロロン (nandrolone) 1348

## に

におい (odor) 218
ニコチン (nicotine) 56, 118, 306, 316, 1102, 1103
ニコチンアミドアデニンジヌクレオチド (nicotinamide adenine dinucleotide, NAD$^+$) 525, 849
二酸化炭素 (carbon dioxide) 874
二次構造 (secondary structure) 1300
二次の速度論 (second-order kinetics) 252
二重結合 (double bond) 38
二重線 (doublet) 590
二重の二重線 (doublet of doublet) 598
二重らせん (double helix) 1260
二置換アルケン (disubstituted alkene) 323
二置換ベンゼン (disubstituted benzene) 705
二電子結合 (two-electron bond) 6
二糖 (disaccharide) 1249

ニトリル (nitrile) 952, 954, 957, 995, 1020, 1109
――の加水分解 997
――の還元 999
――の命名 960
ニトロアルドール反応 (nitro aldol reaction) 1089
ニトロ安息香酸 (nitrobenzoic acid) 819
ニトロ化反応 (nitration) 742, 746
ニトロ基 (nitro group) 782, 1109
――の還元 782
N-ニトロソアミン (N-nitrosamine) 1131
ニトロソニウムイオン (nitrosonium ion) 1131, 1132
ニトロニウムイオン (nitronium ion) 746
ニトロフェノール (nitrophenol) 706
ニトロベンゼン (nitrobenzene) 746, 760, 782
ニファトキシン B (niphatoxin B) 483
二分子求核置換 (substitution nucleophilic bimolecular) 282
二分子反応 (bimolecular reaction) 252, 282
二面角 (dihedral angle) 153
乳酸 (lactic acid) 28, 212, 806, 850
乳酸脱水素酵素 (lactate dehydrogenase) 850
乳糖 (lactose) 1250
ニューマン投影式 (Newman projection) 154
ニューロプロテクチン D1 (Neuroprotectin D1, NPD1) 670
二量体 (dimer) 803
二リン酸アニオン (diphosphate anion) 663
二リン酸イオン (diphosphate) 304
二リン酸エステル (diphosphate) 663
二環式化合物 (bicyclic product) 683

## ぬ

ヌクレオチド (nucleotide) 123, 1218

## ね

ネオプレン (neoprene) 1369
ネオペンタン (neopentane) 136
ねじれエネルギー (torsional energy) 155
ねじれ形配座 (staggered conformation) 153
ねじれ歪み (torsional strain) 155
熱可塑性プラスチック (thermoplastic) 1376
熱硬化性ポリマー (thermosetting polymer) 1376
熱力学 (thermodynamics) 240
――支配のエノラート 1025
――支配の生成物 (thermodynamic product) 676
ネフェリオシネ B (nepheliosyne B) 465

ネラール (neral) 127, 901
ネリル二リン酸 (neryl diphosphate) 1341
ネルフィナビル (nelfinavir) 710
ネロリドール (nerolidol) 353
ネロール (nerol) 462
燃焼 (combustion) 172, 173

## の

ノートカトン (nootkatone) 543
ノナクチン (nonactin) 120
ノーメックス® (Nomex®) 1386
ノルアドレナリン (noradrenaline) 306, 1104
ノルエチンドロン (norethindrone) 114, 221, 467, 1347
ノルエピネフリン (norepinephrine) 306, 1104
ノルバデックス® (Nolvadex®) 1036
ノルマルアルカン (normal alkane, n-alkane) 136

## は

バイアグラ® (Viagra®) 710
配位子 (ligand) 1159
配位重合 (coordination polymerization) 1367
バイオ燃料 (biofuel) 1327
配向性 (orientation effect) 764, 772
ハイドロクロロフルオロカーボン (hydrochlorofluorocarbons, HCFCs) 636
ハイドロフルオロカーボン (hydrofluorocarbons, HFCs) 636
背面攻撃 (backside attack) 283
バイヤーの歪み理論 (Baeyer strain theory) 160
ハウサン (housane) 149
パキシル® (Paxil®) 89, 372
バクトラミン® (Bactramin®) 1144
パクリタキセル (paclitaxel) 185, 197, 223, 1010
波数 (wavenumber) 553
バスケタン (basketane) 149
ハース投影式 (Haworth projection) 1230, 1231
バソプレッシン (vasopressin) 1286, 1305
バターイエロー (butter yellow) 1139
バーチ還元 (Birch reduction) 537
八電子則 (octet rule) 5
波長 (wavelength) 551
パチョリアルコール (patchouli alcohol) 383
発エルゴン的 (exergonic) 244
麦角菌 (ergot) 754
バックミンスターフラーレン (Buckminsterfullerene) 729, 730
発熱的 (exothermic) 236

索　引　　I-15

発熱反応(exothermic reaction)　　433
パディメートO(padimate O)　　692
バニリン(vanillin)　　30, 612, 905
ハモンドの仮説(Hammond postulate)
　　　　　　　　　　　　295, 435
パラ(para)　　705
パラウアミン(palau'amine)　　573
パラジウム触媒(palladium Catalysts)　1157
パラレッド(para red)　　1142
バリノマイシン(valinomycin)　　120
バリン(valine)　　1270
バルデコキシブ(valdecoxib)　　1336
バルビツール酸(barbituric acid)　　139
バルプロ酸(valproic acid)　　89, 803, 1049
バレニクリン(varenicline)　　1147
ハロアルカン(halo alkane)　　266
ハロエタン(haloethane)　　184
パロキセチン(paroxetine)　　89, 372
ハロゲン(halogen)　　474
ハロゲン化アリール(aryl halide)
　　　　　　　　　　　　265, 307, 744
ハロゲン化アルキル(alkyl halide)
　　　　　　　　　97, 98, 265, 321, 389
　　──の沸点　　268
　　──の融点　　268
　　第一級──　　348
　　第二級──　　348
　　第三級──　　347
ハロゲン化水素(hydrogen halide)　　472
ハロゲン化水素化反応
　　(hydrohalogenation)　432, 471, 472
ハロゲン化反応(halogenation)
　　432, 440, 471, 626, 633, 742, 744, 1028
ハロゲン化ビニル(vinyl halide)
　　　　　　　　　　　　265, 307, 472
ハロゲン化物
　　アリル型──　　265
　　ジ──　　344
　　ジェミナルジ──　　345
　　テトラ──　　475
　　トランスジ──　　475
　　ビシナルジ──　　345, 440
　　ベンジル型──　　265
　　ポリ──　　265
ハロゲン基(halo group)　　98
ハロゲン元素(halogen)　　14
ハロタン(halothane)　　269
ハロニウムイオン(halonium ion)　　442
ハロヒドリン(halohydrin)　　373, 443, 447
　　──の生成(halohydrin formation)　　432
ハロホルム(haloform)　　1030
　　──反応(haloform reaction)　1030, 1031
ハロメタン(halomethane)　　271
ハロモン(halomon)　　265
ハロラクトン化反応(halolactonization)　462
半占軌道(singly occupied molecular orbital,
　　SOMO)　　1188
反結合性分子軌道(antibonding MO)　　724

パントテン酸(pantothenic acid)　　116
反応機構(reaction mechanism)　　231
　　──を決める因子　　346
反応剤(reagent)　　78, 227, 855
反応座標(reaction coordinate)　　245
反応速度(reaction rate)　　250
反応中間体(reactive intermediate)
　　　　　　　　　　　　232, 248, 455
反応熱(heat of reaction)　　236
反応物質(reactant)　　227
反芳香族(antiaromatic)　　714, 721

## ひ

ビアリール(biaryl)　　1182
ピオグリタゾン(pioglitazone)　　792
非還元糖(nonreducing sugar)　　1243
非環状アルカン(acyclic alkane)　　135
　　──の命名法　　141
非環状アルケン(acyclic alkene)　　418
非求核性塩基(nonnucleophilic base)　　277
非共有性相互作用(noncovalent interaction)
　　　　　　　　　　　　　　　　102
非共有電子対(unshared pair of electron)　7
非局在化(delocalized)　　15, 19
非結合性相互作用(nonbonded interaction)
　　　　　　　　　　　　　　　　102
非結合電子対(nonbonded pair of electron)
　　　　　　　　　　　　　　　　7
ピコメートル(pm)　　21
ビシナルジハロゲン化物(vicinal dihalide)
　　　　　　　　　　　　345, 440
ビシナル二臭化物(vicinal dibromide)　　469
非遮蔽化(deshielded)　　583
非晶質領域(amorphous region)　　1375
ヒスタミン(histamine)　　719, 1102
ヒスチジン(histidine)　　1270
非ステロイド系抗炎症薬(non-steroidal
　　anti-inflammatory drug, NSAID)　1336
ヒストリオニコトキシン(histrionicotoxin)
　　　　　　　　　　　　127, 468
ビスフェノールF(bisphenol F)　　794
歪み(strain)　　156
比旋光度(specific rotation)　　213
ピタバスタチン(pitavastatin)　　1092
ビタミン(vitamin)　　114, 1332
ビタミンA(vitamin A)
　　　　　　　　　　114, 324, 1332, 1338
ビタミン$B_3$(vitamin $B_3$)　　115, 850
ビタミン$B_5$(vitamin $B_5$)　　116
ビタミン$B_6$(vitamin $B_6$)　　49, 130
ビタミンC(vitamin C)　91, 92, 115, 655, 965
ビタミン$D_3$(vitamin $D_3$)　　324, 1196, 1332
ビタミンE(vitamin E)　　130, 643, 1332
ビタミンK(vitamin K)(フィロキノン, phylloquinone)
　　　　　　　　　　　　115, 740, 1332
ビタミン$K_1$(vitamin $K_1$)　　115, 740

必須アミノ酸(essential amino acid)
　　　　　　　　　　　　798, 824, 1271
必須脂肪酸(essential fatty acid)　　428, 1324
ヒドラジン(hydrazine)　　781
ヒドリド(hydride)　　497, 839
　　──還元(hydride reduction)　　844
ヒドロキシ(hydroxy)　　93
ヒドロキシ安息香酸(hydroxybenzoic acid)
　　　　　　　　　　　　　　　　835
ヒドロキシ基(hydroxy group)　　98, 1217
2-ヒドロキシブタン二酸
　　(2-hydroxybutanedioic acid)　　835
ヒドロキシベンゼン(hydroxybenzene)　705
ヒドロペルオキシド(hydroperoxide)　1326
ヒドロホウ素化反応(hydroboration)
　　　　　　　　　　　　447, 1161
　　──-酸化反応(hydroboration-oxidation)
　　　　　　　　　　　432, 447, 471, 479
ピナコール(pinacol)　　415
　　──転位(pinacol rearrangement)　　415
ピナコロン(pinacolone)　　415
ビニルカルボアニオン(vinyl carbanion)
　　　　　　　　　　　　　　　　506
ビニルカルボカチオン(vinyl carbocation)
　　　　　　　　　　　　308, 473, 477
ビニル基(vinyl group)　　424
ビニルボラン(vinylborane)　　1161
ピバル酸(pivalic acid)　　66
非プロトン性極性溶媒(polar aprotic
　　solvent)　　277, 278, 330, 365
ピペリジン(piperidine)　　1098, 1122
非芳香族(antiaromatic)　　714
ビホルメン(biformene)　　1339
ビマトプロスト(bimatoprost)　　809
日焼け止め(sunscreen)　　692
ヒュッケル則(Hückel's rule)　712, 714, 723
ヒヨスチアミン(hyoscyamine)　　1054
ビラセプト®(Viracept®)　　710
ピラノース(pyranose)環　　1228
ピリジン(pyridine)
　　　　　　80, 382, 717, 1098, 1121, 1122
ピリドキシン(pyridoxine)　　130
ピリミジン(pyrimidine)　1098, 1257, 1258
ピルビン酸(pyruvic acid)　　850
ピレトリンI(pyrethrin I)　127, 1167, 1181
ピレトリン類(pyrethrin)　　1008
ビロバリド(bilobalide)　　97
ピロリジン(pyrrolidine)　　1098
ピロール(pyrrole)　717, 718, 734, 1098, 1121

## ふ

ファルネシル二リン酸(farnesyl diphosphate)
　　　　　　　　　　　　664, 1339, 1340
ファルネソール(farnesol)　　1338, 1341
ファンデルワールス力(van der Waals
　　force)　　102

## 索引

フィチル二リン酸(phytyl diphosphate) 755
フィッシャーエステル化反応(Fischer esterification) 977, 978
フィッシャー投影式(Fischer projection formula) 1219
フィブリノーゲン(fibrinogen) 1268
フィロキノン(phylloquinone) 115, 740, 1332
フェキソフェナジン(fexofenadine) 54, 1102, 1103
フェナントレン(phenanthrene) 716, 717, 734, 739
フェニルアセトアルデヒド(phenylacetaldehyde) 899
フェニルアラニン(phenylalanine) 1270
フェニルイソチオシアナート(phenyl isothiocyanate) 1288
2-フェニルエタンアミン(2-phenylethanamine) 1103
フェニル基(phenyl group) 95, 706
フェニルシクロヘキサン(phenylcyclohexane) 95
N-フェニルチオヒダントイン(N-phenylthiohydantoin, PTH) 1288
2-フェニルプロパン酸(2-phenylpropanoic acid) 226
フェノキシド(phenoxide) 813
フェノフィブラート(fenofibrate) 984
フェノール(phenol) 183, 309, 361, 396, 643, 705, 798, 832, 1134
フェマーラ®(Femara®) 996
フェーリング反応剤(Fehling's reagent) 1242
フェルラ酸(ferulic acid) 699
フェロモン(pheromone) 135
フェンタニル(fentanyl) 133
フェンテルミン(phentermine) 87, 1114
フェンフルラミン(fenfluramine) 87
フォサマックス®(Fosamax®) 14
フォマレン酸C(phomallenic acid C) 489
付加(addition) 227, 230
付加環化反応(cycloaddition reaction) 1186, 1197
付加-脱離(addition-elimination) 773
不活性化基(deactivating group) 763
不活性錯体(deactivated complex) 1126
付加反応(addition reaction) 430, 674
付加ポリマー(addition polymer) 1355, 1357
不均一系(heterogeneous) 498
不均化(disproportionation) 1359
不均等開裂(heterolytic cleavage) 232
複合タンパク質(conjugated protein) 1308
副次的な寄与体(minor contributor) 20, 666
副腎皮質ステロイド(adrenal cortical steroid) 1346

節(node) 724
プシコース(psicose) 1227
不斉還元(asymmetric reduction) 847
不斉炭素(chiral carbon) 191
不斉反応(asymmetric reaction) 527
プソイドエフェドリン(pseudoephedrine) 71, 223, 1114, 1152
1,3-ブタジエン(1,3-butadiene) 671
ブタナール(butanal) 105
1-ブタノール(1-butanol) 105, 130
2-ブタノール(2-butanol) 194
フタルイミド(phthalimide) 1107
フタル酸(phthalic acid) 780, 832
フタル酸ジブチル(dibutyl phthalate) 1377
ブタン(butane) 111, 136
ブタン酸(butanoic acid) 806
――の赤外吸収スペクトル 805
ブタン酸エチル(ethyl butanoate) 965
――の二面角 158
――の立体配座 156
ブチルアミン(butylamine) 226
ブチルエチルスルフィド(butyl ethyl sulfide) 398
ブチル化ヒドロキシトルエン(butylated hydroxy toluene) 643
ブチル基(butyl) 141
sec-ブチル基(sec-butyl) 141
tert-ブチル基(tert-butyl) 141
ブチルシクロヘプタン(butylcycloheptane) 535
tert-ブチルジメチルシリルエーテル(tert-butyldimethylsilyl ether, RO-TBDMS) 869
ブチルヒドロキシアニソール(butylated hydroxy anisole, BHA) 651
tert-ブチルヒドロペルオキシド(tert-butyl hydroperoxide) 508
ブチルベンゼン(butylbenzene) 705
ブチルメチルエーテル(butyl methyl ether) 365
tert-ブチルメチルエーテル(tert-butyl methyl ether, MTBE) 112, 365, 440
ブチルリチウム(butyllithium) 79
不対電子(unpaired electron) 16
フッ化アリール(aryl fluoride) 1134
フッ化テトラブチルアンモニウム(tetrabutylammonium fluoride) 869
フッ化リチウム(lithium fluoride) 6
フックの法則(Hooke's law) 555, 556
沸点(boiling point) 106
ブトキシ基(butoxy) 365
プトレシン(putrescine) 1102
舟形(boat) 164
ブピバカイン(bupivacaine) 89
ブフォテニン(bufotenin) 1105
ブプロピオン(bupropion) 745, 1052
不飽和脂質(unsaturated fat) 641

不飽和脂肪酸(unsaturated fatty acid) 416, 427, 429
不飽和炭化水素(unsaturated carbohydrate) 418
不飽和度(degree of unsaturation) 418, 464, 500, 502, 702
フマル酸(fumaric acid) 133
フムレン(humulene) 353, 1163, 1349
不溶性ポリマー(insoluble polymer) 1297
プラーク(plaque) 994
フラグメント(fragment) 540
フラグメント化(fragmentation) 540, 545
ブラジキニン(bradykinin) 1286
ブラッテラキノン(blattellaquinone) 973
フラノース(furanose) 1234
フラノース環(furanose ring) 1228, 1234
プラビックス®(Plavix®) 203, 1051
フラン(furan) 734, 737
プリジスタ®(Prezista®) 951
プリスタン(pristane) 177
フリーデル-クラフツ アシル化反応(Friedel-Crafts acylation) 742, 748
フリーデル-クラフツ アルキル化反応(Friedel-Crafts alkylation) 742, 748
プリモボラン®(Primobolan®) 1352
プリン(purine) 733, 1098, 1257, 1258
フルオキセチン(fluoxetine) P-3, 87, 217, 287, 775, 796, 1104
フルクトース(fructose) 193, 1217, 1218, 1227, 1235
フルクトフラノース(fructofuranose) 1235
ブルシン(brucine) 1316
フルチカゾン(fluticasone) 264, 315
フルナーゼ®(Flonase®) 264
プレガバリン(pregabalin) 127
フレキシビレン(flexibilene) 1352
プレドニゾン(prednisone) 906
ブレビコミン(brevicomin) 950
ブレビブロック®(Brevibloc®) 90
ブレベナール(brevenal) 362
プレポリマー(prepolymer) 1373
ブレンステッド-ローリーの定義(Brønsted-Lowry difinition) 58, 59
プロカイン(procaine) 710
プロゲスチン(progestin) 1346
プロゲステロン(progesterone) 467, 1069, 1070, 1322, 1347
プロコラリドB(plocoralide B) 269
プロザック®(Prozac®) 217, 775
フロサール(flosal) 1062
プロシクリジン(procyclidine) 891
プロスタグランジン(prostaglandin) 176, 330, 462, 1322, 1333
プロスタサイクリン(prostacyclin) 1333
フロスト円(Frost circle) 726
プロトステロールカルボカチオン(protosterol carbocation) 1345
プロトン(proton) 497

―― NMR(ptoton NMR) 573
――移動反応(proton transfer reaction) 60, 66
――化(protonation) 477, 839
――性極性溶媒(polar protic solvent) 277
　共鳴する―― 590
　ジェミナル―― 598
　シス―― 598
　脱――化 67, 477, 811
　トランス―― 598
　非――性極性溶媒 277, 278, 330, 365
　隣接― 590
2-プロパノール(2-propanol) 80, 368
プロパラカイン(proparacaine) 795, 1155
プロパン(propane) 135, 155
プロパンアミド(propanamide) 108
プロピオフェノン(propiophenone) 1029
プロピオン酸(propionic acid) 802
プロピル(propyl) 140
プロピルベンゼン(propylbenzene) 262
プロプラノロール(propranolol) 86, 414
プロベンティル(Proventil) 404
プロポキシフェン(propoxyphene) 193
プロポフォール(propofol) 707
ブロモエーテル化反応(bromoetherification) 461
N-ブロモコハク酸イミド(N-bromosuccinimide, NBS) 445
4-ブロモシクロヘキサノール(4-bromocyclohexanol) 414
ブロモトルエン(bromotoluene) 706
ブロモベンゼン(bromobenzene) 744
プロリン(proline) 834, 1270
フロンタリン(frontalin) 529
プロントジル(prontosil) 1143
分液ロート(separatory funnel) 821
分割(resolution) 216, 1277
分割剤(resolving agent) 1278
分極率(polarizability) 103, 756
分子(molecule) 6
　――イオン(molecular ion) 539
　――の形(shape) 21
　――の対称性(symmetry) 109
分枝アルカン(branched-chain alkane) 136
分枝型ポリエチレン(branched polyethylene) 1359
分子間水素結合(intermolecular hydrogen bonding) 366, 803, 962
分子間反応(intermolecular reaction) 754
分子間力(intermolecular force) 102
分子軌道(molecular orbital, MO) 724, 1187
　――法(molecular orbital method) 723
　――理論(molecular orbital theory) 723
分子内アルドール反応(intramolecular aldol reaction) 1068, 1069, 1080
分子内環化(intramolecular cyclization) 936, 1068

分子内クライゼン反応(intramolecular Claisen reaction) 1075
分子内水素結合(intramolecular hydrogen bonding) 1016
分子内反応(intramolecular reaction) 316, 373, 754
分子内フリーデル-クラフツ アシル化反応(intramolecular Friedel-Crafts acylation reaction) 754
分子内フリーデル-クラフツ反応(intramolecular Friedel-Crafts reaction) 754
分子内ペリ環状反応(intramolecular pericyclic reaction) 1202
分子内マロン酸エステル合成(intramolecular malonic ester synthesis) 1040
分子認識(molecular recognition) 370

## へ

閉環メタセシス(ring-closing metathesis, RCM) 1174
平衡(equilibrium) 60, 66
平衡定数(equilibrium constant) 240
平面三方形構造(trigonal planar) 23
平面偏光(plane-polarized light) 211
ヘキサフェニルエタン(hexaphenylethane) 657
ヘキサメチルホスホルアミド(hexamethylphosphoramide, HMPA) 278
ヘキサン(hexane) 28
ヘキサン酸(hexanoic acid) 832
ヘキソース(hexose) 1218
ベークライト(Bakelite) 1376
ベタメタゾン(betamethasone) 1353
ヘテロ(hetero) 31
ヘテロ環(heterocycle) 366, 717
ヘテロ原子(heteroatom) 18, 93
ヘテロリシス(heterolysis) 232
ベナドリル®(Benadryl®) 316, 704
ペニシラミン(penicillamine) 1314
ペニシリン(penicillin) 538, 966, 989
ペニシリン G(penicillin G) 127, 184, 563
ベネディクト反応剤(Benedict's reagent) 1242
ヘプタレン(heptalene) 732
ペプチド(peptide) 965, 966, 1283
　――結合(peptide bond) 1283
　――の合成 1292
　――の部分的加水分解 1290
　――配列の決定 1288
ヘミアセタール(hemiacetal) 1228
ヘミアミナール(hemiaminal) 910, 921, 1125
ヘミブレベトキシン B(hemibrevetoxin B) 97
ヘム(heme) 1308

ヘモグロビン(hemoglobin) 1268, 1305, 1308
ペリ環状反応(pericyclic reaction) 1185
　――の規則のまとめ 1208
ヘリセン(helicene) 709
ペリプラノン B(periplanone B) 563, 564, 1066, 1185
ペルオキシ一硫酸カリウム(potassium peroxymonosulfate) 524
ペルオキシド(peroxide) 623
ペルオキシラジカル(peroxy radical) 641
ペルロン®(Perlon®) 1370
ヘロイン(heroin) 118, 119, 221, 569, 975
変角振動(bending vibration) 553
偏光(polarized light) 211
ベンザイン(benzyne) 776
ベンジル型ハロゲン化物(ハロゲン化ベンジル, benzylic halide) 265, 778
ベンジル基(benzyl group) 707
ベンズアミド(benzamide) 959, 960
ベンズアルデヒド(benzaldehyde) 757, 898
ベンズフェタミン(benzphetamine) 1150
ベンゼン(benzene) 56, 94, 95, 129, 183, 701, 708, 1135
　――環の電子密度 704
　――置換基 706
　――の構造 703
　――の水素化熱 711
　――の分光学的特徴 707
ベンゼンカルボアルデヒド(benzenecarbaldehyde) 898
ベンゼンスルホン酸(benzenesulfonic acid) 746
変旋光(mutarotation) 1230
ベンゼン誘導体(benzene derivative) 705
　――の合成 772
ベンゾ[a]ピレン(benzo[a]pyrene) 406, 708, 709
ベンゾカイン(benzocaine) 783
ベンゾニトリル(benzonitrile) 961, 1135
ベンゾフェノン(benzophenone) 900
ペンタシクロアナモキシル酸メチル(pentacycloanammoxic acid methyl ester) 1212
ペンタノアート(pentanoate) 961
2-ペンタノン(2-pentanone) 88
ペンタメチルエーテル(pentamethyl ether) 1240
ペンタレン(pentalene) 732
ペンタン(pentane) 103, 105, 136
ペントース(pentose) 1218
ベントリン(Ventolin) 404
ベンラファキシン(venlafaxine) 867, 894

## ほ

傍観イオン(spectator ion) 59
芳香環(aromatic ring) 741

芳香族(aromatic) 714
芳香族アミン(aromatic amine) 1098
芳香族化合物(aromatic compound) 702
芳香族求核置換反応(nucleophilic aromatic substitution) 773
芳香族求電子置換反応(electrophilic aromatic substitution) 741, 743, 760
芳香族炭化水素(aromatic hydrocarbon) 94, 701
芳香族ヘテロ環アミン(aromatic heterocyclic amine) 1121
抱水クロラール(chloral hydrate) 928
防虫剤(pesticide) 972
飽和脂肪(saturated fat) 1325
飽和脂肪酸(saturated fatty acid) 427, 429
飽和炭化水素(saturated hydrocarbon) 135
補欠分子族(prosthetic group) 1308
保護(protection) 868, 1292
補酵素(coenzyme) 525
保護基(protecting group) 868, 934
保持時間(retention time) 549
ホスゲン(phosgene) 1379
ホスト-ゲスト錯体(host-guest complex) 370
ホスファチジルエタノールアミン(phosphatidylethanolamine) 1329
ホスファチジルコリン(phosphatidylcholine) 1329
ホスフィン(phosphine) 1159
ホスホアシルグリセロール(ホスホグリセリド, phosphoacylglycerol) 1328, 1329
ホスホジエステル(phosphodiester) 1328
ホスホラン(phosphorane) 916
母体名(parent name) 140
ホフマン脱離(Hofmann elimination) 1127, 1128, 1129
ホモトピック(homotopic) 581
ホモリシス(homolysis) 232, 778
9-ボラビシクロ[3.3.1]ノナン(9-borabicyclo[3.3.1]nonane, 9-BBN) 449
ボラン(borane) 447, 847
(Z)-ポリ 1,3-ブタジエン[(Z)-poly(1,3-butadiene)] 1369
ポリα-シアノアクリル酸エチル[poly(ethyl α-cyano-acrylate)] 1362
ポリアクリル酸[poly(acrylic acid)] 649, 1383
ポリアクリル酸エチル[poly(ethyl acrylate)] 655
ポリアクリロニトリル(polyacrylonitrile) 1362
ポリアスパラギン酸(polyaspartate, TPA) 1383
ポリアスピリン(PolyAspirin) 1390
ポリアミド(polyamide) 991, 1269, 1369
ポリアルキル化反応(polyalkylation) 769
ポリイソブチレン(polyisobutylene) 655, 1362

ポリウレタン(polyurethane) 1371, 1372
ポリエステル(polyester) 992, 1371
ポリエステルアミド A[poly(ester amide) A] 1389
ポリエチレン(polyethylene) 95, 425, 426, 647, 656, 1355
ポリエチレングリコール[poly(ethylene glycol), PEG] 131, 1365
ポリエチレンテレフタラート(polyethylene terephthalate, PET) 992, 1354, 1356, 1371
ポリエーテル(polyether) 370, 938, 1365
ポリエン(polyene) 669
ポリ塩化ビニル[poly(vinyl chloride), PVC] 131, 269, 426, 648, 1356
ポリ塩素化ビフェニル(polychlorinated biphenyl, PCB) 112
ポリカプロラクトン(polycaprolactone) 1389
ポリカーボナート(polycarbonate) 1372
ポリ酢酸ビニル[poly(vinyl acetate)] 426, 649, 1362
ポリジオキサノン(polydioxanone) 1389
ポリスチレン(polystyrene) 426, 620, 656, 1356
ポリスチレン誘導体(polystyrene derivative) 1297
ポリ置換反応(polysubstitution) 769
ポリテトラフルオロエチレン(polytetrafluoroethylene) 648
ポリトリメチレンテレフタラート(polytrimethylene terephthalate) 1378
ポリ乳酸[poly(lactic acid), PLA] 993, 1378
ポリハロゲン化反応(polyhalogenation) 768
ポリハロゲン化物(polyhalogenated compound) 265
ポリヒドロキシアルカン酸(polyhydroxyalkanoate, PHA) 1382
ポリヒドロキシアルデヒド(polyhydroxy aldehyde) 1216
ポリヒドロキシケトン(polyhydroxy ketone) 1217
ポリヒドロキシ酪酸(polyhydroxybutyrate, PHB) 1382
ポリブチラートアジパートテレフタラート(polybutyrate adipate terephthalate, PBAT) 1386
ポリプロピレン(polypropylene) 648
ポリペプチド(polypeptide) 1283
ポリマー(polymer) 186, 620, 647, 1355
ポリメタクリル酸メチル(polymethylmethacrylate, PMMA) 655
ポルフィリン(porphyrin) 1308
ホルマリン(formalin) 905
ホルムアミド(formamide) 959

ホルムアルデヒド(formaldehyde) 11, 838, 898, 905
ホルモン(hormone) 1334
ボンビコール(bombykol) 1163

## ま

マイケル受容体(Michael acceptor) 1077
マイケル反応(Michael reaction) 1077, 1078
マイケル付加(Michael addition) 1080
マイコマイシン(mycomycin) 226
マイスリー(Myslee) 420, 737, 1148
マイラー®(Mylar®) 992
マイリオン(ma'ilione) 269
曲がった片跳ね矢印(half-headed curved arrow) 233
曲がった矢印(curved arrow) 16
曲がった両跳ね矢印(double-headed curved arrow) 233
マクサルト®(Maxalt®) 737
膜タンパク質(membrane protein) 1268
麻酔剤(anaesthetic) 369
末端アルキン(terminal alkyne) 464
末端アルケン(terminal alkene) 416
マトリン(matrine) 1124
マラリア(malaria) P-5
マルカイン®(Marcain®) 89
マルコウニコフ則(Markovnikov's rule) 434
マルコウニコフ付加(Markovnikov's addition) 476
マルトース(maltose) 950, 1249
マレイン酸(maleic acid) 133
——酸ジエチル(diethyl maleate) 1184
マロン酸(malonic acid) 91, 802
——エステル合成(malonic ester synthesis) 1037
——ジエチル(diethyl malonate) 1037, 1274
マンデル酸(mandelic acid) 225, 816
マンノース(mannose) 1226

## み

ミオグロビン(myoglobin) 1268, 1308
水(water) 24
——の除去 931
ミセル(micelle) 116
ミソプロストール(misoprostol) 1336
溝呂木-ヘック反応(Mizorogi-Heck reaction) 1157, 1164, 1166
ミフェプリストン(mifepristone) 467
ミヤンブトール®(Myambutol®) 287
ミルセン(myrcene) 54, 535, 1337

## む

無機化合物(inorganic compound) P-1

索引 I-19

無極性結合(nonpolar bond) 46
無極性尾部(nonpolar tail) 116
無極性分子(nonpolar molecule) 47
無水酢酸(acetic anhydride) 52, 695, 958
無水物(anhydride) 957
ムスカルア(muscalure) 317, 536
ムスコン(muscone) 846
紫外光(ultra vioret) 690

## め

メイタンシン(maytansine) 1183
メスカリン(mescaline) 1104
メストラノール(mestranol) 130
メソ化合物(meso compound) 206
メタ(meta) 705
メタセシス(metathesis) 1171
メタナール(methanal) 898
メタノール(methanol) 9, 37, 368
メタ配向基(meta director) 760, 766
メタラシクロブタン(metallacyclobutane) 1173
メタン(methane) P-3, 23, 135, 150
メタンアミン(methanamine) 1096
メタンスルホン酸(methanesulfonic acid) 824
メタンフェタミン(methamphetamine) 71, 1104
メチオニン(methionine) 399, 1270
メチオニンエンケファリン (Met-enkephalin) 966, 1287
2-メチル-1,3-ブタジエン(2-methyl-1,3-butadiene) 670
メチルアミン(methylamine) 1096
メチルオレンジ(methyl orange) 1140
メチル化(methylation) 306
3-メチルシクロヘキセン (3-methylcyclohexene) 197
メチルシクロペンタン(methylcyclopentane) 196
メチルビニルエーテル(methyl vinyl ether) 696
2-メチルブタン(2-methylbutane) 136, 149
2-メチルブタン酸メチル(methyl 2-methylbutanoate) 965
2-メチルプロパン(2-methylpropane) 136
メチルベンゼン(methylbenzene) 705
$N$-メチルモルホリン $N$-オキシド ($N$-methylmorpholine $N$-oxide, NMO) 515
メチルリチウム(methyllithium) 858
メチレン基(methylene group) 137, 424
メテノロン(Metenolone) 1352
メトキシ安息香酸(methoxybenzoic acid) 819
メトキシ基(methoxy) 365
4-メトキシケイ皮酸 2-エチルヘキシル (2-ethylhexyl 4-methoxycinnamate) 30

メトトレキサート(methotrexate) 733
メトプレン(methoprene) 864, 865
メトプロロール(metoprolol) 89
メフロキン(mefloquine) 225, 420
メペリジン(meperidine) 99, 1051
メラニン(melanin) 692
メラミン(melamine) 1390
メリフィールド法(Merrifield method) 1297
メルカプタン(mercaptan) 396
メルカプト基(mercapto group) 98, 396
メルマック(Melmac) 1390
メントール(menthol) 54, 129, 181, 1337
メントン(menthone) 129

## も

木精(wood alcohol) 368
モトリン®(Motorin®) 140, 217
モネンシン(monensin) 461, 939
モノハロゲン化反応(monohalogenation) 625
モノマー(monomer) 647, 1355
モーベイン(mauveine) 1142
モルオゾニド(molozonide) 516
モルヒネ(morphine) 59, 60, 119, 569, 659, 689, 831, 975, 1102

## ゆ

融解転移温度(melt transition temperature) 1376
有機化合物(organic compound) P-1
有機キュプラート(organocuprate) 857, 873
——反応剤(organocuprate reagent) 1157
有機金属反応剤(organometallic reagent) 842, 857, 861, 879
誘起効果(inductive effect) 68, 72, 293, 756
有機合成(organic synthesis) 633
有機酸(organic acid) 811
有機銅反応剤(organocopper reagent, R₂CuLi) 857
有機ナトリウム(organosodium)反応剤 859
有機パラジウム化合物(organopalladium compound) 1160
有機分子(organic molecule) 92
有機ボラン(organoborane) 448, 479
有機マグネシウム反応剤 (organomagnesium reagent, RMgX) 857
有機リチウム反応剤(organolithium reagent, RLi) 857
有機リン酸(リン酸塩, phosphate)
　有機一リン酸 305
　有機二リン酸 305, 663
　有機三リン酸 305

有機リン反応剤(organophosphorus reagent) 916
優先順位(priority) 198
融点(melting point) 108
油脂(oil)
　——の酸敗 642
　——の水素化 502

## よ

ヨウ化アリール(aryl iodide) 1134
溶解金属による還元(dissolving metal reduction) 497
溶解性(solubility) 821
溶解度(solubility) 110
ヨウ化カリウム(potassium iodide) 6
葉酸(folic acid) 1143
陽子(proton) 2
幼若ホルモン擬似薬(juvenile hormone mimic) 864
溶媒(solvent) 110
溶媒効果(solvent effect) 279
溶媒和(solvation) 277
羊毛(wool) 991
ヨードホルム(iodoform) 1030
——試験(iodoform test) 1030
四次構造(quaternary structure) 1305
四置換アルケン(tetrasubstituted alkene) 323

## ら

ライクラ®(Lycra®) 1372
酪酸(butyric acid) 802
ラクターゼ(lactase) 255
ラクタム(lactam) 954
ラクトース(lactose) 255, 939, 1249, 1250
ラクトール(lactol) 936
ラクトン(lactone) 462, 954
ラジオ波(radio wave) 574
ラジカル(radical) 233, 621
——開始剤(radical initiator) 622
——カチオン(radical cation) 539
——重合(radical polymerization) 1357, 1358
——条件(radical condition) 779
——阻害剤(radical inhibitor) 624
——置換反応(radical substitution reaction) 624
——中間体(radical intermediate) 620
——ハロゲン化反応(radical halogenation) 777
——反応(radical reaction) 233
——付加(radical addition) 644
——捕捉剤(radical scavenger) 624
ラセミ化(racemization) 1027
ラセミ混合物(racemic mixture) 213
ラセミ体(racemate) 213

## 索引

ラタノプロスト(latanoprost) 809
ラノステロール(lanosterol) 1345
ラノリン(lanolin) 1322
ラバンズロール(lavandulol) 867
ラブダノイド(labdanoid) 1339
ランダム共重合体(random copolymer) 1364

### り

リキソース(lyxose) 1226
リコペン(lycopene) 670, 671, 690, 691
リザトリプタン(rizatriptan) 737
リシノプリル(lisinopril) 203
リシン(lysine) 798, 835, 1270
リスペリドン(risperidone) 791
リセルグ酸(lysergic acid) 700, 754
リセルグ酸ジエチルアミド(lysergic acid dietyl amide, LSD) 754, 1105
リゾチーム(lisozyme) 1303
リチウムジイソプロピルアミド(lithium diisopropylamide) 79
リチウムジエチルアミド(lithium diisopropylamide, LDA) 414, 1022, 1065
リチウムジメチルキュプラート(lithium dimethylcuprate) 858
律速段階(rate-determining step) 249, 628
立体異性体(stereoisomer) 13, 136, 168, 187, 188, 210
立体化学(stereochemistry) 153, 185
立体障害(steric hindrance) 276
立体中心(stereocenter, stereogenic center) 191, 192
　——のR, S表示 198
立体特異的反応(stereospecific reaction) 443
立体配座(conformation) 153
立体配置(configuration) 188
　——の反転(inversion of configuration) 392
立体歪み(steric strain) 157
リットリン(littorine) 1054
リナマリン(linamarin) 915
リナリル二リン酸(linalyl diphosphate) 698, 1341
リナロール(linalool) 360, 867
リネゾリド(linezolid) 1013
リノール酸(linoleic acid) 416, 428, 642
リノレン酸(linolenic acid) 416, 428, 535
リパーゼ(lipase) 985
リバロ®(Livalo®) 1092
リピトール®(Lipitor®) 1346
リビング重合(living polymerization) 1363
リブロース(ribulose) 1227
リボ核酸(ribonucleic acid, RNA) 1258, 1259
リポキシゲナーゼ(lipoxygenase) 405, 1335
リボース(ribose) 1226, 1235
リボヌクレオシド(ribonucleoside) 1257
リボヌクレオチド(ribonucleotide) 1258
リポバス®(Lipovas®) 1346
リボフラノース(ribofuranose) 1235
リマンタジン(rimantadine) 1114
リモネン(limonene) 54, 426, 1342
硫酸(sulfuric acid) 14, 79
量子(quantum) 551
両頭矢印(double-headed arrow) 14
リリカ®(Lyrica®) 127
リンイリド(phosphorus ylide) 916
リン酸(phosphoric acid) 14
リン酸イオン(phosphate) 304
リン酸ジエステル(phosphoric acid diester) 1328
リン脂質(phospholipid) 118, 1328
リン脂質二重層(phospholipid bilayer) 1330
隣接プロトン(adjacent proton) 590
リンドラー触媒(Lindlar catalyst) 505

### る

ル・シャトリエの原理(Le Châtelier's principle) 378, 379
ルイス塩基(Lewis base) 81
ルイス構造式(Lewis structure) 8
ルイス酸(Lewis acid) 81
ルイス酸-塩基反応(Lewis acid-base reaction) 82
ルピニン(lupinine) 1155
ルミガン®(Lumigan®) 809

### れ

励起状態(excited state) 33
レキサン(Lexan) 1355, 1372, 1373
レシチン(lecithin) 1329
レスベラトロール(resveratrol) 655
レセルピン(reserpine) 1013, 1200
レチナール(retinal) 423, 923
レチノール(retinol) 114
レートリル(laetrile) 915
レトロゾール(letrozole) 996
レバウジオシド A(rebaudioside A) 1239, 1240
レボキセチン(reboxetine) 536
レボドーパ(Levodopa) 1
レボノルゲストレル(levonorgestrel) 467, 469
レルパックス®(Relpax®) 1179
連鎖機構(chain mechanism) 627
連鎖重合(chain-growth polymerization) 1355, 1357
連鎖停止(chain termination) 1359
連鎖反応(chain reaction) 1355

### ろ

ロイコトリエン(leukotriene) 404, 405, 654, 1333
ロイシン(leucine) 1270
ロイシンエンケファリン(leucine enkephalin) 1287
ろう(wax) 175, 1322
ロカルトロール®(Rocaltrol®) 671
ロサルタン(losartan) 1179
ロジウム(rhodium) 1281
ロシグリタゾン(rosiglitazone) 792
ローズオキシド(rose-oxide) 567
ロスバスタチン(rosuvastatin) 1086
ロスマリン酸(rosmarinic acid) 643
ロドプシン(rhodopsin) 923
ロビンソン環化(Robinson annulation) 1079, 1080, 1082
ロフェコキシブ(rofecoxib) 1089, 1336
ロラタジン(loratadine) 710
ロンドン力(London force) 102

### わ

綿(cotton) 991
ワルデン反転(Walden inversion) 285
ワルファリン(warfarin) 835

●監訳者および訳者

**山本　尚**（やまもと ひさし）
1943年　兵庫県生まれ
1971年　ハーバード大学化学科博士課程修了
現　在　千葉工業大学 次世代ペプチド開発研究センター所長, 主席研究員, 中部大学 ペプチド研究センター長, 卓越教授, シカゴ大学名誉教授, 名古屋大学特別教授, Ph. D.

**大嶌幸一郎**（おお しま こう いち ろう）
1947年　兵庫県生まれ
1975年　京都大学大学院工学研究科博士課程修了
現　在　京都大学特定教授, 京都大学名誉教授, 工学博士

**髙井和彦**（たか い かず ひこ）
1954年　東京都生まれ
1981年　京都大学大学院工学研究科博士課程中退
現　在　岡山大学名誉教授, 工学博士

**忍久保 洋**（しの く ぼ ひろし）
1969年　京都府生まれ
1995年　京都大学大学院工学研究科博士課程中退
現　在　名古屋大学大学院工学研究科教授, 工学博士

**依光英樹**（より みつ ひで き）
1975年　高知県生まれ
2002年　京都大学大学院工学研究科博士課程修了
現　在　京都大学大学院理学研究科教授, 工学博士

---

## スミス　有機化学（第5版）〔下〕

検印廃止

2013年 1 月30日　第3版第1刷　発行
2018年 2 月20日　第5版第1刷　発行
2024年 9 月10日　　　　第9刷　発行

監 訳 者　山本　尚
　　　　　大嶌幸一郎
発 行 者　曽根　良介
発 行 所　(株)化学同人

〒600-8074　京都市下京区仏光寺通柳馬場西入ル
編 集 部　TEL 075-352-3711　FAX 075-352-0371
企画販売部　TEL 075-352-3373　FAX 075-351-8301
振替 01010-7-5702
e-mail　webmaster@kagakudojin.co.jp
URL　https://www.kagakudojin.co.jp
印刷・製本　西濃印刷株式会社

JCOPY　〈出版者著作権管理機構委託出版物〉

本書の無断複写は著作権法上での例外を除き禁じられています. 複写される場合は, そのつど事前に, 出版者著作権管理機構（電話 03-5244-5088, FAX 03-5244-5089, e-mail: info@jcopy.or.jp）の許諾を得てください.

本書のコピー, スキャン, デジタル化などの無断複製は著作権法上での例外を除き禁じられています. 本書を代行業者などの第三者に依頼してスキャンやデジタル化することは, たとえ個人や家庭内の利用でも著作権法違反です.

乱丁・落丁本は送料小社負担にてお取りかえいたします

Printed in Japan　© H. Yamamoto, K. Oshima　2018　　無断転載・複製を禁ず　　ISBN978-4-7598-1939-7

# 一般的な矢印, 記号, 略語の一覧

## 矢印

| | |
|---|---|
| ⟶ | 反応矢印 |
| ⇌ | 平衡を示す矢印 |
| ⟷ | 両頭矢印, 共鳴構造式で使われる |
| ⤴ | 曲がった両跳ね矢印, 1組の電子対の動きを表す |
| ⤴ | 曲がった片跳ね矢印(釣針型矢印), 1電子の動きを表す |
| ⟹ | 逆合成の矢印 |
| →✗→ | 反応しない |

## 記号

| | |
|---|---|
| ⟷ | 双極子 |
| $h\nu$ | 光 |
| $\Delta$ | 加熱 |
| $\delta+$ | 部分的な正電荷 |
| $\delta-$ | 部分的な負電荷 |
| $\lambda$ | 波長 |
| $\nu$ | 振動数 |
| $\tilde{\nu}$ | 波数 |
| HA | ブレンステッド－ローリーの酸 |
| B: | ブレンステッド－ローリーの塩基 |
| :Nu$^-$ | 求核剤 |
| E$^+$ | 求電子剤 |
| X | ハロゲン |
| ⎯ | 前に突きでる結合 |
| ⋯⋯ | 紙面の奥にでる結合 |
| − − − | 部分的な結合 |
| [ ]$^\ddagger$ | 遷移状態 |
| [O] | 酸化 |
| [H] | 還元 |

## 略語

| | |
|---|---|
| Ac | アセチル, $CH_3CO-$ |
| BBN | 9-ボラビシクロ[3.3.1]ノナン |
| BINAP | 2,2'-ビス(ジフェニルホスフィノ)-1,1'-ビナフチル |
| Boc | *tert*-ブトキシカルボニル, $(CH_3)_3COCO-$ |
| bp | 沸点 |
| Bu | ブチル, $CH_3CH_2CH_2CH_2-$ |
| CBS 反応剤 | コーリー－バクシ－柴田反応剤 |